图灵教育

站在巨人的肩上

Standing on the Shoulders of Giants

图灵教育

站在巨人的肩上

Standing on the Shoulders of Giants

TURING 图灵计算机科学丛书

[美] 约翰·L. 亨尼西（John L. Hennessy）
大卫·A. 帕特森（David A. Patterson）◎ 著

贾洪峰 ◎ 译　唐忆滨 唐杉 ◎ 审

计算机体系结构

量化研究方法（第6版）

Computer Architecture: A Quantitative Approach

Sixth Edition

人民邮电出版社
北京

图书在版编目（CIP）数据

计算机体系结构 : 量化研究方法 : 第6版 / (美) 约翰·L. 亨尼西 (John L. Hennessy) , (美) 大卫·A. 帕特森 (David A. Patterson) 著 ; 贾洪峰译. -- 北京: 人民邮电出版社, 2022.10
（图灵计算机科学丛书）
ISBN 978-7-115-56569-3

Ⅰ. ①计… Ⅱ. ①约… ②大… ③贾… Ⅲ. ①计算机体系结构 Ⅳ. ①TP303

中国版本图书馆CIP数据核字(2021)第092893号

内容提要

本书是权威的计算机体系结构著作，是久负盛名的经典作品。书中系统地介绍了计算机系统的设计基础、指令集系统结构、流水线和指令集并行技术、层次化存储系统与存储设备、互连网络以及多处理器系统等重要内容。这一版新增一章，专门介绍领域专用体系结构。本书对近些年火热的云计算、手机客户端技术、人工智能等相关内容也有涉猎。

本书既可作为高等院校计算机专业本科生或研究生教材，也可作为从事计算机体系结构或计算机系统设计的工程技术人员的参考书。

◆ 著　[美] 约翰·L. 亨尼西（John L. Hennessy）
　　大卫·A. 帕特森（David A. Patterson）
译　贾洪峰
审　唐忆滨　唐　杉
责任编辑　岳新欣
责任印制　彭志环

◆ 人民邮电出版社出版发行　北京市丰台区成寿寺路 11 号
邮编　100164　电子邮件　315@ptpress.com.cn
网址　https://www.ptpress.com.cn
固安县铭成印刷有限公司印刷

◆ 开本：787×1092　1/16
印张：40.5　2022 年 10 月第 1 版
字数：1063千字　2025 年 4 月河北第 10 次印刷
著作权合同登记号　图字：01-2019-6606号

定价：199.80元

读者服务热线：(010)84084456-6009　印装质量热线：(010)81055316
反盗版热线：(010)81055315

版 权 声 明

北京市版权局著作权合同登记号：图字：01-2019-6606

ELSEVIER

Computer Architecture: A Quantitative Approach, Sixth Edition
John L. Hennessy, David A. Patterson

ISBN-13: 9780128119051

《计算机体系结构：量化研究方法（第 6 版）》（贾洪峰 译）

ISBN: 978-7-115-56569-3

注　意

中文版致谢

作为领域经典，本书的翻译难度非常之大。在此，感谢在第 6 版中文版出版过程中承担技术审校工作的唐忆滨老师和唐杉老师。感谢在本书公开审读活动中对译文提出宝贵建议的各位审读专家。各位专家的辛勤工作使得第 6 版中文版顺利面世。专家姓名列在了下表中，各章及章名与为之贡献的专家一一对应。

章　名	审读专家
第 1 章　量化设计与分析基础	田宇、陈懿新
第 2 章　存储器层次结构设计	张乾龙、周玥枫、王琪、刁岚松
第 3 章　指令级并行及其利用	别再平、张卫东、柳晓旭、马斌
第 4 章　向量、SIMD 和 GPU 体系结构中的数据级并行	李兆石、李荣华、杜东、姚定界
第 5 章　线程级并行	曹春晖、杨军、张健、程阳
第 6 章　利用请求级和数据级并行的仓库级计算机	魏学超、黄帅、邓良驹、余正军
第 7 章　领域专用体系结构	余洪敏、王晓群、张广艳、丁圣阁
附录 A　指令集基本原理	史宁宁、赵鹏、蔡琛
附录 B　存储器层次结构回顾	刘玖阳、江志强、张明喆、李春江
附录 C　流水线：基础与中级概念	魏世恒、刘燚、胡志斌、陈逸轩

最后，特别感谢唐忆滨、张乾龙、李兆石、魏学超、刘玖阳、田宇、邓良驹几位专家，他们为本书的出版付出了额外心血。

关于本书中文版或者原书的任何问题，大家都可以通过图灵社区与我们交流。本书图灵社区主页为 ituring.cn/book/2632，在主页上找到“勘误”选项卡即可提交勘误。

献给 Andrea、Linda 以及我们的四个儿子。

对本书的赞誉

“尽管体系结构的重要概念没有时效性，但本书这一版还是进行了全面更新，给出了最新的技术发展、成本、示例和参考资料。为了跟上开源体系结构的最新发展，书中使用的指令集体系结构更新为 RISC-V。”

——Norman P. Jouppi，Google

“《计算机体系结构：量化研究方法》是一部经典著作，犹如美酒，历久弥醇。我在本科毕业时第一次购买了这本书，现在它仍然是我经常参考的图书之一。”

——James Hamilton，Amazon Web Services

“亨尼西和帕特森撰写本书第 1 版时，研究生们用 50 000 个晶体管组装计算机。今天，仓库级计算机包含 50 000 台服务器，每台服务器包含数十个独立处理器和数十亿个晶体管。计算机体系结构一直在不停地快速发展，而《计算机体系结构：量化研究方法》紧跟它的步伐，每一版都准确地解释和分析了这一领域激动人心的最新重要思想。”

——James Larus，微软研究院

“这部经典著作又一次及时更新了！这一版依然是人们了解计算机体系结构不间断的、令人兴奋的发展的窗口。这一版中讨论了摩尔定律的放缓及其对未来系统的影响，对于计算机架构师和从事更广泛系统研究的从业者来说，这是必读内容。”

——Parthasarathy (Partha) Ranganathan，Google

“我非常喜欢这本书，因为它是工程师写给工程师的。约翰 · L. 亨尼西和大卫 · A. 帕特森展示了数学的局限性和材料科学的可能性，然后通过真实的例子指导架构师如何通过分析、度量和折中来构建工作系统。第 6 版问世于一个关键时期：摩尔定律正在逐渐失效，而深度学习需要前所未有的计算周期。新增的‘领域专用体系结构’一章介绍了许多颇有前景的方法，并预言了计算机体系结构的‘重生’。就像欧洲文艺复兴时期的学者一样，计算机架构师必须了解我们自己的历史，然后将历史教训与新技术结合起来，重新塑造世界。”

——Cliff Young，Google

序　　言

在过去的 40 年里，计算机性能的提升大多是通过计算机体系结构的发展实现的，这些体系结构的发展利用了摩尔定律和登纳德缩放比例定律，构建了规模更大、并行程度更高的系统。摩尔定律是一个观测结果：集成电路中晶体管的最大数目大约每两年翻一番。登纳德缩放比例定律是指 MOS 供电电压随着特征尺寸的减小同步降低，因此，当晶体管变得越来越小时，它们的功率密度大体保持恒定。随着登纳德缩放比例定律 10 年前的终结，以及摩尔定律近来因为物理限制和经济因素的共同影响而放缓，我们这个领域最杰出的教科书出版第 6 版再及时不过了。下面给出一些理由。

首先，由于领域专用体系结构能够提供的性能和功耗优势相当于摩尔定律与登纳德缩放比例定律中的三代或更多代，所以它们现在能够提供的实现方案可能已经超出了将来的通用体系结构。而且，计算机的应用空间在今天变得更加多样，因此领域专用体系结构在许多潜在领域都可能实现创新。其次，由于摩尔定律的放缓，开源体系结构的高质量实现方案现在有了更长的生命周期。这为它们提供了更多的机会进行持续优化和改进，从而使它们更有吸引力。最后，随着摩尔定律的放缓，不同技术组件的规模缩放也不再一致。另外，人们已经发展了一些新的技术，比如 2.5D 堆叠、新的非易失存储、光学互联等，用来实现单靠摩尔定律所不能提供的好处。为了有效利用这些新技术和不再一致的规模缩放，需要从基本原理的角度重新审视基础性的设计决策。因此，对于这个领域的学生、教授和从业者来说，精通多种多样的新旧体系结构技术是非常重要的。总而言之，我认为这是自 25 年前在微处理器中实现指令级并行化的工业应用以来，计算机体系结构最激动人心的时刻。

本书这一版的最大变化是新增了一章来介绍领域专用体系结构。人们早就知道，与通用处理器实现方案相比，定制的领域专用体系结构可以拥有更高的性能、更低的功耗，并且需要更少的硅面积。但在过去，通用处理器的单线程性能每年提升 40%，而与采用最先进的标准微处理器相比，开发定制体系结构显然需要更多的时间才能上市，从而使定制体系结构的优势丧失殆尽。而现在，单核处理器的性能提升速度已经非常缓慢，这也就是说，定制体系结构的优势在很长一段时间里都不会因通用处理器而变得过时，甚至永远不会过时。本书第 7 章介绍了几种领域专用体系结构。深度神经网络的计算需求很高，但数据精度要求较低，这两个特点可以使其极大地受益于定制体系结构。该章提供了深度神经网络的两个体系结构与实现示例：一个针对推理进行了优化，另一个针对训练进行了优化。图像处理是另一个示例领域，它也有着很高的计算要求，并可受益于低精度的数据类型。此外，由于移动设备经常需要图像处理，所以定制体系结构节省功耗的特点也非常有价值。最后，由于基于 FPGA 的加速器在本质上具有可再编程特性，所以可用来在同一个设备中实现多种领域专用体系结构。它们还适合于一些规律性较差、需要经常更新的应用，比如为互联网搜索加速。

尽管体系结构的重要概念没有时效性，但本书这一版还是进行了全面更新，给出了最新的技术发展、成本、示例和参考资料。为了跟上开源体系结构的最新发展，书中使用的指令集体系结构更新为RISC-V。

就我个人而言，在读研期间有幸与约翰一起工作，现在又有幸与大卫在Google共事。他们是多么令人惊羡的一对搭档啊！

——Norman P. Jouppi，Google

前　　言

写作初衷

本书到现在已经是第 6 个版本了，我们的目标一直没变，就是要阐述那些为未来技术发展奠定基础的基本原理。计算机体系结构的各种发展机遇总是让我们激动不已，兴奋之感不曾有丝毫消减。我们在第 1 版中就曾说过："这不是一门枯燥乏味的关于百无一用的纸质模型的科学。绝对不是！这是一个受到人们热切关注的学科，需要平衡市场力量，在成本–性能–功耗之间谋求平衡，而这既可能经历惨痛的失败，也可能获得巨大的成功。"

在编写第 1 版时，我们的主要目标是改变人们学习和研究计算机体系结构的方式。如今，我们觉得这一目标依然正确，依然重要。该领域日新月异，在进行研究时，必须采用真实计算机上的测量数据和真实示例，而不是去研究一大堆从来都不需要实现的定义和设计。我们不仅热烈欢迎过去与我们结伴而行的老读者，同样也非常欢迎刚刚加入我们的新朋友。不管怎样，我们都保证将采用同样的量化方法对真实系统进行分析。

和前几版一样，在编写这个新版本时，我们力争使其既适用于学习高级计算机体系结构与设计课程的学生，也适用于专业的工程师和架构师。与第 1 版类似，这一版重点介绍新平台（个人移动设备和仓库级计算机）和新体系结构（领域专用体系结构）。这一版依然旨在通过强调成本、性能和能耗之间的权衡以及优秀的工程设计，揭开计算机体系结构的神秘面纱。我们相信这一领域日趋成熟，正逐步成为经典理工学科严格的量化基础。

关于第 6 版

摩尔定律和登纳德缩放比例定律的终结对计算机体系结构的影响与向多核的转变一样深远。本书第 6 版仍然关注计算规模的两个极端：以手机和平板计算机之类的个人移动设备（PMD）为客户端，以提供云计算的仓库级计算机为服务器。另一个主题仍然是各种形式的并行：第 1 章和第 4 章中的**数据级并行**（DLP）、第 3 章中的**指令级并行**（ILP）、第 5 章中的**线程级并行**、第 6 章中的**请求级并行**（RLP）。

第 6 版中最大的变化是从 MIPS 指令集到 RISC-V 指令集的切换。我们认为这种现代的、模块化的、开放的指令集可能会成为信息技术产业的一股重要力量。它在计算机体系结构中的重要性，可能会像 Linux 在操作系统中的重要性一样。

第 7 章是这一版新增的内容，介绍了领域专用体系结构，并提供了业内的几个具体示例。

与前几版相同，本书前 3 个附录提供了有关 RISC-V 指令集、存储器层次结构和流水线的基础知识，可供没有读过《计算机组成与设计：硬件/软件接口》之类图书的读者参考。为了在降低成本的同时还能提供一些读者可能感兴趣的补充材料，我们在 Elsevier 网站上提供了本书的另外 10 个附录。[①] 这些附录的页数比这本书还要多呢！

第 6 版依然通过真实示例来演示概念，并且全面更新了“融会贯通”部分，内容包括 ARM Cortex-A53 处理器、Intel core i7 处理器、NVIDIA GTX 280 GPU，以及 Google 仓库级计算机的流水线组成与存储器层次结构。

主题的选择与组织

和以前一样，我们在选择主题时采用了一种保守的方法，毕竟这个领域中值得讨论的思想实在太多了，无法在这样一本主要讨论基本原理的书中尽述。我们没有面面俱到地分析读者可能遇到的所有体系结构，而是将重点放在那些在任何新计算机中都可能涉及的核心概念上。关键的标准仍然是选择那些经过检验并已成功应用的思想，其内容足以采用量化方法进行讨论。

我们的目标始终是重点提供无法从其他来源获取的资料，因此我们依然尽可能讨论比较高级的内容。事实上，本书介绍的一些系统就无法在文献中找到相关描述。如果读者需要了解更为基础的计算机体系结构知识，可以阅读《计算机组成与设计：硬件/软件接口》一书。

内容概述

第 1 章提供了能耗、静态功耗、动态功耗、集成电路成本、可靠性和可用性的计算公式。我们希望这些主题能在本书的其余部分得到应用。除了计算机设计与性能测量方面的经典量化原理之外，这一章还展示了通用微处理器性能改进正在放缓，这是领域专用体系结构发展的推动力之一。

我们认为，与 20 世纪 90 年代相比，如今指令集体系结构的作用越来越弱，所以将这一部分内容放到了附录 A 中。现在它采用 RISC-V 体系结构。这一版为指令集体系结构爱好者们修订了附录 K，介绍了 8 种 RISC 体系结构（5 种用于桌面计算机和服务器，3 种用于嵌入式设备）、80x86、DEC VAX 和 IBM 360/370。

第 2 章讨论存储器层次结构，这是因为很容易针对这些内容应用成本–性能–能耗原理，而且存储器是其余各章的关键内容。和上一版一样，附录 B 对缓存机制做了概述，以供读者需要时查阅。第 2 章讨论了优化缓存性能的 10 种高级方法。之后介绍了虚拟机，它便于提供保护、进行软硬件管理，而且在云计算中也扮演着重要角色。除了介绍 SRAM 和 DRAM 技术之外，这一章还新增了关于闪存以及使用堆叠式晶片封装来扩展存储器层次结构的内容。“融会贯通”部分的示例选择了 PMD 中使用的 ARM Cortex-A53 和服务器中使用的 Intel Core i7。

第 3 章主要研究在高性能处理器中利用指令级并行，包括超标量执行、分支预测（包括新的带标签的混合预测器）、推测、动态调度和多线程。附录 C 对流水线进行了综述，以备随时

① 读者也可以通过图灵社区本书页面（ituring.cn/book/2632）下载英文版附录 D 到附录 M，还可以查看和提交中文版勘误。——编者注

查阅之用。第 3 章还研究了指令级并行的局限性。和第 2 章一样，“融会贯通”部分的示例依然使用 ARM Cortex-A53 和 Intel Core i7。本书第 3 版包含大量有关 Itanium 和 VLIW 的内容，现在这些内容都放到了 Elsvier 网站上的附录 H 中，这表明了我们的观点：这种体系结构未能达到过去所宣称的效果。

多媒体应用（比如游戏和视频处理）的重要性在提高，因此，利用数据级并行的体系结构也变得愈发重要。特别是人们对利用图形处理器（GPU）进行计算越来越感兴趣，但很少有架构师了解 GPU 的工作原理。我们决定揭开这种新型计算机体系结构的面纱。第 4 章首先介绍向量体系结构，并以此为基础解释多媒体 SIMD 指令集扩展和 GPU。（附录 G 深入讨论了向量体系结构。）这一章还介绍了屋檐性能模型，并用它来比较 Intel Core i7 与 NVIDIA GTX 280 GPU。

第 5 章介绍多核处理器，探讨了对称存储器体系结构和分布式存储器体系结构，介绍了组织原理和性能。这一章增加的内容主要是比较多核组织，包括多核–多级缓存、多核一致性机制和片上多核互连。接下来讨论的主题是同步和存储器一致性模型，所采用的示例是 Intel Core i7。对互连网络感兴趣的读者可以阅读附录 F，对更大规模多处理器和科学应用感兴趣的读者可以阅读附录 I。

第 6 章介绍仓库级计算机（WSC）。在 Google 和 Amazon Web Services 工程师的帮助下，我们对本章进行了广泛的修订，整合了有关 WSC 设计、成本与性能的详细资料，目前了解这些内容的架构师寥寥无几。这一章首先介绍了 MapReduce 编程模型，然后介绍了 WSC 的体系结构和物理实现，包括成本。从成本的角度可以解释为什么会出现云计算，以及为何在云中使用 WSC 进行计算的成本要低于在本地数据中心进行计算。“融会贯通”部分的示例描述了 Google WSC，其中有些内容在本书中首次公开。

新增的第 7 章激发了对领域专用体系结构（DSA）的需求。这一章基于 4 个 DSA 示例为 DSA 制定了指导原则。每个 DSA 对应的芯片已经部署在商业环境中。这一章还解释了为什么在通用微处理器的单线程性能停滞不前的情况下，我们期待通过 DSA 实现计算机体系结构的复兴。

接下来是附录 A 到附录 M。附录 A 介绍指令集体系结构的原理，包括 RISC-V。附录 K 介绍 RISC-V、ARM、MIPS、Power 和 SPARC 的 64 位版本及其多媒体扩展。其中还包括一些经典的体系结构（80x86、VAX 和 IBM 360/370）和流行的嵌入式指令集（Thumb-2、microMIPS 和 RISC-V C）。附录 H 介绍了 VLIW ISA 的体系结构和编译器。

前面曾经提到，附录 B 和附录 C 是关于缓存与流水线基本概念的教程。建议对缓存不够熟悉的读者在阅读第 2 章之前先阅读附录 B，新接触流水线的读者在阅读第 3 章之前先阅读附录 C。

附录 D 进一步讨论了可靠性和可用性，通过 RAID 6 介绍了 RAID，并提供了非常珍贵的真实系统故障统计信息。接着介绍了排队理论和 I/O 性能基准测试。我们评估了一个真实集群 Internet Archive 的成本、性能和可靠性。“融会贯通”部分以 NetApp FAS6000 文件管理程序为例。

附录 E 由 Thomas M. Conte 撰写，整合了嵌入式系统的相关内容。

附录 F 讨论互连网络，由 Timothy M. Pinkston 和 José Duato 修订。附录 G 最初由 Krste Asanović 撰写，其中详细介绍了向量处理器。我们认为这两个附录是该主题的最好材料。

附录 H 详细介绍了 VLIW 和 EPIC，也就是 Itanium 采用的体系结构。

附录 I 详细介绍了大规模共享存储器多重处理用到的并行处理应用和一致性协议。附录 J 由 David Goldberg 撰写，详细介绍了计算机算术运算。

附录 L 是新增的，由 Abhishek Bhattacharjee 撰写，讨论了高阶存储管理技术，重点讨论对虚拟机的支持和为非常大的地址空间设计地址转换。随着云处理器的发展，这些体系结构方面的增强变得越来越重要。

附录 M 将每一章中的“历史回顾与参考文献”部分集中在一起。对于各章介绍的思想，它尽量给予一个恰当的评价，并让读者了解这些创造性思想背后的历史。我们希望以此来展现人类在计算机设计方面的卓越表现。这个附录还提供了一些参考文献，主修体系结构的学生可能会有兴趣阅读。其中提到了本领域的一些经典论文，如果时间允许，建议读者阅读。直接聆听原创者讲述他们的思想，在深受教育的同时，也是一种享受。而“历史回顾”是本书之前版本中最受欢迎的部分之一。

内容导读

所有读者都应当从第 1 章开始阅读，除此之外并不存在什么最佳阅读顺序。如果你不想阅读全部内容，可以参考如下分类。

- **存储器层次结构**：附录 B、第 2 章、附录 D、附录 M。
- **指令级并行**：附录 C、第 3 章、附录 H。
- **数据级并行**：第 4 章、第 6 章、第 7 章、附录 G。
- **线程级并行**：第 5 章、附录 F、附录 I。
- **请求级并行**：第 6 章。
- **指令集体系结构**：附录 A、附录 K。

附录 E 随时可以阅读，但在指令集体系结构和缓存之后阅读，效果可能更好。附录 J 可以在涉及运算时阅读。附录 L 的各部分内容应当在读完正文中相应章节后阅读。

章节结构

我们根据统一的框架安排内容，以使各章结构保持一致。每一章首先介绍该章的主题思想。然后是“交叉问题”，说明该章介绍的思想与其他各章有什么关系。之后是“融会贯通”，通过展示如何在实际计算机中应用这些思想，将它们联系起来。

接下来是“谬论与易犯错误”，这一节旨在让读者从他人的错误中汲取教训。我们将举例说明一些常见误解与体系结构陷阱，即便你知道这些陷阱就在眼前，也难免会掉入其中。“谬论与易犯错误”是本书最受欢迎的内容之一。之后是“结语”。

案例研究与练习

每一章的最后都有案例研究和练习。这些案例研究由业内和学术界的专家编撰而成，通过难度逐渐增大的练习来探讨该章的关键概念，同时检验读者的理解程度。教师会发现这些案例研究非常详尽和完善，他们完全可以以其为基础设计一些练习。

每个练习中用尖括号括起的内容（<章.节>）指明了做这道题时应该主要阅读哪部分正文内容。我们这样做，一方面是为了提供复习内容，另一方面是希望帮助读者避免在还没有阅读相应正文的情况下去做一些练习。为了使读者大致了解完成一道题需要多长时间，我们为这些练习划定了不同等级。

[10] 在 5 分钟内完成阅读和理解。
[15] 用 5~15 分钟得出完整答案。
[20] 用 15~20 分钟得出完整答案。
[25] 在 1 小时内写出完整的答案。
[30] 小型编程项目：用时不超过 1 整天。
[40] 大型编程项目：耗时 2 周。
[讨论] 与他人一起讨论。

教师可以到 Elsevier 网站注册，以获得案例研究与练习题的答案。

补充材料

我们还在 Elsevier 网站上提供了多种资料①，包括：

- 参考附录，涵盖了一系列高级主题，由相关领域的专家撰写；
- 历史回顾，介绍了正文各章所介绍的关键思想的发展过程；
- 供教师使用的 PowerPoint 幻灯片；
- PDF、EPS 和 PPT 格式的书中插图；
- 网上相关材料的链接；
- 勘误表。

我们会定期补充新材料和网上其他可用资源的链接。

帮助改进本书

本书性价比非常高！如果你阅读后面的“致谢”，将会看到我们竭尽全力改正错误。由于一本书会多次印刷，所以我们有机会不断修正。如果你发现了任何遗留错误，请通过电子邮件联系出版商：ca6bugs@mkp.com。

我们欢迎你针对本书提出其他意见，请将它们发送到另一个电子信箱：ca6comments@mkp.com。

① 这些资料均可通过 ituring.cn/book/2632 获得。——编者注

结语

本书是一部真正的合著作品，我们二人各编写了一半的章节和附录。如果没有对方完成另一半工作，在任务似乎无望完成时给予鼓励，帮助剖析难以表述的复杂概念，花费周末时间来审阅书稿，在自己因为其他繁重职责而难以提笔时给予宽慰，我们无法想象这本书要花费多长时间才能完成。当然，对于本书内容，其中若有不当之处，我们也负有同等责任。

致　　谢

尽管本书仅正式发布了6个版本，但我们实际上已经写出10多个版本的文本：第1版有3个版本（alpha版、beta版和最终版），第2、3、4版各有2个版本（beta版和最终版）。一路走来，我们得到了数百位审阅者和用户的帮助，他们让这本书变得更好。因此，我们决定列出所有为本书各版本做出过贡献的人员名单。

第6版的贡献者

和前几版一样，第6版也是有众多志愿者参与的集体成果。没有这些志愿者的帮助，这一版就不可能保持一贯的品质。

审阅者

南卡罗来纳大学的Jason D. Bakos、犹他大学的Rajeev Balasubramonian、华盛顿州立大学的Jose Delgado-Frias、芝加哥大学的Diana Franklin、Google公司的Norman P. Jouppi、伍斯特理工学院的Hugh C. Lauer、田纳西大学的Gregory Peterson、胡德学院的Bill Pierce、Google公司的Parthasarathy Ranganathan、范德比尔特大学的William H. Robinson、约翰斯·霍普金斯大学的Pat Stakem、Google公司的Cliff Young、圣塔克拉拉大学的Amr Zaky、加拿大瑞尔森大学的Gerald Zarnett、北卡罗来纳州立大学的Huiyang Zhou。

加州大学伯克利分校并行计算实验室和RAD实验室的成员多次审阅了第1、4、6章，并使我们对GPU和WSC的解释得以成形：Krste Asanović、Michael Armbrust、Scott Beamer、Sarah Bird、Bryan Catanzaro、Jike Chong、Henry Cook、Derrick Coetzee、Randy Katz、Yunsup Lee、Leo Meyervich、Mark Murphy、Zhangxi Tan、Vasily Volkov以及Andrew Waterman。

附录

加州大学伯克利分校的Krste Asanović（附录G）、罗格斯大学的Abhishek Bhattacharjee（附录L）、北卡罗来纳州立大学的Thomas M. Conte（附录E）、西班牙巴伦西亚理工大学的José Duato（附录F）、施乐帕洛阿尔托研究中心的David Goldberg（附录J）、南加州大学的Timothy M. Pinkston（附录F）。

瓦伦西亚理工大学的José Flich为附录F的更新做出了重大贡献。

案例研究与练习

南卡罗来纳大学的 Jason D. Bakos（第 3 章和第 4 章）、犹他大学的 Rajeev Balasubramonian（第 2 章）、芝加哥大学的 Diana Franklin（第 1 章和附录 C）、Google 公司的 Norman P. Jouppi（第 2 章）、HP 实验室的 Naveen Muralimanohar（第 2 章）、田纳西大学的 Gregory Peterson（附录 A）、Google 公司的 Parthasarathy Ranganathan（第 6 章）、Google 公司的 Cliff Young（第 7 章）、圣塔克拉拉大学的 Amr Zaky（第 5 章和附录 B）。

Jichuan Chang、Junwhan Ahn、Rama Govindaraju 和 Milad Hashemi 帮助编写和测试了第 6 章的案例研究与练习。

补充材料

NVIDIA 公司的 John Nickolls、Steve Keckler 和 Michael Toksvig（第 4 章的 NVIDIA GPU），Intel 公司的 Victor Lee（第 4 章中 Core i7 与 GPU 的对比），美国劳伦斯伯克利国家实验室（LBNL）的 John Shalf（第 4 章的最新向量体系结构），LBNL 的 Sam Williams（第 4 章的屋檐计算机模型），澳大利亚国立大学的 Steve Blackburn 和得克萨斯大学奥斯汀分校的 Kathryn McKinley（第 5 章的 Intel 性能与功耗测量），Google 公司的 Luiz Barroso、Urs Hölzle、Jimmy Clidaris、Bob Felderman 和 Chris Johnson（第 6 章的 Google WSC），Amazon Web Services 的 James Hamilton（第 6 章的功耗分布与成本模型）。

南卡罗来纳大学的 Jason D. Bakos 为这一版制作了新的授课幻灯片。

当然，如果没有出版商，本书也不可能出版，所以我们要感谢 Morgan Kaufmann/Elsevier 全体员工的努力和支持。针对这一版，我们特别要感谢本书的编辑 Nate McFadden 和 Todd Green，他们协调了从开展调查、编写案例研究与练习、审读手稿到更新附录的整个过程。

我们还得感谢我们学校的员工 Margaret Rowland 和 Roxana Infante，在本书写作期间，她们为我们接收了无数的快递，帮助我们处理了斯坦福大学和加州大学伯克利分校的许多事务。

最后要感谢我们的妻子，感谢她们容忍我们早起进行阅读、思考和写作。

前几版的贡献者

审阅者

普渡大学的 George Adams，伊利诺伊大学香槟分校的 Sarita Adve，杨百翰大学的 Jim Archibald，麻省理工学院的 Krste Asanović，华盛顿大学的 Jean-Loup Baer，东北大学的 Paul Barr，得克萨斯大学圣安东尼奥分校的 Rajendra V. Boppana，密歇根大学的 Mark Brehob，得克萨斯大学奥斯汀分校的 Doug Burger，SGI 公司的 John Burger，Michael Butler，Thomas Casavant，Rohit Chandra，密歇根大学的 Peter Chen，纽约州立大学石溪分校、卡内基–梅隆大学、斯坦福大学、克莱姆森大学和威斯康星大学的班级，Vitesse 半导体公司的 Tim Coe，Robert P. Colwell，David

Cummings，Bill Dally，David Douglas，西班牙巴伦西亚理工大学的 José Duato，东南密苏里州立大学的 Anthony Duben，华盛顿大学的 Susan Eggers，Joel Emer，达特茅斯学院的 Barry Fagin，加州大学圣克鲁斯分校的 Joel Ferguson，Carl Feynman，David Filo，HP 实验室的 Josh Fisher，DIKU 公司的 Rob Fowler，华盛顿大学圣路易斯分校的 Mark Franklin，Kourosh Gharachorloo，哈佛大学的 Nikolas Gloy，施乐帕洛阿尔托研究中心的 David Goldberg，Intel 公司和西班牙加泰罗尼亚理工大学的 Antonio González，威斯康星大学麦迪逊分校的 James Goodman，弗吉尼亚大学的 Sudhanva Gurumurthi，哈维姆德学院的 David Harris，John Heinlein，斯坦福大学的 Mark Heinrich，加州大学圣克鲁斯分校的 Daniel Helman，威斯康星大学麦迪逊分校的 Mark D. Hill，IBM 公司的 Martin Hopkins，HP 实验室的 Jerry Huck，伊利诺伊大学香槟分校的 Wen-mei Hwu，宾夕法尼亚州立大学的 Mary Jane Irwin，Truman Joe，Norm Jouppi，东北大学的 David Kaeli，内布拉斯加大学的 Roger Kieckhafer，加拿大瑞尔森大学的 Lev G. Kirischian，Earl Killian，普渡大学的 Allan Knies，Don Knuth，斯坦福大学的 Jeff Kuskin，微软研究院的 James R. Larus，加拿大多伦多大学的 Corinna Lee，Hank Levy，普林斯顿大学的 Kai Li，阿拉斯加大学费尔班克斯分校的 Lori Liebrock，威斯康星大学麦迪逊分校的 Mikko Lipasti，北卡罗来纳大学教堂山分校的 Gyula A. Mago，Bryan Martin，Norman Matloff，David Meyer，伍斯特理工学院的 William Michalson，James Mooney，密歇根大学的 Trevor Mudge，得克萨斯大学奥斯汀分校的 Ramadass Nagarajan，卡内基–梅隆大学的 David Nagle，Todd Narter，Victor Nelson，加州大学伯克利分校的 Vojin Oklobdzija，斯坦福大学的 Kunle Olukotun，宾夕法尼亚州立大学的 Bob Owens，Sun 公司的 Greg Papadapoulous，Joseph Pfeiffer，康奈尔大学的 Keshav Pingali，南加利福尼亚大学的 Timothy M. Pinkston，加拿大滑铁卢大学的 Bruno Preiss，Steven Przybylski，Jim Quinlan，Andras Radics，佐治亚理工学院的 Kishore Ramachandran，得克萨斯大学奥斯汀分校的 Joseph Rameh，康奈尔大学的 Anthony Reeves，密歇根州立大学的 Richard Reid，密歇根大学的 Steve Reinhardt，加州大学洛杉矶分校的 David Rennels，马萨诸塞大学阿默斯特分校的 Arnold L. Rosenberg，普渡大学的 Kaushik Roy，Unysis 公司的 Emilio Salgueiro，得克萨斯大学奥斯汀分校的 Karthikeyan Sankaralingam，Peter Schnorf，Margo Seltzer，南卫理公会大学的 Behrooz Shirazi，卡内基–梅隆大学的 Daniel Siewiorek，普林斯顿大学的 J. P. Singh，Ashok Singhal，威斯康星大学麦迪逊分校的 Jim Smith，哈佛大学的 Mike Smith，克莱姆森大学的 Mark Smotherman，威斯康星大学麦迪逊分校的 Gurindar Sohi，华盛顿大学的 Arun Somani，克莱姆森大学的 Gene Tagliarin，圣母大学的 Shyamkumar Thoziyoor，俄勒冈大学的 Evan Tick，北卡罗来纳大学教堂山分校的 Akhilesh Tyagi，弗吉尼亚大学的 Dan Upton，西班牙加泰罗尼亚理工大学的 Mateo Valero，加州大学圣克鲁斯分校的 Anujan Varma，康奈尔大学的 Thorsten von Eicken，得克萨斯 A&M 大学的 Hank Walker，施乐帕洛阿尔托研究中心的 Roy Want，Sun 公司的 David Weaver，以色列特拉维夫大学的 Shlomo Weiss，David Wells，克莱姆森大学的 Mike Westall，Maurice Wilkes，Eric Williams，普渡大学的 Thomas Willis，Malcolm Wing，纽约州立大学石溪分校的 Larry Wittie，佐治亚理工学院的 Ellen Witte Zegura，新泽西理工学院的 Sotirios G. Ziavras。

附录

附录 G 由麻省理工学院的 Krste Asanović 修订。附录 G 最初由施乐帕洛阿尔托研究中心的 David Goldberg 编写。

练习

普渡大学的 George Adams，威斯康星大学麦迪逊分校的 Todd M. Bezenek（纪念他的祖母 Ethel Eshom），Susan Eggers，Anoop Gupta，David Hayes，Mark Hill，Allan Knies，加州大学圣克鲁斯分校的 Ethan L. Miller，康柏西部研究实验室的 Parthasarathy Ranganathan，威斯康星大学麦迪逊分校的 Brandon Schwartz，Michael Scott，Dan Siewiorek，Mike Smith，Mark Smotherman，Evan Tick，Thomas Willis。

案例研究与练习

威斯康星大学麦迪逊分校的 Andrea C. Arpaci-Dusseau 和 Remzi H. Arpaci-Dusseau，R&E Colwell & Assoc 公司的 Robert P. Colwell，加州州立理工大学圣路易斯奥比斯波分校的 Diana Franklin，伊利诺伊大学香槟分校的 Wen-mei W. Hwu，HP 实验室的 Norman P. Jouppi，伊利诺伊大学香槟分校的 John W. Sias，威斯康星大学麦迪逊分校的 David A. Wood。

特别感谢

Duane Adams，Tom Adams，伊利诺伊大学香槟分校的 Sarita Adve，Anant Agarwal，罗彻斯特大学的 Dave Albonesi，Mitch Alsup，Howard Alt，Dave Anderson，Peter Ashenden，David Bailey，Bill Bandy，康柏西部研究实验室的 Luiz Barroso，Andy Bechtolsheim，C. Gordon Bell，Fred Berkowitz，IBM 公司的 John Best，Dileep Bhandarkar，BDTI 公司的 Jeff Bier，Mark Birman，David Black，David Boggs，JimBrady，Forrest Brewer，加州大学伯克利分校的 Aaron Brown，康柏西部研究实验室的 E. Bugnion，罗彻斯特大学的 Alper Buyuktosunoglu，Mark Callaghan，Jason F. Cantin，Paul Carrick，Chen-Chung Chang，罗彻斯特大学的 Lei Chen，Pete Chen，Nhan Chu，普林斯顿大学的 Doug Clark，Bob Cmelik，John Crawford，Zarka Cvetanovic，得克萨斯大学奥斯汀分校的 Mike Dahlin，Merrick Darley，DEC 西部研究实验室的员工，John DeRosa，Lloyd Dickman，J. Ding，华盛顿大学的 Susan Eggers，罗彻斯特大学的 Wael El-Essawy，Mills 公司的 Patty Enriquez，Milos Ercegovac，Robert Garner，康柏西部研究实验室的 K. Gharachorloo，Garth Gibson，Ronald Greenberg，Ben Hao，康柏公司的 John Henning，威斯康星大学麦迪逊分校的 Mark Hill，Danny Hillis，David Hodges，Google 公司的 Urs Hölzle，David Hough，Ed Hudson，伊利诺伊大学香槟分校的 Chris Hughes，Mark Johnson，Lewis Jordan，Norm Jouppi，William Kahan，Randy Katz，Ed Kelly，Richard Kessler，Les Kohn，康柏计算机公司的 John Kowaleski，Dan Lambright，Sun 公司的 Gary Lauterbach，Corinna Lee，Ruby Lee，Don Lewine，Chao-Huang Lin，Paul Losleben，Yung-Hsiang Lu，Bob Lucas，Ken Lutz，Intel 伯克利研究实验室的 Alan Mainwaring，Al Marston，罗格斯大学的 Rich Martin，John Mashey，Luke McDowell，Trimedia 公司的 Sebastian Mirolo，Ravi Murthy，Biswadeep Nag，Sun 公司的 Lisa Noordergraaf，Bob Parker，互联网研究中心的 Vern Paxson，Lawrence Prince，Steven Przybylski，Mark Pullen，Chris Rowen，Margaret Rowland，罗彻斯特大学的 Greg Semeraro，Bill Shannon，Behrooz Shirazi，Robert Shomler，Jim Slager，克莱姆森大学的 Mark Smotherman，华盛顿大学的 SMT 研究组，Steve Squires，Ajay Sreekanth，Darren Staples，Charles Stapper，Jorge Stolfi，Peter Stoll，我们首次尝试编写本书时包容我们的斯坦福大学和加州大学伯克利分校的学生们，Bob Supnik，Steve Swanson，Paul Taysom，Shreekant Thakkar，新泽西理工学院的 Alexander Thomasian，John Toole，Trimedia 公司的 Kees A. Vissers，Willa Walker，David Weaver，EMC 公司的 Ric Wheeler，Maurice Wilkes，Richard Zimmerman。

目　　录

1 量化设计与分析基础

iPod、电话、移动通信设备……这不是 3 台独立的设备！我们称之为 iPhone！今天，苹果公司将重新发明手机。就是这个！

——史蒂夫·乔布斯，
2007 年 1 月 9 日

新的信息与通信技术，特别是高速互联网技术，正在改变公司的业务开展方式，转变公共服务的提供方式，并使创新变得大众化。高速互联网的连接数量每提高 10%，经济增长速度就提高 1.3%。

——世界银行，
2009 年 7 月 28 日

1.1　引言

自第一台通用电子计算机问世以来的大约 70 年间，计算机技术取得了长足发展。如今，一台价格不足 500 美元的手机，性能便堪比 1993 年世界上最快的售价 5000 万美元的计算机。这种快速发展既得益于计算机制造技术的发展，也得益于计算机设计的创新。

纵观计算机发展的历史，技术一直在稳步地提升，但体系结构的革新相对具有一定的周期性。在电子计算机问世后的前 25 年，两大支柱均贡献巨大，使计算机性能每年大约提升 25%。20 世纪 70 年代后期，微处理器问世。依靠集成电路技术的进步，微处理器更加快速地提升了计算机性能——每年大约提升 35%。

计算机性能的快速提升，加上大规模生产微处理器的成本优势，促使基于微处理器的计算机市场份额越来越大。另外，计算机市场的两个重大变化也使得新体系结构比以往更容易取得商业上的成功。第一个重大变化是人们几乎不再使用汇编语言进行编程，从而降低了对目标代码兼容性的要求。第二个重大变化是出现了独立于厂商的标准化操作系统（比如 UNIX 和它的克隆版本 Linux），降低了引入新体系结构的成本和风险。

正是由于这些变化，人们才能够在 20 世纪 80 年代早期成功开发出一套指令更为简单的新体系结构——RISC（Reduced Instruction Set Computer，精简指令集计算机）体系结构。设计人员在设计基于 RISC 的计算机时，将主要精力聚焦在两种关键的性能技术上，即**指令级并行**的利用（最初是通过流水线，后来是通过多指令发射）和缓存的使用（最初采用一些很简单的形式，后来使用了更为复杂的组织与优化方式）。

基于 RISC 的计算机抬高了性能门槛，迫使过去的体系结构要么快速跟上，要么就被淘汰。Digital Equipment Vax 未能跟上时代的步伐，所以被 RISC 体系结构所替代。Intel 则接受挑战，在内部将 80x86 指令转换为类似于 RISC 的指令，从而能够采用许多最初由 RISC 设计倡导的新技术。20 世纪 90 年代后期，随着晶体管数量飙升，转换更复杂的 x86 体系结构的硬件开销可以忽略不计。在低端应用中（比如手机），x86 转换开销所带来的功耗与硅面积成本推动了一种 RISC 体系结构逐渐成为主流，这就是 ARM。

图 1-1 表明，体系结构与组织方式的发展共同促成了计算机性能持续增长 17 年，年增长率超过了 50%，这在计算机行业是空前的。

20 世纪的这种飞速发展共有四重效果。

第一，它显著增强了计算机的处理能力。对许多应用来说，最强大的微处理器的性能高于十几年前的超级计算机。

第二，性价比的大幅提高促进了新型计算机的问世。微处理器使 20 世纪 80 年代个人计算机和工作站的问世成为可能。在过去的 10 年里，人们见证了智能手机和平板计算机的崛起，许多人把它们作为主要计算平台，代替了个人计算机。这些移动客户端设备越来越多地通过互联网来访问仓库级计算机——尽管看起来就像单个巨型计算机，但实际上是由 10 万台服务器构成的。

第三，正如摩尔定律所预测的那样，半导体制造业的发展使基于微处理器的计算机在整个计算机设计领域中占据了主导地位。传统上使用现成逻辑或门阵列制造的小型机，已经被使用微处理器制造的服务器所取代，甚至大型计算机和高性能的超级计算机也都是微处理器的集合。

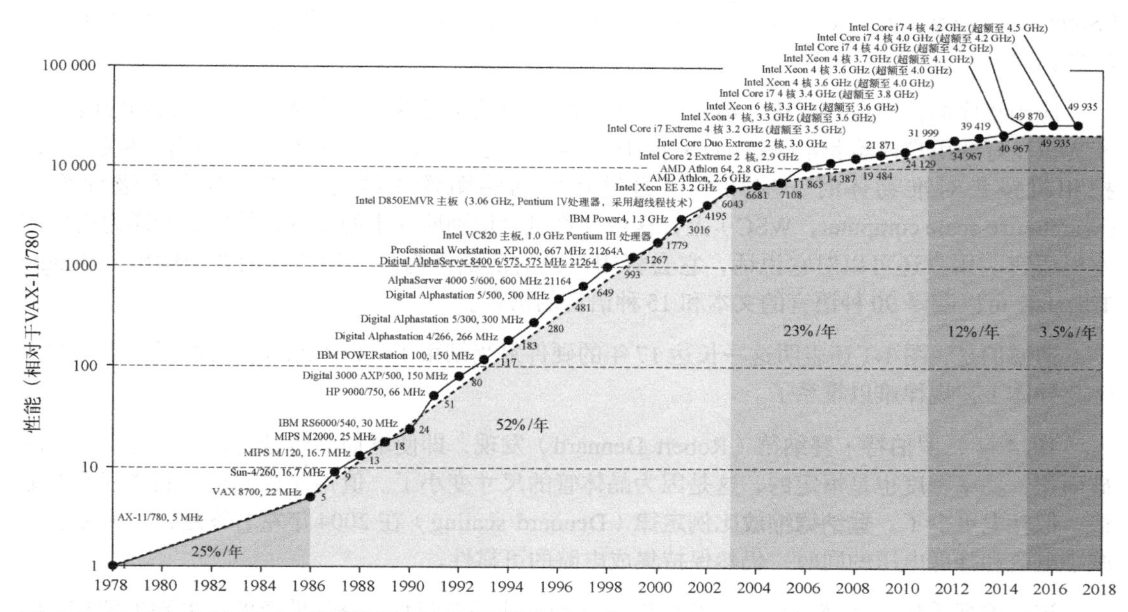

图 1-1 40多年来处理器性能的增长。这张图绘制了相对于 VAX 11/780 的程序性能曲线，数据由 SPECint 基准测试测得（见 1.8 节）。20 世纪 80 年代中期之前，处理器性能的增长主要由计算机制造技术驱动，性能平均每年大约增长 25%，相当于每 4 年增长一倍。从 1986 年开始，性能每年大约增长 52%，相当于每两年增长一倍，这归功于以 RISC 架构为代表的更先进的体系结构和组织思想。到 2003 年，这种增长导致了大约 25 倍（与继续以 25%的速率增长的结果相比）的性能差异。2003 年，登纳德缩放比例定律的终结和可用指令级并行造成的功耗限制，导致单处理器性能的年增长率降到 23%，一直到 2011 年，性能相当于每 3.5 年增长一倍。（从 2007 年起，最快速的 SPECint_base 性能测试启用了自动并行，所以很难再测量单处理器的速率。这些结果仅限于单芯片系统，通常每个芯片有 4 个核。）自 2011 年至 2015 年，性能的年增长率不到 12%，相当于每 8 年增长一倍，部分是由于 Amdahl 定律的限制。从 2015 年起，由于摩尔定律走向终结，性能的年增长率仅为 3.5%，相当于每 20 年增长一倍。面向浮点计算的性能也遵循相同的趋势，但通常每个阴影区域的年增长率要高出 1%~2%。图 1-4 给出了时钟频率在上述时期的增长速度。由于 SPEC 这些年发生了变化，所以在评估新机器的性能时，对测试数据进行了换算，换算因数与 SPEC 版本（SPEC89、SPEC92、SPEC95、SPEC2000 和 SPEC2006）的性能有关。SPEC2017 的结果太少了，尚无法绘制

硬件方面的上述创新带来了计算机设计的复兴——既强调体系结构方面的创新，也重视新技术的高效运用。在这两方面的共同作用下，从 1986 年到 2003 年，高性能微处理器的性能增长率达到了单纯依靠技术所能获得的性能增长率的 7.5 倍（其中包括改进电路设计带来的增长），即每年增长 52%。相比之下，单纯依靠技术改进，每年只能增长 35%。

硬件复兴产生了第四个影响，那就是对软件开发的推动。自 1978 年以来，硬件性能提升了约 50 000 倍（见图 1-1），所以今天的程序员能够以性能换取生产效率。如今，编程主要是使用 Java 和 Scala 之类的托管编程语言完成的，而不是以提升性能为目的的 C 语言和 C++。此外，JavaScript 和 Python 之类的脚本语言（它们的生产效率更高），连同 AngularJS 和 Django 之类的编程框架，也日益流行。为了保持生产效率并尝试缩小性能差距，采用即时编译器和跟踪编译的

解释器取代了传统编译器和链接器。软件的部署也在变化，互联网上使用的“软件即服务”（Software as a Service，SaaS）取代了必须在本地计算机上安装和运行的紧缩套装（shrink-wrapped）软件。

应用程序的性质也在变化。语音、音效、图像和视频变得愈加重要，可预测的响应时间对于提供良好的用户体验非常关键。Google Translate就是一个激动人心的例子。当用户拿起手机，把相机镜头对准物体时，应用可以通过互联网将图像无线传送到一台仓库级计算机（warehouse-scale computer，WSC）上，这台计算机会识别照片中的文本，并将其翻译为用户的本机语言。用户还可以对它说话，它会将用户说的话翻译为另一种语言的音频输出。Google Translate可以翻译90种语言的文本和15种语言的语音。

遗憾的是，图1-1还表明这一长达17年的硬件复兴结束了。根本原因是持续了几十年的两个半导体工艺规律难以维系了。

1974年，罗伯特·登纳德（Robert Dennard）发现，即使增加晶体管的数量，对于给定的硅面积，功率密度也是恒定的，这是因为晶体管的尺寸变小了。值得注意的是，晶体管变得更快，但耗电更少了。**登纳德缩放比例定律**（Dennard scaling）在2004年左右终结，因为无法在减小电流和降低电压的同时，仍然保持集成电路的可靠性。

这一改变迫使半导体行业采用高效的多处理器或多核设计，替代低效的单处理器架构。事实上，Intel在2004年取消了其高性能单处理器项目，转而和其他公司一起支持：为了提升性能，应当在每个芯片上集成多个处理器，而不是采用更快的单处理器。这标志着处理器性能的提升从单纯依赖指令级并行（instruction-level parallelism，ILP）转向**数据级并行**（data-level parallelism，DLP）和**线程级并行**（thread-level parallelism，TLP），其中ILP是本书前3个版本的重点，DLP和TLP是第4版的重点，并在第5版中进行了扩展。第5版还增加了WSC和**请求级并行**（request-level parallelism，RLP）的内容。第6版会进一步介绍RLP。编译器和硬件都是隐式利用ILP的，不会引起程序员的注意，而DLP、TLP和RLP则是显式并行的，需要重构应用程序才能利用显式并行。在某些情况下，这种重构比较容易，但在多数情况下，它会成为程序员的主要新增负担。

Amdahl定律（Amdahl's Law，参见1.9.4节）给出了每个芯片上可用核数量的实际上限。如果有10%的任务是串行的，那么无论在芯片上放入多少个核，通过并行化所能实现的最大性能收益都不会超过10。

最近终结的第二个经验定律是**摩尔定律**（Moore's Law）。1965年，戈登·摩尔（Gordon Moore）极其准确地预测到，芯片上可容纳的晶体管数量每隔一年翻一番；1975年，这一预测修订为每隔两年翻一番。该预测在大约50年的时间里一直准确，但现在已经不再成立了。例如，在2010年出版的本书英文版中，当时最新的Intel微处理器拥有1 170 000 000个晶体管。如果摩尔定律继续有效，则预期到2016年晶体管数目将达到18 720 000 000个。但是，同等级Intel微处理器上仅有1 750 000 000个晶体管，只有摩尔定律预测值的十分之一。

以下4个原因导致了处理器性能的提升速度放缓，变为每20年翻一番，而不再是1986年至2003年期间的每1.5年翻一番（见图1-1）。

- 由于摩尔定律的放缓和登纳德缩放比例定律的终结，晶体管不再大幅改进。

- ❑ 微处理器的功耗预算不变。
- ❑ 用多个高能效处理器代替了单个大功耗的处理器。
- ❑ 多重处理已达到 Amdahl 定律的上限。

提升能耗–性能–成本的唯一途径就是专用。未来的微处理器将包含几个领域专用核，它们只能很好地执行某一类计算，但执行这类计算的性能远优于通用核。本书这一版新增的第 7 章介绍了**领域专用体系结构**（domain-specific architecture）。

本书主要讨论促使计算机性能在 20 世纪取得飞速增长的体系结构思想和编译器改进，导致这些剧变的原因，以及 21 世纪体系结构思想、编译器和解释器面临的挑战和富有前景的方法。其核心是一种量化的计算机设计与分析方法，这种方法采用的工具包括程序的经验数据、试验和模拟。本书中反映的正是这种计算机设计风格与方法。本章旨在为后续各章及附录奠定量化基础。

编写本书不只是解释这种设计风格，还希望激励读者为体系结构的发展做出贡献。这种量化方法对过去的隐式并行计算机是有效的，我们相信它对未来的计算机同样有效。

1.2 计算机的分类

由于上述变化，我们在 21 世纪对计算、计算应用程序和计算机市场的看法也发生了巨大变化。自个人计算机诞生以来，我们还没见过计算机在外观和使用方式上发生如此之大的变化。计算机使用方式的变化促进了 5 种计算市场的形成，其中每一种都有自己不同的应用、需求和计算技术。表 1-1 总结了主流计算环境及其重要特征。

表 1-1 5 个主流计算类别及其系统特征汇总

特 征	个人移动设备	桌面计算机	服 务 器	集群/仓库级计算机	物联网/嵌入式
系统价格	100~1000 美元	300~2500 美元	5000~10 000 000 美元	100 000~200 000 000 美元	10~100 000 美元
微处理器价格	10~100 美元	50~500 美元	200~2000 美元	50~250 美元	0.01~100 美元
关键的系统设计问题	成本、能耗、媒体性能、响应速度	性价比、能耗、图形性能	吞吐量、可用性、可扩展性、能耗	性价比、吞吐量、能耗均衡性	价格、能耗、应用的特有性能

* 2015 年的销售量包括大约 16 亿台个人移动设备（90%为手机）、2.75 亿台桌面计算机和 1500 万台服务器。嵌入式处理器的总销售量接近 190 亿。2015 年共交付了 148 亿个基于 ARM 技术的芯片。注意服务器和嵌入式系统的系统价格跨度极大，包含了从 USB 密钥到网络路由器在内的各种设备。服务器的系统价格跨度大主要是因为需要超大规模多处理器系统来完成高端事务处理。

1.2.1 物联网/嵌入式计算机

嵌入式计算机在日用电器中随处可见，比如微波炉、洗衣机、大多数打印机、网络交换机和所有汽车。**物联网**（Internet of Things，IoT）指的是通常以无线方式连接到互联网的嵌入式计算机。当辅以传感器和驱动器时，物联网设备可以收集有用数据，并与物理世界进行互动，从而实现各种各样的“智能（智慧）”应用，比如智能手表、智能调温器、智能音箱、智能汽车、智慧家庭、智慧电网和智慧城市。

嵌入式计算机的处理能力和成本差别最大，既有只需要 0.01 美元的 8 位和 32 位处理器，也有售价高达 100 美元的用于汽车和网络交换机的高端 64 位处理器。尽管嵌入式计算市场中各种设备的计算能力参差不齐，但价格是嵌入式计算机设计中的关键因素。当然，性能要求仍然存在，但主要目标通常是以最低价格满足性能需要，而不是以更高的价格换取更高的性能。预测 2020 年的物联网设备总数将达到 200 亿~500 亿。

本书的大多数内容适用于嵌入式处理器的设计、使用和性能分析，包括现成的微处理器以及集成了其他专用硬件的微处理器核。

遗憾的是，驱动其他类别计算机的量化设计与评估的数据，尚不能成功适用于嵌入计算领域（参见 1.8 节中 EEMBC 的挑战）。因此，我们现在只能给出定性描述，这种方式与本书其余部分并不一致。有鉴于此，我们将嵌入计算机的相关材料合并到了附录 E 中。我们认为把它们放在一个单独的附录中，既便于在正文中流畅地表达思想，又可以让读者了解不同的需求是如何影响嵌入式计算的。

1.2.2　个人移动设备

个人移动设备（personal mobile device，PMD）是指带有多媒体用户界面的无线设备，比如手机、平板计算机等。由于整个产品的零售价格为数百美元，所以成本是一个关键因素。尽管经常因为使用电池而强调能效，但由于需要使用相对便宜的外壳（由塑料或陶瓷制成），而且缺少风扇来散热，所以也限制了总功耗。我们将在 1.5 节详细研究能耗和功耗问题。PMD 上的应用程序经常是基于 Web、面向媒体的，比如前面提到的 Google Translate。能耗与尺寸要求决定了要采用闪存而不是磁盘作为存储方式（参见第 2 章）。

PMD 中的处理器经常被视为嵌入式计算机，但我们将其看作一个单独的类别，这是因为 PMD 是可以运行外部开发软件的平台，它们与桌面计算机有许多共同特征。其他嵌入式设备在硬件和软件复杂性方面都有很大的限制。我们将能否运行第三方软件作为区分嵌入式计算机和非嵌入式计算机的标准。

响应性能和可预测性能是多媒体应用程序的关键特征。**实时性能**需求是指应用程序的一个程序段有一个确定的最大执行时间。例如，在 PMD 上播放一段视频时，由于处理器必须马上接收并处理下一个视频帧，所以每个视频帧的处理时间是有限的。某些应用程序中还有一个更具体的需求：当超出某一最大时间时，会限制特定任务的平均时间和实例数目。如果仅仅是偶尔违反一个事件的时间约束条件，而非频繁发生这种情况，就可以采用这种有时被称为**软实时**的方法。实时性能往往严重依赖于具体的应用程序。

许多 PMD 应用程序还有其他一些关键特征：需要将存储器占用减至最少，需要高效利用能源。电池容量和散热问题决定了需要提高能效。存储器成本在系统成本中占很大的比例，在这种情况下，优化存储容量非常重要。由于应用程序决定了数据规模的大小，因此对存储容量的重视就转化为对代码规模的重视。

1.2.3 桌面计算机

以资金论，第一个市场（可能仍然是最大的市场）是桌面计算机市场。桌面计算机覆盖了从低端到高端的整个产品范围，既有售价不到 300 美元的低端上网本，也有售价可能达 2500 美元的高端高配工作站。从 2008 年开始，每年生产的个人计算机中，有一半以上是由电池供电的笔记本计算机，台式计算机的销量正在下降。

在整个价格与性能范围内，桌面计算机市场趋向于寻求最优**性价比**。系统的性能（主要以计算性能和图形性能来衡量）和价格对这个市场中的客户来说是最重要的，因此对计算机设计人员也是最重要的。结果，最新、最高性能的微处理器和低成本微处理器经常首先出现在桌面系统中。（1.6 节将讨论影响计算机成本的问题。）

尽管以 Web 为中心的交互式应用程序的使用日益增多，为性能评估带来了新的挑战，但应用程序和基准测试还是能够较好地体现桌面计算机的特征。

1.2.4 服务器

自 20 世纪 80 年代开始转向个人计算机以来，服务器的角色逐渐变为提供更大规模、更可靠的文件和计算服务。这些服务器已经代替传统的大型机，成为大规模企业计算的中枢。

服务器的关键特征不同于桌面计算机。首先，可用性至关重要。（我们将在 1.7 节讨论可用性。）以运行银行 ATM 或者航班订票系统的服务器为例，这些服务器必须每周 7 天、每天 24 小时不间断工作，所以此类服务器系统发生故障的后果远比单台计算机发生故障严重。表 1-2 估算了服务器应用程序因宕机所造成的成本。

表 1-2 假定有 3 种可用性级别且宕机时间均匀分布，通过分析宕机成本（直接收入损失），给出系统不可用的成本（四舍五入至 1 万美元）

应用程序	每小时的宕机成本（万美元）	不同宕机率造成的年度损失（万美元）		
		1%（87.6 小时/年）	0.5%（43.8 小时/年）	0.1%（8.8 小时/年）
经纪服务	400	35 040	17 520	3500
能源	175	15 330	7670	1530
电信	125	10 950	5480	1100
制造	100	8760	4380	880
零售	65	5690	2850	570
医疗	40	3500	1750	350
媒体	5	440	220	40

* 数据来源：Landstrom [2014]，由 Contingency Planning Research 收集和分析。

服务器系统的第二个关键特征是可扩展性。服务器系统经常需要扩展，以满足对其所支持服务的日益增长的需求，或者应对日益增加的功能需求。因此，服务器扩展计算能力、内存、存储和 I/O 带宽的能力极为重要。

最后一个特征是，服务器的设计应使其具有很高的吞吐能力。这也就是说，服务器的整体性能（每分钟处理的事务数或者每秒提供的网页数）很重要。尽管响应单个请求的速度依然重要，但总体效率和成本效益（由单位时间内能够处理的请求数决定）才是大多数服务器的关键指标。我们将在 1.8 节讨论如何评估不同类型的计算环境的性能。

1.2.5　集群/仓库级计算机

软件即服务（SaaS）应用（比如搜索、社交网络、视频分享、多人游戏、在线销售等）的发展推动了一类被称为**集群**的计算机的发展。集群是指一组桌面计算机或服务器通过局域网连接在一起，其运转方式类似于一台更大型的计算机。每个节点都运行自己的操作系统，节点之间使用网络协议进行通信。最大规模的集群称为**仓库级计算机**（WSC），其设计方式使数万台服务器像一台服务器一样运行。第 6 章将详细介绍这类超大型计算机。

WSC 是如此之大，因而性价比和功耗非常关键。第 6 章会具体解释，WSC 的大部分成本与"仓库"内计算机的功耗和冷却技术有关。这些按年摊销的计算机和网络设备的年费用高达 4000 万美元，因为它们通常每隔几年就必须更换一次。在购买这样大规模的计算设备时，一定要精打细算，因为性价比提高 10%就意味着每个 WSC 每年可以节省 400 万美元（4000 万美元的 10%），而像 Amazon 这样的公司可能有 100 个 WSC！

WSC 与服务器的相似之处在于，可用性对它们来说非常重要。例如，Amazon 美国网站 2016 年的销售额为 1360 亿美元。一年接近 8800 个小时，所以每小时的平均收入差不多是 1500 万美元。在圣诞节购物的高峰时间，潜在损失可能要多出许多倍。第 6 章将会解释，WSC 与服务器的区别在于，WSC 以很多廉价组件为模块进行构建，依靠软件层来捕获和隔离在这一级别进行计算时发生的许多故障，从而提供这类应用程序所需的可用性。注意，WSC 的可扩展性是由连接这些计算机的局域网实现的，而不是像服务器那样，通过集成计算机硬件来实现。

超级计算机与 WSC 的相似之处在于它们都非常昂贵，需要花费数千万美元。二者的不同之处在于，超级计算机强调浮点性能，运行大型的、通信密集的批程序，这些程序可能会一次运行几个星期；而 WSC 强调交互式应用程序、大规模存储、可靠性和高互联网带宽。

1.2.6　并行度与并行体系结构的分类

在所有 4 个计算机类别中，多种级别的并行度已成为计算机设计的驱动力，而能耗和成本则是主要约束。应用程序中主要有以下两种并行。

(1) **数据级并行**（DLP）之所以出现，是因为有许多数据项可以同时操作。

(2) **任务级并行**（TLP）之所以出现，是因为创建的工作任务可以单独执行并且主要采用并行方式执行。

计算机硬件又以如下 4 种主要方式来利用这两种类型的应用并行。

(1) **指令级并行**在两个层面对数据级并行进行了利用，首先在编译器的帮助下，借助流水线之类的思想适度利用，其次借助推测执行（speculative execution）之类的思想进一步利用。

(2) **向量体系结构**、**图形处理器**（graphic processor unit，GPU）和**多媒体指令集**（multimedia instruction set）将单条指令并行应用于一组数据，以利用数据级并行。

(3) **线程级并行**在一种紧耦合硬件模型中利用数据级并行或任务级并行，这种模型允许并行线程之间进行交互。

(4) **请求级并行**利用程序员或操作系统指定的大量解耦任务之间的并行性。

Michael Flynn（1966）在 20 世纪 60 年代研究并行计算工作量时，提出了一种简单的分类方式，我们今天仍在使用这种分类的缩写。它们针对的是数据级并行和任务级并行。他对指令流与数据流中的并行进行了研究，在多处理器受限制最多的组件中，指令非常需要上述并行。根据研究结果，他将所有计算机划分为以下 4 类。

(1) **单指令流单数据流**（single instruction stream, single data stream，SISD）：这个类别是单处理器。程序员把它看作标准的顺序计算机，但可以利用指令级并行。第 3 章将介绍采用 ILP 技术（比如超标量和推测执行）的 SISD 体系结构。

(2) **单指令流多数据流**（single instruction stream, multiple data streams，SIMD）：同一指令由多个使用不同数据流的处理器执行。SIMD 计算机利用**数据级并行**，对多个数据项并行执行相同的操作。每个处理器都有自己的数据存储器（也就是 SIMD 中的 MD），但只有一个指令存储器和控制处理器，用来提取和分派指令。第 4 章将介绍 DLP 和 3 种利用 DLP 的体系结构：向量体系结构、标准指令集的多媒体扩展、GPU。

(3) **多指令流单数据流**（multiple instruction streams, single data stream，MISD）：到目前为止，还没有这种类型的商用多处理器，但包含这种类型之后，这种简单的分类方式才完整。

(4) **多指令流多数据流**（multiple instruction streams, multiple data streams，MIMD）：每个处理器都提取自己的指令，对自己的数据进行操作，它针对的是任务级并行。一般来说，MIMD 比 SIMD 更灵活，所以适用性也更强，但它比 SIMD 更贵一些。例如，MIMD 计算还能利用数据级并行，当然，其开销可能要比 SIMD 计算机高一些。这种开销意味着粒度要足够大，以便高效地利用并行度。第 5 章将介绍紧耦合 MIMD 体系结构，由于多个互相协作的线程是并行操作的，所以它利用了**线程级并行**。第 6 章将介绍利用**请求级并行**的松耦合 MIMD 体系结构（具体来说，就是**集群**和**仓库级计算机**），在这种情况下，可以很自然地并行执行许多独立任务，几乎不需要通信和同步。

这种分类模型很粗略，许多并行处理器其实是 SISD、SIMD 和 MIMD 的混合类型。不过，我们可以用它为本书将要介绍的计算机设计空间设定一个框架。

1.3 计算机体系结构的定义

计算机设计人员面对的是一个非常复杂的任务：判断哪些属性对于一种新计算机来说至关重要，然后在设计这种计算机时使其性能和能效达到最佳，同时还要满足成本、功耗和可用性约束条件。这项任务包括许多方面：指令集设计、功能组织、逻辑设计、实现方式。实现方式可能包括集成电路设计、封装、电源和散热。为使设计方案达到最优效果，设计人员需要熟悉从编译器、操作系统到逻辑设计与封装等各种技术。

几十年前，**计算机体系结构**（computer architecture）一词通常仅指代指令集设计。计算机设计的其他方面称为**实现**，隐含之意通常就是实现方式不太重要，或者说没有什么挑战性。

我们认为这种观点是错误的。架构师或者设计师的工作远不止指令集设计一项，在项目其他方面遇到的技术障碍很可能比在指令集设计中遇到的障碍更具挑战性。在介绍计算机架构师的更多挑战之前，先来快速回顾一下指令集体系结构。

1.3.1 指令集体系结构：计算机体系结构的近距离审视

本书中用**指令集体系结构**（instruction set architecture，ISA）一词来指代程序员可以看到的实际指令集。ISA 相当于软件和硬件之间的界线。在下面对 ISA 的快速回顾中，将使用 80x86、ARMv8 和 RISC-V 的例子从 7 个方面来介绍 ISA。最流行的 RISC 处理器来自 ARM（Advanced RISC Machine），2015 年交付的芯片中有 148 亿片使用了这种处理器，大约是采用 80x86 处理器的芯片的 50 倍。附录 A 和附录 K 更详细地介绍了这 3 种 ISA。

RISC-V 是在加州大学伯克利分校开发的一个现代 RISC 指令集，为了回应工业界的需求，它是免费的、开放的。除了一个完整的软件栈（编译器、操作系统和模拟器）之外，还有若干种 RISC-V 实现，可以免费用于定制芯片或现场可编程门阵列中。RISC-V 的诞生距离第一个 RISC 指令集已有 30 年，它继承了“前辈”的出色理念——一大组寄存器、易于实现流水线化的指令、一组精简的操作，同时又避免了它们的疏漏和错误。它是前面所说的 RISC 体系结构的一个免费、开放、优美的实例，这就是为什么有 60 多家公司加入了 RISC-V 基金会，其中包括 AMD、Google、HP、IBM、Microsoft、NVIDIA、Qualcomm、三星和 Western Digital。我们将 RISC-V 的整数核 ISA 作为本书的示例 ISA。

(1) **ISA 分类**。现今几乎所有的 ISA 都被划分到通用寄存器体系结构中，在这种体系结构中，操作数要么是寄存器，要么是存储地址。80x86 有 16 个通用寄存器和 16 个浮点寄存器，而 RISC-V 则有 32 个通用寄存器和 32 个浮点寄存器（见表 1-3）。这一类别有两种主流版本，一种是**寄存器-存储器 ISA**，比如 80x86，可以在许多指令中访问存储器；另一种是**载入-存储 ISA**，比如 ARMv8 和 RISC-V，它们只能用载入指令或存储指令来访问存储器。自 1985 年后发布的所有 ISA 都是载入-存储 ISA。

表 1-3　RISC-V 寄存器、名称、用途和调用规范

寄存器	名称	用途	保存者
x0	zero	常量值 0	—
x1	ra	返回地址	调用者
x2	sp	栈指针	被调用者
x3	gp	全局指针	—
x4	tp	线程指针	—
x5-x7	t0-t2	临时变量	调用者
x8	s0/fp	已保存的寄存器/帧指针	被调用者
x9	s1	已保存的寄存器	被调用者
x10-x11	a0-a1	函数实参/返回值	调用者
x12-x17	a2-a7	函数实参	调用者
x18-x27	s2-s11	已保存的寄存器	被调用者
x28-x31	t3-t6	临时变量	调用者
f0-f7	ft0-ft7	临时浮点变量	调用者
f8-f9	fs0-fs1	已保存的浮点寄存器	被调用者

（续）

寄存器	名称	用途	保存者
f10-f11	fa0-fa1	浮点函数实参/返回值	调用者
f12-f17	fa2-fa7	浮点函数实参	调用者
f18-f27	fs2-fs11	已保存的浮点寄存器	被调用者
f28-f31	ft8-ft11	临时浮点变量	调用者

* 除了 32 个通用寄存器（x0-x31）之外，RISC-V 还有 32 个浮点寄存器（f0-f31），可以保存一个 32 位单精度数或一个 64 位双精度数。在过程调用期间需要保存的寄存器标有“被调用者”保存。

(2) **存储器寻址**。几乎所有桌面计算机和服务器计算机（包括 80x86、ARMv8 和 RISC-V）都使用字节寻址来访问存储器操作数。有些体系结构（比如 ARMv8）要求操作对象必须是**对齐的**。对于一个大小为 s 字节、字节地址为 A 的对象，如果 $A \bmod s = 0$，则对这个对象的访问是对齐的。80x86 和 RISC-V 不要求对齐，但如果操作数是对齐的，访问速度通常会更快一些。

(3) **寻址模式**。除了指定寄存器和常量操作数之外，寻址模式还指定了一个存储器对象的地址。RISC-V 寻址模式为：寄存器寻址、立即数寻址和位移量寻址。在位移量寻址模式中，将一个固定偏移量加到寄存器，得出存储器地址。80x86 支持上述 3 种模式，再加上位移量（寻址）的 3 种变化形式，即无寄存器（绝对数）、两个寄存器（用位移量进行基址寻址），以及两个寄存器，其中一个寄存器的内容乘以操作数的字节大小（用比例索引和位移量进行变址寻址）。ARMv8 拥有 3 种 RISC-V 寻址模式，再加上相对 PC（程序计数器）的寻址方式、两个寄存器之和，以及另一种方式——也是两个寄存器之和，但其中一个寄存器的内容要乘以操作数的字节大小。它还有自动递增寻址和自动递减寻址，计算得到的地址会被放在用于构造该地址的一个寄存器中，并替代其中的旧地址。

(4) **操作数的类型和大小**。和大多数 ISA 类似，80x86、ARMv8 和 RISC-V 支持的操作数大小为 8 位（ASCII 字符）、16 位（Unicode 字符或半个字）、32 位（整数或字）、64 位（双字或长整型），以及 IEEE 754 浮点数［包括 32 位（单精度）和 64 位（双精度）］。80x86 还支持 80 位浮点数（扩展双精度）。

(5) **操作指令**。常见的操作类别为数据传输指令、算术逻辑指令、控制指令（下面进行讨论）和浮点指令。RISC-V 是一种简单的、易于实现流水化的指令集体系结构，它是 2017 年采用的 RISC 体系结构的代表。表 1-4 总结了整数 RISC-V ISA。表 1-5 列出了浮点 ISA。80x86 的操作指令集要丰富得多，也大得多（参见附录 K）。

表 1-4 RISC-V 中的部分指令

指令类型/操作码	指令含义
数据传输	**在寄存器和存储器之间，或者在整数和浮点或特殊寄存器之间移动数据；唯一的存储器寻址模式是 12 位位移量加上 GPR 的内容**
lb、lbu、sb	载入字节，载入无符号字节，存储字节（至/自整数寄存器）
lh、lhu、sh	载入半字，载入无符号半字，存储半字（至/自整数寄存器）
lw、lwu、sw	载入字，载入无符号字，存储字（至/自整数寄存器）
ld、sd	载入双字，存储双字（至/自整数寄存器）
flw、fld、fsw、fsd	载入单精度浮点，载入双精度浮点，存储单精度浮点，存储双精度浮点

（续）

指令类型/操作码	指令含义
fmv._.x、fmv.x._	在整数寄存器与浮点寄存器之间复制数据；“_”为S表示单精度，为D表示双精度
csrrw、csrrwi、csrrs、csrrsi、csrrc、csrrci	读取计数器和写入状态寄存器，包括的计数器有：时钟周期、时间和退役指令
算术/逻辑	**对GPR中的整数或逻辑数据进行操作**
add、addi、addw、addiw	加，加立即数（所有立即数为12位），仅加32位立即数并通过符号位扩展为64位，仅加32位立即数
sub、subw	减，仅减32位
mul、mulw、mulh、mulhsu、mulhu	乘，仅乘32位，乘上半部分，乘上半部分有符号-无符号，乘上半部分无符号
div、divu、rem、remu	除以，除以无符号数，求余，无符号数求余
divw、divuw、remw、remuw	除以和求余：同上，但仅除以低32位，生成32位符号扩展结果
and、andi	与，与立即数
or、ori、xor、xori	或，或立即数，异或，异或立即数
lui	载入上半部分立即数；将立即数载入寄存器的第12~31位，然后进行符号扩展
auipc	将第12~31位中的立即数（低位为0）加至PC；与JALR一起使用，将控制转移给任意一个32位地址
sll、slli、srl、srli、sra、srai	移位：左逻辑移位，右逻辑移位，算术右移；均可采用变量和立即数形式
sllw、slliw、srlw、srliw、sraw、sraiw	移位：同上，但移低32位，生成32位符号扩展结果
slt、slti、sltu、sltiu	小于置位，小于立即数置位，有符号和无符号
控制	**条件分支和跳转；相对于PC寄存器或通过寄存器控制**
beq、bne、blt、bge、bltu、bgeu	分支：GPR等于/不等于；小于；大于或等于；有符号和无符号
jal、jalr	跳转和链接：保存PC+4，目标为相对于PC（JAL）或寄存器（JALR）；如果指定x0为目标寄存器，则充当简单跳转
ecall	向提供支持的执行环境（通常是操作系统）发出请求
ebreak	调试器，用于将控制交回调试环境
fence、fence.i	同步线程，以保证存储器访问的顺序；同步指令和数据，以存储到指令存储器中

* RISC-V拥有一个基础指令集(R64I)，并提供了可选扩展：乘-除(RVM)、单精度浮点(RVF)、双精度浮点(RVD)。本表中包含了RVM，表1-5中将给出RVF和RVD。附录A给出了有关RISC-V的更多信息。

表1-5 RISC-V的浮点指令

指令类型/操作码	指令含义
浮点	**对双精度和单精度格式执行浮点操作**
fadd.d、fadd.s	加双精度、单精度数
fsub.d、fsub.s	减双精度、单精度数
fmul.d、fmul.s	乘双精度、单精度浮点数
fmadd.d、fmadd.s、fnmadd.d、fnmadd.s	乘-加双精度、单精度数；负的乘-加双精度、单精度数
fmsub.d、fmsub.s、fnmsub.d、fnmsub.s	乘-减双精度、单精度数；负的乘-减双精度、单精度数
fdiv.d、fdiv.s	除以双精度、单精度浮点数
fsqrt.d、fsqrt.s	对双精度、单精度浮点数求平方根
fmax.d、fmax.s、fmin.d、fmin.s	对双精度、单精度浮点数求最大值和最小值

（续）

指令类型/操作码	指令含义
fcvt._._、fcvt._._u、fcvt._u._	转换指令：FCVT.x.y 从类型 x 转换为类型 y，其中 x 和 y 为 L（64 位整数）、W（32 位整数）、D（双精度）或 S（单精度）。整数可以是无符号的（U）
feq._ 、 flt._.fle._	在浮点寄存器之间进行浮点比较，并将布尔结果保存在整数寄存器中；"_" 为 S 表示单精度，为 D 表示双精度
fclass.d、fclass.s	向整数寄存器中写入一个 10 位掩码，表示浮点数的类别（ −∞，+∞，−0，+0, NaN, …）
fsgnj._ 、fsgnjn._ 、fsgnjx._	符号注入指令，仅改变符号位：从其他源中复制符号位，其他源的符号位的相反数，2 个符号位的异号

* RISC-V 有一个基础指令集（R64I），并提供可选扩展，用于单精度浮点数（RVF）和双精度浮点数（RVD）。

(6) **控制流指令**。包括上述 3 种在内的几乎所有 ISA 都支持条件分支、无条件跳转、过程调用和返回。这 3 种 ISA 都使用 PC 相对寻址方式，其中的分支地址由一个地址字段指定，该地址将被加到 PC 中。这 3 种 ISA 之间有一些微小的区别。RISC-V 条件分支（BE、BNE 等）检验寄存器中的内容，而 80x86 和 ARMv8 分支检测条件码位，这些位是在执行算术/逻辑运算时顺带置位的。ARM v8 和 RISC-V 过程调用将返回地址放在一个寄存器中，而 80x86 调用（CALLF）将返回地址放在存储器中的一个栈内。

(7) **ISA 的编码**。有两种基本的编码选择：**固定长度和可变长度**。所有 ARM v8 和 RISC-V 指令的长度都是 32 位，从而简化了指令译码。图 1-2 给出了 RISC-V 指令格式。80x86 编码为可变长度，变化范围为 1~18 字节。与固定长度的指令相比，可变长度的指令占用的空间更少，所以为 80x86 编译的程序通常小于为 RISC-V 编译的相同程序。注意，上面提到的编码选择会影响将指令转换为二进制编码的方式。例如，由于寄存器字段和寻址模式字段可以在一条指令中出现多次，所以寄存器的数目和寻址模式的数目都对指令的大小有很大影响。（注意，ARMv8 和 RISC-V 后来都进行了扩展，支持长 16 位和长 32 位的指令，以便缩小程序规模。这两种扩展分别叫作 Thumb-2 和 RV64IC。这些紧凑版 RISC 体系结构的代码规模小于 80x86。参见附录 K。）

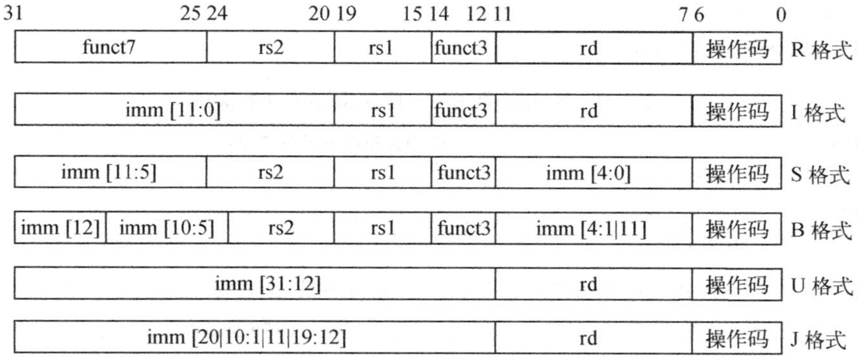

31 ... 25	24 ... 20	19 ... 15	14 ... 12	11 ... 7	6 ... 0	
funct7	rs2	rs1	funct3	rd	操作码	R 格式
imm [11:0]		rs1	funct3	rd	操作码	I 格式
imm [11:5]	rs2	rs1	funct3	imm [4:0]	操作码	S 格式
imm [12]	imm [10:5]	rs2	rs1	funct3	imm [4:1|11]	操作码	B 格式
imm [31:12]				rd	操作码	U 格式
imm [20|10:1|11|19:12]				rd	操作码	J 格式

图 1-2 基础 RISC-V 指令集体系结构格式。所有指令的长度均为 32 位。R 格式用于整数寄存器间操作，比如 ADD、SUB 等；I 格式用于载入和即时操作立即数指令，比如 LD 和 ADDI；B 格式用于分支；J 格式用于跳转和链接；S 格式用于存储。为存储采用一种单独的格式，可以使得 3 个寄存器指示符（rd、rs1、rs2）在所有格式中都位于相同位置。U 格式用于宽立即数指令（LUI、AUIPC）

目前，指令集之间的差异很小，并且存在不同的应用领域，除了 ISA 设计之外，计算机架构师所面对的其他挑战尤为严峻。因此，从本书第 4 版开始，除了这里给出的快速回顾之外，还在附录中提供了大量有关指令集的材料（参见附录 A 和附录 K）。

1.3.2　真正的计算机体系结构：设计满足目标和功能需求的组成和硬件

计算机的实现包括两个方面：组成和硬件。**组成**（organization）一词包含了计算机设计的高阶内容，比如存储器系统、存储器互连、内部处理器或 CPU（中央处理器——算术、逻辑、分支和数据输送功能都在这里实现）的设计。有时也使用**微体系结构**（microarchitecture）一词来代替“组成”。例如，AMD Opteron 和 Intel Core i7 是两个指令集体系结构相同但组成不同的处理器。这两种处理器都实现 80x86 指令集，但它们的流水线和缓存组成有很大不同。

由于单个微处理器上开始采用多个处理器，所以人们开始使用**核**（core）一词来称呼处理器。人们一般不说“多处理器微处理器”，而是使用**多核**（multicore）处理器。由于现今几乎所有芯片都有多个处理器，所以人们不怎么使用“中央处理器”（或 CPU）一词了。

硬件是指计算机的具体实现，包括计算机的详尽逻辑设计和封装技术。同一系列的计算机通常具有相同的指令集体系结构和非常相似的组成，但在具体硬件实现方面有所不同。例如，Intel Core i7（见第 3 章）和 Intel Xeon E7（见第 5 章）基本相同，但提供了不同的时钟频率和不同的存储器系统，其中 Xeon E7 更适用于服务器计算机。

在本书中，**体系结构**涵盖了计算机设计的所有 3 个方面：指令集体系结构、组成或微体系结构、硬件。

架构师设计的计算机必须满足功能需求，并达到价格、功耗、性能和可用性指标的要求。表 1-6 总结了在设计新计算机时要考虑的需求。通常，架构师还必须判断有哪些功能需求，而这可能是一项主要任务。需求可能是由市场驱动的特定功能。应用软件决定了计算机的使用方式，从而经常会驱动对特定功能需求的选择。如果存在大量为特定指令集体系结构设计的软件，那么架构师可能会认为新计算机应当实现现有指令集。如果某类应用程序拥有庞大的市场，那么可能会促使设计人员整合一些需求，确保计算机在这一市场上具有更强的竞争力。后面的章节将深入研究此类需求和功能。

表 1-6　架构师面对的一些最重要的功能需求

功能需求	应当具备或支持的典型特征
应用领域	**计算机的目标**
个人移动设备	一系列任务的实时性能，包括图形、视频和音频的交互性能；能效（第 2、3、4、5、7 章，附录 A）
桌面计算机	一系列任务的均衡性能，包括图形、视频和音频的交互性能；能效（第 2、3、4、5 章，附录 A）
服务器	支持数据库和事务处理；可靠性和可用性的增强；支持可伸缩性（第 2、5、7 章，附录 A、D、F）
集群/仓库级计算机	许多独立任务的吞吐量性能；存储器的纠错功能；能耗均衡（第 2、6、7 章，附录 F）
物联网/嵌入式计算	通常需要为图形或视频提供特殊支持（或者其他专用扩展）；可能需要功耗限制和电源控制；实时约束（第 2、3、5、7 章，附录 A、E）

（续）

功能需求	应当具备或支持的典型特征
软件兼容级别	**决定计算机的现有软件数目**
在编程语言级别	对设计人员来说最为灵活；需要新编译器（第 3、5、7 章，附录 A）
目标代码或二进制代码兼容性	指令集体系结构完全确定（几乎没有灵活性），但不需要在软件或端口程序上进行投入（附录 A）
操作系统需求	**支持选定操作系统所需要的特征（第 2 章、附录 B）**
地址空间的大小	非常重要的特征（第 2 章）；可能会限制应用程序
内存管理	为现代操作系统所必需；可能进行分页或分段（第 2 章）
保护	不同的操作系统和应用程序需要：分页或分段；虚拟机（第 2 章）
标准	**市场可能要求特定的标准**
浮点	格式和算法：IEEE 754 标准（附录 J）；用于图形处理或信号处理的特殊算法
I/O 接口	对于 I/O 设备：串行 ATA、串行连接 SCSI、PCI Express（附录 D、F）
操作系统	UNIX、Windows、Linux、CISCO IOS
网络	支持不同网络：以太网、Infiniband（附录 F）
编程语言	语言（ANSI C、C++、Java、Fortran）影响指令集（附录 A）

* 左列描述需求的类别，右列给出具体示例并指出讨论相应主题的章节和附录。

架构师还必须了解技术和计算机应用这两方面的重要趋势，因为这些趋势不仅会影响未来的成本，还会影响体系结构的生命期。

1.4 技术趋势

一种指令集体系结构要取得成功，它的设计必须能够适应计算机技术的快速变化。毕竟，一种成功的新指令集体系结构可能要存续几十年，例如 IBM 大型机的核已经使用了 50 多年。架构师必须规划好如何应对技术变革，以便延长一种成功的计算机的生命期。

要为计算机的发展做长远计划，设计人员必须了解实现技术的快速变化。以下 5 种实现技术是现代计算机实现所不可或缺的，它们都在快速变化。

- **集成电路逻辑技术**。晶体管密度每年大约增加 35%，相当于每 4 年翻两番。晶片大小的增长速度比较难以预测，也慢一些，增速为每年 10%~20%。两者综合起来，一个芯片上的晶体管数目每年大约增长 40%~55%，或者说每 18~24 个月翻一番。这种变化趋势就是人们熟悉的摩尔定律。器件的增长速度要慢一些，后面将进行讨论。令人震惊的是，摩尔定律已经不再成立了。单个芯片上的器件数量还在增加，但增速减慢了。与摩尔定律时代不同了，我们预期的数量翻番的时间将随着每一代新技术的发展而拉长。
- **半导体 DRAM**（动态随机访问存储器）。这一技术是主存储器的基础，我们将在第 2 章详细讨论。DRAM 的增速急剧下降，已经不再像过去那样每 3 年翻两番。8 Gbit DRAM 是在 2014 年交付的，但 16 Gbit DRAM 在 2019 年之前不会交付，而 32 Gbit DRAM 似乎不会出现了[Kim，2005]。第 2 章提到了其他几种技术，可以在 DRAM 碰到容量壁垒时取代它。
- **半导体闪存**（电可擦编程只读存储器）。这种永久性半导体存储器是 PMD 中的标准存储器件，普及率的迅速提高激发了其容量的快速增加。最近几年，单个闪存芯片的容量每年大约增加 50%~60%，大约每两年翻一番。当前，每比特的闪存价格大约是 DRAM 的 1/10~1/8。第 2 章将详细探讨闪存。

- **磁盘技术**。在 1990 年之前，磁盘密度每年大约增加 30%，差不多每 3 年翻一番。之后每年增加 60%，1996 年的增速为 100%。2004 年到 2011 年，增速回落至大约 40%，相当于每两年翻一番。近来，磁盘密度的提升速度已经减缓到每年不足 5%。提高磁盘容量的一种方法是以相同的面密度增加更多盘片，但是在 3.5 寸磁盘的一英寸[①]深度中已经有了 7 个盘片，剩余的空间至多能容下一两个盘片。增加实际密度的最后一点希望是在磁盘读写头中使用一种小型激光装置，将一个 30 nm 的点加热到 400℃，从而在其冷却之前以磁方式写入它。尽管 Seagate 宣布了在 2018 年限量生产并交付 HAMR（热辅磁记录），但现在还不清楚能否经济可靠地生产 HAMR。HAMR 是持续提升硬盘驱动器面密度的最后一个机会，硬盘驱动器现在的每比特价格是闪存的 1/10~1/8，是 DRAM 的 1/300~1/200。这一技术是服务器存储和仓库级存储的核心技术，附录 D 会详细讨论这些变化趋势。
- **网络技术**。网络性能取决于交换机性能和传输系统的性能。附录 F 中详述了网络技术的发展趋势。

这些快速发展的技术左右着计算机设计的命运。由于计算速度的激增和技术的迅猛发展，一种计算机设计的生存期可能只有 3~5 年。闪存等关键技术的发展速度如此之快，设计人员必须为应对这些变化做好打算。事实上，设计人员在设计时经常要考虑到下一代技术，因为他们知道，当一个产品开始大量交付时，下一代技术可能最具成本效益或者拥有性能优势。一般来说，成本的下降速度与密度的增加速度大体相当。

尽管技术在不断地进步，但其影响可能不是连续的，就像一个个门槛在等待新技术跨越。比如，当 MOS 技术在 20 世纪 80 年代早期发展到可以在单个芯片上集成 25 000~50 000 个晶体管时，单片 32 位微处理器的制造才成为可能。到 20 世纪 80 年代后期，一级缓存可以出现在一个芯片上。通过消除处理器内部以及处理器与缓存之间的芯片交叉，使性价比和能效的大幅提高成为可能。在技术发展到一定程度之前，这种设计无法付诸实现。随着多核微处理器的出现以及每一代核数量的增加，连服务器计算机也开始追求将所有处理器放在一个芯片上。这类技术门槛并不罕见，并且对众多设计决策有着重要影响。

1.4.1　性能趋势：带宽胜过延迟

在 1.8 节我们会看到，**带宽和吞吐量**是指在给定时间内完成的总工作量，比如在进行磁盘读写时每秒传输的兆字节数。与之相对，**延迟或响应时间**是指一个事件从开始到完成所经过的时间，比如一次磁盘访问需要的毫秒数。图 1-3 绘制了微处理器、存储器、网络和磁盘等各项技术在出现里程碑式进步时，带宽与延迟的相对改进曲线。表 1-7 详细描述了这些示例和里程碑。

---

① 1 寸约等于 3.33 厘米，1 英寸约等于 2.54 厘米。——编者注

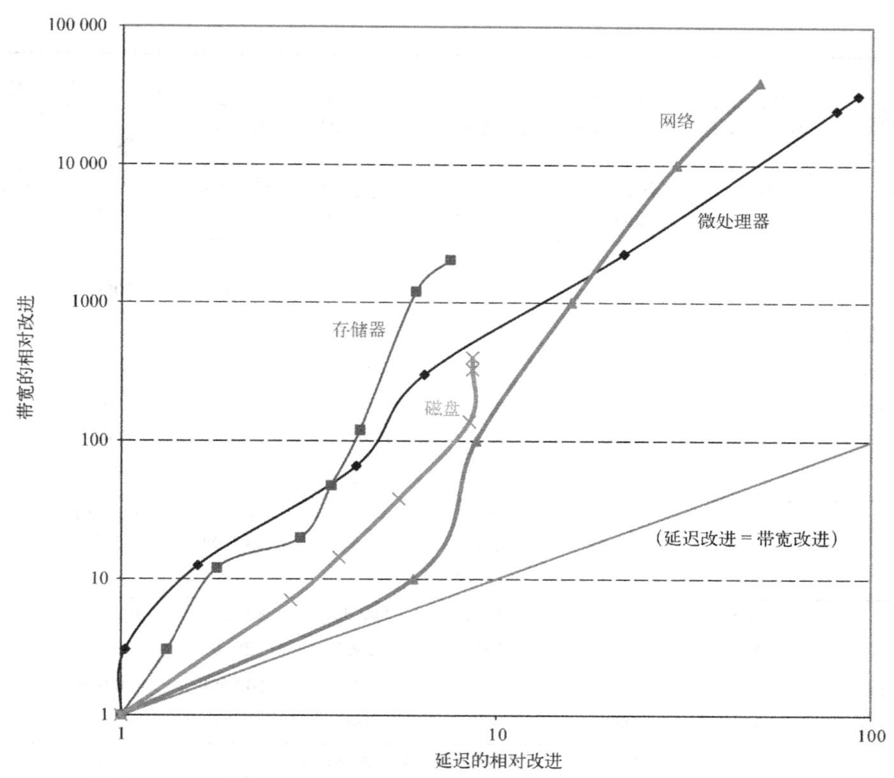

图 1-3 表 1-7 中各个带宽与延迟里程碑相对于第一个里程碑的双对数曲线。注意，延迟改进了 8~91 倍，而带宽改进约 400~32 000 倍。我们注意到，自本书（英文版）上一版出版以来的 6 年里，除了用于网络的情况之外，其他 3 种技术中的延迟和带宽都有一些不太显著的改进：延迟改进 0%~23%，带宽增加 23%~70%。更新自 Patterson, D. [2004]

表 1-7 微处理器、存储器、网络和磁盘在过去 25~40 年里的性能里程碑

微处理器	16 位地址/总线、微编码	32 位地址/总线、微编码	5 级流水线、片上指令缓存和数据缓存、FPU	2 路超标量、64 位总线	乱序 3 路超标量	乱序超流水线、片上 L2 缓存	多核 OOO 4 路片上 L3 缓存、Turbo
产品	Intel 80286	Intel 80386	Intel 80486	Intel Pentium	Intel Pentium Pro	Intel Pentium 4	Intel Core i7
年份	1982	1985	1989	1993	1997	2001	2015
晶片大小（mm^2）	47	43	81	90	308	217	122
晶体管数	134 000	275 000	1 200 000	3 100 000	5 500 000	42 000 000	1 750 000 000
处理器/芯片	1	1	1	1	1	1	4
管脚	68	132	168	273	387	423	1400
延迟（时钟周期）	6	5	5	5	10	22	14
总线宽度（位）	16	32	32	64	64	64	196
时钟频率（MHz）	12.5	16	25	66	200	1500	4000
带宽（MIPS）	2	6	25	132	600	4500	64 000
延迟（ns）	320	313	200	76	50	15	4

（续）

微处理器	16位地址/总线、微编码	32位地址/总线、微编码	5级流水线、片上指令缓存和数据缓存、FPU	2路超标量、64位总线	乱序3路超标量	乱序超流水线、片上L2缓存	多核OOO 4路片上L3缓存、Turbo
存储器模块	DRAM	分页模式DRAM	快速分页模式DRAM	快速分页模式DRAM	SDRAM	DDR SDRAM	DDR4 SDRAM
模块宽度（位）	16	16	32	64	64	64	64
年份	1980	1983	1986	1993	1997	2000	2016
Mbit/DRAM芯片	0.06	0.25	1	16	64	256	4096
晶片大小（mm²）	35	45	70	130	170	204	50
管脚/DRAM芯片	16	16	18	20	54	66	134
带宽（MB/s）	13	40	160	267	640	1600	27 000
延迟（ns）	225	170	125	75	62	52	30
局域网	以太网	快速以太网	吉比特（Gbit）以太网	10 Gbit以太网	100 Gbit以太网	400 Gbit以太网	
IEEE标准	802.3	803.3u	802.3ab	802.3ac	802.3ba	802.3bs	
年份	1978	1995	1999	2003	2010	2017	
带宽（Mbit/s）	10	100	1000	10 000	100 000	400 000	
延迟（μs）	3000	500	340	190	100	60	
硬盘	3600 RPM	5400 RPM	7200 RPM	10 000 RPM	15 000 RPM	15 000 RPM	
产品	CDC WrenI 94145-36	希捷ST41600	希捷ST15150	希捷ST39102	希捷ST373453	希捷ST600MX0062	
年份	1983	1990	1994	1998	2003	2016	
容量（GB）	0.03	1.4	4.3	9.1	73.4	600	
磁盘物理尺寸	5.25英寸	5.25英寸	3.5英寸	3.5英寸	3.5英寸	3.5英寸	
介质直径	5.25英寸	5.25英寸	3.5英寸	3.0英寸	2.5英寸	2.5英寸	
接口	ST-142	SCSI	SCSI	SCSI	SCSI	SAS	
带宽（MB/s）	0.6	4	9	24	86	250	
延迟（ms）	48.3	17.1	12.7	8.8	5.7	3.6	

* 微处理器里程碑是几代IA-32处理器，从16位总线、微编码80286到64位总线、多核、乱序执行、超流水线Core i7。存储器模块里程碑包括从16位宽、纯DRAM到64位宽DDR3 SDRAM。以太网从10 Mbit/s发展到400 Gbit/s。磁盘里程碑是以旋转速度为标志的，从3600 RPM到15 000 RPM。每种情况都是指最佳带宽，延迟就是假定没有争用时执行一个简单操作的时间。更新自Patterson, D. [2004]。

性能是微处理器和网络的主要区别，所以取得了最大的改进：带宽增加了 32 000~40 000倍，延迟性能改进了 50~90 倍。对存储器和磁盘来说，容量通常比性能更重要，所以容量增加得更多，但带宽增加了 400~2400 倍，仍然远远高于延迟性能方面 8~9 倍的改进。

显然，在这些技术的发展过程中，带宽的改进速度超过延迟，而且这一趋势很可能会持续下去。一个简单的经验法则是：带宽的增加速度至少是延迟改进速度的平方。计算机设计人员应当据此制订相应的规划。

1.4.2 晶体管性能与连线的发展

集成电路的制造工艺是用**特征尺寸**（feature size）来衡量的，所谓**特征尺寸**就是一个晶体管或一条连线在 *x* 轴方向或 *y* 轴方向的最小尺寸。特征尺寸已经从 1971 年的 10 微米减小到 2017 年的 0.016 微米。事实上，单位已经变了，2011 年的特征尺寸被称为“16 纳米”（16 nm），7 纳米的芯片正在研发之中。由于每平方毫米硅片上的晶体管数目是由单个晶体管的表面积决定的，所以当特征尺寸线性减小时，晶体管密度将呈二次方增长。

不过，晶体管性能的提升更加复杂。当特征尺寸缩小时，器件在水平方向的缩小服从平方律，在垂直方向上也会缩小。在垂直方向上缩小时，需要降低工作电压，以保持晶体管的正常工作和可靠性。缩放因子的这种组合效果使晶体管性能和工艺特征尺寸之间产生了复杂的关系。大致来说，晶体管性能的提高与特征尺寸的减小呈线性关系。

当特征尺寸减小时，晶体管性能线性提升，而晶体管数目却呈二次方增加，这既是挑战，也是机遇，计算机架构师正是解决此类问题的！在微处理器发展的早期，借助晶体管密度的这种快速增长，微处理器迅速从 4 位发展到 8 位、16 位、32 位乃至 64 位。最近几年，密度的增长已经足以支持在一个芯片上引入多个处理器，支持更宽的 SIMD 单元、推测执行和缓存中的许多创新，第 2、3、4、5 章将会讨论这些内容。

尽管晶体管的性能通常会随着特征尺寸的减小而提升，但集成电路中的连线却不会如此。具体来说，一段连线的信号延迟与其电阻和电容的乘积成正比。当然，当特征尺寸减小时，连线会变短，但单位长度的电阻和电容都会变差。这种关系很复杂，这是因为电阻和电容都依赖于工艺的具体细节、连线的几何形状、连线的负载，甚至与其他结构的邻近程度。偶尔也会有工艺方面的改进，比如铜的引入，这些改进会一次性地缩短连线延迟。

一般来说，与晶体管性能相比，连线延迟方面的改进小得可怜，这增大了设计人员面临的挑战。在过去几年里，除了功耗限制之外，连线延迟已经成为大型集成电路的主要设计障碍，而且往往比晶体管开关延迟还要关键。信号在连线上的传播延迟消耗了越来越多的时钟周期，而功耗对时钟周期的影响大于连线延迟。

1.5 集成电路中的功耗和能耗趋势

今天，对于几乎所有类型的计算机来说，能耗都是计算机设计人员面对的最大挑战。第一，必须将电源引入芯片，并进行分配，而现代微处理器仅仅为供电和接地就使用了数百个管脚和多个互连层。第二，功耗以热的形式耗散，必须降低。

1.5.1 功耗和能耗：系统视角

系统架构师或用户应当如何考虑性能、功耗和能耗呢？从系统架构师的角度来看，共有 3 个主要关注事项。

第一，处理器需要的最大功耗是多少？满足功耗要求对于确保操作正确非常重要。例如，如果处理器的预期功耗大于电源系统能够提供的功耗（也就是试图汲取的电流大于电源系统能够提供的电流），通常会导致电压下降，而电压下降可能会导致器件无法正常工作。现代处理器在峰值电流时的功耗变化范围很大，因此提供了电压指数方法，让处理器能够减缓速度，在更大幅度内调整电压。显然，这样会降低性能。

第二，持续功耗是多少？这个指标通常称为**热设计功耗**（thermal design power，TDP），因为它是对系统散热提出的要求。TDP 既不是峰值功耗（峰值功耗通常要高 1.5 倍），也不是在给定计算期间的（可能更低的）实际平均功耗。在为一个系统适配电源时，其功耗通常要大于 TDP，而冷却系统的散热通常也不小于 TDP。如果散热能力不足，处理器中的结点温度可能会超出最大值，导致器件故障，甚至永久损坏。由于最大功耗可能超出 TDP 指定的长期平均值（从而使热量和温度上升），所以现代处理器提供了两项功能来帮助管理热量——当温度接近结点温度上限时，电路降低时钟频率，从而减小功耗；如果这个动作不管用，则启用热过载保护装置，强制芯片断电。

设计者和用户需要考虑的第三个因素是能耗和能效。回想一下，功耗就是单位时间的能耗：1 瓦=1 焦/秒。哪个指标更适合用来对比处理器：能耗还是功耗？一般来说，能耗更好一些，因为它与特定任务以及该项任务所需要的时间相关联。具体来说，执行一项工作负载的能耗等于平均功耗乘以此项工作负载的执行时间。

因此，如果我们想知道两种处理器中的哪一个对于某一给定任务更为高效，应当对比执行该项任务的能耗，而不是对比功耗。例如，处理器 A 的平均功耗可能比处理器 B 高 20%，但如果 A 执行该任务的时间仅为 B 所需时间的 70%，A 的能耗就是 $1.2 \times 0.7=0.84$，显然要更低一些。

有人可能会说，在一个大型服务器或者云中，由于工作负载经常被认为是无限的，所以考虑平均功耗就足够了，但这是一种误导。如果处在云中的是处理器 B，而不是处理器 A，那么在能耗相同的情况下，这个云所做的工作会少一些。对比能耗可以避免这一谬误。只要我们的工作负载是固定的，那么无论是仓库规模的云还是智能手机，在对比处理器时使用能耗指标总是正确的方法，因为无论是云的电费单还是智能手机的电池寿命，都是由能耗决定的。

那功耗什么时候才是一种有用的指标呢？它的主要用途是作为一种约束条件，比如，一个风冷芯片的功耗可能被限定为不得超过 100 W。如果工作负载是固定的，那就可以用它来进行评价，但在这种情况下，它只不过是平均任务能耗这一真正指标的变体。

1.5.2　微处理器内部的能耗和功耗

对 CMOS 芯片来说，传统的主要能耗源是开关晶体管，也称为**动态能耗**（dynamic energy）。每个晶体管的能耗跟该晶体管驱动的容性负载与电压平方的乘积成正比：

$$\text{能耗}_{\text{动态}} \propto \text{容性负载} \times \text{电压}^2$$

这个公式的计算结果就是逻辑转换脉冲 0→1→0 或 1→0→1 的能耗。那么一次转换（0→1 或 1→0）的能耗就是：

$$\text{能耗}_{\text{动态}} \propto 1/2 \times \text{容性负载} \times \text{电压}^2$$

每个晶体管所需要的功耗就是一次转换的能耗与转换频率的乘积：

$$\text{功耗}_{\text{动态}} \propto 1/2 \times \text{容性负载} \times \text{电压}^2 \times \text{开关频率}$$

对于一项固定任务，降低时钟频率可以降低功耗，但不会降低能耗。

显然，通过降低电压可以大幅降低动态功耗和能耗，所以在 20 年里，电压已经从 5 V 降低到 1 V 以下。容性负载的大小取决于输出端连接的晶体管数目及所用技术，而该技术决定了连线和晶体管的电容。

例题 现在的一些微处理器设计采用可调电压，电压降低 15%可能导致频率下降 15%。这对动态能耗和动态功耗有什么影响？

解答 由于电容值不变，所以能耗变化就是电压平方之比：

$$\frac{能耗_{新}}{能耗_{原}}=\frac{(电压\times 0.85)^2}{电压^2}\approx 0.85^2\approx 0.72$$

因此，能耗大约降为原能耗的 72%。对于功耗，需要考虑频率的比值：

$$\frac{功耗_{新}}{功耗_{原}}=0.72\times\frac{(开关频率\times 0.85)}{开关频率}\approx 0.61$$

功耗降低到原功耗的约 61%。

当我们从一种制造工艺转向另一种工艺时，晶体管开关次数及其变化频率的增加所产生的影响大于负载电容和电压的降低，从而导致功耗和能耗的总体上升。第一代微处理器功耗低于 1 W，第一代 32 位微处理器（比如 Intel 80286）功耗大约为 2 W，而 4.0 GHz Intel Core i7-6700K 功耗为 95 W。如果这些热量必须从一个边长大约为 1.5 cm 的芯片上消散出去，那实际已经接近风冷所能达到的极限，而这正是我们近 10 年来一直停滞不前的地方。

根据上述公式，如果不能降低电压或提高每个芯片的功耗，那么可能就要减缓时钟频率的增长速度。图 1-4 表明，实际上从 2003 年开始就已经是这种局势了，虽然图 1-1 中的微处理器都是每一年度性能最高的处理器，但也无一例外。注意，图 1-4 中具有平坦时钟频率曲线的那段时期与图 1-1 中性能改进缓慢的时期相对应。

配电、散热和防热点的难度日益增加。能耗是现在使用晶体管的主要限制因素。因此，现代微处理器提供了许多技术，试图在时钟频率和电源电压保持不变的情况下，提高能效。

(1) **以逸待劳**。今天的大多数微处理器会关闭非活动模块的时钟，以降低能耗和动态功耗。例如，如果当前没有执行浮点指令，浮点单元的时钟将被禁用。如果一些核处于空闲状态，它们的时钟也会被停止。

(2) **动态电压-频率调整**（dynamic voltage-frequency scaling，DVFS）。第二种技术直接来自上述公式。PMD、笔记本计算机，甚至服务器都会有一些活跃程度较低的时期，在此期间不需要以最高时钟频率和电压运转。现代微处理器通常提供几种能够降低功耗和能耗的工作时钟频率和工作电压。图 1-5 绘制了当工作负载降低时，服务器通过 DVFS 可能节省的功耗，3 种时钟频率为 2.4 GHz、1.8 GHz 和 1 GHz。在这两个步骤中的每一步，服务器可以节省大约 10%~15% 的总功耗。

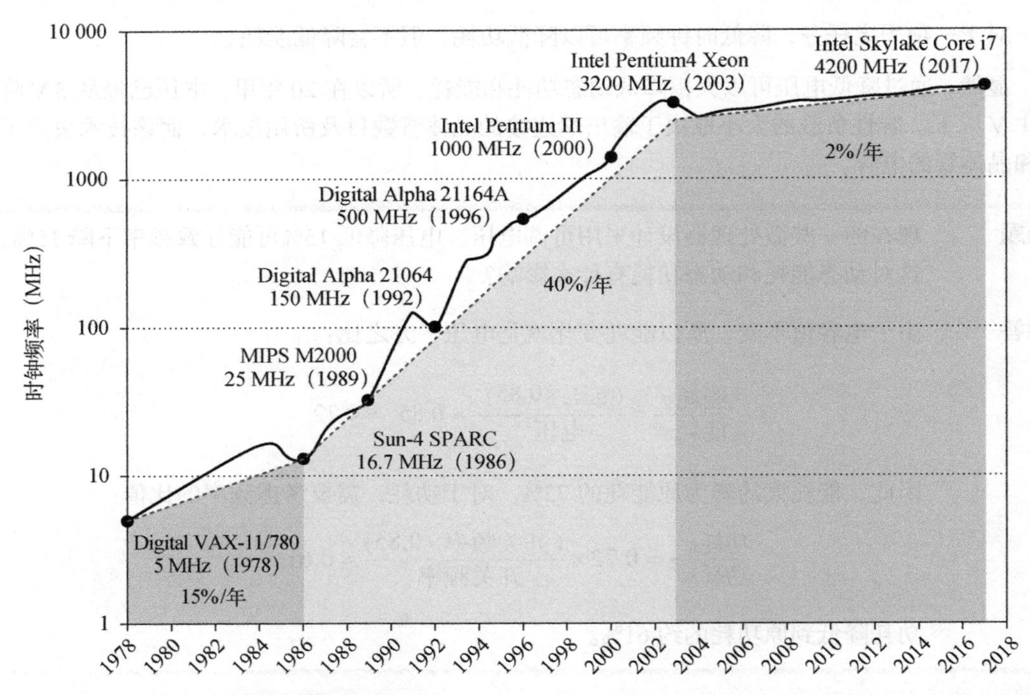

图 1-4 图 1-1 中各微处理器时钟频率的增长。从 1978 年到 1986 年，时钟频率的年增长速度低于 15%，而性能的年增长速度为 25%。1986 年到 2003 年，性能年增长速度达到 52%的“复兴时期”，时钟频率飞速增长，增长速度几乎达到每年 40%。之后，时钟频率几乎停滞不前，每年的增长速度低于 2%，而近来单处理器性能的年增长速度仅为 3.5%

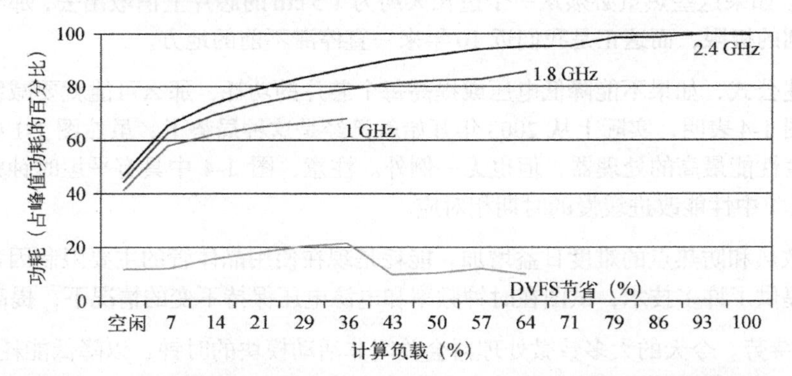

图 1-5 采用 AMD Opteron 微处理器、8 GB DRAM、一个 ATA 磁盘的服务器减少的能耗。当时钟频率为 1.8 GHz 时，服务器在不降低服务水平的情况下最多只能处理三分之二的工作负载；当时钟频率为 1.0 GHz 时，只能安全地处理三分之一的工作负载（Barroso、Hölzle [2009]一书中的图 5-11）

(3) 针对典型情景的设计。由于 PMD 和笔记本计算机经常空闲，所以内外存储器都提供了低功耗模式，以减少能耗。例如，DRAM 具有一系列功耗逐渐降低的低功耗模式，用于延长 PMD 和笔记本计算机的电池寿命；同时，针对磁盘也提出了一些建议，即在空闲时使其采用低转速模式，以省电。遗憾的是，在这些模式下，你不能访问 DRAM 和磁盘，无论访问速度有多低，你都必须返回全速工作模式才能进行读写。前面曾经提到，PC 微处理器的设计考虑了一种更典型的情景：在高工作温度下密集使用。这种设计依靠片上温度传感器检测应当在什么时候自动减少活动，以避免过热。这种“紧急减速”使制造商能够针对更典型的情景进行设计，如果所运行程序的耗电量远远超出典型情况，则可以依靠这种安全机制来保证安全。

(4) **超频**。Intel 在 2008 年开始提供 Turbo 模式，在这种模式中，芯片可以判定在少数几个核上以较高时钟频率短时运行是安全的，直到温度开始上升为止。例如，3.3 GHz Core i7 可以在很短的时间内以 3.6 GHz 的频率运行。实际上，从 2008 年开始，图 1-1 中每一年度性能最高的微处理器都提供了短时超频功能，超频频率大约比标称时钟频率高 10%。在执行单线程代码时，这些微处理器可以仅留下一个核，并使其以更高时钟频率运行，而其他所有核均被关闭。注意，操作系统可以关闭 Turbo 模式，而且在启用时也没有通知，所以程序员可能会惊奇地发现，他们的程序可能会因为室温而发生性能变化。

尽管通常认为动态功耗是 CMOS 中功耗的主要来源，但由于即使晶体管处于关闭状态也存在泄漏电流，所以静态功耗也逐渐成为一个重要问题：

$$\text{功耗}_{\text{静态}} \propto \text{电流}_{\text{静态}} \times \text{电压}$$

也就是说，静态功耗与器件数目成正比。

因此，如果增加晶体管的数目，那么即使它们处于空闲状态也会增加功耗，并且当晶体管的尺寸较小时，处理器中的泄漏电流会增大。所以，功耗极低的系统甚至会关闭非活动模块的电源（**电源门控**，power gating），以控制由泄漏电流导致的损失。2011 年，泄漏目标是总功耗的 25%，而高性能设计中的泄漏有时远远超过了这一目标。此类芯片的泄漏可能高达 50%，部分原因是大型 SRAM 缓存需要电力来维持其存储值。（SRAM 中的 S 表示“静态”，即 static。）停止泄漏的唯一手段就是关闭部分芯片的电源。

最后，由于处理器只是系统整体能耗中的一部分，所以如果使用一个速度较快但能效较低的处理器，使系统的其他部分能够进入睡眠模式，可能有助于降低整体能耗。这种策略被称为**竞相暂停**（race-to-halt）。

由于功耗和能耗的重要性，人们在评价一项创新时，更加重视其能效。因此，现在的主要评价指标是每焦耳完成的任务数或者每瓦实现的性能，而不再是每平方毫米的硅所实现的性能。这一新的指标影响了并行化方法，第 4 章和第 5 章会介绍这一内容。

1.5.3 计算机体系结构因为能耗限制而发生的变化

随着晶体管发展速度的减缓，计算机架构师必须寻求其他提高能效的方法。事实上，在给定能耗预算的情况下，今天很容易设计出一种微处理器，其拥有的晶体管数多到不能同时全部开启。这种现象称为**暗硅**（dark silicon），这是因为在任意时刻，由于热限制，一个芯片的大部分都不能使用（“暗”）。这一观测结果使架构师们重新研究了处理器设计的基本原理，以寻求更高的能效。

图 1-6 列出了现代计算机各组成模块的能耗开销和面积开销，它揭示的比率大得惊人。例如，一个 32 位浮点加法的能耗是一个 8 位整数加法的 30 倍。面积开销差异甚至更大，约为 116 倍。但是，最大的差异在于存储器：DRAM 读/写 32 比特的能耗是一次 8 位加法的约 21 333 倍。一个小型 SRAM 的能效是 DRAM 的 128 倍，这充分表明了仔细选用缓存和存储缓冲区的重要性。

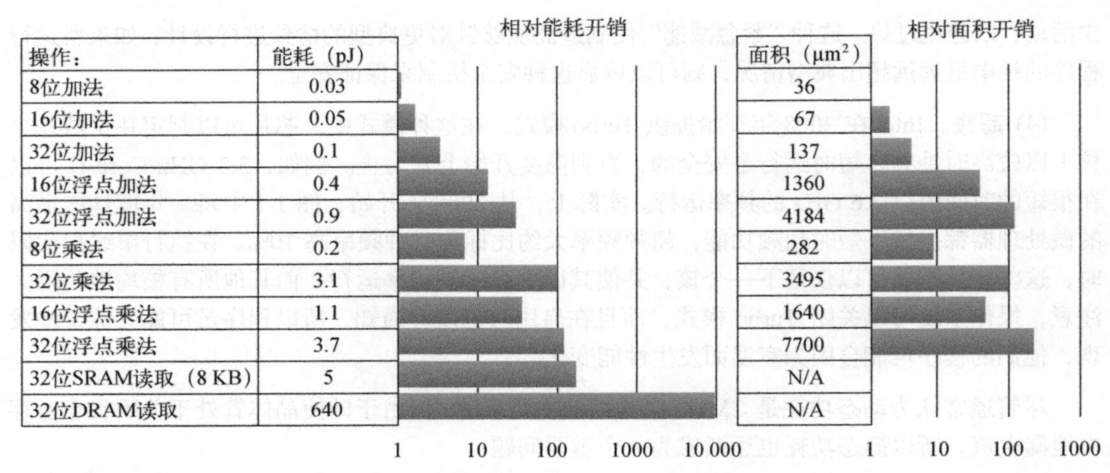

能耗值取自Mark Horowitz的文章“Computing’s Energy problem (and what we can do about it)”（ISSCC 2014）。
面积数字是Design Compiler（DC）在TSMC 45 nm技术节点下综合的结果。浮点单位使用DesignWare库。

图 1-6　算术运算的能耗与晶片面积的对比，以及 SRAM 访问与 DRAM 访问的能耗对比。面积按照 TSMC 45 nm 制程计算

“将任务的平均能耗降至最低”，这一新设计原理结合图 1-6 中的相对能耗开销和相对面积开销，为计算机架构师提供了一个新方向，我们将在第 7 章进行讨论。领域专用处理器减少了宽浮点运算，并部署专用存储器来减少对 DRAM 的访问，从而节省了能耗。它们又利用这些节省下来的能耗供应更多的（较窄的）整数算术单元——比传统处理器多供应 10~100 个。尽管这些处理器只能执行有限的任务，但与通用处理器相比，它们执行这些任务的速度要快得多，能效也要高得多。

就像一家既有全科医生又有专科医生的医院，在这个能源意识很强的世界里，计算机很可能结合了通用核与专用核，其中通用核可以执行任何任务，而专用核可以用更低的成本更好地完成一些事情。

1.6　成本趋势

尽管成本在一些计算机设计（特别是超级计算机）中不是特别重要，但对成本敏感的设计却越来越重要。事实上，在过去 35 年里，通过技术改进来降低成本（以及提高性能）已经成为计算机行业的一个重要主题。

教科书中经常会忽略“成本–性能”中的成本部分，一是因为成本的不断变化会使书中内容过时；二是因为成本问题非常微妙，因细分行业而异。尽管如此，对计算机架构师来说，有必要了解成本及其影响因素，以便明智地决定是否将一项新功能纳入设计。（想象一下，如果摩天大楼的设计师完全不了解钢梁和混凝土的成本，那会是什么结果！）

本节讨论影响计算机成本的主要因素，以及这些因素如何随时间变化。

1.6.1　时间、产量和大众化的影响

即使基本的实现技术没有取得任何重大进步，计算机组件的制造成本也会随着时间的推移

而降低。成本下降背后的基本原理是**学习曲线**——制造成本随时间的推移而降低。学习曲线本身是根据**良率**（yield）的变化测得的，所谓**良率**是指成功通过测试的器件占所生产器件总数的百分比。无论是芯片、主板还是系统，使良率翻倍的设计就能使成本减半。

了解学习曲线如何提高良率，对于在一件产品生存周期的不同阶段控制成本非常重要。比如，长期以来，每兆字节 DRAM 的价格一直在下降。由于 DRAM 的定价往往与成本密切相关（出现供给不足或过度供给的时期除外），所以 DRAM 的价格与成本变化趋势基本一致。

微处理器的价格也随时间的推移而降低，但由于它们的标准化程度弱于 DRAM，所以价格与成本之间的关系更复杂一些。当竞争非常激烈时，价格往往与成本密切相关，尽管微处理器供应商很少亏本销售。

产量是决定成本的第二个重要因素。产量的提高会从几个方面影响成本。第一，产量的提高减少了完成学习曲线所需的时间，该时间在一定程度上与系统（或芯片）的制造数量成正比。第二，产量的增加会提高购买与制造效率，所以会降低成本。一些设计人员根据经验估计，产量每增加一倍，成本会下降大约 10%。此外，产量的增加还降低了分摊到每台计算机上的开发成本，在保持盈利的同时让成本与价格更为接近。

大众化商品（commodity）是指有多家供应商大量出售且基本相同的产品。杂货商店货架上的几乎所有产品都是大众化商品，标准的 DRAM、闪存、磁盘、监视器和键盘也都是大众化商品。在过去 30 年里，个人计算机行业的很大一部分已经变成一项大众化商品业务，主要生产运行 Microsoft Windows 操作系统的台式计算机和笔记本计算机。

因为许多供应商提供几乎完全相同的产品，所以市场竞争非常激烈。当然，这种竞争会缩小成本与售价之间的距离，而且会降低成本。大众化商品的产量很高，又有明确的产品定义，这让多个供应商在为大众化产品构建组件方面展开竞争，从而降低成本。因此，由于组件供应商之间的竞争，以及供应商所能达到的产量效率，产品的总成本降低了。这种竞争导致低端计算机业务能够获得比其他细分领域更高的性价比，并在低端产生了更大的增长，尽管利润非常有限（对于所有大众化商品业务，通常都是如此）。

1.6.2 集成电路的成本

一本讲解计算机体系结构的书为什么会用一节来讨论集成电路的成本呢？在竞争日益激烈的计算机市场中，标准零件（磁盘、闪存、DRAM 等）的成本已成为任何系统成本的重要组成部分，集成电路的成本在不同计算机的成本中所占的比例越来越大，尤其是在高产量、成本敏感的市场中。事实上，随着 PMD 越来越依赖整体**片上系统**（systems on a chip，SOC），集成电路的成本已成为 PMD 成本的主体。因此，计算机设计人员只有了解芯片的成本，才能理解当前计算机的成本。

尽管集成电路的成本大幅下降，但基本的硅制造工艺没有变化：仍然要对**晶圆**（wafer）进行测试，并切割成**晶片**（die）进行封装（见图 1-7、图 1-8 和图 1-9）。因此，一个已封装集成电路的成本为：

$$集成电路的成本=\frac{晶片成本+晶片测试成本+封装与最终测试成本}{最终测试良率}$$

这一节主要讨论晶片成本，最后总结测试和封装中的关键问题。

图 1-7　Intel Skylake 微处理器晶片的照片，第 4 章将对其进行评价

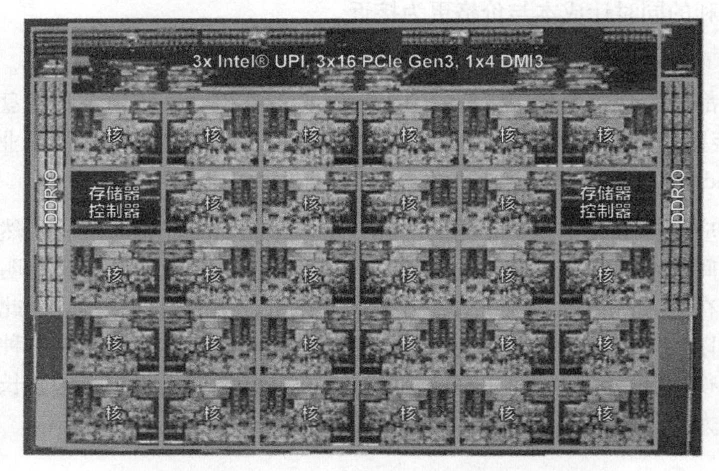

图 1-8　图 1-7 中微处理器晶片的组成及其功能

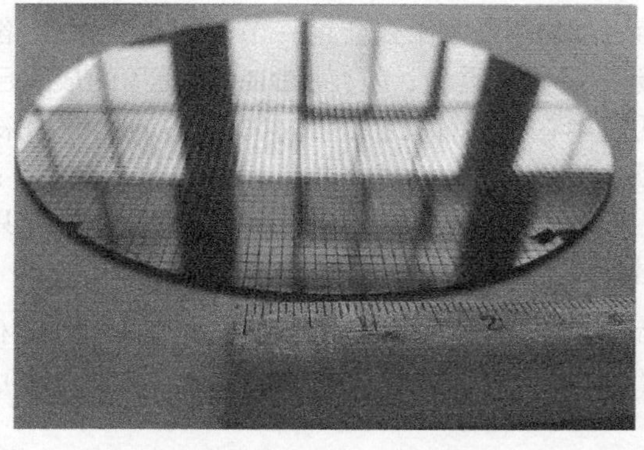

图 1-9　这个直径 200 mm 的 RISC-V 晶片晶圆是由 SiFive 设计的。它有两种类型的 RISC-V 晶片，它们使用一种较旧、较大的处理线。FE310 晶片的尺寸为 2.65 mm × 2.72 mm，SiFive 测试晶片的尺寸为 2.89 mm × 2.72 mm。这个晶圆中包含 1846 个 FE310 晶片和 1866 个 SiFive 测试晶片，共计 3712 个晶片

要学习如何预测一个晶圆上合格芯片的数目，需要首先了解一个晶圆上可以放多少个晶片，然后了解如何预测正常工作的晶片的百分比。知道了这些数据，预测成本就很简单了：

$$\text{晶片成本}=\frac{\text{晶圆成本}}{\text{每个晶圆上的晶片数}\times\text{晶片良率}}$$

芯片成本公式的这个第一项的最重要特征是它对晶片尺寸非常敏感，如下所示。

每个晶圆上的晶片数大约等于晶圆面积除以晶片面积。更准确的估算公式为：

$$\text{每个晶圆上的晶片数}=\frac{\pi\times(\text{晶圆直径}/2)^2}{\text{晶片面积}}-\frac{\pi\times\text{晶圆直径}}{\sqrt{2\times\text{晶片面积}}}$$

第一项是晶圆面积（πr^2）与晶片面积之比。第二项对“方枘圆凿”问题（也就是接近晶圆外围的矩形晶片）做出补偿。将圆周（πd）除以方形晶片的对角线，大约就是边缘的晶片数目。

例题 若晶片边长为 1.5 cm，求一个 300 mm（30 cm）晶圆上的晶片数目。若晶片的边长为 1.0 cm，又可以有多少个晶片？

解答 当晶片面积为 2.25 cm^{2}时：

$$\text{每个晶圆上的晶片数}=\frac{\pi\times(30/2)^2}{2.25}-\frac{\pi\times30}{\sqrt{2\times2.25}}\approx\frac{706.9}{2.25}-\frac{94.2}{2.12}\approx270$$

由于较大晶片的面积是较小晶片的 2.25 倍，所以每个晶圆上的小晶片数大约是后者的 2.25 倍：

$$\text{每个晶圆上的晶片数}=\frac{\pi\times(30/2)^2}{1.00}-\frac{\pi\times30}{\sqrt{2\times1.00}}\approx\frac{706.9}{1.00}-\frac{94.2}{1.41}\approx640$$

但这个公式只给出了每个晶圆上的最大晶片数目。关键问题是：一个晶圆上的合格晶片占多大比例呢？或者说**晶片良率**是多少呢？集成电路良率的一种简单模型假定晶圆上的缺陷是随机分布的，并且良率与制造工艺的复杂度成反比，由这一模型可以得出如下结果：

$$\text{晶片良率}=\text{晶圆良率}\times1/(1+\text{单位面积上的缺陷}\times\text{晶片面积})^N$$

这个波斯–爱因斯坦公式是通过研究许多生产线的良率而得出的经验模型[Sydow，2006]，如今依然适用。**晶圆良率**考虑了完全损坏而不需要测试的晶圆。为简单起见，我们直接假定晶圆良率为 100%。单位面积上的缺陷数是发生的随机制造缺陷的度量。2017 年，对于 28 nm 工艺，这个数值通常为每平方英寸 0.08~0.10 个缺陷；而对于更新的 16 nm 工艺，这个数值通常为每平方英寸 0.10~0.30 个缺陷，具体取决于工艺的成熟度（回想一下前面提到的学习曲线）。其公制版本是每平方厘米 0.012~0.016 个缺陷（28 nm）和每平米厘米 0.016~0.047 个缺陷（16 nm）。最后，N是一个称为“工艺复杂度因数”的参数，用于衡量制造难度。对于 2017 年的 28 nm 工艺，N的范围为 7.5~9.5。对于 16 nm 工艺，N的范围为 10~14。

例题 设缺陷密度为 0.047/cm^2，N为 12，若晶片边长为 1.5 cm 和 1.0 cm，求晶片良率。

解答 总晶片面积为 2.25 cm^{2}和 1.00 cm^2。较大晶片的良率为：

$$晶片良率 = 1/(1+0.047 \times 2.25)^{12} \times 270 \approx 120$$

较小晶片的良率为：

$$晶片良率 = 1/(1+0.047 \times 1.00)^{12} \times 640 \approx 444$$

这个计算结果是每个晶圆上的合格晶片数。在所有较大晶片中，良品数少于一半，而较小晶片中有将近70%是良品。

尽管许多微处理器介于 1.00 cm^2 和 2.25 cm^2 这两个尺寸之间，但低端嵌入式 32 位处理器有时小至 0.05 cm^2，用于嵌入式控制的处理器（用于廉价的物联网设备）通常小于 0.01 cm^2，而高端服务器和 GPU 芯片可以大到 8 cm^2。

由于 DRAM 和 SRAM 之类的大众化商品承受着巨大的价格压力，所以设计人员会加上一些冗余来提高良率。多年来，DRAM 中都包含一些冗余存储器单元，从而可以容许存在一定数目的缺陷。设计人员在标准 SRAM 中和用作微处理器内部缓存的大型 SRAM 阵列中使用了类似的技术。出于相同的原因，GPU 的 84 个处理器中有 4 个是冗余处理器。显然，冗余单元可以显著提高良率。

采用 2017 年的 28 nm 工艺，直径 300 mm（12 英寸）的晶圆的制造成本为 5000~6000 美元；采用 16 nm 工艺的晶圆制造成本约为 7000 美元。假定晶圆的生产成本为 7000 美元，1.00 cm^2 晶片的成本大约为 16 美元，但每个 2.25 cm^2 晶片的成本将达到大约 58 美元，后者的尺寸略大于前者的 2 倍，而成本几乎达到了前者的 4 倍。

关于芯片成本，计算机设计人员应当记住什么呢？制造工艺决定了晶圆成本、晶圆良率和单位面积上的缺陷数，所以设计人员唯一能够控制的就是晶片面积。在实践中，由于单位面积上的缺陷数很少，所以每个晶圆上合格晶片数（以及每个晶片的成本）的增长速度大致与晶片面积的平方成正比。计算机设计人员可以改变晶片大小，进而影响成本，方法有两个：决定晶片上包含哪些功能或者排除哪些功能，确定 I/O 管脚的数目。

对晶片进行测试（将合格晶片从不合格晶片中分离出来）、封装、再测试，才能得到一个可在计算机中使用的零件。这些步骤都大大增加了成本，导致总成本增加一半。

上述分析的重点是生产一个功能性晶片的可变成本，它适用于大批量生产的集成电路。然而，固定成本中有一个非常重要的部分会显著影响小批量生产的集成电路（小于 100 万）的成本，这个重要部分就是掩膜组的成本。集成电路工艺中的每个步骤都需要一个单独的掩膜。因此，对于现在具有多达 10 个金属层的高密度制造工艺来说，采用 16 nm 工艺的掩膜成本大约为 400 万美元，采用 28 nm 工艺的掩膜成本大约为 150 万美元。

好消息是半导体公司提供了“穿梭测试”方案来大幅降低微型测试芯片的成本。他们将许多小型设计放到单个晶片上，以分摊掩膜成本，之后再将这些晶片分割为每个项目的较小部分。于是，TSMC 于 2017 年提供了 80~100 个未经测试的晶片，其尺寸为 1.57 mm × 1.57 mm，采用 28 nm 工艺，费用为 30 000 美元。尽管这些晶片很小，但它们为架构师提供了数百万个晶体管。例如，多个 RISC-V 处理器可以放在这样一个晶片上。

尽管“穿梭测试”方案有助于原型设计和测试调试，但它们并没有解决数十到数十万个部件的小批量生产问题。由于掩膜成本很可能继续增加，所以有些设计人员采用可重新配置的逻辑，以增强一个零件的灵活性，进而降低掩膜带来的成本。

1.6.3 成本与价格

随着计算机的大众化，一件产品的制造成本与售价之间的差额一直在缩小。这些差额主要用来覆盖公司的研发、营销、销售、制造设备维护、厂房租金、财务、税前利润、税收等各项费用。大多数公司的研发费用只占其收入的 4%（大众化 PC 业务）至 12%（高端服务器业务），其中包括了所有工程费用，许多工程师对此感到非常惊讶。

1.6.4 制造成本与运营成本

在本书的前 4 个版本中，成本是指计算机的制造成本，价格是指购买计算机的价格。在 WSC（其中包含数万台服务器）出现之后，除了购买成本之外，计算机的运营成本也非常高。经济学家将这两种成本称为资本支出（CAPEX）和运营支出（OPEX）。

第 6 章会指出，服务器和网络的摊销费用大约是 WSC 月运营成本的一半（假定这一 IT 设备的寿命为 3~4 年）。月运营成本中的约 40%用于电费以及用于配电和 IT 设备冷却的基础设施摊销，而这些基础设施的摊销费用可以分摊到 10~15 年中。因此，要降低仓库级计算机的运营成本，计算机架构师需要高效利用能源。

1.7 可信任度

集成电路曾经是计算机中最可靠的组件之一。尽管它们的管脚很容易损坏，并且可能会在信道中发生故障，但芯片内部的故障率是非常低的。随着特征尺寸减小到 16 nm 甚至更小，上述传统观念正在改变，因为临时性故障和永久性故障都越来越常见，所以架构师必须设计出能够应对这些挑战的系统。这一节快速回顾了一些可信任度问题，术语与方法的官方定义请参阅附录 D.3 节。

计算机是在不同的抽象层上设计和构造的。我们可以逐级深入计算机的不同层面，将每个组件放大为一个完整的子系统进行查看，直到深入到独立的晶体管为止。尽管有些故障会波及整个系统，比如掉电，但许多故障可以被限制在模块的单个组件上。因此，在某一层级看来是整个模块完全失效的情况，当从更高层级来看时，可能只是一个模块中的组件故障。这种层级区分有助于找出构建可靠计算机的方法。

如何判断一个系统的运行是否正常，这是一个难题。随着互联网服务的普及，这个问题变得更为明确。基础设施供应商开始提供**服务等级协议**（service level agreement，SLA）或**服务等级目标**（service level objective，SLO），以保证他们的网络或电源服务是可靠的。例如，他们在一个月内无法满足协议的时间超过若干小时，就会向客户做出赔偿。因此，可以使用 SLA 来判断系统是正常运行还是已经宕机。

系统在 SLA 规定的两种服务状态之间切换。

(1) **服务完成**，即提供了指定服务。

(2) **服务中断**，即所提供的服务与SLA不一致。

两种状态之间的转换由**故障**（由状态1至状态2）或**恢复**（由状态2至状态1）导致。对这两种转换进行量化，可以得到可信任度的两种主要度量。

- **模块可靠性**是对从参考初始时刻开始的连续的服务完成情况的度量（一种等价的说法是，对发生故障之前的时间的度量）。因此，**平均无故障时间**（mean time to failure，MTTF）是一种可靠性度量。MTTF的倒数就是故障率，通常以运行10亿小时发生的故障数来表示，被称为FIT（failures in time）。因此，1 000 000小时的MTTF相当于$10^9/10^6$=1000 FIT。服务中断用**平均修复时间**（mean time to repair，MTTR）来度量。**平均故障间隔时间**（mean time between failures，MTBF）就是MTTF+MTTR。尽管MTBF使用得更为广泛，但MTTF通常更适用。如果一组模块的生存期呈指数分布，也就是说模块的老化对于故障概率的影响不大，那么这一组模块的整体故障率就是这些模块的故障率之和。
- **模块可用性**是指在服务完成与服务中断两种状态之间切换时，对服务完成情况的度量。对于可修复的非冗余系统，模块可用性为

$$\text{模块可用性} = \frac{\text{MTTF}}{\text{MTTF} + \text{MTTR}}$$

注意，可靠性和可用性现在是可量化指标，而不再是可信任度的同义词。从这些定义出发，如果我们对组件的可靠性做出一些假设，并假设故障之间互相独立，则可以量化地估计一个系统的可靠性。

例题　设磁盘子系统的组件及MTTF如下：

- 10个磁盘，各自的等级为1 000 000小时MTTF
- 1个ATA控制器，500 000小时MTTF
- 1个电源，200 000小时MTTF
- 1个风扇，200 000小时MTTF
- 1根ATA电缆，1 000 000小时MTTF

采用简化假设：生存期呈指数分布，并且各故障相互独立。试计算整个系统的MTTF。

解答　故障率之和为：

$$\text{故障率}_{\text{系统}} = 10 \times \frac{1}{1\ 000\,000} + \frac{1}{500\,000} + \frac{1}{200\,000} + \frac{1}{200\,000} + \frac{1}{1\ 000\,000}$$

$$= \frac{10+2+5+5+1}{1\ 000\,000\text{小时}} = \frac{23}{1\ 000\,000} = \frac{23\,000}{1\ 000\,000\,000\text{小时}}$$

即23 000 FIT。系统的MTTF就是故障率的倒数：

$$\text{MTTF}_{\text{系统}} = \frac{1}{\text{故障率}_{\text{系统}}} = \frac{1\ 000\ 000\ 000\text{小时}}{23\ 000} \approx 43\ 478\text{小时}$$

即略低于5年。

应对故障的主要方法是冗余，或者是时间冗余（重复操作，以查看是否仍然存在错误），或者是资源冗余（当一个组件发生故障时，由其他组件接管）。在替换组件、完全修复系统后，认为系统的可信任度与新系统相同。下面用一个例子来量化冗余的好处。

例题 磁盘子系统经常备有冗余电源，以提高可信任度。利用上述组件和MTTF，计算冗余电源的可靠性。假设一个电源足以运行磁盘子系统，而且我们要添加一个冗余电源。

解答 我们需要一个公式来表明当可以容忍一个故障并仍能提供服务时的情景。为了简化计算，假定组件的生存期呈指数分布，而且组件故障之间没有相关性。冗余电源对的MTTF就是两个量的比值，分子是从初始时刻到一个电源发生故障的平均时间，分母是在更换第一个电源之前另一个电源也发生故障的概率。因此，如果在修复第一个故障之前发生第二个故障的可能性很小，那么电源对的MTTF就很大。

由于我们有两个电源，而且故障独立，所以在一个电源发生故障之前的平均时间为$\text{MTTF}_{\text{电源}}/2$。发生第二个故障的概率有一个很好的近似：用MTTR除以另一个电源发生故障之前的平均时间。因此，冗余电源对的合理近似为：

$$\text{MTTF}_{\text{电源对}}=\frac{\text{MTTF}_{\text{电源}}/2}{\frac{\text{MTTR}_{\text{电源}}}{\text{MTTF}_{\text{电源}}}}=\frac{\text{MTTF}^2_{\text{电源}}/2}{\text{MTTR}_{\text{电源}}}=\frac{\text{MTTF}^2_{\text{电源}}}{2\times\text{MTTR}_{\text{电源}}}$$

使用以上MTTF数字，如果假设操作人员平均需要24小时才能发现电源发生故障并进行更换，则这个容错电源对的可靠性为：

$$\text{MTTF}_{\text{电源对}}=\frac{\text{MTTF}^2_{\text{电源}}}{2\times\text{MTTR}_{\text{电源}}}=\frac{200\ 000^2}{2\times24}\approx 833\ 333\ 333$$

这使电源对的可靠程度比单电源高大约4150倍。

在对计算机的成本、功耗和可信用度进行量化之后，我们可以开始量化性能了。

1.8 性能的测量、报告和汇总

如果我们说一台计算机比另一台计算机快，是什么意思呢？一个手机用户说一台计算机更快，可能是一个程序的执行时间较短，而Amazon网站管理员说一台计算机更快，可能是它每小时完成的事务较多。手机用户关心的是缩短**响应时间**，也就是一个事件从启动到完成的时间，也称为**执行时间**。WSC的操作人员关心的是**吞吐量**，也就是在给定时间内完成的总工作量。

在对比不同的设计时，我们经常需要找出两台计算机（比如说X和Y）性能之间的关系。这里所说的“X比Y快”是指给定任务在X上的响应时间或执行时间短于在Y上的响应时间或执行时间。具体来说，“X的速度是Y的*n*倍”是指：

$$\frac{\text{执行时间}_{\text{Y}}}{\text{执行时间}_{\text{X}}}=n$$

由于执行时间是性能的倒数，所以以下关系成立：

$$n=\frac{\text{执行时间}_Y}{\text{执行时间}_X}=\frac{\frac{1}{\text{性能}_Y}}{\frac{1}{\text{性能}_X}}=\frac{\text{性能}_X}{\text{性能}_Y}$$

“X的吞吐量是Y的1.3倍”是指X在单位时间内完成的任务数是Y的1.3倍。

遗憾的是，在对比计算机性能时并非总是使用时间这一衡量标准。我们的观点是：唯一稳定、可靠的性能指标是实际程序的执行时间，以任意其他指标代替时间或者以任意其他被测项代替实际程序，最终都会在计算机设计中产生误导，甚至是错误。

即使是执行时间，也可以根据测量内容采用不同的定义方式。最直接的时间定义被称为**挂钟时间**、**响应时间**或**已用时间**（elapsed time），也就是完成一项任务的延迟，包括外存访问、存储器访问、输入/输出活动、操作系统开销等所有相关时间。在同时运行多个程序的情况下，处理器在等待 I/O 时处理另一个程序，不一定使某一程序的已用时间缩至最短。因此，我们需要一个术语来表达这一行为。**CPU 时间**可以区分这种不同，它指的是处理器执行计算的时间，不包括等待I/O或运行其他程序的时间。（显然，用户观测到的响应时间是程序的已用时间，而不是CPU时间。）

那些定期运行相同程序的计算机用户当然是评估新计算机性能的最佳人选。如果他们要评估一个新系统的性能，只需要比较其**工作负载**的执行时间就行了（**工作负载**就是在计算机上运行的程序和操作系统命令）。但很少有用户具备这种得天独厚的条件。大多数用户必须依赖其他方法（往往是第三方评估软件）来评估计算机的性能，希望这些方法能够预测自己在使用新计算机时的性能。一种方法是使用基准测试程序，许多公司使用这些程序来确定计算机的相对性能。

1.8.1 基准测试

性能的最佳基准测试方法就是采用实际的应用程序，比如1.1节的Google Translate。人们曾经尝试运行一些远比实际应用程序简单的程序，但这种做法导致了性能隐患。这些简单程序的示例包括：

- **程序内核**（kernel），即实际应用程序中短小、关键的部分；
- **玩具程序**，即为了完成编程入门作业而编写的小程序，通常不超过100行，比如快速排序；
- **合成基准测试程序**，即为了匹配实际应用程序的特征和行为而编写的虚拟程序，比如Dhrystone。

今天，这3种方法都受到了质疑，主要是因为编译器的编写人员和架构师可以串通起来，使计算机在执行这些替代程序时显得比运行实际应用程序时更快。令我们感到沮丧的是，合成程序Dhrystone仍然是应用最为广泛的嵌入式处理器基准测试程序！（由于我们认为计算机架构师也认同合成程序的名声不佳，所以本书第4版中就不再使用合成程序来测量计算机性能了。）

另外一个问题是运行基准测试的条件。提升基准测试性能的一种方法是使用基准测试的专用编译器参数。这些参数经常会导致对许多程序而言非法的转换，还可能降低另外一些程序的性能。为了限制这种情况，并使结果更有意义，基准测试开发人员经常要求供应商对所有使用同一语言（C++或 C）编写的程序使用同一个编译器和同一组参数。除了编译器参数的问题之外，还有另外一个问题：是否允许修改源代码？解决这一问题有 3 种方法。

(1) 不允许修改源代码。

(2) 允许修改源代码，但基本没有修改的可能。例如，数据库基准测试依赖于拥有数千万行代码的标准数据库程序。数据库公司几乎不可能为了提高一台特定计算机的性能而进行修改。

(3) 允许修改源代码，只要修改后的版本能够给出相同输出结果即可。

在决定是否允许修改源代码时，基准测试设计人员面对的主要问题是：这些修改是否会反映实际做法并为用户提供有用的见解，或者是否会降低基准测试作为实际性能预测指标的准确率。我们将在第 7 章看到，特定领域的架构师在为定义良好的任务创建处理器时，通常采用第三个选项。

为了避免将太多鸡蛋放在一个篮子中所带来的危险，一种流行的做法是采用基准测试应用程序集（称为**基准测试套件**）来测量处理器处理各种应用程序时的性能。当然，这些套件的准确率不会超过组成该套件的各个基准测试。不过，这种套件的主要优势在于，任何一个基准测试的弱点都会因为其他基准测试的存在而淡化。基准测试套件的目的是描述两台计算机的实际相对性能，特别是对于客户可能会运行的不在该套件中的程序。

嵌入式微处理器基准协会（EEMBC）的基准测试就是前车之鉴。它由 41 个程序内核组成，用于预测不同嵌入式应用程序的性能，涉及的领域包括汽车/工业、消费应用、网络、办公自动化和电信。EEMBC 报告中给出的性能数据未经任何修改，显得有些“杂乱”，几乎所有信息都包含在内。因为这些基准测试采用小型内核，并且报告选项很复杂，所以 EEMBC 并不能很好地预测领域内不同嵌入式计算机的相对性能。正是由于 EEMBC 不够成功，才使得它试图取代的 Dhrystone 一直沿用至今。

在创建标准化基准应用程序套件方面，最成功的尝试之一是 SPEC（标准性能评估机构），它源于 20 世纪 80 年代后期为了更好地对工作站进行基准测试所付出的努力。计算机行业一直在发展之中，所以对不同基准测试套件的需求也在不断变化，现在有许多 SPEC 基准测试，涵盖众多应用领域。所有 SPEC 基准测试套件及其测试报告都可以在 SPEC 网站上找到。

尽管后面的许多章节将主要讨论 SPEC 基准测试，但针对运行 Windows 操作系统的 PC，人们也开发了许多基准测试。

1. 桌面基准测试

桌面基准测试分为两大类：处理器密集型基准测试和图形密集型基准测试，不过许多图形基准测试中包含大量处理器行为。SPEC 最初开发了一个针对处理器性能的基准测试集（最初被称为 SPEC89），它现在已经发展到第 6 代：SPEC CPU2017，前面还有 SPEC2006、SPEC2000、SPEC95、SPEC92 和 SPEC89。SPEC CPU2017 由 10 个整数基准测试（CINT2017）和 17 个浮点基准测试（CFP2017）组成。图 1-10 介绍了目前的 SPEC CPU 基准测试及其之前的各个版本。

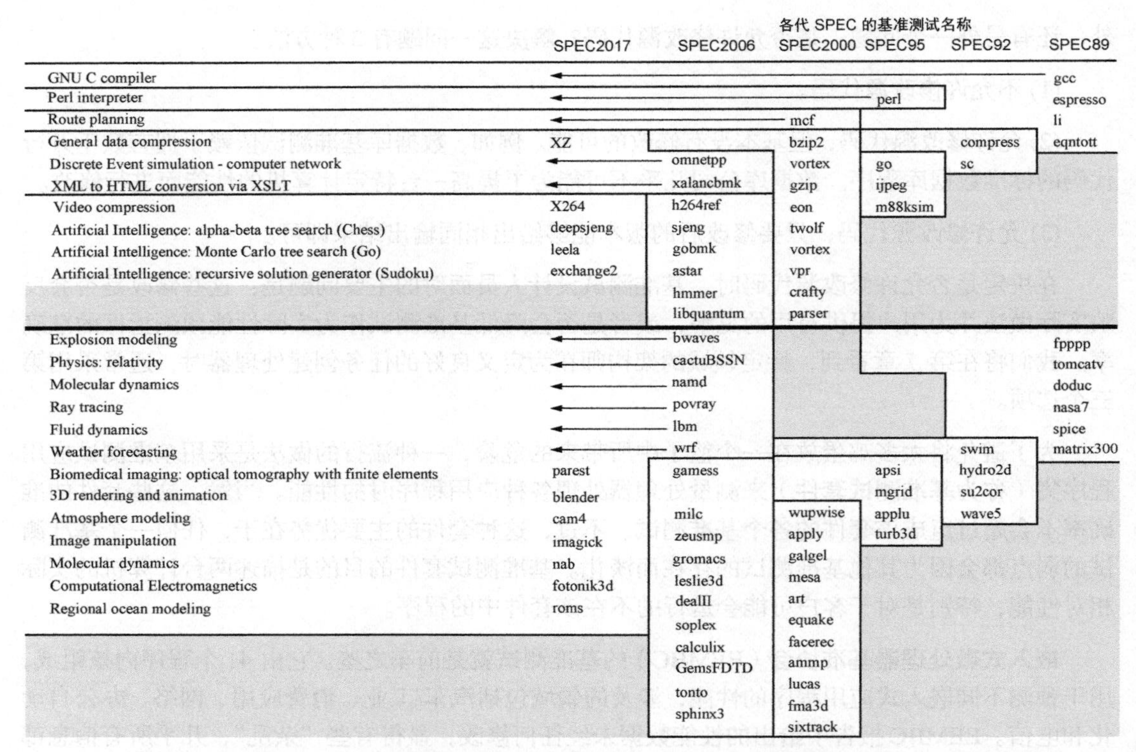

图 1-10　SPEC2017 程序及 SPEC 基准测试随时间的演变，粗线上方为整数程序，下方为浮点程序。在 SPEC2017 的 12 个整数应用程序中，5 个用 C 编写，4 个用 C++编写，1 个用 Fortran 编写。在浮点程序中，3 个用 Fortran 编写，2 个用 C++编写，2 个用 C 编写，6 个用 C、C++和 Fortran 混合编写。图中列出了 1989 年、1992 年、1995 年、2000 年、2006 年和 2017 年版本中的所有 82 个程序。gcc 是这个组中的高级成员。只有 3 个整数程序和 3 个浮点程序“存活”了 3 代或更久。尽管有些程序一代一代地沿续下来，但程序的版本在变化，要么是基准测试的输入发生了变化，要么是其大小发生了变化，这些变化是为了延长其运行时间，避免 CPU 时间之外的某种因素干扰对执行时间的测量或动摇其主导地位。左侧的基准测试描述仅针对 SPEC2017，不适用于之前的版本。同一行中不同 SPEC 代的程序之间一般不相关，例如，fpppp 不像 bwaves 那样是 CFD（Computational Fluid Dynamics，计算机流体力学）代码

SPEC 基准测试是一些实际的应用程序，这些应用程序经过修改就可以移植，并能在最大程度上减轻 I/O 对性能的影响。整数基准测试涉及的范围很广，从 C 编译器的一部分到国际象棋程序，再到视频压缩。浮点基准测试包括分子动力学、射线追踪和天气预测。SPEC CPU 套件可用于对桌面系统和单处理器服务器进行处理器基准测试。在本书中，我们将会看到许多此类程序的相关数据。但是，这些程序与 1.1 节介绍的编程语言、环境以及 Google Translate 应用程序没有什么共同点。它们中有将近一半在编写时使用了 Fortran。它们甚至是静态链接的，而不是像现实世界中的大多数程序那样是动态链接的。可惜的是，SPEC2017 应用程序本身可能是真实的，但并没有启发性。目前还不清楚 SPECint2017 和 SPECfp2017 是否捕捉到了 21 世纪计算的激动人心之处。

1.11 节将介绍在开发 SEEC CPU 基准测试套件时出现的失误，以及维护一个有用的、可预测的基准测试套件所面对的挑战。

SPEC CPU2017 针对的是处理器性能，不过 SPEC 还提供了许多其他基准测试。表 1-8 列出了在 2017 年依然有效的 17 个 SPEC 基准测试。

表 1-8 截至 2017 年依然有效的 SPEC 基准测试

类别	名称	性能测量内容
云	Cloud_IaaS 2016	使用 NoSQL 数据库事务的云和使用 map/reduce 的 K-Means 聚类
CPU	CPU2017	计算密集的整数和浮点工作负载
图形和工作站性能	SPECviewperf® 12	在运行 OpenGL 和 Direct X 的系统中的 3D 图像
	SPECwpc V2.0	在 Windows 操作系统下运行专业应用的工作站
	SPECapcSM for 3ds Max 2015™	运行专有 Autodesk 3ds Max 2015 应用的 3D 图形
	SPECapcSM for Maya® 2012	运行专有 Autodesk 3ds Max 2012 应用的 3D 图形
	SPECapcSM for PTC Creo 3.0	运行专有 PTC Creo 3.0 应用的 3D 图形
	SPECapcSM for Siemens NX 9.0/10.0	运行专有 Siemens NX 9.0 或 10.0 应用的 3D 图形
	SPECapcSM for SolidWorks 2015	运行专有 SolidWorks 2015 CAD/CAM 应用的系统的 3D 图形
高性能计算	ACCEL	使用 OpenCL 和 OpenACC 运行并行应用程序的加速器和主机 CPU
	MPI2007	运行在集群和 SMP 上的 MPI 并行、浮点、计算密集程序
	OMP2012	运行 OpenMP 的并行应用
Java 客户端/服务器	SPECjbb2015	Java 服务器
功耗	SPECpower_ssj2008	运行 SPECjbb2015 的卷服务器类计算机的功耗
解决方案文件服务器（SFS）	SFS2014	文件服务器吞吐量和响应时间
	SPECsfs2008	利用 NFSv3 和 CIFS 协议的文件服务器
虚拟化	SPECvirt_sc2013	虚拟服务器整合中使用的数据中心服务器

2. 服务器基准测试

服务器有许多功能，所以也存在多种类型的基准测试。最简单的基准测试可能是面向处理器吞吐量的基准测试。SPEC CPU2017 利用 SPEC CPU 基准测试构建了一个简单的吞吐量基准测试，这种测试可以测试多处理器的处理速率：运行每个 SPEC CPU 基准测试的多个副本（副本数目通常与处理器数目相同），并将 CPU 时间转变为处理速率。这样会得到一个名为 SPECrate 的度量，它也是 1.2 节介绍的请求级并行的度量。为了测量线程级并行，SPEC 为 OpenMP 和 MPI 以及加速器（如 GPU）提供了一些基准测试，并称之为高性能计算基准测试（见表 1-8）。

除了 SPECrate 之外，大多数服务器应用程序和基准测试有大量因为磁盘和网络通信流量所产生的 I/O 行为，包括用于文件服务器系统、Web 服务器、数据库与事务处理系统的基准测试。SPEC 提供了一个文件服务器基准测试（SPECSFS）和一个 Java 服务器基准测试。（附录 D 详细讨论了一些文件和 I/O 系统基准测试。）SPECvirt_Sc2013 评估虚拟化数据中心服务器的端到端性能。另一个 SPEC 基准测试测量的是功耗，我们将在 1.10 节介绍。

事务处理（transaction-processing，TP）基准测试测量一个系统处理事务（包括数据库访问与更新）的能力。航空订票系统和银行 ATM 系统是比较典型的简单 TP 示例，更高级的 TP 系统涉及复杂的数据库和决策制定。20 世纪 80 年代中期，一群工程师组建了独立于供应商的**事务处理委员会**（Transaction Processing Council，TPC），尝试为 TP 创建客观公平的基准测试。TPC 网站上有关于 TPC 基准测试的介绍。

第一个 TPC 基准测试 TPC-A 于 1985 年发布，后来被其他几个基准测试取代了。TPC-C 最初在 1992 年创建，它模拟一种复杂的查询环境。TPC-H 对专用决策支持建模——查询之间没有关联，不能利用过去查询的相关知识来优化将来的查询。TPC-DI 基准测试是一种新的数据集成（DI）任务，也称为 ETL，它是数据仓库的一个重要部分。TPC-E 是一种**联机事务处理**（online transaction processing，OLTP）工作负载，它模拟代理公司的客户账户。

意识到传统关系数据库与“NoSQL”存储解决方案之间存在的争议，TPCx-HS 测量使用运行 MapReduce 程序的 Hadoop 文件系统的系统，而 TPC-DS 测量决策支持系统，这个系统要么使用一个关系数据库，要么使用一个基于 Hadoop 的系统。TPC-VMS 和 TPCx-V 测量用于虚拟化系统的数据库性能，而 TPC-Energy 为所有现有 TPC 基准测试增加了能耗测试指标。

所有 TPC 基准测试都以每秒完成的事务数来测试性能。此外，它们还包含响应时间要求，仅在满足响应时间限制时才会测试吞吐量性能。在对真实的系统建模时，更高的事务率也与更大型的系统相关联，这里所说的“更大型”一方面表现在用户数上，另一方面表现在作为事务应用对象的数据库上。最后，基准测试系统的系统成本也必须包含在内，以便准确地对比性价比。TPC 修改了它的定价策略，对于所有 TPC 基准测试只有一个规格，从而可以验证 TPC 发布的价格。

1.8.2　报告性能测试结果

在报告性能测试结果时，应当遵循一条指导原则——**可再现性**（reproducibility），即列出其他试验者在再现该结果时所需要的全部信息。SPEC 基准测试报告需要全面描述计算机和编译器参数，以及公布基准性能和经过优化的结果。除了对硬件、软件和基准调优参数的描述之外，SPEC 报告还包含实际**性能倍数**（performance times），并以表格和曲线图两种形式给出。TPC 基准测试报告更为全面，因为它必须包含基准测试审核的结果和成本信息。自制造商在高性能和高性价比方面展开竞争以来，这些报告就成为确定计算系统实际成本的极佳信息源。

1.8.3　性能结果汇总

在实际计算机设计中，必须通过一组相关基准测试来评估大量设计选项的相对量化优势。同样，消费者在选择计算机时，也会依赖一些基准测试的性能测试结果，理想情况下这些基准测试与用户的应用程序类似。在这两种情况下，拥有一组基准测试的测量结果都是有用的，这样重要应用程序的性能就会与套件中一个或多个基准测试的性能类似，从而可以了解性能的变化程度。理想情况下，这个套件类似于应用程序空间的一个统计上有效的样本，但这样的样本需要更多的基准测试，而现行的测试套件无法满足要求，并且这样的样本还需要进行随机采样，而现行的测试套件不允许你这样做。

一旦我们选用一种基准测试套件来测量性能，就希望能够用一个数值来汇总套件的性能结果。计算汇总结果的一种简单方法是对比套件中各个程序执行时间的算术平均值。另一种方法是为每个基准测试增加一个加权因子，以加权算术平均值作为总结性能的唯一数值。一种方法是在选择权重时，使所有程序在某一基准计算机上的执行时间相同，但这会使测试结果出现偏差，向基准计算机的性能特性靠近。

当然，也可以不选择权重，而是以基准计算机为依据，对执行时间进行归一化：将基准计算机上的执行时间除以待评估计算机上的执行时间，得到一个与性能成正比的比值。SPEC 就是使用这种方法，它将这个比值称为 SPECRatio。这是一个特别有用的特性，与本书对比计算机性能的方法（即比较性能比）相匹配。例如，假定在进行基准测试时，计算机 A 的 SPECRatio 是计算机 B 的 1.25 倍，于是可以计算：

$$1.25=\frac{\text{SPECRatio}_{\text{A}}}{\text{SPECRatio}_{\text{B}}}=\frac{\dfrac{\text{执行时间}_{\text{基准}}}{\text{执行时间}_{\text{A}}}}{\dfrac{\text{执行时间}_{\text{基准}}}{\text{执行时间}_{\text{B}}}}=\frac{\text{执行时间}_{\text{B}}}{\text{执行时间}_{\text{A}}}=\frac{\text{性能}_{\text{A}}}{\text{性能}_{\text{B}}}$$

注意，基准计算机上的执行时间会消去，所以在以比值形式进行比较（我们将一直使用这种方法）时，可以任意选择基准计算机。表 1-9 给出了一个示例。

表 1-9 Sun Ultra 5（SPEC2006 的基准计算机）的 SPEC2006Cint 执行时间（秒），以及 AMD A10 和 Intel XeonE5-2690 的执行时间和 SPECRatio

基准测试	Sun Ultra Enterprise 2 时间（秒）	AMD A10-6800K 时间（秒）	SPEC 2006Cint 比值	Intel XeonE5-2690 时间（秒）	SPEC 2006Cint 比值	AMD/Intel 时间（秒）	Intel/AMD SPEC 比值
perlbench	9770	401	24.36	261	37.43	1.54	1.54
bzip2	9650	505	19.11	422	22.87	1.20	1.20
gcc	8050	490	16.43	227	35.46	2.16	2.16
mcf	9120	249	36.63	153	59.61	1.63	1.63
gobmk	10 490	418	25.10	382	27.46	1.09	1.09
hmmer	9330	182	51.26	120	77.75	1.52	1.52
sjeng	12 100	517	23.40	383	31.59	1.35	1.35
libquantum	20 720	84	246.08	3	7 295.77	29.65	29.65
h264ref	22 130	611	36.22	425	52.07	1.44	1.44
omnetpp	6250	313	19.97	153	40.85	2.05	2.05
astar	7020	303	23.17	209	33.59	1.45	1.45
xalancbmk	6900	215	32.09	98	70.41	2.19	2.19
几何平均值			31.91		63.72	2.00	2.00

* 最后两列给出了执行时间的比值和 SPECRatio 的比值。这一数字说明基准计算机与相对性能无关。执行时间之比与 SPECRatio 之比相同，几何平均值之比（63.72/31.91 ≈ 2.00）与比值的几何平均值（2.00）相等。1.11 节会讨论 libquantum，其性能要比其他 SPEC 基准测试高几个数量级。

因为 SPECRatio 是一个比值，而不是绝对执行时间，所以必须用**几何**平均值来计算它的均值。（由于 SPECRatio 没有单位，所以以算术方式比较 SPECRatio 是没有意义的。）几何平均值的公式是：

$$\text{几何平均值}=\sqrt[n]{\prod_{i=1}^{n}\text{样本}_i}$$

对于 SPEC，**样本**$_i$ 表示第 i 个程序的 SPECRatio。使用几何平均值可以确保以下两个重要特性。

(1) 这些比值的几何平均值与几何平均值之比相等。

(2) 几何平均值之比等于性能比值的几何平均值，这就意味着选择什么基准计算机无关紧要。因此，使用几何平均值的动机更为充分，特别是在使用性能比值进行对比时。

例题　证明几何平均值之比等于性能比值的几何平均值，且 SPECRatio 基准计算机的选择无关紧要。

解答　假定有两台计算机 A 和 B，每台计算机有一组 SPECRatio。

$$\frac{几何平均值_{A}}{几何平均值_{B}}=\frac{\sqrt[n]{\prod_{i=1}^{n} \text{SPECRatioA}_i}}{\sqrt[n]{\prod_{i=1}^{n} \text{SPECRatioB}_i}}=\sqrt[n]{\prod_{i=1}^{n}\frac{\text{SPECRatioA}_i}{\text{SPECRatioB}_i}}$$

$$=\sqrt[n]{\prod_{i=1}^{n}\frac{\dfrac{执行时间_{基准_i}}{执行时间_{A_i}}}{\dfrac{执行时间_{基准_i}}{执行时间_{B_i}}}}=\sqrt[n]{\prod_{i=1}^{n}\frac{执行时间_{B_i}}{执行时间_{A_i}}}=\sqrt[n]{\prod_{i=1}^{n}\frac{性能_{A_i}}{性能_{B_i}}}$$

即，A 与 B 的 SPECRatio 的几何平均值之比，等于对 A 与 B 执行套件中所有基准测试所得性能比的几何平均值。表 1-9 用 SPEC 中的示例表明了其有效性。

1.9 计算机设计的量化原理

既然我们已经知道如何对性能、成本、可靠性、能耗和功耗进行定义、测量和汇总，现在就可以开始研究计算机设计与分析中非常有用的指导原则了。这一节将介绍有关设计的重要观测结果，以及两个用于评估备选设计的公式。

1.9.1 充分利用并行

充分利用并行是提高性能的重要方法之一。本书的每一章都有一个通过并行来提高性能的示例。这里给出 3 个简单的例子，后续章节中会详细解释。

第一个例子是在系统级别利用并行。为了提高典型服务器基准测试（比如 SPECSFS 或 TPC-C）上的吞吐量性能，可以使用多个处理器和多个存储设备。随后可以在处理器和存储设备上分散处理请求，从而提高吞吐量。扩展内存以及增加处理器和存储设备数目的能力称为**可扩展性**，这对服务器来说是非常有价值的优点。在多个存储设备之间分散数据，以实现并行读写，就可以支持数据级并行。SPECSFS 还依靠请求级并行来使用多个处理器，而 TPC-C 使用线程级并行实现对数据库查询的快速处理。

在单个处理器级别，充分利用指令间的并行对于实现高性能非常关键。实现这种并行的一种最简单的方法就是流水线。（附录 C 会详细解释流水线，它也是第 3 章的一个重点。）流水线背后的基本思想是将指令执行重叠起来，以缩短完成指令序列的总时间。流水线的一个关键之处在于，并非每条指令都依赖于其前一条指令，所以完全或部分并行地执行这些指令是有可能的。流水线是人们最熟悉的指令级并行示例。

在具体的数字设计级别也可以利用并行。例如，组相联（set-associative）缓存使用多体存储器，通常可以对它们进行并行查询，以查找所需项。算术逻辑单元使用先行进位，这种方法使用并行来加快求和过程，使线性时间变为对数时间。数据级并行的例子还有许多。

1.9.2 局部性原理

人们通过观察程序特性获得了一些重要发现。我们最常用的一个重要程序特性是**局部性原理**（principle of locality）：程序常常重用其最近用过的数据和指令。一条广泛适用的经验法则是：一个程序 90%的执行时间花在 10%的代码上。局部性意味着我们可以根据一个程序最近访问的指令和数据，比较准确地预测它近期会使用哪些指令和数据。局部性原理也适应于数据访问，不过不像代码访问那样明显。

人们已经观察到两种局部性。**时间局部性**（temporal locality）是指最近访问过的内容很可能会在短期内被再次访问。**空间局部性**（spatial locality）是指地址相邻近的项往往会在相近的时间被用到。我们将在第 2 章看到这些原理的应用。

1.9.3 重点关注常见情形

最重要、最普遍的计算机设计原则可能是重点关注常见情形：在进行设计折中时，常见情形要优先于非常见情形。在决定如何分配资源时可以使用这一原则，因为如果某一情形会频繁出现，那对其进行改进会产生更为显著的效果。

对于能耗、资源分配和性能，重点关注常见情形这一原则都适用。处理器的取指与译码单元可能比乘法器使用得频繁得多，所以应当优先对其进行优化。这一原则也适用于可靠性。如果一个数据库服务器为每个处理器准备 50 个存储设备，那么系统可靠性将主要取决于存储可靠性。

此外，常见情形通常比非常见情景更简单，完成速度也更快。比如，在处理器中对两个数值求和时，溢出是一种罕见情形，因此可以通过优化更常见的无溢出情形来提高性能。强调无溢出情形可能会降低溢出情形的处理速度，但如果很少发生溢出，那么通过优化常见情形可以提高整体性能。

在本书中你会看到这一原则的许多示例。在应用这一简单原则时，必须判断常见情形是什么，以及加快常见情形的处理速度可以使性能提高多少。有一种基本定律可以用来量化这一原则，即 Amdahl 定律。

1.9.4 Amdahl 定律

利用 Amdahl 定律，可以计算出通过改进计算机某一部分而获得的性能增益。Amdahl 定律表明，使用某种快速执行模式获得的性能改进受限于可使用此种模式的时间比例。

Amdahl 定律定义了使用特定功能可获得的**加速比**（speedup）。加速比是什么？假定我们可以对某一计算机进行某种改进，从而提高它的性能。加速比的定义为：

$$加速比=\frac{整个任务在采用该项改进时的性能}{整个任务在未采用该项改进时的性能}$$

或者：

$$加速比=\frac{整个任务在未采用该改进时的执行时间}{整个任务在采用该改进时的执行时间}$$

加速比告诉我们，在改进后的计算机上运行一个任务比在原计算机上快多少。

利用 Amdahl 定律能够快速计算出某项改进所产生的加速比，加速比取决于下面两个因素。

(1) 原计算机计算时间中可改进部分所占的比例。例如，一个程序的总执行时间为 100 秒，如果其中有 40 秒可改进，那么这个比例就是 40/100。我们将这个值称为**改进比例**，它总是小于或等于 1。

(2) 通过改进执行模式得到的改进，也就是说在为整个程序使用这一执行模式时，任务的运行速度会提高多少倍。这个值等于原模式的执行时间除以改进模式的执行时间。如果程序的某一部分采用改进模式后需要 4 秒，而在原始模式下需要 40 秒，则提升值为 40/4，即 10。我们将这个值称为**改进加速比**，它总是大于 1。

原计算机采用改进模式后的执行时间，等于该计算机未改进部分耗用的时间加上采用改进部分耗用的时间：

$$新执行时间=原执行时间\times\left((1-改进比例)+\frac{改进比例}{改进加速比}\right)$$

总加速比是这两个执行时间之比：

$$总加速比=\frac{原执行时间}{新执行时间}=\frac{1}{(1-改进比例)+\dfrac{改进比例}{改进加速比}}$$

例题　假设我们想改进一个用于提供 Web 服务的处理器。在 Web 服务应用程序中，新处理器的计算速度是原处理器的 10 倍。假定原处理器有 40%的时间忙于计算，60%的时间等待 I/O，进行这项改进后，所得到的总加速比为多少？

解答　改进比例=0.4，改进加速比=10，总加速比 $=\dfrac{1}{0.6+\dfrac{0.4}{10}}=\dfrac{1}{0.64}\approx1.56$

Amdahl 定律阐述了回报递减规律：如果仅改进一部分计算的性能，那么在增加改进时，所获得的加速比增量会逐渐减小。Amdahl 定律有一个重要推论：若某项改进仅对一项任务的一部分适用，则对该任务的总加速比会有一个上限，即 1 减去改进部分所占比例后，对差值取倒数。

在应用 Amdahl 定律时，一个常见的错误是混淆 **“可改进部分在改进之前所占时间比例”** 和 **“改进部分在改进之后所占时间比例”**。如果我们测量的不是计算中可以应用该项改进的时间，而是应用该改进之后的时间，结果将是错误的！

Amdahl 定律可用来判断某项改进能使性能提高多少，以及如何分配资源来提高性价比。显然，目标是使资源的分配与时间的分配成正比。Amdahl 定律对于比较两种系统的整体系统性能尤其有用，也可用于比较两种处理器设计，如下面的例子所示。

例题 图形处理器中经常需要做的一种转换是求平方根。浮点（FP）平方根的实现在性能上有很大差异，特别是在为图形设计的处理器中。假设浮点平方根（FPSQR）占用一项关键图形基准测试中 20%的执行时间。一项提议是改进 FPSQR 硬件，使这一运算速度提高到原来的 10 倍。另一项提议是将图形处理器中所有浮点指令的运行速度提高到原来的 1.6 倍；浮点指令占用应用程序一半的执行时间。设计团队认为，将所有浮点指令的执行速度提高到原来的 1.6 倍所需的工作量，与加快平方根运算的工作量相同。试比较这两种设计方案。

解答 可以通过计算加速比来对比两种方案：

$$\text{加速比}_{\text{FPSQR}} = \frac{1}{(1-0.2)+\frac{0.2}{10}} = \frac{1}{0.82} \approx 1.22$$

$$\text{加速比}_{\text{FP}} = \frac{1}{(1-0.5)+\frac{0.5}{1.6}} = \frac{1}{0.8125} \approx 1.23$$

提高整体浮点运算的性能要稍好一些，原因是它的使用频率较高。

Amdahl 定律的适用范围不仅限于性能。在通过冗余来提高电源可靠性，将 MTTF 从 200 000 小时提高到约 833 333 333 小时（达到约 4150 倍）后，我们来重做 1.8 节的可靠性例题。

例题 磁盘子系统的故障率计算如下：

$$\begin{aligned}\text{故障率}_{\text{系统}} &= 10\times\frac{1}{1\,000\,000}+\frac{1}{500\,000}+\frac{1}{200\,000}+\frac{1}{200\,000}+\frac{1}{1\,000\,000}\\ &= \frac{10+2+5+5+1}{1\,000\,000\text{小时}} = \frac{23}{1\,000\,000\text{小时}}\end{aligned}$$

因此，可改进的故障率比例就是 5 次/百万小时占整个系统 23 次/百万小时的比例，即 0.22。

解答 可靠性的改进为：

$$\text{改进}_{\text{电源对}} = \frac{1}{(1-0.22)+\frac{0.22}{4150}} \approx \frac{1}{0.78} \approx 1.28$$

尽管一个模块的可靠性提高了约 4150 倍，但从系统的角度来看，这一改变所带来的好处虽然可测，但数值很小。

在上面几个例子中，我们需要知道改进后的新版本所占比例；这些时间一般很难直接测量。在下一节，我们将看到另外一种比较方法：利用一个公式将 CPU 执行时间分解为 3 个独立分量。

如果我们知道一种候选方案是如何影响这3个分量的，就可以判断它的整体性能。另外，通常可以构建一个模拟器，在实际设计硬件之前先测量这些分量。

1.9.5 处理器性能公式

基本上所有计算机都有一个以固定频率运行的时钟。这些离散时间事件称为**时钟周期**、**时钟**、**周期**、**时钟脉冲周期**等。计算机设计人员用时钟周期的持续时间（例如，1 ns）或其频率（例如，1 GHz）来描述时钟周期的时间。程序的CPU时间有两种表示方法：

$$\text{CPU时间}=\text{程序的CPU时钟周期数}\times\text{时钟周期时间}$$

或者

$$\text{CPU时间}=\frac{\text{程序的CPU时钟周期数}}{\text{时钟频率}}$$

除了执行一个程序所需的时钟周期数之外，我们还可以计算所执行的指令数：**指令路径长度**或**指令数**（instruction count，IC）。如果知道时钟周期数和指令数，就可以计算**每条指令的时钟周期数**（clock cycles per instruction，CPI）的平均值。由于CPI更易于使用，而且本章使用简单的处理器，所以我们使用CPI。设计人员有时也使用**每时钟周期指令数**（instructions per clock，IPC），它是CPI的倒数。

CPI的计算公式为：

$$\text{CPI}=\frac{\text{程序的CPU时钟周期数}}{\text{指令数}}$$

通过这个处理器指标值可以深入了解不同类型的指令集和实现方式，在后续4章中我们将经常使用这一指标。

通过变换以上公式中的指令数，时钟周期数可以定义为IC × CPI。这样就可以在执行时间公式中使用CPI了：

$$\text{CPU时间}=\text{指令数}\times\text{CPI}\times\text{时钟周期时间}$$

将第一个公式按测量单位展开，可以看到各部分是如何组合在一起的：

$$\frac{\text{指令数}}{\text{程序}}\times\frac{\text{时钟周期数}}{\text{指令}}\times\frac{\text{秒}}{\text{时钟周期}}=\frac{\text{秒}}{\text{程序}}=\text{CPU时间}$$

从这个公式可以看出，处理器性能取决于3个特性：时钟周期（或时钟频率）、每条指令的时钟周期数和指令数。此外，CPU时间也取决于这3个特性；例如，3个特性中任意一项改进10%，将使CPU时间改进10%。

遗憾的是，用于改变这3项特性的基本技术是相互关联的，所以很难在不改变其他两个参数的情况下改变其中一个参数。

- **时钟周期时间**：硬件技术与组成。
- **CPI**：组成与指令集体系结构。
- **指令数**：指令集体系结构和编译器技术。

幸运的是，许多潜在的性能改进技术主要改进处理器性能的一个分量，而对其他两个分量的影响较小或在可预测范围内。

有时，在设计处理器时，采用以下公式计算处理器总时钟周期数目会有所帮助：

$$\text{CPU时钟周期} = \sum_{i=1}^{n} \text{IC}_i \times \text{CPI}_i$$

式中，IC_i表示一个程序中第 i 个指令的执行次数，CPI_i表示第 i 个指令的每条指令平均时钟周期数。这一形式可用来将 CPU 时间表示为：

$$\text{CPU时间} = \left(\sum_{i=1}^{n} \text{IC}_i \times \text{CPI}_i\right) \times \text{时钟周期时间}$$

总 CPI 为：

$$\text{CPI} = \frac{\sum_{i=1}^{n} \text{IC}_i \times \text{CPI}_i}{\text{指令数}} = \sum_{i=1}^{n} \frac{\text{IC}_i}{\text{指令数}} \times \text{CPI}_i$$

CPI 的后一种计算形式使用了各个 CPI_i 和该指令在一个程序中所占的比例（即 IC_i 除以指令数）。CPI_i 应当通过测量得出，而不是根据一个参考手册后面的表格来进行计算，这是因为它必须包括流水线效应、缓存缺失和存储系统中任何其他低效场景或情形。

考虑 1.9.5 节的性能示例，这里改为使用指令执行频率的测量值和指令 CPI 测量值，在实践中，后者是通过模拟或硬件仪器获得的。

例题 假设已经进行以下测量：

浮点操作的频率=25%
浮点操作的平均 CPI=4.0
其他指令的平均 CPI=1.33
FSQRT 的频率=2%
FSQRT 的 CPI=20

假定有两种设计方案，其中一种方案将 FSQRT 的 CPI 降至 2，另一种方案将所有浮点操作的平均 CPI 降至 2.5。请使用处理器性能公式对比这两种设计方案。

解答 首先，观察到仅有 CPI 发生变化，时钟频率和指令数保持不变。我们首先求出没有任何改进时的原 CPI：

$$\text{CPI}_{\text{原}} = \sum_{i=1}^{n} \text{CPI}_i \times \left(\frac{\text{IC}_i}{\text{指令数}}\right)$$
$$= (4 \times 25\%) + (1.33 \times 75\%) \approx 2.0$$

从原 CPI 中减去节省的周期数就可以求出改进 FSQRT 后的 CPI：

$$\text{CPI}_{\text{采用新 FPSQR}} = \text{CPI}_{\text{原}} - 2\% \times (\text{CPI}_{\text{旧 FPSQR}} - \text{CPI}_{\text{仅新 FPSQR}})$$
$$= 2.0 - 2\% \times (20 - 2) = 1.64$$

我们可以采用相同方式来计算对所有浮点指令进行改进后的CPI，也可以将浮点和非浮点CPI相加。采用后一种方法，将得到：

$$CPI_{新FP} = (75\% \times 1.33) + (25\% \times 2.5) \approx 1.625$$

由于总浮点改进的CPI稍低一些，所以它的性能也稍好一点。具体来说，总浮点改进的加速比为：

$$加速比_{新FP} = \frac{CPU时间_{原}}{CPU时间_{新FP}} = \frac{IC \times 时钟周期 \times CPI_{原}}{IC \times 时钟周期 \times CPI_{新FP}}$$

$$= \frac{CPI_{原}}{CPI_{新FP}} = \frac{2.00}{1.625} \approx 1.23$$

令人开心的是，我们使用1.9.4节的Amdahl定律得到了同一加速比。

通常是可以测量处理器性能公式的各个组成部分的。与前面例子中的Amdahl定律相比，这是使用处理器性能公式的重要优势之一。具体来说，有些东西可能很难测量，比如一组指令的执行时间在总执行时间中所占的比例。在实际计算中，这很可能通过对指令数与指令集中每条指令的CPI的乘积进行求和得到。由于计算过程通常始于测量各个指令数和CPI，所以处理器性能公式非常有用。

要把处理器性能公式用作一种设计工具，需要保证各种因素具有可测性。对于已有处理器来说，很容易通过测量来获得执行时间，而且我们知道默认的时钟速度。问题在于如何求得指令数或CPI。大多数处理器中包含对所执行指令和时钟周期进行计数的计数器。通过定期观察这些计数器，还可以将执行时间和指令数与代码段关联在一起，这对程序员了解和调优应用程序的性能会有所帮助。通常，设计人员和程序员希望更深入地了解性能，而不仅限于硬件计数器提供的信息。比如，他们可能希望知道CPI为什么是现在这种状况。在这种情况下，就要采用一些仿真技术，这些技术类似于正在设计的处理器所采用的技术。

有些能够提高能效的技术，比如动态电压-频率调整（DVFS）和超频（见1.5节），会增加这个公式的使用难度，因为在对程序进行测量时，时钟速度可能会发生变化。一种简单的方法是关闭这些功能，从而使结果能够再现。好在，由于性能和能效通常密切相关（用更短的时间运行一个程序通常可以节能），所以在评估性能时不考虑DVFS或超频对结果的影响也是可行的。

1.10　融会贯通：性能、价格和功耗

每章的“融会贯通”中提供了一些利用该章基本原理的真实示例。本节中，我们将研究如何使用SPECpower基准测试测量小型服务器的性能和功耗-性能。

表1-10给出了我们评估的3个多处理器服务器及其价格。为了保证价格对比的公平，3台服务器都是Dell PowerEdge服务器。第一台是PowerEdge R710，它的微处理器为Intel Xeon ×85670，时钟频率为2.93 GHz。不同于第2~5章的Intel Core i7-6700有20个核和一个40 MB L3缓存，这个Intel芯片有22个核和1个55 MB L3缓存，不过这些核本身是一样的。我们选择了一个两插槽

系统（所以一共有 44 个核），装有 128 GB 受 ECC 保护的 2400 MHz DDR4 DRAM。第二台服务器是 PowerEdge C630，它具有相同的微处理器、插槽数和 DRAM。主要区别在于机架高度：730 的高度为“2U”（3.5 英寸），而 630 的高度为“1U”（1.75 英寸）。第三台服务器是由 16 个通过 1 Gbit/s 以太网交换机连接在一起的 PowerEdge 630 组成的集群。所有这些服务器都运行 Oracle Java HotSpot 1.7 JVM 和 Microsoft Windows 2012 R2 Datacenter 6.3 版操作系统。

表 1-10 测量的 3 个 Dell PowerEdge 服务器及其 2016 年 7 月的价格

组 件	系统 1		系统 2		系统 3	
	成本（占比）		成本（占比）		成本（占比）	
服务器型号	PowerEdge R710	$653 (7%)	PowerEdge C630	$1437 (15%)	PowerEdge R630 集群	$1437 (11%)
电源	570 W		1100 W		1100 W	
处理器	Xeon X85670	$3738 (40%)	Xeon X85670	$2679 (29%)	Opteron 6174	$5358 (42%)
时钟频率	2.93 GHz		2.20 GHz		2.20 GHz	
核总数	22		24		48	
插槽数	2		2		4	
核/插槽	22		12		12	
DRAM	12 GB	$484 (5%)	16 GB	$693 (7%)	32 GB	$1386 (11%)
以太网	双路 1 Gbit	$199 (2%)	双路 1 Gbit	$199 (2%)	双路 1 Gbit	$199 (2%)
磁盘	50 GB SSD	$1279 (14%)	50 GB SSD	$1279 (14%)	50 GB SSD	$1279 (10%)
Windows 操作系统		$2999 (32%)		$2999 (33%)		$2999 (24%)
总值		$9352 (100%)		$9286 (100%)		$12 658(100%)
最大 ssj_ops	910 978		926 676		1 840 450	
最大 ssj_ops/$	97		100		145	

* 我们在计算处理器的成本时减去了第二个处理器的成本。类似地，通过查看额外存储器的成本来计算存储器的总成本。因此，通过减去默认处理器和存储器的估计成本，调整服务器的基础成本。第 5 章会介绍这些多插槽系统是如何连接在一起的，第 6 章会介绍集群是如何连接在一起的。

注意，由于基准测试的影响（见 1.11 节），这些服务器的配置比较特殊。与计算量相比，表 1-10 中系统的内存很小，而且只有一个很小的 120 GB 固态磁盘。如果不需要相应增加内存和存储，增加核数量的成本是比较低的。

SPECpower 不是运行 SPEC CPU 静态链接的 C 程序，而是使用了用 Java 编写的更加现代化的软件栈。它的基础是 SPECjbb，代表着业务应用程序的服务器端，性能以每秒完成的事务数进行测量，称为 ssj_ops（server side Java operations per second，每秒完成的服务器端 Java 操作）。它不仅和 SPEC CPU 一样，测试服务器的处理器，还测试缓存、存储器系统，甚至是多处理器互连系统。除此之外，它还测试 Java 虚拟机（JVM），包括 JIT 运行时编译器和垃圾回收器，还有底层操作系统的相关部分。

如表 1-10 的最后两行所示，在性能方面胜出的是由 16 个 R630 组成的集群。这没有什么好惊讶的，因为它是参与比较的系统中最贵的。在性价比方面胜出的是 PowerEdge R630，但它仅以 213 ssj-ops/$比 211 ssj-ops/$的微弱优势战胜了集群。让人惊奇的是，尽管 16 节点集群的大小是单个节点的16倍，但其性价比相对于单个节点的提升不到1%。

尽管大多数基准测试（以及大多数计算机架构师）只关心峰值负载时的系统性能，但计算机很少在峰值负载状态下运行。事实上，第6章的图6-1显示了Google数万台服务器6个月使用情况的测量结果，其中平均利用率为100%的服务器不到1%。大多数服务器的平均利用率介于10%和50%之间。因此，SPECpower基准测试在收集功耗信息时，以10%为间隔，将目标工作负载从峰值一直降至0%，工作负载为0%时的状态称为“活跃空闲”。

图1-11绘制了每瓦的ssj_ops（SSJ操作/秒）以及目标负载从100%变到0%时的平均功耗。在每个目标工作负载级别，R730的功耗总是最低，单节点R630的ssj_ops/瓦总是最佳。由于瓦=焦/秒，所以这个度量与每焦耳的SSJ操作成正比。

$$\frac{\text{ssj\_ops}/\text{秒}}{\text{瓦}}=\frac{\text{ssj\_ops}/\text{秒}}{\text{焦}/\text{秒}}=\frac{\text{ssj\_ops}}{\text{焦}}$$

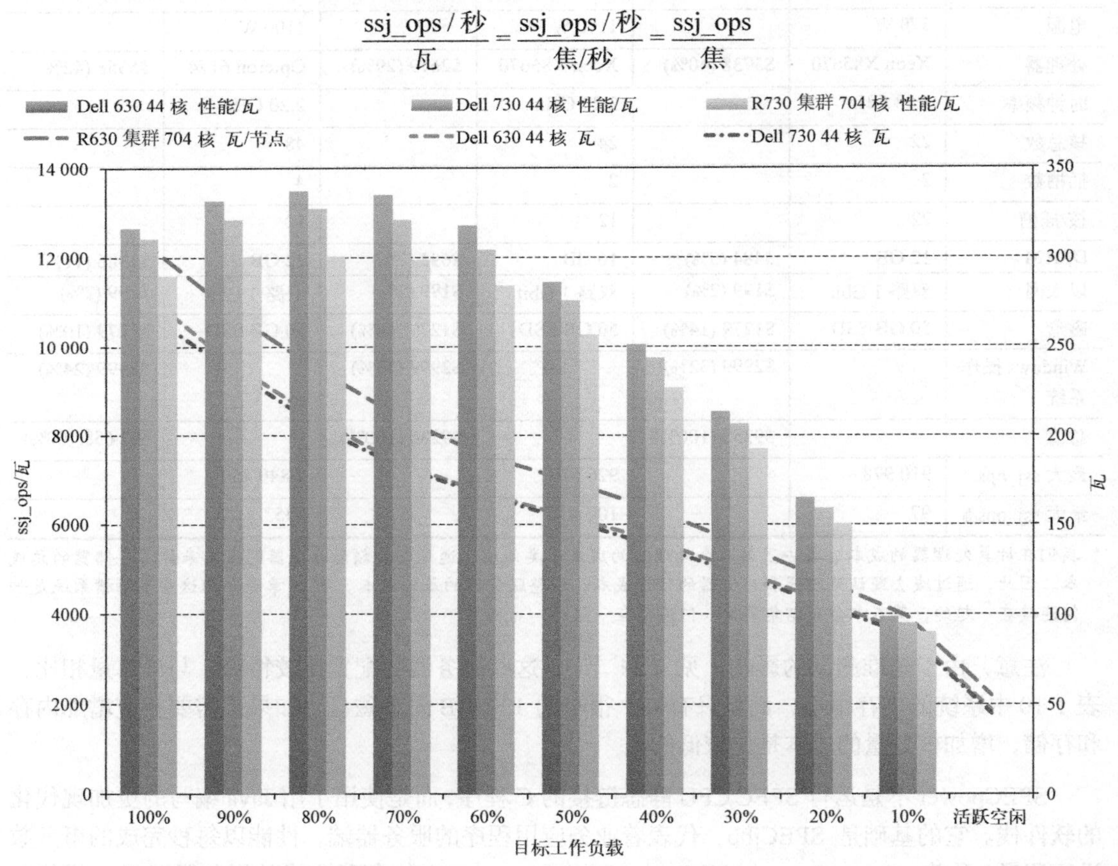

图1-11　表1-10中3个服务器的功耗–性能。ssj_ops/瓦值放在左坐标轴上，有3个柱形与它相关联；瓦数在右坐标轴上，有3条线与它相关联。水平轴表示目标工作负载，从100%变化到“活跃空闲”。在每个工作负载级别，单节点R630都具有最佳ssj_ops/瓦，但R730的功耗最低

为了量化比较系统的功效，SPECpower采用计算式：

$$\text{总ssj\_ops}/\text{瓦}=\frac{\sum \text{ssj\_ops}}{\sum \text{功耗}}$$

这3个服务器的总ssj_ops/瓦如下：R730为10 802，R630为11 157，16个R630组成的集群为10 062。因此，单节点R630的功耗–性能最佳。除以服务器的价格后，R730的ssj_ops/瓦/1000美元为879、R630为899、R630组成的16节点集群为789。因此，增加功耗后，单节点R630的性价比仍然排在首位，但现在单节点R730远比16节点集群高效。

1.11 谬论与易犯错误

本书每章都有这样一节，目的是解释读者应当避免的常见错误观念或误解。我们将此类错误观念称为**谬论**。在讨论谬论时，我们会尝试给出一个反例。我们还会讨论**易犯错误**。一般来说，谬论是由随意推广只在特定环境中才成立的原理造成的。这些内容的目的是帮助读者避免在自己设计的计算机中犯这些错误。

易犯错误 *所有指数定律都必将终结。*

第一个终结的是登纳德缩放比例定律。登纳德在1974年观察到：当晶体管变得越来越小时，功率密度保持不变。如果一个晶体管的线性区缩小一半，则电流和电压也都将减小一半，从而使其功耗降低为原来的四分之一。因此，在设计芯片时，有可能使其运行速度越来越快，但功耗仍然保持较低水平。登纳德缩放比例定律在被发现30年后终结，倒不是因为晶体管不再持续变小，而是因为集成电路的可靠性限制了电流和电压的下降范围。门限电压已经降得非常之低，导致静态功耗成为总功耗的主要组成部分。

下一个降低增速的是硬盘驱动器。尽管关于硬盘不存在什么定律，但在过去30年里，硬盘的最大面密度每年增加30%~100%，而面密度决定了磁盘容量。在最近几年里，面密度增速已经降至每年不足5%。硬盘存储密度的增加目前主要源于向硬盘驱动器中增加更多的盘片。

接下来是令人敬佩的摩尔定律。单个芯片上的晶体管数量每一到两年就翻一番，这已经是很久以前的事了。比如，2014年推出的DRAM芯片包含80亿个晶体管，但直到2019年还没有能够批量生产的包含160亿个晶体管的DRAM芯片，而根据摩尔定律预测的则是包含640亿个晶体管的DRAM芯片。

此外，人们预测平面逻辑晶体管的缩放定律也将在2021年实际终结。图1-12给出了国际半导体技术路线图（ITRS）的两个版本中对逻辑晶体管物理门长度的预测。2013年的报告预测门长度将于2028年达到5 nm，而2015年的报告则预测这一长度将在2021年止步于10 nm。在此之后再要提升密度，也许只能从缩小晶体管尺寸之外的途径着手了。实际情况并不像ITRS报告预测得那么严重，因为Intel和TSMC等公司已经制订了将门长度降至3 nm的计划，但缩小速度的确正在变缓。

图1-13展示了微处理器和DRAM（它们都受到登纳德缩放比例定律和摩尔定律终结的影响）及磁盘的带宽增速随时间的变化。从这些曲线的下降可以清楚地看出技术改进速度的放缓。网络带宽之所以能够持续增加，是因为光纤的进步和计划对脉冲幅度调制做出的一个改变（PAM-4），它允许进行两比特编码，从而能够以400 Gbit/s的速度传送信息。

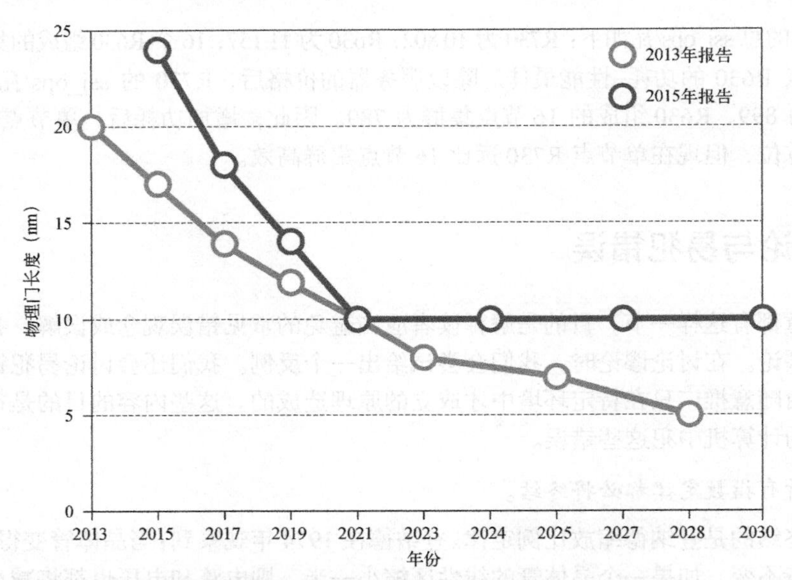

图 1-12　ITRS 报告的两个版本中对逻辑晶体管尺寸的预测。这些报告始于 2001 年，但 2015 年的报告是其最后一版，因为这个组织已经因为关注度降低而解散。今天，能够生产业内最新逻辑芯片的公司只有 GlobalFoundaries、Intel、三星和 TSMC，而在 ITRS 报告首次发布时，这样的公司共有 19 家。由于只剩下 4 家公司，所以就很难再持续共享各自的计划了。数据来自 Rachel Courtland 的文章“Transistors will stop shrinking in 2021, Moore's Law Roadmap Predicts”

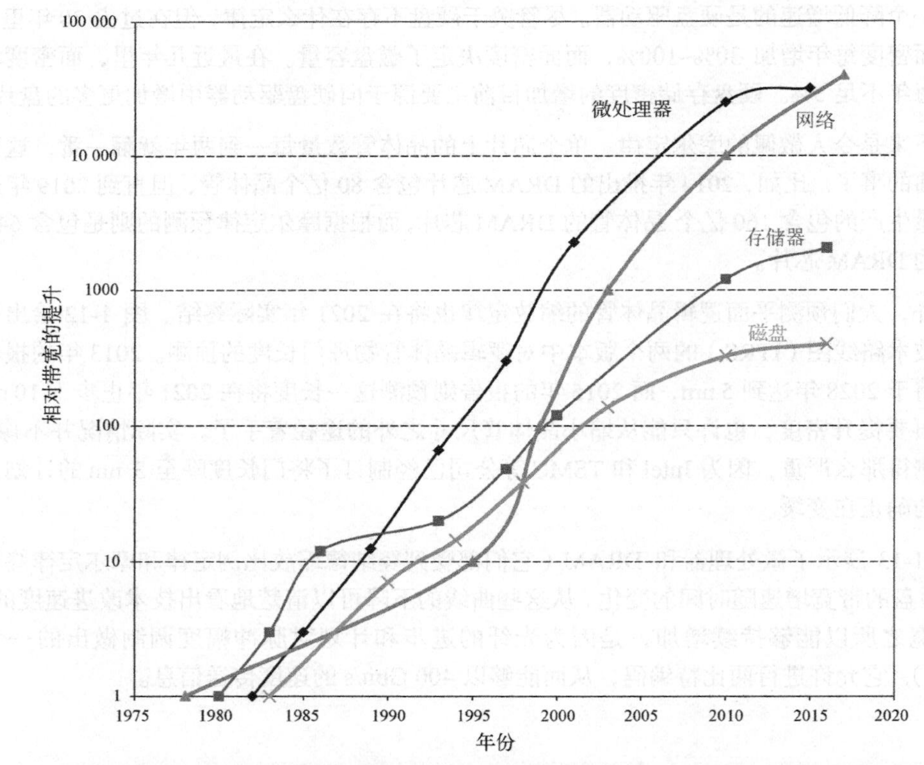

图 1-13　微处理器、网络、存储器及磁盘的相对带宽随时间的变化，基于表 1-7 中的数据绘制

谬论 多处理器是银弹。

2005年左右，向每个芯片多处理器的转变并不是来自于某种极大地简化了并行编程或使构建多核计算机变得容易的突破。发生这种变化是因为存在ILP壁垒和功耗壁垒，所以别无选择。在一个芯片中设计多个处理器并不能保证降低功耗，但设计一种功耗更高的多核芯片确实可行。其潜在可能性仅仅在于能够用几个低时钟频率的高效核代替高时钟频率的低效核，从而继续提高性能。随着缩小晶体管技术的发展，它可以使电容和电压同时略微下降，从而使每一代的核数量小幅增加。例如，在过去几年里，Intel每更新一代高端芯片，便增加两个核。

在第4章和第5章我们将看到，性能现在已经成为程序员的负担。完全依赖硬件设计人员，不费吹灰之力就能加快程序运行速度的La-Z-Boy①程序员时代已经结束。如果程序员希望自己的程序在每一代处理器上都能更快速地运行，就必须提高程序的并行度。

摩尔定律的通俗版本（即每一代新技术都能带来性能提升）就取决于程序员了。

易犯错误 Amdahl心碎定律的牺牲品。

几乎每一位有实践经验的计算机架构师都知道Amdahl定律。尽管如此，我们几乎都曾经在测量某一功能的用法之前，花费大量力气对其进行优化。只有在总加速比令人失望时，我们才想起在花费大量精力改进一项功能之前，应当先对其进行测量。

易犯错误 单点故障。

利用1.9.4节的Amdahl定律来计算可靠性改进，可以发现可靠性不再是链条中最薄弱的一环。无论我们让电源变得多么可靠（就像例子中那样），磁盘子系统的可靠性都会因为仅有一个风扇而受到限制。通过这一发现，我们得出了一个有关容错系统的经验法则，那就是要确保所有组件都有冗余，这样单一组件故障就不会导致整个系统宕机。第6章会说明软件层如何避免仓库级计算机内部出现单点故障。

谬论 能够提高性能的硬件改进也可以提高能效，至少不会增加能耗。

Esmaeilzadeh 等人[2011]在使用 Turbo 模式（1.5节）的 2.67 GHz Intel Core i7 上进行了SPEC2006测试。当时钟频率增加到2.94 GHz（1.10倍）时，性能提高到原来的1.07倍，但功耗超过原来的1.37倍，能耗超过原来的1.47倍。

谬论 基准测试永远有效。

有几个因素会影响基准测试在预测实际性能方面的有效性，并且其中一些因素是随时间变化的。一个影响基准测试有效性的重要因素是其对抗"基准测试工程"或"基准测试技巧"的能力。一旦某项基准测试变得标准化并流行起来，人们就会面对巨大压力，要通过进行有针对性的优化，或者对基准测试的运行规则做出对自己有利的解读来提高性能。将时间花在少量代码上的小型内核或程序尤其容易受到攻击。

例如，最初的SPEC89基准测试套件中包括一个名为matrix300的小型内核，它由8个不同的300×300矩阵乘法组成（当然最初包含这个小型内核的出发点是好的）。在这个内核中，99%的执行时间用于运行一行代码（见SPEC [1989]）。当一个IBM编译器针对这一内部循环进行优

① La-Z-Boy是美国知名的家具公司，其生产的"懒汉椅"在美国家喻户晓。——编者注

化（采用一种名为**分块**的思想，第2章和第4章会详细讨论）后，其性能提高到该编译器上一个版本的9倍！这个基准测试程序测试的是编译器的调优情况，当然不能很好地表征整体性能，也不是这一优化的典型值。

表1-9表明，如果我们忽视历史，就有可能重蹈覆辙。SPEC Cint2006已经有10年没有更新了，这给了编译器开发人员足够的时间来针对这一套测试程序进行优化。注意，对于除libquantum之外的所有基准测试，AMD计算机的SPEC比值都在16~52这个范围内，Intel计算机的SPEC比值则在22~78这个范围内。libquantum在AMD计算机上的运行速度大约快250倍，而在Intel计算机上要快7300倍！这个“奇迹”就是Intel编译器进行优化的结果，它自动在22个核上并行运行代码，并使用比特打包（bit packing）来优化存储器。比特打包将多个窄范围的整数打包在一起，以节省存储器空间，从而节省存储带宽。如果我们删除这一基准测试，重新计算几何均值，那么AMD SPEC Cint2006由31.9降至26.5，Intel由63.7降至41.4。Intel计算机现在的速度大约是AMD计算机的1.5倍，而不再是包含libquantum时的2.0倍，1.5倍当然更接近于它们的真实相对性能。SPEC CPU2017中删除了libquantum。

为了说明基准测试短暂的寿命，图1-10列出了各种SPEC版本中所有82个基准测试的状态；gcc是SPEC89中唯一的幸运者。令人惊讶的是，在SPEC2000（或更早版本）的所有程序中，大约70%在下一个版本中被弃用了。

谬论　*磁盘的额定平均无故障时间为1 200 000小时，差不多是137年，所以磁盘实际上永远不会发生故障。*

磁盘制造商现在采用的一些营销手段可能会误导用户。这样一个MTTF是如何计算得到的呢？在该过程的早期，制造商将数千个磁盘放在一个房间里，运行几个月的时间，然后记下故障磁盘的数目。他们计算MTTF的方法是将所有这些磁盘累积的工作小时数除以发生故障的磁盘数。

这里的问题是，这个数字远远超过了磁盘的寿命（人们通常认为一个磁盘的寿命为5年或43 800小时）。为了使这个巨大的MTTF数字有点意义，磁盘制造商宣称这个模型适用于那些购买磁盘后每5年更换一次的用户（这里的5年就是磁盘的预期寿命）。这种声明相当于说，如果许多客户（和他们的曾孙）到下一个世纪还坚持这种做法，那么在发生故障之前，他们平均要更换27次磁盘，也就是大约140年的时间。

一种更为有用的测量应当是故障磁盘的百分比，称为**年故障率**。假定有1000个MTTF为1 000 000小时的磁盘，这些磁盘每天使用24小时。如果用一个具有相同可靠性的新磁盘更换故障磁盘，则在一年中（8760个小时）发生故障的磁盘数目为：

$$\text{故障磁盘数}=\frac{\text{磁盘数}\times\text{时间}}{\text{MTTF}}=\frac{1000\text{个磁盘}\times 8760\text{小时/驱动器}}{1\,000\,000\text{小时/故障}}\approx 9$$

或者说，每年将有0.9%的磁盘发生故障，或者说有4.4%的磁盘在5年的寿命中发生故障。

另外，这些很大的数字是在假定温度与振动范围有限的情况下得到的，如果超过这些范围，就不一定会是什么样的结果了。在真实环境中对磁盘驱动器的一次调查[Gray和van Ingen，2005]发现：每年有3%~7%的磁盘驱动器发生故障，MTTF大约为125 000~300 000小时。一个更大型的调查发现，每年的磁盘故障率为2%~10%[Pinheiro等，2007]。因此，实际的MTTF大约要比制造商宣称的 MTTF 糟糕 2~10 倍。

谬论 峰值性能能够反映观测性能。

峰值性能唯一普遍适用的定义是：计算机肯定无法超越的性能水平。图 1-14 给出了 4 个程序在 4 个多处理器上的运行性能占峰值性能的百分比。其变化范围为 5%~58%。由于这个范围非常大，而且可能受到基准测试的显著影响，所以峰值性能对于预测观测性能一般没什么用。

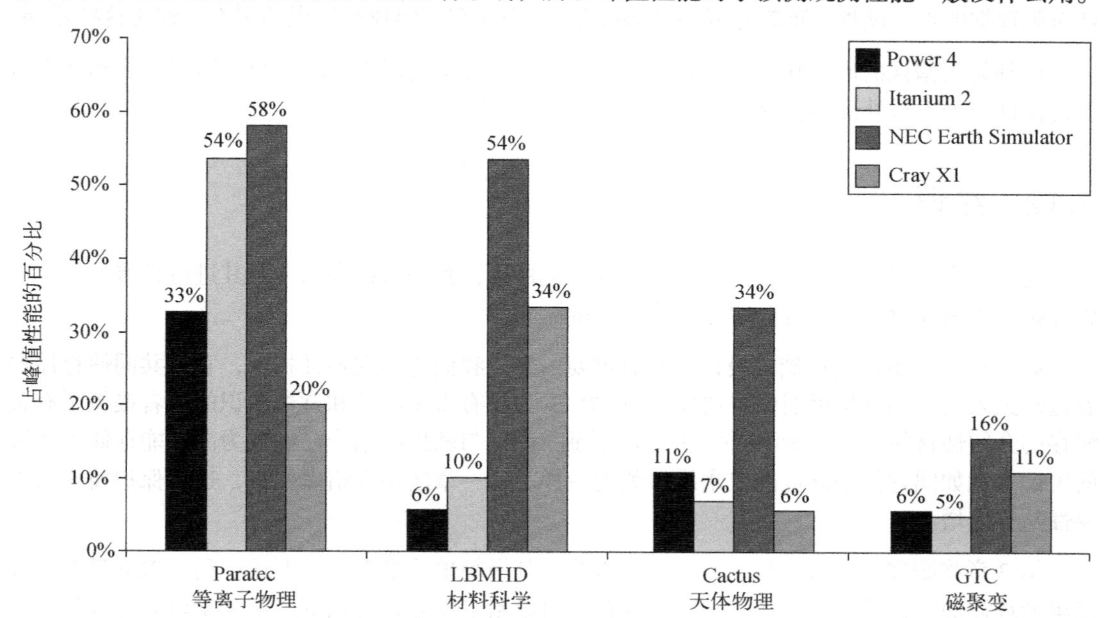

图 1-14 4 个程序在 4 个多处理器上的运行性能占峰值性能的百分比（峰值性能系在 64 个处理器上获得）。 Earth Simultor 和 X1 为向量处理器（见第 4 章和附录 G），它们不仅提供了较高的峰值性能比例，而且具有最高的峰值性能和最低的时钟频率。除了 Paratec 程序之外，Power 4 和 Itanium 2 系统提供的性能占其峰值性能的 5%~10%。数据来自 Oliker, L、Canning, A.、Carter, J.、Shalf, J.和 Ethier, S.的文章“Scientific computations on modern parallel vector systems”[2004]

易犯错误 故障检测会降低可用性。

这显然是一个具有讽刺意味的错误，因为在计算机硬件的状态中，有相当一部分并非总会对正确的操作至关重要。例如，如果一个分支预测器中发生错误，可能不会产生毁灭性后果，而只是使性能受损。

在那些积极利用指令级并行的处理器中，并不是需要所有操作才能保证程序的正确执行。Mukherjee 等人[2003]发现，对于 SPEC2000 基准测试，只有不到 30%的操作可能处在关键路径上。

这一观察结果也适用于程序。如果程序中的一个寄存器“死亡”（也就是说，程序在再次读取该寄存器之前，会先向其写入内容），那么寄存器中发生错误就没有什么关系。如果只要在一个“死亡”寄存器中检查到瞬时故障就终止程序，会不必要地降低可用性。

被 Oracle 公司收购的 Sun 公司在 2000 年就犯了这样一个错误，它在 Sun E3000 至 Sun E10000 系统中使用了一个包含奇偶校验却无法纠错的 L2 缓存。他们用于构造这些缓存的 SRAM 有一些可用奇偶校验检测到的间歇性故障。如果缓存中的数据未被修改，则处理器直接从缓存中重新读取数据。由于设计人员没有用ECC（纠错码）来保护缓存，所以操作系统别无选择，只能报告脏数据错误，并终止程序。在90%以上的此种情况中，现场工程师在实地查看时都没有发现问题。

为了降低出现此类错误的频率，Sun修改了Solaris操作系统，为它添加了一个主动将脏数据写到存储器的进程，从而“洗净”缓存。由于处理器芯片没有足够的管脚来添加ECC，所以针对脏数据的唯一硬件选项就是复制外部缓存，使用没有奇偶校验错误的副本来纠正这些错误。

这种易犯错误的原因在于检测到了错误，却没有提供纠正错误的机制。这些工程师不大可能再设计一个不对外部缓存提供ECC保护的计算机了。

1.12 结语

这一章介绍了大量概念，并提供了一种量化框架，我们将在本书中对其进行扩展。从上一版开始，本书在讨论性能时会增加能效这一指标。

第2章将开始讨论存储器设计的所有重要内容。我们将研究各种技术，它们共同使存储器看起来无限大，同时尽可能保持快速。（附录B为没有太多经验和背景知识的读者提供了有关缓存的介绍性材料。）在后面各章中我们将看到，硬件与软件的结合已经成为高性能存储器系统的关键，就如同它们是高性能流水线的关键一样。这一章还将介绍虚拟机，这种保护技术的重要性与日俱增。

第3章将研究指令级并行（ILP），流水线是其最简单、最常见的形式。利用ILP是构建高速单处理器的一种最重要的技术。第3章首先讨论基本概念，为该章及第4章研究的大量思想奠定基础。第3章使用的例子跨度大约有40年，从第一代超级计算机之一（IBM 360/91）到2017年市场上最快的处理器。它强调了一种利用ILP的方法，称为**动态方法**或**运行时方法**。它还讨论了ILP思想的局限性，并介绍了多线程。第4章和第5章将深入展开这一内容。附录C为那些没有太多经验和背景知识的读者提供了有关流水线的介绍性材料。（我们认为这一内容可以帮助许多读者复习流水线知识，包括我们编写的入门教材《计算机组成与设计：硬件/软件接口》的读者）。

第4章解释3种利用数据级并行的方法。其中最经典、最早的方法是向量体系结构，我们从这里入手，给出SIMD设计的基本原理。（附录G将更深入地讨论向量体系结构。）接下来解释当今大多数桌面微处理器中的SIMD指令集扩展。4.4节详细解释现代图形处理器（GPU）的工作方式。大多数GPU说明文字是从程序员的角度撰写的，通常隐藏了计算机的实际工作方式。这一节从内部知情人的角度解释GPU，包括GPU术语与传统的体系结构术语之间的对应关系。

第5章主要讨论使用多个处理器（或称多处理器）实现更高性能的问题。多重处理采用并行机制并不是为了重叠各个指令的执行过程，而是为了同时在不同处理器上执行多个指令流。我们的重点是多处理器的主要形式——共享存储器多处理器，当然，我们也会介绍其他类型，并讨论在所有多处理器都会出现的问题。我们还会研究各种技术，重点放在20世纪80年代和90年代首次提出的重要思想上。

第6章介绍集群，然后深入讨论仓库级计算机（WSC），它是由计算机架构师帮助设计的。

WSC的设计人员是超级计算机先驱（比如Seymour Cray）的专业接班人，因为他们正在设计超大型计算机。这些WSC中包含成千上万台服务器，容纳它们的设备和机房需要近2亿美元。前面各章对性价比和能效的关注也适用于WSC，量化方法对于设计决策也同样适用。

第7章是这一版新增的内容，介绍了领域专用体系结构，将其作为在摩尔定律和登纳德缩放比例定律终结之后，继续提升性能和能效的唯一途径。这一章提供了高效领域专用体系结构的开发指南，介绍了令人振奋的深度神经网络领域，给出了近来4种截然不同的加速神经网络的方法，之后对其性价比进行了对比。

本书提供了丰富的线上材料（详情请见前言），以便降低成本，同时向读者介绍大量高级主题。表1-11列出了所有这些内容。印刷在本书中的附录A、B、C可供许多读者回顾相关知识。

表1-11 附录清单

附 录	题 目
A	指令集基本原理
B	存储器层级结构回顾
C	流水线：基础概念与中级概念
D	存储系统
E	嵌入式系统
F	互连网络
G	深入讨论向量处理器
H	VLIW和EPIC的硬件与软件
I	大规模多处理器和科学应用
J	计算机算术运算
K	指令集体系结构概况
L	地址变换的进阶概念
M	历史回顾与参考文献

在附录D中，我们不再采用以处理器为中心的视角，转而讨论存储系统中的问题。我们采用了一种类似的量化方法，但这种方法基于对系统行为的观察，并使用端到端方法进行性能分析。附录D解决了主要使用低成本磁存储技术来实现高效数据存储与提取的重要问题。重点是研究磁盘存储系统在典型I/O密集型工作负载下的性能，比如本章介绍的OLTP基准测试。我们将广泛研究基于RAID的系统中的高级主题，这种系统使用冗余磁盘来同时获得高性能和高可用性。最后，该附录介绍排队理论，为权衡利用率与延迟奠定基础。

附录E从嵌入式计算的角度来研究前面每一章以及每个附录中介绍的思想。

附录F广泛讨论系统互连的话题，包括实现计算机通信的广域网和系统域网络。

附录H回顾VLIW硬件和软件，它们已不如EPIC出现时（本书上一版出版之前）那么流行了。

附录I介绍在高性能计算中使用的大规模多处理器。

附录J是唯一从第1版一直保留下来的附录，介绍了计算机算术运算。

附录 K 是一份关于指令体系结构的调查报告，包括 80x86、IBM 360 和 VAX，还有许多 RISC 体系结构，包括 ARM、MIPS、Power、RISC-V 和 SPARC。

附录 L 是这一版新增的，讨论内存管理的高级技术，重点介绍对虚拟机的支持和针对非常大的地址空间的地址变换的设计。随着云处理器的增长，这些体系结构的增强变得越来越重要。

下面介绍附录 M。

1.13　历史回顾与参考文献

附录 M 从历史角度回顾了本书每一章中介绍的重要思想，让我们通过一系列计算机来了解一种思想的发展历程或描述重大项目。如果你想研究一种思想或机器的最初发展，或者希望扩展阅读，可以参见每段历史回顾的末尾提供的参考文献。关于本章，可参见附录 M.2 节，其中讨论了数字计算机及性能测量方法的早期发展。

在阅读这些历史资料时，你很快就会意识到，与许多其他工程领域相比，计算科学是如此“年轻”，它的重要优势之一就是许多先驱仍然健在——我们可以直接向他们了解历史！

1.14　案例研究与练习（由 Diana Franklin 设计）

案例研究 1：芯片制造成本

本案例研究说明的概念

- ❑ 制造成本
- ❑ 制造良率
- ❑ 以冗余容忍缺陷

计算机芯片的价格由许多因素决定。Intel 花费了 70 亿美元来完成其用于 7 nm 技术的 Fab 42 制造设施。在这个研究案例中，我们将研究一家处于相同处境的假想的公司，以及制造技术、芯片面积和冗余等各种设计决策是如何影响芯片成本的，见表 1-12。

表 1-12　几种假想的当前和未来处理器的制造成本因素

芯　片	晶片尺寸（mm^2）	估测缺陷率（每 cm^2）	N	制程（nm）	晶体管数（亿个）	核数量
BlueDragon	180	0.03	12	10	75	4
RedDragon	120	0.04	14	7	75	4
Phoenix[8]	200	0.04	14	7	120	8

1.1　[10/10] <1.6> 表 1-12 给出了影响当前几种芯片成本的相关芯片统计数字。在下面几个练习中，我们将研究 Intel 芯片的不同设计决策所产生的影响。

a. [10] <1.6> Phoenix 的良率是多少？

b. [10] <1.6> 为什么 Phoenix 的缺陷率要高于 BlueDragon？

1.2　[20/20/20] <1.6> 他们将销售由这家工厂制造的一系列芯片，需要决定每种芯片的生产量。假设他们将销售两种芯片。Phoenix 是一种全新的结构，使用了 7 nm 技术，而 RedDragon 的结构与 10 nm 的 BlueDragon 相同。假设每个无缺陷的 RedDragon 芯片的利润为 15 美元，每个无缺陷的 Phoenix 芯片的利润为 30 美元。每个晶圆的直径为 450 mm。

a. [20] <1.6> 如果制造 Phoenix 芯片，每个晶圆的利润为多少？

b. [20] <1.6> 如果制造 RedDragon 芯片，每个晶圆的利润为多少？

c. [20] <1.6> 如果 RedDragon 芯片的月需求量为 50 000，Phoenix 芯片的月需求量为 25 000，而这套设备一个月可以生产 70 个晶圆，那么应如何分配这些晶圆？

1.3 [20/5/10/20] <1.6> 你在 AMD 公司的一位同事建议：既然良率这么低，那么如果我们发布同一芯片的多个版本，它们的差别仅在于核的数量不同，也许可以让芯片变得更便宜些。例如，我们可以销售 Phoenix^8、Phoenix^4、Phoenix^2 和 Phoenix^1，每个芯片上分别包含 8、4、2 和 1 个核。如果所有 8 个核都没有缺陷，就将其作为 Phoenix^8 销售。拥有 4~7 个无缺陷核的芯片当作 Phoenix^4 销售，拥有 2~3 个无缺陷核的芯片作为 Phoenix^2 销售。为简单起见，我们在计算单个核的良率时，可以看作计算一个芯片的良率，只不过这个芯片的面积是原 Phoenix 芯片的 1/8。然后将这个良率看作单个核不存在缺陷的独立概率。试计算每一种芯片结构的良率，将其表示为生产相应数量的无缺陷核的概率。

a. [20] <1.6> 单个无缺陷核的良率是多少？Phoenix^4、Phoenix^2 和 Phoenix^1 的良率又是多少？

b. [5] <1.6> 利用上一问得出的结果，判断你认为哪些芯片值得进行包装、销售，并给出原因。

c. [10] <1.6> 如果之前生产一个 Phoenix^8 芯片的成本为 20 美元，那么这些新 Phoenix 芯片的成本为多少？假设从废品中捡出这些芯片不会增加成本。

d. [20] <1.6> 当前每个无缺陷的 Phoenix^8 芯片的利润为 30 美元，你将以 25 美元的价格销售每个 Phoenix^4 芯片。如果你认为(i) Phoenix^4 芯片的购买价格完全是利润，并且(ii) 根据所能生产的数量比例，将 Phoenix^4 的利润按比例换算到每个 Phoenix^8 芯片，那么每个 Phoenix^8 芯片的利润为多少？请使用(a)中计算出的良率，而不要使用 1.1a 的结果。

案例研究 2：计算机系统中的功耗

本案例研究说明的概念

- Amdahl 定律
- 冗余
- MTTF
- 功耗

现代系统中的功耗取决于多种因素，包括芯片时钟频率、效率和电压。下面的练习研究不同设计决策和使用情景对功耗和能耗的影响。

1.4 [10/10/10/10] <1.5> 一部手机会执行各种截然不同的任务，比如收听流音乐、观看流视频、阅读电子邮件等。这些任务的计算要求也有很大不同。电池寿命和过热是手机的两个常见问题，因此降低功耗和能耗至关重要。在本题中，我们考虑当用户没有充分利用手机的最高计算能力时，我们应当做些什么。针对这些问题，我们将评估一种不太切合实际的情景——手机没有专用的处理器，而是拥有一个四核通用处理器。每个核满负荷运行时的功耗为 0.5 W。对于与电子邮件相关的任务，需要这个四核处理器以 8 倍速运行。

a. [10] <1.5> 与满负荷运行相比，需要多少动态能耗和功耗？首先，假定这个四核处理器在 1/8 的时间内运行，而在其余时间空闲。也就是说，在 7/8 的时间内，时钟是禁用的，在此时间内不会产生漏电流功耗。试比较在此核运行时的总动态能耗和动态功耗。

b. [10] <1.5> 使用频率和电压动态调节需要多少动态能耗和功耗？假设频率和电压都降低至整个时间的 1/8。

c. [10] <1.5> 现在假设电压可能不会降至原电压的 50%以下。这一电压称为底电压，任何低于这一数值的电压都会使处理器丢失状态。因此，尽管频率可以一直下降，但电压不能。在这种情况下，所节省的动态能耗和功耗分别是多少？

d. [10] <1.5> 采用暗硅方法时能耗是多少？这种方法会为每种主要任务开发专用的 ASIC 硬件，并在未使用硬件时进行电源门控。芯片中仅提供一个通用核，其余部分都用专用单元填充。用于完成电子邮件功能的核将在 25%的时间内工作，而在其余 75%的时间内完全关闭，进行电源门控。在这 75%的时间里，将运行一个专用的 ASIC 单元，它需要的能耗占一个核的 20%。

1.5　[10/10/10] <1.5> 练习 1.4 中曾提到，手机运行着各种各样的应用程序。本练习中的假设与上一个练习相同：每个核的功耗为 0.5 W，一个四核处理器运行电子邮件应用程序的速度为 3 倍速。

a. [10] <1.5> 设想 80%的代码是可并行化的。为了达到四路并行代码的执行速度，单个核的频率和电压应当提升多少？

b. [10] <1.5> 应用(a)部分中的频率与电压缩放后，动态能耗将缩减多少？

c. [10] <1.5> 采用暗硅方法时能耗是多少？在这种方法中，所有硬件单元都进行了电源门控，可以将其完全关闭（没有泄漏电流）。由于使用了专用 ASIC，所以执行相同计算时消耗的功耗只有通用处理器的 20%。设想每个核都进行了电源门控。视频游戏需要两个 ASIC 和两个核。与在 4 个核上进行并行化操作的基准进行对比，上述方法需要多少动态能耗？

1.6　[10/10/15/10/10/20] <1.5、1.9> 通用进程是针对通用计算进行优化的。也就是说，它们是针对大量应用中的常见特性进行优化的。但是，一旦对计算领域做出某种限制，在大量目标应用中发现的行为特性可能与通用应用不同。其中一种应用就是深度学习或神经网络。深度学习可应用于许多不同的应用，但对于所有这些应用，用于推理（利用学到的信息做出决策）的基本构造模块都是相同的。推理操作大多数是并行的，所以它们现在在图形处理单元上运行。图形处理单元更多的是面向图形处理，而不是具体推理。为了提升性能功耗比，Google 已经开发了一种使用张量处理单元的定制芯片，用于加快深度学习中的推理操作。比如，这种方法可用于语音识别和图像识别。本练习探讨了在一种通用处理器（Haswell E5-2699 v3）和一种 GPU（NVIDIA K80）之间，在性能和制冷方面的折中。如果不能高效地使计算机散热，风扇就会将热空气而不是冷空气吹回计算机。注意，存在差别的并不只是处理器——片上存储器和 DRAM 也参与其中。因此，这些统计数字是系统级而非芯片级的。

a. [10] <1.9> 如果在运行 GPU 时，Google 的数据中心将 70%的时间花费在工作负载 A 上，30%的时间花费在工作负载 B 上，那么 TPU 系统相对于 GPU 系统的加速比为多少？

b. [10] <1.9> 如果在运行 GPU 时，Google 的数据中心将 70%的时间花费在工作负载 A 上，30%的时间花费在工作负载 B 上，那么对于这 3 种系统的每一种，它所能达到的 Max IPS 百分比分别为多少？

c. [15] <1.5、1.9> 在(b)的基础上，假设当 IPS 由 0%增长到 100%时，功耗也由空闲线性增长至满负荷，那么 TPU 系统超出 GPU 系统的功耗效率为多少？

d. [10] <1.9> 如果另一个数据中心将 40%的时间花费在工作负载 A 上，将 10%的时间花费在工作负载 B 上，将 50%的时间花费在工作负载 C 上，那么 GPU 和 TPU 系统相对于通用系统的加速比为多少？

e. [10] <1.5> 机架的一个冷却门耗费 4000 美元，耗电 14 kW（将冷空气送入室内的成本；将其排出室外还需要另行增加成本）。根据表 1-13 和表 1-14 的 TDP 数据，利用这样一个冷却门，可以冷却多少台基于 Haswell、NVIDIA 或张量处理单元的服务器？

f. [20] <1.5> 典型的服务器农场在每平方英尺上最多耗散 200 W 的热量。假设一个服务器机架需要 11 平方英尺（包括前后空间），则在一个机架中可以放置多少台来自(e)部分的服务器？需要多少个冷却门？

表 1-13 通用处理器系统、图形处理器系统和定制 ASIC 系统的硬件特性，包含测得的功耗（引自 ISCA 论文）

系 统	芯 片	TDP	空闲功耗	忙时功耗
通用处理器	Haswell E5-2699 v3	504 W	159 W	455 W
图形处理器	NVIDIA K80	1838 W	357 W	991 W
定制 ASIC	TPU	861 W	290 W	384 W

表 1-14 通用处理器系统、图形处理器系统和定制 ASIC 系统在两个神经网络工作负载下的性能特性（引自 ISCA 论文）

系 统	芯 片	吞吐量			Max IPS 百分比		
		A	B	C	A	B	C
通用处理器	Haswell E5-2699 v3	5482	13 194	12 000	42%	100%	90%
图形处理器	NVIDIA K80	13 461	36 465	15 000	37%	100%	40%
定制 ASIC	TPU	225 000	280 000	2000	80%	100%	1%

* 工作负载 A 和工作负载 B 来自公开发表的结果。工作负载 C 是一种更加通用的虚构应用程序。

练习

1.7 [10/15/15/10/10] <1.4、1.5> 架构师面对的一个挑战是，今天拟定的设计方案可能需要几年的时间进行实施、验证和测试，然后才能上市。这就意味着架构师必须提前几年对技术进行规划。有时，这是很难做到的。

a. [10] <1.4> 根据摩尔定律观测到的器件发展趋势，到 2025 年，一个芯片上的晶体管数目应当是 2015 年的多少倍？

b. [15] <1.5> 性能的提升也一度反映了这一趋势。如果性能仍以 20 世纪 90 年代的速度提升，2025 年芯片在 VAX-11/780 上的性能大约是多少？

c. [15] <1.5> 按照 2005 年前后的增长速度，2025 年的性能是多少？

d. [10] <1.4> 是什么限制了时钟频率的增长速度？为了提升性能，架构师现在能用多出来的晶体管做些什么？

e. [10] <1.4> DRAM 容量的增长速度也已变缓。20 年来，DRAM 容量每年提高 60%。如果 8 Gbit DRAM 在 2015 年首次推出，而 16 Gbit 到 2019 年才推出，那么目前的 DRAM 容量增速大约是多少？

1.8 [10/10] <1.5> 我们正在为一种实时应用设计系统，这种应用要求必须在指定期限之前完成计算。以更快的速度完成计算没有任何收益。我们发现，在最糟糕的情况下，这一系统执行必要代码的速度是最低要求的两倍。

a. [10] <1.5> 如果以当前速度执行计算，并在完成任务后关闭系统，可以节省多少能耗？

b. [10] <1.5> 如果将电压和频率设置为现在的一半，可以节省多少能耗？

1.9 [10/10/20/20] <1.5> 诸如 Google 和 Yahoo!之类的服务器农场都为当天的最高请求速率提供了足够的计算容量。假设这些服务器在大多数时间内仅以 60%的容量运行，并且功耗不会随负载线性改变，也就是说，当服务器以 60%的容量运行时，它们的功耗为最大功耗的 90%。这些服务器可以关闭，但在负载更多时，重新启动时间过长。有人提议采用一种新型系统，它能够快速重新启动，但处在这种“几乎不工作”状态时需要消耗最大功耗的 20%。

a. [10] <1.5> 关闭 60%的服务器可以节省多少功耗？

b. [10] <1.5> 将 60%的服务器置于“几乎不工作”状态，可以节省多少功耗？

c. [20] <1.5> 将电压降低 20%、频率降低 40%，可以节省多少功耗？

d. [20] <1.5> 将 30%的服务器置于“几乎不工作”状态，将 30%的服务器关闭，可以节省多少功耗？

1.10 [10/10/20] <1.7> 可用性是服务器设计中最重要的考虑事项，紧随其后的是可扩展性和吞吐量。

a. [10] <1.7> 有一个处理器，其 FIT 为 100。这个系统的平均无故障时间（MTTF）为多少？

b. [10] <1.7> 如果需要 1 天的时间才能让这个系统再次正常运行，这个系统的可用性是多少？

c. [20] <1.7> 假设为了降低成本，准备用廉价计算机构建一个超级计算机，而不是使用可靠却昂贵的计算机。一个具有 1000 个处理器的系统，其 MTTF 为多少？（假设这些处理器一损俱损。）

1.11 [20/20/20] <1.1、1.2、1.7> 在 Amazon 或 eBay 使用的服务器农场中，一个故障不会导致整个系统崩溃，而是会减少在任意时刻能够满足的请求数目。

a. [20] <1.7> 如果一个公司有 10 000 台计算机，每台计算机的 MTTF 为 35 天，而且只有当 1/3 以上的计算机发生故障时才会发生灾难性故障，系统的 MTTF 为多少？

b. [20] <1.1、1.7> 如果一台计算机的 MTTF 加倍，需要额外花费 1000 美元，这是一个好的业务决策吗？证明你的结论。

c. [20] <1.2> 表 1-2 给出了宕机的平均成本，假定在一年的所有时间内，该成本不变。但对于零售商来说，圣诞节是最赚钱的时候（因此，如果因为宕机造成无法销售，损失也最大）。如果目录销售中心第四季度的通信流量是其他任意一个季度的两倍，那么第四季度每小时的平均宕机成本是多少？其他时间的宕机成本又是多少？

1.12 [20/10/10/10] <1.9> 在这个练习中，假定我们正在考虑通过添加加密硬件来增强一台四核计算机。当计算加密操作时，其速度比正常执行模式快 20 倍。我们将加密的百分比定义为执行加密操作所花费的时间占原始执行时间的百分比。专用硬件增加了 2%的功耗。

a. [20] <1.9> 绘制一个图形，用执行加密所需计算的百分比表示加速比。将 *y* 轴标记为“净加速比”，*x* 轴标记为“百分比加密”。

b. [10] <1.9> 加密百分比为多少时，添加加密硬件会使加速比为 2？

c. [10] <1.9> 如果已经使加速比为 2，在新的执行中百分之多少的时间将花在加密操作上？

d. [10] <1.9> 假定已经测得加密百分比为 50%。硬件设计小组估计，通过追加大量投入，可以进一步加快加密硬件的速度。你想知道添加第二个单元来支持并行加密操作是否更有用。假设在原始程序中，90%的加密操作可以并行执行。假设所允许的并行化仅限于加密单元的数量，那么提供 2 个或 4 个加密单元的加速比分别是多少？

1.13 [15/10] <1.9> 假定我们对一台计算机进行了改进，使某种执行模式的速度提升为原来的 10 倍。改进模式的使用时间占总时间的 50%，这一数值是在**使用该改进模式时**测得的执行时间百分比。回想一下，Amdahl 定律需要的是能改进但还**没有**改进的原执行时间比例。因此，在使用 Amdahl 定律计算加速比时，不能使用这个 50%的测量值。

a. [15] <1.9> 从快速模式获得的加速比是多少？

b. [10] <1.9> 转换为快速模式的原执行时间的比例是多少？

1.14 [20/20/15] <1.9> 在为了优化处理器的某一部分而进行改变时，经常会出现这样一种情况：加速某种类型的指令时，会降低其他某些指令的速度。例如，如果放入一个复杂的快速浮点单元，它要占用空间，而为了容纳它，就得将某个东西移得远一些，这样就要增加一些延迟周期才能到达被挪远的单元。基本的 Amdahl 定律公式没有考虑这种折中。

a. [20] <1.9> 如果这个新的快速浮点单元将浮点运算的速度平均提高 2 倍，并且浮点运算占用的时间为原程序执行时间的 20%，那么总加速比为多少（忽略对所有其他指令的影响）？

b. [20] <1.9> 现在假定浮点单元的加速会降低数据缓存访问的速度，减缓倍数为 1.5（或者说加速比为 2/3）。数据缓存访问的时间为总执行时间的 10%。现在的总加速比为多少？

c. [15] <1.9> 在实现新的浮点运算之后，浮点运算占执行时间的百分比是多少？数据缓存访问又占多大比例？

1.15 [10/10/20/20/10] <1.10> 公司刚刚购买了一个新的 22 核处理器，你需要针对这一处理器优化软件。你将在这个系统上运行 4 个应用程序，但它们的资源需求并不一样。表 1-15 列出了系统和应用程序的特性。

表 1-15 4 个应用程序

应用程序	A	B	C	D
资源需求占比（%）	41	27	18	14
可并行化百分比（%）	50	80	60	90

表中资源需求的百分占比是假定它们均以串行方式运行时的数值。如果一个程序的某一部分能在 X 个核上实现并行化，这一部分的加速比就是 X。

a. [10] <1.10> 如果在整个 22 核处理器上运行应用程序 A，那么与串行运行该程序相比，加速比为多少？

b. [10] <1.10> 如果在整个 22 核处理器上运行应用程序 D，那么与串行运行该程序相比，加速比为多少？

c. [20] <1.10> 假定应用程序 A 需要 41%的资源，如果将它静态分配到 41%的核上并行运行，而所有其他应用程序都是串行运行，那么总加速比为多少？

d. [20] <1.10> 如果这 4 个应用程序都根据自己所需要的资源比例而静态分配到相应数量的核上，并全部并行运行，则总加速比为多少？

e. [10] <1.10> 给定通过并行化获得的加速值，仅考虑这些应用程序在其静态分配核上的有效运行时间，这些应用程序所能获得的新资源占比为多少？

1.16 [10/20/20/20/25] <1.10> 在实现一个应用程序的并行化时，理想加速比应当等于处理器的个数。但它受到两个因素的限制：可并行化的应用程序百分比和通信成本。Amdahl 定律考虑了前者，但没有考虑后者。

a. [10] <1.10> 如果应用程序的 80%可以并行化，N 个处理器的加速比为多少？（忽略通信成本。）

b. [20] <1.10> 如果每增加一个处理器，通信开销为原执行时间的 0.5%，则 8 个处理器的加速比为多少？

c. [20] <1.10> 如果处理器数目每增加一倍，通信开销增加原执行时间的 0.5%，则 8 个处理器的加速比为多少？

d. [20] <1.10> 如果处理器数目每增加一倍，通信开销增加原执行时间的 0.5%，则 N 个处理器的加速比为多少？

e. [25] <1.10> 写出求解这一问题的一般公式：如果一个应用程序 P%的原执行时间可以并行化，并且处理器数目每增加一倍，通信成本增加原执行时间的 0.5%，则达到最高加速比的处理器数目为多少？

2

存储器层次结构设计

> 理想情况下，我们希望拥有无限大的存储容量，这样就可以立刻访问任何一个特定的……机器字……但我们……必须认识到构建一个存储器层次结构的可能性，其中每一层次的容量都比前一层次大，但访问速度却比前一层次慢。
>
> A. W. Burks、H. H. Goldstine 及 J. von Neumann，
> *Preliminary Discussion of the Logical Design of an Electronic Computing Instrument*（1946）

2.1 引言

计算机先驱准确地预测到程序员会希望拥有无限数量的快速存储器。满足这一愿望的一种经济型解决方案是存储器层次结构，它利用了局部性原理，并在存储器技术的性能与成本之间进行了折中。第 1 章中介绍的**局部性原理**是指，大多数程序不会均衡地访问所有代码或数据。局部性可以在时间域发生（即**时间局部性**），也可以在空间域发生（即**空间局部性**）。基于这一原理以及“在给定实现工艺和功耗预算的情况下，硬件越小，速度越快”的指导原则，产生了存储器层次结构，这些层次由速度和容量各不相同的存储器组成。图 2-1 显示了几种多级存储器层次结构，包括典型的容量和访问速度。随着闪存和下一代存储器技术在每比特的成本上继续缩小与磁盘的差距，这些技术很可能会逐渐取代磁盘作为辅助存储。如图 2-1 所示，这些技术已经在许多个人计算机中使用，并且越来越多地用于服务器。应用相关技术的服务器在性能、功耗和密度方面具有显著的优势。

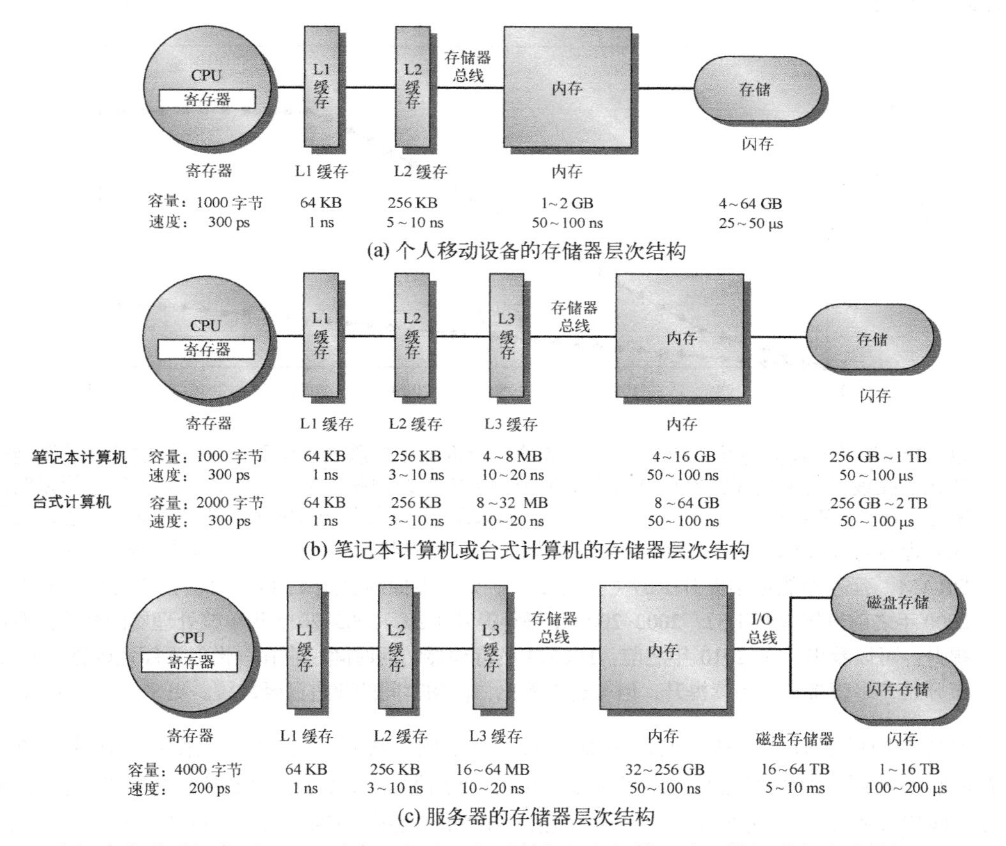

图 2-1 (a) 个人移动设备（PMD，比如手机和平板计算机）(b) 笔记本计算机或台式计算机以及 (c) 服务器中典型的存储器层次结构中的级别。离处理器越远，存储器的速度越慢、容量越大。注意，对于磁盘，时间单位改变了 10^9 倍（从皮秒变为毫秒），容量单位改变了 10^9 倍（从千字节到太字节）。如果我们增加仓库级计算机，而不仅仅是服务器，容量规模将增加 3~6 个数量级。由闪存组成的固态硬盘（SSD）在 PMD 中专用，而在笔记本计算机和台式计算机中大量使用。在许多台式计算机中，主存储系统是 SSD，扩展磁盘主要是硬盘驱动器（HDD）。同样，许多服务器混合了 SSD 和 HDD

因为快速存储器非常昂贵，所以存储器层次结构被分为几个级别——离处理器越近，容量越小，速度越快，每字节的成本也越高。存储器的终极目标是提供一种存储器系统，其每字节的成本几乎与最便宜的存储器级别相同，而速度几乎与最快的存储器级别相同。在大多数（但并非全部）情况下，低层级存储器中的数据是其上一级存储器中数据的超集。这一性质称为**包含性质**（inclusion property），层次结构的最低级别必须具备这一性质。对于缓存，它的下一级存储器就是主存；对于虚拟内存，它的下一级存储器就是辅助存储器（磁盘或闪存）。

随着处理器性能的提高，存储器层次结构也变得越来越重要。图 2-2 绘出了单处理器性能和主存储器访问耗时的历史发展过程。假设只有一个 DRAM 且只有一个存储体（memory bank），处理器曲线显示了平均每秒发出的存储器请求数（即两次存储器访问之间延迟的倒数）的增加，而存储器曲线显示了每秒 DRAM 访问数（即 DRAM 访问延迟的倒数）的增加。实际情况要更加复杂，因为处理器请求速率不一致，而且存储器系统通常有多个存储体和通道。尽管访问时间上的差距多年来显著增大，但由于单处理器的性能没有大幅提升，导致处理器与 DRAM 之间差距的增速放缓。

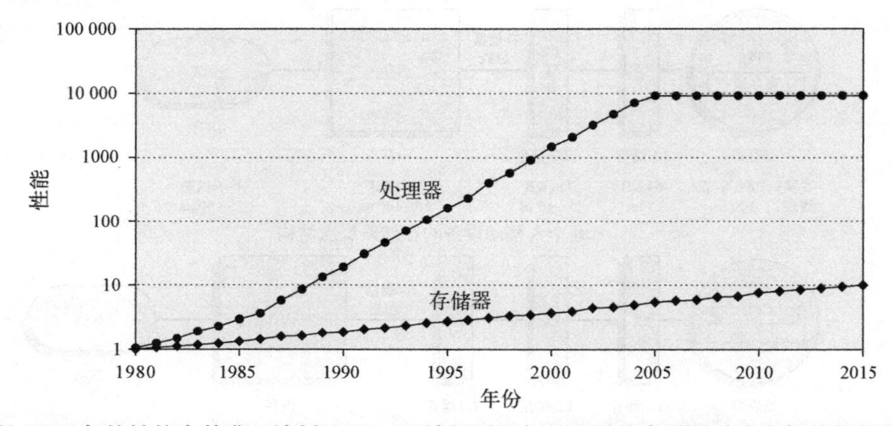

图 2-2　以 1980 年的性能为基准，绘制了 DRAM 访问延迟与处理器的存储器请求之间的性能差距随时间变化的曲线，其中处理器的存储器请求是相对于单个处理器或单个核而言的，性能差距以时间差衡量。在 2017 年年中，AMD、Intel 和 NVIDIA 都发布了使用 HBM 技术的芯片集。注意，为了记录处理器与 DRAM 性能差距的大小，纵轴必须采用对数刻度。存储器基准为 1980 年的 64 KiB DRAM，延迟性能每年提升 1.07（见表 2-1）。处理器曲线假定 1986 年之前性能每年提升 1.25，2000 年之前每年提升 1.52，2000~2005 年每年提升 1.20，2005~2015 年单核处理器的性能只有小幅提升。可以看出，在 2010 年之前，DRAM 的存储器访问时间一直在缓慢但不停地改进；从 2010 年开始，尽管带宽在持续提升，但与过去相比，访问时间的改进已经放缓。更多信息请见图 1-1

因为高端处理器有多个核，所以带宽需求大于单核处理器。尽管近年来单核对带宽增长速度的需求有所放缓，但随着核数量的增长，CPU 的存储器需求和 DRAM 带宽之间的差距仍在继续扩大。现代高端桌面处理器（比如 Intel Core i7 6700）每个处理器核每个时钟周期会产生两次访问存储器的请求。i7 有 4 个核，时钟频率为 4.2 GHz，除了大约 128 亿次 128 位指令引用的峰值指令请求之外，每秒最多还可生成 328 亿次 64 位数据访存；总峰值带宽需求为 409.6 GiB/s！这一难以置信的高带宽是通过以下方法实现的：实现缓存的多端口和流水线；利用三级缓存，即每个核使用两个级别的私有缓存，以及一个共享的 L3 缓存；在第一级使用独立的指令与数据缓存。相比之下，使用两个存储器通道的 DRAM 主存储器的峰值带宽只有带宽需求的 8%

（34.1 GiB/s）。即将发布的版本预计将使用嵌入式或堆叠式 DRAM 提供 L4 DRAM 缓存（参见 2.2 节和 2.3 节）。

传统上，存储器层次结构的设计人员把重点放在优化存储器的平均访问时间上，这一时间是由缓存命中时间、缺失率和缺失代价决定的。但最近，功耗已经成为设计人员的主要考虑事项。在高端微处理器中，可能有 60 MiB 或更多的片上缓存，大容量的第二级或第三级缓存会产生大量功耗，包括不执行操作时的漏电功耗（称为**静态功耗**）和执行读写时的有效功耗（称为**动态功耗**），如 2.3 节所示。这一问题在 PMD 的处理器中更为突出，它的 CPU 的性能相对较弱，功耗预算可能降至 1/20~1/50。在此类情况下，缓存功耗可能占总功耗的 25%~50%。因此，设计必须同时考虑性能和功耗的权衡，本章将对这两个因素进行研究。

存储器层次结构基础：快速回顾

存储器和处理器之间的性能差距越来越大并且越来越重要，所以存储器层次结构的基础知识已经出现在计算机体系结构的本科课程中，甚至还出现在操作系统和编译器的相关课程中。因此，我们首先快速回顾一下缓存及其操作。不过，本章的主要内容是介绍一些用来应对处理器–存储器性能差距的高级创新技术。

如果在缓存中找不到某一个字，就必须从层次结构较低的一个层级（可能是另一个缓存，也可能是主存储器）中提取这个字，并把它放在缓存中，然后才能继续。出于效率原因，会一次提取多个字，这称为**块**（**或行**）。这样做还有另外一个原因：由于空间局部性原理，很可能马上就会用到这些字。每个缓存块都包括一个**标签**（tag），用来指明它与哪个存储器地址相对应。

比较关键的设计决策之一是块（或行）在缓存中的组织方式。最常见的方案是**组相联**（set associative），其中**组**是指缓存中的一组块。一个块首先被映射到一个组上，然后可以将这个块放到这个组中的任意位置。要查找一个块，首先要将这个块的地址映射到这个组，然后再搜索这个组（通常为并行搜索）。这个组是根据数据地址选择的：

（块地址）MOD（缓存中的组数）

如果组中有 n 个块，则缓存的布局被称为 ***n* 路组相联**（*n*-way set associative）。组相联的端点有其自己的名字。**直接映射缓存**（direct-mapped cache）的每组中只有一个块（所以块总是放在同一个位置），**全相联缓存**（fully associative cache）只有一个组（所以块可以放在任何地方）。

只从缓存中读取数据很容易，因为缓存副本和存储器是相同的。向缓存中写入数据难一些，比如，缓存副本和存储器怎样才能保持一致呢？主要有两种策略。一种是**写直达**（write-through，又称“写穿透”）缓存，当它更新缓存中的条目时，会同时将数据写入主存储器中，并对其进行更新。另一种是**写回**（write-back，又称“回写”）缓存，仅更新缓存中的副本。在要替换这个块时，再将它复制回存储器。这两种写入策略都可以使用**写缓冲区**（write buffer），这样将数据放入这个缓冲区之后，马上就可以进行缓存操作，而不需要等待将数据写入存储器。

衡量不同缓存组织方式的优劣的一个指标是**缺失率**（miss rate）。**缺失率**是指那些未能找到预期目标的缓存访问所占的比例，即未找到目标的访问数目除以总访问数目。

为了深入理解造成高缺失率的原因，从而更好地设计缓存，“3C”模型将所有这些缺失情景分为以下 3 个简单的类别。

- **强制**（compulsory）缺失：对数据块的第一次访问肯定不会在缓存中，所以必须将这个块放入缓存中。即使拥有无限大的缓存，也会发生强制缺失。
- **容量**（capacity）缺失：如果缓存不能包含程序运行期间所需要的全部块，就会因为有些块先被丢弃之后再被调入而导致容量缺失（除了强制缺失之外）。
- **冲突**（conflict）缺失：如果块放置策略不是全相联的，并且多个块映射到一个块的组中，对不同块的访问混杂在一起，那么一个块可能会被丢弃，之后再被调入，从而发生冲突缺失（除强制缺失和容量缺失之外）。

表 B-4 显示了根据 3C 模型划分的缓存缺失的相对频率。如附录 B 中所述，3C 模型是概念性的，尽管它的见解通常是正确的，但并不能简单地套用它来解释具体单个引用的缓存行为。

我们在第 3 章和第 5 章将会看到，多线程和多核增加了缓存的复杂性，既增大了发生容量缺失的可能性，又因为缓存刷新增加了第 4 个 C——**一致性**（Coherency）缺失，之所以进行缓存刷新，是为了使多处理器中的多个缓存保持一致；我们将在第 5 章考虑这些问题。

然而，缺失率可能因为多个原因而产生误导。因此，一些设计人员喜欢测量**每条指令的缺失次数**，而不是每次存储器访问的缺失次数（缺失率）。这两者的关系如下：

$$\frac{缺失数}{指令}=\frac{缺失率\times存储器访问数}{指令数}=缺失率\times\frac{存储器访问数}{指令}$$

（这个方程通常用整数而不是分数来表示，比如每千条指令的缺失数。）

这两种度量指标的问题在于，它们都没有考虑缺失代价。一种更好的度量指标是**存储器平均访问时间**（average memory access time）：

$$存储器平均访问时间=命中时间+缺失率\times缺失代价$$

其中，**命中时间**（hit time）是指在缓存中命中目标的时间，**缺失代价**（miss penalty）是将块从存储器读取到缓存所需要的时间（即缓存缺失的开销）。存储器平均访问时间仍然是一个间接的性能测量指标，尽管它比缺失率好一些，但不能代替执行时间。在第 3 章，我们将会看到支持推测执行的处理器可以在缺失期间执行其他指令，从而降低实际缺失代价。使用多线程（将在第 3 章介绍）也允许处理器容忍一些缺失，而不会被强制转入空闲状态。稍后将会研究，为了利用这些延迟容忍技术，就需要一些缓存，以便在处理缺失时为请求提供服务。

如果读者第一次接触本节内容，或者认为本节内容不够详细，可以参阅附录 B。附录 B 更深入地介绍了这些内容，并包括一些真实计算机的缓存示例和对其有效性的量化评估。

附录 B.3 节给出了 6 种基本的缓存优化方法，我们在此快速预览一下。附录 B 还提供了这些优化方法收益的量化示例。我们还将简要评述对这些折中设计对功耗的影响。

(1) **增大缓存块以降低缺失率**。降低缺失率的最简单方法是利用空间局部性，并增大块的大小。使用较大的块可以减少强制缺失，但也增加了缺失代价。因为较大的块意味着需要较少的标签，所以它们可以略微降低静态功耗。较大的块还会增加容量缺失或冲突缺失，特别是当缓存整体容量较小时。选择合适的块大小是一个很复杂的权衡过程，具体取决于缓存的大小和缺失代价。

(2) **增大缓存以降低缺失率**。要减少容量缺失，一种显而易见的方法就是增大缓存容量。其缺点包括延长缓存命中时间，以及增加成本和功耗。较大的缓存会同时增大静态功耗和动态功耗。

(3) **提高相联度以降低缺失率**。显然，提高相联度可以减少冲突缺失。较大的相联度是以延长命中时间为代价的。稍后将会看到，相联度也会增大功耗。

(4) **采用多级缓存以降低缺失代价**。是加快缓存命中速度，以跟上处理器的高速时钟频率，还是加大缓存，以缩小处理器访问和主存储器访问之间的差距？这是一个艰难的决策。在原缓存和存储器之间加入另一级缓存可以降低这一决策的难度。第一级缓存可以小到足以匹配快速的时钟周期，而第二级（或第三级）缓存可以大到足以捕获许多本来要对主存储器进行的访问。为了着重减少第二级缓存缺失，其采用了更大的块、更大的容量和更高的相联度。与单个总缓存相比，多级缓存更节能。如果用 L1 和 L2 分别指代第一级缓存和第二级缓存，可以将平均存储器访问时间重新定义为：

$$命中时间_{L1} + 缺失率_{L1} \times (命中时间_{L2} + 缺失率_{L2} \times 缺失代价_{L2})$$

(5) **为读缺失指定高于写操作的优先级，以降低缺失代价**。写缓冲区是实现这一优化的理想之选。因为读缺失请求有可能命中写缓冲区正在写入最新值的位置，所以写缓冲区会产生冒险，即通过存储器进行写后读冒险。一种解决方案是在读缺失时先检查写缓冲区的内容。如果没有冲突，且存储器系统可用，则在写操作之前发送读取请求会降低缺失代价。大多数处理器为读取指定的优先级要高于写操作。这种选择对功耗几乎没有影响。

(6) **在索引缓存期间避免虚实地址转换，以缩短命中时间**。缓存必须妥善处理从处理器虚拟地址到存储器的物理地址的变换。（虚拟存储器将在 2.4 节和 B.4 节介绍。）一种常用的优化方法是使用页内偏移地址（虚拟地址和物理地址中相同的部分）来索引缓存，如附录 B 所述。这种虚拟地址索引/物理标签方法增加了系统复杂度以及对 L1 缓存大小与结构的限制，但从关键路径中消除变换旁路缓冲区（TLB）访问这一收益大于损失。

注意，上述 6 种优化方法各有弱点，可能会增加而不是缩短存储器平均访问时间。

本章后续部分假定读者已熟悉上述材料及附录 B 中的详细内容。在“融会贯通”一节中，我们将研究 Intel Core i7 6700 和 ARM Cortex-53 的存储器层次结构。Intel Core i7 6700 是一种为高端桌面计算机或小型服务器设计的微处理器，ARM Cortex-53 是一种为 PMD 设计的处理器，它是几种平板计算机和智能手机所用处理器的基础。由于这些处理器是为不同计算机设计的，所以每一类采用的方法都有明显的不同。

与为移动设备设计的 Intel 处理器相比，i7 6700 拥有更多的核和更大的缓存，但这些处理器的体系结构是类似的。为小型服务器（收回 i7 6700）或大型服务器（如 Intel Xeon）设计的处理器通常针对不同的用户运行大量并发进程。因此，存储带宽变得更加重要，这些处理器提供更大的缓存和更激进的存储器系统来增加带宽。

与之相对，PMD 不但只为一位用户提供服务，而且其操作系统通常更小，很少采用多任务工作方式（同时运行几个应用程序），应用程序也要更简单一些。PMD 必须同时考虑性能和能耗，因为能耗决定着电池寿命。在深入研究更高级的缓存组织方式和优化方法之前，需要了解各种存储器技术及其演进。

2.2　存储器技术与优化

……唯一使计算机站稳脚跟的发展是可靠存储器的发明，也就是核心存储器……它的成本是合理的，它是可靠的，而且因为它是可靠的，所以能够在适当的时候扩大其容量。[P209]

——Maurice Wilkes，

Memoirs of a Computer Pioneer（1985）

本节介绍存储器层次结构中使用的技术，特别是在构建缓存和主存储器时使用的技术。这些技术是 SRAM（静态随机访问存储器）、DRAM（动态随机访问存储器）和闪存。其中闪存是用来替代硬盘的，但是因为它以半导体技术为基础，所以在本节中介绍很合适。

使用 SRAM 可以满足最小化缓存访问时间的需求。然而，当发生缓存缺失时，我们需要尽可能快地将数据从主存储器中取出，而这需要高带宽存储器。这种高存储带宽可以通过 3 种方式来实现：将组成主存储器的许多 DRAM 芯片分配到多个存储体中实现；增加存储器总线宽度；结合使用上述两种方式。

为了使存储器系统跟上现代处理器的带宽需求，存储器革新始于 DRAM 芯片自身内部。本节将介绍存储芯片内部的技术及其具有创新性的内部组成。在描述这些技术与选项之前，首先介绍一些术语。

随着突发传输存储器的引入（这种存储器现在广泛应用在闪存和 DRAM 中），存储器延迟采用两种度量方法——访问时间和周期时间。**访问时间**是从发出读取请求到收到所需字之间的时间，**周期时间**是指对存储器发出的两次不相关请求之间的最短时间间隔。

自 1975 年以来，几乎所有计算机都将 DRAM 用作主存储器，将 SRAM 用作缓存，并在 CPU 的处理器芯片中集成一到三级缓存。PMD 必须平衡功耗和性能，而且因为存储需求相对有限，所以它们使用闪存而不是磁盘驱动器，桌面计算机也越来越多地遵循这一决定。

2.2.1　SRAM 技术

SRAM 的第一个字母表示静态（static）。DRAM 电路的动态本质要求在读取数据之后将其写回，因此在访问时间和周期时间之间存在差异，并需要进行刷新。SRAM 不需要刷新，所以访问时间与周期时间非常接近。SRAM 通常使用 6 个晶体管保存 1 位数据，以防止在读取信息时对信息造成干扰。在待机模式下，SRAM 只需要很少的功耗来维持电荷。

早些时候，大多数桌面系统和服务器系统使用单独的 SRAM 芯片作为其主缓存、第二级缓存或第三级缓存；如今，这三级缓存都被集成在处理器芯片上。在高端服务器芯片中，可能有多达 24 个核和高达 60 MiB 的缓存。这样的系统通常为每个处理器芯片配置 128~256 GiB 的 DRAM。大型第三级片上缓存的访问时间通常是第二级缓存的 2~8 倍。尽管如此，L3 访问时间通常至少比 DRAM 快 5 倍。

片上缓存 SRAM 的宽度通常与缓存的块大小相匹配，每个块对应的标签都与其并行存储。这样就可以在单个时钟周期内读取或写入整个块。在将缺失后获取的数据写入缓存时，或在写回一个必须从缓存中清除的块时，此功能特别有用。缓存的访问时间（忽略在组相联缓存中的命中检测和选择）与缓存中的块数成正比，而能耗则依赖于缓存中的比特数（静态功耗），也依赖于块数（动态功耗）。因为存储器更小一些，所以组相联缓存缩短了对存储器的初始访问时间，但是增加了命中检测和块选择的时间，2.3 节将讨论这一主题。

2.2.2 DRAM 技术

在早期 DRAM 的容量增大时，由于封装需要提供所有必要的地址线，所以封装成本较高。解决方案是复用地址线，从而将地址管脚数减半。图 2-3 展示了 DRAM 的基本结构。先在**行选通**（row access strobe，RAS）期间发送一半地址，然后在**列选通**（column access strobe，CAS）期间发送另一半地址。**行选通**和**列选通**这两个名字源于芯片的内部结构，这些存储器的内部是一个按行和列寻址的长方形矩阵。

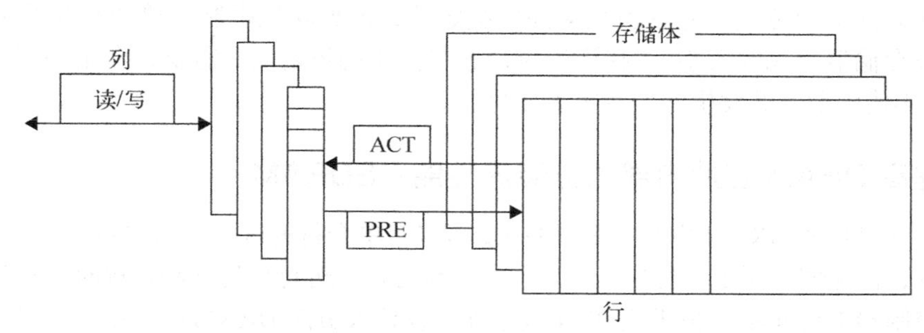

图 2-3 DRAM 的内部结构。现代 DRAM 是以"存储体"为单位进行组织的，DDR4 有多达 16 个存储体。 每一组由一系列行构成。发送 ACT（Activate）命令会打开一个存储体和一行，并将该行载入行缓冲区。将行放入缓冲区后，就可以采用两种方式进行传送：一种是根据 DRAM 的宽度采用连续列地址传送（在 DDR4 中，这一宽度通常为 4 位、8 位或 16 位），另一种是指定块传送方式，并给出起始地址。PRE（Precharge）命令会关闭存储体和行，并为新的访问做好准备。每个命令和块传送过程都以一个时钟进行同步。关于 SDRAM 的讨论请参见下一节。根据信号的原始名称，行信号和列信号有时被称为 RAS 和 CAS

对 DRAM 的另一要求来自其第一个字母 D 表示的特性，即**动态**（dynamic）。为了在每个芯片中容纳更多的位，DRAM 仅使用一个晶体管（实际上相当于一个电容器）来存储一位数据。这有两层含意。用来检测电荷的传感线必须进行预充电，使其设定为介于逻辑 0 和逻辑 1 之间的"中间"状态，这样，只需在单元中存储很少量的电荷就可以使灵敏放大器（sense amplifier）检测到逻辑 0 或 1。在读取时，将一行放入行缓冲器中，CAS 信号可以在这里选择从 DRAM 中读取该行的一部分。因为对数据行的读取过程会破坏其中的信息，所以当不再需要该行时，必须将其写回。这一写回过程以重叠方式进行，但在早期的 DRAM 中，这意味着在读取一行并访问该行的一部分之后，还需要等待一定的时间才能读取一个新行。

此外，为了防止单元中的电荷泄漏（假设既没有读取它，也没有写入它）而导致信息丢失，必须定期"刷新"每个位。幸运的是，只需对一行进行读取并将其写回，就可以同时刷新该行中的所有位。因此，存储器系统中的每个 DRAM 必须在特定时间窗口内（比如 64 ms）访问每一行。存储器控制器包括定期刷新 DRAM 的硬件。

这一要求意味着存储器系统偶尔会不可用，因为它要发出一个信号，告诉每个芯片进行刷新。刷新时间等于一次行激活和一次预充电的时间，预充电也会将该行写回（由于不需要进行列选择操作，所以写回时间大约是获取数据时间的 2/3）。由于 DRAM 中的存储器矩阵在概念上是方形的，所以一次刷新中的步骤数通常是 DRAM 容量的平方根。DRAM 设计人员尽力将刷新时间保持在总时间的 5%以下。到目前为止，我们对主存储器运作模式的描述就好像它是一列瑞士火车一样，完全根据时刻表持续不断地提供货物。事实上，DRAM 控制器（通常位于处理器芯片上）会利用 SDRAM 尝试优化访问过程，尽可能避免打开新行和使用块传输。刷新过程又增加了一个难以预测的因素。

Amdahl 提出一条经验规律：要保持系统的平衡，存储器容量应当随处理器的速度线性增长，所以一个运算速度为 1000 MIPS 的处理器应当拥有 1000 MiB 的存储器。处理器设计人员依靠 DRAM 来满足这一要求。过去，他们可以指望存储器容量每 3 年翻两番，也就是年增长率为 55%。遗憾的是，DRAM 现在的性能提升速度非常慢。性能提升速度减缓，主要是因为行访问时间未能大幅缩短，它是由很多问题决定的，比如功耗限制、单个存储器单元的充电容量（以及存储器单元的大小）。在详细讨论这些性能趋势之前，需要先介绍一下 DRAM 从 20 世纪 90 年代中期开始发生的一些重大变化。

2.2.3　提高 DRAM 芯片内部的存储器性能：SDRAM

尽管非常早期的 DRAM 中有一个缓冲区，可以对单个行进行多次列访问，不需要启动新的行访问过程，但它们采用了一种异步接口，这意味着每次进行列访问和传输时，都额外需要一些时间与控制器进行同步。20 世纪 90 年代中期，设计人员向 DRAM 接口中增加了一个时钟信号，这样重复进行的传输就不再需要额外的同步时间，这就是**同步 DRAM**（synchronous DRAM，SDRAM）。除了缩减时间开销之外，SDRAM 还允许添加一种突发式传输模式，在这种模式中，可以进行多次传输而无须指定新的列地址。通常，将 DRAM 置为突发模式后，可以进行 8 次或更多次的 16 位传输，而无须发送新的地址。增加这种突发传输模式后，随机访问一串数据与连续访问一块数据的带宽存在显著的差异。

为了克服在 DRAM 密度增大时从存储器获得更多带宽的问题，人们加大了 DRAM 的宽度。最初，他们提供了一种四位传输模式；2017 年，DDR2、DDR3 和 DDR DRAM 采用了 4、8 或 16 位总线。

21 世纪早期又推出了另外一项创新：**双倍数据速率**（double data rate，DDR），它使 DRAM 在存储器时钟周期的上升沿和下降沿都能传输数据，从而使峰值数据传输速率翻了一番。

最后，SDRAM 引入了**体**（bank，即存储体），用于帮助功耗管理、缩短访问时间，并允许对不同存储体进行相互交织、重叠的访问。对不同存储体的访问可以相互重叠，每个存储体都有自己的行缓冲区。在一个 DRAM 中创建多个存储体实际上是为该地址又增加了一个段，现在的地址由存储体编号、行地址和列地址组成。在发出一个新存储体的地址时，必须打开这个存储体，从而增加延迟时间。存储体和行缓冲区的管理完全由现代存储器控制接口处理，所以当后续地址指定的是一个已打开存储体中的相同行时，只需发送列地址，从而可以快速进行访问。

要发起一次新的访问过程，DRAM 控制器发送一个存储体编号和一个行号（在 SDRAM 中称为**激活**——Activate，之前称为 RAS——行选通）。这个命令会打开该行，并将整行数据读入一个缓冲区中。然后会发送一个列地址，SDRAM 可以传送一个或多个数据项，具体取决于是单个请求还是突发请求。在访问新行之前，必须对存储体进行预充电。如果该行位于同一存储体内，则会感觉到预充电导致的延迟；但如果这个新行位于另一个存储体中，那么行的关闭和存储体的预充电可以与新行的访问重叠进行。在 SDRAM 中，这些命令周期中的每一个都需要整数个时钟周期。

从 1980 年到 1995 年，DRAM 完全符合摩尔定律，其容量每 18 个月翻一番（或者说每 3 年翻两番）。从 20 世纪 90 年代中期到 2010 年，容量的增速减缓，大约每 26 个月翻一番。从 2010 年到 2016 年，容量只翻了一番！表 2-1 给出了不同年份 DDR SDRAM 的容量和访问时间。从 DDR1 到 DDR3，访问时间改进了大约 3 倍，每年约为 7%。DDR4 的功耗和带宽相对于 DDR3 均有改进，但访问延迟时间相差无几。

表 2-1 每个生产年份的 DRAM 的容量和访问时间

			最佳情况下的访问时间（无须预充电）			需要预充电
生产年份	芯片大小	DRAM 类型	RAS 时间（ns）	CAS 时间（ns）	总时间（ns）	总时间（ns）
2000	256M bit	DDR1	21	21	42	63
2002	512M bit	DDR1	15	15	30	45
2004	1G bit	DDR2	15	15	30	45
2006	2G bit	DDR2	10	10	20	30
2010	4G bit	DDR3	13	13	26	39
2016	8G bit	DDR4	13	13	26	39

* 访问时间是针对随机存储器字的，并假定必须打开一个新行。如果该行位于不同的存储体内，则假定该存储体已预充电；如果该行未打开，则需要预充电，访问时间也较长。随着存储体数量的增加，隐藏预充电时间的能力也增强了。DDR4 SDRAM 最初预计在 2014 年生产，但直到 2016 年年初才开始生产。

如表 2-1 所示，DDR 有一系列标准。DDR2 将电压由 2.5 V 降为 1.8 V，从而相对于 DDR1 降低了功耗，而且它的时钟频率也更高：266 MHz、333 MHz 和 400 MHz。DDR3 将电压降至 1.5 V，最大时钟频率变为 800 MHz。（下一节将会讨论，GDDR5 是一种图形化 RAM，其基础是 DDR3 DRAM。）DDR4 原本预计于 2014 年批量上市，却推迟到了 2016 年年初，它将电压降至 1~1.2 V，最大预期时钟频率为 1600 MHz。DDR5 可能要等到 2020 年甚至更晚才可能批量生产。

随着 DDR 的推出，存储器设计者开始越来越多地关注带宽，这是因为访问时间已经很难再缩短了。采用更宽的 DRAM、突发式传输、将数据率翻倍，都为存储带宽的快速提升做出了贡献。DRAM 通常在称为**双列直插存储模块**（dual inline memory module，DIMM）的小型电路板上销售，对于桌面系统和服务器系统，DIMM 上包含 4~16 个 DRAM 芯片，宽度通常为 8 字节（+ECC）。当 DDR SDRAM 封装为 DIMM 时，上面标注的是可能导致混淆的峰值 DIMM 带宽。因此，PC3200 这个 DIMM 名字来自 200 MHz × 2 × 8 字节，也就是 3200 MiB/s；上面安装的是 DDR SDRAM 芯片。更为混乱的是，这些芯片本身标注的是“每秒的字节数”，而不是其时钟频率，因此，200 MHz 的 DDR 芯片被称为 DDR400。表 2-2 给出了 I/O 时钟频率、每个芯片每秒的传输量、芯片带宽、芯片名称、DIMM 带宽和 DIMM 名称的关系。

表 2-2 2016 年 DDR DRAM 和 DIMM 的时钟频率、带宽和名称

标 准	I/O 时钟频率（MHz）	每秒传输量（百万个）	DRAM 名称	MiB/s/DIMM	DIMM 名称
DDR1	133	266	DDR266	2128	PC2100
DDR1	150	300	DDR300	2400	PC2400
DDR1	200	400	DDR400	3200	PC3200

（续）

标 准	I/O 时钟频率（MHz）	每秒传输量（百万个）	DRAM 名称	MiB/s/DIMM	DIMM 名称
DDR2	266	533	DDR2-533	4264	PC4300
DDR2	333	667	DDR2-667	5336	PC5300
DDR2	400	800	DDR2-800	6400	PC6400
DDR3	533	1066	DDR3-1066	8528	PC8500
DDR3	666	1333	DDR3-1333	10 664	PC10700
DDR3	800	1600	DDR3-1600	12 800	PC12800
DDR4	1333	2666	DDR4-2666	21 300	PC21300

* 请注意各列数值之间的关系。第三列基本上是第二列的 2 倍，第四列的 DRAM 芯片名称中使用了第三列中的数值。第五列基本上是第三列的 8 倍，DIMM 名称中使用了这一数字的四舍五入值。DDR4 在 2016 年首次被大量使用。

降低 SDRAM 中的功耗

动态存储芯片中的功耗由静态（或待机）功耗和读写期间消耗的动态功耗构成，这两者都取决于工作电压。在最高端的 DDR4 SDRAM 中，工作电压已经降到 1.2 V，与 DDR2 SDRAM 和 DDR3 SDRAM 相比，显著降低了功耗。存储体的增加也降低了功耗，这是因为每次仅读取一个存储体中的行。

除了这些变化之外，所有最新 SDRAM 都支持一种断电模式，通知 DRAM 忽略时钟即可进入这一模式。断电模式会禁用 SDRAM，但内部自动刷新除外（如果没有自动刷新，当进入省电模式的时间长于刷新时间时，将会导致存储器内容丢失）。图 2-4 给出了一个 2 GB DDR3 SDRAM 在 3 种情况下的功耗。从低功耗模式返回正常模式所需的确切延迟时间取决于 SDRAM，但一般的延迟为 200 个 SDRAM 时钟周期。

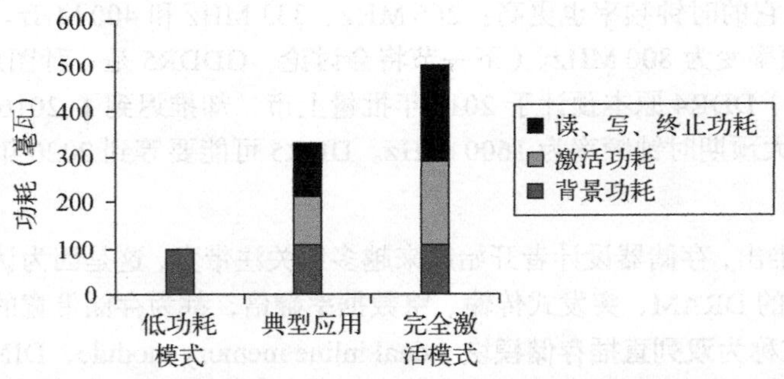

图 2-4 DDR3 SDRAM 在 3 种运行条件下的功耗：低功耗（关闭）模式、典型系统模式（在读操作中 DRAM 有 30%的时间处于激活状态，在写操作中有 15%的时间处于激活状态）和完全激活模式（在这种模式下，DRAM 持续读取或写入）。读取和写入采用由 8 次传输组成的突发形式。这些数据系根据 Micron 1.5V 2GB DDR3-1066 测得，不过类似的功耗节约也会同时在 DDR4 SDRAM 中发生

2.2.4 图形数据 RAM

GDRAM 或 GSDRAM（图形 DRAM 或图形同步 DRAM）是一种特殊的 DRAM，它们以 SDRAM 设计为基础，但为满足 GPU 的高带宽需求进行了定制。GDDR5 以 DDR3 为基础，较早的 GDDR 以 DDR2 为基础。GPU（见第 4 章）对每个 DRAM 芯片的带宽要求要高于 CPU，因此，GDDR 有以下几点重要不同。

(1) GDDR 的接口更宽，为 32 位，而 DDR 为 4、8 或 16 位。

(2) GDDR 数据管脚上的最大时钟频率更高。为了在提高传输速率的同时不引起信号发送出错，GDRAMS 通常直接与 GPU 相连，焊接在电路板上，这一点与 DRAM 不同，DRAM 通常放置在可扩展的 DIMM 阵列中。

这些特性综合在一起，使得 GDDR 中每个 DRAM 的带宽达到 DDR3 DRAM 的 2~5 倍。

2.2.5 封装创新：堆叠式或嵌入式 DRAM

DRAM 在 2017 年的最新创新是一种封装创新，而不是电路创新。它将多个 DRAM 以一种堆叠或相依方式嵌入到同一个处理器封装内部。（嵌入式 DRAM 也用来称呼将 DRAM 放入处理器芯片的设计形式。）将 DRAM 和处理器放在同一个封装中，可以降低访问延迟（通过缩短 DRAM 与处理器之间的延迟），从而允许在处理器和 DRAM 之间建立更多、更快的连接，进而提升带宽；因此，几家生产商已经将其称为**高带宽存储器**（high bandwidth memory，HBM）。

这种技术的一个版本是将 DRAM 晶片直接放到 CPU 晶片上，使用焊料凸块技术来连接它们。只要管理好发热，就可以采用这种方式堆叠多个 DRAM 晶片。另一种方法是仅堆叠 DRAM，然后使用一个完成连接功能的基底（中介层）将它们与 CPU 连接到单个封装中。图 2-5 显示了这两种互连方案。人们已经演示了能够堆叠多达 8 个芯片的 HBM 原型设计。采用一些特殊的 SDRAM 版本，这样一种封装可以包含 8 GiB 存储器，数据传输率可以达到 1 TB/s。2.5D 技术现在也已经可以使用。因为这些芯片必须进行特殊制造才能进行堆叠，所以它们的最早应用很可能是在高端服务器芯片组中。

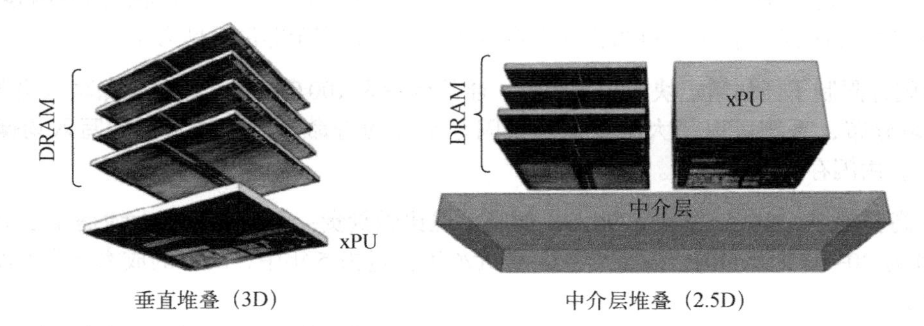

图 2-5 两种晶片堆叠形式。2.5D 形式现在已经可用。3D 堆叠正在开发中，面临由于 CPU 导致的热管理挑战

在一些应用程序中，有可能在内部封装足够多的 DRAM 来满足应用程序的需求。例如，NVIDIA 正在使用 HBM 开发一种 GPU，用作一种专用集群设计中的一个节点，HBM 很可能会成为 GDDR5 在高端应用程序中的后继者。在某些情况下，可能可以将 HBM 用作主存储器，尽管由于成本限制和散热问题，这一技术目前还不能用于某些嵌入式应用程序中。下一节将考虑使用 HBM 增加一级缓存的可能性。

2.2.6 闪存

闪存是一种 EEPROM（电可擦可编程只读存储器），它通常是只读的，但可以擦除。闪存的另一个重要特性是能在没有供电的情况下保存其内容。我们重点研究 NAND 闪存，它比

NOR 闪存密度更高，更适合大规模非易失性存储器。其缺点是访问是顺序的，写入更慢，稍后会解释。

闪存在 PMD 中用作辅助存储，其功能与笔记本计算机或服务器中的磁盘相同。此外，由于大多数 PMD 的 DRAM 数量有限，所以闪存也可以作为存储器层次结构的一级，其作用要比在主存储器可能大 10~100 倍的桌面计算机或服务器中大得多。

闪存使用的体系结构与标准 DRAM 有很大不同，性质也有所不同。最重要的区别在于以下几方面。

(1) 对闪存的读取是顺序进行的，而且会读取一整页，这一整页可能是 512 字节、2 KiB 或 4 KiB。因此，NAND 闪存在访问一个随机地址的第一个字节时，其延迟较长（大约为 25 μs），但在提供一个数据页的其余部分时，其速度能够达到约 40 MiB/s。对比一下，DDR4 SDRAM 需要大约 40 ns 访问第一个字节，而传输一行其余部分的速度为 4.8 GiB/s。对比一下传输 2 KiB 数据的时间，NAND 闪存需要大约 75 μs，而 DDR SDRAM 需要不到 500 ns，闪存速度大约是 DDR 的 1/150。但与磁盘相比，从闪存中读取 2 KiB 数据要快 300~500 倍。由这些数字可以看出闪存为什么不能替代 DRAM 作为主存储器，但可以作为磁盘的替代者。

(2) 在重写闪存之前，必须先将其擦除（因此，“闪存”中的“闪”字就是“快速擦除”的意思），并且是以块而不是字节或单词的形式将其擦除。这一要求意味着，当必须将数据写入闪存时，必须将整个块组装起来，要么作为新数据，要么将要写入的数据与块的其余内容合并。写入的时候，闪存的速度是 SDRAM 的 1/1500，是磁盘的大约 8~15 倍。

(3) 闪存是非易失性的（也就是说，即使在没有供电的情况下，它也能保持其内容），在未进行读写时，功耗非常低（在待机模式下会低于一半，在完全非激活状态下可以为零）。

(4) 闪存限制了任何给定块的写入次数，通常至少为 100 000 次。通过确保写入块在存储器中的均匀分布，系统可以最大限度地延长闪存系统的寿命。这种技术称为**写入均衡**（write leveling），由闪存控制器处理。

(5) 高密度 NAND 闪存比 SDRAM 便宜，但比磁盘贵：闪存的价格大约是 2 美元/GiB，SDRAM 为 20~40 美元/GiB，磁盘为 0.09 美元/GiB。过去 5 年中，闪存的成本下降速度几乎是磁盘的两倍。

与 DRAM 一样，闪存芯片也包含冗余块，允许少量的缺陷；块的重映射在闪存芯片中处理。闪存控制器处理页面传输，提供页面缓存，并处理写入均衡。

高密度闪存的快速发展对低功耗 PMD 和笔记本计算机的发展至关重要，但它们也极大地改变了台式计算机和大型服务器，前者越来越多地使用固态磁盘，而后者常常将磁盘和基于闪存的存储结合在一起。

2.2.7　相变存储器技术

数十年来，相变存储器（phase-change memory，PCM）一直是一个活跃的研究领域。这种技术通常使用一种小型的发热元件，使块状基底的状态在晶态和非晶态之间变化，这两种状态拥有不同的电阻特性。基底上覆盖了一个二维网络，每个比特与这个网络中的一个交叉点相对应。通过感测一个 x、y 交叉点的电阻就可以完成读取，它也因此有了另一个名字——**忆阻器**（memristor），而写入过程则是通过施加电流来改变材料的相态而完成的。由于不存在有源器件（比如晶体管），所以与 NAND 闪存相比，有可能做到成本更低而密度更大。

2017 年，Micron 和 Intel 开始交付基于 PCM 技术的 Xpoint 存储芯片。预计这种技术的写入持久性远优于 NAND 闪存，而且由于不再需要在写入之前擦除整个页，所以其写入性能可能会比 NAND 高 10 倍。读取延迟性能也可能要优于闪存 2~3 倍。在刚开始时，预计其价格要稍高于闪存，但写入性能和写持久性方面的优势可能使其更具吸引力，特别是对于 SSD 而言。如果这一技术能够很好地规模化，并能够另外降低成本，那它可能就会成为淘汰磁盘的固态技术。50 多年来，磁盘一直是主要的大容量非易失性存储器。

2.2.8　提高存储器系统的可靠性

大型缓存和主存储器显著增加了制造过程和操作过程中动态发生错误的可能性。由电路变化引起的可重复的错误称为**硬错误**（hard error）或**永久性故障**（permanent fault）。硬错误可能发生在制造过程中，也可能发生在操作过程中的电路更改中（例如，在多次写入之后闪存单元发生故障）。所有 DRAM、闪存和大多数 SRAM 在制造时都留有备用行，因此通过编程用备用行替换有缺陷的行可以解决少量的制造缺陷。动态错误是指在电路不改变的前提下存储单元内容发生改变的情况，被称为**软错误**（soft error）或**瞬态故障**（transient fault）。

动态错误可以使用奇偶校验检测，可以使用纠错码（ECC）检测和纠正。因为指令缓存是只读的，所以用奇偶校验就够了。在更大型的数据缓存和主存储器中，则使用 ECC 技术来检测和纠正错误。奇偶校验只需要占用一个数据位就可以检测一系列数据位中的一个错误。由于无法使用奇偶校验来检测多位错误，所以必须限制用奇偶校验提供保护的位数。典型的比例是每 8 个数据位使用一个奇偶校验位。ECC 可以检测两个错误并纠正一个错误，代价是每 64 个数据位占用 8 位的开销。

在规模庞大的系统中，出现多个错误乃至单个存储芯片完全失效的概率非常大。IBM 引入了 Chipkill 来解决这一问题。许多大规模系统使用这一技术，比如 IBM 和 SUN 服务器以及 Google Clusters。（Intel 将其自己的版本命名为 SDDC。）Chipkill 在本质上类似于磁盘中使用的 RAID 方法，它分散数据和 ECC 信息，以便在单个存储芯片完全失效时，可以从其余存储芯片中重构丢失数据。根据 IBM 的分析，假定有一台具有 10 000 个处理器的服务器（每个处理器有 4 GiB 存储器），在 3 年的运行中出现不可恢复错误的数目如下所示。

- 仅采用奇偶校验位——大约 90 000 个，或者说每 17 分钟一个不可恢复（或未检测到）的故障。
- 仅采用 ECC——大约 3500 个，或者说大约每 7.5 小时一个不可恢复（或未检测到）的故障。
- Chipkill——大约每 2 个月一个不可恢复（或未检测到）的故障。

看待这个问题的另一种方法是，在实现与 Chipkill 相同错误率的同时，求出其他两种方式可以保护的最大服务器数目（每个服务器拥有 4 GiB 存储器）。采用奇偶校验位方法时，即使是一台仅包括一个处理器的服务器，其不可恢复的错误率也要高于由 10 000 台服务器组成、受 Chipkill 保护的系统。采用 ECC 方法时，一个包含 17 台服务器的系统与一个包含 10 000 台服务器的 Chipkill 系统的故障率大体相同。因此，对于仓库级计算机中的 50 000~100 000 台服务器来说，需要采用 Chipkill 方法（见 6.8 节）。

2.3 优化缓存性能的 10 种高级方法

前面的存储器平均访问时间公式提供了 3 种缓存优化指标：命中时间、缺失率和缺失代价。根据最近的发展趋势，我们添加了缓存带宽和功耗两个指标。根据这些指标，可以将我们研究的缓存优化的 10 种高级方法分为以下 5 类。

(1) **缩短命中时间**。小而简单的第一级缓存和路预测。这两种技术通常还能降低功耗。

(2) **增加缓存带宽**。缓存访问流水化、多体缓存和非阻塞缓存。这些技术对功耗有不同的影响。

(3) **降低缺失代价**。关键字优先，合并写缓冲区。这两种优化方法对功耗的影响很小。

(4) **降低缺失率**。编译器优化。显然，针对编译时的各种优化肯定可以降低功耗。

(5) **通过并行执行降低缺失代价或缺失率**。硬件预取和编译器预取。这些优化方法通常会增加功耗，主要是因为提前取出了未用到的数据。

一般来说，在采用这些技术时，硬件复杂度会增加。另外，这些优化技术中有几种需要采用高级编译器技术，其中最后一种依赖于 HBM。我们将在表 2-3 中总结这 10 种技术的实现复杂度和性能优势。对于其中比较简单的优化方法，我们仅作简单介绍，而其他技术将会详细描述。

2.3.1 第一种优化：采用小而简单的第一级缓存，缩短命中时间、降低功耗

提高时钟频率和降低功耗的双重压力推动了对第一级缓存大小的限制。类似地，使用较低级别的相联度可以缩短命中时间、降低功耗，不过这种权衡要比涉及缓存大小的权衡复杂一些。

缓存命中过程中的关键计时路径由 3 个步骤组成：使用地址中的索引确定标签存储器的地址；将读取的标签值与地址进行比较；如果缓存为组相联缓存，则设置多路选择器以选择正确的数据项。直接映射的缓存可以将标签检查与数据传输重叠，有效缩短命中时间。此外，在采用低相联度时，由于减少了必须访问的缓存行，所以通常还可以降低功耗。

尽管随着新一代微处理器的出现，片上缓存的总量已经大幅增加，但由于大容量 L1 缓存对时钟频率的影响，L1 缓存大小最近的涨幅很小，甚至根本没有增长。在选择相联度时，另一个考虑因素是消除地址别名的可能性；我们稍后对此进行讨论。

在制造芯片之前确定对命中时间和功耗的影响的一种方法是使用 CAD 工具。与比较复杂的 CAD 工具相比，CACTI 程序对 CMOS 微处理器上各种缓存结构的访问时间和能耗的估计误差在 10%以内。对于一个给定的最小工艺尺寸，CACTI 根据缓存大小、相联度、读/写端口数目和其他更复杂的参数来估计缓存的命中时间。图 2-6 展示了在不同的缓存大小和相联度的情况下估计的对命中时间的影响。根据缓存大小和参数，模型表明直接映射的命中时间略快于两路组相联，两路组相联的速度是四路组相联的 1.2 倍，而四路组相联的速度是八路组相联的 1.4 倍。当然，这些估计值受半导体技术和工艺及缓存大小的影响，而 CACTI 必须小心地与技术保持

一致。图 2-6 只展示了这一特定技术下的权衡。

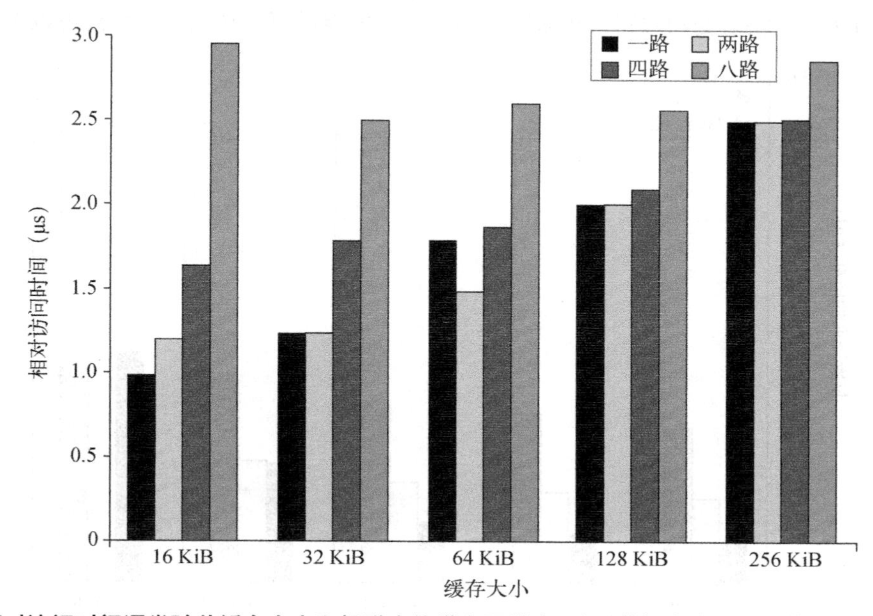

图 2-6 相对访问时间通常随着缓存大小和相联度的增大而增大。这些数据来自 Tarjan 等人的 CACTI 模型 6.5（2005）。这些数据假定采用典型的嵌入式 SRAM 技术、单个存储体、64 字节的块。关于缓存布局所做的一些假设，以及在互联延迟（取决于所访问缓存块的大小）与标签检查及多路选择成本之间所进行的复杂折中，有时会得出令人惊讶的结果，比如两路组相联对 64 KiB 的访问时间竟然会低于直接映射。与此类似，当缓存大小增加时，八路组相联的结果也显示了不同寻常的特性。由于这些观测值高度依赖于具体技术和详尽的设计假设，所以诸如 CACTI 这样的工具主要用于缩小研究范围。这些结果是相对值；但是，当我们转而讨论最近的更高密度的半导体技术时，这些值有可能会发生变化

例题 利用图 2-6 和附录 B 中表 B-4 中的数据，判断 32 KiB 四路组相联 L1 缓存的存储器访问时间是否快于 32 KiB 两路组相联 L1 缓存。假定 L2 的缺失代价是快速 L1 缓存访问时间的 15 倍。忽略 L2 后续存储层次的缺失。哪种缓存的存储器平均缓存时间较短？

解答 设两路组相联缓存的访问时间为 1。则，对于两路缓存：

$$\text{存储器平均访问时间}_{\text{两路}} = \text{命中时间} + \text{缺失率} \times \text{缺失代价}$$
$$= 1+0.038 \times 15 = 1.57$$

对于四路缓存，访问时间是它的 1.4 倍。缺失代价占用的时间为 15/1.4 ≈ 10.1。为简单起见，设其为 10：

$$\text{存储器平均访问时间}_{\text{四路}} = \text{命中时间}_{\text{两路}} \times 1.4 + \text{缺失率} \times \text{缺失代价}$$
$$=1.4+0.037 \times 10 = 1.77$$

显然，采用较高的相联度看起来是一种糟糕的权衡选择；不过，由于现代处理器中的缓存访问通常都实现了流水化，所以很难评估对时钟周期时间的具体影响。

如图 2-7 所示，在选择缓存大小和相联度时，能耗也是一个考虑因素。在 128 KiB 或 256 KiB 缓存中，当从直接映射变到两路组相联时，高相联度的能耗范围从大于 2 倍到可以忽略不计。

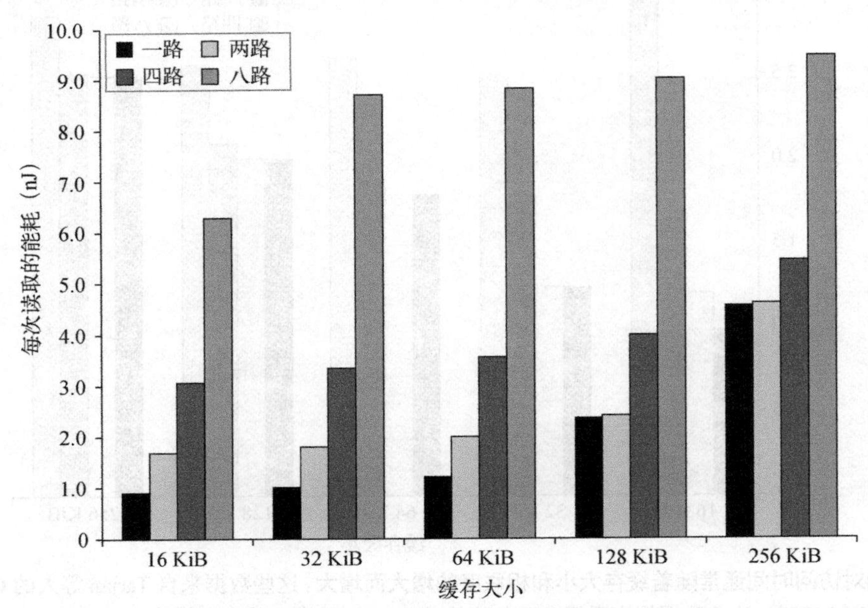

图 2-7　每次读操作的能耗随缓存大小和相联度的增加而增加。和图 2-6 一样，以上结果使用 CACTI 和相同的技术参数进行建模。八路组相联缓存的代价之所以很高，是由并行读取 8 个标签及相应数据的成本造成的

随着能耗变得至关重要，设计师们开始关注减少缓存访问所需能耗的方法。除了相联度之外，另一个决定缓存访问所需能耗的关键因素是缓存中块的数量，因为它决定了被访问的“行”的数量。设计师可以通过增加块大小（保持总缓存大小不变）来减少行数，但是这会增加缺失率，对于较小的 L1 缓存而言尤其如此。

另一种方法是将缓存分为多个存储体，这样一次访问将只激活缓存的一部分，也就是包含所需块的那个存储体。多体缓存主要用于增加缓存的带宽，这种优化方法稍后会讨论。多体缓存也会降低能耗，因为访问的缓存更少了。许多多核芯片中的 L3 缓存在逻辑上是统一的，但物理上是分散的，实际上就相当于一个多体缓存。一次请求实际上只会访问物理 L3 缓存中的一个缓存（也就是一个存储体），具体哪个缓存取决于请求中提供的地址。我们将在第 5 章进一步讨论这种存储体组织方式。

在最近的设计中，有 3 种其他因素导致了在第一级缓存中使用更高的相联度。第一，许多处理器在访问缓存时至少需要两个时钟周期，因此命中时间较长可能不会产生很大影响。第二，为了将 TLB 排除在关键路径之外（TLB 带来的延迟可能要大于高相联度导致的延迟），几乎所有 L1 缓存都应当是虚拟地址索引的。这就将缓存的大小限制为页面大小与相联度的乘积，因为只有页内的位才能用于索引。对于在完成地址变换之前对缓存进行索引的问题，还有其他解决方案，但提高相联度是最具吸引力的一种，它还有其他好处。第三，在引入多线程（参见第 3 章）之后，冲突缺失会增加，从而使提高相联度更有吸引力。

2.3.2 第二种优化：采用路预测以缩短命中时间

这是另一种可以减少冲突缺失，同时又能保持直接映射缓存命中速度的方法。在**路预测技术**（way prediction）中，缓存中另外保存了一些位，用于预测**下一次**缓存访问中的路（即组中的块）。这种预测意味着要提前设定多路选择器，以选择所需要的块，并且在这个时钟周期中，在读取缓存数据的同时，只需要并行执行一次标签比较。如果缺失，则会在下一个时钟周期中再查看其他块，以找出匹配项。

在一个缓存的每个块中添加块预测位。根据这些位选定要在**下一次**缓存访问中尝试哪些块。如果预测正确，则缓存访问延迟就等于这一快速命中时间。如果预测错误，则尝试其他块，改变路预测器，并且延迟会增加一个时钟周期。模拟结果表明，对于一个两路组相联缓存，路预测准确率超过 90%；对于四路组相联缓存，路预测准确率超过 80%；指令缓存上的准确率高于对数据缓存。如果路预测能够至少快 10%（这是非常可能的），路预测方法可以缩短两路组相联缓存的存储器平均访问时间。路预测于 20 世纪 90 年代中期首次用于 MIPS R10000。它在使用两路组相联缓存的处理器中很流行，也用在几款使用四路组相联缓存的 ARM 处理器中。对于速度非常快的处理器，要将时延控制在一个周期是非常具有挑战性的，而这对于降低路预测失误代价非常关键。

还有一种扩展形式的路预测，它使用路预测位（本质上就是附加地址位）来判断实际访问的缓存块，也可以用来降低功耗。这种方法也可称为**路选择**（way selection），当路预测正确时，它可以节省功耗，但在路预测错误时则会显著增加时间，这是因为需要重复进行访问，而不仅是重复标签匹配与选择过程。这种优化方法只有在低功耗处理器中才可能有意义。Inoue 等人[1999]根据 SPEC95 基准测试进行估算，对于四路组相联缓存使用路选择方法，可以使指令缓存的平均访问时间增加 1.04 倍，数据缓存增加 1.13 倍，但与普通的四路组相联缓存相比，指令缓存的平均缓存功耗降为原来的 0.28，数据缓存降为原来的 0.35。路选择方法的一个重要缺点就是它增大了实现缓存访问流水化的难度。然而，随着能耗问题受关注度的增加，适时对缓存做低功耗处理的方案越来越有意义。

例题 假定在一个普通四路组相联实现中，数据缓存访问次数是指令缓存访问次数的一半，指令缓存和数据缓存分别占用该处理器功耗的 25%和 15%。根据上述研究的估计值，判断路选择方法是否提高了每瓦功耗的性能。

解答 对于指令缓存，节省的功耗为总功耗的 $0.25 \times 0.28 = 0.07$；对于数据缓存，节省的功耗为 $0.15 \times 0.35 \approx 0.05$。一共节省 0.12。路预测版本需要的功耗为标准四路缓存的 0.88。缓存访问时间的增加量等于指令缓存平均访问时间的增加量加上数据缓存访问时间增加量的一半，即 $1.04 + 0.5 \times 0.13 \approx 1.11$ 倍。这一结果意味着路选择的性能是标准四路缓存的 0.90。因此，路选择方法略微提高了每焦功耗的性能，比值为 $0.90/0.88 \approx 1.02$。这种优化方法最适用于功耗比性能更重要的情景。

2.3.3 第三种优化：通过缓存访问流水化和采用多体缓存来提升带宽

这类优化方法通过实现缓存访问的流水化，或者通过拓宽多体缓存，实现在每个时钟周期内进行多次访问，从而提高缓存的带宽。这类优化方法可同时用于实现提高指令吞吐率的超流水化和超标量技术。这些优化方法主要面向 L1，这里的访问带宽限制了指令吞吐率。L2 和 L3 缓存中也会使用多个存储体，但主要是作为一种功耗管理技术。

L1 缓存实现流水化后，可以采用更高的时钟频率，但代价是会增加延迟。例如，对于 20 世纪 90 年代中期的 Intel Pentium 处理器，指令缓存访问的流水线需要 1 个时钟周期；对于 20 世纪 90 年代中期至 2000 年的 Pentium Pro 到 Pentium III，需要 2 个时钟周期；对于 2000 年出现的 Pentium 4 和现在的 Intel Core i7，需要 4 个时钟周期。指令缓存访问的流水化实现上增加了流水线的段数，增加了分支预测错误的代价。相应地，数据缓存的流水化增加了从发出载入指令到使用数据之间的时钟周期数（参见第 3 章）。如今，即使只是为了分开访问和命中检测这种简单的情况，所有处理器都会使用某种一级缓存流水化方法，而许多高速处理器则会采用三级或更多级缓存流水化方法。

指令缓存的流水化要比数据缓存容易一些，因为处理器可以依赖于高性能的分支预测来减轻延迟造成的影响。许多超标量处理器可以在一个时钟周期内发出和执行一个以上的存储器访问（允许一次载入或存储操作是常见情况，一些处理器允许进行多次载入）。为了在每个时钟周期内处理多个数据缓存访问，可以将缓存划分为独立的存储体，每个存储体为一次独立的访问提供支持。分体方式最初用于提高主存储器的性能，现在也用于现代 DRAM 芯片和缓存中。Intel Core i7 的 L1 缓存中有 4 个存储体（可以支持在每个时钟周期内进行两次存储器访问）。

显然，当访问请求均匀分布在缓存组之间时，分体方式的效果最佳，所以将地址映射到存储体的方式会影响存储器系统的行为。一种简单有效的映射方式是将缓存块地址按顺序分散在这些存储体中，这种方式称为**顺序交错**（sequential interleaving）。例如，如果有 4 个存储体，0 号存储体中的所有缓存块地址都是 4 的倍数，1 号存储体中的所有缓存块地址都是模 4 余 1，以此类推。图 2-8 显示了这种交错方式。采用分体方式还可以降低缓存和 DRAM 的功耗。

块地址	存储体0	块地址	存储体1	块地址	存储体2	块地址	存储体3
0		1		2		3	
4		5		6		7	
8		9		10		11	
12		13		14		15	

图 2-8 使用块寻址的四路交错存储体。假定每个块有 64 字节，这些地址需要分别乘以 64 才能得到字节地址

多体方式在 L2 缓存或 L3 缓存中也有应用，但原因不同。L2 缓存中有多个存储体时，如果这些存储体没有冲突，那么可以同时处理多次 L1 缓存缺失——这是支持第四种优化方式非阻塞式缓存的关键能力。Intel Core i7 中的 L2 缓存有 8 个存储体，而 ARM Cortex 处理器使用了具有 1~4 个存储体的 L2 缓存。前面曾经提到，采用分体方式还可以降低功耗。

2.3.4 第四种优化：采用非阻塞缓存，以增加缓存带宽

对于允许乱序执行（参见第 3 章）的流水化计算机，其处理器不必因为一次数据缓存缺失而停顿。例如，在等待数据缓存返回缺失数据时，处理器可以继续从指令缓存中取指。**非阻塞缓存**（nonblocking cache，或称**无锁缓存**，lockup-free cache）允许数据缓存在一次缺失期间继续提供缓存命中，从而进一步强化了这种方案的潜在优势。这种“缺失时仍然命中”优化方法在缺失期间非常有用，它虽然并没有真正忽略处理器的请求，但降低了实际的缺失代价。还有

一种精巧而复杂的选择：如果能够重叠多个缺失，缓存就能进一步降低实际的缺失代价。这被称为“多次缺失时仍然命中”（hit under multiple miss）或者“缺失时缺失”（miss under miss）优化方法。只有当存储器系统可以为多次缺失提供服务时，第二种优化方法才有好处。大多数高性能处理器（比如 Intel Core）通常支持这两种优化方法，而很多低端处理器仅在 L2 中提供了有限的非阻塞支持。

为了研究非阻塞缓存在降低缓存缺失代价方面的有效性，Farkas 和 Jouppi [1994]做了一项研究，假定 8 KiB 缓存的缺失代价为 14 个周期（这在 20 世纪 90 年代初是适当的）。他们发现，当允许缺失时仍能命中一次时，SPECint92 基准测试的实际缺失代价降低了 20%，SPECfp92 基准测试的实际缺失代价降低了 30%。

Li 等人[2011]对这一研究进行了更新，他们采用多级缓存，根据最近的技术情况对缺失代价做出了假设，并采用了规模更大、要求更严格的 SPEC2006 基准测试。这项研究采用一种基于 Intel i7 单核模型（见 2.6 节）运行 SPEC2006 基准测试。图 2-9 显示了在一次缺失时允许 1、2 和 64 次命中的情况下，数据缓存访问延迟的减少情况；图题描述了存储器系统的细节。自上述更早的研究发表以来，更大的缓存和 L3 缓存的添加已经消弱了这些优点，SPECint2006 基准测试显示缓存延迟平均减少了大约 9%，而 SPECfp2006 基准测试显示缓存延迟平均减少了大约 12.5%。

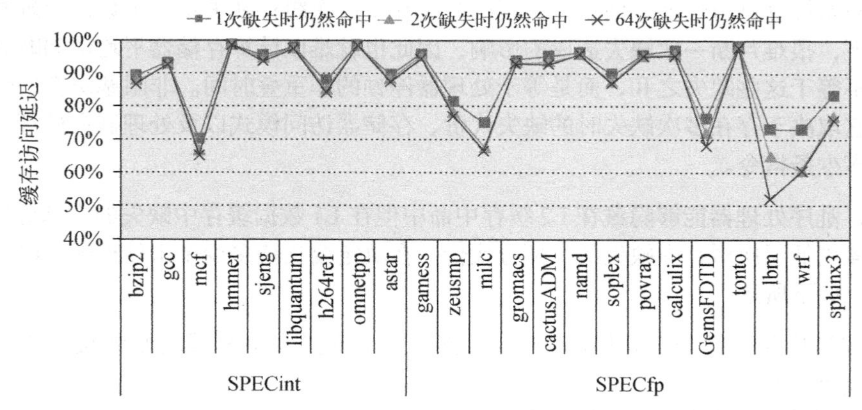

图 2-9 用 9 个 SPECint（左）和 9 个 SPECfp（右）基准测试评估在一次缓存缺失时允许 1、2 和 64 次命中的情况下非阻塞缓存的效果。这个数据存储器系统以 Intel i7 建模，它包括 32 KiB L1 缓存，访问延迟为 4 个周期。L2 缓存（与指令共享）为 256 KiB，访问延迟为 10 个周期。L3 为 2 MiB，访问延迟为 35 个周期。所有缓存都是八路组相联，块大小为 64 字节。在缺失时允许 1 次命中，可以使整数基准测试的缺失代价降低 9%，浮点基准测试的缺失代价降低 12.5%。允许 2 次命中会将这些结果提高到 10%和 16%，而允许命中 64 次基本不会进一步改进结果

例题 对于浮点程序来说，主数据缓存的两路组相联和一次缺失时仍然命中，哪个更重要？对整数程序来说又如何呢？假定 32 KiB 数据缓存的平均缺失率如下：对于采用直接映射缓存的浮点程序为 5.2%，对于采用两路组相联缓存的浮点程序为 4.9%，对于采用直接映射缓存的整数程序为 3.5%，对于采用两路组相联缓存的整数程序为 3.2%。假定 L2 缓存的缺失代价为 10 个周期，两种方案中 L2 缓存的缺失率和缺失代价相同。

解答　对于浮点程序，存储器平均停顿时间为

$$缺失率_{DM} \times 缺失代价 = 5.2\% \times 10 = 0.52$$
$$缺失率_{两路} \times 缺失代价 = 4.9\% \times 10 = 0.49$$

两路组相联缓存的访问延迟（包括停顿）为直接映射缓存的0.49/0.52，也就是94%。图2-9的标题表明，允许一次缺失时仍然命中一次，可以将浮点程序的平均数据缓存访问延迟缩短为一次阻塞缓存的87.5%。因此，对于浮点程序而言，支持一次缺失时仍然命中一次的直接映射数据缓存，在性能上要优于在缺失时阻塞的两路相联缓存。

对于整数程序，计算如下：

$$缺失率_{DM} \times 缺失代价 = 3.5\% \times 10 = 0.35$$
$$缺失率_{两路} \times 缺失代价 = 3.2\% \times 10 = 0.32$$

两路组相联缓存的数据缓存访问延迟为直接映射缓存的0.32/0.35，也就是91%，而允许一次缺失时仍然命中一次可以将访问延迟降低9%，使两种选择的性能大体相当。

对非阻塞缓存进行性能评估时，真正的难度在于一次缓存缺失不一定会使处理器停顿。在这种情况下，很难判断一次缺失造成的影响，因此也就难以计算存储器平均访问时间。实际缺失代价并不等于这些缺失之和，而是等于处理器停顿的非重叠时间。非阻塞缓存的优势非常复杂，因为它取决于存在多次缺失时的缺失代价、存储器访问模式以及处理器在处理单次缺失时能够执行多少条指令。

通常，乱序处理器能够隐藏在L2缓存中命中但在L1数据缓存中缺失的大部分缺失代价，但无法隐藏更低层次缓存中缺失的大部分代价。在决定要支持多少个未处理缺失时，需要考虑多种因素，如下所述。

- 缺失流中的时间与空间局部性，它决定了一次缺失能否触发对低级缓存或对存储器的新访问操作。
- 对访问请求做出回应的存储器或缓存的带宽。
- 为了允许最低级别的缓存（这一级别的缺失时间是最长的）中出现更多的未处理缺失，需要在较高级别上支持至少同等数量的缺失，这是因为这些缺失必须在最高级别的缓存上启动。
- 存储器系统的延迟。

下面这个简化示例表明了这一关键思想。

例题　假定主存储器的访问时间为36 ns，存储器系统的持续传输速率为16 GiB/s。设块大小为64字节。如果在给定请求流的情况下能够保持峰值带宽，而且访问永远不会冲突，则需要支持的最大未处理缺失数目为多少？如果一次访问与前4次访问发生冲突的概率为50%，并且每次访问都要等待更早的访问完成，请估计最大未完成访问数目。为简单起见，忽略缺失之间的时间。

解答 在第一种情况下，假定我们可以保持峰值带宽，存储器系统支持每秒$(16\times10^9)/64=$ 2.5亿次访问。由于每次访问耗时36 ns，因此可以支持$2.5\times10^8\times36\times10^{-9}=9$次访问。如果发生冲突的概率大于0，我们就会面临更多的未完成访问，因为如果访问存在冲突，就无法正常工作；存储器系统需要更多的独立访问！为了简单估计这一数目，假定有一半存储器访问不需要发送到存储器。这就意味着必须支持两倍的未完成访问，即18次。

Li、Chen、Brockman和Jouppi在研究中发现：对于整数程序，在缺失时允许1次命中的情况下，CPI减少大约7%，而在允许64次命中时，CPI减少大约12.7%。对于浮点程序，允许1次命中时CPI减少12.7%，允许64次命中时CPI减少17.8%。这与图2-9中所示数据缓存访问延迟的减少非常接近。

实现非阻塞缓存

尽管非阻塞缓存有提高性能的潜力，但其实现却并非易事。出现了两种类型的挑战：仲裁命中与缺失之间的冲突；跟踪尚未解决的缺失，以便知道何时可以处理载入或存储操作。先考虑第一个问题。在阻塞式缓存中，缺失会导致处理器停顿，在缺失得到处理之前，不会发生对缓存的其他访问。而在非阻塞式缓存中，命中可能会与低一级存储器中返回的缺失发生冲突。如果允许存在多个尚未解决的缺失（几乎当前的所有处理器都允许这样做），那么缺失之间很可能会发生冲突。这些冲突必须得到解决，通常的做法是：首先为命中赋予比缺失更高的优先级，其次是在出现互相冲突的缺失时对其进行排序。

第二个问题的出现是因为我们需要跟踪多个尚未解决的缺失。在阻塞式缓存中，我们总是知道正在返回的缺失是哪个，因为只有一个缺失是尚未解决的。而在非阻塞式缓存中，这种情况就很少成立。乍看起来，你可能会认为这些缺失总是按顺序返回的，所以可以维护一个简单的队列，用以返回一个等待时间最长的缺失。但考虑一个发生在L1中的缺失。它在L2中可能发生一次命中，也可能造成一次缺失；如果L2是非阻塞式的，那么向L1返回缺失的顺序就未必与它们最初的发生顺序一致了。缓存访问时间不一致的多核系统及其他多处理器系统，也可能会引入这一复杂性。

在返回一个缺失时，处理器必须知道是哪个载入或存储操作导致了这一缺失，这样指令才能进行下去；它还必须知道应当将数据放到缓存中的什么位置（以及针对这个块的标签设置）。在当前的处理器中，这一信息保存在一组寄存器中，通常称为**缺失状态处理寄存器**（Miss Status Handling Register，MSHR）。如果我们允许存在n个尚未解决的缺失，就会有n个MSHR，其中每一个中都保存了关于某一个缺失应当进入缓存中的什么位置，以及这一缺失的任意标签位的取值等信息，还包含了关于哪个载入或存储指令导致了这一缺失的信息（在下一章将会介绍如何进行这种跟踪）。因此，在发生缺失时，我们分配一个MSHR来处理这个缺失，输入关于这一缺失的适当信息，并用MSHR的索引号来标记存储器请求。存储器系统在返回数据时使用该标签，从而使缓存系统能够将数据和标签信息传送给适当的缓存块，并向生成这一缺失的载入或存储操作发出“通知”，告诉它数据现在已经可用，它可以恢复执行了。非阻塞式缓存显然需要额外的逻辑处理，从而需要一点能耗。但很难精确评估它们的能耗开销，这是因为它们可能会缩短停顿时间，从而降低执行时间和相应的能耗。

除了上述问题之外，多处理器存储器系统，无论是单芯片的还是多芯片的，还必须处理与存储器一致性有关的复杂实现问题。另外，由于缓存缺失不再具有原子性（因为请求和响应是分离的，可能会在多个请求之间发生交错），所以存在出现死锁的可能性。感兴趣的读者可以参阅附录 I.7 节，其中详细讨论了这一问题。

2.3.5　第五种优化：利用关键字优先和提前重新执行以降低缺失代价

这种技术的基础是处理器通常一次仅需要缓存块中的一个字。这一策略显得“缺乏耐心”：无须等待整个块载入完成，就可以发送请求的字并重新执行处理器。下面是两种具体策略。

- **关键字优先**：首先从存储器中请求缺失的字，在其到达缓存之后立即发给处理器；让处理器能够在载入块中其他的字时继续执行。
- **提前重新执行**：以正常顺序提取字，但只要块中的被请求字到达缓存，就立即将其发送给处理器，让处理器继续执行。

一般说来，这些技术只对使用大缓存块的设计有利。注意，在载入某个块中的其余内容时，缓存通常可以继续满足对其他块的访问请求。

不过，根据空间局部性原理，下一次访问很可能会指向这个块的其余内容。和非阻塞缓存一样，其缺失代价也不好计算。在采用关键字优先策略时，如果存在第二次请求，则实际缺失代价等于从本次访问开始到第二部分内容到达之前的非重叠时间。关键字优先和提前重新执行的好处取决于块的大小以及对块中尚未获取的部分进行另一次访问的可能性。例如，对于在 i7 6700 上运行的 SPECint2006（它采用了提前重新执行和关键字优先策略）来说，当有一个块发生缺失时，平均可以多做 1 次存储访问（平均 1.23 次，范围从 0.5 到 3.0）。我们将在 2.6 节详细讨论 i7 存储器层次结构的性能。

2.3.6　第六种优化：合并写缓冲区以降低缺失代价

因为所有存储内容都必须发送到层次结构的下一级，所以写直达缓存依赖于写缓冲区。即使是写回缓存，在替代一个块时也会使用一个简单的缓冲区。如果写缓冲区为空，则数据和整个地址被写到缓冲区中，从处理器的角度来看，写操作已经完成；在写缓冲区准备将字写入存储器时，处理器继续自己的工作。如果缓冲区中包含其他经过修改的块，则可以检查它们的地址，看看新数据的地址是否匹配写缓冲区某个条目的有效地址。如果匹配，则将新数据与这个条目合并在一起。这种优化方法称为**写合并**（write merging）。Intel Core i7 和其他许多处理器都采用了写合并方法。

如果缓冲区已满，而且没有匹配的地址，则缓存（和处理器）必须一直等到缓冲区中拥有空白条目为止。由于多字写入的速度通常快于每次只写入一个字的写操作，所以这种优化方法可以更高效地使用存储器。Skadron 和 Clark [1997]发现，即使是在一个合并 4 项的写缓冲区中，所生成的停顿也会导致 5%~10%的性能损失。

这种优化方法还会减少因为写缓冲区已满而导致的停顿。图 2-10 显示了一个写缓冲区在采用和不采用写合并时的情况。假定这个写缓冲区中有 4 项，每一项可以存放 4 个 64 位的字。在采用这种优化方法时，这 4 个字可以完全合并，放在写缓冲区的一个条目中，而在不采用这种优化方法时，对写缓冲区的连续地址执行 4 次存储操作，会将整个缓冲区填满，每个条目中保存一个字。

写地址	V		V		V		V	
100	1	Mem[100]	0		0		0	
108	1	Mem[108]	0		0		0	
116	1	Mem[116]	0		0		0	
124	1	Mem[124]	0		0		0	

写地址	V		V		V		V	
100	1	Mem[100]	1	Mem[108]	1	Mem[116]	1	Mem[124]
	0		0		0		0	
	0		0		0		0	
	0		0		0		0	

图 2-10 为了说明写合并过程，上面的写缓冲区未采用该技术，下面的写缓冲区采用了该技术。在进行合并时，4 次写入内容被合并到一个缓冲区条目中；而未进行合并时，4 次写操作就填满了整个缓冲区，每个条目的四分之三被浪费。这个缓冲区有 4 个条目，每一项保存 4 个 64 位字。每个条目的地址位于左侧，有效位（V）指明这个条目的下面 8 个连续字节是否被占用（未采用写合并时，图中上半部分右侧的字只会用于同时写多个字的指令）

注意，输入/输出设备寄存器经常被映射到物理地址空间。这些 I/O 地址不允许写合并，因为单独的 I/O 寄存器不能像存储器中的字数组那样操作。例如，它们可能要求为每个 I/O 寄存器提供一个地址和一个数据字，而不能只提供一个地址进行多字写入。这些副作用通常是通过将页面的属性在页表中标记为“需要缓存进行非合并写直达”来实现的。

2.3.7 第七种优化：采用编译器优化以降低缺失率

前面介绍的技术都需要改变硬件。下面这种技术可以在不对硬件做任何改变的情况下降低缺失率。

这种神奇的效果来自软件优化——硬件设计人员最喜爱的解决方案！处理器与主存储器之间的性能差距越拉越大，已经促使编译器开发人员深入研究存储器的层次结构，以判断能否在程序编译时通过各种优化技术来提高性能。同样，研究包括两个方面：指令缓存缺失的性能改进和数据缓存缺失的性能改进。下面介绍的优化技术在很多现代编译器中得到了应用。

1. 循环交换

一些程序中存在嵌套循环，它们会以非连续顺序访问存储器中的数据。只要交换一下这些循环的嵌套顺序，就可以使程序代码按照数据的存储顺序来访问它们。如果缓存中无法容纳这些数组，这一技术可以通过改善空间局部性来减少缺失；通过重新排序，可以使缓存块中的数据在被替换之前，得到最大限度的利用。例如，设 x 是一个大小为[5000,100]的两维数据，其分配方式使得 x[i,j]和 x[i,j+1]相邻（由于这个数组是按行进行排列的，所以称为行主序），以下两段代码说明了如何优化访问过程：

```
/* 优化之前 */
for (j = 0; j < 100; j = j + 1)
        for (i = 0; i < 5000; i = i + 1)
                x[i][j] = 2 * x[i][j];
/* 优化之后 */
for (i = 0; i < 5000; i = i + 1)
        for (j = 0; j < 100; j = j + 1)
                x[i][j] = 2 * x[i][j];
```

原代码以 100 个字的步幅跳跃式访问存储器，而修改后的版本在访问了一个缓存块中的所有字之后才进入下一个块。这种优化方法提高了缓存性能，却没有改变所执行的指令数。

2. 分块

这种优化方法通过改善时间局部性来减少缓存缺失。我们还是要处理多个数组，其中有的数组按行访问，有的按列访问。由于在每个循环迭代中都用到了行与列，所以按行或按列来存储数组并不能解决问题［按行存储称为**行主序**（row major order），按列存储称为**列主序**（column major order）］。这种正交访问方式意味着在进行循环交换之类的转换操作之后，仍然有很大的改进空间。

分块算法不是对一个数组的整行或整列进行操作，而是对其子矩阵（或称块）进行操作。其目的是在缓存中载入的数据被替换之前，最大限度地利用它。下面这个执行矩阵乘法的代码示例可以帮助你理解这种优化方法的动机：

```
/* 优化之前 */
for (i = 0; i < N; i = i + 1)
        for (j = 0; j < N; j = j + 1)
            {r = 0;
             for (k = 0; k < N; k = k + 1)
                  r = r + y[i][k]*z[k][j];
             x[i][j] = r;
            };
```

两个内层循环读取 z 的所有 N×N 个元素，重复读取 y 中一行的同一组 N 个元素，再写入 x 的一行 N 个元素。图 2-11 是访问这 3 个数组的一个快照。深色阴影区域表示最近的访问，浅色阴影区域表示较早的访问，白色表示还没有进行访问。

容量缺失的数目显然取决于 N 和缓存的大小。如果它能容纳所有这 3 个 N×N 矩阵，那么只要不发生缓存冲突，就一切正常。如果缓存可以容纳一个 N×N 矩阵和包含 N 个元素的一行，则至少 y 的第 i 行和数组 z 可以停留在缓存中。如果缓存的容量小于此，则 x 和 z 可能都会发生缺失。在最差情况下，$2N^3+N^2$ 个字需要 N^3 次内存访问。

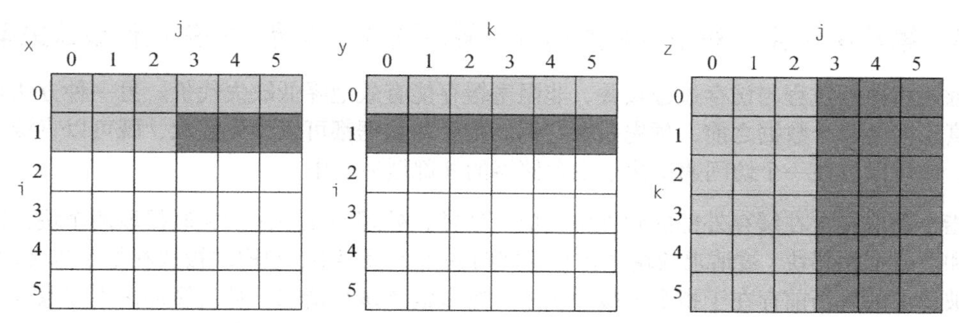

图 2-11 三个数组 x、y 和 z 的快照，其中 N=6，i=1。数组元素的访问时间用阴影表示：白色表示还没有被访问过，浅色表示较早的访问，深色表示最近的访问。为了计算 x 的新元素，会重复读取 y 和 z 的元素。在行或列的旁边显示了用于访问这些数组的变量 i、j 和 k

为了确保正在访问的元素能够放在缓存中，将原代码改为计算一个 B×B 的子矩阵。两个内层循环现在以大小为 B 的步长进行计算，而不是遍历 x 和 z 的完整长度。B 被称为**分块因子**（blocking factor）。（假定 x 被初始化为 0。）

```
/* 优化之后 */
for (jj = 0; jj < N; jj = jj + B)
for (kk = 0; kk < N; kk = kk + B)
for (i = 0; i < N; i = i + 1)
        for (j = jj; j < min(jj + B,N); j = j + 1)
            {r = 0;
             for (k = kk; k < min(kk + B,N); k = k + 1)
                  r = r + y[i][k]*z[k][j];
             x[i][j] = x[i][j] + r;
            };
```

图 2-12 展示了使用分块方法对 3 个数组的访问。如果仅观察容量缺失，从存储器中访问的总字数为 $2N^3/B + N^2$。这一总数的改善效果大约为原来的 B 倍。由于 y 获益于空间局部性，z 获益于时间局部性，所以分块方法综合利用了空间局部性和时间局部性。虽然我们的示例使用了一个正方形块（B×B），但是也可以使用一个矩形块——如果矩阵不是正方形，这是必需的。

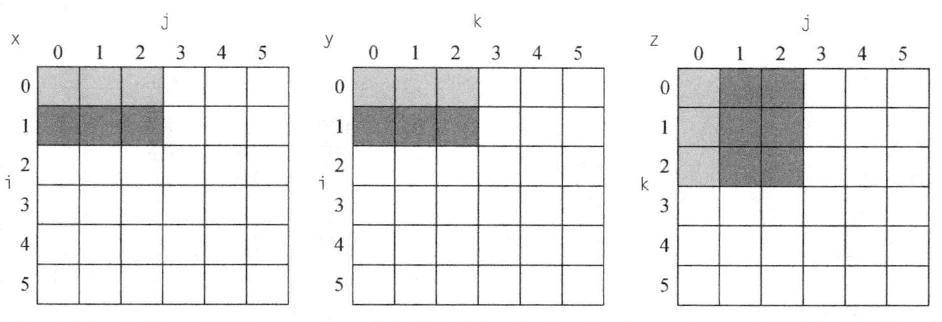

图 2-12 当 B=3 时，对数组 x、y 和 z 的访问时间。注意，与图 2-11 相比，访问的元素数目较少

尽管我们的目标是减少缓存缺失，但分块方法也可用于帮助实现寄存器分配。通过设定一个较小的分块大小，使块能够保存在寄存器中，可以最大限度地减少程序中的载入与存储指令数量。

在 4.8 节你将会看到，要想在运行以矩阵为主要数据结构的应用程序并且基于缓存的处理器上获得出色性能，缓存分块方法是必不可少的。

2.3.8　第八种优化：对指令和数据进行硬件预取，以降低缺失代价或缺失率

通过将执行过程与访存过程重叠，非阻塞缓存能有效地降低缺失代价。另一种方法是在处理器真正需要某个数据之前，预先获取它们。指令和数据都可以预先提取，既可以直接放在缓存中，也可以放在一个访问速度快于主存储器的外部缓冲区中。

指令预取经常在缓存外部的硬件中完成。通常，处理器在一次缺失时提取两个块：被请求的块和下一个相邻块。被请求的块放在它返回时的指令缓存中，预取块被放在指令流缓冲区中。如果被请求的块当前存在于指令流缓冲区中，则取消该缓存请求，从流缓冲区中读取这个块，并发出下一条预取请求。

类似方法可应用于数据访问[Jouppi，1990]。Palacharla和Kessler [1994]研究了一组科学计算程序，并考查了多个可以处理指令或数据的流缓冲区。他们发现，对于一个具有两个64 KiB四路组相联缓存的处理器（一个用于缓存指令，另一个用于缓存数据），8个流缓冲区可以捕获其所有缺失的50%~70%。

Intel core i7支持利用硬件预先提取到L1和L2中，最常见的预取情况是预取下一行。一些较早的Intel处理器使用更激进的硬件预取，但会导致某些应用程序的性能降低，一些高级用户会因此而关闭这一功能。

图2-13显示了在启用硬件预取时，部分SPEC2000程序的整体性能改进。注意，此图仅包含12个整数程序中的2个，但包含了大多数SPEC CPU浮点程序。2.6节会再次讨论对i7预取的评估。

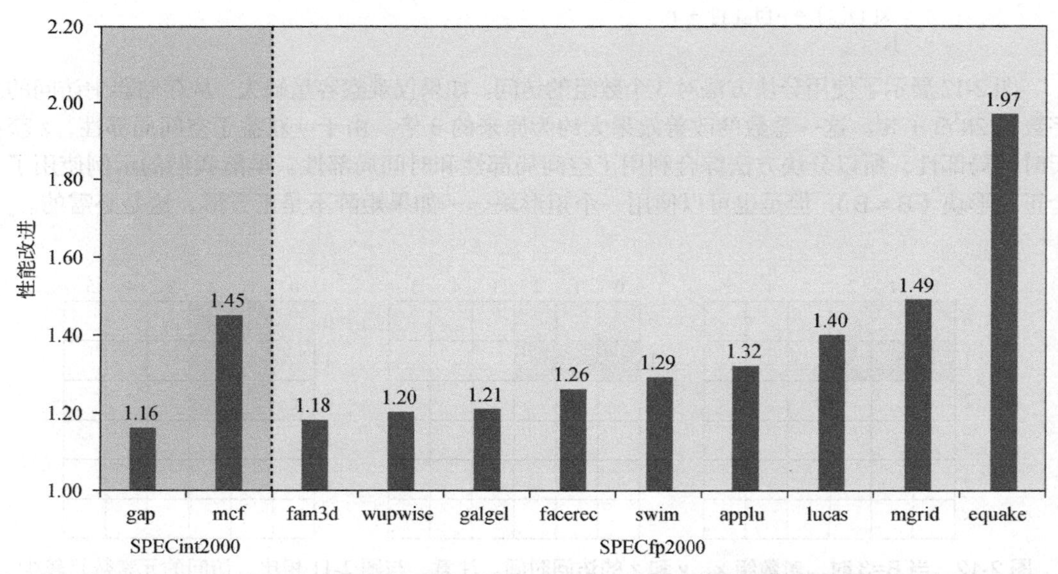

图2-13　在Intel Pentium 4上启用硬件预取之后，12个SPECint2000基准测试中的2个测试、14个SPECfp2000基准测试中的9个测试获得的加速比。图中仅展示了从预取中获益最多的程序，对于图中未给出的15个SPEC CPU基准测试，预取加速比不到15% [Boggs等，2004]

预取操作需要利用空闲的存储带宽，但如果它干扰了其他关键路径缺失内容的访问，反而会导致性能下降。在编译器的帮助下，可以减少无用预取。当预取操作正常执行时，它对功耗

的影响可以忽略。如果预取的数据并未被用到或者替换了有用数据，预取操作会对功耗产生负面影响。

2.3.9 第九种优化：用编译器控制预取，以降低缺失代价或缺失率

硬件预取之外的另一种方法是，编译器插入预取指令，以便在处理器需要数据之前请求数据。共有以下两种预取。

- **寄存器预取**将数据值载入一个寄存器。
- **缓存预取**仅将数据载入缓存，而不载入寄存器。

这两种预取都可能触发异常，也可能不触发；也就是说，其地址可能会也可能不会导致虚拟地址错误异常和保护冲突异常。按照这一概念划分，普通的载入指令可被视为“故障性寄存器预取指令”。如果一次预取可能导致异常，那么就把它转为空操作，空操作不会触发缺页错误，这样的非故障性预取是我们想要的。

最有效的预取对程序来说是“语义上不可见的”：它不会改变寄存器和存储器的内容，也不会导致虚拟存储器错误。今天的大多数处理器提供非故障性缓存预取能力。本节采用非故障性缓存预取，也称为**非绑定**（nonbinding）预取。

只有当处理器在预取数据时能够继续工作的情况下，预取才有意义；也就是说，缓存在等待返回预取数据时不会停顿，而是继续提供指令和数据。可以想见，这些计算机的数据缓存通常是非阻塞性的。

与硬件控制的预取操作类似，这里的目标也是将执行过程与数据预取过程重叠。循环是重要的预取优化目标，因为它们本身很适合进行预取优化。如果缺失代价很小，编译器只需将循环展开一两次，在执行时调度这些预取操作。如果缺失代价很大，它会使用软件流水线（参见附录 H）或者将循环展开多次，以预先提取数据，供后续迭代使用。

不过，发出预取指令会带来指令开销，所以编译器必须确保这些开销不会大于所得到的好处。如果程序能够将注意力放在那些可能导致缓存缺失的访问上，就可以避免不必要的预取操作，同时大大缩短存储器平均访问时间。

例题 对于以下代码，判断哪些访问可能导致数据缓存缺失。然后，插入预取指令，以减少缺失。最后，计算所执行的预取指令数和通过预取避免的缺失数。假设有一个 8 KiB 直接映射的数据缓存，块大小为 16 字节，它是一个执行写分配的写回缓存。a 和 b 是双精度浮点数组，所以它们的元素长 8 字节。a 有 3 行、100 列，b 有 101 行、3 列。另外假定在程序启动时，这些数据不在缓存中。

```
for (i = 0; i < 3; i = i + 1)
    for (j = 0; j < 100; j = j + 1)
        a[i][j] = b[j][0] * b[j + 1][0];
```

解答 编译器首先判断哪些访问可能导致缓存缺失，否则我们可能会对那些能够命中的数据发出预取指令，白白浪费时间。a 的元素是以它们在存储器中的存储顺序写入的，所以 a 可以受益于空间局部性：j 的偶数值会缺失，奇数值会命中。由于 a 有 3 行、100 列，所以对它的访问将会导致 $3 \times (100/2)=150$ 次缺失。

数组 b 不会从空间局部性中获益，因为对它的访问不是按照存储顺序执行的。数组 b 可以从时间局部性中获得双重受益：每次对 i 进行迭代时会访问相同的元素，每次对 j 进行迭代时使用的 b 元素值与上一次迭代相同。忽略可能存在的冲突缺失，由 b 导致的缺失将在 i=0 时访问 b[j+1][0]时出现，以及在 j=0 时首次访问 b[j][0]时出现。当 i=0 时，j 从 0 增至 99，所以对 b 的访问将导致 100+1=101 次缺失。

因此，这次循环将会出现的数据缓存缺失大约包括 a 的 150 次和 b 的 101 次，也就是 251 次缺失。

为了简化优化过程，我们不用费心为循环中的第一次访问进行预取。这些内容可能已经放在缓存中了，或者我们需要为 a 或 b 的前几个元素承担缺失代价。在到达循环末尾时，预取操作会尝试提前获取超出 a 末端之外的内容（a[i][100]... a[i][106]）和 b 末端之外的内容（b[101][0]...b[107][0]），我们也不需要费心来禁止这些预取。如果这些是故障性预取，那我们也许不能承担如此之大的开销。我们假定缺失代价非常大，需要至少提前（比如）7 次迭代开始预取。（换句话说，我们假定在第 8 次迭代之前进行预取不会带来任何好处。）以下代码中加下划线的部分，是为了添加预取优化而对前面代码所做的修改。

```
for (j = 0; j < 100; j = j + 1) {
          prefetch(b[j + 7][0]);
          /* b(j,0) for 7 iterations later */
          prefetch(a[0][j + 7]);
          /* a(0,j) for 7 iterations later */
          a[0][j] = b[j][0] * b[j + 1][0];};
for (i = 1; i < 3; i = i + 1)
          for (j = 0; j < 100; j = j + 1) {
                    prefetch(a[i][j + 7]);
                    /* a(i,j) for + 7 iterations */
                    a[i][j] = b[j][0] * b[j + 1][0];}
```

这段经过修订的代码预取 a[i][7]至 a[i][99]和 b[7][0]至 b[100][0]，将非预取缺失的数量减至：

- ❑ 第一次循环中访问元素 b[0][0], b[1][0],…, b[6][0]时的 7 次缺失
- ❑ 第一次循环中访问元素 a[0][0], a[0][1],…, a[0][6]时的 4 次缺失（⌈7/2⌉）（利用空间局部性将缺失数减少为每 16 字节缓存块一次缺失）
- ❑ 第二次循环中访问元素 a[1][0], a[1][1],…, a[1][6]的 4 次缺失（⌈7/2⌉）
- ❑ 第二次循环中访问元素 a[2][0], a[2][1],…, a[2][6]的 4 次缺失（⌈7/2⌉）

即总共 19 次非预取缺失。避免 232 次缓存缺失的成本是执行了 400 条预取指令，这很划算。

例题　计算上个例题中节省的时间。忽略指令缓存缺失，并假定数据缓存中没有冲突缺失或容量缺失。假定预取过程可以相互重叠，并能与缓存缺失重叠。因此可以用最高存储带宽进行传输。下面是忽略缓存缺失的关键循环次数：原循环每次迭代需要 7 个时钟周期，第一次预取循环每次迭代需要 9 个时钟周期，第二次预取循环每次迭代需要 8 个时钟周期（包含循环外部的开销）。一次缺失需要 100 个时钟周期。

解答 原来的双层嵌套循环执行 3 × 100 = 300 次。由于该循环每次迭代需要 7 个时钟周期，所以总共需要 300 × 7 = 2100 个时钟周期再加上缓存缺失。缓存缺失增加 251 × 100 = 25 100 个时钟周期，所以总共需要 27 200 个时钟周期。第一次预取循环迭代 100 次，每次迭代需要 9 个时钟周期，所以总共需要 900 个时钟周期再加上缓存缺失。加上缓存缺失的 11 × 100 = 1100 个时钟周期，总共需要 2000 个时钟周期。第二次循环执行 2 × 100 = 200 次，每次迭代需要 8 个时钟周期，所以一共需要 1600 个时钟周期，再加上缓存缺失的 8 × 100 = 800 个时钟周期，总共需要 2400 个时钟周期。由上个例子可知，这段代码为了执行这两个循环，在 2000+2400 = 4400 个时钟周期内执行了 400 条预取指令。如果假定这些预取操作完全与其他执行过程相重叠，那么这段预取代码要快 27 200/4400 ≈ 6.2 倍。

尽管数组优化很好理解，但现代程序更倾向于使用指针。Luk 和 Mowry [1999]已经证明，基于编译器的预取优化有时也可以扩展到指针。在 10 个使用递归数据结构的程序中，在访问一个节点时预取所有指针，可以使一半程序的性能提高 4%~31%，而其他程序的性能变化不超过原性能的 2%。问题是预取是否针对缓存中已经存在的数据，以及预取是否执行得足够早，以便数据在需要时及时到达。

许多处理器支持缓存预取指令，高端处理器（比如 Intel Core i7）还经常在硬件中完成某种自动预取。

2.3.10 第十种优化：使用 HBM 扩展存储器层次结构

HBM 封装技术中封装的存储器容量，难以满足服务器中的大多数通用处理器对存储器的需求，所以人们建议使用与计算芯片封装在一起的 DRAM 来构建大容量的 L4 缓存。随着 128 MiB 至 1 GiB 以上 HBM 技术的出现，L4 缓存的容量要远大于目前的片上 L3 缓存容量。使用如此之大的基于 DRAM 的缓存会带来一个问题：缓存标签放在哪里？这取决于标签的数量。假定我们使用的块大小为 64B，那么 1 GiB 的 L4 缓存需要 96 MiB 的标签，远多于 CPU 上缓存中的静态存储器数量。将块大小增大至 4 KiB，会使标签存储急剧缩减至 256 000 项，也就是总存储量小于 1 MiB。如果下一代多核处理器中的 L3 缓存达到 4~16 MiB 或更多，那么这样的标签存储是可能接受的。但这样大的块大小有两个重要问题。

首先，如果许多块中的内容都不会用到，那么缓存的使用效率可能会比较低下；这称为**碎片化问题**，它也出现于虚拟存储器系统中。此外，如果许多数据都是没用的，那么传送这样大的数据块也是效率低下的。其次，由于数据块比较大，所以 DRAM 缓存中保存的不同数据块的数目就要少得多了，这样会导致更多的缺失，尤其是冲突缺失和一致性缺失。

第一个问题的部分解决方法是增加**子块**。**子块**允许一个缓存行中只有部分数据是有效的，当发生缺失时，可以只获取其中有效的子块。但对于解决第二个问题，子块无能为力。

使用较小的数据块时，标签存储是一个主要缺陷。该问题有一个可能有效的解决方案，就是直接把 HBM 作为 L4 缓存的标签存储到 HBM 中。乍看起来，这似乎是不可行的，因为每访问一次 L4 缓存都需要访问两次 DRAM：一次用于标签，一次用于数据本身。由于随机 DRAM 访问的时间较长，通常为 100 或更多个处理器时钟周期，所以这种方法曾经被放弃。Loh 和 Hill

(2011)为这一问题提出了一种更聪明的解决方案：将标签和数据放在HBM SDRAM中的同一行中。尽管打开这个行（还有最后关闭这个行）需要大量时间，但访问同一行的不同部分所带来的CAS延迟，大约是访问一个新行所需时间的三分之一。因此，我们可以先访问这个块的标签部分，如果命中，则使用一次列访问来选择正确的字。Loh和Hill（L-H）还建议在设计L4 HBM缓存的组织形式时，每个SDRAM行都包含一组标签（位于数据块的头部）和29个数据段，组成一个29路组相联缓存。在访问L4缓存时，打开一个合适的行，并读取标签；一次命中只需要再增加一次列访问就可以获得匹配数据。

Qureshi和Loh（2012）年提出了一种称为**熔合缓存**（alloy cache）的改进方法，它可以缩短命中时间。熔合缓存将标签和数据融在一起，并使用一种直接映射的缓存结构。这一改进通过直接对HBM缓存进行索引，并对标签和数据进行突发传输，使L4缓存访问时间缩短到一个HBM周期。图2-14给出了熔合缓存、L-H方案和基于SRAM的标签的命中延迟。与L-H方案相比，熔合缓存将命中时间缩短至不到二分之一，而代价是缺失率增加到1.1~1.2倍。图题中对基准测试的选择进行了解释。

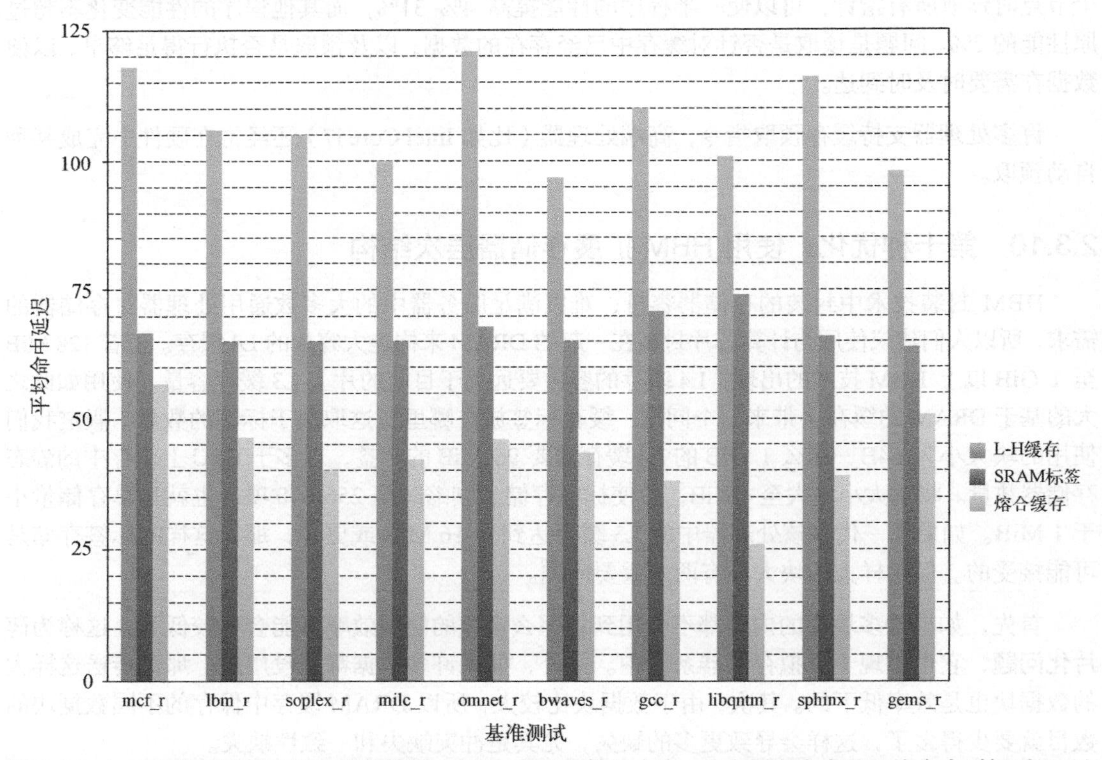

图2-14　L-H方案、目前难以实现的使用SRAM存储标签的方案、熔合缓存方案的平均命中时间延迟（以时钟周期表示）。在SRAM方案中，我们假定SRAM的访问时间与L3缓存中相同，并且假设在访问L4缓存之前核对它。平均命中延迟为43（熔合缓存）、67（SRAM标签）和107（L-H）。这里使用的10种SPEC CPU2006基准测试是存储器访问最为密集的基准测试；如果L3缓存是完美的，那么每个基准测试的运行速度都会快2倍

遗憾的是，在这两种方案中，每次缺失都需要两次完整的DRAM访问：一次用于获得初始标签，接下来的一次用于访问主存储器（它甚至还要更慢一些）。如果可以加快缺失检测的速度，

就可能缩短缺失时间。人们已经提出了两种用于解决这一问题的方案：一种方案是使用一个位图来跟踪缓存中的这些块（不是跟踪块的位置，而是跟踪它是否存在）；另一种方案是使用一个访存预测器，通过历史预测技术来预测可能出现的缺失，这种方法类似于全局分支预测中使用的方法（见下一章）。一个小型预测器就能以很高的准确率来预测可能出现的缺失，从而降低总体缺失代价。

图 2-15 展示了对于图 2-14 所用的存储器访问密集型基准测试，针对 SPECrate 获得的加速比。熔合缓存方法的性能超过了 L-H 方案，甚至超过了目前还难以实现的 SRAM 标签，这是因为缺失预测器的访问时间短，预测结果好，从而缩短了预测缺失的时间，进而降低了缺失代价。熔合缓存的性能接近理想情况——一个拥有完美缺失预测和最短命中时间的 L4 缓存。

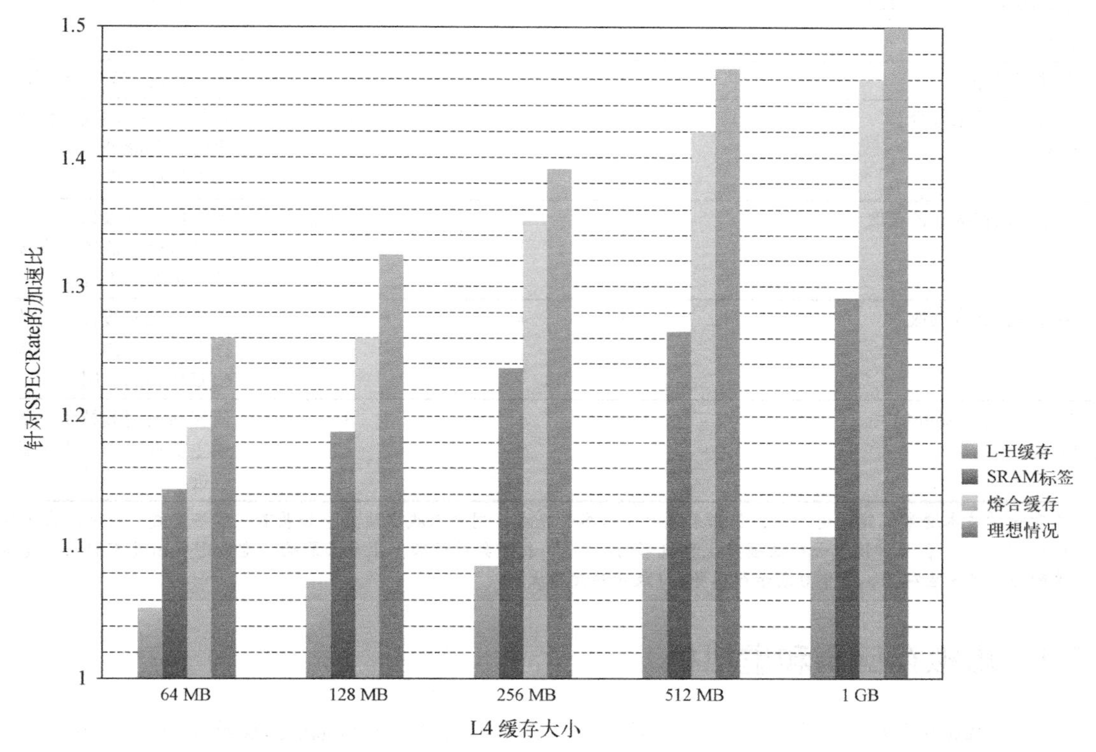

图 2-15 针对 L-H 方案、SRAM 标签方案和一种理想 L4 运行 SPECrate 基准测试的性能提升。加速比 1 表示相对于 L4 缓存没有提升，如果 L4 缓存很是完美的并且不占用访问时间，则可以实现加速比 2。共使用了 10 种存储器访问密集的基准测试，每种基准测试运行了 8 次，还使用了相应的缺失预测方案。理想情况假定只需要访问和传输 L4 缓存中请求的 64 字节数据块，而且针对 L4 缓存的预测准确率是完美的（也就是说，所有缺失都是已知的，而且代价为零）

HBM 很可能会广泛应用于各种不同的配置方案中，可以是为某些高性能、专用系统提供完整的存储器系统，也可以用作一些大型服务器配置中的 L4 缓存。

2.3.11 缓存优化小结

用于改善命中时间、带宽、缺失代价及缺失率的技术通常会影响存储器平均访问时间公式的其他部分，还会影响存储器层次结构的复杂度。表 2-3 总结了这些技术，并估计了它们对复杂度的影响，其中“+”表示该技术会对该项产生积极影响，“−”表示会对该项产生负面影响，空白则表示没有影响。一般来说，没有哪种技术能够对多个项产生积极影响。

表 2-3　总结 10 种高级缓存优化技术及其对缓存性能、功耗和复杂度的影响

技　术	命中时间	带　宽	缺失代价	缺失率	功　耗	硬件成本/复杂度	注　释
小而简单的缓存	+			−	+	0	很普通，应用广泛
路预测缓存	+				+	1	在 Pentium 4 中使用
流水化和分体缓存	−	+				1	应用广泛
非阻塞缓存		+	+			3	应用广泛
关键字优先和提前重新执行			+			2	应用广泛
合并写缓冲区			+			1	和写直达一起广泛应用
以编译器技术减少缓存缺失				+		0	软件是一个挑战，但许多编译器能处理常见的线性代数计算
指令与数据的硬件预取			+	+	−	2（指令） 3（数据）	大多提供预取指令；现代高端处理器还会在硬件中实现自动预取
编译器控制的预取			+	+		3	需要非阻塞缓存；可能存在指令开销；在许多 CPU 中得到应用
将 HBM 作为额外的一级缓存		+/−	−	+	+	3	依赖新的封装技术。效果主要取决于命中率的改进

* 尽管一种技术通常仅能改进一项，但如果预取能够尽早完成，则可以减少缺失；如果不能尽早完成，则可以减少缺失代价。“+”表示该技术会对该项产生积极影响，“−”表示会对该项产生负面影响，空白则表示没有影响。复杂度的评估具有主观性，其中 0 表示最容易，3 表示难度很大。

2.4　虚拟存储器和虚拟机

> 虚拟机被认为是真实机器的一种高效、独立的副本。我们通过**虚拟机监视器**（virtual machine monitor，VMM）的思想来解释这些概念……VMM 有 3 个基本特征。第一，VMM 为程序提供了一种与原机器基本相同的运行环境；第二，在这种环境中运行的程序在最糟糕的情况下速度也只是略有降低；第三，VMM 可以完全控制系统资源。
>
> ——Gerald Popek 和 Robert Goldberg，
> “Formal requirements for virtualizable third generation architectures”，
> *Communications of the ACM*（1974 年 7 月）

附录 B.4 节会介绍虚拟存储器的重要概念。回想一下，虚拟存储器使得我们可以将物理存储器（可以是磁盘或固态）作为辅助存储的缓存。虚拟存储器在存储器层次结构的两个级别之间移动页面，就像缓存在两个级别之间移动块一样。类似地，TLB 作为页表的缓存，从而消除了每次变换地址时进行存储器访问的需要。虚拟存储器还提供了共享一个物理存储器但具有独立虚拟地址空间的进程之间的隔离。在继续学习之前，读者应该确保理解了虚拟存储器的两个功能。

本节将重点讨论共享同一处理器的进程之间的保护和隐私方面的其他问题。安全和隐私是2017年信息技术面临的两个最棘手的挑战。人们经常看到涉及信用卡号码的电子盗窃案的报道，并且还有大量此类案件没有报道出来。当然，这些问题是由编程错误引起的，这些错误允许网络攻击者访问它本应无法访问的数据。编程错误是不可避免的，在现代复杂的软件系统中时有发生。因此，研究人员和业内人员都在寻找能够提高计算机系统安全性的新方法。虽然信息保护并非仅限于硬件方面，但我们认为真正的安全和隐私保护需要在计算机体系结构和系统软件方面均有所创新。

本节首先回顾体系结构如何通过虚拟存储器来保护进程。接下来介绍虚拟机提供的附加保护措施、虚拟机在体系结构方面的需求以及虚拟机的性能。第 6 章会介绍，虚拟机是实现云计算的基础技术。

2.4.1 通过虚拟存储器提供保护

页式虚拟存储器（包括缓存页表条目的 TLB）是避免进程相互影响的主要机制。附录 B 的 B.4 节、B.5 节回顾了虚拟存储器的相关内容，详细介绍了 80x86 中通过分段和分页提供的保护。本节仅作快速回顾；如果觉得内容不够详细，请参考附录 B。

多道程序设计（multiprogramming，几个同时运行的程序共享一台计算机的资源）需要在各个程序之间提供保护和共享，从而产生了**进程**（process）的概念。打个比方，进程就是一个程序呼吸的空气、生存的空间——也就是一个正在运行的程序加上继续运行它所需的全部状态。在任意时刻，必须能够从一个进程切换到另一个进程。这种交换被称为**进程切换**（process switch）或**上下文切换**（context switch）。

操作系统和体系结构联合起来就能使进程共享硬件而不会相互干扰。为此，在运行一个用户进程时，体系结构必须限制用户进程能够访问的资源，但要允许操作系统进程访问更多资源。体系结构至少要做到以下几点。

(1) 提供至少两种模式，指出正在运行的进程是用户进程还是操作系统进程。后者有时被称为**内核**（kernel）进程或**管理**（supervisor）进程。

(2) 提供用户进程可以使用但不能写入的处理器状态的一部分。这种状态包括用户/管理模式位、异常启用/禁用位和存储器访问权限信息。之所以禁止用户写入这些状态信息，是因为如果用户可以授予自己管理员权限、禁用异常或者改变存储器访问权限，操作系统就不能控制用户进程了。

(3) 提供处理器借以从用户模式转为管理模式及反向转换的机制。前一种转换通常通过**系统调用**（system call）完成，使用一种特殊指令将控制传递到管理代码空间的一个专用位置。保存系统调用时刻的程序计数器，处理器转入管理模式。返回用户模式的过程类似于子程序返回过程，恢复到先前的用户/管理模式。

(4) 提供限制存储器访问的机制，这样在上下文切换时不需要将进程切换到磁盘就能保护该进程的存储器状态。

附录 A 介绍了几种存储器保护机制，但到目前为止，最流行的机制还是添加对虚拟存储器各个页面的保护性限制。固定大小的页面（通常长 4 KiB 或 8 KiB）通过一个页表由虚拟地址空间映射到物理地址空间。这些保护性限制就包含在每个页表项中。保护性限制可以决定一个用户进程能否读取/写入这个页面，以及能否从这个页面执行代码。此外，如果一个进程没有包含在页表中，那它就既不能读取也不能写入一个页面。由于只有操作系统才能更新页表，所以分页机制提供了全面的访问保护。

分页虚拟存储器意味着每次存储器访问在逻辑上都要花费至少两倍的时间，一次存储器访问用于获取物理地址，第二次访问用于获取数据。这种操作成本太高了。解决方案是依靠局部性原理。如果这些访问具有局部性，那么访问操作的地址变换（address translation）也肯定具有局部性。只要将这些地址变换放在一个特殊的缓存中，存储器访问就很少需要第二次访问操作来变换地址了。这种特殊的地址变换缓存被称为**变换旁路缓冲区**（TLB）。

TLB 条目类似于缓存条目，其中的标签保存虚拟地址的一部分，数据部分保存物理页地址、保护字段、有效位，通常还有一个使用位和一个脏位（dirty bit）。操作系统在改变这些位时，首先改变页表中的值，然后使相应的 TLB 项失效。当从页表重新载入这个条目时，TLB 即获得这些位的准确副本。

如果计算机严格遵守对页面的限制，将虚拟地址映射到物理地址，那么我们就万事大吉了。但事实并非如此。

这是因为我们依赖于操作系统和硬件的准确性。今天的操作系统由数千万行代码组成。由于每千行代码中就可能会有几个 bug，所以一个生产操作系统中有数千个 bug。操作系统中的缺陷被利用进而导致了系统漏洞。

如今，不实施保护的代价比过去大得多，再加上存在上述问题，人们不得不去寻找一种代码比完整操作系统少得多的保护模型，比如虚拟机。

2.4.2　通过虚拟机提供保护

有一个与虚拟存储器相关而且几乎与它一样古老的概念，那就是**虚拟机**（virtual machine，VM）。虚拟机最早是在 20 世纪 60 年代后期提出的，多年以来一直是大型机计算的重要组成部分。尽管它在 20 世纪 80 年代和 90 年代的单用户计算机领域被忽视，但近来再度得到广泛关注，原因如下：

- 隔离与安全在现代系统中的重要性提高了；
- 标准操作系统的安全性和可靠性出现了问题；
- 许多不相关的用户（比如一个数据中心或云中的用户）会共享同一计算机；
- 处理器原始速度的飞速增长，使虚拟机的开销更容易被人接受。

最广义的虚拟机定义基本上包括了所有提供标准软件接口的仿真方法，比如 Java VM。我们感兴趣的是那些在二进制指令集体系结构（ISA）级别提供完整系统级环境的虚拟机。最常见的情况是，VM 支持的 ISA 与底层硬件相同。然而，VM 也有可能支持不同的 ISA，在 ISA 之间迁移时经常采用这种方法，这样在迁移到新 ISA 之前，软件仍能在原 ISA 上使用。在我们重点关注的虚拟机中，VM 使用的 ISA 与其底层硬件相匹配。这种虚拟机称为（操作）**系统虚拟机**（system virtual machine）。IBM VM/370、VMware ESX Server 和 Xen 都属于此类虚拟机。它们给人一种错觉：虚拟机用户拥有整台计算机，包括操作系统的副本。一台计算机可以运行多个虚拟机，可以支持多种操作系统。在传统平台上，一个操作系统“拥有”所有硬件资源，但在使用虚拟机时，多个操作系统一起共享硬件资源。

为虚拟机提供支持的软件称为**虚拟机监视器**（VMM）或**管理程序**（hypervisor），VMM是虚拟机技术的核心。底层硬件平台称为**宿主机**（host），其资源在客户VM之间共享。VMM决定了如何将虚拟资源映射到物理资源：物理资源可以分时共享、划分，甚至可以在软件内模拟。VMM比传统操作系统小得多，VMM的一个隔离部分大约只有10 000行代码。

一般来说，处理器虚拟化的成本取决于工作负载。用户级别的处理器操作密集型程序（比如SPEC CPU2006）的虚拟化开销为零，这是因为很少会调用操作系统，所有程序都以原速运行。与之相对，I/O密集型工作负载通常也是操作系统密集型的，会执行许多系统调用（以满足I/O需求）和特权指令（频繁使用会导致高昂的虚拟化开销）。这一开销的大小取决于必须由VMM模拟的指令数和模拟这些指令的缓慢程度。因此，如果客户VM与宿主机运行的ISA相同，则这个体系结构和VMM的目标就是直接在原始硬件上运行几乎所有指令，这与我们的预期一致。如果工作负载也是I/O密集型的，那么由于处理器经常要等待I/O，所以处理器虚拟化的成本可以完全被较低的处理器利用率所掩盖。

尽管我们这里关心的是VM提供保护的功能，但VM还有两个具有重大商业价值的优点。

(1) **软件管理**——VM提供了一种抽象，可以运行整个软件栈，甚至包括诸如DOS之类的旧操作系统。一种典型的部署是用一部分VM运行遗留操作系统，大量VM运行当前稳定的操作系统版本，而一少部分VM用于测试下一个操作系统版本。

(2) **硬件管理**——需要多台服务器的原因之一是，希望每个应用程序都能在独立的计算机上与其兼容的操作系统一起运行，这种隔离可以提高系统的可靠性。VM使得这些分享软件栈能够独立运行，却共享硬件，从而减少了服务器的数量。另一个例子是，大多数较新的VMM支持将正在运行的VM迁移到另一台计算机上，以均衡负载或从发生故障的硬件中退出。云计算的兴起使得将整个VM迁移到另一个物理处理器的能力变得越来越有用。

以上就是云服务器（比如Amazon的云服务器）依赖虚拟机的两个原因。

2.4.3 对虚拟机监视器的要求

VM监视器必须完成哪些任务？它向客户软件提供一个软件接口，必须使不同客户软件的状态相互隔离，还必须保护自己以免受客户软件的破坏（包括客户操作系统）。定性需求包括：

- 客户软件在VM上的运行情况应当与在原始硬件上完全相同，当然，与性能相关的行为或者因为多个VM共享固定资源所造成的局限除外；
- 客户软件应当不能直接修改实际系统资源的分配。

为了实现处理器的“虚拟化”，VMM必须控制几乎所有操作——对特权状态的访问、地址变换、I/O、异常和中断，即使当前运行的客户VM和操作系统只是临时使用它们也是如此。

例如，在计时器中断时，VMM将挂起当前正在运行的客户VM，保存其状态，处理中断，判断接下来运行哪个客户VM，然后载入其状态。依赖计时器中断的客户VM由VMM提供一个虚拟计时器和一个仿真计时器中断。

为了进行管理，VMM的管理权限必须高于客户VM，后者通常以用户模式运行；这样还能确保任何特权指令的执行都由 VMM 处理。系统虚拟机的基本需求几乎与上述分页虚拟存储器的需求相同。

- 至少两种处理器模式：系统模式和用户模式。
- 仅在系统模式下可用的指令的一些特权子集，如果在用户模式下执行将会导致异常。所有系统资源都只能通过这些指令进行控制。

2.4.4 虚拟机的指令集体系结构支持

如果在设计 ISA 期间就为 VM 做了规划，就很容易减少 VMM 必须执行的指令数，缩短模拟这些指令所需的时间。如果一种体系结构允许 VM 直接在硬件上运行，则可以贴上**可虚拟化**的标签，IBM 370 体系结构便拥有这个标签。

遗憾的是，由于直到最近才开始考虑将 VM 用于桌面系统和基于 PC 的服务器应用程序，所以大多数指令集在设计时没有考虑虚拟化问题，其中包括 80x86 和大多数原始的 RISC 体系结构，尽管后者的问题比前者少。x86 体系结构的最新特性试图弥补早期的缺陷，而 RISC-V 明确地包含了对虚拟化的支持。

由于 VMM 必须确保客户系统只能与虚拟资源进行交互，所以传统的客户操作系统是作为一种用户模式程序在 VMM 上运行的。因此，如果一个客户操作系统试图通过特权指令访问或修改与硬件资源相关的信息（比如，读取或写入页表指针），它会从用户模式陷入 VMM。VMM 随后可以对相应的实际资源进行适当的修改。

因此，如果任何以用户模式执行的指令试图读写此类敏感信息就会发生异常，从用户模式陷入 VMM 特权级别，VMM 可以截获它，并根据客户操作系统的需要，向其提供敏感信息的一个虚拟化版本。

如果缺乏此类支持，则必须采取其他措施。VMM 必须采取特殊的防范措施，找出所有存在问题的指令，并确保客户操作系统执行它们时能够正常运行，这样自然就会增加 VMM 的复杂度，降低 VM 的运行性能。2.5 节和 2.7 节将会提供 80x86 体系结构中有问题的指令的具体示例。一个有吸引力的扩展允许 VM 和操作系统在不同的特权级别上操作，每个特权级别都不同于用户级别。通过引入一个额外的特权级别，一些操作系统操作——例如超过了授予用户程序的权限，但不需要 VMM 的干预（因为它们不会影响任何其他 VM）——就可以直接执行，而无须捕获和调用 VMM 的开销。稍后会讨论 Xen 设计，它使用了 3 个特权级别。

2.4.5 虚拟机对虚拟存储器和 I/O 的影响

由于每个 VM 中的每个客户操作系统都管理其自己的页表集，所以虚拟存储器的虚拟化就成为另一项挑战。为了实现虚拟存储器的虚拟化，VMM 区分了**实际存储器**（real memory）和**物理存储器**（physical memory）的概念（这两个词经常被视为同义词），使实际存储器成为虚拟存储器与物理存储器之间的独立、中间级存储器。（有人用**虚拟存储器**、**物理存储器**和**机器存储器**来命名这 3 个层级。）客户操作系统通过它的页表将虚拟存储器映射到实际存储器，VMM 页表将客户的实际存储器映射到物理存储器。虚拟存储器体系结构可以通过页表指定（如在 IBM VM/370 和 80x86 中），也可以通过 TLB 结构指定（如在许多 RISC 体系结构中）。

VMM 没有再为所有存储器访问进行多一层的中间访问，而是维护了一个**影子页表**（shadow page table），直接从客户虚拟地址空间映射到硬件的物理地址空间。通过检测客户页表的所有修改，VMM 能保证硬件在变换地址时使用的影子页表项与客户操作系统环境的页表项一一对应，除了用正确的物理页替换了客户表中的实际页。因此，只要客户试图修改它的页表，或者试图访问页表指针，VMM 就必须加以捕获。这通常通过以下方法实现：对客户页表提供写保护，并捕获客户操作系统对页表指针的所有访问尝试。前面曾经指出，如果对页表指针的访问属于特权操作，就会很自然地进行捕获。

IBM 370 体系结构在 20 世纪 70 年代添加了一个由 VMM 管理的中间层，解决了页表问题。客户操作系统和以前一样保存自己的页表，所以就不再需要影子页表了。AMD 在其 80x86 处理器上采用了类似的方案。

在许多 RISC 计算机中，为了实现 TLB 的虚拟化，VMM 管理实际 TLB，并拥有每个客户 VM 的 TLB 内容的副本。为了实现这一功能，所有访问 TLB 的指令都必须被捕获。具有进程 ID 标签的 TLB 可以将来自不同 VM 与 VMM 的条目混合在一起，所以不需要在切换 VM 时刷新 TLB。与此同时，VMM 在后台支持 VM 的虚拟进程 ID 与实际进程 ID 之间的映射。附录 L.7 节介绍了其他细节。

体系结构中最后一个要虚拟化的部分是 I/O。到目前为止，这是系统虚拟化中最困难的一部分，原因在于连接到计算机的 I/O 设备数在增加，而且这些 I/O 设备的类型也更加多样。另外一个难题是在多个 VM 之间共享实际设备，还有一个难题是需要支持不同的设备驱动程序，这一点在同一 VM 系统上支持不同客户操作系统时尤为困难。为了维持这种 VM 抽象，可以为每个 VM 提供每种 I/O 设备驱动程序的一个通用版本，然后交由 VMM 来处理实际的 I/O。

将虚拟 I/O 设备映射到物理 I/O 设备的方法取决于设备类型。例如，VMM 通常会对物理磁盘进行分区，为客户 VM 创建虚拟磁盘，而 VMM 会维护虚拟磁道与扇区到物理磁道与扇区的映射。网络接口通常会在非常短的时间片内在 VM 之间共享，VMM 的任务就是跟踪虚拟网络地址的消息，以确保客户 VM 只收到发给自己的消息。

2.4.6 扩展指令集，以实现高效虚拟化和更高的安全性

在过去 5 到 10 年里，处理器设计师们，包括 AMD 和 Intel 的设计师（还包括一定范围内的 ARM 设计师），已经引入了指令集扩展来更高效地支持虚拟化。性能提升的两个主要领域是对页表和 TLB（虚拟存储器的基石）的处理，以及 I/O，特别是处理中断和 DMA。虚拟存储器性能的提升主要是通过避免不必要的 TLB 刷新和使用嵌套页表机制（IBM 几十年前就已采用），而不是一套完整的影子列表（参见附录 L.7 节）。为提升 I/O 性能，增加了一些体系结构扩展，以允许设备直接使用 DMA 移动数据（不再需要 VMM 生成一个副本），而且允许客户操作系统直接处理设备中断和命令。在那些需要进行大量内存管理操作或大量使用 I/O 的应用中，这些扩展都展现了非常明显的性能提升。

由于现在广泛采用公共云系统来运行一些至关重要的应用程序，所以人们开始关注这些应用程序中的数据安全性。任何一段恶意代码，只要它的访问权限高于必须保证安全的数据，就会危及系统。比如，你正在运行一个信用卡处理应用程序，你就必须确保恶意用户不能获得信

用卡号码，即使他们正在使用同一硬件并且有意攻击操作系统甚至 VMM。利用虚拟化技术，可以禁止外部用户访问不同 VM 中的数据，这种方式所提供的保护显然要远高于一个多程序环境。但如果攻击者攻破了 VMM，或者可以通过观察另一 VM 而得到信息，那么上述保护可能还不够。例如，假设攻击者穿透了 VMM，他就可以重新映射存储器来访问数据中的任意部分。

或者，也可以在能够访问信用卡的代码中植入特洛伊木马来发起攻击（见附录 B）。因为特洛伊木马与信用卡处理应用程序运行在同一个 VM 中，所以特洛伊木马只需要利用操作系统的缺陷来获取关键数据。大多数网络攻击用到了某种形式的特洛伊木马，通常是利用某种操作系统缺陷，这些木马或是将访问权限返给攻击者，并保持 CPU 仍然在特权模式下运行，或是允许攻击者上传一段代码，并将它们伪装成操作系统的一部分加以运行。无论是哪种情况，攻击者都获得了对 CPU 的控制，而且利用更高权限模式，可以进一步获取 VM 的任意内容。注意，加密本身并不能阻止这种攻击者。如果存储器中的数据没有加密（通常是这种情况），攻击者就可以访问所有此类数据。另外，如果攻击者知道加密密钥的存放位置，就可以自由访问密钥，然后访问加密数据。

最近，Intel 推出了一组指令集扩展，称为软件保护扩展（SGX），允许用户程序创建**飞地**（enclave）。飞地就是一部分代码和数据，只有在使用时才会进行加密和解密，而且只能使用用户代码提供的密钥。由于飞地总是加密的，所以，针对虚拟存储器或 I/O 的标准 OS 操作可以访问这些飞地（例如，移动一个页），但不能提取任何信息。要使一个飞地正常工作，所有用到的代码和数据都必须是这个飞地的组成部分。尽管人们对细粒度保护技术已经讨论了几十年，但一直没有得到多少推动，一方面是由于其开销很高，另一方面是因为其他一些效率更高、侵入性更低的解决方案已经为人们所接受。随着网络攻击和在线机密信息数量的增加，人们开始重新检视用于提升细粒度安全性的技术。与 Intel 的 SGX 类似，IBM 和 AMD 最近的处理器都支持对存储器的实时加密。

2.4.7　VMM 实例：Xen 虚拟机

在 VM 发展的早期，许多低效问题非常明显。例如，客户操作系统管理自己从虚拟页到实际页的映射，但这种映射会被 VMM 忽略，到物理页的实际映射是由 VMM 执行的。换句话说，仅仅为了“取悦”客户操作系统就浪费了大量精力。为了减少这些低效问题，VMM 开发人员认为有必要让客户操作系统知道它自己是在 VM 上运行的。例如，客户操作系统可以假定实际存储器与它的虚拟存储器一样大，所以它不需要进行内存管理。

为了简化虚拟化而允许对客户操作系统进行微小修改的做法称为**泛虚拟化**（paravirtualization），开源 Xen VMM 是个很好的例子。Amazon Web 服务数据中心使用的就是 Xen VMM，它为客户操作系统提供了一个与物理硬件相似的虚拟机抽象，但去掉了许多很麻烦的部分。例如，为了避免刷新 TLB，Xen 将它自己映射到每个 VM 的高位 64 MiB 地址空间。它允许客户操作系统分配页，只要核实客户操作系统没有违犯保护权限即可。为了使客户操作系统免受 VM 中用户程序的破坏，Xen 利用了 80x86 中的 4 种保护级别。Xen VMM 以最高权限级别（0 级）运行，客户操作系统以下一权限级别（1 级）运行，应用程序以最低权限级别（3 级）运行。大多数基于 80x86 的操作系统以 0 级或 3 级权限运行所有程序。

为了使各部分能够协调工作，Xen 对客户操作系统进行了修改，不再使用体系结构中容易产生问题的部分。例如，Linux 到 Xen 的适配大约修改了 3000 行代码，大约占 80x86 专用代码的 1%。但是这些修改不会影响客户操作系统的应用二进制接口。

为了简化 VM 的 I/O 难题，Xen 为每个硬件 I/O 设备指定了具有特权的虚拟机。这些特殊 VM 称为**驱动程序域**（driver domain）。（Xen 将它的 VM 称为“域”。）驱动程序域运行物理设备驱动程序，但在向适当的驱动程序域发送中断之前，这些中断仍然由 VMM 处理。常规 VM 称为**客户域**（guest domain），运行简单的虚拟设备驱动程序，它们必须通过一个信道与驱动程序域中的物理设备驱动程序进行通信，以访问物理 I/O 硬件。数据通过页面重映射在客户域和驱动程序域之间传送。

2.5 交叉问题：存储器层次结构的设计

这一节介绍 4 个将在其他章节讨论的主题，它们是存储器层次结构的基础。

2.5.1 保护、虚拟化和指令集体系结构

保护是由体系结构和操作系统协作完成的，但是当虚拟存储器变得流行时，架构师必须修改现有指令集体系结构中一些笨拙的细节。例如，为了在 IBM 370 中支持虚拟存储器，架构师必须对 IBM 360 指令集体系结构进行修改，而这一指令集是 6 年前刚刚发布的。为了适应虚拟机，今天也要进行一些类似的调整。

例如，80x86 指令 POPF 从存储器栈的顶端载入标志寄存器，其中一个标志是中断允许（IE）标志。在最近为了支持虚拟化而做出修改之前，以用户模式运行 POPF 指令（而不是采用陷阱中断捕获它）将会改变除 IE 之外的所有标志位。而在系统模式下运行时，它就会修改 IE 标志。由于客户操作系统是以用户模式在 VM 中运行的，而它希望修改 IE 标志位，所以这就成了一个问题。为了支持虚拟化，80x86 体系结构通过扩展消除了这一问题。

在历史上，IBM 大型机硬件和 VMM 通过以下 3 个步骤来提高虚拟机的性能。

(1) 降低处理器虚拟化的成本。

(2) 降低由于虚拟化而造成的中断开销成本。

(3) 将中断传送给正确的 VM，而不调用 VMM，以降低中断成本。

IBM 仍然是虚拟机技术的黄金标准。例如，一台 IBM 大型机在 2000 年运行数千个 Linux VM，而 Xen 在 2004 年仅运行 25 个 VM [Clark 等，2004]。Intel 和 AMD 芯片集最近的版本添加了一些特殊的指令来支持 VM 中的设备，以在较低层级屏蔽来自每个 VM 的中断，并将中断发送到适当的 VM。

2.5.2 自主取指单元

许多采用乱序执行的处理器，甚至是一些拥有深度流水线的处理器，使用一种独立的取指单元将取指（有时还包含一部分初始译码工作）分离出来（参见第 3 章）。通常，取指单元访问

指令缓存，获得一个完整的块，然后对其译码，变为一条条单独的指令；这种技术在指令长度变化时尤其有用。由于这里的指令缓存是按块访问的，所以再与那些为每条指令都访问一次指令缓存的处理器比较缺失率，就没有意义了。另外，取指单元可以将这些块预取到L1缓存中；这些预取可能会产生额外的缺失，却实际降低了总的缺失代价。许多处理器还包含了数据预取，这样可能会增加数据缓存缺失率，但可以降低总的数据缓存缺失代价。

2.5.3　推测与存储器访问

高级流水线中使用的重要技术之一就是推测，在处理器还不能确切知道是否真的需要某一条指令时，就试探性地先执行该指令。这种技术依赖于分支预测，如果预测错误，就需要将推测得到的指令从流水线中清理出去。在支持推测的存储器系统中有两个问题：保护和性能。使用推测时，处理器可能会生成一些存储器访问；如果这些指令是错误推测的结果，那么这些存储器访问可能永远都不会用到。这些访问在执行时可能会产生保护异常。显然，这种故障应当仅在实际执行命令时才发生。下一章，我们将会看到如何解决这种“推测异常”。由于支持推测执行的处理器可能会访问指令与数据两种缓存，而接下来又没有用到这些访问的结果，所以推测可能会提高缓存缺失率。但通过预取操作，这些推测实际上可能会降低总的缓存缺失代价。使用推测后，与使用预取后一样，再与那些不支持推测执行的处理器对比缺失率就会产生误导，即使它们的ISA和缓存结构都相同时也是如此。

2.5.4　特殊指令缓存

在超标量处理器中，最大的挑战之一是提供指令带宽。对于那些将指令转换成微操作的设计，比如最新的ARM和i7处理器，通过把最近转换成微操作的指令暂存到一个小的缓存中，可以减少指令带宽需求、降低分支错误预测的代价。我们将在下一章更深入地探讨这种技术。

2.5.5　缓存数据的一致性

数据可以同时位于存储器和缓存中。只要处理器是唯一修改或读取数据的组件，并且缓存存在于处理器和存储器之间，处理器几乎没有看到旧副本或**过期**副本的危险。后面将会看到，使用多个处理器和I/O设备增大了副本不一致及读取错误副本的可能性。

处理器出现缓存一致性问题的频率与I/O不同。对I/O来说，存在多个数据副本是非常罕见的情况（应当尽可能避免这种情况），而一个在多处理器上运行的程序会希望几个缓存中拥有同一数据的多个副本。多处理器程序的性能取决于系统共享数据的性能。

I/O缓存一致性问题可以表述如下：I/O发生在计算机中的什么地方，是I/O设备与缓存之间，还是I/O设备与主存储器之间？如果输入将数据放在缓存中，而且输出从缓存中读取数据，那么I/O和处理器就会看到相同的数据。这种方法的难点在于它干扰了处理器，可能会导致处理器因为等待I/O而停顿。输入还可能会用某些不会马上用到的新数据来取代缓存中的某些信息，从而对缓存造成干扰。

在带有缓存的计算机中，I/O系统的目标应当是防止出现数据过期问题，同时尽可能减轻干扰。因此，许多系统喜欢让I/O直接作用于主存储器，把主存储器当作一个I/O缓冲区。如果使用写直达缓存，存储器中将拥有最新的信息副本，在输出时不存在数据过期问题。（这一好处也是处理器使用写直达方式的一个原因。）遗憾的是，如今通常只会在第一级数据缓存中使用写直达方式，L2 缓存中使用的就是写回方式了。

输入操作还需要另外做点功课。软件解决方案是保证输入缓冲区的所有数据块都不在缓存中。包含缓冲区的页面可以被标记为不可缓存，操作系统总是可以向这样的页面中输入数据。或者，可以由操作系统在输入之前从缓存刷新缓冲区地址。硬件解决方案则是在输入时检查 I/O 地址，查看它们是否在缓存中。如果在缓存中找到了 I/O 地址的匹配项，则使缓存项失效，以避免过期数据。这些方法也能用于带有写回缓存的输出操作。

在多核处理器年代，处理器缓存一致性是一个关键问题，我们将在第 5 章深入研究。

2.6 融会贯通：ARM Cortex-A53 和 Intel Core i7 6700 中的存储器层次结构

本节揭示 ARM Cortex-A53（下文简称 A53）和 Intel Core i7 6700（下文简称 i7）的存储器层次结构，并根据一组单线程基准测试展示其组件的性能。由于 A53 的存储器系统更简单一些，所以首先来研究它；之后通过详细介绍一次存储器访问过程研究 i7 存储系统的细节。本节假定读者熟悉一种使用虚拟地址索引缓存的两级缓存层次结构的组织方式。这种存储器系统的基础知识将在附录 B 中详细介绍，如果不熟悉这种系统的组织方式，强烈建议你看一下附录 B 中的 Opteron 示例。一旦理解了 Opteron 的组织方式，就很容易理解 A53 系统的简要解释了，它们很类似。

2.6.1 ARM Cortex-A53

Cortex-A53 是一种支持 ARMv8A 指令集体系结构的可配置核，包括 32 位和 64 位模式。A53 是作为 IP（知识产权）核交付的。在嵌入式、PMD 和相关市场上，IP 核是主要的技术交付形式；基于这些 IP 核已经生产了数十亿个 ARM 和 MIPS 处理器。注意，IP 核不同于 Intel i7 中的核和 AMD Athlon 多核。IP 核（它本身可能是多核）是为与其他逻辑集成而设计的（因此，它是一个芯片的核），包括应用专用处理器（比如视频编解码器）、I/O 接口和存储器接口，从而制造出一种专门针对特定应用进行优化的处理器。例如，Cortex-A53 IP 核被用于各种平板计算机和智能手机，它被设计为高能效的，这是基于电池的 PMD 的一个关键标准。A53 核可以配置为每个芯片多个核，以用于高端 PMD。这里讨论的重点是单核情境。

一般说来，IP 核分为两类。**硬核**（hard core）针对特定半导体厂商进行优化，是具有外部（但仍在芯片上）接口的黑盒。硬核通常只允许参数化核外的逻辑，比如 L2 缓存大小，并且 IP 核不能被修改。**软核**（soft core）通常以使用标准逻辑单元库的形式交付。软核可以针对不同的半导体厂商进行编译，也可以进行修改。不过由于当今 IP 核的复杂度高，很难对其进行大幅修改。一般来说，硬核的性能较高、晶片面积较小，而软核则允许针对不同厂商进行调整，其修改也更容易一些。

当时钟频率高达 1.3 GHz 时，Cortex-A53 每个时钟周期可以发射两条指令。它支持两级 TLB 和两级缓存层次结构。表 2-4 总结了存储器层次结构的组织形式。首先返回关键项，在缺失引发的块内其他数据取回的同时，处理器可以继续运行；最多可以支持分为4组的存储器系统。当数据缓存为32 KiB且页面大小为4 KiB时，每个物理页可以映射到两个不同的缓存地址；这种别名可以通过在发生缺失时进行硬件检测避免，附录B.3节将对此进行说明。图2-16展示了如何使用32位虚拟地址来索引TLB和缓存，假定主缓存为32 KiB，第二级缓存为1 MiB，页面大小为16 KiB。

表2-4　Cortex-A53的存储器层级结构（包括多级TLB和缓存）

结　构	大　小	组织形式	典型的缺失代价（时钟周期）
指令MicroTLB	10项	全相联	2
数据MicroTLB	10项	全相联	2
L2统一TLB	512项	四路组相联	20
L1指令缓存	8~64 KiB	两路组相联；64字节块	13
L1数据缓存	8~64 KiB	两路组相联；64字节块	13
L2统一缓存	128 KiB~2 MiB	十六路组相联；LRU	124

* 一个页映射缓存为一组虚拟页面跟踪一个物理页的位置；它降低了L2 TLB缺失代价。L1缓存采用虚拟地址索引和物理标签；L1数据缓存和L2缓存都使用一种默认在写入时进行分配的写回策略。替换策略是多数缓存都使用的LRU近似算法。如果MicroTLB和L1缓存缺失都发生，L2缓存的缺失代价会更高。L2缓存至主存储器总线的宽度为64~128比特，比采用窄总线的缺失代价更小。

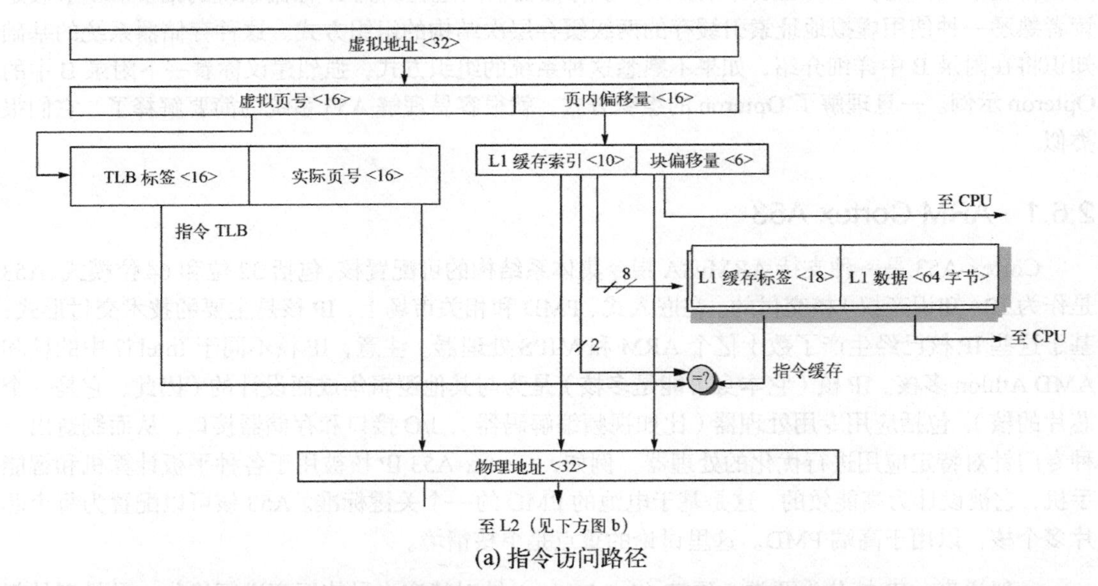

(a) 指令访问路径

图2-16　ARM Cortex-A53缓存和TLB的虚拟地址、物理块和数据块，假定采用32位地址。上半部分（a）展示的是指令访问，下半部分（b）展示的是数据访问，包括L2。TLB（指令或数据）为全相联的，各有10项，本例中使用的是64 KiB的页面。L1指令缓存是两路组相联，块大小为64字节，容量为32 KiB。L1数据缓存是四路组相联，块大小为64字节，容量为32 KiB。L2 TLB是四路组相联，有512项。L2缓存是十六路组相联，块大小为64字节，容量为128 KiB~2 MiB。图中没有标出缓存和TLB的有效位和保护位

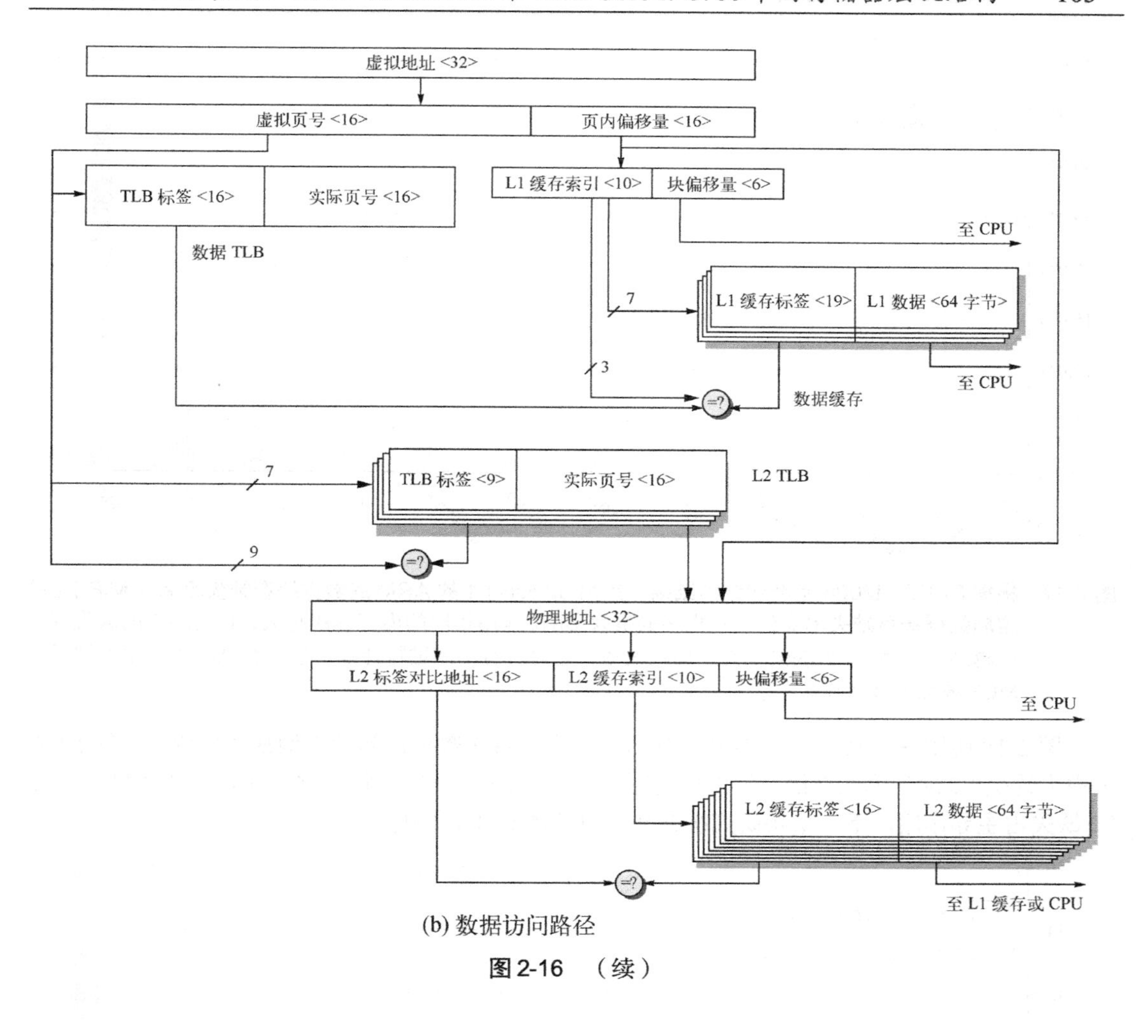

(b) 数据访问路径

图 2-16 （续）

2.6.2 Cortex-A53 存储器层次结构的性能

Cortex-A53 的存储器层次结构使用 32 KiB 主缓存和 1 MiB L2 缓存来模拟，运行 SPECint2006 基准测试进行测试。即使仅对于 L1 而言，这些 SPECint2006 的指令缓存缺失率也很低：大多接近于 0，对于整体来说低于 1%。之所以有如此之低的缺失率，可能是因为 SPEC CPU 程序在本质上属于计算密集型的，而且两路组相联缓存消除了大多数冲突缺失。

图 2-17 给出了数据缓存结果，它的 L1 和 L2 缺失率都很高。L1 缺失率为 0.5%~37.3%，最高缺失率和最低缺失率之间相差 75 倍；中位数为 2.4%。全局 L2 缺失率为 0.05%~9.0%，最高缺失率和最低缺失率之间相差 180 倍；中位数为 0.3%。被称为缓存克星的 MCF 设定了上限，严重影响了平均值。请记住，L2 全局缺失率远低于 L2 局部缺失率；例如，L2 独立缺失率中位数为 15.1%，而全局缺失率中位数则为 0.3%。

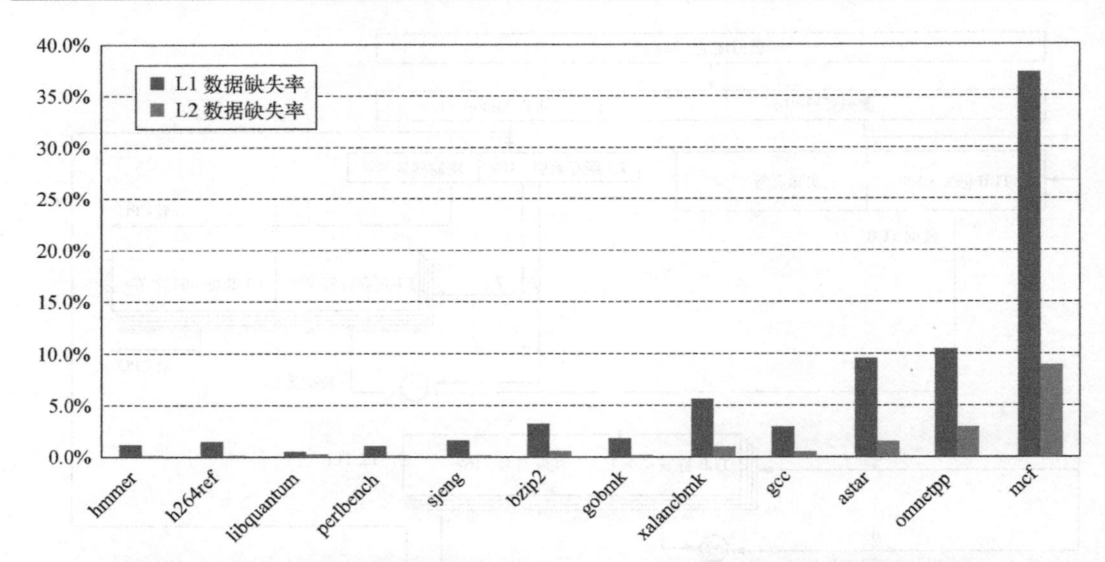

图 2-17　根据 SPECint2006 基准测试的结果，采用 32 KiB L1 的 ARM 的数据缓存缺失率和 1 MiB L2 的全局数据缓存缺失率受到应用程序的很大影响。应用程序的内存占用越大，L1 和 L2 的缺失率往往越高。注意，L2 缺失率为全局缺失率，它对所有访问进行计数，包括在 L1 中命中的情景。MCF 被称为缓存克星

图 2-18 使用图 2-17 中的这些缺失代价，给出了每次数据访问的平均缺失代价。尽管 L1 缺失率大约是 L2 缺失率的 7 倍，但 L2 代价是 L1 代价的 9.5 倍，因此，在存储系统压力测试中，L2 缺失占主导作用。下一章将研究缓存缺失对整体 CPI 的影响。

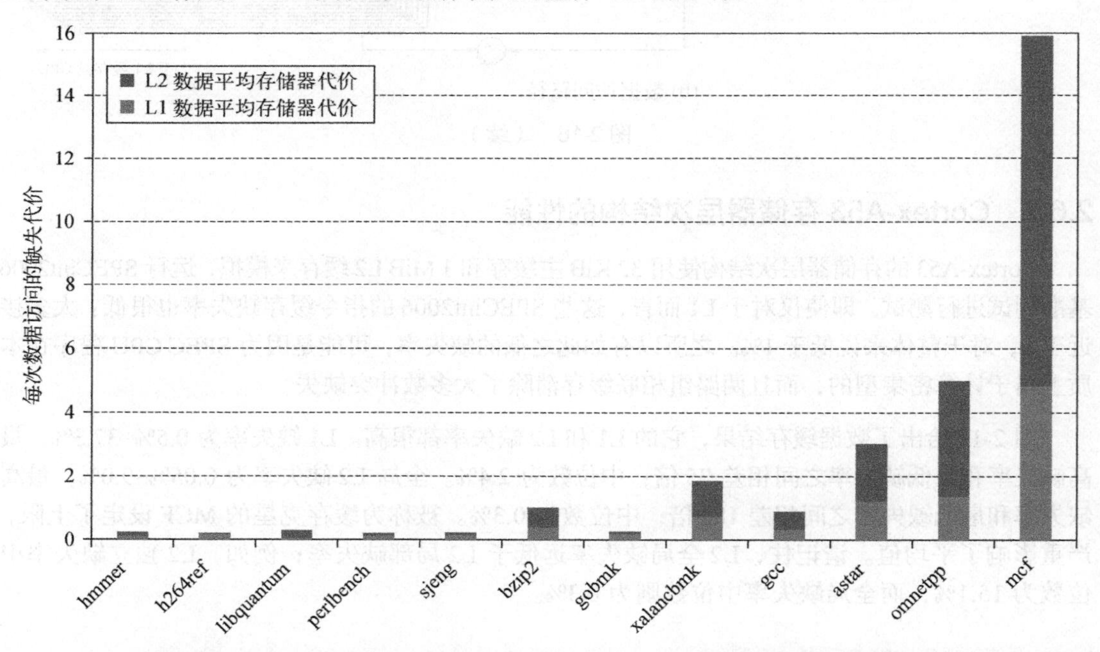

图 2-18　A53 处理器在运行 SPECint2006 基准测试时，源于 L1 和 L2 的每次数据存储器访问的平均存储器访问代价。尽管 L1 的缺失率要高出许多，但 L2 的缺失代价要高出 5 倍，这意味着 L2 的缺失占据主导地位

2.6.3 Intel Core i7 6700

i7 支持 x86-64 指令集体系结构，x86-64 是 80x86 体系结构的 64 位扩展。i7 是包含 4 个核的乱序执行处理器。本章主要从单核角度来研究存储器系统的设计与性能。多处理器设计的系统性能（包括 i7 多核）将在第 5 章详细研究。

i7 中的每个核采用一种多发射、动态调度的 16 级流水线（见第 3 章），每个时钟周期可以执行多达 4 个 80x86 指令。i7 还使用一种名为“同时多线程”的技术（见第 4 章），每个处理器可以支持两个同步线程。2017 年，最快速的 i7 的时钟频率为 4.0 GHz（在睿频加速模式下），指令的峰值执行速度为每秒 160 亿条指令，四核芯片的指令峰值执行速度为每秒 640 亿条指令。当然，峰值性能和持续性能之间有很大的差距，我们将在接下来的几章中看到这一点。

i7 可以支持多达 3 个存储器通道，每个通道由独立的 DIMM 组构成，它们能够并行传输数据。i7 采用 DDR3-1066（DIMM PC8500），峰值存储带宽超过 25 GB/s。

i7 使用 48 位虚拟地址和 36 位物理地址，物理存储器的最大容量为 36 GiB。内存管理是通过一个两级 TLB 来实现的（见 B.4 节），表 2-5 对此进行了总结。

表 2-5 i7 TLB 结构的特点，这种结构的第一级指令和数据 TLB 是分离的，两者都由联合的第二级 TLB 支持

特　点	指令 TLB	数据 TLB	第二级 TLB
条目	128	64	1536
相联度	八路	四路	十二路
替换	伪 LRU	伪 LRU	伪 LRU
访问延迟	1 个周期	1 个周期	8 个周期
缺失	9 个周期	9 个周期	访问页表需要数百个周期

* 第一级 TLB 支持标准的 4 KiB 大小的页面，也有少数条目用于存放 2~4 MiB 大小的页；在第二级 TLB 中仅支持 4 KiB 页面。i7 有能力同时处理两个 L2 TLB 缺失。有关多级别 TLB 和多个页面大小支持的更多讨论，请参见附录 L.3 节。

表 2-6 总结了 i7 的三级缓存层次结构。第一级缓存采用虚拟地址索引、物理标签（见附录 B.3 节），而 L2 缓存和 L3 缓存则采用物理索引。i7 6700 的一些版本将支持基于 HBM 封装的第四级缓存。

表 2-6 i7 中三级缓存层次结构的特点

特　点	L1	L2	L3
大小	32 KiB I/32 KiB D	256 KiB	每个核 2 MiB
相联度	均为八路	四路	十六路
访问延迟	4 个周期、流水化	12 个周期	44 个周期
替换策略	伪 LRU	伪 LRU	伪 LRU，但采用一种有序选择算法

* 这三级缓存都采用写回方式，块大小都为 64 字节。每个核的 L1 缓存和 L2 缓存分离，而 L3 缓存在一个芯片的所有核之间共享，每个核总共 2 MiB。这三级缓存都是非阻塞的，允许存在多个未完成写入。L1 缓存使用一个合并写缓冲区，在有写入数据但 L1 缓存缺失时，用这个缓冲区保存数据。（即，一次 L1 写缺失不会触发写分配。）L3 缓存包含 L1 缓存和 L2 缓存中的所有缓存行；在解释多核缓存时，我们将更详细地研究这一属性。替换策略采用伪 LRU 算法。在 L3 缓存中，被替换的块总是其访问位被关闭的编号最小的那一路。这种做法的随机性较弱，但易于计算。

图 2-19 标有对存储器层次结构进行访问的步骤。首先，向指令缓存发送程序计数器。指令缓存索引为：

$$2^{索引}=\frac{缓存大小}{块大小\times组相联度}=\frac{32K}{64\times8}=64=2^6$$

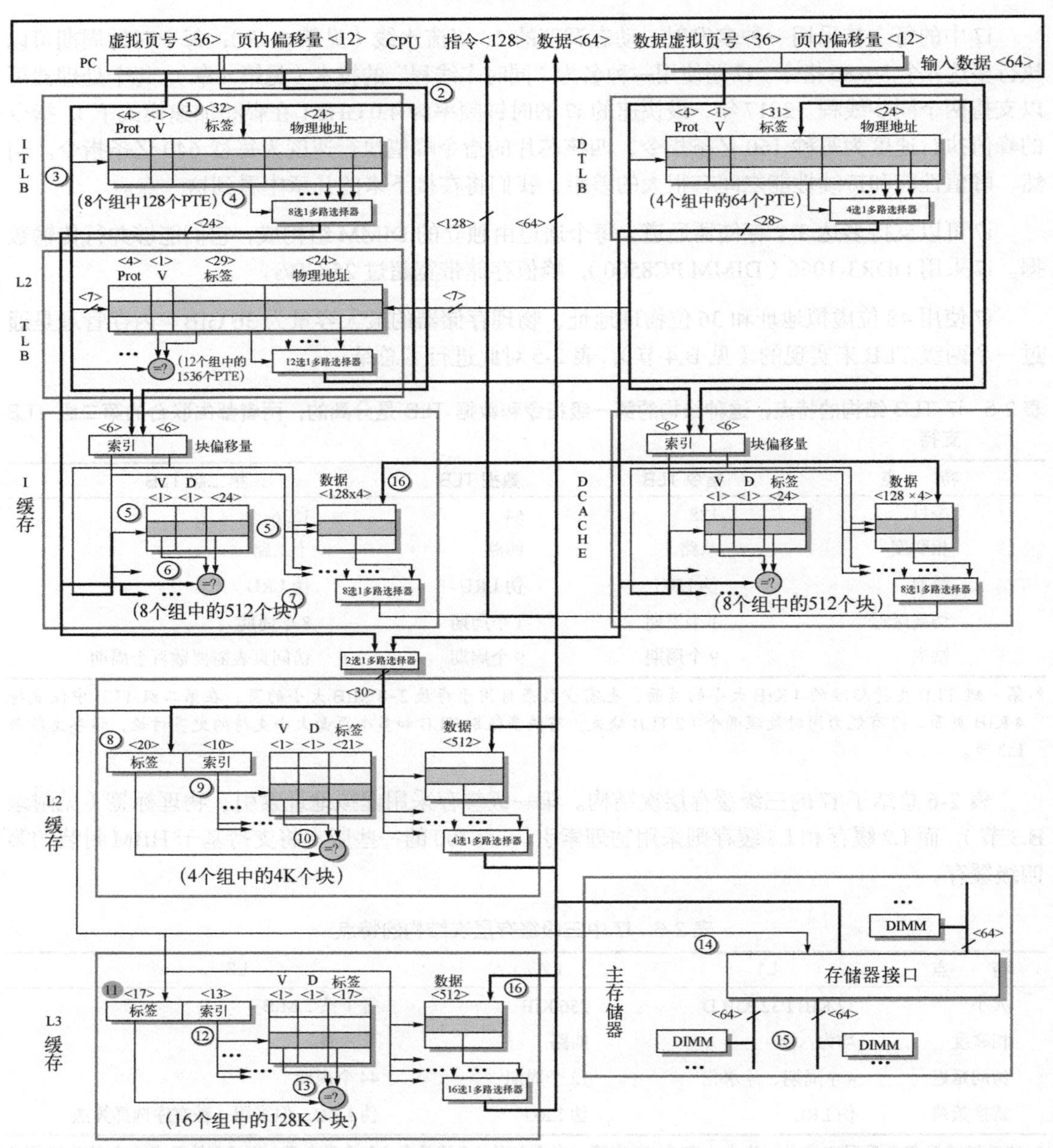

图 2-19　Intel i7 存储器层次结构及指令与数据访问步骤。我们只给出了读取数据的步骤。写入步骤与其类似，只不过由于 L1 缓存没有进行写入分配，所以只需要将数据放在写缓冲区中就可以处理缺失问题

也就是6位。指令地址的页帧（36 = 48–12位）被发送给指令TLB（第1步）。同时，虚拟地址的12位页内偏移量被发送给指令缓存（第2步）。注意，对于八路组相联指令缓存，缓存地址需要12位：6位用于索引缓存，再加上64字节块的6位块偏移量，因此不可能有别名。之前的i7版本使用了四路组相联指令缓存，这意味着虚拟地址对应的块实际上可能位于缓存中两个不同的位置，这是因为对应的物理地址在这一位置既可能为0也可能为1。对指令来说，这样不会有什么问题，因为即使一条指令出现在缓存中两个不同的位置，这两个版本也必然是相同的。但如果允许对数据进行此类重复或别名化，则在改变页映射时就必须检查缓存，这是一种罕见事件。注意，只要很简单地应用页面着色（见附录B.3.6节）就能消除这种混淆的可能性。如果偶数地址的虚拟页被映射到偶数地址的物理页（奇数页也一样），就不可能发生这种混淆，因为虚拟页号和物理页号中的低阶位相同。

访问指令TLB是为了查找与地址匹配的有效页表项（PTE）（第3步和第4步）。除了变换地址之外，TLB还检查PTE是否因为访问权限冲突而触发异常。

指令TLB缺失首先进入L2 TLB，L2 TLB包含1536个页面大小为4 KiB的PTE，并且它采用的是十二路组相联的结构。从L2 TLB载入到L1 TLB需要8个时钟周期，这会导致9个周期的缺失代价，包括最初访问L1 TLB的一个时钟周期。如果L2 TLB缺失，则使用一种硬件算法遍历页表，并更新TLB项。附录L.5和L.6节中描述了多页大小支持和页表遍历器。在最糟糕的情况下，这个页面不在存储器中，操作系统从辅助存储中获取该页面。由于在缺页错误期间可能有数百万条指令在执行，所以这时如果有另一进程正在等待，操作系统将唤醒该进程。否则，如果没有发生TLB异常，则继续访问指令缓存。

地址的索引字段被发送到指令缓存的所有8个存储体中（第5步）。指令缓存标签为36位–6位（索引）– 6位（块偏移）= 24位。将4个标签及有效位与指令TLB中的物理页帧进行对比（第6步）。由于i7希望每个指令访问能获取16字节，所以使用6位块偏移量中的2位来选择对应的16字节。因此，在向处理器发送16字节指令时使用了6 + 2 = 8位。L1缓存实现了流水化，一次命中的延迟为4个时钟周期（第7步）。一次缺失将进入第二级缓存。

前面曾经提到，指令缓存采用虚拟地址索引和物理标签。因为第二级缓存是物理寻址的，所以来自TLB的物理页地址与页内偏移量一起构成了一个访问L2缓存的地址。L2索引为：

$$2^{\text{索引}}=\frac{\text{缓存大小}}{\text{块大小}\times\text{组相联度}}=\frac{256\text{K}}{64\times4}=1024=2^{10}$$

所以长30位的块地址（36位物理地址–6位块偏移）被分为一个20位的标签和一个10位的索引（第8步）。索引和标签再次被发送给不区分指令和数据的L2缓存的所有4个存储体（第9步），同时对它们进行并行比较。如果有一个匹配且有效（第10步），则在初始的12个周期的延迟之后按顺序返回该块，返回速度为每个时钟周期8字节。

如果L2缓存缺失，则访问L3缓存。对于一个四核i7（它的L3为8 MiB），其索引大小为：

$$2^{\text{索引}}=\frac{\text{缓存大小}}{\text{块大小}\times\text{组相联度}}=\frac{8\text{M}}{64\times16}=8192=2^{13}$$

这个长13位的索引（第11步）被发送给L3缓存的所有16个存储体（第12步）。L3标签的长度为36–(13+6)=17位，将其与来自TLB的物理地址进行对比（第13步）。如果发生命中，则在初始延迟（42个时钟周期）之后以每个时钟周期16字节的速度返回这个块，并将它放在L1缓存和L3缓存中。如果L3缓存缺失，则启动存储器访问。

如果在L3缓存中没有找到这个指令，则片上存储器控制器必须从主存储器获取这个块。i7有3个64位存储器通道，它们可以用作一个192位通道，这是因为只有一个存储器控制器，而且在所有通道上发送的是同一个地址（第14步）。当所有通道具有相同的DIMM时，就可以进行宽通道传送。每个通道最多支持4个DDR DIMM（第15步）。由于L3缓存具有包含性，所以在数据返回时，会将它们同时放在L3缓存和L1缓存中（第16步）。

由主存储器提供服务的指令缓存缺失的总延迟包括用于判断发生了L3缺失的约42个处理器周期，再加上关键指令的DRAM延迟。对于一个单体DDR4-2400 SDRAM和4.0 GHz CPU来说，接收前16字节的DRAM延迟大约为40 ns（即160个时钟周期），所以总的缺失代价约为200个时钟周期。存储器控制器以每个I/O总线时钟周期16字节的速度，填充64字节缓存块的剩余部分，这将另外花费5 ns（即20个时钟周期）。

由于第二级缓存是一个写回缓存，任何缺失都会导致将旧块写回存储器中。i7有一个10项合并写缓冲区，当缓存的下一级未用于读取时，它会写回脏缓存行。在发生缺失时会查看此写缓冲区，以检查该缓存行是否在这个缓冲区中；如果在，则从缓冲区中获取缺失内容。在L1缓存和L2缓存之间使用了一个类似的缓冲区。如果初始指令是一个载入指令，则将数据地址发送给数据缓存和数据TLB，这与指令缓存访问非常类似。

假定这个指令是存储指令，而不是载入指令。在发出存储指令时，它会像载入指令一样进行数据缓存查询。发生缺失时，会将这个块放到写缓冲区中，这是因为L1缓存在发生写缺失时不会分配该块。在命中时，存储指令不会立即更新L1（或L2）缓存，而是要等到确认没有推测执行时才会更新。在此期间，存储指令驻存在一个"载入-存储"队列中，这是处理器乱序控制机制的一个组成部分。

i7还支持从层次结构的下一层级为L1缓存和L2缓存进行预取。在大多数情况下，预取行就是缓存中的下一个块。在仅为L1缓存和L2缓存预取时，可以避免向存储器执行高成本的、不必要的提取操作。

i7存储器系统的性能

我们使用SPECint2006基准测试来评估i7缓存结构的性能。本节的数据由美国路易斯安那州立大学的Lu Peng教授和博士生Qun Liu收集。他们的分析以先前的工作为基础[Prakash和Peng，2008]。

i7拥有复杂的流水线，再加上它使用了自主取指单元、推测执行以及指令和数据预取技术，导致很难将它的缓存性能与较为简单的处理器进行对比。前面曾经提到，支持预取的处理器可能会产生一些与程序执行引发的存储器访问无关的缓存访问，而这些访问与程序执行的存储器访问无关。由实际的指令访问或数据访问而产生的缓存访问有时被称为**实际需求访问**（demand access），以便与**预取访问**（prefetch access）区分开来。实际需求访问可能来自于推测取指，也可能来自于推测数据访问，其中一些随后会被取消（关于推测与指令结束的详细描述，请参阅第3章）。支持推测执行的处理器生成的缺失数至少与依序不支持推测执行的处理器生成的一样多，通常要更多一些。除了实际需求缺失之外，指令与数据都存在预取缺失。

i7的取指单元尝试在每个时钟周期内提取16字节，由于每个周期会提取多条指令（平均约4.5条），所以会使得指令缓存缺失率的比较变得很复杂。事实上，读取了完整的64字节缓存行之后，后续的16字节提取操作就不再需要进行额外的访问。因此，仅在64字节块的基础上对缺失进行跟踪。32 KiB、八路组相联指令缓存在运行SPECint2006程序时的指令缓存缺失率非常低。为简单起见，我们将一个64字节块的缺失数除以所完成的指令数，以此作为SPECint2006的缺失率，那么除一个基准测试外，所有其他程序的缺失率都低于1%。这个例外的基准测试是XALANCBMK，它的缺失率为2.9%。因为一个16字节块中通常包含16~20条指令，所以每个指令的实际缺失率要低得多，具体取决于指令流的空间局部性程度。

取指单元因为等待指令缓存缺失而被停顿的频率同样很小（这个频率表示为停顿周期占总周期数的百分比），两个基准测试的这一频率增加到2%，XALANCBMK基准测试的这一频率增加到12%，它的指令缓存缺失率最高。下一章我们将会看到IFU中的停顿是如何导致i7中流水线吞吐量的总体下降的。

L1数据缓存更难评估，因为除了预取和推测的影响，L1数据缓存不进行写分配，向不存在的缓存块中进行写入并不会被看作缺失。由于这一原因，我们仅关注存储器读操作。i7中的性能监视器将预取访问与实际需求访问区分开来，但仅为那些执行完毕的指令的实际需求计数访问。那些未能执行完毕的推测指令的影响不可忽视，尽管流水线的影响可能要大于由于推测导致的次级缓存影响；下一章会回过头来讨论这一问题。

为了解决这些问题，在保持合理数据量的情况下，图2-20以两种方式显示了L1的数据缓存缺失。

(1) 相对于实际需求访问的L1缺失率，即包含预取和推测载入时的L1缺失率/已执行完毕的指令的L1实际需求读取访问。

(2) 实际需求缺失率，即L1实际需求缺失次数/L1实际需求读取访问次数，二者都只考虑了执行完毕的指令。

平均来说，包含预取操作时的缺失率是实际需求缺失率的2.8倍。将这一数据与较早的i7 920相比（它们的L1缓存大小相同），可以看出新i7包含预取操作时的缺失率更高，但更可能导致停顿的实际需求缺失数通常要更少一些。

为了理解i7中积极预取机制的有效性，让我们来看一些关于预取的测试结果。图2-21给出了两组值，一组是由于预取操作所导致的L2请求与实际需求访问数的比值，另一组是预取缺失率。乍看起来，这些数据可能有点令人吃惊：预取的数量大约是L2实际需求访问的1.5倍，后者直接来自L1缺失。此外，预取缺失率也高得惊人，平均缺失率达到58%。尽管预取率有较大变化，但预取缺失率总是很高。初看一下，你可能会得出结论：设计师犯错了，他们预取得太多，缺失率过高。但要注意，预取率较高的基准测试（ASTAR、BZIP2、HMMER、LIBQUANTUM和OMNETPP），其预取缺失率与实际需求缺失率之间的差别也最大，每种基准测试的这一因数都大于2。积极预取用较早发生的预取缺失来换取较晚发生的实际需求缺失，因此可以减少流水线因缓存缺失导致的停顿次数。

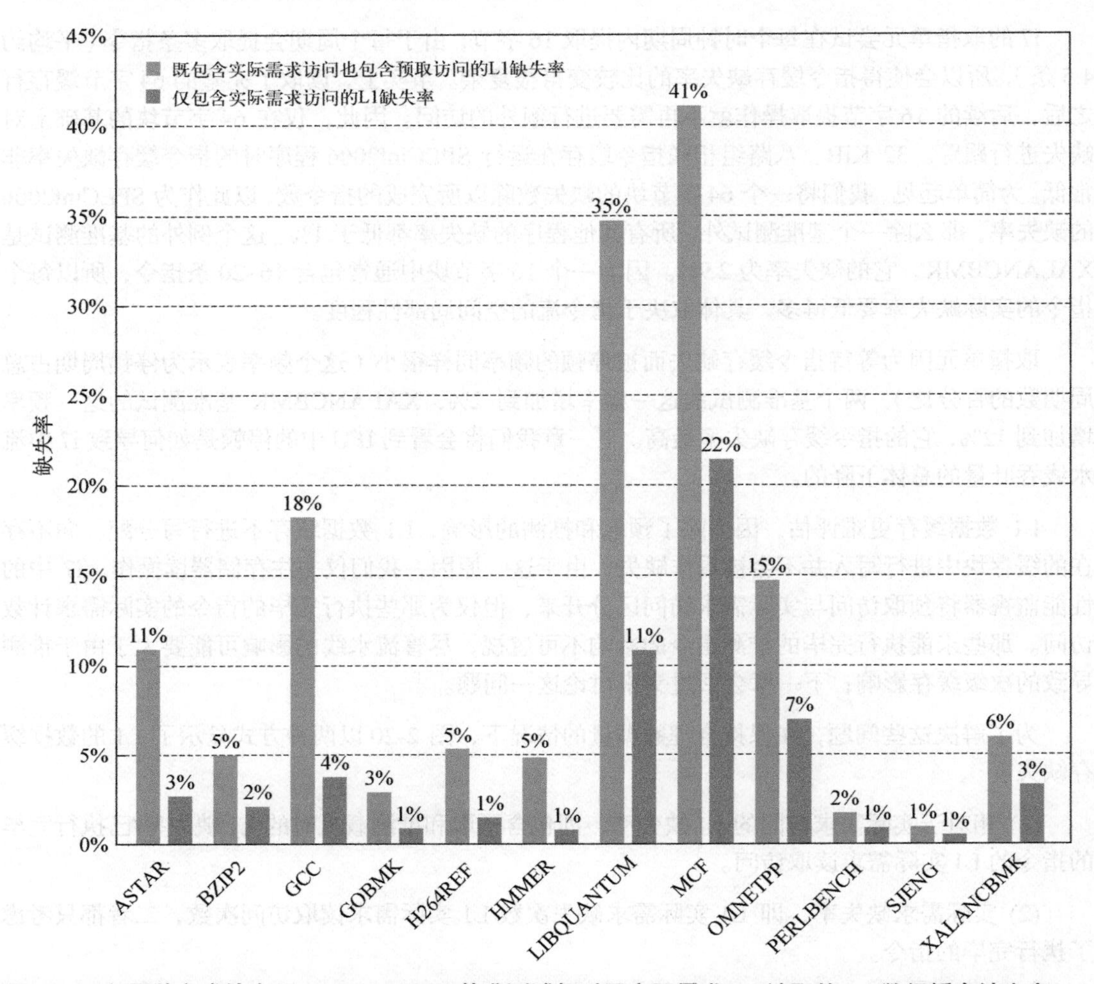

图 2-20　以两种方式给出了 SPECint2006 基准测试相对于实际需求 L1 读取的 L1 数据缓存缺失率：一种既包含实际需求访问也包含预取访问，另一种仅包含实际需求访问。i7 区分两种 L1 缺失，一种是缺失块不在缓存中，一种是数据块已经从 L2 缓存中进行了预取，但处于待处理状态；我们将后一种情景看作命中，因为它们在阻塞式缓存中会命中。与本节其余部分一样，这些数据也由美国路易斯安那州立大学的 Lu Peng 教授和博士生 Qun Liu 根据先前对 Intel Core Duo 和其他处理器的研究收集的 [Peng 等，2008]

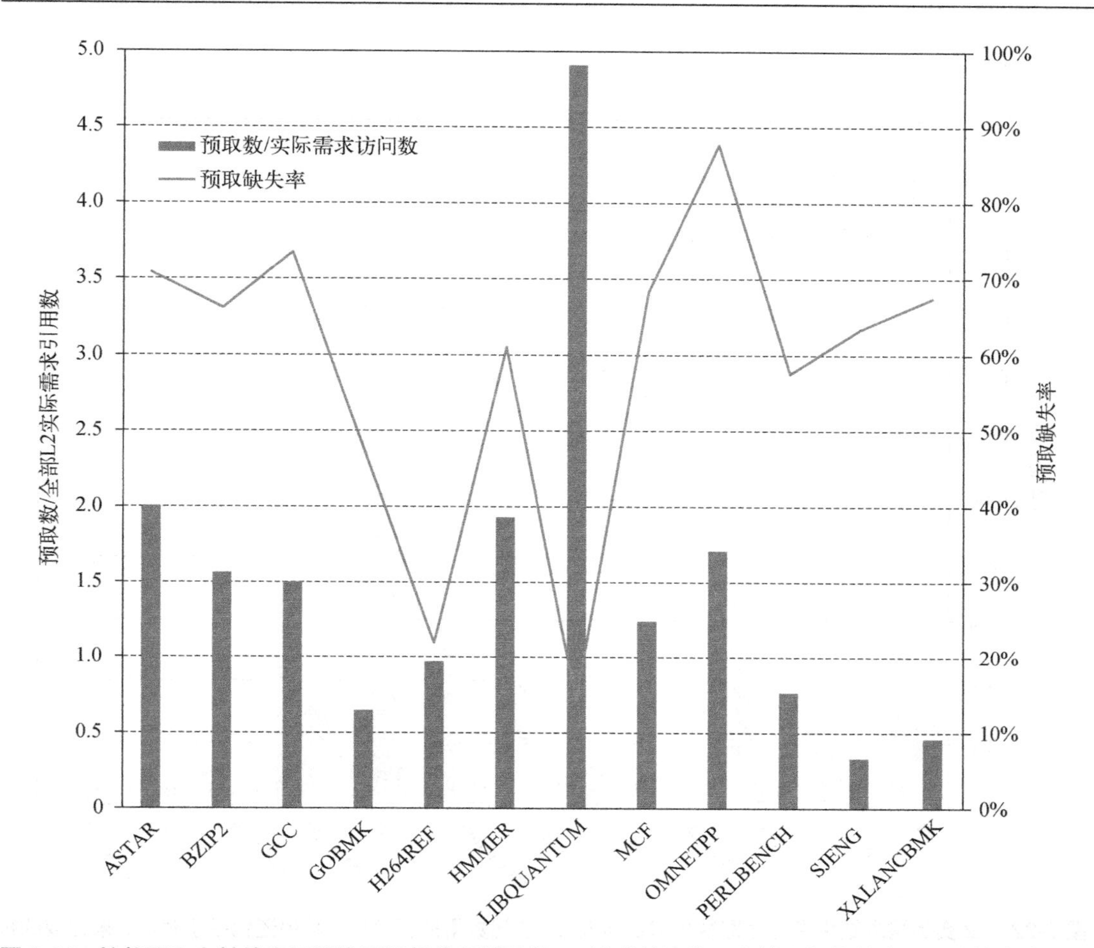

图 2-21 柱状图和左轴给出了因为预取操作所导致的 L2 请求的比值。右轴和折线给出了预取缺失率。和本节其他数据一样，这些数据也由美国路易斯安那州立大学的 Lu Peng 教授和博士生 Qun Liu 根据先前对 Intel Core Duo 和其他处理器的研究收集的 [Peng 等，2008]

同样，我们进一步分析这些很高的预取缺失率。假设大多数预取是实际有用的（这一点很难测量，因为其中涉及对各个缓存块的跟踪），那么一个预取缺失表示未来可能会有一个 L2 缓存缺失。通过预取来提前发现和处理缺失，有可能减少停顿周期的数量。对诸如 i7 这样的推测式超标量处理器进行的性能分析表明，缓存缺失是流水线停顿的主要原因，因为很难使处理器继续进行处理，特别是对于持续时间更长的 L2 和 L3 缺失。Intel 设计师很难在增大缓存大小的同时，避免对功耗和缓存访问周期造成不利影响；于是，使用激进的预取机制来尝试降低实际缓存缺失代价，就成为一种富有吸引力的替代方法。

将 L1 实际需求缺失和进入 L2 的预取结合起来看，大约有 17%的载入操作会生成 L2 请求。针对 L2 的性能分析需要包含写入的影响（因为 L2 是写分配的），以及预取命中率和实际需求命中率。图 2-22 给出了实际需求访问和预取访问造成的 L2 缓存缺失率，这两种缺失率都是相对于 L1 访问（包括读取和写入）的数量而言的。和 L1 中的情景一样，预取操作生成了 75%的 L2 缺失。对比 i7 6700 和早期 i7 实现的 L2 实际需求缺失率（这两种 i7 的 L2 大小相同），可以看出，i7 6700 的 L2 实际需求缺失率低大约 2 倍，它很好地抵消了因为预取缺失率较高带来的不利影响。

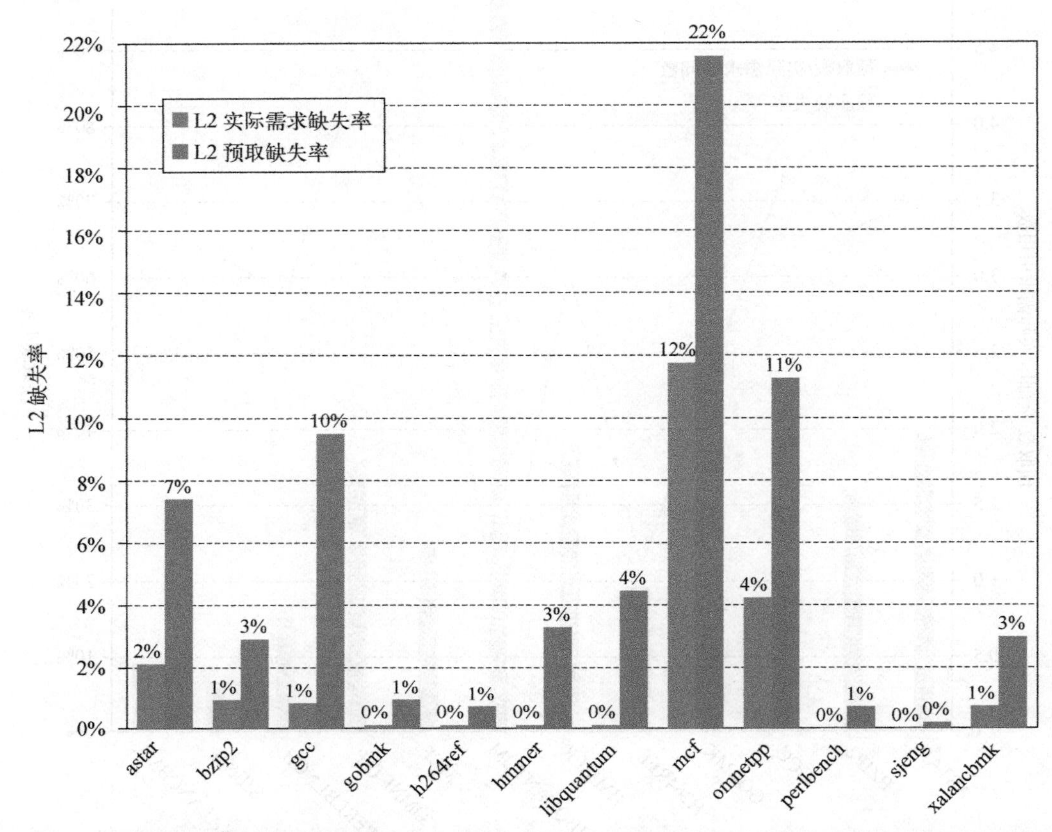

图 2-22　L2 实际需求缺失率与预取缺失率占所有 L1 访问数量的百分比，其中还包括了预取、未完成的推测载入，以及程序生成的载入和存储（实际需求访问）。和本节其他数据一样，这些数据也由美国路易斯安那州立大学的 Lu Peng 教授和博士生 Qun Liu 收集

由于一次存储器缺失的成本要超过 100 个周期，而且，在综合了预取缺失与实际需求缺失之后的 L2 平均数据缓存缺失率超过 7%，所以 L3 就显得至关重要了。如果没有 L3，并假设大约有三分之一的指令是载入或存储操作，则 L2 缓存缺失可能会造成 CPI 增加 2 个时钟周期/指令！显然，如果没有 L3，那么越过 L2 进行的预取没有什么意义。

作为对比，平均 L3 数据缺失率 0.5%仍然很高，但低于 L2 实际需求缺失率的三分之一，低于 L1 实际需求缺失率的十分之一。只有在两个基准测试（OMNETPP 和 MCF）中，L3 缺失率超过了 0.5%；在这两种情况中，约 2.3%的缺失率决定了几乎全部的性能损失。下一章将研究 i7 CPI 与缓存缺失以及其他流水线效果之间的关系。

2.7　谬论与易犯错误

作为计算机体系结构中最容易量化的部分，存储器层次结构似乎不太容易产生谬论与错误。但事实并非如此，在编写这部分内容时，困扰我们的不是没有问题可讲，而是苦于篇幅有限！

谬论 由一个程序推测另一个程序的缓存性能。

图 2-23 显示了在缓存大小变化时，由 SPEC2000 基准测试套件测得的 3 个程序的指令缓存缺失率和数据缓存缺失率。根据程序的不同，对于一个容量为 4096 KiB 的缓存，每千条指令的数据缺失率分别为 9、2 和 90；对于一个容量为 4 KiB 的缓存，每千条指令的指令缓存缺失分别为 55、19 和 0.0004。诸如数据库之类的商业程序甚至在第二级大容量缓存中的缺失率也非常高，而对 SPEC 程序来说情况一般并非如此。显然，将一个程序的缓存性能泛化到另一个程序是不明智的。正如图 2-18 提醒我们的，测量结果有很大的差异。从 mcf 和 sphnix3 可以看出，甚至关于整数和浮点密集型程序相对缺失率的预测也可能是错误的！

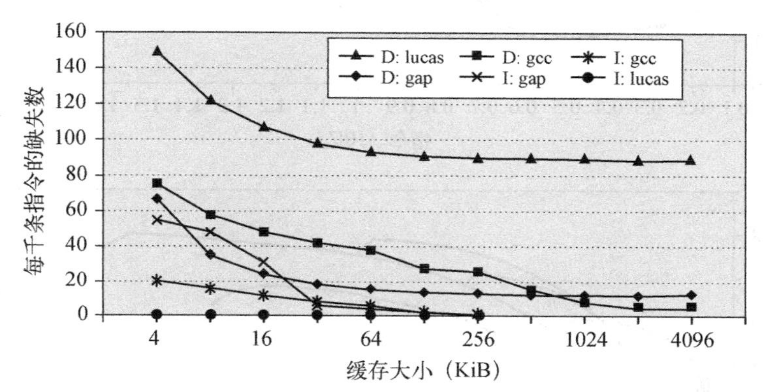

图 2-23 当缓存容量大小从 4 KiB 变化至 4096 KiB 时，每千条指令的指令缓存缺失与数据缓存缺失。 gcc 的指令缓存缺失比 lucas 大 30 000~40 000 倍，而 lucas 的数据缓存缺失比 gcc 大 2~60 倍。程序 gap、gcc 和 lucas 均来自 SPEC2000 基准测试套件

易犯错误 模拟足够多的指令以获取存储器层次结构的准确性能测量值。

这里实际上有 3 处陷阱。一是试图通过使用小的执行流来预测大容量缓存的性能。二是程序的局部性特性在整个程序运行期间不是恒定的。三是程序的局部性特性可能随输入的变化而变化。

图 2-24 显示了为一个 SPEC2000 程序提供 5 个输入时，每千条指令的累积平均指令缓存缺失。对于这些输入，前 19 亿条指令的平均存储器缺失率与执行其余指令时的平均缺失率有很大不同。

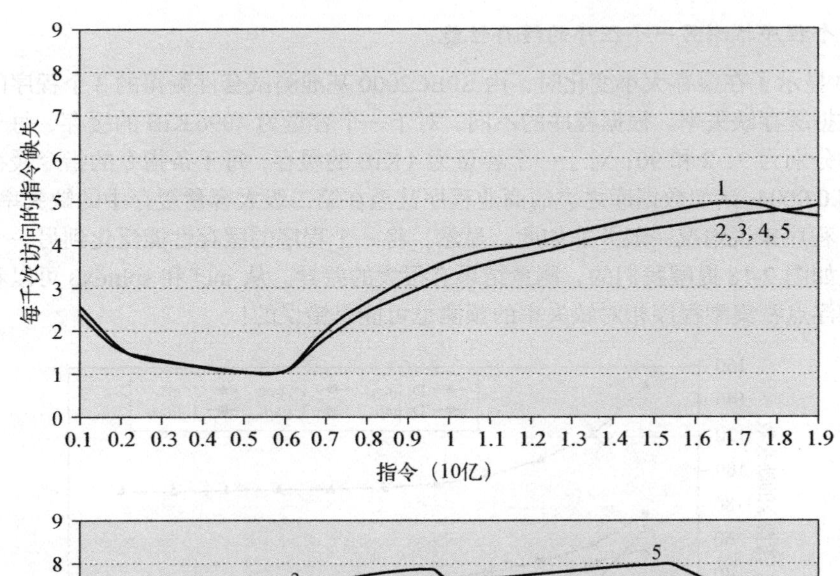

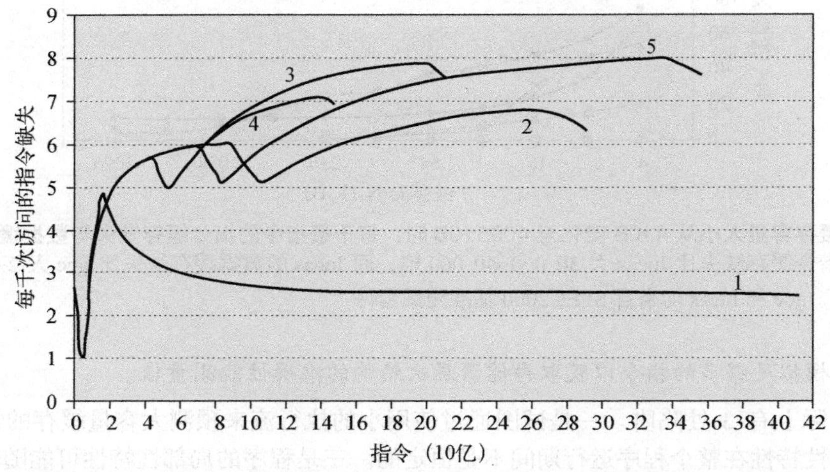

图 2-24　为 SPEC2000 中的 perl 基准测试提供 5 种输入时，每千次访问发生的指令缓存缺失。对于前 19 亿条指令，缺失的变化不大，5 种输入之间的差异也很小。运行到结束之后，将会看出在该程序的整个生存期内缺失率是如何变化的，以及它们与输入有什么关系。上图显示了前 19 亿条指令的平均运行缺失率；对于全部 5 种输入，开始时每千次访问的缺失大约为 2.5 个，结束时大约为 4.7 个。下图显示了从运行到完成的平均缺失，根据输入的不同，它需要 160 亿~410 亿条指令。在前 19 亿指令之后，根据输入的不同，每千次访问的缺失从 2.4 变化到 7.9。这些仿真针对的是 Alpha 处理器，它为指令和数据采用分离的 L1 缓存，每个缓存为两路 64 KiB，采用 LRU 算法，共用一个 1 MiB 的直接映射 L2 缓存

易犯错误　*没有在基于缓存的系统中提供高存储带宽。*

缓存有助于缩短平均缓存存储器延迟，但缓存可能无法为应用程序中必须转到主存储器的访问提供高存储带宽。对于这类应用程序，架构师必须在缓存后设计一种高带宽存储器。我们将在第 4 章和第 5 章再次讨论这一易犯错误。

易犯错误 在一个指令集体系结构上实现虚拟机监视器，而这种体系结构并不是虚拟化设计。

20世纪70年代和80年代的许多架构师都没有认真确保所有读写硬件资源相关信息的指令是特权指令。这给所有这些体系结构中的VMM带来了问题，其中就包括这里作为示例的80x86。

表2-7描述了18种可能会为虚拟化带来问题的指令[Robin和Irvine，2000]。这些指令可以分为两大类：

- 以用户模式读取控制寄存器，表明客户操作系统运行在虚拟机中（比如前面提到的POPF）；
- 根据分段体系结构的要求提供检查保护，但假定操作系统以最高权限级别运行。

虚拟存储器仍然富有挑战性。因为80x86 TLB和大多数RISC体系结构一样，不支持进程ID标签，所以VMM和客户操作系统共享TLB的成本要更高一些；每次地址空间发生变化，通常都要刷新一次TLB。

表2-7 虚拟化时导致问题的18个80x86指令小结[Robin和Irvine，2000]

问题分类	存在问题的80x86指令
当以用户模式运行时，在不陷入更高特权级别的情况下访问敏感寄存器	存储全局描述符表寄存器（SGDT）
	存储局部描述符表寄存器（SLDT）
	存储中断描述符表寄存器（SIDT）
	存储机器状态字（SMSW）
	压入标志（PUSHF、PUSHFD）
	弹出标志（POPF、POPFD）
在以用户模式访问虚拟存储器机制时，指令未能进行80x86保护检查	从分段描述符载入访问权限（LAR）
	从分段描述符载入分段界限（LSL）
	验证分段描述符是否可读（VERR）
	验证分段描述符是否可写（VERW）
	弹至分段寄存器（POP CS、POP SS等）
	压入分段寄存器（PUSH CS、PUSH SS等）
	长调用不同的权限级别（CALL）
	长返回到不同的权限级别（RET）
	长跳至不同的权限级别（JMP）
	软件中断（INT）
	存储分段选择器寄存器（STR）
	移至/移出分段寄存器（MOVE）

* 上面一组中的前5种指令允许一个以用户模式运行的程序在不陷入更高特权级别的情况下读取控制寄存器，比如描述符表寄存器。弹出标志指令修改拥有敏感信息的控制寄存器，但该操作在用户模式下会失败，并且不会给出提示消息。80x86分段体系结构的保护检查是下面一组的弱点，因为在读取控制寄存器时，这些指令在执行过程中都会隐式检查权限级别。这一检查过程假定操作系统必须以最高权限级别运行，但客户VM并非如此。只有MOVE到分段寄存器才会尝试修改控制状态，而保护检查功能也会阻止它。

对80x86来说，I/O的虚拟化也是一项挑战，部分原因在于它既支持存储器映射I/O，也拥有独立的I/O指令，但更重要的原因在于PC拥有数目庞大、种类繁多的设备和设备驱动程序，需要VMM进行处理。第三方供应商提供他们自己的驱动程序，它们也许不能虚拟化。传统VM实现提出的一种解决方案是将实际设备驱动程序直接载入VMM。

为了简化80x86上的VMM实现，AMD和Intel都对体系结构进行了扩展。Intel的VT-x提供了一种运行VM的新模式、VM状态的体系结构定义、快速切换VM的指令，以及用于选择必须调用VMM的大量参数。VT-x总共为80x86添加了11种新指令。AMD的安全虚拟机（SVM）提供了类似的功能。

通过VMXON指令开启支持VT-x的模式之后，VT-x为客户操作系统提供了4个权限级别，它们的优先级要低于原来的4个级别（解决了前面提到的POPF指令等问题）。在虚拟机控制状态（VMCS）中，VT-x捕获一个虚拟机的全部状态，然后提供用于保存和恢复VMCS的原子指令。除了关键状态之外，VMCS还包含一些配置信息，用于判断什么时候调用VMM，以及是什么导致了VMM的调用。为了减少必须调用VMM的次数，这种模式添加了一些敏感寄存器的影子版本，并添加了一些掩码，用于判断一个敏感寄存器的关键位是否会在捕获之前发生改变。为了降低虚拟化虚拟存储器的成本，AMD的SVM另外添加了一个间接层级，称为**嵌套页表**。有了它就不再需要影子页表了（参见附录L.7节）。

2.8　结语：展望

在过去30年里，已经多次有人预测计算机性能的提升将会停止。这些预测都错了，其原因在于它们所依赖的未阐明的假设都被后来的事实推翻了。例如，由于未能预见从分离器件到集成电路的转变，从而错误地预测光速会将计算机的速度限制为比现在低几个数量级。我们对存储墙（memory wall）的预测也可能是错误的，但它提醒我们必须换种思考方式了。

——Wm. A. Wulf和Sally A. McKee，
"Hitting the Memory Wall: Implications of the Obvious"，
美国弗吉尼亚大学计算机系（1994年12月）
这篇论文中提出了**存储墙**一词

使用存储器层次结构的可能性可追溯到20世纪40年代末到50年代初通用数字计算机的最早期。虚拟存储器在20世纪60年代初被引入研究型计算机，并在70年代被引入IBM大型机。缓存大约在同一时间出现。随着时间的推移，基本概念被扩展和延伸，以帮助缩小主存储器与处理器在访问时间上的差距，但基本概念没有变化。

导致存储器层次结构的设计发生重大变化的一个趋势是，DRAM密度的增长速度和访问时间的缩短速度都在持续变缓。在过去15年里，这两种趋势都已被观察到，而且在过去5年中变得更加明显。尽管DRAM带宽有所增加，但访问时间的缩短速度要慢得多，从DDR3到DDR4，访问时间几乎没有缩短。登纳德缩放比例定律的终结和摩尔定律的减速共同造成了这种情况。DRAM中使用的槽形电容器设计也限制了它的扩展能力。诸如堆叠存储器之类的封装技术很有可能成为提升DRAM访问带宽和缩短延迟的主要方式。

独立于DRAM的改进，闪存发挥了更大的作用。15年来，闪存一直在PMD领域占据主导地位，并在大约10年前成为笔记本计算机的标配。在过去几年里，许多台式计算机已将闪存作为主要的辅存。闪存相对于DRAM的潜在优势（不需要逐位晶体管来控制写操作）也正是它的致命弱点：它必须采用相当慢的批擦除重写周期。因此，尽管闪存已经成为增长最快的辅助存储，SDRAM仍然在主存储器中占据主导地位。

尽管以相变材料作为存储器基底的研究已经开展一段时间了，但它们还未能成为磁盘或闪存的真正竞争者。Intel 和 Micron 最近发布了 XPoint 技术，这可能会改变目前的状况。这一技术相对于闪存有几点优势，包括不再需要速度缓慢的“擦除–写入”周期，寿命也要长得多。这项技术可能最终会取代在大容量存储领域占据主导地位 50 多年的磁盘技术。

几年来，人们对即将到来的存储墙做出了各种预测（见前面的引述和论文），存储墙可能会严重限制处理器性能。所幸，多级缓存的扩展（从 2 级到 4 级）、更高级的填充与预取方案、编译器及程序员对局部性重要程度的更深入理解、DRAM 带宽的显著增加（从 20 世纪 90 年代至今，已经提升了超过 150 倍），所有这些都阻挡了存储墙的到来。近年来，访问时间对 L1 大小的约束（受时期周期的限制）以及能耗原因对 L2 和 L3 大小的限制，都提出了新的挑战。i7 处理器系列在 6~7 年的演变说明了这一点：i7 6700 中的缓存大小与第一代 i7 处理器中的缓存大小相同！更积极地使用预取操作，就是尝试克服因为不能加大 L2 和 L3 所带来的影响。片外 L4 缓存的重要性很可能会提高，因为与片上缓存相比，它们受到的能耗限制较少。

除了依赖多级缓存的机制之外，引入乱序流水线，允许存在多个待解决的缺失，就可以使现有的指令级并行机制隐藏缓存系统中的存储器延迟。而多线程及更多线程级并行机制的引入则更进一步，提供了更多的并行机制，因此也就提供了更多隐藏延迟影响的机会。指令级和线程级并行机制的应用，可能会成为一件更重要的工具，用于隐藏现代多级缓存系统中的各种存储器延迟。

一个频繁被提及的想法是，使用由程序员控制的便笺式存储器（scratchpad memory）或其他高速可见存储器，我们后面将会看到 GPU 中使用了这些存储器。这些想法之所以从未成为通用处理器的主流，有几个原因：第一，它们引入了具有不同行为特性的地址空间，打破了存储器模型。第二，与基于编译器或依托程序员的缓存优化方式（比如预取）不同，便笺式存储器的地址转换必须完全处理从主存储器地址空间到便笺式存储器地址空间的重新映射。这就增加了此类转换的难度，限制了它的适用范围。GPU 中（见第 4 章）大量使用了本地便笺式存储器，管理这些存储器的重担落到了程序员的肩上。对于能够使用这些存储器的领域特定的软件系统，性能收益非常显著。因此，HBM 技术很可能会被用于大型通用计算机中的缓存，并且很有可能成为图形和类似系统的主要工作存储器。随着领域特定的体系结构在克服登纳德定律的终结和摩尔定律（参见第 7 章）的放缓所带来的限制方面变得越来越重要，便笺式存储器和类矢量寄存器组可能会得到更多应用。

登纳德定律的终结既会影响 DRAM，也会影响处理器技术。因此，我们可能看到的不是处理器和主存储器之间不断扩大的鸿沟，而是这两种技术发展的放缓，从而导致整体性能增速放缓。计算机体系结构和相关软件的新创新将共同提升性能和效率，这将是延续过去 50 年性能持续改进的关键。

2.9 历史回顾与参考文献

附录 M.3 节研究了缓存、虚拟存储器和虚拟机的历史。IBM 在这 3 种技术的历史上都扮演着重要角色。这一节还包含了供扩展阅读的参考文献。

2.10 案例研究与练习（由 Norman P. Jouppi、Rajeev Balasubramonian、Naveen Muralimanohar 和 Sheng Li 设计）

案例研究 1：通过高级技术优化缓存性能

本案例研究说明的概念

- ❑ 非阻塞缓存
- ❑ 缓存的编译器优化
- ❑ 软件和硬件预取
- ❑ 缓存性能对更复杂处理器的计算性能的影响

矩阵的转置就是交换它的行与列，如下所示：

$$\begin{bmatrix} A11 & A12 & A13 & A14 \\ A21 & A22 & A23 & A24 \\ A31 & A32 & A33 & A34 \\ A41 & A42 & A43 & A44 \end{bmatrix} \Rightarrow \begin{bmatrix} A11 & A21 & A31 & A41 \\ A12 & A22 & A32 & A42 \\ A13 & A23 & A33 & A43 \\ A14 & A24 & A34 & A44 \end{bmatrix}$$

下面是一个显示转置运算的简单 C 循环：

```
for (i = 0; i < 3; i++) {
 for (j = 0; j < 3; j++) {
 output[j][i] = input[i][j];
 }
}
```

假定输入矩阵与输出矩阵都以行主序存储（行主序意味着行索引的变化速度最慢）。假定我们正在一个处理器上执行 256 × 256 双精度转置，该处理器带有一个 16 KiB 完全相联（不用担心缓存冲突）、LRU 替换的 L1 数据缓存，块大小为 64 字节。假定 L1 缓存缺失或预取需要 16 个周期，而且总会在 L2 缓存中命中，L2 缓存每两个处理器周期可以处理一个请求。假定数据存在于 L1 缓存中时，上述内层循环的每次迭代需要 4 个周期。假定该缓存对写缺失采用写分配（write-allocate）、写时取（fetch-on-write）策略。尽管不太现实，但我们假定写回脏缓存块需要 0 个周期。

2.1　[10/15/15/12/20] <2.3> 对于上面给出的简单实现，这种执行顺序对输入矩阵来说不理想，但如果进行循环交换优化，会为输出矩阵生成一种非理想的顺序。由于循环交换不足以提高其性能，因此必然会被阻塞。

a. [10] <2.3> 为发挥分块执行的优势，缓存的最小容量应当为多少？

b. [15] <2.3> 与以上最小容量的缓存相比，分块和非分块版本的相对缺失数如何？

c. [15] <2.3> 编写代码，执行 $B \times B$ 块的转置，其中 B 为块大小参数。

d. [12] <2.3> 为了保持缓存性能的一致性，使其不受两个数组在存储器中位置的影响，L1 缓存需要的最小相联度为多少？

e. [20] <2.3> 在一台计算机上尝试分块与非分块 256 × 256 矩阵转置。根据你对计算机存储系统的了解，结果与你的预期有多接近？如果可能，请解释它们之间的差异性。

2.2　[10] <2.3> 假定你正在为上述非阻塞矩阵转置代码设计硬件预取器。最简单的硬件预取器仅在发生缺失之后预取连续的缓存块。更复杂的“非单位步幅”硬件预取器可以分析一个缺失访问流，检测并预取超过非单位步幅的块。与之相对，软件预取可以像判断单位步幅一样，轻松地判断非单位步幅。假定预取内容直接写入缓存，所以不存在“污染”（在预取数据之前，改写必须使用的数据）。对于给定非单位步幅预取器，为了获得最佳性能，在内层循环的稳定状态中，在给定时刻必须有多少个等待完成的预取操作？

2.3 [15/20] <2.3> 在采用软件预取时，非常重要的是要保证两点：一是及时进行预取以供使用；二是在最大程度上减少待处理预取的数量，使之不超出微体系结构的能力范围，同时将缓存污染降至最低。不同处理器的性能和局限性各不相同，这使情况变得复杂了。

a. [15] <2.3> 采用软件预取，生成矩阵转置的一个阻塞版本。

b. [20] <2.3> 估计并对比阻塞与非阻塞转置代码在有无软件预取情况下的性能。

案例研究 2：融会贯通——高度并行的存储器系统

本案例研究说明的概念

- 交叉问题：存储器层次结构的设计

图 2-25 中的程序可用于评估存储器系统的行为。其关键在于拥有精确的定时，使程序能够穿过存储器，调用层次结构的不同层级。图 2-25 给出了用 C 语言编写的代码。第一部分是一个过程，它使用一种标准实用程序获取用户 CPU 时间的准确测量值（为了能够在某些系统上运行，可能需要对这一过程进行修改）。第二部分是一个嵌套循环，用于以不同的步幅和缓存大小来读写存储器。为了获得准确的缓存访问时间，这一代码要重复许多次。第三部分仅确定嵌套循环开销的时间，以便从总测量时间中扣除该时间，进而了解访问时间的长短。其结果以.csv 文件格式输出，以便于导入电子表格。根据我们要回答的问题以及被测系统上存储器的大小，可能需要修改 CACHE_MAX。以单用户模式运行此程序，或者至少在没有其他活动应用程序的情况下运行此程序，可以获得更为一致的结果。图 2-25 中的代码源自美国加州大学伯克利分校 Andrea Dusseau 编写的一段程序，Saavedra-Barrera [1992]中有详尽说明。原来的程序在现代计算机上运行时会有许多问题，为了克服这些问题，使其能够在 Microsoft Visual C++环境下运行，已经对原程序进行了一些修改。

```
#include "stdafx.h"
#include <stdio.h>
#include <time.h>
#define ARRAY_MIN (1024) /* 1/4 smallest cache */
#define ARRAY_MAX (4096*4096) /* 1/4 largest cache */
int x[ARRAY_MAX]; /* array going to stride through */

double get_seconds() { /* routine to read time in seconds */
   __time64_t ltime;
   _time64( &ltime );
   return (double) ltime;
}
int label(int i) {/* generate text labels */
   if (i<1e3) printf("%1dB,",i);
   else if (i<1e6) printf("%1dK,",i/1024);
   else if (i<1e9) printf("%1dM,",i/1048576);
   else printf("%1dG,",i/1073741824);
   return 0;
}
int _tmain(int argc, _TCHAR* argv[]) {
int register nextstep, i, index, stride;
int csize;
```

图 2-25 用于评估存储器系统的 C 程序

```
double steps, tsteps;
double loadtime, lastsec, sec0, sec1, sec; /* timing variables */

/* Initialize output */
printf(" ,");
for (stride=1; stride <= ARRAY_MAX/2; stride=stride*2)
   label(stride*sizeof(int));
printf("\n");

/* Main loop for each configuration */
for (csize=ARRAY_MIN; csize <= ARRAY_MAX; csize=csize*2) {
   label(csize*sizeof(int)); /* print cache size this loop */
   for (stride=1; stride <= csize/2; stride=stride*2) {

      /* Lay out path of memory references in array */
      for (index=0; index < csize; index=index+stride)
         x[index] = index + stride; /* pointer to next */
      x[index-stride] = 0; /* loop back to beginning */

      /* Wait for timer to roll over */
      lastsec = get_seconds();
      sec0 = get_seconds(); while (sec0 == lastsec);

      /* Walk through path in array for twenty seconds */
      /* This gives 5% accuracy with second resolution */
      steps = 0.0; /* number of steps taken */
      nextstep = 0; /* start at beginning of path */
      sec0 = get_seconds(); /* start timer */
         { /* repeat until collect 20 seconds */
            (i=stride;i!=0;i=i-1) { /* keep samples same */
               nextstep = 0;
               do nextstep = x[nextstep]; /* dependency */
               while (nextstep != 0);
         }
         steps = steps + 1.0; /* count loop iterations */
         sec1 = get_seconds(); /* end timer */
      } while ((sec1 - sec0) < 20.0); /* collect 20 seconds */
      sec = sec1 - sec0;

      /* Repeat empty loop to loop subtract overhead */
      tsteps = 0.0; /* used to match no. while iterations */
      sec0 = get_seconds(); /* start timer */
         do { /* repeat until same no. iterations as above */
            for (i=stride;i!=0;i=i-1) { /* keep samples same */
               index = 0;
               do index = index + stride;
               while (index < csize);
            }
         tsteps = tsteps + 1.0;
         sec1 = get_seconds(); /* - overhead */
      } while (tsteps<steps); /* until = no. iterations */
      sec = sec - (sec1 - sec0);
      loadtime = (sec*1e9)/(steps*csize);
      /* write out results in .csv format for Excel */
      printf("%4.1f,", (loadtime<0.1) ? 0.1 : loadtime);
    }; /* end of inner for loop */
    printf("\n");
  }; /* end of outer for loop */
  return 0;
}
```

图2-25　（续）

上述程序假定程序地址与物理地址一致，在少数使用虚拟寻址缓存的计算机（比如 Alpha 21264）上，这一假设是成立的。一般情况下，在计算机重新启动后的很短一段时间内，虚拟地址会与物理地址保持一致，所以为了在结果中获得平滑曲线，可能需要重启计算机。为了回答以下问题，假定存储器层次结构中所有组件的大小都是 2 的幂。假定在第二级缓存中（如果存在二级缓存的话），页的大小远大于块的大小，第二级缓存中的块大小大于或等于第一级缓存中的块大小。图 2-26 中绘出了该程序的一个输出示例；图例中列出了所使用数组的大小。

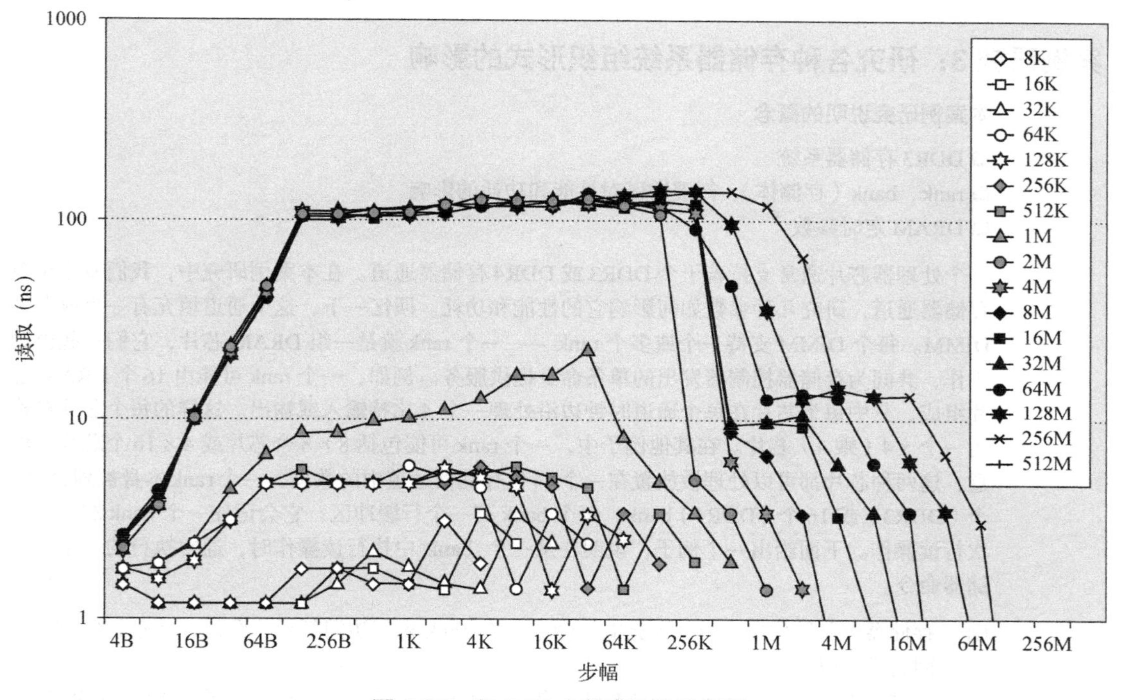

图 2-26 图 2-25 中程序的输出示例

2.4 [12/12/12/10/12] <2.6> 使用图 2-26 中的程序输出示例回答以下问题。

a. [12] <2.6> 第二级缓存的总大小和块大小为多少？

b. [12] <2.6> 第二级缓存的缺失代价为多少？

c. [12] <2.6> 第二级缓存的相联度为多少？

d. [10] <2.6> 主存储器的大小是多少？

e. [12] <2.6> 如果页面大小为 4 KB，分页时间为多少？

2.5 [12/15/15/20] <2.6> 根据需要修改图 2-25 中的代码，以测量以下特性。以 y 轴为经过时间，x 轴为存储器步幅，绘制试验结果曲线。两个轴均采用对数刻度，为每种缓存大小绘制一条曲线。

a. [12] <2.6> 系统页面大小为多少？

b. [15] <2.6> TLB 中有多少项？

c. [15] <2.6> TLB 的缺失代价为多少？

d. [20] <2.6> TLB 的相联度为多少？

2.6 [20/20] <2.6> 在多处理器存储系统中，单个处理器也许不能填满存储器层次结构的较低层级，但多个一同工作的处理器也许能够填满。修改图 2-25 中的代码，同时运行多个副本。你能否做出以下判断？

a. [20] <2.6> 你的计算机系统中实际有多少个处理器？多少个系统处理器只是额外的多线程上下文？

b. [20] <2.6> 你的系统有多少存储器控制器？

2.7　[20] <2.6> 你能否想出一种方法，使用程序来测试指令缓存的某些特性？提示：编译器可以由一段代码生成大量不直观的指令。尝试使用你所用的指令集体系结构中一些长度已知的简单算法指令。

案例研究 3：研究各种存储器系统组织形式的影响

本案例研究说明的概念

- ❑ DDR3 存储器系统
- ❑ rank、bank（存储体）、行缓冲区对性能和功耗的影响
- ❑ DRAM 定时参数

一个处理器芯片通常支持若干个 DDR3 或 DDR4 存储器通道。在本案例研究中，我们专注于单存储器通道，研究几种参数如何影响它的性能和功耗。回忆一下，这个通道填充有一个或多个 DIMM。每个 DIMM 支持一个或多个 rank—— 一个 rank 就是一组 DRAM 芯片，它们一起协调工作，共同为存储器控制器发出的单条命令提供服务。例如，一个 rank 可能由 16 个 DRAM 芯片组成，其中每个芯片在每个通道时钟边沿处理一个 4 比特输入或输出。这样的每个芯片被称为一个 ×4（乘 4）芯片。在其他例子中，一个 rank 可能包括 8 × 8 个芯片或 4 × 16 个芯片。注意，这两种芯片都可以处理被放置在一个 64 位存储器通道中的数据。一个 rank 本身被划分为 8 个（DDR3）或 16 个（DDR4）bank。每个 bank 有一个行缓冲区，它会记住一个 bank 的最后一次行读操作。下面给出一个例子，说明在从一个 bank 中执行读操作时，通常执行的一系列存储器命令。

(i)　存储器控制器发出一个"预充电"命令，使 bank 做好访问新行的准备。预充电在 tRP 时间之后完成。

(ii)　存储器控制器随后发出一个"激活"命令，从 bank 中读取适当的行。激活操作在 tRCD 时间之后完成，这个行成为行缓冲区的一部分。

(iii)　存储器控制器随后可以发出一个列读取命令或 CAS 命令，它将行缓冲区中的特定内容放到存储器通道上。在 CL 时间之后，数据突发包的前 64 比特被放到了存储器通道上。一次数据突发通常包括向存储器通道传送 8 次 64 比特数据，分别在 4 个存储器时钟周期的上升沿和下降沿（称为传送时间）执行。

(iv)　如果存储器控制器希望随后访问该 bank 内不同行中的数据（称为行缓冲区缺失），它会重复步骤(i)~步骤(iii)。目前，我们假定在经过了 CL 时间之后，就可以发出步骤(i)中的"预充电"；在某些情况下，必然会另外增加一些延迟，但这里将忽略这种延迟。如果存储器控制器希望访问同一行中的另一个数据块(称为行缓冲区命中)，它会直接发出另一个 CAS 命令。两个背对背的 CAS 命令必须间隔至少 4 个时钟周期，以便在第二次数据传送开始之前，第一次数据传送已经完成。

注意，存储器控制器可以在连续时钟周期中向不同 bank 发出命令，从而能够并行执行多个存储器读写操作，而不会"闲坐"在那里，等着单个 bank 中一点点地经过 tRP、tRCD 和 CL 的时长。对于后面的问题，假定 tRP=tRCD=CL=13 ns，存储器通道频率为 1 GHz，也就是说，一次传输时间为 4 ns。

2.8　[10] <2.2> 存储器控制器在一次行缓冲区缺失时所经历的读取延迟为多长时间？

2.9 [10] <2.2> 存储器控制器在一次行缓冲区命中时所经历的读取延迟为多长时间？

2.10 [10] <2.2> 如果存储器控制器仅支持一个 bank，而且存储器访问模式主要由行缓冲区缺失决定，那么存储器通道的利用率为多少？

2.11 [15] <2.2> 假设行缓冲区缺失率为 100%，存储器通道应当最少支持多少个 bank，才能使存储器通道利用率达到 100%？

2.12 [10] <2.2> 假设行缓冲区缺失率为 50%，存储器通道应当最少支持多少个 bank，才能使存储器通道利用率达到 100%？

2.13 [15] <2.2> 假设我们正在执行一个应用程序，它有 4 个线程，并且线程的空间局部性为 0，也就是说，行缓冲区缺失率为 100%。每 200 ns，4 个线程同时向存储器控制器队列中各插入一个读操作。如果存储器通道仅支持一个 bank，则所经历的平均存储器延迟为多少？如果存储器通道支持 4 个 bank 呢？

2.14 [10] <2.2> 由这些问题，你了解到增加 bank 数量的优点和缺点都有哪些？

2.15 [20] <2.2> 现在将注意力转向存储器功耗。下载一个 Micron 功耗计算器。这个电子表格进行了预先配置，用于估计 Micron 生产的单个 2 Gb × 8 DDR3 SDRAM 存储芯片中的功耗。单击“Summary”选项卡，查看在默认使用条件下，单个 DRAM 芯片中的功耗分解。所谓默认使用条件是指读操作占该通道总时钟周期的 45%，写操作占通道总时钟周期的 25%，行缓冲区命令率为 50%。这个芯片的功耗为 535 mW，分解数据显示，大约有一半功耗花费在“激活”操作上，大约 38% 消耗在 CAS 操作中，12%为背景功耗。接下来，单击“System Config”选项卡。修改读/写量和行缓冲区命中率，观察功耗分布数据是如何变化的。例如，当通道利用率为 35%时（25%的读取和 10%的写入），功耗下降多少？或者当行缓冲区命中率提高至 80%，结果又是如何？

2.16 [20] <2.2> 在默认配置中，一个 rank 由 8 个 2Gb × 8 DRAM 芯片组成。一个 rank 也可以包括 16 × 4 个芯片或者 4 × 16 个芯片。还可以改变每个 DRAM 芯片的容量——1 Gb、2 Gb 和 4 Gb。可以在 Micron 功耗计算器的“DDR3 Config”选项卡中选择这些配置。将每种 rank 配置的总功耗做成表格。在构建一种给定容量的 rank 时，哪种方法的功耗效率最高？

练习

2.17 [12/12/15] <2.3> 以下问题利用 CACTI 研究小而简单的缓存产生的影响，假定采用 65 nm（0.065 μm）工艺。

a. [12] <2.3> 对比块大小为 64 字节的 64 KB 缓存与单体存储器的访问时间。与直接映射的组织方式相比，两路与四路组相联缓存的相对访问时间为多少？

b. [12] <2.3> 对比块大小为 64 字节的四路组相联缓存与单体存储器的访问时间。与 16 KB 缓存相比，32 KB 与 64 KB 缓存的相对访问时间是多少？

c. [15] <2.3> 对于 64 KB 缓存和特定工作负载，每条指令的缺失数据如下：直接映射缓存为 0.00664，两路组相联缓存为 0.00366，四路组相联缓存为 0.00987，八路组相联缓存为 0.000266。求具有最短平均存储器访问时间的缓存相联度（介于 1 和 8 之间）。从整体来看，每条指令有 0.3 次数据访问。假定缓存缺失在所有模型中均耗费 10 ns。为了以周期为单位计算命中时间，假定使用 CACTI 输出周期时间，它对应于在流水线中没有气泡时缓存的最高工作频率。

2.18 [12/15/15/10] <2.3> 你正在研究路预测 L1 缓存可能带来的好处。假定 64 KB 四路组联单体 L1 数据缓存是某个系统中的周期时间限制器。作为一种替代缓存组织方式，你正在考虑一种路预测缓存，其模型为一个预测准确率为 80%的 64 KB 直接映射缓存。除非另行指出，否则假定一次预测错误的路访问在缓存中命中需要多消耗一个周期。假定缺失率和缺失代价如练习 2.8(c) 所示。

a. [12] <2.3> 与路预测缓存相比，当前缓存的平均存储器访问时间是多少（用周期表示）？

b. [15] <2.3> 如果所有其他组件都以最短的路预测缓存周期时间工作（包括主存储器在内），使用路预测缓存会对性能产生什么影响？

c. [15] <2.3> 路预测缓存通常仅用于为指令队列或缓冲区提供内容的指令缓存。设想一下你想尝试为数据缓存使用路预测。假定预测准确率为 80%，并且在正确路预测时发出后续操作（例如，其他指令的数据缓存访问、相关操作）。因此，路预测错误必然需要进行流水线刷新和流水线重新执行，这些操作将需要 15 个周期。在采用数据缓存路预测时，每条载入指令的平均存储器访问时间变化是积极的，还是消极的？变化量为多少？

d. [10] <2.3> 作为路预测的替代方式，许多大型相联 L2 缓存对标签和数据访问进行序列化，这样就只需要激活必需的数据集数组。这可以节省功耗，但增加了访问时间。为 0.065 μm 工艺 1 MB 四路组相联缓存使用 CACTI 的详尽 Web 接口，该缓存具有 64 字节块大小、144 位读出、1 个存储体、1 个读/写端口、30 位标签和采用全局布线的 ITRS-HP 技术。实现标签和数据访问序列化与并行访问的访问时间比为多少？

2.19 [10/12] <2.3> 针对一种新的微处理器，你需要研究分体 L1 数据缓存与流水化 L1 数据缓存的相对性能。假定有一种 64 KB 两路组相联缓存，其块大小为 64 字节。缓存访问流水化由三级流水化方法构成，其容量类似于 Alpha 21264 数据缓存。分体实现方式由两个 32 KB 两路组相联组成。使用 CACTI，并假定采用 65 nm（0.065 μm）工艺，回答以下问题。Web 版本的周期时间输出表明缓存可以在什么样的频率下正常工作，而不会在流水线中产生气泡。

a. [10] <2.3> 与访问时间相比，该缓存的周期时间为多少？该缓存将占用多少个流水级（精确到小数点后两位）？

b. [12] <2.3> 对比流水线设计与分体设计的每次访问的面积及总动态读取能耗。说明哪种设计的面积开销较低，哪种的功耗较多，并解释其原因。

2.20 [12/15] <2.3> 考虑在 L2 缓存缺失时使用关键字优先和提前重新执行。假定 L2 缓存的容量为 1 MB、块大小为 64 字节、填充路径宽 16 字节。假定能够以每 4 个处理器周期 16 字节的速度写入 L2，从存储器控制器接收前 16 字节块的时间为 120 个周期，每从主存储器接收另外 16 字节的块需要 16 个周期，而且可以直接将数据传送给 L2 缓存的读端口。忽略向 L2 缓存发送缺失请求及向 L1 缓存传送被请求数据的周期数。

a. [12] <2.3> 在使用以及不使用关键字优先和提前重启时，为 L2 缓存缺失提供服务分别需要多少个周期？

b. [15] <2.3> 你是否认为关键字优先和提前重启对于 L1 缓存或 L2 缓存更重要一些？哪些因素会影响它们的相对重要性？

2.21 [12/15/15] <2.3> 在写直达 L1 缓存与写回 L2 缓存之间设计一个写缓冲区。L2 缓存写数据总线的宽度为 16 字节，可以每 4 个处理器周期向一个独立缓存地址执行一次写操作。

a. [12] <2.3> 每个写缓冲区条目应当为多少字节？

b. [15] <2.3> 如果所有其他指令可以与存储指令并行发出，并且块存在于 L2 缓存中，那么在通过执行 64 位存储指令将存储器置零时，使用一个合并写缓冲区来代替非合并缓冲区，在稳定状态下可以得到什么样的加速比？

c. [15] <2.3> 对于采用阻塞缓存与非阻塞缓存的系统，可能出现的 L1 缓存缺失对于所需写缓冲区条目的个数有什么影响？

2.22 [20] <2.1、2.2、2.3> 一个缓存充当筛选器。例如，对于一个程序中的每千条指令，平均 20 次存储器访问可能呈现极低的局部性，从而使一个 2 MB 的缓存难以为这些访问提供服务。我们说这个 2 MB 缓存的 MPKI（每千条指令的缺失数）为 20，尽管在 2 MB 缓存之前的缓存较小一些，这个数据也是大体成立的。假定有以下的缓存/延迟/MPKI 值：32KB/1/100、128 KB/2/80、512 KB/4/50、2 MB/8/40、8 MB/16/10。假设访问这个片外存储器系统平均需要 200 个时钟周期。对于下面的缓存配置，计算访问该缓存层次结构所花费的平均时间。对于一个过浅或过深的缓存层次结构，你观察到哪些缺点？

a. 32 KB L1；8 MB L2；片外存储器

b. 32 KB L1；512 KB L2；8 MB L3；片外存储器

c. 32 KB L1；128 KB L2；2 MB L3；8 MB L4；片外存储器

2.23 [15] < 2.1、2.2、2.3> 考虑一个 16 MB 16 路 L3 缓存，它由两个程序 A 和 B 共用。这个缓存中有一种机制，用来查看每个程序的缓存缺失率，并为每个程序相应地分配 1~15 路，以降低总的缓存缺失数。假设在为程序 A 分配 1 MB 的缓存时，它的 MPKI 为 100。每向程序 A 多分配 1 MB 缓存，它的 MPKI 就减 1。在为程序 B 分配 1 MB 的缓存时，它的 MPKI 为 50；每向程序 B 多分配 1 MB 缓存，它的 MPKI 就减 2。向程序 A 和程序 B 分配的最佳路数应为多少？

2.24 [20] <2.1、2.6> 你正在设计一个 PMD，并对其进行优化，以降低能耗。它的核中包含一个 8 KB 的 L1 数据缓存，只要核不是处于休眠状态，它的功耗就是 1 W。如果核拥有完美的 L1 缓存命中率，则对于某一给定任务可以实现平均 CPI 为 1，也就是说，执行 1000 条指令需要 1000 个周期。每增加一个访问 L2 和更高层级缓存的周期，就会使核增加一个停顿周期。根据下面的技术参数，这个 PMD 要针对该给定任务实现最低能耗，L2 缓存的大小应为多少？

a. 核频率为 1 GHz，L1 的 MPKI 为 100。

b. 一个 256 KB L2 的延迟为 10 个周期，MPKI 为 20，背景功耗为 0.2 W，每次 L2 访问耗用 0.5 nJ。

c. 一个 1 MB L2 的延迟为 20 个周期，MPKI 为 10，背景功耗为 0.8 W，每次 L2 访问耗用 0.7 nJ。

d. 此存储器系统的平均延迟为 100 个周期，背景功耗为 0.5 W，每次存储器访问耗用 35 nJ。

2.25 [15] <2.1、2.6> 你正在设计一个 PMD，并对其进行优化，以降低功耗。如果设计了一个具有以下特性的 L2 缓存，试量化解释对缓存层次结构（L2 和存储器）功耗与应用程序总能耗的影响：

a. 块较小

b. 缓存较小

c. 高关联度

2.26 [10/10] < 2.1、2.2、2.3> 一个组的路可以看作一个优先级列表，根据优先级从高到低排列。每次接触这个组时，都可以对这个列表进行重新组织，以改变块的优先级。了解到这一点，缓存管理策略可以分解为 3 个子策略：插入、提升和牺牲者选择。插入策略决定将新提取的块放在优先级列表中的什么位置。提升策略决定在每次接触一个块时（一次缓存命中），这个块在列表中的位置如何改变。牺牲者选择策略在发生缓存缺失时，决定从列表中清除哪个条目，以为新的块留出空间。

a. 你能否按照插入、提升和牺牲者选择 3 个子策略的形式，来制定 LRU 缓存策略？

b. 你能否制定出其他一些可能具有竞争力并值得深入探索的插入和提升策略？

2.27 [15] < 2.1、2.3> 在一个运行多个程序的处理器中，最后一级缓存通常由所有程序共用。这会导致干涉，也就是一个程序的行为和缓存足迹可能会影响其他程序的可用缓存。首先，这是一个服务品质（QoS）的问题，干涉可能会导致一个程序获得的资源和性能低于承诺的水平，比如云服务运营商所承诺的。其次，这涉及隐私问题。根据所看到的干涉形式，程序可以推断出其他程序的存储器访问模式。这被称为定时通道，即从一个程序向其他程序的信息泄露方式，可用于侵犯数据隐私，或者对竞争者的算法进行反向工程。我们可以向最后一级缓存增加什么样的策略，使一个程序的行为不会受到其他共用该缓存的程序的行为影响？

2.28 [15] <2.3> 要访问一个数兆字节的大型 L3 缓存，可能需要耗费几十个时钟周期，因为必须要遍历很长的线。例如，访问一个 16 MB 的 L3 缓存可能需要 20 个周期。我们可以改变这个 16 MB 缓存的组织形式，避免每次访问都需要 20 个周期，将其改为由较小的缓存存储体组成的阵列。这些存储体中有一部分可能更接近处理器核，而其他部分可能更远一些。这就会导致缓存访问时间不一致(NUCA)，有 2 MB 的缓存也许可以在 8 个周期中完成访问，而接下来的 2 MB 需要 10 个周期，以此类推，最后 2 MB 的访问需要 22 个周期。我们可以引入什么样的新策略，使一个 NUCA 缓存的性能达到最优？

2.29 [10/10/10] <2.2> 考虑一个桌面系统，它的处理器连接到一个采用纠错码（ECC）的 2 GB DRAM。假定只有一个宽度为 72 位的存储器通道，其中 64 位用于数据，8 位用于 ECC。

a. [10] <2.2> 如果使用 1 GB DRAM 芯片，那么 DIMM 上有多少个 DRAM 芯片？如果仅有一个 DRAM 连接到每个 DIMM 数据管脚，每个 DRAM 必须拥有多少数据 I/O？

b. [10] <2.2> 为了支持 32 B L2 缓存块，突发（burst）长度需要为多少？

c. [10] <2.2> 计算为了从某个激活页读取内容，DDR2-667 和 DDR2-533 DIMM 的峰值带宽为多少？不计 ECC 开销。

2.30 [10/10] <2.2> 图 2-27 给出了一个 DDR2 SDRAM 时序图示例。tRCD 是激活存储体中的一行所需要的时间，列地址选通（CAS）延迟（CL）是从一行中读出一列所需要的周期数。假定此 RAM 是在具有 ECC 的标准 DDR2 DIMM 上，拥有 72 个数据行。另外假定突发长度为 8，它从 DIMM 读出 8 位，也就是总共 64 B。假定 `tRCD = CAS (or CL) * clock_frequency`，`clock_frequency = transfers_per_second/2`。在发生缓存缺失时，通过第一级、第二级缓存并返回的片上延迟时间为 20 ns，不包括 DRAM 访问时间。

a. [10] <2.2> 对于 DDR2-667 1 GB CL = 5 DIMM，从出现激活命令一直到从 DRAM 请求的最后一个数据位由有效变为无效，一共需要多少时间？假定对于每个请求，我们会自动预取同一页中的另一个相邻缓存行。

b. [10] <2.2> 在使用 DDR2-667 DIMM 时，如果一次读操作需要激活存储体，那么与读取已打开页面相比，其相对延迟是多少？（包括在处理器内部处理该缺失所需要的时间。）

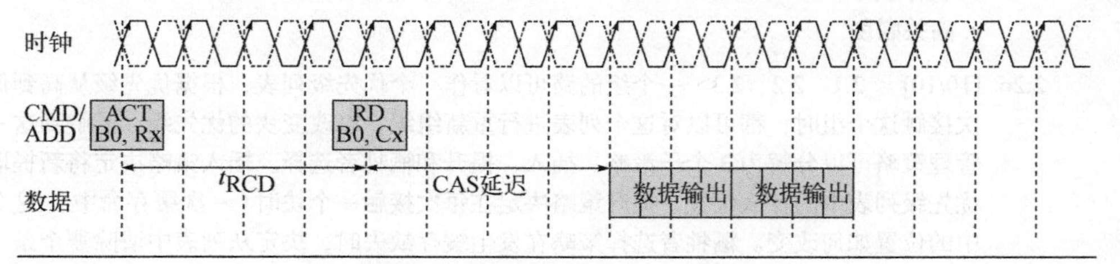

图 2-27　DDR2 SDRAM 时序图

2.31 [15] <2.2> 假定 DDR2-667 2 GB DIMM（CL = 5）的价格为 130 美元，DDR2-533 2 GB DIMM（CL = 4）的价格为 100 美元。假定在一个系统中使用两个 DIMM，系统的其余组件需要 800 美元。对于一个工作负载，第 1000 条指令出现 3.33 次 L2 缺失，并假定所有 DRAM 读操作中有 80%需要激活，考虑系统使用 DDR2-667 和 DDR2-533 DIMM 时的性能。假定在某一时刻只有一个 L2 缺失等待处理，顺序（in-order）核的 CPI 为 1.5，不包括 L2 缓存缺失存储器访问时间，则整个系统在使用不同 DIMM 时的性价比如何？

2.32 [12] <2.2> 你正在准备一台服务器，它采用八核 3 GHz CMP，在执行某一工作负载时的总 CPI 为 2.0（假定 L2 缓存缺失填充没有延迟）。L2 缓存行的大小为 32 字节。假定该系统采用 DDR2-667 DIMM。如果有时需要的带宽为平均带宽的 2 倍，那么提供多少个独立存储器通道才能使系统不受存储带宽的限制？该工作负载平均每千条指令导致 6.67 次 L2 缺失。

2.33 [15] <2.2> 考虑一个有 4 个存储器通道的处理器。应该将连续的存储器块放在同一个存储体中，还是应该将它们放在不同通道的不同存储体中？

2.34 [12/12] <2.2> DRAM 功耗中有很大一部分（超过三分之一）是因为页面激活消耗的。假定你正在构建一个拥有 2 GB 存储器的系统，要么使用 8 体 2 GB × 8 DDR2 DRAM，要么使用 8 体 1 GB × 8 DRAM，这两者的速度相同。二者使用的页面大小都是 1 KB，最后一级缓存行大小为 64 字节。假定 DRAM 在未激活时处于预充电待机状态，功耗可以忽略。假定从待机状态到激活状态的过渡时间不是很长。

a. [12] <2.2> 预计哪种类型的 DRAM 提供的系统性能较高？解释原因。

b. [12] <2.2> 由 1 GB × 8 DDR2 DRAM 组成的 2 GB DIMM，与容量相同但由 1 GB × 4 DDR2 DRAM 组成的 DIMM 相比，在功耗方面有何差异？

2.35 [20/15/12] <2.2> 为了从一个典型 DRAM 访问数据，必须首先激活适当的行。假定这一操作会将大小为 8 KB 的整个页面发送到行缓冲区，然后从行缓冲区中选择一个特定列。如果对 DRAM 后续访问的目标是同一页，就可以略过激活步骤；如果不是，就必须关闭当前页，对位行进行预充电，以准备下一次激活。另一种常用 DRAM 策略是在访问结束之后立即主动关闭一个页，并对位行进行预充电。假定对 DRAM 的每次读取或写入都是采用 64 字节的大小，发送 512 位的 DDR 总线延迟（图 2-25 中的数据输出）为 Tddr。

a. [20] <2.2> 假定采用 DDR2-667，如果它需要 5 个周期进行预充电、5 个周期进行激活、4 个周期读取列，那么为了获得最短访问时间，如何根据行缓冲区命中率（r）选择策略？假定对 DRAM 的每次访问之间都有足够的时间，用以完成新的随机访问。

b. [15] <2.2> 如果在对 DRAM 的所有访问中有 10%是一个接一个地发生，或者没有任何时间间隙地连续发生，应当如何改变自己的决定？

c. [12] <2.2> 使用上面计算的行缓冲区命中率，计算在采用两种策略时，每次访问的平均 DRAM 能耗差别。假定预充电需要 2 nJ，激活需要 4 nJ，从行缓冲区进行读写需要 100 pJ/位。

2.36 [15] <2.2> 每当计算机空闲时，既可以将其置于待机状态（DRAM 仍然处于激活状态），也可以让它休眠。假定为了使其进入休眠状态，必须仅将 DRAM 的内容复制到永久性介质中，比如闪存中。如果将大小为 64 字节的缓存行读写至闪存需要 2.56 μJ，读写至 DRAM 需要 0.5 nJ，并且 8 GB DRAM 的空闲功耗为 1.6 W，那么一个系统空闲多长时间后才能从休眠中获益？假定主存储器的容量为 8 GB。

2.37 [10/10/10/10/10] <2.4> 虚拟机（VM）具有向计算机系统添加大量有益功能的潜力，比如降低总拥有成本（TCO）或提高可用性。能否使用 VM 来提供以下功能？如果可以，如何提升？

a. [10] <2.4> 使用开发计算机测试应用程序在生产环境中的性能。

b. [10] <2.4> 在发生灾难或故障时快速部署应用程序。

c. [10] <2.4> 在 I/O 操作密集的应用程序中获得更高性能。

d. [10] <2.4> 实现不同应用程序之间的故障隔离，提高服务的可用性。

e. [10] <2.4> 在系统上执行软件维护，同时不会对正在运行的应用程序造成严重干扰。

2.38 [10/10/12/12] <2.4> 许多事件都可能导致虚拟机的性能下降，比如执行特权指令、TLB 缺失、陷阱和 I/O。这些事件通常是在系统模式中处理的。因此，为了评估应用程序在 VM 中运行时的减缓程度，可以计算该应用程序在系统模式下的运行时间占用户模式下运行时间的百分比。例如，某个程序有 10%的运行过程是在系统模式下完成的，当它在 VM 中运行时，速度可能会降低 60%。表 2-8 列出了在 Itanium 系统上使用 Xen 虚拟机，在 3 种情况下运行 LMbench 时，各种系统调用的早期性能。这 3 种情况分别为：无虚拟化、纯虚拟化和半虚拟化，时间的测量单位为微秒（感谢澳大利亚新南威尔士大学的 Matthew Chapman）。

a. [10] <2.4> 预计哪种类型的程序在 VM 上运行时速度减缓较少？

b. [10] <2.4> 如果速度减缓与系统时间呈线性关系，那么给定上述减缓数据，若一个程序有 20%的执行是在系统时间内完成的，那它会减缓多少？

c. [12] <2.4> 在纯虚拟化和半虚拟化条件下，表 2-8 中系统调用速度减缓的中间值为多少？

d. [12] <2.4> 表 2-8 中哪些函数的速度减缓最严重？可能是因为什么原因？

表 2-8　在无虚拟化、纯虚拟化和半虚拟化条件下各种系统调用的早期性能

基准测试	无虚拟化	纯虚拟化	半虚拟化
Null call	0.04	0.96	0.50
Null I/O	0.27	6.32	2.91
Stat	1.10	10.69	4.14
Open/close	1.99	20.43	7.71
Install signal handler	0.33	7.34	2.89
Handle signal	1.69	19.26	2.36
Fork	56.00	513.00	164.00
Exec	316.00	2084.00	578.00
Fork + exec sh	1451.00	7790.00	2360.00

2.39 [12] <2.4> Popek 和 Goldberg 在给出虚拟机定义时指出，性能是唯一能够将虚拟机与真实计算机区分开来的指标。在这个练习中，我们将利用这一定义来查明我们是在一个处理器上以无虚拟化方式运行，还是在虚拟机上运行。Intel VT-x 技术为使用虚拟机提供了另一组权限级别。假定采用 VT-x 技术，如果一个虚拟机要运行在另一个虚拟机之上，它必须做些什么？

2.40 [20/25] <2.4> 随着 x86 体系结构开始支持虚拟化，虚拟机得以快速发展，并成为主流。比较 Intel Vt-x 和 AMD 的 AMD-V 虚拟化技术。

a. [20] <2.4> 对于存储器占用量较大、存储器操作密集的应用程序，哪一种技术的性能较高？

b. [25] <2.4> 虚拟化技术和输入/输出内存管理单元（IOMMU）为提高虚拟化 I/O 性能做了哪些工作？

2.41 [30] <2.2、2.3> 由于在顺序执行的超标量处理器和具有预测功能的**超长指令字**（VLIW）处理器上都可以有效地利用指令级并行，所以构建乱序（OOO）超标量处理器的一个重要原因就是能够容忍由于缓存缺失导致的不可预测延迟。因此，我们可以把硬件支持的 OOO 发射看作存储器系统的一部分。看一下图 2-28 中 Alpha 21264 的平面布置图，找出整数和浮点发射队列及映射器与缓存相比的相对面积。队列调度要发射的指令，映射器重命名寄存器标识符。因此，为了支持 OOO 发射，有必要增加这些内容。21264 的芯片上只有 L1 数据与指令缓存，它们都是 64 KB 两路组相联。使用一种 OOO 超标量模拟器（比如 SimpleScalar）执行存储器操作密集的基准测试，以搞清楚在顺序执行的超标量处理器中，如果将发射队列和映射器的区域用于附加的 L1 数据缓存区域，而不是 21264 模型中的 OOO 发射，会造成多大的性能损失。确保计算机的其他方面尽可能相似，以使对比公平合理。忽略任何由于大型缓存造成的访问时间或周期时间的增长，以及大型数据缓存对芯片平面布置图的影响。（注意，这种对比不是完全公平的，因为编译器没有为顺序处理器调度这些代码。）

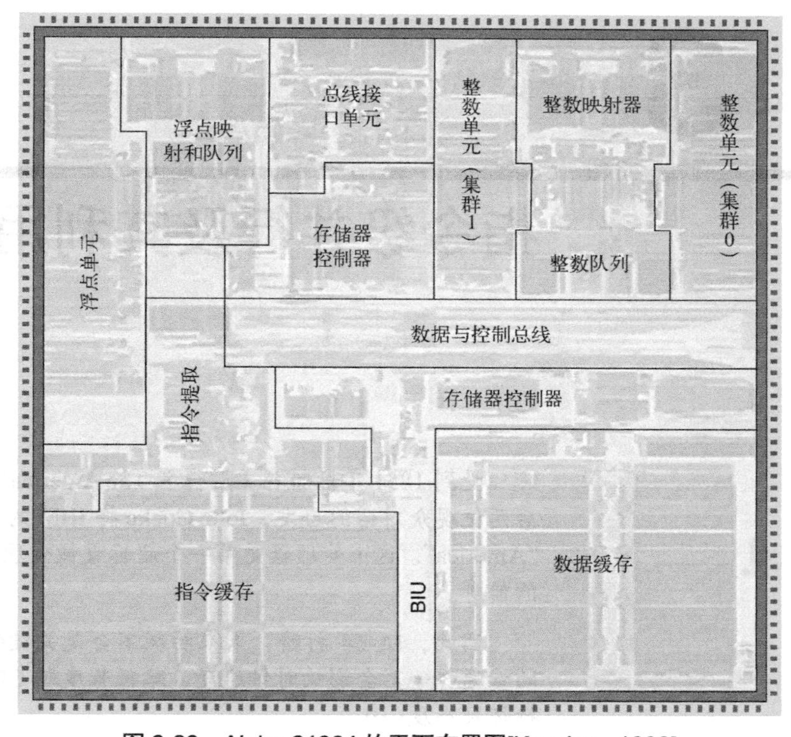

图 2-28 Alpha 21264 的平面布置图[Kessler，1999]

2.42 [15] <2.2、2.7> 如 2.7 节所述，Intel i7 处理器有一个积极的预取器。设计一个极其积极的预取器有什么潜在的缺点？

2.43 [20/20/20] <2.6> Intel 性能分析器 VTune 可用于对缓存行为进行多种测量。案例研究 2 中使用的程序（aca_ch2_cs2.c）已经过修改，能够在 Microsoft Visual C++上与 VTune 一起工作。为了在性能分析期间扣除初始化与循环开销，已经插入了一些特殊的 VTune 函数。这个程序的 README 部分给出了详细的 VTune 安装指令。这个程序为每种配置循环 20 秒。在下面的试验中，可以求出数据规模对缓存和整体处理器性能的影响。在 Intel 处理器上的 VTune 中运行该程序，输入数据大小分别为 8 KB、128 KB、4 MB 和 32 MB，步幅保持为 64 字节（也就是 Intel i7 处理器上的一个缓存行）。收集有关整体性能、L1 数据缓存、L2 缓存和 L3 缓存性能的统计数字。

a. [20] <2.6> 对于每一种数据集大小以及处理器模型与速度，列出 L1 数据缓存、L2 缓存和 L3 缓存中每千条指令的缺失数。根据结果，你可以对处理器上的 L1 数据缓存、L2 缓存和 L3 缓存大小得出什么结论？请解释你的结论。

b. [20] <2.6> 对于每种数据集大小以及处理器模型与速度，列出**每个时钟周期执行的指令数**（IPC）。根据结果，可以对处理器上的 L1、L2 和 L3 缺失代价得出什么结论？请解释你的结论。

c. [20] <2.6> 在 Intel OOO 处理器上的 VTune 中运行该程序，输入数据集大小为 8 KB 和 128 KB。对于两种配置，列出每千条指令的 L1 数据缓存和 L2 缓存缺失数，并给出 CPI。对于高性能 OOO 处理器上存储器延迟隐藏技术的有效性，你能得出什么结论？提示：需要求出处理器的 L1 数据缓存缺失代价。对于 Intel i7 处理器，大约为 11 个时钟周期。

3

指令级并行及其利用

受到 1851 年帆船赛（后得名 The America's Cup，“美洲杯”）后两位观众对话的启发，John Cocke 将 IBM 的研究处理器命名为“America”。这个处理器是第一个超标量微处理器，也是 PowerPC 的前身。

因此，IA-64 打赌，未来功耗不会是关键的限制条件，大量的资源……不会影响时钟速度、路径长度或 CPI 因子。我当然是持怀疑态度……

IBM Fellow、早期的 RISC 倡导者 Marty Hopkins 在 2000 年针对 Intel 和惠普联合开发的新 Intel Itanium 发表了上述评论。Itanium 使用一种静态 ILP 方法（参见附录 H），是 Intel 的一项大规模投资。它在 Intel 微处理器销量中所占的份额从未超过 0.5%。

3.1　指令级并行：概念与挑战

1985年之后的几乎所有处理器都使用流水线来使指令能重通叠执行，以提高性能。由于指令可以并行执行，所以指令之间的这种可能的重叠称为**指令级并行**（ILP）。在本章和附录H中，我们将研究一系列通过提高指令间的并行度来扩展基本流水线概念的技术。

与附录C中有关流水线的基础材料相比，本章内容要深入得多。如果读者不是特别熟悉附录C中的思想，应当在阅读这个附录之后再开始探索本章内容。

本章首先研究数据和控制冒险带来的局限性，然后讨论如何提高编译器和处理器利用并行的能力。前两节中介绍了大量概念，本章和下一章都以这些概念为基础。尽管在理解本章中一些比较基础的材料时并不需要完全掌握前两节的思想，但这些基础材料对于本章后面各节非常重要。

ILP大体有两种实现方法：(1)依靠硬件来动态发现并实现并行；(2)依靠软件技术在编译时静态发现并行。使用基于硬件的动态方法的处理器，包括所有较新的Intel处理器和许多ARM处理器，在桌面计算机和服务器市场上占据主导地位。在个人移动设备市场，平板计算机和高端手机的处理器也采用了同样的方法。在物联网领域，功耗和成本约束主导着性能目标，设计者只实现较低水平的指令级并行。从20世纪80年代开始，已经尝试了很多基于编译器的方法，最近一次是在1999年推出的Intel Itanium系列中。尽管付出了巨大的努力，但这些方法仅在特定领域的场景中或包含大量数据级并行的、结构良好的科学应用程序中取得了成功。

过去几年里，针对其中一种方法开发的许多技术，已经在主要依赖于另一种方法的设计中得到了应用。本章将介绍这些基本概念和这两种方法，还将讨论ILP方法的局限性，正是这些局限性直接导致了向多核的演变。深入了解这些局限性对于平衡ILP与线程级并行的应用仍然非常重要。

在这一节，我们将讨论限制指令间并行度的程序和处理器的特性，以及程序结构和硬件结构之间的关键映射，后者对于理解程序属性是否会限制性能以及在什么情况下会限制性能非常关键。

一个流水化处理器的CPI（每条指令占用的周期数）值等于基本CPI与因为各种停顿而耗费的全部周期之和：

$$\text{流水线 CPI} = \text{理想流水线 CPI} + \text{结构化停顿} + \text{数据冒险停顿} + \text{控制停顿}$$

理想流水线CPI是对能够实现的最佳性能的度量。通过缩短上式右侧的各项，可以降低总流水线CPI，也就是提高IPC（每个时钟周期执行的指令数）。利用上式，我们可以通过一项技术在总CPI中改进的部分来描绘该技术的特征。表3-1列出了本章和附录H中介绍的技术，以及附录C介绍性材料中涉及的主题。在本章我们将看到，用来降低理想流水线CPI的技术能够提升应对冒险的重要性。

表3-1　附录C、第3章和附录H中介绍的主要技术，以及这些技术分别会影响CPI公式的哪一部分

技　术	降低CPI的哪一部分	章　节
前递和旁路	潜在的数据冒险停顿	C.2
简单分支调度和预测	控制冒险停顿	C.2
基本编译器流水线调度	数据冒险停顿	C.2、3.2
基本动态调度（记分牌）	由真依赖引起的数据冒险停顿	C.7
循环展开	控制冒险停顿	3.2
高级分支预测	控制停顿	3.3
采用重命名的动态调度	由数据冒险、输出依赖和反依赖引起的停顿	3.4
硬件推测	数据冒险和控制冒险停顿	3.6
动态存储器消除二义性	涉及存储器的数据冒险停顿	3.6
每个周期发射多条指令	理想CPI	3.7、3.8
编译器依赖分析、软件流水线、跟踪调度	理想CPI、数据冒险停顿	H.2、H.3
编译器推测的硬件支持	理想CPI、数据冒险停顿、分支冒险停顿	H.4、H.5

3.1.1　什么是指令级并行

这一章的所有技术都利用指令间的并行。**基本块**（basic block，一个顺序代码序列，除入口外没有其他转入分支，除出口外没有其他转出分支）中可用的并行度非常小。对于典型的RISC程序，平均动态分支频率通常介于15%和25%之间，也就是说在一对分支指令之间会执行3~6条指令。由于这些指令可能相互依赖，所以在基本块中可以利用的重叠量可能要小于基本块的平均大小。为了获得实质性的性能增强，我们必须跨多个基本块利用ILP。

提高ILP的最简单、最常见方法是在一个循环的各次迭代之间利用并行。这种并行经常被称作**循环级并行**（loop-level parallelism）。下面是一个简单的循环示例，它对两个分别有1000个元素的数组求和，并且是完全并行的：

```
for (i=0; i<=999; i=i+1)
        x[i] = x[i] + y[i];
```

这个循环的每一次迭代都可以与任意其他迭代重叠，尽管每次循环迭代中很少或根本没有机会重叠。

我们将研究一些将这种循环级并行转换为指令级并行的技术。这些技术的工作方式基本上都是利用编译器静态展开循环（参见下一节）或者利用硬件动态展开循环（参见3.5节和3.6节）。

利用循环级并行的一种重要替代方法是使用向量处理器和图形处理器（GPU）中的SIMD，这两种处理器都将在第4章介绍。SIMD指令在利用数据级并行时，并行处理少量到中等数量的数据项（通常为2~8项）。而向量指令在利用数据级并行时，则通过使用并行执行单元和深流水线，并行处理许多数据项。例如，在每条指令可以处理4个数据项的某种SIMD体系结构中，上述代码序列［其简单形式在每次迭代中需要7条指令（2次载入、1次求和、1次存储、2次地址更新和1次分支），总共需要7000条指令］可以执行四分之一的指令。在一些向量处理器中，这个序列可能只需要4条指令：2条指令用于从存储器中载入向量x和y，1条指令用于对两个向量求和，1条指令用于将结果向量存回存储器。当然，这些指令将流水化，其延迟相对

较长，但这些延迟可以重叠。

3.1.2 数据依赖与冒险

对于确定一个程序中的并行度以及如何利用并行，判断指令之间的依赖关系至关重要。具体来说，为了利用指令级并行，我们必须判断哪些指令可以并行执行。如果两条指令是**并行**的，只要流水线有足够的资源（因而也就不存在任何结构冒险），就可以在一个任意深度的流水线中同时执行它们，并且不会导致任何停顿。如果两条指令是相互依赖的，它们就不是并行的，必须按顺序执行，尽管它们通常是部分重叠的。这两种情景的关键在于判断一条指令是否依赖于另一条指令。

1. 数据依赖

共有 3 种类型的依赖：**数据依赖**（data dependence，也称为真数据依赖）、**名称依赖**（name dependence）和**控制依赖**（control dependence）。如果以下任意一个条件成立，则说指令 *j* 数据依赖于指令 *i*。

- 指令 *i* 生成的结果可能会被指令 *j* 用到。
- 指令 *j* 数据依赖于指令 *k*，指令 *k* 数据依赖于指令 *i*。

第二个条件是说：如果两条指令之间存在第一种类型的依赖链，则一条指令依赖于另一条指令。这个依赖链可以和整个程序一样长。注意，单条指令内部的依赖（比如 add x1，x1，x1）不视为依赖。

例如，考虑以下 RISC-V 代码序列，它用寄存器 f2 中的一个标量来递增存储器中的一个值向量（从 0(x1)开始，最后一个元素是 0(x2)）。

```
Loop:  fld     f0,0(x1)      // f0=数组元素
       fadd.d  f4,f0,f2      // 加上 f2 中的标量
       fsd     f4,0(x1)      // 存储结果
       addi    x1,x1,-8      // 使指针减少 8 字节
       bne     x1,x2,Loop    // 分支 x1≠x2
```

这一代码序列中的数据同时涉及浮点数据：

```
Loop:  fld     f0,0(x1)      // f0=数组元素
       fadd.d  f4,f0,f2      // 加上 f2 中的标量
       fsd     f4,0(x1)      // 存储结果
```

和整型数据：

```
       addi    x1,x1,-8      // 使指针减少 8 字节
                             //（每个 DW）
       bne     x1,x2,Loop    // 分支 x1x2
```

在以上两个依赖序列中，如箭头所示，每条指令都依赖于上一条指令。这段代码及后面的示例中的箭头表示为了正确执行必须保持的顺序。位于箭头起始处的指令必须于箭头指向的指令之前执行。

如果两条指令是数据依赖的，那它们必须按顺序执行，不能同时执行，也不能完全重叠执行。这种依赖意味着两条指令之间存在由一个或多个数据冒险构成的链。（关于数据冒险的简单

描述，请参阅附录 C，其中用几页对数据冒险进行了精确定义。）同时执行这些指令会导致一个具有流水线互锁（而且流水线深度大于指令间距离）的处理器检测到冒险并停顿，从而减少或消除重叠。而对于依靠编译器调度、没有互锁的处理器，编译器无法以完全重叠的方式调度相关指令，否则会使程序无法正确执行。指令序列中存在数据依赖，表明据以生成该指令序列的源代码中存在数据依赖。原先的数据依赖必须保留下来。

依赖是**程序**（program）的一种属性。某种给定依赖是否会导致检测到实际冒险，这一冒险又是否会实际导致停顿，则都属于**流水线结构**（pipeline organization）的性质。这一区别对于理解如何利用指令级并行至关重要。

数据依赖传递了 3 点信息：(1)冒险的可能性；(2)计算结果时必须遵循的顺序；(3)可利用并行度的上限。这些限制将在 3.13 节和附录 H 中详细研究。

由于数据依赖可能会限制我们能够利用的指令级并行数，所以本章的一个重点就是克服这些限制。可以采用两种方法来克服依赖：(1)保持依赖但避免冒险；(2)通过转换代码来消除依赖。对代码进行调度是在不改变依赖的情况下避免冒险的主要方法，这种调度既可以由编译器完成，也可以由硬件完成。

数据值既可以通过寄存器也可以通过存储地址在指令之间传送。当通过寄存器传送数据时，由于指令中的寄存器名称是固定的，所以依赖关系很容易检测，但是，当存在分支干扰以及编译器或硬件为了保持正确而变得保守时，情况会变得复杂一些。

当数据通过存储地址传送时，两个地址可能指向看起来不同的同一位置，所以依赖关系更难以检测，比如 `100(x4)`和 `20(x6)`可能是同一个存储器地址。此外，载入指令或存储指令的有效地址可能会在每次执行时发生变化（所以 `20(x4)`和 `20(x4)`可能是不一样的），这使依赖关系的检测变得更加复杂。

本章研究采用硬件来检测那些涉及存储地址的数据依赖，但我们将会看到，这些技术都有局限性。用于检测这些依赖关系的编译器技术是揭示循环级并行的关键。

2. 名称依赖

第二种依赖为**名称依赖**。当两条指令使用相同的寄存器或存储地址（称为**名称**），但与该名称相关的指令之间并没有数据流动时，就会发生名称依赖。在指令 *i* 和指令 *j*（按照程序顺序，指令 *i* 位于指令 *j* **之前**）之间存在两种类型的名称依赖。

(1) 当指令 *j* 对指令 *i* 读取的寄存器或存储地址执行写操作时，就会在指令 *i* 和指令 *j* 之间发生**反依赖**（antidependence）。为了确保 *i* 能读取到正确的值，必须保持指令原来的顺序。在前面的例子中，`fsd` 和 `addi` 之间存在关于寄存器 `x1` 的反依赖。

(2) 当指令 *i* 和指令 *j* 对同一个寄存器或存储地址执行写操作时，发生**输出依赖**（output dependence）。为了确保最后写入的值与指令 *j* 相对应，必须保持指令之间的排序。

由于没有在指令之间传递值，所以反依赖和输出依赖都是名称依赖，与真数据依赖不一样。因为名称依赖不是真正的依赖，所以，如果改变这些指令中使用的名称（寄存器号或存储地址），使这些指令不再冲突，那么名称依赖中涉及的指令就可以重新排序或同时执行。

对于寄存器操作数，这一重命名操作更容易实现，这种操作称作**寄存器重命名**（register

renaming）。寄存器重命名既可以由编译器静态完成，也可以由硬件动态完成。在介绍因分支导致的依赖性之前，先来看看依赖与流水线数据冒险之间的关系。

3. 数据冒险

只要指令间存在名称依赖或数据依赖，而且它们非常接近，以至于执行期间的重叠能改变对应依赖中操作数的访问顺序，就会存在冒险。由于存在依赖，所以必须保持**程序顺序**（program order），也就是按照原始源程序设定的顺序一次执行一个指令时，指令的执行顺序。软、硬件技术的目的都是通过只在影响程序输出的地方保持程序顺序来利用并行性。检测冒险和避免冒险可以确保不会打乱必要的程序顺序。

根据指令中读访问和写访问的顺序，可以将数据冒险分为3类。附录C中简要介绍了数据冒险。根据惯例，一般按照流水线必须保持的程序顺序为这些冒险命名。考虑两条指令 *i* 和 *j*，根据程序顺序 *i* 排在 *j* 的前面。可能的数据冒险如下所示。

- RAW（read after write，**写后读**）——*j* 试图在 *i* 写入一个源位置之前读取该源位置，所以 *j* 会错误地获得**旧**值。这一冒险是最常见的类型，与真数据依赖相对应。为了确保 *j* 会收到来自 *i* 的值，必须保持程序顺序。
- WAW（write after write，**写后写**）——*j* 试图在 *i* 写一个操作数之前写该操作数。这些写操作将以错误的顺序执行，最后写入目标位置的是由 *i* 写入的值，而不是由 *j* 写入的值。这种冒险与输出依赖相对应。只有在允许多个流水级进行写操作的流水线中，或者在前一指令停顿时允许后一指令继续执行的流水线中，才会发生 WAW 冒险。
- WAR（write after read，**读后写**）——*j* 尝试在 *i* 读取一个目标位置之前写入该位置，所以 *i* 会错误地获取**新**值。这一冒险源于反依赖（或名称依赖）。对于大多数静态发射流水线（即使是较深的流水线或者浮点流水线），由于所有读操作（在附录C流水线的 ID 中）都比所有写操作（附录C流水线中的 WB 中）要早一些，所以不会发生 WAR 冒险。如果一些指令在指令流水线的早期写结果，而其他指令在流水线的后期读取一个源位置，或者如果对指令重新排序，就会发生 WAR 冒险，本章后面将对此进行讨论。

注意，RAR（read after read，**读后读**）情况不是冒险。

3.1.3 控制依赖

最后一种依赖是**控制依赖**。控制**依赖**决定了指令 *i* 相对于分支指令的顺序，使指令 *i* 按正确的程序顺序执行，而且只会在应当执行时执行。除了程序中第一基本块中的指令之外，其他所有指令都与某组分支存在控制**依赖**；一般来说，为了保持程序顺序，必须保留这些控制**依赖**。控制**依赖**的最简单示例之一就是分支中 `if` 语句的 `then` 部分中的语句依赖。例如，在以下代码段中：

```
if p1 {
      S1;
};
if p2 {
      S2;
}
```

`S1` 控制依赖于 `p1`，`S2` 控制依赖于 `p2`，但不控制依赖于 `p1`。

一般来说，控制依赖会施加下述两条约束。

(1) 如果一条指令控制依赖于一个分支，那就不能把这个指令移到这个分支之前，使它的执行不再受控于这个分支。例如，不能把 if 语句 then 部分中的一条指令拿出来，移到这个 if 语句之前。

(2) 如果一条指令并不控制依赖于一个分支，那就不能把这个指令移到这个分支之后，使其执行受控于这个分支。例如，不能将 if 语句之前的一个语句移到它的 then 部分。

当处理器保持严格的程序顺序时，控制依赖也确保不会被破坏。但是，在不影响程序正确性的情况下，我们可能希望执行一些还不应当被执行的指令，从而破坏控制依赖。因此，控制依赖并不是一个必须保持的关键特性。对程序正确性至关重要的两个特性是**异常行为**和**数据流**，通常保持数据依赖与控制依赖也就保护了这两种特性。

保护异常行为意味着任何指令执行顺序的改变都不得改变程序抛出异常的方式。通常会放松这一约束条件，要求改变指令的执行顺序时不得导致程序引发任何新异常。下面的简单示例说明了保持控制依赖和数据依赖是如何防止出现这类情况的。考虑以下代码序列：

```
        add  x2,x3,x4
        beq  x2,x0,L1
        ld   x1,0(x2)
L1:
```

在这个例子中，很容易看出，如果不维护涉及 x2 的数据依赖，就会改变程序的结果。还有一个事实没有那么明显：如果我们忽略控制依赖，将载入指令移到分支之前，那么这个载入指令可能会导致存储器保护异常。注意，**没有数据依赖**禁止交换 beq 和 ld；这只是控制依赖。为了能够调整这些指令的顺序（仍然保持数据依赖），可能需要在执行这一分支操作时忽略此异常。在 3.6 节，我们将研究一种可以解决这一异常问题的硬件技术——**推测**（speculation）。附录 H 介绍了用于支持推测的软件技术。

通过维护数据依赖和控制依赖来保护的第二个特性是数据流。**数据流**是指数据值在生成结果和使用结果的指令之间的实际流动。分支允许一条指令从多个地方获取数据源，从而使数据流变为动态的。换句话说，由于一条指令可能会与之前的多条指令存在数据依赖，所以仅保持数据依赖是不够的。一条指令的数据值究竟由之前的哪条指令提供，是由程序顺序决定的。而程序顺序是通过维护控制依赖来保证的。

例如，考虑以下代码段：

```
        add  x1,x2,x3
        beq  x4,x0,L
        sub  x1,x5,x6
L:      ...
        or   x7,x1,x8
```

在这个例子中，or 指令使用的 x1 的值取决于是否进行了分支转移。单靠数据依赖不足以保证正确性。or 指令数据依赖于 add 和 sub 指令，但仅保持这一顺序并不足以保证正确执行。

在执行这些指令时，还必须保持数据流：如果没有进行分支转移，那么由 sub 计算的 x1 值应当由 or 使用；如果进行了分支转移，由 add 计算的 x1 值则应当由 or 使用。通过保持分支中 or 的控制依赖，就能防止错误修改数据流。出于类似原因，sub 指令也不能移到分支之前。推测不但可以帮助解决异常问题，还能在保持数据流的同时减轻控制依赖的影响，3.6节会对此进行讨论。

有些情况下，我们可以断定破坏控制依赖并不会影响异常行为或数据流。考虑以下代码序列：

```
        add  x1,x2,x3
        beq  x12,x0,skip
        sub  x4,x5,x6
        add  x5,x4,x9
skip:   or   x7,x8,x9
```

假定我们知道，在标有skip的指令之后，sub指令的目标寄存器（x4）未被使用。[一个值是否会被后续指令使用，这一特性被称为**活性**（liveness）。] 如果x4未被使用，那么在这个分支之前改变x4的值并不会影响数据流，因为x4在skip之后的代码部分将是**死的**（不再具备活性）。因此，如果x4已经死亡，而且现有sub指令不会生成异常（除产生异常指令外，处理器可以从某些指令处重启同一过程），那就可以把sub指令移到该分支之前，数据流不会受这一改变的影响。

如果进行了分支转移，虽然sub指令被无用地执行，但这不会影响程序结果。编译器在对分支结果进行猜测，所以这种类型的代码调度也是一种推测形式，通常称为**软件推测**（software speculation）；在这个例子中，编译器的推测是通常不会进行分支转移。附录H讨论了一些编译器推测机制。在我们说"推测"时，通常很容易区分在说硬件机制还是软件机制；如果不够明确，最好使用"硬件推测"或"软件推测"加以区分。

对导致控制停顿的控制冒险进行检测，可以保持控制依赖。控制停顿可以通过各种软硬件技术加以消除或减少，3.3节将研究这些技术。

3.2 利用ILP的基本编译器技术

这一节研究如何使用一些简单的编译器技术来提高处理器利用ILP的能力。这些技术对于使用静态发射或静态调度的处理器非常重要。在这之后会研究那些采用静态发射的处理器的设计与性能。附录H将研究一些更高级的编译器和相关硬件方案，其设计目的就是使处理器能够利用更多的指令级并行。

3.2.1 基本流水线调度和循环展开

为使流水线保持满载，必须找出可以在流水线中重叠的不相关指令序列，以充分利用指令并行。为了避免流水线停顿，必须将依赖指令与源指令的执行隔开一定的时间周期，这一间隔应等于源指令的流水线延迟。编译器执行这种调度的能力既依赖于程序中可用的ILP，也依赖于流水线中功能单元的延迟。表3-2给出了本章采用的浮点单元延迟；如果偶尔采用不同延迟，会另行明确说明。假定采用一个标准的5级整数流水线，所以分支的延迟为一个时钟周期。假定这些功能单元被完全流水化或复制（复制次数与流水线深度相同），所以在每个时钟周期可以发射任意类型的运算指令，不存在结构冒险。

表 3-2　本章使用的浮点运算延迟

生成结果的指令	使用结果的指令	延迟（以时钟周期为单位）
浮点 ALU 运算	另一个浮点 ALU 运算	3
浮点 ALU 运算	存储双精度值	2
载入双精度值	浮点 ALU 运算	1
载入双精度值	存储双精度值	0

* 最后一列是为了避免停顿而需要插入的时钟周期数。这些数字与我们在浮点单元上看到的平均延迟类似。由于可以旁路载入指令的结果，不会使存储指令停顿，所以浮点载入指令对存储指令的延迟为 0。我们还假定整数载入延迟为 1，整数 ALU 操作延迟为 0（包括对分支的 ALU 运算）。

在这一节，我们将研究编译器如何通过转换循环来提高可用 ILP 的数目。下面这个例子，既用于说明一种非常重要的技巧，也用于推荐你采用附录 H 中描述的一种功能更强大的程序转换。我们的讨论将基于以下代码段展开，它将对一个标量和一个向量求和：

```
for (i=999; i>=0; i=i-1)
        x[i] = x[i] + s;
```

可以看出，这个循环的每个迭代体都是独立的，所以这个循环是并行的。附录 H 中正式介绍了这一概念，并说明了如何在编译时判断循环迭代是否是独立的。首先来看这个循环的性能，它说明了如何利用并行来提高一个 RISC-V 流水线的性能（采用以上所示的延迟值）。

第一步是将以上代码段转换为 RISC-V 汇编语言。在以下代码段中，x1 最初是数组中元素的最高地址，f2 包含标量值 *s*。寄存器 x2 的值预先计算得出，使 Regs[x2]+8 成为最后一个进行运算的元素的地址。

RISC-V 代码如下所示（未针对流水线进行调度）：

```
Loop:  fld     f0,0(x1)       // f0=数组元素
       fadd.d  f4,f0,f2       // 加上 f2 中的标量
       fsd     f4,0(x1)       // 存储结果
       addi    x1,x1,-8       // 使指针递减 8 字节
                              //（每个 DW）
       bne     x1,x2,Loop     // x1 不等于 x2 时跳转
```

首先来看看在针对 RISC-V 的简单流水线上调度这个循环时的执行情况（延迟如表 3-2 所示）。

例题　写出在进行调度与不进行调度的情况下，这个循环在 RISC-V 上的执行过程，包括所有停顿或空闲时钟周期。调度时要考虑浮点运算产生的延迟。

解答　在不进行任何调度时，循环的执行过程如下，共花费 9 个周期：

```
                                        发射的时钟周期
Loop:  fld      f0,0(x1)                    1
       停顿                                  2
       fadd.d   f4,f0,f2                    3
       停顿                                  4
       停顿                                  5
       fsd      f4,0(x1)                    6
       addi     x1,x1,-8                    7
       bne      x1,x2,Loop                  8
```

我们可以调度这个循环，使其只停顿2次，将花费时间缩短至7个周期：

```
Loop: fld     f0,0(x1)
      Addi    x1,x1,-8
      fadd.d  f4,f0,f2
      停顿
      停顿
      fsd     f4,8(x1)
      bne     x1,x2,Loop
```

fadd.d 之后的停顿是供 fsd 使用的，调整 addi 的位置可以防止在 fld 之后停顿。

在上面这个例子中，每7个时钟周期完成一次循环迭代，并存回一个数组元素，但对数组元素进行的实际运算仅占这7个时钟周期中的3个（载入、求和与存储）。其余4个时钟周期包括循环开销（addi 和 bne）和2次停顿。为了消除这4个时钟周期，需要使循环体中的运算指令数多于开销指令数。

相对于分支和开销指令而言，增加指令数量的一个简单方案是**循环展开**（loop unrolling）。展开就是将循环体复制多次，同时调整循环的终止代码。

循环展开还可用于提高调度效率。由于它消除了分支，因此可以将来自不同迭代的指令放在一起调度。在这个例子中，我们通过在循环体内创建更多的独立指令来消除数据使用停顿。如果在展开循环时只是简单地复制这些指令，最后使用的就是同一组寄存器，所以可能会妨碍对循环的有效调度。因此，我们希望在每次迭代中使用不同的寄存器，这就增加了所需的寄存器的数量。

例题 展开以上循环，使其包含循环体的4个副本。假定 x1−x2（即数组的大小）最初是32的倍数，也就是说循环迭代的数目是4的倍数。消除任何明显冗余的计算，并且不要重复使用任何寄存器。

解答 合并 addi 指令，并删除在展开期间重复进行的非必要 bne 运算后，得到的结果如下。注意，现在必须对 x2 进行设置，使 Regs[x2]+32 变成最后4个元素的起始地址。

```
Loop: fld     f0,0(x1)
      fadd.d  f4,f0,f2
      fsd     f4,0(x1)      // 删除 addi 和 bne
      fld     f6,-8(x1)
      fadd.d  f8,f6,f2
      fsd     f8,-8(x1)     // 删除 addi 和 bne
      fld     f0,-16(x1)
      fadd.d  f12,f0,f2
      fsd     f12,-16(x1)   // 删除 addi 和 bne
      fld     f14,-24(x1)
      fadd.d  f16,f14,f2
      fsd     f16,-24(x1)
      addi    x1,x1,-32
      bne     x1,x2,Loop
```

我们省掉了三次分支转移和对 x1 的三次递减，并对载入和存储指令的地址进行了修正，以便合并针对 x1 的 addi 指令。这一优化看起来微不足道，但实际并非如此；它需要进行符号替换和化简。符号替换和化简将重新整理表达式，以合并其中的常量，比如表达式$((i+1)+1)$可以重写为$(i+(1+1))$，然后化简为$(i+2)$。这种优化方式消除了计算依赖，我们将在附录H中看到它们的通用形式。

如果不进行调度，循环展开中的每个浮点载入或运算后面都会跟着一个依赖操作，进而导致停顿。这个展开的循环将运行 26 个时钟周期（每个 fld 有 1 次停顿，每个 fadd.d 有 2 次停顿，再加上 14 个指令发射周期），或者说在 4 个元素的每个元素上平均花费 6.5 个时钟周期，但通过调度可以显著提高其性能。循环展开通常在编译过程的早期完成，从而优化器可以发现并消除冗余的计算。

在实际的程序中，我们通常不知道循环的上限。假定此上限为 *n*，我们希望展开循环，生成循环体的 *k* 个副本。我们生成的是一对连续循环，而不是单个展开后的循环。第一个循环执行(*n* mod *k*)次，其主体就是原来的循环。第二个循环是由外层循环包围的展开循环，迭代(*n*/*k*)次。［在第 4 章你会看到，这一技巧类似于一种在向量处理器的编译器中使用的**条带挖掘**（strip mining）技巧。］当 *n* 值较大时，大多数执行时间将花费在展开的循环体上。

在前面的例子中，通过展开消除了开销指令，尽管这样会显著增大代码规模，却可以提高循环的性能。如果针对先前介绍的流水线来调度展开后的循环，它的执行情况又会如何呢？

例题　针对具有表 3-2 所示延迟的流水线，对前面例子中展开后的循环进行调度，写出其执行情况。

解答

```
Loop:  fld     f0,0(x1)
       fld     f6,-8(x1)
       fld     f0,-16(x1)
       fld     f14,-24(x1)
       fadd.d  f4,f0,f2
       fadd.d  f8,f6,f2
       fadd.d  f12,f0,f2
       fadd.d  f16,f14,f2
       fsd     f4,0(x1)
       fsd     f8,-8(x1)
       fsd     f12,16(x1)
       fsd     f16,8(x1)
       addi    x1,x1,-32
       bne     x1,x2,Loop
```

循环展开后进行调度的执行时间已经缩减到总共 14 个时钟周期，或者说每个元素 3.5 个时钟周期，而在进行展开或调度之前，每个元素需要 8 个时钟周期，展开但未进行调度时需要 6.5 个周期。

对展开循环进行调度所获得的收益要大于对原循环进行调度的收益。之所以会这样，是因为展开后的循环暴露了更多可以进行调度的计算，从而可以将停顿时间减至最低；上述代码中就没有任何停顿。要以这种方式调度循环，载入指令和存储指令必须是不相关的，并且可以交换位置。

3.2.2　循环展开与调度小结

在本章和附录 H 中，我们会研究各种可以利用指令级并行的硬件与软件技术，以充分发挥处理器中各功能单元的潜力。大多数此类技术的关键在于判断何时能够改变指令顺序以及如何改变。在我们的例子中，我们做了很多这样的改变——对我们人类来说，这显然是允许的。在实践中，这个过程必须由编译器或硬件以一种系统的方式来执行。为了获得最终展开后的代码，必须进行如下决策和变换。

- 找出除维护循环的代码外互不相关的循环迭代，判定循环展开是有用的。
- 使用不同寄存器，以避免由于不同运算使用相同寄存器而造成的非必要约束（比如，名称依赖）。
- 去除多余的测试和分支指令，并调整循环终止与迭代代码。
- 通过观察不同迭代中的载入指令与存储指令互不相关，判定展开后的循环中的载入指令和存储指令可以交换位置。这一变换需要分析存储器地址，确认它们没有引用同一地址。
- 在保留必要的依赖，以得到与原代码相同的结果的前提下，对代码进行调度。

要进行所有这些变换，关键是要理解指令之间的依赖关系，而且要知道在这些关系下如何改变指令或调整指令的顺序。

有 3 种效果会限制循环展开带来的好处：(1)每次展开操作分摊的开销降低；(2)代码规模限制；(3)编译器限制。我们首先考虑循环开销问题。将循环展开 4 次时，它在指令之间产生了足够的并行性，可以在没有停顿周期的情况下调度循环。事实上，在 14 个时钟周期中，只有 2 个周期是循环开销：维护索引值的 addi 和终止循环的 bne。如果将循环展开 8 次，这一开销将从每个元素 1/2 周期降低到 1/4 周期。

展开的第二个限制是代码规模的增长。对于较大规模的循环，代码规模的增长可能是一个问题，特别是当它会导致指令缓存缺失率上升时。

还有一个通常比代码规模更重要的因素，就是由于大量进行展开和调度而造成寄存器数量不足。由于在大段代码中进行指令调度而产生的这一副作用被称为**寄存器紧缺**（register pressure）。之所以会出现这种情况，是因为调度代码以增加 ILP 时导致存活值的数量增加。在大量进行指令调度之后，可能无法将所有存活值都分配到寄存器中。尽管转换后的代码在理论上运行速度更快，但由于它会造成寄存器紧缺，所以可能会损失部分乃至全部收益。在没有展开循环时，分支就足以限制大量使用调度，所以寄存器紧缺几乎不会成为问题。但是，循环展开与大量调度结合起来却可能导致这一问题。在需要暴露更多独立指令序列的多发射处理器中，这个问题变得尤其具有挑战性，因为这些指令序列的执行可能是重叠的。一般来说，高级、复杂转换的应用导致现代编译器的复杂度大幅增加，而在生成具体代码之前，很难度量这种应用带来的可能提升。

循环展开是一种简单但有用的方法，能够增大可以有效调度的直线代码片段的规模。这种转换在各种处理器上都非常有用，从前面研究过的简单流水线，到多发射超标量，再到本章后面要研究的 VLIW。

3.3 用高级分支预测降低分支成本

由于需要通过分支冒险和停顿来实现控制依赖，所以分支会有损流水线性能。循环展开是减少分支冒险数量的一种方法，我们还可以通过预测分支的行为方式来降低分支造成的性能损失。在附录 C 中，我们将研究一些简单的分支预测器，它们既可能依赖于编译时信息，也可能单独依赖于在隔离状态下观测到的分支动态行为。因为运行中的指令数量随着更深的流水线和每个时钟更多的发射而增加，更准确的分支预测也变得越来越重要。在本节，我们将探讨提高动态预测准确率的技术。本节广泛使用了附录 C.2 节中介绍的简单的 2 位预测器，读者在继续阅读之前有必要理解该预测器的操作。

3.3.1　相关分支预测器

附录 C 中的 2 位预测器方案仅使用单个分支的最近行为来预测该分支的未来行为。如果我们不仅仅考察要预测分支的历史信息，还查看**其他**分支最近的行为，就有可能提高预测准确率。考虑 eqntott 基准测试中的一小段代码。这个基准测试是早期 SPEC 基准测试套件的一部分，用来显示特别糟糕的分支预测行为：

```
if (aa==2)
        aa=0;
if (bb==2)
        bb=0;
if (aa!=bb) {
```

下面是通常为这一代码段生成的 RISC-V 代码，假定 aa 和 bb 分别被赋值给 x1 和 x2：

```
      addi   x3,x1,-2
      bnez   x3,L1        // 分支 b1 (aa!=2)
      add    x1,x0,x0     // aa=0
L1:   addi   x3,x2,-2
      bnez   x3,L2        // 分支 b2 (bb!=2)
      add    x2,x0,x0     // bb=0
L2:   sub    x3,x1,x2     // x3=aa-bb
      beqz   x3,L3        // 分支 b3 (aa==bb)
```

我们将这些分支标记为 b1、b2 和 b3。从中可以看出很重要的一点：分支 b3 的行为与分支 b1 和 b2 的行为有关。显然，如果分支 b1 和 b2 都未执行转移（即其条件均为真，且 aa 和 bb 均被赋值为 0），那么 b3 分支将会转移，因为 aa 和 bb 明显相等。如果预测器仅利用一个分支的行为来预测该分支的结果，则永远不会捕获这一行为。

利用其他分支的行为来进行预测的分支预测器称为**相关预测器**（correlating predictor）或**两级预测器**（two-level predictor）。现有相关预测器增加最近分支的行为信息，来决定如何预测一个给定分支。例如，(1, 2)预测器在预测一个特定分支时，利用最近一个分支的行为来在一对 2 位分支预测器中进行选择。一般情况下，(m, n)预测器利用最近 m 个分支的行为在 2^m 个分支预测器中进行选择，其中每个分支预测器都是单个分支的 n 位预测器。这种相关分支预测器的吸引力在于它的预测率高于 2 位预测器，而需要添加的硬件很少。

硬件的这种简易性源自一个简单的观测结果：最近 m 个分支的全局历史可以记录在 m 位的移位寄存器中，其中每一位记录是否执行了该分支转移。将分支地址的低位与 m 位全局历史地址拼接在一起，就可以对分支预测缓冲区进行寻址。例如，在一个共有 64 项的(2, 2)缓冲区中，分支的低 4 位（字地址）和 2 个全局位（表示最近执行的两个分支的行为）构成一个 6 位索引，可用来对 64 个计数器进行寻址。通过拼接（或简单的散列函数）将局部信息和全局信息组合在一起，我们可以用拼接结果检索预测表，并尽可能快地获得标准 2 位预测器的预测（我们很快就会这样做）。

与标准的 2 位方案相比，相关分支预测器的性能提高了多少呢？为了进行公平的比较，要比较的预测器必须使用相同数量的状态位。一个(m, n)预测器的位数为：

$$2^m \times n \times \text{由分支地址选中的预测项的数量}$$

没有全局历史的 2 位预测器就是(0, 2)预测器。

例题 在具有 4K 项的(0, 2)分支预测器中有多少位？在具有同样位数的(2, 2)预测器中有多少项？

解答 具有 4K 项的预测器拥有：

$$2^0 \times 2 \times 4\text{K} = 8\text{K 位}$$

在预测缓冲区中共有 8K 位的(2, 2)预测器中，有多少由分支选中的项呢？我们知道：

$$2^2 \times 2 \times \text{由分支选中的预测项数} = 8\text{K}$$

因此，由分支选中的预测项数=1K。

图 3-1 对比了前面具有 4K 项的(0, 2)预测器与具有 1K 项的(2, 2)预测器的错误预测率。可以看出，这种相关预测器的性能不但优于具有相同状态位数的简单 2 位预测器，而且还常常优于具有无限项的 2 位预测器。

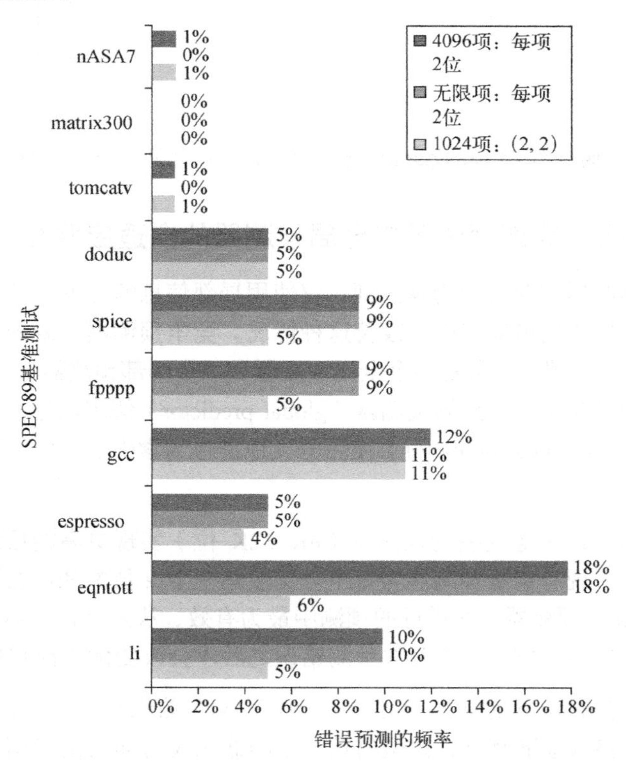

图 3-1 2 位预测器的对比。第一个是 4096 项的非相关预测器，然后是具有无限项的非相关 2 位预测器，接下来是一个 1024 项的具有 2 位全局历史的 2 位预测器。尽管这些数据是从 SPEC 的较早版本获取的，但最新 SPEC 基准测试的数据也显示了类似的准确率差异

相关预测器最著名的例子可能就是 McFarling 的 gshare 预测器。在 gshare 预测器中，索引是通过利用一个异或操作将分支的地址和最近的条件分支结果结合在一起形成的，这实际上相当于对分支地址和分支历史的散列。散列的结果用于对一个由 2 位计数器组成的预测阵列进行索引，如图 3-2 所示。gshare 预测器对于一个简单预测来说运行得非常好，经常作为基准，来和更高级的预测器进行对比。将局部分支信息和全局分支历史结合在一起的预测器也被称为**融合预测器**（alloyed predictor）或**混合预测器**（hybrid predictor）。

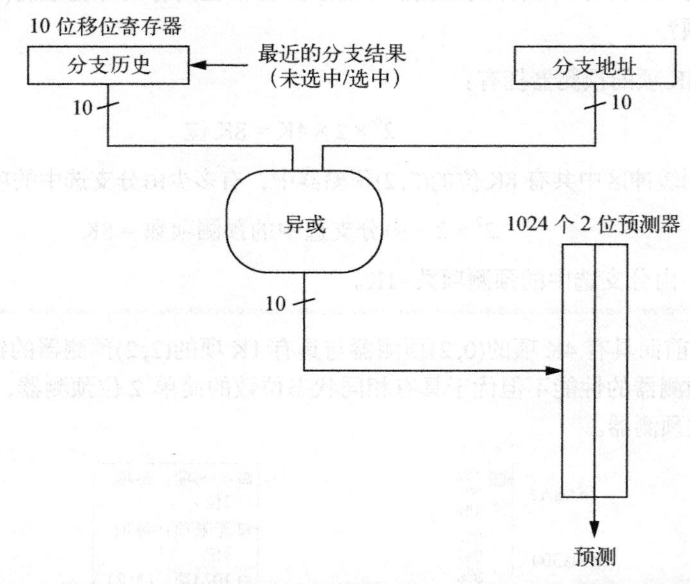

图 3-2　拥有 1024 项的 gshare 预测器。每一项都是一个标准 2 位预测器

3.3.2　竞争预测器：局部预测器与全局预测器的自适应联合

采用相关分支预测器主要是因为观察到：仅使用局部信息的标准 2 位预测器无法预测某些重要分支，而添加全局历史可能有助于改善这种情况。**竞争预测器**（tournament predictor）更进一步，它采用了多个预测器（通常是一个全局预测器和一个局部预测器），并使用选择器在它们之间进行选择，如图 3-3 所示。**全局预测器**（global predictor）使用最近的分支历史作为预测器的索引，而**局部预测器**（local predictor）使用分支地址作为索引。竞争预测器是另一种形式的**混合预测器**或**融合**预测器。

竞争预测器既可以以中等规模的预测位（8K~32K 位）实现更高的预测准确率，也可以有效利用超大量预测位。现有竞争预测器为每个分支使用一个 2 位饱和计数器，根据哪种预测器（局部、全局，甚至混合预测器）在最近的预测中最为有效，从两个预测器中进行选择。与简单的 2 位预测器一样，饱和计数器要在两次预测错误之后才会改变优选预测器的选择。

竞争预测器的优势在于它能够为特定分支选择正确的预测器，这一点对于整数基准测试尤为重要。对于 SPEC 整数基准测试，典型的竞争预测器在大约 40%的时间里选择全局预测器，而对于 SPEC FP 基准测试，该比例则不到 15%。除了率先采用竞争预测器的 Alpha 处理器之外，一些 AMD 处理器都已经采用了竞争类型的预测器。

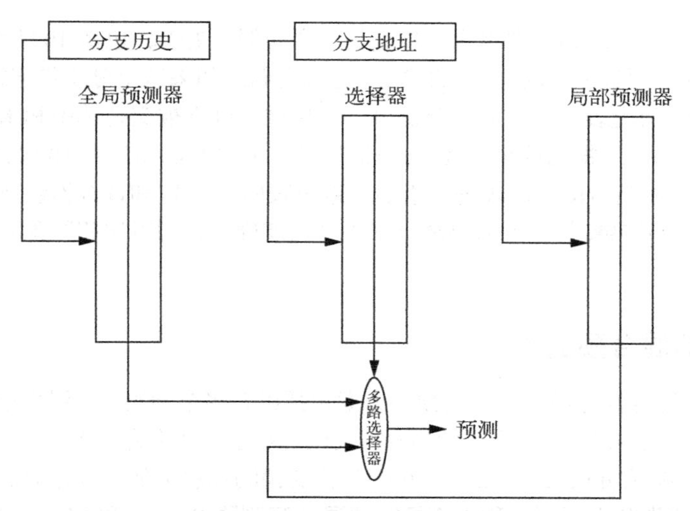

图 3-3 一个竞争预测器，它用分支地址来索引一组 2 位选择计数器，在一个局部预测器和一个全局预测器之间进行选择。在这里，选择器表的索引是当前的分支地址。这两个表也是 2 位预测器，分别由全局历史和分支地址索引。选择器相当于一个 2 位预测器，当一个行中发生两个错误预测时，为分支地址改变优选预测器。用于对选择器表和局部预测器表进行索引的分支地址的位数，等于用来索引全局预测表的全局分支历史的长度。注意，预测错误时需要一点小技巧，因为这里既需要改变选择器表，也需要改变全局或者局部预测器

图 3-4 以 SPEC89 为基准测试，研究 3 种预测器（一个局部 2 位预测器、一个相关预测器和一个竞争预测器）在不同位数时的性能。局部预测器的预测性能先达到极限。相关预测器的性能改进很大，竞争预测器的性能则更好一些。对于 SPEC 的较新版本，结果将是类似的，但需要采用稍大一些的预测器规模才能达到渐趋一致的行为。

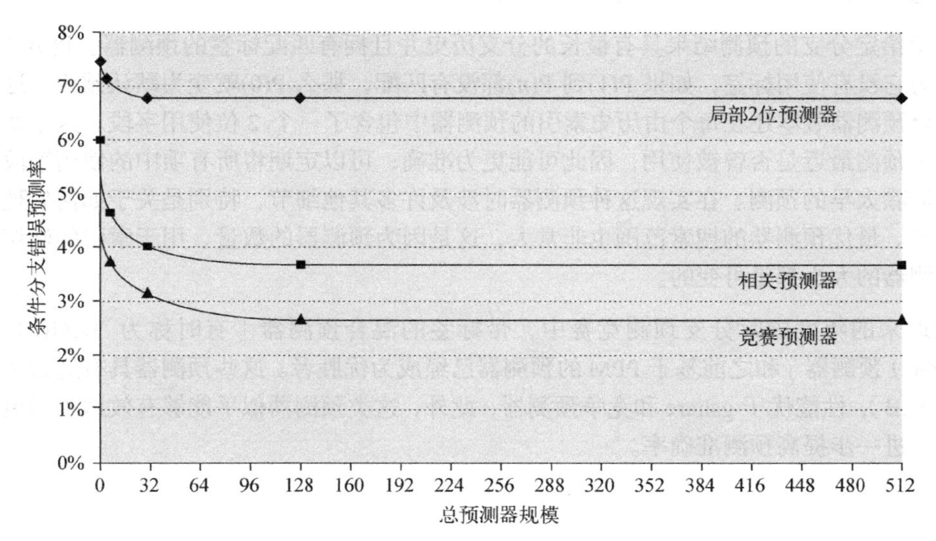

图 3-4 在不同预测器规模（K 位）下，3 种预测器运行 SPEC89 时的错误预测率。这些预测器包括：一个局部 2 位预测器；一个相关预测器，在使用图中每个点的全局和局部信息时结构最佳；一个竞争预测器。尽管这些数据是从 SPEC 的较早版本获取的，但较新的 SPEC 基准测试的数据也显示了类似行为，可能在稍微大一点的预测器规模下收敛到渐进极限

局部预测器由一个两级预测器组成。顶级是一个局部历史表，包括 1024 个 10 位项，其中每个 10 位项对应这一项最近 10 次分支的输出。也就是说，如果这个分支被连续选中 10 次或更多次，那么这个局部历史表中的相应项都是 1。如果这个分支被交替选中和未选中，那么历史项中则包括交替的 0 和 1。根据这个 10 位历史信息最多可以发现和预测 10 次分支。局部历史表的选定项用来对一个拥有 1K 项的表进行索引，这个表由 3 位饱和计数器组成，可以提供局部预测。这种组合共使用 29K 位，可以提高分支预测的准确率，同时比相同预测精度的单级表需要更少的位数。

3.3.3　带标签的混合预测器

截至 2017 年，运行性能最好的分支预测方案包括组合多个预测器，用来跟踪一个预测是否可能与当前分支相关联。有一类很重要的预测器大致是基于一种称为 PPM（部分匹配预测）的统计压缩算法。PPM [参见 Jiménez 和 Lin，2001]与分支预测算法类似，也是尝试根据历史来预测未来特性。我们将这类分支预测器称为**带标签的混合预测器**[Seznec 和 Michaud，2006]，它们采用了一系列以不同长度历史进行索引的全局预测器。

例如，如图 3-5 所示，一个由 5 部分组成的带标签混合预测器共有 5 个预测表：P(0), P(1), …, P(4)，在访问 P(i)时，使用了 PC 与最近 i 个分支的历史（和 gshare 一样，保存在一个移位寄存器 h 中）的散列结果。第一个重要区别是，使用多个历史长度来对不同的预测器进行索引。第二个重要区别是在 P(1)到 P(4)这些表中使用了标签。这些标签可以很短，因为不需要 100%的匹配：一个 4~8 位的小标签似乎就可以获得大多数好处。在求得分支地址和全局分支历史的散列之后，只有当这些标签与散列结果相匹配时，才会使用 P(1), …, P(4)中的预测。P(0…n)中的每个预测器都可以是一个标准的 2 位预测器。3 位计数器需要出现 3 次错误预测才会改变预测，在实践中这种 3 位计数器的结果略优于 2 位计数器。

一个给定分支的预测结果具有最长的分支历史并且拥有匹配标签的预测器。P(0)总是匹配的，因为它没有使用标签，如果 P(1)到 P(n)都没有匹配，那么 P(0)就变为默认预测。这个带标签的混合预测器版本还在每个由历史索引的预测器中包含了一个 2 位使用字段。这个使用字段表示一个预测最近是否曾被使用，因此可能更为准确；可以定期将所有项中的使用字段进行复位，以清除太早的预测。在实现这种预测器时涉及许多其他细节，特别是关于如何处理预测错误的细节。最优预测器的搜索范围也非常大，这是因为预测器的数量、用于索引的确切历史和每个预测器的大小都是可变的。

在近来的年度国际分支预测竞赛中，带标签的混合预测器［有时称为 TAGE（TAgged GEometic）预测器］和之前基于 PPM 的预测器已经成为优胜者。这些预测器具有适量的存储器（32~64 KiB），性能优于 gshare 和竞争预测器，此外，这类预测器似乎能够有效地利用更大的预测缓存，进一步提高预测准确率。

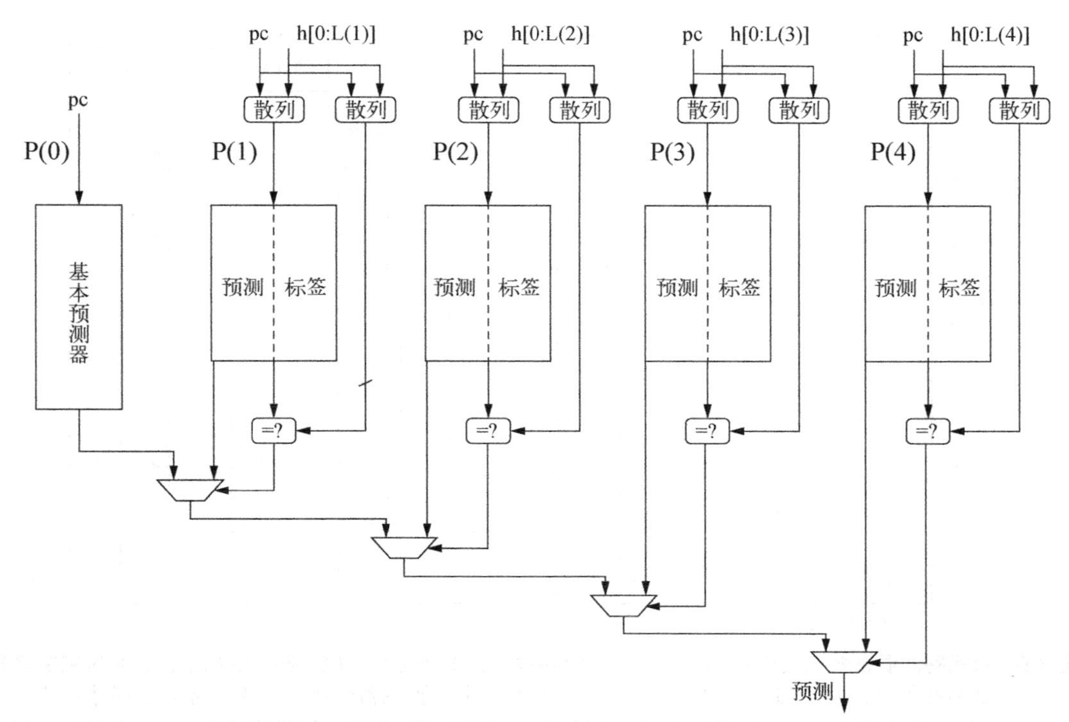

图 3-5 一个由 5 部分组成的带标签混合预测器有 5 个独立的预测表，分别用分支地址和最近的一段分支历史形成的散列值进行索引，这段历史的长度为 0~4，在本图中标有“h”。散列操作可以像 gshare 中一样简单，就是一个异或操作。每个预测器是一个 2 位（也可能是 3 位）预测器。这些标签通常为 4~8 位。所选预测是标签匹配并且是最长历史的结果

大型预测器的另一个问题是如何对预测器进行初始化。可以对其进行随机初始化，在这种情况下，可能需要相当长的执行时间向预测器中填充有用的预测。一些预测器（包括最近的许多预测器在内）包含了一个有效位，表示预测器中的一项已被置位，还是处于“未使用状态”。在后一种情况下，我们可以不采用随机预测，而是使用某种方法来初始化预测项。例如，一些指令集中包含了一个位，用来表示预测一个关联分支是否会被选中。在动态分支预测之前，这些提示位**就是**预测；在最近的处理器中，这些提示位可用于对初始预测进行置位。我们还可以根据分支方向来对初始预测置位：前向分支被初始化为未被选中，而后向分支很可能是循环分支，被初始化为选中。对于运行时间较短的程序和拥有大型预测器的处理器，这种初始设置可以对预测性能产生较明显的影响。

图 3-6 给出了一种带标签的混合预测器，其性能明显优于 gshare，特别是对于一些可预测性较差的程序，比如 SPECint 和服务器应用程序。在该图中，以每千条指令的错误预测数来衡量性能；假设分支频率为 20%~25%，对于多媒体基准测试，gshare 的错误预测率（每分支）为 2.7%~3.4%，而带标签的混合预测器的错误预测率为 1.8%~2.2%，大约低了三分之一。与 gshare 相比，带标签混合预测器的实现要更复杂一些，也可能要稍慢一些，这是因为它需要核查多个标签才能选出预测结果。但是，对于深度流水化的处理器来说，分支预测错误的代价过高，预测准确率的提升可以弥补上述不足。因此，许多高端处理器的设计师倾向于在其最新实现中包含带标签的混合预测器。

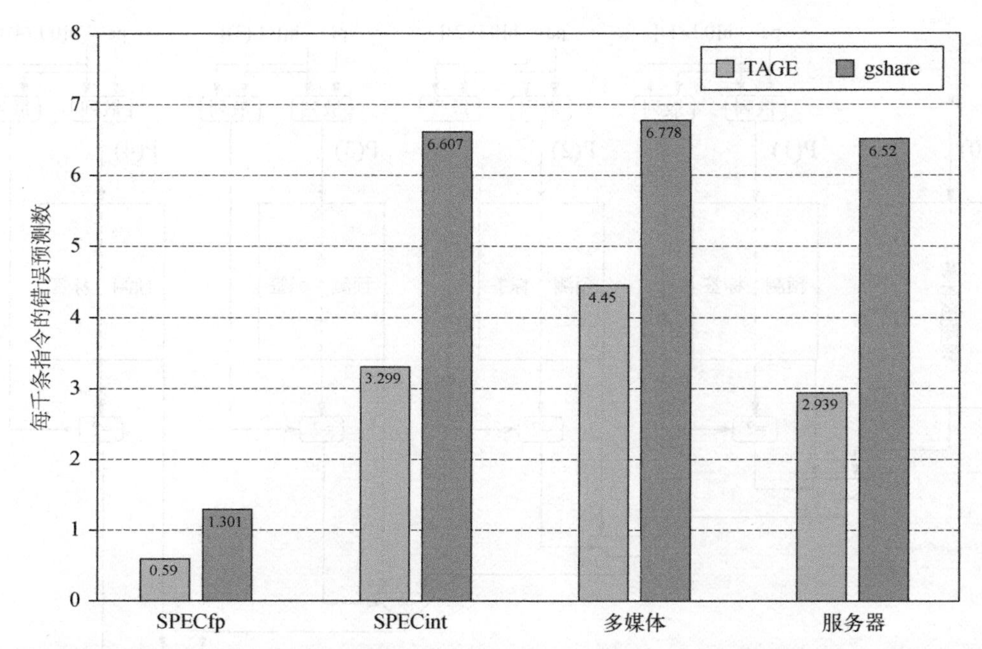

图 3-6　带标签的混合预测器与 gshare 的错误预测率对比（以每执行 1000 条指令的错误预测数来衡量）。这两种预测器使用的总位数相同，尽管带标签的混合预测器使用了其中一部分来存储标签，而 gshare 中不包含标签。这些基准测试包括来自 SPECfp 和 SPECint 的跟踪以及一系列多媒体与服务器基准测试。后两者的特性更像 SPECint

3.3.4　Intel Core i7 分支预测器的演进

上一章曾经说过，从 2008 年（使用 Nehalem 微体系结构的 Core i7 920）到 2016 年（使用 Skylake 微体系结构的 Core i7 6700），共有 6 代 Intel Core i7 处理器。由于将深度流水线和多发射结合在了一起，所以 i7 同时有多条指令处于工作状态（最多 256 条，通常是至少 30 条）。这就使得分支预测变得至关重要，也成为 Intel 持续改进的领域。可能是因为分支预测器在本质上对性能起着至关重要的作用，所以 Intel 一直对其分支预测器的细节高度保密。即使对于一些较老的处理器，比如 2008 年推出的 Core i7 920，他们也仅公布了非常有限的信息。这一节，我们将简要介绍已知的一些信息，并将 Core i7 920 的预测器性能与最新的 Core i7 6700 进行对比。

Core i7 920 使用了一个两级预测器，其中第一级预测器较小，以满足每个时钟周期预测一个分支的时钟约束条件；第二级预测器较大，作为备份。每级预测器都组合了 3 个不同的预测器：(1)简单的两位预测器，在附录 C 中介绍（上述竞争预测器中使用了这种预测器）；(2)全局历史预测器，类似于我们之前看到的预测器；(3)循环退出预测器。对于被检测为循环分支的分支，循环退出预测器使用计数器来预测被选中分支的确切数目（也就是循环迭代的数目）。对于每个分支，通过跟踪每种预测的准确率从 3 个预测器中选择最佳预测，就像一个竞争预测器。除了这两级主预测器之外，还有一个为间接分支预测目标地址的独立单元，另外还使用了栈来预测返回地址。

尽管人们对于最新 i7 处理器中的预测器了解得更少，但有充分的理由相信，Intel 正在采用一种带标签的混合预测器。这种预测器的一个好处是结合了之前 i7 中的所有 3 种二级预测器的功能。这种具有不同历史长度的带标签混合预测器包含了循环退出预测器以及局部和全局历史预测器。返回地址预测器还是保持独立。

和在其他情景中一样，推测在评估预测器方面也导致了一些难题，这是因为对一个分支的错误预测很容易导致读取并错误预测另一个分支。为了使事情简单一些，我们看一下错误预测数占成功完成分支数（这些分支不是推测错误导致的结果）的百分比。图 3-7 显示了 SPECPUint 2006 基准测试的数据。这些基准测试明显大于 SPEC89 或 SPEC2000，其结果是：即使使用更强大的预测器组合，错误预测率也高于图 3-4 中的错误预测率。由于分支预测错误会导致推测无效，所以它会导致一些工作白做了，在本章后面将会了解到这一点。

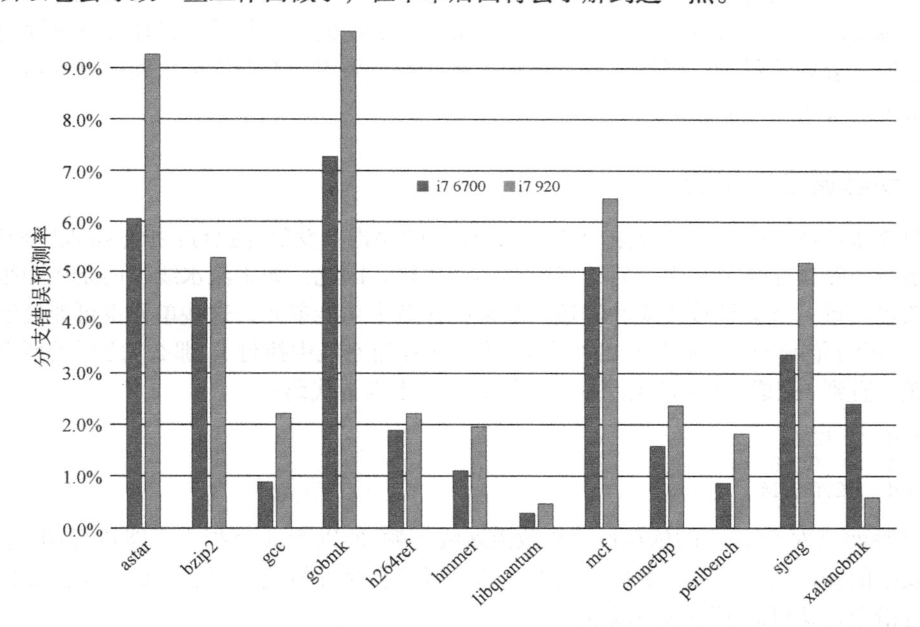

图 3-7　Intel Core i7 920 和 6700 针对整数 SPEC CPU2006 基准测试的错误预测率。错误预测率是预测错误的已完成分支与所有已完成分支之比。这种计算方法可能会略微低估预测错误率，因为如果一条分支被错误预测，并引向另一个错误预测的分支（这条分支不应当被执行），则它只会看作一次预测错误。平均来说，i7 920 对分支进行错误预测的频率大约是 i7 6700 的 1.3 倍

3.4　用动态调度克服数据冒险

除非是流水线中的已有指令与要读取的指令之间存在数据依赖，而且无法通过旁路或前递来隐藏这一数据依赖，否则，简单的静态调度流水线就会提取一条指令并发射出去。（前递逻辑可以减少实际流水线延迟，所以某些依赖不会导致冒险。）如果存在不能隐藏的数据依赖，那么冒险检测硬件会从使用该结果的指令开始，将流水线置于停顿状态。在清除这一依赖之前，不会提取和发射新的指令。

本节将研究**动态调度**。在这种调度方式中，硬件会重新安排指令的执行顺序以减少停顿，同时保持数据流和异常行为。动态调度有几个优点。第一，它允许针对一种流水线编译的代码

在不同类型的流水线上高效执行，不需要多个二进制文件，也无须为不同的微体系结构重新进行编译。如今，大多数软件来自第三方，而且是以二进制文件形式分发的，这种计算环境使上述优势更加明显。第二，它可以应对编译时依赖关系未知的情况；比如，这些依赖可能涉及存储器访问或者与数据有关的分支，或者，它们可能源自使用动态链接或动态分发的现代编程环境。第三，也可能是最重要的一个优点，它允许处理器容忍一些预料之外的延迟，比如缓存缺失，它可以在等待解决缺失问题时执行其他代码。3.6节将探讨以动态调度为基础的硬件推测，这一技术还有更多性能方面的优势。我们将会看到，动态调度的优势以显著增加硬件复杂度为代价。

尽管动态调度的处理器不能改变数据流，但它会在存在依赖关系时尽力避免停顿。相反，由编译器调度的静态流水线（在3.2节介绍）尽量将停顿时间降至最低，具体方法是隔离相关指令，使它们不会导致冒险。当然，对于那些本来准备在采用动态调度流水线的处理器上运行的代码，也可以使用编译器流水线调度。

3.4.1　动态调度：思想

简单流水线技术的一个主要限制是，它们使用顺序指令发射与执行：指令按程序顺序发射；如果一条指令停顿在流水线中，后续指令都不能执行。因此，如果流水线中两条相距很近的指令存在依赖关系，就会导致冒险和停顿。如果存在多个功能单元，这些单元也可能处于空闲状态。如果指令 j 依赖于长时间运行的指令 i（当前正在流水线中执行），那么 j 之后的所有指令都必须停顿，直到 i 完成、j 可以执行为止。例如，考虑以下代码：

```
fdiv.d  f0,f2,f4
fadd.d  f10,f0,f8
fsub.d  f12,f8,f14
```

由于 fadd.d 对 fdiv.d 的依赖性会导致流水线停顿，所以 fsub.d 指令不能执行；但是，fsub.d 与流水线中的任何指令都没有数据依赖性。这一冒险会对性能造成限制，如果不需要以程序顺序来执行指令，就可以消除这一限制。

在经典的五级流水线中，可在指令译码（ID）期间检查结构冒险和数据冒险：当一个指令可以无冒险执行时，它会从 ID 发射出去，并确认所有数据冒险都已解决。

为了能够开始执行上面例子中的 fsub.d，必须将发射过程分为两个部分：检查所有结构冒险和等待数据冒险的消失。因此，我们仍然使用顺序指令发射（即按程序顺序发射指令），但我们希望一条指令能够在其数据操作数可用时立即开始执行。这样的流水线实际是**乱序执行**（out-of-order execution），这也就意味着**乱序完成**（out-of-order completion）。

乱序执行可能导致 WAR 冒险和 WAW 冒险，而这些冒险在这个五级整数流水线及其逻辑扩展中的顺序浮点流水线中是不存在的。考虑以下 RISC-V 浮点代码序列：

```
fdiv.d  f0,f2,f4
fmul.d  f6,f0,f8
fadd.d  f0,f10,f14
```

在 fmul.d 和 fadd.d 之间存在反依赖（对于寄存器 f0），如果流水线在 fmul.d（在等待 fdiv.d）之前执行 fadd.d，将会违反反依赖性，产生 WAR 冒险。与此类似，为了避免违反输出依赖，

比如由 `fadd.d` 在 `fdiv.d` 完成之前写入 `f0`，就必须处理 WAW 冒险。后面将会看到，利用寄存器重命名可以避免这两种冒险。

乱序完成还会使异常处理变得复杂。采用乱序完成的动态调度必须保留异常行为，使那些在严格按照程序顺序执行程序时会发生的异常仍然会**实际发生**，并且不会发生其他异常。动态调度的处理器会通过推迟相关异常的发布来保留异常行为，直到处理器知道该指令就是接下来要完成的指令为止。

尽管异常行为必须保留，但动态调度的处理器可能造成**非精确**异常。如果在发生异常时，处理器的状态与严格按照程序顺序执行指令时的状态不完全一致，就说这一异常是**非精确的**。非精确异常可以因为以下两种可能性而发生。

(1) 流水线在执行导致异常的指令时，可能**已经完成**了按照程序顺序排在这一指令**之后**的指令。

(2) 流水线在执行导致异常的指令时，可能**还没有完成**按照程序顺序排在这一指令**之前**的指令。

非精确异常增大了在异常之后重新开始执行的难度。我们在这一节不会解决这些问题，而是讨论一种解决方案，这种方案能够在具有推测功能的处理器环境（见 3.6 节）中提供精确异常。对于浮点异常，已经采用了其他解决方案，见附录 J 中的讨论。

为了能够进行乱序执行，我们将五级简单流水线的 ID 流水级大体分为以下两个阶段。

(1) **发射**（issue）——指令译码，检查结构冒险。

(2) **读取操作数**—— 一直等到没有数据冒险后，然后读取操作数。

指令读取阶段在发射阶段之前，既可以把指令放到指令寄存器中，也可能放到一个待完成指令队列中，然后从指令寄存器或队列发射这些指令。执行阶段跟在读取操作数阶段之后，这一点和五级流水线中一样。执行过程可能需要多个周期，具体数目取决于所执行的操作。

我们区分一个指令**开始执行**和**完成执行**的时刻，在这两个时刻之间，指令**处于执行过程中**。我们的流水线允许同时执行多条指令，如果没有这一功能，就会失去动态调度的主要优势。要同时执行多条指令，需要有多个功能单元或流水化功能单元，或者两者兼有。由于这两种功能（流水化功能单元和多个功能单元）在流水线控制方面大体相当，所以我们假定处理器拥有多个功能单元。

在动态调度流水线中，所有指令都顺序经历发射阶段（顺序发射）；但是，它们可能在第二阶段（读取操作数阶段）停顿或者相互旁路，从而进入乱序执行状态。**记分牌**（scoreboarding）技术允许在有足够资源且不存在数据依赖时乱序执行指令。它的名字源于开创了这项技术的 CDC 6600 记分牌。这里重点介绍一种更高级的技术，名为 **Tomasulo 算法**。它们之间的主要区别在于，Tomasulo 算法通过对寄存器进行有效的动态重命名来处理反依赖和输出依赖。此外，还可以对 Tomasulo 算法进行扩展，用来处理**推测**，这种技术通过预测一个分支的输出、执行预测目标地址的指令、在预测错误时采取纠正措施，降低控制依赖的影响。虽然使用记分牌可能足以支持简单的处理器，但更复杂、更高性能的处理器则要利用推测技术。

3.4.2　使用 Tomasulo 算法进行动态调度

IBM 360/91 浮点单元采用一种高级方案来支持乱序执行。这一方案由 Robert Tomasulo 发明，它会跟踪指令的操作数何时可用，以将 RAW 冒险降至最低，还会在硬件中引入寄存器重命名功能，以将 WAW 冒险和 WAR 冒险降至最低。虽然最近的处理器中存在这种方案的许多变体，但它们都依赖于两个关键原则：动态确定一条指令何时可以执行，以及重命名寄存器以避免不必要的冒险。

IBM 的目标是通过为整个 360 计算机系列设计的指令集和编译器，而不是针对高端处理器的专门编译器来实现高浮点性能。360 体系结构只有 4 个双精度浮点寄存器，这限制了编译器调度的有效性；这一事实是开发 Tomasulo 方法的另一个动机。此外，IBM 360/91 的存储器访问时间和浮点延迟都很长，Tomasulo 算法就是为克服这些问题设计的。在本节的最后，我们会看到 Tomasulo 算法还支持重叠执行一个循环的多次迭代。

我们将在 RISC-V 指令集上下文中解释这一算法，重点放在浮点单元和载入–存储单元。RISC-V 与 360 的主要区别是后者的体系结构中存在寄存器–存储器指令。由于 Tomasulo 算法使用了一个载入功能单元，所以要添加寄存器–存储器寻址模式，并不需要进行大量修改。IBM 360/91 还有一点不同，即它拥有的是流水化功能单元，而不是多个功能单元，但我们在描述该算法时仍然假定它有多个功能单元。它只是对功能单元进行流水化的概念扩展。

如果仅在操作数可用时才执行该指令，就可以避免 RAW 冒险，而这正是一些简单记分牌方法提供的功能。WAR 冒险和 WAW 冒险（源于名称依赖）可以通过**寄存器重命名**（register renaming）来消除。**寄存器重命名**对所有目标寄存器（包括为之前某条指令而挂起了读写操作的寄存器）进行重命名，这样，即使一些指令还需要某个操作数的旧值，也不再会因为乱序写入而受到影响，从而消除了 WAR 冒险和 WAW 冒险。如果 ISA 中有足够的可用寄存器，编译器通常可以实现这样的重命名。最初的 360/91 只有 4 个浮点寄存器，Tomasulo 算法就是为了克服这一不足而创建的。尽管现代处理器有 32~64 个浮点寄存器和整数寄存器，但在最近的实现中可用的重命名寄存器达到了数百个。

为了更好地理解寄存器重命名如何消除 WAR 冒险和 WAW 冒险，考虑以下可能出现 WAR 冒险和 WAW 冒险的代码序列示例：

```
fdiv.d  f0,f2,f4
fadd.d  f6,f0,f8
fsd     f6,0(x1)
fsub.d  f8,f10,f14
fmul.d  f6,f10,f8
```

以上代码共有两处反依赖：fadd.d 和 fsub.d 之间，以及 fsd 和 fmul.d 之间。在 fadd.d 和 fmul.d 之间还有一处输出依赖，因而一共可能存在 3 处冒险：fadd.d 使用 f8 时的 WAR 冒险、fsub.d 使用 f8 时的 WAR 冒险，以及因为 fadd.d 可能在 fmul.d 之后完成所造成的 WAW 冒险。还有 3 个真正的数据依赖：fdiv.d 和 fadd.d 之间，fsub.d 和 fmul.d 之间，fadd.d 和 fsd 之间。

这 3 个名称依赖都可以通过寄存器重命名来消除。为简便起见，假定存在两个临时寄存器：S 和 T。利用 S 和 T，可以对这一序列进行改写，使其没有任何名称依赖，如下所示：

```
fdiv.d  f0,f2,f4
fadd.d  S,f0,f8
fsd     S,0(x1)
fsub.d  T,f10,f14
fmul.d  f6,f10,T
```

此外，对 f8 的任何后续使用都必须用寄存器 T 来代替。在这个示例中，可以由编译器静态完成这一重命名过程。要在后续代码中找出所有使用 f8 的地方，需要采用高级编译器分析或硬件支持，这是因为上述代码段与后面使用 f8 的位置之间可能存在干扰的分支。我们将会看到，Tomasulo 算法可以处理跨越分支的重命名问题。

在 Tomasulo 方案中，寄存器重命名功能由**保留站**（reservation station）提供，保留站会为等待发射的指令缓冲操作数，并且与功能单元相关。其基本思想是：保留站在一个操作数可用时马上提取并缓冲它，这样就不再需要从寄存器中获取该操作数。此外，等待执行的指令会指定保留站为自己提供输入。最后，在对寄存器连续进行写操作并且重叠执行时，实际只会使用最后一个操作更新寄存器。在发射指令时，会重命名待用操作数的寄存器说明符，改为提供寄存器重命名功能的保留站的名字。

由于保留站的数目可能多于实际的寄存器，所以这一技术甚至可以消除因为名称依赖而导致的冒险，这类冒险是编译器所无法消除的。在研究 Tomasulo 方案的各个部分时，我们将再次讨论寄存器重命名这一主题，了解究竟如何实现重命名以及它如何消除 WAR 冒险和 WAW 冒险。

使用保留站而不是集中式寄存器堆，还有另外两个重要特性。第一，冒险检测和执行控制是分布式的：每个功能单元保留站中保存的信息，决定了一条指令什么时候可以开始在该单元中执行。第二，结果将直接从缓冲它们的保留站中传递给功能单元，而不需要经过寄存器。这一旁路是使用公共结果总线完成的，它允许同时载入所有等待一个操作数的单元［在 360/91 中，这种总线被称为**公共数据总线**（common data bus，CDB）］。在具有多个执行单元并且每个时钟周期发射多条指令的流水线中，将需要不止一条结果总线。

图 3-8 展示了基于 Tomasulo 算法的处理器的基本结构，其中包括浮点单元和载入/存储单元；所有执行控制表均未显示。每个保留站保存一条已经被发射、正在功能单元等待执行的指令。如果已经计算出这一指令的操作数值，则保存这些操作数值，否则记录将提供这些操作数值的保留站名称。

载入缓冲区和存储缓冲区记录与存储器交互的数据或地址，其行为方式基本与保留站相同，所以我们仅在必要时才区分它们。浮点寄存器通过一对总线连接到功能单元，由一根总线连接到存储缓冲区。来自功能单元和来自存储器的所有结果都通过公共数据总线发送，它会通向除载入缓冲区之外的其他地方。所有保留站都有标记字段，供流水线控制使用。

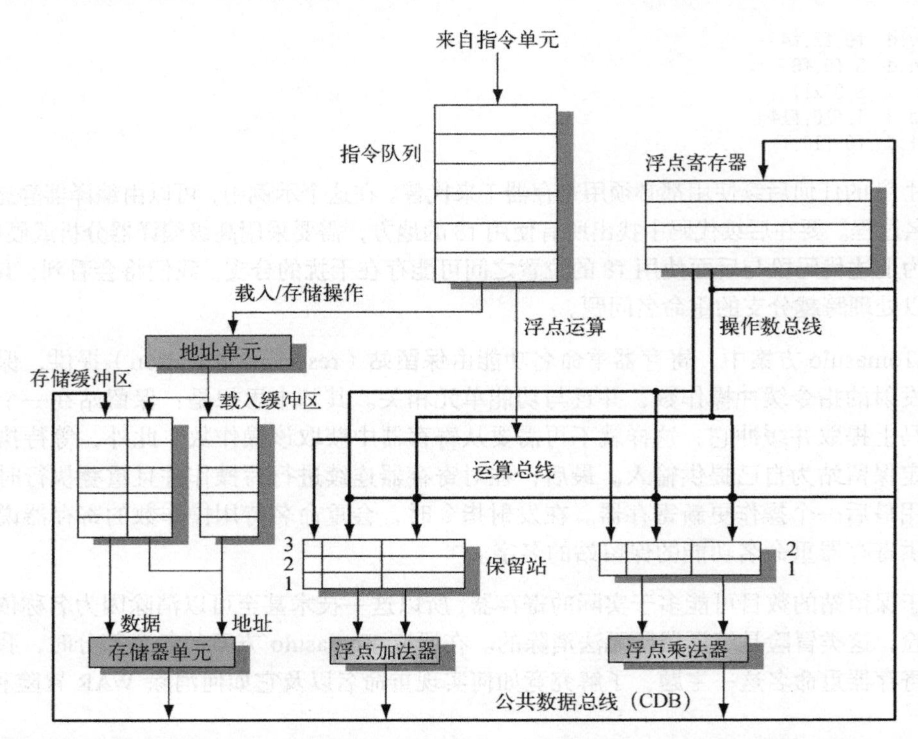

图 3-8　使用 Tomasulo 算法的 RISC-V 浮点单元的基本结构。指令由指令单元发送给指令队列，再按先进先出（FIFO）顺序从指令队列中发射出去。保留站包含运算和实际操作数，还有用于检测和解决冒险的信息。载入缓冲区有 3 项功能：(1)保存有效地址的各个部分，直到计算完成；(2)跟踪在存储器中等待的未完成载入过程；(3)保存正在等待 CDB 的已完成载入过程的结果。与此类似，存储缓冲区也有 3 项功能：(1)保存有效地址的各个部分，直到计算完成；(2)对于尚未完成、正在等待待存储数据值的存储过程，存储其目标存储器地址；(3)保存要存储的地址和数据值，直到存储器单元可用为止。来自浮点单元或载入单元的所有结果都被放在 CDB 中，它会通向浮点寄存器堆以及保留站和存储缓冲区。浮点加法器实现加法和减法，浮点乘法器完成乘法和除法

在详细描述保留站和此算法之前，让我们看看一条指令所经历的步骤。尽管每个步骤现在可能需要任意数目的时钟周期，但一共只有以下 3 个步骤。

(1) **发射**——从指令队列的头部获取下一条指令。指令队列按 FIFO 顺序维护，以确保保持数据流的正确性。如果有一个匹配的保留站为空，则将这条指令发送到这个站中，如果操作数值当前已经存在于寄存器，也一并发送到站中。如果没有空闲保留站，则存在结构冒险，该指令会停顿，直到有保留站或缓冲区被释放为止。如果操作数不在寄存器中，则一直跟踪将生成这些操作数的功能单元。这一步骤将对寄存器进行重命名，消除 WAR 冒险和 WAW 冒险。在动态调度处理器中，这一阶段有时被称为**分派**（dispatch）。

(2) **执行**——如果还有一个或多个操作数不可用，则在等待计算的同时监视公共数据总线。当一个操作数变为可用时，就将它放到任何一个正在等待它的保留站中。当所有操作数都可用时，则可以在相应功能单元中执行运算。通过延迟指令执行，直到操作数可用为止，可以避免 RAW 冒险。（一些动态调度处理器将这一步骤称为“发射”，但我们使用“执行”一词，在第一个动态调度处理器 CDC 6600 中使用的就是这个名字。）

注意，在同一时钟周期，同一功能单元可能会有几条指令同时变为就绪状态。尽管独立功能单元可以在同一时钟周期执行不同指令，但如果单个功能单元有多条指令准备就绪，那它就必须从这些指令中进行选择。对于浮点保留站，可以任意做出这一选择，但是载入和存储指令可能要更复杂一些。

载入指令和存储指令的执行过程分两步。第一步是在基址寄存器可用时计算有效地址，然后将有效地址放在载入缓冲区或存储缓冲区中。载入缓冲区中的载入指令在存储器单元可用时立即执行。存储缓冲区中的存储指令等待要存储的值，然后将其发送给存储器单元。通过有效地址的计算，载入指令和存储指令保持程序顺序，稍后将会看到，这样有助于通过存储器来避免冒险。

为了保护异常行为，任何一条指令必须等到根据程序顺序排在它之前的所有分支全部完成之后，才能执行。这一限制保证了在执行期间导致异常的指令确实会被执行。在使用分支预测的处理器中（和所有动态调度处理器一样），这意味着处理器在允许分支之后的指令开始执行之前，必须知道分支预测是正确的。如果处理器记录了异常的发生，但没有实际触发异常，则可以开始执行一条指令，并且在进入写回阶段之前不会停顿。

后面可以看到，推测提供了一种更灵活、更完整的异常处理方法，所以我会将推后进行这一改进，并说明推测是如何解决这一问题的。

(3) **写结果**——在计算出结果之后，将其写到 CDB 上，再从 CDB 传送给寄存器和所有等待这一结果的保留站（包括存储缓冲区）。存储指令一直缓存在存储缓冲区中，直到待存储值和存储地址可用为止，然后在有空闲存储器单元时，立即写入结果。

保留站、寄存器堆和载入/存储缓冲区都采用了可以检测和消除冒险的数据结构，根据对象的不同，这些数据结构中的信息也稍有不同。这些标签实际上就是用于重命名的虚拟寄存器扩展集的名字。在这里的例子中，标记字段包含 4 个数位，用来表示 5 个保留站之一或 5 个载入缓冲区之一。后面将会看到，这相当于设定了 10 个可以指定为结果寄存器的寄存器（5 个保留站+5 个载入缓冲区，而 360 体系结构中包含 4 个双精度寄存器）。在拥有更多真正寄存器的处理器中，我们可能希望重命名能够提供更大的一组虚拟寄存器，通常有数百个。标记字段指出哪个保留站中包含的指令将会生成作为源操作数的结果。

在指令被发射出去并开始等待源操作数之后，将使用一个保留站编号来引用该操作数，这个保留站中保存着将对寄存器进行写操作的指令。如果使用一个未用作保留站编号的值（比如 0）来引用该操作数，则表明该操作数已经在寄存器中准备就绪。由于保留站的数目多于实际寄存器的数目，所以使用保留站编号对结果进行重命名，就可以避免 WAW 冒险和 WAR 冒险。虽然在 Tomasulo 方案中，保留站被用作扩展虚拟寄存器，但其他方法可能使用拥有更多寄存器的寄存器集，也可能使用诸如重排序缓冲区这样的结构，3.6 节会进行讨论。

在 Tomasulo 方案以及后面将介绍的支持推测的方法中，结果都是在受保留站监视的总线（CDB）上广播。采用公用结果总线，再由保留站从总线中提取结果，就实现了静态调度流水线中的前递和旁路机制。但在这一方案中，动态调度方案（如 Tomasulo 算法）会在源与结果之间引入一个时钟周期的延迟，这是因为相对于一个较简单的流水线“执行”阶段的末尾，要等到“写结果”阶段的末尾，才能让结果与其应用匹配起来。因此，在动态调度流水线中，生成结果的指令与使用结果的指令之间的有效延迟，要比生成该结果的功能单元的延迟至少长一个时钟周期。

一定别忘了，Tomasulo方案中的标签引用的是将会生成结果的缓冲区或单元；当一条指令发射到保留站之后，寄存器名称将会丢弃。（这是Tomasulo方案与记分牌之间的一个关键区别：在记分牌中，操作数保存在寄存器中，只有生成结果的指令已经完成、使用结果的指令做好执行准备之后，才会读取操作数。）

每个保留站有以下7个字段。

- Op——对源操作数S1和S2执行的运算。
- Qj、Qk——将生成相应源操作数的保留站；当取值为0时，表明已经可以在Vj或Vk中获得源操作数，或者不需要源操作数。
- Vj、Vk——源操作数的值。注意，对于每个操作数，V 字段或 Q 字段中只有一个是有效的。对于载入指令，Vk字段用于保存偏移量字段。
- A——用于保存为载入指令或存储指令而计算存储器地址所需的信息。在开始时，指令的立即数字段存储在这里；在计算地址之后，有效地址存储在这里。
- Busy——指明这个保留站及其相关功能单元已被占用。

寄存器堆有一个字段Qi。

- Qi——如果一个运算的结果应当存储在这个寄存器中，则 Qi 是包含此运算的保留站的编号。如果Qi的值为空（或0），则当前没有活动指令正在计算应当存储在这个寄存器中的结果，也就是说这个值就是寄存器的内容。

载入缓冲区和存储缓冲区各有一个字段A，一旦完成了第一个执行步骤，这个字段中就包含了有效地址的结果。

在下一节，我们将首先看一些示例，说明这些机制是如何工作的，然后再详细研究具体算法。

3.5 动态调度：示例和算法

在详细研究 Tomasulo 算法之前，先来看几个示例，这些示例有助于说明这种算法的工作原理。

例题 对于以下代码序列，写出在仅完成了第一条载入指令并已将其结果写到CDB总线时的信息表：

```
1.   fld      f6,32(x2)
2.   fld      f2,44(x3)
3.   fmul.d   f0,f2,f4
4.   fsub.d   f8,f2,f6
5.   fdiv.d   f0,f0,f6
6.   fadd.d   f6,f8,f2
```

解答 表3-3用3个表显示了其结果。Add、Mult和Load之后附加的数字表示保留站的标签——Add1是第一加法单元计算结果的标签。此外，我们还给出了一个指令状态表。之所以列出这个表，是为了帮助读者理解这一算法；它不是硬件的实际组成部分。每个已发射运算的状态都是由保留站来保存。

表 3-3 当所有指令都已发射，但只有第一条载入指令已经完成而且已将其结果写到 CDB 时的保留站与寄存器标签

指令		指令状态		
		发射	执行	写结果
fld	f6,32(x2)	√	√	√
fld	f2,44(x3)	√	√	
fmul.d	f0,f2,f4	√		
fsub.d	f8,f2,f6	√		
fdiv.d	f0,f0,f6	√		
fadd.d	f6,f8,f2	√		

名称	保留站						
	繁忙	Op	Vj	Vk	Qj	Qk	A
Load1	否						
Load2	是	Load					44+Regs[x3]
Add1	是	SUB		Mem[32+ Regs[x2]]	Load2		
Add2	是	ADD			Add1	Load2	
Add3	否						
Mult1	是	MUL		Regs[f4]	Load2		
Mult2	是	DIV		Mem[32+ Regs[x2]]	Mult1		

字段	寄存器状态								
	f0	f2	f4	f6	f8	f10	f12	…	f30
Qi	Mult1	Load2		Add2	Add1	Mult2			

* 第二条载入指令已经完成有效地址的计算，但还在等待存储器单元。我们用数组 Regs[]访问寄存器堆，用数组 Mem[]访问存储器。记住，在任何时刻，操作数由 Q 字段或 V 字段指定。注意，fadd.d 指令（它在 WB 阶段有一个 WAR 冒险）已经发射，可能在 fdiv.d 开始之前完成。

与先前较简单的方案相比，Tomasulo 方案有两大优势：(1)分布式冒险检测逻辑；(2)消除了可能产生 WAW 冒险和 WAR 冒险的停顿。

第一个优势源于分布式保留站和 CDB 的使用。如果多条指令正在等待同一个结果，而每条指令的其他操作数均已准备就绪，那么在 CDB 上广播这一结果就可以同时释放这些指令。如果使用集中式的寄存器堆，这些单元必须在寄存器总线可用时从寄存器中读取自己的结果。

第二个优势（消除 WAW 冒险和 WAR 冒险）的实现方式是利用保留站来重命名寄存器，并在操作数可用时立即将其存储在保留站中。

例如，尽管存在涉及 f6 的 WAR 冒险，但表 3-3 中的代码序列发射了 fdiv.d 和 fadd.d。这一冒险通过两种方法之一消除。第一种方法：如果为 fdiv.d 提供操作数的指令已经完成，则 Vk 中会存储这个结果，使 fdiv.d 不依赖 fadd.d 就能执行（表中所示的就是这种情况）。如果 fld 还没有完成，则 Qk 将指向 Load1 保留站，fdiv.d 指令不再依赖于 fadd.d。因此，在任意一种情况下，fadd.d 都可以发射并开始执行。在用到 fdiv.d 的结果时，都会指向保留站，使 fadd.d

能够完成，并将其结果存储在寄存器中，而不会影响到 fdiv.d。

稍后会看到一个消除 WAW 冒险的例子。但先来看看前面的示例是如何继续执行的。在这个例子以及本章后面的例子中，假定有如下延迟值：载入指令为 1 个时钟周期，加法指令为 2 个时钟周期，乘法指令为 6 个时钟周期，除法指令为 12 个时钟周期。

例题　对于上例中的同一代码段，给出当 fmul.d 准备写回结果时的状态表。

解答　其结果如表 3-4 中的 3 个表格所示。注意，因为已经复制了 fdiv.d 的操作数，所以 fadd.d 已经完成，因而克服了 WAR 冒险问题。注意，即使 f6 的载入操作是 fdiv.d，在执行对 f6 的加法操作时也不会触发 WAW 冒险。

表 3-4　只有乘法与除法指令还没有完成

指令		指令状态		
		发射	执行	写结果
fld	f6,32(x2)	√	√	√
fld	f2,44(x3)	√	√	√
fmul.d	f0,f2,f4	√	√	
fsub.d	f8,f2,f6	√	√	√
fdiv.d	f0,f0,f6	√		
fadd.d	f6,f8,f2	√	√	√

名称	保留站						
	繁忙	Op	Vj	Vk	Qj	Qk	A
Load1	否						
Load2	否						
Add1	否						
Add2	否						
Add3	否						
Mult1	是	MUL	Mem[44 + Regs[x3]]	Regs[f4]			
Mult2	是	DIV		Mem[32 + Regs[x2]]	Mult1		

字段	寄存器状态							
	f0	f2	f4	f6	f8	f10	f12	…	f30
Qi	Mult1					Mult2			

3.5.1　Tomasulo 算法：细节

表 3-5 给出了每条指令都必须经历的检查和步骤。前面曾经提到，载入指令和存储指令在进入独立的载入或存储缓冲区之前，要经过一个计算有效地址的功能单元。载入指令会进入第二个执行步骤，以访问存储器，然后进入“写结果”阶段，将来自存储器的值写入寄存器堆以及（或者）任何正在等待的保留站。存储指令在“写结果”阶段完成其执行，将结果写到存储

器中。注意，无论目标是寄存器还是存储器，所有写操作都在“写结果”阶段发生。这一限制简化了 Tomasulo 算法，是其扩展到支持推测功能的关键（3.6 节将讨论这一扩展）。

表 3-5 算法步骤以及每个步骤需要的内容

指令状态	等待条件	操作或记录工作

发射
浮点操作
	站 r 空	if (RegisterStat[rs].Qi≠0)
		{RS[r].Qj ← RegisterStat[rs].Qi}
		else {RS[r].Vj ← Regs[rs]; RS[r].Qj ← 0};
		if (RegisterStat[rt].Qi≠0)
		{RS[r].Qk ← RegisterStat[rt].Qi
		else {RS[r].Vk ← Regs[rt]; RS[r].Qk ← 0};
		RS[r].Busy ← yes; RegisterStat[rd].Q ← r;

载入或存储	缓冲区 r 空	if (RegisterStat[rs].Qi≠0) {RS[r].Qj ← RegisterStat[rs].Qi} else {RS[r].Vj ← Regs[rs]; RS[r].Qj ← 0}; RS[r].A ← imm; RS[r].Busy ← yes;
仅载入		RegisterStat[rt].Qi ← r;
仅存储		if (RegisterStat[rt].Qi≠0) {RS[r].Qk ← RegisterStat[rs].Qi} else {RS[r].Vk ← Regs[rt]; RS[r].Qk ← 0};
执行 浮点操作	(RS[r].Qj = 0) 和 (RS[r].Qk = 0)	计算结果：操作数在 Vj 和 Vk 中
载入/存储步骤 1	RS[r].Qj = 0 且 r 是载入–存储队列的头	RS[r].A ← RS[r].Vj + RS[r].A;
载入步骤 2	载入步骤 1 完成	从 Mem[RS[r].A] 读取
写结果 浮点操作或载入	r 处的执行完成且 CDB 可用	∀x(if (RegisterStat[x].Qi=r) {Regs[x] ← result; RegisterStat[x].Qi ← 0}); ∀x(if (RS[x].Qj=r) {RS[x].Vj ← result;RS[x].Qj ← 0}); ∀x(if (RS[x].Qk=r) {RS[x].Vk ← result;RS[x].Qk ← 0}); RS[r].Busy ← no;
存储	r 处的执行完成且 RS[r]Qk = 0	Mem[RS[r].A] ← RS[r].Vk; RS[r].Busy ← no;

* 对于指令发射，rd 是目的地，rs 和 rt 是源寄存器编号，imm 是符号扩展立即数字段，r 是为指令指定的保留站或缓冲区。RS 是保留站数据结构。浮点单元或载入单元返回的值称为 result。RegisterStat 是寄存器状态数据结构（不是寄存器堆，寄存器堆应当是 Regs[]）。当发射指令时，目标寄存器的 Qi 字段被设置为向其发射该指令的缓冲区或保留站编号。如果操作数已经存在于寄存器中，就将它们存储在 V 字段中。否则，设置 Q 字段，指出将生成源操作数值的保留站。指令将一直在保留站中等待，直到 Q 字段的值为 0 时为止。此时，指令的两个操作数都可用。当指令已被发射，或者当这一指令所依赖的指令已经完成并写回结果时，这些 Q 字段被设置为 0。当一条指令执行完毕，并且 CDB 可用时，它就可以进行写回操作。任何一个缓冲区、寄存器和保留站，只要其 Qj 或 Qk 值与完成该指令的保留站相同，都会由 CDB 更新其取值，并标记 Q 字段，表明已经接收到这些值。因此，CDB 可以在一个时钟周期中向许多目标广播其结果，如果正在等待这一结果的指令已经有了其他操作数，那就都可以在下一个时钟周期开始执行了。载入指令要经历两个执行步骤，存储指令在“写结果”阶段稍有不同，它们必须在这一阶段等待要存储的值。记住，为了保持异常行为，如果排在程序顺序前面的分支还没有完成，就不允许执行后面的指令。由于在发射阶段之后不再保持任何有关程序顺序的概念，因此，为了实施这一限制，在流水线中还有未完成的分支时，通常不允许任何指令离开发射步骤。在 3.6 节中，我们将看到推测支持是如何消除这一限制的。

3.5.2 Tomasulo 算法：基于循环的示例

为了理解通过寄存器的动态重命名来消除 WAW 冒险和 WAR 冒险的强大威力，我们需要看一个循环。考虑下面的简单序列，它将一个数组的元素乘以 f2 中的一个标量：

```
Loop:  fld     f0,0(x1)
       fmul.d  f4,f0,f2
       fsd     f4,0(x1)
       addi    x1,x1,_8
       bne     x1,x2,Loop  // 若 x1≠x2，则跳转
```

如果我们预测会执行这些分支转移，那么使用保留站可以同时执行这个循环的多条指令。不需要修改代码就能实现这一好处——实际上，这个循环是由硬件使用保留站动态展开的，而这些保留站通过重命名获得，充当附加寄存器。

假定已经在该循环的连续两个迭代中发射了所有指令，但一个浮点载入/存储指令或运算也没有完成。表 3-6 显示了此刻的保留站、寄存器状态表，以及载入缓冲区与存储缓冲区。（整数 ALU 运算被忽略，并假定预测选中该分支。）一旦系统达到这一状态，那么如果乘法运算可以在 4 个时钟周期内完成，则流水线中可以保持该循环的两个副本，CPI 接近 1.0。如果延迟为 6 个时钟周期，在达到稳定状态之前，还需要处理其他迭代。这需要有更多的保留站来保存正在运行的指令。在本章后面将会看到，在采用多指令发射对 Tomasulo 方法进行扩展时，它可以保持每个时钟周期处理一条以上指令的速度。

表 3-6　还没有指令完成时，循环的两个活动迭代

指令		指令状态			
		来自迭代	发射	执行	写结果
fld	f0,0(x1)	1	√	√	
fmul.d	f4,f0,f2	1	√		
fsd	f4,0(x1)	1	√		
fld	f0,0(x1)	2	√	√	
fmul.d	f4,f0,f2	2	√		
fsd	f4,0(x1)	2	√		

名称	保留站						
	繁忙	Op	Vj	Vk	Qj	Qk	A
Load1	是	Load					Regs[x1] + 0
Load2	是	Load					Regs[x1] - 8
Add1	否						
Add2	否						
Add3	否						
Mult1	是	MUL		Regs[f2]	Load1		
Mult2	是	MUL		Regs[f2]	Load2		
Store1	是	Store	Regs[x1]			Mult1	
Store2	是	Store	Regs[x1] - 8			Mult2	

（续）

字 段	寄存器状态								
	f0	f2	f4	f6	f8	f10	f12	…	f30
Qi	Load2		Mult2						

* 乘法器保留站中的条目表示尚未完成的载入指令是操作数来源。存储保留站表示乘法运算的目标位置是待存储值的来源。

只要载入指令和存储指令访问的是不同的地址，就可以放心地乱序执行它们。如果载入指令和存储指令访问相同地址，则会出现以下两种情况之一：

- 根据程序顺序，载入指令位于存储指令之前，交换它们会导致 WAR 冒险；
- 根据程序顺序，存储指令位于载入指令之前，交换它们会导致 RAW 冒险。

与此类似，交换两个访问同一地址的存储指令会导致 WAW 冒险。

因此，为了判断在给定时刻是否可以执行一条载入指令，处理器可以检查：根据程序顺序排在该载入指令之前的任何未完成的存储指令，是否与该载入指令共享相同的数据存储器地址。对于存储指令也是如此，如果按照程序顺序排在它前面的载入指令或存储指令与它访问的存储器地址相同，那它必须等到所有这些指令都执行完毕之后才能开始执行。3.9 节将介绍一种去除这一限制的方法。

为了检测此类冒险，处理器必须计算出与任何先前存储器运算有关的数据存储器地址。为了保证处理器拥有所有此类地址，一种简单但不一定最优的方法是按照程序顺序来执行有效地址的计算。（实际只需要保持存储指令及其他存储器访问之间的相对顺序，也就是说，可以随意调整载入指令之间的顺序。）

首先来考虑载入指令的情况。如果按程序顺序执行有效地址计算，那么当一条载入指令完成有效地址计算时，就可以通过查看所有活动存储缓冲区的 A 字段来确定是否存在地址冒险。如果载入地址与存储缓冲区中任何活动条目的地址匹配，则在发生冒险的存储指令完成之前，不要将载入指令发送到载入缓冲区。（有些实现方式将要存储的值直接传送给载入指令，减少了因为这一 RAW 冒险造成的延迟。）

存储指令的工作方式类似，不过，因为发生冒险的存储指令不能调整载入指令或存储指令的顺序，所以处理器必须同时在载入缓冲区与存储缓冲区中检查是否存在冒险。

如果能够准确预测分支（这是上一节解决的问题），动态调度流水线可以提供非常高的性能。这种方法的主要缺点在于 Tomasulo 方案的复杂性，它需要大量硬件。具体来说，每个保留站都必须包含一个高速运转的相关缓冲区，以及复杂的控制逻辑。它的性能还可能受到单个 CDB 的限制。尽管可以增加更多 CDB，但每个 CDB 都必须与每个保留站进行交互，而且每个保留站都必须为每个 CDB 配备相关标签匹配硬件。20 世纪 90 年代，只有高端处理器才能利用动态调度（及其对推测的扩展）；然而，最近甚至为 PMD 设计的处理器也在使用这些技术，而用于高端桌面计算机和小型服务器的处理器有数百个缓冲区来支持动态调度。

在 Tomasulo 方案中，可以组合使用两种技术：对体系结构寄存器重命名，以提供更大的寄存器集合；缓冲来自寄存器堆的源操作数。源操作数缓冲消除了当操作数在寄存器中可用时出现的 WAR 冒险。后面将会看到，通过对寄存器重命名，并缓存结果，直到对寄存器早期数据的访问全部结束，这样也有可能消除 WAR 冒险。在我们讨论硬件推测时将会用到这一方法。在 360/91 之后的许多年，Tomasulo 方案一直没有得到应用，但从 20 世纪 90 年代开始，多发射处理器广泛采用 Tomasulo 方案，原因有如下几个。

(1) 尽管 Tomasulo 算法是在缓存出现之前设计的，但缓存的出现及其固有的不可预测的延迟，已经成为使用动态调度的主要动力之一。乱序执行可以让处理器在等待解决缓存缺失的同时继续执行指令，从而消除了全部或部分缓存缺失代价。

(2) 随着处理器的发射功能变得越来越强大，设计人员越来越关注难以调度的代码（比如，大多数非数值代码）的性能，所以诸如寄存器重命名、动态调度和推测等技术变得越来越重要。

(3) 无须编译器针对特定流水线结构来编译代码，Tomasulo 算法就能实现高性能。在标准的大众市场软件的时代，这是一个非常富有价值的性质。

3.6　基于硬件的推测

当我们尝试利用更多指令级并行时，维护控制依赖就会成为一项不断加重的负担。分支预测减少了分支导致的直接停顿，但对于每个时钟周期要执行多条指令的处理器来说，仅靠正确地预测分支可能不足以生成期望数量的指令级并行。宽发射处理器可能需要每个时钟周期执行一个分支才能维持最高性能。因此，要利用更多的并行，需要克服控制依赖的局限性。

通过预测分支的输出，然后在假定猜测正确的前提下执行程序，可以克服控制依赖问题。这种机制是对采用动态调度的分支预测的虽细微但很重要的扩展。具体来说，通过推测，我们提取、发射和执行指令，就好像分支预测总是正确的；而动态调度只是提取和发射这些指令。当然，我们需要一些机制来处理推测错误的情景。附录 H 讨论了支持编译器推测的各种机制。这一节研究**硬件推测**（hardware speculation），它延伸了动态调度的思想。

基于硬件的推测结合了 3 种关键思想：(1)用动态分支预测选择要执行哪些指令；(2)利用推测，可以在解决控制依赖问题之前执行指令（能够撤销错误推测指令序列的影响）；(3)进行动态调度，以应对不同组合方式的基本模块调度。（与之相对，没有推测的动态调度只能部分重叠基本模块，因为它要求先解析一个分支，然后才能实际执行后续基本模块中的任何指令。）

基于硬件的推测根据预测的数据值流来选择何时执行指令。这种执行程序的方法实际上是一种**数据流执行**（data flow execution）：操作数一旦可用就立即执行运算。

为了扩展 Tomasulo 算法以支持推测，我们必须将指令结果的旁路（以推测方式执行指令时需要这一操作）从一条指令的实际完成操作中分离出来。进行这种分离之后，就可以允许执行一条指令，并将其结果旁路给其他指令，但不允许这条指令执行任何不能撤销的更新操作，直到确认这条指令不再具有不确定性为止。

使用旁路值类似于执行一次推测寄存器读操作，因为在提供源寄存器值的指令不再具有不确定性之前，我们无法知道它是否提供了正确的值。当一条指令不再具有不确定性时，我们允许它更新寄存器堆或存储器；我们将指令执行序列中的这个附加步骤称为**指令提交**（instruction commit）。

实现推测背后的关键思想是允许指令乱序执行，但强制它们**顺序**提交，并防止在指令提交之前采取任何不可撤销的动作（比如更新状态或引发异常）。因此，当我们添加推测时，需要将执行完成的过程与指令提交分隔开来，这是因为指令执行完毕的时间可能远远早于它们可以提交的时间。要想在指令执行序列中添加这一提交阶段，需要增加一组硬件缓冲区，用来保存已经完成执行但还没有提交的指令结果。这一硬件缓冲区称为**重排序缓冲区**（reorder buffer），也可用于在可被推测的指令之间传送结果。

重排序缓冲区（ROB）像 Tomasulo 算法通过保留站扩展寄存器集一样，提供了附加寄存器。ROB 会在一定时间内保存指令的结果，这段时间从与该指令相关的运算完成开始，到该指令提交完毕为止。因此，ROB 是指令的操作数来源，就像 Tomasulo 算法中的保留站一样。两者之间的关键区别在于：在 Tomasulo 算法中，一旦一条指令写出其结果，任何后续发射的指令都会在寄存器堆中找到该结果。而在采用推测时，寄存器堆要等到指令提交之后才会更新（我们非常确定该指令会被执行）；因此，ROB 是在指令执行完毕到指令提交这段时间内提供操作数。ROB 类似于 Tomasulo 算法中的存储缓冲区，为简单起见，我们将存储缓冲区的功能集成到 ROB 中。

图 3-9 展示了包含 ROB 的处理器的硬件结构。ROB 中的每个项目包含 4 个字段：指令类型、目的地字段、值字段和就绪字段。指令类型字段指定这个指令是分支（没有目的地结果）、存储指令（含有存储器地址目的地），还是寄存器操作（ALU 运算或载入指令，它含有寄存器目的地）。目的地字段提供了应当向其中写入指令结果的寄存器编号（对于载入指令和 ALU 运算）或存储器地址（对于存储指令）。值字段用于在提交指令之前保存指令结果。我们稍后将会看到 ROB 条目的一个例子。最后，就绪字段指出指令已经完成执行，结果值准备就绪。

ROB 包含存储缓冲区。存储指令仍然分两步执行，但第二步是由指令提交来执行的。尽管保留站的重命名功能由 ROB 代替，但在发射运算之后仍然需要一个空间来缓冲它们（以及操作数），直到它们开始执行为止。这一功能仍然由保留站提供。由于每条指令在提交之前都在 ROB 拥有一个位置，所以我们使用 ROB 条目编号而不是保留站编号来标记结果。这种标记方式要求必须在保留站中跟踪为一条指令分配的 ROB。在本节后面，我们将研究一种替代实现方式，它使用额外的寄存器进行重命名，并使用一个替代 ROB 的队列来决定什么时候可以提交指令。

在指令执行时涉及以下 4 个步骤。

(1) **发射**——从指令队列获得一条指令。如果存在空闲保留站而且 ROB 中有空插槽，则发射该指令；如果寄存器或 ROB 中已经含有这些操作数，则将其发送到保留站。更新控制项，指明这些缓冲区正在使用中。为指令结果分配的 ROB 条目编号也被发送到保留站，以便在将结果放在 CDB 上时，可以使用这个编号来标记结果。如果所有保留站都被占满或者 ROB 被占满，则指令发射过程停顿，直到这两者都有可用条目为止。

(2) **执行**——如果还有一个或多个操作数不可用，则在等待寄存器值被计算的同时监视 CDB。这一步骤检查 RAW 冒险。当保留站中拥有这两个操作数时，执行该运算。指令在这一阶段可能占用多个时钟周期，而载入操作在这一阶段仍然需要两个步骤。此时执行存储指令只是为了计算有效地址，所以在这一阶段只需要有基址寄存器可用即可。

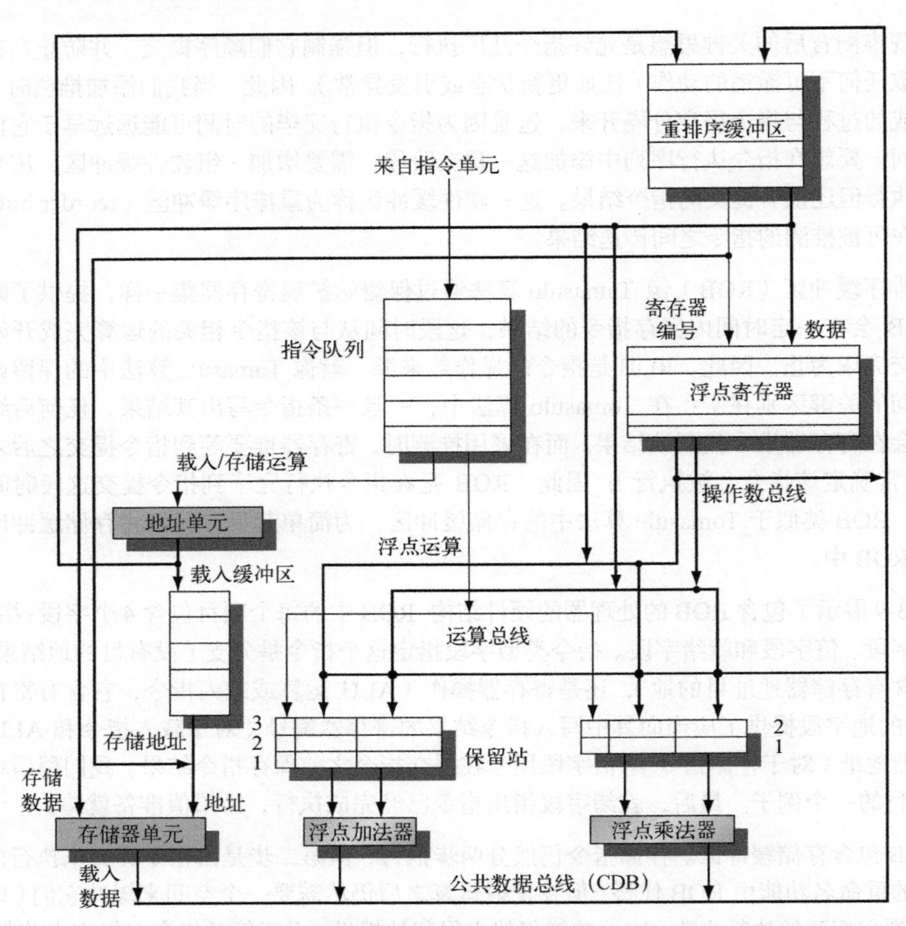

图 3-9　使用 Tomasulo 算法的浮点单元的基本结构，为处理推测而进行了扩展。将此图与实现 Tomasulo 算法的图 3-8 对比，可以发现，主要变化是添加了 ROB，去除了存储缓冲区，后者的功能被集成到了 ROB 中。如果拓宽 CDB，以允许每个时钟周期完成多条指令，则可以将这一机制扩展为支持多发射方案

(3) **写结果**——当结果可用时，将它写在 CDB 上（还有在发射指令时发送的 ROB 标签），并从 CDB 写到 ROB 以及任何等待这一结果的保留站。将保留站标记为可用。对于存储指令需要执行一些特殊操作。如果要存储的值已经准备就绪，则将它写到 ROB 条目的值字段，以备存储。如果要存储的值还不可用，则必须监视 CDB，直到该数值被广播，再更新该存储指令 ROB 条目的值字段。为简单起见，我们假定这一过程在存储操作的写结果阶段进行；稍后会讨论如何放松这一要求。

(4) **提交**——这是完成指令的最后一个阶段，在此之后将仅留下它的结果。（一些处理器将这一提交阶段称为“完成”或“毕业”。）根据要提交的指令是预测错误的分支指令、存储指令，还是任意其他指令（正常提交），在提交时共有 3 种操作序列。当一个指令到达 ROB 的头部而且其结果出现在缓冲区中时，进行正常提交；此时，处理器用结果更新其寄存器，并从 ROB 中清除该指令。提交存储指令与正常提交类似，但更新的是存储器而不是结果寄存器。当预测错误的分支指令到达 ROB 的头部时，它指出推测是错误的。ROB 被清空，执行过程从该分支的正确后续指令重新开始。如果对该分支的预测正确，则该分支完成提交。

指令一旦提交完毕，它在 ROB 的相应项将被回收，寄存器或存储器目的地址将被更新，并且不再需要 ROB 项。如果 ROB 填满，则停止发射指令，直到有空闲条目为止。下面研究一下这一机制如何处理前面为 Tomasulo 算法所举的示例。

例题 假定浮点功能单元的延迟与前面示例中相同：加法为 2 个时钟周期、乘法为 6 个时钟周期、除法为 12 个时钟周期。使用下面的代码段（也就是前面用于生成表 3-4 的代码段），写出当 fmul.d 做好提交准备时的状态表。

```
fld     f6,32(x2)
fld     f2,44(x3)
fmul.d  f0,f2,f4
fsub.d  f8,f2,f6
fdiv.d  f0,f0,f6
fadd.d  f6,f8,f2
```

解答 表 3-7 用 3 个表给出了结果。注意，尽管 fsub.d 指令已经完成执行，但它不会在 fmul.d 提交之前提交。保留站和寄存器状态字段中的基本信息与 Tomasulo 算法中相同（见 3.4.2 节中关于这些字段的描述）。区别在于，Qj 和 Qk 字段以及寄存器状态字段中的保留站编号被 ROB 条目编号代替，并且我们已经将 Dest 字段加到保留站中。Dest 字段指定一个 ROB 条目，也就是这个保留站条目所生成结果的目的地。

表 3-7 当 fmul.d 准备好提交时，尽管其他几个指令已经完成执行过程，但只有两个 fld 指令已经提交

条目	重排序缓冲区					
	繁忙	指令		状态	目的地	值
1	否	fld	f6,32(x2)	提交	f6	Mem[32 + Regs[x2]]
2	否	fld	f2,44(x3)	提交	f2	Mem[44 + Regs[x3]]
3	是	fmul.d	f0,f2,f4	写结果	f0	#2 × Regs[f4]
4	是	fsub.d	f8,f2,f6	写结果	f8	#2 - #1
5	是	fdiv.d	f0,f0,f6	执行	f0	
6	是	fadd.d	f6,f8,f2	写结果	f6	#4 + #2

名称	保留站							
	繁忙	Op	Vj	Vk	Qj	Qk	Dest	A
Load1	否							
Load2	否							
Add1	否							
Add2	否							
Add3	否							
Mult1	否	fmul.d	Mem[44 + Regs[x3]]	Regs[f4]			#3	
Mult2	是	fdiv.d		Mem[32 + Regs[x2]]	#3		#5	

（续）

字段	浮点寄存器状态									
	f0	f1	f2	f3	f4	f5	f6	f7	f8	f10
重排序#	3						6		4	5
繁忙	是	否	否	否	否	否	是	…	是	是

* fmul.d 位于 ROB 的头部，两个 fld 指令只是为了便于理解。尽管 fsub.d 和 fadd.d 指令的结果已经可用，而且可以用作其他指令的数据源，但它们在 fmul.d 指令提交之前不会提交。fdiv.d 正在执行过程中，但由于它的延迟要比 fmul.d 长，所以不会独自完成。“值”列表示所保存的值；#X 格式表示 ROB 条目 X 的值字段。重排序缓冲区 1 和 2 实际上已经完成，但为了提供更多信息，也一并列在表中。我们没有给出载入/存储队列的条目，但这些条目是按顺序保存的。

上面的例子说明了采用推测的处理器与采用动态调度的处理器之间的关键区别。对比表 3-7 与表 3-4 中的内容，后者显示的是同一代码序列在采用 Tomasulo 算法的处理器上的执行情况。关键区别在于：在上面的例子中，fmul.d 是排在最前面的未完成指令，它之后的所有指令都不能完成。而在表 3-4 中，fsub.d 和 fadd.d 指令也已经完成。

这一区别意味着具有 ROB 的处理器可以在维持精确中断模式的同时，动态执行代码。例如，如果 fmul.d 指令导致一个中断，我们只需等到它到达 ROB 的头部并生成该中断，刷新 ROB 中的任意其他未完成指令。由于指令提交是按顺序进行的，所以这会生成一个精确异常。

而在使用 Tomasulo 算法的例子中，fsub.d 和 fadd.d 指令都可以在 fmul.d 引发异常之前完成。结果就是寄存器 f8 和 f6（fsub.d 和 fadd.d 指令的目的地）可能被改写，中断可能不精确。

一些用户和架构师认为，非精确的浮点异常在高性能处理器中是可接受的，因为程序可能会终止；关于这一主题的深入讨论请参阅附录 J。而其他类型的异常，比如缺页错误，很难容忍这种非精确的异常，因为程序必须在处理此类异常之后透明地继续执行。

在顺序提交指令时使用 ROB，除了支持推测执行之外，还可以提供精确的异常，如下例所示。

例题　考虑前面 Tomasulo 算法使用的示例，表 3-6 显示了其执行情况：

```
Loop:  fld     f0,0(x1)
       fmul.d  f4,f0,f2
       fsd     f4,0(x1)
       addi    x1,x1,-8
       bne     x1,x2,Loop    // 若 x1≠x2，则跳转
```

假定这个循环中所有指令已经发射了两次。同时假定第一次迭代的 fld 和 fmul.d 指令已经提交，并且所有其他指令都已经完成执行。正常情况下，存储指令将在 ROB 中等待有效地址操作数（本例中为 x1）和值（本例中为 f4）。由于我们只考虑浮点流水线，所以假定存储指令的有效地址在发射该指令时计算。

解答　表 3-8 用两个表给出了结果。

表 3-8 尽管所有其他指令已经完成执行过程，但只有 fld 和 fmul.d 指令已经提交。因此，没有保留站处于繁忙状态，所以表中没有示出

条目	重排序缓冲区					
	繁忙	指令		状态	目的地	值
1	否	fld	f0,0(x1)	提交	f0	Mem[0+Regs[x1]]
2	否	fmul.d	f4,f0,f2	提交	f4	#1 × Regs[f2]
3	是	fsd	f4,0(x1)	写结果	0 + Regs[x1]	#2
4	是	addi	x1,x1,-8	写结果	x1	Regs[x1] - 8
5	是	bne	x1,x2,Loop	写结果		
6	是	fld	f0,0(x1)	写结果	f0	Mem[#4]
7	是	fmul.d	f4,f0,f2	写结果	f4	#6 × Regs[f2]
8	是	fsd	f4,0(x1)	写结果	0 + #4	#7
9	是	addi	x1,x1,-8	写结果	x1	#4 - 8
10	是	bne	x1,x2,Loop	写结果		

字段	浮点寄存器状态								
	f0	f1	f2	f3	f4	f5	f6	f7	f8
重排序#	6				7				
繁忙	是	否	否	否	是	否	否	…	否

* 剩下的指令将会尽可能快速地提交。前两个重排序缓冲区为空，但为了完整性也一并示出。

由于在提交指令之前，寄存器值和存储器值都没有实际写入，所以在发现分支预测错误时，处理器可以很轻松地撤销其推测操作。假定在表 3-8 中第一次没有选中分支 bne。当该分支之前的指令到达 ROB 的头部之后，直接提交即可；当分支到达缓冲区的头部时，将会清除缓冲区，处理器开始从分支的其他路径取指。

在实践中，进行推测的处理器会在错误预测一个分支后尽早恢复。将预测错误的分支之后的所有 ROB 条目清空，使该分支之前的 ROB 条目继续执行，并在后续的正确分支处重新开始取指，从而完成恢复操作。在支持推测执行的处理器中，由于错误预测的影响更大一些，所以性能对分支预测也更敏感。因此，分支处理的各个方面（预测准确率、预测错误的检测延迟、预测错误的恢复时间）都变得更为重要。

在处理异常时，要等到做好提交准备时才会识别异常。如果推测的指令引发异常，则将异常记录在 ROB 中。如果出现分支预测错误，而且指令不应该被执行，则在清除 ROB 时，异常将与指令一起被清除。如果指令到达 ROB 的头部，我们就知道它不再具有不确定性，应当引发该异常。我们还可以在异常出现之后、所有先前分支都已处理完毕的情况下，立即处理异常，但异常要比分支预测错误更难处理，而且由于异常发生的频率更低一些，所以其重要程度也低一些。

表 3-9 显示了一条指令的执行步骤，以及执行这些步骤和采取动作所必须满足的条件。我们展示了到提交时才解决预测错误分支的情景。尽管推测似乎只是对动态调度添加了非常简单的一点儿内容，但通过对比表 3-9 和表 3-5 中 Tomasulo 算法的相应内容，可能看出推测大大增

加了控制的复杂度。此外，还要记住分支预测错误也要更复杂一些。

表3-9　算法步骤及每一步需要满足的条件

状　态	等待条件	操作或记录工作

发射
所有指令
		if (RegisterStat[rs].Busy)/*in-flight instr. writes rs*/
		{h ← RegisterStat[rs].Reorder;
		if (ROB[h].Ready)/* 已完成指令 */
		{RS[r].Vj ← ROB[h].Value; RS[r].Qj ← 0;}
		else {RS[r].Qj ← h;} /* 等待指令 */
		} else {RS[r].Vj ← Regs[rs]; RS[r].Qj ← 0;};
		RS[r].Busy ← yes; RS[r].Dest ← b;
		ROB[b].Instruction ← opcode; ROB[b].Dest ← rd;ROB[b].Ready ← no;

浮点运算
与存储
	保留站（r）和ROB（b）
	都可用
		if (RegisterStat[rt].Busy) /*in-flight instr writes rt*/
		{h ← RegisterStat[rt].Reorder;
		if (ROB[h].Ready)/* 已完成指令 */
		{RS[r].Vk ← ROB[h].Value; RS[r].Qk ← 0;}
		else {RS[r].Qk ← h;} /* 等待指令 */
		} else {RS[r].Vk ← Regs[rt]; RS[r].Qk ← 0;};

浮点运算		RegisterStat[rd].Reorder ← b; RegisterStat[rd].Busy ← yes; ROB[b].Dest ← rd;
载入		RS[r].A ← imm; RegisterStat[rt].Reorder ← b; RegisterStat[rt].Busy ← yes; ROB[b].Dest ← rt;
存储		RS[r].A ← imm;
执行浮点 运算	(RS[r].Qj == 0) 和 (RS[r].Qk == 0)	计算结果——操作数位于Vj和Vk中
载入步骤1	(RS[r].Qj == 0)，而且队列中 没有更早的存储指令	RS[r].A ← RS[r].Vj + RS[r].A;
载入步骤2	载入步骤1完成，ROB中所有 先前存储指令都有不同地址	读取Mem[RS[r].A]
存储	(RS[r].Qj == 0)且存储指令位 于队列头部	ROB[h].Address ← RS[r].Vj + RS[r].A;
写所有非 存储指令 的结果	r中的指令执行完毕， 且CDB可用	b ← RS[r].Dest; RS[r].Busy ← no; ∀x(if (RS[x].Qj==b) {RS[x].Vj ← result; RS[x].Qj ← 0}); ∀x(if (RS[x].Qk==b) {RS[x].Vk ← result; RS[x].Qk ← 0}); ROB[b].Value ← result; ROB[b].Ready ← yes;
存储	r中的指令执行完毕， 且(RS[r].Qk == 0)	ROB[h].Value ← RS[r].Vk;

提交	指令位于ROB头部（条目h）
	且ROB[h].ready == yes
		d ← ROB[h].Dest; /* 寄存器目的地，如果存在的话 */
		if (ROB[h].Instruction==Branch)
		{if (branch is mispredicted)
		{clear ROB[h], RegisterStat; fetch branch dest;};}
		else if (ROB[h].Instruction==Store)
		{Mem[ROB[h].Destination] ← ROB[h].Value;}
		else /* 将结果放在寄存器目的地 */
		{Regs[d] ← ROB[h].Value;};
		ROB[h].Busy ← no; /* 释放ROB条目 */
		/* 如果没有其他指令正在写目标寄存器，则释放该寄存器 */
		if (RegisterStat[d].Reorder==h) {RegisterStat[d].Busy ← no;};

* 对于发射的指令，rd为目的地，rs和rt为源，r为分配的保留站，b是分配的ROB条目，h是ROB的头条目。RS是保留站数据结构。保留站返回的值被称为result。RegisterStat是寄存器数据结构，Regs表示实际寄存器，ROB是重排序缓冲区数据结构。

在处理存储指令时，支持推测执行的处理器与 Tomasulo 算法有一个重要区别。在 Tomasulo 算法中，一条存储指令可以在到达“写结果”阶段（确保已经计算出有效地址）且待存储值可用时，就更新存储器。在支持推测执行的处理器中，只有当存储指令到达 ROB 的头部时才能更新存储器。这一区别可以保证当指令不再具有不确定性时才会更新存储器。

表 3-9 大幅简化了存储指令，在实践中并不需要这一简化。表 3-9 需要存储指令在“写结果”阶段等待寄存器源操作数，它的值就是要存储的内容；随后将这个值从该存储指令的保留站的 Vk 字段移到该存储指令 ROB 条目的值字段。但在现实中，待存储值**只需要**在提交存储指令**之前**到达即可，并且可以通过源指令直接放到存储指令的 ROB 条目中。其实现方法为：用硬件来跟踪要存储的源值什么时候在该存储指令的 ROB 条目中准备就绪，并在每次完成指令时搜索 ROB，以查看相关存储指令。

这一补充并不复杂，但有两个效果：需要向 ROB 中添加一个字段，而表 3-9 会变得更长。尽管表 3-9 进行了简化，但在本示例中，我们将允许该存储指令跳过“写结果”阶段，只需要在准备提交前得到要保存的值即可。

和 Tomasulo 算法一样，我们必须避免存储器冒险。用推测可以消除存储器中的 WAW 冒险和 WAR 冒险，这是因为存储器更新是顺序进行的，当存储指令位于 ROB 头部时，先前不可能再有尚未完成的载入或存储指令。通过以下两点限制来解决存储器中的 RAW 冒险。

(1) 如果一条被存储指令占用的活动 ROB 条目的“目的地”字段与一条载入指令的 A 字段取值匹配，则不允许该载入指令开始执行第二步骤。

(2) 在计算一条载入指令的有效地址时，保持相对于所有先前存储指令的程序顺序。

这两条限制条件共同保证了：对于任何一条载入指令，如果它要访问由先前存储指令写入的存储地址，那么在这条存储指令写入该数据之前，它不能执行存储器访问。在发生此类 RAW 冒险时，一些支持推测执行的处理器会直接将来自存储指令的值旁路给载入指令。另一种方法是采用值预测方式预测可能出现的冒险；我们将在 3.9 节介绍这一方法。

尽管这里对推测执行的解释主要是针对浮点运算的，但这些技术可以很容易地扩展到整数寄存器和功能单元。事实上，推测在整数程序中可能更有用一些，因为此类程序的代码中分支行为的可预测性较差。此外，只要允许在每个时钟周期内发射和提交多条指令，就可以将这些技术扩展到多发射处理器中工作。事实上，推测可能是此类处理器中最有趣的部分，因为在编译器的辅助下，不太复杂的技术也有可能可以在基本模块中利用足够的指令级并行。

3.7 以多发射和静态调度来利用 ILP

前面几节介绍的技术可以用来消除数据与控制停顿，使 CPI 达到理想值 1。为了进一步提高性能，我们希望将 CPI 降低至小于 1，但如果每个时钟周期仅发射一条指令，那 CPI 是不可能降低到小于 1 的。

多发射处理器的目标（将在下面几节中讨论）就是允许在一个时钟周期中发射多条指令。多发射处理器主要有以下 3 类。

(1) 静态调度超标量处理器。

(2) VLIW（超长指令字）处理器。

(3) 动态调度超标量处理器。

两种超标量处理器每个时钟发射不同数目的指令，如果它们采用静态调度则顺序执行，如果采用动态调度则乱序执行。

与之相对，VLIW 处理器每个时钟周期发射固定数目的指令，这些指令可以设置为两种格式之一：长指令；一个固定的指令包，指令之间的并行度由指令显式地表示出来。VLIW 处理器由编译器进行静态调度。Intel 和 HP 在创建 IA-64 体系结构（具体描述见附录 H）时，还将这种体系结构命名为 EPIC（显式并行指令计算）。

尽管静态调度的超标量处理器在每个周期内发射的指令数是可变的，而不是固定的，但它在概念上实际与 VLIW 更接近一些，这是因为这两种方法都依靠编译器为处理器调度代码。由于静态调度超标量的收益会随着发射宽度的增长而逐渐减少，所以静态调度超标量主要用于发射宽度较窄的情况，通常仅有两条指令。超过这一宽度之后，大多数设计人员选择实现 VLIW 或动态调度超标量。由于两者的硬件要求和所需要的编译器技术类似，所以这一节将主要介绍 VLIW；第 7 章还会提到 VLIW。这一节的内容也适用于静态调度超标量。

表 3-10 总结了多发射的基本方法和它们的显著特征，并给出了使用每种方法的处理器。

表 3-10　多发射处理器中使用的 5 种主要方法及其显著特性

常见名称	发射结构	冒险检测	调　度	显著特征	示　例
超标量（静态）	动态	硬件	静态	顺序执行	大多属于嵌入式领域：MIPS 和 ARM，包括 ARM Cortex-A53
超标量（动态）	动态	硬件	动态	一些乱序执行，但没有推测	目前没有
超标量（推测）	动态	硬件	带有推测的动态	具有推测的乱序执行	Intel Core i3、i5、i7；AMD Phenom；IBM Power7
VLIW/LIW	静态	以软件为主	静态	所有冒险由编译器判断和指出（经常是隐式的）	大多数示例属于信号处理领域，比如 TI C6x
EPIC	以静态为主	以软件为主	大多为静态	所有冒险由编译器隐式判断和指出	Itanium

* 本章主要讨论硬件操作密集的技术，它们都采用某种超标量形式。附录 H 主要介绍基于编译器的方法。EPIC 方法（在 IA-64 体系结构中）扩展了早期 VLIW 方法的许多概念，将静态与动态方法结合在一起。

基本 VLIW 方法

VLIW 使用多个独立的功能单元。VLIW 没有尝试向这些单元发射多条独立指令，而是将多个操作包装在一个非常长的指令中，或者要求发射包中的指令满足同样的约束条件。由于这两种方法之间没有本质性的区别，所以我们假定将多个操作放在一条指令中，就像原始 VLIW 方法一样。

由于 VLIW 的收益会随着最大发射率的增长而增长，所以我们主要关注宽发射处理器。实际上，对于简单的两发射处理器，超标量的开销可能是最低的。许多设计人员可能会说：四发射处理器的开销是可控的，但在本章后面你会看到，开销的增长是限制宽发射处理器的主要因素。

我们考虑一个 VLIW 处理器，在上面运行包含 5 种运算的指令，这 5 种运算是：一个整数运算（也可以是一个分支）、两个浮点运算和两个存储器访问。这些指令可能拥有与每个功能单元相对应的一组字段，每个单元可能为 16~24 位，得到的指令长度介于 80~120 位之间。作为对比，Intel Itanium 1 和 Intel Itanium 2 的每个指令包中包含 6 个运算（也就是说，它们允许同时发射两个 3 指令包，如附录 H 所述）。

为使功能单元保持繁忙状态，代码序列必须具有足够的并行度，以填充可用的操作槽。这种并行是通过循环展开和调度单个较大循环体中的代码来实现的。如果展开过程会生成直行代码，则可以使用**局部调度**（local scheduling）技术，它可以对单个基本模块进行操作。如果并行的发现与利用需要在分支之间调度代码，那就必须使用更为复杂的**全局调度**（global scheduling）算法。全局调度算法不仅在结构上更为复杂，而且由于在分支之间移动代码的成本很高，所以它们还必须进行非常复杂的优化权衡。

在附录 H 中，我们将讨论**跟踪调度**（trace scheduling），它是专门为 VLIW 开发的全局调度技术之一；我们还将研究可以消除一些条件分支的特殊硬件支持，扩展局部调度的用途，提高全局调度的性能。

而现在，我们将依靠循环展开来生成一个长的直行代码序列，以便使用局部调度来构建 VLIW 指令，并集中研究这些处理器的运行情况。

例题 假定有一个 VLIW，它可以在每个时钟周期中发射两个存储器访问、两个浮点运算和一个整数运算或分支。为这样的处理器写出循环 `x[i] = x[i] + s`（3.2.1 节例题中的 RISC-V 代码）的展开版本。可进行任意次展开，以消除所有停顿。

解答 表 3-11 给出了这一代码。该循环被展开后，形成循环体的 7 个副本，消除了所有停顿（即全空发射周期），运行 9 个时钟周期。这一代码在 9 个时钟周期内生成 7 个结果，也就是每个结果需要 1.29 个周期，与 3.2 节使用非展开调度代码的两发射超标量相比，速度差不多是它的两倍。

表 3-11 占用内层循环并替代未展开序列的 VLIW 指令

存储器访问 1	存储器访问 2	浮点运算 1	浮点运算 2	整数运算/分支
fld f0,0(x1)	fld f6,-8(x1)			
fld f10,-16(x1)	fld f14,-24(x1)			
fld f18,-32(x1)	fld f22,-40(x1)	fadd.d f4,f0,f2	fadd.d f8,f6,f2	
fld f26,-48(x1)		fadd.d f12,f0,f2	fadd.d f16,f14,f2	
		fadd.d f20,f18,f2	fadd.d f24,f22,f2	
fsd f4,0(x1)	fsd f8,-8(x1)	fadd.d f28,f26,f24		
fsd f12,-16(x1)	fsd f16,-24(x1)			addi x1,x1,-56
fsd f20,24(x1)	fsd f24,16(x1)			
fsd f28,8(x1)				bne x1,x2,Loop

* 在假定分支预测正确的情况下，这一代码需要 9 个周期。其发射速率为 9 个时钟周期发射 23 个运算，或者说每个周期 2.5 个运算。其效率为大约 60%（也就是包含运算的可用插槽比例）。为了实现这一发射速率，需要比 RISC-V 在这个循环中通常使用的更多的寄存器。上面的 VLIW 代码序列需要至少 8 个浮点寄存器，而在基本 RISC-V 处理器上，同一代码序列可以仅使用 2 个浮点寄存器，在使用展开并调度时，也只需要使用 5 个。

原始VLIW模块中既存在技术问题也存在逻辑问题，从而降低了该方法的效率。技术问题包括代码大小的增加和锁步（lockstep）操作的局限性。有两个因素共同造成了VLIW代码体量的增大。第一，要在直行代码段中生成足够多的操作，需要大量展开循环（如前面的示例所示），从而增大了代码大小。第二，只要指令未被填满，那些没有用到的功能单元就会在指令编码时变为多余的位。附录H中将介绍软件调度方法，比如软件流水线，它们可以在没有明显增大代码规模的情况下实现循环展开的好处。

为了应对代码大小的增长，有时会使用灵活的编码。比如，一条指令中可能只有一个很大的立即数字段供所有功能单元使用。另一种技术是在主存储器中压缩指令，然后在读入缓存或进行译码时再展开它们。附录H将介绍其他一些技术，以及IA-64中存在的代码大小大幅扩展现象。

早期的VLIW是锁步工作的，根本就没有冒险检测硬件。在这种结构中，由于所有功能单元都必须保持同步，所以任意功能单元流水线中的停顿都必然导致整个处理器停顿。尽管编译器也许能够调度起决定作用的功能单元，以防止停顿，但要想预测哪些数据访问会遭遇缓存停顿，并对它们进行调度，是非常困难的。因此，缓存需要被阻塞，并导致所有功能单元停顿。随着发射速度和存储器访问次数不断变大，这一同步限制变得不可接受。在最近的处理器中，这些功能单元以更独立的方式工作，并且在发射时利用编译器来避免冒险，而在发射指令之后，可以通过硬件检测来进行异步执行。

二进制代码的兼容性也是通用VLIW或运行第三方软件的VLIW的一个主要逻辑问题。在严格的VLIW方法中，代码序列既利用指令集定义，又要利用具体的流水线结构，包括功能单元及其延迟。因此，当功能单元数目和单元延迟不同时，就需要不同的代码版本。这个需求使得在演进的实现之间，或者在具有不同发射宽度的实现之间移植代码，比在超标量设计中更加困难。当然，要想通过新的超标量设计提高性能，可能需要重新编译。不过，能够运行旧版本二进制文件是超标量方法的一个实际优势。在第7章讨论的领域专用体系结构中，这个问题并不严重，因为应用程序是专门为体系结构配置编写的。

EPIC方法（IA-64体系结构是它的一个主要示例）为早期通用VLIW设计中的许多问题提供了解决方案，包括用于更先进的软件推测的扩展，以及在保证二进制兼容性的前提下克服硬件依赖限制的方法。

所有多发射处理器都要面对的重要挑战是尝试利用大量ILP。当并行是通过展开浮点程序中的简单循环而实现的时，原来的循环很可能可以在向量处理器上高效地运行（向量处理器在下一章介绍）。对于这类应用程序，多发射处理器是否优于向量处理器尚不清楚；其成本是类似的，向量处理器的速度可能与多发射处理器相同或者更快。与向量处理器相比，多发射处理器的潜在优势在于，它们能够从结构化程度较低的代码中提取一些并行性，并且能够轻松地缓存所有形式的数据。由于这些原因，多发射方法已经成为利用指令级并行的主要方法，而向量已成为这些处理器的扩展。

3.8　以动态调度、多发射和推测来利用ILP

到目前为止，我们已经看到了动态调度、多发射和推测等机制是如何单独工作的。本节，我们将这3种技术结合在一起，得到一种非常类似于现代微处理器的微体系结构。为简单起见，我们只考虑每个时钟周期发射两条指令的发射速率，但其概念与每个时钟周期发射 3 条或更多条指令的现代处理器没有什么不同。

假定我们希望扩展 Tomasulo 算法，以支持具有独立的整数、载入/存储和浮点单元（包括浮点乘和浮点加）的多发射超标量流水线，每个单元都可以在每个时钟周期启动一个操作。我们不希望向保留站乱序发射指令，因为这样可能会违反程序语义。为了完全获得动态调度的好处，我们允许流水线在一个时钟周期内发射两条指令的任意组合，通过调度硬件向整数和浮点单元实际分配运算。由于整数指令和浮点指令的交互非常关键，所以我们还会扩展 Tomasulo 方案，以处理整数和浮点功能单元与寄存器，以及整合推测执行功能。如图 3-10 所示，其基本组织结构类似于每个时钟周期发射一条指令、具有推测功能的处理器，不过必须改进其发射和完成逻辑，以允许每个时钟周期处理多条指令。

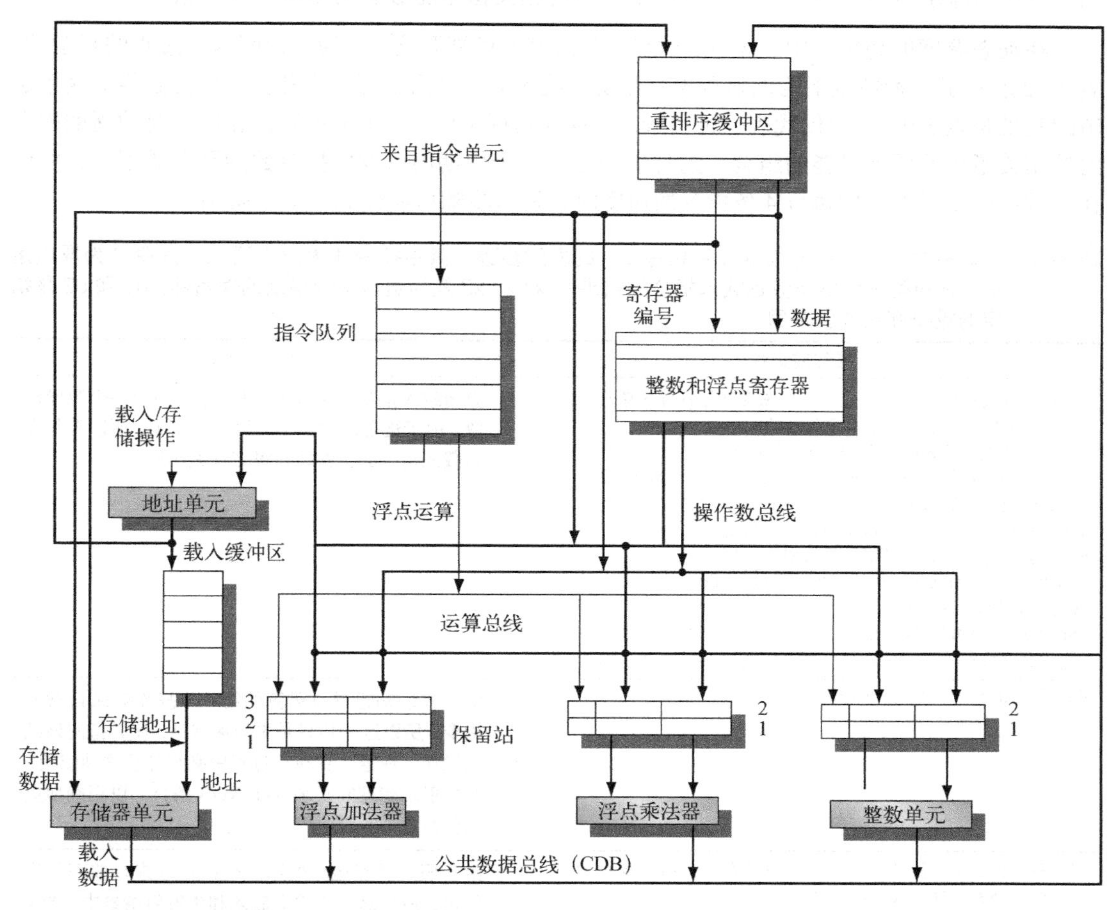

图 3-10 具有推测功能的多发射处理器的基本组成。在本例中，这种组成结构允许同时发射浮点乘法、浮点加法、整数运算和载入/存储指令（假定每个功能单元每个时钟周期发射一条指令）。注意，为了支持多发射，必须拓宽这几条数据路径：CDB、操作数总线，以及关键的指令发射逻辑（本图中没有显示）。正如正文中讨论的，最后一项是个难题

在动态调度处理器（无论有无推测功能）中，每个时钟周期发射多条指令是非常复杂的，原因很简单，即这些指令之间可能相互依赖。因此，必须为这些并行指令更新控制表；否则，

这些控制表中可能会出现错误，或者会丢失依赖。

在动态调度的处理器中，有两种方法被用来在每个时钟周期内发射多条指令。这两种方法都基于这样一个事实：要在每个时钟周期中发射多条指令，关键是分配一个保留站和更新流水线控制表。第一种方法是在半个时钟周期内运行这一步骤，以便在一个时钟周期内运行 2 条指令；遗憾的是，很难将这一方法扩展为每个时钟周期处理 4 条指令。

第二种方法是构建必要的逻辑，一次处理两条或更多条指令，包括指令之间可能存在的依赖关系。在每个时钟周期发射 4 条或更多条指令的现代超标量处理器，可能两种方法都采用：既采用流水线方式，又拓宽发射逻辑。一个重要的事实是：仅靠流水线无法解决这一问题。由于每个时钟周期都会发射新指令，所以通过让指令发射占用多个时钟周期，必须能够分配保留站，并更新流水线表，使下一个时钟周期发射的相关指令能够利用更新后的信息。

在动态调度的超标量中，这一发射步骤是最基本的瓶颈之一。为了说明这一过程的复杂性，表 3-12 展示了一种情景下的发射逻辑：在发射载入命令之后执行一个相关的浮点运算。这个逻辑的基础是表 3-9，但它仅代表一种情景。在现代超标量中，必须考虑可以在同一时钟周期内发射的相关指令的所有可能的组合。这种组合数与一个周期内可发射指令数的平方成正比，所以在尝试突破每时钟周期执行 4 条指令的速度时，发射步骤可能会成为一个瓶颈。

表 3-12 一对相关指令（称为指令 1 和指令 2）的发射步骤，其中指令 1 为浮点载入，指令 2 为浮点运算（它的第一个操作数是载入指令的结果），x1 和 x2 是为这些指令指定的保留站，b1 和 b2 是指定的重排序缓冲区条目

操作或记录	注　释

`if (RegisterStat[rs1].Busy) /* 正在执行的指令写 rs */`
`{h ← RegisterStat[rs1].Reorder;`
`if (ROB[h].Ready) /* 指令已完成 */`
`{RS[x1].Vj ← ROB[h].Value; RS[x1].Qj ← 0;}`
`else {RS[x1].Qj ← h;} /* 等待指令 */`
`} else {RS[x1].Vj ← Regs[rs]; RS[x1].Qj ← 0;};`
`RS[x1].Busy ← yes; RS[x1].Dest ← b1;`
`ROB[b1].Instruction ← Load; ROB[b1].Dest ← rd1;`
`ROB[b1].Ready ← no;`
`RS[r].A ← imm1; RegisterStat[rt1].Reorder ← b1;`
`RegisterStat[rt1].Busy ← yes; ROB[b1].Dest ← rt1;`
	更新载入指令的保留表，载入指令只有一个源操作数。由于这是发射包中的第一条指令，所以看起来与载入指令的正常执行没有什么不同

`RS[x2].Qj ← b1;} /* 等待载入指令 */`	由于我们知道浮点运算的第一个操作数来自载入指令，所以这一步只是更新保留站，使其指向该载入操作。注意，在执行过程中必须分析这种依赖，在发射步骤期间必须分配 ROB 条目，以正确地更新保留站

`if (RegisterStat[rt2].Busy) /* 正在执行的指令写 rt */`
`{h ← RegisterStat[rt2].Reorder;`
`if (ROB[h].Ready) /* 指令已完成 */`
`{RS[x2].Vk ← ROB[h].Value; RS[x2].Qk ← 0;}`
`else {RS[x2].Qk ← h;} /* 等待指令 */`
`} else {RS[x2].Vk ← Regs[rt2]; RS[x2].Qk ← 0;};`
`RegisterStat[rd2].Reorder ← b2;`
`RegisterStat[rd2].Busy ← yes;`
`ROB[b2].Dest ← rd2;`
	由于假定浮点运算的第二个操作数来自前面的发射包，所以这一步骤看起来和单发射情景中一样。当然，如果这条指令依赖于同一发射包中的某些内容，那就需要使用指定的保留缓冲区更新这些表

（续）

操作或记录	注 释
RS[x2].Busy ← yes; RS[x2].Dest ← b2; ROB[b2].Instruction ← FP operation; ROB[b2].Dest ← rd2; ROB[b2].Ready ← no;	这一部分只是为浮点运算更新这些表，它与载入操作无关。当然，如果这个发射包中的其他指令依赖于浮点运算（比如在四发射超标量中的情景），那么这一指令会影响到对这些指令的保留表的更新

* 对于发射指令，rd1 和 rd2 是目的地，rs1、rs2 和 rt2 是源（载入指令仅有一个源），x1 和 x2 是分配的保留站，b1 和 b2 是指定的 ROB 条目。RS 是保留站数据结构。RegisterStat 是寄存器数据结构，Regs 表示实际的寄存器，ROB 是重排序缓冲区数据结构。注意，要想让这一逻辑正常运行，需要指定重排序缓冲区条目。还有，别忘了所有这些更新是在单个时钟周期内并行完成的，不是顺序执行。

我们可以推广表 3-12 的细节，以描述在动态调度的超标量（一个时钟周期内可发射多达 *n* 条指令）中更新发射逻辑和保留表的基本策略，如下所示。

(1) 为**可能**在下一个发射包中发射的**每条**指令指定保留站和重排序缓冲区。这可以在知道指令类型之前完成，只需使用 *n* 个可用的重排序缓冲区项，将重排序缓冲区项按顺序预先分配给发射包中的指令，并确保有足够的保留站可用于发射整个包（无论包中包含多少指令）即可。通过限制给定类别的指令数目（比如，一个浮点运算、一个整数运算、一个载入指令、一个存储指令），就可以预先分配必要的保留站。如果没有足够的保留站可用（比如，当程序中接下来的几条指令都是同一种类型时），则将这个包分解，仅根据原始程序顺序，发射其中一部分指令。包中的其余指令可以放在下一个发射包中，为潜在的发射做准备。

(2) 分析发射包中指令之间的所有依赖关系。

(3) 如果包中的一条指令依赖于包中先前的一个指令，则使用指定的重排序缓冲区编号来更新相关指令的保留表。否则，使用已有保留表和重排序缓冲区信息更新所发射指令的保留表项。

当然，由于所有这些都要在一个时钟周期中并行完成，所以上述操作非常复杂。

在流水线的后端，我们必须能够在一个时钟周期内完成和提交多条指令。由于可以在同一时钟周期中提交的多条指令必须已经解决了任何依赖性问题，所以这些步骤要比发射问题容易一些。后面你会看到，设计人员已经想出如何应对这一复杂性：3.12 节将研究的 Intel i7 使用的方案基本上就是前面描述的推测多发射方案，包括大量保留站、一个重排序缓冲区、一个载入与存储缓冲区，后者也可用于处理非阻塞缓存缺失。

从性能的角度来看，我们可以用一个示例来说明这些概念是如何结合在一起的。

例题 考虑以下循环在两发射处理器上的执行情况，它会使整数数组的所有元素递增，一次没有推测，一次进行推测：

```
Loop: ld    x2,0(x1)     // x2=数组元素
      addi  x2,x2,1      // 使 x2 递增
      sd    x2,0(x1)     // 存储结果
      addi  x1,x1,8      // 使指针递增
      bne   x2,x3,Loop   // 若不是最后一个，则跳转
```

假定有独立的整数功能单元用于有效地址的 计算、ALU 运算和分支条件求值。给出这个循环在两种处理器上前 3 次迭代的控制表。假定可以在每个时钟周期内提交 2 条任意类型的指令。

解答　表3-13和表3-14给出了一个两发射动态调度处理器在有、无推测情况下的性能。在本例中，分支是一个关键的性能限制因素，而推测会很有帮助。在支持推测执行的处理器中，第三分支在时间周期 13 中执行，而在非推测流水线中，则在时钟周期 19 中执行。由于非推测流水线上的完成速率很快就会落后于发射速率，所以在再发射几个迭代之后，非推测流水线将会停顿。如果允许载入指令在决定分支之前完成有效地址的计算，就可以提高不支持推测执行的处理器的性能，但除非允许推测性存储器访问，否则这一改进只会在每次迭代中节约一个时钟周期。

表3-13　在无推测的情况下，双发射流水线版本中发射、执行和写结果的时机

迭代编号	指　令	发射指令的时钟周期编号	执行指令的时钟周期编号	访问存储器的时钟周期编号	写CDB的时钟周期编号	注　释
1	ld x2,0(x1)	1	2	3	4	第一次发射
1	addi x2,x2,1	1	5		6	等待 ld
1	sd x2,0(x1)	2	3	7		等待 addi
1	addi x1,x1,8	2	3		4	直接执行
1	bne x2,x3,LOOP	3	7			等待 DADDIU
2	ld x2,0(x1)	4	8	9	10	等待 bne
2	addi x2,x2,1	4	11		12	等待 ld
2	sd x2,0(x1)	5	9	13		等待 addi
2	addi x1,x1,8	5	8		9	等待 bne
2	bne x2,x3,LOOP	6	13			等待 addi
3	ld x2,0(x1)	7	14	15	16	等待 bne
3	addi x2,x2,1	7	17		18	等待 ld
3	sd x2,0(x1)	8	15	19		等待 addi
3	addi x1,x1,8	8	14		15	等待 bne
3	bne x2,x3,LOOP	9	19			等待 addi

* 注意，跟在 bne 后面的 ld 不能提前开始执行，因为它必须等到分支结果被确定。这种类型的程序（带有不能提前解决的数据依赖分支）展示了推测的威力。将用于地址计算、ALU 运算和分支条件求值的功能单元分离开来，就可以在同一周期中执行多条指令。表3-14显示的是这个例子带有推测功能的版本。

表3-14　在带有推测的情况下，双发射流水线版本中发射、执行和写结果的时机

迭代编号	指　令	发射指令的时钟周期编号	执行指令的时钟周期编号	访问存储器的时钟周期编号	写CDB的时钟周期编号	提交指令的时钟周期编号	注　释
1	ld x2,0(x1)	1	2	3	4	5	第一次发射
1	addi x2,x2,1	1	5		6	7	等待 ld
1	sd x2,0(x1)	2	3			7	等待 addi
1	addi x1,x1,8	2	3		4	8	顺序提交
1	bne x2,x3,LOOP	3	7			8	等待 addi

（续）

迭代编号	指　　令	发射指令的时钟周期编号	执行指令的时钟周期编号	访问存储器的时钟周期编号	写 CDB 的时钟周期编号	提交指令的时钟周期编号	注　　释
2	ld　x2,0(x1)	4	5	6	7	9	没有执行延迟
2	addi x2,x2,1	4	8		9	10	等待 ld
2	sd　x2,0(x1)	5	6			10	等待 addi
2	addi x1,x1,8	5	6		7	11	顺序提交
2	bne　x2,x3,LOOP	6	10			11	等待 addi
3	ld　x2,0(x1)	7	8	9	10	12	尽可能最早
3	addi x2,x2,1	7	11		12	13	等待 ld
3	sd　x2,0(x1)	8	9			13	等待 addi
3	addi x1,x1,8	8	9		10	14	提前执行
3	bne　x2,x3,loop	9	13			14	等待 addi

* 注意，跟在 bne 后面的 ld 可以提前开始执行，因为它是推测性的。

这个例子清楚地表明，当存在数据依赖分支时，推测方法会带来一些好处，反之则会限制性能。但是，这种优势依赖于准确的分支预测。错误预测不会提高性能，事实上，它通常会有损于性能，而且后面我们会看到，它会极大地降低能效。

3.9 用于指令交付和推测的高级技术

在高性能流水线，特别是多发射流水线中，仅仅很好地预测分支还不够，实际上还得能够交付高带宽的指令流。在最近的多发射处理器中，所谓高带宽发射流意味着每个时钟周期要交付 4~8 条指令。我们首先介绍提高指令交付带宽的方法，然后介绍实现高级推测技术的一系列关键问题，包括寄存器重命名与重排序缓冲区的应用、推测的积极性，以及一种称为**值预测**（value prediction）的技术，它尝试预测计算的结果并可以进一步增强 ILP。

3.9.1 提高取指带宽

多发射处理器要求每个时钟周期提取的平均指令数至少等于平均吞吐量。当然，提取这些指令需要有足够宽的路径能够连向指令缓存，但最重要的还是分支的处理。本节将介绍处理分支的两种方法，然后讨论现代处理器如何将指令预测和预取功能结合在一起。

分支目标缓冲区

为了减少这个简单的五级流水线以及更深流水线的分支代价，必须知道尚未译码的指令是不是分支，如果是分支，则需要知道下一个程序计数器（PC）应当是什么。如果这条指令是一个分支，而且知道下一个 PC 应当是什么，那就可以将分支代价降为零。用于存储分支之后下一条指令的预测地址的分支预测缓存，称为**分支目标缓冲区**（branch-target buffer）或**分支目标缓存**（branch-target cache）。图 3-11 展示了一个分支目标缓冲区。

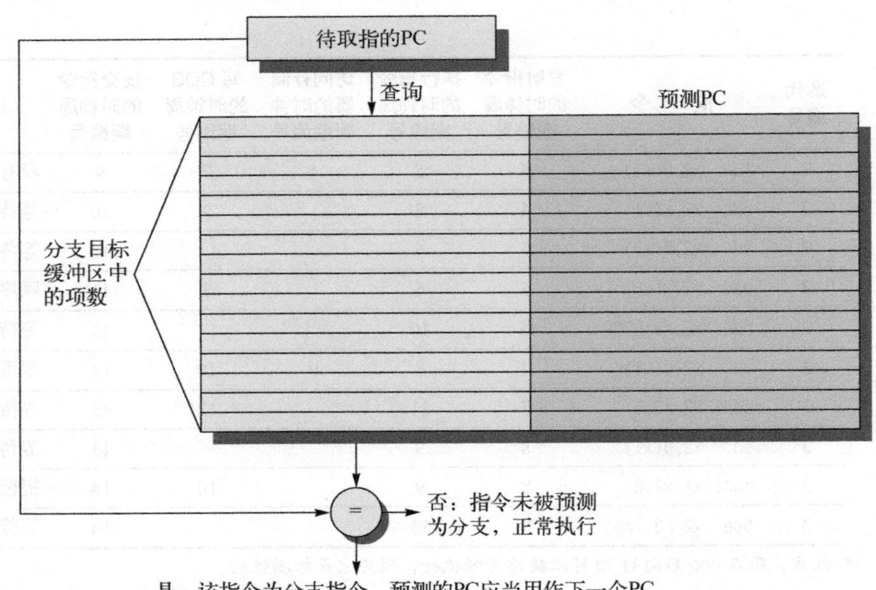

图 3-11　分支目标缓冲区。将取指的 PC 与第一列中存储的一组指令地址进行匹配，这组地址代表的是已知分支的地址。如果 PC 与其中一项匹配，则所提取的指令为被选中的分支，第二个字段（预测的 PC）包含了该分支之后下一个 PC 的预测值。PC 会立即从该地址处开始取指。第三个字段是可选字段，可用于附加的预测状态位

由于分支目标缓冲区预测下一条指令的地址，并在对该指令译码**之前**把它发送出去，所以**必须**知道所提取的指令是否被预测为一条选中分支指令。如果取指的 PC 与预测缓冲区中的一个地址匹配，则将相应的预测 PC 用作下一个 PC。这种分支目标缓冲区的硬件基本上与缓存硬件相同。

如果在分支目标缓冲区中找到一个匹配项，则立即在所预测的 PC 处开始取指。注意，与分支预测缓冲区不同，预测项必须与这条指令匹配，因为在知道这条指令是否是分支之前，预测的 PC 将被发送出去。如果处理器没有查看这一项是否与这个 PC 匹配，就会为不是分支的指令发送错误的 PC，从而导致性能恶化。我们只需要在分支目标缓冲区中存储预测选中的分支，这是因为未被选中的分支应当直接提取下一条顺序指令，就好像它不是分支指令一样。

图 3-12 显示了在为简单的五级流水线使用分支目标缓冲区时的步骤。从这个图中可以看出，如果在缓冲区中找到了分支预测项，而且预测正确，那就没有分支延迟。否则，至少存在两个时钟周期的代价。我们在重写缓冲区条目时通常会暂停取指，所以要处理错误预测与缺失是一个不小的难题。因此，我们希望快速完成这一过程，将代价降至最低。

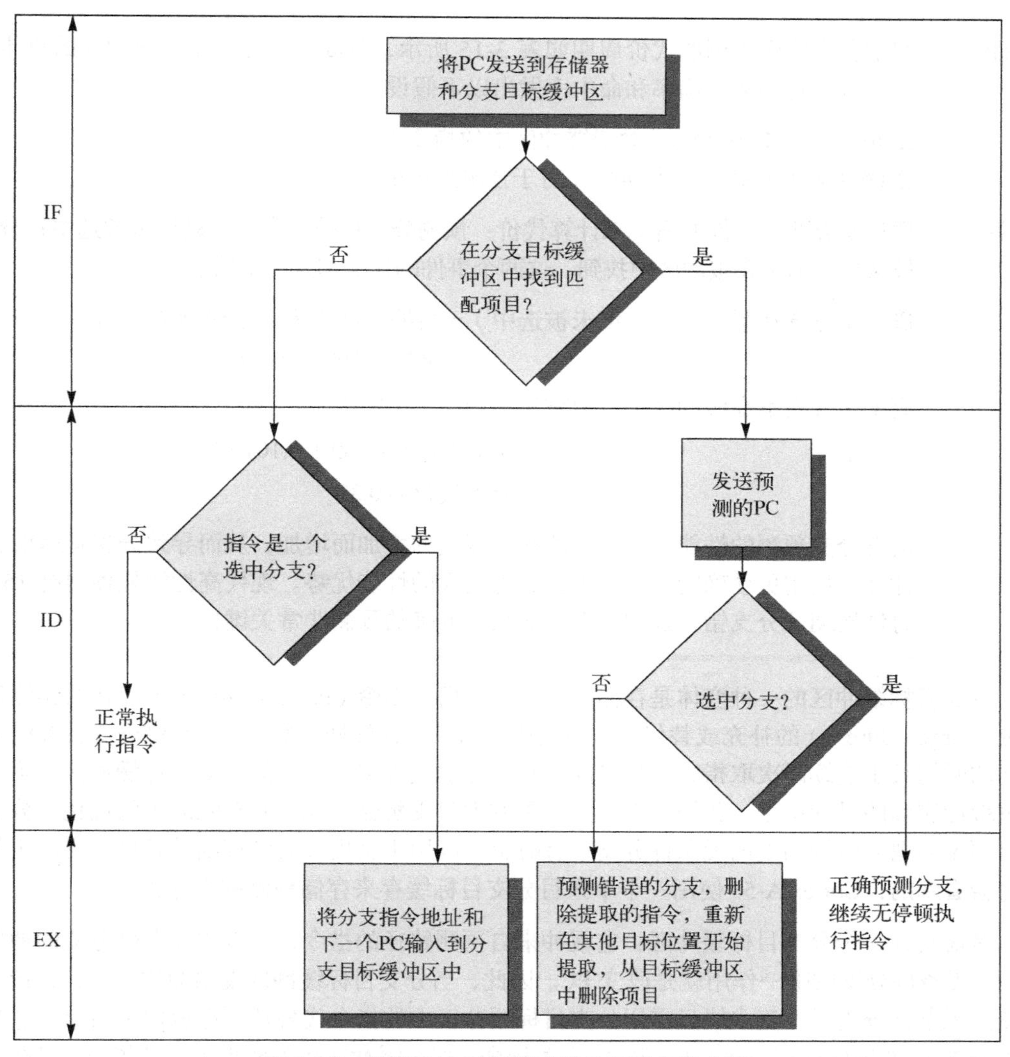

图 3-12 使用分支目标缓冲区处理指令的步骤

为了评估一个分支目标缓冲区的工作情况，必须首先判断所有可能情景中的代价。表 3-15 给出了一个简单五级流水线的相关信息。

表 3-15 对分支是否在缓冲区中以及它实际完成何种任务的所有可能组合的代价（假定仅在缓冲区中存储选中分支）

缓冲区中的指令	预　测	实际分支	代价周期数
是	选中	选中	0
是	选中	未选中	2
否		选中	2
否		未选中	0

* 如果一切预测正确，而且在目标缓存中找到了该分支，则没有分支代价。如果分支预测错误，那么代价就等于使用正常信息更新缓冲区的一个时钟周期（在此期间不能取指），在需要时，还有一个时钟周期用于重新开始为该分支提取下一个正确指令。如果没有找到或未选中这个分支，代价就是两个周期，在此期间会更新缓冲区。

例题　假定各个错误预测的代价周期如表3-15所示，判断一个分支目标缓冲区的总体分支代价。对预测准确率和命中率做出以下假设：

- 预测准确率为90%（对于缓冲区中的指令）；
- 缓冲区中的命中率为90%（对于预测选中的分支）。

解答　通过研究两个事件的概率来计算代价：预测分支将被选中，但最后未被选中；分支被选中，但未在缓冲区中找到。这两个事件的代价都是两个周期。

概率（分支在缓冲区中，但未被选中）= 缓冲区命中率 × 错误预测比例

= 90% × 10% = 0.09

概率（分支不在缓冲区中，但被实际选中）= 10%

分支代价 = (0.09 + 0.10) × 2

分支代价 = 0.38

动态分支预测的性能改进随着流水线深度的增加而增加，从而导致分支延迟增加；此外，使用更准确的预测器也会获得更大的性能优势。现代高性能处理器有15个时钟周期的分支错误预测延迟；显然，准确的预测非常关键！

分支目标缓冲区的一种变体是存储一个或多个**目标指令**（target instruction），作为预测**目标地址**（target address）的补充或替代。这一变体有两个潜在好处。第一，它允许分支目标缓冲区访问的时间长于连续两次取指之间的时间，从而可能允许采用更大的分支目标缓冲区。第二，通过缓冲实际的目标指令，我们可以执行一种称为**分支折合**（branch folding）的优化。分支折合可用于实现0时钟周期的无条件分支，有时也可以用于实现0时钟周期的条件分支。正如我们将会看到的，Cortex A-53使用一个单条目分支目标缓存来存储预测的目标指令。

考虑这样一个分支目标缓冲区：它缓冲来自预测路径的指令，可以用无条件分支的地址来访问。无条件分支的唯一作用就是改变PC。因此，当分支目标缓冲区发出命中信号，并指出该分支是无条件分支时，流水线只需用分支目标缓冲区中的指令代替从缓存返回的指令（它是无条件分支）。如果处理器在每个周期发射多条指令，那么缓冲区将需要提供多条指令，以获得最大好处。在一些情况下，有可能消除条件分支的开销。

3.9.2　专用分支预测器：预测过程返回、间接跳转和循环分支

当我们试图增加推测的机会并提高推测准确性时，面临着预测间接跳转的挑战，间接跳转即其目标地址在运行时发生变化的跳转。尽管高级语言程序会为间接过程调用、select或case语句、FORTRAN计算的goto语句等生成此类跳转，但许多间接跳转源于过程的返回操作。例如，对于SPEC95基准测试，过程返回操作平均占全部分支的15%以上，占到间接跳转的绝大部分。对于诸如C++和Java之类的面向对象语言，过程返回操作甚至更加频繁。因此，将重点放在过程返回操作上似乎是恰当的。

尽管过程返回操作可以用分支目标缓冲区来预测，但如果从多个地方调用这个过程，而且来自一个地方的多个调用在时间上比较分散，那么这种预测方法的准确性就会很低。例如，在

SPEC CPU95 中，一个主动分支预测器在此类返回分支上所能达到的准确率不足 60%。为了解决这一问题，一些设计使用了一个小型的返回地址缓冲区，它的工作方式相当于一个栈。这种结构缓存最近的返回地址，在调用时将返回地址压入栈中，在返回时弹出一个地址。如果缓存足够大（也就是与最大调用深度相等），它就能准确地预测过程返回操作。图 3-13 显示了这种返回缓冲区在许多 SPEC CPU95 基准测试中的性能；缓冲区的元素数目为 0~16 个。在 3.10 节中研究 ILP 时，我们将使用一个类似的返回预测器。Intel Core 处理器和 AMD Phenom 处理器都有返回地址预测器。

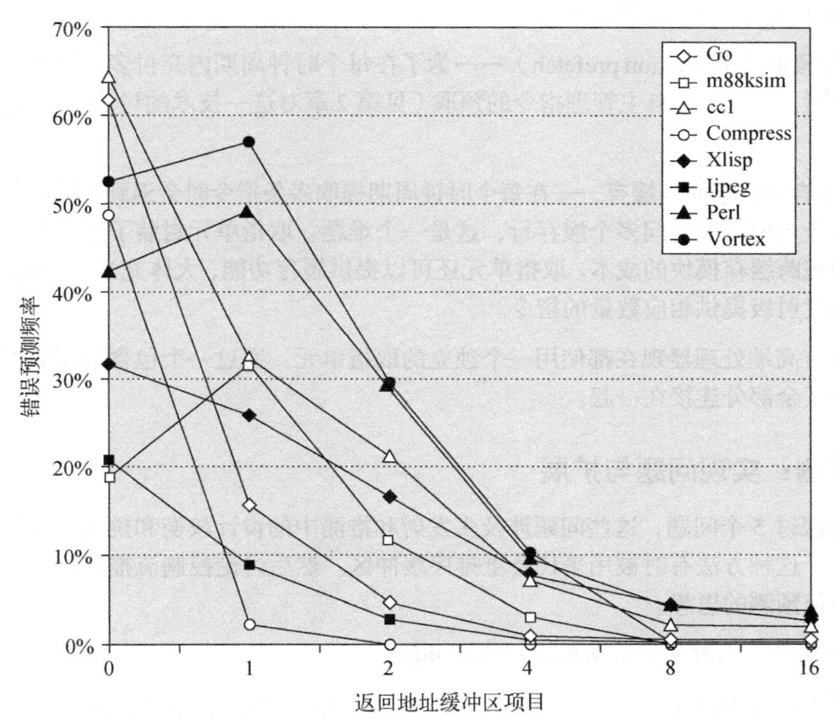

图 3-13 作为栈运行的返回地址缓冲区在大量 SPEC CPU95 基准测试中的预测准确率。这一准确率是正确预测的返回地址所占的比例。若缓冲区中有 0 项，意味着使用标准分支预测。由于调用深度通常不是很大（当然也有一些例外），所以中等大小的缓冲区就可以取得很好的效果。这些数据来自 Skadron 等人[1999]，使用了一种修复机制来防止缓存的返回地址出现错误

在大型服务器应用程序中，各种函数调用和控制传输也会发生间接跳转。预测这些分支的目标并不像在过程返回中那样简单。一些处理器选择为所有间接跳转添加专门的预测器，而另一些则依赖于分支目标缓冲区。

虽然像 gshare 这样的简单预测器在预测许多条件分支方面做得很好，但是它并不适合预测循环分支，尤其是长时间运行的循环。正如我们前面所观察到的，Intel Core i7 920 使用了一个专门的循环分支预测器。随着带标签的混合预测器的出现（它们在预测循环分支方面同样出色），近来一些设计人员选择将资源投入到更大的带标签的混合预测器中，而不是单独的循环分支预测器中。

集成取指单元

为了满足多发射处理器的要求，近来的许多设计人员选择实现一个集成取指单元，作为独立的自主单元，为流水线的其余部分提供指令。实际上，这是因为他们意识到：由于多发射的复杂性，不能再将取指过程视为简单的单一流水级。

最近的设计已经开始使用集成了多种功能的集成取指单元，它包括以下功能。

(1) **集成分支预测**（integrated branch prediction）——分支预测器变为取指单元的组成部分，它持续预测分支，以驱动提取流水线。

(2) **指令预取**（instruction prefetch）——为了在每个时钟周期内交付多条指令，取指单元可能需要预取指。这一单元自主管理指令的预取（见第2章对这一技术的讨论），把它与分支预测结合在一起。

(3) **指令存储器访问与缓存**——在每个时钟周期提取多条指令时会遇到不同的复杂性，包括提取多条指令可能需要访问多个缓存行，这是一个难题。取指单元封装了这一复杂性，尝试使用预取来隐藏跨缓存模块的成本。取指单元还可以提供缓存功能，大体充当一个随需应变单元，根据需要向发射级提供相应数量的指令。

几乎所有高端处理器现在都使用一个独立的取指单元，通过一个包含未完成指令的缓冲区与流水线的其余部分连接在一起。

3.9.3　推测：实现问题与扩展

本节将探讨5个问题，这些问题涉及多发射和推测中的设计权衡和挑战，首先是寄存器重命名的使用，这种方法有时被用来代替重排序缓冲区。然后讨论控制流推测的一个重要扩展：一种被称为**值预测**的思想。

1. 推测支持：寄存器重命名与重排序缓冲区

ROB（重排序缓冲区）的一种替代方法是显式使用更大的物理寄存器集，并与寄存器重命名方法相结合。这一方法以Tomasulo算法中使用的重命名概念为基础，并对其进行了扩展。在Tomasulo算法中，在执行过程的任意时刻，**体系结构可见的寄存器**（x0, …, x31和f0, …, f31）的值都包含在寄存器集和保留站的某种组合中。在添加了推测功能之后，寄存器值还会临时保存在ROB中。在任一情况下，如果处理器在一段时间内没有发射新指令，则所有现有指令都会提交，寄存器值将出现在寄存器堆中，而寄存器堆直接与体系结构层可见的寄存器相对应。

在寄存器重命名方法中，使用物理寄存器的一个扩展集来保存体系结构可见寄存器和临时值。因此，扩展后的寄存器取代了ROB和保留站的大多数功能；只需要一个队列来确保顺序完成指令。在指令发射期间，一种重命名过程会将体系结构寄存器的名称映射到扩展寄存器集中的物理寄存器编号，为目的地分配一个新的未使用寄存器。WAR冒险和WAR冒险通过重命名目标寄存器来避免。在指令提交之前，保存指令目的地的物理寄存器不会成为体系结构寄存器，所以也解决了推测恢复问题。

重命名映射（renaming map）是一种简单的数据结构，它提供当前与指定体系结构寄存器相对应的寄存器的物理寄存器编号；在Tomasulo算法中，这一功能由寄存器状态表完成。在提交指令时，重命名表被永久更新，以表明一个物理寄存器与实际体系结构寄存器相对应，从而有效地完成对处理器状态的更新。尽管在采用寄存器重命名时并不需要ROB，但硬件仍然必须在一个类似于队列的结构中跟踪信息，并严格按照顺序来更新重命名表。

与ROB方法相比，重命名方法的一个优点是略微简化了指令提交过程，因为它只需要两个简单的操作：(1)记录体系结构寄存器编号与物理寄存器编号之间的映射不再是推测结果；(2)释放所有用于保存体系结构寄存器"旧"值的物理寄存器。在采用保留站的设计中，当使用一个保留站的指令完成执行后，该保留站会被释放，而与一个ROB条目对应的指令提交之后，该ROB条目也被释放。

在采用寄存器重命名时，撤销寄存器的分配要更复杂一些。这是因为在释放物理寄存器之前，必须知道它不再与体系结构寄存器相对应，而且对该物理寄存器的所有使用都已完成。物理寄存器与体系结构寄存器相对应，直到该体系结构寄存器被改写为止，此时将使重命名表指向其他位置。也就是说，如果没有重命名项指向特定的物理寄存器，那它就不再与体系结构寄存器相对应。但是，对该物理寄存器的使用可能仍未结束。处理器可以通过查看功能单元队列中所有指令的源寄存器说明符来判断是否是这种情况。如果一个给定物理寄存器不是源寄存器，而且它也没有被指定为体系结构寄存器，那就可以收回该寄存器，重新进行分配。

或者，处理器也可以一直等待，直到对同一体系结构寄存器执行写操作的另一指令提交为止。此时，对旧值的使用可能已经完成了。尽管这种方法绑定物理寄存器的时间可能稍长于必要时间，但它实现起来很容易，并且在大多数最近的超标量中得到了应用。

读者可能想问：如果寄存器一直在变化，那么如何知道哪些寄存器是体系结构寄存器呢？在程序运行的大多数时间内，这是无所谓的。当然，在某些情况下，另一个进程（比如操作系统）必须知道特定体系寄存器的内容到底在什么位置。为了理解如何提供这一功能，假定处理器在一段时间内没有发射指令。流水线中的所有指令最终都会提交，体系结构可见寄存器与物理寄存器之间的映射也将变得稳定。这时，物理寄存器的一个子集包含体系结构可见寄存器，任何与体系结构寄存器没有关联的物理寄存器的值都不再需要。然后可以轻松地将体系结构寄存器移到物理寄存器的一个固定子集中，从而将这些值发送给另一进程。

寄存器重命名和重排序缓冲区都继续在高端处理器中使用，这些高端处理器现在能够同时运行100条或更多的指令（包括在缓存中等待的载入指令和存储指令）。无论是使用重命名还是重排序缓冲区，动态调度超标量的关键复杂性瓶颈仍然在于所发射的指令包中存在依赖关系。具体来说，在发射一个发射包中的指令时，必须使用它们所依赖的指令的指定虚拟寄存器。在使用寄存器重命名来发射指令时，所部署的策略可以类似于采用重排序缓冲区（见3.8节）进行多发射时使用的策略，如下所示。

(1) 发射逻辑预先为整个发射包预留足够的物理寄存器（比如，当每个指令最多有一个寄存器结果时，为四指令包预留4个寄存器）。

(2) 发射逻辑判断包中存在什么样的依赖关系。如果包中不存在依赖关系，则使用寄存器重命名结构来判断哪个物理寄存器保存着（或将会保存）指令所依赖的结果。如果包中不存在依赖关系，则结果源于先前的一个发射包，并且寄存器重命名表中将拥有正确的寄存器编号。

(3) 如果一条指令依赖于在该发射包中排在前列的某条指令，那么将使用在其中存放结果的预留物理寄存器来为发射指令更新信息。

注意，就像在重排序缓冲区中一样，发射逻辑必须在一个周期内判断包中的依赖关系，并更新重命名表，而且和前面一样，当每个时钟处理大量指令时，这种做法的复杂度就会成为发射宽度中的一个主要限制。

2. 每个周期发射更多指令带来的挑战

如果没有推测，人们就没有太大动力去尝试提高发射速率，使其达到每个时钟周期发射 2 条、3 条或者 4 条指令，因为分支的解析会将平均发射速率限制为一个更小的数值。一旦处理器中包含了准确的分支预测和推测，我们可能就会认为提升发射速率是有吸引力的。有了硅容量和功耗，重复功能单元是很简单的；真正的复杂性在于发射步骤和相应的提交步骤。提交步骤与发射步骤相对应，它们的需求相似，所以让我们来看看一个使用寄存器重命名的六发射处理器会发生些什么。

表 3-16 给出了一个包含 6 条指令的代码序列，以及发射步骤必须完成的工作。请记住，如果处理器要维持每个周期发射 6 次的峰值功耗，则所有这些工作都必须在一个时钟周期内完成。必须检测所有依赖关系，必须指派物理寄存器，必须使用物理寄存器编号重写这些指令，并且所有这些都在一个时钟周期内完成。这个例子清楚地说明了为什么在过去 20 年里，发射速率从 3~4 仅增加到 4~8。发射周期内所需分析工作的复杂程度随发射宽度的平方增长，新处理器的目标通常是拥有比上一代更高的时钟频率！由于寄存器重命名和缓冲区重排序方法是对应的，所以无论采用哪种实施方案，都会出现相同的复杂性。

表 3-16　一个在同一时钟周期内发射 6 条指令的例子，以及必须完成的工作

指令编号	指　令	分配的物理寄存器或目标	带有物理寄存器编号的指令	重命名映射变化
1	add x1,x2,x3	**p32**	add p32,p2,p3	**x1→p32**
2	sub x1,x1,x2	**p33**	sub p33,p32,p2	**x1→p33**
3	add x2,x1,x2	**p34**	add p34,p33,x2	**x2→p34**
4	sub x1,x3,x2	**p35**	sub p35,p3,p34	**x1→p35**
5	add x1,x1,x2	**p36**	add p36,p35,p34	**x1→p36**
6	sub x1,x3,x1	p37	sub p37,p3,p36	**x1→p37**

* 这些指令按照它们在程序中的顺序给出：1~6；但它们在一个时钟周期内被发射出去！标记 pi 表示物理寄存器；在任意时刻，寄存器的内容由重命名映射决定。为简单起见，我们假定：最初容纳体系结构寄存器 x1、x2 和 x3 的物理寄存器分别为 p1、p2、p3（它们可以是任意物理寄存器）。如第四列所示，这些指令被发射时使用了物理寄存器编号。最后一列的重命名映射说明，在顺序发射这些指令时，映射将会如何变化。难度在于，所有这些重命名工作、用物理重命名寄存器代替体系结构寄存器的工作，都是在一个周期内完成的，而不是顺序执行的。发射逻辑必须找出所有依赖关系，并且以并行方式“重写”指令。

3. 推测的代价

推测的一个重要优势是能够尽早发现那些本来会使流水线停顿的事件，比如缓存缺失。但是，这种潜在优势也伴随着一个显著的潜在劣势。推测不是免费的，它需要时间和精力，错误预测的恢复过程还会进一步降低性能。此外，为了从推测中获益，需要支持更高的指令执行速率，为此，处理器必须拥有更多的资源，而这些资源又会占用硅面积和功耗。最后，如果推测导致异常事件的发生，比如缓存缺失或变换旁路缓冲区（TLB）缺失，而没有推测时不会发生这种事件，那推测造成重大性能损失的可能性就会增大。

为了在最大程度上保持优势、减少不利因素，大多数具有推测的流水线仅允许以推测模式处理低成本的异常事件（比如，第一级缓存缺失）。如果发生成本高昂的异常事件，比如第二级缓存缺失或TLB缺失，那么处理器会一直等待，直到引发该事件的指令不再具有推测性时再处理该事件。尽管这样会使一些程序的性能稍有降低，但对于其他一些程序，尤其是会频繁发生此类事件且分支预测效果不佳的程序，可以避免性能大幅降低。

在20世纪90年代，推测的潜在缺点还不是很明显。随着处理器的发展，推测的实际成本变得越来越明显，宽发射和推测的局限性也变得更为突出。稍后我们会再次讨论这一主题。

4. 多分支推测

在本章前面研究过的示例中，我们可以先解决一个分支，然后再推测另一个分支。有3种情景可以通过同时推测多个分支获益：(1)分支频率非常高；(2)分支高度汇集；(3)功能单元中的延迟很长。在前两种情况下，要实现高性能可能意味着对多个分支进行推测，甚至意味着每个时钟周期要处理一个以上的分支。数据库程序和其他结构化程度较低的整数计算经常呈现这些特性，使多个分支的预测变得非常重要。同样，功能单元中的延迟很长时，也会提高对多个分支进行推测的重要性，从而避免因为流水线延迟过长而造成的停顿。

对多个分支进行推测会使推测恢复过程略微复杂一些，但在其他方面比较简单。到2017年为止，还没有处理器将全面的推测与每个时钟周期处理多条分支相结合，而且从性能与复杂性和功耗的对比来看，这样做的成本也可能不太合理。

5. 推测与能效的挑战

推测对能效有什么影响呢？乍看起来，有人可能会说推测的使用总是会降低能效，因为只要推测错误，就会以下面两种方式产生更高的能耗。

(1)对某些指令进行了推测，却不需要它们的结果。这些指令会为处理器生成多余工作，浪费能量。

(2)撤销推测，恢复处理器的状态，以便在适当的地址继续执行，这些操作都会多消耗一部分能量，而在没有推测时是不需要消耗这部分能量的。

当然，推测的确会增大功耗，而如果我们能够控制推测，那就有可能对成本进行测量（至少可以测量动态功耗）。但是，如果推测过程缩短的执行时间多于它增加的平均功耗，那消耗的总能量仍然可能减少。

因此，为了了解推测对能效的影响，我们需要研究推测导致非必要任务的频率。如果会执行大量的非必要指令，那推测就不大可能大幅缩短运行时间！图3-14显示了由于使用复杂的分支预测器对SPEC2000基准测试的一个子集做出错误推测而执行的指令的比例。可以看到，在科学计算代码中，因为错误预测而执行的指令比例很小，而在整数代码中则很高（平均为大约30%）。因此，对于整型应用程序而来，推测过程的能效不会很高，而且登纳德缩放比例定律的终结也使非完美推测的问题变得更严重。设计人员可能会避免推测，尝试减少错误推测，或者考虑采用新方法，比如仅对那些已经确定具有高度可预测性的分支进行推测。

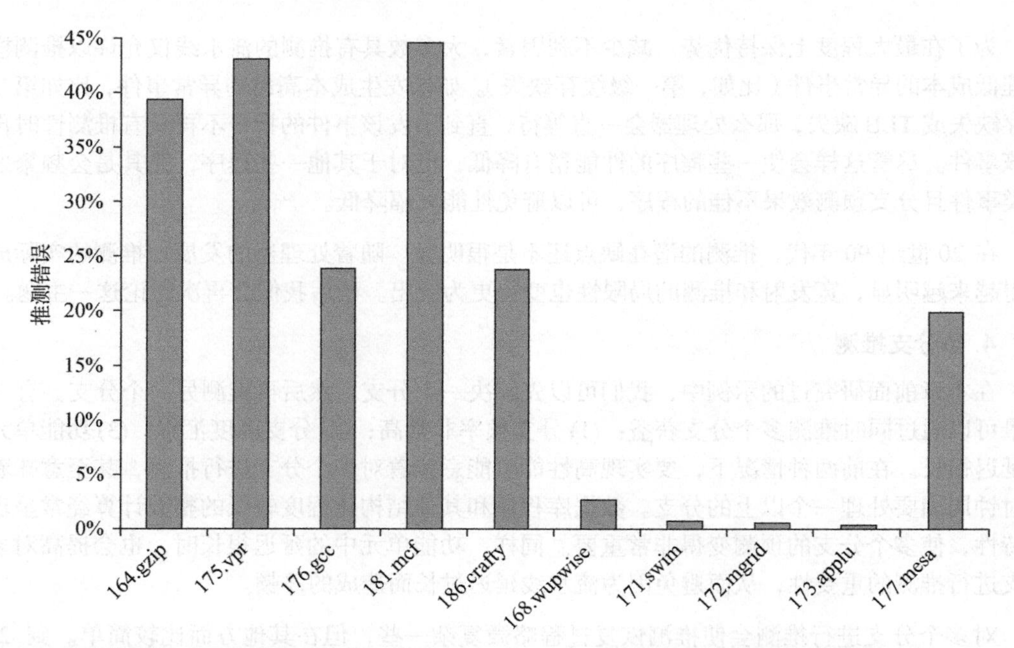

图 3-14　整数程序因为错误推测而执行的指令比例（前 5 个）通常要远大于浮点程序的这一比例（后 5 个）

6. 地址别名预测

地址别名预测（address aliasing prediction）用来预测两个存储指令或者一个载入指令与一个存储指令是否引用同一存储器地址。如果两条指令没有引用同一地址，那就可以放心地交换它们的顺序。否则，就必须等待，直到知道这些指令访问的存储器地址为止。因为我们不需要实际预测地址值，只需要知道这些值是否冲突，所以使用小预测器，预测就会非常准确。地址预测依赖于支持推测执行的处理器在错误推测后恢复的能力；也就是说，如果被预测为“不同”的地址（非别名）其实是相同的（别名），处理器只需重新启动序列，就像它错误地预测了分支一样。地址值推测已经在几种处理器中得到应用，将来可能会被普遍采用。

地址预测是一种简单的受限的**值预测**，值预测试图预测一条指令可能生成的值。如果值预测具有很高的准确性，那么它就可以消除数据流的限制，从而实现更高的 ILP 率。尽管在过去 15 年里，许多研究人员致力于值预测的研究，并发表了几十篇论文，但其成果一直缺乏足够的吸引力，未能在实际处理器中得到应用。

3.10　交叉问题

3.10.1　硬件推测与软件推测

本章介绍的这些硬件密集的推测方法与附录 H 中的软件方法为利用 ILP 提供了不同的选择。下面列出了这些方法的一些权衡与局限性。

- 为了进行广泛的推测，必须能够消除存储器访问的歧义。对于包含指针的整数程序，很难在编译时做到这一点。在基于硬件的方案中，存储器地址的动态运行时消歧是使用前面介绍的 Tomasulo 算法的技术实现的。这一消歧功能使得我们可以在运行时把载入指令移到存储指令之后。对推测性存储器访问的支持可以帮助克服编译器的保守性，但如果使用这些方法时不够小心，那么恢复机制的开销可能会大于它们所能带来的收益。

- 当控制流不可预测，且基于硬件的分支预测优于在编译时完成的软件分支预测时，基于硬件的推测效果更佳。这些特性适用于许多整数程序，其中动态预测器的错误预测率通常小于静态预测器的一半。因为当预测不正确时，推测错误的指令可能会拖慢计算速度，所以这一差别非常明显。这一差别导致的一个结果是：即使是静态调度的处理器中通常也包含动态分支预测器。
- 即使对于被推测的指令，基于硬件的推测也能保持完全精确的异常模型。最近的基于软件的方法也添加了特殊支持，同样可以做到这一点。
- 基于硬件的推测不需要补充或记录代码，而那些激进的软件推测机制则需要。
- 基于编译器的方法能够深入了解代码序列，并从中获益，因而在代码调度方面要优于纯硬件驱动的方法。
- 对于一种体系结构的不同实现方式，采用动态调度的基于硬件的推测不需要采用不同代码序列就能实现好的性能。尽管这一收益很难量化，但从长期来看，这一收益可能是最重要的。有意思的是，它曾经是设计 IBM 360/91 的动机之一。另外，最近的显式并行体系结构（比如 IA-64）已经增加一定的灵活性，可以减少代码序列中固有的硬件依赖。

在硬件中支持推测的主要缺点是增加了复杂性，并且需要额外的硬件资源。必须根据基于软件的方法的编译器的复杂性，以及依赖于这种编译器的处理器中简化的程度和有用性，评估这种硬件成本。

一些设计人员尝试将动态方法和基于编译器的方法相结合，以期达到两种方法的最佳效果。这种结合可以产生一些有趣但模糊的交互。例如，如果将条件传送指令与寄存器重命名相结合，就会产生一种微妙的副作用。由于之前已经在指令流水线中更改了目标寄存器的名称，所以一个被撤销的条件移动操作仍然会向目标寄存器中复制一个值。这种模糊的交互使设计与验证过程都变得非常复杂，还可能会降低性能。

在采用软件方法支持 ILP 和推测的计算机中，Intel Itanium 处理器曾经是最强大的。但它仍然没有达到设计人员的期望，对于通用、非科学运算程序尤为如此。意识到 3.11 节讨论的困难之后，设计人员利用 ILP 的热情已经减退，因此，大多数体系结构最终采用基于硬件的方案，每个时钟周期发射 3~4 条指令。

3.10.2 推测执行与存储器系统

在支持推测执行或条件指令的处理器中，固有的一种可能性是生成一些无效地址，而在没有推测执行时是不会生成这些无效地址的。如果引发了保护异常，那这不仅是一种错误的行为，而且推测执行的收益还会被错误异常的开销抵消。因此，存储器系统必须识别推测执行的指令和条件执行的指令，并抑制相应的异常。

出于类似的原因，我们不能允许此类指令导致缓存因缺失而停顿，因为不必要的停顿可能会超过推测带来的收益。因此，这些处理器必须与非阻塞缓存相匹配。

实际上，如果一次缺失指向了 DRAM，它的代价就太高了，所以只有当下一级为片上缓存（L2 或 L3）时，才会处理所推测的缺失。图 2-9 表明：对于一些表现优异的科学计算程序，编译器可以承受多个 L2 缺失，从而有效地降低 L2 缺失代价。同样，为使这一方法奏效，缓存背后的存储器系统必须能够满足编译器对存储器并发访问数量方面的要求。

3.11　多线程：利用线程级并行以提高单处理器吞吐量

这一节的主题——多线程——是个真正的交叉主题，它与流水线和超标量相关、与图形处理器（第 4 章）相关，还与多处理器（第 5 章）相关。**线程**就像一个进程，它有状态和当前的程序计数器，但是多个线程通常共享单个进程的地址空间，因而一个线程可以轻松地访问同一进程中其他线程的数据。在多线程这种技术中，多个线程共享一个处理器，而不需要进程切换。快速切换线程的能力使得多线程可以用来隐藏流水线和存储器延迟。

在下一章，我们将看到多线程如何在 GPU 中提供相同的优势。最后，第 5 章将探索多线程与多重处理的组合。由于多线程是向硬件暴露更多并行机会的主要技术，所以这些主题紧密地交织在一起。从严格意义上说，多线程使用线程级并行，因此这正是第 5 章的主题，但是它在提高流水线利用率以及在 GPU 中扮演的角色，都促使我们在这里介绍这一概念。

尽管 ILP 对编程人员透明的特点使之在提高性能方面具有很大的优势，但是正如我们已经看到的，在某些应用程序中，ILP 可能受到很大的限制或者难以利用。具体来说，当指令发射率处于合理范围时，那些到达存储器或片外缓存的缓存缺失不太可能通过可用 ILP 来弥补。当然，当处理器停顿下来等待缓存缺失时，功能单元的利用率会急剧下降。

由于试图用更多的 ILP 来掩盖长时间的存储器停顿的效果有限，所以人们很自然会问：是否可以使用应用程序中其他形式的并行来弥补存储器延迟呢？例如，在线事务处理系统在请求所表示的多个查询和更新之间具有自然的并行性。当然，许多科学应用程序中也包含自然并行性，因为它们经常对自然的并行三维结构进行建模，而这种结构可以使用单独的线程来开发。即使是使用基于 Windows 的现代操作系统的桌面应用程序，也经常会同时运行多个活动应用程序，从而提供了并行性的来源。

多线程技术支持多个线程以重叠方式共享单个处理器的功能单元。与之相对，利用**线程级并行**（TLP）的更一般方法是使用多处理器，它同时并行运行多个独立线程。但是，多线程不会像多处理器那样复制整个处理器，而是在一组线程之间共享处理器核的大多数功能，仅复制私有状态，比如寄存器和程序计数器。在第 5 章你将看到，许多最新处理器既在一个芯片上集成多个处理器核，又在每个核中提供多线程。

要复制处理器核中每个线程的状态，就要为每个线程创建一个单独的寄存器堆和一个单独的 PC。存储器本身可以通过虚拟存储器机制共享，这些机制已经支持多道程序了。此外，硬件必须支持对不同的线程进行快速修改；具体来说，线程切换的效率应当远远高于进程切换，后者通常需要数百到数千个处理器周期。当然，为使多线程硬件实现性能改进，程序中必须包含能够以并发形式执行的多个线程（有时说这种应用程序是多线程的）。这些线程要么由编译器（通常来自具有并行结构的语言）识别，要么由程序员识别。

实现多线程的硬件方法主要有3种：细粒度多线程、粗粒度多线程和同时多线程。**细粒度多线程**（fine-grained multithreading）每个时钟周期都在线程之间切换，使多个线程的指令执行过程交织在一起。这种交织通常是以轮询方式完成的，当时发生停顿的所有线程都会被跳过。细粒度多线程的一个关键优点是，它可以隐藏短时间和长时间停顿所造成的吞吐量损失，因为当一个线程停顿时，可以执行来自其他线程的指令，即使该停顿只持续几个周期。细粒度多线程的主要缺点是它会减缓单个线程的执行速度，因为一个做好执行准备、没有停顿的线程会被其他线程的指令延迟。它用单个线程的性能损失（以延迟来衡量）来换取多线程吞吐量的增加。

SPARC T1到T5处理器（最初由Sun公司制造，现在由Oracle和富士通制造）使用细粒度多线程。这些处理器的目标是多线程工作负载，如事务处理和Web服务。T1支持每个处理器8个核和每个核4个线程，而T5支持16个核和每个核128个线程。后来的版本（T2~T5）也支持4~8个处理器。我们将在下一章中讨论的NVIDIA GPU也使用了细粒度多线程。

粗粒度多线程（coarse-grained multithreading）**是作为细粒度多线程的替代方法被发明的。**粗粒度多线程仅在发生成本较高的停顿时才切换线程，比如第2级或第3级缓存缺失时。仅当一个线程遇到代价高昂的停顿时才会发射其他线程的指令，所以粗粒度多线程不强求线程切换必须无成本，同时也大大降低了减缓任意线程执行速度的可能性。

不过，粗粒度多线程也有一个主要的缺点：克服吞吐量损失的能力有限，特别是由于较短停顿导致的损失。这一限制源于粗粒度多线程的流水线启动成本。由于采用粗粒度多线程的处理器从单个线程发射指令，所以当流水线发生停顿时，在新线程开始执行之前会出现“气泡”。由于这种启动开销，粗粒度多线程对于减少成本非常高的停顿的损失非常有用，重新填充流水线的时间与停顿时间相比可以忽略不计。几个研究项目对粗粒度多线程进行了探索，但现在的主流处理器中都还没有采用这种技术。

最常见的多线程实现方式称为**同时多线程**（simultaneous multithreading，SMT）。同时多线程是细粒度多线程的一种变体，它是在多发射、动态调度处理器上实现细粒度多线程时自然出现的。和其他形式的多线程一样，SMT利用线程级并行来隐藏处理器中的长延迟事件，从而提高功能单元的利用率。SMT的关键在于，通过寄存器重命名和动态调度可以执行来自独立线程的多条指令，而不用考虑这些指令之间的依赖关系；这些依赖关系可以由动态调度功能来处理。

图3-15从概念上说明了处理器在以下配置中开发超标量资源的能力的差异：

- 不支持多线程的超标量；
- 支持粗粒度多线程的超标量；
- 支持细粒度多线程的超标量；
- 支持同时多线程的超标量。

在不支持多线程的超标量中，由于缺乏ILP（包括用于隐藏存储器延迟的ILP），所以发射槽的使用非常有限。由于L2和L3缓存缺失的长度，处理器的很大一部分可能处于空闲状态。

在粗粒度多线程超标量中，通过切换到另一个利用处理器资源的线程来部分隐藏长时间的停顿。这种切换减少了完全空闲的时钟周期数。但是，在粗粒度多线程处理器中，仅当存在停顿时才会进行线程切换。由于新线程有一个启动时间，所以可能存在一些完全空闲的周期。

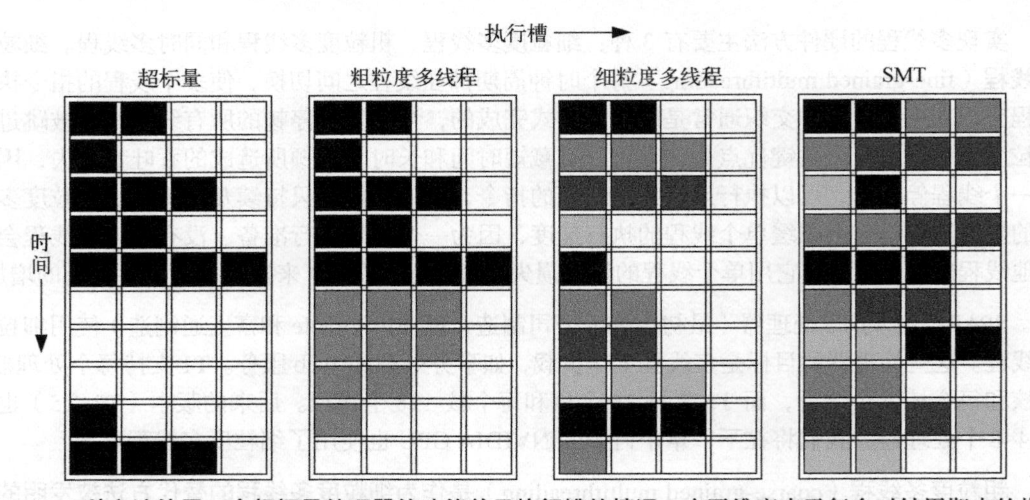

图 3-15　4 种方法使用一个超标量处理器的功能单元执行槽的情况。水平维度表示每个时钟周期中的指令执行能力。垂直维度代表时间周期序列。空白框（白色）表示该时钟周期内对应的执行槽未被使用。灰色和黑色阴影框对应多线程处理器中的 4 个不同线程。黑色框表示在不支持多线程的超标量中被占用的发射槽。Sun T1 和 Sun T2（亦即 Niagara）处理器是细粒度多线程处理器，而 Intel Core i7 和 IBM Power7 处理器使用 SMT。Sun T2 有 8 个线程，Power7 有 4 个线程，Intel i7 有 2 个线程。在所有现有 SMT 中，每次只发射一个线程中的指令。SMT 的区别在于：在后面决定执行哪条指令时不需要考虑相互之间的影响，可以在同一个时钟周期执行来自不同指令的操作

在细粒度多线程超标量中，线程的交织可以消除全空槽。此外，由于每个时钟周期都会改变发射线程，所以可以隐藏较长延迟的操作。由于指令发射和执行联系在一起，所以线程所能发射的指令仅限于准备就绪的指令。当发射宽度较窄时，这不是问题（某个时钟周期要么被占用，要么不被占用），这就是细粒度多线程对于单发射处理器非常有效，而 SMT 则没有什么意义的原因。事实上，在 Sun T2 中，每个时钟周期有两次发射，但它们来自不同线程。这样就不需要实现复杂的动态调度方法了，而是依靠更多线程来隐藏延迟。

如果在多发射动态调度处理器的基础上实现细粒度线程，所得到的结果就是 SMT。在所有现有 SMT 实现方式中，所有发射都来自一个线程，尽管来自不同线程的指令可以在同一时钟周期内开始执行，使用动态调度硬件来决定哪些指令已经准备就绪。尽管图 3-15 极大地简化了这些处理器的实际操作，但它确定说明了多线程和 SMT 在发射宽度较大的动态调度处理器中的潜在性能优势。

同时多线程基于这样一个事实：动态调度处理器已经拥有支持该方案所需的许多硬件方案，包括一个大型虚拟寄存器集。通过为每个线程添加重命名表、保持独立的 PC、支持提交来自多个线程的指令，也可以在乱序处理器上实现多线程。

同时多线程在超标量处理器上的效果

一个关键问题是：通过实现 SMT 可以将性能提高多少？在 2000~2001 年研究这一问题时，研究人员认为动态超标量会在接下来的 5 年里大幅改进，每个时钟周期可以支持 6~8 次发射，处理器会支持推测动态调度、许多并行载入和存储操作、大容量主缓存、4~8 个上下文，可以同时发射和完成来自不同上下文的指令。到目前为止，还没有处理器能够接近这一水平。

因此，那些显示多编程工作负载可以使性能提高 2~3 倍的模拟研究结果是不现实的。实践中，现有的 SMT 实现只能提供 2~4 个可以取指的上下文，只能发射来自一个上下文的指令，每个时钟周期最多发射 4 条指令。结果就是由 SMT 获得的收益也很有限。

Esmaeilzadeh 等人[2011] 进行了全面而富有洞察力的测量，研究了在运行一组多线程应用程序的单个 i7 920 核上使用 SMT 时，在性能与能耗方面带来的好处。与最近的 i7 6700 一样，Intel i7 920 支持每个核拥有两个线程的 SMT。两者之间的变化较小，不大可能会大幅改变本节给出的结果。

使用的基准测试包括一组并行科学应用程序，以及一组来自 DaCapo 和 SPEC Java 套件的多线程 Java 程序，如表 3-17 所示。图 3-16 给出了 SMT 分别为关闭与开启状态时，在 i7 920 的一个核上运行这些基准测试的性能比与能效比。（我们绘制了能效比曲线，能效是能耗的倒数，所以和加速比一样，这个比值越大越好。）

表 3-17 此处用于研究多线程、第 5 章用于以 i7 研究多重处理的并行基准测试

blackscholes	用 Black-Scholes PDE 为一组期权定价
bodytrack	跟踪一个无标记的人体
canneal	用感知缓存模拟退火法将一个芯片的路由成本降至最低
facesim	模拟人脸的动作，用于可视目的
ferret	搜索引擎，查找一组与查询图像类似的图像
fluidanimate	用 SPH 算法模拟流体运动的物理规则，用于动画
raytrace	使用物理模拟实现可视化
streamcluster	为数据点的最佳聚类计算近似值
swaptions	用 Heath–Jarrow–Morton 框架为一组互换期权定价
vips	对某个图像应用一系列变换
x264	MPG-4 AVC/H.264 视频编码器
eclipse	集成开发环境
lusearch	文本搜索工具
sunflow	相片真实渲染系统
tomcat	tomcat servlet 容器
tradebeans	Tradebeans Daytrader 基准测试
xalan	用于转换 XML 文档的 XSLT 处理器
pjbb2005	SPEC JBB2005 的版本（但固定的是问题规模而不是时间长短）

* 上半部分是由 Biena 等人[2008]收集的 PARSEC 基准测试。PARSEC 基准测试是为了指示那些适于多核处理器的计算密集、并行应用程序。下半部分是来自 DaCapo 集合的多线程 Java 基准测试（见[BlackBurn 等，2006]）和 SPEC 的 pjbb2005。所有这些基准测试都包含一些并行性；DaCapo 中的 Java 基准测试和 SPEC Java 工作负载使用多个线程，但真正的并行很少，甚至没有，因此这里没有使用。除了这里及第 5 章中给出的测量结果，请参阅 Esmaeilzadeh 等人[2011]的文献，了解有关这些基准测试特性的更多信息。

尽管这两个 Java 基准测试的性能增益较小，但其加速比的调和均值为 1.28。在采用多线程时，这两个基准测试（pjbb2005 和 tradebeans）的并行性非常有限。之所以包含这些基准测试，是因为它们是典型的多线程基准测试，可以在期望提高性能的 SMT 处理器上运行，不过它们的性能提升效果非常有限。PARSEC 基准测试的加速比要比全套 Java 基准测试稍好一些（调和均值为 1.31）。如果省略 tradebeans 和 pjbb2005，Java 工作负载的实际加速比（1.39）要比 PARSEC 基准测试好得多。（图 3-16 的图题中讨论了使用调和均值来汇总结果的含义。）

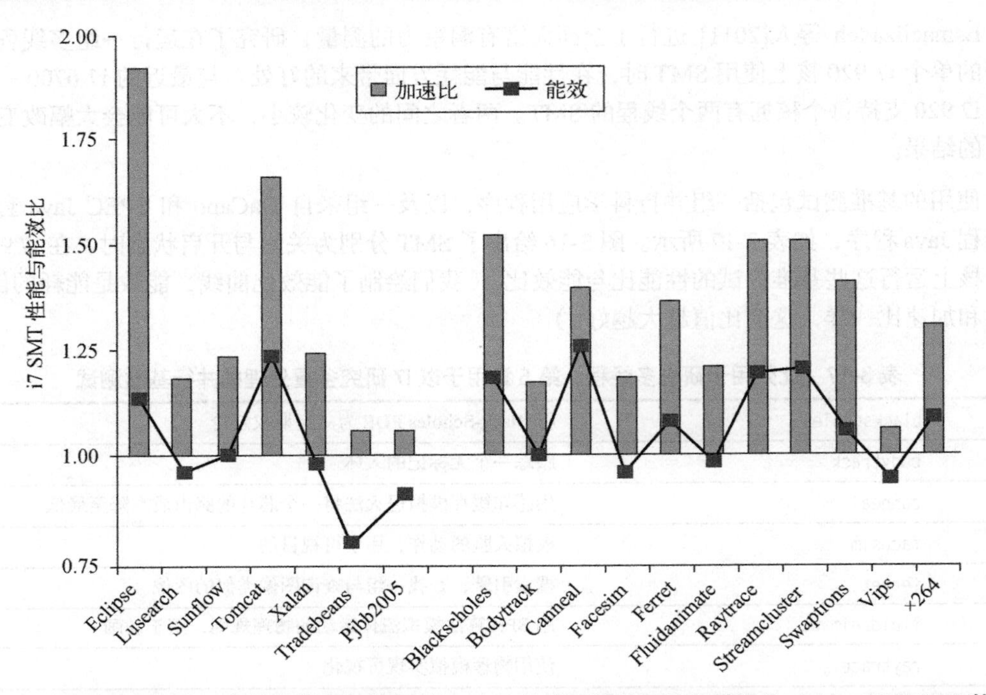

图 3-16　在 i7 处理器的一个核中使用多线程时，Java 基准测试的平均加速比为 1.28，PARSEC 基准测试的平均加速比为 1.31（使用非加权调和均值，这意味着在这种工作负载中，执行单线程基本集中每个基准测试的总时间相同）。能效平均值分别为 0.99 和 1.07（调和均值）。回想一下，能效高于 1.0 就意味着这一特性在缩短执行时间方面的收益高于增大的平均功耗。两个 Java 基准测试的加速比很小，因此，对能效的负面影响非常大。在所有情景中都关闭了睿频加速。这些数据由 Esmaeilzadeh 等人[2011]使用 Oracle(Sun) HotSpot build 16.3-b01 Java 1.6.0 虚拟机和 gcc v4.4.1 原始编译器进行收集和分析

能耗由加速比与功耗的增加值共同决定。对于 Java 基准测试，SMT 的能效与非 SMT 相同（平均为 1.0），但有两个执行状况不佳的基准测试拉低了这一数值；如果没有 tradebeans 和 pjbb2005，Java 基准测试的平均能效为 1.06，几乎与 PARSEC 基准测试一样好。在 PARSEC 基准测试中，SMT 的能耗降低了 1 – (1/1.08)=7%。这种通过降低能耗实现的性能改进是非常罕见的。当然，在这两种情况下，都会因为 SMT 而需要增大静态功耗，所以这些结果在能耗性能收益方面可能稍有夸大。

这些结果清楚地表明，在广泛支持 SMT 的积极支持推测执行的处理器中，SMT 可以采用一种高能效的方式来提高性能。是提供多个较简单的核，还是提供少量更高级的核？这两者之间的天平在 2011 年倾向于前者，其中每个核通常是 3~4 发射超标量的，其 SMT 支持 2~4 个线程。事实上，Esmaeilzadeh 等人[2011]表明，在 Intel i5（一种类似于 i7 的处理器，但其缓存更小，时钟频率更低）和 Intel Atom（一种最初为上网本和 PMD 市场设计的 80x86 处理器，现在专注于低端 PC；将在 3.13 节介绍）上，通过 SMT 获得的能效改进还要更大一些。

3.12 融会贯通：Intel Core i7 6700 和 ARM Cortex-A53

本节，我们研究两种多发射处理器的设计：一种是 ARM Cortex-A53 核，它是多种平板计算机和手机的基础；另一种是 Intel Core i7 6700，一种高端、动态调度的支持推测执行的处理器，主要为高端桌面应用程序和服务器应用程序设计。我们首先介绍较简单的处理器。

3.12.1 ARM Cortex-A53

A53 是一种双发射、静态调度的超标量处理器，具有动态发射检测功能，每个时钟周期可以发射两条指令。图 3-17 展示了 A53 流水线的基本结构。对于无分支、整数指令，共有 8 级：F1、F2、D1、D2、D3/ISS、EX1、EX2 和 WB，如图题中所述。这个流水线是顺序的，所以只有一条指令的结果已经可用，并且之前的指令都已经启动，这条指令才能开始执行。因此，如果接下来的两条指令有依赖关系，则它们都可以进入适当的执行流水线，但当它们到达流水线的开头时，会被串行化。当基于记分牌的发射逻辑表明第一条指令的结果可用时，第二条指令可以发射。

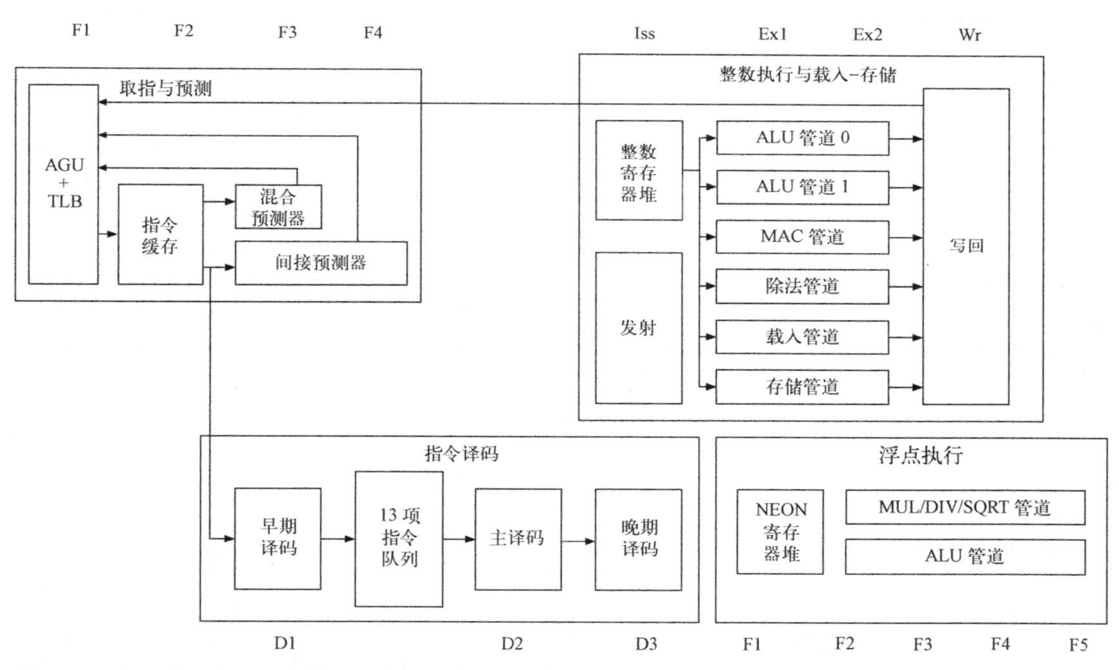

图 3-17 A53 整数流水线的基础结构为 8 级。F1 和 F2 用于取指，D1 和 D2 完成基本的译码工作，D3 对一些更复杂的指令进行译码，并与执行流水线的第一级（ISS）重叠。在 ISS 之后，EX1、EX2 和 WB 级结束了这个整数流水线。分支根据类型使用 4 种不同的预测器。浮点执行流水线的深度为 5 个周期，再加上提取和译码所需要的 5 个周期，总共为 10 级

取指的 4 个周期包含了一个地址生成单元，它的功能是生成下一个 PC，或者是通过递增上一个 PC 生成，或者是由 4 个预测器之一生成。

(1) 一个只有一项的分支目标缓存，其中包含两个指令缓存提取（假定预测正确的话，就是跟在该分支之后的两条指令）。如果命中的话，会在第一个提取周期核选这个目标缓存；然后由这个目标缓存来提供接下来的两条指令。在命中并且预测正确的情况下，这一分支的执行不存在延迟周期。

(2) 一个包含 3072 项的混合预测器，用于所有未在分支目标缓存中命中的指令，并在 F3 期间执行。由这个预测器处理的分支会产生两个周期的延迟。

(3) 一个包含 256 项的间接分支预测器，它在 F4 期间工作；当预测正确时，这个预测器预测的分支会导致 3 个周期的延迟。

(4) 一个深度为 8 的返回栈，在 F4 期间工作，导致 3 个周期的延迟。

分支选择是在 ALU 管道 0 中完成的，所以一次分支预测错误的代价为 8 个周期。图 3-18 给出了针对 SPECint2006 的错误预测率。所浪费的工作量取决于两个数值，一个是错误预测率，一个是在沿用错误预测的分支期间所采用的发射率。如图 3-19 所示，所浪费的工作量通常与错误预测率一致，尽管它可能会大一些，偶尔也会稍小一些。

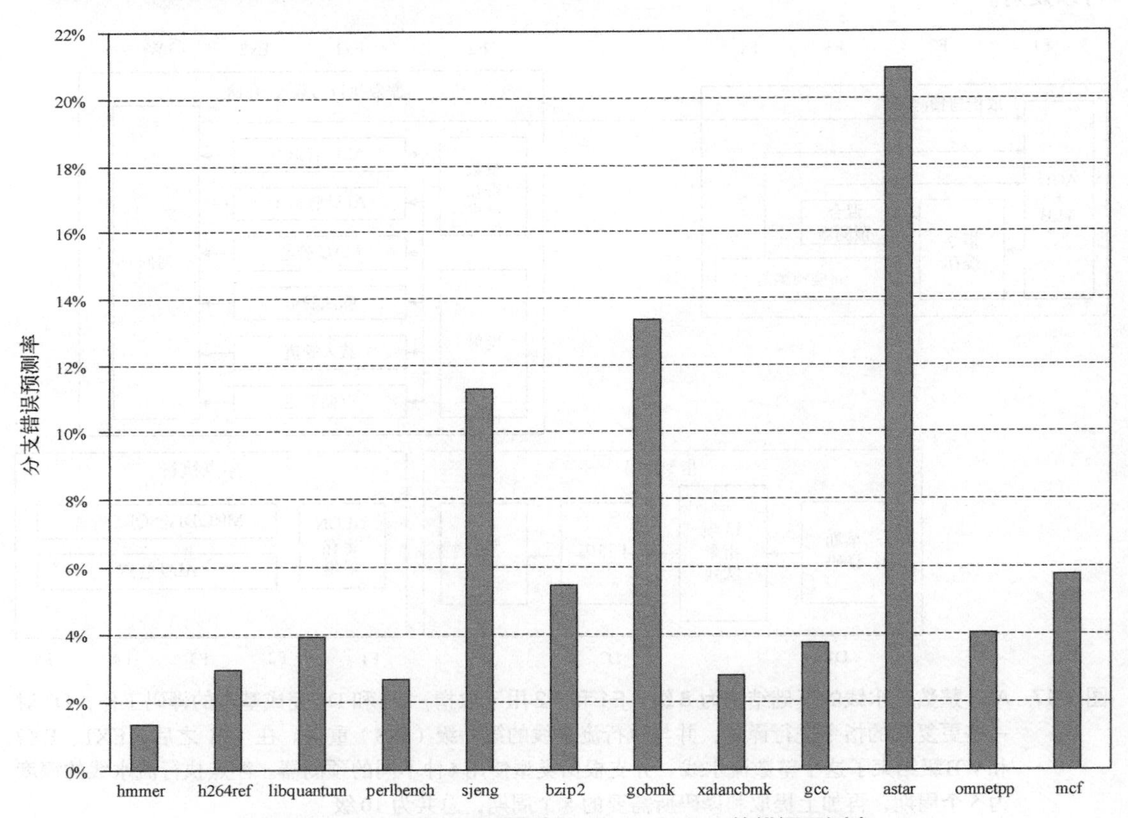

图 3-18 A53 分支预测器对于 SPECint2006 的错误预测率

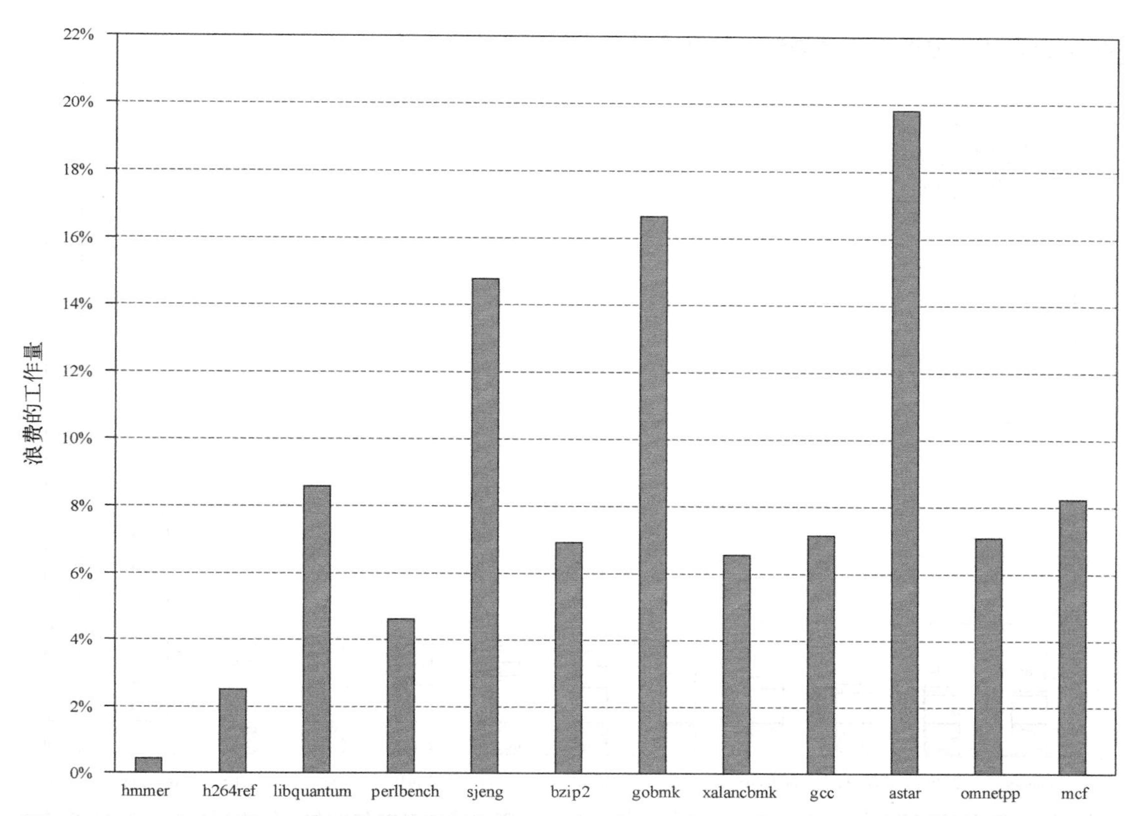

图 3-19 A53 上由于分支预测错误而浪费的工作量。由于 A53 是一种顺序机器，所以所浪费的工作量取决于多种因素，包括数据依赖和缓存缺失，这两种情况都会导致停顿

A53 流水线的性能

由于 A53 采用双发射结构，所以它的理想 CPI 为 0.5。A53 流水线可能会因为以下三个原因停顿。

(1) 功能冒险。如果被选择同时发射的两个相邻指令使用了同一功能流水线，就会发生功能冒险。由于 A53 是静态调度的，所以编译器应该避免此类冒险。当这些指令顺序出现时，它们会在执行流水线的开头被串行化，这时只有第一条指令会开始执行。

(2) 数据冒险，在流水线的早期进行侦测，可能使两条指令停顿（如果第一条指令不能发射，则第二条总是会被停顿），也可能是一对指令中的第二条指令停顿。同样，编译器应尽可能防止此类停顿发生。

(3) 控制冒险，仅在分支被错误预测时发生。

TLB 缺失和缓存缺失也都会导致停顿。从指令的角度来看，TLB 或缓存缺失可能会在填充指令队列中导致延迟，从而可能在流水线的下游造成停顿。当然，这取决于它是 L1 缺失还是 L2 缺失。如果在发生 L1 缺失时指令队列已经填满，这时造成的停顿也许能够被隐藏，而 L2 缺失导致的停顿就要长得多了。从数据的角度来看，缓存或 TLB 缺失将导致流水线停顿，这是因为导致缺失的载入或存储操作不能继续向流水线下游进行。所有其他后续指令都将因此停顿。

图 3-20 给出了 CPI 和不同来源的估算贡献量。

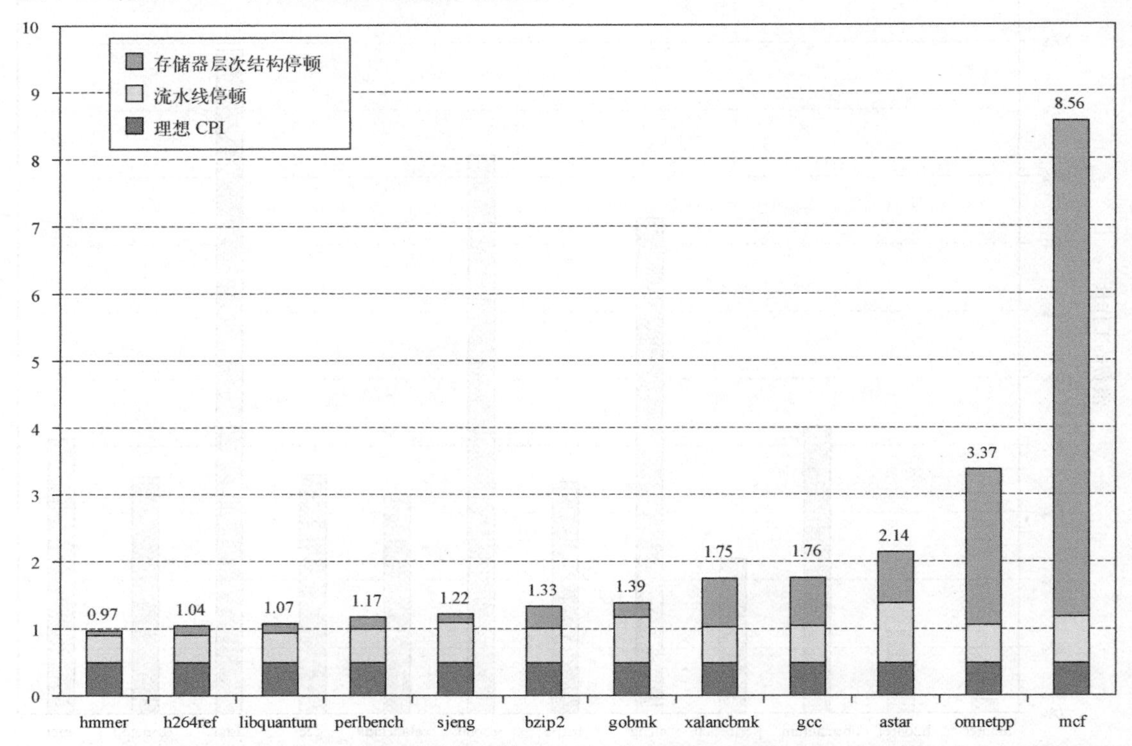

图 3-20　在 ARM A53 上对 CPI 的组成进行估算后发现，流水线停顿非常明显，但当程序的执行性能非常差时，其中发生的缓存缺失要远超过这些流水线停顿。这些估计值的获取方法是，利用 L1 和 L2 缺失率和代价来计算每条指令生成的 L1 和 L2 停顿。然后从模拟器测得的 CPI 中减去这些估计值，就可以得到流水线停顿。流水线停顿中包含了所有 3 种冒险

A53 使用了一种浅流水线和一个比较主动的分支预测器，会导致适度的流水线损失，同时允许处理器以适当的功耗实现很高的时钟频率。与 i7 相比，A53 的功耗大约是一个四核处理器的 1/200！

3.12.2　Intel Core i7

i7 采用一种非常积极的乱序推测微体系结构，具有较深的流水线，目的是通过综合应用多发射与高时钟频率来提高指令吞吐量。第一代 i7 处理器于 2008 年推出；i7 6700 为第六代。i7 的基础结构是类似的，但后续各代通过改变缓存策略（比如预取操作的积极性）、提高存储带宽、增大同时执行的指令数目、增强分支预测和提高图形支持等方法提高了性能。早期的 i7 微体系结构为其乱序、推测流水线使用了保留站和重排序缓冲区。后来的微体系结构，包括 i7 6700，使用寄存器重命名，保留站充当功能单元队列，而重排序缓冲区只是跟踪控制信息。

图 3-21 显示了 i7 流水线的整体结构。我们按照如下步骤，首先研究取指，然后研究指令提交。

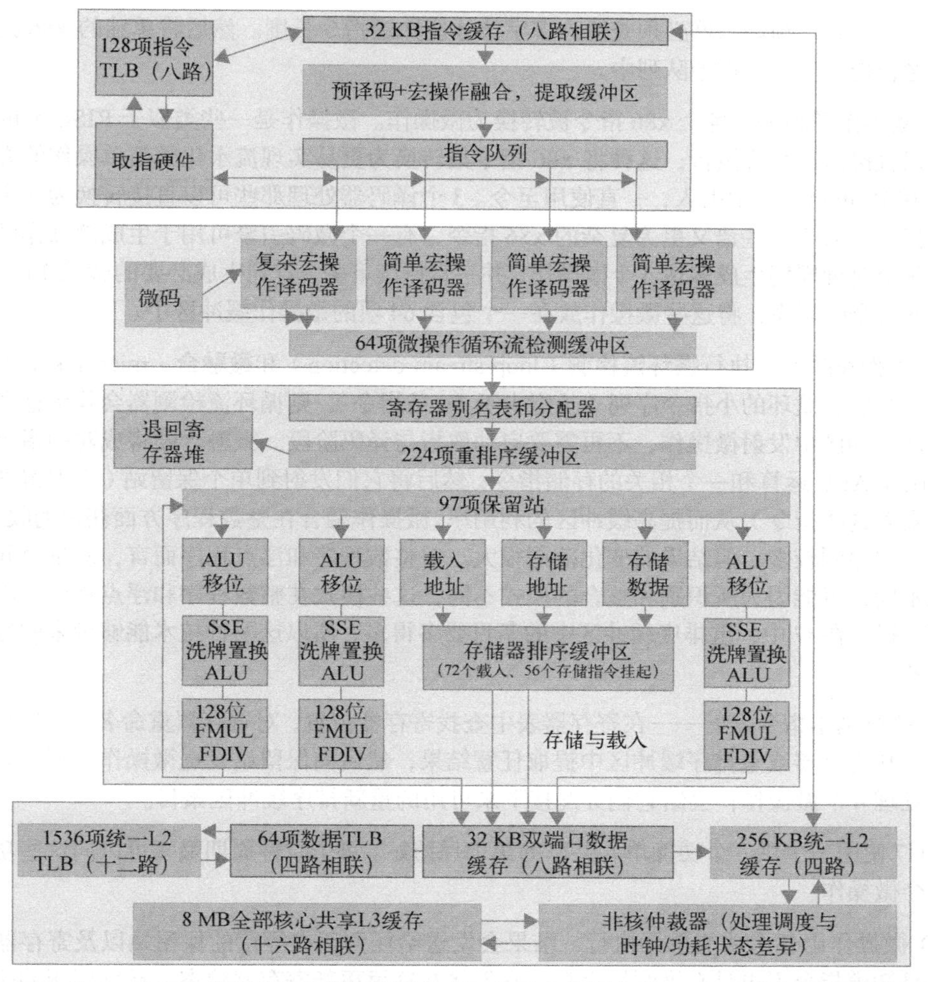

图 3-21 Intel Core i7 流水线结构及存储器系统组件。总流水线深度为 14 级，分支错误预测成本通常为 17 个时钟周期，因为重置分支预测器还需要额外的几个时钟周期。6 个独立功能单元可以在同一时钟周期分别开始执行准备就绪的微操作。寄存器重命名表中可以处理多达 4 个微操作

(1) 取指——处理器使用一个多级分支预测器，在速度与预测准确率之间达到一种平衡。还有一个返回地址栈，用于加速函数返回。错误预测会损失大约 17 个时钟周期。利用预测地址，取指单元从指令缓存中提取 16 字节。

(2) 16 字节被放在预译码指令缓冲区中——这一步会执行一个名为**宏操作融合**（macro-op fusion）的进程。**宏操作融合**接收一些指令组合（比如先对比后分支），然后将它们融合为一个操作，这个操作可以作为一条指令发射和分发。只有特定的情景才能进行融合，因为我们必须确信只有第二条指令（即比较和分支）才会用到第一个结果。在研究 Intel Core 体系结构（这种体系结构的缓冲区较少）时，Bird 等人[2007]发现，宏融合会对整数程序的性能产生重大影响，使性能平均提升 8%~10%，而对少数程序会有负面影响。它对浮点运算程序没有什么影响；事实上，大约一半的 SPECfp 基准测试显示宏操作融合会产生负面影响。这个预译码过程还将 16 字节分解为单独的 x86 指令。由于 x86 指令可能是 1~17 字节中的任何一种长度，所以这一预译

码阶段非常重要，预译码器必须查遍许多字节才能知道指令长度。然后将单独的 x86 指令（包括一些融合指令）放到指令队列中。

(3) 微操作译码——各个 x86 指令被转换为微操作。微操作是一些类似于 RISC-V 的简单指令，可以直接由流水线执行；这种将 x86 指令集转换为更易实现流水化的简单操作的方法，于 1997 年在 Pentium Pro 中引入，一直使用至今。3 个译码器处理那些可以直接转换为一个微操作的 x86 指令。对于那些语义更为复杂的 x86 指令，有一个微码引擎可用于生成微操作序列；它可以在每个时钟周期生成多达 4 个微操作，并一直持续下去，直到生成必要的微操作序列为止。按照 x86 指令的顺序，将这些微操作放在一个包含 64 项的微操作缓冲区中。

(4) 微操作缓冲区执行**循环流检测**（loop stream detection）和**微融合**（microfusion）——如果存在一个包含循环的小指令序列（长度少于 64 条指令），则循环流检测器会找到这个循环，并直接从缓冲区中发射微操作，不再需要启动取指与译码阶段。微融合则将成对的指令合并在一起，比如 ALU 运算和一个相关的存储指令，然后将它们发射到单个保留站（在保留站仍然可以独立发射这些指令），从而提高缓冲区的利用率。微操作融合在整数程序方面获得的收益较少，而对浮点程序则较多，但结果的变化范围很大。对整数程序和浮点程序而言，宏融合和微融合的效果不同，可能因为所识别和整合的模式不同，这些模式在整数程序和浮点程序中出现的频率也不一样。在 i7 中，重排序缓冲区中的条目要多得多，所以这两种技术能够带来的好处可能更少一些。

(5) 执行基本指令发射——在寄存器表中查找寄存器位置，对寄存器重命名，分配重排序缓冲区项，从寄存器或重排序缓冲区中提取任意结果，然后向保留站发送微操作。每个时钟周期最多可处理 4 个微操作；会给它们分配接下来可用的重新排序缓冲区条目。

(6) i7 使用一个供 6 个功能单元共享的集中保留站。每个时钟周期最多可以向这些功能单元分发 6 个微操作。

(7) 微操作由各个功能单元执行，结果会发送给任何正在等待的保留站以及寄存器退回单元；一旦知道指令不再具有推测性之后，它们将在这里更新寄存器状态。重排序缓冲区中与该指令相对应的条目被标记为完成。

(8) 当重排序缓冲区头部的一条或多条指令被标记为完成之后，执行寄存器退回单元中的未完成写操作，并将这些指令从重排序缓冲区中删除。

除了分支预测器中的变化之外，第一代 i7（920，Nehalem 微体系结构）与第六代（i7 6700，Skylake 微体系结构）之间的主要变化就是各种缓冲区、重命名寄存器和资源规模的变化，这大幅增加了可以同时处于待处理状态的指令数目。表 3-18 总结了这些变化。

表 3-18　第一代 i7 和最新一代 i7 中的缓冲区和队列

资　源	i7 920（Nehalem）	i7 6700（Skylake）
微操作队列（每线程）	28	64
保留站	36	97
整数寄存器	NA	180
浮点寄存器	NA	168
待处理载入缓冲区	48	72

（续）

资　源	i7 920（NeHalem）	i7 6700（Skylake）
待处理存储缓冲区	32	56
重排序缓冲区	128	256

* Nehalem采用一个保留站加上重排序缓冲区的组织形式。在后来的微体系结构中，保留站用作调度资源，使用了寄存器重命名，而不再使用重排序缓冲区；Skylake微体系结构中的重排序缓冲区仅用于缓冲控制信息。各种缓冲区与重命名寄存器大小的选择看起来有些随意，但可能有全面的模拟结果作为基础。

i7的性能

在前面几节中，我们研究了i7分支预测器的性能和SMT的性能。这一节，我们将研究单线程流水线的性能。由于积极推测与非阻塞缓存的存在，很难准确描述理想性能与实际性能之间的差距。i7 6700上的大量队列和缓冲区减少了因为缺少保留站、重命名寄存器或重新排序缓冲区而停顿的可能性。实际上，即使在缓冲区非常少的较早的i7 920上，也只有大约3%的载入指令是因为没有可用保留站而导致延迟的。

大多数损失不是来自分支错误预测就是来自缓存缺失。分支预测错误的成本为17个时钟周期，而L1缺失的成本大约为10个时钟周期；L2缺失的成本比L1缺失的3倍略多一些，而L3缺失的成本大约是L1缺失成本的13倍（130~135个时钟周期）。尽管在发生L2缺失和L3缺失时，处理器会尝试寻找一些替代指令来执行，但有些缓冲区可能会在缺失完成之前填满，从而导致处理器停止发射指令。

图3-22将19个SPECCPUint2006基准测试的总CPI与较早的i7 920的CPI进行了对比。i7 6700上的平均CPI为0.71，是i7 920（1.06）的大约三分之二。这一变化主要源于对分支预测的改进和实际需求缺失率的降低（见图2-20）。

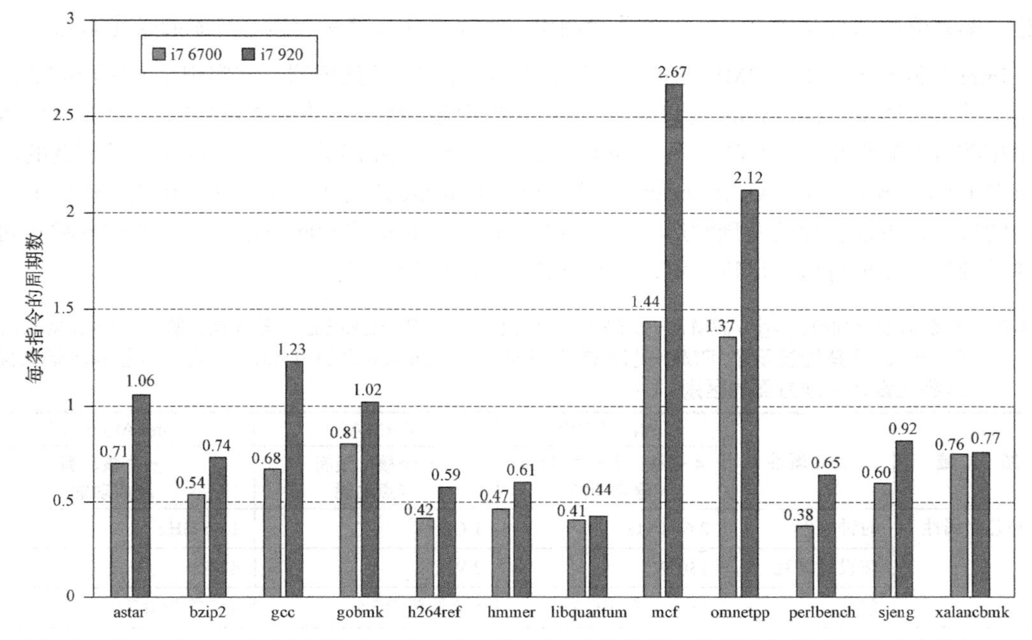

图3-22　SPECCPUint2006在i7 6700和i7 920上的CPI。本节数据由美国路易斯安那州立大学的Lu Peng教授和博士生Qun Liu收集

为了理解i7 6700的CPI为什么能够得到大幅改进，让我们看一下获得最大改进的基准测试。表3-19给出了5种基准测试，它们在i7 920上的CPI至少是6700上的1.5倍。有意思的是，其他 3 个基准测试在分支预测准确率方面有大幅改进（1.5 或更高）；但是，这 3 种基准测试（HMMER、LIBQUANTUM和SJENG）在i7 6700上的L1实际需求缺失率与i7 920上相等，甚至还稍高一些。这些缺失的增加可能是因为激进的预取操作代替了实际使用的缓存块。这种行为特性为设计师们提了一个醒，让他们意识到要想让复杂推测多发射处理器的性能达到最优，会面对什么样的挑战：仅仅调整微体系结构的一部分是很少能获得优异性能的！

表3-19　针对i7 6700和i7 920上性能差别最大的5种整数基准测试的分析

基准测试	CPI比值（920/6700）	分支错误预测率（920/6700）	L1实际需求缺失率（920/6700）
ASTAR	1.51	1.53	2.14
GCC	1.82	2.54	1.82
MCF	1.85	1.27	1.71
OMNETPP	1.55	1.48	1.96
PERLBENCH	1.70	2.11	1.78

* 这5种基准测试改进了分支预测率，降低了L1实际需求缺失率。

3.13　谬论与易犯错误

这里介绍的几点谬论主要集中在根据单一测量值（比如时钟频率或 CPI）来预测性能、能效以及进行推断的难度。我们还将表明，对于不同的基准测试，不同的体系结构方法可能会有截然不同的表现。

谬论　如果能够保持技术稳定，很容易预测同一指令集体系结构的两个版本的性能与能效。

Intel为低端上网本和PMD制造了一种名为Atom 230的处理器，它实现了64位和32位两个版本的x86体系结构。Atom是静态调度的、两发射超标量，它的微体系结构与ARM A8（A53的单核前身）非常相似。有趣的是，Atom 230和Core i7 920都是用45 nm Intel技术制造的。表3-20对Intel Core i7 920、ARM Cortex-A8和Intel Atom 230进行了总结。这些相似性提供了一个难得的机会，可以在保持基础制造工艺一致的情况下，直接比较同一指令集的两种截然不同的微体系结构。在进行这一比较之前，需要就Atom 230多说两句。

表3-20　4核Intel i7 920、典型ARM A8处理器芯片（256 MiB L2，32 KiB L1，无浮点运算）和Intel Atom 230的概述，清楚地显示了 PMD 处理器（ARM）或上网本处理器（Atom）与服务器和高端桌面处理器在设计原理方面的区别

领　域	特定属性	Intel i7 920	ARM A8	Intel Atom 230
		4个核，每个核都有浮点功能	一个核，没有浮点功能	一个核，有浮点功能
物理芯片属性	时钟频率	2.66 GHz	1 GHz	1.66 GHz
	热设计功耗	130 W	2 W	4 W
	包装	1366管脚BGA	522管脚BGA	437管脚BGA

（续）

领域	特定属性	Intel i7 920 4个核，每个核都有浮点功能	ARM A8 一个核，没有浮点功能	Intel Atom 230 一个核，有浮点功能
存储器系统	TLB	两级全四路组相联 128 I/64 D 512 L2	一级全相联 32 I/32D	两级全四路组相联 16 I/16D 64 L2
	缓存	三级 32 KiB/32 KiB 256 KiB 2~8 MiB	两级 16/16 或 32/32 KiB 128 KiB~1 MiB	两级 32/24 KiB 512 KiB
	峰值存储带宽	17 GB/s	12 GB/s	8 GB/s
流水线结构	峰值发射速率	4 操作/时钟周期 带有融合功能	2 操作/时钟周期	2 操作/时钟周期
	流水线调度	乱序推测	顺序动态发射	顺序动态发射
	分支预测	两级	两级 512 项 BTB 4K 全局历史 8 项返回栈	两级

* 记住，i7 包括 4 个核，每个核的性能都高于单核 A8 或 Atom。所有这些处理器都是用 45 nm 工艺实现的。

Atom 处理器使用标准技术——将 x86 指令转换为类似于 RISC 的指令——实现 x86 体系结构（自 20 世纪 90 年代中期以来，所有 x86 实现都如此）。Atom 使用了一种稍微强大一点的微操作，可以将算术运算与载入指令或存储指令结为一对；这一功能是通过使用微融合添加到后来的 i7 上的。这意味着对于典型的指令混合体来说，平均只有 4%的指令需要一个以上的微操作。然后在一个深度为 16 的流水线中执行这些微操作，每个时钟周期可以顺序发射两条指令，就像在 ARM A8 中一样。这种处理器包含双整数 ALU、用于浮点加法和其他浮点运算的流水线，还有两个存储器运算流水线，与 ARM A8 相比，支持更具一般性的双执行，但仍然受顺序发射功能的限制。Atom 230 有一个 32 KiB 的指令缓存和一个 24 KiB 的数据缓存，它们都由在同一晶片上共享的 512 KiB L2 提供支持。（Atom 230 还支持双线程的多线程技术，但我们仅考虑单线程对比。）

我们可能会预期，这两种用相同工艺实现、具有相同指令集的处理器的相对性能与能耗是可预测的，也就是说功耗和性能接近线性。我们使用 3 组基准测试来检验这一假设。第一组是 Java 单线程基准测试，选自 DaCapo 基准测试和 SPEC JVM98 基准测试（见 Esmaeilzadeh 等人[2011]关于基准测试和测量结果的讨论）。第二组和第三组基准测试选自 SPEC CPU2006，分别由整数基准测试和浮点基准测试组成。

从图 3-23 中可以看出，i7 的性能明显优于 Atom。所有基准测试在 i7 上都至少快 4 倍，两个 SPECfp 基准测试快 10 倍以上，一个 SPECint 基准测试的运行速度快 8 倍以上。由于这两个处理器的时钟频率比为 1.6，所以大部分优势来自 i7 920 低得多的 CPI：对于 Java 基准测试为 2.8 倍，对于 SPECint 基准测试为 3.1 倍，对于 SPECfp 基准测试为 4.3 倍。

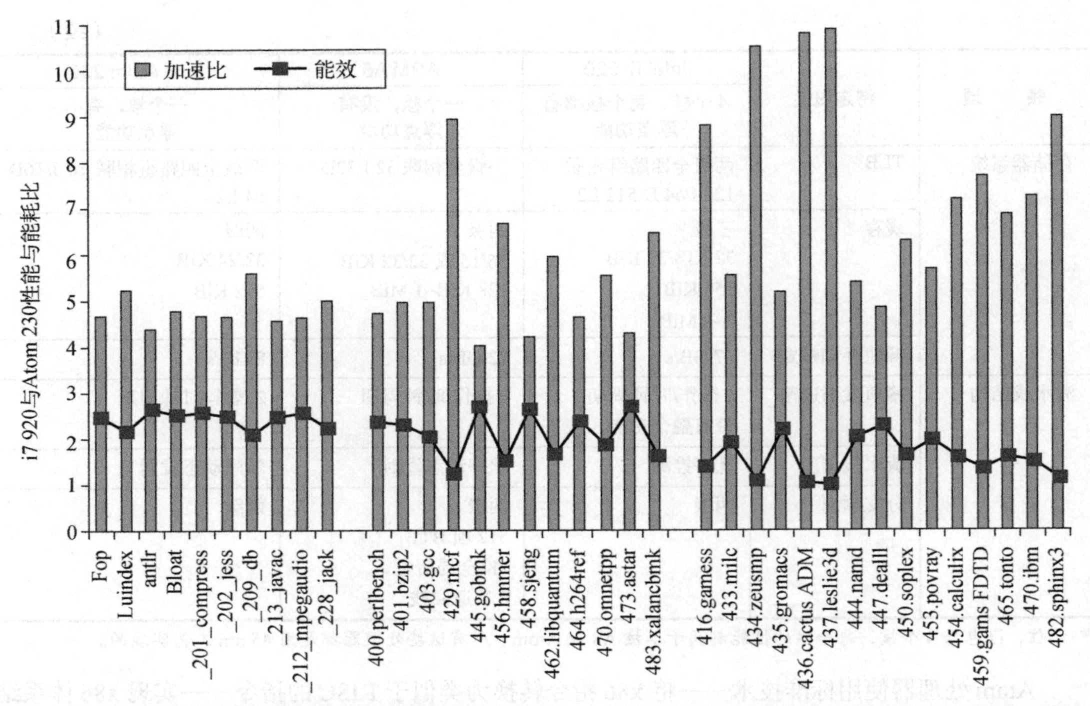

图 3-23　一组单线程基准测试的相对性能与能效表明，i7 920 比 Atom 230 快 4 倍甚至 10 倍以上，而功效平均只有后者的二分之一。柱形条中显示的性能是 i7 与 Atom 的比值，即执行时间（i7）/执行时间（Atom）。能耗以曲线显示，为能耗（Atom）/能耗（i7）。i7 的能效始终低于 Atom，不过在 4 个基准测试中的性能基本相当，其中有 3 个是浮点基准测试。这里显示的数据由 Esmaeilzadeh 等人[2011]收集。SPEC 基准测试是使用标准 Intel 编译器在打开优化的情况下编译的，Java 基准测试使用 Sun (Oracle) Hotspot Java VM。i7 上只有一个核是激活的，其余核心处于深度节能模式。i7 上使用了睿频加速，可以提高其性能优势，但相对能效会略有降低

但是，i7 920 的平均功耗略低于 43 W，而 Atom 的平均功耗为 4.2 W，约为前者的十分之一！将性能与功耗结合起来，可以看出 Atom 在能效方面通常有 1.5 倍以上的优势，有时会达到 2 倍以上！通过对比这两种采用相同底层技术的处理器，可以清楚地看出，采用动态调度与推测的积极超标量的性能优势是以能效的显著降低为代价的。

谬论　CPI 较低的处理器总是更快一些。

谬论　时钟频率较快的处理器总是更快一些。

要点在于：性能是由 CPI 与时钟频率的乘积决定的。在通过实现 CPU 的深度流水化获得高时钟频率后，还必须保持较低的 CPI，才能全面体现快速时钟频率的优势。同理，一个时钟频率很高、CPI 很低的简单处理器，也可能更慢一些。

正如在前一个谬论中看到的，为不同环境设计的处理器，即使采用相同的 ISA，也可能在性能与能效方面有很大不同。事实上，即使是同一公司为高端应用程序设计的同一处理器系列，在性能方面也会有很大差异。表 3-21 显示了 Intel 公司 x86 体系结构的两种实现与一种 Itanium 体系结构的整数与浮点性能。

表 3-21 3 种差异很大的 Intel 处理器

处理器	实现技术	时钟频率	功耗	SPECint2006 base	SPECfp2006 baseline
Intel Pentium 4 670	90 nm	3.8 GHz	115 W	11.5	12.2
Intel Itanium 2	90 nm	1.66 GHz	104 W，近似于每个核 70 W	14.5	17.3
Intel i7 920	45 nm	3.3 GHz	总共 130 W，近似于每个核 80 W	35.5	38.4

* 尽管 Itanium 处理器有 2 个核，i7 有 4 个核，但在这些基准测试中仅使用了一个核。功耗列是在多核情况下只有一个核处于激活状态时的热设计功耗。

Pentium 4 是 Intel 公司制造的最积极的流水线处理器。它使用深度超过 20 级的流水线，有 7 个功能单元，还有缓存微操作，而不是 x86 指令。在这种积极的实现中，性能相对差一些，这清楚地表明它在利用更多 ILP 方面的努力（很容易同时有 50 条指令在执行）失败了。尽管 Pentium 的晶体管数较少，但功耗与 i7 相似，因为它的主缓存是 i7 的一半，并且它仅有一个 2 MiB 的第二级缓存，没有第三级缓存。

Intel Itanium 是一种 VLIW 风格的体系结构，尽管与动态调度的超标量相比，它的复杂度可能有所降低，但它的时钟频率从来不能与主流 x86 处理器相提并论（尽管它的总 CPI 与 i7 类似）。在研究这些结果时，读者应当意识到它们使用了不同的实现技术，这使得对于等效的流水线处理器来说，i7 在晶体管速度和时钟频率上具有优势。不过，性能方面的巨大差异（Pentium 和 i7 之间相差 3 倍以上）还是令人吃惊的。下一个谬论部分将解释这一优势主要来自何处。

易犯错误 有时，越大、越被动，就越好。

21 世纪初，人们把大部分注意力放在构建更积极的处理器来利用 ILP 上，其中就包括 Pentium 4 体系结构（它在微处理器中使用了当时最深的流水线）和 Intel Itanium（它每个时钟周期的峰值发射率是当时最高的）。后来人们很快发现，在利用 ILP 时，主要限制因素是存储器系统。尽管推测性乱序流水线可以很好地隐藏第一级缺失 10~15 个时钟周期的缺失代价中的大部分，但它们几乎无法隐藏第二级缺失代价——涉及主存储器时，第二级缺失代价可能达到 50~100 个时钟周期。

结果就是，尽管使用了大量的晶体管和极为高级的技术，但这些设计从未实现峰值指令吞吐量。3.14 节将讨论这个困境，以及从积极的 ILP 方案向多核技术的转变，但还有另一个变化证明了这个谬论。设计人员不再尝试用 ILP 来隐藏更多的存储器延迟，而是利用晶体管来创建更大的缓存。Itanium 2 和 i7 都使用三级缓存，分别为 9 MiB 和 8 MiB，而 Pentium 4 使用了 2 MiB 的两级缓存。不用说，构建更多的缓存要比设计 20 多级的 Pentium 4 流水线容易得多，而且从表 3-21 中的数据可以看出，这种方法也更有效。

易犯错误 有时，更聪明要好于更大和更被动。

在过去 10 年里，最令人惊讶的结果之一出现在分支预测中。带标签混合式预测器的出现已经表明，更为高级的预测器可以在性能上超过具有相同位数的简单 gshare 预测器（见图 3-6）。这一结果之所以如此令人惊讶，其中一个原因就是带标签的预测器实际上存储的预测量更少，因为它要占用一些位去存储标签，而 gshare 只有一个大型预测组。然而，通过提高预测准确率，使对一个分支的预测不再被错误地用于另一个分支，这样获得的好处足以说明，将原本用来保存预测的位数分配给标签是恰当的。

易犯错误　只要拥有正确的技术，就有大量的ILP可用。

人们曾尝试利用大量ILP却失败了，其中的原因有很多，但最重要的原因之一最初却不为一些设计师接受，那就是在采用传统结构的程序中很难找到大量的ILP，即使采用了推测也是如此。David Wall在1993年开展了一项著名的研究[Wall，1993]，对各种理想条件下的可用ILP数量进行了分析。我们针对一种处理器配置对他的研究结果进行总结，这种配置的能力大约是2017年最先进处理器的5~10倍。Wall的研究非常广泛，详细记录了各种不同的方法。如果读者对利用ILP中遇到的挑战感兴趣，应当完整地阅读他的研究报告。

我们考虑的积极处理器具有以下特性。

(1) 每个时钟周期可以执行多达64次发射和分发操作，不存在发射限制，也就是2016年最宽处理器（IBM Power8）的总发射宽度的8倍。每个时钟周期允许执行的载入和存储操作最多达到IBM Power8的32倍。我们已经讨论过，当发射速率很高时，会出现严重的复杂性与功耗问题。

(2) 一个拥有1000个条目的竞争预测器和一个拥有16个条目的函数返回预测器。这个预测器可以与2016年的最佳预测器相媲美；预测器不是主要瓶颈。错误预测在一个周期内得到处理，但它们限制了推测的能力。

(3) 以动态方式完美地消除存储器访问的歧义——这有点难度，但当窗口较小时，是有可能实现的。

(4) 寄存器重命名拥有64个附加整数寄存器和64个附加浮点寄存器，略少于2011年最积极的预测器。因为这项研究假设所有指令的延迟只有一个周期（而在i7或Power8这样的处理器上，这一延迟为15个周期或更长），所以重命名寄存器的有效数目大约是这些处理器的5倍。

图3-24显示了这一配置在窗口大小变化时的结果。这一配置的复杂度和价格要高于已有的实现，特别是在指令发射数方面。但是，它给出了一个非常有用的上限，说明未来的各种实现最多可以达到什么程度。由于另外一个原因，图3-24中的数据可能过于乐观了。在64条指令之间不存在发射限制，例如，它们可以都是存储器访问指令。在未来一段时间内，不会有人尝试在处理器中设计这一能力。另外请记住，在解读这些结果时，缓存缺失和非单位延迟都没有考虑在内，这两者都会产生重要影响。

图3-24中最令人惊讶的观察结果是，在对处理器施加以上实际约束条件后，窗口大小对整数程序的影响并不像对浮点程序那样严重。这一结果指向了这两种程序之间的一个关键差别。在两个浮点程序中，有循环级的并行可供使用，这意味着可供利用的ILP数目较高。但对于整数程序而言，其他一些因素，比如分支预测、寄存器重命名和较少的并行机制等，都是重要的限制条件。这一观察结果至关重要，因为过去10年里的大多数市场增长（事务处理、Web服务器等）都是依赖于整数性能，而不是浮点性能。

有些人并不相信Wall的研究，但10年之后，现实已经给出答案，使用大量的硬件只能得到些许的性能提升，并且错误推测带来了严重的能耗问题，所有这些都迫使研究方向发生改变。我们将在结语部分继续这一讨论。

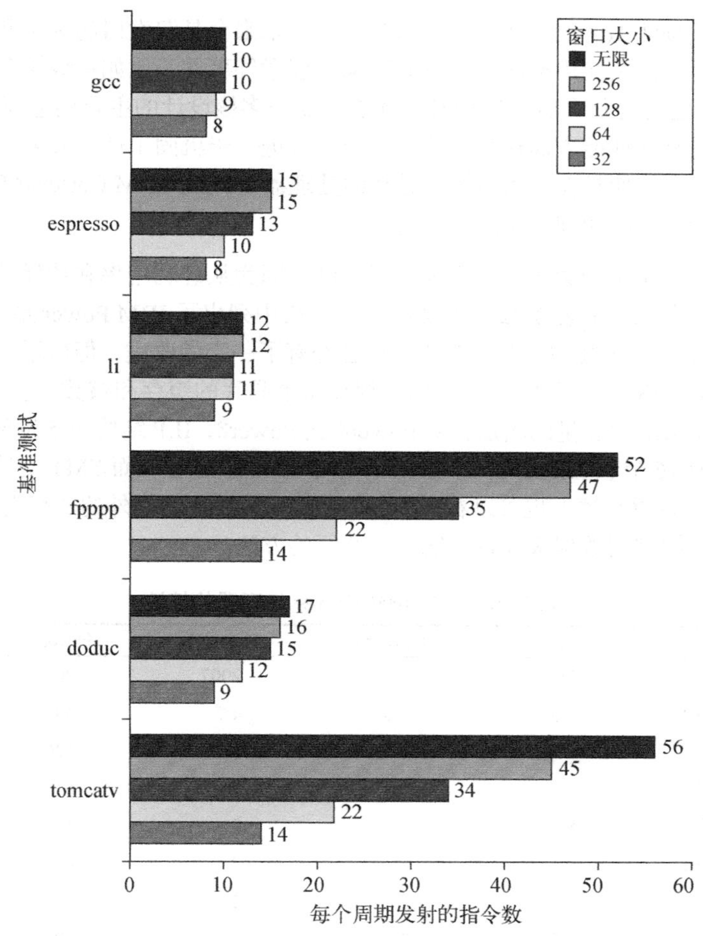

图 3-24 各种整数程序和浮点程序在不同窗口大小下的可用并行数量。这些程序可以在一个周期内发射多达 64 条任意指令。尽管重命名寄存器的数量小于窗口大小，但由于所有操作的延迟均为一个周期，而且重命名寄存器的数量等于发射宽度，所以处理器可以在整个窗口内利用并行

3.14 结语：前路何方

2000 年伊始，人们对利用指令级并行的关注达到顶峰。在 21 世纪的头 5 年，很明显，ILP 方法可能已经达到顶峰，需要采取新的方法了。到 2005 年，Intel 和所有其他主要处理器制造商都调整了自己的方法，将重点放在多核上。更高的性能将通过线程级并行而不是指令级并行来实现，而高效运用处理器的责任从硬件转移到软件和程序员身上。自大约 25 年前开始使用流水线和指令级并行以来，这是处理器体系结构发生的最重大的变化。

在同一时期，设计人员开始探索利用更多的数据级并行，作为提高性能的另一种方法。SIMD 扩展使桌面计算机和服务器微处理器能够适当地提高图形及类似功能的性能。更重要的是，GPU 积极地使用 SIMD，用大量数据级并行为应用程序实现极大的性能优势。对于科学应用程序，这种方法是一种可行的选择，可以替代在多核中利用的更具一般性但效率较低的线程级并行。下一章将探讨数据级并行应用方面的这些发展。

许多研究人员预测 ILP 的应用会大幅减少，并且未来会是双发射超标量和更多核的天下。但是，略高的发射率以及使用推测性动态调度来处理意外事件（比如一级缓存缺失）的优势，使得适度的 ILP（通常是每个时间周期发射 4 次）成为多核设计的主要构造模块。SMT 的添加及其有效性（无论是在性能方面还是在能效方面）都进一步巩固了适度发射、乱序、推测性方法的地位。事实上，即使是在嵌入市场，最新的处理器（例如 ARM Cortex-A9 和 Cortex-A73）已经引入了动态调度、推测和更宽的发射速率。

未来的处理器几乎不会尝试大幅提高发射宽度，因为从硅利用率和功耗效率的角度来看，它的效率太低了。考虑一下表 3-22 中的数据，这个表中列出了 IBM Power 系列的 5 种处理器。在过去 10 多年里，Power 处理器对 ILP 的支持已经有了一定的改进，但所增加的大部分晶体管（从 Power 4 到 Power8 增加了 10 多倍）用来提高每个晶片的缓存和核数量。甚至对 SMT 支持扩展的关注也多于 ILP 吞吐量的增加：从 Power4 到 Power8，ILP 结构由 5 发射变为 8 发射，功能单元从 8 个变为 16 个（但最初的 2 个载入/存储单元没有变化），而 SMT 支持从零变为 8 个线程/处理器。在 6 代 i7 处理器上也可以看到类似的趋势，几乎所有额外的硅都用于支持更多的核。下面两章将重点介绍利用数据级并行和线程级并行的方法。

表 3-22　5 代 IBM Power 处理器的特性

	Power4	Power5	Power6	Power7	Power8
发布时间	2001	2004	2007	2010	2014
最初时钟频率（GHz）	1.3	1.9	4.7	3.6	3.3
晶体管数目（百万）	174	276	790	1200	4200
每时钟周期的发射数	5	5	7	6	8
每个核的功能单元数	8	8	9	12	16
每个核的 SMT 线程数	0	2	2	4	8
每芯片的核数量	2	2	2	8	12
总片上缓存（MiB）	1.5	2	4.1	32.3	103.0

* 除 Power6 之外的所有处理器都是动态调度的，Power6 是静态、顺序的。所有处理器都支持两个载入/存储流水线。除十进制单元之外，Power6 的功能单元与 Power5 相同。Power7 和 Power8 使用嵌入式 DRAM 作为 L3 缓存。Power9 已简单描述过，它进一步扩展了缓存并支持片下 HBM。

3.15　历史回顾与参考文献

附录 M.5 节讨论了流水线和指令级并行的发展。我们为深入阅读和探讨这些主题提供了大量参考文献。附录 M.5 节涵盖了第 3 章和附录 H 的内容。

3.16　案例研究与练习（由 Jason D. Bakos 和 Robert P. Colwell 设计）

案例研究：探讨微体系结构技术的影响

本案例研究说明的概念

- 基本指令调度、重排序、分发
- 多发射和冒险

- ❑ 寄存器重命名
- ❑ 乱序和推测执行
- ❑ 乱序资源花费在哪里

你受命设计一种新的处理器体系结构，正在尝试找出分配硬件资源的最佳方式。你应当运用在第 3 章学到的哪些硬件与软件技术？你已经拥有功能单元、存储器以及某些代表性代码的延迟列表。对于这种新设计的性能要求，你的老板有些含糊不清，但根据你的经验，在其他条件相同的情况下，通常速度越快越好。让我们从基础做起，表 3-23 提供了一个指令序列和延迟列表。

3.1 [10] <3.1、3.2> 如果在先前指令执行完毕之前，不会开始执行新的指令，那么表 3-23 中代码序列的基准性能如何（用每次循环迭代的时钟周期表示）？忽略前端提取与译码过程。假定执行过程没有因为缺少下一条指令而停顿，但每个周期只能发射一条指令。假定该分支被选中，而且存在一个时钟周期的分支延迟槽。

表 3-23 练习 3.1 至练习 3.6 的代码与延迟

超过一个时钟周期的延迟	
存储器 LD	+3
存储器 SD	+1
整数 ADD 和 SUB	+0
分支	+1
fadd.d	+2
fmul.d	+4
fdiv.d	+10

```
Loop:   fld       f2,0(Rx)
I0:     fmul.d    f2,f0,f2
I1:     fdiv.d    f8,f2,f0
I2:     fld       f4,0(Ry)
I3:     fadd.d    f4,f0,f4
I4:     fadd.d    f10,f8,f2
I5:     fsd       f4,0(Ry)
I6:     addi      Rx,Rx,8
I7:     addi      Ry,Ry,8
I8:     sub       x20,x4,Rx
I9:     bnz       x20,Loop
```

3.2 [10] <3.1、3.2> 思考一下延迟数目到底意味着什么——它们表示给定函数为生成其输出结果所需要的时钟周期数。如果整个流水线在每个功能单元的延迟周期中停顿，那么至少可以保证任何一对“背靠背”指令（生成结果的指令后面紧跟着使用结果的指令）都会正确执行。但并非所有指令对都具有这种“生产者/消费者”的关系。有时，两条相邻指令之间没有任何关系。如果流水线检测到真正的数据依赖性，并且只会因为这些真数据依赖性而停顿，而不会仅仅因为某个功能单元繁忙就盲目停顿，那么表 3-23 代码序列中的循环体需要多少个时钟周期？在代码中需要容纳所述延迟的时候插入`<stall>`。（提示：延迟为+2 的指令需要在代码序列中插入两个`<stall>`时钟周期。）可以这样考虑：一条需要一个时钟周期的指令的延迟为 1+0，也就是不需要额外的等待状态。那么延迟 1+1 就意味着 1 个停顿周期，延迟 1+N 有 N 个额外的停顿周期。

3.3 [15] <3.1、3.2> 考虑一种多发射设计。假定有两个执行流水线，每个流水线可以在每个时钟周期开始执行一条指令，并且前端有足够的取指/译码带宽，所以它不会造成执行停顿。假定可以马上将结果从一个执行单元前递给另一个单元或其自身。进一步假设执行流水线停顿的唯一原因就是观察到真正的数据依赖。现在这一循环需要多少个周期？

3.4 [10] <3.1、3.2> 在练习 3.3 的多发射设计中，你可能已经发现一些微妙的问题。尽管这两个流水线的指令表完全相同，但这两个流水线既不相同，也不能互换，因为它们之间存在一个隐含顺序，该顺序必须反映原程序中的指令排序。如果指令 *N* 在管道 0 上开始执行的同时，指令 *N*+1 也开始在执行管道 1 上执行，并且 *N*+1 需要的执行延迟碰巧比 *N* 短，那么 *N*+1 会在 *N* 之前完成（而程序排序隐含的情况并非如此）。给出至少两个理由，说明为什么可能存在冒险，并且需要在微体系结构中进行特殊考虑。从表 3-23 的代码中选出两条指令来说明这一冒险。

3.5 [20] <3.1、3.2> 调整指令顺序，以提高表 3-23 中代码的性能。假定采用练习 3.3 中的双管道机器，并且练习 3.4 中的乱序执行问题已经成功解决。现在只需要考虑观察到真正的数据依赖和功能延迟的情景即可。重排序后的代码需要多少个时钟周期？

3.6 [10/10/10] <3.1、3.2> 从硬件发挥潜力的角度来看，任何一个未在管道中启动新操作的时钟周期都浪费了一次机会。

a. [10] <3.1、3.2> 在练习 3.5 重新排序后的代码中，按两个管道进行计数，被浪费的时钟周期（也就是没有启动新操作的时钟时期）占总时钟周期的比例是多少？

b. [10] <3.1、3.2> 循环展开是在代码中查找更多并行的一种标准编译器技术，可以尽量减少对提高性能的机会的浪费。手动展开练习 3.5 重新排序后的代码中循环的两个迭代。

c. [10] <3.1、3.2> 所实现的加速比为多少？（对于这个练习，仅将第 *N*+1 次迭代的指令设为绿色，以便与第 *N* 次迭代的指令区分开来；如果你正在展开这个循环，必须重新分配寄存器，以防止迭代之间产生争用。）

3.7 [15] <3.4> 计算机将大多数时间花费在循环上，因此，为了使 CPU 资源保持繁忙，在多个循环迭代中进行推理执行大有可为。但没有什么事情是轻而易举的；编译器只发射了循环代码的一个副本，所以即使多个迭代正在处理不同的数据，它们仍然会使用相同的寄存器。为避免多个迭代出现寄存器争用情况，我们对它们的寄存器进行重命名。表 3-24 给出了我们希望硬件进行重命名的示例代码。编译器可以展开循环，使用不同的寄存器来避免冒险，但如果我们希望硬件来展开循环，它也必须进行寄存器重命名。怎么做呢？假定硬件有一个临时寄存器池（称为 T 寄存器；假定共有 64 个寄存器，即 T0~T63），它可以代替编译器指定的寄存器。这一重命名硬件按 src（源）寄存器目标索引，表中的值是上一个指向该寄存器的目的地的 T 寄存器。（可以把这些值看作“生产者”，把 src 寄存器看作“消费者”；生产者将其结果放在哪里并不重要，只要它的消费者能够找到它就行。）考虑表 3-24 中的代码序列。每次在代码中看到目标寄存器时，就用从 T9 开始的下一个可用 T 来代替。然后相应地更新所有 src 寄存器，从而保持真正的数据依赖。请给出最终代码。（提示：见表 3-25。）

表 3-24 寄存器重命名实践的示例代码

Loop:	fld	f2,0(Rx)
I0:	fmul.d	f5,f0,f2
I1:	fdiv.d	f8,f0,f2
I2:	fld	f4,0(Ry)
I3:	fadd.d	f6,f0,f4
I4:	fadd.d	f10,f8,f2
I5:	fsd	f4,0(Ry)

表 3-25 寄存器重命名的预期输出

I0:	fld	T9,0(Rx)
I1:	fmul.d	T10,F0,T9
...		

3.8 [20] <3.4> 练习 3.7 研究了简单的寄存器重命名：当硬件寄存器重命名程序看到一个源寄存器时，它会代替上一条指向该源寄存器的指令的目标 T 寄存器。当重命名表看到目标寄存器时，它会为其代入下一个可用 T，但超标量设计需要在计算机的每一级的每一个时钟周期处理多条指令，包括寄存器重命名在内。因此，简单的标量处理器会为每一条指令查找 src 寄存器映射，并在每个时钟周期分配一个新的 dest 映射。超标量处理器也必须能够做到这一点，它们还必须确保正确地处理两个并发指令之间的 dest-src 关系。考虑表 3-26 中的示例代码序列。假设我们希望同时重命名前两个指令。另外假设在对两条指令进行重命名的时钟周期开始时，已经知道了下面将要使用的两个可用 T 寄存器。从概念上来说，我们希望第一条指令进行重命名表查询，然后根据其目标的 T 寄存器来更新重命名表。然后第二条指令会做完全相同的工作，从而可以正确处理指令之间的所有依赖。但在一个时钟周期内，没有足够的时间将 T 寄存器目标写到重命名表中，然后再为第二条指令进行查询。寄存器替换工作必须实时完成（与寄存器重命名表更新并行完成）。图 3-25 展示了一个路线图，它使用多路选择器和比较器来完成必要的实时寄存器重命名。你的任务是对于表 3-26 所示代码中的每一条指令，给出重命名表在每个时钟周期的状态。假定这个表的每个开始条目与其索引相同（T0=0；T1=1，…），如图 3-25 所示。

表 3-26 超标量寄存器重命名的示例代码

I0:	fmul.d	f5,f0,f2
I1:	fadd.d	f9,f5,f4
I2:	fadd.d	f5,f5,f2
I3:	fdiv.d	f2,f9,f0

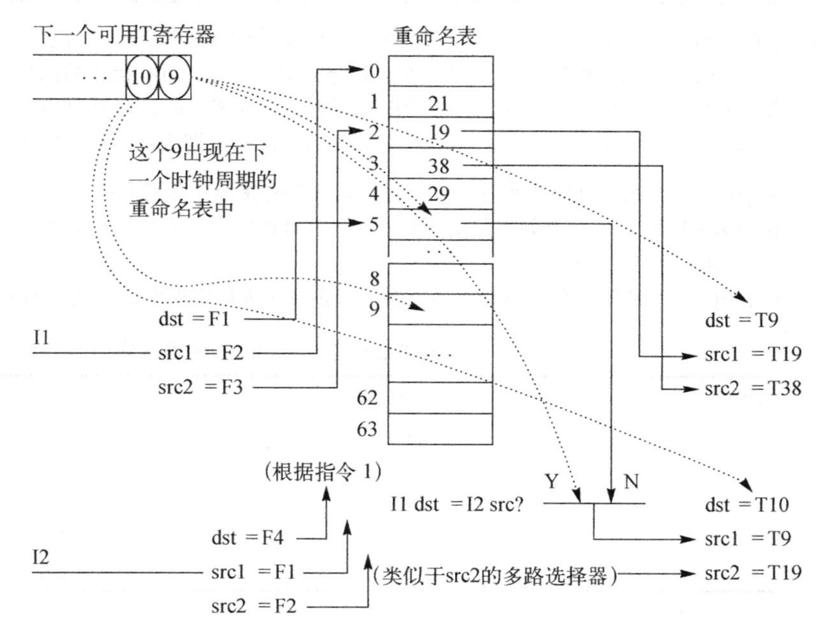

图 3-25 寄存器重命名表的初始状态

3.9　[5] <3.4> 如果你不清楚寄存器重命名程序必须做哪些工作，可以回过头来看看正在执行的汇编代码，问问自己，必须具备哪些条件才能获得正确结果。例如，考虑一个 3 路超标量机器，它同时对下面这 3 条指令进行重命名：

```
add x1, x1, x1
add x1, x1, x1
add x1, x1, x1
```

如果 x1 的初始值为 5，那么执行这一序列之后，它的值应当是多少？

3.10　[20] <3.4、3.7> 关于寄存器使用的体系结构规则，超长指令字（VLIW）设计人员要做几个基本的选择。假定一种 VLIW 设计有自排水执行流水线：一旦启动了一个操作，它的结果在目标寄存器中最多存在 L 个时钟周期（其中 L 是该操作的延迟）。从来没有足够的寄存器，所以人们希望最大限度地利用现有寄存器。考虑表 3-27。如果负载的延迟为 1+2 个时钟周期，将此循环展开一次，并说明一个能够在每个时钟周期内完成两次载入和两次加法操作的 VLIW，在不发生流水线中断或停顿的情况下，如何使用最少数目的寄存器。请给出一个事件示例，在使用自排水流水线的情况下，该事件能够破坏流水线并生成错误的结果。

表 3-27　具有两次加法、两次载入和两次停顿的示例 VLIW 代码

Loop:	lw	x1,0(x2);	lw	x3,8(x2)
	<stall>			
	<stall>			
	addi	x10,x1,1;	addi	x11,x3,1
	sw	x1,0(x2);	sw	x3,8(x2)
	addi	x2,x2,8		
	sub	x4,x3,x2		
	bnz	x4,Loop		

3.11　[10/10/10] <3.3> 假定有一个五级单流水线微体系结构（取指、译码、执行、访问存储器、写回）以及表 3-28 中的代码。除了 LW、SW 和分支指令之外，所有操作的执行时间都是一个时钟周期。LW 和 SW 的执行时间为 1+2 个时钟周期，分支指令的执行时间为 1+1 个时钟周期。不进行前递操作。针对该循环的一次迭代，说明每个时钟周期内每条指令的各个阶段。

a. [10] <3.3> 每个循环迭代有多少个时钟周期损失在分支开销上？

b. [10] <3.3> 假定一个静态分支预测器能够在译码阶段识别出反向分支。现在，有多少个时钟周期浪费在分支开销上？

c. [10] <3.3> 假定一个动态分支预测器。有多少时钟周期损失在正确预测上？

表 3-28　练习 3.11 的代码循环

Loop:	lw x1,0(x2)	
	addi	x1,x1, 1
	sw	x1,0(x2)
	addi	x2,x2,4
	sub	x4,x3,x2
	bnz	x4,Loop

3.12 [15/20/20/10/20] <3.4、3.6> 让我们考虑一下动态调度可以实现什么。假定有如图 3-26 所示的微体系结构。假定算术逻辑单元（ALU）可以完成所有算术运算（`fmul.d`、`fdiv.d`、`fadd.d`、`addi`、`sub`）和分支指令，而且保留站（RS）在每个时钟周期最多可以向每个功能单元分配一个运算（向每个 ALU 分配一个运算，再加上向 `fld`/`fsd` 分配一个存储器访问指令）。

a. [15] <3.4> 假定表 3-23 代码序列中的所有指令都在保留站中，还没有进行重命名。标出代码中可以通过寄存器重命名提高性能的所有指令。（提示：查找“写后读”和“写后写”冒险。假定功能单元的延迟与表 3-23 中相同。）

b. [20] <3.4> 假定(a)部分中代码的寄存器重命名版本在时钟周期 N 中位于保留站中，延迟如表 3-23 所示。说明保留站应当如何以每个时钟周期为单位乱序分配这些指令，以优化此代码的性能。（假定保留站约束条件与(a)部分相同。还假定这些结果必须写回保留站后才能供其他指令使用——没有旁路。）这个代码序列会占用多少个时钟周期？

c. [20] <3.4> (b)部分让保留站尝试以最优方式调度这些指令。但在实际中，所关注的整个指令序列通常不会存在于保留站中。相反，各种事件会清除保留站，并且当新的代码序列从译码器流入时，保留站必须选择如何分配它拥有的内容。假定保留站是空的。在周期 0 中，这个序列中前两个经过寄存器重命名的指令出现在保留站中。假定分配任何指令都需要一个时钟周期，并假定功能单元的延迟与练习 3.2 中相同。进一步假定前端（译码器/寄存器重命名器）将持续在每个时钟周期中提供两条新指令。给出保留站逐个时钟周期的分配顺序。这一代码序列现在需要多少个时钟周期？

d. [10] <3.4> 如果我们希望改进(c)部分的结果，以下哪种方法最有帮助：(1)采用另一种 ALU？(2)采用另一个 LD/ST 单元？(3)将 ALU 结果完全旁路给后续操作？(4)将最长的延迟截为两段？加速比为多少？

e. [20] <3.6> 现在来考虑推理，即在超越一个或多个条件分支时的取指、译码和执行过程。这样做有双重动机：我们在(c)部分中提供的分配表中有许多“无指令”；我们知道计算机把大多数时间花费在执行循环上（这也就意味着返回循环顶部的分支具有很强的可预测性）。循环告诉我们到哪里去找更多的工作来做；稀疏分配表提醒我们有机会提前做点工作。在(d)部分中，我们发现了贯穿这个循环的关键路径。设想一下将这个路径的第二个副本重叠到(b)部分中获得的分配表中。要完成两个循环的工作，需要增加多少个时钟周期（假定所有指令都在保留站中）？（假定所有功能单元都完全实现了流水化。）

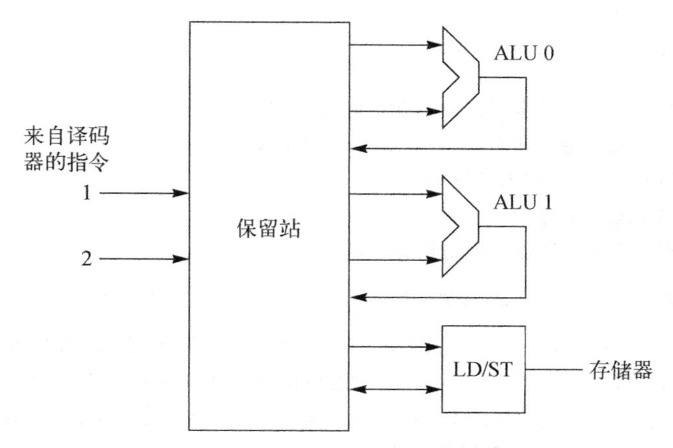

图 3-26 练习 3.12 的微体系结构

练习

3.13 [25] <3.7、3.8> 在这个练习中，我们将研究 3 种处理器之间的性能权衡，它们采用了不同类型的多线程技术。每个处理器都是超标量处理器，使用顺序流水线，在所有载入与分支指令之后需要固定停顿 3 个时钟周期，并且它们的 L1 缓存相同。在同一周期中由同一线程发射的指令按程序顺序读取，并且不能包含任何数据依赖或控制依赖。

- ❑ 处理器 A 是一种超标量 SMT 体系结构，能够在每个周期从两个线程发射最多 2 条指令。
- ❑ 处理器 B 是一种细粒度的 MT 体系结构，能够在每个周期内从一个线程发射最多 4 条指令，并在任意流水线停顿时切换线程。
- ❑ 处理器 C 是一种粗粒度的 MT 体系结构，能够在每个周期内从一个线程发射最多 8 条指令，并在 L1 缓存缺失时切换线程。

我们的应用程序是一个列表搜索程序，它对一个存储器区域进行扫描，在由 R16 和 R17 指定的地址范围之间搜索 R9 中存储的特定值。这一搜索过程是并行完成的：将搜索空间平均分为 4 个同等大小的连续区块，并为每个块指定一个搜索线程（产生 4 个线程）。每个线程的大多数运行时间花费在下面已经展开的循环体上：

```
loop: lw x1,0(x16)
      lw x2,8(x16)
      lw x3,16(x16)
      lw x4,24(x16)
      lw x5,32(x16)
      lw x6,40(x16)
      lw x7,48(x16)
      lw x8,56(x16)
      beq x9,x1,match0
      beq x9,x2,match1
      beq x9,x3,match2
      beq x9,x4,match3
      beq x9,x5,match4
      beq x9,x6,match5
      beq x9,x7,match6
      beq x9,x8,match7
      DADDIU x16,x16,#64
      blt x16,x17,loop
```

假定：

- ❑ 使用一个屏障来确保所有线程同时开始；
- ❑ 在该循环迭代两次之后出现第一次 L1 缓存缺失；
- ❑ BEQAL 分支都未被选中；
- ❑ BLT 总是被选中；
- ❑ 所有 3 个处理器都以轮询方式调度线程。

判断每个处理器完成该循环的前两次迭代需要多少个周期。

3.14 [25/25/25] <3.2、3.7> 在这个练习中，我们研究如何利用软件技术从一个常见的向量循环中提取指令级并行。下面的循环是所谓的 DAXPY 循环（双精度 a*X* 加 *Y*），它是高斯消元法的核心运算。下面的代码实现 DAXPY 运算 *Y*=a*X*+*Y*，向量长度为 100。最初，x1 被设置为数组 *X* 的基地址，x2 被设置为 *Y* 的基地址：

```
        addi    x4,x1,#800 ; x1 = upper bound for X
foo: fld       F2,0(x1)    ; (F2) = X(i)
     fmul.d    F4,F2,F0    ; (F4) = a*X(i)
```

```
fld      F6,0(x2)    ; (F6) = Y(i)
fadd.d   F6,F4,F6    ; (F6) = a*X(i) + Y(i)
fsd      F6,0(x2)    ; Y(i) = a*X(i) + Y(i)
addi     x1,x1,#8    ; increment X index
addi     x2,x2,#8    ; increment Y index
sltu     x3,x1,x4    ; test: continue loop?
bnez     x3,foo      ; loop if needed
```

假定功能单元的延迟如表 3-29 所示。假定在 ID 阶段解决一个延迟为 1 周期的分支。假定结果被完全旁路。

表 3-29

产生结果的指令	使用结果的指令	延迟（单位：时钟周期）
浮点乘	浮点 ALU 运算	6
浮点加	浮点 ALU 运算	4
浮点乘	浮点存储	5
浮点加	浮点存储	4
整数运算和所有载入	任何指令	2

a. [25] <3.2> 假定一个单发射流水线。说明在编译器未进行调度，以及编译器对浮点运算和分支延迟进行调度之后，该循环是什么样的，包括所有停顿或空闲时间周期。在未调度和已调度情况下，结果向量 Y 中每个元素的执行时间为多少个时钟？为使处理器硬件独自匹配调度编译器所实现的性能改进，时钟频率应当为多少？（忽略加快时钟速度会对存储器系统性能产生的任何影响。）

b. [25] <3.2> 假定一个单发射流水线。根据需要对循环进行任意次展开，使调度中不存在任何停顿，消除循环开销指令。必须将此循环展开多少次？给出指令调度。结果中每个元素的执行时间为多少？

c. [25] <3.7> 假定一个 VLIW 处理器的指令中包含 5 个操作，如表 3-11 所示。我们对比两种循环展开程度。首先，将该循环展开 6 次以提取 ILP，并对其进行调度，使其没有任何停顿（所谓停顿就是完全空闲的发射周期）并消除循环开销指令，然后重复该进程，将循环展开 10 次。忽略分支延迟槽。给出两个调度表。对于每个调度而言，结果向量中每个元素的执行时间为多少？每个调度中，所使用的操作槽占多大比例？两种调度中的代码相差多少？两种调度总共需要多少寄存器？

3.15 [20/20] <3.4、3.5、3.7、3.8> 在这个练习中，我们研究 Tomasulo 算法的各种变体在运行练习 3.14 中循环时的性能。功能单元如表 3-30 所示。

表 3-30

功能单元类型	EX 中的循环数	功能单元数	保留站数
整数	1	1	5
浮点加法器	10	1	3
浮点乘法器	15	1	2

假设：

- 功能单元未实现流水化。
- 功能单元之间不存在前递，结果由公共数据总线（CDB）传送。
- 执行级（EX）既进行有效地址计算，又进行存储器访问，以完成载入和存储指令。因此，这个流水线为 IF/ID/IS/EX/WB。

- 载入指令需要一个时钟周期。
- 发射（IS）和写回（WB）结果级各需要一个时钟周期。
- 共有5个载入缓冲区槽和5个存储缓冲区槽。
- 假定“不等于0时转移”（BNEZ）指令需要一个时钟周期。

a. [20] <3.4、3.5> 对这个问题来说，使用图3-8的单发射Tomasulo MIPS流水线，流水线延迟如上表所示。对于该循环的3个迭代，给出每个指令的停顿周期数以及每个指令在哪个时钟周期中开始执行（即进入它的第一个EX周期）。每个循环迭代需要多少个时钟周期？以表格方式给出你的答案，表中应当具有以下列表头：

- 迭代（循环迭代数）；
- 指令；
- 发射（发射指令的周期）；
- 执行（执行指令的周期）；
- 存储器访问（访问存储器的周期）；
- 写CDB（将结果写到CDB的周期）；
- 注释（对指令正在等待的事件的说明）。

在表中给出这个循环的3次迭代。可以忽略第一条指令。

b. [20] <3.7、3.8> 重复(a)部分，但这一次假定使用双发射Tomasulo算法和完全流水化的浮点单元。

3.16 [10] <3.4> Tomasulo的算法有以下缺点：每个CDB每个时钟周期仅能计算一个结果。使用上一个练习的硬件配置与延迟，找出一个不超过10个指令的代码序列，其中Tomasulo算法必须因为CDB争用而停顿。在序列中指出发生停顿的位置。

3.17 [20] <3.3> (m, n)相关分支预测器利用最近执行的m个分支的行为，从2^m个预测器中选择，这些预测器都是n位预测器。两级局部预测器以类似方式工作，但仅跟踪每个分支过去的行为来预测未来的行为。

这些预测器有一种设计折中：相关预测器几乎不需要存储器来进行历史记录，因而它们能够针对大量独立分支维持2位预测器（降低了分支指令重复利用同一预测器的概率），而本地预测器则需要相当多的存储器来记录历史，因此只能跟踪较少的分支指令。对于这一练习来说，考虑一个(1, 2)相关预测器和一个(1, 2)局部预测器，其中前者可以跟踪4个分支（需要16位），而后者使用相同数量的存储器只能跟踪两个分支。对于下面的分支结果，提供每次预测、用于做出预测的表项、根据预测结果对表的更新，以及每个预测器的最终错误预测率。假定此时所有分支都已经选定。如表3-31所示对预测器进行初始化。

表 3-31

相关预测器			
条目	分支	上一个结果	预测
0	0	T	T（一次错误预测）
1	0	NT	NT
2	1	T	NT
3	1	NT	T
4	2	T	T
5	2	NT	T
6	3	T	NT（一次错误预测）
7	3	NT	NT

（续）

局部预测器			
条目	分支	前两个结果（右边的是最近的）	预测
0	0	T,T	T（一次错误预测）
1	0	T,NT	NT
2	0	NT,T	NT
3	0	NT	T
4	1	T,T	T
5	1	T,NT	T（一次错误预测）
6	1	NT,T	NT
7	1	NT,NT	NT

分支 PC（字地址）	输出
454	T
543	NT
777	NT
543	NT
777	NT
454	T
777	NT
454	T
543	T

3.18 [10] <3.9> 假定有一个深度流水线处理器，为其实现分支目标缓冲区，仅用于条件分支。假定错误预测的代价总是 4 个周期，缓冲缺失代价总是 3 个周期。假定命中率为 90%，准确率为 90%，分支频率为 15%。与分支代价固定为两个周期的处理器相比，采用这一分支目标缓冲区的处理器要快多少？假定每条指令的时钟周期数（CPI）为基本 CPI，没有分支停顿。

3.19 [10/10] <3.9> 考虑一个分支目标缓冲区，其正确条件分支预测、错误预测和缓冲缺失的代价分别为0、2和2个时钟周期。考虑一种区分条件分支与无条件分支的分支目标缓冲区设计，对于条件分支存储目标地址，对于无条件分支则存储目标指令。

a. [10] <3.9> 当在缓冲区中发现无条件分支时，代价为多少个时钟周期？

b. [10] <3.9> 判断对于无条件分支进行分支折合所获得的改进。假定命中率为 90%，无条件分支的频率为 5%，缓冲区缺失的代价为两个时钟周期。这种增强可以获得多少改进？这种增强必须达到多高的命中率才能带来性能增益？

4

向量、SIMD和GPU体系结构中的数据级并行

我们将这些算法称为**数据并行算法**（data parallel algorithm），是因为它们的并行源于对大型数据集的同时操作，而不是来自多个控制线程。

——W. Daniel Hillis 和 Guy L. Steele，
"Data Parallel Algorithms"，*Communications of the ACM*（1986）

如果要耕种一块地，你会选择两头强壮的公牛还是1024只小鸡？

——Seymour Cray，超级计算机之父
（Cray用这个比喻阐明，他为何选择两个功能强大的向量处理器，而不是多个简易处理器）

4.1 引言

对于第 1 章介绍过的单指令流多数据流（SIMD）体系结构，人们常常会问一个问题：有多少应用程序拥有大量的数据级并行（DLP）？SIMD 分类（Flynn，1966）被提出 5 年后，人们发现的答案不仅包括科学运算中的矩阵计算，还包括面向媒体的图像和声音处理以及机器学习算法（将在第 7 章介绍）。由于多指令流多数据流（MIMD）体系结构需要为每个数据操作获取一条指令，所以一条指令可以执行多个数据操作的 SIMD 体系结构的能效可能更高。以上这两个原因使得 SIMD 对于个人移动设备和服务器极具吸引力。最后，与 MIMD 相比，SIMD 的最大优势可能是：程序员可以继续采用顺序思维方式，但通过并行数据操作来获得并行加速比。

本章介绍 SIMD 的 3 种变体：向量体系结构、多媒体 SIMD 指令集扩展和图形处理单元（GPU）。[①]

第一种变体的出现要比其他两种早 30 多年。向量体系结构在流水线执行的基础上扩展了多数据操作的能力。与其他 SIMD 变体相比，这些**向量体系结构**（vector architecture）更容易理解和编译，但过去人们一直认为它们对于微处理器来说太过昂贵了，这一看法直到最近才有所改变。这种体系结构的成本，一部分用在晶体管上，另一部分用于提供足够的 DRAM 带宽，因为它广泛依赖缓存来满足传统微处理器对存储器的性能要求。

第二种 SIMD 变体借用 SIMD 这个名称来表示同时进行的并行数据操作，在支持多媒体应用程序的大多数指令集体系结构中可以找到这种变体。x86 体系结构的 SIMD 指令扩展始于 1996 年的 MMX（multimedia extension，多媒体扩展），之后的 10 年间出现了几个 SSE（streaming SIMD extension，流式 SIMD 扩展）版本，一直发展到今天的 AVX（advanced vector extension，高级向量扩展）。为了使 x86 计算机达到最高计算速度，通常需要使用这些 SIMD 指令，特别是对于浮点程序。

SIMD 的第三种变体来自 GPU 社区，它的潜在性能要高于当今的传统多核计算机。尽管 GPU 的一些特征与向量体系结构相同，但它们也有自己独特的特征，部分原因在于它们所处的生态系统。在这个环境中，除了 GPU 及其显存之外，还有主处理器（CPU）和主存储器。事实上，为了突出这种差异性，GPU 社区将这种体系结构称为**异构**（heterogeneous）。

对于具有大量数据并行的问题，这 3 种 SIMD 变体有一个共同的优点，即对程序员来说比经典的并行 MIMD 编程更容易。

本章的目的是让架构师理解为什么向量体系结构比多媒体 SIMD 指令扩展更具一般性，以及向量体系结构与 GPU 体系结构之间的异同。由于向量体系结构是多媒体 SIMD 指令的超集（包括一个更好的编译模型），且 GPU 与向量体系结构有一些相似之处，所以我们首先从向量体系结构入手，为接下来的两节奠定基础。下一节介绍向量体系结构，附录 G 将更深入地介绍这个主题。

---

① 本章基于本书第 5 版的附录 F“向量处理器”（Krste Asanovic 编写）和附录 G“VLIW 和 EPIC 的硬件与软件”，以及 *Computer Organization and Design* 第 5 版的附录 A“图形与计算 GPU”（John Nickolls 和 David Kirk 编写）；还参考了 Joe Gebis 和 David Patterson 于 2007 年 4 月在 *IEEE Computer* 杂志上发表的文章“Embracing and Extending 20th-Century Instruction Set Architectures”。

4.2　向量体系结构

执行可向量化应用程序的最高效方法就是向量处理器。

——Jim Smith，
计算机体系结构国际研讨会（1994）

向量体系结构从存储器中获取数据元素集，将它们放在大型顺序寄存器堆中，对这些寄存器堆中的数据进行操作，然后将结果放回存储器中。单个指令对数据向量执行操作，这导致在独立数据元素上执行数十个“寄存器–寄存器”操作。

这些大型寄存器堆相当于编译器控制的缓冲区，既隐藏了存储器延迟，又充分利用了存储带宽。由于向量载入和存储是深度流水化的，所以程序仅在每次向量载入或存储操作中产生一次较长的存储器延迟时间，而不是在载入或存储每个元素时都需要耗费这一时间，从而将延迟分散在多个（例如32个）元素上。实际使用中，向量程序会尽力使存储器保持繁忙状态。

功耗壁垒使架构师们转向这样的体系结构：能够提供良好的性能，但又不需要像乱序超标量处理器那样，在能耗和设计复杂度方面付出高昂代价。向量指令与这一趋势自然合拍，因为架构师可以利用它们来提高简单顺序标量处理器的性能，同时又不会大幅增加能量要求和设计复杂度。在实践中，对于许多在复杂乱序处理器上运行良好的程序，开发人员可以采用向量指令的形式对其进行改写，变成更高效的数据级并行，Kozyrakis 和 Patterson [2002]证明了这一点。

4.2.1　RV64V 扩展

我们首先来看一个向量处理器，它的主要组件如图4-1所示。它大致基于40年前的Cray-1——最早的超级计算机之一。在编写本书这一版时，RISC-V 向量指令集扩展 RVV 仍在开发中。（向量扩展本身称为 RVV，所以 RV64V 指的是 RISC-V 基础指令加上向量扩展。）我们将展示 RV64V 的一个子集，试图用短短几页篇幅体现它的本质。

RV64V 指令集体系结构的主要组件如下所示。

- 向量寄存器（vector register）——每个向量寄存器保存一个向量，RV64V有32个这种寄存器，每个寄存器宽度为2048位，可以保存32个64位元素。向量寄存器堆需要提供足够的端口来填满全部向量功能单元。在针对不同向量寄存器执行的向量操作之间，这些端口允许高度重叠。利用一对交叉开关将这些读写端口连接到功能单元的输入或输出，共有至少 16 个读端口和 8 个写端口。增加寄存器堆带宽的一种方法是由多个存储体来组成这一寄存器堆，当向量足够长时，这种方法非常有效。
- 向量功能单元（vector functional unit）——在我们的实现中，每个单元都完全流水化，因此它可以在每个时钟周期开始一个新的操作。需要一个控制单元来检测冒险，既包括功能单元的结构冒险，也包括关于寄存器访问的数据冒险。图4-1中的RV64V实现有5个功能单元。为简单起见，本节我们仅关注浮点功能单元。
- 向量载入/存储单元（vector load/store unit）——向量存储器单元从存储器中载入向量，或者将向量存储到存储器中。在我们假想的 RV64V 实现中，向量载入与存储操作是完全流水化的，所以在初始延迟之后，可以在向量寄存器与存储器之间以每个时钟周期一个字的带宽移动字。这个单元通常还会处理标量载入和存储。

- **标量寄存器集合**——标量寄存器可以将数据作为输入提供给向量功能单元，还可以计算传送给向量载入/存储单元的地址。它们是 RV64G 的 31 个通用寄存器和 32 个浮点寄存器。在从标量寄存器堆读取标量值时，向量功能单元的一个输入会闩锁住这些值。

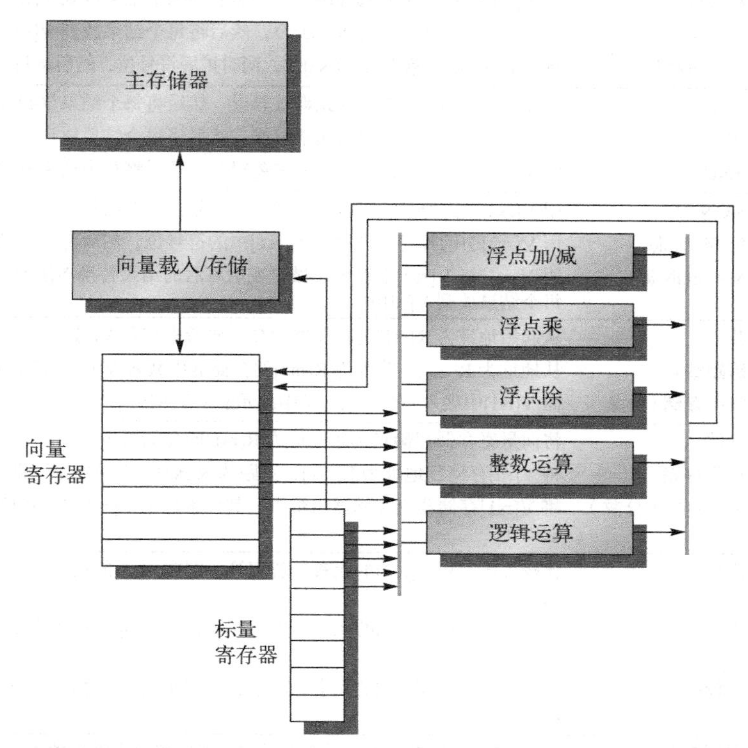

图 4-1 向量体系结构 RV64V 的基本结构。RV64V 包含一个 RISC-V 标量体系结构。RV64 有 32 个向量寄存器，所有功能单元都是向量功能单元。这些向量与标量寄存器有大量读写端口，允许同时执行多个向量运算。两对交叉开关（粗灰线）将这些端口连接到向量功能单元的输入和输出

表 4-1 列出了本节用到的 RV64V 向量指令。表中的描述预设了输入操作数都是向量寄存器。但这些指令也存在另一个版本，其中的一个操作数可以是一个标量寄存器（*xi* 或 *fi*）。当两个操作数都是向量时，RV64V 使用后缀.VV；当第二个操作数为标量时，使用后缀.VS；当第一个操作数是标量寄存器时，使用.SV。因此，下面这 3 个都是有效的 RV64V 指令：vsub.vv、vsub.vs 和 vsub.sv。（加法和其他累加运算只有前两种版本，因为 vadd.sv 和 vadd.vs 是无效的。）因为这些操作数决定了指令的版本，所以我们通常让汇编器来提供适当的后缀。向量功能单元在指令发射时获得标量值的一个副本。

表 4-1 RV64V 向量指令

指令助记符	指令名称	说明
vadd	ADD	将 V[rs1]与 V[rs2]中的元素相加，然后将结果放在 V[rd]中
vsub	SUBtract	从 V[rs1]中减去 V[rs2]的元素，然后将结果放在 V[rd]中
vmul	MULtiply	将 V[rs1]与 V[rs2]中的元素相乘，然后将结果放在 V[rd]中

（续）

指令助记符	指令名称	说　明
vdiv	DIVide	将 V[rs1]中的元素除以 V[rs2]，然后将结果放在 V[rd]中
vrem	REMainder	求得 V[rs1]中各个元素除以 V[rs2]的余数，然后将每个结果放到 V[rd]中
vsqrt	SQuare RooT	求 V[rs1]中每个元素的平方根，然后将每个结果放到 V[rd]中
vsll	左移位	将 V[rs1]中的元素左移 V[rs2]位，然后将每个结果放到 V[rd]中
vsrl	右移位	将 V[rs1]中的元素右移 V[rs2]位，然后将每个结果放到 V[rd]中
vsra	算术右移位	将 V[rs1]中的元素右移 V[rs2]位，同时扩展符号位，然后将每个结果放到 V[rd]中
vxor	XOR	对 V[rs1]中和 V[rs2]中的元素求异或，然后将每个结果放到 V[rd]中
vor	OR	对 V[rs1]中和 V[rs2]中的元素求或，然后将每个结果放到 V[rd]中
vand	AND	对 V[rs1]中和 V[rs2]中的元素求逻辑与，然后将每个结果放到 V[rd]中
vsgnj	SiGN 源	用 V[rs2]中的符号位替换 V[rs1]中的符号位，然后将每个结果放到 V[rd]中
vsgnjn	负 SiGN 源	用 V[rs2]中的补符号位替换 V[rs1]中的符号位，然后将每个结果放到 V[rd]中
vsgnjx	Xor SiGN 源	用 V[rs1]与 V[rs2]中符号位做异或运算后的结果替换 V[rs1]中的符号位，然后将每个结果放到 V[rd]中
vld	载入	从起始地址为 R[rs1]的存储器中载入向量寄存器 V[rd]
vlds	跨距载入	从地址为 R[rs1]、跨距为 R[rs2]的存储器中载入 V[rd]（即 R[rs1]+i × R[rs2]）
vldx	索引存储（收集）	向 V[rs1]中载入一个向量，其中的元素位于 R[rs2]+V[rs2]处（即 V[rs2]是一个索引）
vst	存储	将向量寄存器存储到起始地址为 R[rs1]的存储器中
vsts	跨距存储	将 V[rd]存储到地址为 R[rs1]、跨距为 R[rs2]的存储器中（即 R[rs1]+i × R[rs2]）
vstx	索引存储（分散）	将 V[rs1]存储器到存储器向量中，其元素位于 R[rs2]+V[rs2]处（即 V[rs2]是一个索引）
vpeq	比较=	比较 V[rs1]和 V[rs2]的元素。若相等，则在 p[rd]的相应 1 位元素中放入 1；否则放入 0
vpne	比较!=	比较 V[rs1]和 V[rs2]的元素。若不相等，则在 p[rd]的相应 1 位元素中放入 1；否则放入 0
vplt	比较<	比较 V[rs1]和 V[rs2]的元素。若小于，则在 p[rd]的相应 1 位元素中放入 1；否则放入 0
vpxor	谓词 XOR	对 p[rs1]和 p[rs2]的 1 位元素求异或，然后将每个结果放入 p[rd]
vpor	谓词 OR	对 p[rs1]和 p[rs2]的 1 位元素求或，然后将每个结果放入 p[rd]
vpand	谓词 AND	对 p[rs1]和 p[rs2]的 1 位元素求逻辑与，然后将每个结果放入 p[rd]
setvl	设定向量长度	将 vl 和目标寄存器的长度设定为 mvl 与源寄存器中的较小值

* 所有指令均使用 R 指令格式。每个向量操作都包含两个操作数，这两个操作数都表示为向量（.vv），但在一些版本中，第二个操作数是标量寄存器（.vs），而在另一些版本中，第一个操作数为标量寄存器，第二个为向量寄存器（.sv），这时是有区别的。操作数的类型和宽度通过配置每个向量寄存器来决定，而不是由指令提供。除了向量寄存器和谓词寄存器之外，还有两个向量控制和状态寄存器（CSR）vl 和 vctype，后面会讨论。跨距与索引数据传输也在后面讨论。真正完成后，RV64 当然会拥有更多指令，本表中的指令都将包含在内。

尽管传统的向量体系结构不能高效地支持较窄的数据类型，但向量能够很自然地容纳不同的数据大小[Kozyrakis 和 Patterson，2002]。因此，如果一个向量寄存器有 32 个 64 位元素，那么将它看作 128 × 16 位元素，甚至 256 × 8 位元素同样是有效的。正是因为这种向量数据类型和宽度的多样性，向量体系结构不只对科学应用程序有用，对于多媒体应用程序也同样有用。

注意，表 4-1 中的 RV64V 指令省略了数据类型和大小！RV64V 的一项创新就是将数据类型和数据大小与每个向量寄存器关联起来，而不是像传统设计中一样，在指令中提供这一信息。因此，在执行向量指令之前，程序需要配置向量寄存器，用于指定它们的数据类型和宽度。

表 4-2 列出了 RV64V 支持的选项。

表 4-2 为 RV64V 支持的数据大小，假设它还有单精度和双精度浮点扩展 RVS 和 RVD

整数	8、16、32 和 64 位	浮点	16、32 和 64 位

* 向这种 RISC-V 设计中加入 RVV，意味着标量单元也必须增加 RVH，这是一种标量指令扩展，用于支持半精度（16 位）IEEE 754 浮点。由于 RV32V 不会有 64 位标量运算，所以可以从向量单元中删除 64 位整数。如果一种 RISC-V 实现没有包含 RVS 或 RVD，那它可能会删去向量浮点指令。

采用**动态寄存器类型设定**（dynamic register typing）的一个原因是，为了支持数据类型和位宽的多态性，传统向量指令集中的指令数量非常庞大。给定了表 4-2 中的数据类型与大小组合，如果不采用动态寄存器类型设定，表 4-1 的长度将会达到几页！

动态类型设定还可以让程序禁用那些没有用到的向量寄存器。这样做的好处是，允许将所有向量存储器分配给已启用的向量寄存器，用作长向量。例如，假设我们有 1024 字节的向量存储器，如果有 4 个向量寄存器被启用，而且它们的类型为 64 位浮点，那么处理器将会给每个向量寄存器分配 256 字节，或者说是 256/8=32 个元素。这个值称为最大向量长度（maximum vector length，mvl），它由处理器设定，不能由软件改变。

人们对向量体系结构有一点抱怨：它们的状态较大，意味着上下文切换时间较长。我们的 RV64V 设计将状态增大了 3 倍，由 2 × 32 × 8=512 字节变为 2 × 32 × 24=1536 字节。动态寄存器类型设定有一个让人开心的副作用，那就是当一些向量寄存器不被使用时，程序可以将它们设定为禁用，这样就不需要在上下文切换时保存和恢复它们了。

动态寄存器类型设定的第三个好处是，在不同大小的操作数之间进行转换时，可以利用寄存器的配置来隐式完成，而不需要另外增加显式转换指令。下一节会提供这一好处的一个例子。

指令 vld 和 vst 表示向量载入和向量存储，它们载入或存储一个完整的数据向量。一个操作数是要载入或存储的向量寄存器；另一个操作数来自 RV64G 通用寄存器，表示该向量在存储器中的起始地址。除了向量寄存器之外，向量运算还需要更多的寄存器。在待载入或存储的向量长度不等于 mvl 时，会用到向量长度寄存器 vl；向量类型寄存器 vctype 记录寄存器类型；当循环中包含 IF 语句时，会用到谓词寄存器 pi。在下面的例子中将会看到它们是如何工作的。

利用一个向量指令，系统可以采用多种方式对向量数据元素执行操作，包括同时对许多元素执行操作。这种灵活性使向量设计能够使用慢而宽的执行单元，以低功耗获得高性能。此外，由于一个向量指令集内部各元素是相互独立的，所以在增加并行的功能单元时，就不需要像超标量处理器所要求的那样，额外执行成本高昂的依赖性检查。

4.2.2 向量处理器的工作原理：一个示例

通过查看 RV64V 的向量循环，可以更好地理解向量处理器。我们来看一个典型的向量问题，本节将一直使用这个例子：

```
Y = a × X + Y
```

X 和 Y 是向量，最初保存在存储器中；a 是标量。这个问题就是所谓的 SAXPY 或 DAXPY 循环，它构成了 Linpack 基准测试的内层循环[Dongarra 等，2003]。SAXPY 表示“单精度 <u>a</u> × <u>X</u> 加 <u>Y</u>”

（single-precision a × X plus Y），DAXPY 表示“双精度 a × X 加 Y”（double precision a × X plus Y）。Linpack 是一组线性代数例程，Linpack 基准测试包括执行高斯消去法的例程。

我们暂时假定向量寄存器的长度（即一个向量寄存器中保存的元素个数，本例中为 32），与我们关心的向量运算的长度匹配。（稍后将取消这一限制。）

例题　给出 DAXPY 循环的 RV64G 和 RV64V 代码。在这个例子中，假定 X 和 Y 有 32 个元素，X 和 Y 的起始地址分别为 x5 和 x6。（后面的例子将讨论它们没有 32 个元素时的情况。）

解答　RISC-V 代码如下。

```
       fld      f0,a           # 载入标量 a
       addi     x28,x5,#256    # 要载入的最后一个地址
Loop:  fld      f1,0(x5)       # 载入 X[i]
       fmul.d   f1,f1,f0       # a × X[i]
       fld      f2,0(x6)       # 载入 Y[i]
       fadd.d   f2,f2,f1       # a × X[i] + Y[i]
       fsd      f2,0(x6)       # 存储到 Y[i]
       addi     x5,x5,#8       # 递增 X 的索引
       addi     x6,x6,#8       # 递增 Y 的索引
       bne      x28,x5,Loop    # 检查是否完成
```

DAXPY 的 RV64V 代码如下：

```
vsetdcfg   4*FP64         # 启用 4 个双精度浮点向量寄存器
fld        f0,a           # 载入标量 a
vld        v0,x5          # 载入向量 X
vmul       v1,v0,f0       # 向量-标量乘
vld        v2,x6          # 载入向量 Y
vadd       v3,v1,v2       # 向量-向量加
vst        v3,x6          # 存储向量和
vdisable                  # 禁用向量寄存器
```

注意，汇编程序决定生成哪个版本的向量运算。因为乘法运算有一个标量操作数，所以它生成 vmul.vs，而加法没有标量操作数，所以它生成 vadd.vv。

开始的指令对前 4 个向量寄存器进行配置，使其容纳 64 位浮点数据。最后一条指令禁用所有向量寄存器。如果在最后一条指令之后发生了上下文切换，将不需要保存额外的状态。

前面的标量代码和向量代码之间最显著的区别是，向量处理器大幅缩减了动态指令带宽，仅执行 8 条指令，而 RV64G 要执行 258 条指令。发生这一缩减是因为向量运算是对 32 个元素执行的，在 RV64G 中差不多占一半循环的开销指令在 RV64V 代码中不存在。当编译器为这样一个序列生成向量指令时，生成的代码大部分时间以向量模式运行，我们称这种代码**已向量化**或**可向量化**。如果循环的迭代之间没有相关性（这种相关被称为**跨迭代相关**，loop-carried dependence，见 4.5 节），那么这些循环就可以向量化。

RV64G 与 RV64V 之间的另一个重要区别是流水线互锁的频率。在简单的 RV64G 代码中，每个 fadd.d 都必须等待 fmul.d，每个 fsd 都必须等待 fadd.d。在向量处理器中，每个向量指令只会因为等待每个向量的第一个元素而停顿，后续元素会沿着流水线顺畅流动。因此，每条向量**指令**仅需要一次流水线停顿，而不是每个向量**元素**需要一次。向量架构师将元素相关操作的前递称为**链接**（chaining），因为这些相关操作是被“链接”在一起的。在这个例子中，RV64G 中的流水线停顿频率大约比 RV64V 高 32 倍。软件流水线、循环展开（参见附录 H）或乱序执行可以减少 RV64G 中的流水线停顿，但很难大幅缩减指令带宽方面的巨大差距。

在讨论这段代码的性能之前，让我们展示一下动态寄存器类型设定。

例题 乘法累加运算的一个常见应用是先用窄数据相乘，再以较宽的大小进行累加，从而提高乘累加结果的精度。试说明，如果 X 和 a 是单精度，而不是双精度浮点数，上面的代码应如何改变。接下来说明，如果将 X、Y 和 a 由浮点类型变为整数，这段代码又应如何改变。

解答 下面添加了下划线的代码即是变化的部分。令人惊奇的是，只需做两处小改动，相同的代码就仍能正常工作了：配置指令中包含了一个单精度向量，标量载入现在变为单精度：

```
vsetdcfg  1*FP32,3*FP64  # 1个32位向量寄存器，3个64位向量寄存器
fld       f0,a         # 载入标量 a
vld       v0,x5        # 载入向量 X
vmul      v1,v0,f0     # 向量-标量乘
vld       v2,x6        # 载入向量 Y
vadd      v3,v1,v2     # 向量-向量加
vst       v3,x6        # 存储和值
vdisable               # 禁用向量寄存器
```

注意，采用这种设置时，RV64V 硬件将会隐式地将较窄的单精度转换为较宽的双精度。

向整数的转换几乎一样容易，但现在必须使用一个整数载入指令和一个整数寄存器来保存标量值：

```
vsetdcfg  1*X32,3*X64  # 1个32位整数寄存器，3个64位整数寄存器
lw        x7,a           # 载入标量 a
vld       v0,x5          # 载入向量 X
vmul      v1,v0,x7       # 向量-标量乘
vld       v2,x6          # 载入向量 Y
vadd      v3,v1,v2       # 向量-向量加
vst       v3,x6          # 存储和值
vdisable                 # 禁用向量寄存器
```

4.2.3 向量执行时间

向量运算序列的执行时间主要取决于 3 个因素：(1)操作数向量的长度；(2)操作之间的结构冒险；(3)多个向量操作间的数据依赖关系。给定向量长度和**启动速率**（向量单元接受新操作数

或生成新结果的速率)，可以计算出一条向量指令的执行时间。

所有现代向量计算机都有具备多条并行流水线(或**通道**，lane)的向量功能单元。这些通道在每个时钟周期可以生成一个或更多结果。与此同时这些计算机还可能拥有一些未完全流水化的功能单元。为简便起见，我们的RV64V实现方式有一条通道，各个操作的启动速率为每个时钟周期一个元素。因此，一条向量指令的执行时间(以时钟周期为单位)大约就是向量长度。

为了简化关于向量执行和向量性能的讨论，我们使用**护航指令组**(convoy)的概念，它是一组可以一起执行的向量指令。护航指令组中的指令**不能包含**任何结构冒险，否则需要在不同护航指令组中先后启动这些指令。因此，上例中的`vld`和随后的`vmul`可以在同一护航指令组中。稍后会看到，可以通过计算护航指令组的数目来估计一段代码的性能。为了保持分析过程简单，假定在开始执行任意其他指令(标量或向量)之前，护航指令必须已经执行完成。

除了具有结构冒险的向量指令序列之外，具有写后读相关冒险的序列也应该位于单独的护航指令组中。然而，链接(chaining)操作可以让它们位于同一护航指令组中，因为链接操作允许向量操作在其向量源操作数的各个元素可用时立即启动：链中第一个功能单元的结果被“前递”给第二个功能单元。实践中经常采用以下方式来实现链接：允许处理器同时读写一个特定的向量寄存器，不过读写的是不同元素。早期的链接实现类似于标量流水线中的前递，但这限制了链中源指令与目标指令的时序。最近的链接实现采用**灵活链接**，这种方式允许向量指令链接到几乎任意其他活动的向量指令，只要不生成结构冒险就行。所有现代向量体系结构都支持灵活链接，这也是本章的假设之一。

为了将护航指令组转换为执行时间，需要一种度量来估计护航指令组的长度。这种度量被称为**钟鸣**(chime)，就是执行一个护航指令组所需的时间单位。因此，执行由m个护航指令组构成的向量序列需要m个钟鸣。当向量长度为n时，对于简单的RV64V实现来说，大约为$m \times n$个时钟周期。

钟鸣近似值忽略了处理器特有的一些额外开销，其中许多开销依赖于向量长度。因此，以钟鸣为单位测量时间时，对于长向量的近似要优于对短向量的近似。我们将使用钟鸣测量结果(而不是每个结果的时钟周期)来明确表示我们忽略了某些开销。

如果知道向量序列中的护航指令组数，就知道了用钟鸣表示的执行时间。在以钟鸣为单位测量执行时间时，所忽略的一个额外时间开销是对单个时钟周期内启动多条向量指令的限制。如果在一个时钟周期内只能发射一条向量指令(大多数向量处理器均如此)，那钟鸣数会低估护航指令组的实际执行时间。由于向量的长度通常远大于护航指令组中的指令数，所以我们简单地假定这个护航指令组是在一个钟鸣中执行的。

例题　展示以下代码序列在护航指令组中是如何排列的，假定每个向量功能单元只有一个副本：

```
vld     v0,x5        # 载入向量X
vmul    v1,v0,f0     # 向量-标量乘
vld     v2,x6        # 载入向量Y
vadd    v3,v1,v2     # 两个向量相加
vst     v3,x6        # 存储所得之和
```

这个向量序列将需要多少个钟鸣？每个 FLOP（浮点运算）需要多少个时钟周期（忽略向量指令发射开销）？

解答 第一个护航指令组从第一个 vld 指令处开始。vmul 依赖于第一个 vld，但链接操作允许它位于同一护航指令组中。

第二个 vld 指令必须放在另一个护航指令组中，因为它与上一个 vld 指令的载入/存储单元存在结构冒险。vadd 与第二个 vld 相关，但它也可以通过链接操作位于同一护航指令组中。最后，vst 与第二个护航指令组中的 vld 存在结构冒险，所以必须把它放在第三个护航指令组中。通过这一分析，将得出向量指令在护航指令组中的如下排列：

```
1. vld        vmul
2. vld        vadd
3. vst
```

这个序列需要 3 个护航指令组。由于这一序列需要 3 个钟鸣，而且每个结果需要 2 个浮点运算，所以每个 FLOP 的时钟周期数为 1.5（忽略任何向量指令发射开销）。注意，尽管我们允许 vld 和 vmul 都在第一护航指令组中执行，但大多数向量计算机将需要两个时钟周期来启动这些指令。

这个例子表明，钟鸣近似值对于长向量是相当准确的。例如，对于包括 32 个元素的向量来说，用钟鸣表示的时间为 3，所以这个序列将需要大约 $32 \times 3=96$ 个时钟周期。在两个单独的时钟周期中发射护航指令组的开销将很小。

另一个额外时间开销要比指令发射数量的限制重要得多。钟鸣模型忽略的最重要的开销是向量**启动延迟**（start-up time），即向量功能单元的流水线被向量指令填满之前，以时钟周期为单位的延迟。启动延迟主要由向量功能单元的流水线延迟决定。对于 RV64V，我们使用与 Cray-1 相同的流水线深度，不过在更现代的处理器中，这些延迟有增加的趋势，特别是向量载入操作的延迟。所有功能单元都被完全流水化。浮点加的流水线深度为 6 个时钟周期，浮点乘为 7 个时钟周期，浮点除为 20 个时钟周期，向量载入为 12 个时钟周期。

有了这些向量基础知识之后，接下来的几节将介绍一些优化方式，这些优化可以提高性能，或者增加在向量体系结构中良好运行的程序类型。具体来说，它们将回答如下问题。

- 向量处理器怎样执行单个向量才能在每个时钟周期执行多于一个元素？每个时钟周期处理多个元素可以提高性能。
- 向量处理器如何处理那些向量长度与最大向量长度不匹配的程序？由于大多数应用程序向量与硬件体系结构向量长度不匹配，所以需要一种高效的解决方案来处理这一常见情景。
- 如果要向量化的代码中含有 IF 语句，会发生什么？如果可以高效地处理条件语句，就能向量化更多的代码。
- 向量处理器需要从存储器系统中获得什么？如果没有足够的存储带宽，向量执行可能会徒劳无益。

- 向量处理器如何处理多维矩阵？为使向量体系结构能够很好地工作，必须对这个常见数据结构进行向量化。
- 向量处理器如何处理稀疏矩阵？这一常见数据结构也必须进行向量化。
- 如何为向量计算机编程？如果体系结构方面的创新不能与编程语言及其编译器技术相匹配，就不可能得到广泛应用。

下面几节将分别介绍向量体系结构的这些优化技术，附录G将更深入地讨论。

4.2.4 多条通道：每个时钟周期处理多个元素

向量指令集的一个关键好处是，软件仅使用一条很短的指令就能向硬件传送大量并行任务。一条向量指令可以包含数十个独立运算，而其编码使用的位数与一条传统的标量指令相同。为了执行一条向量指令，向量指令的并行语义允许实现使用一个深度流水化的功能单元（就像我们研究过的RV64V实现一样）、一组并行功能单元，或者并行功能单元与流水线功能单元的组合。图4-2说明了如何使用并行流水线来执行一个向量加法指令，从而提高向量性能。

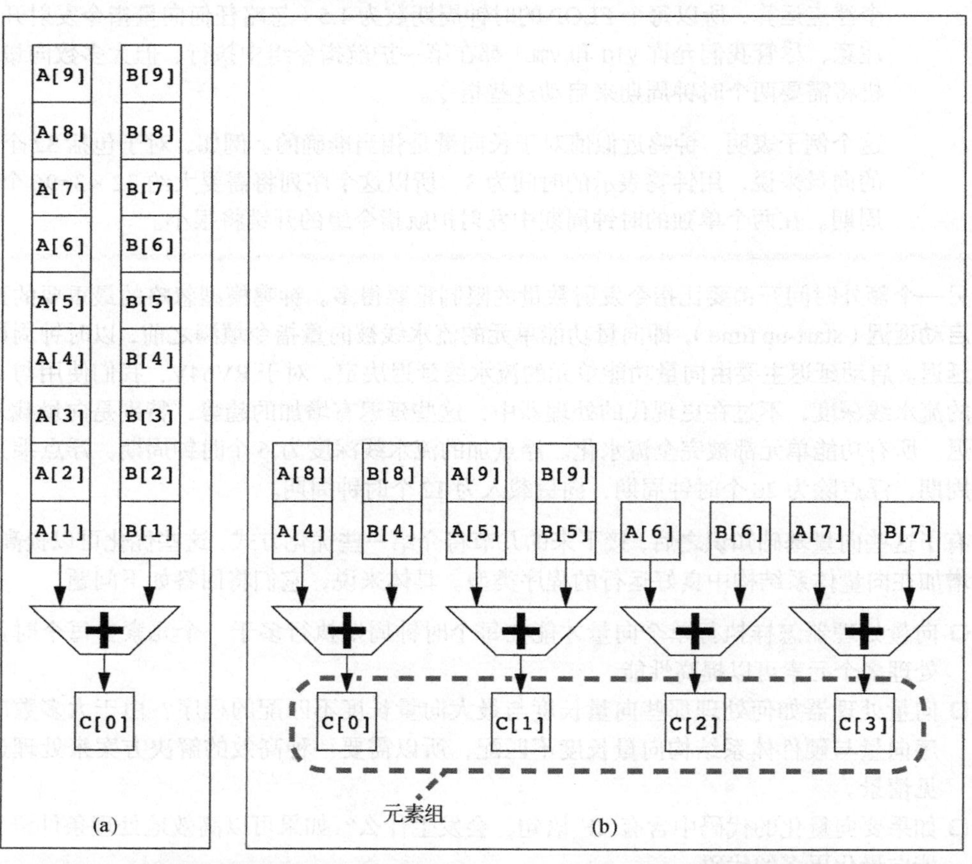

图4-2　使用多个功能单元提高单个向量加法指令C=A+B的性能。左边的向量处理器(a)有一条加法流水线，每个时钟周期可以完成一次加法。右边的向量处理器(b)有4条加法流水线，每个时钟周期可以完成4次加法。一条向量加法指令中的元素交错存在于4条流水线中。通过这些流水线结合在一起的元素集合被称为元素组。此图经Asanovic，K.许可后复制

RV64V 指令集有一个特性：所有向量算术指令只允许一个向量寄存器的第 N 个元素与其他向量寄存器的第 N 个元素进行运算。这一特性极大地简化了高度并行向量单元的设计，该单元可以构造为多个并行**通道**。和高速公路一样，我们可以通过添加更多通道来提高向量单元的峰值吞吐量。图 4-3 展示了一种四通道向量单元的结构。从单通道变为四通道之后，一次钟鸣的时钟周期数由 32 个降为 8 个。若想让多通道带来优势，应用程序和体系结构都必须支持长向量；否则，它们会快速执行，耗尽指令带宽，并需要 ILP 技术（见第 3 章）提供足够的向量指令。

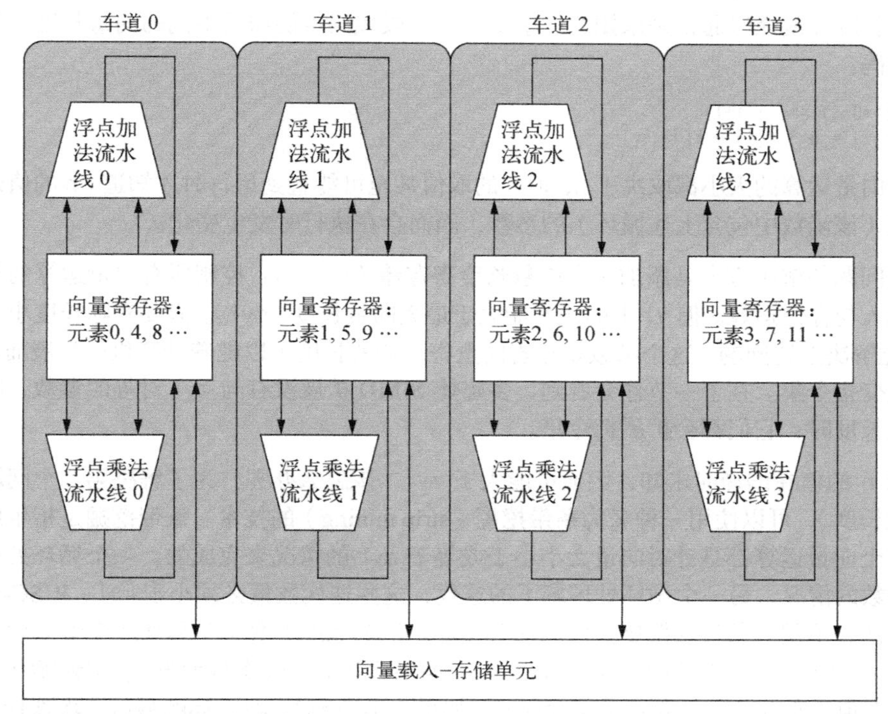

图 4-3 包含 4 条通道的向量单元的结构。向量寄存器存储分散在各条通道中，每条通道保存每个向量寄存器每 4 个元素中的 1 个。此图显示了 3 个向量功能单元：一个浮点加法、一个浮点乘法和一个载入-存储单元。每个向量算术单元包含 4 条执行流水线，每条通道对应 1 条流水线，它们共同完成一条向量指令。注意，向量寄存器堆的每一部分只需要为其通道本地的流水线提供足够的端口即可。本图没有展示为向量-标量指令提供标量操作数的路径，但标量处理器（或控制处理器）向所有通道广播标量值

每条通道都包含向量寄存器堆的一部分以及来自每个向量功能单元的一条执行流水线。每个向量功能单元使用多条流水线（每条通道一条流水线），以每个时钟周期一个元素组的速度执行向量指令。第一条通道保存所有向量寄存器的第一个元素（元素 0），所以任何向量指令的第一个元素的源操作数与目标操作数都在第一通道中。这种分配方式使得该通道本地的算术流水线无须与其他通道通信就能完成运算。通过避免通道间的通信，减少了构建高并行执行单元所需要的连接成本与寄存器堆端口，同时也解释了向量计算机为什么能够在每个时钟周期内完成多达 64 个运算（16 通道，每条通道包含 2 个算术单元和 2 个载入/存储单元）。

增加多条通道是提高向量性能的一种常用技术，它几乎不需要增加控制复杂性，也不需要对现有机器代码进行修改。它还允许设计人员在晶片面积、时钟频率、电压和能耗之间进行权

衡，而且不需要牺牲峰值性能。如果向量处理器的时钟频率减半，那么将通道数目加倍就能保持原峰值性能。

4.2.5　向量长度寄存器：处理不等于32的循环

向量寄存器处理器有一个自然向量长度，这一长度由最大向量长度（mvl）决定。该长度（在前面的例子中是32）不大可能与程序中的实际向量长度相匹配。此外，在实际程序中，特定向量运算的长度在编译时通常是未知的。事实上，一段代码可能需要不同的向量长度。例如，考虑以下代码：

```
for (i=0; i <n; i=i+1)
    Y[i] = a * X[i] + Y[i];
```

所有这些向量运算的大小都取决于n，但n的取值甚至可能直到运行时才知道。n的值还可能是某个函数（该函数中包含上述循环）的参数，因而会在执行时发生变化。

这些问题的解决方案是添加一个**向量长度寄存器**（vl）。vl 控制所有向量运算的长度，包括向量载入与存储运算。但vl中的值不能大于最大向量长度（mvl）。只要实际长度小于或等于mvl，就能解决上述问题。这个参数意味着向量寄存器的长度可以随着计算机的发展而增大，而不需要改变指令集。在下一节你会看到，多媒体SIMD扩展没有与mvl对等的参数，所以每次增大向量长度时，它们都会扩展指令集。

如果n的值在编译时未知，因而可能大于mvl，该怎么办呢？为了解决第二个问题（向量长于最大长度），可以使用一种名为**条带挖掘**（strip mining）的技术。条带挖掘是指生成一些代码，使每个向量运算都是针对向量大小小于或等于mvl的情况来完成的。一个循环处理迭代数为mvl倍数的情况，另一个循环处理剩下的迭代，这些迭代数量必须小于mvl。RISC-V有一种更好的方法，不用为条带挖掘单独使用一个循环。指令setvl取mvl和循环变量n中的较小的那个值写入vl（及另一个临时标量寄存器中）。如果循环的迭代次数大于n，则该循环最快能够计算mvl个值，所以setvl将vl设定为mvl。如果n小于mvl，在循环的最后一次迭代中，它应当仅计算最后n个元素，所以setvl将vl设定为n。setvl还会写入另一个标量寄存器，用于帮助之后的循环进行记录。下面是对于任意的n值，向量DAXPY的RV64V代码。

```
      vsetdcfg  2 DP FP   # 启用2个64位浮点寄存器
      fld       f0,a      # 载入标量a
loop: setvl     t0,a0     # vl = t0 = min(mvl,n)
      vld       v0,x5     # 载入向量X
      slli      t1,t0,3   # t1 = vl * 8（字节）
      add       x5,x5,t1  # 将指向X的指针递增vl*8
      vmul      v0,v0,f0  # 向量-标量乘
      vld       v1,x6     # 载入向量Y
      vadd      v1,v0,v1  # 向量-向量加
      sub       a0,a0,t0  # n -= vl (t0)
      vst       v1,x6     # 将总和存储到Y
      add       x6,x6,t1  # 将指向Y的指针递增vl*8
      bnez      a0,loop   # 若n != 0，则重复
      vdisable            # 禁用向量寄存器
```

4.2.6 谓词寄存器：处理向量循环中的 IF 语句

根据 Amdahl 定律我们知道，中低度向量化程序的加速比非常有限。循环内部存在条件（IF 语句）与使用稀疏矩阵是向量化程度较低的两个主要原因。循环中包含 IF 语句的程序无法使用前面讨论的技术以向量模式运行，因为 IF 语句会在循环中引入控制相关。同样，我们无法利用前面看到的各项功能高效地实现稀疏矩阵。下面讨论处理条件执行的策略，稀疏矩阵留待后文讨论。

考虑以 C 语言编写的以下循环：

```
for (i = 0; i < 64;  i=i+1)
  if (X[i] != 0)
    X[i] = X[i] - Y[i];
```

由于这一循环体需要条件执行，所以它通常不能向量化；但是，如果我们可以选择性地只执行 `X[i] != 0` 的循环体，那就可以实现减法的向量化。

实现这一功能的常见扩展称为**向量掩码控制**（vector-mask control）。在 RV64V 中，谓词寄存器保存此掩码，为一条向量指令中的每个元素运算提供了条件执行方式。这些寄存器使用一个布尔向量来控制向量指令的执行，就像条件执行指令使用布尔条件来判断是否要执行一个标量指令一样（见第 3 章）。当谓词寄存器 p0 被置位时，所有后续向量指令都仅针对一部分向量元素执行，这些元素在谓词寄存器中的对应项为 1。如果目标向量寄存器中的某些项在谓词寄存器中的对应值为 0，那它们就不会受到向量运算的影响。和向量寄存器一样，谓词寄存器也是可配置、可禁用的。启用一个谓词寄存器会将它初始化为全 1，也就是说，后续的向量指令运算将对所有向量元素运行。我们现在可以为前面的循环使用下列代码，假定 X 和 Y 的起始地址分别在 x5 和 x6 中：

```
vsetdcfg    2*FP64       # 启用 2 个 64 位浮点向量寄存器
vsetpcfgi   1            # 启用 1 个谓词寄存器
vld         v0,x5        # 将向量 X 载入 v0
vld         v1,x6        # 将向量 Y 载入 v1
fmv.d.x     f0,x0        # 将（浮点）零放入 f0
vpne        p0,v0,f0     # 若 v0(i)!=f0，则将 p0(i)置为 1
vsub        v0,v0,v1     # 在向量掩码的控制下相减
vst         v0,x5        # 将结果存储到 X 中
vdisable                 # 禁用向量寄存器
vpdisable                # 禁用谓词寄存器
```

编译器设计者使用术语 **IF 转换**，表示使用条件执行将 IF 语句转换为直行代码序列。

但是，使用向量掩码寄存器确实是有开销的。对于标量体系结构，在条件不满足时，条件执行的指令仍然需要执行时间。无论如何，通过消除分支和相关的控制依赖确实可以加快条件指令的执行速度，即使这有时会做一些无用功。与此类似，采用向量掩码执行的向量指令仍然需要相同的执行时间，即使掩码为 0 的元素也是如此。同样，即使掩码中有大量 0，使用向量掩码控制的速度仍然远快于使用标量模式的速度。

在 4.4 节你会看到，向量处理器与 GPU 之间的一个区别是处理条件语句的方式。向量处理器将谓词寄存器作为体系结构状态的一部分，并且依靠编译器来显式地操控掩码寄存器。而 GPU 使用硬件来操控 GPU 软件无法看到的内部掩码寄存器，以实现相同效果。在这两种情况

下，无论相应的掩码位是1还是0，硬件都要花时间执行向量元素，所以GFLOPS速率在使用掩码时会下降。

4.2.7　存储体：为向量载入/存储单元提供带宽

载入/存储向量单元的行为要比算术功能单元复杂得多。载入操作的启动延迟就是它从存储器向寄存器中载入第一个字的时间。如果可以在无停顿的情况下提供向量的其他元素，那么向量启动速率就等于提取或存储新字的速度。与较简单的功能单元不同，这一启动速率不一定是一个时钟周期，因为存储体（bank）的停顿可能会降低实际吞吐量。

一般情况下，载入/存储单元的初始化延迟要高于算术单元——在许多处理器中要多于100个时钟周期。对于RV64V，我们假定初始化延迟为12个时钟周期，与Cray-1相同。（最近的向量计算机使用缓存来降低向量载入与存储的延迟。）

为了保持每个时钟周期提取或存储一个字的启动速率，存储器系统必须能够提供或接受较多的数据。将访问对象分散在多个独立的存储体中，通常可以保证所需速率。稍后你会看到，拥有大量存储体对于处理那些访问多行或多列数据的向量载入或存储指令非常有用。

大多数向量处理器使用存储体，这允许进行多个独立访问，而不是简单的存储器交错，原因有三。

(1) 许多向量计算机支持每个时钟周期执行多个载入或存储操作，访问存储体的周期时间通常比处理器周期时间高几倍。为了支持多个载入或存储操作的同时访问，存储器系统需要有多个存储体，还要能够独立控制对这些存储体的寻址。

(2) 大多数向量处理器支持载入或存储非连续的数据字。在这种情况下，需要进行独立的组寻址，而不是交叉寻址。

(3) 大多数向量计算机支持多个处理器共享同一存储器系统，所以每个处理器会生成其自己的独立寻址流。

这些特征促成了对大量独立存储体的需求，如下例所示。

例题　Cray T90（Cray T932）的最高配置有32个处理器，每个处理器每个时钟周期可以生成4个载入操作和2个存储操作。处理器时钟周期为2.167 ns，而存储器系统所用SRAM的访问周期时间为15 ns。计算：为使所有处理器以全存储带宽运行，最少需要多少个存储体。

解答　每个时钟周期的最大存储器访问次数为192：32个处理器 × 6次访问/处理器。每个SRAM存储体的繁忙时钟周期数为15/2.167≈6.92，四舍五入为7个处理器时钟周期。因此，至少需要192 × 7 = 1344个存储体。

Cray T932实际上有1024个存储体，所以早期型号不能同时为所有处理器维持完全带宽。后来对存储器进行升级时，用流水化同步SRAM代替了15 ns的异步SRAM，存储器访问周期时间缩短一半，从而可以提供足够的带宽。

从更宏观的角度来看，向量载入/存储单元的角色类似于向量处理器中的预取单元，它们都通过向处理器提供数据流来提供数据带宽。

4.2.8 步幅：处理向量体系结构中的多维数组

向量中的相邻元素在存储器中的位置不一定是连续的。考虑下面这段用C语言编写的非常简单的矩阵乘法代码：

```
for (i = 0; i < 100; i=i+1)
  for (j = 0; j < 100; j=j+1) {
    A[i][j] = 0.0;
    for (k = 0; k < 100; k=k+1)
      A[i][j] = A[i][j] + B[i][k] * D[k][j];
    }
```

我们可以将B的每一行与D的每一列的乘法向量化，以k为索引变量对内层循环进行条带挖掘。

为此，我们必须考虑如何对B中的相邻元素及D中的相邻元素进行寻址。在为数组分配存储器时，该数组被线性化，并且必须以行主次序（如C语言）或列主次序（如Fortran语言）进行布局。这种线性化意味着行中的元素或者列中的元素在存储器中是不相邻的。例如，上面的C代码以行主次序来分配存储器，所以内层循环中各次迭代在访问D的元素时，这些元素之间的间隔等于行大小乘以8（每一项的字节数），共800字节。在第2章中我们已经知道，在基于缓存的系统中，通过分块有可能提高局部性。对于没有缓存的向量处理器，需要用另一种方法来提取在存储器中不相邻的向量元素。

对于那些要收集到一个寄存器中的元素，它们之间的距离称为**步幅**（stride）。在这个例子中，矩阵D的步幅为100个双字（800字节），矩阵B的步幅为1个双字（8字节）。对于以列为主的排序（Fortran语言采用这一顺序），这两个步幅会颠倒过来：矩阵D的步幅将为1，也就是说连续元素之间相隔1个双字（8字节），而矩阵B的步幅为100，也就是100个双字（800字节）。因此，如果不对循环进行重新排序，编译器就不能隐藏矩阵B和D中连续元素之间的长距离。

一旦将向量载入向量寄存器，它的表现就好像它的元素在逻辑上是相邻的。因此，仅利用具有步幅功能的向量载入及向量存储操作，向量处理器就可以处理大于1的步幅，这种步幅称为**非单位步幅**（nonunit stride）。向量处理器的一大优势就是能够访问非连续存储地址，并将其重组成一个稠密的结构。

缓存在本质上是处理单位步幅数据的。增加块大小有助于降低大型科学数据集（步幅为单位步幅）的缺失率，但增大块大小也可能会对那些以非单位步幅访问的数据产生负面影响。尽管分块技术可以解决其中一些问题（见第2章），但在4.7节你会看到，在某些问题上，高效访问非连续数据的能力仍然是向量处理器的一个优势。

在RV64V中，可寻址单位为1字节，所以我们示例中的步幅将为800。由于矩阵的大小在编译时可能是未知的，或者就像向量长度一样，在每次执行相同语句时可能会发生变化，所以必须对步幅值进行动态计算。像向量起始地址一样，向量步幅可以放在通用寄存器中。然后，RV64V指令VLDS（load vector with stride）将向量提取到向量寄存器中。同样，在存储非单位步幅向量时，使用指令VSTS（store vector with stride）。

支持大于 1 的步幅会使存储器系统变得复杂。一旦引入非单位步幅，就可能频繁访问同一个存储体。当多个访问争用一个存储体时，就会发生存储体冲突，从而使某个访问陷入停顿。如果满足以下条件，就会产生存储体冲突，进而造成停顿：

$$\frac{\text{bank数}}{\text{步幅与bank数的最大公约数}} < \text{bank繁忙时间}$$

例题　假定有 8 个 bank，bank 繁忙时间为 6 个时钟周期，总存储器延迟为 12 个时钟周期。要以步幅 1 完成一个 64 元素的向量载入操作，需要多长时间？步幅为 32 呢？

解答　由于 bank 数大于 bank 繁忙时间，所以当步幅为 1 时，该载入操作将耗费 12+64=76 个时钟周期，也就是每个元素需要约 1.2 个时钟周期。最糟糕的步幅是 bank 数目的倍数，就像本例中步幅为 32、bank 数目为 8 的情况。（在第一次访问之后）对存储器的每次访问都会与上一次访问发生冲突，必须等候长度为 6 个时钟周期的 bank 繁忙时间。总时间为 $12+1+6 \times 63 = 391$ 个时钟周期，即每个元素需要约 6.1 个时钟周期。

4.2.9　集中-分散：在向量体系结构中处理稀疏矩阵

前面曾经提到，稀疏矩阵很常见，所以使用一些技术来让使用稀疏矩阵的程序在向量模式下执行是很重要的。在稀疏矩阵中，向量元素通常是以某种压缩形式存储的，然后被间接访问。假定有一种简化的稀疏结构，我们可能会看到类似下面的代码：

```
for (i = 0; i < n; i=i+1)
    A[K[i]] = A[K[i]] + C[M[i]];
```

这段代码实现数组 A 与数组 C 的稀疏向量求和，用索引向量 K 和 M 来指定 A 与 C 中的非零元素。（A 和 C 的非零元素数必须相等，为 n，所以 K 和 M 大小相同。）

支持稀疏矩阵的主要机制是采用索引向量的**集中-分散**（gather-scatter）**操作**。这种操作的目的是支持在稀疏矩阵的压缩表示（即不包含零）和正常表示（即包含零）之间进行转换。**集中**操作取得**索引向量**（index vector），并在此向量中提取元素，元素位置等于基础地址加上索引向量中给定的偏移量。其结果是向量寄存器中的一个密集向量。在以密集形式对这些元素进行操作之后，可以再使用同一索引向量，通过**分散**存储操作，以扩展方式存储该稀疏向量。对此类操作的硬件支持称为**集中-分散**，几乎所有现代向量处理器都具备这一功能。RV64V 指令为 vldx（载入索引向量，也就是集中）和 vstx（存储索引向量，也就是分散）。例如，如果 x5、x6、x7 和 x28 中包含以上序列中向量的起始地址，就可以用向量指令来对内层循环进行编码，如下所示：

```
vsetdcfg  4*FP64        # 4 个 64 位浮点向量寄存器
vld       v0, x7        # 载入 K[]
vldx      v1, x5, v0)   # 载入 A[K[]]
vld       v2, x28       # 载入 M[]
vldi      v3, x6, v2)   # 载入 C[M[]]
vadd      v1, v1, v3    # 求和
vstx      v1, x5, v0)   # 存储 A[K[]]
vdisable                # 禁用向量寄存器
```

利用这一技术，可以以向量模式运行访问稀疏矩阵的代码。简单的向量化编译器无法自动将以上源代码向量化，因为编译器不知道 K 的元素是不同的值，因此也就不存在相关性。所以，需要程序员通过显式地在代码中指示编译器，可以放心地以向量模式运行这个循环。

尽管索引载入与存储（集中与分散）操作都可以流水化，但由于存储体在开始执行指令时是未知的，所以它们的运行速度通常远低于非索引载入或存储操作。寄存器堆还必须在向量单元的通道之间提供通信，以支持集中和分散操作。

执行集中和分散操作的每个元素都有各自的地址，所以不能对它们进行分体处理，而且在存储器系统的许多位置都可能存在冲突。因此，即使在基于缓存的系统上，每次访问也会造成严重的延迟。但是，如 4.7 节所示，如果架构师不是对这种不可预测的访问采取放任态度，而是针对这一情景进行设计，使用更多的硬件资源，那么存储器系统就能提供更好的性能。

在 4.4 节你会看到，在 GPU 中，所有载入都是集中操作，所有存储都是分散操作，因为没有单独的指令限制地址必须是连续的。为了将可能较慢的集中和分散操作转换为更高效的存储器单位步幅访问，GPU 硬件必须在执行期间识别顺序地址，并且 GPU 程序员必须确保一次集中或分散操作中的所有地址都位于相邻位置。

4.2.10 向量体系结构编程

向量体系结构的优势在于，编译器可以在编译时告诉程序员某段代码是否会向量化，通常还会给出一些提示，说明这段代码为什么没有向量化。这种简单的执行模型可以让其他领域的专家快速掌握修改代码来提高性能的方法，并提示编译器特定操作（比如集中–分散式的访存请求）间不存在依赖关系以提高性能。这就是编译器与程序员之间的对话，每一方都就如何提高性能给对方一些提示，从而简化向量计算机的编程。

今天，影响程序在向量模式下能否成功运行的主要因素是程序本身的结构：循环是否有真正的数据相关（见 4.5 节）？能否调整它们的结构，使其没有此类相关？这一因素受算法选择的影响，在一定程度上还受编码方式的影响。

让我们看一下在 Perfect Club 基准测试中观测到的向量化水平，用以了解科学计算程序中所能实现的向量化水平。表 4-3 显示了两个代码版本在 Cray Y-MP 上运行时，以向量模式执行的运算比例。第一个版本仅对原代码进行了编译器优化，第二个版本则利用了 Cray Research 程序员团队给出的提示。对向量处理器上的应用程序性能进行多次研究后发现，编译器向量化水平的变化范围很大。

表 4-3 在 Cray Y-MP 上执行 Perfect Club 基准测试所获得的向量化水平[Vajapeyam，1991]

基准测试名称	以向量模式执行的运算，编译器优化	以向量模式执行的运算，有程序员提供帮助	根据提示进行优化后获得的加速比
BDNA	96.1%	97.2%	1.52
MG3D	95.1%	94.5%	1.00
FLO52	91.5%	88.7%	N/A
ARC3D	91.1%	92.0%	1.01
SPEC77	90.3%	90.4%	1.07
MDG	87.7%	94.2%	1.49

（续）

基准测试名称	以向量模式执行的运算，编译器优化	以向量模式执行的运算，有程序员提供帮助	根据提示进行优化后获得的加速比
TRFD	69.8%	73.7%	1.67
DYFESM	68.8%	65.6%	N/A
ADM	42.9%	59.6%	3.60
OCEAN	42.8%	91.2%	3.92
TRACK	14.4%	54.6%	2.52
SPICE	11.5%	79.9%	4.06
QCD	4.2%	75.1%	2.15

* 第二列显示在没有提示下用编译器获得的向量化水平，而第三列是在根据 Cray Research 程序员团队的提示对代码进行改进后的结果。

编译器自身不能很好地完成代码向量化，在根据大量提示进行修改后，向量化水平大幅提高，现在所有代码的向量化水平超过了50%。平均向量化水平从大约70%提高至大约90%。

4.3　多媒体SIMD指令集扩展

多媒体SIMD扩展源于一个很容易观察到的事实：许多媒体应用程序操作的数据类型要比对32位处理器进行针对性优化的数据类型更窄一些。图形系统使用8位来表示三基色中的每一种颜色，再用8位来表示透明度。取决于应用程序，音频采样通常用8位或16位来表示。假定有一个256位加法器，通过划分这个加法器中的进位链，处理器可以同时对一些短向量进行操作，这些向量可以是32个8位操作数、16个16位操作数、8个32位操作数或者4个64位操作数。这些经过划分的加法器的额外成本很小。表4-4总结了典型的多媒体SIMD指令。和向量指令一样，SIMD指令指定了对数据向量的相同操作。一些向量机器拥有大型寄存器堆，比如RISC-V RV64V向量寄存器，32个向量寄存器中的每一个都可以保存32个64位元素。SIMD指令则与之不同，它指定的操作数往往较少，因此使用的寄存器堆也小得多。

向量体系结构提供了一个优雅的指令集，可以被向量化编译器充分开发。SIMD扩展则不同，它有三项缺失：没有向量长度寄存器，没有步幅或集中/分散数据传送指令，没有掩码寄存器。

- 多媒体SIMD扩展固定了操作代码中数据操作数的数量，从而在x86体系结构的MMX、SSE和AVX扩展中添加了数百条指令。向量体系结构有一个向量长度寄存器，用于指定当前操作的操作数个数。这些变长向量寄存器可以轻松适应那些向量长度小于体系结构支持的最大长度的程序。此外，向量体系结构有一个隐含的最大向量长度，它与向量长度寄存器相结合，从而避免了为了支持不同向量长度的指令占用。
- 直到最近，多媒体SIMD还没有提供向量体系结构中以步幅访问和集中-分散访问为代表的复杂寻址模式。这些访存模式增加了向量编译器能够成功向量化的程序数目（见4.7节）。
- 多媒体SIMD通常不会像向量体系结构那样，为了支持元素的条件执行而提供掩码寄存器。不过这种情况正在改变。

这三项缺失增大了编译器生成SIMD代码的难度，也加大了SIMD汇编语言编程的难度。

表 4-4 典型多媒体 SIMD 运算汇总（运算宽度为 256 位）

指令类别	操 作 数
无符号加/减	32 个 8 位、16 个 16 位、8 个 32 位或 4 个 64 位
最大/最小	32 个 8 位、16 个 16 位、8 个 32 位或 4 个 64 位
平均	32 个 8 位、16 个 16 位、8 个 32 位或 4 个 64 位
右/左移位	32 个 8 位、16 个 16 位、8 个 32 位或 4 个 64 位
浮点	16 个 16 位、8 个 32 位、4 个 64 位或 2 个 128 位

* 注意，IEEE 754-2008 浮点标准增加了半精度（16 位）和四精度（128 位）浮点运算。

对于 x86 体系结构，1996 年增加的 MMX 指令改变了 64 位浮点寄存器的用途，所以基本指令可以同时执行 8 个 8 位运算或 4 个 16 位运算。这些指令与其他各种指令结合在一起，包括并行 MAX 和 MIN 运算、各种掩码和条件指令、通常在数字信号处理器中进行的运算，以及人们相信在重要媒体库中有用的专用指令。注意，MMX 重用浮点数据传送指令来访问存储器。

1999 年推出的流式 SIMD 扩展（SSE）添加了 16 个宽 128 位的独立寄存器（XMM 寄存器），所以现在的指令可以同时执行 16 个 8 位运算、8 个 16 位运算或 4 个 32 位运算。它还执行并行单精度浮点运算。由于 SSE 拥有独立的寄存器，所以它需要独立的数据传送指令。Intel 很快在 2001 年的 SSE2、2004 年的 SSE3 和 2007 年的 SSE4 中添加了双精度 SIMD 浮点数据类型。拥有 4 个单精度浮点运算或 2 个并行双精度运算的指令提高了 x86 计算机的峰值浮点性能，只要程序员将操作数并排放在一起即可。在每一代计算机中还添加了一些专用指令，用于加快重要多媒体功能的速度。

2010 年增加的高级向量扩展（AVX）再次将寄存器的宽度增加了一倍，变为 256 位（YMM 寄存器），并提供了一些指令，使所有较窄数据类型的运算数目增加了一倍。表 4-5 给出了可用于进行双精度浮点计算的 AVX 指令。2013 年，AVX2 增加了 30 条新指令，如集中（VGATHER）和向量移位（VPSLL、VPSRL、VPSRA）。2017 年，AVX-512 的宽度又增加了一倍，达到 512 位（ZMM 寄存器）；寄存器数量也增加了一倍，达到 32 个；还增加了大约 250 条新指令，包括分散（VPSCATTER）和掩码寄存器（OPMASK）。AVX 进行了一些准备工作，以便在将来的体系结构中将寄存器的宽度扩展到 1024 位。

表 4-5 在双精度浮点程序中有用的 x86 体系结构 AVX 指令

AVX 指令	说 明
VADDPD	加上 4 个紧缩双精度操作数
VSUBPD	减去 4 个紧缩双精度操作数
VMULPD	乘以 4 个紧缩双精度操作数
VDIVPD	除以 4 个紧缩双精度操作数
VFMADDPD	乘、加 4 个紧缩双精度操作数
VFMSUBPD	乘、减 4 个紧缩双精度操作数
VCMPxx	对比 4 个紧缩双精度操作数，结果为 EQ、NEQ、LT、LE、GT、GE，等等
VMOVAPD	移动对齐的 4 个紧缩双精度操作数
VBROADCASTSD	将一个双精度操作数广播至 256 位寄存器中的 4 个位置

* 256 位 AVX 的紧缩双精度是指以 SIMD 模式执行的 4 个 64 位操作数。当 AVX 指令的宽度增大时，添加数据置换指令，以允许将来自宽寄存器中不同部分的窄操作数结合起来，也变得更为重要。AVX 中的一些指令可以在 256 位寄存器中分散 32 位、64 位或 128 位操作数。比如，BROADCAST 在 AVX 寄存器中将一个 64 位操作数复制 4 次。AVX 还包含大量融合乘加/乘减指令，这里仅列出了其中的两个。

一般来说，这些扩展的目的是加快那些精心编制的库的运行速度，而不是让编译器来生成这些库（参见附录H），但近来的x86编译器正在尝试生成此类代码，尤其是浮点计算密集的应用程序。由于操作码决定了SIMD寄存器的宽度，所以每次宽度翻倍时，SIMD指令的数量也必须增加一倍。

既然有这些弱点，多媒体SIMD扩展为什么还如此流行呢？第一，它们不需要花费什么成本就能添加标准算术单元，而且易于实现。第二，与向量体系结构相比，它们不需要额外的处理器状态，从而降低了上下文切换的代价。第三，需要大量存储带宽来支持向量体系结构，而这是许多计算机所不具备的。第四，当一条指令能够生成32个存储器访问，而且任何一个访问都能引发缺页错误时，SIMD不必处理虚拟存储器中的问题。SIMD扩展对于操作数的每个SIMD组使用独立的数据传送（这些操作数在存储器中是对齐的），所以它们不能跨越页面边界。固定长度的简短SIMD“向量”还有另一个好处：能够轻松地引入一些符合新媒体标准的指令，比如执行置换操作的指令，或者所用操作数少于或多于向量所能生成的操作数的指令。最后，人们还关注向量体系结构在使用缓存方面的表现。最近的向量体系结构已经解决了所有这些问题。然而，最主要的问题是，由于二进制兼容性的重要性，一旦架构开始使用SIMD，就很难摆脱它。

例题　为了了解多媒体指令是什么样子的，假定我们向RISC-V中添加了一个256位SIMD多媒体指令。这个例子中主要讨论的是浮点指令。对于一次能够对4个双精度操作数执行操作的指令，我们给其添加后缀“4D”。和向量体系结构一样，你可以把SIMD处理器看作拥有通道的处理器，在本例中为4条通道。RV64P将F寄存器扩展为完整宽度，在这里是256位。这个例子显示了DAXPY循环的RISC-V SIMD代码，为添加SIMD而对RISC-V代码做的修改用下划线标示。假定X和Y的起始地址分别为x5和x6。

解答　RISC-V SIMD代码如下：

```
      fld       f0,a            #载入标量a
      splat.4D  f0,f0           #创建a的4个副本
      addi      x28,x5,#256     #要载入的最后一个地址
Loop: fld.4D    f1,0(x5)        #载入X[i] ... X[i+3]
      fmul.4D   f1,f1,f0        #a×X[i] ... a×X[i+3]
      fld.4D    f2,0(x6)        #载入Y[i] ... Y[i+3]
      fadd.4D   f2,f2,f1        #a×X[i]+Y[i]...
                                #a×X[i+3]+Y[i+3]
      fsd.4D    f2,0(x6)        #存储Y[i]... Y[i+3]
      addi      x5,x5,#32       #将索引递增至X
      addi      x6,x6,#32       #将索引递增至Y
      bne       x28,x5,Loop     #检查是否完成
```

所做的改变是将每个RISC-V双精度指令替换为它的4D等价指令，将递增值由8加大到32，并增加了splat指令，它在f0的256位中制作了a的4个副本。尽管不像RV64V那样将动态指令数量减少到RV64G的1/32，但RISC-V SIMD确实几乎实现了一个4×缩减：执行67条指令，而RV64G执行258条指令。这段代码知道元素的数量。这个数量经常是在运行时确定的，这就需要额外增加一个条带挖掘循环，来处理该数量不是4的倍数的情况。

4.3.1 多媒体 SIMD 体系结构的编程方法

鉴于多媒体 SIMD 扩展的特殊性质，使用这些指令的最简便方法就是通过库或用汇编语言编写。

最近的扩展变得更加规整，使得编译器可以理解 SIMD 扩展指令集。通过借用向量化编译器的技术，这些编译器也开始自动生成 SIMD 指令。例如，目前的高级编译器可以生成 SIMD 浮点指令，大幅提高科学代码的性能。但是，程序员必须确保存储器中的所有数据都与运行代码的 SIMD 单元的宽度对齐，以防止编译器为本来可以向量化的代码生成标量指令。

4.3.2 屋檐性能模型

要对比 SIMD 体系结构变体的潜在浮点性能，一种直观的可视化方法是屋檐模型[Williams 等，2009]。这个简单的模型因其性能模型由一条水平的直线和一条斜率为 1 的直线交汇成屋檐的形状而得名，它的价值也在于这两条线（参见图 4-5）。它将浮点性能、存储器性能和运算密度汇总在一个二维图形中。**运算密度**是每字节存储器访问的数据可以支撑的浮点运算的次数。其计算方法为：一个程序的总浮点运算数，除以在程序执行期间向主存储器传送的数据的字节总数。图 4-4 给出了几种示例内核（kernel）的相对运算密度。

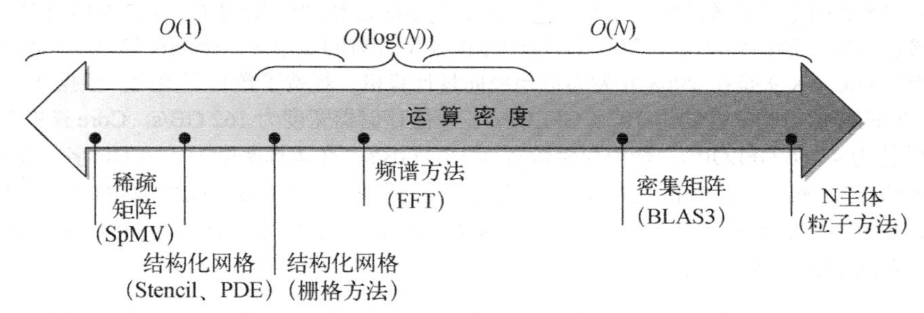

图 4-4 运算密度，定义为：运行程序时所执行的浮点运算数除以在主存储器中访问的字节数[Williams 等，2009]。一些内核的运算密度会因问题的规模（比如密集矩阵）而变化，但许多内核的运算密度与问题规模无关

峰值浮点性能可以从硬件描述中求得。这个案例研究中的许多内核不能放到片上缓存中，所以峰值性能是由缓存背后的存储器系统确定的。注意，我们需要的是可供处理器使用的峰值存储带宽，而不只是 4.7 节表 4-13 中 DRAM 管脚处的可用宽带。要求出（所提供的）峰值存储器性能，一种方法是运行 Stream 基准测试。

图 4-5 在左侧给出了 NEC SX-9 向量处理器的屋檐模型，在右侧给出了 Intel Core i7 920 多核计算机的相应模型。垂直的 *Y* 轴是可以实现的浮点性能，为 2~256 GFLOP/s。水平的 *X* 轴是运算密度，在两个图中都是从 1/8 FLOP/DRAM 访问字节到 16 FLOP/DRAM 访问字节。注意，该图为对数-对数图尺，并且屋檐对于一台计算机仅完成一次。

对于给定内核，我们可以根据它的运算密度在 *X* 轴上找到一个点。如果经过该点画一条垂线，则此内核在该计算机上的性能一定位于该垂线上的某一位置。我们可以绘制一条水平线来显示该计算机的峰值浮点性能。显然，由于硬件限制，实际的浮点性能不可能高于该水平线。

如何绘制峰值存储器性能呢？由于 X 轴为 FLOP/字节，Y 轴为 FLOP/s，所以字节/s 就是图中 45 度角的斜线。因此，我们可以画出第三条线，显示出该计算机的存储器系统对于给定运算密度所能支持的最大浮点性能。我们可以用公式来表示这些限制，以绘制出图 4-5 中的相应曲线：

可实现的 GFLOP/s = Min (峰值存储带宽 × 运算密度，峰值浮点性能)

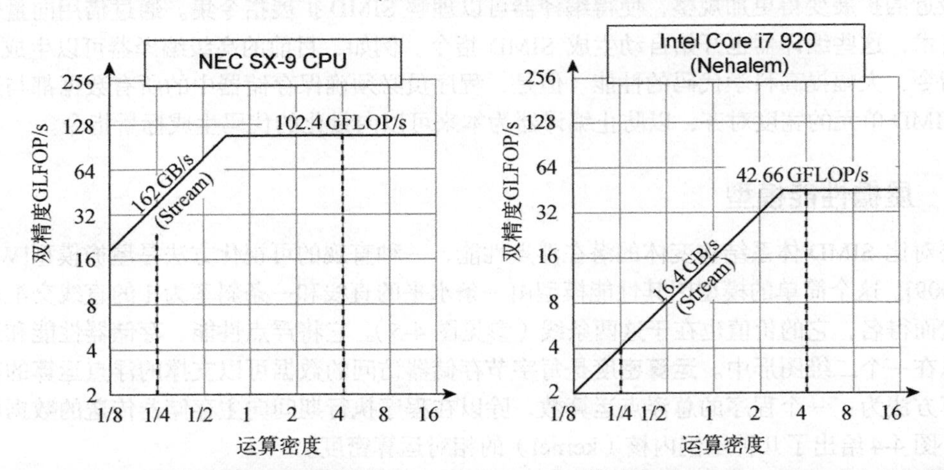

图 4-5　NEC SX-9 向量处理器的屋檐模型（左）和采用 SIMD 扩展的 Intel Core i7 920 多核计算机的屋檐模型（右）[Williams 等，2009]。这个屋檐模型针对的是单位步幅的存储器访问和双精度浮点性能。NEC SX-9 是在 2008 年发布的超级向量计算机，耗费了数百万美元。根据 Stream 基准测试，它的峰值 DP FP 性能为 102.4 GFLOP/s，峰值存储器宽度为 162 GB/s。Core i7 920 的峰值 DP FP 性能为 42.66 GFLOP/s，峰值存储带宽为 16.4 GB/s。在运算密度为 4 FLOP/字节处的垂直虚线显示两个处理器都以峰值性能运行。在这个示例中，102.4 GFLOP/s 处的 SX-9 要比 42.66 GFLOP/s 处的 Core i7 快 2.4 倍。在运算密度为 1/4 FLOP/字节时，SX-9 为 40.5 GFLOP/s，比 Core i7 的 4.1 GFLOP/s 快 10 倍

屋檐根据内核的运算密度设定了其内核的性能上限。如果我们把运算密度看作触及房顶的一根杆，那么它既可能触及房顶的平坦部分（表示性能受计算能力限制），也可能触及房顶的倾斜部分（表示性能最终受存储带宽的限制）。在图 4-5 中，右侧的垂直虚线（运算密度为 4）是前者的示例，左侧的垂直虚线（运算密度为 1/4）是后者的示例。给定一台计算机的屋檐模型，就可以重复应用它，因为它是不会随内核变化的。

注意斜线与水平线交汇的“脊点”（ridge point），通过它可以深入了解计算机的性能。如果它非常靠右，那么只有运算密度非常高的内核才能实现这台计算机的最大性能。如果它非常靠左，那么几乎所有内核都可能达到最高性能。后面将会看到，与其他 SIMD 处理器相比，这个向量处理器的存储带宽要高得多，并且脊点非常靠左。

图 4-5 显示 SX-9 的峰值计算性能比 Core i7 快 2.4 倍，但存储器性能快 10 倍。对于运算密度为 1/4 的程序，SX-9 快 10 倍（40.5 GFLOP/s 和 4.1 GFLOP/s 相比）。更大的存储带宽将脊点从 Core i7 的 2.6 移动到 SX-9 的 0.6，这就意味着有更多的程序可以在这个向量处理器上达到峰值计算性能。

4.4 图形处理器

只需花几百美元，任何人都可以为自己的笔记本或台式计算机配备一个具有数千个并行浮点单元的 GPU 芯片。这种可购性和便利使得许多人可以实现高性能计算。当 GPU 的计算潜力与一种简化 GPU 编程的编程语言相结合时，人们对 GPU 计算的兴趣大增。因此，当今许多科学与多媒体应用程序的程序员在考虑是使用 GPU 还是 CPU。对于对机器学习（第 7 章的主题）感兴趣的程序员来说，目前首选的平台是 GPU。

GPU 和 CPU 在计算机体系结构谱系中不会上溯到同一个祖先；并没有哪个“过渡环节”可以解释这两者之间的关系。正如 4.10 节中所描述的，GPU 的主要祖先是图形加速器，因为处理好图形正是 GPU 存在的原因。尽管 GPU 正在转向主流计算领域，但它们不能放弃继续在图形处理领域保持优异表现的责任。因此，对于能够出色处理图形的硬件，当架构师询问应当如何进行补充才能提高更广泛应用程序的性能时，GPU 的设计可能会体现出更重要的价值。

注意，这一节主要讨论使用 GPU 进行计算。若要了解 GPU 计算如何与传统的图形加速角色相结合，请参阅 John Nickolls 和 David Kirk 的文章“图形与计算 GPU”（本书作者编著的《计算机组成与设计》第 5 版的附录 B）。

由于这一体系结构的术语和一些硬件功能与向量和 SIMD 体系结构有很大不同，所以我们认为，在介绍这一体系结构之前，首先了解 GPU 的简化编程模型会容易一些。

4.4.1 GPU 编程

> 对于表示算法中的并行，CUDA 是一种非常出色的解决方案，尽管不能表示所有算法中的并行，却也足够了。它在某种方式上与我们的思考与编码方式相吻合，可以更轻松、更自然地表达超越任务级别的并行。
>
> ——Vincent Natol，
> “Kudos for CUDA”，*HPC Wire*（2010）

CPU 程序员的挑战不只是在 GPU 上获得出色的性能，还有协调系统处理器与 GPU 上的计算调度，以及系统存储器与 GPU 存储器之间的数据传输。此外，在本节后面你会看到，GPU 几乎拥有所有可以由编程环境捕获的并行类型：多线程、MIMD、SIMD，甚至是指令级并行。

NVIDIA 决定开发一种与 C 类似的语言和编程环境，通过克服异构计算和多种并行的双重挑战来提高 GPU 程序员的生产效率。这种系统的名称为 **CUDA**（Compute Unified Device Architecture，统一计算设备体系结构）。CUDA 为系统处理器（**主机**）生成 C/C++，为 GPU（**设备**，也就是 CUDA 中的 D）生成 C 和 C++的方言。一种类似的编程语言是 OpenCL。几家公司共同开发了这一语言，旨在为多种平台提供一种与硬件提供商无关的语言。

NVIDIA 认为，所有这些并行形式的统一主题是 **CUDA 线程**。以这种最底层的并行作为编程原语，编译器和硬件可以将数以千计的 CUDA 线程聚合在一起，利用 GPU 中的各种并行类型：多线程、MIMD、SIMD 和指令级并行。因此，NVIDIA 将 CUDA 编程模型定义为“单指令多线程”（SIMT）。这些线程被分成块，分组执行，称为**线程块**；我们马上会解释其中的原因。我们将执行整个线程块的硬件称为**多线程 SIMD 处理器**。

我们只需要几个细节就能给出CUDA程序的示例。

- 为了区分GPU（设备）的功能与CPU（主机）的功能，CUDA使用__device__或__global__表示前者，使用__host__表示后者。
- 使用__device__声明的CUDA变量被分配给GPU存储器（见下文），可以供所有多线程SIMD处理器访问。
- 对于在GPU上运行的函数*name*进行扩展函数调用的语法为：

  name <<<dimGrid, dimBlock>>>(…… 参数列表……)

  其中dimGrid和dimBlock指定了代码的大小（用线程块表示）和块的大小（用线程表示）。
- 除了块标识符（blockIdx）和块中每个线程的标识符（threadIdx）之外，CUDA还为每个块的线程数提供了一个关键字（blockDim），它来自上一条中提到的dimBlock参数。

在查看CUDA代码之前，首先来看看4.2节DAXPY循环的传统C代码：

```
// 调用 DAXPY
daxpy(n, 2.0, x, y);
// C 语言编写的 DAXPY
void daxpy(int n, double a, double *x, double *y)
{
        for (int i = 0; i < n; ++i)
                y[i] = a*x[i] + y[i];
}
```

下面是CUDA版本。我们在一个多线程SIMD处理器中启动n个线程，每个向量元素一个线程。每个线程块包含256个CUDA线程。GPU函数首先根据块ID、每个块的线程数以及线程ID来计算相应的元素索引i。只要这个索引没有超出数组的范围（i<n），它就会执行乘法和加法。

```
// 调用 DAXPY，每个线程块中有 256 个线程
__host__
int nblocks = (n + 255) / 256;
  daxpy<<<nblocks, 256>>>(n, 2.0, x, y);
// CUDA 中的 DAXPY
__global__
void daxpy(int n, double a, double *x, double *y)
{
  int i = blockIdx.x*blockDim.x + threadIdx.x;
  if (i < n) y[i] = a*x[i] + y[i];
}
```

对比C代码和CUDA代码，可以看出实现数据并行CUDA代码并行化的一种通用模式。C版本中有一个循环，它的每次迭代都与其他迭代相独立，因而可以很轻松地将这个循环转换为并行代码，其中每个循环迭代都变为一个独立线程。（前面曾经提到，而且4.5节也将详细介绍，向量化编译器也要求循环的迭代之间没有相关性，这种相关称为**跨迭代相关**。）程序员通过指定网格大小及每个SIMD处理器中的线程数，显式地在源代码中描述CUDA中的并行。由于为每个元素都分配了一个线程，所以在向存储器中写入结果时不需要在线程之间实行同步。

并行执行和线程管理由GPU硬件负责，而不是由应用程序或操作系统完成。为了简化硬件处理的调度，CUDA要求线程块能够按任意顺序独立执行。尽管不同的线程块可以使用全局存储器中的原子存储器操作进行协调，但它们之间不能直接通信。

你马上就会看到，许多 GPU 硬件概念在 CUDA 中不明显。尽管 CUDA 编程模型看起来像 MIMD，但要想写出高效的 GPU 代码，程序员必须从 SIMD 操作的角度进行思考。重视性能的程序员在用 CUDA 编写程序时必须时刻惦记着 GPU 硬件。这可能会降低程序员的生产效率，但大多数程序员使用 GPU 的动机就是提高程序性能。他们知道需要将控制流中的 32 个线程分为一组，以从多线程 SIMD 处理器中获得最佳性能；需要为 32 个线程的多线程 SIMD 处理器创建比 32 个线程多得多的可并行执行的线程，以隐藏访问 DRAM 的延迟。稍后将解释其中的原因。他们还需要将数据地址保持在一个或一些存储器块的局部范围内，以获得所期望的存储器性能。

和许多并行系统一样，CUDA 在生产效率和性能之间进行了折中：提供一些本身固有的功能，让程序员能够显式地控制硬件。并行计算编程模型设计中存在一对难以调和的矛盾：一方面要提高程序员的开发效率；另一方面要允许程序员表达出硬件支持的一切功能。了解编程语言在这场著名的生产效率与性能大战中是如何演变的，同时看看 CUDA 是否会在其他 GPU 或者其他类型的体系结构中流行起来，这将是非常有趣的一件事。

4.4.2 NVIDIA GPU 计算结构

上文提到的 GPU 的起源有助于解释为什么 GPU 有自己的体系结构类型以及独立于 CPU 的专门术语。理解 GPU 的一个障碍是术语，有些术语的名称甚至有误导性。这一障碍很难克服，这一章经过多次重写就是一个例证。

为了让读者既能理解 GPU 的体系结构，又能用非传统的定义来学习许多 GPU 术语，我们的方法是使用 CUDA 术语来描述软件，但在开始时使用更具描述性的术语来介绍硬件，有时还会借用 OpenCL 的术语。在用我们的术语解释 GPU 体系结构之后，就会将它们映射到 NVIDIA GPU 的官方术语。

表 4-6 从左至右列出了本书使用的描述性术语、主流计算中的最接近术语、官方 NVIDIA GPU 术语，以及这些术语的简短解释。本节后面将使用该表左侧的描述性术语来解释 GPU 的微体系结构特征。

表 4-6 本书所用的 GPU 术语

类型	描述性名称	GPU 之外最接近的旧术语	官方 CUDA/ NVIDIA GPU 术语	简短解释
程序抽象	可向量化循环	可向量化循环	网格	在 GPU 上执行的可向量化循环，由一个或多个可以并行执行的线程块（向量化循环体）构成
	向量化循环体	（条带挖掘后的）向量化循环体	线程块	在多线程 SIMD 处理器上执行的向量化循环，由一个或多个 SIMD 线程构成。它们可以通过局部存储器通信
	SIMD 单通道上的操作序列	标量循环的一次迭代	CUDA 线程	SIMD 线程的垂直抽取，对应于一个 SIMD 通道所执行的一个元素。根据掩码和谓词寄存器对结果进行存储
机器对象	SIMD 线程	向量指令线程	Warp	一种传统线程，但它仅包含在一个多线程 SIMD 处理器上执行的 SIMD 指令。根据每个元素的掩码来存储结果
	SIMD 指令	向量指令	PTX 指令	在多个 SIMD 通道上执行的一条 SIMD 指令

（续）

类型	描述性名称	GPU之外最接近的旧术语	官方CUDA/ NVIDIA GPU术语	简短解释
处理硬件	多线程SIMD处理器	（多线程）向量处理器	流式多处理器	多线程SIMD处理器执行SIMD指令的线程，与其他SIMD处理器无关
	线程块调度器	标量处理器	亿数量级线程引擎	将多个线程块（向量化循环体）指定给多线程SIMD处理器
	SIMD线程调度器	多线程CPU中的线程调度器	Warp调度器	当SIMD线程做好执行准备之后，用于调度和发射这些线程的硬件；包括一个记分牌，用于跟踪SIMD线程执行
	SIMD通道	向量通道	线程处理器	SIMD通道在单个元素上执行一个SIMD线程中的操作。根据掩码存储结果
存储器硬件	GPU存储器	主存储器	全局存储器	可供GPU中所有多线程SIMD处理器访问的DRAM存储器
	专用存储器	栈或线程局部存储（操作系统）	局部存储器	每个SIMD通道专用的DRAM存储器部分
	局部存储器	局部存储器	共享存储器	一个多线程SIMD处理器的快速本地SRAM，不可供其他SIMD处理器使用
	SIMD通道寄存器	向量通道寄存器	线程处理器寄存器	在整个线程块（向量化循环体）上分配的单一SIMD通道中的寄存器

* 第一列为硬件术语。这13种术语分为4组，从上至下为：程序抽象、机器对象、处理硬件和存储器硬件。表4-9将向量术语与这里的最接近术语关联在一起，表4-11和表4-12揭示了官方CUDA/NVIDIA和AMD术语与定义，以及OpenCL使用的术语。

我们将以NVIDIA系统为例，因为它们是GPU体系结构的代表。具体来说，我们将使用上面CUDA并行编程语言的术语，并以NVIDIA Pascal GPU为例（见4.7节）。

和向量体系结构一样，GPU只能很好地解决数据级并行问题。这两种体系结构类型都拥有集中–分散数据传送和掩码寄存器，并且GPU处理器的寄存器比向量处理器更多。有时，GPU在硬件中实现某些功能，而向量处理器在软件中实现这些功能。这是因为向量处理器有一个可以执行软件功能的标量处理器。与大多数向量体系结构不同的是，GPU还依靠单个多线程SIMD处理器中的多线程来隐藏存储器延迟（见第2章和第3章）。不过，要想为向量体系结构和GPU编写出高效的代码，程序员还需要考虑SIMD操作分组。

网格（grid）是在GPU上运行的、由一组**线程块**（thread block）构成的代码。表4-6展示了网格与可向量化循环、线程块与循环体（已经进行了条带挖掘，所以它是一个完整的计算循环）之间的相似之处。举一个具体的例子，假定我们希望将两个向量相乘，每个向量的长度为8192个元素：A = B * C。本节中，我们将反复使用这一示例。图4-6展示了这个示例与前两个GPU术语之间的关系。执行所有8192个元素乘法的GPU代码被称为**网格**（或可向量化循环）。为了将它分解为更便于管理的大小，网格可以由**线程块**（或向量化循环体）组成，每个线程块最多512个元素。由于向量中有8192个元素，所以这个示例中有16个线程块（16 = 8192 ÷ 512）。网格和线程块是在GPU硬件中实现的程序抽象，可以帮助程序员组织自己的CUDA代码。注意，一条SIMD指令一次处理32个元素。（线程块类似于一个向量长度为32的条带挖掘向量循环。）

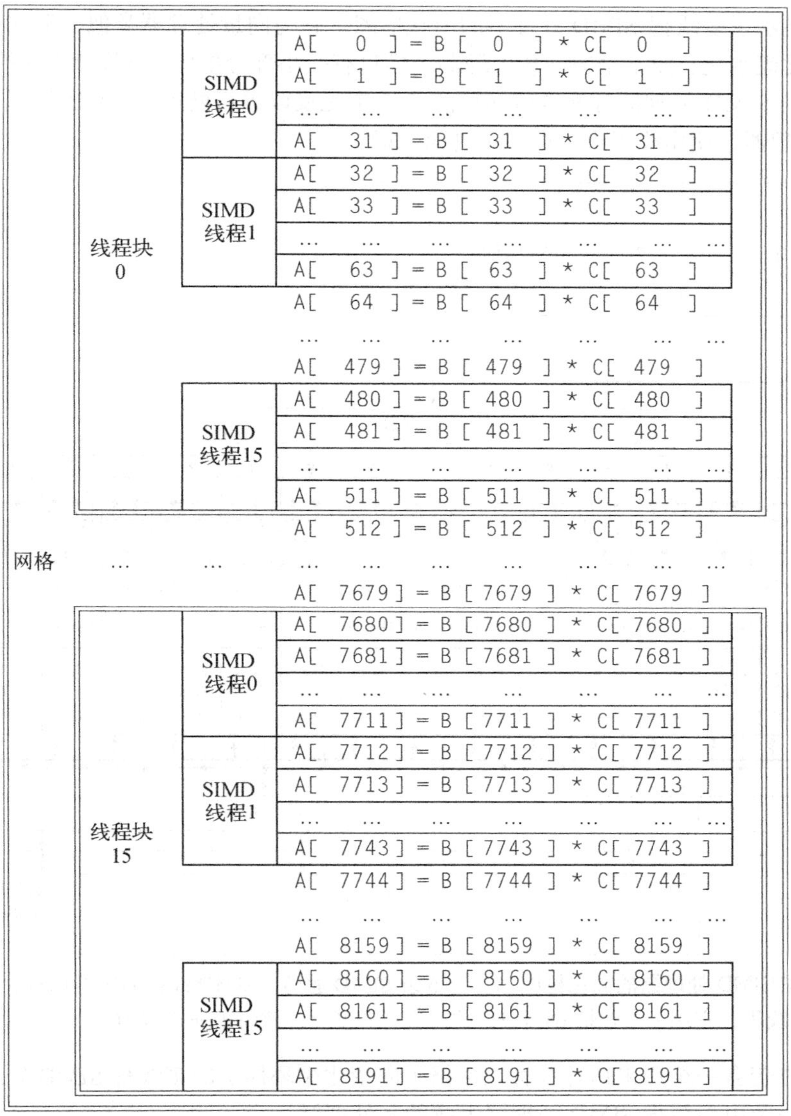

网格

线程块 0

SIMD 线程0
A[0] = B [0] * C[0]
A[1] = B [1] * C[1]
… … … … … … …
A[31] = B [31] * C[31]

SIMD 线程1
A[32] = B [32] * C[32]
A[33] = B [33] * C[33]
… … … … … … …
A[63] = B [63] * C[63]

A[64] = B [64] * C[64]
… … … … … … …
A[479] = B [479] * C[479]

SIMD 线程15
A[480] = B [480] * C[480]
A[481] = B [481] * C[481]
… … … … … … …
A[511] = B [511] * C[511]

A[512] = B [512] * C[512]
… … … … … … … … …
A[7679] = B [7679] * C[7679]

线程块 15

SIMD 线程0
A[7680] = B [7680] * C[7680]
A[7681] = B [7681] * C[7681]
… … … … … … …
A[7711] = B [7711] * C[7711]

SIMD 线程1
A[7712] = B [7712] * C[7712]
A[7713] = B [7713] * C[7713]
… … … … … … …
A[7743] = B [7743] * C[7743]

A[7744] = B [7744] * C[7744]
… … … … … … …
A[8159] = B [8159] * C[8159]

SIMD 线程15
A[8160] = B [8160] * C[8160]
A[8161] = B [8161] * C[8161]
… … … … … … …
A[8191] = B [8191] * C[8191]

图 4-6 网格（可向量化循环）、线程块（SIMD 基本块）和 SIMD 线程到向量-向量乘法的映射，每个向量的长度为 8192 个元素。每个 SIMD 线程的每条指令计算 32 个元素，在这个示例中，每个线程块包含 16 个 SIMD 线程，网格包含 16 个线程块。硬件线程块调度器将线程块指定给多线程 SIMD 处理器，硬件线程调度器在每个时钟周期选择某个 SIMD 线程在一个 SIMD 处理器上运行。只有同一线程块中的 SIMD 线程可以通过局部存储器进行通信。（对于 Pascal GPU，每个线程块可以同时执行的最大 SIMD 线程数为 32）

线程块调度器（Thread Block Scheduler）将线程块指定给执行该代码的处理器，我们将这种处理器称为**多线程 SIMD 处理器**。程序员告诉线程块调度器（用硬件实现）要运行多少个线程块。在这个示例中，它会将 16 个线程块发送给多线程 SIMD 处理器，以计算这个循环的所有 8192 个元素。

图 4-7 显示了多线程 SIMD 处理器的简化框图。它与向量处理器类似，但它有许多并行功能单元被深度流水化，而不是像向量处理器一样只有一小部分如此。在图 4-6 中的编程示例中，向每个多线程 SIMD 处理器分配这些向量的 512 个元素以进行处理。SIMD 处理器是具有独立 PC 的完整处理器，使用线程进行编程（见第 3 章）。

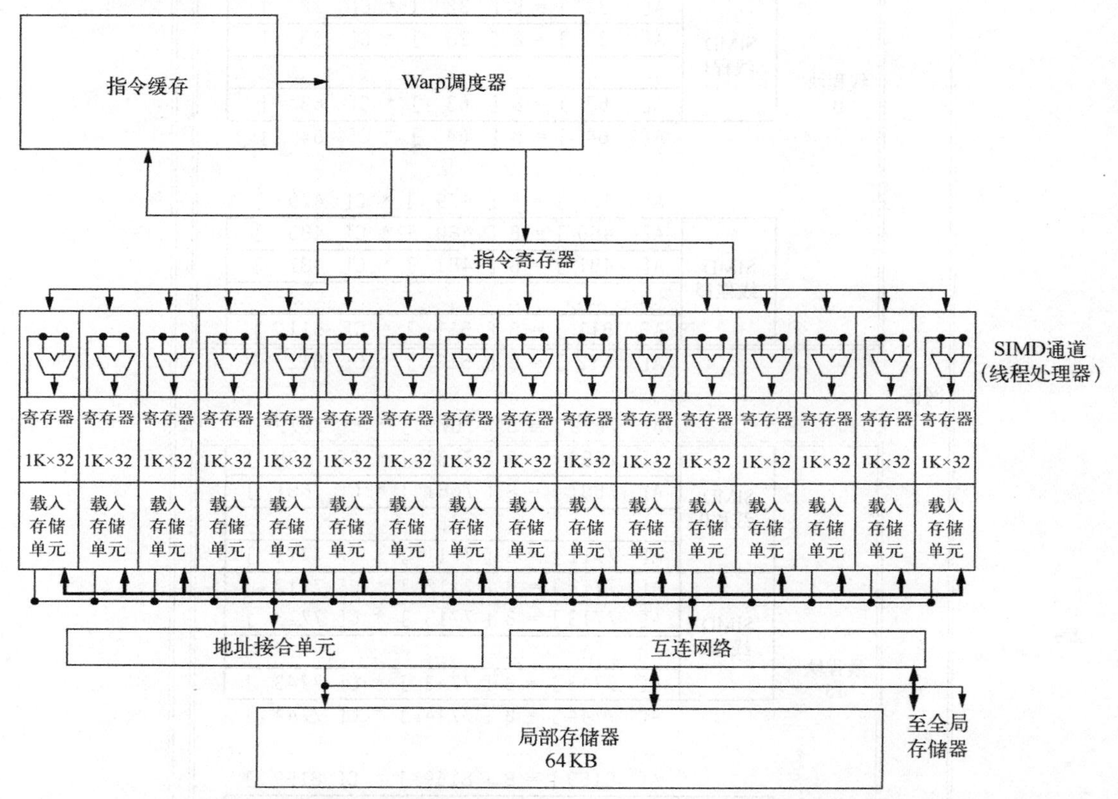

图 4-7　多线程 SIMD 处理器的简化框图。它有 16 条 SIMD 通道。SIMD 线程调度器拥有大约 64 个独立的 SIMD 线程，它用一个包括 64 个 PC 的表进行调度。注意每条通道有 1024 个 32 位寄存器

GPU 硬件包含一组用来执行线程块网络（向量化循环体）的多线程 SIMD 处理器，也就是说，GPU 是一个由多线程 SIMD 处理器组成的多处理器。

一个 GPU 可以有一个到几十个多线程 SIMD 处理器。例如，Pascal P100 系统有 56 个多线程 SIMD 处理器，而较小的芯片可能只有一个或两个。为了在拥有不同数量的多线程 SIMD 处理器的 GPU 型号之间提供透明的可伸缩性，线程块调度器将线程块（向量化循环体）分配给多线程 SIMD 处理器。图 4-8 给出了 Pascal 体系结构的 P100 芯片的布局规划。

具体到每个多线程 SIMD 处理器，硬件创建、管理、调度和执行的机器对象是 **SIMD 线程**。它是一个只包含 SIMD 指令的传统线程。这些 SIMD 线程有自己的 PC，运行在多线程 SIMD 处理器上。**SIMD 线程调度器**知道哪些 SIMD 线程已经做好运行准备，然后将它们发送给分发单元，以在多线程 SIMD 处理器上运行。因此 GPU 硬件有两级硬件调度器：(1)**线程块调度器**，将线程块（向量化循环体）分配给多线程 SIMD 处理器；(2)SIMD 处理器**内部**的 SIMD 线程调度器，由它来调度应当何时运行 SIMD 线程。

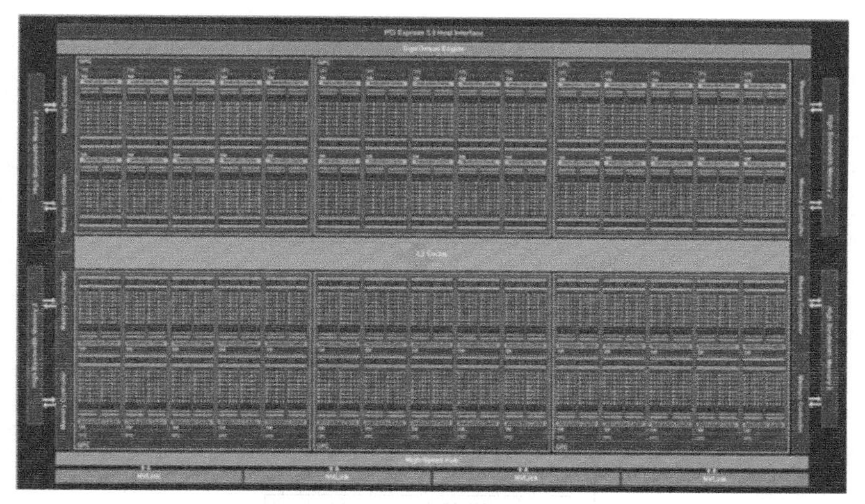

图 4-8 Pascal P100 GPU 的全芯片框图。它有 56 个多线程 SIMD 处理器，每个都有一个 L1 缓存和局部存储器、32 个 L2 单元，存储器总线带宽为 4096 条数据线。（它有 60 个块，有 4 个备用块以提高良率。）P100 有 4 个 HBM2 端口，支持最多 16 GB 的容量。它包含 154 亿个晶体管

这些线程的 SIMD 指令的宽度为 32，所以在这个示例中每个 SIMD 线程将执行 32 个元素的运算。在本示例中，线程块将包含 512 ÷ 32=16 个 SIMD 线程（见图 4-6）。

由于线程由 SIMD 指令组成，所以 SIMD 处理器必须拥有执行运算的并行功能单元。我们称之为 **SIMD 通道**，它们与 4.2 节的向量通道非常类似。

对于 Pascal GPU，每个宽度为 32 的 SIMD 线程被映射到 16 个物理 SIMD 通道，所以一个 SIMD 线程中的每条 SIMD 指令需要两个时钟周期才能完成。每个 SIMD 线程在锁定步骤执行，并且仅在开始时进行调度。将 SIMD 处理器类比为向量处理器，可以说它有 16 条通道，向量长度为 32，钟鸣为 2 个时钟周期。（我们之所以使用更准确的术语“SIMD 处理器”，而不是“向量处理器”，就是因为这种既宽且浅的本质。）

注意，GPU SIMD 处理器中的通道数可以是小于一个线程块中线程数的任意整数，就像向量处理器中的通道数可以在 1 和最大向量长度之间变化一样。例如，对于不同世代的 GPU，每个 SIMD 处理器的通道数在 8 和 32 之间波动。

由于 SIMD 指令的线程是独立的，所以 SIMD 线程调度器可以选择任何已经准备就绪的 SIMD 线程，而不需要一直盯着线程指令序列中的下一条 SIMD 指令。SIMD 线程调度器包括一个记分牌（见第 3 章），用于跟踪多达 64 个 SIMD 线程，以了解哪个 SIMD 指令已经做好运行准备。由于缓存和 TLB 中的命中和缺失，存储器指令的延迟是可变的，因此需要一个记分牌来确定这些指令何时完成。图 4-9 展示了 SIMD 线程调度器在不同时间以不同顺序选取 SIMD 线程。GPU 硬件架构师的一个基本假设是 GPU 上的应用程序会有足够多的 SIMD 线程，多到既可以隐藏到 DRAM 的延迟，又可以提高多线程 SIMD 处理器的利用率。

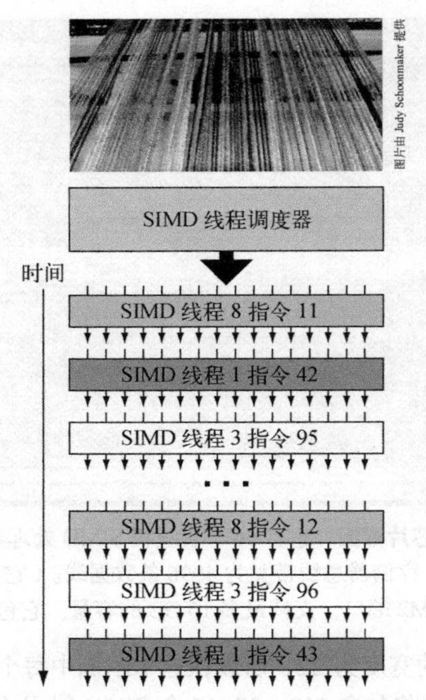

图 4-9　SIMD 线程的调度。调度器选择一个准备就绪的 SIMD 线程，并同时向所有执行该 SIMD 线程的 SIMD 通道发出一条指令。由于 SIMD 线程是独立的，所以调度器可以每次选择不同的 SIMD 线程

继续探讨向量乘法示例，每个多线程 SIMD 处理器必须将两个向量的 32 个元素从存储器载入寄存器中，通过读、写寄存器来执行乘法，然后将乘积从寄存器存回存储器中。为了保存这些数据，SIMD 处理器拥有 32 768~65 536 个 32 位寄存器（在图 4-7 中每条通道有 1024 个 32 位寄存器），具体取决于 Pascal GPU 的型号。就像向量处理器一样，这些寄存器逻辑上在向量通道之间划分，或者像这里一样在 SIMD 通道之间划分。

每个 SIMD 线程的寄存器被限制为不超过 256 个，所以我们可以认为一个 SIMD 线程最多占有 256 个向量寄存器，每个向量寄存器有 32 个元素，每个元素的宽度为 32 位。（由于双精度浮点操作数使用两个相邻的 32 位寄存器，所以另一种看法是每个 SIMD 线程拥有 128 个向量寄存器，每个向量寄存器有 32 个元素，每个元素的宽度为 64 位。）

在寄存器的使用和最大 SIMD 线程数量之间存在一种权衡；每个线程使用的寄存器数量越少，意味着可能有更多的线程，寄存器越多意味着线程越少。也就是说，并不是所有 SIMD 线程都需要使用最大数量的寄存器。Pascal 架构师认为，如果所有线程都占有全部的寄存器，则这一宝贵硅面积的大部分将处于空闲状态。

为了能够并发执行更多的 SIMD 线程，在创建 SIMD 指令的线程时，会在每个 SIMD 处理器上为每个线程动态分配一组物理寄存器，并在 SIMD 线程退出时释放它们。例如，一个程序中可能有两个线程块，其中一个线程块的每个线程使用 36 个寄存器，共有（比如）16 个 SIMD 线程，而另一个线程块的每个线程使用 20 个寄存器，共有 32 个 SIMD 线程。后续的线程块可能以任意顺序出现，这些寄存器必须按需分配。这种变化可能会导致寄存器分配的碎片化，并使一些寄存器变为不可用，但在实践中，对于一个给定的可向量化循环（“网格”），大多数线程

块使用的寄存器数目是相同的。硬件必须知道每个线程块的寄存器在大型寄存器堆的位置，这一信息是以线程块为单位进行记录的。要实现这种灵活性，需要硬件中采用路由、仲裁和分组，这是因为给定线程块的一个特定寄存器可能在寄存器堆中的任意位置。

注意，CUDA 线程就是 SIMD 线程的垂直抽取，与一个 SIMD 通道上执行的元素相对应。要当心，CUDA 线程与 POSIX 线程有很大不同；不能从 CUDA 线程进行任意系统调用。

现在可以去看看 GPU 指令是什么样的了。

4.4.3 NVIDA GPU 指令集体系结构

与大多数系统处理器不同，NVIDIA 编译器的指令集目标是硬件指令集的一种抽象。PTX（Parallel Thread Execution，**并行线程执行**）为编译器提供了一种稳定的指令集，可以实现各代 GPU 之间的兼容性。它向程序员隐藏了硬件指令集。PTX 指令描述了对单个 CUDA 线程的操作，通常与硬件指令一对一映射，但一个 PTX 可以扩展到许多机器指令，反之亦然。PTX 使用无限数量的单次写（write-once）寄存器，编译器必须运行一个寄存器分配过程，将 PTX 寄存器映射到实际设备上可用的有限数量的读写硬件寄存器。然后，优化可以进一步减少寄存器的使用。这个优化器还会清除无效代码，将指令打包在一起，并计算分支发散的位置和发散路径可能会聚的位置。

尽管 x86 微体系结构与 PTX 之间有相似之处，它们都会转换为一种内部形式（x86 的微指令），但对于 x86，这一转换是在执行过程中在运行时以硬件实现的，而对于 GPU，则是在载入时以软件实现的。

PTX 指令的格式为：

```
opcode.type d, a, b, c;
```

其中 d 是目标操作数，a、b 和 c 是源操作数；操作类型如表 4-7 所示。

表 4-7 PTX 操作类型

类型	类型区分符
无类型位 8、16、32 和 64 位	.b8, .b16, .b32, .b64
无符号整数 8、16、32 和 64 位	.u8, .u16, .u32, .u64
有符号整数 8、16、32 和 64 位	.s8, .s16, .s32, .s64
浮点 16、32 和 64 位	.f16, .f32, .f64

源操作数为 32 位或 64 位寄存器或常值。目标操作数为寄存器，存储指令除外。

表 4-8 显示了基本 PTX 指令集。所有指令都可以由 1 位谓词寄存器进行判定，这些寄存器可以由设置谓词指令（setp）来设定。控制流指令为函数 call 和 return，线程 exit、branch 以及线程块内线程的屏障同步（bar.sync）。在分支指令之前放置谓词就可以提供条件分支。编译器或 PTX 程序员将虚拟寄存器声明为 32 位或 64 位有类型或无类型值。例如，R0、R1……用于 32 位值，RD0、RD1……用于 64 位寄存器。回想一下，将虚拟寄存器指定给物理寄存器的过程是在载入 PTX 时进行的。

表 4-8　基本 PTX GPU 线程指令

分组	指　令	示　例	含　义	注　释
算术	arithmetic .type = .s32, .u32, .f32, .s64, .u64, .f64			
	add.type	add.f32 d, a, b	d = a + b;	
	sub.type	sub.f32 d, a, b	d = a - b;	
	mul.type	mul.f32 d, a, b	d = a * b;	
	mad.type	mad.f32 d, a, b, c	d = a * b + c;	乘加
	div.type	div.f32 d, a, b	d = a / b;	多条微指令
	rem.type	rem.u32 d, a, b	d = a % b;	整余数
	abs.type	abs.f32 d, a	d = |a|;	
	neg.type	neg.f32 d, a	d = 0 - a;	
	min.type	min.f32 d, a, b	d = (a < b)? a:b;	浮点选择非 NaN
	max.type	max.f32 d, a, b	d = (a > b)? a:b;	浮点选择非 NaN
	setp.cmp.type	setp.lt.f32 p, a, b	p = (a < b) ;	比较和设定谓词
	numeric .cmp = eq, ne, lt, le, gt, ge; unordered cmp = equ, neu, ltu, leu, gtu, geu, num, nan			
	mov.type	mov.b32 d, a	d = a;	移动
	selp.type	selp.f32 d, a, b, p	d = p? a: b;	用谓词选择
	cvt.dtype.atype	cvt.f32.s32 d, a	d = convert(a);	将 atype 转换为 dtype
特殊函数	special .type = .f32 (some .f64)			
	rcp.type	rcp.f32 d, a	d = 1/a;	倒数
	sqrt.type	sqrt.f32 d, a	d = sqrt(a);	平方根
	rsqrt.type	rsqrt.f32 d, a	d = 1/sqrt(a) ;	平方根的倒数
	sin.type	sin.f32 d, a	d = sin(a) ;	正弦
	cos.type	cos.f32 d, a	d = cos(a) ;	余弦
	lg2.type	lg2.f32 d, a	d = log(a)/log(2)	二进制对数
	ex2.type	ex2.f32 d, a	d = 2 ** a;	二进制指数
逻辑	logic.type = .pred, .b32, .b64			
	and.type	and.b32 d, a, b	d = a & b;	
	or.type	or.b32 d, a, b	d = a | b;	
	xor.type	xor.b32 d, a, b	d = a ^ b;	
	not.type	not.b32 d, a, b	d = ~a;	1 的补数
	cnot.type	cnot.b32 d, a, b	d = (a==0)? 1:0;	C 逻辑非
	shl.type	shl.b32 d, a, b	d = a << b;	左移位
	shr.type	shr.s32 d, a, b	d = a >>b;	右移位
存储器访问	memory.space = .global, .shared, .local, .const; .type = .b8, .u8, .s8, .b16, .b32, .b64			
	ld.space.type	ld.global.b32 d, [a+off]	d = *(a+off);	从存储器空间载入
	st.space.type	st.shared.b32 [d+off], a	*(d+off) = a;	存储到存储器空间
	tex.nd.dtyp.btype	tex.2d.v4.f32.f32 d, a, b	d = tex2d(a, b) ;	纹理查询
	atom.spc.op.type	atom.global.add.u32 d,[a], b atom.global.cas.b32 d,[a], b, c	atomic { d = *a; *a = op(*a, b); }	原子读改写操作
	atom.op = and, or, xor, add, min, max, exch, cas; .spc = .global; .type = .b32			

（续）

分组	指　令	示　例	含　义	注　释
控制流	branch	@p bra target	if (p) goto target;	条件分支
	call	call (ret), func, (params)	ret = func(params);	调用函数
	ret	ret	return;	从函数调用返回
	bar.sync	bar.sync d	wait for threads	屏障同步
	exit	exit	exit;	终止线程执行

下面的 PTX 指令序列是 4.4.1 节 DAXPY 循环一次迭代的指令：

```
shl.u32 R8, blockIdx, 8  ; 线程块 ID * 块大小 (256 或 2^8)
add.u32 R8, R8, threadIdx; R8 = i = 我的 CUDA 线程 ID
shl.u32 R8, R8, 3        ; 字节偏移
ld.global.f64 RD0, [X+R8]; RD0 = X[i]
ld.global.f64 RD2, [Y+R8]; RD2 = Y[i]
mul.f64 RD0, RD0, RD4    ; 在 RD0 中求乘积 RD0 = RD0 * RD4 (标量 a)
add.f64 RD0, RD0, RD2    ; 在 RD0 中求和 RD0 = RD0 + RD2 (Y[i])
st.global.f64 [Y+R8], RD0; Y[i] = sum (X[i]*a + Y[i])
```

如上所示，CUDA 编程模型为每个循环迭代指定一个 CUDA 线程，为每个线程块指定唯一的识别编号（blockIdx），也为块中的每个 CUDA 线程指定唯一的识别编号（threadIdx）。因此，它创建 8192 个 CUDA 线程，并使用唯一编号完成数组中每个元素的寻址，因此，不存在递增和分支代码。前 3 条 PTX 指令在 R8 中计算出唯一的元素字节偏移，并将这一偏移量加到数组的基地址中。后面的 PTX 指令载入两个双精度浮点操作数，对其进行相乘和相加，并存储求和结果。（下面将描述与 CUDA 代码 if (i < n)相对应的 PTX 代码。）

注意，与向量体系结构不同，GPU 没有分别用于顺序数据传送、步幅数据传送和集中–分散数据传送的指令。所有数据传送都是集中–分散的！为了重新获得顺序（单位步幅）数据传送的效率，GPU 包含了特殊的“地址接合”（Address Coalescing）硬件，用于判断 SIMD 线程中的 SIMD 通道什么时候一同发出顺序地址。运行时硬件随后通知存储器接口单元请求 32 个顺序字的分块传送。为了实现这一重要的性能改进，GPU 程序员必须确保相邻的 CUDA 线程同时访问附近的地址，以便将它们接合为一个或几个存储器或缓存块，我们的示例就是这样做的。

4.4.4 GPU 中的条件分支

和单位步幅数据传送一样，向量体系结构和 GPU 处理 IF 语句的方式有很大的相似之处，前者主要以软件实现这一机制，硬件支持有限，而后者则利用了更多的硬件。后面将会看到，除了显式谓词寄存器之外，GPU 分支硬件使用了内部掩码、分支同步栈和指令标记来控制分支何时分为多个执行路径以及这些路径何时会汇合。

在 PTX 汇编器级别，一个 CUDA 线程的控制流是由 PTX 指令分支、调用、返回和退出，以及每条指令中各个通道的谓词逻辑进行描述，这些谓词通过程序员使用每个通道 1-bit 的谓词寄存器来指定。PTX 汇编器分析 PTX 分支图，并对其进行优化，实现最快速的 GPU 硬件指令序列。每条 GPU 硬件指令都可以对分支做出自己的决定，而不需要步调一致。

在 GPU 硬件指令级别，控制流包括分支、跳转、索引跳转、调用、索引调用、返回、退出

和管理分支同步栈的特殊指令。GPU硬件为每个SIMD线程提供了它自己的栈；一个栈项包含一个标识符标记、一个目标指令地址和一个活跃线程掩码。有一些GPU特殊指令可以为SIMD线程压入栈项，还有一些特殊指令和指令标记用于弹出栈项或者将栈弹出至特定项，并将掩码指定的活跃线程跳转到目标指令地址。GPU硬件指令还有为不同通道设置的不同谓词（启用/禁用），这些谓词是利用每条通道的1位谓词寄存器指定的。

PTX汇编器通常会将（用PTX分支指令编码的）简单的单层IF-THEN-ELSE语句优化为只设有谓词的GPU指令，而不需要生成任何GPU分支指令。更复杂控制流的优化通常会混合使用谓词与GPU分支指令，这些分支指令带有一些特殊指令和标记。当某些通道跳转到目标地址，而其他通道失败时，这些特殊指令会在分支同步栈栈顶压入一项。在这种情况下，NVIDIA称分支发生了**分岔**。谓词和分支指令的混合还发生在SIMD通道执行同步标记或**汇合**时，此时GPU硬件会弹出一个栈项，并将掩码指定的活跃栈顶线程跳转到栈项地址。

PTX汇编器识别出循环分支，并生成GPU分支指令，跳回循环开始的地方，同时用特殊栈指令来处理各个跳出循环的通道。在所有通道完成循环之后，使这些SIMD通道汇合。GPU索引跳转和索引调用指令向栈中压入条目，以便在所有通道完成switch语句或函数调用时，SIMD线程汇合。

GPU设定谓词指令（表4-8中的`setp`）对IF语句的条件部分求值。PTX分支指令随后将根据该谓词来执行。如果PTX汇编器生成了没有GPU分支指令的有谓词指令，它会使用各条通道的谓词寄存器来启用或禁用每条指令的每条SIMD通道。对于IF-THEN-ELSE语句，THEN从句中的SIMD指令将向所有SIMD通道派发操作。谓词被设置为1的通道将执行操作并存储结果，其他SIMD通道不会执行操作和存储结果。对于ELSE从句，指令使用谓词的补码（与THEN从句相对），所以原来空闲的SIMD通道现在执行操作并存储结果，而之前活跃的通道则不会执行操作。在ELSE从句的结尾，会取消这些指令的谓词执行，以便原始计算能够继续进行。因此，对于相同长度的路径，IF-THEN-ELSE的工作效率为50%或更低。

IF语句可以嵌套，因而对于复杂的控制流，使用栈和PTX汇编器通常会生成设有谓词的指令和GPU分支与特殊同步指令。注意，深度嵌套可能意味着大多数SIMD通道在嵌套条件执行语句期间是空闲的。因此，等长路径的双重嵌套IF语句的执行效率为25%，三重嵌套为12.5%，以此类推。与此类似的情景是仅有少数几个掩码位为1时向量处理器的运行情况。

具体来说，PTX汇编器在每个SIMD线程中的适当条件分支指令上设置一个“分支同步”标记，该标记会在栈中压入当前活跃的掩码。如果条件分支分岔（有些通道进行跳转，有些失败），它会压入一个栈项，并根据条件设置当前的内部活跃掩码。分支同步标记弹出分岔的分支项，并在ELSE部分之前翻转掩码位。在IF语句的末尾，PTX汇编器添加了另一个分支同步标记，它会将先前的活跃掩码从栈中弹出，放入当前的活跃掩码中。

如果所有掩码位都被设置为1，那么THEN末尾的分支指令将跳过ELSE部分的指令。当所有掩码位都为零时，对于THEN部分也有类似的优化，因为条件分支将跳过THEN指令。并行的IF语句和PTX分支经常使用没有异议的分支条件（所有通道都同意遵循同一路径），所以SIMD线程不会分岔到不同的通道控制流。PTX汇编器对此类分支进行优化，以跳过SIMD线程中所有通道都不会执行的指令块。例如，这种优化在条件错误检查中很有用，这种情况下必须进行检查，但很少真正进行检查。

以下是一个与 4.2 节中条件语句类似的条件语句的代码：

```
if (X[i] != 0)
  X[i] = X[i] - Y[i];
else X[i] = Z[i];
```

这个 IF 语句可以编译为以下 PTX 指令（假定 R8 已经拥有经过调整的线程 ID），其中*Push、*Comp、*Pop 表示由 PTX 汇编器插入的分支同步标记，分别用于压入旧掩码、对当前掩码求补、弹出以恢复旧掩码：

```
     ld.global.f64 RD0, [X+R8]      ; RD0 = X[i]
     setp.neq.s32 P1, RD0, #0       ; P1 是谓词寄存器 1
     @!P1, bra ELSE1, *Push         ; 压入旧掩码，设定新掩码位
                                    ; 若 P1 为假，则转至 ELSE1
     ld.global.f64 RD2, [Y+R8]      ; RD2 = Y[i]
     sub.f64 RD0, RD0, RD2          ; RD0 中的差
     st.global.f64 [X+R8], RD0      ; X[i] = RD0
     @P1, bra ENDIF1, *Comp         ; 对掩码位求补
                                    ; 若 P1 为真，则转至 ENDIF1
 ELSE1: ld.global.f64 RD0, [Z+R8]   ; RD0 = Z[i]
        st.global.f64 [X+R8], RD0   ; X[i] = RD0
ENDIF1:<next instruction>, *Pop     ; 弹出以恢复旧掩码
```

再强调一次，IF-THEN-ELSE 语句中的所有指令通常会被 SIMD 处理器执行。一些 SIMD 通道为 THEN 语句启用，另一些通道为 ELSE 指令启用。前面曾经提到，很多情况下，各条通道会对设定谓词的分支达成一致——比如，根据对所有通道都相同的参数值计算分支条件，进而使得所有活跃掩码位都为 0 或者都为 1——因此，分支会跳过 THEN 从句或 ELSE 从句。

这一灵活性使元素看起来有其自己的程序计数器，但是，在最缓慢的情况下，只有一条 SIMD 通道可以每两个时钟周期存储其结果，其余通道则会闲置。在向量体系结构中，类似的情景是仅有一个掩码位被设置为 1 时进行操作的情况。这一灵活性可能会导致 GPU 编程新手无法获得高性能，但这在程序开发的早期阶段是有帮助的。但要记住，在一个时钟周期内，SIMD 通道的唯一选择就是执行在 PTX 指令中指定的操作或者处于空闲状态；两条 SIMD 通道不能同时执行不同指令。

这一灵活性还有助于解释为 SIMD 线程中每个元素指定的名称——**CUDA 线程**，它会给人以独立运行的错觉。编程新手可能会认为这种线程抽象意味着 GPU 能够更出色地处理条件分支。一些线程沿一条路径执行，其他线程则沿另一路径执行，只要你不着急，这似乎就没有问题。每个 CUDA 线程要么与线程块中的所有其他线程执行相同的指令，要么处于空闲状态。利用这一同步可以较轻松地处理带有条件分支的循环，这是因为掩码功能可以关闭 SIMD 通道，自动检测循环的结束点。

最终的性能可能会与这种简单的抽象不相符。编写在这种高度独立的 MIMD 模式下操作 SIMD 通道的程序，就像在一台物理存储器更小的计算机上编写使用大量虚拟地址空间的程序一样。这两种程序都是正确的，但它们的运行速度可能非常慢，程序员可能会对结果感到不满。

条件执行就是这样一种情景，GPU 在运行时用硬件完成它，而向量体系结构则在编译时完成。向量编译器进行一个双 IF 转换，生成 4 个不同的掩码。其执行基本上与 GPU 相同，但对于向量会额外执行一些指令。向量体系结构有一个好处，就是可以与标量处理器集成在一起，

当计算中主要是 0 时，可以避免在这上面花费时间。至于什么时候最好使用标量，要取决于标量处理器与向量处理器的速度之比，但当掩码位中有不到 20%为 1 时，进行这种转换可能更好。有一种优化方法在 GPU 运行时可用，但在向量体系结构的编译时不可用，那就是在掩码位全为 0 或全为 1 时跳过 THEN 或 ELSE 部分。

因此，GPU 执行条件分支的效率取决于分支的分岔频率。例如，某个特征值计算具有深度的条件嵌套，但代码测试表明，大约 82%的时钟周期发射将 32 个掩码位中的 29~32 位设置为 1，所以 GPU 执行这一代码的效率可能要超出人们的预期。

注意，当元素数与硬件不完全匹配时，同一机制还处理向量循环的条带挖掘。本节开头的例子表明，用一个 IF 语句检查 SIMD 通道元素数（在上例中，该数目存储在 R8 中）是否小于限值（i<n），并适当设置掩码。

4.4.5 NVIDIA GPU 存储器结构

图 4-10 展示了 NVIDIA GPU 的存储器结构。多线程 SIMD 处理器中的每条 SIMD 通道获得片外 DRAM 的一个专用部分，称为**专用存储器**（private memory），用于栈帧、溢出寄存器和寄存器中放不下的私有变量。SIMD 通道不共享专用存储器。GPU 将这一专用存储器缓存在 L1 和 L2 缓存中，用于辅助寄存器溢出和加速函数调用。

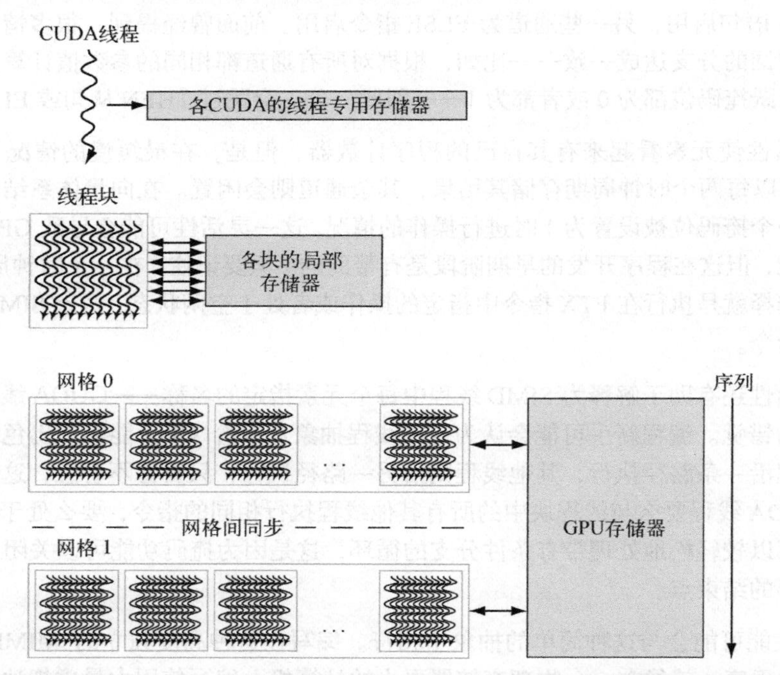

图 4-10 GPU 存储器结构。GPU 存储器由所有网格（可向量化循环）共享，局部存储器由线程块（向量化循环体）中的所有 SIMD 线程共享，专用存储器由单个 CUDA 线程专用。Pascal 允许网格的抢占，这就要求所有局部存储器和专用存储器能够保存到全局存储器中，并能从其中恢复。为完整起见，GPU 也能通过 PCIe 总线访问 CPU 存储器。这一访问途径常用于最终结果位于主机存储器（host memory）的情景。采用这一途径，就不再需要从 GPU 存储器向主机存储器复制一份最终副本

我们将每个多线程 SIMD 处理器本地的片上存储器称为**局部存储器**（local memory）。它是一种很小的便笺式存储器，延迟低（几十个时钟周期），带宽高（128 字节/周期）。如果某些数据会被同一线程或同一线程块的另一线程重复使用，则程序员可以将它们放在局部存储器中。局部存储器的大小有限，通常为 48 KiB。它不能用于在同一个多线程 SIMD 处理器上的多个线程块之间传递数据。这一存储器由多线程 SIMD 处理器内的 SIMD 通道共享，但不会在多线程 SIMD 处理器之间共享。多线程 SIMD 处理器在创建线程块时，将部分局部存储器动态分配给此线程块，并在线程块中的所有线程都退出时，释放此存储器。局部存储器的这一部分由该线程块专用。

最后，我们将由整个 GPU 和所有线程块共享的片外 DRAM 称为 **GPU 存储器**。这里的向量乘法示例仅使用了 GPU 存储器。

被称为**主机**的系统处理器（即 CPU）可以读取或写入 GPU 存储器。局部存储器不能供主机使用，它是每个多线程 SIMD 专用的。专用存储器也不可供主机使用。

GPU 通常不是依赖大型缓存来包含应用程序的整个工作集，而是使用较小的流式缓存，依靠大量的 SIMD 指令多线程来隐藏 DRAM 的较长延迟，其主要原因是它们的工作集可能达到数百兆字节。在利用多线程隐藏 DRAM 延迟的情况下，CPU 上供大型 L2 和 L3 缓存使用的芯片面积在 GPU 中被用于计算资源和大量的寄存器，从而使得 GPU 可以保存许多 SIMD 线程的状态。此外，CPU 和 GPU 的另一点不同在于，如前文所述，向量的载入和存储将延迟分摊到多个元素上，因为它们只需要有一次延迟，随后即可实现其余访问的流水化。

尽管 GPU 和向量处理器的最初思路是利用许多线程来消除存储器延迟的影响，但近来的所有 GPU 和向量处理器都使用了缓存来缩减延迟。其论据来自排队理论中的利特尔（Little）定律：延迟越长，在一次存储器访问期间需要运行的线程就越多，而这又需要更多的寄存器。于是增加了 GPU 缓存来降低平均延迟，从而弥补了寄存器数量方面可能存在的不足。

为了提高存储带宽、降低开销，当地址属于相同块时，PTX 数据传送指令与存储器控制器合作，将来自同一 SIMD 线程的各个并行线程请求接合在一起，变成单个存储器块请求。在 GPU 编程指南中会要求程序员尽量遵守这一限制，有点类似于 CPU 程序在硬件预取方面的准则（见第 2 章）。GPU 存储器控制器还会保留请求，将一些请求一同发送给同一个打开的页面，以提高存储带宽（见 4.6 节）。第 2 章非常详细地介绍了 DRAM，可帮你理解对相关地址进行分组的潜在好处。

4.4.6 Pascal GPU 体系结构中的创新

Pascal 多线程 SIMD 处理器要比图 4-12 中的简化版复杂一些。为了提高硬件利用率，每个 SIMD 处理器有两个 SIMD 线程调度器，每个 SIMD 线程调度器有多个指令分派单元（一些 GPU 有 4 个线程调度器）。这两个 SIMD 线程调度器选择两个 SIMD 线程，并将来自每个线程的一条指令发射给两个由 16 条 SIMD 通道、16 个载入/存储单元或 8 个特殊功能单元组成的集合。在多个执行单元可用的情况下，每个时钟周期调度两个 SIMD 线程，允许 64 条通道处于活跃状态。由于线程是独立的，所以不需要检查指令流中的数据相关性。这一创新类似于可以从两个独立线程发射向量指令的多线程向量处理器。图 4-11 展示了发射指令的双重调度器，图 4-12 展示了 Pascal GP100 GPU 的多线程 SIMD 处理器的框图。

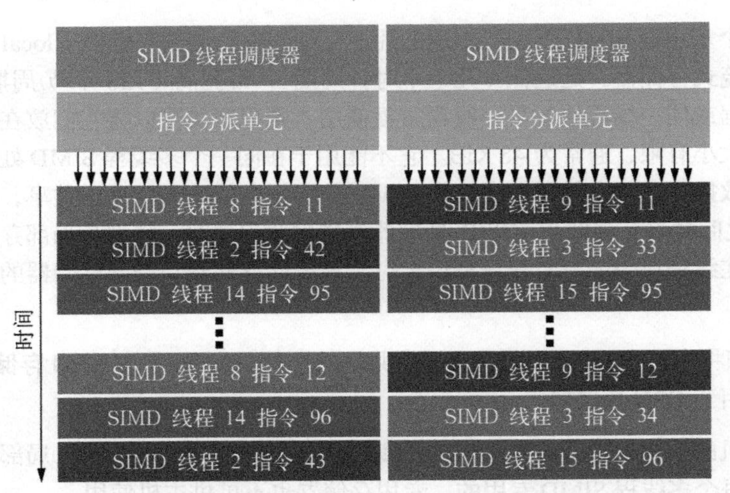

图 4-11　Pascal 双 SIMD 线程调度器的框图。对比该设计与图 4-9 中的单 SIMD 线程设计

每一代新 GPU 通常都会增加一些新特性来提高性能，或者让程序员更容易操作。以下是Pascal的四大创新。

- **快速的单精度、双精度和半精度浮点运算**——Pascal GP100芯片对于3种大小都有出色的浮点性能，涵盖了IEEE浮点标准中的所有组成部分。这个GPU的单精度浮点运算的峰值速度为10 TeraFLOP/s，双精度的速度大约为其一半，即5 TeraFLOP/s。在以两元素向量的方式表示时，半精度运算大约为两倍速，即 20 TeraFLOP/s。原子化存储器操作中包含了对所有这3种大小的浮点加法。Pascal GP100是第一个对半精度运算拥有如此高性能的GPU。
- **高带宽存储器**——Pascal GP100 GPU 的下一个创新是使用了堆叠式、高带宽存储器（HBM2）。这个存储器有一个很宽的总线，它有4096根数据线，运行频率为0.7 GHz，峰值带宽为732 GB/s，是之前GPU的两倍多。
- **高速芯片间互连**——由于 GPU 在本质上是协处理器，所以在尝试将多个 GPU 与一个CPU一起使用时，PCI总线可能会成为通信瓶颈。Pascal GP100推出了NVLink通信通道，它在每个方向上支持高到20 GB/s的数据传输。每个GP100拥有4个NVLink通道，其峰值聚合芯片间带宽达到每芯片 160 GB/s。拥有2、4、8个GPU的系统可供多GPU应用程序使用，每个GPU可以向任意通过NVLink连接的GPU执行载入、存储和原子操作。另外，NVLink通道在某些情况下可以与CPU通信。在这个芯片中，NVLink为连接在一起的所有GPU和CPU提供了一个一致的存储器视图。它还提供了缓存间的通信，而不是存储器间的通信。
- **统一的虚拟存储器和分页支持**——Pascal GP100 GPU在一个统一的虚拟地址空间内支持缺页错误。如果在同一系统的所有GPU和CPU上都有一段相同的数据结构，则可以为这样的数据结构使用同一个虚拟地址。当一个线程访问的地址不在本地时，会向本地GPU传送一个存储器页，供后续使用。统一的存储器简化了程序设计模型，因为它可以提供按需分页，而不需要在CPU和GPU之间或者在GPU之间进行显式的存储器复制。它允许分配的存储器数量远远超过GPU上的存储器数量，从而满足对大存储器的需求。和所有虚拟存储器系统一样，必须尽力避免过多的页面移动。

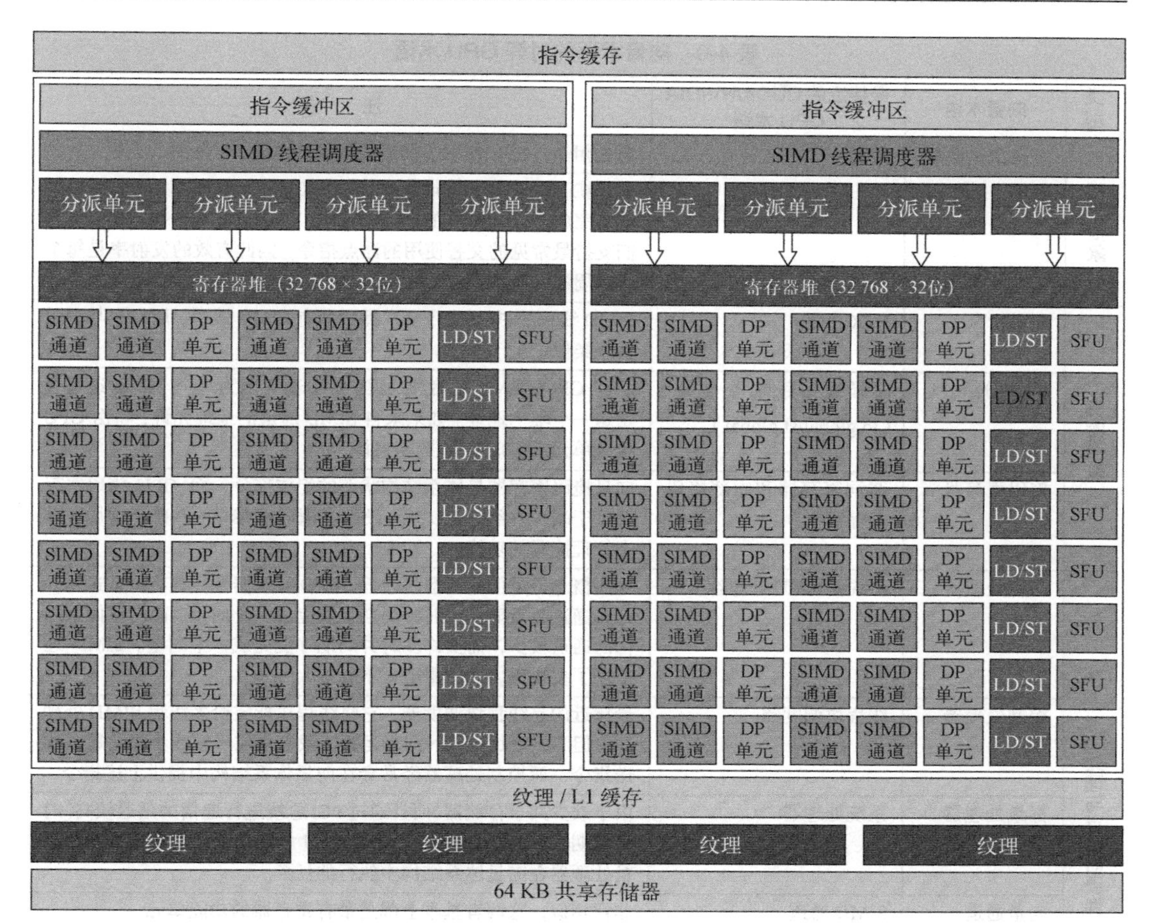

图 4-12 Pascal GPU 多线程 SIMD 处理器的框图。64 条 SIMD 通道中的每一条都有一个流水线浮点单元、一个流水线整数单元、一些向这些单元分派指令和操作数的逻辑，以及一个用于保存结果的队列。这 64 个 SIMD 通道与 32 个双精度 ALU（DP 单元，执行 64 位浮点运算）、16 个载入-存储单元（LD/ST），以及 16 个特殊功能单元（SFU，计算平方根、求倒数、正弦和余弦等函数）交互

4.4.7 向量体系结构与 GPU 的相似与不同

我们已经看到，向量体系结构与 GPU 之间确实有许多相似之处。这些相似之处和 GPU 那些怪异的术语，让体系结构界对 GPU 到底有多新颖产生了困惑。既然我们已经了解了向量体系结构和 GPU 的一些内容，那就可以体味一下它们之间的相似与不同了。这两种体系结构都是为了执行数据级并行程序而设计的，但它们选取了不同的路径，所以我们对它们进行深度对比，以便更好地理解 DLP 硬件需要什么。表 4-9 首先给出向量术语，然后给出 GPU 中最接近的对等术语。

表 4-9 向量术语的对等 GPU 术语

类型	向量术语	最接近的 CUDA/NVIDIA GPU 术语	注释
程序抽象	可向量化循环	网格	概念相似，GPU 使用了描述性较差的术语
	钟鸣	—	由于在 Pascal 上一条向量指令（PTX 指令）只需要 2 个时钟周期就能完成，所以钟鸣在 GPU 中很短。Pascal 有两个执行单元，它们支持最常见的交替使用的浮点指令，因此有效的发射率是每个时钟周期一条指令
机器对象	向量指令	PTX 指令	SIMD 线程的 PTX 指令会广播到所有 SIMD 通道，所以它与向量指令类似
	集中/分散	全局载入/存储（ld.global/st.global）	所有 GPU 载入与存储都是集中和分散，因为每个 SIMD 通道会发送一个唯一地址。如果来自 SIMD 通道的地址允许，将由 GPU 接合单元来实现单位步幅性能
	掩码寄存器	谓词寄存器和内部掩码寄存器	向量掩码寄存器是体系结构状态的组成部分，而 GPU 掩码寄存器位于硬件内部。GPU 条件硬件在谓词寄存器的基础上增加了动态管理掩码的功能
处理与存储器硬件	向量处理器	多线程 SIMD 处理器	这些概念是类似的，但多线程 SIMD 处理器往往拥有许多通道，每条通道只需要几个时钟周期就能完成一个向量，而向量体系结构的通道较少，需要许多时钟周期才能完成一个向量。SIMD 还实现了多线程，而向量通常不会
	控制处理器	线程块调度器	最接近的是线程块调度器，它将线程块指定给多线程 SIMD 处理器。但 GPU 没有标量-向量运算，没有单位步幅或步幅化数据传送指令，而控制处理器经常会在向量体系结构中提供上述指令
	标量处理器	系统处理器	由于缺少共享存储器，而且通过 PCI 总线进行通信的延迟较高（时钟周期时间达 1000 秒），所以 GPU 中的系统处理器很少执行标量处理器在向量体系结构中执行的任务
	向量通道	SIMD 通道	非常相似；这两者基本上都是带有寄存器的功能单元
	向量寄存器	SIMD 通道寄存器	向量寄存器的对等术语就是运行 SIMD 线程的多线程 SIMD 处理器中所有 16 条 SIMD 通道中的相同寄存器。每个 SIMD 线程的寄存器数目是灵活的，但在 Pascal 中最大数目为 64，所以向量寄存器的最大数目为 256
	主存储器	GPU 存储器	GPU 存储器对应向量处理器中的系统存储器

SIMD 处理器与向量处理器类似。GPU 中的多个 SIMD 处理器充当独立的 MIMD 核，就好像是许多向量计算机拥有多个向量处理器一样。这种视角将 NVIDIA Tesla P100 看作一个具有多线程硬件支持的 56 核机器，其中每个核有 64 条通道。两者之间最大的区别是多线程，它是 GPU 的基础，也是大多数向量处理器所缺少的。

看一下这两种体系结构中的寄存器。我们实现的 RV64V 寄存器堆拥有整个向量，也就是由元素构成的连续块。相反，GPU 中的单个向量会分散在所有 SIMD 通道的寄存器中。RV64V 处理器有 32 个向量寄存器，每个有 32 个元素，总共 1024 个元素。一个 GPU 的 SIMD 线程拥有多达 256 个寄存器，每个有 32 个元素，总共 8192 个元素。这些额外的 GPU 寄存器支持多线程。

图 4-13 的左边是向量处理器执行单元的框图，右侧是 GPU 的多线程 SIMD 处理器。为便于讲解，假定向量处理器有 4 条通道，多线程 SIMD 处理器也有 4 条 SIMD 通道。此图表明，4 个 SIMD 通道的工作方式非常像 4 通道向量单元，SIMD 处理器的工作方式与向量处理器非常类似。

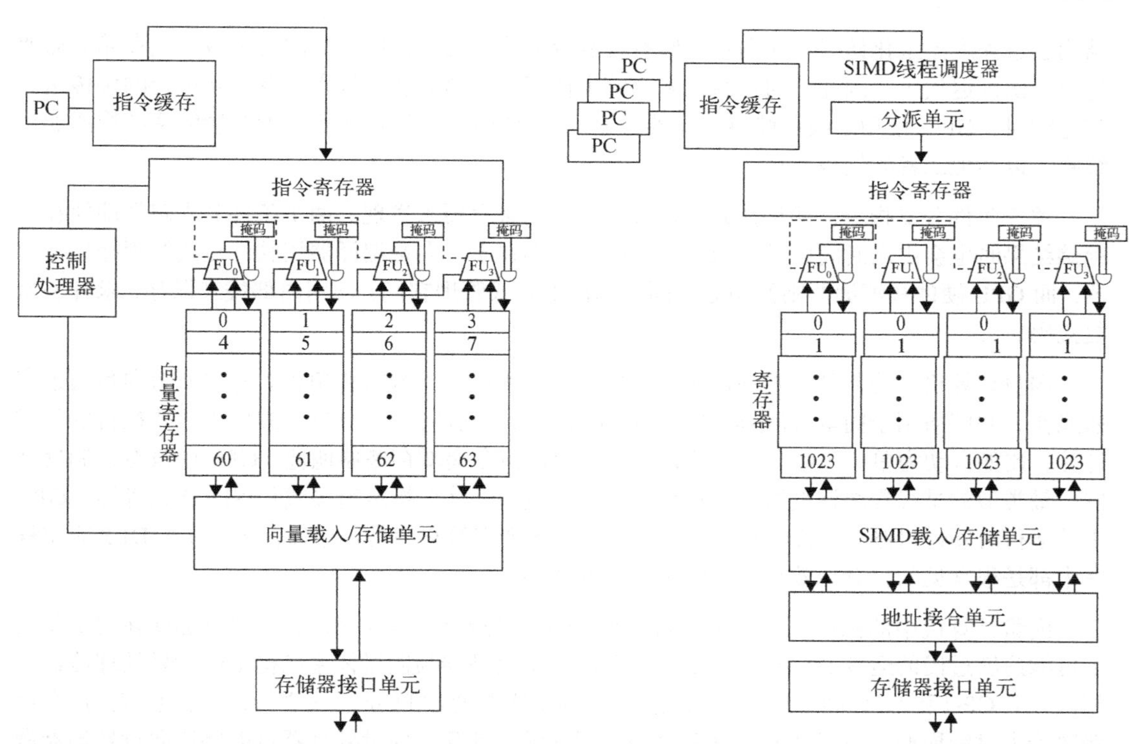

图 4-13 **左侧为具有 4 条通道的向量处理器，右侧为具有 4 条通道的 GPU 多线程 SIMD 处理器。**（GPU 通常有 16 或 32 条 SIMD 通道。）控制处理器为标量–向量运算提供标量操作数，为对存储器进行单位步幅或非单位步幅访问而递增地址，并执行其他“记账类型”（accounting-type）的运算。只有当地址接合单元能够发现本地寻址时，才会在 GPU 中实现峰值存储器性能。与此类似，当所有内部掩码位被设置为相同时，会实现峰值计算性能。注意，SIMD 处理器中每个 SIMD 线程有一个 PC，以帮助实现多线程

实际上，GPU 中的通道要多很多，所以 GPU 的“钟鸣”更短一些。尽管向量处理器可能拥有 2~8 条通道，向量长度例如为 32（因此，钟鸣为 4~16 个时钟周期），但多线程 SIMD 处理器可能拥有 8~16 条通道。SIMD 线程的宽度为 32 个元素，所以 GPU 钟鸣仅为 2 或 4 个时钟周期。这一差别就是使用“SIMD 处理器”作为更具描述性术语的原因，这一术语更接近于 SIMD 设计，而不是传统的向量处理器设计。

与可向量化循环最接近的 GPU 术语是网格，PTX 指令与向量指令最接近，这是因为 SIMD 线程向所有 SIMD 通道广播 PTX 指令。

关于两种体系结构中的存储器访问指令，所有 GPU 载入都是集中指令，所有 GPU 存储都是分散指令。如果 CUDA 线程的数据地址同时引用同一缓存/存储器块的邻近地址，那么 GPU 的地址接合单元将确保较高的存储带宽。向量体系结构采用**显式**单位步幅载入和存储指令，而 GPU 编程则采用**隐式**单位步幅，所以在编写高效 GPU 代码时，程序员需要从 SIMD 运算的角度来思考，尽管 CUDA 编程模型与 MIMD 看起来非常类似。由于 CUDA 线程可以生成自己的地址、步幅以及集中–分散，所以在向量体系结构和 GPU 中都可以找到寻址向量。

我们已经多次提到，这两种体系结构采用了非常不同的方法来隐藏存储器延迟。向量体系

结构通过深度流水化访问，让向量的所有元素分摊这一延迟，所以每次向量载入或存储只需要付出一次延迟代价。因此，向量载入和存储类似于在存储器和向量寄存器之间进行的块传送。与之相对，GPU 使用多线程隐藏存储器延迟。（一些研究人员正在研究为向量体系结构添加多线程，以实现二者的优势互补。）

关于条件分支指令，两种体系结构都使用掩码寄存器来实现。两个条件分支路径即使在未存储结果时也会占用时间以及（或者）空间。区别在于，向量编译器用软件显式管理掩码寄存器，而 GPU 硬件和汇编器则使用分支同步标记来隐式管理它们，使用内部栈来保存、求补和恢复掩码。

向量计算机的控制处理器在向量指令的执行过程中扮演着重要角色。它向所有向量通道广播操作，并广播用于向量-标量运算的标量寄存器值。它还执行一些在 GPU 中显式执行的隐式计算，比如自动为单位步幅和非单位幅载入和存储指令递增存储器地址。GPU 中没有控制处理器。最类似的是线程块调度器，它将线程块（向量循环体）指定给多线程 SIMD 处理器。GPU 中的运行时硬件机制一方面生成地址，另一方面还会查看它们是否相邻，这在许多 DLP 应用程序中都是很常见的，其能效很可能低于控制处理器。

向量计算机中的标量处理器执行向量程序的标量指令。也就是说，它执行那些在向量单元中可能速度过慢的运算。尽管与 GPU 相关联的系统处理器与向量体系结构中的标量处理器最为相似，但 CPU 和 GPU 间地址空间相互独立，通信需要通过 PCIe 总线进行，每次通信往往会耗费数千个时钟周期。对于在向量计算机中执行的浮点计算，标量处理器可能要比向量处理器慢一些，但它们的速度比值不会达到系统处理器与多线程 SIMD 处理器的比值（在额外面积、功耗开销相同的前提下）。

因此，GPU 中的每个“向量单元”必须执行本来期望在向量计算机的标量处理器上执行的计算。也就是说，如果不是在系统处理器上进行计算然后发送结果，而是使用谓词寄存器，并内置掩码禁用其他 SIMD 通道，仅留下其中一个 SIMD 通道来完成标量操作，那可以更快一些。向量计算机中比较简单的标量处理器很可能比 GPU 解决方案更快、功效更高。如果系统处理器和 GPU 将来会更紧密地结合在一起，那么探索系统处理器能否扮演标量处理器在向量和多媒体 SIMD 体系结构中的角色，将是很有意义的。

4.4.8　多媒体 SIMD 计算机与 GPU 的相似与不同

从较高级别的角度来看，具有多媒体 SIMD 指令扩展的多核计算机的确与 GPU 有一些相似之处。表 4-10 总结了它们之间的相似与不同。

表 4-10　具有多媒体 SIMD 扩展的多核与最新 GPU 之间的相似与不同

组　件	具有 SIMD 的多核	GPU
SIMD 处理器	4~8	8~32
SIMD 通道/处理器	2~4	最多 64
对 SIMD 线程的多线程硬件支持	2~4	最多 64
单、双精度性能的典型比值	2：1	2：1
最大缓存	40 MB	4 MB
存储器地址的大小	64位	64位

（续）

组　件	具有SIMD的多核	GPU
主存储器的大小	多达1024 GB	多达24 GB
页面级别的存储器保护	是	是
按需调页	是	是
集成标量处理器/SIMD处理器	是	否
缓存一致性	是	在某些系统上是

二者都是多处理器，处理器都使用多条SIMD通道，只不过GPU的处理器更多，通道数则还要多一些。它们都使用硬件多线程来提高处理器利用率，不过GPU的硬件支持更多的线程。二者的单、双精度浮点运算的峰值性能比均约为2∶1。它们都使用缓存，不过GPU使用较小的流式缓存，而多核计算机使用大型多级缓存，以尝试完全包含整个工作集。它们都使用64位地址空间，不过GPU中的物理主存储器要小得多。它们都支持页面级别的存储器保护和按需调页，因而可以处理比现有存储器大得多的存储器。

除了在处理器、SIMD通道、硬件线程支持和缓存大小等方面的巨大数字差异之外，还有许多体系结构方面的区别。在传统计算机中，标量处理器和多媒体SIMD指令紧密集成在一起；在GPU系统中它们被I/O总线隔离，甚至还有独立的主存储器。GPU中的多个SIMD处理器使用单一地址空间，并且可以支持某些系统上所有存储器的一致视图，这是由CPU供应商（如IBM Power9）提供的支持。与GPU不同，多媒体SIMD指令不支持集中–分散存储器访问；4.7节表明，这是一个非常重要的简化。

4.4.9 小结

现在，GPU的神秘面纱已经揭开，可以看出GPU实际上就是多线程SIMD处理器，只不过与传统的多核计算机相比，它们的处理器更多，每个处理器的通道更多，多线程硬件也更多。例如，Pascal P100 GPU拥有56个SIMD处理器，每个处理器有64条通道，为64个SIMD线程提供硬件支持。Pascal支持指令级并行，可以从两个SIMD线程向两个SIMD通道集合发射指令。GPU的缓存存储器也较少——Pascal的L2缓存为4 MiB，它可以与协作的远程标量处理器或远程GPU保持一致。

CUDA编程模型将所有这些形式的并行包含在一种抽象中，即CUDA线程。因此，CUDA程序员可以考虑编写数千个线程，尽管它们实际上是在许多SIMD处理器的许多通道上执行各个由32个线程组成的块。希望获得良好性能的CUDA程序员一定要记住，这些线程是分块的，一次执行32个，而且为了从存储器系统获得良好性能，其地址需要是相邻的。

尽管本节使用了CUDA和NVIDIA GPU，但OpenCL编程语言和其他公司的GPU中也采用了相同的思想。

理解了GPU的工作原理之后，现在可以揭示真正的术语了。表4-11和表4-12将本书使用的描述性术语及定义与官方CUDA/NVIDIA和AMD术语及定义对应起来，而且还给出了OpenCL术语。我们认为GPU学习曲线非常陡峭，一部分原因是使用了如下术语：用“流式多处理器”表示SIMD处理器，“线程处理器”表示SIMD通道，“共享存储器”表示局部存储器，而局部存储器实际上并非在 SIMD 处理器之间共享！我们希望，这种“两步走”方法可以帮助读者快速地沿学习曲线上升，尽管这种方法不够直接。

表 4-11　本书使用的术语与官方 NVIDIA/CUDA 和 AMD 术语

类型	本书使用的描述性更强的名称	官方 CUDA/NVIDIA 术语	简短解释及 AMD 和 OpenCL 术语	官方 CUDA/NVIDIA 定义
程序抽象	可向量化循环	网格	一种可向量化循环，在 GPU 上执行，由一个或多个可以并行执行的“线程块”（或向量化循环体）组成。OpenCL 名称为“索引范围”，AMD 名称为“NDRange”	网格是一组可以同时、顺序或混合执行的线程块
	向量化循环体	线程块	在多线程 SIMD 处理器上执行的可向量化循环，由一个或多个 SIMD 线程组成。这些 SIMD 线程可以通过局部存储器通信。AMD 和 OpenCL 名称为“工作组”	线程块是一组 CUDA 线程，这些线程并发执行，并且可以通过共享存储器和屏障同步进行协作和通信。线程块在其网格内有一个线程块 ID
	SIMD 通道操作序列	CUDA 线程	SIMD 线程的垂直抽取，与 SIMD 通道上执行的一个元素相对应。根据掩码位来存储结果。AMD 和 OpenCL 将 CUDA 线程称为“工作项”	CUDA 线程是一种轻量级线程，可以执行顺序程序，并且可以与同一线程块中执行的其他 CUDA 线程合作。CUDA 线程在其线程块内有一个线程 ID
机器对象	SIMD 线程	Warp	一种传统线程，但它仅包含在多线程 SIMD 处理器上执行的 SIMD 指令。根据每个元素的掩码位来存储结果。AMD 名称为“波前”	Warp 是一组并行 CUDA 线程（比如 32 个），在多线程 SIMT/SIMD 处理器中一起执行相同的指令
	SIMD 指令	PTX 指令	在 SIMD 通道之间执行的单条 SIMD 指令。AMD 名称为“AMDIL”或“FSAIL”指令	PTX 指令指定了一个由 CUDA 线程执行的指令

* OpenCL 名称在第 4 列给出。

表 4-12　本书使用的术语与官方 NVIDIA/CUDA 和 AMD 术语

类型	本书使用的描述性更强的名称	官方 CUDA/NVIDIA 术语	简短解释及 AMD 和 OpenCL 术语	官方 CUDA/NVIDIA 定义
处理硬件	多线程 SIMD 处理器	流式多处理器	多线程 SIMD 处理器，独立于其他 SIMD 处理器执行 SIMD 线程。AMD 和 OpenCL 都将其称为“计算单元”。但是，CUDA 程序员是为一条通道编程，而不是为多条 SIMD 通道的“向量”编程	流式多处理器（SM）是一种多线程 SIMT/SIMD 处理器，它执行 CUDA 线程的 Warp。SIMD 程序指定一个 CUDA 线程的执行，而不是多条 SIMD 通道的向量
	线程块调度器	Giga 线程引擎	将多个向量化循环体分派给多线程 SIMD 处理器。AMD 名称为“超线程分派引擎”	当资源可用时，将网格的线程块分派、调度至流式多处理器
	SIMD 线程调度器	Warp 调度器	硬件单元，当 SIMD 线程做好执行准备后，调度和发射这些 SIMD 线程；包括跟踪 SIMD 线程执行的记分牌。AMD 名称为“工作组调度器”	流式多处理器中的 Warp 调度器调度 Warp，以在下一条指令做好执行准备后执行

（续）

类型	本书使用的描述性更强的名称	官方 CUDA/NVIDIA 术语	简短解释及 AMD 和 OpenCL 术语	官方 CUDA/NVIDIA 定义
	SIMD 通道	线程处理器	硬件 SIMD 通道，执行 SIMD 线程中对单一元素进行的操作。根据掩码存储结果。OpenCL 将其称为“处理元素”。AMD 也称其为“SIMD 通道”	线程处理器是流式多处理器中的一条数据路径和寄存器堆部分，执行一个 Warp 中一条或多条通道的运算
存储器硬件	GPU 存储器	全局存储器	可供一个 GPU 中所有多线程 SIMD 处理器访问的 DRAM 存储器。OpenCL 称其为“全局存储器”	可供任意网格任意线程块中所有 CUDA 线程访问的全局存储器。实现为 DRAM 的一个区域，可被缓存
存储器硬件	专用存储器	局部存储器	每条 SIMD 通道专用的 DRAM 存储器部分。AMD 和 OpenCl 称其为“专用存储器”	CUDA 线程的专用“线程本地”存储器。实现为 DRAM 的一个缓存区域
存储器硬件	局部存储器	共享存储器	一个多线程 SIMD 处理器的快速本地 SRAM，不可供其他 SIMD 处理器使用。OpenCL 称其为“局部存储器”，AMD 称其为“组存储器”	由线程块中 CUDA 线程共享的快速 SRAM 存储器，由该线程块专用。用于在一个线程块内的 CUDA 线程之间在屏障同步点的通信
存储器硬件	SIMD 通道寄存器	寄存器	在向量化循环体之间分配的单条 SIMD 通道中的寄存器。AMD 也称其为“寄存器”	CUDA 线程的专用寄存器。实现为每个线程处理器的几个 Warp 中特定通道的多线程寄存器堆

* 注意，这里的描述性术语“局部存储器”和“专用存储器”使用了 OpenCL 术语。NVIDIA 在描述流式多处理器时使用了 SIMT（单指令多线程）而不是 SIMD。SIMT 优于 SIMD 是因为按线程分支和控制流与任何 SIMD 机器都不同。

4.5　检测与增强循环级并行

程序中的循环是前面以及第 5 章讨论的许多并行类型的根源。本节讨论用于发现程序中可以利用的并行的编译器技术，以及这些技术的硬件支持。我们准确地定义一个循环何时是并行的（即可向量化的）、相关性如何阻碍循环成为并行的，以及用于消除几类相关性的技术。发现和利用循环级并行，对于利用 DLP 和 TLP 以及附录 H 中介绍的更激进的静态 ILP 方法（例如，VLIW）都至关重要。

循环级并行通常在源代码级别或接近源代码级别进行研究，而对 ILP 的大多数分析是在编译器生成指令之后进行的。循环级分析需要确定循环的操作数在这个循环的各次迭代之间存在哪种相关性。就目前来说，我们将仅考虑数据相关；在某一时刻写入操作数，并在稍后的时刻读取时，会出现这种相关性。也存在名称相关，利用第 3 章讨论的重命名技术可以消除这种相关。

循环级并行的分析主要是判断后续迭代中的数据访问是否依赖于在先前迭代中生成的数据值；这种相关称为**跨迭代相关**（loop-carried dependence）。第 2 章和第 3 章中的大多数示例都没有跨迭代相关，因而是循环级并行。为了了解一个循环是并行的，我们首先看看源代码：

```
for (i=999; i>=0; i=i-1)
      x[i] = x[i] + s;
```

在这个循环中，对 x[i]的两次使用是相关的，但这是同一个迭代内的相关，不是跨迭代相关。在不同迭代中对 i 的连续使用之间存在跨迭代相关，但这种相关涉及一个容易识别和消除的归纳变量。我们在 2.2 节看到了关于在循环展开期间消除涉及归纳变量的相关性的例子，本节后面会提供更多例子。

因为要寻找循环之间的并行，需要识别诸如循环、数组引用和归纳变量计算之类的结构，所以与机器码级别相比，编译器在源代码级别或相近源代码级别进行这一分析要更轻松一些。让我们看一个更复杂的例子。

例题 考虑下面这样一个循环：

```
for (i=0; i<100; i=i+1) {
      A[i+1] = A[i] + C[i];    /* S1 */
      B[i+1] = B[i] + A[i+1]; /* S2 */
}
```

假定 A、B 和 C 是没有重叠的不同数组。（在实践中，这些数组有时可能相同，或可能重叠。因为这些数组可能是作为参数传递给包含这一循环的过程，所以为了判断数组是否重叠或相同，通常需要对程序进行复杂的过程间分析。）在这个循环中，语句 S1 和 S2 之间的数据相关如何？

解答 共有以下两种相关。

(1) S1 使用在先前一个迭代中由 S1 计算的值，这是因为迭代 i 计算 A[i+1]，然后在迭代 i+1 中读取它。对 B[i]和 B[i+1]来说，S2 也是如此。

(2) S2 使用由同一迭代中 S1 计算的值 A[i+1]。

这两种相关是不同的，有不同的效果。为了了解它们有何不同，我们假定一次只能存在一种此类相关。因为语句 S1 依赖于 S1 的先前迭代，所以这种相关是跨迭代相关。这种相关迫使这个循环的后续迭代按顺序执行。

第二种相关（S2 对 S1 的依赖）位于一个迭代内，不是跨迭代相关。因此，如果它是仅有的相关，那么这个循环的多个迭代就能并行执行，只要一个迭代中的每对语句保持相对顺序即可。我们在 2.2 节的例子中看到过这种类型的相关，通过循环展开可以暴露这种并行。这种循环内的相关很常见，例如，使用链接（chaining）的向量指令序列就存在此类相关。

还可能存在一种不会妨碍并行的跨迭代相关，如下例所示。

例题 考虑下面这样一个循环：

```
for (i=0; i<100; i=i+1) {
      A[i] = A[i] + B[i];    /* S1 */
      B[i+1] = C[i] + D[i]; /* S2 */
}
```

S1 和 S2 之间是什么相关？这个循环是否是并行的？如果不是，说明如何使之成为并行循环。

解答 语句 S1 使用了在上一次迭代中由语句 S2 指定的值，所以 S2 与 S1 之间存在跨迭代相关。尽管存在这种跨迭代相关，依然可以使这一循环变为并行的。与前面的循环不同，这种相关不是环式相关：这些语句都不依赖于自身，而且尽管 S1 依赖于 S2，但 S2 不依赖于 S1。如果可以将一个循环写为没有环式相关的形式，那这个循环就是并行的，因为没有这种环式相关就意味着这种相关性仅仅在这些语句之间建构了偏序关系。

尽管以上循环中没有环式相关，但必须对其进行转换，以符合部分排序，并暴露出并行。两个观察结果对于这一转换至关重要。

(1) 不存在从 S1 到 S2 的相关。如果存在这种相关，就可能存在环式相关，循环就不是并行的。由于没有其他相关，所以两个语句互换不会影响 S2 的执行。

(2) 在循环的第一次迭代中，语句 S2 依赖于 B[0]值，它是在开始循环**之前**计算的。

根据这两个观察结果，我们可以用以下代码序列来代替以上循环：

```
A[0] = A[0] + B[0];
for (i=0; i<99; i=i+1) {
     B[i+1] = C[i] + D[i];
     A[i+1] = A[i+1] + B[i+1];
}
B[100] = C[99] + D[99];
```

这两个语句之间的相关不再是跨迭代相关，所以循环的各次迭代可以重叠，只要每次迭代中的语句保持相对顺序即可。

我们的分析需要首先找出所有跨迭代相关。这一相关信息是**不确切的**，也就是说，它告诉我们此相关**可能**存在。考虑以下示例：

```
for (i=0;i<100;i=i+1) {
     A[i] = B[i] + C[i]
     D[i] = A[i] * E[i]
}
```

这个例子中对 A 的第二次引用不需要转换为载入指令，因为我们知道这个值是由上一个语句计算并存储的。因此，对 A 的第二个引用可能就是引用计算 A 的寄存器。为了执行这一优化，需要知道这两个引用**总是**指向同一存储器地址，而且不存在对相同位置的干扰访问。通常，数据相关分析告诉我们只有一个引用**可能**依赖于另一个引用；要确定两个引用**一定**指向同一地址，需要进行更复杂的分析。在上面的例子中，进行这一简单分析就足够了，因为这两个引用都处于同一基本块中。

跨迭代相关经常是**递推**（recurrence）形式。当一个变量基于它在先前迭代中的取值进行定义时，就会发生**递推**；这个先前迭代往往就是前面的迭代，如以下代码段所示：

```
for (i=1;i<100;i=i+1) {
     Y[i] = Y[i-1] + Y[i];
}
```

检测递推非常重要，原因有二：一些体系结构（特别是向量计算机）对执行递推提供了特殊支持；而对于 ILP 而言，递推形式的跨迭代相关有可能并不会成为开发并行性的阻碍。

4.5.1 查找相关

显然，查找程序中的相关对于确定哪些循环可能包含并行以及消除名称相关都很重要。C或C++等语言中存在数组和指针，Fortran中存在按引用传递的参数，这些语法都增加了相关分析的复杂度。由于标量变量引用明确指向名称，所以用别名对它们进行分析是比较轻松的，因为指针和引用参数会增加分析过程的复杂性和不确定性。

编译器通常是如何检测相关的呢？几乎所有相关分析算法都假定数组索引是**仿射的**（affine）。用最简单的话说，如果一维数组索引可以写为 $a \times i + b$ 的形式，其中 a 和 b 是常数，i 是循环索引变量，那么它就是仿射的。如果多维数组每一维的索引都是仿射的，就称这个多维数组的索引是仿射的。稀疏数组访问（其典型形式为 x[y[i]]）是非仿射访问的主要示例之一。

要判断一个循环中对同一数组的两次引用之间是否存在相关，等价于判断两个仿射函数能否针对不同索引取同一个值（这些索引没有超出循环范围）。例如，假定我们以索引值 $a \times i + b$ 存储了一个数组元素，并以索引值 $c \times i + d$ 从同一数组中载入，其中 i 是FOR循环索引变量，其变化范围是 m~n。如果满足以下两个条件，则存在相关性。

(1) 有两个迭代索引 j 和 k，它们都在循环范围内，即 $m \leqslant j \leqslant n$，$m \leqslant k \leqslant n$。

(2) 此循环以索引 $a \times j + b$ 存储一个数组元素，然后以 $c \times k + d$ 提取同一数组元素，即 $a \times j + b = c \times k + d$。

一般来说，我们在编译时不能判断是否存在相关。例如，a、b、c 和 d 的值可能是未知的（它们可能是其他数组中的值），从而不可能判断是否存在相关。在其他情况下，在编译时进行相关测试的开销可能非常高，但的确可以确定是否存在相关；例如，可能要依靠多重嵌套循环的迭代索引来进行访问。但是，许多条目主要包含一些简单的索引，其中 a、b、c 和 d 都是常数。对于这些情况，有可能为相关性设计合理的编译时测试。

举个例子，**最大公约数**（GCD）测试非常简单，但足以判定不存在相关的情况。它基于以下事实：如果存在跨迭代相关，那么GCD(c, a)必须能够整除(d–b)。（回想一下，有两个整数 x、y，在计算 y/x 除法运算时，如果能够找到一个整数商，使运算结果没有余数，则说 x 能够**整除** y。）

例题　使用GCD测试判断以下循环中是否存在相关：

```
for (i=0; i<100; i=i+1) {
    X[2*i+3] = X[2*i] * 5.0;
}
```

解答　给定值 a=2，b=3，c=2，d=0，那么GCD(a, c)=2，(d–b)=–3。由于2不能整除–3，所以不可能存在相关。

GCD不能整除足以确保不存在相关，但在某些情况下，GCD测试认为可以整除，跨迭代相关也不存在。例如，一种情况可能是因为GCD测试没有考虑循环边界。

一般来说，确定是否实际存在相关是一个NP完全（NP-complete）问题。然而，在实践中，许多常见情况可以以较低的成本进行精确分析。最近，使用不同层次精确测试的方法的通用性和成本都有所提高，并被证明是准确和高效的。（如果一个测试能够精确地判断是否存在相关，就说这一测试是**确切**的。尽管一般情况是“NP 完全”的，但对于受限情况，是存在确切测试的，其成本也要低得多。）

除了检测是否存在相关以外，编译器还希望划分相关的类型。编译器可以通过这种分类来识别名称相关，并在编译时通过重命名和复制操作消除这些相关。

例题 下面的循环有多种类型的相关。找出所有真相关、输出相关和反相关，并通过重命名消除输出相关和反相关。

```
for (i=0; i<100; i=i+1) {
    Y[i] = X[i] / c; /* S1 */
    X[i] = X[i] + c; /* S2 */
    Z[i] = Y[i] + c; /* S3 */
    Y[i] = c - Y[i]; /* S4 */
}
```

解答 4 个语句之间存在以下相关。

(1) 由于 Y[i]，从 S1 至 S3、从 S1 至 S4 存在真相关。这些相关不是跨迭代相关，所以它们并不妨碍将该循环看作并行的。这些相关将强制 S3 和 S4 等待 S1 完成。

(2) 从 S1 到 S2 有基于 X[i]的反相关。

(3) 从 S3 到 S4 有关于 Y[i]的反相关。

(4) 从 S1 到 S4 有基于 Y[i]的输出相关。

以下版本的循环消除了这些假（或伪）相关。

```
for (i=0; i<100; i=i+1) {
    T[i] = X[i] / c;/* Y 重命名为 T，以消除输出相关 */
    X1[i] = X[i] + c;/* X 重命名 X1，以消除反相关 */
    Z[i] = T[i] + c;/* Y 重命名为 T，以消除反相关 */
    Y[i] = c - T[i];
}
```

在这个循环之后，变量 X 被重命名为 X1。在此循环之后的代码中，编译器只需要用 X1 来代替名称 X 即可。在这种情况下，重命名不需要进行实际的复制操作，通过替换名字或寄存器分配就可以完成重命名。但在其他情况下，重命名是需要复制操作的。

相关分析是一种非常关键的技术，不仅对利用并行如此，对于第 2 章介绍的转换分块也是如此。相关分析是检测循环级别并行的一种基本工具。针对向量计算机、SIMD 计算机或多处理器进行有效的程序编译，都依赖于这种分析。相关分析的主要缺点是它仅适用于非常有限的一些情况，也就是用于分析单个循环嵌套中引用之间的相关以及使用仿射索引功能的情景。因此，在许多情况下，面向数组的相关分析**不能**告诉我们希望知道的内容；例如，分析用指针而不是数据索引完成的访问可能要困难得多。（这就是对于许多为并行计算机设计的科学应用程序，Fortran 仍然优于 C 和 C++的一个理由。）同理，分析过程调用之间的引用也极为困难。因此，尽管依然需要分析那些以顺序语言编写的代码，但我们也需要编写显式并行循环的方法，比如 OpenMP 和 CUDA。

4.5.2 消除相关计算

前面曾经提到，相关计算的最重要形式之一是递推。点积是递推的一个完美示例：

```
for (i=9999; i>=0; i=i-1)
        sum = sum + x[i] * y[i];
```

这个循环不是并行的，因为它的变量求和存在跨迭代相关。但是，我们可以将它转换为一组循环，其中一个是完全并行的，而另一个是部分并行的。第一个循环将执行这个循环中完全并行的部分。它看起来如下所示：

```
for (i=9999; i>=0; i=i-1)
        sum[i] = x[i] * y[i];
```

注意，这一求和已经从标量扩展到向量值（这种转换被称为**标量扩展**，scalar expansion），这一转换使新的循环成为完全并行的循环。但是，在完成转换时，需要进行归约步骤，对向量的元素求和，类似如下所示：

```
for (i=9999; i>=0; i=i-1)
        finalsum = finalsum + sum[i];
```

尽管这个循环不是并行的，但它有一种非常特殊的结构，称为**归约**（reduction）。归约在线性代数中很常见，在第6章你会看到，它还是仓库级计算机中主要并行原型MapReduce的关键部分。一般来说，任何函数都可用作归约运算符，常见情况中包含诸如max和min之类的运算符。

在向量和SIMD体系结构中，归约有时是由特殊硬件处理的，这使得归约步骤的执行速度比在标量模式下快得多。具体做法是实现一种技术，它类似于可在多处理器环境中实现的技术。下例中的代码变换可以使用任意数量的处理器，但为简便起见，我们假定有10个处理器。在归约求和的第一步中，每个处理器执行以下运算（p是处理器号，范围为0~9）：

```
for (i=999; i>=0; i=i-1)
        finalsum[p] = finalsum[p] + sum[i+1000*p];
```

这个循环在10个处理器中的每一个上对1000个元素求和，它是完全并行的。然后用简单的标量循环来完成最后10个总和的计算。向量处理器和SIMD处理器中使用了类似的方法。

以上变换依赖于加法的结合性质，注意到这一点很重要。尽管拥有无限范围与精度的算术运算具有结合性质，但计算机运算却不具备结合性：对于整数运算来说，是因为其范围有限；对于浮点运算来说，既有范围原因，又有精度原因。因此，使用这些代码变换技术有时会导致一些错误行为，尽管这种现象很少发生。为此，大多数编译器要求显式启用那些依赖结合性的优化。

4.6 交叉问题

4.6.1 能耗与DLP：慢而宽与快而窄

数据级并行体系结构的低功耗优势来自第1章的能耗公式。假定有充足的数据级并行，那么如果将时钟频率折半并将执行资源加倍（将向量计算机的通道数加倍，将多媒体SIMD的寄存器和 ALU 加宽，增加 GPU 的 SIMD 通道数），性能将是一样的。如果在降低时钟频率的同时降低电压，就可以降低计算过程的能耗和功耗，同时保持峰值性能不变。因此，GPU 的时钟频率往往低于系统处理器，后者依靠高时钟频率来获取性能（见 4.7 节）。

与乱序处理器相比，DLP 处理器可以采用较简单的控制逻辑，在每个时钟周期中启动大量计算。例如，这一控制对于向量处理器中的所有通道都是相同的，没有用于决定多指令发射的逻辑和推测执行逻辑。它们获取和译码的指令也少得多。利用向量体系结构还可以轻松地关闭芯片中未使用的部分。在发射指令时，每条向量指令都明确指明它在大量周期内所需要的全部资源。

4.6.2 分体存储器和图形存储器

4.2 节提到了高存储带宽对于向量体系结构支持单位步幅、非单位步幅和集中–分散访问的重要性。

为了实现最佳存储器性能，从 AMD 到 NVIDIA 的高端 GPU 中都使用了堆叠式 DRAM。Intel 也在它的 Xeon Phi 产品中使用了堆叠式 DRAM。这些存储芯片也称为**高带宽存储器**（high bandwidth memory，HBM、HBM2），它们堆叠在一起，并与计算芯片放置在同一个封装内。大宽度（通常为 1024~4096 条数据线）提供了高带宽，而将存储芯片和处理芯片放在同一个封装内，缩短了延迟，降低了功耗。堆叠式 DRAM 的容量通常为 8~32 GB。

考虑到计算任务及图形加速任务对存储器的所有潜在要求，存储器系统可能会面对大量的不相关请求。然而，这种多样性会有损存储器性能。为了应对这种情况，GPU 的存储器控制器为不同存储体各维护一个汇聚存储器请求的队列，从而在等到有足够多的请求后再打开对应的 DRAM 行，并一次传输所有被请求的数据。这一等待提升了带宽，但使延迟时间增长，而控制器必须确保所有处理单元不会因为等待数据而“挨饿”，否则，相邻的处理器可能会处于空闲状态。4.7 节显示了与基于缓存的传统体系相比，集中–分散技术和可感知存储器–存储体的访问技术可以大幅提升性能。

4.6.3 步幅访问和 TLB 缺失

步幅访问的一个问题是它们如何与 TLB 交互，以在向量体系结构或 GPU 中访问虚拟存储器。（GPU 也使用 TLB 来实现存储器映射。）根据 TLB 的组织方式以及存储器中受访数组的大小，甚至有可能在每次访问数组元素时都会遇到一次 TLB 缺失。缓存也可能发生相同类型的冲突，但性能影响可能更小。

4.7 融会贯通：嵌入式与服务器 GPU，Tesla 与 Core i7

由于图形应用程序的流行，现在在移动客户端、传统服务器和桌面计算机中都可以看到 GPU 的身影。表 4-13 列出了 NVIDIA Tegra Parker 系统和 Pascal GPU 的关键特性，其中前者用于嵌入式客户端，后者用于服务器中。GPU 服务器工程师希望能够在一部电影发行后的五年内实现类似效果的实时渲染。GPU 嵌入式工程师则希望再过五年后，能够在移动端实现跟今天的服务器或游戏主机上类似的实时渲染效果。

表4-13 用于嵌入式客户端及服务器的GPU的关键特性

	NVIDIA Tegra X2	NVIDIA Tesla P100
市场	汽车、嵌入式、控制台、平板计算机	桌面计算机、服务器
系统处理器	6核ARM（2 Denver2 + 4 A57）	不适用
系统接口	不适用	PCI Express 2.0 × 16 Gen 3
系统接口带宽	不适用	16 GB/s（每个方向）、32 GB/s（总共）
时钟频率	1.5 GHz	1.4 GHz
SIMD多处理器	2	56
SIMD通道/SIMD多处理器	128	64
存储器接口	128位LP-DDR4	4096位HBM2
存储带宽	50 GB/s	732 GB/s
存储器容量	最高16 GB	最高16 GB
晶体管	70亿	153亿
工艺	TSMC 16 nm FinFET	TSMC 16 nm FinFET
晶片面积	147 mm^2	645 mm^2
功耗	20 W	300 W

NVIDIA Tegra X2有6个ARMv8核和一个较小的Pascal GPU（速度可达到750 GFLOP/s），存储带宽为50 GB/s。它是NVIDIA DRIVE PX2计算平台的核心元件，该平台在汽车中用于实现自动驾驶。NVIDIA Tegra X1是上一代产品，用在几种高端平板计算机中，比如Google Pixel C和NVIDIA Shield TV中。它拥有一个Maxwell级的GPU，速度可达512 GFLOP/s。

NVIDIA Tesla P100是本章深入讨论的Pascal GPU。（Tesla是NVIDIA为面向通用计算的产品所起的名字。）时钟频率为1.4 GHz，包含56个SIMD处理器。通向HBM2存储器的接口宽度为4096位，它在一个0.715 GHz时钟信号的上升沿和下降沿均传输数据，这意味着它的峰值存储带宽为732 GB/s。它通过一根PCI Express ×16 Gen 3 link连接到主机端系统处理器和存储器，这一链路的峰值双向速率为32 GB/s。

P100晶片的所有物理特性都非常大：包含153亿个晶体管，采用16 nm TSMC工艺，晶片大小为645 mm^2，典型功耗为300 W。

4.7.1 对比GPU与具有多媒体SIMD的MIMD

Intel的一群研究人员发表了一篇论文[Lee等，2010]，对比了具有多媒体SIMD扩展的四核Intel i7与Tesla GTX 280。虽然这项研究没有比较最新版本的CPU和GPU，但它是对这两种风格最深入的比较，因为它解释了性能差异背后的原因。此外，这些架构的当前版本与研究中的版本有许多相似之处。

表4-14列出了两种系统的特性。这两种产品都是2009年秋天购买的。Core i7采用Intel的45 nm半导体技术，而GPU则采用TSMC的65 nm技术。尽管由中立方或利益相关双方同时进行对比更公正一些，但本节的目的不是确定一款产品比另一款快多少，而是理解这两种体系结构同一个参数的相对价值。

表 4-14 Intel Core i7 960 与 NVIDIA GTX 280

	Core i7-960	GTX 280	GTX 280/Core i7
处理器元件的数量（核或SM）	4	30	7.5
时钟频率（GHz）	3.2	1.3	0.41
晶片大小	263	576	2.2
工艺	Intel 45 nm	TSMC 65 nm	1.6
功耗（芯片，而不是模组）	130	130	1.0
晶体管	700 M	1400 M	2.0
存储带宽（GB/s）	32	141	4.4
单精度SIMD宽度	4	8	2.0
双精度SIMD宽度	2	1	0.5
峰值单精度标量FLOPS（GFLOP/s）	26	117	4.6
峰值单精度SIMD FLOPS（GFLOP/s）	102	311~933	3.0~9.1
（SP 1 加或乘）	N.A.	（311）	（3.0）
（SP 1 指令融合乘-加）	N.A.	（622）	（6.1）
（罕见的单精度双发射融合乘-加与乘）	N.A.	（933）	（9.1）
峰值双精度SIMD FLOPS（GFLOP/s）	51	78	1.5

* 最后一列给出了GTX 280与Core i7之比。对于GTX 280上的单精度SIMD FLOPS，较高速度（933）源于一种非常罕见的情况：融合乘-加与乘法的双发射。对于单融合乘-加来说，更合理的值是622。注意，这些存储带宽高于图4-14中的带宽，这是因为本表中为DRAM管脚带宽，而图4-14中则是由基准测试程序在处理器上测出的。（摘自Lee等人[2010]论文中的表2。）

图4-14中Core i7 920和GTX 280的屋檐模型显示了两种计算机之间的差别。Core i7 920的时钟频率慢于Core i7 960（分别是2.66 GHz、3.2 GHz），但系统的其他部分都相同。GTX 280不仅拥有高得多的存储带宽和双精度浮点性能，而且它的双精度脊点明显靠左。如前文所述，屋檐的脊点越靠左，就越容易达到峰值计算性能。GTX 280的双精度脊点为0.6，而Core i7则为2.6。对于单精度性能，脊点大幅右移，这是因为它的单精度性能过高，所以要达到其峰值性能要难得多。注意，内核的运算密度取决于进入主存储器的字节数，而不是进入缓存存储器的字节数。因此，如果假定大多数引用实际指向缓存，则缓存可以改变特定计算机上内核的运算密度。屋檐模型有助于解释这一案例研究中的相对性能。还要注意，在两种体系结构中，带宽都是针对单位步幅访问的。后面将会看到，那些没有聚合的集中-分散寻址，在GTX 280中要比在Core i7中慢一些。

据这些研究人员所述，他们在选择基准测试程序时，分析了最近提出的4个基准测试套件的计算特性与存储器特性，然后“设计了一组收集这些特性数值的**吞吐量计算内核**（throughput computing kernel）”。表4-15描述了这14种内核。表4-16显示了性能结果，数值越大，表示速度越快。

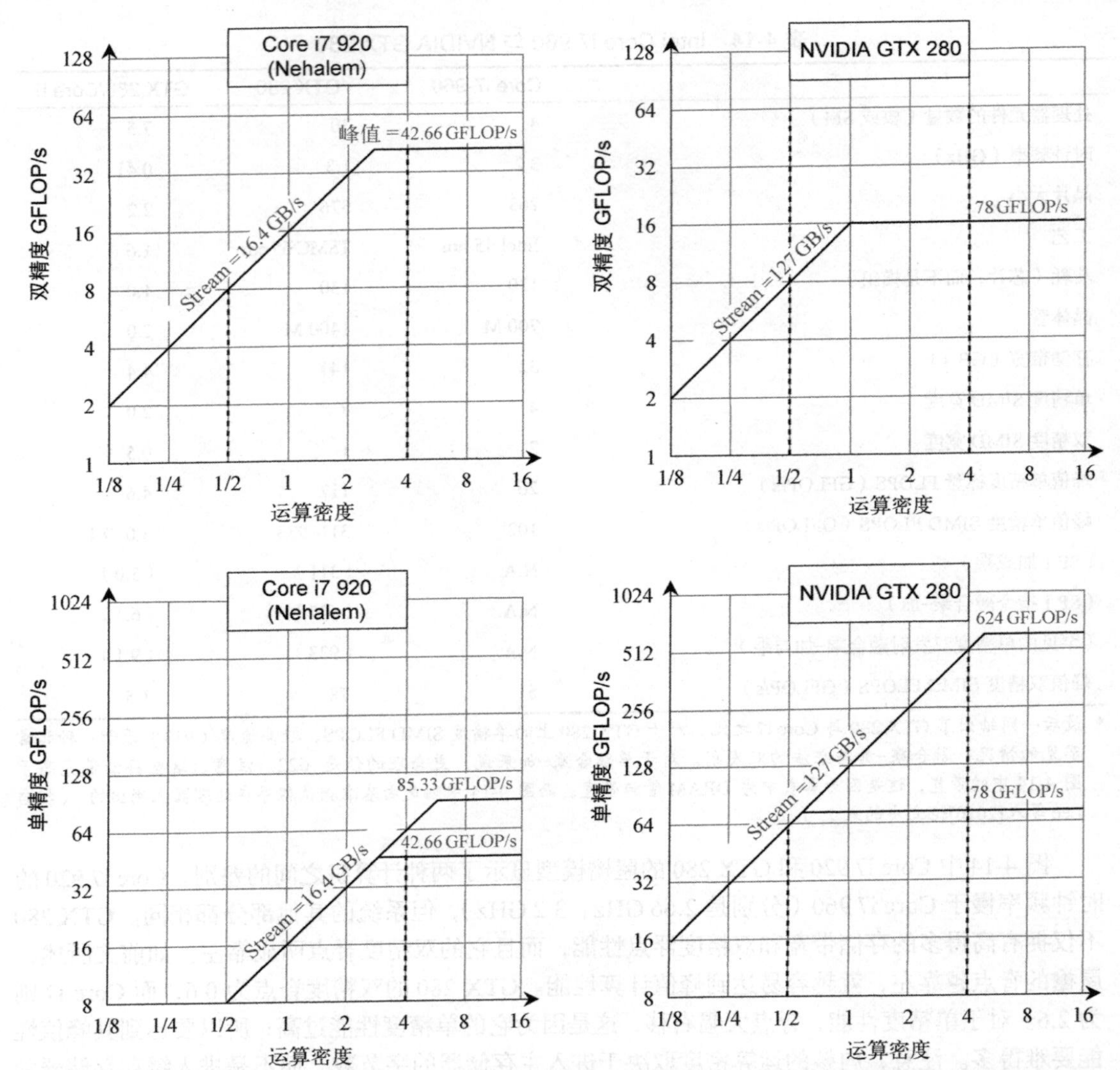

图 4-14　屋檐模型（Williams 等 [2009]）。这些模型在上半部分显示了双精度浮点性能，在下半部分中显示了单精度性能。（下半部分还给出了双精度浮点性能上限，希望提供一些角度。）左边 Core i7 920 的峰值双精度浮点性能为 42.66 GFLOP/s，单精度浮点峰值性能为 85.33 GFLOP/s，峰值存储带宽为 16.4 GB/s。NVIDIA GTX 280 的双精度浮点峰值性能为 78 GFLOP/s，单精度浮点峰值性能为 624 GFLOP/s，存储带宽为 127 GB/s。左侧的垂直虚线表示 1/2 FLOP/B 的运算密度。对于 Core i7，它受存储带宽的限制，不超过 8 DP GFLOP/s 或 8 SP GFLOP/s。右侧的虚线表示 4 FLOP/B 的运算密度。在 Core i7 上，它仅受计算限制，为 42.66 DP GFLOP/s 和 64 SP GFLOP/s；在 GTX 280 上为 78 DP GFLOP/s 和 512 DP GFLOP/s。为了达到 Core i7 的最高计算速率，需要使用所有 4 个核和具有相同数量乘–加的 SSE 指令。对于 GTX 280，需要在所有多线程 SIMD 处理器上使用融合乘–加指令

表4-15 吞吐量计算内核特性值（摘自[Lee等，2010]的表1）

内核	应用	SIMD	TLP	特性
SGEMM（SGEMM）	线性代数	常规	跨2D贴图	贴图之后的计算受限
蒙特卡洛（MC）	计算金融	常规	跨路径	计算受限
卷积（Conv）	图像分析	常规	跨像素	计算受限，小型滤波器的带宽受限
FFT（FFT）	信号处理	常规	跨更小的FFT	计算受限或取决于大小的带宽受限
SAXPY（SAXPY）	点积	常规	跨向量	大型向量的带宽受限
LBM（LBM）	时间迁移	常规	跨单元	带宽受限
约束解算器（Solv）	刚体物理学	集中–分散	跨约束条件	同步受限
SpMV（SpMV）	稀疏矩阵解算器	集中	跨非零	典型大矩阵的带宽受限
GJK（GJK）	冲突检测	集中–分散	跨对象	计算受限
排序（Sort）	数据库	集中–分散	跨元素	计算受限
光线投射（RC）	体渲染	集中	跨射线	4~8 MB一级工作集，超过500 MB的末级工作集
搜索（Search）	数据库	集中–分散	跨查询	小型树的计算受限，大型树底的带宽受限
柱状图（Hist）	图像分析	需要冲突检测	跨像素	归约/同步受限
双边（Bilat）	图像分析	常规	跨像素	计算受限

* 括号中的名称表示本节的基准测试名称。作者指出，两种机器的代码都做了同样的优化努力。

表4-16 在两个平台上测量的原始性能及相对性能

内核	单位	Core i7-960	GTX 280	GTX 280/i7-960
SGEMM	GFLOP/s	94	364	3.9
MC	十亿路径/秒	0.8	1.4	1.8
Conv	百万像素/秒	1250	3500	2.8
FFT	GFLOP/s	71.4	213	3.0
SAXPY	GB/s	16.8	88.8	5.3
LBM	百万查询/秒	85	426	5.0
Solv	帧/秒	103	52	0.5
SpMV	GFLOP/s	4.9	9.1	1.9
GJK	帧/秒	67	1020	15.2
Sort	百万元素/秒	250	198	0.8
RC	帧/秒	5	8.1	1.6
Search	百万查询/秒	50	90	1.8
Hist	百万像素/秒	1517	2583	1.7
Bilat	百万像素/秒	83	475	5.7

* 在这一研究中，SAXPY仅用作存储带宽的一种度量，所以右边的单位为GB/s，而不是GFLOP/s（基于[Lee等，2010]中的表3）。

鉴于GTX 280的原始性能技术指标由比i7慢70%（时钟频率）变化到快7.5倍（每芯片的核数量），而性能由慢一半（Solv）变化到快15.2倍（GJK），Intel研究人员研究了导致这些差异的原因。

- **存储带宽**。GPU的存储带宽为4.4倍，它有助于解释为什么LBM和SAXPY的运行速度要快5.0和5.3倍；它们的工作集为数百兆字节，因此不能放到Core i7缓存中。（为了密集访问存储器，它们没有在SAXPY上使用缓存分块。）因此，屋檐的斜率解释了它们的性能。SpMV同样有一个大型工作集，但由于GTX 280的双精度浮点仅比Core i7快1.5倍，所以SpMV的速度仅为1.9倍。
- **计算带宽**。其余内核中有5个是计算受限：SGEMM、Conv、FFT、MC和Bilat。GTX分别快3.9、2.8、3.0、1.8和5.7倍。其中前3个使用单精度浮点运算，GTX 280单精度快3~6倍。（只有在GTX 280每个时钟周期可发射一个融合乘加和乘法指令的极特殊情况下，才会出现表4-14所示比Core i7快9倍的情况。）MC使用双精度，这解释了为什么DP性能仅快1.5倍，MC仅快1.8倍。Bilat使用超越函数，GTX 280直接支持这些函数（见表4-8）。Core i7将三分之二的时间花费在计算超越函数上，所以GTX 280快5.7倍。这一观察结果有助于指出硬件直接支持工作负载中某些运算的价值：双精度浮点，还有可能包括超越函数。
- **缓存优势**。光线投射（RC）在GTX上仅快1.6倍，这是因为利用Core i7进行缓存分块可以防止它像在 GPU 上一样，变为存储带宽限制。缓存分块也有助于搜索。如果索引树很小，可以放在缓存中，那么Core i7将会快2倍。索引树较大时，则会成为存储带宽限制。整体上，GTX 280执行搜索的速度快1.8倍。缓存分块对排序也有帮助。大多数程序员不会在SIMD处理器上运行Sort，可以用一个称为**分割**（split）的1位Sort原型来编写它。但是，分割算法执行的指令数要比标量排序多很多。结果，GTX 280的运行速度仅是Core i7的80%。注意，缓存还可以帮助Core i7上的其他内核，这是因为缓存分块允许SGEMM、FFT和SpMV成为计算限制。这一观察结果再次强调了第2章中缓存分块优化的重要性。
- **集中–分散**。如果数据分散在整个主存储器内，那么多媒体 SIMD 扩展的帮助就很小；仅当数据与 16 字节边界对齐时，才会产生最优性能。因此，在 Core i7 上，GJK 从SIMD 中获得的好处很少。如前所述，GPU 提供了集中–分散寻址，向量体系结构中使用了这一技术，但SIMD扩展中则没有。地址接合单元也可以提供帮助：合并对相同缓存行的访问，从而减少集中与分散的数目。存储器控制器还会对相同的 DRAM 页面进行批访问。这种组合意味着GTX 280运行GJK的速度要比Core i7快15.2倍之多，这个数字比表 4-14 中给出的任意单个物理参数都大。这一观测结果再次强调了集中–分散对向量与GPU体系结构的重要性，它是SIMD扩展中所没有的。
- **同步**。Hist同步的性能受原子更新的限制，尽管Core i7中有硬件取数累加指令，但原子更新仍然占Core i7总运行时间的28%。因此，Hist在GTX 280上仅快1.7倍。Solv以少量计算和屏障同步求解一系列相互独立的约束方程。Core i7 获益于原子指令和存储器一致性模型，即使对存储器层次结构的所有先前访问还没有完成，也能确保得到正确结果。由于 GTX 280 中没有存储器一致性模型，它只能通过由系统处理器多次启动网络来进行同步，使GTX 280的运算速度为Core i7的二分之一。这一观察指出，同步性能对于某些数据并行问题有多么重要。

很有趣的一点是，向量体系结构对集中–分散的支持要比SIMD指令早几十年，它对于有效应用这些SIMD扩展非常重要；早在进行这一对比之前就有人做出了此预测[Gebis和Patterson,

2007]。Intel 研究人员指出，在 Core i7 上拥有更高效的集中–分散支持时，这 14 个内核中的 6 个将更好地利用 SIMD。

注意，该对比中缺少一个重要的特性，即描述为获得两个系统的结果所付出的努力。理想情况下，未来的对比会发布在这两种系统上使用的代码，使其他人能够在不同硬件平台上再现相同的试验，并可能对结果进行改进。

4.7.2 对比更新

其间几年里，Core i7 和 Tesla GTX 280 的弱点已经被它们的后继者克服。Intel 的 AVX2 增加了集中指令，而 AVX/512 中增加了分散指令，而这两种指令都可以在 Intel Skylake 系统中找到。NVIDIA Pascal 的双精度浮点性能达到了单精度浮点速度的一半，而不再是八分之一，它还采用了快速原子操作和缓存。

表 4-17 列出了这两种后继产品的特性。表 4-18 利用原论文中 14 种基准测试中的 3 种，对比了它们的性能（我们可以找到这些基准测试的源代码）。图 4-15 给出了两个新的屋檐模型。新 GPU 芯片的速度比旧 GPU 快 15~50 倍，新 CPU 芯片的速度比旧 CPU 快 50 倍，新 GPU 的速度比新 CPU 快 2~5 倍。

表 4-17 Intel Xeon 和 NVIDIA P100

	Xeon Platiunm 8180	P100	P100/Xeon 值
处理器元件的数量（核或 SM）	28	56	2.0
时钟频率（GHz）	2.5	1.3	0.52
晶片大小	N.A.	610 mm²	—
技术	Intel 14 nm	TSMC 16 nm	1.1
功耗（芯片，而不是模组）	80 W	300 W	3.8
晶体管	N.A.	15.3 B	—
存储带宽（GB/s）	199	732	3.7
单精度 SIMD 宽度	16	8	0.5
双精度 SIMD 宽度	8	4	0.5
峰值单精度 SIMD FLOPS（GFLOP/s）	4480	10 608	2.4
峰值双精度 SIMD FLOPS（GFLOP/s）	2240	5304	2.4

* 最右列给出了 P100 与 Xeon 的比值。注意，这些存储器宽度要大于图 4-14 中的数值，这是因为这里的数据是 DRAM 引脚带宽，而图 4-14 中的数据是由基准测试程序在处理器端测量得到的。

表 4-18 相较于原平台的相对性能，两个平台现代版本的原始性能和相对性能

内　核	单　位	Xeon Platiunm 8180	P100	P100/Xeon 值	GTX 280/i7-960
SGEMM	GFLOP/s	3494	6827	2.0	3.9
DGEMM	GFLOP/s	1693	3490	2.1	—
FFT-S	GFLOP/s	410	1820	4.4	3.0
FFT-D	GFLOP/s	190	811	4.2	–
SAXPY	GB/s	207	544	2.6	5.3
DAXPY	GB/s	212	556	2.6	—

* 和表 4-16 中一样，SAXPY 和 DAXPY 都仅用作存储带宽的测量，所以正确的单位应当是 GB/s，而不是 GFLOP/s。

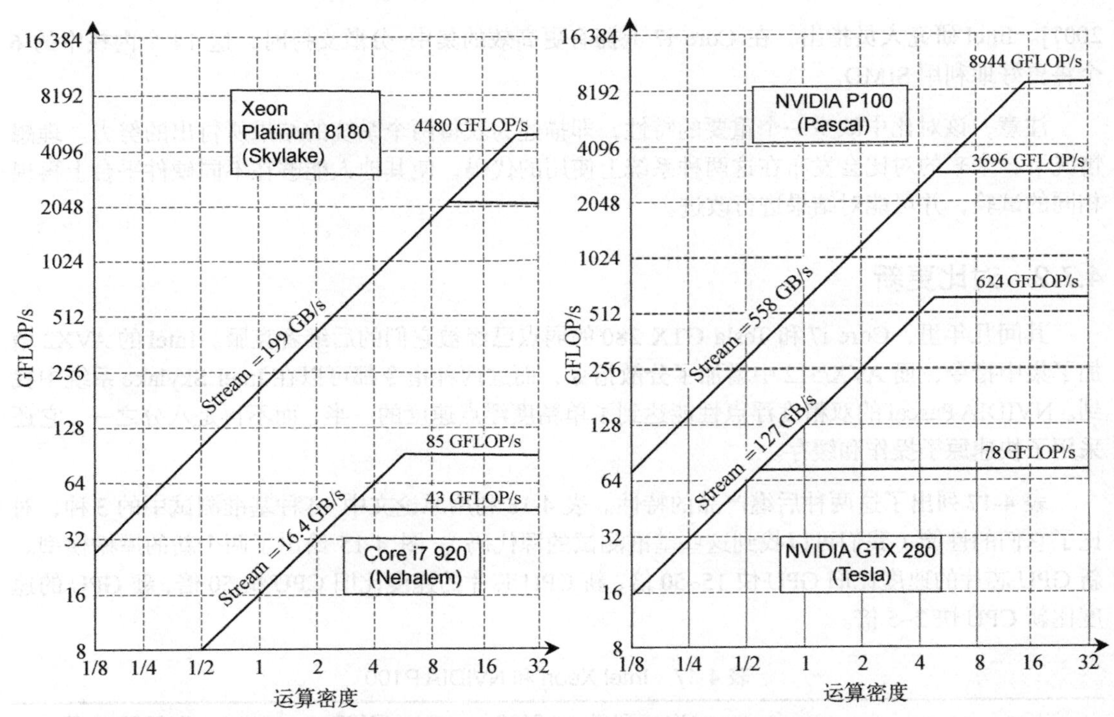

图4-15　新旧CPU与新旧GPU的屋檐模型。每种计算机较高的屋檐是单精度浮点性能，较低的是双精度性能

4.8　谬论与易犯错误

尽管从程序员的角度来看，数据级并行是ILP之后最简单的并行形式，从架构师的角度来看似乎也是最简单的形式，但它仍然有许多谬论和易犯错误。

谬论　*GPU因作为协处理器而"窘迫"。*

尽管主存储器与GPU之间的分割有缺点，但与CPU保持一定距离是有好处的。

例如，PTX之所以存在，部分原因是作为GPU的I/O设备非常灵活。这种编译器与硬件之间的间接性给了GPU架构师比系统处理器架构师更大的灵活性。通常很难事先知道一种体系结构的创新是否会受到编译器和库的支持，以及对应用程序是否非常重要。有时，一种新的机制在一到两代的架构上很有效，但会随着时代发展、应用变迁而逐渐失效。PTX允许GPU架构师尝试创新，如果它们令人失望或者重要性降低，可以在后续的几代中放弃这些创新，从而鼓励架构师进行实验。可以理解的是，对于系统处理器来说，包含一项创新需要更充分的理由——因此可以进行的实验也少得多——因为发行二进制机器码通常意味着新特性必须得到该体系结构的所有后代的支持。

对PTX价值的一个证明是，不同代的架构从根本上改变了硬件指令集——从像x86这样的面向存储器的指令集变成了像RISC-V这样的面向寄存器的指令集，并将地址大小增加了一倍，达到64位——但没有破坏NVIDIA的软件栈。

易犯错误 关注向量体系结构的峰值性能，忽略启动开销。

早期存储器–存储器向量处理器（比如 TI ASC 和 CDC STAR-100）的启动延迟很长。对于某些向量问题，向量长度必须大于 100，向量代码才能快于标量代码。在 CYBER 205（派生自 STAR-100）上，DAXPY 的启动开销为 158 个时钟周期，大大提高了收支平衡点。如果 Cray-1 和 CYBER 205 的时钟频率相同，那么在向量长度大于 64 之前，Cray-1 会更快。因为 Cray-1 的时钟也更快（尽管 205 更新），所以当向量长度超过 100 之后，CYBER 205 才会更快。

易犯错误 提高向量性能，却没有相应地提高标量性能。

这种不平衡是许多早期向量处理器的一个问题，也是 Seymour Cray（Cray 计算机的架构师）改写规则的地方。许多早期向量处理器的标量单元都比较慢（启动开销也比较大）。即使到了今天，向量性能较低但标量性能较佳的处理器，也要优于峰值向量性能较佳的处理器。良好的标量性能可以降低开销成本（比如条带挖掘），并降低 Amdahl 定律的影响。

一个很好的例子是对比一个快速的标量处理器和一个标量性能较差的向量处理器。Livermore Fortran 内核是一组 24 个向量化程度不同的科学内核。表 4-19 显示了在这一基准测试中测得的两种处理器的性能。从测得的调和平均值可以看出，尽管向量处理器的峰值性能更高，但由于其标量性能较低，因而比快速标量处理器慢。

表 4-19 Livermore Fortran 内核在两个不同处理器上的性能测量值

处理器	任意循环的最低速率（MFLOPS）	任意循环的最高速率（MFLOPS）	所有 24 个循环的调和平均值（MFLOPS）
MIPS M/120-5	0.80	3.89	1.85
Stardent-1500	0.41	10.08	1.72

* MIPS M/120-5 和 Stardent-1500（曾叫 Ardent Titan-1）都使用 16.7 MHz MIPS R2000 芯片作为主 CPU。Startdent-1500 使用其向量单元进行标量浮点运算，其标量性能（最低速率）大约是 MIPS M/120-5 的一半，后者使用 MIRS R2010 FP 芯片。对于高度可向量化的循环，向量处理器要快 2.5 倍以上（最高速率）。但是，在对所有 24 个循环测量总性能的调和平均值时，Stardent-1500 较差的标量性能抵消了其较好的向量性能。

今天，这一危险颠倒了过来：提高向量性能（比如通过增加通道数目），却不提高标量性能。这种短视是导致非平衡计算机的另一个原因。

下一个谬论与此密切相关。

谬论 可以在不提高存储带宽的情况下获得良好的向量性能。

通过 DAXPY 循环和屋檐模型可以看出，存储带宽对所有 SIMD 体系结构都非常重要。DAXPY 进行每次浮点运算需要 1.5 次存储器访问，这一数值在许多科学代码中都非常典型。即使浮点运算不占时间，Cray-1 也不能提高所用向量序列的性能，因为它受到存储器的限制。当编译器使用分块来改写代码，以在向量寄存器中保存所有值时，Cray-1 执行 Linpack 的性能猛增。这种方法降低了每个 FLOP 的存储器访问次数，将性能提升将近两倍！因此，对于以前需要更多带宽的循环来说，Cray-1 上的存储带宽就足够了。

谬论 在 GPU 上，如果存储器性能不够高，只需添加更多线程就可以了。

GPU 使用许多 CUDA 线程来隐藏到主存储器的延迟。如果存储器访问被分散，或者在各个 CUDA 线程之间没有相关性，那么存储器系统在响应每个请求时会明显变慢。最终，即使有许多线程也不能隐藏延迟。为使“增加CUDA线程”的策略生效，不仅需要大量CUDA线程，而且这些CUDA线程本身必须在存储器访问的局部性方面表现良好。

4.9 结语

数据级并行对于个人移动设备越来越重要，因为在这些设备上显示音频、视频和游戏重要性的应用程序越来越流行。当与一个比任务级并行更容易编程且可能具有更高能效的模型相结合时，就很容易理解为什么在这十年中数据级并行出现了复兴。

我们看到系统处理器拥有了更多的GPU特性，反之亦然。传统处理器和GPU在性能方面最大的差别之一是集中–分散寻址。传统的向量体系结构说明了如何向SIMD指令添加此类寻址，而我们希望随着时间的推移，有更多的想法从经过良好验证的向量体系结构添加到SIMD扩展中。

4.4节开头曾经说过，GPU的问题不只是哪种体系结构最好，而是当硬件投入足以出色地完成图形处理时，如何增强它以支持更具一般性的计算任务？尽管向量体系结构在理论上有许多优点，但它能否像GPU一样作为图形学的基础还有待证明。RISC-V已经接受了向量而不是SIMD。因此，就像过去关于架构的争论一样，市场将帮助确定两种类型的数据并行架构的优缺点的重要性。

4.10 历史回顾与参考文献

附录M.6节讨论了Illiac IV（早期SIMD体系结构的代表）和Cray-1（向量体系结构的代表），还研究了多媒体SIMD扩展和GPU的历史。

4.11 案例研究与练习（由Jason D. Bakos设计）

案例研究：在向量处理器和GPU上实现向量内核

本案例研究说明的概念

- 向量处理器编程
- GPU编程
- 性能评估

MrBayes是一个流行的计算生物学应用程序，可以根据一组输入物种的预先排列的DNA序列数据（长度为n）来推测这一物种的进化历史。MrBayes的工作方式是对所有二叉树拓扑空间（这些输入物种就是这个树的叶子）执行启发性搜索。要对具体树进行求值，这个应用程序必须为每个内部节点计算一个$n \times 4$的条件似然表（名称为clP）。这个表是另外4个表的函数，其中两个表分别是该节点两个子节点的条件似然表（`clL`和`clR`，单精度浮点），另外两个表是相关的$n \times 4 \times 4$转移概率表（`tiPL`和`tiPR`，单精度浮点）。这个应用程序的内核之一就是计算这个条件似然表，如下所示：

```
for (k=0; k <seq_length; k++) {
   clP[h++] = (tiPL[AA]*clL[A] + tiPL[AC]*clL[C] +
               tiPL[AG]*clL[G] + tiPL[AT]*clL[T])*
              (tiPR[AA]*clR[A] + tiPR[AC]*clR[C] +
               tiPR[AG]*clR[G] + tiPR[AT]*clR[T]);
   clP[h++] = (tiPL[CA]*clL[A] + tiPL[CC]*clL[C] +
               tiPL[CG]*clL[G] + tiPL[CT]*clL[T])*
              (tiPR[CA]*clR[A] + tiPR[CC]*clR[C] +
               tiPR[CG]*clR[G] + tiPR[CT]*clR[T]);
   clP[h++] = (tiPL[GA]*clL[A] + tiPL[GC]*clL[C] +
               tiPL[GG]*clL[G] + tiPL[GT]*clL[T])*
              (tiPR[GA]*clR[A] + tiPR[GC]*clR[C] +
               tiPR[GG]*clR[G] + tiPR[GT]*clR[T]);
   clP[h++] = (tiPL[TA]*clL[A] + tiPL[TC]*clL[C] +
               tiPL[TG]*clL[G] + tiPL[TT]*clL[T])*
              (tiPR[TA]*clR[A] + tiPR[TC]*clR[C] +
               tiPR[TG]*clR[G] + tiPR[TT]*clR[T]);
   clL += 4;
   clR += 4;
}
```

4.1 [25] <4.1、4.2> 假定有如表 4-20 所示的常量。写出 RISC-V 和 RV64V 的代码。假定 tiPL、tiPR、clL、clR 和 clP 的起始地址分别在 RtiPL、RtiPR、RclL、RclR 和 RclP 中。不要展开循环。为便于简化向量加法，假定向 RV64V 中添加以下指令：

```
vsum Fd, Vs
```

这个指令对向量寄存器 Vs 执行求和化简，并将总和写到标量寄存器 Fd 中。

表 4-20 本案例研究的常量和取值

常 量	值
AA、AC、AG、AT	0、1、2、3
CA、CC、CG、CT	4、5、6、7
GA、GC、GG、GT	8、9、10、11
TA、TC、TG、TT	12、13、14、15
A、C、G、T	0、1、2、3

4.2 [5] <4.1、4.2> 假定 seq_length == 500，两种实现的动态指令数为多少？

4.3 [25] <4.1、4.2> 假定在向量功能单元上执行向量化简指令，向量化简指令类似于向量加法指令。假定每个向量功能单元只有一个实例，给出代码序列是如何安排的。此代码需要多少次钟鸣？每个 FLOP 需要多少个周期（忽略向量指令发射开销）？

4.4 [15] <4.1、4.2> 考虑将循环展开并将多个迭代映射到向量操作的可能性。假定可以使用集中-分散载入和存储指令（vldi 和 vsti）。这将如何影响为这个内核编写 RV64V 代码的方式？

4.5 [25] <4.4> 假定我们希望使用单个线程块在 GPU 上实现 MrBayes 内核。使用 CUDA 改写内核的 C 代码。假定指向条件似然表和转移概率表的指令以内核参数的形式指定。为循环的每个迭代调用一个线程。对于任何需要重复使用的值，先将其载入共享存储器中，然后再进行操作。

4.6 [15] <4.4> 利用 CUDA，我们可以使用块级别的粗粒度并行来并行计算多个节点的条件似然。假定我们希望由树的底部向上计算条件似然。假定对所有节点来说，seq_length == 500，并且 12 个叶节点中每个节点的表组按节点顺序存储在连续存储器地址中（例如，节点 *n* 上 clP 的第 *m* 个元素在 clP[*n**4*seq_length+*m**4]）。假定我们希望为节点 12~17 计算条件似然，如图 4-16

所示。修改在解答练习4.5时计算数组索引的方法，将块编号包含在内。

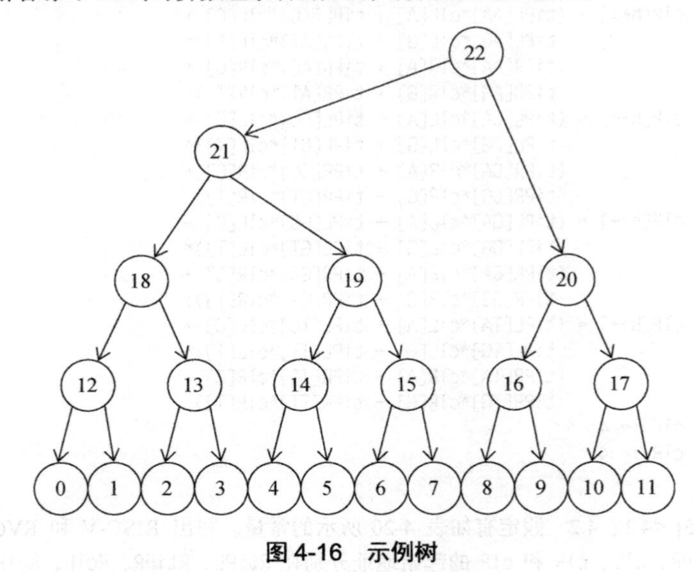

图4-16 示例树

4.7 [15] <4.4> 将练习4.6的代码转换为PTX代码。这个内核需要多少条指令？

4.8 [10] <4.4> 你认为这一代码在GPU上会执行得如何？对你的回答做出解释。

练习

4.9 [10/20/20/15/15] <4.2、4.3> 考虑以下代码，它将两个包含单精度复数值的向量相乘：

```
for (i=0;i <300;i++) {
     c_re[i] = a_re[i] * b_re[i] - a_im[i] * b_im[i];
     c_im[i] = a_re[i] * b_im[i] + a_im[i] * b_re[i];
}
```

假定处理器的运行频率为700 MHz，最大向量长度为64。载入/存储单元的启动开销为15个时钟周期，乘法单元为8个时钟周期，加法/减法单元为5个时钟周期。

a. [10] <4.3> 这个内核的运算密度为多少？给出理由。

b. [20] <4.2> 将此循环转换为使用条带挖掘的RV64V汇编代码。

c. [20] <4.2> 假定采用链接和单一存储器流水线，需要多少次钟鸣？每个复数结果值需要多少个时钟周期（包括启动开销在内）？

d. [15] <4.2> 如果向量序列被链接在一起，每个复数结果值需要多少个时钟周期（包含开销）？

e. [15] <4.2> 假定处理器有3条存储器流水线和链接。如果该循环的访问过程中没有存储体冲突，每个结果需要多少个时钟周期？

4.10 [30] <4.2、4.3、4.4> 在这个问题中，我们将对比向量处理器与一种混合系统的性能，该混合系统包含一个标量处理器和一个基于GPU的协处理器。在混合系统中，主机处理器的标量性能优于GPU，所以在这种情况下，所有标量代码都在主机处理器上执行，而所有向量代码都在GPU上执行。我们将第一种系统称为向量计算机，将第二种系统称为混合计算机。假定你的目标应用程序包含一个向量内核，运算密度为0.5 FLOP/被访问DRAM字节；但是，这个应用程序还有一个标量组件必须在此内核之前和之后执行，以分别准备输入向量和输出向量。对于示例数据集，此代码的标量部分在向量处理器和混合系统的主机处理器上都需要400 ms的执行时间。内核读取包含 200 MB 数据的输入向量，输出数据包含 100 MB 数据。向量处理器的峰值存储带宽为 30 GB/s，GPU 的峰值存储带宽为 150 GB/s。混合系统有一项额外开销，即在调用该内核前后，需要在主存储器和 GPU 局部存储器之间传送所有输入向量。此混合系统的直接存储器访问（DMA）带宽为 10 GB/s，平均延迟为 10 ms。假定向量处理器和 GPU 的性能都受存储带宽的限制。计算两种计算机执行这一应用程序所需要的时间。

4.11 [15/25/25] <4.4、4.5> 4.5 节讨论了化简运算，它通过重复应用一种运算将向量简化为标量。化简是一种特殊的循环递推。下面给出一个例子：

```
dot=0.0;
for (i=0;i <64;i++) dot = dot + a[i] * b[i];
```

向量化编译器可以应用一种被称为**标量扩展**的转换，将 dot 扩展到向量中，并对循环进行分割，以便用向量运算来执行乘法，而将化简运算当作独立的标量运算：

```
for (i=0;i <64;i++) dot[i] = a[i] * b[i];
for (i=1;i <64;i++) dot[0] = dot[0] + dot[i];
```

4.5 节曾经提到，如果允许浮点加法具有结合性，那就可用几种技术实现化简的并行化。

a. [15] <4.4、4.5> 一种称为递推加倍的技术对一个逐渐缩短的向量序列（即两个 32 元素向量，然后是两个 16 元素向量，以此类推）进行加法运算。显示 C 代码如何以这种方式来执行第二个循环。

b. [25] <4.4、4.5> 在一些向量处理器中，向量寄存器中的各个元素是可以单独寻址的。在这种情况下，一个向量运算的操作数可能是同一向量寄存器的两个不同部分。这就有了另外一种化简方案——**部分求和**。其思想是将向量化简为 *m* 次求和，其中 *m* 是通过该向量功能单元的总延迟，包括操作数读写时间。假定 VMIPS 向量寄存器是可寻址的（例如，可以用操作数 V1(16)启动向量运算，表示输入操作数从元素 16 开始）。另外，假定加法运算的总延迟（包括操作数读取和结果写入）为 8 个时钟周期。写一段 VMIPS 代码序列，将 V1 的内容化简为 8 个部分求和。

c. [25] <4.4、4.5> 在 GPU 上执行化简时，输入向量中的每个元素都有一个线程与其相关联。每个线程的第一步是将其相应的值写到共享存储器中。接下来，每个线程进入一个循环，对每对输入值求和。每次迭代后，元素数会减半，活跃线程数也会减半。为将化简性能提升至最大，应当将该循环过程中的完整填充 Warp 数提升至最大。换句话说，活跃线程应当是连续的。每个线程对共享数组进行索引时还应当避免在共享存储器中发生存储体冲突。以下循环仅违反了这些指南中的第一条，还用到了求模运算符——对 GPU 来说，这种运算符的成本是非常高的：

```
unsigned int tid = threadIdx.x;
 for(unsigned int s=1; s <blockDim.x; s * =2) {
 if ((tid % (2 * s)) == 0) {
 sdata[tid] += sdata[tid + s];
 }
 __syncthreads();
 }
```

重写该循环，使其满足这些指南，而且不再使用求模运算符。假定每个 Warp 中有 32 个线程，只要同一 Warp 的两个或多个线程引用的索引对 32 求模的结果相同，就会发生存储体冲突。

4.12 [10/10/10/10] <4.3> 以下内核执行有限时域差分法（FDTD）的一部分，用来计算三维空间中的 Maxwell 方程，它是 SPEC06fp 基准测试的一部分：

```
for (int x=0; x <NX -1; x++) {
 for (int y=0; y <NY -1; y++) {
 for (int z=0; z <NZ -1; z++) {
 int index = x * NY * NZ + y * NZ + z;
 if (y >0 && x >0) {
  material = IDx[index];
  dH1 = (Hz[index] -Hz[index-incrementY])/dy[y];
  dH2 = (Hy[index] -Hy[index-incrementZ])/dz[z];
  Ex[index] = Ca[material]*Ex[index]+Cb[material]*
  (dH2 -dH1);
}}}}
```

假定 dH1、dH2、Hy、Hz、dy、dz、Ca、Cb 和 Ex 都是单精度浮点数组。假定 IDx 是无符号整数数组。

a. [10] <4.3> 这个内核的运算密度为多少？

b. [10] <4.3> 这个内核是否可以执行向量或 SIMD？说明理由。

c. [10] <4.3> 假定这个内核将在存储带宽为 30 GB/s 的处理器上执行，这一内核是受存储器的限制还是受计算的限制？

d. [10] <4.3> 为这个处理器开发屋檐模型，假定其峰值计算吞吐量为 85 GFLOP/s。

4.13 [10/15] <4.4> 假定有一种包含 10 个 SIMD 处理器的 GPU 体系结构。每条 SIMD 指令的宽度为 32，每个 SIMD 处理器包含 8 条通道，用于执行单精度运算和载入/存储指令，也就是说，每个非分岔 SIMD 指令每 4 个时钟周期可以生成 32 个结果。假定内核的分岔分支将导致平均 80%的线程为活跃的。假定在所执行的全部 SIMD 指令中，70%为单精度运算，20%为载入/存储。由于并不包含所有存储器延迟，所以假定 SIMD 指令平均发射率为 0.85。假定 GPU 的时钟频率为 1.5 GHz。

a. [10] <4.4> 计算这个内核在这个 GPU 上的吞吐量，单位为 GFLOP/s。

b. [15] <4.4> 假定我们有以下选项。

(1) 将单精度通道数增大至 16。

(2) 将 SIMD 处理器数增大至 15（假定这一改变不会影响任何其他性能指标，并且代码会扩展到增加的处理器上）。

(3) 添加一个可以有效将存储器延迟缩减 40%的缓存，这会将指令发射率增加至 0.95。

对于这些改进中的每一项，吞吐量的加速比为多少？

4.14 [10/15/15] <4.5> 在本练习中，我们将研究几个循环，并分析它们在并行化方面的潜力。

a. [10] <4.5> 以下循环是否存在跨迭代相关？

```
for (i=0;i <100;i++) {
 A[i] = B[2*i+4];
 B[4*i+5] = A[i];
}
```

b. [15] <4.5> 找出以下循环中的所有真相关、输出相关和反相关。通过重命名来消除输出相关和反相关。

```
for (i=0;i <100;i++) {
 A[i] = A[i] * B[i]; /* S1 */
 B[i] = A[i] + c; /* S2 */
 A[i] = C[i] * c; /* S3 */
 C[i] = D[i] * A[i]; /* S4 */
```

c. [15] <4.5> 考虑以下循环：

```
for (i=0;i <100;i++) {
 A[i] = A[i] + B[i]; /* S1 */
 B[i+1] = C[i] + D[i]; /* S2 */
}
```

S1 和 S2 之间是否存在相关？这个循环是否是并行的？如果不是，说明如何使其成为并行的。

4.15 [10] <4.4> 列出并介绍至少 4 个影响 GPU 内核性能的因素。换句话说，哪些由内核代码导致的运行时行为会降低内核执行时的资源利用率？

4.16 [10] <4.4> 假定一个虚设 GPU 具有以下特性：

- 时钟频率为 1.5 GHz；
- 包含 16 个 SIMD 处理器，每个处理器包含 16 个单精度浮点单元；
- 片外存储带宽为 100 GB/s。

不考虑存储带宽，假定可以隐藏所有存储器延迟，则该 GPU 的峰值单精度浮点吞吐量为多少 GFLOP/s？在给定存储带宽限制的情况下，这一吞吐量是否可持续？

4.17 [60/60/60] <4.4> 对于这个编程练习，写出并描述 CUDA 内核的行为特征，该内核中不仅包含大量数据级并行，还包含条件执行行为。使用 NVIDIA CUDA 工具套件和英属哥伦比亚大学的 GPU- SIM 或者 CUDA Profiler 来编写并编译 CUDA 内核，对 256 × 256 棋盘执行 Conway “生命游戏” 的 100 次迭代，并将棋盘的最终状态返回给主机。假定这一棋盘由主机初始化。为每个单元格关联一个线程。确保在每次游戏迭代之后添加一个屏障。使用以下游戏规则。

- 对于任意存活单元格，如果其相邻的存活单元格少于两个，则该存活单元格死亡。
- 对于任意存活单元格，如果其相邻的存活单元格为两个或三个，则该存活单元格将生存到下一代。
- 对于任意存活单元格，如果其相邻的存活单元格超过三个，则该存活单元格死亡。
- 对于任意死亡单元格，如果它恰有三个相邻的存活单元格，则该死亡单元格变为存活单元格。

在完成该内核后，回答以下问题。

a. [60] <4.4> 使用-ptx 选项编译代码，并查看该内核的 PTX 表示方式。该内核的 PTX 实现方式由多少个 PTX 指令构成？该内核的条件部分包含分支指令，还是仅有可预测的非分支指令？

b. [60] <4.4> 在模拟器上执行代码之后，动态指令数为多少？所实现的每周期指令数（IPC）为多少？或者说指令发射率为多少？在控制指令、算术逻辑单元（ALU）指令和存储器指令方面，什么是动态指令分解？是否存在任何存储体冲突？有效片外存储带宽为多少？

c. [60] <4.4> 对该内核进行改进，其中片外存储器访问被聚合在一起，观察运行时性能的差别。

5 线程级并行

20世纪60年代中期，计算机组织结构开始偏离传统方式，在当时提升计算机运行速度的努力中，收益递减定律开始发挥作用……电子电路的运行速度最终受光速的限制……许多电路已经在纳秒级别运行。

——W. Jack Bouknight 等，
The Illiac IV System（1972）

我们未来的所有产品开发都专注于多核设计。我们相信这是行业的一个关键转折点。

——Intel前总裁 Paul Otellini
在2005年度Intel开发者
论坛上介绍Intel未来的方向

自2004年以来，处理器设计者不再聚焦在提升单核性能上，而是不断地增加处理器核的数量，以更好地利用摩尔定律进行扩展。登纳德缩放比例定律的失效使处理器转为多核设计，而且在多核场景下同样会很快地限制处理器的扩展。

——Hadi Esmaeilzadeh 等，
Power Limitations and Dark Silicon Challenge the Future of Multicore（2012）

5.1 引言

正如本章开篇引语所说，早在很多年前，一些研究人员就认为单处理器体系结构的发展已经到头了。显然，这言之过早了。事实上，自 20 世纪 50 年代末 60 年代初出现第一批晶体管计算机以来，在微处理器发展的推动下，单处理器性能的增长速度在 1986 年至 2003 年期间达到高峰。

然而，多处理器也在整个 20 世纪 90 年代变得越来越重要，因为设计师们在利用普通微处理器的巨大性价比优势的同时，还找到了一种方法来制造比单个微处理器性能更好的服务器和超级计算机。第 1 章和第 3 章中讨论过，由于利用指令级并行（ILP）的收益越来越少，单处理器的性能增长开始放缓，再加上对功耗的日益关注，计算机体系结构进入了一个新时代。在这个时代中，多处理器在从低端到高端的各个领域中都扮演了重要角色。本章开头的第二条引语就指出了这个明显的转折点。

多重处理的重要性在不断提升，这反映了以下几个重要因素。

- 2000 年至 2005 年，设计人员尝试进一步利用 ILP，而事实表明这种方法的效率很低，因为功耗和硅成本的增长速度快于性能的增长速度。因此，硅与能量的利用效率在这一时期大幅下降。提到快于基本技术的可扩展、通用性能提升方法，除了 ILP 之外，我们知道的唯一方法就是多重处理。
- 随着云计算和软件即服务变得越来越重要，人们对高端服务器的关注度也在提高。
- 互联网上的海量数据推动了数据密集型应用程序的发展。
- 人们认识到提高桌面计算机的性能（至少图形处理功能之外的性能）不再那么重要，要么是因为当前的性能可以接受，要么是因为计算密集和数据高度密集的应用程序是在云上运行的。
- 人们深入了解了如何有效地利用多处理器，特别是在服务器环境中。由于大型数据集（通常是数据并行的形式）、“自然”并行（出现在科学计算和工程代码中）或大量独立请求之间的并行性而产生了显著的内在并行性。
- 通过可复用设计而不是独特设计来充分发挥设计投入的效用。所有多处理器设计都具备这一特点。

本章开头的第三条引语提醒我们，多核可能只提供有限的扩展性能的可能性。Amdahl 定律的效应加上登纳德缩放比例定律的终结意味着多核的未来可能受限，至少作为一种提高单个应用程序性能的方法是受限的。本章后面会再探讨这个主题。

本章主要研究线程级并行（TLP）的利用。TLP 意味着存在多个程序计数器，因此主要通过多指令多数据（MIMD）加以利用。尽管 MIMD 已经存在了几十年，但是将 TLP 引入嵌入式应用程序和高端服务器等计算领域的前沿是最近的事情。同样，TLP 大量用于各种通用应用程序而不只是事务处理或科学计算领域也是最近的事情。

本章的重点是**多处理器**（multiprocessor）。我们将**多处理器**定义为由紧耦合处理器组成的计算机，这些处理器的协调与使用通常由单个操作系统控制，它们通过共享地址空间来共享存储器。此类系统通过两种不同的软件模型来利用 TLP。第一种模型是运行一组紧密耦合的线程，它们协同完成一项任务，这种情况通常称为**并行处理**（parallel processing）。第二种模型是执行可能由一位或多位用户发起的多个相对独立的进程，这是**请求级并行**的一种形式，其规模远小于将在下一章研究的形式。请求级并行可以由一个在多处理器环境下执行的应用程序完成（比如响应查询请求的数据库程序），也可以由多个独立运行的应用程序完成，后者通常称为**多道程序**（multiprogramming）。

本章研究的多处理器小到双处理器，大到数十甚至数百个通过共享存储器进行通信和协调的处理器。尽管共享存储器意味着共享地址空间，但并不一定意味着只有一个物理存储器。这些多处理器既包括拥有多个核的单片系统（称为**多核**，multicore），也包括由多个芯片构成的计算机，其中每个芯片通常采用多核设计。许多公司制造了这样的多处理器，包括惠普、戴尔、思科、IBM、SGI、联想、甲骨文、富士通，等等。

除了真正的多处理器之外，我们还将再次讨论多线程主题，这一技术支持多个线程以交错形式在单个支持多发射技术的处理器上运行。许多多核处理器也包括对多线程的支持。

下一章将研究由大量处理器构建而成的超大规模计算机，这些处理器通过网络技术（不一定是用来连接计算机和互联网的网络技术）连接在一起，通常称为**集群**（cluster）。这些大规模系统主要用于云计算，其中有大量独立任务并行执行。最近，容易并行执行的计算密集型任务（比如搜索）和某些机器学习算法也使用了集群。当这些集群发展到数万台服务器或更多时，我们就称之为**仓库级计算机**。Amazon、Google、Microsoft 和 Facebook 都生产仓库级计算机。

除了这里研究的多处理器和下一章介绍的仓库级系统之外，还有一些特殊的大规模多处理器系统，有时称为**多计算机**（multicomputer），它们的耦合程度要低于多处理器，但通常高于仓库级系统。这种多计算机主要应用于高端科学计算，有时也用于商业应用，以填补多处理器和仓库级计算机之间的空白。Cray X 系列和 IBM BlueGene 是多计算机的典型例子。

许多其他图书对这些系统进行了详细介绍，比如 Culler、Singh 和 Gupta [1999]。由于多重处理领域不但规模庞大，而且在不断变化（刚刚提到的 Culler 等人的书仅仅讨论多重处理就有 1000 多页），所以我们选择将注意力放在我们认为的计算领域中最重要的通用部分上。附录 I 结合大规模科学应用程序，讨论了在构建此类计算机时出现的一些问题。

我们会将重点放在拥有 4~256 个核的多处理器上，它们可能会占用 4~16 个独立芯片。无论是在数量还是金额方面，此类设计都占据着主导地位。在大规模多处理器中，互连网络是设计的一个关键部分，附录 F 专门讨论了这一主题。

5.1.1　多处理器体系结构：问题与方法

为了利用拥有 n 个处理器的 MIMD 多处理器，通常必须拥有至少 n 个要执行的线程或进程。因为现在大多数多核芯片中存在多线程，所以这个数字要高出 2~4 倍。单个进程中的独立线程通常由程序员指定或由操作系统（根据多个独立请求）创建。在另一种极端情况下，一个线程可能由一个循环的数十次迭代组成，这些迭代是由利用该循环中数据并行性的并行编译器生成的。分配给一个线程的计算量称为**粒度大小**（grain size）。尽管这一数值在考虑如何高效利用线程级并行时很重要，但线程级并行与指令级并行的重要定性区别在于：线程级并行是由软件系统或程序员在较高层级确定的，这些线程由数百条乃至数百万条可以并行执行的指令组成。

线程还能发挥数据级并行的优势，但是开销通常高于使用 SIMD 处理器或 GPU 的情况（见第 4 章）。这意味着数据的粒度必须足够大才能高效地利用并行。例如，尽管向量处理器或 GPU 也许能够高效地实现短向量运算的并行化，但当并行分散在许多线程中时，粒度大小可能会非常小，以至于这种开销使得在 MIMD 中利用并行性的成本高得令人却步。

根据所包含的处理器数量，可以将现有共享存储器的多处理器分为两类，而处理器的数量又决定了存储器的组织方式和互连策略。我们是按照存储器的组织方式来称呼多处理器的，因为处理器的数量可能会随时间变化。

第一类称为**对称（共享存储器）多处理器**（symmetric (shared-memory) multiprocessor，SMP），或**集中式共享存储器多处理器**（centralized shared-memory multiprocessor），其特点是核数量较少，通常不超过 32 个。由于此类多处理器中的处理器数目非常少，所以处理器可以共享一个集中式存储器并且平等地访问它，这就是**对称**一词的由来。在多核芯片中，存储器通常在多核之间以集中式的方式共享；大多数（并非全部）多核是 SMP。[注意，有些文献使用 SMP 表示共享存储器处理器（shared memory processor），但这种用法是错误的。]

一些多核对最外层的缓存有不一致的访问，这种结构称为 NUCA（nonuniform cache access），因此不是真正的 SMP，即使它们只有一个主存储器。IBM Power8 设计了一套分布式的 L3 缓存不同的地址有不同的访问延迟。

在由多个多核芯片组成的多处理器中，每个多核芯片通常都有独立的存储器。因此，存储器是分布式的，而不是集中式的。正如我们将在本章后面看到的，许多使用分布式存储器的设计可以快速访问局部存储器，而对远程存储器的访问要慢得多。与对局部存储器和远程存储器的访问时间的差异相比，它们对各种远程存储器的访问时间则相差无几。在这样的设计中，程序员和软件系统需要知道访问的是局部存储器还是远程存储器，但是可以忽略远程存储器中的访问分布。由于随着处理器数量的增加，SMP 方法的吸引力越来越小，所以大多数的众核处理器使用某种形式的分布式存储器。

SMP 体系结构有时也称为**一致存储器访问**（uniform memory access，UMA）多处理器，这一名称源自以下事实：所有处理器访问存储器的延迟都是一致的，即使当存储器被分为多个组时也是如此。图 5-1 展示了这类多处理器的基本结构。SMP 的体系结构将在 5.2 节讨论，我们将结合一种多核架构来解释这种体系结构。

在另一种设计方法中，多处理器采用物理分布式存储器，称为**分布式共享存储器**（distributed shared memory，DSM）。图 5-2 展示了此类多处理器的基本结构。为了支持更多的处理器，存储器必须分散在处理器之间，而不应当是集中式的；否则，存储器系统就无法在不大幅延长访问延迟的情况下为大量处理器提供高带宽支持。

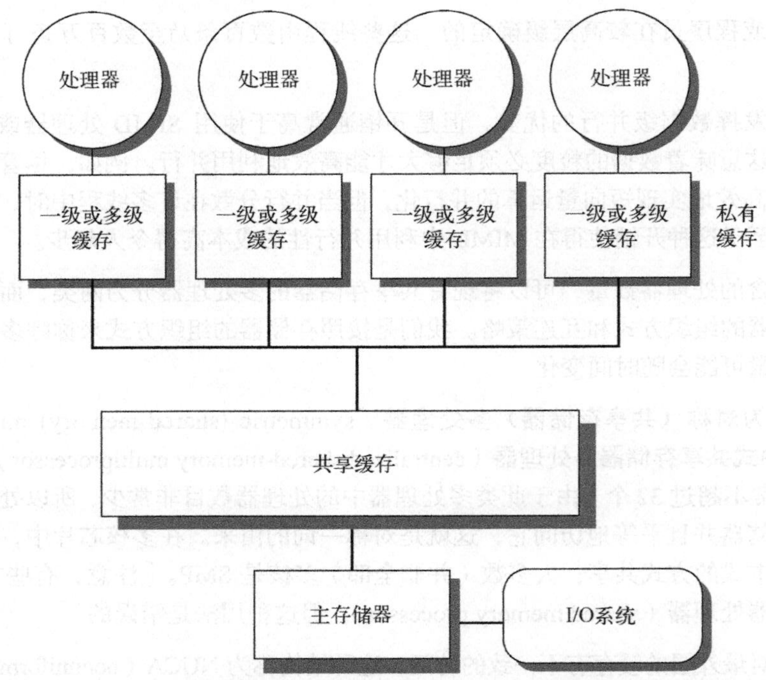

图 5-1　基于多核芯片的集中式共享存储器多处理器的基本结构。多个处理器–缓存子系统共享同一物理存储器，通常在多核上使用一级共享缓存，各个核会使用一级或多级私有缓存。这一结构的关键特性是所有处理器对所有存储器的访问时间一致。在多芯片设计中，一个互连网络连接多个处理器和一个或多个存储体。在单芯片多核系统中，互连网络就是片上存储器总线

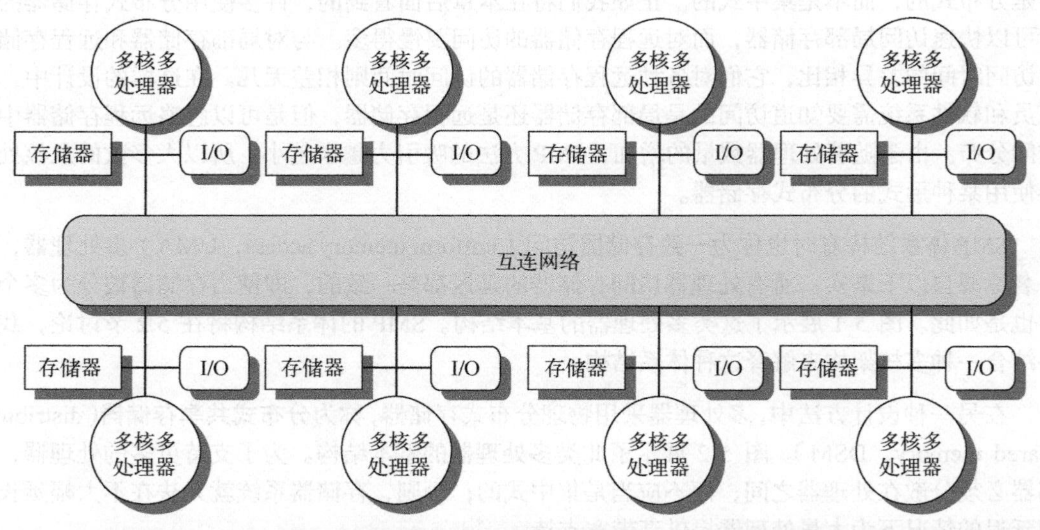

图 5-2　2017 年的分布式存储器多处理器的基本体系结构通常包括一个带有存储器的多核多处理器芯片，可能带有 I/O 和一个接口，连向连接所有节点的互连网络。每个处理器核共享整个存储器，当然，在访问隶属于该核芯片的局部存储器时，其速度要远远高于访问远程存储器的速度

随着处理器性能的快速提高以及处理器对访存带宽需求的增加，偏好选择分布式存储器的多处理器继续缩小。多核处理器的引入意味着连双芯片多处理器（可能有 16~64 个处理器核心）

也会采用分布式存储器。处理器数目的增加也提升了对高带宽互连的需求，附录 F 提供了一些例子。有向网络（即交换机）和间接网络（通常是多维网络）均被用于实现互连。

将存储器分散在节点上，既增加了带宽，也降低了到局部存储器的延迟。DSM 多处理器也称为 NUMA（非一致存储器访问），因为访问时间取决于数据在存储器中的位置。DSM 的主要缺点是让在处理器之间传送数据的过程变复杂了，而且需要在软件开发中付出更多努力才能利用分布式存储器提升的存储带宽。因为大多数基于多核的多处理器（具有多个处理器芯片）使用分布式存储器，所以我们将从这个角度来解释分布式存储器多处理器的工作方式。

在 SMP 和 DSM 这两种体系结构中，线程之间的通信是通过共享地址空间完成的，也就是说，任何拥有正确访问权限的处理器都可以对任意存储地址进行访问。与 SMP 和 DSM 相关的**共享存储器**一词指的是**地址空间**（address space）是共享的。

相比之下，下一章的集群和仓库级计算机看起来像由网络连接的独立计算机，如果没有在两个处理器上同时运行的软件协议的帮助，那么一个处理器就无法访问另一个处理器的存储器。此类设计使用消息传送协议在处理器之间传送数据。

5.1.2 并行处理的挑战

多处理器的应用范围很广：从运行基本上互无通信的独立任务，到运行一些必须在线程之间通信才能完成任务的并行程序。有两个重要的障碍使并行处理变得极富挑战性，这两个障碍都可以用 Amdahl 定律来解释。要克服这些障碍，通常需要一种全面的方法来选择算法及其实现、底层的编程语言和系统、操作系统及其支持功能，以及体系结构和硬件实现。尽管在许多情况下，其中之一是关键瓶颈，但当处理器数量接近 100 或更多时，通常需要注意软件和硬件的所有方面。

第一个障碍与程序中有限的并行性相关，第二个障碍源于较高的通信成本。由于并行性有限，所以很难在任意并行处理器中实现良好的加速比，我们的第一个示例就来展示这一点。

例题 假定希望用 100 个处理器获得加速比 80。原计算中的可串行部分占多大比例?

解答 回想第 1 章的 Amdahl 定律：

$$加速比 = \frac{1}{\frac{改进比例}{改进加速比} + (1-改进比例)}$$

为简单起见，假定此程序仅以两种模式运行：一种是并行方式，所有处理器都得到充分利用，这是一种改进模式；另一种是串行方式，仅使用一个处理器。通过这种简化，改进模式下的加速比就是处理器的数目，而改进模式的比例就是并行模式中花费的时间。代入上式可得：

$$80 = \frac{1}{\frac{并行部分所占比例}{100} + (1-并行部分所占比例)}$$

化简后得到：

$$0.8\times 并行部分所占比例+80\times(1-并行部分所占比例)=1$$
$$80-79.2\times 并行部分所占比例=1$$
$$并行部分所占比例=\frac{80-1}{79.2}$$
$$并行部分所占比例\approx 0.9975$$

为了以 100 个处理器实现加速比 80，原计算中只有 0.25%可以是串行的。当然，为了实现线性加速比（n 个处理器的加速比为 n），整个程序必须是并行的，没有串行部分。在实践中，程序不会完全以并行模式或串行模式运行，当以并行模式运行时，使用的处理器数量常常少于全部的处理器数量。Amdahl 定律可用于分析具有不同加速量的应用程序，如下一个示例所示。

例题 假设有一个应用程序在有 100 个处理器的多处理器上运行，并且假设该应用程序可以使用 1 个、50 个或 100 个处理器。如果假设在 95%的时间里我们可以使用所有的 100 个处理器，那么如果想要得到 80 的加速比，在剩下的 5%的执行时间中有多久必须使用 50 个处理器？

解答 我们利用拥有更多项的 Amdahl 定律：

$$加速比=\frac{1}{\frac{比例_{100}}{加速比_{100}}+\frac{比例_{50}}{加速比_{50}}+(1-比例_{100}-比例_{50})}$$

将数值代入上式可得：

$$80=\frac{1}{\frac{0.95}{100}+\frac{比例_{50}}{50}+(1-0.95-比例_{80})}$$

化简后得到：

$$0.76+1.6\times 比例_{50}+4.0-80\times 比例_{50}=1$$
$$4.76-78.4\times 比例_{50}=1$$
$$比例_{50}\approx 0.048$$

如果应用程序的 95%可以完美地使用 100 个处理器，那么要获得 80 的加速比，剩余时间中的 4.8%必须使用 50 个处理器，而只有 0.2%可以是串行的！

并行处理的第二个重要挑战涉及并行处理器进行远程访问所带来的高延迟。在现有的共享存储器多处理器中，不同核之间的数据通信可能耗费 35~50 个时钟周期，不同芯片上的核之间的数据通信可能耗费 100 到 500 甚至更多个时钟周期（对于大规模多处理器而言），具体取决于通信机制、互连网络的类型以及多处理器的规模。高通信延迟显然会造成巨大的影响。让我们看一个简单的例子。

例题 假定有一个应用程序在包含 32 个处理器的多处理器上运行，它访问远程存储器时的延迟为 100 ns。对于这个应用程序，假定除涉及通信的访问之外，其他所有访问都会在局部存储器层次结构中命中。这一假定明显有些乐观了。处理器会在远程请求时停顿，处理器时钟频率为 4 GHz。如果基础 CPI（假定所有访问都在缓存中命中）为 0.5，相比于 0.2%的指令涉及远程通信访问的情况，多处理器在没有通信时会快多少？

解答 首先计算每条指令占用的时钟周期数会简单一些。当涉及 0.2%的远程访问时，多处理器的实际 CPI 为：

$$\begin{aligned}\text{CPI} &= \text{基础 CPI} + \text{远程请求率} \times \text{远程请求成本} \\ &= 0.5 + 0.2\% \times \text{远程请求成本}\end{aligned}$$

远程请求成本为：

$$\frac{\text{远程访问成本}}{\text{周期时间}} = \frac{100\text{ ns}}{0.25\text{ ns}} = 400\text{个周期}$$

因此，我们可以得出 CPI：

$$\text{CPI} = 0.5 + 0.20\% \times 400 = 1.3$$

当所有访问均为局部的时，多处理器要快 1.3/0.5=2.6 倍。实际的性能分析要复杂得多，因为某些非通信访问会在本地层次结构中不会命中，而且远程访问时间也不是一个常数值。例如，远程访问的成本可能会更高，因为许多试图使用全局互连的访问所引起的争用可能会导致延迟增加；如果存储器是分布式的，而且访问的是局部存储器，那么访问时间可能会更短。

这个问题也可以用 Amdahl 定律来分析，留给读者作为练习。

并行度不足和远程通信延迟太高是在使用多处理器时最大的两个性能难题。应用程序并行度不足的问题必须通过在软件中采用并行性能更高的新算法来解决，还要在软件系统中尽可能多地使用完整的处理器。远程延迟过高的影响可以由体系结构和程序员来降低。例如，我们可以利用硬件机制（比如缓存共享数据）或软件机制（比如调整数据的结构，使应用程序尽量访问局部存储器）来降低远程访问的频率。我们可以利用多线程（在本章后面讨论）或预取（第 2 章详细讨论过）来优化这些延迟。

本章主要关注用来降低远程通信延迟所导致的影响的技术。例如，5.2~5.4 节讨论如何使用缓存来降低远程访问频率，同时保持存储器的一致性。5.5 节讨论同步。由于同步本来就涉及处理器之间的通信，而且还会限制并行，所以它是一个重要的潜在瓶颈。5.6 节介绍隐藏延迟的技术和共享存储器的存储器一致性模型。附录 I 主要关注更大规模的多处理器，它们主要用于科学工作。该附录将研究此类应用的本质，以及用数十乃至数百个处理器来实现加速的挑战。

5.2 集中式共享存储器体系结构

使用大型多级缓存可以大大降低处理器对存储带宽的需求，这个重要发现促进了集中式存储器多处理器的发展。最初，这些单核的处理器占据了整个主板，而存储器位于共享总线上。随着近期更高性能处理器的出现，存储器需求超出了一般总线的能力，最近的微处理器直接将存储器连接到单个芯片中，这个芯片有时称为**后端总线**（backside）或**内存总线**（memory bus），以区别于连接至I/O的总线。在访问一个芯片的局部存储器时，无论是为了I/O操作，还是为了从另一个芯片进行访问，都需要通过"拥有"该存储器的芯片。因此，对存储器的访问是非对称的：对局部存储器的访问更快一些，而对远程存储器的访问要慢一些。在多核结构中，存储器由一个芯片上的所有核共享，但是从一个多核的存储器到另一个多核的存储器的访问仍然是非对称的。

采用对称共享存储器的计算机通常支持对共享数据与私有数据的缓存。**私有数据**（private data）供单个处理器使用，而**共享数据**（shared data）则由多个处理器使用，基本上是通过读写共享数据来实现处理器之间的通信。在私有数据项被缓存时，它的位置被移往缓存，缩短了平均访问时间并降低了所需要的存储带宽。由于没有其他处理器使用数据，所以程序行为与单处理器中的行为相同。在缓存共享数据时，可能会在多个缓存中复制共享值。除了降低访问延迟和所需要的存储带宽之外，这一复制过程还可以减少争用——当多个处理器同时读取共享数据项时可能会出现这种争用。不过，共享数据的缓存也引入了一个新问题：缓存一致性。

5.2.1　什么是多处理器缓存一致性

遗憾的是，缓存共享数据会引入一个新的问题。因为两个不同的处理器是通过各自的缓存来保留存储器视图的，所以针对同一存储地址，它们可能会看到不同的值，如表5-1所示。这一难题一般称为**缓存一致性问题**。注意，之所以存在一致性问题，是因为我们既拥有全局状态（主要由主存储器决定），又拥有局部状态（由各个缓存确定，它们是每个处理器核私有的）。因此，在一个可能会共享某一级别缓存（比如L3）的多核系统中，尽管某些级别的缓存是私有的（比如L1和L2），但一致性问题仍然存在，必须解决。

表5-1　由两个处理器（A和B）进行读写时，单一存储地址（X）的缓存一致性问题

时间	事　件	处理器A的缓存内容	处理器B的缓存内容	位置X的存储器内容
0				1
1	处理器A读取X	1		1
2	处理器B读取X	1	1	1
3	处理器A将0存储到X中	0	1	0

* 我们最初假定两个缓存都没有包含该变量，且X的值为1。我们还假定采用写直达缓存，写回缓存则会增加一些复杂性，但与之类似。在处理器A写入X值后，A的缓存和存储器中都包含了新值，但B的缓存中没有。如果B读取X的值，将会读取到1！

通俗地说，如果每次读取某一数据项都会返回该数据项的最新写入值，就说这个存储器系统是一致的。这一定义尽管看似正确，但有些含混且过于简单，实际情况要复杂得多。这个简单定义包含了存储器系统行为的两个方面，这两个方面对于编写正确的共享存储器程序都至关重要。第一个方面称为**一致性**（coherence），它定义了读操作能返回什么值。第二个方面称为**连贯性**（consistency），它决定了一个写入值什么时候被读操作返回。首先来看一致性。

如果存储器系统满足以下条件，则说它是一致的。

(1) 处理器 P 对位置 X 的读操作跟在 P 对 X 的写操作之后，并且在 P 的写操作和读操作之间没有其他处理器对 X 执行写操作，此读操作总是返回 P 写入的值。

(2) 如果一个处理器对位置 X 的读操作紧跟在另一个处理器对 X 的写操作之后，读写操作的间隔时间足够长，而且在两次访问之间没有其他处理器对 X 执行写操作，那么该读操作将返回写入值。

(3) 对同一位置执行的写操作是**被串行化**（serialized）的，也就是说，在所有处理器看来，任意两个处理器对相同位置执行的两次写操作顺序相同。例如，如果数值 1 和数值 2 被先后写到一个位置，则处理器永远不可能先从该位置读取到数值 2，之后再读取到数值 1。

第一个特性只保持了程序顺序——即使在单处理器中，我们也希望具备这一特性。第二个特性定义了一致性存储器视图的含义：如果处理器持续读取到一个旧数据值，我们就可以明确地说该存储器是不一致的。

对写操作串行化的需求更加微妙，但同样重要。假定我们没有实现写操作的串行化，而且处理器 P1 先写入位置 X，然后 P2 写入位置 X。对写操作进行串行化可以确保每个处理器都能看到 P2 在某一时刻完成的写操作。如果没有对写操作进行串行化，那么某些处理器可能会先看到 P2 的写入结果，后看到 P1 的写入结果，并将 P1 写入的值无限期保存下去。避免此类难题的最简单方法是确保对同一位置执行的所有写操作在所有处理器看来都是同一顺序，这一特性称为**写操作串行化**（write serialization）。

尽管上述三条特性足以确保一致性，但什么时候才能看到写入值也是一个很重要的问题。我们不能要求在某个处理器向 X 中写入一个值之后，另一个读取 X 的处理器能够马上看到这个写入值。比如，如果一个处理器对 X 的写操作仅比另一个处理器对 X 的读操作早一点儿，那就不可能确保该读操作会返回这个写入值，因为写入值当时甚至可能还没有离开处理器。写入值到底必须在**多久之后**被读操作读到？这一问题由**存储器一致性模型**（memory consistency model）决定，5.6 节将讨论这一主题。

一致性和连贯性是互补的：一致性确定了向同一存储地址的读写行为，而连贯性则确定了对于其他存储地址的访问的读写行为。现在，做出以下两条假定。第一，在所有处理器都看到写入结果之后，写操作才算完成（并允许进行下一次写入）。第二，对于任何其他存储器访问，处理器不会改变任何写入顺序。这两个条件是指：如果一个处理器先写入位置 A，然后写入位置 B，那么任何能够看到 B 中新值的处理器也必须能够看到 A 中的新值。这些限制条件使处理器能够调整读操作的顺序，但强制处理器必须按照程序顺序来完成写操作。我们将一直采用这一假定，直到在 5.6 节看到这一定义的内涵以及其替代选择。

5.2.2 一致性的基本实现方案

多处理器与 I/O 的一致性问题尽管在起源上类似，但具有不同的特性，因此解决方案也有所不同。在 I/O 情景中存在多个数据副本非常罕见（应当尽量避免），而在多个处理器上运行的程序则通常在几个缓存中拥有同一数据的多个副本。在一致性多处理器中，缓存提供了对共享数据项的**迁移**（migration）与**复制**（replication）功能。

一致性缓存提供的迁移功能可以将数据项移动到本地缓存中，并以透明方式加以使用。这种迁移既降低了访问远程共享数据项的延迟，也降低了对共享存储器的带宽要求。

因为缓存在本地缓存中持有数据项的一个副本，所以一致性缓存还为那些被同时读取的共享数据提供了复制功能。复制功能既降低了访问延迟，又减少了对被读共享数据项的争用。支持迁移与复制功能对于共享数据的访问性能非常重要。因此，多处理器没有试图通过软件来避免这一问题的发生，而是采用了一种硬件解决方案，通过引入协议来保持缓存的一致性。

为多个处理器保持缓存一致性的协议称为**缓存一致性协议**（cache coherence protocol）。实现缓存一致性协议的关键在于跟踪数据块的所有共享状态。任何缓存块的状态都是使用与该块相关联的状态位来保持的，类似于单处理器缓存中保留的有效位和脏位。目前使用的协议有两类，分别采用不同的技术来跟踪共享状态。

- **目录协议**——特定物理内存块的共享状态保存在一个位置中，称为**目录**。共有两种目录式缓存一致性，它们的差异很大。在 SMP 中，可以使用一个集中目录，与存储器或其他某个串行化点相关联，比如多核的最外层缓存。在 DSM 中，使用单个目录没有意义，因为这种方法会生成单个争用点，而且考虑到拥有 8 个或更多核的存储器需求，很难扩展到多个多核芯片。分布式目录比单个目录复杂，这些设计是 5.4 节讨论的主题。
- **监听协议**——如果一个缓存拥有某一物理内存块中的数据副本，它就可以跟踪该块的共享状态，而不必将共享状态保存在同一个目录中。在 SMP 中，缓存通常可以通过某种广播介质访问（比如将各个核的缓存连接至共享缓存或存储器的总线），所有缓存控制器都**监听**（snoop）这一介质，以确定自己是否拥有总线或交换访问上所请求块的副本。监听协议也可用作多芯片多处理器的一致性协议，有些设计在目录协议的基础上，在芯片间同步使用监听实现！

监听协议在使用微处理器（单核）的多处理器和通过总线连接到单个共享存储器的缓存中变得流行起来。总线提供了一种非常方便的广播介质来实现监听协议。在多核体系结构中，所有多核都共享芯片上的某一级缓存。因此，一些设计转而使用目录协议，因为其开销较低。为便于读者熟悉这两种协议，这里重点介绍监听协议，在谈到 DSM 体系结构时再讨论目录协议。

5.2.3 监听一致性协议

有两种方法可以满足上一节讨论的一致性需求。一种方法是确保处理器在写入某一数据项之前，获取对该数据项的独占访问。这种类型的协议称为**写无效协议**（write invalid protocol），因为它在执行写操作时会使其他副本无效。这是目前最常用的协议。独占式访问确保在写入某数据项时，不存在该数据项的任何其他可读或可写副本：这一数据项的所有其他缓存副本都作废。

表 5-2 给出了一个无效协议的例子，它采用了写回缓存。为了了解这一协议如何确保一致性，我们考虑在处理器执行写操作之后由另一个处理器进行读取：由于写操作需要独占访问，所以进行读取的处理器所保留的所有副本都必须无效（这就是这一协议名称的来历）。缓存无效的处理器在进行读操作时会发生缺失，必须提取此数据的新副本。对于写操作，我们要求执行写操作的处理器拥有独占访问，禁止任何其他处理器同时写入。如果两个处理器尝试同时写入同一数据，其中一个将会在竞争中获胜（稍后会介绍如何确定哪个处理器获胜），从而导致另一处理器的副本无效。另一个处理器要想完成自己的写操作，必须获得此数据的新副本，其中必须包含更新后的取值。因此，这一协议实施了写入串行化。

表 5-2 失效协议举例，该协议在单一缓存块（X）的监听总线上工作，采用写回缓存

处理器活动	总线活动	处理器 A 的缓存内容	处理器 B 的缓存内容	存储地址 X 的内容
				0
处理器 A 读取 X	缓存中没有 X 的内容	0		0
处理器 B 读取 X	缓存中没有 X 的内容	0	0	0
处理器 A 将 1 写入 X	对于 X 无效	1		0
处理器 B 读取 X	缓存中没有 X 的内容	1	1	1

* 我们假定两个缓存在开始时都没有保存 X 的内容，存储器中的 X 值为 0。处理器和存储器的内容展示了处理器及总线操作都完成之后的取值。空白表示没有操作或没有缓存副本。当处理器 B 中发生第二次缺失时，处理器 A 反馈该取值，同时取消来自存储器的响应。此外，处理器 B 的缓存内容和 X 的存储器内容都被更新。存储器的这一更新过程是在存储器块变为共享时进行的，这种更新简化了协议，但只有在替换该块时才可能跟踪所有权，并强制写回。这需要引入一个额外的状态位来表示块的所有者。所有者位表示一个块可以被共享用于读取，但是只有拥有它的处理器可以写入这个块，并且当它改变这个块或替换它时，这个处理器负责更新任何其他处理器和存储器。如果一个多核处理器使用了共享缓存（比如 L3 缓存），那么所有存储器都是透过这个共享缓存看到的。在这个例子中，L3 缓存的行为就像存储器一样，必须为每个核的专用 L1 缓存和 L2 缓存处理一致性。正是由于这一观察结果，一些设计人员选择在多核处理器中使用目录协议。为使这一方法生效，L3 缓存必须是包含性的。第 2 章说过，如果高级缓存中的任何位置（本例中为 L1 缓存和 L2 缓存）也在 L3 缓存中，则缓存是包含性的。5.7.3 节会讨论包含这个主题。

无效协议的一种替代方法是在写入一个数据项时更新该数据项的所有缓存副本。这种类型的协议称为**写入更新**（write update）或**写入广播**（write broadcast）协议。由于写入更新协议必须将所有写操作都广播到共享缓存行上，所以它要占用相当多的带宽。为此，最近的多处理器几乎都已经选择了实现写无效协议，本章的后续部分将仅关注无效协议。

5.2.4 基本实现技术

在多核中实现无效协议的关键在于使用总线或其他广播介质来执行无效操作。在较早的多芯片多处理器中，用于实现一致性的总线是共享存储器访问总线。在单芯片多核处理器中，总线可能是私有缓存（Intel Core i7 中的 L1 和 L2）和共享外部缓存（i7 中的 L3）之间的连接。为了执行一项无效操作，处理器只获得总线访问，并在总线上广播要使其无效的地址。所有处理器持续监听该总线，观测这些地址。处理器检查总线上的地址是否在自己的缓存中，如果在，则使缓存中的相应数据无效。

在写入一个共享块时，执行写操作的处理器必须获取总线访问权限来广播其无效。如果两个处理器尝试同时写入共享块，当它们争用总线时，其广播无效操作的尝试将被串行化。第一个获得总线访问权限的处理器会使它正在写入的块的所有其他副本无效。如果这些处理器尝试写入同一个块，则由总线强制实现的串行化也将串行化它们的写入。这种机制有一层隐含的意思：在获得总线访问权限之前，无法实际完成共享数据项的写操作。所有一致性机制都需要某种方法来串行化对同一缓存块的访问，具体方式可以是串行化对通信介质的访问，也可以是对另一共享结构访问的串行化。

除了使被写入的缓存块的副本无效之外，还需要在发生缓存缺失时定位数据项。在写直达缓存中，可以很轻松地找到一个数据项的最近值，因为所有写入数据都会写回存储器，所以总是可以从存储器中找到数据项的最新值。（对缓冲区的写操作可能会增加一些复杂度，必须将其作为额外的缓存条目进行有效处理。）

对于写回缓存，查找最新数据值要困难一些，因为数据项的最新值可能放在私有缓存中，而不是共享缓存或存储器中。所幸，写回缓存可以为缓存缺失和写操作使用相同的监听机制：每个处理器都监听放在共享总线上的所有地址。如果处理器发现自己拥有被请求缓存块的脏副本，它会提供该缓存块以回应读取请求，并中止存储器（或L3）访问。由于必须从另一个处理器的私有缓存（L1 或 L2）提取缓存块，所以增加了复杂性，这一提取过程花费的时间通常长于从L3进行提取的时间。由于写回缓存对存储带宽的需求较低，所以它们可以支持更多、更快速的处理器。因此，所有多核处理器都在缓存的最外层级别使用写回缓存，我们将探究写回缓存一致性的实现。

普通的缓存标记可用于实现监听过程，每个块的有效位使无效操作的实现非常简单。读缺失（无论是由无效操作导致，还是由其他事件导致）的处理也非常简单，因为它们就是依赖于监听功能的。对于写操作，我们需要知道是否缓存了写入块的其他副本，如果不存在其他缓存副本，那么在写回缓存中就不需要将写操作放在总线上。如果不用发送写操作，就既可以缩短写入时间，还可以降低所需带宽。

若要跟踪缓存块是否被共享，可以为每个缓存块添加一个状态位，就像有效位和脏位（dirty bit）一样。通过添加一个位来指示该数据块是否被共享，可以判断写操作是否必须生成无效操作。在对处于共享状态的块进行写入时，该缓存在总线上生成无效操作，将这个块标记为**独占**（exclusive）。这个核不会再发送有关该块的其他无效操作。如果一个缓存块只有唯一副本，则拥有该唯一副本的核通常称为该缓存块的**拥有者**。

在发送无效操作时，拥有者缓存块的状态由共享改为非共享（或改为独占）。如果另一个处理器稍后请求这一缓存块，必须再次将状态改为共享。由于监听缓存也能看到所有缺失情况，所以它知道另一个处理器什么时候请求了独占缓存块，以及何时应当将状态改为共享。

每个总线事务都必须检查缓存地址标记，这些标记可能会干扰处理器缓存访问。减少这种干扰的一种方法就是复制这些标记，并将监听访问引导至这些复制的标记。另一种方法是在共享的L3缓存使用一个目录，这个目录指示给定块是否被共享，哪些核心可能拥有它的副本。利用目录信息，可以将无效操作仅发送给拥有该缓存块副本的缓存。这就要求 L3 必须总是拥有L1或L2中所有数据项的副本，这一特性称为**包含**，5.7节会再次讨论它。

5.2.5　示例协议

监听一致性协议通常是通过在每个核中整合有限状态控制器来实现的。这个控制器响应来自核内部的处理器和外部总线（或其他广播介质）的请求，改变所选缓存块的状态，并使用总线访问数据或使其失效。从逻辑上来说，可以认为单独的控制器与每个块相关联；也就是说，对不同块的监听操作或缓存请求可以独立进行。在实际实现中，单个控制器允许交错执行以不同块为目标的多个操作。（也就是说，即使仅允许同时执行一个缓存访问或一个总线访问，也可以在一个操作完成之前启动另一个操作。）另外请记住，尽管我们在以下介绍中以总线为例，但在实现监听协议时可以使用任意互连网络，只要它能够向所有一致性控制器及其相关私有缓存进行广播即可。

我们考虑的简单协议有三种状态：无效、共享和已修改。共享状态表明私有缓存中的块可能被共享，已修改状态表明已经在私有缓存中更新了这个块。注意，已修改状态意味着这个块是独占的。表 5-3 列出了由一个核生成的请求（上半部分）和来自总线的请求（下半部分）。这一协议是针对写回缓存的，但可以很轻松地将其改为针对写直达缓存的，只需要将已修改状态重新解读为独占状态，并在执行写操作时以正常方式更新缓存。这个基本协议的最常见扩展是添加一种独占状态，表明块未被修改，但仅有一个私有缓存保存了这个块。我们将在 5.2.6 节介绍这一扩展及其他扩展。

表 5-3 缓存一致性机制接收来自核心处理器和共享总线的请求，并根据请求类型、它在本地缓存中是命中还是缺失、请求中指定的本地缓存块的状态来做出回应

请求	源	所寻址缓存块的状态	缓存操作的类型	功能与解释
读命中	处理器	共享或已修改	正常命中	读取本地缓存中的数据
读缺失	处理器	无效	正常缺失	将读缺失放置在总线上
读缺失	处理器	共享	替换	地址冲突缺失：将读缺失放置在总线上
读缺失	处理器	已修改	替换	地址冲突缺失：写回块，然后将读缺失放置在总线上
写命中	处理器	已修改	正常命中	在本地缓存中写入数据
写命中	处理器	共享	一致性	将无效操作放置在总线上。这些操作通常称为更新或拥有者缺失，因为它们不能提取数据，只能改变状态
写缺失	处理器	无效	正常缺失	将写缺失放置在总线上
写缺失	处理器	共享	替换	地址冲突缺失：将写缺失放置在总线上
写缺失	处理器	已修改	替换	地址冲突缺失：写回块，然后将写缺失放置在总线上
读缺失	总线	共享	无操作	允许共享缓存或存储器为读缺失提供服务
读缺失	总线	已修改	一致性	尝试读取共享数据：将缓存块放置在总线上，写回块，并将状态改为共享
无效	总线	共享	一致性	尝试写共享块，使该块无效
写缺失	总线	共享	一致性	尝试写共享块，使缓存块无效
写缺失	总线	已修改	一致性	尝试将独占块写到其他位置，写回该缓存块，并在本地缓存中使其状态失效

* 第四列将缓存操作类型描述为正常命中或缺失（与单处理器缓存看到的情况相同）、替换（单处理器缓存替换缺失）或一致性（保持缓存一致性所需）。正常操作或替换操作可能会根据这个块在其他缓存中的状态而产生一致性操作。对于从总线上监听到的读缺失、写缺失或无效操作，仅当读取或写入地址与本地缓存中的块匹配且这个块有效时，才需要采取动作。

在将一个无效动作或写缺失放置在总线上时，私有缓存中拥有这个缓存块副本的任何核都会使其无效。对于写回缓存中的写缺失，如果这个块仅在一个私有缓存中是独占的，那么缓存也会写回这个块；否则，将从共享缓存或存储器中读取该数据。

图 5-3 显示了单个私有缓存块的有限状态转换图，它采用了写无效协议和写回缓存。为简单起见，我们将复制这个协议的三种状态，用以表示根据处理器请求进行的状态转换（左图，对应于表 5-3 的上半部分），以及根据总线请求进行的状态转换（右图，对应于表 5-3 的下半部分）。图中使用黑体字来区分总线动作，与状态转换所依赖的条件相对。每个节点的状态代表选定私有缓存块的状态，该状态由处理器或总线请求指定。

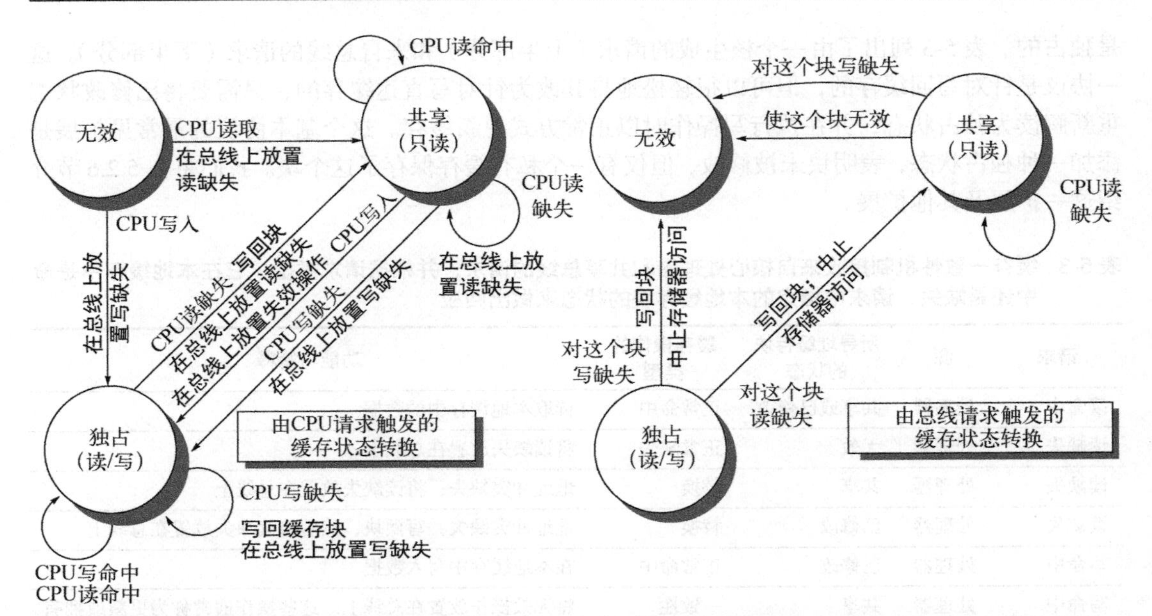

图 5-3　专用写回缓存的写无效、缓存一致性协议，展示了缓存中每个块的状态及状态转换。缓存状态以圆圈表示，状态名称下面的括号中给出了本地处理器允许执行但不会产生状态转换的访问。导致状态变换的激励以常规字体标记在转换弧上，作为状态转换的一部分而生成的总线动作以黑体标记在转换弧上。激励操作应用于私有缓存中的块，而不是缓存中的特定地址。因此，在对共享状态的块产生读缺失时，是对这个缓存块的缺失，而不是对不同地址的缺失。图形左侧显示的基于与此缓存关联的处理器操作的状态转换，右侧显示的是基于总线上的操作的转换。当处理器请求的地址与本地缓存块的地址不匹配时，会发生独占状态或共享状态的读缺失以及独占状态的写缺失。这种缺失是标准缓存替换缺失。在尝试写入处于共享状态的块时，会生成无效操作。每当发生总线事务时，所有包含此总线事务指定的缓存块的私有缓存都会执行右图指定的操作。此协议假定，对于在所有本地缓存中都不需要更新的数据块，存储器（或共享缓存）会在发生对该块的读缺失时提供数据。在实际实现中，这两部分状态图是结合在一起的。在实践中，无效协议还有许多非常细微的变化，包括引入独占的未修改状态，以说明处理器和存储器是否会在缺失时提供数据。在多核芯片中，共享缓存（通常是 L3，但有时是 L2）充当着存储器的角色，总线就是每个核的私有缓存与共享缓存之间的总线，再由共享缓存与存储器进行交互

在单处理器缓存中需要此缓存协议中的所有状态，它们分别对应于无效状态、有效（且干净）状态、待清理状态。在写回单处理器缓存中，需要图 5-3 左半部分中弧线所表示的大多数状态变化，但有一个例外，那就是在对共享块进行写命中时的无效操作。图 5-3 中右半部分弧线所表示的状态变化仅对一致性有用，在单处理器缓存控制器中根本不会出现。

前面曾经提到，每个缓存只有一个有限状态机，其激励信号要么来自所属的处理器，要么来自总线。图 5-4 说明了图 5-3 中右半部分的状态转换如何与图中左半部分的状态转换相结合，构成每个缓存块的单一状态图。

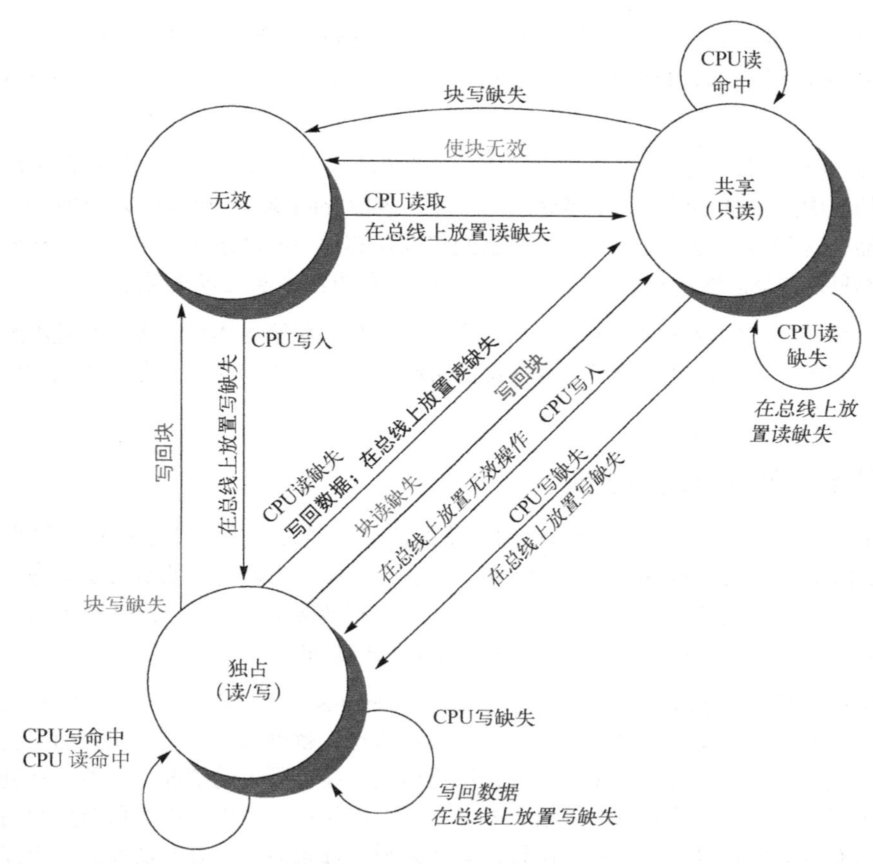

图 5-4 缓存一致性状态图，由本地处理器引起的状态转换用黑色表示，由总线行为引起的状态转换以灰色表示。和图 5-3 中一样，有关转换的行为以粗体显示

为了理解这一协议为何能够工作，可以观察一个有效缓存块，它要么在一个或多个私有缓存中处于共享状态，要么就在一个缓存中处于独占状态。任何到独占状态的转换（处理器写入块时所需要的）都需要在总线上放置一个无效操作或写缺失，从而使所有本地缓存都使这个块无效。另外，如果其他某个本地缓存已经将这个块设为独占状态，该本地缓存将生成一个写回操作，提供包含所需地址的块。最后，对于处于独占状态的块，如果总线上出现对这个块的读缺失，拥有其独占副本的本地缓存会将其状态改为共享。

图 5-4 中用灰色表示的操作用来处理总线上的读缺失与写缺失，它们实际上就是协议的监听部分。在这个协议及大多数其他协议中，还保留着另外一个特性：任何处于共享状态的存储器块在其外层共享缓存（L2 或 L3，如果没有共享缓存就是存储器）中总是最新的，这一特性简化了实现过程。事实上，私有缓存之外的层级是共享缓存还是存储器并不重要，关键在于来自核的所有访问都要经过这一层级。

尽管这个简单的缓存协议是正确的，但它省略了许多大大增加实现难度的复杂因素。最重要的一点是，这个协议假定这些操作具有**原子性**（atomic）——在完成一项操作的过程中，不会发生任何中间操作。例如，这里讨论的协议假定可以采用单个原子动作形式来检测写缺失、获取总线和接收响应。现实并非如此。事实上，即使读缺失也可能不具备原子性；在多核处理器的L2中检测到缺失之后，这个核必须通过仲裁，以访问连到共享L3的总线。非原子性操作可能会导致协议**死锁**（deadlock），也就是进入一种无法继续执行的状态。本节后面在研究DSM设计时会讨论这些复杂内容。

对于多核处理器，处理器多个核之间的一致性都在芯片上实现，要么使用监听协议，要么使用简单的集中式目录协议。许多多处理器芯片，包括Intel Xeon和AMD Opteron，支持多芯片多处理器，这些多处理器可以通过连接已经集成在芯片中的高速接口来构建。这些下一级别的互连并不只是共享总线的扩展，而是使用一种不同的方法来实现多核互连。

用多个多核芯片构建而成的多处理器通常采用分布式存储器体系结构，而且需要一种机制来保持芯片间的一致性，这超出了芯片内部的机制。在大多数情况下，会使用某种形式的目录机制。

5.2.6　基本一致性协议的扩展

前面介绍的一致性协议是一种简单的三状态协议，经常用这些状态的首字母来称呼——MSI（modified、shared、invalid，即已修改、共享、无效）协议。该基本协议有许多扩展，在本节图题中提到过。这些扩展是通过添加更多的状态和转换来创建的，这些添加内容对某些行为进行优化，可能会提升性能。下面介绍两种最常见的扩展。

(1) MESI向基本的MSI协议中添加了“独占”（exclusive）状态，用于表示缓存块仅驻存在一个缓存中，而且是干净的。如果一个块处于独占状态，就可以对其进行写入而不会产生任何无效操作，这优化了一个块先由单个缓存读取再由同一缓存写入的情况。当然，在处于独占状态的块产生读缺失时，必须将这个块改为共享状态，以保持一致性。因为所有后续访问都会被监听，所以有可能保持这一状态的准确性。具体来说，如果另一个处理器发射一个读缺失，则状态会由独占改为共享。添加这一状态的好处是：在由同一个核对处于独占状态的块进行后续写入时，不需要访问总线，也不会生成无效操作，因为处理器知道这个块在这个本地缓存中是独占的；处理器只是将状态改为已修改。添加这一状态非常简单，只需要使用将一致状态编码为独占状态的位，并使用脏位表示这个块已被修改。Intel i7使用了MESI协议的一种变体，称为MESIF，它添加了一个状态（forward），用于表示应当由哪个共享处理器对请求做出响应。这种协议设计用来提高分布式存储器组织结构的性能。

(2) MOESI向MESI协议中添加了“拥有”（owned）状态，用于表示相关块由该缓存拥有并且在存储器中已经过时。在MSI和MESI协议中，如果尝试共享处于“已修改”状态的块，会将其状态改为“共享”（在原共享缓存和新共享缓存中都会如此），并且必须将这个块写回存储器中。而在MOESI协议中，可以在原缓存中将这个块的状态由“已修改”改为“拥有”，不再将其写到存储器中。（新共享这个块的）其他缓存使这个块保持共享状态；只有原缓存保持“拥有”状态，表示主存储器副本已经过期，指定缓存成为其拥有者。这个块的拥有者必须在发生缺失时提供该块，因为存储器中没有最新内容，如果替换了这个块，则必须将其写回存储器中。AMD Opteron处理器系列使用了MOESI协议。

下一节将研究这些协议在并行和多程序工作负载下的性能，此时我们就能清楚地了解对基本协议进行这些扩展的价值了。但是，在研究性能之前，我们先简要地了解一下使用对称存储器结构和监听一致性机制的局限性。

5.2.7 对称共享存储器多处理器与监听协议的局限性

随着多处理器中处理器数量的增加，或每个处理器的存储器需求的增长，系统中的任何集中式资源都可能变成瓶颈。即使只有几个核，单个共享总线也会成为多核系统的瓶颈。因此，多核设计已经转向高带宽、独立内存的互连方案，以允许增加更多的核。5.8 节中讨论的多核芯片使用了三种不同的方法。

(1) IBM Power8 在一个多核中最多有 12 个处理器，它使用 8 个并行总线连接分布式 L3 缓存和最多 8 个独立的存储器通道。

(2) Xeon E7 使用 3 个环来连接最多 32 个处理器、一个分布式 L3 缓存以及 2 个或 4 个存储器通道（取决于配置）。

(3) Fujitsu SPARC64 X+使用一个交叉开关将共享的 L2 缓存连接到最多 16 个核和多个存储器通道。

SPARC64 X+是一个具有一致访问时间的对称组织结构。Power8 对 L3 缓存和存储器的访问时间不一致。尽管在一个 Power8 多核内的存储器地址之间的非争用访问时间差异并不大，但是对于存储器的争用，即使在一个芯片内，访问时间差也会变得非常大。Xeon E7 可以像访问时间一致一样进行操作；在实践中，软件系统通常对存储器进行组织，使存储器通道与核的一个子集相关联。

监听缓存的带宽也会成为一个问题，因为每个缓存必须检查所有缺失，而增加额外的互连带宽只会将问题推给缓存。要理解这个问题，请考虑下面的示例。

例题 考虑一个 8 核处理器，其中每个处理器都有自己的 L1 缓存和 L2 缓存，并且在 L2 缓存之间的共享总线上执行监听。假设不管是对于一致性缺失还是其他缺失，L2 请求平均为 15 个周期。假设时钟频率为 3.0 GHz，CPI 为 0.7，载入/存储频率为 40%。如果我们的目标是被一致性流量消耗的 L2 带宽不超过 50%，那么每个处理器的最大一致性缺失率是多少？

解答 从一个可以使用的缓存周期数方程开始（其中 CMR 是一致性缺失率）：

$$\text{可用缓存周期} = \frac{\text{时钟频率}}{\text{每个请求的周期数} \times 2} = \frac{3.0\ \text{GHz}}{30} = 0.1 \times 10^9$$

$$\text{可用缓存周期} = \text{存储器访问次数/时钟/处理器} \times \text{时钟频率} \times \text{处理器数量} \times \text{CMR}$$

$$= \frac{0.4}{0.7} \times 3.0\ \text{GHz} \times 8 \times \text{CMR} \approx 13.7 \times 10^9 \times \text{CMR}$$

$$\text{CMR} = 0.1/13.7 \approx 0.0073 = 0.73\%$$

这意味着一致性缺失率必须小于或等于 0.73%。在下一节中，我们将看到几个一致性缺失率超过 1%的应用程序。或者，如果假设 CMR 可以是 1%，那么我们可以支持不到 6 个处理器。显然，即使是核数较少的系统也需要一种扩展监听带宽的方法。

增加监听带宽的方法有如下几种。

(1) 如前所述，可以复制标记。这使有效的缓存级监听带宽翻了一番。如果假设一半的一致性请求没有命中一个监听请求，并且监听请求的成本只有 10 个周期（而不是 15 个周期），那么我们就可以将一个 CMR 的平均成本降低到 12.5 个周期。这使得一致性缺失率可以为 0.88，或者支持一个额外的处理器（7 而不是 6）。

(2) 如果共享多核（通常是 L3）上的最外层缓存，则可以分配该缓存，使每个处理器都有一部分存储器，并处理对该部分地址空间的监听。IBM 12 核 Power8 就使用了这种方法，它在采用 NUCA 设计的同时，按照过处理器的数量有效地扩展了 L3 缓存上的监听带宽。如果在 L3 缓存中有一个监听命中，那么我们仍然必须广播到所有的 L2 缓存，而 L2 缓存反过来必须监听它们的内容。因为 L3 缓存充当监听请求的过滤器，所以 L3 缓存必须具有包含性。

(3) 我们可以将一个目录放在最外层共享缓存的级别（例如 L3）上。L3 缓存作为监听请求的过滤器，必须具有包含性。在 L3 缓存使用一个目录意味着我们不需要监听或广播到所有的 L2 缓存，而只需要监听或广播到目录表明可能有块的副本的那些缓存。正如 L3 缓存可能是分布式的，相关的目录条目也可能是分布式的。这种方法用于 Intel Xeon E7 系列，该系列支持 8~32 个核心。

图 5-5 展示了带有分布式缓存系统（如方案 2 或方案 3 中使用的系统）的多核的组织形式。如果想增加更多的多核芯片以形成更大的多处理器，就需要一个片外网络，以及一种扩展一致性机制的方法（将在 5.8 节介绍）。

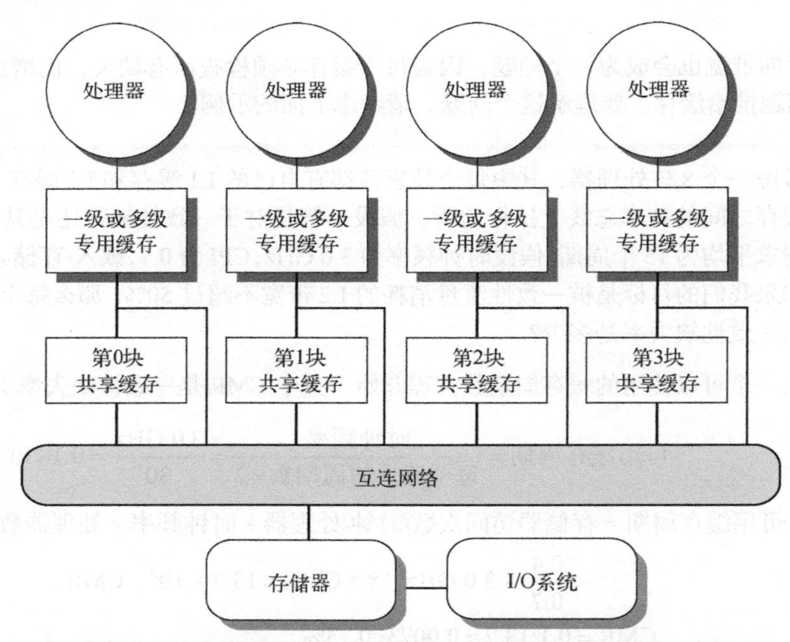

图 5-5 一个具有分布式缓存的单片多核。在目前的设计中，分布式共享缓存通常是 L3，L1 和 L2 是私有缓存。通常有多个存储器通道（在今天的设计中为 2~8 个）。这种设计是 NUCA，因为 L3 中不同部分的访问时间不同，直接连接的核访问速度更快。因为它是 NUCA，所以它也是 NUMA

AMD Opteron 展示了监听协议与目录协议之间的另一个折中。存储器被直连到每个多核芯片，最多可以连接 4 个多核芯片。这个系统为 NUMA，因为局部存储器更快一些。Opteron 使用点对点连接实现其一致性协议，最多向其他 3 个芯片进行广播。因为处理器之间的链接未被共享，所以一个处理器要想知道无效操作何时完成，唯一的方法就是显式确认。因此，一致性协议使用广播来查找可能共享的副本，这一点与监听协议类似，但它使用确认来确定操作，这一点与目录协议类似。由于在 Opteron 实现中，局部存储器仅比远程存储器快一点儿，所以一些软件把 Opteron 多处理器看作拥有一致的存储器访问。

5.4 节会研究目录协议，它在发生缺失时不需要向所有缓存进行广播。一些多核设计在多核内目录（Intel Xeon E7），而另一些设计在扩展到多核之外时添加目录。分布式目录消除了对单点串行化所有访问的需要（通常是监听模式中的单点共享总线），任何删除单点串行化的模式都必须处理与分布式目录模式相同的许多挑战。

5.2.8 实现监听缓存一致性

细节决定成败。

——谚语

在 1990 年编写本书第 1 版时，最后的“融会贯通”一节设计了一个包含 30 个处理器、单条总线的多处理器，它采用了监听一致性，总线的带宽仅略高于 50 MiB/s。到了 2017 年，这种总线带宽恐怕连 Intel i7 中的一个核也无法支持。在 1995 年编写本书第 2 版时，第一代采用多条总线且确保缓存一致的多处理器刚刚问世。我们当时在书中添加了一个附录，用来描述多总线系统中的监听实现方式。2017 年，**所有**支持 8 个或更多核的多核多处理器系统都使用互连网络，而不是单条总线。设计人员不得不面对一项挑战：在不简化总线来串行化事件的情况下实现监听（或目录模式）。

前面曾经说过，在实际实现监听一致性协议时，最复杂的部分在于：在最近的所有多处理器中，写缺失与更新缺失都不是原子操作。检测写缺失或更新缺失、与其他处理器或存储器通信、为写缺失获取最新值、确保所有无效操作可以正常进行、更新缓存，这些步骤不能在单个时钟周期内完成。

在只有一条总线的多核中，如果（在改变缓存状态之前）首先协调连向共享缓存或存储器的总线，并在完成所有操作之前保持总线不被释放，那就可以有效地使上述步骤变成原子操作。处理器怎么才能知道所有无效操作何时完成呢？在早期设计中，当收到所有必要无效操作并在处理时，会使用单根信号线发出信号。收到这一信号之后，生成缺失的处理器就可以释放总线，因为它知道在执行与下一次缺失相关的操作之前，可以完成所有读写行为。只要在执行这些步骤期间独占总线，处理器就能有效地将各个步骤变为原子操作。

在没有单一中央总线的系统中，我们必须寻找其他某种方法，将缺失过程中的步骤变为原子操作。具体来说，必须确保两个处理器尝试同时写入同一数据块的操作（这种情景称为**竞争**）保持严格排序：首先处理一个写操作，然后再开始执行下一个。这两次写操作中的哪一个操作会赢得竞争并不重要，因为只会有一个获胜者，而它的一致性操作将被首先完成。在使用多条总线的多核中，如果每个存储器块只与一条总线关联，则可以消除竞争，从而确保访问同一个块的两次尝试必须由该公共总线序列化。这个特性，以及重启竞争失败者缺失处理的能力，是在无总线情况下实现监听缓存一致性的关键。我们将在附录 I 中解释具体细节。

还可以将监听与目录结合在一起，有些设计在多核处理器内部使用监听、在多个芯片之间使用目录，或者在一个缓存级别使用目录、在另一个缓存级别使用监听。

5.3 对称共享存储器多处理器的性能

在使用监听一致性协议的多核处理器中，性能通常受多种因素影响。具体来说，总体缓存性能由两个因素共同决定：一个是由单处理器缓存缺失造成的流量；另一个是通信导致的流量，它会导致无效及后续的缓存缺失。改变处理器数量、缓存大小和块大小能够以不同方式影响缺失率的这两方面，最终影响总体系统性能。

附录 B 对单处理器缺失率进行了 3C 分类，即容量（capacity）、强制（compulsory）和冲突（conflict），并深入讨论了应用特性和对缓存设计的可能改进。与此类似，有两种来源会引起因处理器之间的通信而导致的缺失（通常称为**一致性缺失**）。

第一种是所谓的**真共享缺失**，源自通过缓存一致性机制进行的数据通信。在基于无效的协议中，处理器向共享缓存块的第一次写操作会导致建立该块的所有权无效。此外，当另一个处理器尝试读取这个缓存块中的已修改字时，会发生缺失，并传送结果块。由于这两种缺失都是由处理器之间的数据共享直接导致的，所以都被归类为真共享缺失。

第二种称为**假共享缺失**，源于使用了基于无效的一致性算法，每个缓存块只有一个有效位。如果因为写入块中的某个字（不是正被读取的字）而导致一个块无效（而且后续访问会导致缺失），就会发生假共享。如果接收到无效操作的处理器真的正在使用要写入的字，那这个访问就是真正的共享访问，无论块大小如何都会导致缺失。但是，如果正被写入的字和读取的字不同，那就不会因为这一无效操作而传送新值，而只是导致一次额外的缓存缺失，所以它是假共享缺失。在假共享缺失的情况下，块被共享，但缓存中的字没有被实际共享，如果块大小是单个字，那就不会发生缺失。通过下面的例子可以理解这些共享模式。

例题　假定 z1 和 z2 两个字位于同一缓存块中，这个块在 P1 和 P2 的缓存中均为共享状态。假定有以下一系列事件，请确认每个缺失是真共享缺失还是假共享缺失，抑或是命中。如果块大小为一个字，那么所发生的所有缺失都被认定为真共享缺失。

时　序	P1	P2
1	写 z1	
2		读 z2
3	写 z1	
4		写 z2
5	读 z2	

解答　下面是按时序进行的分类。

(1) 这一事件是真共享缺失，因为 z1 在 P2 中处于共享状态，需要由 P2 发出无效操作。

(2) 这一事件是假共享缺失，因为 z2 是由于 P1 中写入 z1 而导致无效的，但 P2 并没有使用 z1 的值。

(3) 这一事件是假共享缺失，因为包含 z1 的块是因为 P2 中的读操作而被标记为共享状态的，但 P2 并没有读取 z1。在 P2 读取之后，包含 z1 的缓存块将处于共享状态；需要一次写缺失才能获取对该数据块的独占访问。在一些协议中，会将这种情况作为**更新请求**进行处理，它会使总线无效，但不会传送缓存块。

(4) 这一事件是假共享缺失，原因与步骤(3)相同。

(5) 这一事件是真共享缺失，因为正在读取的值是由 P2 写入的。

尽管我们将看到真假共享缺失在商业工作负载中的影响，但对于共享大量用户数据的紧耦合应用程序来说，一致性缺失的角色更重要一些。我们将在附录 I 中详细研究它们的效果，并考虑并行科学工作负载的性能。

5.3.1 商业工作负载

本节将研究一个有四个处理器的共享存储器多处理器在运行在线事务处理负载时的存储器系统特性。我们讨论的这项研究是在 1998 年用一个四处理器 Alpha 系统完成的，但它仍然是对多处理器在这种工作负载下的性能进行的最全面、最深入的研究。我们将着重理解多处理器缓存活动，特别是 L3 缓存中的行为。L3 缓存中的许多通信行为与一致性相关。

这些结果是在一个 AlphaServer 4100 上收集的，或者是使用一种根据 AlphaServer 4100 建模的可配置模拟器收集的。AlphaServer 4100 中的每个处理器都是一个 Alpha 21164，每个时钟周期最多发射 4 条指令，工作频率为 300 MHz。尽管这个系统中 Alpha 处理器的时钟频率远低于 2011 年所设计系统中的处理器，但这个系统的基本结构由一个四发射处理器和一个三级缓存层级结构构成，非常类似于多核 Intel i7 等处理器，如表 5-4 所示。我们不关注性能细节，而是考虑模拟 L3 缓存行为的数据，每个处理器的 L3 缓存从 2 MiB 到 8 MiB 不等。

表 5-4 本研究所用 Alpha 21164 及 Intel i7 的缓存层级结构特性

缓存级别	特　征	Alpha 21164	Intel i7
L1	大小	8 KB I/8 KB D	32 KB I/32 KB D
	相联度	直接映射	四路 I/八路 D
	块大小	32 B	64 B
	缺失代价	7	10
L2	大小	96 KB	256 KB
	相联度	三路	八路
	块大小	32 B	64 B
	缺失代价	21	35
L3	大小	2 MiB（共 8 MiB 未共享）	2 MiB/核（总共共享 8 MiB）
	相联度	直接映射	十六路
	块大小	64 B	64 B
	缺失代价	80	约 100

* 尽管 Intel i7 的缓存较大、相联度较高，但缺失代价也较高，所以特性可能只有微小不同。当需要从私有缓存进行传送时，这两种系统的代价都很高（125 个周期，甚至更多）。一个关键的区别是 L3 在 Intel i7 中共享，而在 Alpha 服务器中有 4 个独占、非共享的缓存。

虽然最初的研究考虑了三种不同的工作负载，但是我们将注意力集中在根据 TPC-B（其存储器特性类似于第 1 章中描述的较新的 TPC-C）建模的联机事务处理（OLTP）工作负载，并以 Oracle 7.3.2 为底层数据库。工作负载由一组发出请求的客户端进程和一组处理这些请求的服务器组成。这些服务器进程占用 85%的用户时间，剩余时间由客户端占用。尽管通过精心调优以及利用足够的请求保持处理器繁忙可以隐藏 I/O 延迟，但服务器进程通常会在大约 25 000 条指令之后阻塞 I/O。总的来说，71%的执行时间是在用户模式中花费的，18%在操作系统中，11%是空闲的，主要是等待 I/O。在所研究的商业应用程序中，OLTP 应用程序对存储器系统的要求最高，即使使用更大的 L3 缓存进行评估，也会遇到很大的挑战。例如，在 AlphaServer 上，处理器在大约 90%的周期中处于停顿状态，存储器访问几乎占据了一半的停顿时间，L2 缺失占据了 25%的停顿时间。

我们首先研究 L3 缓存大小对性能的影响。在这些研究中，每个处理器的 L3 缓存在 1 MiB 和 8 MiB 之间变化；在每个处理器 2 MiB 时，L3 缓存的总大小等于 Intel i7 6700。然而，在 i7 的情况下，缓存是共享的，这既提供了一些优点，也带来了一些缺点。共享的 8 MiB 缓存不太可能比独占的 L3 缓存（总大小为 16 MiB）更好。图 5-6 显示了使用两路组相联缓存来增加缓存大小的效果，这减少了大量的冲突缺失。随着 L3 缓存的增大，由于 L3 缺失的减少，执行时间也会缩短。令人惊讶的是，几乎所有这些改进都是在 1~2 MiB（对 4 个处理器，是 4~8 MiB 的总缓存）范围内发生的，超过这一范围之后，尽管当缓存为 2 MiB 和 4 MiB 时，缓存缺失仍然是造成大幅性能损失的原因，但几乎没有多少改进了。这是为什么呢？

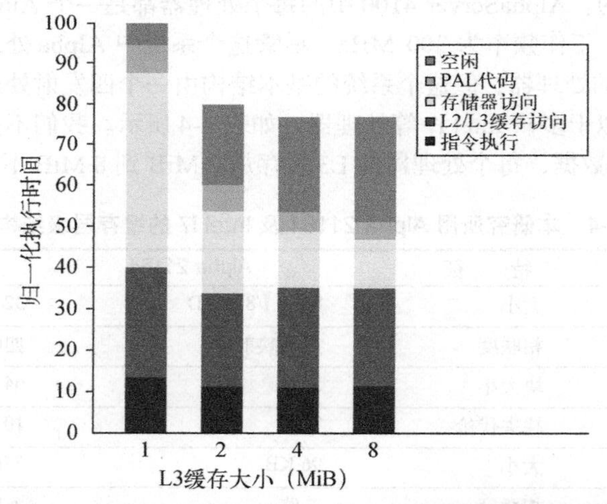

图 5-6　在 L3 缓存大小变化时，OLTP 工作负载的相对性能。L3 缓存设定为两路组相联，从 1 MiB 增大到 8 MiB。空闲时间也随缓存大小的增大而增加，从而降低了一些性能增益。出现这种增长是因为当存储器系统停顿较少时，需要更多的服务器进程来隐藏 I/O 延迟。可以重新调整工作负载，以提高计算/通信平衡，将空闲时间保持在可控范围内。PAL 代码是一组以特权模式执行的专用操作系统级指令序列，TLB 缺失处理程序就是这样的一个例子

为了找到这个问题的答案，我们需要确定造成 L3 缺失的因素，以及当 L3 缓存增长时，这些因素是如何变化的。图 5-7 给出了这些数据，显示了来自 5 个来源的每条指令所造成的存储器访问周期数。当 L3 缓存的大小为 1 MiB 时，L3 存储器访问周期的两个最大来源是指令和容量/冲突缺失；当 L3 缓存较大时，这两个来源降低为次要因素。遗憾的是，强制、假共享和真

共享缺失不受增大 L3 缓存的影响。因此，在 4 MiB 和 8 MiB 时，真共享缺失占主导地位；当 L3 缓存大小超过 2 MiB 时，由于真共享缺失没有变化，总体缺失率的降低有限。

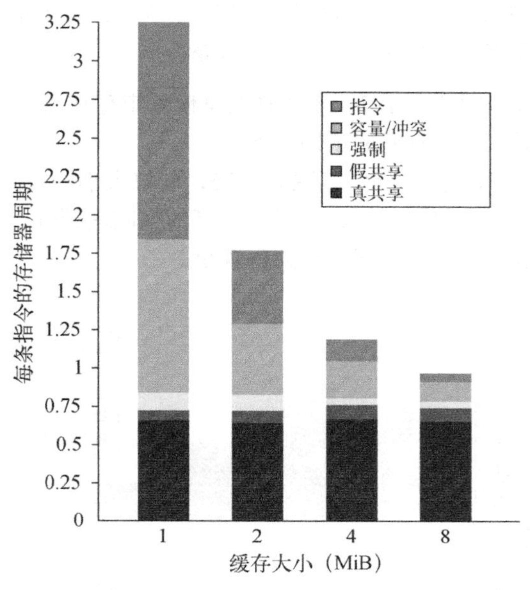

图 5-7 当缓存增大时，占用存储器访问周期的各项因素会变化。L3 缓存被模拟为两路组相联

增大缓存可以消除大多数单处理器缺失，但多处理器缺失不受影响。增加处理器数量如何影响不同类型的缺失呢？图 5-8 给出了这些数据，其中假定所采用的基本配置为 2 MiB、两路组相联 L3 缓存（每处理器缓存大小与 i7 相同，但关联性更小）。可以预期，真共享缺失率的增加（降低单处理器缺失不会对其有所补偿）会导致每条指令的存储器访问周期增加。

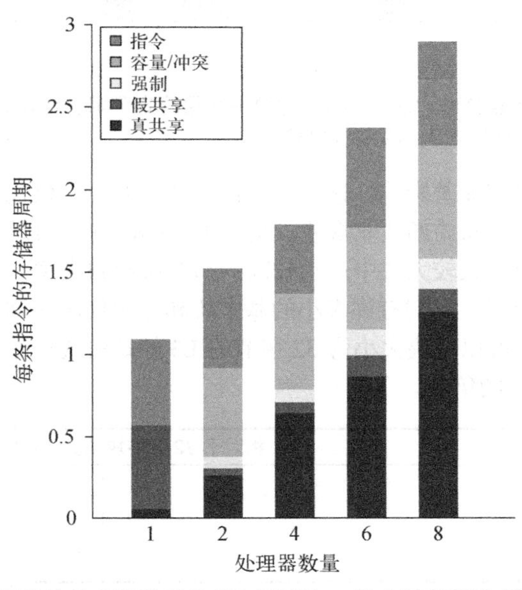

图 5-8 对存储器的访问周期随着处理器数量的增加而增加，这主要是因为增加了真共享。由于每个处理器现在必须处理更多的强制缺失，所以强制缺失会稍有增加

我们研究的最后一个问题是：增大块大小对这一工作负载是否有所帮助（增大块大小应当能够降低指令和冷启动缺失率，还会在一定范围内降低容量/冲突缺失率，并可能降低真共享缺失率）。图 5-9 显示了当块大小由 32 字节变化到 256 字节时，每千条指令的缺失数目。将块大小由 32 字节变化到 256 字节会影响到 4 个缺失率分量。

- ❑ 真共享缺失率的降低因数大于 2，表示真共享模式中存在某种局部性。
- ❑ 强制缺失率显著降低，与我们的预期一致。
- ❑ 冲突/容量缺失有小幅降低（降低因数为 1.26，而块大小增大到 8 倍），表示当 L3 缓存大于 2 MiB 时所发生的单处理器缺失没有太高的空间局部性。
- ❑ 假共享缺失率接近翻番，尽管其绝对数值较小。

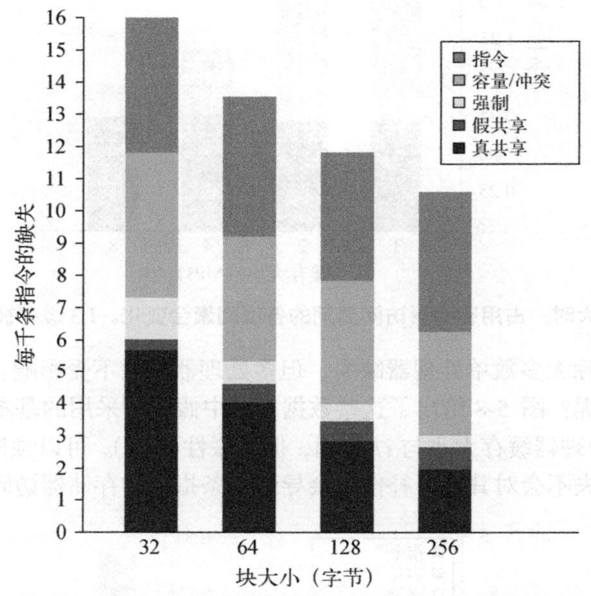

图 5-9　当 L3 缓存的块大小增加时，每千条指令的缺失数目稳定下降，所以 L3 块大小至少应当为 128 字节。L3 缓存的大小为 2 MiB，两路组相联

对指令缓存缺失率没有显著影响，这令人惊讶。如果有一个仅包含指令的缓存具备这一特性，我们会得出结论：其空间局部性非常差。在采用 L2 和 L3 混合缓存时，诸如指令数据冒险之类的其他影响也可能会导致较大块中产生较高的指令缓存缺失率。其他研究已经表明，在大型数据库和 OLTP 工作负载（它们有许多小的基本块和专用代码序列）的指令流中，空间局部性较低。根据这些数据，可以将块大小为 32 字节的 L3 的缺失代价作为基准，将块大小较大的 L3 的缺失代价表示为前者的倍数。

块　大　小	相对于 32 字节块缺失代价的缺失代价
64 字节	1.19
128 字节	1.36
256 字节	1.52

由于现代 DDR SDRAM 加快了块访问速度，所以这些数字是可以实现的，特别是在块大小

为 64 字节（i7 块大小）和 128 字节时。当然，我们还必须考虑访存流量的增加以及与其他核争用存储器的影响。后者可能很容易抵消通过提高单个处理器性能而获得的增益。

5.3.2 多道程序和操作系统工作负载

我们的下一项研究是由用户行为和操作系统行为共同构成的多道程序工作负载。所使用的工作负载是 Andrew 基准测试编译阶段的两个独立副本，该基准测试模拟了软件开发环境。其编译阶段使用 8 个处理器执行 UNIX "make" 命令的一个并行版本。该工作负载在 8 个处理器上运行 5.24 秒，生成 203 个进程，在三种文件系统上执行 787 次磁盘请求。运行此工作负载使用了 128 MiB 存储器，没有发生内存页面换入换出行为。

该工作负载有三个不同的阶段：编译基准测试，涉及大量计算行为；将目标文件安装到一个库中；删除目标文件。最后一个阶段完全由 I/O 操作主导，只有两个进程是活跃的（每个运行实例一个进程）。在中间阶段，I/O 也扮演着重要角色，而处理器大多处于空闲状态。与 OLTP 工作负载相比，这个总体工作负载涉及的系统操作和 I/O 操作要多得多。

为测量工作负载，我们假定有以下存储器和 I/O 系统。

- **L1 指令缓存**——32 KB，两路组相联，块大小为 64 字节，命中时间为 1 个时钟周期。
- **L1 数据缓存**——32 KB，两路组相联，块大小为 32 字节，命中时间为 1 个时钟周期。我们的重点是检查 L1 数据缓存中的行为，而 OLTP 研究的重点是 L3 缓存。
- **L2 缓存**——1 MiB 一致缓存，两路组相联，块大小为 128 字节，命中时间为 10 个时钟周期。
- **主存储器**——总线上的唯一存储器，访问时间为 100 个时钟周期。
- **磁盘系统**——固定访问延迟为 3 ms（小于正常值，以缩短空闲时间）。

表 5-5 显示了如何使用上述参数对 8 个处理器的执行时间进行分解。执行时间被分解为以下 4 个分量。

(1) **空闲**——在内核模式空闲循环中执行。

(2) **用户**——以用户模式执行。

(3) **同步**——执行或等待同步变量。

(4) **内核**——在既未处于空闲状态也没有进行同步访问的操作系统中执行。

表 5-5 多道程序并行 "make" 工作负载中执行时间的分布

	用户执行	内核执行	同步等待	处理器空闲（等待 I/O）
所执行的指令	27%	3%	1%	69%
执行时间	27%	7%	2%	64%

* 当 8 个处理器中仅有 1 个处于激活状态时，空闲时间之所以占很大比例是由于磁盘延迟。这些数据及该工作负载的后续测量由 SimOS 系统收集[Rosenblum 等，1995]。实际执行及数据收集由斯坦福大学的 M. Rosenblum、S. Herrod 和 E. Bugnion 完成。

这一多道程序工作负载的指令缓存性能损失非常大，至少对操作系统来说如此。当块大小为 64 字节、采用两路组相联缓存时，操作系统中的指令缓存缺失率从 32 KB 缓存的 1.7%到 256 KB 缓存的 0.2%不等。对于各种缓存大小，用户级指令缓存缺失率大约为操作系统缺失率的六分之一。这部分解释了如下事实：尽管用户代码执行的指令数为内核的 9 倍，但这些指令的执行时间仅为内核所执行的指令的 4 倍左右。

5.3.3　多道程序和操作系统工作负载的性能

本节研究多道程序工作负载在缓存大小和块大小发生变化时的缓存性能。由于内核特性与用户进程性能之间的差异，我们将这两个分量分离。别忘了，用户进程执行的指令是内核的 8 倍多，所以整体缺失率主要由用户代码中的缺失率决定，后面将会看到，这一缺失率通常是内核缺失率的五分之一。

尽管用户代码执行更多的指令，但与用户进程相比，操作系统的特性可能导致更多的缓存缺失。除了代码规模较大和缺少局部性之外，还有两个原因。第一，内核在将页面分配给用户之前，会对所有页面进行初始化，这极大地增加了内核缺失率的强制部分。第二，内核实际上是共享数据的，因此其一致性缺失率不可忽视。与之相对，用户进程只有在不同处理器上调度时才会导致一致性缺失，而这部分缺失率是很小的。这是多道程序工作负载与像 OLTP 之类的工作负载之间的主要区别。

图 5-10 给出了当数据缓存大小、块大小变化时，数据缓存缺失率的用户分量及内核分量的表现。增大数据缓存大小对用户缺失率的影响要大于对内核缺失率的影响。增大块大小对于两种缺失率都有正面影响，这是因为很大一部分缺失是因为强制和容量导致，这两者都可能通过增大块大小来改进。由于一致性缺失更为罕见，所以增大块大小的负面影响很小。为了了解内核与用户进程的行为为什么会不同，我们可以看看内核缺失是如何表现的。

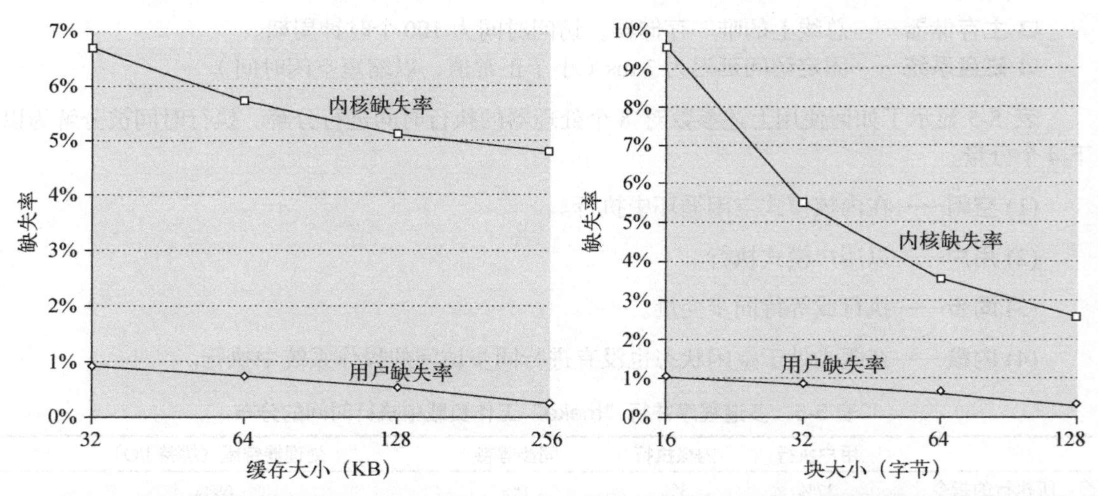

图 5-10　在增大 L1 数据缓存大小（左）及增大 L2 数据缓存块大小时（右），数据缓存缺失率的用户分量及内核分量表现不同。将 L1 数据缓存由 32 KB 增大到 256 KB（块大小为 32 字节）导致用户缺失率的降低大于内核缺失率：用户级缺失率的下降因数大约为 3，而内核级缺失率的下降因数仅为 1.3。在最大尺寸下，在现代多核处理器中，L1 的大小更接近于 L2。因此，数据表明，在 L2 缓存中，内核丢失率仍然是显著的。当 L1 块大小增大时（保持 L1 缓存为 32 KB），缺失率的用户分量及内核分量都稳步下降。与增加缓存大小的效果相比，增加块大小会显著降低内核缺失率（当块大小由 16 字节变为 128 字节时，内核访问的下降因数仅略低于 4，而用户访问则略低于 3）

图 5-11 显示了缓存大小及块大小增大时，内核缺失的变化。这些缺失被分为三类：强制缺失、一致性缺失（由真、假共享导致）和容量/冲突缺失（包括由于操作系统与用户进程之间以及多个用户进程之间的干扰所导致的缺失）。图 5-11 证明：对于内核访问，增大缓存大小只会降低单处理器容量/冲突缺失率。与之相对，增大块大小会导致强制缺失率的降低。当块大小增大时，一致性缺失率没有大幅增加，这意味着假共享效果可能不是很明显，尽管此类缺失可能会抵消通过降低真共享缺失所带来的增益。

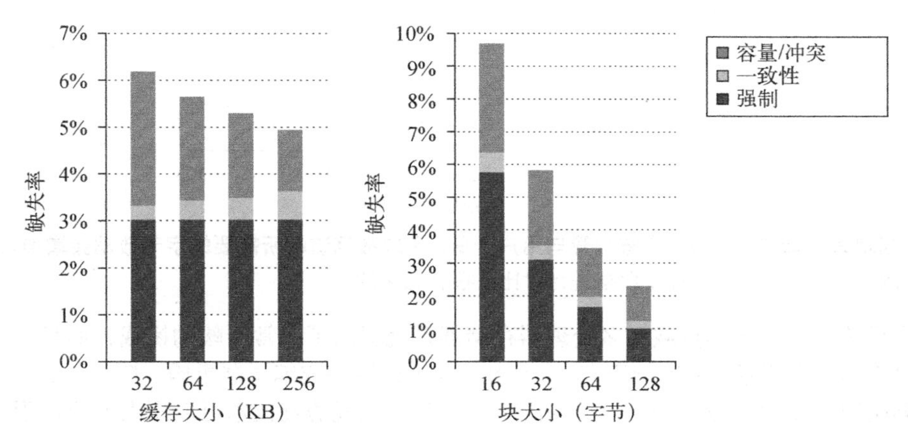

图 5-11 在 8 个处理器上运行多道程序工作负载，当 L1 数据缓存大小由 32 KB 变化为 256 KB 时，内核数据缓存缺失率分量的变化。强制缺失率分量保持不变，因为它不受缓存大小的影响。容量分量的下降因数大于 2，而一致性分量几乎翻番。一致性缺失增大的原因在于：发生冲突的条目会由于容量原因而变少，所以无效操作导致发生缺失的可能性会随着缓存大小的增大而增大。可以预料，L1 数据缓存块大小的增加会大幅降低内核访问中的强制缺失率。它对容量缺失率也有显著影响，在块大小的变化范围中，这一缺失率的降低因数为 2.4。增加块大小只能略微减少一致性通信流量，它在 64 字节时稳定下来；在变为 128 字节时，一致性缺失率没有变化。由于当块大小增加时一致性缺失率没有显著降低，所以由一致性所导致的缺失率由大约 7%增长到大约 15%

如果我们研究每次数据访问所需要的字节数，如图 5-12 所示，可以看到内核的通信量比较大，并且随着块大小的增加而增加。很容易看出其中原因：当块大小由 16 字节变为 128 字节时，缺失率大约下降 3.7，但每次缺失传送的字节数增大 8 倍，所以总缺失通信量仅提高 2 倍多一点儿。当块大小由 16 字节变为 128 字节时，用户程序的大小也增加了一倍多，但它的起始水平要低得多。

对于多道程序工作负载，操作系统对存储器系统的要求更高。如果工作负载中包含了更多的操作系统行为或类似于操作系统的行为，而且其特性类似于这一工作负载测量的结果，那就很难构建一个足够强大的存储器系统。提高性能的一个可能的方法是通过更好的编程环境或程序员的帮助使操作系统对缓存更敏感。例如，操作系统会为不同系统调用发出的请求重复利用存储器。尽管被重复利用的存储器将被完全改写，但硬件并没有意识到这一点，它会尝试保持一致性，即使缓存块不会被读取，也会坚持认为存在这种可能性。这种行为类似于在过程调用时重复利用栈位置。IBM Power 系列支持编译器在过程调用时指示这种类型的行为，最新的 AMD 处理器也提供了类似支持。系统是很难检测这种行为的，所以可能需要程序员提供帮助，但回报也可能更大。

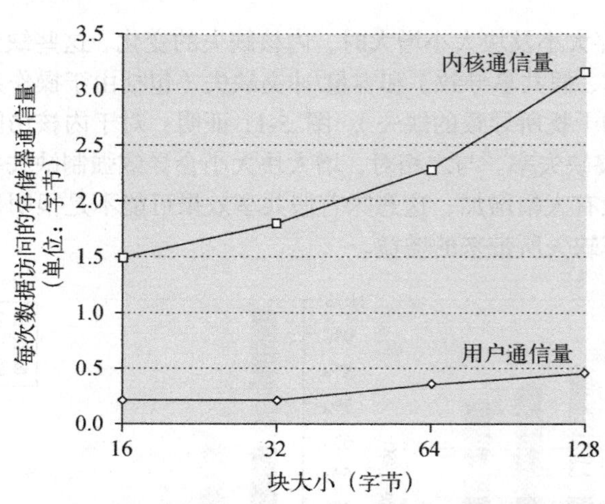

图 5-12 当块大小增加时，对于内核分量与用户分量，每次数据访问所需要的字节数据会增加。将此图与附录 I 中的科学应用程序数据进行对比是很有意义的

操作系统与商业工作负载对多处理器存储器系统提出了非常严峻的挑战，而且它们与科学应用程序不同（在附录 I 中进行研究），不太适合进行算法或编译器重构。随着核数量的增加，预测此类应用程序的行为也会变得更为困难。一些模拟或仿真技术可以用大型应用程序（包括操作系统）对数十甚至数百个核进行仿真，对于坚持分析与量化设计方法至关重要。

5.4 分布式共享存储器和目录式一致性

5.2 节讨论过，每当发生缓存缺失时，监听协议都需要与所有缓存通信，包括对潜在共享数据的写操作。监听式机制没有任何用于跟踪缓存状态的集中式数据结构，这既是它的一个基本优点（因为可以降低成本），也是可扩展性方面的致命弱点。

例如，考虑一个由 4 个四核多核组成的多处理器，它能够保持每个时钟周期一次数据访问的速率，时钟频率为 4 GHz。从附录 I.5 节的数据可以看出，这些应用程序需要 4~170 GB/s 的存储器总线带宽。带有两个 DDR4 存储器通道的 i7 支持的最大存储带宽是 34 GB/s。如果几个 i7 多核处理器共享同一个存储器系统，存储器系统很容易不堪重负。过去几年中，多核处理器的发展迫使所有设计人员转向某种分布式存储器，以支持各个处理器的带宽要求。

可以通过分布式存储器来提高存储带宽和互连带宽，如图 5-2 所示。这样会立刻将局部存储器通信与远程存储器通信分离开来，降低对存储器系统和互连网络的带宽要求。除非不再需要一致性协议在每次缓存缺失时进行广播，否则分布式存储器不会带来太大收益。

如前所述，监听一致性协议的替代方法是**目录协议**（directory protocol）。目录中保存了每个可缓存块的状态。这个目录中的信息包括哪些缓存（或缓存集合）拥有这个块的副本，它是否需要更新，等等。在一个拥有共享最外层缓存（即 L3）的多核中，实现目录机制比较容易：只需要为每个 L3 块保存一个位向量，其大小等于核的数量。这个位向量表示哪些私有 L2 缓存可能具有 L3 中某个块的副本，无效操作仅会发送给这些缓存。如果 L3 是包含性的，那这一方法对于单个多核是非常有效的，Intel i7 中就采用了这种机制。

在多核中使用单个目录的解决方案是不可扩展的，尽管它避免了广播。这个目录必须是分布式的，并且其分布方式必须能够让一致性协议知道去哪里寻找存储器所有缓存块的目录信息。显而易见的解决方案是将这个目录与存储器一起分配，使不同的一致性请求可以访问不同的目录，就像不同的存储器请求访问不同的存储器一样。如果信息是在外部缓存（比如多组的 L3）中维护的，那么目录信息可以分布在不同的缓存存储体中，从而有效地增加带宽。

分布式目录保留了如下特性：块的共享状态总是放在单个已知位置。利用这一性质，再维护一些信息，指出其他哪些节点可能缓存这个块，就可以让一致性协议避免进行广播操作。图 5-13 显示了在向每个节点添加目录时，分布式存储器多处理器的组织形式。

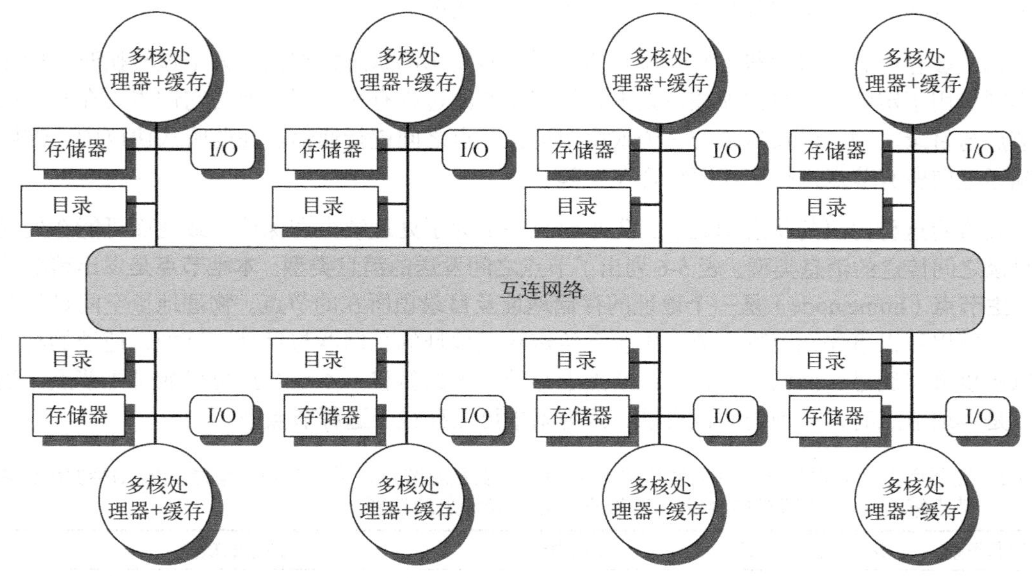

图 5-13 向每个节点添加一个目录，以在分布式存储器多处理器中实现缓存一致性。在本例中，节点显示为单个多核芯片，相关存储器的目录信息可能驻存在多核处理器的内部，也可能在其外部。每个目录负责跟踪一些缓存，这些缓存共享该节点内部部分存储器的存储器地址。一致性机制会维护多核节点内部的目录信息，并处理所需要的一致性操作

最简单的目录实现方法是将每个存储器块与目录中的一项相关联。在这种实现方式中，信息量与存储器块数（每个块的大小与 L2 或 L3 缓存块相同）和节点数的乘积成正比，其中一个节点就是在内部实现一致性的单个多核处理器或一小组处理器。对于处理器少于数百个的多处理器而言（每个处理器可能是多核的），这一开销不会导致问题，因为当块大小比较合理时，目录开销是可以忍受的。对于大型多处理器，需要一些方法来高效地扩展目录结构，不过，只有超级计算机规模的系统才需要操心这一点。

5.4.1 目录式缓存一致性协议：基础知识

和监听协议一样，目录协议也必须实现两种主要操作：处理读缺失和处理共享、干净缓存块的写操作。（对于当前正被共享的块，其写缺失的处理就是上述两种操作的组合。）为实现这些操作，目录必须跟踪每个缓存块的状态。在简单协议中，状态可能为下列各项之一。

- **共享**——一个或多个节点缓存了这个块，存储器的值是最新的（所有缓存中也是如此）。
- **未缓存**——所有节点都没有这个缓存块的副本。
- **已修改**——只有一个节点有这个缓存块的副本，它已经对这个块进行了写操作，所以存储器副本已经过期。这个处理器称为这个块的**拥有者**。

除了跟踪每个潜在共享存储器块的状态之外，我们还必须跟踪哪些节点拥有这个块的副本，因为在进行写操作时需要使这些副本无效。最简单的方法是为每个存储器块保存一个位向量，当这个块被共享时，这个向量的每一位指明相应的处理器芯片（它可能是一个多核）是否拥有这个块的副本。当存储器块处于独占状态时，我们还可以使用这个位向量来跟踪块的拥有者。为了提高效率，还会跟踪各个缓存中每个缓存块的状态。

每个缓存中状态机的状态与转换与监听缓存时使用的状态机相同，只不过转换时的操作稍有不同。用于定位一个数据项独占副本并使其无效的过程有所不同，因为它们需要在发出请求的节点与目录之间，以及目录与一个或多个远程节点之间进行通信。在监听式协议中，这两个步骤通过向所有节点进行广播而结合在一起。

在查看这种协议的状态图之前，先来研究一下为了处理缺失和保持一致性而可能在处理器和目录之间传送的消息类型。表5-6列出了节点之间发送的消息类型。**本地节点**是发出请求的节点。**主节点**（home node）是一个地址的存储地址及目录项所在的节点。物理地址空间是静态分布的，所以可以事先知道哪个节点中包含给定物理地址的存储器与目录。例如，地址的高阶位可以提供节点编号，而低阶位提供该节点上存储器内的偏移。本地节点也可能是主节点。当主节点是本地节点时，必须访问该目录，因为副本可能存在于**远程节点**中。

表5-6 在节点之间为保持一致性而发送的可能消息，以及源节点、目标节点、消息内容（P=发出请求的节点编号，A=所请求的地址，D=数据内容）和消息的功能

消息类型	来 源	目 标	消息内容	消息的功能
读缺失	本地缓存	主目录	P，A	节点P在地址A发生读缺失；请求数据并将P设置为读取共享者
写缺失	本地缓存	主目录	P，A	节点P在地址A发生写缺失；请求数据并使P成为独占拥有者
无效	本地缓存	主目录	A	向所有缓存了地址A处块的远程缓存发送无效请求
无效	主目录	远程缓存	A	使地址A处数据的共享副本无效
取数据	主目录	远程缓存	A	取回地址A的块，并发送到它的主目录；把远程缓存中A的状态改为共享
取数据/无效	主目录	远程缓存	A	取回地址A的块，并发送到它的主目录；使缓存中的块无效
数据值应答	主目录	本地缓存	D	从主存储器返回数据值
数据写回	远程缓存	主目录	A，D	写回地址A的数据值

* 前3条消息是由本地节点发送到主节点的请求。第4~6条消息是当主节点需要数据来满足读缺失或写缺失请求时，向远程节点发送的消息。数据值应答用于由主节点向发出请求的节点传送一个值。在两种情况下需要对数据值执行写回操作：替换了缓存中的一个数据块，且必须写回到它的主存储器中；对来自主节点的取数据消息或取数据/无效消息做应答。只要数据块处于共享状态就执行写回操作，这样能简化协议中的状态数量，因为任何脏数据块都必须处于独占状态，并且任何共享块总是可以在主存储器中获取。

远程节点是拥有缓存块副本的节点，该副本可能是独占的（只有一个副本），也可能是共享的。远程节点可能与本地节点或主节点相同。在此类情况下，基本协议不会改变，但处理器之间的消息可能会被处理器内部的消息代替。

本节采用存储器一致性的一种简单模型。为了在最大程度上减少消息的类型及协议的复杂性，我们假定这些消息的接受及处理顺序与其发送顺序相同。这一假定在实际中并不成立，并且可能会导致额外的复杂性，我们会在 5.6 节讨论存储器一致性模型时看到其中一部分内容。在本节，我们利用这一假定来确保在传送新消息之前先处理节点发送的无效操作，就像在讨论监听式协议的实现时所做的假设一样。和在监听情景中一样，我们省略了一些实现一致性协议所必需的细节。具体来说，实现写操作的串行化，以及获知某写入的无效操作已经完成，并不像广播式监听机制中那样简单，而是需要采用明确的确认方法来回应写缺失和无效请求。附录 I 更详细地讨论了这些问题。

5.4.2 示例目录协议

目录协议中缓存块的基本状态与监听协议中完全相同。目录中的状态也与前面展示的状态类似。因此，我们首先看一个简单的状态图（它展示了一个缓存块的状态转换），然后再研究与存储器中每一个块相对应的目录项的状态图。和监听情景中一样，这些状态转换图并没有给出一致性协议的所有细节，但是实际的控制器高度依赖多处理器的大量细节（消息发送特性、缓冲结构，等等）。本节给出基本的协议状态图。附录 I 中研究了在实现这些状态转换图时的一些棘手问题。

图 5-14 显示了一个缓存响应的协议操作。所使用的符号与上一节相同：来自节点外部的请求用灰色表示，操作用黑体表示。一个缓存的状态转换由读缺失、写缺失、无效和数据提取请求触发。图 5-14 显示了这些操作。一个缓存也会生成读缺失、写缺失和无效消息，它们会被发送给主目录。读缺失与写缺失需要数据值回复，并且这些事件在改变状态之前会等待回复。如何知道无效操作何时完成是一个需要另行处理的问题。

图 5-14 中缓存块状态转换图的操作基本上与监听情景中一样：状态是相同的，激励信号也几乎相同。写缺失操作由数据提取和无效操作替代，无效操作由目录控制器选择性地发送，而在监听机制中，写缺失操作是在总线（或其他网络）上广播的。与监听协议一样，在写入缓存块时，它必须处于独占状态，所有共享块都必须在存储器中进行更新。在许多多核处理器中，处理器缓存的最外层级在核之间共享（比如 Intel i7、AMD Opteron 和 IBM Power7 中的 L3），这一级别的硬件使用内部目录或监听来保持同一芯片上每个核的私有缓存之间的一致性。因此，只需要与最外层共享缓存进行交互，就可以使用片上多核一致性机制在大量处理器之间扩展一致性。因为这一交互是在 L3 进行的，所以处理器与一致性请求之间的争用就不会导致问题，也可以避免标记的复制。

在目录协议中，目录实现了一致性协议的另一半。发送给目录的一条消息会导致两种不同类型的操作：更新目录状态；发送额外消息以满足请求。目标中的状态表示一个块的三种标准状态，但与监听机制不同的是，目录状态表示一个存储器块所有缓存副本的状态，而不是表示单个缓存块的相应信息。

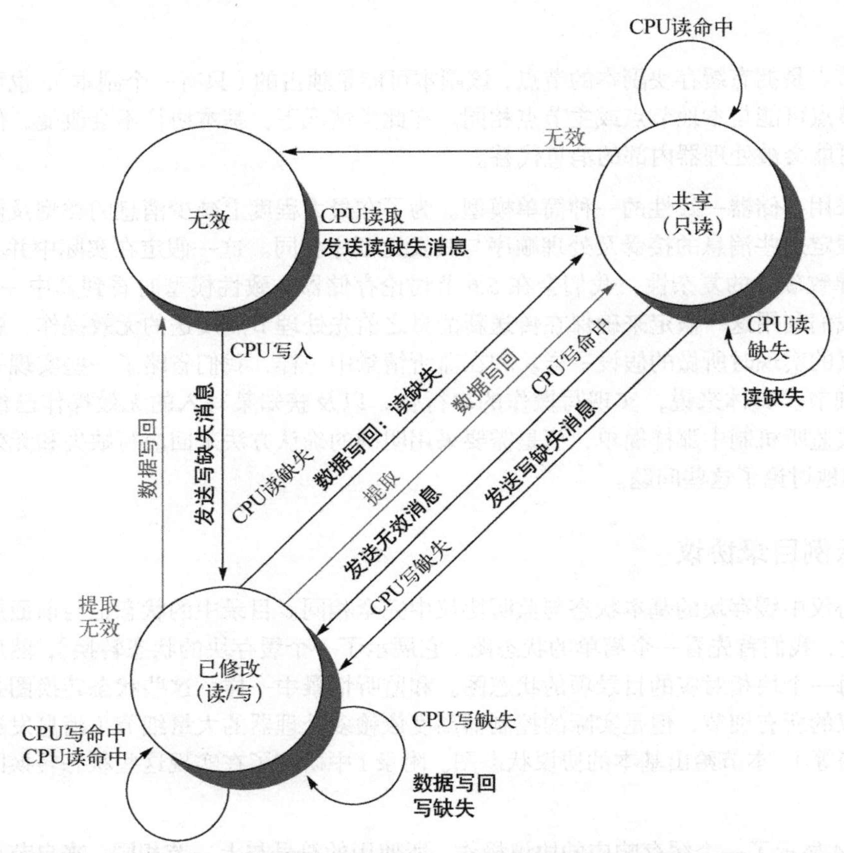

图 5-14　目录式系统中一个缓存块的状态转换图。本地处理器的请求用黑体表示，来自主目录的请求用灰色表示。这些状态与监听式系统中相同，而且事务也非常类似，用显式无效与写回请求来代替向总线正式广播的写缺失。与监听控制器中一样，我们假定写入共享缓存块的尝试将被作为缺失进行处理。在实践中，这样的事务可以看作所有权请求或升级请求，并且可以交付所有权，而不需要获取缓存块

存储器块可能未由任何节点缓存，可能缓存于多个节点中并可读（共享），也可能仅在一个节点中独占缓存并可写。除了每个块的状态之外，目录还会跟踪拥有某一缓存块副本的节点集合，我们使用名为**共享者**的集合来执行这一功能。在节点数少于 64 的多处理器（每个节点可能表示 4~8 倍的处理器）中，这一集合通常表示为位向量。目录请求需要更新这个**共享者集合**，还会读取这个集合以执行无效操作。

图 5-15 展示了在目录中为回应接收到的消息而采取的操作。目录接收三种请求：读缺失、写缺失和数据写回。目录发送的回应消息用黑体表示，而共享者集合的更新用斜体表示。因为所有激励消息都来自外部，所以所有操作都以灰色表示。我们的简化协议假定一些操作是原子操作，比如请求某个值并将其发送给另一个节点。实际实现时不能采用这一假定。

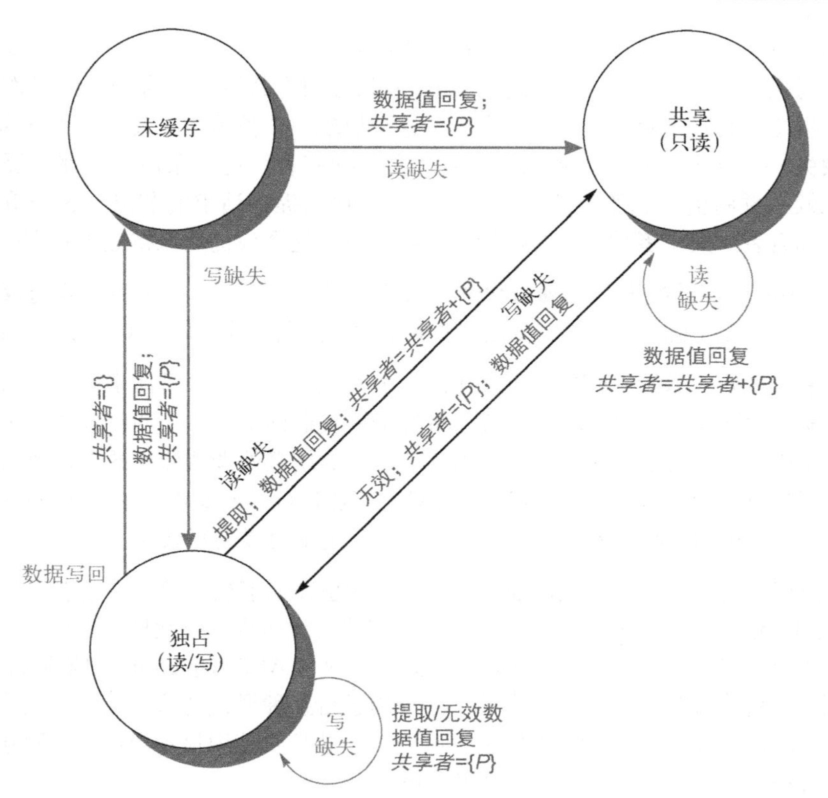

图 5-15 目录的状态转移图与单个缓存的转移图具有相同的状态和结构。由于所有操作都是由外部导致的，所以均以灰色表示。黑体表示该目录为回应请求所采取的操作

为了理解这些目录操作，我们按照状态逐个查看所接收的请求和所采取的操作。当块处于未缓存状态时，存储器中的副本就是当前值，所以对这个块的请求只能是以下两种。

- **读缺失**——从存储器向发出请求的节点发送其请求的数据，请求者成为唯一的共享节点。块的状态变为共享。
- **写缺失**——向发送请求的节点传送待写入的值，该节点变为共享节点。这个块变为独占状态，表明缓存了唯一有效副本。共享者指明拥有者的身份。

当块处于共享状态时，存储器值是最新的，所以可能出现相同的两个请求。

- **读缺失**——从存储器向发出请求的节点回复其请求的数据，请求者被添加到共享集合中。
- **写缺失**——向请求节点回复值。向**共享者**集合中的所有节点发送无效消息，**共享者**集合将包含发出请求的节点的身份。这个块的状态变为独占状态。

当块处于独占状态时，块的当前值保存在一个节点的缓存中，而这个节点由共享者（拥有者）集合识别，所以共有三种可能的目录请求。

- **读缺失**——向拥有者发送数据提取消息，这会导致拥有者缓存中这个块的状态转变为共享，拥有者将数据发送给目录，再在这里将其写到存储器中，并发给提出请求的处理器。将发出请求的节点的身份添加到共享者集合中，这个集合中仍然包含拥有者处

理器的身份（因为这个处理器仍然拥有可读副本）。

- **数据写回**——拥有者正在替换这个块，因此必须将其写回。这个写回操作会更新存储器副本（主目录实际上变为拥有者），这个块现在未被缓存，共享者集合为空。
- **写缺失**——这个块有一个新的拥有者。向旧拥有者发送一条消息，使其缓存中的这个块无效，并将值发送给目录，再从目录中发送给提出请求的节点，这个节点现在变成新的拥有者。共享者被设定为新拥有者的身份，这个块仍然保持独占状态。

图 5-15 中的状态转换图是一种简化图，与监听式缓存相同。在采用目录协议以及用网络而非总线来实现监听机制时，协议需要处理非原子化存储器转换。附录 I 深入探讨了这些问题。

在现实中，多处理器使用的目录协议还进行了其他一些优化。具体来说，在这种协议中，当独占块上发生读缺失或写缺失时，会首先将这个块发送到主节点上的目录中，再从这里将其存储到主存储器中，并发送给原来发出请求的节点。商用多处理器使用的许多协议会将数据从拥有者节点直接前递给发出请求的节点（同时对主节点执行写回操作）。由于这些优化方法增大了死锁的可能，并增加了必须处理的消息类型，所以通常会提高复杂性。

在监听协议中讨论过的大多数挑战在目录机制中也需要解决。然而，还有一些新问题，附录 I 中进行了描述。5.8 节会简要介绍现代多核处理器是如何将一致性扩展到单个芯片之外的。多芯片一致性和多核一致性有 4 种组合方式：监听/监听（AMD Opteron）、监听/目录、目录/监听和目录/目录！许多多处理器选择了在单个芯片内进行某种形式的监听（如果最外层的缓存是共享和包含性的，那么这种方式很有吸引力），跨多个芯片时使用目录协议。这种方法简化了实现，因为只需要跟踪处理器芯片，而不是单个核。

5.5　同步：基础知识

同步机制通常是以用户级软件例程实现的，这些例程依赖于硬件提供的同步指令。对于较小的多处理器或低争用场景，关键的硬件功能是不可中断的指令或指令序列，它们能以原子方式提取和改变一个值。软件同步机制就是利用这一功能实现的。本节的重点是锁定和解锁同步操作的实现。可以非常轻松地利用锁定和解锁来创建互斥，以及实现更复杂的同步机制。

在高争用情景中，同步可能会成为性能瓶颈，因为争用会引入更多延迟，而且在此种多处理器中延迟可能更大。附录 I 讨论了如何将本节介绍的基本同步机制扩展到处理器数目很大的情况。

5.5.1　基本硬件原语

在多处理器中实现同步时，所需要的关键功能是一组能够以原子方式读取和修改存储地址的硬件原语。没有这一功能，构建基本同步原语的成本就会过高，并且会随着处理器数量的增加而增加。基本硬件原语有许多形式，它们都能够以原子形式读取和修改一个位置，还可以判断读取和写入是否是以原子形式执行的。这些硬件原语是用于构建各种用户级同步操作的基本构建块，包括诸如锁和屏障之类的功能。一般情况下，架构师不希望用户利用基本硬件原语，而是希望系统程序员用这些原语来构建同步库，这个过程通常比较复杂。我们先来看一个硬件原语，并说明如何用它来构建某些基本的同步操作。

构建同步操作的一个典型操作就是**原子交换**（atomic exchange），它会将寄存器中的一个值与存储器中的一个值交换。为了理解如何利用这一操作来构建基本的同步操作，假定我们希望构建一个简单的锁，数值 0 表示这个锁可以占用，数值 1 表示这个锁不可用。处理器设置锁的具体做法是将寄存器中的 1 与跟这个锁对应的存储器地址交换。如果其他某个处理器已经申请了访问权，则这一交换指令将返回 1，否则返回 0。在后一种情况下，这个值也被改变为 1，以防止任意进行竞争的交换指令也返回 0。

例如，考虑两个试图同时执行交换的处理器：因为只有一个处理器会首先执行交换操作并返回数值 0，第二个处理器进行交换时将会返回 1，所以不存在竞争问题。使用交换原语来实现同步的关键是这个操作具有原子性：交换是不可分的，两个同时进行的交换将由写入串行化机制进行排序。如果两个处理器都尝试以这种方式对同步变量进行置位，它们不可能认为自己同时对这个变量进行了置位。

还有大量其他原子原语可用于实现同步。它们都拥有一个关键特性：读取和更新存储器值的方式可以让我们判断这两种操作是不是以原子形式执行的。在许多较旧的多处理器中存在一种名为**测试并置位**（test-and-set）的操作，它会测试一个值，如果通过，就对这个值进行置位。比如，我们可以定义一个操作，它会检测 0，并将其值设定为 1，其使用方式与使用原子交换的方式类似。另一个原子同步原语是**提取并递增**（fetch-and-increment）：它返回存储地址的值，并以原子方式使其递增。通过用 0 值来表示同步变量未被声明，我们可以像使用交换一样使用提取并递增。稍后你会看到，像提取并递增这样的操作还有其他用法。

实现单个原子存储器操作会引入一些挑战，因为它需要在单个不可中断的指令中进行存储器读写操作。这一要求增加了一致性实现的复杂性，因为硬件不允许在读取与写入之间插入任何其他操作，而且不能死锁。

替代方法是利用一对指令，其中第二条指令返回一个值，从这个值可以判断出这对指令是否像原子指令一样执行。如果任一处理器执行的所有其他指令要么在这对指令之前执行，要么在这对指令之后执行，就可以认为这对指令具有原子性。因此，如果一个指令对具有原子特性，那么所有其他处理器都不能在这个指令对之间改变取值。这是在 MIPS 处理器和 RISC-V 中使用的方法。

在 RISC-V 中，这种指令对包含一个名为**保留载入**（load reserved）的特殊载入指令［也称为**链接载入**（load linked）或**锁定载入**（load locked）］和一个名为**条件存储**（store conditional）的特殊存储指令。保留载入将 rs1 指示的存储器内容加载到 rd 中，并在该存储器地址上创建一个保留。条件存储将 rs2 中的值存储到 rs1 提供的存储器地址中。如果对同一存储地址的写操作破坏了对该载入的保留，则条件存储失败并将非零写入 rd；如果成功，条件存储写入 0。如果处理器在两条指令之间进行了上下文切换，那么条件存储总是失败。

这些指令是按顺序使用的。因为链接载入返回初始值，而条件存储仅在成功时才返回 0，所以以下序列会用 x4 中的值对 x1 指定的存储地址实现一次原子交换：

```
try:    mov   x3,x4     ;移动交换值
        lr    x2,x1     ;保留载入
        sc    x3,0(x1)  ;条件存储
        bnez  x3,try    ;分支存储失败
        mov   x4,x2     ;将载入值放入 x4 中
```

在这个序列的末尾，x4 的内容和 x1 指定的存储地址已经实现了原子交换。每当处理器介入 lr 和 sc 指令之间，修改了存储器中的取值，那么 sc 在 x3 中返回 0，导致此代码序列再次尝试。

链接载入/条件存储机制的优势之一就是它能用于构建其他同步原语。例如，下面是原子的“提取并递增”：

```
try:    lr     x2,x1     ;保留载入0(x1)
        addi   x3,x2,1   ;递增
        sc     x3,0(x1)  ;条件存储
        bnez   x3,try    ;条件存储失败
```

这些指令通常是通过在称为**链接寄存器**的寄存器中跟踪 lr 指令指定的地址来实现的。如果发生了中断，或者与链接寄存器中地址匹配的缓存块无效（比如，另一条 sc 使其无效），那么链接寄存器将被清除。sc 指令只是核查它的地址与链接寄存器中的地址是否匹配。如果匹配，sc 将成功，否则会失败。因为在再次尝试向链接载入地址进行存储之后，或者在任何异常之后，条件存储会失败，所以在选择向两条指令之间插入的指令时必须非常小心。具体来说，只有寄存器–寄存器指令才是安全的；否则，就有可能造成死锁，即处理器永远无法完成 sc 指令。此外，链接载入和条件存储之间的指令数应当很少，以尽可能降低无关事件或竞争处理器导致条件存储频繁失败的概率。

5.5.2　使用一致性实现锁

在拥有原子操作之后，就可以使用多处理器的一致性机制来实现**自旋锁**（spin lock）——处理器不断尝试获取的锁，它在循环中自旋，直到成功为止。在两种情况下会用到自旋锁：程序员希望短时间拥有这个锁；程序员希望当这个锁可用时，锁定过程的延迟较低。因为自旋锁会占用处理器，在循环中等待锁被释放，所以在某些情况下不适用。

最简单的实现方法是在存储器中保存锁变量，在没有缓存一致性时会使用这种实现方式。处理器可能使用原子操作（比如原子交换）持续尝试获得锁，并测试这一交换过程是否返回了可用锁。为释放锁，处理器只需要在锁中存储数值 0 即可。下面是锁定地址为 x1 的自旋锁的代码序列。它将 EXCH 作为宏，用来表示上一节中的原子交换序列：

```
        addi x2,R0,#1
lockit: EXCH x2,0(x1)     ;原子交换
        bnez x2,lockit    ;已经锁定?
```

如果多处理器支持缓存一致性，就可以使用一致性机制将锁放在缓存中，以保持锁值的一致性。将锁放在缓存中有两个好处。第一，可以在本地缓存副本上完成“自旋”过程（尝试在一个紧凑循环中测试和获取锁），不需要在每次尝试获取锁时都请求全局存储器访问。第二个好处来自以下观察结果：锁访问往往有良好的局部性；也就是说，上次使用了一个锁的处理器，会在不远的将来再次使用它。在此类情况下，锁值可以驻存在这个处理器的缓存中，从而大幅缩短获取锁所需要的时间。

要实现第一个好处（在本地缓存副本上自旋，而不需要在每次尝试获取锁时都生成存储器请求），需要对这个简单的自旋过程做一点修改。在上述循环中，每当尝试进行交换时都需要一次写操作。如果多个处理器尝试获取这个锁，会分别生成这一写操作。这些写操作大多会导致写缺失，因为每个处理器都尝试获取处于独占状态的锁变量。

因此，应当修改自旋锁过程，使其在自旋过程中读取这个锁的本地副本，直到看到该锁可用为止。然后它尝试通过交换操作来获取这个锁。处理器首先读取锁变量，以检测其状态。处理器不断地读取和检测，直到读取的值表明这个锁已解锁为止。这个处理器随后与所有其他正在进行“自旋等待”的处理器展开竞争，看谁能首先锁定这个变量。所有进程都使用一条交换指令，这条指令读取旧值，并将数值 1 存储到锁变量中。唯一的获胜者将会看到 0，而失败者将会看到由获胜者放在里面的 1。（失败者会继续将这个变量设置为锁定值，但这已经无关紧要了。）获胜的处理器在锁定之后执行代码，完成后将 0 存储到锁定变量中，以释放这个锁，然后再从头开始竞争。下面是执行这个自旋锁的代码（别忘了，0 是解锁，1 是锁定）：

```
lockit: ld    x2,0(x1)     ;载入锁
        bnez  x2,lockit    ;不可用——自旋
        addi  x2,R0,#1     ;载入锁定值
        EXCH  x2,0(x1)     ;交换
        bnez  x2,lockit    ;如果锁不为 0，则跳转
```

让我们看看这个“自旋锁”机制是如何使用缓存一致性机制的。表 5-7 展示了当多个进程尝试使用原子交换来锁定一个变量时的处理器和总线（或目录）操作。一旦拥有锁的处理器将 0 存储到锁中，所有其他缓存都将无效，必须提取新值以更新它们保存的锁副本。这种缓存首先获取解锁值（0）的副本，并执行交换。在满足其他处理器的缓存缺失之后，它们发现这个变量已经被锁定，所以必须回过头来进行检测和自旋。

表 5-7 三个处理器 P0、P1、P2 的缓存一致性步骤和总线通信

步骤	P0	P1	P2	步骤结束时锁的一致性状态	总线/目录操作
1	拥有锁	开始自旋，判断锁是否为 0	开始自旋，判断锁是否为 0	共享	以任意顺序满足 P1 和 P2 的缓存缺失。锁状态变为共享
2	将锁设为 0	（接收到无效操作）	（接收到无效操作）	独占（P0）	来自 P0 锁变量的写入无效操作
3		缓存缺失	缓存缺失	共享	总线/目录为 P2 缓存缺失提供服务；从 P0 写回；状态为共享
4		（当总线/目录忙时等待）	通过锁为 0 的检测	共享	满足 P2 的缓存缺失
5		锁为 0	执行交换，获得缓存缺失	共享	满足 P1 的缓存缺失
6		执行交换，获得缓存缺失	完成交换：返回 0，并将锁设为 1	独占（P2）	总线/目录为 P2 缓存缺失提供服务；生成无效操作；锁为独占状态
7		交换完成，返回 1，将锁设置为 1	进入关键部分	独占（P1）	总线/目录为 P1 缓存缺失提供服务；发送无效操作，并从 P2 生成写回操作
8		自旋，检测锁是否为 0			无

* 本表假定采用写入无效一致性。在开始时，P0 拥有这个锁（步骤 1），锁的值为 1（即锁定）；锁最初为独占的，在步骤 1 开始之前由 P0 拥有。P0 退出并解锁（步骤 2）。P1 和 P2 竞争，看看谁能在交换期间读取解锁值（步骤 3 至步骤 5）。P2 赢得竞争，进入关键部分（步骤 6 与步骤 7），而 P1 的尝试失败，所以它开始自旋等待（步骤 7 和步骤 8）。在实际系统中，这些事件将耗费远多于 8 个时钟周期的时间，因为获取总线和回复缺失所需要的时间要长得多。一旦到了步骤 8，这一过程就可以从 P2 开始重复，它最终获得独占访问，并将锁设置为 0。

这个例子展示了链接载入/条件存储原语的另一个好处：读操作与写操作是明确独立的。链接载入不一定导致任何总线通信。这一事实允许采用以下简单代码序列，它的特性与使用交换的优化版本一样（x1 拥有锁的地址，lr 代替了 LD，sc 代替了 EXCH）：

```
lockit: lr    x2,0(x1)    ;链接载入
        bnez  x2,lockit   ;不可用——自旋
        addi  x2,R0,#1    ;锁定值
        sc    x2,0(x1)    ;存储
        bnez  x2,lockit   ;如果失败则跳转
```

第一个分支构成了自旋循环，第二个分支化解当两个处理器同时看到锁可用时的竞争。

5.6　存储器一致性模型：简介

缓存一致性保证了多个处理器看到的存储器内容是一致的，但它并没有说明这些存储器内容应当保持**何种程度**的一致性。当我们问“何种程度的一致性”时，实际是在问一个处理器必须在什么时候看到另一个处理器更新过的值。由于处理器通过共享变量（用于数据值和同步两种目的）进行通信，于是这个问题便简化为：处理器必须以何种顺序观测另一个处理器的数据写操作？由于“观测另一处理器的写操作”的唯一方法就是通过读操作，所以问题现在变为：在不同处理器对不同位置执行读写操作时，必须保持哪些特性？

“保持何种程度的一致性”这一问题看起来非常简单，实际上却非常复杂，我们通过一个简单的例子来了解一下。下面是来自处理器 P1 和 P2 的两段代码：

```
P1:     A = 0;            P2:     B = 0;
        .....                     .....
        A = 1;                    B = 1;
L1:     if (B == 0)...    L2:     if (A == 0)...
```

假定这些进程运行在不同处理器上，并且位置 A 和 B 最初由两个处理器进行缓存，初始值为 0。如果写操作总是立刻生效，并且马上就会被其他处理器看到，那么两个 IF 语句（标有 L1 和 L2）就不可能同时为真，因为能够到达 IF 语句就说明 A 或 B 必然已经被赋值为 1。但假定写无效被延迟了，并且处理器可以在延迟期间继续执行。那么，P1 和 P2 在尝试读取数值**之前**，可能还没有（分别）看到 B 和 A 的无效。现在的问题是：是否应当允许这一行为？如果应当允许，在何种条件下允许？

存储器一致性的最直观的模型称为**顺序一致性模型**。顺序一致性（sequential consistency）要求任何程序每次执行的结果都是一样的，就像每个处理器是按顺序执行存储器访问操作的，而且不同处理器之间的访问任意交错在一起。顺序一致性使上述示例中的执行结果不可能出现，因为只有在完成赋值操作之后才能启动 IF 语句。

实现顺序一致性模型的最简单方法是要求处理器推迟完成任意存储器访问，直到该访问操作所导致的全部无效均已完成为止。当然，推迟下一个存储器访问操作，直到前一个访问操作完成为止，这种做法同样有效。别忘了，存储器一致性涉及不同变量之间的操作：两个必须保持顺序的访问操作实际上访问的是不同的存储地址。在我们的例子中，必须延迟对 A 或 B 的读取（A == 0 或 B == 0），直到上一次写操作完成为止（B = 1 或 A = 1）。比如，根据顺序一致性，

我们不能简单地将写操作放在写缓冲区中，然后继续执行读操作。

尽管顺序一致性模型给出了一种简单的编程范式，但它可能会降低性能，特别是在多处理器的处理器数量很多或者互连延迟很长时，如下例所示。

例题 假定有一个处理器，一次写缺失需要50个时钟周期来确定所有权；在确定所有权之后，发射每个无效操作需要10个时钟周期；在发射之后，无效操作的完成与确认需要80个时钟周期。假定其他4个处理器共享一个缓存块，如果处理器保持顺序一致性，那么一次写缺失会使执行写操作的处理器停顿多长时间？假定在明确确认无效操作之后，一致性控制器才能知道它们已经完成。假定在为写缺失获得所有权之后可以继续执行，不需要等待无效，该写操作需要多长时间？

解答 在等待无效时，每个写操作花费的时间等于拥有时间再加上完成无效所需要的时间。由于无效操作可以重叠，所以只需要考虑最后一项，它是在确定所有权之后开始的10+10+10+10=40个时钟周期。因此，写操作的总时间为50+40+80=170个时钟周期。相比之下，拥有时间只有50个时钟周期。通过实现适当的写缓冲区，甚至有可能在确定所有权之前继续进行。

为了提供更好的性能，研究人员和架构师已经探索出了两种路径。第一，他们开发了强大的实现方式，能够保持顺序一致性，同时使用延迟隐藏技术来降低代价。我们将在5.7节讨论这些内容。第二，他们开发了限制条件较低的存储器一致性模型，支持采用更快速的硬件。这些模型可能会影响程序员看待多处理器的方式，所以在讨论这些低限制模型之前，我们先来看看程序员对硬件的期望。

5.6.1 程序员的观点

尽管顺序一致性模型有性能方面的不足，但从程序员的角度来看，它拥有简单的优点。挑战在于，要开发一种既便于解释又支持高性能实现方式的编程模型。

有一种这样的支持高效实现方式的编程模型，它假定程序是**同步的**。如果对共享数据的所有访问都由同步操作进行排序，那么这个程序就是同步的。如果满足以下条件，就认为数据访问是由同步操作排序的：在所有可能的执行情景中，一个处理器对某一变量的写操作与另一个处理器对该变量的访问（或者为读取，或者为写入）由一对同步操作隔离开来，其中一个同步操作在第一个处理器执行写操作之后执行，另一个同步操作在第二个处理器执行访问操作之前执行。如果变量可以在未由同步操作排序的情况下更新，则此类情景称为**数据竞争**（data race），因为操作的执行结果取决于处理器的相对速度。和硬件设计中的竞争相似，其输出是不可预测的，由此得出了同步程序的另一个名字：**无数据竞争**（data-race-free）。

作为一个简单的例子，我们考虑一个变量由两个不同处理器读取和更新。每个处理器用锁定和解锁操作将读取和更新操作保护起来，这两种操作是为了确保更新操作的互斥和读操作的一致性。显然，每个写操作与另一个处理器的读操作之间现在都由一对同步操作隔离开来：一个是解锁（在写操作之后），一个是锁定（在读操作之前）。当然，如果两个处理器正在写入一个变量，中间没有插入读操作，那么这些写操作也必须由同步操作隔离开。

人们普遍认同“大多数程序是同步的”。这一观察结果之所以正确，主要是因为：如果这些访问是非同步的，那么程序的行为就可能是不可预测的，因为哪个处理器赢得数据竞争由执行速度决定，并会影响程序结果。即使有了顺序一致性，也很难理清此类程序的执行逻辑。

程序员可以尝试通过构造自己的同步机制来确保顺序，但这种做法需要很强的技巧性，可能会导致充满漏洞的程序，而且在体系结构上可能不受支持，也就是说在以后换代的新多处理器中可能无法工作。因此，几乎所有的程序员都选择使用针对多处理器和同步类型进行了优化的同步库。

最后，使用标准同步原语可以确保即使体系结构实现了一种比顺序一致性模型更宽松的一致性模型，同步程序也会像硬件实现了顺序一致性一样正确运行。

5.6.2　宽松一致性模型：基础知识和释放一致性

宽松一致性模型的关键思想是允许乱序执行读写操作，但使用同步操作来确保顺序，因此，同步程序的表现就像处理器具备顺序一致性一样。宽松模型多种多样，可以根据它们放松了哪种读取和写入顺序来进行分类。我们利用一组规则来指定顺序，其形式为 X→Y，也就是说必须在完成操作 X 之后才能执行操作 Y。顺序一致性模型需要保持所有 4 种可能的顺序：R→W、R→R、W→R 和 W→W。宽松模型由它们放松了的顺序来定义。

(1) 仅放松 W→R 顺序将会得到一种称为**完全存储排序**（total store ordering）或**处理器一致性**（processor consistency）的模型。由于这种模型保持了写操作之间的顺序，所以许多根据顺序一致性运行的程序也能在这一模型下运行，不用添加同步。

(2) 放松 W→R 和 W→W 顺序会得到一种称为**部分存储顺序**（partial store order）的模型。

(3) 放松所有 4 种顺序会得到许多模型，包括**弱排序**（weak ordering）、PowerPC 一致性模型和**释放一致性**（release consistency，RISC-V 一致性模型）。

通过放松这些顺序，处理器有可能获得显著的性能提升，这也是 RISC-V、ARMv8 以及 C++和 C 语言标准选择释放一致性模型的原因。

释放一致性区分了用于**获取**对共享变量访问的同步操作（标记为 S_A）和那些**释放**对象以允许其他处理器获取访问的同步操作（标记为 S_R）。释放一致性基于这样的观察：在同步程序中，获取操作必须在使用共享数据之前执行，而释放操作必须在共享数据的任何更新之后、下一个获取操作之前执行。这个属性允许我们通过如下观察稍微放松顺序：在获取操作之前的读取或写操作不需要在获取操作之前完成，并且在释放操作之后的读或写操作不需要等待释放操作。因此，保留的排序只涉及 S_A 和 S_R，如表 5-8 所示。如图 5-16 中的例子所示，这个模型使用了 5 个模型中最少的顺序。

表 5-8　由各种一致性模型施加的正常访问和同步访问顺序

模　型	使用场景	正常排序	同步排序
顺序一致性	在多数机器中作为可选模式	R → R, R → W, W → R, W → W	S → W, S → R, R → S, W → S, S → S
完全存储排序或处理器一致性	IBMS/370、DEC VAX、SPARC	R → R, R → W, W → W	S → W, S → R, R → S, W → S, S → S

（续）

模 型	使用场景	正常排序	同步排序
部分存储顺序	SPARC	R → R, R → W	S → W, S → R, R → S, W → S, S → S
弱排序	PowerPC		S → W, S → R, R → S, W → S, S → S
释放一致性	MIPS、RISC-V、ARMv8、C 和 C++ 规范		S_A → W, S_A → R, R → S_R, W → S_R, S_A → S_A, S_A → S_R, S_R → S_A, S_R → S_R

* 从上（顺序一致性）至下（释放一致性），模型的限制越来越少，实现的灵活性越来越大。较弱的模型依赖由同步操作创建的 Fence，而不是每个存储器操作上的隐式 Fence。S_A 和 S_B 分别代表获取和释放操作，定义释放一致性时需要它们。如果要对每个 S 一致地使用 S_A 和 S_R 符号，每个有一个 S 的顺序将变成两个顺序（例如，S → W 变成 S_A → W，S_R → W），每个 S → S 将变成右下方表条目最后一行中显示的 4 个顺序。

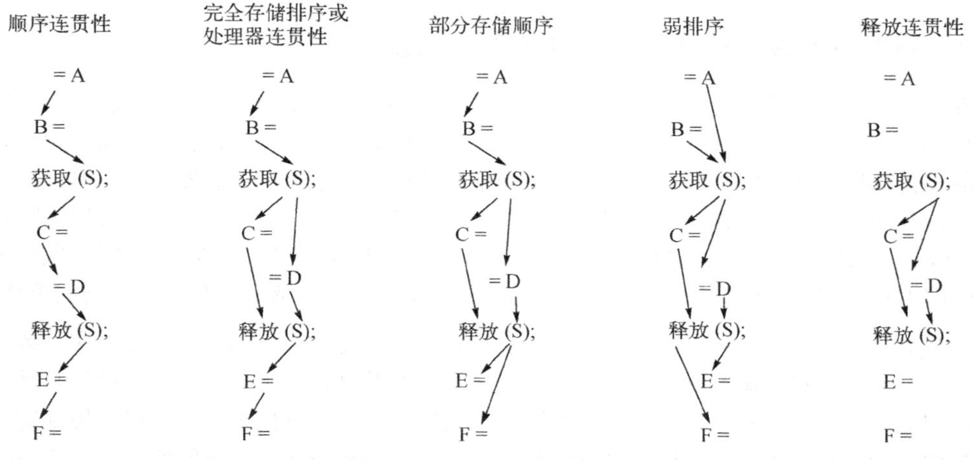

图 5-16 本节中讨论的 5 个一致性模型的示例表明，随着模型变得更加宽松，所施加顺序的数量会减少。 只有最少的顺序用箭头表示了出来。传递性暗示的顺序未表示出来，例如在顺序一致性模型中，在释放 S 之前写入 C，或者在弱排序或释放一致性模型中，在释放之前先获取

释放一致性提供了一种限制最少的模型，它易于检查，并且能确保同步程序将看到顺序连贯的执行。尽管大多数同步操作是获取或释放操作（获取操作通常读取同步变量并自动更新它，而释放操作通常只是写入），但一些操作既充当获取操作又充当释放操作，并导致排序相当于弱排序。尽管同步操作总是确保之前的写操作已经完成，但我们可能需要确保在没有指定同步操作的情况下完成写操作。在这种情况下，一个显式指令（在 RISC-V 中称为 FENCE）被用来确保该线程中所有之前的指令已经完成，包括所有存储器写入和相关的无效操作。有关宽松模型的复杂性、实现问题以及性能潜力的更多信息，我们强烈推荐 Adve 和 Gharachorloo [1996]的优秀教程。

5.7 交叉问题

由于多处理器重新定义了许多系统特性（例如，性能评估、存储器延迟和可扩展性的重要性），所以它们引入了一些贯穿整个领域的重要设计问题，对硬件和软件都有影响。本节将给出一些与存储器一致性问题有关的示例，随后研究在向多重处理中添加多线程时所能获得的性能。

5.7.1 编译器优化与一致性模型

定义存储器一致性模型的另一个原因是为了明确编译器可在共享数据上执行哪些合法优化。在显式并行程序中，除非明确定义了同步点，而且程序被同步了，否则编译器不能交换对两个不同共享数据项的读操作和写操作，因为这种交换可能会影响程序的语义。因此，即便是一些相对简单的优化方式也无法实施，比如共享数据的寄存器分配，因为这种转换通常会交换读操作和写操作。在隐式并行程序[比如，用高性能 FORTRAN（HPF）编写的程序]中，程序必须被同步，而且同步点已知，所以不会出现这一问题。编译器能否从更宽松的一致性模型中获得明显好处，无论从研究还是从实践的角度来看，都依然是一个开放性的问题——统一模型的缺失，可能会妨碍编译器的发展进程。

5.7.2 利用推测来隐藏严格一致性模型中的延迟

在第3章中我们看到，可以利用推测来隐藏存储器延迟。推测还可以用来隐藏因为严格一致性模型导致的延迟，获得宽松存储器模型的大多数好处。关键思想是：处理器使用动态调度来重新安排存储器访问的顺序，让它们有可能乱序执行。乱序执行存储器访问可能会违反顺序一致性，从而影响程序的执行。利用支持推测执行的处理器的延迟提交功能，可以消除这种可能性。假定一致性协议是以无效操作为基础的。如果处理器在提交存储器访问之前，收到该存储器访问的无效操作，处理器会使用推测恢复来回退计算，并从无效地址的存储器访问重新开始。

如果处理器对存储器请求进行重新排序后，新执行顺序的结果不同于遵循顺序一致性时看到的结果，处理器将会撤销此次执行。使用这一方法的关键在于：处理器只需确保其结果与所有访问按顺序完成时一样即可，而通过检测结果可能在什么时候出现不同就可以做到这一点。由于很少会触发推测重启，所以这种方法很有吸引力。只有当非同步访问实际导致竞争时，才会触发推测重启[Gharachorloo、Gupta 和 Hennessy，1992]。

Hill [1998]提倡将顺序一致性或处理器一致性与推测执行结合起来，作为一种一致性模型。他的观点包括三个部分。第一，激进实现顺序一致性或处理器一致性，可以获得更宽松模型的大多数好处。第二，这种实现方式对支持推测执行的处理器的实现成本基本没有影响。第三，这种方法允许程序员考虑使用顺序一致性或处理器一致性来设计更简单的编程模型。MIPS R10000 设计团队在20世纪90年代中期就深刻认识到了这一点，并使用 R10000 的乱序功能来支持顺序一致性的这种激进的实现方式。

一个尚未解决的问题是：对于共享变量的存储器访问，编译器技术能优化到什么程度？共享数据通常是通过指针和数组索引进行访问的，这一事实再加上优化技术的现状，已经限制了此种优化技术的使用。如果这一技术可用，而且能够带来显著的性能优势，那么编译器开发人员可能会希望使用更宽松的编程模型。为了保留这种可能性和未来的灵活性，RISC-V 的设计者在经过长时间的争论之后选择了释放一致性。

5.7.3 包含性及其实现

所有多处理器都使用多级缓存层级结构来降低对全局互连的要求和缓存缺失延迟。如果缓存还提供了**多级包含性**（multilevel inclusion，缓存层次结构的每一级都是距处理器更远一层的子集），则我们可以使用多级结构来减少一致性通信与处理器通信之间的争用。当监听与处理器缓存访问必须竞争缓存时，就会发生这些争用。许多具有多级缓存的多处理器强制具备这种包含性，不过，最近有些采用较小 L1 缓存和不同块大小的多处理器有时会选择不强制包含。这一限制有时也称为**子集特性**（subset property），因为每个缓存都是它下一级缓存的子集。

乍看起来，保持多级包含特性是件很简单的事情。考虑一个两级示例：L1 中的所有缺失要么在 L2 命中，要么在 L2 中产生缺失，而无论是哪一种情况，缺失块都会进入 L1 和 L2 两级缓存。与此类似，任何在 L2 命中的无效都必然被发送给 L1，如果 L1 中存在这个块，将会使其无效。

难以理解的地方在于当 L1 和 L2 的块大小不同时会发生什么。选择不同块大小是非常合理的：因为 L2 通常要大得多，其缺失代价中的延迟分量也要长得多，所以需要使用较大的块。当块大小不同时，对于包含性的“自动”实施有什么影响呢？L2 中的一个块对应于 L1 中的多个块，L2 的一次缺失所导致的数据替换对应于多个 L1 块。例如，如果 L2 的块大小是 L1 的 4 倍，那么 L2 中的一次缺失将替换相当于 4 个 L1 块的内容。下面是一个详细示例。

例题 假定 L2 的块大小为 L1 块的 4 倍。说明一次导致 L1 和 L2 产生替换的地址缺失将如何违反包含特性。

解答 假定 L1 和 L2 是直接映射的，L1 的块大小为 b 字节，L2 的块大小为 $4b$ 字节。假定 L1 包含两个块，起始地址为 x 和 $x+b$，且 $x \bmod 4b = 0$，也就是说，x 也是 L2 中一个块的起始地址。因此，L2 中的单个块包含着 L1 块 x、$x+b$、$x+2b$ 和 $x+3b$。假定处理器生成一个对块 y 的访问，这个块对应于在两个缓存中都包含 x 的块，从而会产生缺失。由于 L2 产生缺失，所以它会提取 $4b$ 字节，并替换包含 x、$x+b$、$x+2b$ 和 $x+3b$ 的块，而 L1 取得 b 字节，并替换包含 x 的块。由于 L1 仍然包含 $x+b$，但 L2 不再包含，因此不再保持包含特性。

为了在采用多个块大小时仍然保持包含性，在较低级别完成替换时，必须上溯到层次结构的较高级别，以确保较低级别中替换的所有字在较高级别的缓存中都已无效。相联度的不同级别都会产生同类问题。Baer 和 Wang [1988]详细描述了包含性的优势与挑战。2007 年，大多数设计人员已选择实现包含性，通常是为所有级别的缓存设置一个块大小。例如，Intel i7 为 L3 应用了包含性，也就是说 L3 总是包含 L2 和 L1 的内容。这样就可以在 L3 实现一种简单的目录机制，在最大程度上降低因为监听 L1 和 L2 而对这些情景造成的干扰，在目录中能查到 L1 或 L2 是否有缓存副本。与之相反，AMD Opteron 使 L2 包含 L1 的内容，但对 L3 没有这一限制。它使用了监听协议，但除非存在命中情况（在这种情况下，会向 L1 发送监听），否则仅需要在 L2 进行监听。

5.7.4 利用多重处理和多线程的性能增益

本节将简要研究在多核处理器上使用多线程的有效性，下一节还会讨论这一主题，届时将研究 Intel i7 的性能。IBM Power5 是一种支持同时多线程（SMT）的双核处理器。它的基础架构与最近的 Power8（下一节会介绍）非常相似，但每个处理器只有两个核。

为了研究多处理器中多线程的性能，我们对一个拥有 8 个 Power5 处理器的 IBM 系统进行测试，仅使用了每个处理器上的一个核。图 5-17 给出了一个八处理器 Power5 多处理器在有、无

SMT 时执行 SPECRate2000 基准测试的加速比，如图题所述。平均来说，SPECintRate 的速度快 1.23 倍，而 SPECfpRate 的速度快 1.16 倍。注意，一些浮点基准测试在 SMT 模式中的性能会稍有下降，加速比最多会降低 0.93。尽管人们预期 SMT 可能会更好地隐藏 SPECfp 基准测试的高缺失率，但看起来，在以 SMT 模式运行这些基准测试时，会遇到存储器系统中的一些限制。

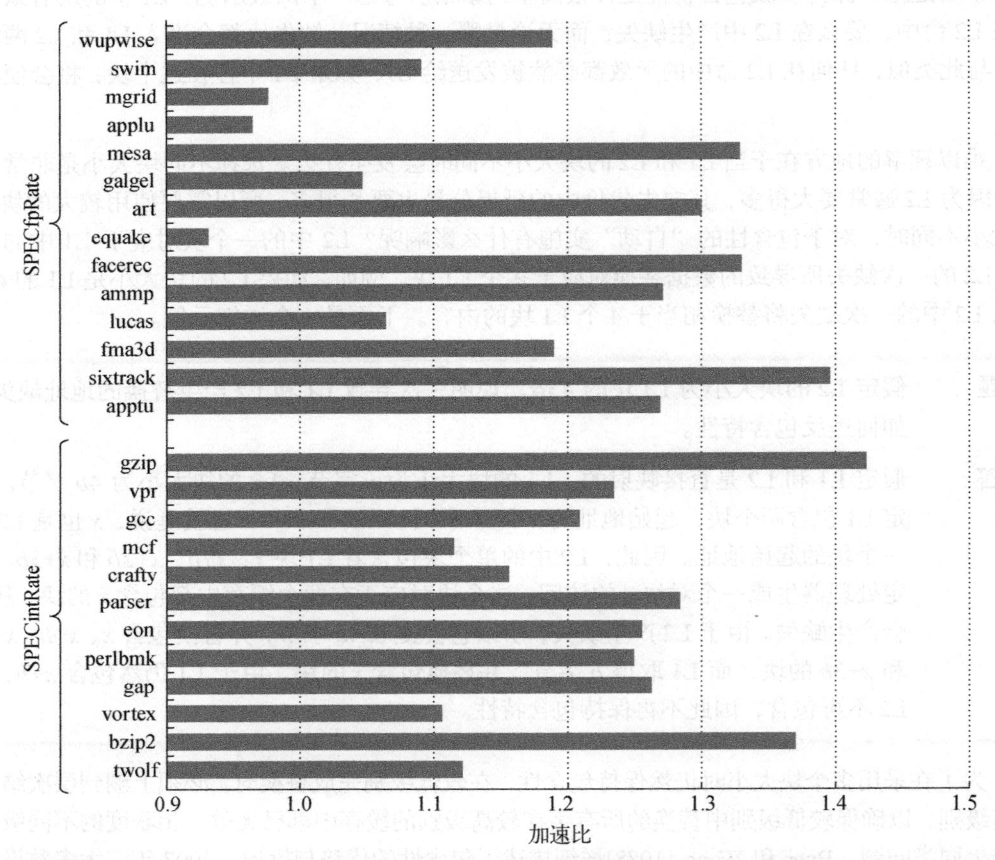

图 5-17　使用 SPECfpRate（上）和 SPECintRate（下）基准测试，在八处理器 IBM eServer P5575 上对比 SMT 和单线程（ST）性能。注意，x 轴的起始加速比为 0.9，表明有性能损失。每个 Power5 核中仅有一个处理器是活跃的，通过降低存储器中的破坏性干扰，应当可以稍稍改善 SMT 的结果。SMT 结果是通过创建 16 个用户线程获得的，而 ST 结果仅使用了 8 个线程；由于每个处理器仅有一个线程，所以操作系统将 Power5 切换为单线程模式。这些结果是由 IBM 公司的 John McCalpin 收集的。从数据中可以看出，SPECfpRate 结果的标准差略高于 SPECintRate（分别是 0.13 和 0.07），这表明浮点程序的 SMT 提升可能会有很大的差异

5.8　融会贯通：多核处理器及其性能

在大约 10 年时间里，多核一直是扩展性能的主要关注点，尽管实现各不相同，对更大的多芯片多处理器的支持也不尽相同。本节将研究三种多核处理器的设计、它们为更大的多处理器提供的支持，以及一些性能特征；然后对从小型到大型的多处理器 Xeon 系统做一个广泛的评估；最后详细评估多核 i7 920——i7 6700 的前身。表 5-9 列出了 2015 至 2017 年发布的三种服

务器多核处理器的关键特征。Intel Xeon E7 的设计基础与 i7 相同，但它的核更多、时钟频率稍慢（受功耗限制）、L3 缓存较大。Power8 是 IBM Power 系列中的最新版本，具有更多的核和更大的缓存。Fujitsu SPARC64 X+是最新的 SPARC 服务器芯片。与第 3 章中提到的 T 系列不同，它使用 SMT。因为这些处理器是为多核和多处理器服务器配置的，所以它们可以作为一个系列使用，拥有的处理器数量、缓存大小等不同，如表 5-9 中所示。

表 5-9 三种为服务器设计的高端多核处理器（2015~2017 年发布）的特征汇总

特　征	IBM Power8	Intel Xeon E7	Fujitsu SPARC64 X+
每个芯片的核数	4, 6, 8, 10, 12	4, 8, 10, 12, 22, 24	16
多线程	SMT	SMT	SMT
每个核的线程数	8	2	2
时钟频率	3.1~3.8 GHz	2.1~3.2 GHz	3.5 GHz
L1 指令缓存	每个核 32 KB	每个核 32 KB	每个核 64 KB
L1 数据缓存	每个核 64 KB	每个核 32 KB	每个核 64 KB
L2 缓存	每个核 512 KB	每个核 256 KB	共享 24 MB
L3 缓存	L3：32~96 MiB；每个核 8 MiB（使用 eDRAM）	10~60 MiB@每个核 2.5 MiB；共享，核数量更大	无
包含	有，L3 超集	有，L3 超集	有
多核一致性协议	扩展 MESI，具有行为和局部性暗示（13-状态协议）	MESIF：MESI 的扩展形式，允许对干净块进行直接转移	MOESI
多芯片一致性实现	使用监听和目录的混合策划	使用监听和目录的混合策划	使用监听和目录的混合策划
多处理器互连支持	可以连接多达 16 个处理器芯片，每个处理器距离任意其他处理器最多两跳	通过 QuickPath 可直接连接最多 8 个处理器芯片；附加逻辑可提供对更大系统和目录的支持	交叉开关互连芯片，支持多达 16 个处理器；包含目录支持
处理器芯片数量范围	1~16	2~32	1~64
核数量范围	4~192	12~576	8~1024

* 表中包含了各处理器系列中处理器数量、时钟频率和缓存大小的范围。Power8 的 L3 缓存采用 NUCA 设计，还支持使用 eDRAM 的高达 128MiB 的片外 L4。虽然最近发布了一款 32 核的 Xeon 芯片，但是没有系统出货。Fujitsu SPARC64 也可使用 8 核设计，通常配置为单处理器系统。最后两行根据已发布的性能数据（例如 SPECintRate）展示了配置系统的范围，包括处理器芯片数量和核数量的范围。Xeon 系统包括多处理器，这些处理器通过额外的逻辑扩展了基本互连。例如，使用标准的 QuickPath 互连将处理器数量限制为 8 个，将最大系统限制为具有 8×24=192 个核，但 SGI 使用额外的逻辑扩展了互连（和一致性机制）以提供一个包含 32 个处理器的系统，该系统为 576 个核的总大小使用了 18 核处理器芯片。这些处理器的较新版本增加了时钟频率（特别是 Power8，其他版本增加较少）和核数量（特别是 Xeon）。

这三种系统展示了用于连接片上核以及连接多个处理器芯片的一系列技术。首先，让我们看看同一个芯片内的核是如何连接在一起的。SPARC64 X+是最简单的：它在 16 个核之间共享一个 24 路组相联 L2 缓存。共有 4 个独立的 DIMM 通道来连接存储器，这些存储器可以通过核与通道之间的一个 16×4 交叉开关进行访问。

图 5-18 显示了 Power8 和 Xeon E7 芯片的组织方式。Power8 中的每个核都连接一个 L3 的 8 MiB 存储体；其他存储体通过有 8 条独立总线的互连网络访问。因此，Power8 是一个真正的 NUCA（非统一缓存架构），这是因为对附属 L3 的存储体的访问速度要远快于对另一个 L3 的访问。每个 Power8 芯片都有一组片间互连链路，可用于构建一个大型多处理器，其组织方式稍后

会介绍。这些存储器链接被连接到一个特殊的存储器控制器，其中包含一个 L4，还有直接与 DIMM 相连的接口。

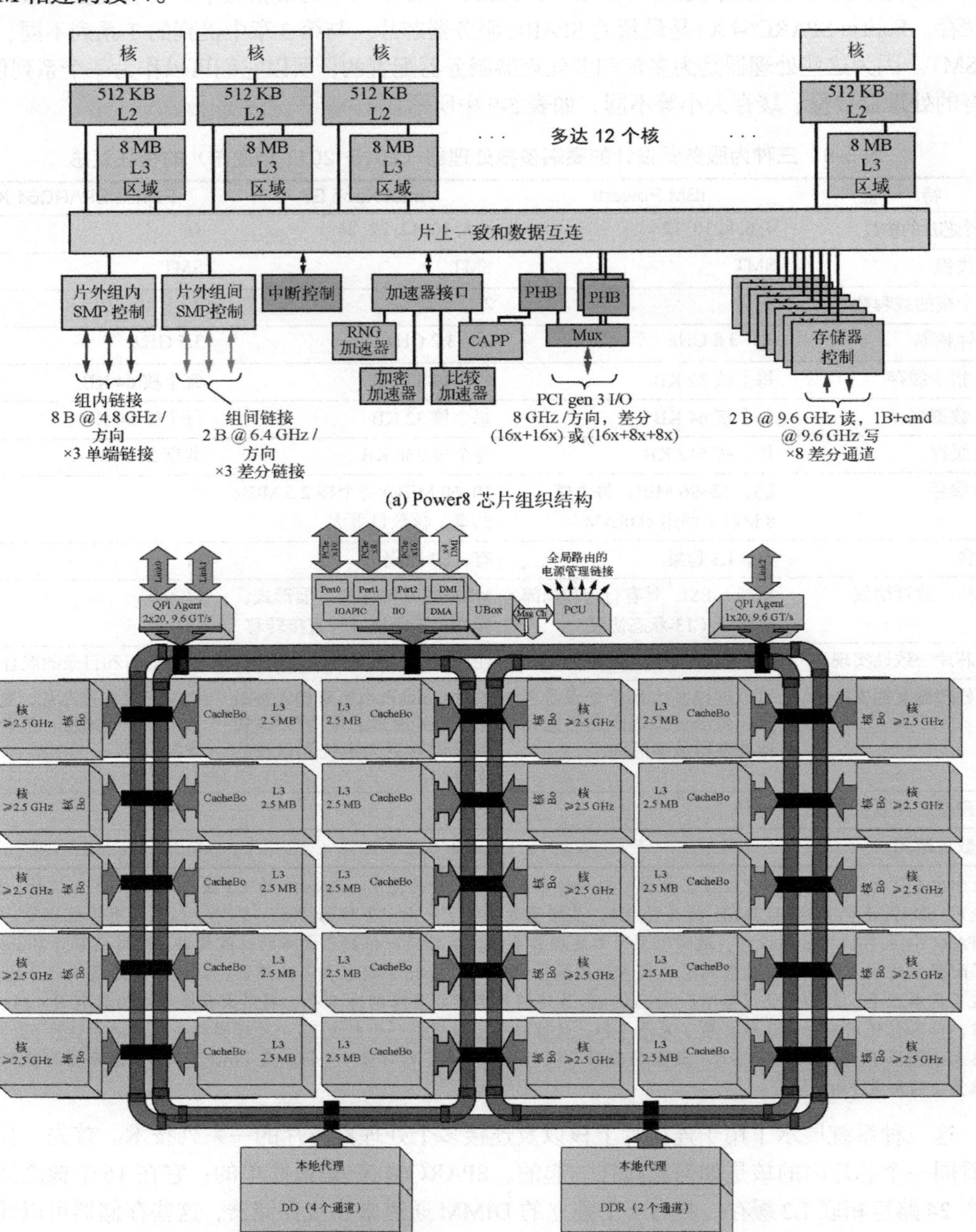

(a) Power8 芯片组织结构

(b) Xeon E7 组织结构

图 5-18　Power8 和 Xeon E7 的片上组织结构。Power8 在 L3 缓存和 CPU 核之间使用了 8 条独立总线。每个 Power8 还有两组片间互连链路，用于连接更多的多处理器。Xeon 使用 3 个环来连接处理器和 L3 缓存存储体，并使用 QPI 作为芯片之间的链接。一半核通过软件配置与每个存储器通道关联在一起

图 5-18b 展示了在拥有 18 个或更多个核时（图中显示了 20 个核），Xeon E7 处理器芯片是如何组织的。3 个环将核和 L3 缓存存储体连接在一起，每个核和每个 L3 存储体都连接到两个环。因此，通过选择正确的环，就可以从任意核访问任一缓存存储体和任一其他核。因此，在芯片内部，E7 的访问时间是一致的。但在实践中，E7 通常是作为 NUMA 体系结构运行的，它在逻辑上将一半核与每个存储器通道关联在一起，这样就提高了所需存储器页面在一次给定访问中处于开放状态的概率。E7 提供 3 个 QuickPath Interconnect（QPI）链接，用于连接多个 E7。

由这些多核组成的多处理器使用各种不同的片间互连策略，如图 5-19 所示。Power8 的设计支持连接 16 个 Power8 芯片，共计 192 个核。组内连接在由 4 个处理器芯片组成的全连接模块之间提供了更高带宽的互连。组间连接用于将每个处理器芯片连接到 3 个其他模块。因此，每个处理器距离任意其他处理器最多两跳，存储器访问时间取决于一个地址是在局部存储器内还是集群存储器内，抑或在集群之间的存储器内（后者实际上可以有两个不同的值，但这一差异被集群间的访问时间掩盖了）。

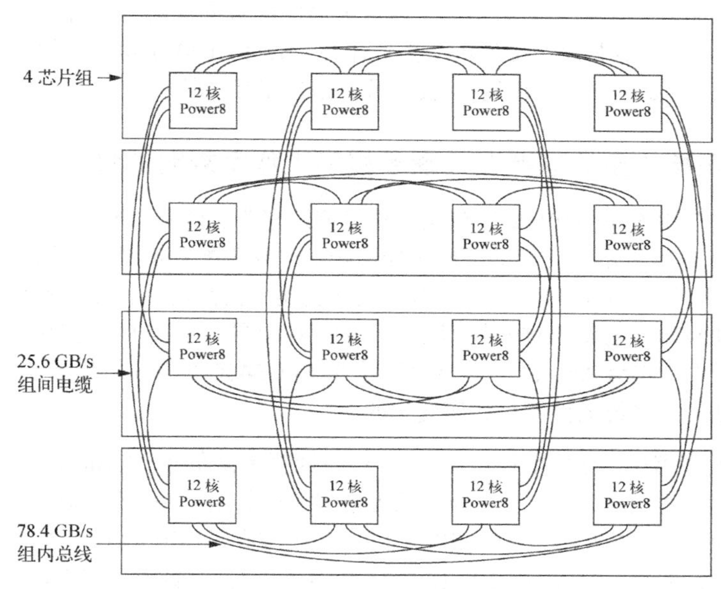

(a) 具有多达 16 个芯片的 Power8 系统

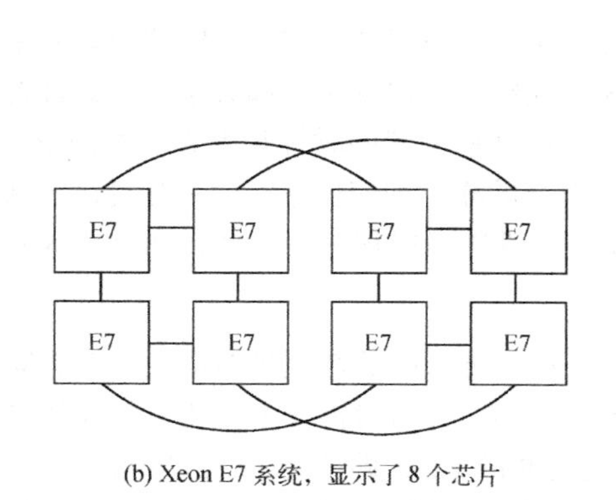

(b) Xeon E7 系统，显示了 8 个芯片

CPU
XB

(c) 具有 4 芯片构建模块的 SPARC64 X+

图 5-19 三个多处理器构成的系统体系结构，由多核芯片构建

Xeon E7 使用 QPI 完成多个多核芯片的互连。在一个 4 芯片多处理器中（最新发布的 Xeon 可以拥有 128 个核），每个处理器上的 3 个 QPI 连接到 3 个邻居，形成一个 4 芯片全连接多处理器。因为存储器被直接连接到每个 E7 多核，所以即使是这个 4 芯片组织形式也具有不一致的存储器访问时间（本地与远端是不同的）。图 5-19 显示了 8 个 E7 处理器可以如何连接在一起。跟 Power8 类似，这样会导致一种情况——每个处理器与任意其他处理器的距离都是一跳或两跳。存在大量基于 Xeon 的多处理器服务器，它们有 8 个以上的处理器芯片。在这些设计中，典型的组织形式是将一个方块中的 4 个处理器芯片连接在一起，构成一个模块，每个处理器与两个邻居相连接。每个芯片中的第三个 QPI 连接到交叉开关。采用这种方式可以构建非常大型的系统。在不同的时刻，可以在 4 个位置进行存储器访问：处理器本地、直接相邻的处理器、集群中相距两跳的相邻处理器、通过交叉开关。也有其他一些组织形式，它们不需要完整的交叉开关，但在访问远端存储器时会经过更多次跳转。

SPARC64 X+也使用了一种 4 处理器模块，但每个处理器与其直接相邻的处理器之间有 3 条连接，再加上两条连接与交叉开关相连（在最大型的配置中可能有 3 条）。在最大型规模配置中，可以将 64 个处理器芯片连接到两个交叉开关，共计 1024 个核。存储器访问是 NUMA 的（本地、模块内，以及通过交叉开关），其一致性是基于目录的。

5.8.1　基于多核的多处理器在处理多程序工作负载时的性能

首先，我们使用 SPECintRate 比较这三种多核处理器的性能扩展能力，这里考虑了最多 64 个核的配置。图 5-20 展示了它们的性能是如何相对于最小配置扩展的，最小配置的核数量在 4 和 16 之间变化。图中，假设最小配置拥有完美加速比（也就是说，对于 8 个核心为 8，对于 12 个核为 12）。图 5-20 没有给出这些处理器之间的性能差异。事实上，这些性能的差异很大：在同样的 4 核配置中，IBM Power8 的单核速度是 SPARC64 X+的 1.5 倍！图 5-20 展示了在额外增加核时，每个处理器系统的性能是如何变化的。

在这三个处理器中，有两个在扩展到 64 核时回报率降低了。Xeon 系统在 56 核和 64 核处的回报率降低得最为明显。这可能主要是因为更多的核共用了一个较小的 L3。例如，40 核的系统使用 4 个芯片，每个芯片拥有 60 MiB 的 L3，每个核有 6 MiB 的 L3。56 核系统和 64 核系统也使用 4 个芯片，但每个芯片有 35 MiB 或 45 MiB 的 L3，或者说，每个核有 2.5~2.8 MiB。很可能是由于 L3 缺失率增大而导致了 56 核系统和 64 核系统的加速比降低。

IBM Power8 的结果也不太正常，它的加速比看起来超过了线性增长。但这种效果主要是由于时钟频率的变化导致的，在这幅图中，Power8 处理器的时钟变化要远大于其他处理器。具体来说，64 核配置拥有最高的时钟频率（4.4 GHz），而 4 核配置的时钟频率为 3.0 GHz。如果我们根据相对于 4 核系统的时钟频率变化，对 64 核系统的相对加速比进行归一化处理，则实际数值应当是 57，而不是 84。因此，尽管 Power8 系统的性能可以很好地扩展，而且在这些处理器中是最佳的，但并不存在什么奇迹。

图 5-21 显示了当配置中的核数量超过 64 时，这三种系统的性能扩展情况。时钟频率的变化仍可以解释 Power8 的结果；对于 192 个处理器的配置，针对时钟频率变化对加速比进行归一化后的数值应当是 167，而不是未考虑时钟频率变化时的 223。即使是 167，Power8 的扩展能力也要略优于 SPARC64 X+或 Xeon 系统。令人惊讶的是，尽管在从最小系统扩展到 64 核时，对

加速比存在一些影响，但在超过 64 核的更大型配置中，情况似乎并没有急剧恶化。导致这一结果的原因可能是工作负载的本质（高度并行化，而且对用户 CPU 的使用非常密集），而且扩展到 64 核时的额外开销在此时得到了回报。

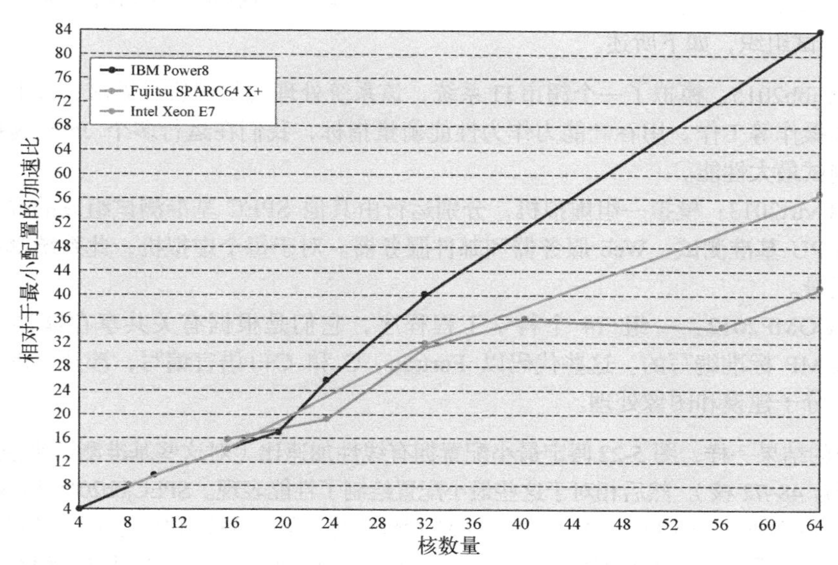

图 5-20 当核数量增大到 64 时，三个多核处理器在运行 SPECintRate 基准测试时的性能扩展。图中给出了每个处理器相对于其最小配置的性能扩展，并假定最小配置拥有完美加速比。图中展示了给定多处理器的性能在增加核数量时是如何变化的，并没有提供任何关于不同处理器性能的数据。即使是同一个给定处理器系列，时钟频率也存在差异。这些差异通常被核扩展效应所淹没，但 Power8 是个例外，从最小配置到 64 核配置，其时钟范围扩展了 1.5 倍

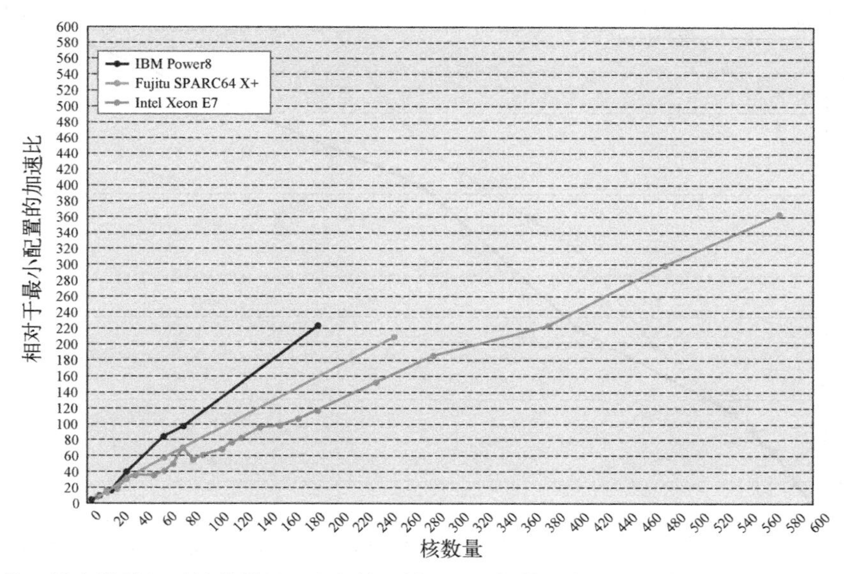

图 5-21 多处理器多核的相对性能扩展。和之前一样，这些性能是相对于最小可用系统给出的。80 核处的 Xeon 结果与较小配置中展现的 L3 效应相同。对于所有多于 80 核的系统，每个核拥有的 L3 缓存为 2.5~3.8 MiB，而对于少于或等于 80 个核的系统，每个核拥有 6 MiB 的 L3 缓存

5.8.2 Xeon MP 在不同工作负载下的可扩展性

本节主要关注 Xeon E7 多处理器在三种工作负载下的可扩展性。这三种工作负载是：基于 Java、面向商业的工作负载，虚拟机工作负载，以及科学并行处理工作负载，所有这些都来自 SPEC 基准测试组织，如下所述。

- SPECjbb2015：模拟了一个超市 IT 系统，该系统处理的是销售点需求、线上购买及数据挖掘操作等工作。用吞吐能力作为性能衡量指标，我们在运行多个 Java 虚拟机的服务端测试最大性能。
- SPECvirt2013：模拟一组虚拟机，分别运行由其他 SPEC 基准测试组成的混合测试，包括 CPU 基准测试、Web 服务器和邮件服务器。对于每个虚拟机，此系统都必须保证服务质量。
- SPECOMP2012：一组 14 个科学工程程序，它们是根据有关共享存储器并行处理的 OpenMP 标准编写的。这些代码以 Fortran、C 和 C++语言编写，涉及范围包括流体力学、分子建模和图像处理。

和之前的结果一样，图 5-22 假定最小配置拥有线性加速比（对这些基准测试来说，最小配置的变化范围为 48~72 核），然后相对于这些最小配置绘制了性能表现。SPECjbb2015 和 SPECVirt2013 包含重要的系统软件，如 Java VM 软件和 VM 管理程序。除了系统软件之外，进程之间的交互作用非常小。相反，SPECOMP2012 是一种真正的并行代码，它有多个用户进程在计算过程中共享数据、相互协作。

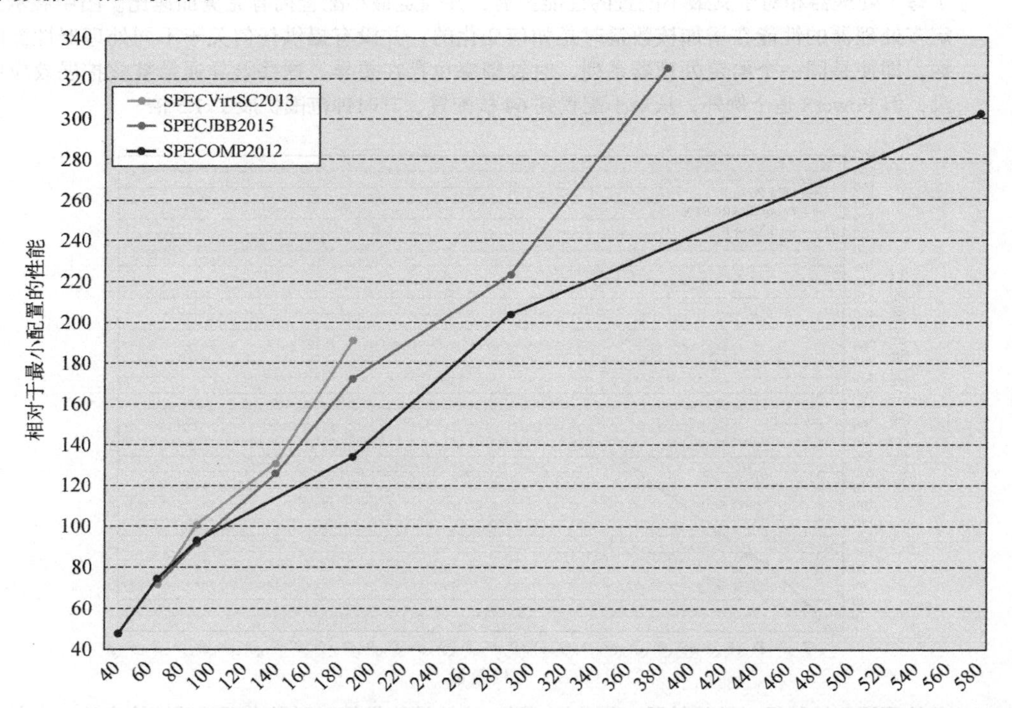

图 5-22　各种 Xeon E7 系统配置相对于最小基准测试配置的性能扩展，假设最小配置拥有完美加速比（比如，最小 SPECOMP 配置为 30 个核，而且假定该系统的性能为 30）。由这些数据只能评估相对性能，基准测试之间的对比是不相关的。注意横、纵坐标轴刻度的变化

现在开始研究 SPECjbb2015。即使在最大的配置中，它也获得了 78%~95%的加速比效率（加速比/处理器），显示了良好的加速比。SPECVirt2013 做得更好（对于所测量的系统范围），在 192 个核中实现了几乎线性的加速比。SPECjbb2015 和 SPECVirt2013 这两种基准测试，都会随着系统规模的变大而扩展应用程序规模（和第 1 章讨论的 TPC 基准测试一样），以减轻 Amdahl 定律和进程间通信造成的影响。

最后，让我们回到 SPECOMP2012。SPECOMP2012 是这些基准测试中计算最密集的一个，而且真正涉及了并行处理。这里明显可见的变化趋势是，当从 30 个核扩展到 576 个核时，效率稳定下降，在达到 576 个核时，系统效率只有 30 核的一半。当假定 30 核的加速比为 30 时，上述效率下降导致相对加速比变为 284。这可能是由于并行程度有限而导致的 Amdahl 定律效应，以及同步和通信开销造成的。与 SPECjbb2015 和 SPECVirt2013 不同的是，这些基准测试对大型系统的扩展性并不好。

5.8.3 Intel i7 920 多核的性能与能效

本节利用第 3 章考虑过的两组基准测试来研究 i7 920（i7 6700 的前身）的性能，即并行 Java 基准测试和并行 PARSEC 基准测试（详见表 3-17）。虽然此项研究使用的是较老的 i7 920，但它仍然是迄今为止对多核处理器的能效以及多核与 SMT 相结合的影响的最全面的研究。事实上，由于 i7 920 和 i7 6700 是相似的，这表明这些基本的见解应该也适用于 i7 6700。

首先来看一下在没有使用 SMT 时多核和单核的性能和扩展能力的对比，然后将多核和 SMT 功能结合起来。本节的所有数据与前面 i7 SMT 评估中的数据（第 3 章）一样，都来自 Esmaeilzadeh 等人[2011]。数据集也与前面使用的相同（见表 3-17），只是去除了 Java 基准测试 tradebeans 和 pjbb2005（仅留下了 5 个可伸缩 Java 基准测试）；即使采用 4 个核、总共 8 个线程，tradebeans 和 pjbb2006 的加速比也不会超过 1.55，因此不适用于评估核更多的场景。

图 5-23 绘制了在没有使用 SMT 时 Java 基准测试和 PARSEC 基准测试的加速比和能效曲线。能效的计算方法是：单核运行消耗的能量与两核或四核运行消耗的能量的比值（即能效与能耗成反比）。能效更高，意味着处理器在相同的计算中消耗的能量更少，1.0 为盈亏平衡点。在所有情况下，未使用的核都处于深度睡眠模式，基本上相当于将这些核关闭，使功耗降至最低。在对比单核和多核基准测试的数据时，一定要记住，在单核（及多核）情景中，L3 缓存和存储器接口的全部能耗开销都是物有所值的。这一事实增加了那些能够很好扩展的应用程序提升能效的可能性。在汇总这些结果时使用了调和均值，其隐含意义见图 5-23 的图题。

如图 5-23 所示，PARSEC 基准测试的加速比要优于 Java 基准测试，前者在四核处理器上的加速比效率为 76%（即实际加速比除以处理器数目），而后者为 67%。尽管从数据中可以很清楚地看出这一结果，但分析存在这种差异的原因则很难。很有可能是 Amdahl 定律降低了 Java 工作负载（包括一些典型的串行部件，如垃圾收集器）的加速比。此外，处理器体系结构与应用程序之间的交互也可能产生影响（它会影响同步成本或通信成本等问题）。具体来说，并行化程度很高的应用程序（比如 PARSEC 中的程序）有时会因为计算与通信之间的有利比值而获益，这降低了对通信成本的依赖（见附录 I）。

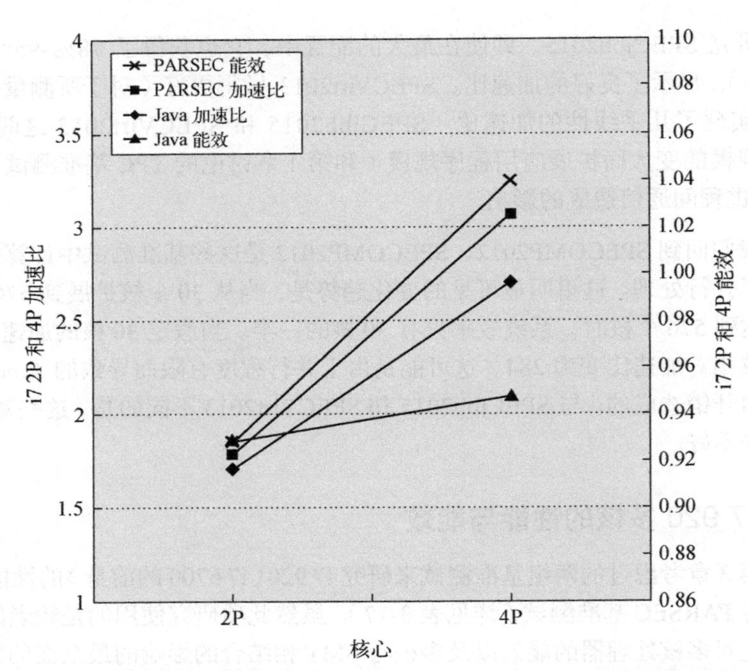

图 5-23 未采用 SMT 时，两核和四核处理器执行并行 Java 与 PARSEC 工作负载时的加速比和能效。这些数据由 Esmaeilzadeh 等人[2011]收集，使用的设置与第 3 章相同。睿频加速功能被关闭了。加速比与能效数据使用调和均值汇总，这意味着在这种工作负载中，在两核上运行每个基准测试所花费的总时间是相等的

加速比的差异会转化为能效上的差异。例如，相比于单核版本，PARSEC 基准测试实际上稍微提高了能效。这一结果可能受到以下事实的显著影响：L3 缓存在多核运行版本中的使用效率要高于单核情景，而两种情景中的能耗开销相同。因此，对于 PARSEC 基准测试，多核方法达到了设计人员从关注 ILP 的设计转向多核设计时的期望，即性能的扩展速度不低于功耗，从而使能效保持不变，甚至有所提高。在 Java 情景中我们看到，由于 Java 工作负载的加速比级别较低，两核和四核运行版本都没有达到能效的平衡点（尽管在 2P 运行中，Java 的能效与 PARSEC 相同）。四核 Java 情景中的能效相当高（0.94）。对于 PARSEC 或 Java 工作负载，以 ILP 为中心的处理器很可能需要更多的功耗才能实现相似的加速比。因此，在提高这些应用程序的性能方面，以 TLP 为中心的方法当然也会优于以 ILP 为中心的方法。在 5.10 节中你会看到，我们有理由对简单、高效、长期的多核扩展持悲观态度。

将多核与 SMT 结合

最后，我们通过测量两组基准来测试在 2~4 个处理器、1~2 个线程（总共 4 个数据点，最多 8 个线程）情况下的结果，来研究多核与多线程的组合方式。图 5-24 给出了在处理器数目为 2 或 4、使用和未使用 SMT 时，在 Intel i7 上获得的加速比和能效，汇总两组基准测试的结果时采用了调和均值。显然，如果在多核情景下也有足够的线程级并行，那么 SMT 是可以提高性能的。例如，在四核、无 SMT 情景中，Java 和 PARSEC 的加速比效率分别为 67%和 76%。在采用 SMT、四核时，这两个比值达到了令人惊讶的 83%和 97%！

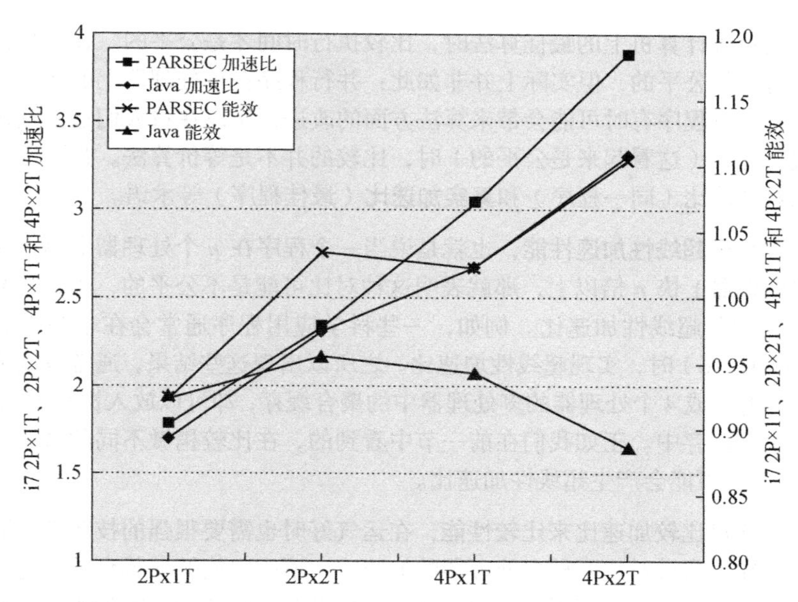

图 5-24 在使用和不使用 SMT 时，以两核和四核处理器执行并行 Java 和 PARSEC 工作负载的加速比。 注意，以上结果是在线程数由 2 变为 8 时获得的，反映了体系结构的影响和应用程序的特征。汇总结果时采用了调和均值，如图 5-23 的图题所述

能效和加速比的情况稍有不同。对于 PARSEC，加速比在四核 SMT 情景（8 个线程）中基本上是线性的，功耗的增长更慢一些，因而这种情景中的能效为 1.1。Java 情景更复杂一些：两核 SMT（4 线程）运行时的能效峰值达到 0.97，在四核 SMT（8 线程）运行时下降到 0.89。在部署 4 个以上的线程时，Java 基准测试非常有可能遭遇 Amdahl 定律效应。一些架构师已经观察到，多核处理器确实将提高性能（从而提高能效）的更多责任转嫁给程序员，Java 工作负载的结果显然证实了这一点。

5.9 谬论与易犯错误

由于对并行计算的理解不够成熟，业界存在许多易犯错误，这些错误要么会被一些细心的设计人员发现，要么会被一些倒霉的设计人员碰上。由于多年来围绕多处理器产生了大量炒作，所以也存在着很多常见谬论。我们选择其中一些列出如下。

易犯错误 通过随执行时间线性变化的加速比来测量多处理器的性能。

像图 5-23 和图 5-24 那样的图形描绘了性能与处理器数量的关系，显示了线性加速、平稳期和最后的下降过程，长期以来一直被用来判断并行处理器成功与否。尽管加速比是并行程序的一个方面，但它并不是对性能的直接度量。第一个问题是所扩展处理器的自身的能力：一个能将性能线性提高到相当于 100 个 Intel Atom 处理器（上网本使用的低端处理器）的程序，它的速度可能慢于在一个八核 Xeon 上运行的版本。特别要注意浮点计算密集型程序，没有硬件辅助的处理元件也许能够很好地扩展，但整体性能反而可能很差。

只有在比较每种计算机上的最佳算法时，比较执行时间才是公平的。在两台计算机上对比相同的代码看起来是公平的，但实际上并非如此：并行程序在单处理器上的运行速度可能比顺序程序慢。开发并行程序有时可能会带来算法方面的改进，所以在将人们过去熟知的顺序程序与并行代码进行比较（这看起来是公平的）时，比较的并不是等价算法。为了反映这一问题，有时会使用**相对加速比**（同一程序）和**真实加速比**（最佳程序）等术语。

如果结果中呈现**超线性加速**性能，也就是说当一个程序在 n 个处理器上运行时，其速度要比在等价的单处理器上快 n 倍以上，那就表明这种对比可能是不公平的，尽管在某些情况下已经遇到了“真实的”超线性加速比。例如，一些科学应用程序通常会在小幅增加处理器数目（2或4增加到8或16）时，实现超线性加速比。之所以出现这些结果，通常是因为关键的数据结构无法放入拥有2或4个处理器的多处理器中的聚合缓存，却可以放入拥有8或16个处理器的多处理器的聚合缓存中。正如我们在前一节中看到的，在比较稍微不同的系统时，其他差异（例如高时钟频率）可能会产生超线性加速比。

总而言之，通过比较加速比来比较性能，在运气好时也需要很强的技巧性，而在运气不好时可能会造成误导。通过对比两种多处理器的加速比，不一定能够获得有关这些多处理器相对性能的信息。甚至在同一多处理器上对比两种算法也需要一些技巧，因为我们必须使用真正的加速比而不是相对加速比来获得有效的对比结果。

谬论 Amdahl定律不适用于并行计算机。

1987年，某个研究组织的负责人宣称，Amdahl定律（见1.9节）已经被MIMD多处理器打破。但是，这一声明并不意味着该定律已经被并行计算机推翻，程序中被忽略的部分仍然会限制性能。为了理解这些媒体报道的基础，让我们看看Amdahl [1967]最初是怎么说的。

> 在这里，我们可以得出一个显而易见的结论：如果不能以近乎相同的幅度提高串行处理速率，那么在提高并行处理速率方面所做的一切努力都是徒劳。[P483]

对这一定律的一种解释是：由于每个程序都有顺序执行的部分，所以对于经济合理的处理器数目会有一个上限，比如说100个。如果在使用1000个处理器时仍然呈现线性加速比，那就证明对Amdahl定律的这一解释是错误的。

“Amdahl定律已被‘推翻’”这一表述的基础就是使用了**扩展加速比**（scaled speedup），也称为**弱扩展**（weak scaling）。研究人员对基准测试进行了扩展，使数据大小增大到1000倍，并对比了扩展后基准测试的单处理器执行时间与并行执行时间。对于这一特定算法，程序的顺序执行部分恒定，与输入的大小无关，而其余部分是完全并行的，因此在采用1000个处理器时的加速比是线性的。因为运行时间的增长速度要快于线性增长速率，所以这个程序在扩展之后的实际运行时间要长一些，即使采用1000个处理器也是如此。

在对输入进行扩展的情况下测得的加速比不同于真正的加速比，将其当作真正的加速比会造成误导。由于并行基准测试经常在不同规模的多处理器上运行，所以明确指出可以进行何种应用程序扩展以及如何完成扩展是很重要的。虽然让数据规模随处理器数目的增多而扩展在大多数情况下并不恰当，但是当处理器数目大量增加时（称为**强扩展**，strong scaling），继续采用固定规模的问题通常也不恰当，这是因为当我们向用户提供一个大得多的多处理器时，他们通常会运行比原始应用数据量更大、更详细版本。关于这一重要主题的更多讨论，请参阅附录I。

谬论 需要线性加速比来提高多处理器的成本效益。

人们普遍认同，并行计算的主要优点之一是：即使与最快速的单处理器相比，也能在更短的时间内给出计算结果。但是，许多人持有这样的观点：并行处理器不可能实现与单处理器一样的成本效益，除非它们能够实现完美的线性加速比。这种观点认为，由于多处理器的成本是处理器数目的线性函数，所以只要低于线性加速比，就意味着性价比下降，使并行处理器的成本效率低于使用单处理器的情况。

这种观点的问题在于：成本不仅是处理器数目的函数，也依赖于存储器、I/O 和系统开销（机箱、电源、互连，等等）。在多核时代，每个芯片上有多个处理器，这一观点就更没有什么意义了。

在系统成本中包含存储器的影响是由 Wood 和 Hill [1995]指出的。我们的例子将以最近使用 TPC-C 和 SPECRate 基准测试获得的数据为基础，但利用并行科学应用程序工作负载也可以得出同一结论，甚至可能更有说服力。

图 5-25 展示了 TPC-C、SPECintRate 和 SPECfpRate 在 IBM eServer p5 多处理器上的加速比，此多处理器配有 4~64 个处理器。图中显示，只有 TPC-C 获得了优于线性加速比的结果。SPECintRate 和 SPECfpRate 的加速比低于线性加速比，成本也是如此，这是因为它们与 TPC-C 不同，所需的主存储器和磁盘数目的扩展也都低于线性扩展。

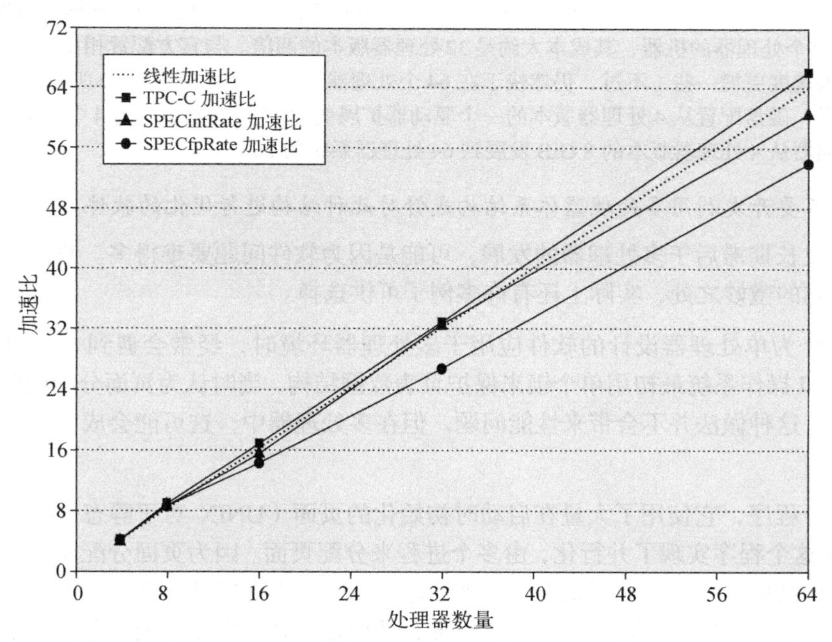

图 5-25 三种基准测试在 IBM eServer p5 多处理器上的加速比，这个多处理器分别配有 4、8、16、32 和 64 个处理器。虚线表示线性加速比

如图 5-26 所示，与四处理器配置相比，更多的处理器数目实际上可能更具成本效益。在比较两台计算机的性价比时，必须确保准确评估了系统总成本和的性能上限。对于许多具有更高存储器需求的应用程序来说，这种比较可以大大增强使用多处理器的吸引力。

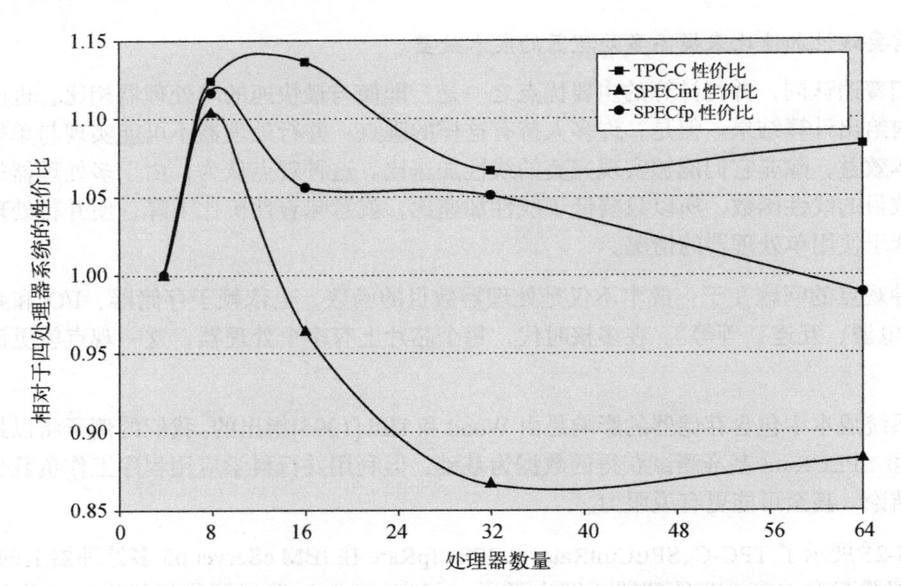

图 5-26　包含 4~64 个处理器的 IBM eServer p5 多处理器相对于四处理器系统的性价比。任何高于 1.0 的测量都表明这种配置的成本效益比四处理器系统更高。8 处理器配置在所有三种基准测试中都具有优势，而在 16 和 32 处理器配置中，有两种基准测试显示了成本–性能优势。对于 TPC-C，这些配置与官方运行时使用的配置相同，这就意味着磁盘与存储器随处理器数目线性扩展，包含 64 个处理器的机器，其成本大约是 32 处理器版本的两倍。与官方配置相比，磁盘和存储器的扩展速度更慢一些（不过，仍然快于在 64 个处理器上实现最佳 SPECRate 所需要的速度）。具体来说，磁盘配置从 4 处理器版本的一个驱动器扩展变为 64 处理器版本的 4 个驱动器（140 GB）。存储器从 4 处理器版本的 8 GiB 发展到 64 处理器系统的 20 GiB

易犯错误　*不要开发利用多处理器体系结构或针对此种结构进行优化的软件。*

软件开发长期滞后于多处理器的发展，可能是因为软件问题要难得多。我们用一个例子来说明这些问题的微妙之处，实际上还有许多例子可供选择。

在将一个为单处理器设计的软件应用于多处理器环境时，经常会遇到一个问题。例如，2000 年的 SGI 操作系统最初用单个锁来保护页表数据结构，当时认为页面分配的频率较低。在单处理器中，这种做法并不会带来性能问题。但在多处理器中，这可能会成为某些程序的主要性能瓶颈。

考虑一个程序，它使用了大量在启动时初始化的页面（UNIX 对于静态分配页面就是这样做的）。假定这个程序实现了并行化，由多个进程来分配页面。因为页面分配需要使用页表数据结构，而这种结构只要处于使用状态就会被锁定，所以如果这些进程都试图同时分配它们的页面（这正是我们希望在初始化时做的工作），那么即使是允许在操作系统中存在多个线程的操作系统内核也会被串行化。

这种页表串行化消除了初始化过程中的并行，对整体并行性能有重大影响。这一性能瓶颈甚至在多道程序中也存在。例如，假定我们将并行程序分散到独立进程中，然后在每个处理器上运行一个进程，使得进程之间不存在共享。（这就是一位用户所做的工作，因为他有理由相信这一性能问题是由其应用程序中的意外共享或干扰造成的。）遗憾的是，那个锁仍然会使所有进程串行化，所以即便是多道程序，性能也非常糟糕。这个易犯错误表明，在多处理器上运行软件时，可能会出现一些微小但影响巨大的性能缺陷。和所有其他关键的软件组件一样，操作系统算法和数据结构在多处理器上下文中也都必须重新设计。在页表的局部设置锁，可以有效地消除这一问题。存储器结构中也存在类似问题，在没有实际发生共享时，这会增大一致性通信流量。

由于多核处理器已成为从桌面计算机到服务器等各个领域的主旋律，所以并行软件中的投入不足已经非常明显。由于重视不够，所以可能要在多年之后，我们使用的软件系统才能充分利用这些不断增加的核数量。

5.10 多核扩展的未来

30 多年来，一直有研究人员和设计人员预测单处理器会迎来终结，被多处理器取代。直到 21 世纪的前几年，这一预测不断被证实是错误的。正如我们在第 3 章看到的，在寻找和利用更多 ILP 的尝试中，效率成本变得令人望而却步（在硅面积和功耗方面都是如此）。当然，多核并没有解决功耗问题，因为它显然增加了晶体管的数量和晶体管进行开关切换的活动数目，而它们是功耗的两大因素。本节将会看到，能耗问题对多核扩展的限制可能比以前认为的更严重。

由于可用 ILP 的数量和 ILP 的利用效率均受限，所以 ILP 扩展失败了。同样，Amdahl 定律（评估并行性的利用效率）和登纳德缩放比例定律（指示多核处理器所需的能量）的失效导致仅通过增加核心来扩展性能不太可能获得广泛的成功。

为了理解这些因素，我们为这两种扩展技术建立一个简单的模型（基于 Esmaeilzadeh 等人全面而详尽的分析[2012]）。首先回顾一下 CMOS 中的能耗和功耗。回想第 1 章中的内容，一个晶体管进行开关切换的能耗为：

$$能耗 \propto 容性负载 \times 电压^2$$

CMOS 扩展主要受限于热功耗，它是静态泄漏功耗与动态功耗的结合，后者通常占主导地位。功耗为：

$$\begin{aligned} 功耗 &= 每个晶体管的能耗 \times 频率 \times 进行开关切换的晶体管数 \\ &= 容性负载 \times 电压^2 \times 开关频率 \times 进行开关切换的晶体管数 \end{aligned}$$

为了理解能耗与功耗扩展的含义，让我们将目前的 22 nm 技术与计划于 2021~2024 年可用的技术进行对比（取决于摩尔定律持续变化的速度）。表 5-10 给出了这一基于技术愿景的对比，以及对能耗和功耗扩展产生的影响。注意，功耗扩展值大于 1.0 意味着未来的器件功耗会更多。这里的扩展值为 1.79 倍。

表 5-10　2016 年 22 nm 技术与未来 11 nm 技术的比较，后者可能在 2022~2024 年可供使用

器件数量扩展（由于一个晶体管降为 1/4 大小）	4
频率扩展（基于对器件速度的规划）	1.75
规划的电压扩展	0.81
规划的电容值扩展	0.39
每次晶体管开关切换所需能耗的扩展（CV^2）	0.26
功耗扩展（假设进行开关切换的晶体管比例相同，而且芯片开关频率全面扩展）	1.79

* 11 nm 技术的特性基于国际半导体技术路线图。由于摩尔定律的可持续性以及扩展特性存在不确定性，该路线图近期已经不再更新。

让我们针对一种最新的 Intel Xeon 处理器来考虑其含义。这种处理器是 E7-8890，它有 24 个核、72 亿个晶体管（包括大约 70 MiB 缓存），工作频率为 2.2 GHz，热功耗为 165 W，晶片尺寸为 456 mm^2。时钟频率已经受功耗的限制：4 核版本的时钟频率为 3.2 GHz，10 核版本的时钟频率为 2.8 GHz。采用 11 nm 技术时，相同尺寸的晶片上将容纳 96 个核，大约 280 MiB 缓存，工作的时钟频率为 4.9 GHz（假设有完美的频率扩展）。遗憾的是，当所有核同时工作并且没有效率提升时，依然将消耗 $165 \times 1.79 \approx 295$ W。如果假设 165 W 的热耗散限制仍然存在，则只有 54 个核可以处于工作状态。这一限制导致在 5~6 年的时间里，最大性能加速为 54/24 = 2.25，不到 20 世纪 90 年代末期性能提升速率的一半。另外，可能还有 Amdahl 定律效应，如下面的例题所示。

例题　假设我们有一个 96 核的未来处理器，但平均只有 54 个核可处于忙碌状态。假设在 90%的时间里可以使用所有可用核；在 9%的时间里，可以使用 50 个核；在 1%的时间里是严格串行的。我们预期可得到多大的加速比？假设这些核在未使用时可以关闭，并且不会产生功耗，同时假定在使用不同数量的核时，我们只需要考虑平均功耗。与在 99%的时间内可以使用所有 24 个处理器的版本相比，上述多核处理器的加速比为多少？

解答　我们可以求出当有多于 54 个核可用时，有多少个核的可用时间达到 90%，如下所示：

$$处理器的平均使用率 = 0.09 \times 50 + 0.01 \times 1 + 0.90 \times 最大处理器数$$

$$54 = 4.51 + 0.90 \times 最大处理器数$$

$$最大处理器数 \approx 55$$

现在可以计算加速比了：

$$加速比 = \frac{1}{\frac{工作时间占比_{55}}{55} + \frac{工作时间占比_{50}}{50} + (1 - 工作时间占比_{55} - 工作时间占比_{50})}$$

$$加速比 = \frac{1}{\frac{0.90}{55} + \frac{0.09}{50} + 0.01} = 35.5$$

现在计算相对于 24 个处理器的加速比：

$$加速比=\frac{1}{\frac{工作时间占比_{24}}{24}+(1-工作时间占比_{24})}$$

$$加速比=\frac{1}{\frac{0.99}{24}+0.01}\approx 19.5$$

在同时考虑了功耗限制和 Amdahl 定律效应时，96 个处理器的版本相对于 24 个处理器版本获得的加速比小于 2。事实上，时钟频率提升带来的加速比几乎与处理器数量增加 4 倍获得的加速比相当。下一节将进一步解读这些问题。

5.11 结语

正如我们在上一节看到的，多核并没有解决功耗问题，因为它显然增加了晶体管数和晶体管开关的活动数目，而这正是增加功耗的两大因素。登纳德缩放比例定律的失效只是让它变得更加极端。

但是，多核的确改变了这场游戏。通过允许将空闲核置于节电模式，可以在一定程度上提高功效，如本章的研究结果所示。例如，关闭 Intel i7 的核可以让其他核在 Turbo 模式下运行。此功能允许在具有更少处理器的更高时钟频率和具有更低时钟频率的更多处理器之间进行权衡。

更重要的是，多核技术更多地依赖 TLP（由应用程序和程序员负责识别）而不是 ILP（由硬件负责识别），从而减轻了保持处理器繁忙的负担。规避了 Amdahl 定律效应的多重编程、高度并行的工作负载将更容易获得性能优势。

尽管多核技术为解决能效方面的问题提供了一些帮助，并将大部分重担移交给了软件系统，但仍然存在一些难度很大的挑战和尚未解决的问题。例如，利用激进推测的线程级版本的尝试遭遇了与 ILP 相同的命运。也就是说，性能有所提高，但提升幅度不大，而且可能低于能耗增加的幅度，所以诸如推测线程或硬件先行（run-ahead）之类的思想都没有成功地融入处理器。和 ILP 的推测一样，除非推测结果几乎总是正确的，否则其成本就会超过收益。

因此，目前看来，某种形式的简单多核扩展不太可能提供一种经济有效的性能提升途径。必须克服的一个基本问题是：以能源和硅高效的方式寻求程序的高度并行。在前一章中，我们通过 SIMD 方法研究了数据并行性的应用。在许多应用程序中会出现大量的数据并行，SIMD 是一种更节能的利用数据并行的方法。下一章将探索大规模云计算。在这样的环境中，单个用户生成的数百万个独立任务具有大量的并行性。Amdahl 定律在限制这类系统的规模方面起不到什么作用，因为任务（例如，数百万个 Google 搜索请求）是独立的。第 7 章将探讨领域特定体系结构（DSA）的兴起。大多数特定于领域的体系结构利用目标领域的并行性（通常是数据并行性），并且与 GPU 一样，DSA 也可以实现更高的效率（用能耗或硅利用率来衡量）。

在本书的上一版中，我们提出了是否值得考虑异构处理器的问题。当时，这样的多核尚未出现，而且异构多处理器只在特殊用途计算机或嵌入式系统中取得了有限的成功。虽然编程模型和软件系统仍然具有挑战性，但使用异构处理器的多处理器将不可避免地发挥重要作用。将特定领域的处理器（如第 4 章和第 7 章中讨论的那些）与通用处理器相结合，可能是提高性能和能效，同时保持通用处理器所提供灵活性的最佳途径。

5.12　历史回顾与参考文献

附录 M.7 节介绍了多处理器和并行处理的历史。根据时间段和体系结构进行划分，附录 M.7 节讨论了早期的试验性多处理器和关于并行处理的一些著名争论。此外，这一节还介绍了最近的进展，并给出了供扩展阅读的参考文献。

5.13　案例研究与练习（由 Amr Zaky 和 David A. Wood 设计）

案例研究 1：单芯片多核多处理器

本案例研究说明的概念

- 监听一致性协议转换
- 一致性协议的性能
- 一致性协议的优化
- 同步

图 5-27 展示了一个多核 SMT 多处理器，其中只显示了缓存内容。每个核拥有单个私有缓存，使用图 5-4 的监听式一致性协议来保持一致性。每个缓存都是直接映射的，共有四行，每行保存两字节(以便简化图)。为了进一步简化，存储器中的整行地址显示在缓存中的地址字段中，这里通常有标记。一致性状态表示为 M、S 和 I（已修改、共享和无效）。

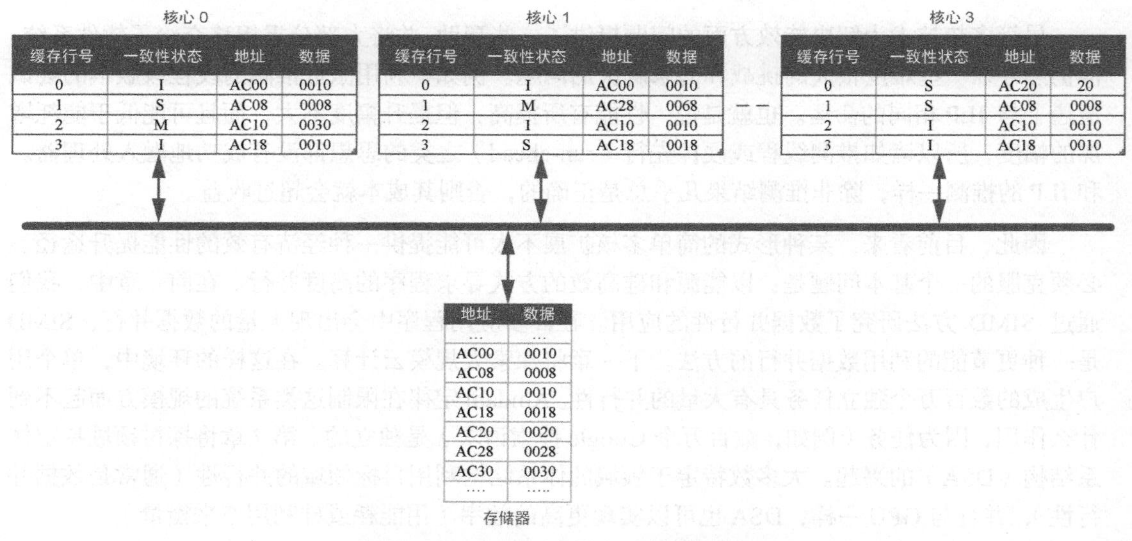

图 5-27　多核（点对点）多处理器

5.1 [10/10/10/10/10/10/10] <5.2> 对于此练习的每一部分，假定初始缓存与存储器状态如图 5-27 所示。此练习的每一部分以如下形式指定由一或多个 CPU 操作组成的序列：

```
Ccore#: R, <address> 表示读取
Ccore#: W, <address> <-- <value written> 表示写入
```

例如：

```
C3: R, AC10 & C0: W, AC18 <-- 0018
```

读写操作一次只能处理 1 字节。在给定操作之后，缓存和存储器的结果是怎样的（即，一致性状态、标记和数据）？仅给出发生变化的缓存行。例如，`C0.L0: (I, AC20, 0001)`表示核 0 的第 0 行的一致性状态为“无效”（I），从存储器中存储 AC20，数据内容为 0001。此外，将对存储器状态的任何更改表示为 `M:<address> <- value`。

从(a)到(g)的不同部分互不依赖。假设所有部分的动作都应用于初始缓存和存储器状态。

a. [10] <5.2> `C0: R, AC20`
b. [10] <5.2> `C0: W, AC20 <-- 80`
c. [10] <5.2> `C3: W, AC20 <-- 80`
d. [10] <5.2> `C1: R, AC10`
e. [10] <5.2> `C0: W, AC08 <-- 48`
f. [10] <5.2> `C0: W, AC30 <-- 78`
g. [10] <5.2> `C3: W, AC30 <-- 78`

5.2 [20/20/20/20] <5.3> 监听式缓存一致性多处理器的性能取决于许多具体的实现问题，它们决定了缓存用处于独占或“已修改”状态的块中的数据进行响应的速度。在一些实现方式中，当一个缓存块在另一个处理器的缓存中处于独占状态时，对这个块的处理器读取缺失要快于存储器中一个块的缺失。这是因为缓存要小于主存储器，所以速度也就更快一些。相反，在某些实现中，由存储器提供数据的缺失要快于由缓存提供数据的缺失，这是因为缓存通常是针对“前端”或 CPU 访问进行优化的，而不是针对“后端”或监听式访问进行优化的。对于图 5-27 所示的多处理器，考虑在单个处理器核上执行一系列操作，其中：

- 读命中和写命中不会产生停顿周期；
- 读缺失和写缺失在分别由存储器和缓存提供数据时，生成 $N_{\text{存储器}}$和 $N_{\text{缓存}}$个停顿周期；
- 生成无效操作的写命中导致 $N_{\text{失效}}$个停顿周期；
- 由于冲突或另一个处理器请求独占块而造成写回块时，会另外增加 $N_{\text{写回}}$个停顿周期。

考虑表 5-11 中总结的具有不同性能特征的两种实现方式。

表 5-11 监听一致性延迟

参　数	实现方式 1 的周期	实现方式 2 的周期
$N_{\text{存储器}}$	100	100
$N_{\text{缓存}}$	40	130
$N_{\text{无效}}$	15	15
$N_{\text{写回}}$	10	10

为了观察这些周期值的使用方式，我们将演示以下操作序列在实现方式 1 下的行为。假设初始缓存状态如图 5-27 所示。

为简便起见，假定第二个操作在第一个操作完成之后开始（尽管它们在不同的处理器核上）：

C1: R, AC10
C3: R, AC10

对于实现方式 1，

- 由于第一次读取是由 C0 的缓存提供数据，所以它产生 50 个停顿周期。C1 在等待这个块时停顿 40 个周期；C0 在回应 C1 的请求将其写回存储器时，停顿 10 个周期。
- C3 的第二次读取生成 100 个停顿周期，因为它的缺失是由存储器提供数据。

因此这个序列总共生成 150 个停顿周期。

对于以下操作序列，每个实现方式生成多少个停顿周期？

a. [20] <5.3> C0: R, AC20
C0: R, AC28
C0: R, AC30

b. [20] <5.3> C0: R, AC00
C0: W, AC08 <-- 48
C0: W, AC30 <-- 78

c. [20] <5.3> C1: R, AC20
C1: R, AC28
C1: R, AC30

d. [20] <5.3> C1: R, AC00
C1: W, AC08 <-- 48
C1: W, AC30 <-- 78

5.3 [20] <5.2> 一些应用程序首先读取一个大型数据集，然后修改其中的大多数或全部数据。基本 MSI 一致性协议将首先获取所有处于共享状态的缓存块，然后被迫执行无效操作，将它们升级为“已修改”状态。额外的延迟会对一些工作负载产生重大影响。对标准协议的 MESI 补充（见 5.2 节）在这些情况下提供了一些缓解作用。绘制 MESI 协议的新协议图，在其中添加“独占”状态，以及向基本 MIS 协议的“已修改”“共享”和“无效”状态的转换。

5.4 [20/20/20/20/20] <5.2> 假定采用图 5-27 中的缓存内容和表 5-11 中实现方式 1 的定时参数。以下代码序列在基本协议和练习 5.3 的新 MESI 协议中的总停顿周期为多少？假定不需要互连事务的状态转换不会导致额外的停顿周期。

a. [20] <5.2> C0: R, AC00
C0: W, AC00 <-- 40

b. [20] <5.2> C0: R, AC20
C0: W, AC20 <-- 60

c. [20] <5.2> C0: R, AC00
C0: R, AC20

d. [20] <5.2> C0: R, AC00
C1: W, AC00 <-- 60

e. [20] <5.2> C0: R, AC00
C0: W, AC00 <-- 60
C1: W, AC00 <-- 40

5.5 运行在单个核上且不与其他核共享任何变量的代码，可能会受监听一致性协议影响而性能下降。下面的两个迭代循环在功能上并不相同，但在复杂性上似乎是相似的。我们可能会得出这样的结论：当在同一个处理器核上执行时，它们将花费相当接近的周期数。

循环 1	循环 2
Repeat i: 1 .. n	Repeat i:1 .. n
A[i] <-- A[i-1] +B[i];	A[i] <-- A[i] +B[i];

假定

- 每个缓存行只能保存 A 或 B 的一个元素；
- 在缓存中数组 A 和数组 B 不会干扰；
- 在执行任何一个循环之前，A 或 B 的所有元素都在缓存中。

比较它们在缓存使用 MESI 一致性协议的核上运行时的性能。使用表 5-11 中实现方式 1 的停顿周期数据。

假设一个缓存行可以容纳 A 和 B 的多个元素（A 和 B 进入单独的缓存行）。这将如何影响循环 1 和循环 2 的相对性能?

请就硬件和/或软件机制提供建议，以便改善循环 1 在单核上的性能。

5.6 [20] <5.2> 许多监听一致性协议通过增加状态、状态转换或总线事务，来减少保持缓存一致性的开销。在练习 5.2 的实现方式 1 中，当缺失数据由缓存提供时，缺失导致的停顿周期要少于由存储器提供数据时的停顿周期。

画出带有附加状态和转换的新协议图。

5.7 [20/20/20/20] <5.2> 对于以下代码序列及表 5-11 中两种实现方式的定时参数，计算基本 MSI 协议和练习 5.3 中优化后的 MESI 协议的总停顿周期。假定不需要总线事务的状态转换不会导致额外的停顿周期。

a. [20] <5.2>
```
C1: R, AC10
C3: R, AC10
C0: R, AC10
```
b. [20] <5.2>
```
C1: R, AC20
C3: R, AC20
C0: R, AC20
```
c. [20] <5.2>
```
C0: W, AC20 <-- 80
C3: R, AC20
C0: R, AC20
```
d. [20] <5.2>
```
C0: W, AC08 <-- 88
C3: R, AC08
C0: W, AC08 <-- 98
```

5.8 [20/20/20/20] <5.5> 在大多数商用共享存储器机器中，自旋锁是最简单的同步机制。自旋锁依靠交换原语来自动载入旧值和存储新值。锁定例程重复执行此交换操作，直到它发现未锁定的锁为止（即返回值为 0）：

```
        addi x2, x0, #1
lockit: EXCH x2, 0(x1)
        bnez x2, lockit
```

要释放一个自旋锁，只需将数值 0 存储到 x2 中：

如 5.5 节中讨论的，经过更多优化的自旋锁利用缓存一致性，并使用载入操作来检查这个锁，使得它以缓存中的共享变量进行自旋：

```
lockit: ld    x2, 0(x1)
        bnez  x2, lockit
        addi  x2, x0, #1
        EXCH  x2, 0(x1)
        bnez  x2, lockit
```

假定处理器核 C0、C1 和 C3 都尝试获取位于地址 0xAC00 的一个锁（即寄存器 R1 保存着数值 0xAC100）。假定缓存内容如图 5-27 所示，定时参数如表 5-11 中的实现方式 1 所示。为简便起见，假定关键部分的长度为 1000 个时钟周期。

a. [20] <5.5> 使用简单自旋锁，判断每个处理器在获取该锁之前大约导致多少个存储器停顿周期。
b. [20] <5.5> 使用经过优化的自旋锁，判断每个处理器在获取该锁之前大约导致多少个存储器停顿周期。
c. [20] <5.5> 使用简单自旋锁，大约导致多少次存储器访问？
d. [20] <5.5> 使用经过优化的自旋锁，大约导致多少次存储器访问？

案例研究 2：简单的目录式一致性

本案例研究说明的概念

- 目录式一致性协议转换
- 一致性协议的性能
- 一致性协议的优化

考虑图 5-28 所示的分布式共享存储器系统。它由 8 个处理器核的节点构成，这些节点排列为三维超立方体，具有点到点的互连，如图中所示。为简单起见，假设采用以下缩小后的配置。

- 每个节点有一个单处理器核，具有一个直接映射 L1 数据缓存，缓存具有自己的私有缓存控制器。
- L1 数据缓存的容量为两个缓存行，每行的大小为 B 字节。
- L1 缓存状态用 M、S 和 I 表示，意为"已修改""共享"和"无效"。一个缓存项的例子可能是：

```
1: S, M3, 0xabcd -->
```

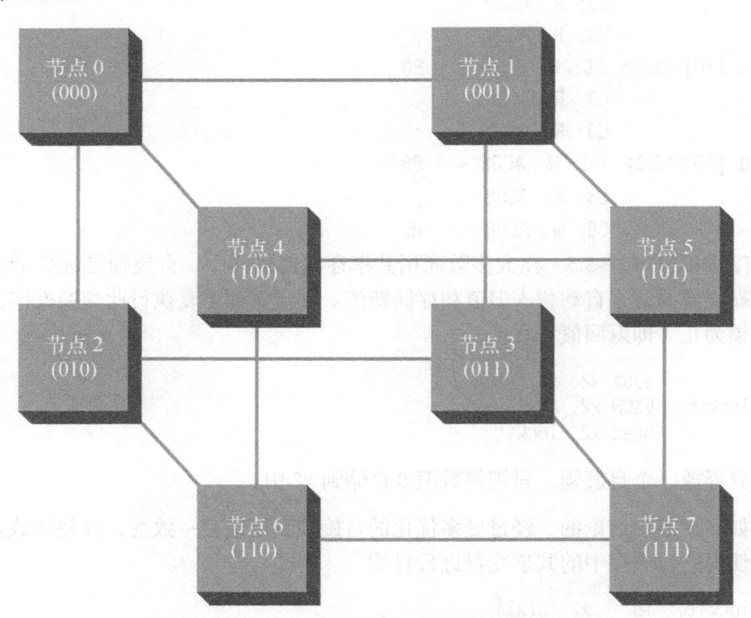

图 5-28　带有 DSM 的多核多处理器

1 号缓存行处于"共享"状态，它包含存储器块 M3，这个块的数据值为 0xabcd。

- 系统存储器包括 8 个存储器块（即，每个节点一个存储器块），分布在 8 个节点之间，每个节点拥有一个存储器块。节点 C*i* 拥有存储器块 M*i*。
- 每个存储器块的宽度为 B 字节，由随该存储器块一起存储的一致性目录项跟踪。
- 每个存储器目录项的状态用 DM、DS 和 DI 表示，意为“目录已修改”“目录共享”和“目录无效”。另外，目录项使用一个位向量列出共享这个块的节点，每个节点各占 1 位。下面是一个存储器块及相关目录项的例子：

```
M3: 0XABCD, DS, 00000011 -->
```

存储器块 M3（位于节点 C3 中）包含了数值 0xABCD，由节点 0 和节点 1 共享（对应于位向量中的 1）。

读/写标记

为了描述读/写事务，我们将为读事务使用如下标记：

```
Ci#: R, <Mi>
```

为写事务使用如下标记：

```
Ci#: W,<Mi> <-- <valuewritten>
```

例如，

`C3: R, M2` 表示节点 3 中的核发射了一个读事务，从存储器块 M2 中的一个地址进行读取（该地址可能已经被缓存在 C3 中）。

`C0:W, M3 <-- 0018` 表示节点 0 中的核发射了一个写事务，向存储器块 M3 中的一个地址（该地址可能已经被缓存在 C0 中）写入数据 0X0018。

消息

目录一致性方案依赖于命令/数据消息的交换，这些消息由图 5-14 所述的目录协议描述。一个命令消息的例子就是一个读请求。一个数据消息的例子就是一个取响应（包含了数据）。

- 来自同一节点中某一端点的消息不会跨越任何介于节点之间的连接。
- 源/目标节点不同的消息会经过节点间的连接。这些消息可能是由一个缓存控制器送至另一个缓存控制器，可以是从一个缓存控制器送至一个目录控制器，也可以是由一个目录控制器送至一个缓存控制器。
- 从一个源节点送往一个不同目标节点的消息是静态路由的。
    - 静态路由算法选择源节点与目标节点之间的一条短路径。
    - 短路径的选择过程是：考虑源索引与目标索引的二进制表示（例如，节点 C1 的表示为 001，节点 C4 的表示为 100），然后从一个节点移到还没有被该消息跨越过的相邻节点。
        - 例如，要从节点 6 到达节点 0（`110 --> 000`），其路径为 `110 --> 100 --> 000`。
        - 因为可能存在多条短路径（`110 --> 010 --> 000` 是上例中的另一条路径），所以我们假定通过下面的方法来选择路径：查找源索引与目标索引中不一致的对应位，将其中第一个最低有效位翻转。例如，从节点 1 到达节点 6（`001 --> 110`），路径为 `001 --> 000 --> 010 --> 110`。
    - 任何一条消息可能遍历的最长路径有 3 个连接（等于一个节点索引的二进制表示的位数）。
- 一个节点可以同时处理最多 3 条来自/去往不同相邻节点连接的消息，前提是其中任意两条消息都没有竞争同一连接资源，如下面的例子所示。这个例子中的消息分别发往节点 000、接收自节点 000、经过节点 000 发送/接收。

消息：从 001 --> 010；010 --> 000（去往缓存/目录控制器）；100 --> 001。可行（目的地不同）。

消息：从 001 --> 010；000 --> 001（来自缓存/目录控制器）；100 --> 001。

不可行，因为两条消息的目的地都是节点 001。

当发生目的地冲突时，可以通过以下优先级来打破僵局：

a. 目的地为该节点（本例中为 000）缓存或目录控制器的消息；然后是

b. 由一个节点转向另一节点的消息（在本例中是经过节点 000）；然后是

c. 来自该节点（本例中为 000）缓存或目录控制器的消息。

❑ 假设传送与响应延迟如表 5-12 所示。

表 5-12

消息类型	缓存控制器	目录控制器	连 接
无数据	2 个周期	5 个周期	10 个周期
有数据	(3+⌈*B*/4⌉)个周期	(6+10×*B*)个周期	(4+*B*)

❑ 如果一条消息是经过一个节点前递，它将首先被该节点完全接收，然后再发往路径中的下一个节点。

❑ 假设任意缓存控制器、目录控制器都具有无限的容量，按照 FCFS 的顺序对消息进行排队和响应。

5.9 [10/10/10] <5.4> 对于本练习的每一部分，假设所有缓存行最初都是无效的，存储器 Mi 中的数据为字节 i（0x00 <= i <= 0x07）的重复，重复次数就是块的大小。假设连续请求被完全序列化。也就是说，在前一个请求（可能来自同一个核，也可能来自不同的核）完成之前，没有核会发射一致性请求。

对于以下每一部分，

❑ 给出在完成给定的事务序列之后，缓存控制器与目录控制器（包括数据值）的最终状态（即，一致性状态、共享者/拥有者、标记和数据）；

❑ 给出所传送的消息（为消息类型选择一种适当的格式）。

a. [10] <5.4> C3: R, M4
C3: R, M2
C7: W, M4 <-- 0xaaaa
C1: W, M4 <-- 0xbbbb

b. [10] <5.4> C3: R, M0
C3: R, M2
C6: W, M4 <-- 0xaaaa
C3: W, M4 <-- 0xbbbb

c. [10] <5.4> C0: R, M7
C3: R, M4
C6: W, M2 <-- 0xaaaa
C2: W, M2 <-- 0xbbbb

5.10 [10/10/10] <5.4> 练习 5.9 中使用的目录协议（基于图 5-14）假设目标控制器接收请求、发送无效操作、接收修改后的数据、如果块需要更新则发送修改后的数据，等等。现在假设目录控制器会将某项工作委托给核完成。例如，当有其他核需要一个经过修改的块时，它会通知这个块的独占拥有者，并让拥有者将这个块发送给新的共享者。具体来说，研究下面的优化，并说明它们有什么优点（如果有的话）。另外，说明如何修改这些消息（与图 5-14 中的协议相对比），以支持这些新的变化。

提示：优点可能包括消息数量减少、响应时间缩短，等等。

a. [10] <5.4> 在一个共享存储器块发生写缺失时，目录控制器将数据发送给请求方，并指示共享者直接将其无效确认发送给请求方。

b. [10] <5.4> 在某个其他核修改后的块发生读缺失时，目录控制器指示这个已修改副本的拥有者直接将数据前递给请求方。

c. [10] <5.4> 在某个其他核中处于共享（S）状态的块发生读缺失时，目录控制器指示共享者之一（比如，最接近请求者的共享者）直接将数据前递给请求方。

5.11 [15/15/15] <5.4> 在练习 5.9 中，假设系统上的所有事务都是序列执行的，但在一个 DSM 多核中，这种方式既不现实，效率又低。我们现在放松这一条件，只要求来自同一个核的所有事务都是序列化的。但是，不同的核可以独立地发射它们的读/写事务，甚至可以竞争同一存储器块。下面给出练习 5.9 中的事务，以反映这些放松后的新约束条件。在这些经过放松后的新约束条件下，重做练习 5.9。

a. [15] <5.4>
```
C1: W, M4 <--0xbbbb      C3: R, M4     C7: R, M2
                         C3: W, M4 <--0xaaaa
```
b. [15] <5.4>
```
C3: R, M0        C6: W, M4 <-- 0xaaaa
C3: R, M2
C3: W, M4 <-- 0xbbbb
```
c. [15] <5.4>
```
C0: R, M7 C2: W, M2 <-- 0xbbbb C3: R, M4 C6: W, M2 <-- 0xaaaa
```

5.12 [10/10] <5.4> 利用前面描述的路由和延迟信息，跟踪以下各组事务在系统中是如何进行的（假设所有访问都是缺失）。

a. [10] <5.4> `C0: R, M7 C2: W, M2 <-- 0xbbbb C3: R, M4 C6: W, M2 <-- 0xaaaa`

b. [10] <5.4>
```
C0: R, M7             C3: R, M7
           C2: W, M7 <-- 0xbbbb
```

5.13 [20] <5.4> 如果这些消息可以在链接上自适应地重新路由，可能会额外产生哪些复杂性？例如，由核 M1 目录控制器发往 C2（二进制表示为 M_{001} --> C_{010}）的一致性消息，将根据链接可用性，选择节点间路径 C_{001} --> C_{000} --> C_{010}，或者节点间路径 C_{001} --> C_{011} --> C_{010}。

5.14 [20] <5.4> 在一次读缺失中，缓存可能会改写一个处于共享（S）状态的行，而不向拥有相应存储器块的目录发出通知。另一种选择是，它将通知目录，以便它从共享者的清单中删除这个缓存。

试说明，以下各组事务在采用这两种方法时是如何进行的（每次按顺序执行一组）。

```
C3:  R, M4
C3:  R, M2
C2:  W, M4 <-- 0xabcd
```

案例研究 3：存储器一致性

本案例研究说明的概念

❑ 顺序一致性（SC）模型下的合法程序行为

- 可为 SC 模型进行的硬件优化
- 使用同步原语，让一致性模型模拟一个限制性更强的模型

5.15 [10/10] <5.6> 考虑在两个处理器 P1 和 P2 上运行的以下代码片段。假设 A 和 B 的初始值为 0。

P1:	P2:
While (B == 0); A = 1;	While (A == 0); B = 1;

a. [10] <5.6> 如果这两个处理器遵循顺序一致性（SC）一致性模型，在以上代码片段结束时，A 和 B 的可能取值是什么？给出支持你的答案的说明。

b. [10] <5.6> 如果这两个处理器遵循总体存储顺序（TSO）一致性模型，重做(a)部分。

5.16 [5] <5.6> 考虑在两个处理器 P1 和 P2 上运行的以下代码片段。假设 A 和 B 的初始值为 0。试解释，在一个顺序一致性执行模型中，一个优化编译器可能如何使得 B 永远不会被设定为 2？

P1:	P2:
A = 1; A = 2; While (B == 0);	B = 1; While (A <> 1); B = 2;

5.17 [10] <5.4> 在一个实现 SC 一致性模型的处理器中，为数据缓存增加了一个数据预取单元。这是否会改变 SC 实现的执行结果？为什么？

5.18 [10/10] <5.6> 假设在一个实现部分存储顺序（PSO）的处理器上执行以下代码片段，

```
A = 1;
B = 2;
If (C == 3)
D = B;
```

a. [10] <5.6> 向此代码中补充同步原语，使它模拟一个 TSO 实现的行为。

b. [10] <5.6> 向此代码中补充同步原语，使它模拟一个 SC 实现的行为。

5.19 [20/20/20] <5.6> SC 要求所有读写操作看起来都是按照某一总体顺序执行的。这可能会需要处理器在某些情况下停顿，然后再提交读取或写入指令。考虑以下代码序列：

```
write A
read B
```

其中，写入 A 的操作将导致一次缓存缺失，而读取 B 的操作会导致一次缓存命中。

根据 SC，处理器必须将暂停读取 B 的操作，直到它可以对“写入 A”排序（进而执行）后才行。SC 的简单实现将会使处理器停顿，直到缓存收到数据并可以执行写操作。

“释放一致性”（RC）一致性模型（见 5.6 节）放松了这些约束：在需要进行排序时，可以审慎地使用同步操作来完成。这就允许处理器在完成其他优化的同时，实现写操作缓冲区。如果写操作已被提交，但还没有结合其他处理器的写操作一起进行排序，就可以保存在写缓冲区中。在 RC 中，读写操作可以穿过（可能绕过）写操作缓冲器（在 SC 中不能这样做）。

假设每个周期可以执行一个存储器操作，而且这些操作或者命中缓存，或者由写操作缓冲区进行响应，且不引入停顿周期。而缺失的操作会导致如表 5-11 所列的延迟。

对于 SC 和 RC 两种一致性模型，每个操作之前会产生多少停顿周期？（写操作缓存区中最多保存一个写操作。）

```
a. [20] <5.6> P0: wirte 110 <-- 80    // 假设缺失（没有其他缓存拥有该行）
              P0: read 108            // 假设缺失（没有其他缓存拥有该行）
b. [20] <5.6> P0: read 110            // 假设缺失（没有其他缓存拥有该行）
              P0: write 100 <-- 90    // 假设命中
c. [20] <5.6> P0: write 100 <-- 80    // 假设缺失
              P0: write 110 <-- 90    // 假设命中
```

5.20 [20] <5.6> 在一个拥有读取预提取单元的处理器上，根据 SC 模型重复练习 5.19 的(a)部分。假设在写操作之前 20 个周期触发读取预提取。

练习

5.21 [15] <5.1> 假定有一个关于应用程序的函数，其形式为 $F(i,p)$，表示在总共提供 p 个处理器的情况下，恰好有 i 个处理器可供使用的时间比例，即

$$\sum_{i=1}^{p} F(i,p) = 1$$

假定在使用 i 个处理器时，应用程序的运行速度加快 i 倍。

a. 请改写 Amdahl 定律，将某一应用程序的加速比表示为 p 的函数。

b. 应用程序 A 在单个处理器上的运行时间为 T 秒。如果使用更多的处理器，则可以改进其运行时间的不同部分。表 5-13 提供了详细信息。

当在 8 个处理器上运行时，应用程序 A 的加速比是多少？

c. 对 32 个处理器和无限个处理器重复上述过程。

表 5-13 可以使用 p 个处理器的应用程序时间的百分比

T 的比例	20%	20%	10%	5%	15%	20%	10%
处理器（p）	1	2	4	6	8	16	128

5.22 [15/20] <5.1> 在这个练习中，我们研究互连网络拓扑对程序的**每条指令时钟周期数**（CPI）的影响（这些程序运行在包含 64 个处理器的分布式存储器多处理器上）。处理器的时钟频率为 2.0 GHz，应用程序的所有访问都在缓存中命中，其基础 CPI 为 0.75。假定有 0.2%的指令涉及远程通信访问。远程通信访问的成本为（$100+10h$）ns，其中 h 是指一次远程访问为到达远程处理器存储器并返回而必须在通信网络进行跳转的次数。假定所有通信链接都是双向的。

a. [15] <5.1> 当 64 个处理器分别排列为一个环、一个 8 × 8 处理器网格和一个超立方体时，计算在最糟情况下的远程通信成本。（提示：在一个 2^n 超立方体中，最长的通信路径有 n 个链接。）

b. [20] <5.1> 将此应用程序在没有远程通信时的基本 CPI 与分别采用(a)部分三种拓扑时获得的 CPI 进行对比。

5.23 [15] <5.2> 说明如何为写直达缓存修改图 5-3 所示的基本监听协议。与写回缓存相比，在采用写直达缓存时不需要哪一项主要硬件功能？

5.24 [20/20] <5.2> 请回答下列问题。

a. [20] <5.2> 向基本监听缓存一致性协议（见图 5-3）中添加一个干净的独占状态。以图 5-3 中使用的有限状态机的形式给出这一协议。

b. [20] <5.2> 在(a)部分的协议中添加一个“拥有”状态，并使用与图 5-3 相同的有限状态机格式进行描述。

5.25 [15] <5.2> 关于假共享问题，有人提出一种解决方案：为每个字添加一个有效位。添加之后，无须删除整个块就能使一个字无效，这样处理器就可以在其缓存中保存块的某一部分，而另一个处理器可以写入这个块的不同部分。如果包含这一功能，需要向基本监听缓存一致性协议（见图 5-3）中增加什么样的复杂性？注意考虑所有可能出现的协议操作。

5.26 [15/20] <5.3> 本练习研究的是，在共享存储器多处理器系统设计中应用一些非常激进的技术时，对处理器中利用指令级并行的影响。考虑两种除处理器之外完全相同的系统。系统 A 使用的处理器采用简单的单发射顺序流水线，而系统 B 使用的处理器具有 4 路发射、乱序执行以及一个拥有 64 项的重新排序缓冲区。

a. [15] <5.3> 按照图 5-7 中的约定，我们将执行时间划分为指令执行、缓存访问、存储器访问和其他停顿。预测系统 A 与系统 B 中的这些组件有什么不同？

b. [10] <5.3> 基于 5.3 节中对联机事务处理（OLTP）工作负载行为特性的讨论，OLTP 工作负载与其他基准之间的哪种重要区别限制了它从更激进的处理器设计中获得的好处？

5.27 [15] <5.3> 如何改变应用程序的代码，以避免假共享？编译器做些什么？哪里需要有程序员的指示？

5.28 [15] <5.3> 一个应用程序在计算某个单词在大量文档中的出现次数。大量的处理器分配了此项工作，搜索不同的文档。它们创建了一个巨大的 32 位整数数组 word_count，其中每个元素是单词在某个文档中出现的次数。在第二个阶段，计算被转移到一个有 4 个处理器的小型 SMP 服务器中。每个处理器对大约四分之一的数组元素进行求和。然后，由一个处理器计算总和。

```
for (int p=0; p<=3; p++) // 每次迭代都在单独的处理器上执行
{
     sum [p] = 0;
     for (int i=0; i<n/4; i++) // n 是 word_count 的大小，可以被 4 整除
          sum[p] = sum[p] + word_count[p+4*i];
}
total_sum = sum[0]+sum[1]+sum[2]+sum[3] // 仅在处理器上执行
```

a. 假设每个处理器都有一个 32 字节的 L1 数据缓存。识别代码显示的缓存行共享（真或假）。

b. 重写代码以减少对数组 word_count 的元素的缺失次数。

c. 确定可以对代码进行的手动修复，以消除任何假共享。

5.29 [15] <5.4> 假定有一个目录式缓存一致性协议。目录中当前拥有的信息表明处理器 P1 拥有“独占”模式的数据。如果这个目录现在收到处理器 P1 对同一缓存块的请求，这可能意味着什么？目录控制器应当怎么做？（此类情况称为**竞争情景**，正是难以设计和验证一致性协议的原因所在。）

5.30 [20] <5.4> 目录控制器可以为那些已被本地缓存控制器替换的行发送无效消息。为了避免此类消息，并保持目录的一致性，人们使用了替换提示。此类消息告诉控制器某个块已被替换。修改 5.4 节的目录式一致性协议，以利用此类替换提示。

5.31 [20/15/20/15] <5.4> 利用全部填充的位向量来直接实现目录时，一个缺点是目录信息的总大小会随着处理器数与存储器块数的乘积变大。如果存储器随处理器数目线性增长，那么目录的总大小就会以处理器数目的 2 次方增长。在实践中，由于目录只需要为每个存储器块（通常为 32~128 字节）保存一个位，所以当处理器数目处于中低水平时，这一问题并不严重。例如，假定有一个大小为 128 字节的块和 P 个处理器，则与主存储器相比，目录存储的大小为 $P/(128 \times 8) = P/1024$，也就是说，当有 128 个处理器时，大约增加 12.5%的存储量。如果发现需要保存的信息量与每个处理器的缓存大小成比例，就可以避免上述问题。我们将在这些练习中探讨一些解决方案。

a. [20] <5.4> 获得可扩展目录协议的一种方法是将多处理器组织为逻辑层次结构，以处理器作为这个层次结构的叶子，目录位于每个子树的根部。每个子树的目录记录哪些后代缓存了哪些存储器块，以及哪些以该子树中的节点为主节点的存储器块被缓存在该子树的外部。假定每个目录是完全相联的，计算记录这些目录的处理器信息所需要的存储量。答案中应当包括该层次结构每一级中的节点数目以及节点的总数。

b. [15] <5.4> 减小目录大小的另一种方法是在任意给定时间只允许有限数量的目录存储器块被共享。将目录实现为一个 4 路组相联缓存，其中存储全部填满的位向量。如果发生了目录缓存缺失，则选择一个目录项并使该项无效。修改图 5-14 中的协议，以反映这个目录组织结构所需的新的转换。

c. [20] <5.4> 我们可以实现不密集的位向量，而不是减少目录项的数量。例如，我们可以将每个目录项设置为 9 位。如果一个块仅缓存在其主节点之外的一个节点中，则该字段包含节点编号。如果块缓存在其所在节点之外的多个节点中，则该字段是位向量，每个位表示一组 8 个处理器，其中至少有一个处理器缓存块。说明该方案对于一个由 8 组处理器（每组 8 个处理器）构成的 64 位处理器 DSM 机器来说效用如何。

d. [15] <5.4> 减小目录大小的一种极端方法是实现 “空”目录，也就是说，处理器中的目录不存储任何缓存行状态。它接收请求并适当地转发它们。对于 DSM 系统来说，与完全没有目录相比，实现这种目录有什么好处?

5.32 [10] <5.5> 使用**链接载入/条件存储**指令对实现经典的“比较并交换”指令。

5.33 [15] <5.5> 一种常用的性能优化方法是填充同步变量，以便在同一缓存行中没有任何其他有用的数据。构造一个示例，说明这种优化在某些情况下非常有用。假定采用监听写无效协议。

5.34 [30] <5.5> 为多核处理器实现**链接载入/条件存储**对的一种方式是限制这些指令使用未缓存的存储器操作。监听单元拦截所有核对该存储器的所有读写操作。它跟踪**链接载入**指令的来源，以及在**链接载入**及其相应的**条件存储**指令之间是否发生了任何中间存储操作。监听单元可以防止任何发生失败的条件存储操作写入任何数据，并可以使用互连信号通知处理器此次存储失败。

请为支持四核 SMP 的存储器系统设计这样一个监听器。考虑以下因素：读请求和写请求的数据大小通常是不同的（4/8/16/32 字节）。任何存储地址都可能是**链接载入/条件存储**对的目标，存储器监听器应当假定：对任意位置进行的**链接载入/条件存储**访问都可能与同一位置的常规访问交错在一起。监听器的复杂性应当与存储器大小无关。

5.35 [25] <5.7> 请证明，在一个 L1 更接近处理器人两级缓存层次结构中，如果 L2 的相联度至少与 L1 相同，那么包含是不需要额外操作的，两种缓存都使用行可替换单元（LRU）进行替换，并且两个缓存的块大小相同。

5.36 [讨论] <5.7> 在尝试对多处理器系统进行详细的性能评估时，系统设计人员使用以下三种工具之一：分析模型、由跟踪驱动的模拟和由执行驱动的模拟。分析模型使用数学表达式对程序的行为进行建模。由跟踪驱动的模拟在实际的计算机上运行应用程序，并生成跟踪轨迹，这通常是存储器操作的跟踪轨迹。这些跟踪轨迹可以通过缓存模拟器进行回放，也可以用具有简单处理器模型的模拟器进行回放，以便在参数发生变化时预测系统的性能。由执行驱动的模拟器模拟整个执行过程，为处理器状态等保持等价结构。

a. 这些方法之间的准确性与速度均衡如何?

b. 如果没有仔细收集 CPU 跟踪轨迹，则可能展示的是待评估系统的一些人为表现。以分支预测和自旋等待同步为例讨论这个问题。（提示：程序本身对纯 CPU 跟踪轨迹是不可用的，只有跟踪轨迹可用。）

5.37 [40] <5.7、5.9> 在增加处理器的数目时，多处理器和集群的性能通常也会提高，理想情况下应当是 n 个处理器提高 n 倍。此有偏基准的目标是让程序在增加处理器时性能恶化。例如，这就意味着当多处理器或集群仅有一个处理器时，程序的运行速度最快；有2个处理器时，速度较慢；有4个处理器时，比有2个处理器时还慢，以此类推。在每种组织结构中，导致逆线性加速比的关键性能特性是什么？

6

利用请求级和数据级并行的仓库级计算机

数据中心就是计算机。

——Luiz André Barroso，
Google（2007）

100 多年前，各家企业停止使用蒸汽机和发电机自行发电，接入新建的电网。电力公用设施提供的廉价电力不仅改变了企业的运营方式，还引发了经济和社会变革的连锁反应，拉开了现代世界的序幕。今天，一场类似的革命正在进行。大量的信息处理“工厂”连接到互联网的全球计算网格，开始将数据和软件代码“注入”我们的家庭和企业。这一次，是计算转变成了公用设施。

——尼古拉斯·卡尔，
《IT 不再重要：互联网大转换的制高点——云计算》

6.1 引言

谁都可以构建一个快速的CPU。关键是要搭建一个快速的系统。

——Seymour Cray，
超级计算机之父

仓库级计算机（WSC）[1]是几十亿人每日所用互联网服务的基础，这些服务包括：搜索、社交网络、在线地图、视频共享、网上购物、电子邮件服务，等等。此类互联网服务深受大众喜爱，从而有了创建WSC的必要，以满足公众迅速增长的需求。尽管WSC可能看起来只是一些大型数据中心，但它们的体系结构和运行有很大的不同，这一点稍后我们就会看到。今天的WSC像是一个巨型机器，其成本高达数亿美元，包括机房、配电与制冷基础设施、服务器和网络设备，其中网络设备连接并容纳了50 000至100 000台服务器。此外，商业云计算的快速增长（见6.5节）让每一个拥有信用卡的人都能使用WSC。

计算机体系结构很自然地扩展到WSC的设计中。例如，Google公司Luiz Barroso（前文引用过他的话）的论文研究的就是计算机体系结构。他认为，架构师在设计过程中实现可扩展性、提高可信性的技巧以及调试硬件的技巧，对于创建和运行WSC有很大的帮助。

WSC的巨大规模需要在配电、制冷、监控和运行等各个方面做出创新。WSC是超级计算机的现代后裔，这一点也让Seymour Cray成为当今WSC架构师的教父。他的极限计算机可以处理一些在其他任何地方都无法完成的计算，但非常昂贵，只有少数几家公司负担得起。而WSC的目标是为整个世界提供信息技术，而不再是为科学家和工程师提供高性能计算（HPC）。因此，相较于Cray的超级计算机在过去发挥的作用，WSC在当今社会中扮演了更为重要的角色。

毫无疑问，WSC的用户要比高性能计算的用户多出好几个量级，它在IT市场占有的份额也要大得多。无论是按用户数量计算还是按收入计算，Google公司都比Cray Research公司大1000倍。

WSC架构师的许多目标和需求与服务器架构师一致。

- **性价比**——每一美元能够完成的工作量至关重要，部分原因就是WSC的规模太大了。将一组WSC的成本降低几个百分点就可以节省数百万美元。
- **能效**——除了逃逸出去的光子，WSC本质上是封闭的系统，几乎所有能耗都转化为必须被移除的热量。因此，峰值功耗和实际功耗推高了配电与制冷系统两项成本。建造WSC的大部分基础设施成本都花在了电力和制冷上。另外，能效也是环境管理的一个重要组成部分。因此，每焦耳完成的工作量对于WSC和它的服务器来说都至关重要，因为为仓库级计算机建造电力与机械基础设施的成本很高，每月因此产生的水电费也很高。

---

[1] 本章资料的来源包括：Google公司Luiz André Barroso、Jimmy Clidaras和Urs Hölzle所著的*The Datacenter as a Computer: An Introduction to the Design of Warehouse-Scale Machines, Second Edition*[2013]；AWS的James Hamilton的博客Perspectives，以及演讲“Cloud-Computing Economies of Scale”和“Data Center Networks Are in My Way”[2009, 2010]；Michael Armbrust等人的文章“Above the Clouds: A Berkeley View of Cloud Computing”[2010]。

- **通过冗余提高可信性**——互联网服务长时间运行的本质，意味着 WSC 中的硬件和软件必须至少共同提供 99.99%的可用性；也就是说，它每年的宕机时间必须低于 1 小时。对于 WSC 和服务器来说，冗余都是提高可信性的关键。服务器架构师经常利用数量更多且价格更高的硬件来实现高可用性，而 WSC 架构师则利用由网络连接的大量高性价比的服务器，并依赖软件来管理系统的冗余。除了 WSC 内部的本地冗余之外，一个组织还需要冗余的 WSC 来应对可能会摧毁整个 WSC 的事件。事实上，尽管每一个云服务都需要在至少 99.99%的时间内可用，但像 Amazon、Google 或 Microsoft 这样的纯互联网公司对可信性的要求更高。如果其中一家公司每年有 1 小时完全离线——也就是 99.99%的可用性——那就会成为头版新闻。多个 WSC 还有利于减少跨地域广泛部署的服务的延迟。
- **网络 I/O**——服务器架构师必须提供一个出色的网络接口来连接外部世界，WSC 架构也必须如此。为保持多个 WSC 之间的数据一致性，以及与公众交互，需要进行联网。
- **交互式与批处理工作负载**——尽管人们期望搜索和社交网络等拥有数十亿用户的服务具有高度交互的工作负载，但 WSC 像服务器一样，也运行着大量并行批处理程序，用以计算对此类服务有用的元数据。例如，它们可以执行 MapReduce 作业，将通过爬网返回的页面转换为搜索索引（见 6.2 节）。

当然，WSC 也有一些不同于服务器体系结构的特性。

- **足够的并行度**——服务器架构师关注的一个问题是，目标市场中的应用程序是否有足够的并行度以充分发挥大量并行硬件的功用，以及为了挖掘这些并行性所使用的通信硬件的成本是否过高。WSC 架构师则不关注此类问题。首先，批处理应用程序获益于大量需要独立处理的独立数据集，比如爬取的数十亿个网页。这一处理过程就是**数据级并行**（第 4 章介绍过），这里的数据指的是存储（storage）中的数据，而不是内存（memory）中的数据。第二，交互式互联网服务应用程序（也称为**软件即服务**，**SaaS**）可从交互式互联网服务数以百万计的独立用户中获益。在 SaaS 中，读与写很少是相关的，所以 SaaS 很少需要同步。例如，搜索服务使用的是只读索引，而电子邮件通常需要读写独立的信息。因为许多独立的工作可以很自然地并行进行，几乎不需要通信或同步，所以我们将这种简单的并行称为**请求级并行**；例如，基于日志的更新过程可以降低吞吐量需求。有时需要放弃存储器中一些与读写数据相关的特性，以提供可扩展到现代 WSC 大小的存储。无论如何，WSC 应用程序别无选择，只能找到能够跨越数百到数千台服务器的算法，因为这是客户所期望的，也是 WSC 技术所提供的。
- **运营成本计算**——服务器架构师通常会忽略服务器的运营成本，假定其相对于购买成本是微不足道的。WSC 的寿命更长——机房以及配电和制冷基础设施经常要使用 10~15 年，所以运营成本也不可小视：在 10 年中，能源、配电和制冷方面的费用占 WSC 成本的 30%以上。
- **位置成本**——要建立 WSC，第一步是建立机房。一个问题是在哪儿建机房？房地产经纪人强调位置，但搭建 WSC 的位置要满足如下要求：有水和便宜的电力，靠近互联网主干光纤，附近的人能够到 WSC 工作，发生地震、洪水和飓风等环境灾害的风险很低。一个更加显而易见的问题是土地成本，包括 WSC 扩容所需的足够空间。对于有许多 WSC 的公司来说，关注的另一个问题是找到一个靠近当前或未来互联网用户群的地方，以减少互联网延迟。其他因素包括税费、物业费、社会问题（有时人们希望在自己的国家或地区建立设施）、网络成本、网络的可靠性、电力成本、电力来源（例如水电和煤炭)、天气(制冷设备更便宜，如6.4节所示)、整体互联网连接(澳大利亚在地理位置上接近新加坡，但它们之间的网络链路带宽并不大)。

- **在低利用率下进行高效计算**——服务器架构师设计系统的宗旨是在成本预算范围内达到峰值性能，他们仅仅在系统可能超过其机箱的冷却能力时才需要担心功耗问题。正如我们将在图6-1中看到的，WSC服务器很少得到充分利用，部分原因是为了确保低响应时间，部分原因是为了提供进行可靠计算所需的冗余。考虑到运营成本，这些服务器需要在所有利用率级别上高效地计算。
- **规模以及与规模相关的机会/问题**——通常，极限计算机是极其昂贵的，因为它们需要定制硬件，而且因为极限计算机的制造数目很低，所以无法有效地分摊定制成本。不过，如果我们一次购买数千台服务器，则可以获得很低的折扣。由于WSC本身就非常庞大，所以即使没有太多WSC，也可以实现规模经济效应。在6.5节和6.10节你会看到，这些规模经济导致了商业云计算的出现，这是因为WSC的单位成本更低，也就是说，一些公司可以向外租借服务器，其利润低于租借者自行租用的成本。100 000台服务器的不利之处就是容易发生故障。表6-1给出了2400台服务器的停用与异常情况。即使一台服务器的平均无故障时间(MTTF)达到了令人惊叹的25年(200 000小时)，WSC架构师在进行设计时也要考虑每天有5台服务器发生故障的情况。表6-1列出的年磁盘故障率为2%~10%。如果每台服务器有2块硬盘，它们的年故障率为4%，那么对于拥有100 000台服务器的WSC时，预计架构师每小时就会看到一块磁盘发生故障。然而，如表6-1所示，软件故障远远超过硬件故障，因此系统设计必须具有弹性，能够应对由软件故障导致的服务器崩溃，而服务器崩溃比磁盘故障发生得更频繁。由于在这些非常大的设施中有数千台服务器，WSC操作员非常擅长更换磁盘，因此WSC的磁盘故障成本要比小型数据中心低得多。这同样适用于DRAM。如果有更便宜的组件，WSC可以使用可靠性更差的组件。

表6-1　一个由2400台服务器组成的新集群在第一年发生的停用与异常，及其大致的发生频率

第一年的大致事件数	原　因	结　果
1或2	电力设施故障	整个WSC失去供电，如果UPS和发电机正常工作(发电器的正常工作时间大约占总时间的99%)，不会导致WSC宕机
4	集群升级	为升级基础设施(很多次是为了不断发展的网络需求，如重新绑定)、切换固件升级等而计划的停机。每9个计划的集群升级的停机中，就有一个未计划的停机
1000	硬盘故障	2%~10%的年磁盘故障率[Pinheiro等，2007]
	磁盘缓慢	仍然能够运行，但运行速度减缓至原来的5%~10%
	存储器损坏	每年一次不可纠正的DRAM错误[Schroeder等，2009]
	机器配置错误	配置会导致大约30%的服务中断[Barroso和HÖlzle，2009]
	脆弱的机器	大约1%的服务器每星期重启一次以上[Barroso和HÖlzle，2009]
5000	单个服务器崩溃	机器重启，通常需要大约5分钟(由硬件或软件问题导致)

* 我们将Google所说的集群标记为阵列，见图6-2。[Barroso等，2010]

例题　一个服务运行在表6-1中的2400台服务器上，试计算该服务的可用性。本例题中的服务与实际WSC中的服务不同，它不能容忍硬件或软件故障。假定重启软件的时间为5分钟，修复硬件的时间为1小时。

解答 可以通过计算由每个组件发生故障所导致的停用时间来估计服务可用性。我们保守地取表 6-1 中每个类别的最低数值，将 1000 次停用平均分配给 4 个组件。我们忽略了运行缓慢的磁盘（1000 次停用的第五个组件）和电力设施故障，因为磁盘缓慢会影响性能但不会影响可用性，而 99% 的电力设施故障可以通过不间断电源（UPS）系统加以隐藏。

$$\text{停用时间}_{\text{服务}} = (4+250+250+250)\times 1\text{ 小时} + ((250+5000)\times 5\text{ 分钟})\div 60\text{ 小时}$$
$$= 754 + 437.5 \approx 1192\text{ 小时}$$

一年有 365 × 24 = 8760 小时，所以可用性为：

$$\text{可用性}_{\text{系统}} = \frac{8760-1192}{8760} = \frac{7568}{8760} \approx 86\%$$

即，如果没有软件冗余来屏蔽如此之多的停用次数，那么在这 2400 台服务器上运行的服务的宕机时间将达到平均每周一天，“0 个 9”远低于 WSC 99.99%的可用性目标。

正如 6.10 节将解释的，WSC 的先驱是**计算机集群**（computer cluster）。集群是一组使用局域网（LAN）和交换机连接在一起的独立计算机。对于不需要密集通信的工作负载，集群计算的成本效益要远高于共享存储器多处理器。（共享存储器多处理器是第 5 章所讨论的多核计算机的先驱。）集群在 20 世纪 90 年代后期开始流行，先用于科学计算，后来用于互联网服务。关于 WSC 有这样一个观点：它们就是过去数百台服务器组成的集群向今天数万台服务器所组成的集群的逻辑演化。

一个很自然的问题是：WSC 是否与高性能计算（HPC）使用的现代集群类似？尽管一些 WSC 的规模和成本与 HPC 相近（有些 HPC 设计拥有 100 万台处理器，花费数亿美元），但 HPC 在历史上拥有比 WSC 更强大的处理器和更低的节点间网络延迟，因为 HPC 应用的依赖性更强，通信更频繁（见 6.3 节）。其编程环境还强调线程级并行或数据级并行（见第 4 章和第 5 章），通常强调完成单项任务的延迟，而不是通过请求级并行完成许多独立任务的带宽。HPC 集群往往还拥有长时间运行的作业，它们会使服务器满负荷运行，甚至能持续数周以上，而 WSC 中服务器的利用率通常在 10%~50%（见图 6-1），而且每天都会发生变化。与超级计算机环境不同，每周都有数千名开发人员在 WSC 代码库上工作，并部署重要的软件版本[Barroso 等，2017]。

WSC 与传统数据中心相比又怎么样呢？传统数据中心的运营人员通常从组织的许多部门收集机器和第三方软件，并集中为他人运行这些机器和软件。他们的关注点通常是将许多服务整合到较少的机器中，并且这些机器相互隔离，以保护敏感信息。因此，虚拟机在数据中心的重要性日益增加。虚拟机对 WSC 来说也很重要，但扮演的角色不同。它们用于在不同的客户之间提供隔离，并将硬件资源分割成不同大小的共享部分，以便以不同的价格出租（参见 6.5 节）。与 WSC 不同，传统数据中心往往拥有各种不同的硬件和软件，为一个组织中的不同客户提供服务。WSC 程序员则定制第三方软件或者自行开发软件，WSC 的硬件一致性要强得多；WSC 的目标是让仓库中的硬件/软件就像一台计算机一样，只是上面运行着各种不同的应用程序。传统数据中心的最大成本通常是维护人员的费用，而 6.4 节会介绍，在设计完善的 WSC 中，服务器硬件是最大的成本，人力成本从最大成本变为几乎可以忽略。传统数据中心也不具备 WSC 的规模，所以它们无法获得前述的规模经济效益。

因此，尽管 WSC 可能被认为是一个极端的数据中心（因为这些计算机被单独放置在具有特殊配电和制冷基础设施的空间内），但典型的数据中心通常没有 WSC 所面对的挑战和机遇，无论是体系结构方面还是运营方面都是如此。

我们首先介绍 WSC 的工作负载和编程模型。

6.2　仓库级计算机的编程模型与工作负载

如果一个问题没有解决办法，那它可能就不是一个问题，而是一个事实——不需要解决，而是需要随着时间的推移找到应对方法。

——Shimon Peres

一些面向公众的互联网服务，比如搜索、视频共享和社交网络等，使 WSC 有了名气。除了这些服务之外，WSC 还运行一些批处理应用程序，比如将视频转换为新的格式，或者通过爬网生成搜索索引。

WSC 中最流行的批处理框架是 MapReduce [Dean 和 Ghemawat，2008]和它的开源孪生框架 Hadoop。表 6-2 显示了 MapReduce 当年在 Google 公司内部的流行程度日益提高。受同名 Lisp 函数的启发，Map 首先将程序员提供的函数应用于每条逻辑输入记录。Map 在数百台计算机上运行，生成由键/值对组成的中间结果。Reduce 收集这些分布式任务的输出，并使用另一个由程序员定义的函数来归约它们。假定 Reduce 函数是可交换的、可结合的，它的运行时间为 $\log N$。在适当的软件支持下，这两个函数都很快，而且易于理解和使用。在 30 分钟之内，程序员新手就可以在数千台计算机上运行 MapReduce 任务。

表 6-2　Google 公司 2004~2016 年 MapReduce 的月度使用数据

月份	MapReduce 作业数	平均完成时间（秒）	每项作业的平均服务器数	每台服务器的平均核数量	CPU 核年	输入数据（PB）	中间数据（PB）	输出数据（PB）
2016年9月	95 775 891	331	130	2.4	311 691	11 553	4095	6982
2015年9月	115 375 750	231	120	2.7	272 322	8307	3980	5801
2014年9月	55 913 646	412	142	1.9	200 778	5989	2530	3951
2013年9月	28 328 775	469	137	1.4	81 992	2579	1193	1684
2012年9月	15 662 118	480	142	1.8	60 987	2171	818	874
2011年9月	7 961 481	499	147	2.2	40 993	1162	276	333
2010年9月	5 207 069	714	164	1.6	30 262	573	139	37
2009年9月	4 114 919	515	156	3.2	33 582	548	118	99
2007年9月	2 217 000	395	394	1.0	11 081	394	34	14
2006年3月	171 000	874	268	1.6	2002	51	7	3
2004年8月	29 000	634	157	1.9	217	3.2	0.7	0.2

* 在 12 年的时间里，MapReduce 作业数增加了 3300 倍。表 6-10 估算：在 Amazon 的云计算服务 EC2 上运行 2016 年 9 月的工作负载将会耗费 1.14 亿美元。[Dean，2009]

表 6-2 显示了每项作业平均使用数百台服务器。除了一些高性能计算领域的经过高度调优的应用程序之外，这类 MapReduce 作业是当今并行度最高的应用程序，无论从总的 CPU 时间还是所用的服务器数量来看都是如此。

例如，我们用一个 MapReduce 程序计算一大组文档中每个英文单词的出现次数。下面是这个程序的简化版本，仅给出了内层循环，并假定所有英文单词仅在文档中出现一次[Dean 和 Ghemawat，2008]：

```
map(String key, String value):
        // key: 文档名
        // value: 文档内容
        for each word w in value:
        EmitIntermediate(w, "1"); // 生成所有单词的清单

reduce(String key, Iterator values):
        // key: 一个单词
        // values: 一个计数清单
        int result = 0;
        for each v in values:

        result += ParseInt(v); // 从键值对中取得整数
        Emit(AsString(result));
```

Map 函数中使用的 EmitIntermediate 函数给出文档中的每个单词，并取值 1。然后，Reduce 函数使用 ParseInt()对每个单词在每篇文档中的所有出现次数求和，得出每个单词在所有文档中的出现次数。MapReduce 运行时环境将 map 任务和 reduce 任务调度到 WSC 的节点中。（这个程序的完整版本可以在 Dean 和 Ghemawat[2004]的参考文献中找到。）

MapReduce 可以看作单指令流多数据流（SIMD）操作（见第 4 章）的泛化（只有一点不同：将要应用的函数传递给数据），后面跟有一个函数，用于对 Map 任务的输出进行归约操作（reduction）。因为归约在 SIMD 程序中很常见，所以 SIMD 硬件经常会为它们提供特殊操作。例如，Intel 的 AVX SIMD 指令包含了“水平”（horizontal）指令，将寄存器中相邻的操作数对相加。

为了适应数千台计算机的性能变化，MapReduce 调度程序根据各个节点完成先前任务的速度来分配新的任务。显然，哪怕只有一个速度缓慢的任务，也可能会阻碍大型 MapReduce 作业的完成。Dean 和 Barroso [2013]将这种情形称为**尾延迟**（tail latency）。在 WSC 中，解决缓慢任务的办法是提供软件机制来应对这一规模所固有的这种性能变化。这种方法与传统数据库中心中为服务器采取的解决方案截然不同，在传统数据中心中，任务缓慢通常意味着硬件损坏，需要替换，或者服务器软件需要调优或重写。对于 WSC 中的 50 000~100 000 台服务器来说，性能出现差异是正常现象。例如，当 MapReduce 程序快结束时，系统将开始在其他节点上备份那些尚未完成的任务，并从那些首先完成的任务中获取结果。Dean 和 Ghemawat [2008]发现，在将资源利用率提高几个百分点之后，一些大型任务的完成速度提高了 30%。

可靠性从一开始就被内置到 MapReduce 中。例如，MapReduce 作业中的每个节点都需要定期向主节点报告完成的任务列表和更新的状态。如果某个节点在截止时间前没有返回报告，主节点会认为该节点已死，并将该节点的工作重新分配给其他节点。由于 WSC 中的设备如此之

多，经常发生故障并不是什么让人惊讶的事情，上个例子就证明了这一点。为了实现99.99%的可用性，系统软件必须能够应对WSC中的这一现实问题。为了降低运营成本，所有WSC都使用自动监控软件，每一个监测节点可以负责1000多台服务器。

编程框架（比如用于批处理的MapReduce）和面向外部的SaaS（比如搜索）依靠内部软件服务才能成功运行。例如，MapReduce依赖于Google文件系统（GFS）[Ghemawat、Gobioff和Leung，2003]或Colossus [Fikes，2010]向任意计算机提供文件，因此，可以将MapReduce任务调度到任意地方。

除了GFS和Colossus之外，这类可伸缩存储系统的示例还包括Amazon的键值存储系统Dynamo [DeCandia等，2007]和Google的记录存储系统Bigtable [Chang等，2006]。注意，这些系统经常是相互依赖的。例如，Bigtable将其日志和数据存储在GFS或Colossus中，就像关系数据库可以利用内核操作系统提供的文件系统一样。

这些内部服务通常做出与在单台服务器上运行的类似软件不同的决定。例如，这些系统并没有假定存储是可靠的（比如使用RAID存储服务器），而是经常生成数据的完整副本。制作副本有助于提高读取性能和可用性。通过正确放置这些副本，可以克服许多其他系统故障，比如表6-1中列出的那些。像Colossus这样的系统使用错误更正代码而不是完整副本来降低存储成本，但有一点是不变的，那就是实现跨服务器冗余，而不是实现服务器内部或存储阵列内部的冗余。因此，整个服务器或存储设备发生故障时，不会对数据可用性产生负面影响。

还有另外一个例子说明了WSC中采用的不同方法：WSC存储软件经常使用宽松一致性，而没有遵循传统数据库系统的所有ACID（原子性、一致性、隔离性和持久性）需求。数据的多个副本在一定时间内一致很重要，但对于大多数应用程序来说，它们并不需要在任何时候都保持一致。例如，视频共享只需要最终保持一致就行。最终一致性使存储系统更容易扩展，而扩展性是WSC必不可少的要求。

这些公共交互式服务的工作负载需求都会有大幅波动，即使是Google搜索这样流行的全球性服务，在一天中的不同时间也可能会有两倍的变化。对于某些应用程序，如果把周末、节假日和一年中的高峰时间（比如新年后的照片共享服务，或者圣诞节之前的网上购物）考虑在内，服务器使用率的巨大差异就变得显而易见了。图6-1给出了5000台Google服务器在6个月内的平均利用率。注意，不到0.5%的服务器的平均利用率达到100%，大多数服务器的利用率介于10%和50%之间。换句话说，利用率超过50%的服务器仅占全部服务器的10%。因此，对于WSC的服务器来说，在工作负载很低时良好地运行比只在峰值负载时高效运行重要得多，因为它们很少在峰值状态下运行。

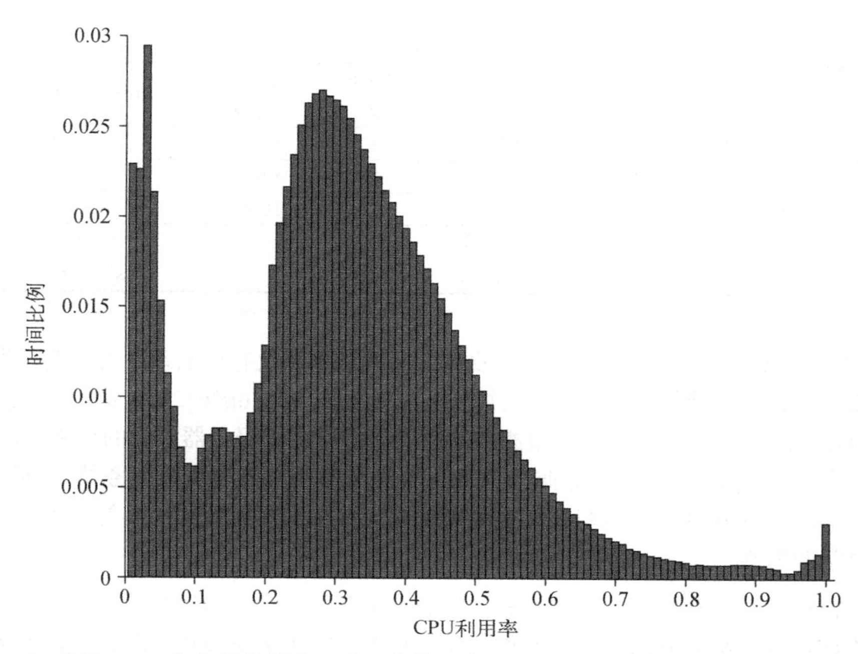

图 6-1 Google 公司 5000 多台服务器在 6 个月内的平均 CPU 利用率。服务器很少完全空闲或全负荷工作，而是在大多数时间以最大利用率的 10%~50%运行。表 6-3 中从右侧数第三列计算了百分比，并加或减 5%，以提供权重；因此，90%一行的 1.2%表示有 1.2%的服务器达到了 85%~95%的利用率。（基于[Barroso 等，2007]中的图 1）

总之，WSC 硬件和软件必须能够应对因为用户需求所造成的负载变化，以及性能和可靠性的变化，因为在这种规模下硬件变化无常。

例题 经过像图 6-1 这样的度量，SPECPower 基准测试以 10%的增量度量负载从 0%变化到 100%时的功耗和性能（见第 1 章）。可以用一个整体度量来总结这一基准测试的结果，即将所有性能测试值（单位：服务器端每秒执行的 Java 操作数）之和除以所有功耗测量值（单位：瓦）之和。因此，假定每个级别都是等可能的。如果按照图 6-1 中的利用频率对这些级别进行加权，这一数字汇总指标将如何变化？

解答 表 6-3 给出了与图 6-1 匹配的原权重和新权重。这些权重将性能汇总值降低了 30%，由 3210 ssj_ops/W 降低到 2454 ssj_ops/W。

表 6-3 SPECPower 结果（使用图 6-1 中的权重，而非平均权重）

负载	性能	瓦	SPEC 权重	加权后的性能	加权后的瓦数	图 6-1 中的权重	加权后的性能	加权后的瓦数
100%	2 889 020	662	9.09%	262 638	60	0.80%	22 206	5
90%	2 611 130	617	9.09%	237 375	56	1.20%	31 756	8
80%	2 319 900	576	9.09%	210 900	52	1.50%	35 889	9
70%	2 031 260	533	9.09%	184 660	48	2.10%	42 491	11
60%	1 740 980	490	9.09%	158 271	45	5.10%	88 082	25
50%	1 448 810	451	9.09%	131 710	41	11.50%	166 335	52
40%	1 159 760	416	9.09%	105 433	38	19.10%	221 165	79
30%	869 077	382	9.09%	79 007	35	24.60%	213 929	94

（续）

负载	性能	瓦	SPEC 权重	加权后的性能	加权后的瓦数	图 6-1 中的权重	加权后的性能	加权后的瓦数
20%	581 126	351	9.09%	52 830	32	15.30%	88 769	54
10%	290 762	308	9.09%	26 433	28	8.00%	23 198	25
0%	0	181	9.09%	0	16	10.90%	0	20
总数	15 941 825	4967		1 449 257	452		933 820	380
				ssj_ops/W	3210		ssj_ops/W	2454

由于规模的原因，软件必须能够处理故障，这就意味着没有什么理由再去购买那些可以降低故障频率的“镀金”硬件，它们只会增加成本。Barroso 和 Hölzle [2009]发现，在运行 TPC-C 数据库基准测试时，高端惠普共享存储器多处理器与普通惠普服务器之间的价格性能比相差 20 倍。不出所料，Google 和所有其他拥有 WSC 的公司都使用低端商用服务器。事实上，Open Compute Project 就是这样一个组织，在这个组织中，这些公司就数据中心的服务器和机架的开放标准设计进行协作。

此类 WSC 服务还倾向于自己开发软件，而不是购买第三方商用软件，部分原因是为了应对这种庞大的规模，部分原因是为了节省资金。例如，即使是在 2017 年 TPC-C 的最佳性价比平台上，再加上 SAP SQL Anywhere 数据库和 Windows 操作系统的成本，Dell PowerEdge T620 服务器的成本也会增加 40%。相反，Google 在其自己的服务器上运行 Bigtable 和 Linux 操作系统，无须支付许可费。

在对 WSC 中的应用程序和系统软件进行以上简单综述后，现在可以开始研究 WSC 的计算机体系结构了。

6.3　仓库级计算机的计算机体系结构

WSC 的网络是将 50 000~100 000 台服务器连接在一起的结缔组织。类似于第 2 章的存储器层次结构，WSC 使用一种层次化的网络结构。图 6-2 给出了一个示例。理想情况下，这种合并后的网络将提供相当于为 100 000 台服务器定制的高端交换机的性能，而每端口的成本只相当于为 50 台服务器设计的普通交换机。正如我们将在 6.6 节看到的，WSC 的网络是一个活跃的创新领域。

承载服务器的结构是机架。虽然每个 WSC 的机架宽度不同（有些是经典的 19 英寸宽，其他的是这个宽度的两到三倍），但高度往往都不超过 6~7 英尺，以方便工作人员进行维修和保养。这样的机架大概可容纳 40~80 台服务器。由于在机架顶部连接网络电缆通常很方便，这种交换机通常称为机架（ToR）交换机。（有些 WSC 有带多个 ToR 交换机的机架。）通常，机架内的带宽比机架之间的带宽高得多，所以如果发送机和接收机在同一个机架内，软件将发送机和接收机放在哪里就不那么重要了。从软件的角度来看，这种灵活性是很理想的。

这些交换机通常提供 4~16 个上行链路，它们用来连接位于网络层次结构中的下一层交换机。因此，机架之间的带宽是机架内带宽的 1/6~1/24（8/48~2/48）。这一比值称为**收敛比**（oversubscription）。然而，当**收敛比**很高时，程序员必须知道将发送机和接收机放在不同机架时将导致的性能后果。这会增大软件调度负担，也是专门为数据中心设计网络交换机的另一个理由。

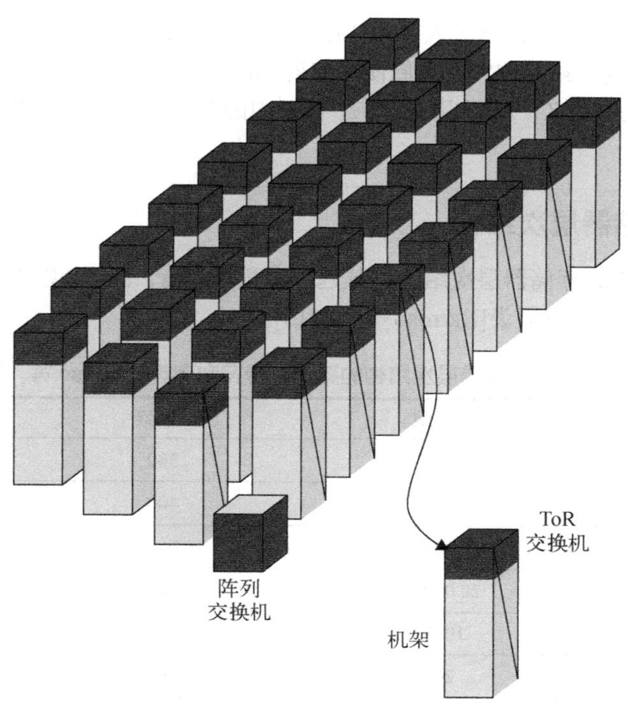

图 6-2　WSC 中的交换机层次结构（基于[Barroso 等，2013]中的图 1-1）

连接机架阵列的交换机比 ToR 交换机贵得多。产生这种成本的一个原因是更高的连通性，另一个原因是通过交换机的带宽必须更大，以减少收敛比问题。Barroso 等人[2013]报告说，如果一个交换机的**二分带宽**（bisection bandwidth，基本上是最坏情况下的内部带宽）是机架式交换机的 10 倍，那么其成本大约是 ToR 交换机的 100 倍。其中一个原因是 n 端口交换机的带宽成本会增长 n^2 倍。6.6 节和 6.7 节会详细描述在 ToR 交换机上的网络。

6.3.1　存储

一种很自然的设计是用服务器填充一个机架，并扣除交换机所需要的空间。这种设计带来一个问题：把存储器放在哪儿？从硬件组成的角度来看，最简单的解决方案是在机架中包含磁盘，并通过以太网连接访问远程服务器磁盘上的信息。一种昂贵的替代方案是使用网络附加存储（network-attached storage，NAS），也许是通过类似于 Infiniband 的存储网络。过去，WSC 通常依赖于本地磁盘，并提供处理连接性和可靠性的存储软件。例如，GFS 使用本地磁盘并维护副本以克服可靠性问题。这种冗余设计不仅可以应对本地磁盘故障，还能应对机架和整个集群的电源故障。GFS 最终一致性的灵活性既降低了保持副本一致性的成本，也降低了存储系统对网络带宽的需求。

今天，存储的选型更加多样化。虽然有些机架在服务器和磁盘方面是平衡的，但是像过去一样，也可能有些机架在部署时没有本地磁盘，而有些机架装载了磁盘。如今的系统软件经常使用类似 RAID 的纠错代码来降低可靠性的存储成本。

注意，在讨论 WSC 的体系结构时，对于**集群**一词有一点混淆。根据 6.1 节的定义，WSC

就是一个超大型集群。而 Barroso 等人[2013]则用集群一词来表示更大一级的计算机组，包含许多机架。在本章中，为了避免混淆，我们使用**阵列**（array）一词来表示一大组按行组织的机架，使**集群**一词保持其最初含义，既可以表示一个机架内的联网计算机组，也可以表示整整一仓库的联网计算机。

6.3.2 WSC 存储器层次结构

表 6-4 给出了 WSC 存储器层次结构的延迟、带宽和容量，图 6-3 以可视化方式显示了同样的数据。这些数字基于以下假设[Barroso 等，2013]。

表 6-4　WSC 存储器层次结构的延迟、带宽和容量[Barroso 等，2013]

	本　地	机　架	阵　列
DRAM 延迟（μs）	0.1	300	500
闪存延迟（μs）	100	400	600
磁盘延迟（μs）	10 000	11 000	12 000
DRAM 带宽（MB/s）	20 000	100	10
闪存带宽（MB/s）	1000	100	10
磁盘带宽（MB/s）	200	100	10
DRAM 容量（GB）	16	1024	31 200
闪存容量（GB）	128	20 000	600 000
磁盘容量（GB）	2000	160 000	4 800 000

* 图 6-3 绘制出了相同的信息。

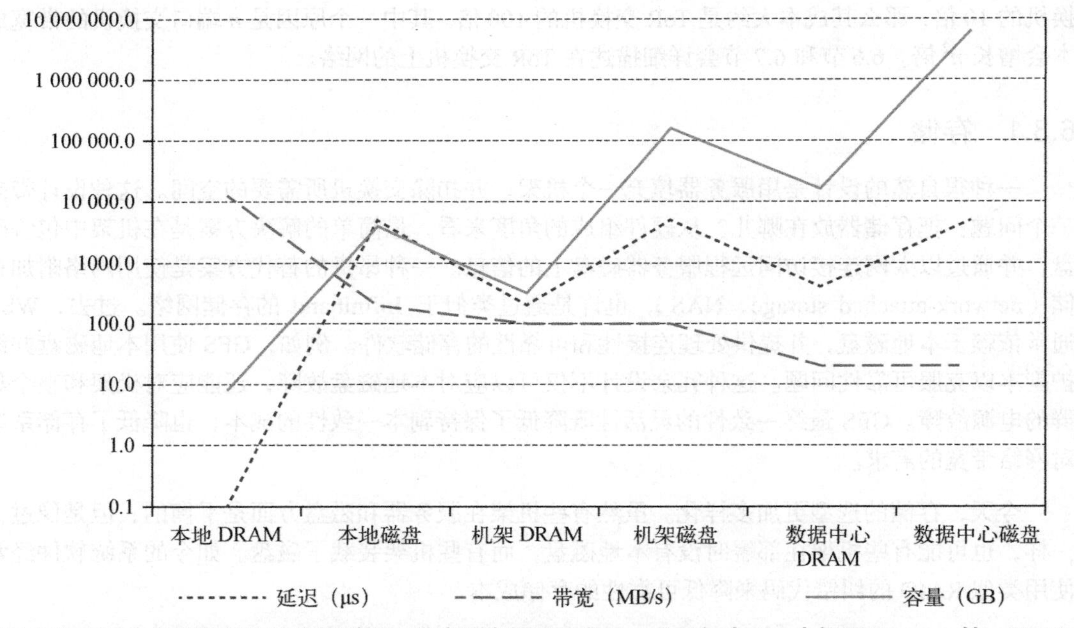

图 6-3　WSC 存储器层次结构的延迟、带宽和容量数据曲线，数据与表 6-4 中相同[Barroso 等，2013]

- 每台服务器包含 16 GB 存储器，访问时间为 100 ns，传输速率为 20 GB/s；128 GB 闪存，延迟为 100 μs，传输速率为 1 GB/s；还有一个 2 TB 磁盘，访问时间为 10 ms，传输速率为 200 MB/s。每块主板上有两个插槽，它们共享一个 1 Gbit/s 的以太网端口。
- 在本例中，每对机架包括一个机架交换机，容纳 80 台服务器。联网软件再加上交换机开销将到 DRAM 的延迟增加到 100 μs，磁盘访问延迟增加到 11 ms。因此，一个机架的总存储容量大约为 1 TB 的 DRAM、20 TB 的闪存和 160 TB 的磁盘存储。1 Gbit/s 以太网将访问该机架内的 DRAM、闪存或磁盘的远程带宽限制为 100 MB/s。
- 每个阵列包含30个机架，所以一个阵列的存储容量增加到原来的30倍：DRAM为30 TB，闪存为 600 TB，磁盘为 4.8 PB。阵列交换机硬件和软件将访问阵列内 DRAM 的延迟增加到 300 μs，闪存延迟增加到 600 μs，磁盘延迟增加到 12 ms。数据交换机的带宽将访问阵列 DRAM、阵列闪存或阵列磁盘的远程带宽限制为 10 MB/s。

表 6-4 和图 6-3 显示，网络开销大幅增加了本地 DRAM 与闪存、机架 DRAM 与闪存或阵列 DRAM 与闪存之间的延迟，但所有这些延迟都不及访问本地磁盘时延迟的十分之一。网络缩小了机架 DRAM、闪存、磁盘与阵列 DRAM、闪存、磁盘之间的带宽差别。

连接 100 000 台服务器的 WSC 需要 40 个阵列，所以网络层次结构又多了一级。图 6-4 展示了用于将阵列连接在一起并连至互联网的传统 L3 路由器。

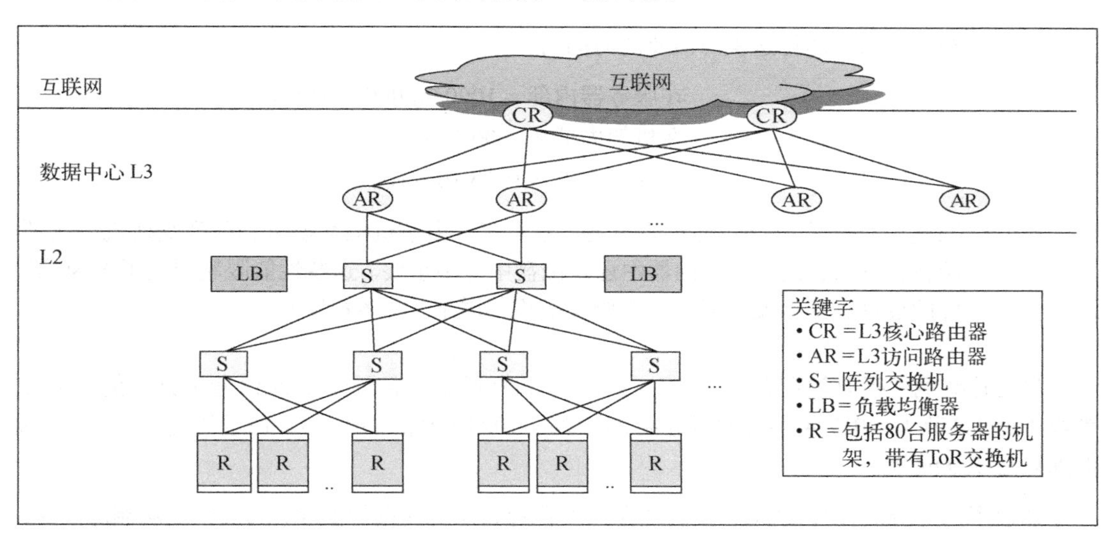

图 6-4 用于将阵列连接在一起并连接到互联网的 L3 网络[Greenberg 等，2009]。一个负载均衡器监视一组服务器的繁忙程度，并将流量定向到负载较低的服务器，以尽量使服务器的利用率大致相等。另一个选择是使用一个单独的边界路由器将互联网连接到数据中心的 L3 交换机。正如我们将在 6.6 节中看到的，许多现代 WSC 已经放弃了传统交换机的传统分层网络栈

大多数应用程序可以放在 WSC 中的单个阵列上。那些需要多个阵列的应用程序会使用**分片或分区**，也就是说将数据集分为独立的片断，然后再分散到不同阵列中。打个比方，这就像为会议拿注册包，一个人处理名字 A 到 M，另一个人处理名字 N 到 Z。对整个数据集执行的操作被发送到托管这些数据分片的服务器，其结果由客户端计算机合并起来。

例题 假定90%的访问为服务器的本地访问，9%的访问超出服务器但在机架范围内，1%的访问超出机架但在阵列范围内，则平均存储器延迟为多少？

解答 平均存储器访问时间为：

$$(90\% \times 0.1) + (9\% \times 100) + (1\% \times 300) = 0.09 + 9 + 3 = 12.09\ \mu s$$

或者说，是100%的本地访问的120倍以上。显然，实现一个服务器内的访问局部性对于WSC的性能来说至关重要。

例题 在服务器内部的磁盘之间、在机架内的服务器之间、在阵列中不同机架内的服务器之间，传递1000 MB需要多少时间？在这3种情况下，在DRAM之间传递1000 MB可以快多少时间？

解答 在磁盘之间传递1000 MB需要的时间为：

在服务器内部 = 1000/200 = 5 s
在机架内部 = 1000/100 = 10 s
在阵列内部 = 1000/10 = 100 s

在存储器之间传送块时需要的时间为：

在服务器内部 = 1000/20 000 = 0.05 s
在机架内部 = 1000/100 = 10 s
在阵列内部 = 1000/10 = 100 s

因此，对于单个服务器外部的块传输而言，由于机架交换机和阵列交换机是瓶颈所在，所以数据是在存储器中还是磁盘中并不重要。这些性能限制影响了WSC软件的设计，并激发了对更高性能交换机的需求（见6.6节）。

尽管这些例子很有教育意义，但请注意，计算机和网络设备可能比2013年的这些例子更大、更快（见6.7节）。2017年部署的服务器具有256~1024 GB的DRAM，最近的交换机将延迟降低到只有300 ns/跳。

知道了IT设备的体系结构，我们现在可以看看如何对其进行摆放、为其供电和制冷，并讨论构建和运行整个WSC的成本，而不仅仅是其中的IT设备。

6.4 仓库级计算机的效率与成本

配电和制冷的基础设施成本是WSC建设成本的主要部分，所以我们很关注。（6.7节将详细介绍WSC的电力和制冷基础设施。）

机房空调（computer room air-conditioning，CRAC）装置使用冷冻水来冷却机房中的空气，类似于冰箱通过向外部释放热量来降低温度。当液体吸收热量时，它会蒸发。相反，当液体释放热量时，它会冷凝。空调将液体注入低压螺旋管中，使其蒸发并吸收热量，然后再将热量送到外部冷凝器中释放。因此，在 CRAC 装置中，风扇吹动热空气穿过一组装有冷水的旋管，然后水泵将加热后的水送到外部冷凝器中进行冷却。图 6-5 显示了一组大规模的风扇和水泵，它们使空气和水在整个系统中流动。

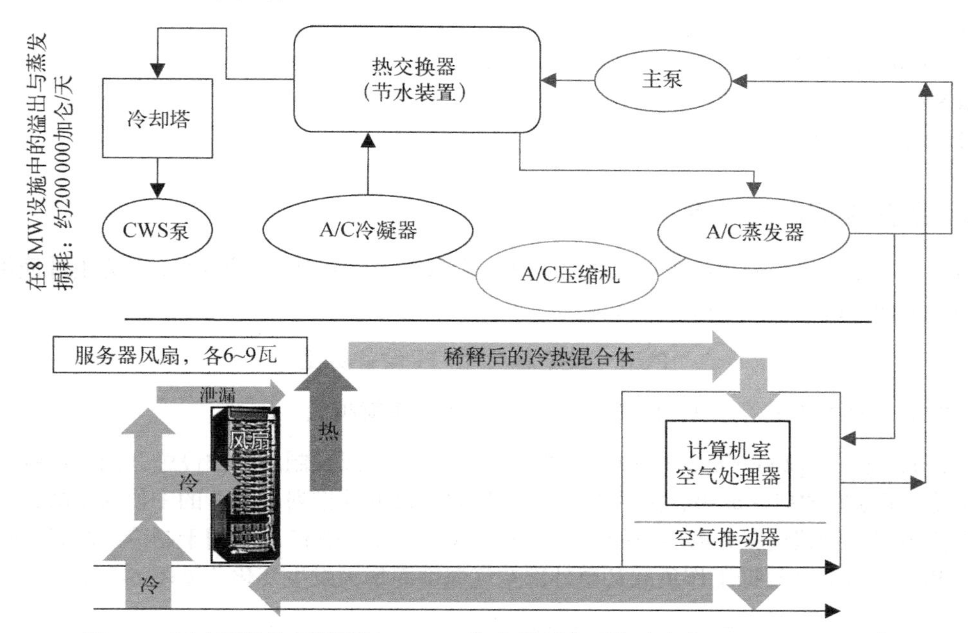

图 6-5 制冷系统的机械设计。CWS 代表循环水系统（出自 Hamilton [2010]）

除了冷凝器之外，一些数据中心还会利用外部温度更低的空气或水对水进行冷却，然后再将初步冷却后的水发送给冷凝器。然而，根据地点的不同，在一年中较暖的时候可能仍然需要冷凝器。

让人奇怪的是，在减去配电设备与制冷系统的开销之后，仍然不能很清楚地看出一个 WSC 可以支持多少服务器。服务器制造商提供的所谓**铭牌功率**[①]（nameplate power）总是很保守；它是一台服务器可能消耗的最大功率。因此，第一步就是在 WSC 中部署的各种工作负载下测量单个服务器。（联网设备的功耗通常占总功耗的 5%，所以一开始就可以忽略。）

为了确定 WSC 的服务器数目，可以将 IT 设备的可用功率除以测得的服务器功耗。但是，根据 Fan 等人 [2007]所说，这仍旧太过保守了。他们发现，在最坏的情况下，数千台服务器理论上可以做的事情和它们实际能做的事情之间存在很大的差距，因为没有任何实际的工作负载可以让数千台服务器同时处于峰值状态。他们发现，根据单台服务器的功耗，他们可以放心地将服务器数目收敛到 40%。他们建议 WSC 架构师这样做，以便提高 WSC 内部的平均电能利用率；但是，他们还建议使用大量的监视软件和安全机制，在工作负载变化时取消较低优先级任务的调度。

2012 年部署的一个 Google WSC 的 IT 设备内部的电量使用情况[Barroso 等，2013]如下所示：

① 即服务器铭牌上标注的额定功率。——编者注

- 42%的电量用于处理器；
- 12%用于 DRAM；
- 14%用于磁盘；
- 5%用于联网；
- 15%用于制冷开销；
- 8%用于电源开销；
- 4%用于其他。

6.4.1　测量 WSC 的效率

有一种广泛使用的简单度量可以用来评估一个数据中心或 WSC 的效率，称为**电源使用效率**（power utilization effectiveness，PUE）：

PUE = 设施总功耗 / IT 设备功耗

因此，PUE 总是大于或等于 1，PUE 越大，WSC 的效率就越低。

Greenberg 等人[2009]报告了 19 个数据中心的 PUE，以及制冷基础设施开销所占的比例。图 6-6 展示了他们的研究成果，按照 PUE 从最高效到最低效排列。PUE 的中值为 1.69，制冷基础设施使用的电量超过服务器本身的一半；平均起来，1.69 中有 0.55 用于制冷。注意，这些都是平均 PUE，可能会根据工作负载甚至外部空气温度而每天发生变化（见图 6-7）。

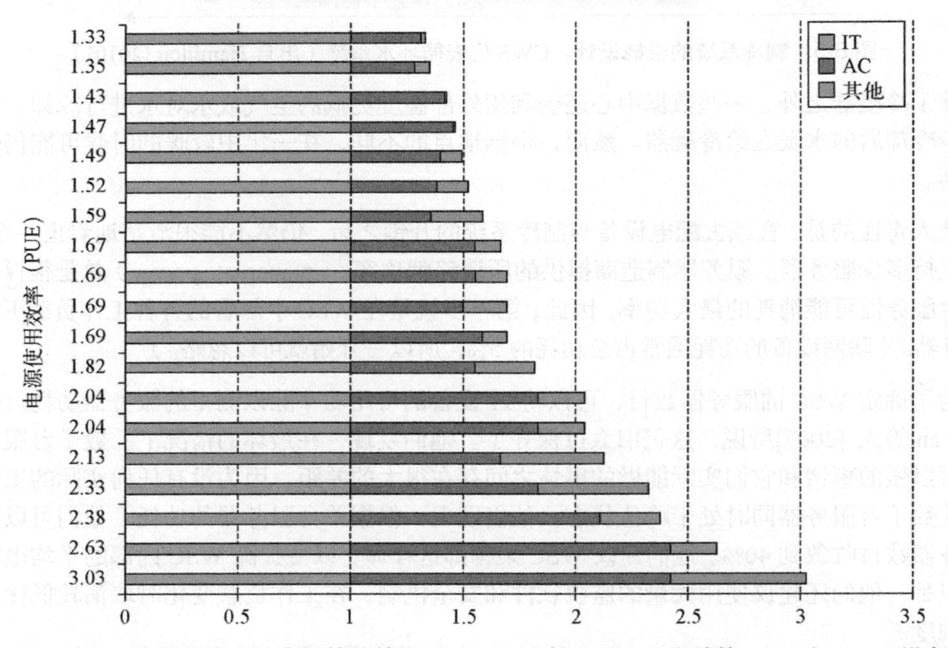

图 6-6　2006 年 19 个数据中心的电源使用效率[Greenberg 等，2006]。在计算 PUE 时，以 IT 设备的功耗为基准，对空调（AC）及其他应用（比如配电）的功耗进行了归一化。因此，IT 设备的功耗必然为 1.0，AC 的功耗为 IT 设备功耗的 0.3~1.4 倍。“其他”功耗为 IT 设备的 0.05~0.6 倍

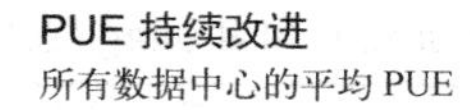

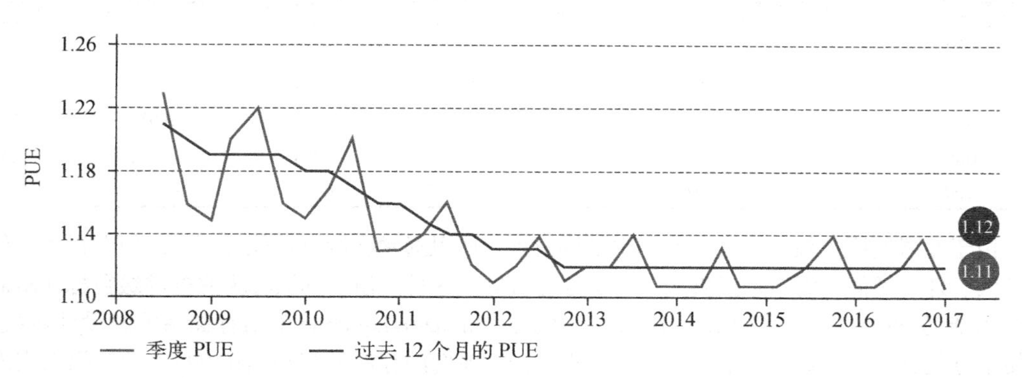

图 6-7 2008~2017 年 15 个 Google WSC 的平均 PUE。尖峰线是季度平均 PUE，更直的线是过去 12 个月的平均 PUE。2016 年第四季度的 PUE 和过去 12 个月的 PUE 平均值分别为 1.11 和 1.12

随着过去十年对 PUE 的关注，数据中心如今的效率要高得多。然而，正如 6.8 节将解释的，对于 PUE 中包含的内容，并没有一个普遍接受的定义：如果在停电期间用于维持运行的电池位于一个单独的建筑中，它们是否包括在内？你是从变电站的输出来测量的，还是从电力开始进入 WSC 的地方测量的？图 6-7 显示了所有 Google 数据中心随时间变化的平均 PUE 改进，这是 Google 所测量的。

由于最终度量指标是每美元实现的性能，所以仍然需要测试性能。如图 6-3 所示，距离数据越远，带宽越低，延迟越大。在 WSC 中，服务器内部的 DRAM 带宽为机架内带宽的 200 倍，而后者又是阵列内带宽的 10 倍。因此，在 WSC 内部放置数据和程序时，还需要考虑另一种局部性。

WSC 的设计人员经常关注带宽，而为 WSC 开发应用程序的程序员还会关注延迟，因为用户能感受到延迟。用户的满意度和生产效率都与服务的响应时间联系在一起。在分时时代的几项研究表明，用户生产效率与交互时间成反比，交互时间通常被分解为人员输入时间、系统响应时间、人们在输入下一项时考虑回应的时间[Doherty 和 Thadhani，1982]。试验结果表明，将系统响应时间削减 30%可以将交互时间减少 70% [Brady，1986]。这一令人难以相信的结果可以用人类自身的特性来解释：人们得到响应的速度越快，需要思考的时间就越短，因为在这种情况下不太容易分神，而是一直保持“高速运转”。

表 6-5 给出了对 Bing 搜索引擎进行这一试验的结果。在此试验中，搜索服务器端插入了 50~2000 ms 的延迟[Doherty 和 Thadhani，1982]。和前面研究中的预测一样，到下一次单击之前的时间差不多是这一延迟的两倍；也就是说，服务器端延迟为 200 ms 时，下一次单击之前的时间会增加 500 ms。收入随着延迟的增加而线性下降，用户满意度也是如此。对 Google 搜索引擎进行的另一项研究发现，这些影响在试验结束 4 周之后还没有消失。5 个星期之后，当用户体验到的延迟为 200 ms 时，每天的搜索量会减少 0.1%；当用户体验到的延迟为 400 ms 时，每天的搜索量会减少 0.2%。考虑到搜索产生的经济效益，即使如此之小的变化也是令人不安的。事实上，这些结果非常消极，以至于他们过早地结束了试验。

表 6-5 Bing 搜索服务器的延迟对用户行为的负面影响（Schurman 和 Brutlag [2009]）

服务器延迟（ms）	下一次单击之前的增加时间（ms）	查询/用户	任意单击/用户	用户满意度	收益/用户
50	—	—	—	—	—
200	500	—	−0.3%	−0.4%	—
500	1200	—	−1.0%	−0.9%	−1.2%
1000	1900	−0.7%	−1.9%	−1.6%	−2.8%
2000	3100	−1.8%	−4.4%	−3.8%	−4.3%

由于互联网服务极端看重所有用户的满意度，所以通常会制订性能目标，以便有很大比例的请求低于延迟阈值，而不是提供一个平均延迟目标。这种阈值目标被称为**服务等级目标**（SLO）。SLO 可能是 99%的请求必须低于 100 ms。因此，Amazon Dynamo 键值存储系统的设计者决定，为使服务能够在 Dynamo 之上提供好的延迟性能，他们的存储系统必须在 99.9%的时间内实现其延迟目标[DeCandia 等，2007]。例如，Dynamo 的一项改进对第 99.9 个百分位的帮助要远多于平均情景，这反映了他们的优先级。

Dean 和 Barroso [2013]提出了**尾部延迟容忍度**一词来描述为满足这些目标而设计的系统：

> 正如容错计算的目标是从不太可靠的部分创建出一个可靠的整体一样，大型在线服务需要从不太可预测的部分创建出一个可预测的响应整体。

不可预测性的原因包括共享资源的争用（处理器网络等）、排队、由于涡轮模式之类的优化或 DVFS 之类的节能技术导致的微处理器性能变化、软件垃圾回收，等等。Google 得出结论，与其试图在 WSC 中阻止这种可变性，开发尾部容忍技术来掩盖或规避临时的延迟峰值更有意义。例如，细粒度的负载平衡可以在服务器之间快速移动少量的工作，以减少排队延迟。

6.4.2 WSC 的成本

引言中曾提到，与大多数架构师不同，WSC 的设计者要同时关注 WSC 的**运行成本**和**构建成本**。会计部门将前一成本记为**运营支出**（operational expenditure，OPEX），后一成本记为**资本支出**（capital expenditure，CAPEX）。

为了将能源成本纳入考量，Hamilton [2010]通过一项案例研究来估算 WSC 的成本。他确定一个 8 MW 设施的 CAPEX 为 8800 万美元，另外，大约 46 000 台服务器和相应的网络设备给 WSC 的 CAPEX 额外增加了 7900 万美元。表 6-6 给出了这一案例研究的其他假定。

表 6-6 WSC 的案例研究，四舍五入到最接近的 5000 美元

设施规模（临界负载：瓦）	8 000 000
平均电源利用率（%）	80%
电源使用效率	1.45
电力成本（美元/千瓦时）	0.07 美元
电力和制冷基础设施百分比（占总设施成本的百分比）	82%
设施的 CAPEX（不包括 IT 设备）	88 000 000 美元
服务器数	45 978
成本/服务器	1450 美元

（续）

服务器的 CAPEX	**66 700 000 美元**
机架交换机数	1150
成本/机架交换机	4800 美元
阵列交换机数	22
成本/阵列交换机	300 000 美元
L3 交换机数	2
成本/L3 交换机	500 000 美元
边界路由器数	2
成本/边界路由器	144 800 美元
联网设备的 CAPEX	**12 810 000 美元**
WSC 的总 CAPEX	**167 510 000 美元**
服务器摊销期	3 年
网络设备摊销期	4 年
设施摊销期	10 年
借款的年度利率	5%

* 互联网带宽成本随应用程序变化，所以这里未包含在内。设施 CAPEX 的其余 18%包括购买知识产权和机房的建设成本。我们在表 6-7 中加入了安全和设施管理的人力成本，此案例研究没有包括这一部分。注意，Hamilton 的评估是在他加入 Amazon 之前完成的，这些评估值并非以特定公司的 WSC 为基础。（基于[Hamilton，2010]中的图 1-1）

根据 Hamilton 的研究，机房、电力和制冷费用为 11 美元/瓦。Hamilton 等人 2013 年报告了几种情况下的一致结果，成本在 9~13 美元/瓦。因此，一个 16 MW 的设施需要 1.44 亿到 2.08 亿美元，这还不包括计算、存储和网络设备。

假设借款利率为 5%（依据美国会计准则的标准惯例），我们可以通过资本转换成本将 CAPEX 转换为 OPEX。也就是说，我们只需要将 CAPEX 分摊到设备有效寿命内的每个月份，使其为一个固定值。表 6-7 对这一案例研究的月度 OPEX 进行了分解。注意，不同设备的分摊率有很大不同，设施的摊销期为 10 年，网络设备为 4 年，服务器为 3 年。因此，WSC 设施持续 10 年，但服务器每 3 年更换一次，网络设备每 4 年更换一次。通过分摊 CAPEX，Hamilton 得到了月度 OPEX，包括借钱支付 WSC 款项的利率（每年 5%）。月度 OPEX 为 380 万美元，大约为 CAPEX 的 2%（每年 24%）。

利用表 6-7 可以算出一个很便捷的准则；在决定使用哪些与能源有关的组件时，一定要记住这一准则。在一个 WSC 中，每年每瓦的全额成本（包括分摊电力和制冷基础设施的成本）为：

$$\frac{\text{基础设施的月度成本}+\text{电力的月度成本}}{\text{设施规模（单位：瓦）}}\times 12=\frac{76.5\text{万美元}+47.5\text{万美元}}{800\text{万}}\times 12=1.86\text{美元}$$

此成本接近 2 美元/(瓦 · 年)。因此，要想通过节省能源来降低成本，花费不应当超过 2 美元/(瓦 · 年)（见 6.8 节）。

注意，在表 6-7 中，超过三分之一的 OPEX 与电力有关，当服务器成本随时间下降时，这部分成本反而会上升。网络设备的成本也很高，占总 OPEX 的 8%，占服务器 CAPEX 的 19%，并且网络设备成本不会像服务器成本那样快速下降，可能是因为对更高网络带宽的持续需求（见

图 6-8)。对于在机架上方网络层次结构中的交换机，尤其如此，大多数联网成本花费在这些交换机上（见 6.6 节）。安全与设施管理的人力成本大约为 OPEX 的 2%。将表 6-7 中的 OPEX 除以服务器的数目及每个月的小时数，可以得到其成本大约为每小时 0.11 美元/服务器。

表 6-7　表 6-6 的月度 OPEX，四舍五入到最接近的 5000 美元

费用（占总费用的百分比）	类　别	月度成本（美元）	月度成本百分比
CAPEX（85%）摊销	服务器	2 000 000	53%
	网络设备	290 000	8%
	电力与制冷基础设施	765 000	20%
	其他基础设施	170 000	4%
OPEX（15%）摊销	月度用电成本	475 000	13%
	月度人员薪金与津贴	85 000	2%
	总 OPEX	3 800 000	100%

* 注意，服务器的 3 年摊销期意味着需要每 3 年购买一次新服务器，而设施的摊销期为 10 年。因此，服务器的摊销构建成本大约是设施的 3 倍。人力成本包括 3 个安保岗位，每天 24 小时，每年 365 天，每人每小时为 20 美元；1 位设施人员，每天 24 小时，每年 365 天，每人每小时为 30 美元。津贴为薪金的 30%。该计算没有包含互联网网络带宽成本，因为它是随应用程序的变化而变化的，也没有包含供应商维护费用，因为它是随设备与协议的变化而变化的。

Barroso 等人[2013] 评估了 CAPEX 和 OPEX 每瓦每月的成本。因此，如果一个 12 MW WSC 的折旧年限为 12 年，则折旧成本为每瓦每月 0.08 美元。他们假设该公司通过贷款获得 WSC 的资本，年息为 8%（公司贷款年利率通常为 7%~12%），支付利息又另外增加了 0.05 美元，因此总成本为每瓦每月 0.13 美元。他们以类似方式对服务器的成本进行了分解。一个成本为 4000 美元的 500 瓦服务器，其每瓦的成本为 8 美元，以 4 年为折旧年限的话，则每瓦每月 0.17 美元。服务器 8%的贷款利率增加了 0.02 美元。他们对网络成本的估计值为每瓦每月 0.03 美元。根据他们的报告，多 MW WSC 的典型 OPEX 成本为每瓦每月 0.02~0.08 美元。总计每瓦每月 0.37~0.43 美元。对于一个 8 MW WSC，每月成本减去电力成本后大约为 300 万~350 万美元。如果从 Hamilton 的计算中减去每月的电力费用，他估计的月费率为 330 万美元。就这些不同的成本预测方法来说，其估计结果是相当一致的。

例题　美国不同地区的电力成本为 0.03~0.15 美元/千瓦时。这两种极端费率对每小时的服务器成本有什么影响？

答案　我们将 8 MW 的临界负载乘以表 6-6 中的平均电源利用率，以计算平均使用的电能：

$$8 \times 1.45 \times 80\% = 9.28\ \text{MW}$$

于是，若费用为 0.03 美元/千瓦时，月度电力成本从表 6-7 的 475 000 美元变为 205 000 美元；若费用为 0.15 美元/千瓦时，则变为 1 015 000 美元。电力成本的这些变化使每小时的服务器成本分别由 0.11 美元变为 0.10 美元和 0.13 美元。

例题　如果将所有分摊时间都变为相同的（比如）5 年，月度成本会发生什么变化？每台服务器每小时成本会发生什么变化？

解答 将摊销期改为5年，表6-7的前4行将变为：

服务器	1 260 000美元	37%
网络设备	242 000美元	7%
电力与制冷基础设施	1 115 000美元	33%
其他基础设施	245 000美元	7%

总月度OPEX为3 422 000美元。如果每5年更换所有东西，成本将为每小时0.103美元/服务器，摊销成本的主体现在是设施，而不是服务器，如表6-7所示。

大约每小时0.11美元/服务器的费率远低于许多公司拥有和运行自有（较小）传统数据中心的成本。WSC的成本优势导致大型互联网公司都将计算功能当作一种公用设施来提供，和电力一样，你只需要为自己使用的那一部分付费即可。今天，效用计算有一个更好的名字——**云计算**。

6.5 云计算：效用计算的回报

如果未来的计算机就是我所倡导的计算机类型，那么有一天计算功能可能也被当作一种公用设施，就像电话系统一样……计算机公共设施可能会成为一种新的重要行业的基础。

——约翰·麦卡锡，
麻省理工学院百年庆典（1961）

由于用户数目不断增大，受用户需求的推动，Amazon、Google和Microsoft等互联网公司用商用组件构建了日益庞大的仓库级计算机，这使得麦卡锡的预测最终成为现实，但由于分时服务的流行，这一预测并非如他所想象的那样。这种需求导致了系统软件的革新，以支持这种规模的操作，这些系统软件包括BigTable、Colossus、Dynamo、GFS和MapReduce。尽管存在组件故障和安全攻击，它还要求改进运行技术，使所提供的服务至少在99.99%的时间内可用。这些技术的示例包括故障转移、防火墙、虚拟机和防御分布式拒绝服务攻击。有了提供扩展能力的软件和专业知识，再加上日益增长的客户需求证明了投资的合理性，拥有50 000到100 000台服务器的WSC在2017年已经变得很常见。

随着规模的增大，规模经济的好处也日益凸显。2006年的一项研究对比了WSC和仅有1000台服务器的数据中心，根据这一研究，Hamilton [2010]报告了WSC的以下优势。

- **存储成本缩减为数据中心的17.7%**——WSC的磁盘存储费用为每年4.6美元/GB，而数据中心则为26美元/GB。
- **管理成本缩减为数据中心的14.0%**——WSC的服务器与管理员之比超过1000，而数据中心仅为140。
- **联网成本缩减为数据中心的13.7%**——WSC的互联网带宽成本为每月13美元/Mbps，而数据中心为95美元。不难想到，在协商带宽价格时，订购1000 Mbps的单位Mbps价格肯定可以远低于订购10 Mbps的价格。

规模经济也体现在采购过程中。大规模的采购可以使 WSC 中几乎所有东西获得很低的折扣价格。

规模经济同样适用于运营成本。我们在上一节看到，许多数据中心的 PUE 为 2.0。大型公司可以雇用机械工程师和电力工程师对 WSC 进行改进，使其 PUE 更低，降至 1.1 到 1.2（见 6.7 节）。

为了可靠性和降低延迟（特别是对于国际市场），互联网服务需要分布到多个 WSC 上。由于这一原因，所有大型公司都采用多个 WSC。各个公司在世界各地创建多个小型数据中心的成本要远高于在公司总部创建单个数据中心。

最后，出于 6.1 节给出的原因，数据中心中服务器的利用时间往往只有总时间的 10%~20%。将 WSC 推向公众使用之后，不同客户之间的不相关峰值可以将平均利用率提高到 50%以上。

因此，WSC 中的几种组件可以使 WSC 的规模经济提升 5~7 倍，而 WSC 整体又可以使其规模经济额外提升 1.5~2 倍。

从本书上一版开始，人们对安全的关注转向了云计算。2011 年，有人对将关键数据存储在云端的做法表示怀疑，因为与将数据存储在本地数据中心相比，这可能使黑客更容易侵入。2017 年，对这类数据中心的数据入侵司空见惯，几乎不算什么新闻。

例如，这种不安全甚至导致了**勒索软件**（犯罪分子侵入之后，对一个组织的所有数据进行加密，直到拿到了一笔赎金才释放密钥）的快速增长，2015 年企业为此付出了 10 亿美元的代价。 相比之下，WSC 不断受到攻击，它们的运营商更加迅速地做出反应，阻止攻击，进而建立了更好的防御。因此，勒索软件在 WSC 内是闻所未闻的。WSC 显然比现在绝大多数的本地数据中心更安全，因此许多 CIO 现在相信关键数据存储在云中比存储在数据中心更安全。

尽管有多家云计算服务提供商，但我们这里以 Amazon Web Services（AWS）为例，因为它是历史最悠久也是目前最大的商业云提供商之一。

Amazon Web Services（AWS）

效用计算可以追溯到 20 世纪 60 年代和 70 年代的商业分时系统，甚至是批处理系统。当时公司只需要预先支付终端和电话线路的费用，然后再根据它们所使用的计算量来计费。在分时时代结束之后，人们进行了许多尝试，希望再为服务提供这种支付模式，但经常以失败告终。

当 Amazon 在 2006 年开始通过 Amazon 简单存储服务（Amazon S3）和后来的 Amazon 弹性计算机云（Amazon EC2）来提供效用计算时，它做出了几项不同寻常的技术与商业决策。

- **虚拟机**。利用 x86 商用计算机并在其上运行 Linux 操作系统和 Xen 虚拟机来构建 WSC，解决了几个问题。第一，这种方法可以让 Amazon 为用户提供保护，使他们免受其他用户的伤害。第二，简化了 WSC 中的软件分布，因为客户只需要安装一个映像，之后 AWS 会自动将它发布到所使用的全部实例上。第三，能够可靠地终止虚拟机的功能，使 Amazon 和客户能够轻松地控制资源利用情况。第四，由于虚拟机可以限制它们利用物理处理器、磁盘和网络的速率以及使用的主存储器的数量，从而为 AWS 提供了多种价格选择：将多个虚拟核挤在单个服务器上，价格最低；独占使用所有机器资源，价格最高；还有介于两者之间的几个中间选择。第五，虚拟机隐藏了硬件的身份，使得 AWS 可以继续出售旧机器的工作时间，而如果让客户知道了这些机器的“年龄”，则它们很可能会失去吸引力。最后，虚拟机允许 AWS 引入更快的新硬件，具体方式可以是在每个服务器上运行更多的虚拟核，也可以是直接提供让每个虚拟核拥有更高性能的实例；虚拟化的使用，意味着所提供的性能无须是硬件性能的整数倍。

- **极低成本**。当 AWS 在 2006 年宣布每个实例 0.10 美元/小时的费率时，这个数字低得让人吃惊。一个实例就是一个虚拟机，以每小时 0.10 美元的价格，AWS 可以在一个多核处理器的每个核上运行两个实例。因此，一个 EC2 计算单元等价于那个时代的 1.0 至 1.2 GHz AMD Opteron 或 Intel Xeon。
- **对开源软件的（初始）依赖**。一些开源软件的质量很高，而且没有版权问题，在数百乃至数千台服务器上运行时也没有相关成本，这使得效用计算对 Amazon 和它的客户来说都更加经济。后来，AWS 开始提供一些包含商用第三方软件的实例，其价格要高一些。
- **没有（最初的）服务保证**。Amazon 最初仅承诺尽最大努力。极具吸引力的低成本让许多服务在没有保证的情况下也能生存下来。今天，AWS 为一些服务（比如 Amazon EC2 和 Amazon S3）提供了高达 99.95%的可用性 SLA。此外，Amazon S3 通过在多个位置保存每个对象的多个副本来实现持久性。（根据 AWS，永久丢失一个对象的概率是一千亿分之一）。AWS 还提供了一种**服务健康仪表板**（Service Health Dashboard），它可以实时显示出每个 AWS 服务器的当前运行状态，使 AWS 的工作时间与性能完全透明。
- **不需要合同**。部分原因是其成本如此之低，只需要有一张信用卡就能开始使用 EC2。

表 6-8 和表 6-9 给出了 2017 年多种 EC2 实例每小时的价格。实例类型从 2006 年的 10 个扩展到了现在的 50 多个。最快的实例比最慢的实例快 100 倍，最大的实例比最小的实例多提供 2000 倍的存储器。最便宜的实例一年的租金仅为 50 美元。

表 6-8 2017 年 2 月美国弗吉尼亚地区，通用 EC2 实例和针对计算进行优化的 EC2 实例的特征及按需计费的价格

	实 例	每小时的费用	与 m4.large 之比	虚拟核数量	计算单位	内存（GB）	存储（GB）
通用	t2.nano	\$0.006	0.05	1	可变	0.5	仅 EBS
	t2.micro	\$0.012	0.11	1	可变	1.0	仅 EBS
	t2.small	\$0.023	0.21	1	可变	2.0	仅 EBS
	t2.medium	\$0.047	0.4	2	可变	4.0	仅 EBS
	t2.large	\$0.094	0.9	2	可变	8.0	仅 EBS
	t2.xlarge	\$0.188	1.7	4	可变	16.0	仅 EBS
	t2.2xlarge	\$0.376	3.5	8	可变	32.0	仅 EBS
	m4.large	\$0.108	1.0	2	6.5	8.0	仅 EBS
	m4.xlarge	\$0.215	2.0	4	13	16.0	仅 EBS
	m4.2xlarge	\$0.431	4.0	8	26	32.0	仅 EBS
	m4.4xlarge	\$0.862	8.0	16	54	64.0	仅 EBS
	m4.10xlarge	\$2.155	20.0	40	125	160.0	仅 EBS
	m4.16xlarge	\$3.447	31.9	64	188	256.0	仅 EBS
	m3.medium	\$0.067	0.6	1	3	3.8	1 × 4 SSD
	m3.large	\$0.133	1.2	2	6.5	7.5	1 × 32 SSD
	m3.xlarge	\$0.266	2.5	4	13	15.0	2 × 40 SSD
	m3.2xlarge	\$0.532	4.9	8	26	30.0	2 × 80 SSD

（续）

	实 例	每小时的费用	与m4.large之比	虚拟核数量	计算单位	内存（GB）	存储（GB）
针对计算进行了优化	c4.large	$0.100	0.9	2	8	3.8	仅EBS
	c4.xlarge	$0.199	1.8	4	16	7.5	仅EBS
	c4.2xlarge	$0.398	3.7	8	31	15.0	仅EBS
	c4.4xlarge	$0.796	7.4	16	62	30.0	仅EBS
	c4.8xlarge	$1.591	14.7	36	132	60.0	仅EBS
	c3.large	$0.105	1.0	2	7	3.8	2 × 16 SSD
	c3.xlarge	$0.210	1.9	4	14	7.5	2 × 40 SSD
	c3.2xlarge	$0.420	3.9	8	28	15.0	2 × 80 SSD
	c3.4xlarge	$0.840	7.8	16	55	30.0	2 × 160 SSD
	c3.8xlarge	$1.680	15.6	32	108	60.0	2 × 320 SSD

* 在AWS业务开始时，一个EC2计算单位相当于2006年的一个1.0~1.2 GHz AMD Opteron或Intel Xeon。可变实例是最新、最便宜的类别。如果你的工作负载在24小时内平均利用不到5%的核，比如用来提供Web页面，那么它们将提供一个高频Intel CPU的全部性能。AWS还以极低的价格（大约低25%）提供“竞价实例”（Spot instance）。采用竞价实例时，客户可以设定他们愿意支付的价格，以及希望运行的实例数，当现货价格降到他们的设定值之下时，AWS即会出价。AWS还提供“预留实例”（Reserved Instance），当客户知道自己将在一年的时间里使用实例的大部分能力时，可以选择这种方式。为使用该服务，客户将按照实例数支付年度费用，然后再支付一个按小时计算的费用，大约为第1列的30%。如果一个“预留实例”在一整年的使用率都达到了100%，那么每小时的平均费用（包括年摊销费用）大约是第一列费率的65%。EBS是弹性块存储（Elastic Block Storage），它是一种建立在网络上不同位置的原始块级别存储系统，并不是VM所在服务器中的本地硬盘或本地固态存储盘（SSD）。

表6-9 2017年2月美国弗吉尼亚地区，GPU、FPGA、针对存储器优化和针对存储优化的EC2实例的特征及按需计费的价格

	实 例	每小时的费用	与m4.large之比	虚拟核数量	计算单位	内存（GB）	存储（GB）
GPU	p2.xlarge	$0.900	8.3	4	12	61.0	仅EBS
	p2.8xlarge	$7.200	66.7	32	94	488.0	仅EBS
	p2.16xlarge	$14.400	133.3	64	188	732.0	仅EBS
	g2.2xlarge	$0.650	6.0	8	26	15.0	60 SSD
	g2.8xlarge	$2.600	24.1	32	104	60.0	2 × 120 SSD
FPGA	f1.2xlarge	$1.650	15.3	8 (1 FPGA)	26	122.0	1 × 470 SSD
	f1.16xlarge	$13.200	122.2	64 (8 FPGA)	188	976.0	4 × 940 SSD
针对存储器进行了优化	x1.16xlarge	$6.669	61.8	64	175	976.0	1 × 1920 SSD
	x1.32xlarge	$13.338	123.5	128	349	1952.0	2 × 1920 SSD
	r3.large	$0.166	1.5	2	6.5	15.0	1 × 32 SSD
	r3.xlarge	$0.333	3.1	4	13	30.5	1 × 80 SSD
	r3.2xlarge	$0.665	6.2	8	26	61.0	1 × 160 SSD
	r3.4xlarge	$1.330	12.3	16	52	122.0	1 × 320 SSD
	r3.8xlarge	$2.660	24.6	32	104	244.0	2 × 320 SSD
	r4.large	$0.133	1.2	2	7	15.3	仅EBS
	r4.xlarge	$0.266	2.5	4	14	30.5	仅EBS
	r4.2xlarge	$0.532	4.9	8	27	61.0	仅EBS
	r4.4xlarge	$1.064	9.9	16	53	122.0	仅EBS
	r4.8xlarge	$2.128	19.7	32	99	244.0	仅EBS
	r4.16xlarge	$4.256	39.4	64	195	488.0	仅EBS

（续）

	实 例	每小时的费用	与 m4.large 之比	虚拟核数量	计算单位	内存（GB）	存储（GB）
针对存储进行了优化	i2.xlarge	$0.853	7.9	4	14	30.5	1 × 800 SSD
	i2.2xlarge	$1.705	15.8	8	27	61.0	2 × 800 SSD
	i2.4xlarge	$3.410	31.6	16	53	122.0	4 × 800 SSD
	i2.8xlarge	$6.820	63.1	32	104	244.0	8 × 800 SSD
	d2.xlarge	$0.690	6.4	4	14	30.5	3 × 2000 HDD
	d2.2xlarge	$1.380	12.8	8	28	61.0	6 × 2000 HDD
	d2.4xlarge	$2.760	25.6	16	56	122.0	12 × 2000 HDD
	d2.8xlarge	$5.520	51.1	36	116	244.0	24 × 2000 HDD

除了计算之外，EC2 还对长期存储和互联网通信流量收费。（AWS 区域内部的网络通信流量没有成本。）使用 SSD 时，弹性块存储（EBS）的成本为每月 0.10 美元/GB，硬盘为每月 0.045 美元/GB。进入 EC2 的互联网通信流量的成本为 0.10 美元/GB，离开 EC2 的成本为 0.09 美元/GB。

例题 在 EC2 上运行表 6-2 中的平均 MapReduce 作业，计算其成本。假定作业数非常充足，所以不存在为获得整数小时数进行舍入而带来的大量额外成本。接下来计算运行所有 MapReduce 作业的月度成本。

解答 第一个问题是：多大规模的实例能与 Google 的典型服务器相匹配？我们假设表 6-8 中最接近的匹配是 c4.large，它有 2 个虚拟核和 3.6 GB 存储器，成本为每小时 0.1 美元。

表 6-10 计算了在 EC2 上运行 Google MapReduce 工作负载的平均年度成本及总年度成本。2016 年 9 月，在 EC2 上运行 MapReduce 作业的平均成本为 1 美元多一点，而在 AWS 上，当月的总工作负载将花费 1.14 亿美元。

表 6-10 按照 2017 年 AWS EC2 的价格，在 2004 年至 2016 年运行 Google MapReduce 工作负载（表 6-2）的估测成本

	2004 年 8 月	2009 年 9 月	2012 年 9 月	2016 年 9 月
平均完成时间（小时）	0.15	0.14	0.13	0.11
每项作业的平均服务器数目	157	156	142	130
EC2 c4.large 实例每小时的成本	0.1（美元）	0.1（美元）	0.1（美元）	0.1（美元）
每项 MapReduce 作业的平均 EC2 成本	2.76（美元）	2.23（美元）	1.89（美元）	1.2（美元）
MapReduce 作业的月度数目	29 000	4 114 919	15 662 118	95 775 891
EC2/EBS 上 MapReduce 作业的总成本	80 183（美元）	9 183 128（美元）	29 653 610（美元）	1 14478 794（美元）

* 由于使用的是 2017 年的价格，所以低估了实际的 AWS 成本。

例题　给定MapReduce作业的成本，假设老板想让你研究一下降低成本的方法。使用AWS Spot实例可以节省多少成本？

解答　启动Spot实例会中断MapReduce作业，但是MapReduce设计用于容忍和重新启动失败的作业。c4.large的AWS Spot价格为0.0242美元而非0.1美元，这意味着2016年9月节省了8700万美元，但不能保证响应时间。

除了效用计算的低成本与按需付费模型之外，另一个吸引云计算用户的因素是云计算提供商承担了过度供应或供应不足的风险。风险规避对初创公司来说是天赐之物，因为随便一个错误都可能是致命的。如果在产品得到广泛应用之前，将过多的宝贵资源花费在服务器上，那公司可能会耗尽自己的资金。如果这种服务突然变得流行起来，但又没有足够的服务器来满足需求，那公司就会给自己拼命发展的潜在新客户留下非常糟糕的印象。

这种情景的一个典型代表是Zynga的FarmVille，它是Facebook上的一个社交网络游戏。在发布FarmVille之前，最大型的社交游戏大约有500万名日活用户。FarmVille在发行4天之后就拥有100万名玩家，60天之后就拥有1000万名玩家，270天之后便拥有2800万名日活用户和7500万名月活用户。由于FarmVille部署在AWS上，所以能够随着用户数目无缝增长。此外，它还能够根据用户需求和一天中的不同时段来降低负载。

FarmVille非常成功，以至于Zynga在2012年决定开设自己的数据中心。2015年，Zynga回到AWS，认为让AWS运行自己的数据中心更好[Hamilton，2015]。2016年，当FarmVille从最受欢迎的Facebook应用跌至第110名时，Zynga得以通过AWS优雅地缩小规模，就像它一开始通过AWS实现增长一样。

2014年，AWS推出了一项新服务，该服务可追溯到（本节开头约翰·麦卡锡提到的）20世纪60年代的分时时代。Lambda不需要管理云中的虚拟机，而是让用户在源代码（如Python）中提供一个函数，并让AWS自动管理该代码所需的资源，以随输入大小伸缩并使其具有高可用性。Google Cloud Compute Functions和Microsoft Azure Functions是相互竞争的云计算提供商提供的等价功能。Google App Engine最初在2008年提供了一个非常类似的服务。

这种趋势被称为**无服务器计算**（Serverless Computing），因为用户不必管理服务器（但这些功能实际上是在服务器上运行的）。提供的任务包括操作系统维护、容量供应和自动伸缩、代码和安全补丁部署，以及代码监控和日志记录。它运行代码以响应事件，例如http请求或数据库更新。理解无服务器计算的一种方法是，将其看作在整个WSC上并行运行的一组进程，这些进程通过一个分布式存储服务（如AWS S3）共享数据。

当程序空闲时，无服务器的计算是没有成本的。AWS无服务器的计费粒度比EC2小6个数量级，记录每100毫秒而不是每小时的使用量。成本取决于所需的存储器数量，但如果你的程序使用1 GB存储器，成本是每100毫秒0.000 001 667美元，或大约每小时6美元。

如果云计算的理想状态是数据中心作为一台计算机，采用即用即付的定价方式，以及自动动态伸缩的手段，那么无服务器计算可被认为实现云计算理想状态的下一步。

云计算让每个人都能享受到WSC带来的好处。云计算提供了成本关联和无限可伸缩的假象，而不会给用户带来额外成本：1000台服务器工作1小时的成本并不比1台服务器工作1000

小时的成本高。由云计算提供者确保有充足的服务器、存储和互联网带宽来满足需求。前面提到的优化供应链（该供应链将新计算机的交付时间缩短到一周）可以帮供应商一个大忙，让他们能够在不至破产的前提下实现这一愿景。这种风险的转移、成本相关性、按需付款的定价方式和更高的安全性，是不同规模的公司使用云计算的有力理由。

无论云中有多少服务器和 WSC，影响 WSC 和云计算的性价比的两个问题是 WSC 网络和服务器软硬件的效率。

6.6 交叉问题

网络设备是数据中心的 SUV。

——James Hamilton（2009）

6.6.1 防止 WSC 网络成为瓶颈

图 6-8 显示了 Google 的网络需求每 12 到 15 个月就翻一番，导致 Google WSC 的服务器流量在 7 年内增长了 50 倍。显然，如果不多加注意，WSC 网络很容易成为性能或成本的瓶颈。

图 6-8 7 年中 Google WSC 中所有服务器的网络流量［Singh 等，2015］

在上一版中，我们指出，一个数据中心交换机的成本可能接近 100 万美元，相当于 ToR 交换机的 50 多倍。这样的交换机不仅昂贵，而且由此产生的收敛比影响了软件的设计以及 WSC 内服务和数据的放置。WSC 网络的瓶颈限制了数据的放置，从而使 WSC 软件变得复杂。因为这个软件是 WSC 公司最有价值的资产之一，所以增加复杂性带来的成本非常高。

理想的 WSC 网络应该是一个黑盒，人们对其拓扑和带宽不感兴趣，因为它们不存在限制：我们可以在任意地方运行任意工作负载，并针对服务器利用情况而不是针对网络通信流量的局部性优化。Vahdat 等人[2010]建议借用超级计算的网络技术来克服价格和性能问题。他们提出了一种网络基础设施，可以扩展到 100 000 个端口和 1 Pbps 的二分带宽。这些新型数据中心交换机的主要好处就是简化了由于收敛而导致的软件挑战。

从那时起，许多拥有 WSC 的公司设计了他们自己的交换机来克服这些挑战[Hamilton,

2014]。Singh 等人[2015]报告了 Google WSC 内使用的几代自定义网络，如表 6-11 所示。

表 6-11 Google WSC 中部署的 6 代网络交换机[Singh 等，2015]

数据中心交换机代数	首次部署时间	商用芯片	ToR 交换机配置	边缘聚合模块	spine 模块	光纤速率	主机速度	对分带宽
Four-Post CR	2004	Vendor	48 × 1 Gbps	—	—	10 Gbps	1 Gbps	2 Tbps
Firehose 1.0	2005	8 × 10 Gbps 4 × 10 Gbps (ToR)	2 × 10 Gbps 上 24 × 1 Gbps 下	2 × 32 × 10 Gbps	32 × 10 Gbps	10 Gbps	1 Gbps	10 Tbps
Firehose 1.1	2006	8 × 10 Gbps	4 × 10 Gbps 上 48 × 1 Gbps 下	64 × 10 Gbps	32 × 10 Gbps	10 Gbps	1 Gbps	10 Tbps
Watchtower	2008	16 × 10 Gbps	4 × 10 Gbps 上 48 × 1 Gbps 下	4 × 128 × 10 Gbps	128 × 10 Gbps	10 Gbps	*n* × 1 Gbps	82 Tbps
Saturn	2009	24 × 10 Gbps	24 × 10 Gbps	4 × 288 × 10 Gbps	288 × 10 Gbps	10 Gbps	*n* × 10 Gbps	207 Tbps
Jupiter	2012	16 × 40 Gbps	16 × 40 Gbps	8 × 128 × 40 Gbps	128 × 40 Gbps	10/40 Gbps	*n* × 10 Gbps/ *n* × 40 Gbps	1300 Tbps

* Four-Post CR 使用商用 512 口、1 Gbit/s 以太网交换机和 48 口、1 Gbit/s 以太网 ToR 交换机，一个阵列中可以容纳 20 000 台服务器。Firehose 1.0 的目标是为 10 000 台服务器中的每一台都提供 1 Gbps 的非阻塞式对分带宽，但它遭遇了 ToR 交换机的低连通性问题，当链接不可用时会导致问题。Firehose 1.1 是第一台自定义设计的交换机，在 ToR 交换机中具有更好的连接性。Watchtower 和 Saturn 沿袭了相同的足迹，但使用了速度更快的新商用交换机芯片。Jupiter 使用 40 Gbps 链接和交换机，提供超过 1Pbit/s 的对分带宽。6.7 节会更详细地介绍 Jupiter 交换机以及 Clos 网络的边缘聚合和 spine 模块。

为了降低成本，他们用标准商业交换机芯片制造自己的交换机。他们发现，传统数据中心交换机的一些特性（用来证明其高成本是合理的）在 WSC 中是不必要的，比如分散的网络路由和用于管理任意部署场景支持的协议，因为网络拓扑可以在部署前规划，而且网络只有一位操作员。Google 使用了集中式控制，它依赖于复制到所有数据中心交换机的公共配置。模块化的硬件设计和健壮的软件控制使这些交换机既可用于 WSC 内部，也可用于 WSC 之间的广域网。Google 在十年内将其 WSC 网络的带宽提高了 100 倍，并在 2015 年提供了超过 1 Pbit/s 的二分带宽。

6.6.2 在服务器内部高效利用电能

虽然 PUE 度量的是 WSC 的效率，但它对 IT 设备内部的情况没有任何说明。因此，造成电源效率低的另一个原因是服务器**内部**的电源，它将输入的高电压转换为芯片和磁盘使用的电压。2007 年，许多电源的使用效率为 60%~80%，也就是说，服务器内部的损耗要大于从公共电力塔的高压线经过许多步骤和电压转换直到服务器低压电线的损失。造成这一结果的一个原因是电源的功率数通常大于主板所需要的功率。另外，这种电源通常在 25%或更低的负载时效率最差，尽管如图 6-1 所示，许多 WSC 服务器都在这个范围内运行。计算机主板也有一些电压调节模块（voltage regulator module，VRM），它们的效率也比较低。

Barroso 和 Hölzle [2007]指出，整个服务器的目标应当是符合**能耗同比性**（energy proportionality）；也就是说，服务器耗能应当与其执行的工作量成正比。10 年后，我们已接近但尚未实现这一理想目标。例如，第 1 章中的最佳 SPECpower 服务器在空闲时仍然消耗了全部额定功耗的 20%，在仅有 20%的负载时，消耗了全部额定功耗的 50%。这代表了自 2007 年以来的巨大进步，当时一台计算机在空闲时消耗全部额定功耗的 60%，在 20%的负载下消耗全部额定功耗的 70%，但仍有改进的空间。

系统软件的设计思路是利用所有可用资源，只要这样可能提升性能即可，并不关心能耗方面的影响。例如，操作系统为程序数据或文件缓存使用所有存储器，并不考虑许多数据可能根本就用不到。在未来的设计中，软件架构师在考虑性能的同时也要考虑能耗[Carter 和 Rajamani，2010]。有了前面 6 节的背景知识，我们现在可以欣赏一下 Google WSC 架构师的作品了。

6.7 融会贯通：Google 仓库级计算机

由于许多拥有 WSC 的公司在市场上激烈地竞争，所以大部分不愿意与公众（及其他公司）分享自己的最新技术。好在 Google 沿袭它的传统，为本书的新版本提供了关于最近的 WSC 的细节，让本书这一版有机会率先披露 Google WSC 最新且最先进的技术。

6.7.1 Google WSC 中的配电

我们首先讨论配电。尽管具体部署有许多变化形式，但在北美，电力通常是从电力塔上超过 110 000 V 的高压线开始，在途中经过多次变压，最终到达服务器。

对于拥有多个 WSC 的大规模站点，电力被送到现场的变电站（见图 6-9）。这些变电站的功率规模为数百兆瓦。电压被降到 10 000~35 000 V 后，再分配给现场的 WSC。

图 6-9 变电站现场

在 WSC 的建筑物附近，电压被进一步降至大约 400 V（见图 6-10），然后分配给数据中心的各行服务器。（480 V 是北美的常见电压，而世界其他地方的常见电压则为 400 V；Google 使用的是 415 V。）为防止整个 WSC 在断电时全部下线，WSC 拥有自己的不间断电源（UPS），这一点跟传统数据中心的大多数服务器是一样的。柴油发电机被接入这一级配电系统，以在公共电力系统发生问题时提供电力。尽管停电时间通常不会超过几分钟，但 WSC 还是在现场存储了数千加仑的柴油，以应对更长时间的停电事件。如果一个站点需要发电机运行几天或几周的时间，那么运营商甚至会联系当地燃油公司，保证持续供给柴油。

图 6-10　这张图显示了 WSC 附近的变压器、开关设备和发电机

在 WSC 内部，电力通过部署在各行机架顶端的铜母线横槽送到机架，如图 6-11 所示。最后一步是将三相电分为 3 路 240~277 V 的独立单相电，通过电缆送到机架。在机架的顶端附近，电力变换器将 240 V 交流电变为 48 V 直流电，使电压下降至可供电路板使用的范围。

图 6-11　各行服务器的上方布置了铜母线槽，将 400 V 的电力分配给服务器。它们位于照片右侧架子的上方，不太容易看到。图中还显示了一个冷通道，供操作人员维护设备

总而言之，在 WSC 中，电力是分级配送的，每一级都对应一个独立的故障与维护单元：整个 WSC、阵列、行和机架。软件了解这些层级，并根据拓扑关系将任务和存储分散开来，以提高可靠性。

世界各地的 WSC 使用不同的配电电压和频率，但整体设计是类似的。要提高配电效率，主要依靠每一步的变压器，但这些设备都已经是高度优化的部件，改进空间很小。

6.7.2　Google WSC 中的制冷

既然我们已经可以将电力从公共配电杆送到 WSC 的楼层了，现在就需要消除因为用电而产生的热量了。制冷基础设施的改进空间要大得多。

提高能效的最简单方法之一就是在更高的温度下运行 IT 设备，这样就不需要对空气进行过多的冷却。Google 在 27℃以上的温度下运行设备，远高于传统的数据中心温度，传统数据中心冷到需要穿上夹克。

WSC 针对 IT 设备对空气流动路径进行了精心规划，甚至使用了计算流体力学仿真来设计相关设施。高效的设计方案可以减少冷空气与热空气的混合概率，从而使空气保持低温。

例如，在今天的大多数 WSC 里，相邻机架中的服务器方向都是相反的，使排热孔的出气方向相反，从而使热、冷空气通道都是交替排列的。它们被称为**热通道**和**冷通道**。图 6-11 显示的是人们用于维护服务器的冷通道，图 6-12 显示的是热通道。来自热通道的热空气通过管道上升到顶棚。

图 6-12 Google 数据中心的热通道，它的设计显然没有给人留空间

在传统的数据中心里，每台服务器依靠内部风扇来确保有足够的冷空气流过热芯片上方，从而维持其温度。这些机械风扇是服务器中最脆弱的部件之一；例如，风扇的 MTBF 为 150 000 小时，而磁盘则为 1 200 000 小时。在 Google 的一个 WSC 中，服务器风扇与房间内的数十个巨型风扇协同工作，保证了整个房间的空气流动（见图 6-13）。这种分工意味着服务器小风扇在最糟糕的电力与环境条件下，能够做到在功耗尽可能低的同时提供最佳性能。大风扇的控制以气压作为控制变量。风扇速度会进行调整，以保持热、冷通道的最小压差。

图 6-13 **冷空气吹入包含服务器通道的房间内部。**热空气通过大型管道进入顶棚，在这里冷却后再返回这些风扇

为了冷却热空气，他们在每行机架的两端增加了大型的风机盘管。来自机架的热空气通过热通道内部的一个水平气室送到上方的风机盘管。（这些盘管放在两行服务器之间的冷通道上

方，所以两行服务器共用一对冷却盘管。）冷却后的空气通过天花板增压室送到装有大风扇的墙壁，如图 6-13 所示，这些大风扇将冷却后的空气送回包含机架的房间。

稍后将介绍如何从冷却盘管的水中去除热量，但现在先来回顾一下这个基础设施。它将机架与风扇盘管提供的冷却功能隔离开，这样就可以在 WSC 的两行机架之间共享制冷。因此，它有效地向高功耗机架提供更多的制冷，而向低功耗机架提供较少的制冷。由于一个 WSC 中有数以千计的机架，所以它们不可能都是相同的，所以机架之间存在功耗差异是很常见的现象，而这种设计能够适应这一差异。

来自制冷设备的冷却水通过一个管道网络供给各个风扇盘管。热量通过冷却盘管中的强制对流进入水中，温水又返回制冷设备。

为了提高 WSC 的效率，架构师们尝试尽可能利用周围环境来移除热量。蒸发式**冷却塔**在 WSC 中很常见，它们利用较冷的外部空气来冷却水，而不是采用机械方法冷却。这里关心的温度是**湿球温度**，即通过空气蒸发水分所能达到的最低温度。如果要冷却一包空气，可以利用这些空气提供的潜在热能，将一些水蒸发到其中，当这些空气被冷却到饱和状态时（相对湿度达到 100%），其温度就是湿球温度。在测量湿球温度时，会将空气吹向温度计的球端（上面有水）。

热水被喷洒在冷却塔的内部，并收集到底部的水池中，通过蒸发将热量传递给外部空气，从而使水冷却。这种技术称为**水端节能**（water-side economization）。图 6-14 显示的是从冷却塔升起的蒸汽。一种替代方法是使用冷水，而不是新鲜空气。Google 位于芬兰的 WSC 采用水–水热交换形式，它用取自芬兰湾的冷水来冷却 WSC 内部的热水。

图 6-14　从冷却塔中上升的蒸汽将来自设备冷却水的热量传递到空气中

冷却塔系统因为冷却塔中的蒸发而需要用水。例如，一个 8 MW 设施每天可能需要 70 000~200 000 加仑的水，因此，WSC 最好坐落在一个水源丰富的地方。

制冷设备的设计使得在大多数时间内无须人为制冷就能消除热量，但在一些地区，当天气很暖和时，需要采用机械制冷方式来防止过热。

6.7.3　Google WSC 中的机架

我们已经知道了 Google 如何将电力送到机架，以及如何冷却机架排出的热空气。现在可以研究机架本身了。图 6-15 展示了 Google WSC 内部的一个典型机架。为了将这个机架放到它的周边环境中，WSC 中包含了多个阵列（Google 称之为集群）。阵列的规模不一，有的拥有一二十行，每一行有二三十个机架。

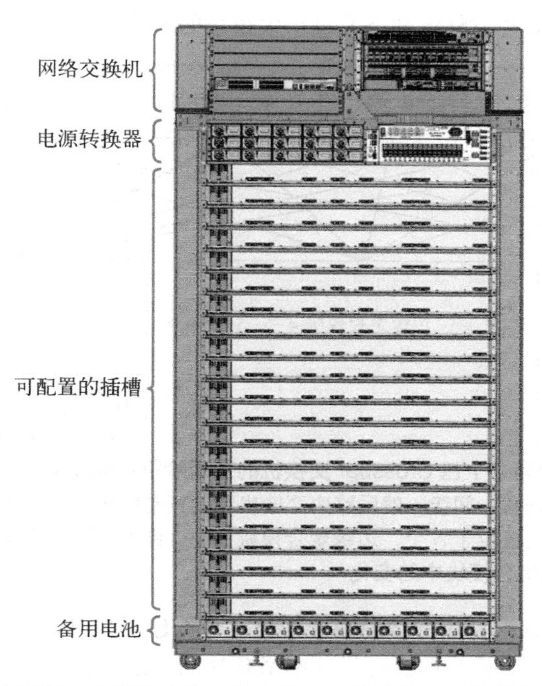

图 6-15 Google WSC 中的机架。它的尺寸为 7 英尺高、4 英尺宽、2 英尺深（2 m × 1.2 m × 0.5 m）。机架顶式交换机确实位于机架的顶部。下面是电源转换器，将 240 V 交流电转换为 48 V 直流电，利用机架背部的母线条，为机架内的服务器供电。再下面是 20 个插槽，可以根据服务器的高度对其进行配置，以容纳可以放入机架中的各种服务器。每个托盘可以放置最多 4 台服务器。机架的底部是高效率分布式模块化直流不间断电源（UPS）电池

图 6-15 中机架中部所示的 20 个插槽容纳服务器。根据其宽度的不同，在一个托盘中最多可以放入 4 台服务器。接近机架顶部的电源转换器将 240 V 交流电转换为 48 V 直流电，它在机架的背部沿着铜母线条向下，为服务器供电。

为整个 WSC 提供备用电力的柴油发电机需要数十秒的时间才能提供电力。Google 并没有像早期的 WSC 那样，在一个大房间里放置足够多的电池，为整个 WSC 提供数分钟的电力，而是在每个机架的底部放置了小电池。因为 UPS 分散到了每个机架，所以仅在部署机架时才会产生成本，而不需要提前为整个 WSC 的 UPS 容量支付费用。这些电池也要优于传统的电池，因为它们是在电压转换后的直流侧，采用了一种高效的充电机制。另外，用效率为 99.99%的本地 UPS 来代替效率为 94%的铅电池，有助于降低 PUE。这是一种非常高效的 UPS 系统。

令人欣慰的是，图 6-15 中的机架顶部真的包含了机架顶式交换机，下面来介绍它。

6.7.4 Google WSC 中的网络

Google 的 WSC 网络使用一种称为 Clos 的拓扑，它是以发明它的电信专家的名字命名的 [Clos，1953]。图 6-16 展示了 Google Clos 网络的结构。它是一种多级网络，使用端口数较少

（“低基数”）的交换机，提供容错性，既扩大了网络规模，也增加了其对分带宽。Google 只需增加这个多级网络的级数即可扩展其规模。容错性是通过其固有的冗余性来提供的，也就是说，任何链接发生故障时，只会对整体网络容量产生很小的影响。

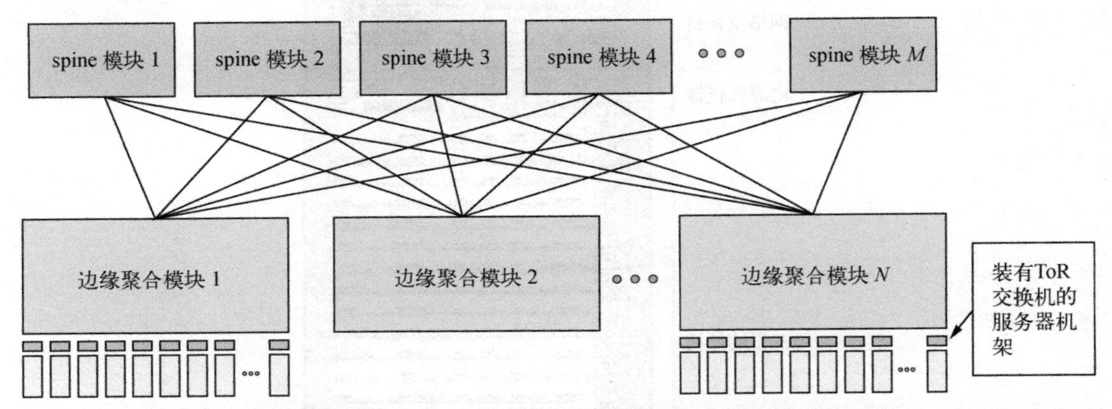

图 6-16　一个 Clos 网络拥有 3 个包 Crossbar 交换机的逻辑阶段：输入级、中间级和输出级。输入级的每个输入可以经过任意中间级，然后路由至输出级的任意输出。本图中，中间级为 M 个 spine 模块，输入级和输出级位于 N 个“边缘聚合模块”中。图 6-8 展示了 Google WSC 各代 Clos 网络中 spine 模块和边缘聚合模块中的变化

如 6.6 节所述，Google 利用标准商用交换机芯片构建了自己的交换机，并对网络路由和管理采用集中式控制。每个交换机都拥有当前网络拓扑的一致性副本，这样简化了 Clos 网络更复杂的路由。

最新的 Google 交换机为 Jupiter，它是第六代交换机。图 6-17 展示了该交换机的构造模块，图 6-18 展示了机架中容纳的中间模块的连线。所有线缆都采用光缆。

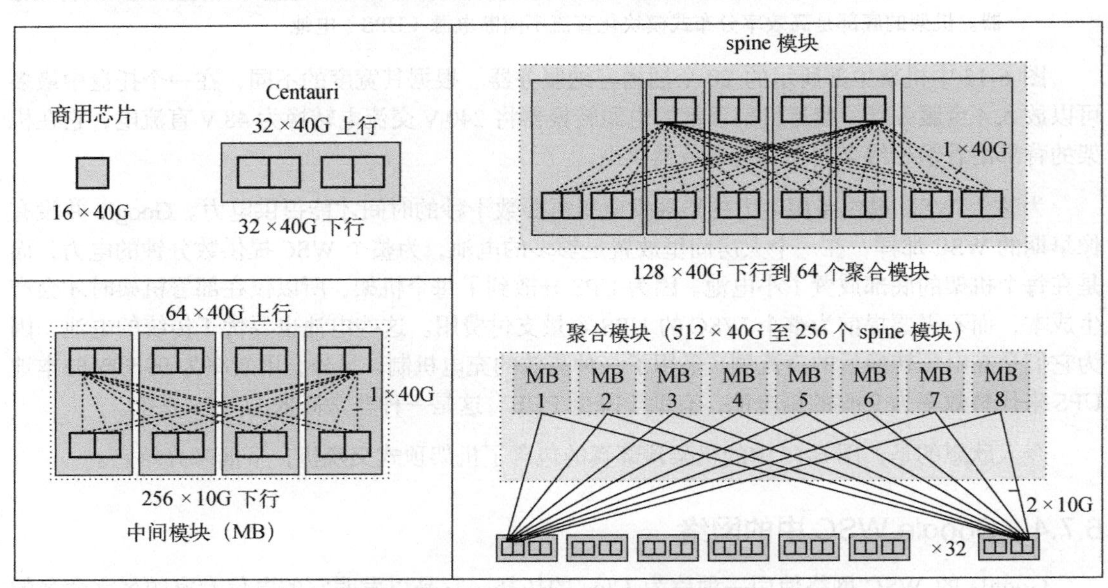

图 6-17　Jupiter Clos 网络的构造模块

图 6-18 机架中容纳的 Jupiter 交换机的中间模块。一个机架中放置了 4 个中间模块。一个机架可以容纳两个 spine 模块

Jupiter 的商用交换机芯片是使用 40 Gbps 链接的 16 × 16 交叉开关。机架顶式交换机有 4 个这种芯片，它们被配置为 48 个 40 Gbps 链接连向服务器，16 个 40 Gbps 链接连向网络光纤，收敛比仅为 3∶1，优于之前各代交换机。另外，这一代还首次向服务器提供 40 Gbps 链接。

图 6-17 和图 6-18 中的中间模块包括 16 个这种交换机芯片。它们使用了两级，有 256 个 10 Gbps 链接用于机架顶式连接，64 个 40 Gbps 链接用于通过 spine 模块连接到其余网络光纤。机架顶式交换机中的每个芯片都使用双冗余 10 Gbps 链接连到 8 个中间模块。

每个聚合模块通过 512 个 40 Gbps 链接连接到 spine 模块。spine 模块使用 24 个交换机芯片向聚合模块提供 128 个 40 Gbps 端口。其中最大规模的 spine 模块共使用 64 个聚合模块提供双冗余链接。在采用这一最大规模时，对分带宽达到了每秒 1.3 Pbit（10^{15}）。

注意，整个互联网的对分带宽只有 0.2 Pbps。一个原因是：Jupiter 就是为高对分带宽构建的，而互联网不是。

6.7.5 Google WSC 中的服务器

我们已经介绍了供电、制冷和通信方式，下面终于可以了解 WSC 中完成实际工作的计算机了。

图 6-19 中的示例服务器有两个插槽，各包含一个 18 核 Intel Haswell 处理器，工作频率为 2.3 GHz（见 5.8 节）。相片中显示了 16 个 DIMM，这些服务器通常配有 256 GB 的 DDR3-1600

DRAM。Haswell 存储器层次结构有两个 32 KiB L1 缓存、一个 256 KiB L2 缓存，以及每个核 2.5 MiB 的 L3 缓存，构成一个 45 MiB 的 L3 缓存。本地存储带宽为 44 GB/s，延迟为 70 ns，而插槽内带宽为 31 GB/s，到远程存储器的延迟为 140 ns。Kanev 等人[2015]强调了 SPEC 基准测试套件和 WSC 负载之间的差异。SPEC 中几乎不需要 L3 缓存，但它对于真正的 WSC 工作负载非常有用。

图 6-19　Google WSC 中的示例服务器。Haswell CPU（2 个插槽 × 18 个核 × 2 个线程 = 每台机器 72 个“虚拟核”）的最后一级缓存为每个核 2.5 MiB，使用 DDR3-1600 则为 45 MiB。它们使用 Wellsburg 平台控制器中枢，TFP 为 150 W

尽管有 40 Gbps 的 NIC 可用，但基准设计是使用一块网络接口卡（NIC）来实现 10 Gbps 的以太网链接。（其他云服务提供商则达到了 25 Gbps 或其数倍。）尽管图 6-19 中的相片显示了两个 SATA 磁盘驱动器，每个驱动器最多可以包含 8 TB，但是服务器也可以配置具有 1 TB 存储空间的 SSD 闪存驱动器。基准设计的峰值功耗大约为 150 W。图 6-15 所示的机架的一个插槽中可以放置 4 个这样的服务器。

这个基准节点可以用一个存储（或“磁盘满”）节点进行进一步补充。第二个单元包含 12 块 SATA 磁盘，并通过 PCIe 与服务器相连。存储节点的峰值功耗大约为 300 W。

6.7.6　小结

在前一版中，我们所描述的 Google WSC 在 2011 年的 PUE 为 1.23。截至 2017 年，Google 全部 16 个站点的平均 PUE 降至 1.12，其中比利时 WSC 以 1.09 领先。节能技术如下所示。

- 让服务器在较高温度下运行，意味着只需将空气冷却到 80+°F（27°C），而不是通常的 64°F至 71°F（18°C至 22°C）。
- 冷空气的目标温度较高，有助于经常将设施保持在冷却塔所能维持的温度范围内，冷却塔比传统的冷凝器更节能。
- 将 WSC 部署在温带气候中，以便在一年中的大部分时间仅利用蒸发式冷却系统。
- 为整个机房添加大风扇，以便与服务器的小风扇协同工作，在满足最坏情况的同时降低能耗。

- 通过在每个机架行部署冷却盘管来应对较热和较冷的机架，将每台服务器的冷却平均到整个机架的服务器上。
- 部署全面的监控软硬件，测量 PUE 的实际值并与设计值对比，以提高运行效率。
- 实际运行的服务器数量要多于配电系统在最差情况下所能支持的服务器数量。这是安全的，因为在统计上，只要有一个监控系统来卸下工作负载，数千台服务器就不可能同时处于高度繁忙状态 [Fan 等，2007][Ranganathan 等，2006]。PUE 提高是因为设施的运行状态接近于其满载设计容量；由于服务器和冷却系统不具备能耗同比性，所以这种状态是最高效的状态。这样提高利用率后，就可以降低对新服务器和新 WSC 的需求。

看看哪些创新可以进一步提高 WSC 的效率，使我们成为环境的良好守护者，这将很有趣。现在很难想象工程师们如何在本书的下一版出版之前将 WSC 的电力和冷却开销减半，他们在上一版和这一版出版期间做到了。

6.8 谬论与易犯错误

尽管 WSC 只有 15 年的历史，但诸如 Google 的 WSC 架构师已经发现了有关 WSC 的许多谬论和易犯错误。我们在本章引言中说过，WSC 架构师就是当今的 Seymour Cray。

谬论 *云计算提供商在赔钱。*

当 AWS 发布时，关于云计算的一个流行问题是，当时它的低价是否有利可图。AWS 发展得如此之快，以至于必须在 Amazon 的季度报告中单独记录。令一些人吃惊的是，事实证明 AWS 是 Amazon 最赚钱的部门。2016 年，AWS 营收为 122 亿美元，营业利润率为 25%，而 Amazon 零售业务的营业利润率不到 3%。Amazon 四分之三的利润由 AWS 贡献。

易犯错误 *关注平均性能，而不是第 99 百分位性能。*

正如 Dean 和 Barroso [2013]所观察到的，WSC 服务的开发者更关心尾部而不是平均值。如果一些客户得到的性能很糟糕，这种体验可能会把他们吓跑，让他们转向竞争对手，然后再也不会回来了。

易犯错误 *在尝试提高 WSC 性价比时使用低端处理器。*

Amdahl 定律对 WSC 仍然适用。每个请求都会有一些串行工作，如果这些工作在速度较慢的服务器上运行，则会增加请求延迟[Hölzle，2010][Lim 等，2008]。如果串行工作增加了延迟，那么使用低端处理器的成本中必然包括优化代码以使其恢复较低延迟所带来的软件开发成本。许多缓慢服务器上的线程越多，就越难以进行调度和实现负载均衡，因此，线程性能的可变性可能会导致更长的延迟。当需要等待耗时最长的任务时，如果只有 10 项任务，那么千分之一的不良调度概率可能不会造成什么问题，但如果有 1000 项任务，就有问题了。

许多较小的服务器也可能会导致利用率较低，因为显然，需要调度的内容越少，调度起来越轻松。最后，如果问题的划分过于精细，那么即便是一些并行算法的效率也可能会很低。Google 的经验方法是使用低端服务器级计算机[Barroso 和 Hölzle，2009]。

作为一个具体例子，Reddi 等人[2010]对比了运行 Bing 搜索引擎的嵌入式微处理器（Atom）和服务器微处理器（Nehalem Xeon）。他们发现，在 Atom 上运行查询的延迟大约是 Xeon 上的

3 倍。此外，Xeon 更可靠一些。当 Xeon 上的负载增加时，服务质量会逐渐下降。而 Atom 会因为尝试吸收增加的负载，而快速偏离其服务质量目标。虽然 Atom 的能效更高，但响应时间会影响收入，而收入损失很可能远远大于节约能源所节省的成本。不符合响应时间目标的节能设计不太可能被采用；我们会在下一章（见 7.9 节）看到这个易犯错误的另一个版本。

这一特性直接影响了搜索质量。鉴于延迟对用户非常重要，如表 6-5 所示，如果查询延迟还没有超过截止延迟，Bing 搜索引擎会使用多种策略对搜索结果进行精炼。更大型 Xeon 节点的延迟较低，这意味着它们可以用更多的时间来优化搜索结果。因此，即使在几乎没有负载时，Atom 在 1%的查询中也会给出弱于 Xeon 的搜索结果；而在正常负载下，会有 2%的搜索结果弱于 Xeon。

Kanev 等人[2015]取得了更新、更一致的结果。

易犯错误　不同公司对 PUE 的测量不一致。

Google 的 PUE 测量从电力到达变电站之前开始。而有些公司则是在 WSC 的入口进入测量，这种测量跳过了电压下降，而电压下降会有 6%的损失。如果 WSC 依靠大气来帮助系统降温，那么一年中不同的季节也会有不同的结果。最后，一些公司报告的是 WSC 的设计目标，而不是对最终系统进行测量。最保守和最好的 PUE 测量是从公共电力设施的供电开始，测量 PUE 过去 12 个月的运行平均值。

谬论　WSC 设施的构建成本高于它所容纳的服务器。

尽管粗略浏览表 6-6 可能会让你得到上面的结论，但它忽略了整个 WSC 中每一部分的摊销时间。整个设施会持续 10~15 年，而服务器每 3~4 年就需要重新购买一次。分别利用表 6-6 中 10 年和 13 年的摊销时间，整个设施在 10 年间的资本支出为 7200 万美元，而服务器则为 3.3 × 6700 万美元，即 2.21 亿美元。因此，WSC 中的服务器在 10 年中的构建费用要比 WSC 设施高 3 倍。

易犯错误　尝试通过非活跃低功耗模式而不是活跃低功耗模式节省功耗。

图 6-1 显示服务器的平均利用率为 10%~50%。考虑到 6.4 节中对 WSC 运行成本的关注，你可能会认为低功耗模式也许会很有帮助。

第 1 章曾经提到，我们无法在**非活跃低功耗模式**中访问 DRAM 或磁盘，因此，无论读写速度多么缓慢，都必须返回完全活跃模式才能完成。这一易犯错误在于：返回完全活跃模式所需要的时间和能耗降低了非活跃低功耗模式的吸引力。图 6-1 显示，几乎所有服务器的平均利用率都至少为 10%，所以我们可以预测它长期处于低活跃状态，而不是长期处于非活跃状态[Lo 等，2014]。

相比之下，处理器仍在低功耗模式下以正常速度的一小部分运行，所以**活跃低功耗模式**更容易使用。注意，处理器返回完全活跃模式的时间也是以微秒来测量的，所以活跃低功耗模式还解决了有关低功耗模式的延迟问题。

谬论　由于 DRAM 可靠性及 WSC 软件容错性的提高，不需要在 WSC 的 ECC 存储器上投入更多。

因为 ECC 会向每 64 位 DRAM 中添加 8 位，所以通过去除纠错码（ECC）可能可以节省九分之一的 DRAM 成本，特别是 DRAM 的测量表明每兆位的故障率为 1000 至 5000 FIT（每 10 亿工作小时的故障数）[Tezzaron Semiconductor，2004]。

Schroeder 等人[2009]在两年半的时间里对带有 ECC 保护的 DRAM 进行了测试研究，这一工作主要在 Google 包含有数十万台服务器的 WSC 上完成。他们发现测得的 FIT 率要比公布的错误率高 15~25 倍，即每兆位 25 000~70 000 次故障。这些故障影响到超过 8%的 DIMM，DIMM 每年平均有 4000 次可纠正错误和 0.2 次不可纠正错误。在服务器上的测量结果是，每年大约有三分之一的服务器遭遇过 DRAM 错误，平均 22 000 次可纠正错误和 1 次不可纠正错误。也就是说，对于三分之一的服务器来说，每 2.5 小时纠正一次存储器错误。注意，这些系统使用功能更强大的 CHIPKILL 编码，而不是简单的 SECDED 编码。如果使用更简单的机制，不可纠正的错误率会提高至 4~10 倍。

在一个仅有奇偶校验位错误保护的 WSC 中，每发生一个存储器奇偶校验位错误，服务器都必须重新启动。如果重启时间为 5 分钟，则三分之一的机器会将 20%的时间花费在重启上！如此昂贵的设施会由此导致性能降低约 6%。此外，这些系统可能会遇到许多不可纠正的错误，而操作人员根本不会注意到这些错误的发生。

早些年，Google 甚至使用了没有奇偶校验保护的 DRAM。2000 年，在交付下一版搜索索引之前的测试过程中，它开始建议采用随机文档来响应文本查询[Barroso 和 Hölzle，2009]。其原因是一些 DRAM 中发生了“固定 0”故障，它会损坏新的索引。Google 添加了一致性检验，以检测未来的此类错误。随着 WSC 规模的增大，以及 ECC DIMM 的价格变得更实惠，ECC 已经成为 Google WSC 的标准。ECC 还有另外一个好处：可以在修复期间更轻松地找到损坏的 DIMM。

这些数据间接地表明了 Fermi GPU（第 4 章）为什么要向其存储器中添加 ECC，它的前辈甚至连奇偶校验都没有。此外，由于 Intel Atom 芯片组不支持 ECC DRAM，这些 FIT 率使人们对为提升能效而在 WSC 中使用 Intel Atom 处理器产生了怀疑。

易犯错误 *有效应对微秒级延迟，而不是纳秒级或毫秒级延迟。*

Barroso 等人[2017] 指出，现代计算机系统使程序员可以很轻松地降低纳秒级和毫秒级的延迟（比如缓存和 DRAM 访问在数十纳秒级别，而磁盘访问在几毫秒级别），但这些系统严重缺乏对微秒级事件的支持。程序员获得一个通过存储器层次结构的同步接口，用硬件来完成这些“史诗般”的工作，从而使这些访问看起来是连贯、一致的（详见第 2 章）。操作系统为程序员提供了一种用于磁盘读取的类似的同步接口，利用许多行 OS 代码，可以在等待磁盘的时候安全切换到另一个进程，并在数据准备就绪后再返回原来的进程。我们需要一些新的机制来应对微秒级的延迟，这种延迟可能来自诸如闪存等存储器技术，也可能来自比如 100 Gbps 以太网这样的快速网络接口。

谬论 *在低活跃期间关闭硬件可以提高 WSC 的性价比。*

表 6-7 显示，配电与冷却基础设施的摊销成本比每个月的全部电费高 50%。因此，尽管压缩工作负载、关闭空闲机器可以节省一些费用，但即使你能节省一半的电能，每月的运行费用也只能降低 7%。由于大范围的 WSC 监控基础设施需要能够探测设备并查看其反应，所以还存在一些需要克服的实际问题。能耗同比性与活跃低功耗模式的另一个好处是它们与 WSC 监控基础设施兼容，使一位操作员能够负责 1000 多台服务器。还要注意，预防性维护是在空闲时间

执行的重要任务之一。

传统 WSC 的精髓是在低活动期间运行其他重要任务，以便弥补配电和冷却方面的投入。一个主要的例子是创建搜索索引的批处理 MapReduce 作业。从低利用率中获取价值的另一个例子是 AWS 的现货定价，如表 6-10 中的例子所示。如果 AWS 用户执行任务的时间比较灵活，那就可以使用竞价实例，让 AWS 更灵活地调度这些任务，比如安排在 WSC 利用率较低的时间执行，这样就可以节省 25%的计算费用，降低因数为 4。

6.9 结语

WSC 的计算机架构师继承了构建世界上最大计算机的头衔，他们正在设计大部分的未来 IT 设施，以支持移动客户端和物联网设备。我们中有许多人一天会多次使用 WSC，每天使用 WSC 的次数、使用 WSC 的人数在接下来的 10 年中一定会增长。在全球 70 亿人口中，已经有超过 60 亿人使用手机。随着这些设备可以连接互联网，世界各地将有更多的人能够从 WSC 中获益。

此外，通过 WSC 实现的规模经济已经实现了长久以来将计算作为公用设施的目标。云计算意味着任何地方的人，只要有好的想法和商业模式，就可以利用数千台服务器，几乎在瞬间实现他们的愿景。当然，在标准、隐私、互联网带宽增长速度和 6.8 节中提到的易犯错误方面，有一些重要的障碍可能会限制云计算的发展，但我们预计这些障碍会得到解决，从而使云计算能够继续蓬勃发展。

云计算有许多富有吸引力的特性，其中之一就是从经济的角度来鼓励人们节约能源。给定基础设施投入的成本，很难说服云计算**供应商**关闭未使用的设备以节约能源，不过，说服云计算**使用者**放弃空闲实例很容易，因为无论他们是不是在做有用的事情，都要为所使用的实例支付费用。与此类似，按使用情况收费会鼓励程序员高效地利用计算、通信和存储，但如果没有一种容易理解的定价方案，这是很难实现的。由于这种明确的定价方案使成本的测量变得很容易，而且测量结果也是可信的，所以研究人员就有可能从性价比的角度对创新技术进行评估，而不只是评估其性能。最后，云计算意味着研究人员可以在数千台计算机上评估自己的想法，这在过去只有大型公司才能承受得起。

我们相信 WSC 正在改变服务器设计的目标和原理，就像移动客户端和物联网的需求正在改变微处理器设计的目标和原理一样。这两者也都对软件行业产生了革命性的影响。每美元实现的性能和每焦耳实现的性能推动着移动客户端硬件和 WSC 硬件的发展，并行和领域专用加速器是实现这些目标的关键。架构师将在这个激动人心的未来世界中扮演至关重要的角色。

展望未来，摩尔定律和登纳德缩放比例定律（第 1 章）的终结意味着最新处理器的单线程性能不会比其前辈快多少，这可能会延长 WSC 服务器的寿命。因此，以前用于替换旧服务器的资金将被用于向云计算扩展，这可能意味着云计算在未来十年将比现在更具经济吸引力。摩尔定律时代的终结，加上 WSC 设计和运行的创新，使得 WSC 的性能-成本-能耗曲线不断改善。随着那个辉煌时代的结束，再加上消除了造成 WSC 效率低下的主要原因，该领域将可能需要寻求计算机体系结构中芯片的创新，实现 WSC 的持续改进，这是下一章的主题。

6.10 历史回顾与参考文献

附录 M.8 节介绍了集群的发展，集群是 WSC 和效用计算的基础。（希望了解更多知识的读者，可以先阅读 Barroso 和 Hölzle [2009]的参考文献，以及 James Hamilton 的博客文章和他在一年一度的 Amazon re:Invent 大会上的演讲。

6.11 案例研究与练习（由 Parthasarathy Ranganathan 设计）

案例研究 1：影响仓库级计算机设计决策的总拥有成本

本案例研究说明的概念

- 总拥有成本（total cost of ownership，TCO）
- 服务器成本与功耗对整个 WSC 的影响
- 低功耗服务器的优缺点

总拥有成本是衡量 WSC 有效性的一个重要指标。TCO 包含 6.4 节介绍的 CAPEX 和 OPEX，反映了整个数据中心为获得特定级别性能所需的拥有成本。在考虑不同的服务器、网络和存储体系结构时，数据中心负责人经常把 TCO 作为最重要的对比度量指标，以判断哪些选项是最佳的；但是，TCO 是一种考虑了许多因素的多维计算。本案例研究的目标是详细研究 WSC，了解不同的体系结构如何影响 TCO，以及 TCO 如何驱动经营者的决策。本案例研究将使用来自表 6-6 和表 6-7 以及 6.4 节的数字，并假定所述 WSC 达到了经营者的目标性能级别。TCO 经常用于对比拥有多个维度的不同服务器选项。本案例研究中的练习研究如何在 WSC 的上下文中进行此种对比，以及在做出此类决策时所涉及的复杂性。

6.1 [5/5/10] <6.2、6.4> 这一章讨论了数据级并行作为 WSC 在大型问题上实现高性能的一种方法。可以想到，利用高端服务器可以获得更高的性能，但是，更高性能的服务器通常伴随着价格的非线性增长。

a. [5] <6.4> 假定服务器在同等利用率下快 10%，但贵 20%，WSC 的 CAPEX 为多少？

b. [5] <6.4> 如果这些服务器使用的电力还要多出 15%，WSC 的 OPEX 为多少？

c. [10] <6.2、6.4> 给定以上速度与电力的增加比例，新服务器的成本必须为多少才能与原集群相比？（提示：根据这一 TCO 模型，可能需要改变这一设施的关键负载。）

6.2 [5/10] <6.4、6.6、6.8> 为了获得较低的 OPEX，一种富有吸引力的替代方法是使用服务器的低功耗版本，以减少运行服务器所需的总电能。但是，与高端服务器类似，高端组件的低功耗版本也会有非线性折中。

a. [5] <6.4、6.6、6.8> 如果低功耗版本服务器选项在提供相同性能的情况下可以降低 15%的功耗，但要贵 20%，这是不是一种好的折中？

b. [10] <6.4、6.6、6.8> 这些服务器的成本为多少时才能与原集群相比？如果电能的价格加倍，又应为多少？

6.3 [5/10/15] <6.4、6.6> 具有不同运行模式的服务器提供了在集群中动态运行不同配置以匹配工作负载使用情况的机会。对于一种给定的低功耗服务器，使用表 6-12 中关于“功耗–性能”模式的数据。

a. [5] <6.4、6.6> 如果服务器操作人员决定以中等性能运行所有服务器来节省电力成本，需要多少服务器才能实现相同级别的性能？

b. [10] <6.4、6.6> 这种配置的 CAPEX 和 OPEX 为多少？

c. [15] <6.4、6.6> 如果有另一种选择，你可以购买便宜 20%，但速度慢了 $x\%$ 且耗电量少了 $y\%$ 的服务器，请找到性能–功耗曲线，使其提供的 TCO 与基准服务器相当。

表 6-12　低功耗服务器的性能–功耗模式

模　式	性　能	功　耗
高	100%	100%
中	75%	60%
低	59%	38%

6.4　[讨论] <6.4> 讨论练习 6.3 中两种选项的折中与好处，假定在这些服务器上运行的工作负载是恒定的。

6.5　[讨论] <6.2、6.4> 与高性能计算（HPC）集群不同，WSC 的工作负载在一天之内经常会大幅波动。讨论练习 6.3 中两个选项的折中和好处，这一次假定工作负载是变化的。

6.6　[讨论] <6.4、6.7> 到目前为止，我们对给出的 TCO 模型进行了一些抽象，省略了大量低级细节。讨论这些抽象对 TCO 模型整体准确率的影响。什么时候进行这些抽象是安全的？在哪些情况下，提供更多的细节会给出明显不同的答案？

案例研究 2：WSC 中的资源分配与 TCO

本案例研究说明的概念

- ❑ WSC 中的服务器与电力供给
- ❑ 工作负载的时变特性
- ❑ 这些变化对 TCO 的影响

在部署高效 WSC 时的关键挑战包括正确供给资源和充分利用这些资源。由于 WSC 的规模以及所运行工作负载的潜在变化，这一问题可能非常复杂。本案例研究中的练习说明对资源的不同利用会如何影响 TCO。

6.7　[5/5/10] <6.4> 为 WSC 供给资源时的一个挑战是：在给定设施规模的前提下，恰当确定功率负载。如本章所述，铭牌功率通常是峰值，遇到的可能性很小。

a. [5] <6.4> 如果铭牌功率为 200 W，成本为 3000 美元，估计每台服务器的 TCO 如何变化。

b. [5] <6.4> 另考虑一种功耗更高但价格更低的服务器选项，其功耗为 300 W，成本为 2000 美元。

c. [10] <6.4> 如果服务器的实际平均功耗只是铭牌功率的 70%，每台服务器的 TCO 如何变化？

6.8　[15/10] <6.2、6.4、6.5、6.6、6.8> TCO 模型中有一个假定：设施的临界负载是固定的，服务器的数量与临界负载相吻合。实际上，由于服务器功耗会根据负载发生变化，所以设施使用的临界功率可能在任意给定时间发生变化。经营者最初必须根据其临界功率资源以及数据中心组件所用电量的估计值来为数据中心提供供给。

a. [15] <6.2、6.4> 扩展此 TCO 模型，以根据铭牌功率为 300 W 的服务器为 WSC 提供初始供给，并计算所使用的实际月度临界功率和 TCO。假定服务器的平均利用率为 40%，实际功耗为 225 W。未使用的容量为多少？

b. [10] <6.2、6.4> 用铭牌功率为 500 W 的服务器、平均利用率为 20%、实际功耗为 300 W 来重复这一练习。

6.9 [10] <6.4、6.5> 6.5 节曾经提到，WSC 经常用于与终端用户进行交互。这种交互性应用经常会导致一天之内不同时间的波动，峰值与特定的时间段相关。例如，对于 Netflix 租用来说，在晚上 8~10 点会有一个峰值；这些波动的影响在整体上是非常显著的。在匹配凌晨 4 点和晚上 9 点两个时间点的利用率时，对比数据中心中每台服务器的 TCO 值。

6.10 [讨论] <6.4、6.5> 讨论一些选项，以便在非峰值时间更好地利用多余的服务器，或者找到可以节省成本的选项。考虑到 WSC 的交互性本质，积极地缩减用电量的挑战是什么？

6.11 [讨论] <6.4、6.6、6.8> 给出一种通过降低服务器功耗来提高 TCO 的可行方法。在评估这一方法时会有哪些挑战？根据你的提议，估计 TCO 的增长。其优缺点有哪些？

练习

6.12 [10/10/10] <6.1、6.2> 推动 WSC 发展的一个重要因素就是有丰富的请求级并行，而不是指令级或线程级并行。这个问题探讨不同类型的并行对计算机体系结构和系统设计的影响。

a. [10] <6.1> 讨论在哪些情况下，提升指令级或线程级并行比通过请求级并行获得的好处更大。
b. [10] <6.1、6.2> 提升请求级并行对软件设计有什么影响？
c. [10] <6.1、6.2> 提高请求级并行可能存在哪些缺点？

6.13 [讨论/15/15] <6.2> 当云计算服务提供商接到一些包含多个虚拟机（VM）的作业时（比如 MapReduce 作业），有许多调度选项。可以用轮询方式来调度这些 VM，将其分散在所有可用处理器和服务器上，也可以对它们进行整合，以尽量减少所使用的处理器数目。利用这些调度选项，如果提交了一项拥有 24 个 VM 的作业，并且云中有 30 个处理器可供使用（每个处理器最多可以运行 3 个 VM），轮询过程将使用 24 个处理器，而合并后的调度过程将使用 8 个处理器。调度程序还可以在不同范围内寻找可用处理器核，即插槽、服务器、机架和机架阵列。

a. [讨论] <6.2、6.3> 假定所提交的作业都是计算密集型工作负载，可能会有不同的存储带宽需求，就电力与冷却成本、性能和可靠性而言，轮询与合并调度的优缺点都有哪些？
b. [15] <6.2、6.3> 假定所提交的作业都是 I/O 密集型工作负载，轮询与合并调度在不同范围内的优缺点有哪些？
c. [15] <6.2、6.3> 假定所提交的作业都是网络密集型工作负载，轮询与合并调度在不同范围内的优缺点有哪些？

6.14 [15/15/10/10] <6.2、6.3> MapReduce 在多个节点上运行与数据无关的任务，通常使用商用硬件，从而实现了大量的并行；但是，并行级别存在一些限制。例如，为实现冗余，MapReduce 会将数据块写到多个节点，占用磁盘，还可能占用网络带宽。假定数据集的总大小为 300 GB，网络带宽为 1 Gbps，映射速率为 10 s/GB，归约率为 20 s/GB。还假定必须从远程节点读取 30% 的数据，每个输出文件被写入其他两个节点以实现冗余。所有其他参数采用表 6-4 中的数据。

a. [15] <6.2、6.3> 假定所有节点都在同一机架内。采用 5 个节点时的预期运行时间为多少？10 个节点、100 个节点、1000 个节点呢？讨论每种节点大小的瓶颈。
b. [15] <6.2、6.3> 假定每个机架有 40 个节点，任意远程读取/写入进入任意节点的机会相等。100 个节点的预期运行时间为多少？1000 个节点呢？
c. [10] <6.2、6.3> 一个重要的考量是尽可能减少数据移动。在从本地到机架再到机架阵列的访问速度大幅减缓时，必须对软件进行有效优化，以尽量提高局部性。假定每个机架有 40 个节点，在 MapReduce 作业中使用了 1000 个节点。如果远程访问在 20%的时间内都不超出同一机架，则运行时间为多少？50%的时间呢？80%的时间呢？

d. [10] <6.2、6.3> 给定 6.2 节中的简单 MapReduce 程序，讨论一些可能的优化方法，使工作负载的局部性达到最大。

6.15 [20/20/10/20/20/20] <6.2、6.3> WSC 程序员经常使用数据复制来克服软件中的故障。比如，Hadoop HDFS 采用三路复制（一个本地副本、机架内的一个远程副本、另一机架内的一个远程副本），但值得研究一下何时需要这些复制。

a. [20] <6.2> 假设 Hadoop 集群非常小，节点数不超过 10 个，数据集大小不超过 10 TB。使用表 6-1 中的故障频率数据，在采用一路复制、两路复制和三路复制时，10 节点 Hadoop 集群的可用性如何？

b. [20] <6.2> 假定有表 6-1 中的故障数据和一个 1000 节点的 Hadoop 集群，在采用一路复制、两路复制和三路复制时，它的可用性如何？关于大规模复制的好处，你能推断出什么？

c. [10] <6.2、6.3> 复制的相对开销随每个本地计算小时内写入的数据量而变化。对于一个 1000 节点、对 1 PB 数据进行排序的 Hadoop 作业，计算其额外的 I/O 通信流量和网络流量（机架内和跨机架），其中数据混洗的中间结果被写到 HDFS。

d. [20] <6.2、6.3> 利用表 6-4，计算两路与三路复制的时间开销。使用表 6-1 所示的故障率，对比在没有复制与两路复制及三路复制时的预期执行时间。

e. [20] <6.2、6.3> 现在考虑一个向日志应用复制操作的数据库系统。假定每个事务平均访问一次硬盘，生成 1 KB 的日志数据。计算两路复制与三路复制的时间开销。如果该事务在存储器内执行，耗用 10 μs，结果又会如何？

f. [20] <6.2、6.3> 现在考虑一个采用 ACID 一致性的数据库系统，它需要两次网络往返来进行两阶段确认。为保持一致性和进行复制所需要的时间开销为多少？

6.16 [15/15/20/讨论] <6.1、6.2、6.8> 尽管请求级并行使得多台计算机可以并行处理同一问题，从而实现更高的整体性能，但它面对的一个挑战是避免将问题划分得过于精细。如果在服务等级协议（SLA）的上下文中研究这一问题，通过进一步划分来缩小问题规模，可能需要更多的工作量才能实现目标 SLA。假定一个 SLA 要求 95%的请求在 0.5 秒或更短时间内得到响应，类似于 MapReduce 的并行体系结构可以启动多个冗余作业，以获得相同结果。对于以下问题，假定查询-响应时间曲线如图 6-20 所示。此曲线基于每秒执行的查询数目，显示了基准服务器以及使用缓慢处理器模型的“小型”服务器的响应延迟。

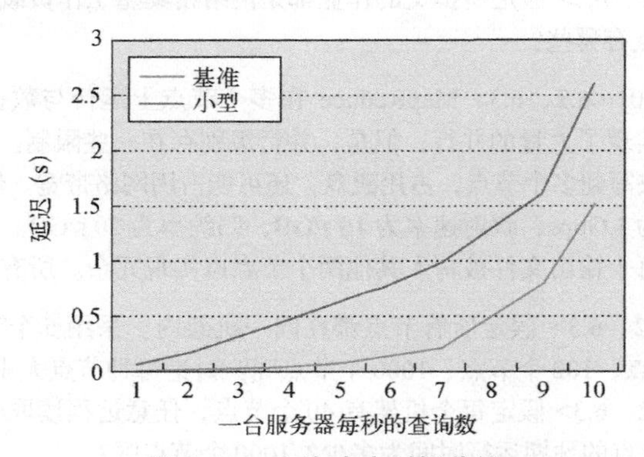

图 6-20　查询响应时间曲线

a. [15] <6.1、6.2、6.8> 假定 WSC 每秒接收 30 000 个查询，查询–响应时间曲线如图 6-20 所示，那么需要多少个服务器来实现该 SLA？给定这一响应时间概率曲线，需要多少个“小型”服务器来实现这一 SLA？如果仅关注服务器成本，对于目标 SLA 而言，“小型”服务器必须比普通服务器便宜多少才能实现成本优势？

b. [15] <6.1、6.2、6.8> 由于采用了更便宜的组件，所以“小型”服务器的可靠性通常更差一些。使用表 6-1 中的数字，假定由于计算机不可靠、存储器不良所导致的事件数增加 30%。现在需要多少“小型”服务器？这些服务器必须比标准服务器便宜多少？

c. [20] <6.1、6.2、6.8> 现在假定有一个批处理环境。“小型”服务器提供常规服务器总性能的 30%。仍然假定练习 6.15 b 部分中的可靠性数字，需要多少“小”节点才能提供 2400 个节点的标准服务器阵列的预期吞吐量？假定阵列性能与节点规模之间具有完美的线性扩展关系，每个节点的平均任务长度为 10 分钟。如果此扩展为 80%呢？60%呢？

d. [讨论] <6.1、6.2、6.8> 这一扩展通常不是线性函数，而是对数函数。一个很自然的想法可能是购买更大型的节点，每个节点拥有更强的计算能力，从而使阵列大小降至最低。讨论这一体系结构的一些优缺点。

6.17 [10/10/15/讨论] <6.3、6.8> 高端服务器的一个趋势是，通过 SSD 或 PCI Express 卡在存储器层次结构中包含非易失性闪存。典型 SSD 的带宽为 250 MB/s，延迟为 75 μs，而 PCIe 卡的带宽为 600 MB/s，延迟为 35 μs。

a. [10] 在本地服务器层次结构中包含图 6-3 中这些点。假定在不同层次级别可以实现与 DRAM 相同的性能扩展因数，那么当跨机架访问时，这些闪存设备的性能如何？如果是跨阵列呢？

b. [10] 讨论一些基于软件的优化方式，以利用存储器层次结构的这个新级别。

c. [15] 如 6.8 节中讨论的，用 SSD 代替所有磁盘不一定是一种具有成本效益的策略。假设一个 WSC 经营者使用 SSD 来提供云服务。讨论一些利用 SSD 或其他闪存有意义的情景。

d. [讨论]近来，一些供应商讨论了比闪存快得多的新存储器技术。例如，查找 Intel 3D X-point 存储器的规范，并讨论它将如何影响图 6-3。

6.18 [20/20/讨论] <6.3> **存储器层次结构**：某些 WSC 设计中广泛使用缓存来降低延迟，有许多缓存选项可用于满足不同的访问模式和需求。

a. [20] 考虑一些设计选项，用于以流式获取来自 Web 的丰富媒体（例如，Netflix）。首先，我们需要估计视频数、每个视频的编码格式数、同时观看的用户数。假设一个流媒体视频提供商有 12 000 个在线流媒体节目，每个节目至少有 4 种编码格式（分别为 500 kbps、1000 kbps、1600 kbps 和 2200 kbps）。假定整个网站同时有 100 000 位观看者，每个视频平均长 75 分钟（包括 30 分钟的表演和 2 小时的视频）。估计总存储容量、I/O 与网络带宽，以及与视频流相关的计算需求。

b. [20] 每位用户、每个视频以及所有视频的访问模式与引用局部性特性如何？（提示：是随机还是顺序，时间与空间局部性是好还是差，工作集的大小是较小还是较大？）

c. [讨论] 利用 DRAM、SSD 和硬盘，存在哪些电影存储选项？对比它们的性能和 TCO。练习 6.17d 中的新存储器技术有用吗？

6.19 [20/讨论/讨论/讨论] <6.3> 考虑一个社交网站，有 1 亿活跃用户发布有关自己的更新（以文本和图片形式），他们在社交网络上浏览更新并进行互动。为了降低延迟，许多网站使用 memcached 作为缓存层，放在后端存储/数据库层之前。假设在任意给定时间，平均用户正在浏览数兆字节的内容，而在任意给定一天，平均用户上传数兆字节的内容。

a. [20] 对于这里讨论的社交网站，需要多少 DRAM 来托管其工作集？使用各自拥有 96 GB DRAM 的存储器，估计需要多少本地和远程存储器访问来生成一位用户的主页？

b. [讨论] 现在考虑两种备选的 memcached 服务器设计，一种使用传统的 Xeon 处理器，另一种使用较小的核，比如 Atom 处理器。假定 memcached 需要大容量的物理存储器，但 CPU 利用率很低，这两种设计有哪些优缺点？

c. [讨论] 如今，存储器模块和处理器紧密耦合在一起，所以通常需要增加 CPU 插槽数，以支持更大容量的存储器。请列举其他一些设计，它们能够提供大容量物理存储器，但不会按比例增加服务器中的插槽数目。对比这些设计的性能、功耗、成本和可靠性。

d. [讨论] 同一用户的信息可以存储在 memcached 服务器和存储服务器中，可以采用不同方式对这些服务器进行物理托管。讨论 WSC 中以下服务器布局方式的优缺点：(1) memcached 服务器与存储服务器是同一服务器；(2) memcached 服务器和存储服务器位于同一机架的不同节点上；(3) memcached 服务器位于同一机架上，存储器服务器位于其他机架上。

6.20 [5/5/10/10/讨论/讨论/讨论] <6.3、6.5、6.6> **数据中心联网**：MapReduce 和 WSC 是一种强大的组合方式，可以应对大规模的数据处理。假设我们在 6 小时内使用 4000 台服务器和 48 000 块硬盘对 1 PB 的记录进行排序（Google 在 2008 年讨论过这样做）。

a. [5] 从表 6-4 和相关文本中推断磁盘带宽。将数据读入主存储器并将排序结果写回需要多少秒？

b. [5] 假定每台服务器有两个 1 Gbps 的以太网接口卡（NIC），WSC 交换机基础设施的收敛系数为 4，混洗 4000 台服务器上的整个数据集需要多少秒？

c. [10] 假定网络传输是 PB 级排序的性能瓶颈，能否估计 Google 数据中心中的收敛比？

d. [10] 研究拥有 10 Gbps 以太网（没有收敛）的好处，比如使用 48 端口 10 Gbps 以太网（2010 年 Indy 排序基础测试获胜者 TritonSort 就是采用这一配置）。混洗 1 PB 数据需要多少时间？

e. [讨论] 对比下面两种方法：(1) 采用高网络收敛比的大规模扩展方法；(2) 采用高带宽网络的小规模系统。它们的潜在瓶颈是什么？就可伸缩性和 TCO 而言，它们有哪些优势和劣势？

f. [讨论] 排序和许多重要的科学计算工作负载都是计算密集型的，而许多其他工作负载则并非如此。列举 3 种不会从高速联网中获益的工作负载。对于这两类工作负载，你建议使用哪种 EC2 实例？

g. [讨论] 在 Sort Benchmark 网站上查阅各种基准和每个类别最近的获奖者。这些结果如何与本题(e)部分讨论的见解相匹配？最近的 CloudSort 获胜者所使用的云实例与你在本题 (f)部分的答案相比如何？

6.21 [10/25/讨论] <6.4、6.6> 由于 WSC 的超大规模，根据需要运行的工作负载恰当地分配网络资源是极为重要的。不同的分配方法可能会对性能和总拥有成本产生很大影响。

a. [10] 利用表 6-6 中给出的具体数字，每个访问层交换机的收敛比为多少？如果收敛比折半，对 TCO 有什么影响？如果翻倍呢？

b. [25] 如果工作负载受网络限制，那么降低收敛比可能会提高性能。假定一项 MapReduce 作业使用 120 台服务器，读取 5 TB 数据。假定使用表 6-2 中 2009 年 9 月的读取/中间/输出数据比，并使用表 6-4 来确定存储器层次结构的带宽。关于数据读取，假定有 50%的数据是从远程磁盘读取的；其中，80%从机架内读取，20%从阵列中读取。对于中间数据和输出数据，假定 30%的数据使用远程磁盘，其中 90%在机架范围内，10%在阵列范围内。将收敛比折半时，整体性能提高多少？如果收敛比加倍，性能又变为多少？计算每种情况下的 TCO。

c. [讨论] 我们看到了每个系统增加核数量的趋势。光纤通信（其带宽可能更高，能效也更高）的应用也越来越多。你认为这些及其他一些新兴技术趋势对未来 WSC 的设计有何影响？

6.22 [5/15/15/20/25/讨论/讨论] <6.5> **实现云的能力**：设想你是一家顶级网站的网站运营与基础设施经理，正在考虑使用 AWS。在决定是否迁移到 AWS 之前，你需要考虑哪些因素？可以使用哪些服务和实例类型，以及将会节省多少成本？可以使用 Alexa 和网站通信流量信息（例如，维基百科上提供了页面查看数据），以估计一个顶级网站接收到的通信流量，也可以从网上选择一些具体示例。例如，一个 Alexa #3400 网站每天有 280 万的页面浏览量，使用单台服务器。这台服务器有两个四核 Xeon 2.5 GHz 处理器，8 GB DRAM 和 3 个采用 RAID1 配置的 15 K RPM SAS

硬盘，每个月大约花费400美元。这个网站大量使用缓存，CPU利用率的变化范围为50%~250%（大约有0.5~2.5个核心处于繁忙状态）。

a. [5] 查看可用的EC2实例，哪些实例类型可以匹配或超出当前的服务器配置？
b. [15] 查看EC2定价信息，选择最具成本效益的EC2实例（允许采用组合方式），在AWS上托管此网站。EC2每个月的费用是多少？
c. [15] 现在向公式中添加IP地址和网络通信流量的成本，并假定网站每天在互联网上传输的流量为100 GB。该网站现在每月的费用是多少？
d. [20] AWS还向新客户提供1年期的免费微实例，以及15 GB带宽，供进出AWS的通信流量使用。根据你对自己部门Web服务器的峰值和平均通信流量的估计，能否将它免费托管在AWS上？
e. [25] Netfix是一个大得多的网站，如果它也将自己的流化基础设施和编码基础设施迁移到AWS，那么根据它的服务特性，Netflix可以使用哪些AWS服务？用于何种目的？
f. [讨论] 看看其他云服务提供商（Google、Microsoft、阿里巴巴等）提供的类似服务吧。本题(a)到(e)部分的答案有何变化？
g. [讨论] “无服务器计算”允许你构建和运行更高级别的应用程序和服务，而无须考虑特定的服务器。例子包括AWS Lambda、Google Cloud Functions、Microsoft Azure Functions等。假设你仍然是网站运营和基础设施经理，什么时候你会考虑没有服务器的计算？

6.23 [讨论/讨论/20/20/讨论] <6.4> 表6-5给出了用户感受的响应时间对收入的影响，激发了在保持低延迟的情况下实现高吞吐量的需求。

a. [讨论] 以Web搜索为例，有哪些可能缩短查询延迟的方法？
b. [讨论] 可以收集哪些监控统计数字，以帮助理解时间花费在哪里了？你计划怎样实现这样一种监控工具？
c. [20] 假定每个查询的磁盘访问数符合正态分布，其均值为2，标准差为3，需要哪种磁盘访问延迟使95%的查询的延迟SLA为0.1秒？
d. [20] 在存储器中进行缓存可以减少长延迟事件（比如，访问硬盘）发生的频率。假定稳态命中率为4%，命中延迟为0.05秒，缺失延迟为0.2秒，进行缓存是否有助于满足95%查询的延迟SLA为0.1秒的要求？
e. [讨论] 缓存内容什么时候过时，甚至变得不一致？发生这种情况的频率如何？怎样检测这种内容并使其失效？

6.24 [15/15/20/讨论] <6.4、6.6> 典型供电机组（PSU）的效率随负载的变化而变化。例如，在40%的负载下（例如，从100 W PSU输出40 W），PSU效率大约为80%；当负载介于20%与40%之间时，PSU效率为75%；当负载低于20%时，PSU效率为65%。

a. [15] 假定有一个服务器，其功耗与CPU的利用率成正比，利用率曲线如图6-1所示。平均PSU效率为多少？
b. [15] 假定此服务器为PSU采用了2*N*冗余（即将PSU数目加倍），以确保一个PSU发生故障时能够提供稳定电源。平均PSU效率为多少？
c. [20] 刀片式服务器供应商使用一种共享的PSU池，不仅可提供冗余，还可以使PSU的数量与服务器的实际功耗相匹配。HP c7000封装为总共16个服务器使用了多达6个PSU。在这种情况下，对于具有相同利用率曲线的服务器封装，平均PSU效率为多少？

6.25 [5/讨论/10/15/讨论/讨论/讨论] <6.4、6.8> **搁浅电力**（stranded power）是指提供给数据中心但未被使用的电力容量。考虑图6-21中不同机器组的数据[Fan、Weber和Barroso，2007]。（注意，这篇论文中所说的“集群”就是本章所说的“阵列”。）

a. [5] 机架级别、配电单元级别和阵列（集群）级别的搁浅电力为多少？在更大型的机器组中，电力容量收敛的趋势如何？

b. [讨论] 你认为是什么导致不同机器组之间的搁浅电力有所不同？

c. [10] 考虑一组阵列级别的机器，其中全部机器消耗的功率不会超过总功率的 72%（有时将其称为“总和的峰值”和“峰值的总和”之比）。利用本案例研究的成本模型，通过对比一个针对峰值容量进行供电的数据中心和针对实际使用进行供电的数据中心，计算可以节省多少成本。

d. [15] 假定数据中心设计者选择在阵列级别布署更多服务器，以充分利用搁浅电力。利用图 6-14a 部分中的示例配置和假定条件，在同等总功率配置下，计算现在可以在此仓库级计算机中多布署多少服务器。

e. [讨论] 在现实部署中，怎样才能使本题(d) 部分中的优化生效？（提示：在很罕见的情况下，阵列中的所有服务器都以峰值功耗使用，考虑在此情况下采取哪些措施来降低功耗。）

f. [讨论] 设想两种管理功耗上限的策略[Ranganathan 等，2006]：先发式策略，功耗预算为事先确定的（“不要假定自己可以耗用更多的功率，在此之前先行申请！”）；(2) 反应式策略，在超出功耗预算时调整功耗预算（“根据需要任意耗用功率，直到不行为止！”）。讨论这两种方法的优缺点，以及在什么情况下使用哪一种方法。

g. [讨论] 如果提高了系统的能耗同比性（假定工作负载与表 6-3 中的工作负载相似），那么总搁浅电力会有什么变化？

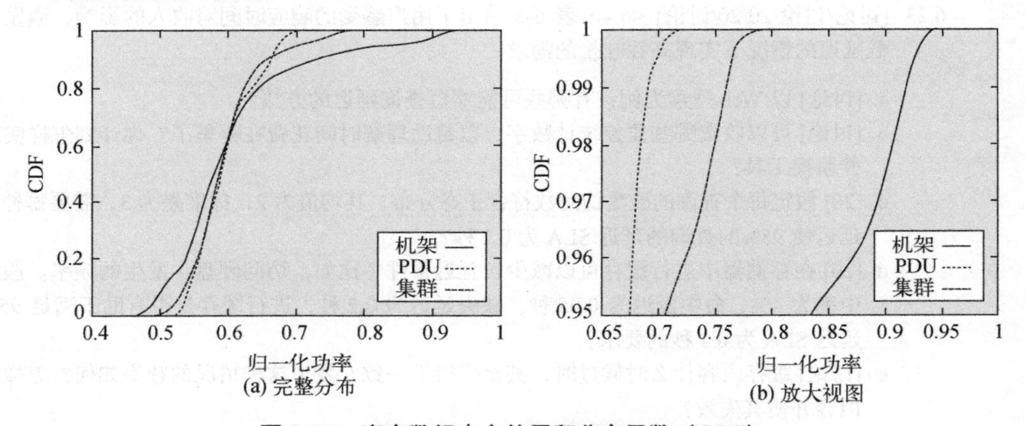

图 6-21　真实数据中心的累积分布函数（CDF）

6.26 [5/20/讨论] <6.4、6.7> 6.7 节讨论了在 Google 设计中为每个服务器使用电池作为电源。让我们来研究一下这一设计的结果。

a. [5] 假定将电池作为微服务器级别 UPS 的效率为 99.99%，并且消除了对效率只有 92%的设施级别 UPS 的需求。假定分站交换的效率为 99.7%，PDU、递减变换及其他电力断路器的效率分别为 98%、98%和 99%。请计算为各个服务器使用电池备份使整个电力基础的效率提高了多少。

b. [20] 假定 UPS 的成本占 IT 设备成本的 10%。另外假定采用本案例研究成本模型中的数据，那么电池成本的平衡点为多少（以其占单个服务器成本的比例表示）？达到此平衡点时，采用电池解决方案时的总拥有成本优于设施范围内 UPS 的拥有成本。

c. [讨论] 这两种方法之间进行了哪些其他折中？具体来说，你认为这两种设计的可管理性和故障模型有何不同？

6.27 [5/5/讨论] <6.4> 对于本练习，考虑如下用于计算 WSC 总运行功耗的简化公式：

总运行功耗= (1 + 冷却低效乘数) × IT 设备功耗

a. [5] 假定一个 8 MW 数据中心的电源使用效率为 80%，电力成本为 0.1 美元/千瓦时，冷却低效乘数为 0.8。对比以下优化方式所能节省的成本：(1) 将冷却效率提高 20%；(2) 将 IT 设备的能效提高 20%。

b. [5] IT 设备能效提高多少才能与冷却效率提高 20%节省的成本相当？

c. [讨论] 关于服务器能效优化和冷却能效优化的相对重要性，你能得出什么结论？

6.28 [5/5/讨论] <6.4> 如本章中讨论的，WSC 中的冷却设备本身会消耗许多能量。通过主动控制温度，可以降低冷却成本。人们已经提出一种优化方式，在安排工作负载时对温度加以考虑，以控制温度，降低冷却成本。其思想是确定给定房间中的冷却分布图，将较热的系统与较冷的区域相对应，从而降低 WSC 级别的整体冷却需求。

a. [5] CRAC 单元的性能系数（COP）定义为所清除的热量（Q）与清除该热量所做的功（W）之比。当 CRAC 单元压入通风系统的空气温度升高时，CRAC 单元的 COP 也随之增大。如果返回 CRAC 单元的空气温度为 20 摄氏度，那么当 COP 为 1.9 时，要清除 10 KW 的热量，需要在 CRAC 单元中消耗多少能量？如果要对同等体积的空气进行冷却，但这次返回的空气温度为 25 摄氏度，取 COP 为 3.1，则要在 CRAC 单元中消耗多少能量？

b. [5] 假定某种工作负载分配算法能够将热工作负载很好地与冷区域相匹配，使 CRAC 单元能够在较高温度下运行，以提高前面练习中的冷却效率。上述两种情况可以节省多少电能？

c. [讨论] 鉴于 WSC 系统的规模，电能管理问题可能非常复杂，涉及多个方面。为提高能效所进行的优化可以在硬件和软件中实施，可以在系统级实施，也可以在集群级针对 IT 设备或冷却设备实施，等等。在为 WSC 设计整体功效解决方案时，考虑这些交互作用是非常重要的。考虑一种整合算法，它查看服务器利用率，并整合同一计算机上的不同工作负载类别，以提高服务器利用率。（如果系统不具备能耗同比性，这一做法可能会使系统运行时具有较高的能效。）这一优化如何与尝试使用不同电源状态的并发算法交互？请参见 ACPI（高级配置与电源接口）中的一些例子。关于 WSC 中可能冲突的多种优化方式，你能想到其他哪些例子？如何解决这一问题？

6.29 [5/10/15/20] <6.2、6.6> 能耗同比性（有时也称为“能耗缩减”）是系统的一种属性，指系统在空闲时没有功耗，但更重要的是，当活跃程度高或者需要完成的工作量增加时，系统功耗会呈正比增加。在这个练习中，我们将研究能量消耗对不同能耗同比性模型的敏感性。在下面的练习中，除非另行指出，否则默认使用表 6-3 中的数据。

a. [5] 推导能耗同比性的一种简单方法是假定活跃性与功耗之间存在线性关系。只要使用表 6-3 中的峰值功耗和空闲功耗，并利用线性插值，就可以画出当活跃性变化时的能效趋势。（能效表示为“性能/瓦”。）当空闲功耗（即活跃度为 0% 时）为表 6-3 中所示数据的一半时，会出现什么情况？如果空闲功耗为 0，又会发生什么情况？

b. [10] 绘制在活跃性变化时的能效趋势，使用表 6-3 中第 3 列的功耗变化数据。假定空闲功耗（仅这一指标）为表 6-3 所示数据的一半，绘制能效曲线。将这些曲线与上一练习中的线性模型进行对比。关于仅关注空闲功耗的结果，可以得出哪些结论？

c. [15] 假定如表 6-3 第 7 列的混合系统利用率数据。为简便起见，假定 1000 台服务器的利用率为离散分布，其中 109 台服务器的利用率为 0%，80 台服务器的利用率为 10%，等等。利用(a)部分和(b)部分的假定，计算这一混合工作负载下的总性能和总能耗。

d. [20] 有人可能设计一种系统，当负载级别介于 0%和 50%之间时，其功耗与负载的关系满足亚线性。这种系统的能效曲线在较低利用率时达到峰值（以高利用率为代价）。给出表 6-3 中第 3 列的一个新版本，用以展示这一能效曲线。假定采用表 6-3 中第 7 列的混合系统利用率数据。为简单起见，假定 1000 台服务器的利用率为离散分布，其中 109 台服务器的利用率为 0%，80 台服务器的利用率为 10%，等等。计算这一混合工作负载下的总性能和总能耗。

6.30 [15/20/20] <6.2、6.6> 这个练习说明了能耗同比性模型之间的一些相互作用，这些模型采用了一些优化方法，比如服务器整合与高能效的服务器设计。考虑表 6-13 和表 6-14 中所示的情景。

a. [15] 考虑两台服务器，其功耗分布如表 6-13 所示：情景 A（表 6-3 中考虑的服务器）和情景 B（其能耗同比性低于情景 A，但服务器的能效高于情景 A）。假定有表 6-3 中第 7 列的混合系统利用率。为简单起见，假定 1000 台服务器的利用率为离散分布，其中 109 台服务器的利用率为 0%，80 台服务器的利用率为 10%，等等，如表 6-14 第一行所示。假定其性能变化如表 6-3 第 2 列所示。对比这两种服务器类型在采用这一混合工作负载时的总性能和总能耗。

b. [20] 考虑一个由 1000 台服务器组成的集群，其数据类似于表 6-3 所示的数据（汇总在表 6-13 和表 6-14 的第一行内）。根据这些假定，在此混合工作负载情况下的总性能和总能耗为多少？现在假定我们能够整合工作负载，对情景 C 中所示的分布进行建模（表 6-14 的第二行）。现在的总性能和总能耗是多少？某一系统具有线性能耗同比性模型，其空闲功耗为 0 W，峰值功耗为 662 W。与该系统相比，前面计算的总能耗如何？

c. [20] 重复(b) 部分，但这一次采用服务器 B 的功耗模型，并与(a) 部分的结果进行对比。

表 6-13　两台服务器的功耗分布

活跃度（%）	0	10	20	30	40	50	60	70	80	90	100
功耗、情景 A（W）	181	308	351	382	416	451	490	533	576	617	662
功耗、情景 B（W）	250	275	325	340	395	405	415	425	440	445	450

表 6-14　集群中在无、有合并情景下的利用率分布

活跃度（%）	0	10	20	30	40	50	60	70	80	90	100
无、服务器、情景 A 和情景 B	109	80	153	246	191	115	51	21	15	12	8
无、服务器、情景 C	504	6	8	11	26	57	95	123	76	40	54

6.31 [10/讨论] <6.2、6.4、6.6> 系统级能耗同比性趋势。考虑一台服务器功耗按如下方式细分：

CPU，50%；存储器，23%；磁盘，11%；网络/其他，16%

CPU，33%；存储器，30%；磁盘，10%；网络/其他，27%

a. [10] 假定 CPU 的动态功耗范围为 3.0 倍（即 CPU 在空闲时的功耗是其峰值工作负载时功耗的三分之一。）假定上述存储器系统、磁盘和网络/其他类别的动态功耗范围分别为 2.0、3.0 和 1.2 倍。这两种情况下，总系统的整体动态范围为多少？

b. [讨论] 从(a)部分的结果中能够学到些什么？如何在系统级别实现更好的能耗同比性？（提示：仅通过 CPU 优化无法实现系统级的能耗同比性，而是需要对所有组件进行改进。）

6.32 [30] <6.4> Pitt Turner IV 等人[2008]对数据中心层的分类进行了很好的综述。层分类确定了网站基础设施的性能。为简单起见，考虑如表 6-15 所示的关键差别[Pitt Turner IV 等，2008]。使用此案例研究中的 TCO 模型，对比所显示的不同层对成本的影响。

表 6-15　数据中心层分类概述

第 1 层	用于配电和冷却的单一路径，没有冗余组件	99.0%
第 2 层	（N+1）冗余=两条配电与冷却路径	99.7%
第 3 层	（N+2）冗余=三条配电与冷却路径，即使在维护期间也能正常工作	99.98%
第 4 层	两条活跃配电与冷却路径，每条路径有冗余组件，以容忍任何单一设备故障，不会对负载产生影响	99.995%

* 摘自[Pitt Turner IV 等，2008]。

6.33 [讨论] <6.4> 根据表 6-5 和表 6-6 中的观察结果，关于宕机时间的收入损失和正常工作所需要的成本之间的权衡，你可以得出什么结论？

6.34 [15/讨论] <6.4> 最近的一些研究定义了名为 TPUE 的度量，TPUE 表示“真正 PUE”（true PUE）或“总 PUE”（total PUE）。TPUE 定义为 PUE × SPUE。PUE 表示电源使用效率，在 6.4 节中定义为总设施功耗与 IT 设备功耗之比。SPUE（服务器 PUE）是一个与 PUE 类似的新指标，但它不适用于计算设备，而是定义为总服务器输入功耗与其有用功耗之比，其中有用功耗定义为直接参与计算的电子组件的功耗，这些电子组件包括主板、磁盘、CPU、DRAM、I/O 卡，等等。换句话说，SPUE 度量的是服务器上电源、电压调节器和风扇等器件的低效程度。

a. [15] <6.4> 考虑一种设计，它为 CRAC 单元提供的空气温度较高。CRAC 单元的效率近似于温度的二次函数，因而这一设计提高了整体 PUE——我们假定提高了 7%（假定基准 PUE 为 1.7）。但是，服务器级别的较高温度会触发板载风扇控制器，使其控制的风扇转速高出许多。风扇功耗是速度的三次函数，提高风扇速度会导致 SPUE 下降。假定风扇的功耗模型为：

$$\text{风扇功耗}=284 \times ns \times ns \times ns - 75 \times ns \times ns$$

其中，*ns* 是归一化风扇转速=风扇转速/18 000（rps）。基准服务器功耗为 350 W。如果风扇转速(1) 从 10 000 r/min 增加到 12 500 r/min，(2) 从 10 000 r/min 增加到 18 000 r/min，计算 SPUE。对比这两种情况下的 PUE 和 TPUE。（为简单起见，忽略 SPUE 模型中功耗输出的低效。）

b. [讨论] (a)部分说明：尽管 PUE 是衡量设备开销的优秀度量，但它并不能衡量 IT 设备本身的低效。你能否给出另外一种设计，其 TPUE 变化可能低于传统 PUE 的变化？（提示：参见练习 6.26。）

6.35 [讨论/30/讨论] <6.2> 要衡量服务器中的能效，以两个基准测试作为起点是非常合适的：SPECpower_ssj 2008 基准测试和 JouleSort 度量。

a. [讨论] <6.2> 查看关于这两个基准测试的描述。它们有哪些相似之处？有哪些不同之处？为了改进这两个基准测试，以提高 WSC 能效，可以做些什么？

b. [30] <6.2> JouleSort 测量整个系统的能耗以执行核外排序，并尝试推导出一种度量，用来对比从嵌入式设备到超级计算机的各种系统。下载该排序算法的公开可用版本，并在不同类型的计算机上运行它，比如便携式计算机、PC 和移动电话等，或者采用不同配置运行该算法。从不同设置的 JouleSort 评级结果中可以学到些什么？

c. [讨论] <6.2> 考虑在上述试验中获得最佳 JouleSort 评级的系统。如何提高能效呢？例如，尝试重写该排序代码，以提高 JouleSort 评级。在云中运行排序对能效有什么影响？

6.36 [10/10/15/讨论] <6.1、6.2> 表 6-1 是一个服务器阵列的停运列表。在应对大规模的 WSC 时，要平衡集群设计与软件体系结构，以在不显著增加成本的情况下实现所需要的正常运行时间。这个问题研究仅通过硬件来实现可用性的含义。

a. [10] <6.1、6.2> 假定经营者希望仅通过改进服务器硬件来实现 95%的可用性，那么各类事件必须减少多少？现在假定通过冗余机器完全解决了个别服务器崩溃问题。

b. [10] <6.1、6.2> 如果 50%的时间内是通过冗余处理了个别服务器崩溃问题，(a) 部分的答案将如何变化？20%的时间呢？0%的时间呢？

c. [15] <6.1、6.2> 讨论软件冗余性对于实现高级可用性的重要性。如果 WSC 经营者考虑购买一些价格略便宜便但可靠性也降低了 10%的机器，这对软件体系结构有哪些影响？与软件冗余相关的挑战有哪些？

d. [讨论] <6.1> 讨论最终一致性对 WPS 伸缩的重要性。

6.37 [15] <6.1、6.8> 查看标准 DDR4 DRAM 与带有纠错码（ECC）的 DDR4 DRAM 的当前价格。为了实现 ECC 所提供的更高可靠性，每比特的价格会提高多少？仅使用这些 DRAM 价格以及 6.8

节提供的数据，对于采用非 ECC DRAM 与有 ECC DRAM 的 WSC，每美元的正常工作时间是多少？

6.38 [5/讨论/讨论] <6.1、6.8> WSC 可靠性和可管理性方面的考虑因素。

a. [5] 考虑一个服务器集群，其中每台服务器的成本为 2000 美元。假定年故障率为 5%，每次修复的平均服务时间为 1 小时，每次故障更换零件时需要系统成本的 10%，每台服务器的年维护费用为多少？假定一个服务技师每小时收费为 100 美元。

b. [讨论] 解释该可管理性模型与传统企业数据中心可管理性模型的差别，在该传统企业数据中心中，有大量中小型应用程序分别运行在自己的专用硬件基础设施上。

c. [讨论] 讨论在仓库级计算机中使用异构机器的利弊。

6.39 [讨论] <6.4、6.7、6.8> OpenCompute 项目提供了一个社区，用于设计和共享仓库计算机的高效设计。看看最近提出的一些设计方案。它们与本章讨论的设计权衡相比如何？这些设计与 6.7 节中讨论的 Google 案例研究有何不同？

6.40 [15/15] <6.3、6.4、6.5> 假设 6.2 节中的 MapReduce 作业正在执行一个任务，涉及 2^{40} 字节的输入数据、2^{37} 字节的中间数据和 2^{30} 字节的输出数据。这个作业完全受存储器/存储限制，因此它的性能可以通过表 6-4 中的 DRAM/磁盘带宽来量化。

a. [15] 在表 6-8 中的 m4.16xlarge 和 m4.large 上运行作业的成本是多少？哪个 EC2 实例的性能更高？哪个 EC2 实例的成本更低？

b. [15] 如果在系统中增加一个 SSD，比如在 m3.medium 中，这个作业的成本是多少？与本题(a)部分的最佳实例相比，m3.medium 的性能和成本如何？

6.41 [5/5/10/讨论] <6.1、6.4> 假设你创建了一个 Web 服务，99%的时间运行良好（响应延迟在 100 毫秒以内），1%的时间会出现性能问题（可能 CPU 进入低功耗状态，响应时间为 1000 毫秒，等等）。

a. [5] 你的服务越来越受欢迎，现在你有 100 台服务器，你的计算必须通过所有这些服务器来处理用户请求。在 100 台服务器上，你的查询可能会有多少百分比的时间响应速度较慢？

b. [5] 与“两个九”（99%）的单服务器延迟 SLA 不同，单服务器延迟 SLA 需要多少个“九”才能使集群延迟 SLA 的不良延迟只有 10%或更低？

c. [10] 如果有 2000 台服务器，那么(a)和(b)部分的答案会有什么变化？

d. [讨论] 6.4 节讨论了“尾部容忍”设计。你需要在你的 Web 服务中进行什么样的设计优化？（提示：请参阅 Dean 和 Barroso[2013]的论文“Tail at Scale”。）

7 领域专用体系结构

摩尔定律不可能永远持续……再过 10 到 20 年，我们将会达到一个基本极限。

——戈登·摩尔，
Intel 联合创始人（2005）

7.1 引言

本章开篇的引文表明，戈登·摩尔不仅在1965年预测了单个芯片上的晶体管数量会以惊人的速度增长，同时还预测了这一增长会在50年后停止。图7-1就是一个证据，从图中可以看出，即使是摩尔自己创建的公司——数十年来自豪地将摩尔定律当作资本投资的指南——现在也放缓了新半导体工艺的开发速度。

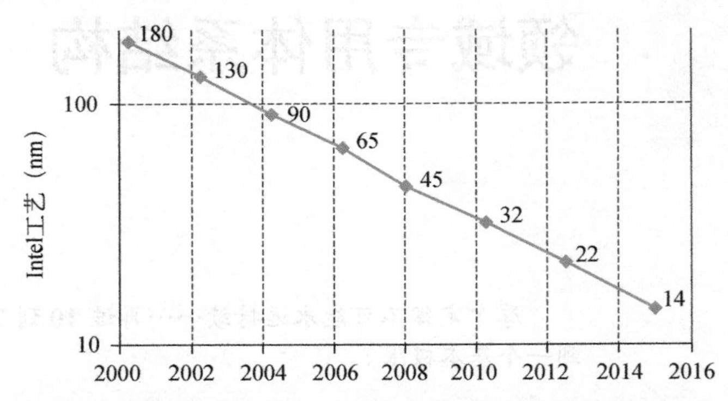

图7-1　出现新的Intel半导体工艺技术（以nm衡量）所需的时间。 y轴为对数尺度。可以看出，从2010年开始，工艺技术上一个台阶所需的时间由大约24个月延长到大约30个月

在半导体工艺技术蓬勃发展时期，架构师们借摩尔定律的东风，创造了许多非常新颖的机制，将充裕的晶体管资源转化为更高的性能。一个五级流水线、32位RISC处理器在20世纪80年代只需要25 000个晶体管，而它现在需要的资源增长了100 000倍，换来的是能够支持更多特性，从而提升通用代码在通用处理器上的运行速度，例如前面各章描述的一些特性：

- 一级、二级、三级甚至四级缓存
- 512位SIMD浮点单元
- 15+级流水线
- 分支预测
- 乱序执行
- 推测预取
- 多线程
- 多重处理

这些复杂的体系结构面向的是用高效语言（比如C++）编写的百万行的程序。架构师将这些代码当作黑盒，他们通常不需要理解程序的内部结构，甚至不需要理解程序想要做些什么。基准测试程序（比如SPEC2017中的此类程序）只是用来衡量性能和指导优化的。编译器的作者们关心的是硬件/软件接口（这要追溯到20世纪80年代的RISC革命），他们对高级应用程序行为特性的理解有限。这就是为什么编译器甚至不能弥合C（或C++）语言与GPU体系结构之间的语义鸿沟。

第 1 章已经说过，登纳德缩放比例定律的终结远早于摩尔定律。因此，晶体管开关越多，意味着功耗越高。能量预算并没有增加，而且我们已经将单个低效处理器替换为多个高效核。因此，我们已经囊中乏计，无法再继续大幅提升通用体系结构的性价比和能效了。因为能量预算是有限的（原因在于芯片的电迁移、机械和热限制），所以要想提升性能（每秒内执行更多的操作），就需要减少单次操作所消耗的能量。

图 7-2 从另一个角度来看待第 1 章提到的内存与逻辑的相对能耗，这一次是按照一个算术运算指令的开销来计算的。当给定这一开销时，对现有处理器核进行微小的调整，可能会得到 10%的提升，但如果希望在保持可编程性的同时得到指数级的提升，就需要将每条指令的算术运算操作的数量由 1 增加到数百。为实现这一级别的效率，就需要对计算机体系结构进行巨大的改变，由通用核变为**领域专用体系结构**（domain-specific architecture，DSA）。

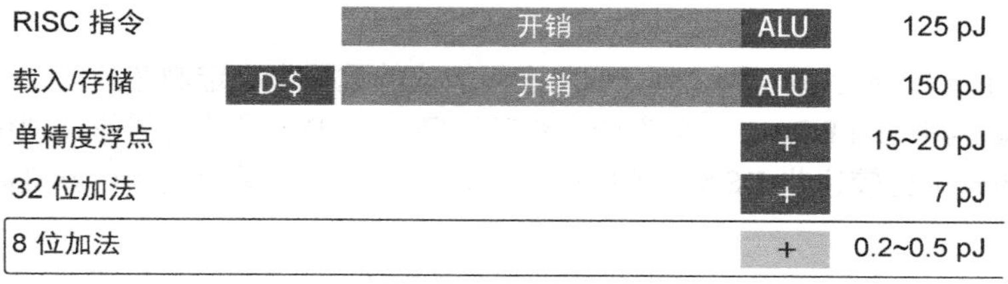

RISC 指令	开销 ALU	125 pJ
载入/存储	D-$ 开销 ALU	150 pJ
单精度浮点	+	15~20 pJ
32 位加法	+	7 pJ
8 位加法	+	0.2~0.5 pJ

图 7-2 90 nm 工艺下取指或访问数据缓存的能耗与算术运算能耗的对比（单位为皮焦，pJ）[Qudeer 等，2015]

于是，就像在过去 10 年里，迫不得已由单处理器转向多处理器一样，架构师们现在研究 DSA 也是因为对过往技术的绝望。现在的新常态是，一台计算机将包含标准处理器和领域专用处理器，其中标准处理器用来运行诸如操作系统之类的传统大型程序，领域专用处理器则仅执行非常有限的一些任务，但其执行效果极好。因此，与过去的同构多核芯片相比，这些计算机的异构性会高得多。

过去几十年利用摩尔定律进行的体系结构方面的创新（缓存、乱序执行等）也许并不能很好地与某些领域相匹配（特别是就能量利用而言），因此，可以重新利用这部分资源使芯片更符合领域需求。例如，缓存对于通用体系结构来说是非常出色的，但对于 DSA 来说就不一定了；有些应用程序的访存模式很容易预测，有些大数据集（比如视频）几乎没有数据重用，对于这些情况，多级缓存技术就显得大材小用了。因此，DSA 的前景既包括提升硅的利用率，也包括提升能效，而在今天，后者通常更重要。

架构师很可能不会为了一个大型的 C++程序（比如 SPEC2017 基准测试中的某个编译器）开发一个 DSA。领域专用算法大多是针对较大系统中的小型计算密集型内核设计的，比如目标识别或语音理解。DSA 应当专注于某一个任务子集，而不是准备运行整个程序。此外，改变基准测试的代码不再是违规；对 DSA 来说，这是一种非常有效的加速方法。于是，对 DSA 感兴趣的架构师想有所建树的话，必须现在就开始学习相关应用领域及算法。

除了拓展专业知识，领域专用架构师面对的另一个挑战是找到一个合适的目标领域，其需求大到有必要在一个 SOC 上为其分配专门的资源，甚至是专门研发一种定制芯片。定制芯片及其配套软件的**非重复性工程**（nonrecurring engineering，NRE）成本要分摊到生产的所有芯片上，因此，如果你只需要 1000 个芯片，那么成本将非常高。

对于小体量的应用程序，一种应对方法是使用可重配置的芯片，比如 FPGA，这是因为它们的 NRE 成本低于定制芯片，而且几种不同的应用可以重复利用同一个可重配置的硬件，从而分摊其成本（见 7.5 节）。然而，由于这种硬件的效率低于定制芯片，所以由 FPGA 得到的收益有限。

DSA 的另一个挑战是软件移植。人们熟悉的编程环境（比如 C++编程语言和编译器）很少能在 DSA 上直接使用。

本章的后续部分将为 DSA 设计提供 5 条指导原则，随后针对我们的示例领域提供一份教程，这个示例领域就是**深度神经网络**（deep neural network，DNN）。我们选择 DNN 是因为它正在革命性地改变当今的许多计算领域。与某些硬件目标不同，DNN 拥有广阔的应用场景，所以我们可以将一个 DNN 专用体系结构重复应用于语音、视觉、语言、翻译、搜索排名等领域的解决方案。

下面给出 4 个 DSA 示例：两个对 DNN 进行加速的数据中心定制芯片，一个可以在多个领域进行加速的数据中心 FPGA，一个为**个人移动设备**（PMD）设计的图像处理单元。之后会利用 DNN 基准测试来比较这些 DSA 与 CPU 和 GPU 的性价比，最后预测计算机体系结构即将到来的复兴。

7.2　DSA 指导原则

下面介绍 DSA 设计的 5 条基本原则，7.4~7.7 节中的 4 种 DSA 设计就是以这 5 条原则为指导的。遵循这 5 条基本原则不仅可以提高面积效率和能效，还有两个好处。第一，它们可以简化设计，从而降低 DSA 的 NRE 成本（参阅 7.10 节的“谬论”部分）。第二，对于 DSA 中常见的面向用户的应用程序来说，相较于传统处理器采用的时变性能优化方法，遵循这些基本原则的加速器可以更好地满足第 99 百分位响应时间期限，7.9 节将会探讨这一点。表 7-1 说明了这 4 种 DSA 是如何遵循这些指导原则的。

(1) 使用专用存储器将数据移动距离缩至最短。

通用微处理器中的多级缓存使用了大量的硅面积和能量，试图以最佳方式为程序移动数据。例如，一个两路组相联缓存使用的能量是与之等价的软件控制便笺式存储器的 2.5 倍。当然，DSA 的编译器编写者和程序员对其领域有着深刻的理解，所以不需要硬件来为他们移动数据，而是利用专门为该领域内的特定功能所定制的软件控制存储器来减少数据移动。

(2) 将通过减少微体系结构高级优化措施所节省的资源，投入到更多的算术运算单元或更大的存储器中。

如 7.1 节所述，架构师们将摩尔定律带来的好处转化为针对 CPU 和 GPU 的资源密集型优化（乱序执行、多线程、多重处理、预取、地址接合，等等）。鉴于架构师对这些领域中的程序执行有深刻的理解，这些资源最好投入到更多的处理单元或者更大的片上存储上。

(3) 使用与该领域相匹配的最简并行形式。

DSA 的目标领域几乎总是有内在的并行性。所以一个 DSA 的关键决策就是如何充分利用其并行性，以及如何向软件展现这一特性。要围绕该领域固有的并行粒度来设计 DSA，并在编程模型中简单地展现这一并行性。例如，就数据级并行而言，如果 SIMD 在该领域就够用了，那么对程序员和编译器编写者来说，它当然要比 MIMD 更容易。同样，如果 VLIW 可以表达该领域的指令级并行，那么与乱序执行相比，其设计规模可以更小，能效可以更高。

(4) 缩小数据规模，减少数据类型，使之能满足该领域最低需求即可。

我们将会看到，许多领域中的应用程序通常都是受存储器限制的，所以可以利用更小位宽的数据类型来提高有效存储带宽和片上存储利用率。更短小、更简单的数据还允许你在同样的芯片面积上放置更多的算术运算单元。

(5) 使用一种领域专用编程语言将代码移植到 DSA。

7.1 节曾提到，DSA 的一个经典难题是让应用程序在你的新体系结构上运行。一个长期存在的谬误是，假定你的新计算机非常有吸引力，以至于程序员们为了你的硬件而重写自己的代码。所幸，在架构师被迫将注意力转移到 DSA 之前，领域专用编程语言就已经流行起来。用于视觉处理的 Halide 和用于 DNN 的 TensorFlow [Ragan-Kelley 等，2013；Abadi 等，2016]都是这方面的例子。这些语言大幅提高了向 DSA 移植应用程序的可行性。如前所述，在某些领域，应用程序中只有一些涉及大量计算的部分需要在 DSA 上运行，这也简化了代码移植。

表 7-1 本章中的 4 种 DSA 及其遵循 5 条指导原则的情况

指导原则	TPU	Catapult	Crest	Pixel Visual Core
设计目标	数据中心 ASIC	数据中心 FPGA	数据中心 ASIC	PMD ASIC/SOC IP
1. 专用存储器	24 MiB 统一缓冲区，4 MiB 累加器	可变	无	每个核：128 KiB 行缓冲区，64 KiB P.E.存储器
2. 更大的算术运算单元	65 536 个乘法累加器	可变	无	每个核：256 个乘法累加器（512 个 ALU）
3. 简单的并行机制	单线程，SIMD，顺序	SIMD，MISD	无	MPMD，SIMD，VLIW
4. 更小的数据规模	8 位、16 位整数	8 位、16 位整数，32 位浮点数	21 位浮点数	8 位、16 位、32 位整数
5. 领域专用语言	TensorFlow	Verilog	TensorFlow	Halide/TensorFlow

* Pixel Visual Core 通常有 2~16 个核，其第一个实现版本不支持 8 位算术运算。

DSA 引入了许多新术语，大多来自新的领域，但也有一些来自在传统处理器中未曾见过的新体系结构机制。与第 4 章中的做法一样，我们在表 7-2 中列出了新的术语和缩略语，并给出了简短的解释，以帮助读者理解。

表 7-2 7.3~7.6 节所用 DSA 术语的速查表

领域	术　语	缩略词	简要解释
通用	领域专用体系结构（domain-specific architecture）	DSA	一种为特定领域设计的专用处理器。依赖其他处理器来处理该领域之外的任务
	知识产权模块（intellectual property block）	IP	一种可移植的设计模块，可以集成到 SOC 中。在市场上，一个组织可以将 IP 模块提供给其他组织，后者将这些模块集成到 SOC 中
	片上系统（system on a chip）	SOC	一个集成了计算机所有部件的芯片，常见于 PMD

（续）

领域	术　语	缩略语	简要解释
深度神经网络	激活结果（activation）	—	“激活”人工神经元的结果；非线性函数的输出
	批数据（batch）	—	一组一起处理的数据集，用于降低提取权重的成本
	卷积神经网络（convolutional neural network）	CNN	一种DNN，其输入为一组非线性函数，这些函数的参数为上一层输出中的空间邻近区域与各自权重的乘积
	深度神经网络（deep neural network）	DNN	由若干层组成，其中每一层由若干人工神经元构成，而神经元由一个非线性函数组成，这个函数被应用于上一层的输出与权重的乘积
	推理（inference）	—	DNN的生产阶段，也称预测（prediction）
	长短期记忆（long short-term memory）	LSTM	一种RNN，非常适用于时间序列的分类、处理和预测。它是一种层级结构设计，由称为单元（cell）的模块组成
	多层感知机（multilayer perceptron）	MLP	一种DNN，其输入为一组非线性函数，这些函数的参数为上一层的所有输出与其各自权重的乘积。这些层称为**全连接层**（fully connected layer）
	修正线性单元（rectified linear unit）	ReLU	一种执行 `f(x)=max(x, 0)`的非线性函数。其他常见的非线性函数为sigmoid函数和双曲正切函数（tanh）
	循环神经网络（recurrent neural network）	RNN	一种DNN，其输入来自上一层及之前的状态
	训练（training）	—	DNN的开发阶段，也称**学习**（learning）
	权重（weight）	—	在训练过程中学到的取值，用于与输入值相乘；也称**参数**（parameter）
TPU	累加器（accumulator）	—	4096个256×32位寄存器（4 MiB），它们收集MMU的输出，并作为激活单元的输入
	激活单元（activation unit）	—	执行非线性函数（ReLU、sigmoid、tanh、最大池化与平均池化）。它的输入来自累加器，其输出送至统一缓冲区
	矩阵乘法单元（matrix multiply unit）	MMU	一个包括256×256个8位算术运算单元的脉动阵列，用于执行乘加运算。它的输入来自权重存储器和统一缓冲区，其输出送往累加器
	脉动阵列（systolic array）	—	一种保持同步的处理单元阵列，这些单元以步进方式取得上游相邻处理器的数据作为输入，计算部分结果，并将一些输入和计算结果传送给下游的相邻处理器
	统一缓冲区（unified buffer）	UB	24 MiB片上存储器，用于保存激活结果。它的大小可以避免在运行DNN时向DRAM溢出激活结果
	权重存储器（weight memory）	—	8 GiB外部DRAM芯片，保存了供MMU使用的权重。权重在进入MMU之前，被传送给一个**权重FIFO**（weight FIFO）

7.3　示例领域：深度神经网络

人工智能（AI）不仅是计算领域的下一个巨大浪潮，还是人类历史的下一个重大转折点……智能革命将由数据、神经网络和计算能力所驱动。Intel致力于AI，因此……我们已经为AI的发展和广泛采用增加了一组前沿加速器。

——Brian Krzanich，
Intel CEO（2016）

从世纪之交开始，人工智能已经强势回归。这一次不再是用一大套逻辑规则**构建**人工智能，而是将焦点转移到对样本数据的**机器学习**（machine learning），以此作为通向人工智能的路径。需要学习的数据量远超人们的想象。21 世纪的 WSC 从互联网上数十亿用户及其智能手机上收集并存储 PB 级的信息，为机器学习提供了充足的数据。我们还低估了为了从大规模数据中进行学习所需的计算量，但在 WSC 数以千计的服务器中嵌入的 GPU 拥有绝佳的单精度浮点运算性价比，从而提供了足够的算力。

机器学习的一个组成部分称为 DNN，它在过去 5 年里已经成为 AI 明星。DNN 的一项突破性进展是语言翻译，DNN 在这方面取得的进展超过了之前 10 年所取得的所有进展[Tung，2016；Lewis-Kraus，2016]。在过去 5 年里，DNN 使图像识别竞赛中的错误率由 26% 降到了 3.5%[Krizhevsky 等，2012；Szegedy 等，2015；He 等，2016]。2016 年，DNN 让一个计算机程序首次击败了人类围棋冠军[Silver 等，2016]。尽管其中有许多 DNN 运行在云服务上，但它们还支持智能手机上的 Google 翻译，我们在第 1 章对其进行了介绍。2017 年，DNN 几乎每周都会取得重要的新成果。

如果读者希望了解有关 DNN 的更多内容，应当下载并尝试阅读 TensorFlow 教程[TensorFlow Tutorials，2016]。不是特别富有冒险精神的读者，可以查阅一本关于 DNN 的免费线上教材[Nielsen，2016]。

7.3.1 DNN 的神经元

DNN 受到了人类大脑神经元的启发。神经网络所用的人工神经元就是将**权重**（weight）或**参数**（parameter）与数据值相乘，然后对这些乘积求和，再将结果传送给一个非线性函数，用于确定其输出。后面将会看到，每个人工神经元都有一个大型扇入和一个大型扇出。

对于图像处理 DNN，输入数据就是一幅图像的像素，像素值会与权重相乘。尽管人们已经尝试了许多非线性函数，但当今流行的一个非线性函数是 `f(x)=max(x, 0)`。当 `x` 为负值时，该函数返回 0；当 `x` 为正数或零时，则返回原值。（这个简单的函数却有着一个非常复杂的名字——**修正线性单元**，rectified linear unit，ReLU。）非线性函数的输出称为**激活结果**（activation），因为它是已被“激活”的人工神经元的输出。

一个人工神经元集群可以处理输入的不同部分，这个集群的输出将成为下一个人工神经元层的输入。输入层与输出层之间的层称为**隐层**（hidden layer）。对于图像处理，可以将每个层看作寻找不同类型的特征，既可以是诸如边缘和角度之类的低级特征，也可以是眼睛和耳朵之类的高级特征。如果图像处理应用程序试图判断一幅图像中是否包含狗，那么最后一层的输出可能就是一个介于 0 和 1 之间的狗出现的概率值，也可能是一个概率列表，对应于不同犬的品种。

DNN 因其层数而得名。由于过去的数据量与算力不足，所以大多数神经网络相对较浅。表 7-3 给出了近来各种 DNN 的层数、权重数，以及对每次提取的权重所执行的运算数（运算密度）。2017 年，一些 DNN 已经拥有了 150 层。

表 7-3　6种 DNN 应用

名　称	DNN 的层数	权重数（万）	运算/权重
MLP0	5	2000	200
MLP1	4	500	168
LSTM0	58	5200	64
LSTM1	56	3400	96
CNN0	16	800	2888
CNN1	89	10 000	1750

* 这6种DNN应用代表了2016年Google用于推理的95%的DNN工作负载，7.9节用到了它们。表7-8给出了这些DNN的更多细节。

7.3.2　训练与推理

前面关注的是生产阶段的 DNN。开发 DNN 时，首先要定义神经网络架构，选取层的数量和类型、每一层的维度以及数据的规模。尽管专家们可能会开发新的神经网络架构，但大多数从业者也能从现有的许多设计（例如表 7-3 所列）中进行选择，实践已经证明这些设计可以很好地解决与之类似的问题。

一旦选择了神经网络架构，下一步就是学习与神经网络图中每一条边相关联的权重。这些权重决定了模型的行为特性。根据所选的神经网络架构，一个模型中的权重可能有数千个，也可能数亿个（见表 7-3）。训练是对这些权重进行调优，以使 DNN 能够近似模拟这些训练数据所描述的复杂函数（例如，由图像映射到图像中的物体），整个过程非常耗费资源。

这个开发阶段普遍称为**训练**或**学习**，而生产阶段则有许多名字：**推理**、**预测**、**评分**、**实施**、**评估**、**运行**或**测试**。大多数 DNN 采用**监督学习**，都有一个训练集可用来学习，其中的数据经过了预处理，拥有正确的标签。在 ImageNet DNN 竞赛中[Russakovsky 等，2015]，训练数据集包含 120 万张照片，每张照片已经被标记为 1000 个类别之一。这些类别中有几个非常具体，比如特定品种的狗、猫。获胜者的评选规则是：对另外一组 50 000 张测试集照片进行评估，看哪种 DNN 的错误率最低。

权重的设定是一个迭代过程，**反向**通过接受训练的神经网络。这个过程称为**反向传播**（backpropagation）。例如，因为我们知道训练集中一张狗的图像中狗的品种，所以我们先看看 DNN 针对这幅图像说些什么，然后调整权重，以改进回答。令人惊讶的是，在训练过程开始时，这些权重应当设定为随机值，然后不断进行迭代，直到对使用此数据集时的 DNN 准确率感到满意为止。

对于喜欢数学的人来说，学习过程的目标就是找出一个函数，它利用多层神经网络将输入正确地映射到输出。反向传播表示“误差的反向传播”。它针对所有权重计算一个梯度，并将之作为一个优化算法的输入，这个算法试图通过更新这些权重最小化误差。DNN 的最常见优化算法是**随机梯度下降法**（stochastic gradient descent）。它按比例调整权重，使通过反向传播得到的梯度下降最大化。有兴趣的读者可参阅 Nielsen [2016]或 TensorFlow 教程[2016]。

训练过程可能要进行数周的计算，如表 7-4 所示。每个数据样本的推理过程通常不到 100 ms，为训练过程的百万分之一。尽管训练过程需要的时间要远长于单次推理操作，但推理的总计算时间取决于 DNN 客户数和他们调用该 DNN 的频繁程度。

表 7-4　几种 DNN 的训练数据集规模和训练时间［Iandola，2016］

数据类型	问题领域	基准测试训练数据集的规模	DNN 架构	硬　件	训练时间
文本[1]	单词预测（word2evc）	1000 亿个单词（维基百科）	2 层 skip gram	1 个 NVIDIA Titan X GPU	6.2 小时
音频[2]	语音识别	2000 小时（Fisher Corpus）	11 层 RNN	1 个 NVIDIA K1200 GPU	3.5 天
图像[3]	图像分类	100 万幅图像（ImageNet）	22 层 CNN	1 个 NVIDIA K20 GPU	3 周
视频[4]	活动识别	100 万个视频（Sports-1M）	8 层 CNN	10 个 NVIDIA GPU	1 个月

完成训练后，部署你的 DNN。期待你的训练数据集能够代表真实世界，你的 DNN 会非常受欢迎，用户使用它的时间远远多过你开发它的时间！

有些任务没有训练数据集，比如在尝试预测某一现实事件的未来时就是这样。尽管这里不作介绍，但要知道，**强化学习**（reinforcement learning，RL）在 2017 年是这类学习的一种流行算法。RL 不是采用训练数据集进行学习，而是对现实世界进行“采取行动”，然后根据这些行动是让情况变好还是变糟，从一个奖励函数中获得一个反馈信号。

尽管这个领域的发展速度远超想象，但 2017 年只有 3 种 DNN 类型最为流行：**多层感知机**（MLP）、**卷积神经网络**（CNN）和**循环神经网络**（RNN）。它们都是监督学习的示例，依赖于训练数据集。

7.3.3　多层感知机

MLP 是最初的 DNN。每个新层都是一个由非线性函数 F 组成的集合，这个函数的输入是上一层所有输出的加权和 $y_n = F(W \times y_{n-1})$。这个加权和由这些输出值与权重进行向量–矩阵相乘得到（见图 7-3）。这样一个层是**全连接层**，因为输出层中每个神经元的结果都取决于上一层的**所有**输入神经元。

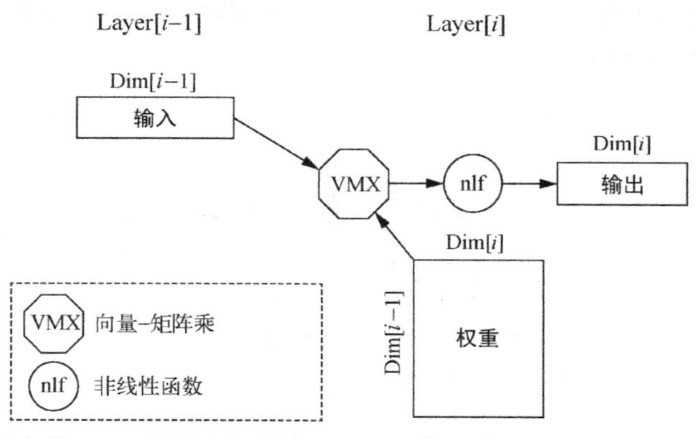

图 7-3　MLP，左侧为输入层[*i*–1]，右侧为输出层[*i*]。ReLU 是一种用于 MLP 的流行的非线性函数。输入层与输出层的维数通常不同。这样一个层是全连接层，因为它依赖于前一层的所有输入，即使它们均为 0 时也是如此。一项研究表明，有 44%的输入为 0，其部分原因可能是 ReLU 将负数转化为 0 了

我们可以逐层计算每一种类型 DNN 的神经元、运算和权重数量。最简单的是 MLP，因为仅涉及实现输入向量与权重矩阵相乘的向量–矩阵乘法。下面的参数与公式用于推导推理场景下的权重和运算（我们将相乘和相加计为两次运算）。

- Dim[i]：输出向量的维数，等于神经元的数量
- Dim[i–1]：输入向量的维数
- 权重数：Dim[i–1] × Dim[i]
- 运算：2 × 权重数
- 运算/权重：2

最后一项是第 4 章讨论的屋檐模型的**运算密度**（operational intensity）。我们使用运算和权重的比率，因为可能存在数百万的权重，无法放在芯片上。例如，7.9 节中一个 MLP 的一层的维数为 Dim[i–1]=4096 和 Dim[i]=2048，因此，对于该层来说，神经元的数量为 2048，权重的数量为 8 388 608，运算的数量为 16 777 216，运算密度为 2。回想屋檐模型，运算密度越低，越难实现高性能。

7.3.4 卷积神经网络

卷积神经网络（CNN）广泛用于计算机视觉应用。由于图像拥有二维结构，所以自然要查看相邻像素以寻找相互关系。CNN 的一层输入是一组非线性函数，这些函数的参数是上一层输出中的空间相邻部分与其各自权重的乘积，加权过程中会多次重复使用这些权重值。

CNN 背后的思想是，每一层都提升图像的抽象级别。例如，第一层可能只确定水平线和垂直线。第二层可能将两者结合起来以确定角。下一步可能是确定矩形和圆。下一层可能利用这一输入来检测一条狗的组成部分，比如眼睛或耳朵。更高的层可能会试图确定不同犬种的特征。

每个神经层都生成一组二维**特征图**（feature map），其中的每个单元格都试图在输入的相应区域内找到一个特征。

图 7-4 展示了该过程的起点，即对输入图像进行一个 2 × 2 模板（stencil）计算，得到第一幅特征图的元素。**模板计算**（stencil computation）利用相邻单元格按照一定的模式来更新矩阵中的所有元素。输出特征图的数量取决于我们试图由图像中捕获多少种特征，以及在应用该模板计算时采取的步幅（stride）。

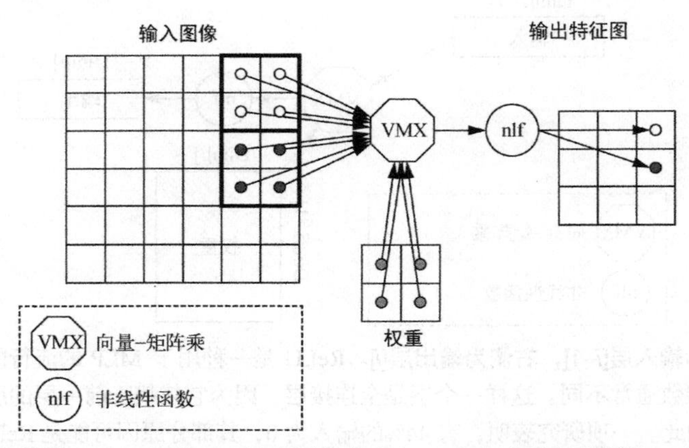

图 7-4 CNN 经过简化的第一步。本例中，输入图像的每组 4 个像素乘以相同的 4 个权重，生成输出特征图的单元格。在图中所示的模式中，输入像素之间的步幅为 2，但取其他值也可以。为了将这幅图与 MLP 联系起来，可以将每个 2 × 2 卷积想象为一个微小的全连通运算，用于生成输出特征图中的一个点。图 7-5 说明了多幅特征图如何将这些点转化为第三维中的一个向量

这一过程实际上要复杂得多，因为图像通常不只是一个单一的平面二维层。通常，一幅彩色图像具有红、绿、蓝 3 个色阶。例如，一个 2 × 2 模板会访问 12 个元素：2 × 2 个红色像素、2 × 2 个绿色像素和 2 × 2 个蓝色像素。这时，对于一幅图像 3 个输入色阶上的一个 2 × 2 模板，每个输出特征图需要 12 个权重。

图 7-5 显示了任意数量的输入特征图和输出特征图的一般情况（第一层之后）。其计算过程是对所有输入特征图和权重集进行一个三维模板计算，以生成一个输出特征图。

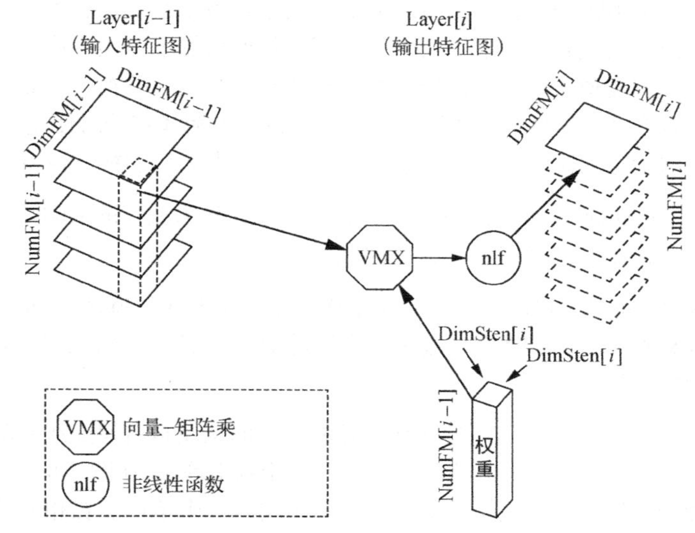

图 7-5 CNN 的一般步骤，左侧是 Layer[i−1]的输入特征图，右侧是 Layer[i]的输出特征图；对输入特征图进行一个三维模板计算，以生成单个输出特征图。 每个输出特征图都有一个独立的权重集，以及相应的向量-矩阵乘运算。图中虚线表示未来的输出特征图。如本图所示，输入特征图与输出特征图的维数和数量经常是不同的。和 MLP 一样，ReLU 是 CNN 的一个流行的非线性函数

从数学的角度来看，如果输入特征图和输出特征图的数量都等于 1，且步幅为 1，那么一个二维 CNN 的单个层的计算与一个二维离散卷积相同。

在图 7-5 中可以看到，CNN 要比 MLP 复杂。下面是用于计算权重的参数、公式及运算。

- DimFM[i−1]：（方形）输入特征图的维数
- DimFM[i]：（方形）输出特征图的维数
- DimSten[i]：（方形）模板的维数
- NumFM[i−1]：输入特征图的数量
- NumFM[i]：输出特征图的数量
- 神经元数：NumFM[i] × $\text{DimFM}[i]^2$
- 每个输出特征图的权重数：NumFM[i−1] × $\text{DimSten}[i]^2$
- 每一层的总权重数：NumFM[i] × 每个输出特征图的权重数
- 每个输出特征图的运算数：2 × $\text{DimFM}[i]^2$ × 每个输出特征图的权重数
- 每一层的总运算数：NumFM[i] × 每个输出特征图的运算数=2 × $\text{DimFM}[i]^2$ × NumFM[i] × 每个输出特征图的权重数=2 × $\text{DimFM}[i]^2$ × 每一层的总权重数
- 运算/权重：2 × $\text{DimFM}[i]^2$

7.9 节中的 CNN 有一个层，其 DimFM[i–1]=28，DimFM[i]=14，DimSten[i]=3，NumFM[i–1]=64（输入特征图的数量），NumFM[i]=128（输出特征图的数量）。这个层有 25 088 个神经元，73 728 个权重，进行 28 901 376 次运算，运算密度为 392。如示例所示，与 MLP 中发现的全连接层相比，CNN 层通常拥有较少的权重和较大的运算密度。

7.3.5 循环神经网络

第三种 DNN 类型为循环神经网络（RNN），常用于语音识别和语言翻译。RNN 向 DNN 模型中增加了状态，使 RNN 有了一定的“记忆能力”，从而增加了对顺序输入进行显式建模的能力。它与 DNN 的不同类似于硬件里的组合逻辑与状态机之间的差别。例如，你可能知道了一个人的性别，并希望将这一信息一直传递下去，以备在将来翻译句子时使用。RNN 的每个层都对来自上一层及之前状态的输入进行加权求和。在不同的时间步骤中，这些权重可以重复使用。

长短期记忆（long short-term memory，LSTM）是今天最为流行的 RNN。之前的 RNN 不能记忆重要的长期信息，而 LSTM 缓解了这一问题。

与其他两种 DNN 不同，LSTM 采用分层结构。LSTM 由称为**单元**（cell）的模块组成。可以将单元看作模板和宏，它们链接在一起生成完整的 DNN 模型，类似于 MLP 的各个层连起来构成一个完整的 DNN 模型。

图 7-6 显示了 LSTM 单元是如何链接在一起的。它们从左至右勾连在一起，将一个单元的输出连接到下一个单元的输入。它们还按时间展开（相继出现），在图 7-6 中自上而下进行。因此，在这个已展开循环的每次迭代中，每次向句子中输入一个单词。在相邻的两次迭代之间，还将长期记忆信息与短期记忆信息（LSTM 即由此而得名）自上而下进行传递。

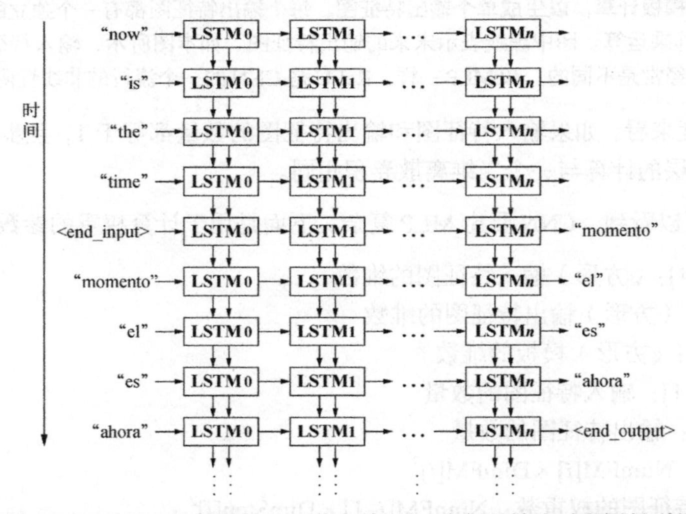

图 7-6　连接在一起的 LSTM 单元。左侧是输入（英文单词），右侧是输出（翻译得到的西班牙单词）。可以将这些单元看作随着时间自上而下展开。因此，LSTM 短期记忆和长期记忆的实现就是在已展开单元之间自上而下传递信息。这些单元被充分展开，足以翻译整个句子甚至段落。这种序列到序列的翻译模型会延后其输出，直到输入的结尾[Wu 等，2016]。它们是按逆序给出翻译结果的，最后翻译的单词作为下一步的输入，因此，“now is the time”变成了“ahora es el momento”。（在 LSTM 文献中，经常会将本图及图 7-7 旋转 90 度，但我们已经进行旋转，以与图 7-3 和图 7-4 保持一致）

图 7-7 展示了一个 LSTM 单元的内容。根据图 7-6 可猜到，输入在左侧，输出在右侧，两个记忆输入在上方，两个记忆输出在下方。

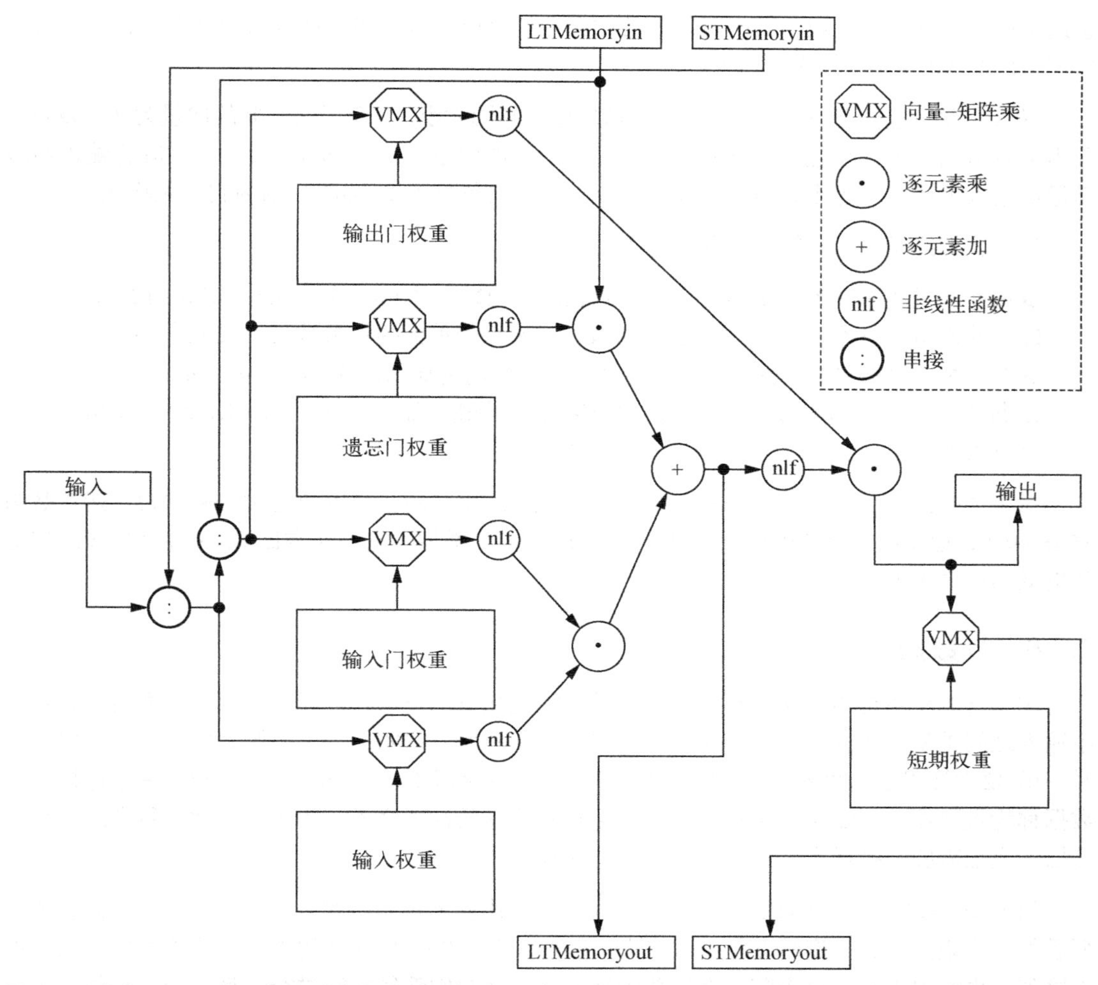

图 7-7 这个 LSTM 单元包含 5 个向量–矩阵乘、3 个逐元素乘、1 个逐元素加和 6 个非线性函数。标准输入和短期记忆输入被串接起来，构成输入向量–矩阵乘的向量操作数。标准输入、长期记忆输入和短期记忆输入被串接在一起，构成一个向量，在其他 4 个向量–矩阵乘法中的 3 个之中使用。3 个门的非线性函数为 sigmoid $f(x)=1/(1+\exp(-x))$；其他函数为 tanh。（在 LSTM 文献中，经常会将本图及图 7-6 旋转 90 度，但我们已经进行旋转，以与图 7-3 和图 7-4 保持一致）

每个单元都使用 5 组不同的权重进行 5 次向量–矩阵乘。对输入进行的矩阵乘法类似于图 7-3 中的 MLP。其他 3 个被称为门，因为它们像门一样限制了有多少信息从一个源传送到标准输出或记忆输出。每个门传送的信息量由其权重设定。如果权重值大多为 0 或者很小，传送过去的信息量就很少；相反，如果权重值大多很大，那么这个门就会让大多数信息通过。这 3 个门分别称为**输入门**（input gate）、**输出门**（output gate）和**遗忘门**（forget gate）。前两个门筛选输入和输出，最后一个决定遗忘长期记忆路径上的哪些信息。

短期记忆输出是一个向量–矩阵乘，它使用的是短期权重和此单元的输出。之所以叫“短期”，是因为它没有直接使用这个单元的任何输入。

因为 LSTM 单元的输入和输出都连接在一起，所以 3 个输入–输出对的大小必须相同。观察这个单元内部可以发现，其中有足够的相关性，所以所有的输入和输出经常大小相同。我们假定它们的大小都相同，称为 Dim。

尽管如此，这些向量–矩阵乘法并不总是具有相同大小。3 个门乘法器的向量为 3 × Dim，因为 LSTM 将所有 3 个输入串接在一起。输入乘法的向量为 2 × Dim，因为 LSTM 将输入与短期记忆输入串接在一起作为向量。最后一个乘法的向量仅为 1 × Dim，因为它就是输入。

现在我们终于可以计算权重和运算了。

- 每个单元的权重数：$3 \times (3 \times \mathrm{Dim} \times \mathrm{Dim})+(2 \times \mathrm{Dim} \times \mathrm{Dim})+(1 \times \mathrm{Dim} \times \mathrm{Dim})=12 \times \mathrm{Dim}^2$
- 每个单元中 5 个向量–矩阵乘的运算数：2 × 每个单元的权重数 $=24 \times \mathrm{Dim}^2$
- 3 个逐元素乘和 1 个逐元素加的运算数（向量均为输出的大小）：$4 \times \mathrm{Dim}$
- 每个单元的总运算数（5 个向量–矩阵乘和 4 个逐元素运算）：$24 \times \mathrm{Dim}^2+4 \times \mathrm{Dim}$
- 运算/权重：~2

对于 7.9 节中一个 LSTM 的 6 个单元之一，Dim 为 1024，权重数为 12 582 912，运算数为 25 169 920，运算密度为 2.0003。因此，LSTM 与 MLP 类似，它们通常比 CNN 拥有更多的权重和更低的运算密度。

7.3.6　批数据

因为 DNN 可能有许多权重，所以一种性能优化方法是从存储器中提取权重之后，就在一组输入之间重复使用这些权重，从而提高实际运算密度。例如，一个图像处理 DNN 可以一次对一组 32 个图像进行处理，从而将提取权重的实际成本降低为原来的三十二分之一。这样一组数据称为**批数据**（batch 或 minibatch）。除了提高推理的性能之外，为了更好地进行训练，反向传播一次也需要一批样本，而不是一次一个样本。

研究图 7-3 中的一个 MLP，一个批数据可以看作输入行向量的一个序列。我们可以将该序列看作一个矩阵，其高度维度与批数据大小匹配。图 7-7 中 LSTM 的 5 个矩阵乘法的行向量输入序列，也可以看作一个矩阵。在这两种情况下，将它们看作矩阵进行计算，而不是作为独立向量顺序进行计算，可以提高计算效率。

7.3.7　量化

数值精度在 DNN 中不如在其他许多应用中那么重要。例如，不需要双精度浮点算术运算，而这是高性能计算的标准需求。甚至你是否需要 IEEE 754 浮点标准的完整精度也不明确，该标准的目标精度是浮点数最低有效位所表示精度的一半。

为了利用数值精度的灵活性，一些开发人员在推理阶段使用定点数来代替浮点数。（训练过程几乎总是用浮点算术运算完成的。）这种转换称为**量化**（quantization），我们说经过这种转换的 DNN 模型**被量化了**[Vanhoucke 等，2011]。定点数据的宽度通常为 8 位或 16 位，标准乘加运算以乘法宽度的两倍进行累加。这一转换通常在训练之后进行，它只会将 DNN 准确率降低几个百分点[Bhattacharya 和 Lane，2016]。

7.3.8 DNN 小结

即使是通过这样的快速浏览也可以看出，用于 DNN 的 DSA 至少需要很好地完成以下矩阵运算：向量–矩阵乘、矩阵–矩阵乘、卷积计算。它们还需要支持非线性函数，至少包括 ReLU、sigmoid 和 tanh。这些要求仍然留下了非常大的设计空间，下面 4 节将探索这些内容。

7.4 Google 的张量处理单元——一种数据中心推理加速器

张量处理单元（Tensor Processing Unit，TPU）①是 Google 为 WSC 定制的首个 ASIC DSA。它面向的领域是 DNN 的推理阶段，使用为 DNN 设计的 TensorFlow 框架进行编程。第一个 TPU 已经于 2015 年部署在 Google 数据中心。

TPU 的核是一个 256×256（65 536）的 8 位 ALU 矩阵乘法单元和一个由软件管理的大型片上存储器。TPU 的单线程、确定性执行模型可以很好地与典型 DNN 推理应用的第 99 百分位响应时间需求相匹配。

7.4.1 TPU 的起源

早在 2006 年，Google 工程师就在讨论应该在其数据中心中部署 GPU、FPGA 还是定制 ASIC。他们得出的结论是：少数可以在特殊硬件上运行的应用程序其实可以利用大型数据中心的冗余资源免费完成，但很难免费改进。这一对话到 2013 年发生了变化，当时推测，如果人们每天利用语音识别 DNN 进行 3 分钟语音搜索，则 Google 的数据中心要加倍才能满足计算需求。用传统 CPU 来满足这一需求的成本非常高。于是 Google 启动了一个高优先级的项目，来快速生产一种用于推理的定制 ASIC（并且购买了现成的 GPU 进行训练），目标是使其性价比相对于 GPU 提高 10 倍。在这种情况下，TPU 的设计、验证[Steinberg，2015]、生产和部署在短短 15 个月内就完成了。

7.4.2 TPU 体系结构

为了减小延迟部署的可能性，TPU 被设计为 PCIe I/O 总线上的一种协处理器，这样就可以将它插到已有的服务器中。此外，为了简化硬件设计和调试，主机服务器通过 PCIe 总线直接将指令发送给 TPU 供其执行，而不是让 TPU 取指。因此，TPU 与 FPU（浮点单元）协处理器的相似度要高于与 GPU 的相似度，GPU 是从其存储器中取指的。

图 7-8 给出了 TPU 的框图。主机 CPU 通过 PCIe 总线将 TPU 指令发送到一个指令缓冲区。内部模块一般通过 256 字节宽（2048 位）的路径连接在一起。位于图中右上角的**矩阵乘法单元**（Matrix Multiply Unit）是 TPU 的核。它包含 256×256 个 ALU，可以对有符号或无符号整数执行 8 位乘加运算。其 16 位乘积被存放在矩阵单元下方的 4 Mib 32 位**累加器**（accumulator）中。当混合使用 8 位权重和 16 位激活结果时（或反之），矩阵单元以半速计算；当权重和激活结果均为 16 位时，则以四分之一速度计算。它在每个时钟周期读写 256 个值，可以执行一个矩阵乘

① 本节内容基于 Jouppi 等人于 2017 年发表的论文“In-Datacenter Performance Analysis of a Tensor Processing Unit”，本书作者之一是该文的一位合作研究者。

法或一个卷积。非线性函数是由**激活**（activation）硬件计算的。

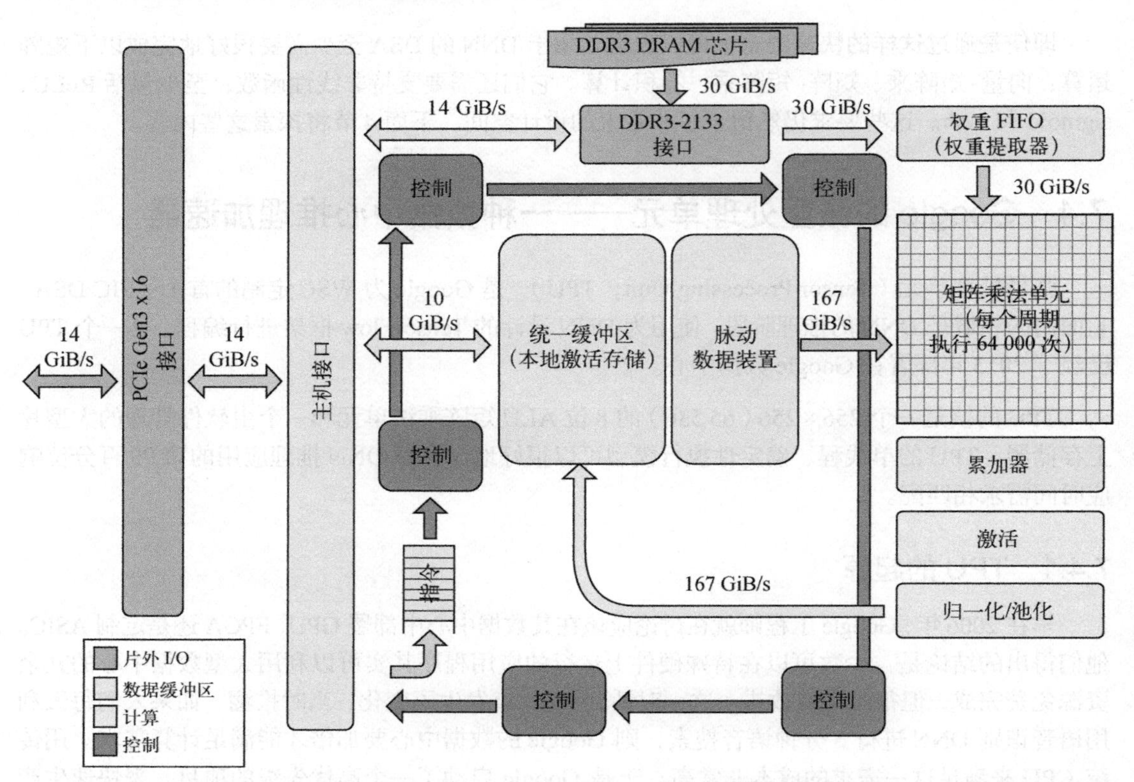

图 7-8　TPU 框图。PCIe 总线为 Gen3 × 16。主要计算部件是位于右侧的矩阵乘法单元。它的输入是权重 FIFO 和统一缓冲区，输出是累加器。激活单元对累加器内容执行非线性函数，结果进入统一缓冲区

矩阵单元的权重通过一个片上**权重 FIFO**（weight FIFO）提供，这个权重 FIFO 从一个被称为**权重存储器**（weight memory）的片外 8 GiB DRAM 中读取内容（对于推理，权重为只读的；8 GiB 容量足够支持许多同时处于激活状态的模型）。中间结果保存在 24 MiB 的片上**统一缓冲区**（unified buffer）中，可以用作矩阵乘法单元的输入。一个可编程的 DMA 控制器负责在 CPU 主机存储器和统一缓冲区之间传送数据。

7.4.3　TPU 指令集体系结构

由于指令是通过速度较慢的 PCIe 总线传送的，所以 TPU 指令遵循了 CISC 传统，包含了一个字段来标记指令是否重复执行，以缓解指令带宽压力。TPU 没有程序计数器，也没有分支指令；指令由主机 CPU 发出。这些 CISC 指令的 CPI 通常为 10~20。TPU 总共有十几条指令，下面 5 条是关键指令。

(1) `Read_Host_Memory` 从 CPU 主机存储器中读取数据，然后放入统一缓冲区中。

(2) `Read_Weights` 从权重存储器中读取权重，然后放入权重 FIFO 中作为矩阵单元的输入。

(3) `MatrixMultiply/Convolve` 让矩阵乘法单元以统一缓冲区为输入、累加器为输出，执行

一个矩阵–矩阵乘法、一个向量–矩阵乘、一个逐元素矩阵乘、一个逐元素向量乘，或者一个卷积。矩阵运算取得一个大小可变的 B × 256 输入，将其与一个 256 × 256 的常数输入相乘，生成一个 B × 256 的输出，共需要 B 个流水化周期来完成。例如，如果输入是 4 个各包含 256 个元素的向量，那么 B 将为 4，所以它需要 4 个时钟周期来完成。

(4) `Activate` 执行人工神经元的非线性函数，其选项有 ReLU、sigmoid、tanh 等。它的输入是累加器，输出是统一缓冲区。

(5) `Write_Host_Memory` 将来自统一缓冲区的数据写入 CPU 主机存储器。

其他指令包括备用主机存储读/写、设定配置、两种同步操作、中断主机、调试标签、nop 和 halt。CISC 矩阵乘法指令的长度为 12 字节，其中 3 字节为统一缓冲区地址，2 字节为累加器地址，4 字节为长度（有时，对于卷积来说则表示 2 个维度），其余是操作码和标志位。

设计指令集的目标是在 TPU 上运行整个推理模型，减少与主机 CPU 的交互，并足够灵活地满足 2015 年及之后的 DNN 需求，而不是仅满足 2013 年的 DNN 需求。

7.4.4 TPU 微体系结构

TPU 在微体系结构方面的原则是让矩阵乘法单元保持繁忙。其思路是将其他指令的执行过程与 `MatrixMultiply` 指令的执行过程相重叠，从而将其他指令的执行过程隐藏起来。于是，前述 4 类指令中的每一类都有独立的执行硬件（读写主机存储的指令合并到同一个单元中）。为进一步提高指令的并行度，`Read_Weights` 指令遵循访问/执行解耦原则[Smith，1982b]，这样，在发送地址之后就可以完成指令，而不必等到从权重存储器提取权重。如果统一缓冲区和权重 FIFO 的数据尚不可用，矩阵单元将收到来自这两者的“未就绪”信号，从而让矩阵单元停顿。

注意，一条 TPU 指令可以执行许多时钟周期，这与每级一个时钟周期的传统 RISC 流水线不同。

因为读取一个大型 SRAM 的成本要远高于算术运算，所以矩阵乘法单元采用脉动执行方式，通过减少统一缓冲区的读写来节能[Kung 和 Leiseson，1980；Ramacher 等，1991；Ovtcharov 等，2015b]。**脉动阵列**（systolic array）是一个由算术运算单元组成的二维阵列，其中每个算术运算单元的输出是另一个算术运算单元的输入，所以每个算术运算单元都是另一个算术运算单元的上游。它依赖于来自不同方向的数据以固定的时间间隔到达阵列中的单元格，然后合并在一起。因为这些数据通过阵列的方式就像一个前进的波，类似于心脏泵入人体循环系统的血液，这就是其名称的由来。

图 7-9 演示了一个脉动阵列的工作方式。底部的 6 个圆是乘法累加单元，用权重 *wi* 初始化。交错而来的输入数据 *xi* 从上方进入阵列。图中的 10 个步骤表示在该页自上而下移动的 10 个时钟周期。脉动阵列将输入向下传送，将乘积与和向右传送。当数据走完了脉动阵列中的路径之后，就得到了所需要的乘积之和。注意，在脉动阵列中，仅从存储器中读取一次输入数据，仅向存储器中写入一次输出数据。

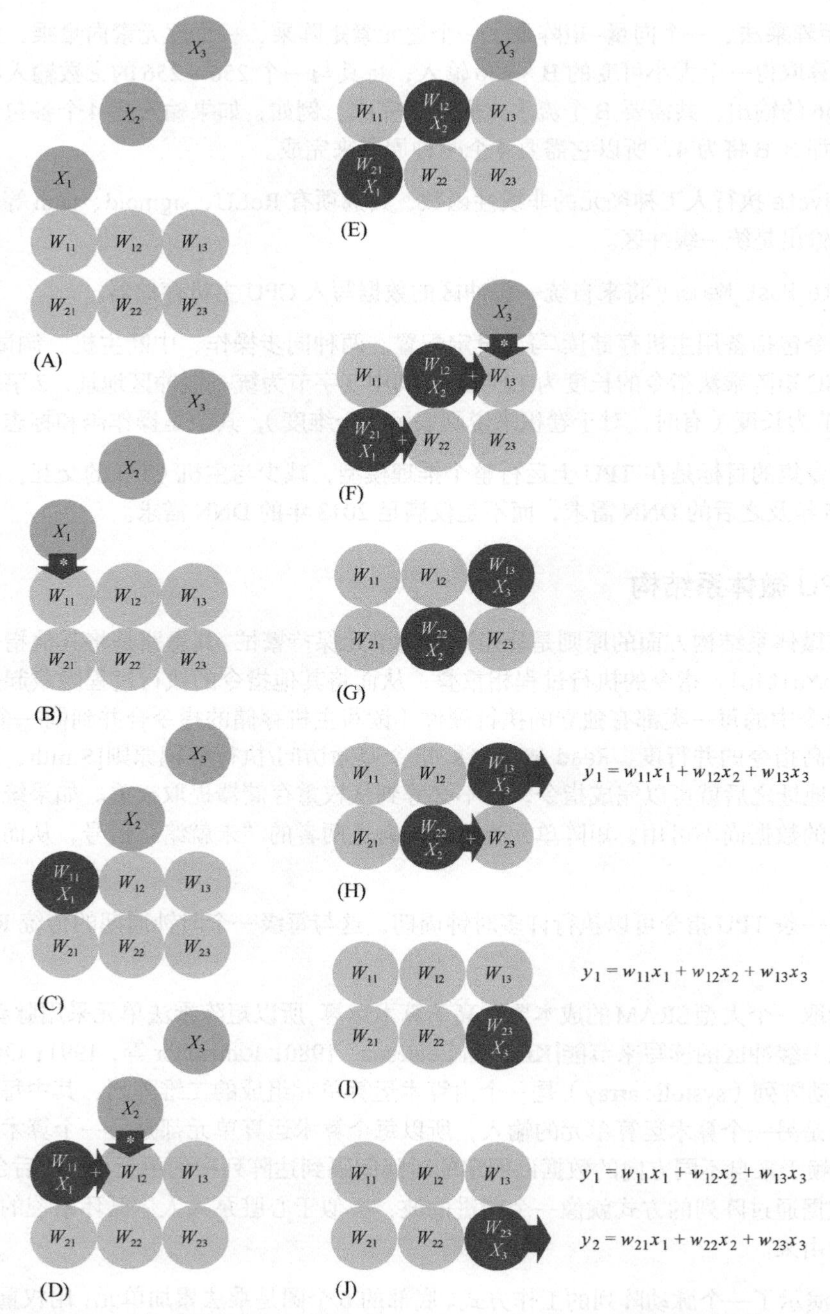

图 7-9　脉动阵列举例，自上而下。在这个例子中，6 个权重已经位于乘法累加单元中，这是 TPU 的规范。3 个输入在时间上是交错的，以实现所希望的效果；它们是从上方进入的（在 TPU 中，这些数据实际上是从左侧进入的）。阵列将数据向下传送给新的元素，将计算结果向右传送给下一个元素。在此过程的最后，在右侧得到乘积之和。此图承蒙 Yaz Sato 提供

在 TPU 中，这个脉动阵列被旋转过来。图 7-10 显示，权重是从上方加载的，输入数据从左侧流入阵列。一个给定的 256 元素乘加运算像波面一样沿着对角线移过矩阵。这些权重被提前加载，与逐层波面的相邻数据依次发生计算。控制和数据被流水化，让人们产生一次读取了256个输入的错觉。在经过喂数据延迟之后，它们会更新256个累加器存储器中每一个的一个位置。从正确性的角度来看，软件并不知道矩阵单元的脉动特性，但对于性能来说，它的确要考虑矩阵单元的延迟。

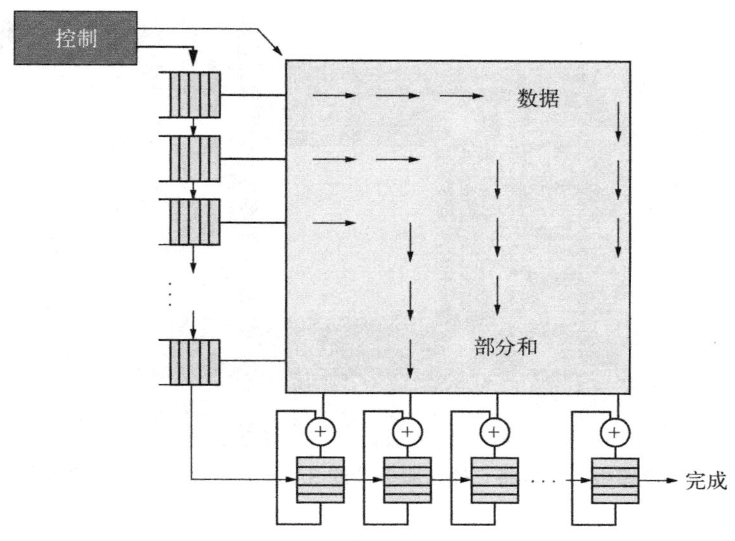

图 7-10 矩阵乘法单元的脉动数据流

7.4.5 TPU 实现

TPU芯片是采用28 nm工艺制造的，时钟频率为700 MHz。图7-11给出了TPU的布局图。尽管并未公布确切的晶片尺寸，但它要比Intel Haswell服务器微处理器的一半还小，后者的大小为662 mm^2。

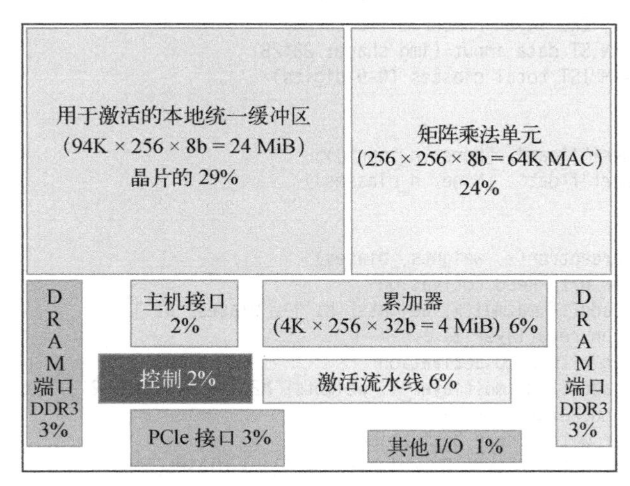

图 7-11 TPU晶片的布局图。图中阴影与图7-10中相同。数据缓冲区占晶片的37%，计算单元占30%，I/O占10%，控制部分仅占2%。CPU或GPU中的控制部分要大得多（其设计难度也要大得多）。未使用的空白空间是加快TPU流片时间的结果

24 MiB 的统一缓冲区几乎占晶片的三分之一，矩阵乘法单元占四分之一，所以数据路径差不多为晶片的三分之二。之所以选择 24 MiB 的大小，一个原因是为了与晶片上矩阵单元的间距相匹配，另一个原因是为了在开发周期很短的情况下简化编译器。控制部分仅占 2%。图 7-12 展示了印刷电路板上的 TPU，这个电路板被插到现有服务器的一个 SATA 磁盘插槽中。

图 7-12　TPU 印刷电路板。可以将它插入服务器的 SATA 磁盘插槽中，但这种卡使用的是 PCIe 总线

7.4.6　TPU 软件

TPU 软件栈应当与那些为 CPU 和 GPU 开发的软件兼容，以便实现应用程序的快速移植。应用程序中在 TPU 上运行的部分通常是用 TensorFlow 编写的，并被编译为可以在 GPU 或 TPU 上运行的 API [Larabel，2016]。图 7-13 给出了一个 MLP 的其中一部分的 TensorFlow 代码。

```
# Network Parameters
n_hidden_1 = 256 # 1st layer number of features
n_hidden_2 = 256 # 2nd layer number of features
n_input = 784 # MNIST data input (img shape: 28*28)
n_classes = 10 # MNIST total classes (0-9 digits)

# tf Graph input
x = tf.placeholder("float", [None, n_input])
y = tf.placeholder("float", [None, n_classes])

# Create model
def multilayer_perceptron(x, weights, biases):
    # Hidden layer with ReLU activation
    layer_1 = tf.add(tf.matmul(x, weights['h1']), biases['b1'])
    layer_1 = tf.nn.relu(layer_1)
    # Hidden layer with ReLU activation
    layer_2 = tf.add(tf.matmul(layer_1, weights['h2']), biases['b2'])
    layer_2 = tf.nn.relu(layer_2)
    # Output layer with linear activation
    out_layer = tf.matmul(layer_2, weights['out']) + biases['out']
    return out_layer
```

图 7-13　MNIST MLP 的 TensorFlow 程序的一部分。它有两个隐藏的 256 × 256 层，每一层将 ReLU 作为其非线性函数

```
# Store layers weight & bias
weights = {
    'h1': tf.Variable(tf.random_normal([n_input, n_hidden_1])),
    'h2': tf.Variable(tf.random_normal([n_hidden_1, n_hidden_2])),
    'out': tf.Variable(tf.random_normal([n_hidden_2, n_classes]))
}
biases = {
    'b1': tf.Variable(tf.random_normal([n_hidden_1])),
    'b2': tf.Variable(tf.random_normal([n_hidden_2])),
    'out': tf.Variable(tf.random_normal([n_classes]))
}
```

图 7-13 （续）

与 GPU 类似，TPU 软件栈被分为一个用户空间驱动程序和一个内核驱动程序。内核驱动程序是轻量级的，仅处理内存管理和中断。它是为长期稳定性而设计的。用户空间驱动程序会频繁变化。它设定和控制 TPU 的执行，将数据格式转换为 TPU 顺序，将 API 调用翻译为 TPU 指令并转换为应用程序的二进制代码。用户空间驱动程序在首次执行时，会编译模型，缓存程序映像，将权重映像文件写入 TPU 权重存储；第二次及后续执行时则以全速运行。TPU 在运行大多数模型时完整地从输入运行到输出，从而使 TPU 的计算时间与 I/O 时间之比达到最大。计算经常是一次一层这样进行的，通过重叠执行可以让矩阵单元隐藏大多数非关键路径运算。

7.4.7 改进 TPU

TPU 架构师们研究了各种微体系结构，以了解能否对 TPU 进行改进。

与 FPU 类似，TPU 协处理器拥有一种比较容易评估的微体系结构，所以 TPU 架构师建立了一个性能模型，并根据存储带宽、矩阵单元大小以及累加器的时钟频率和数量的变化来评估性能。利用 TPU 硬件计数器的测量结果表明，模型分析的性能和真实硬件的差异在 8%之内。

图 7-14 显示了当这些参数在 0.25 倍和 4 倍之间变化时，TPU 的性能变化的敏感度。（7.9 节列出了所使用的基准测试。）除了评估仅仅提高时钟频率的影响（图 7-14 中的**时钟**曲线）之外，图 7-14 还绘制了一种设计（**时钟+**），这种设计提高时钟频率，并相应地改变累加器的数量，从而使编译器在运行过程中可以维持更多的存储器访问。与此类似，图 7-14 给出了两条矩阵单元扩展曲线。其中一条是累加器的数量随着矩阵单元一个维度的平方而递增时的曲线（**矩阵+**曲线），之所以是一个维度的平方，是因为矩阵是在两个维度上扩展的。另一条是仅增加矩阵单元数量时的曲线（**矩阵**曲线）。

第一，增加存储带宽（**存储**曲线）的影响最大：当存储带宽增加 4 倍时，性能平均提高 3 倍，这是因为减少了等待权重存储器的时间。第二，是否增加累加器对时钟频率的影响平均来说很小。第三，当矩阵单元由 256 × 256 扩展到 512 × 512 时，无论有没有增加累加器，图 7-14 中所有应用程序的平均性能都稍有**下降**。这个问题类似于大页内存的内部碎片化，因为它是二维的，所以只是会更糟糕一些。

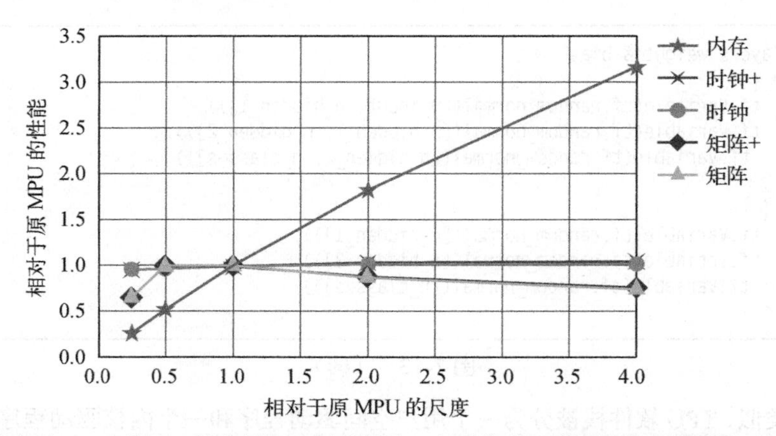

图 7-14　下列指标在 0.25 倍和 4 倍之间变化时的性能：存储带宽、时钟频率+累加器、时钟频率、矩阵单元维度+累加器、方形矩阵单元的一个维度。这是由 7.9 节中 6 种 DNN 应用计算得到的平均性能。这些 CNN 往往受计算能力限制，而 MLP 和 LSTM 则受存储器限制。大多数应用程序可以从更快速的存储器中获益，但加大时钟频率几乎没有影响，而采用更大的矩阵单元实际上会有损性能。这个性能模型仅针对在 TPU 内运行的代码，没有考虑 CPU 主机开销

考虑 LSTM1 中使用的 600 × 600 矩阵。在使用 256 × 256 矩阵单元时，需要 9 步来铺满 600 × 600，总时间为 18 μs。当采用较大的 512 × 512 单元时，只需要 4 步，但每一步需要 4 倍的时间，即 32 μs。TPU 的 CISC 指令很长，所以其译码时间几乎可以忽略，也无法隐藏从 DRAM 中加载所需的开销。

通过性能模型获得深刻理解后，TPU 架构师接下来对一种假想的替代 TPU 进行了评估。如果他们有 15 个月以上的时间，可能已经采用相同的工艺技术设计出了这种 TPU。采用更激进的逻辑综合和模块设计，可能会使时钟频率提升 50%。架构师们发现，为 K80 使用的 GDDR5 存储器设计一个接口电路，可以将权重存储带宽提高 5 倍以上。如图 7-14 所示，将时钟频率提高到 1050 MHz，但不增加存储带宽，几乎不会使性能发生什么变化。如果保持时钟频率为 700 MHz，但采用 GDDR5 作为权重存储器，那么，即使考虑到在改版后的 TPU 上调用 DNN 所需的主机 CPU 开销，其性能也会提高 3.2 倍。但同时进行这两种改变，并不会进一步提高平均性能。

7.4.8　小结：TPU 如何遵循指导原则

尽管位于 I/O 总线上，而且存储带宽较小，限制了对 TPU 的充分利用，但是，一个巨大数字的一小部分仍然可能是一个很大的数。在 7.9 节将会看到，在运行 DNN 推理应用程序时，TPU 实现了性价比相对于 GPU 提高 10 倍的目标。而且，如果重新设计 TPU，只需采用 GPU 中使用的同一存储技术，就可以使其速度提高 3 倍。

要解释 TPU 获得成功的原因，一种方法就是看看它是如何遵循 7.2 节的指导原则的。

(1) 使用专用存储器将数据移动距离缩至最短。

TPU 拥有 24 MiB 的统一缓冲区，其中保存了 MLP 和 LSTM 的中间矩阵和向量，以及 CNN 的特征图。它经过了优化，可以一次访问 256 字节。它还拥有 4 MiB 的累加器，每个累加器的宽度为 32 位，这些累加器收集矩阵单元的输出，并作为输入提供给计算非线性函数的硬件。8 位权重存储在独立的片外权重存储器 DRAM 中，通过一个片上权重 FIFO 访问。与之相对，在通用 CPU 的包含性存储器层级中，所有上述类型与大小的数据都会在多个级别中存在冗余副本。

(2) 将通过减少高级微体系结构优化措施所节省的资源投入到更多的算术运算单元或更大的存储器中。

TPU 提供 28 MiB 的专用存储器和 65 536 个 8 位 ALU，这意味着，它的存储器大约为服务器级 CPU 的 60%，ALU 则是后者的 250 倍，而大小和功耗只有后者的二分之一（见 7.9 节）。与服务器级 GPU 相比，TPU 拥有 3.5 倍的片上存储器和 25 倍的 ALU。

(3) 使用与该领域相匹配的最简并行形式。

TPU 通过用其 256 × 256 矩阵乘法单元实现的二维 SIMD 并行机制（这个矩阵乘法单元采用一种脉动式组织在内部实现流水化），再加上其指令的一种简单重叠执行流水线，实现了高性能。而 GPU 则依赖于多重处理、多线程和一维 SIMD，CPU 则依赖多重处理、乱序执行和一维 SIMD。

(4) 减小数据大小，减少数据类型，使之能满足该领域最低需求即可。

TPU 主要对 8 位整数进行计算，尽管它支持 16 位整数，并累加 32 位整数。CPU 和 GPU 还支持 64 位整数以及 32 位和 64 位浮点数。

(5) 使用一种领域专用编程语言将代码移植到 DSA。

TPU 运行的应用是用 TensorFlow 编程框架编写的，而 GPU 依赖于 CUDA 和 OpenCL，CPU 则必须运行几乎一切。

7.5 Microsoft Catapult——一种灵活的数据中心加速器

在 Google 考虑在其数据中心部署定制 ASIC 的同时，Microsoft 也考虑加速自己的数据中心。Microsoft 的观点是任何解决方案都必须遵循以下指导原则。

- 必须保持服务器的同质性，以便快速重新部署机器，同时避免使维护和调度变得更为复杂，尽管这种观念与 DSA 的概念有所冲突。
- 一些应用程序可能需要较多的资源，而一个加速器无法容纳这些资源，但解决方案必须能够支持这些应用程序，并且不会因为使用多个加速器而给所有应用程序带来负担。
- 应当具有较高的功效。
- 不能成为单一故障点，从而变成可靠性问题。
- 必须能够放入现有服务器的备用空间中，而且不会超出其备用功率。
- 不能损害数据中心的网络性能或可靠性。
- 这个加速器必须能够提高服务器的性价比。

第一条规则将部署 ASIC 的方案排除在外，因为它只对某些服务器中的某些应用程序有帮助，而这正是 Google 的决策。

Microsoft 启动了一个名为 Catapult 的项目，它将一块 FPGA 放到一个 PCIe 总线板上，再放入数据中心服务器。这些总线板有一个专用的网络，供那些需要多块 FPGA 的应用程序使用。这个项目的计划是利用 FPGA 的灵活性来定制其用途，供不同服务器上的各种应用程序使用，以及对同一服务器进行重新编程，在不同时间加速不同的应用程序。这个计划提高了在加速器上所做投资的回报。FPGA 的另一个优点是其 NRE 低于 ASIC，这进一步增加了投资回报。我们将讨论两代 Catapult，说明其设计是如何演进以满足 WSC 需要的。

FPGA 有一个非常重要的优点，那就是每个应用程序（甚至是一个应用程序的每个阶段）都可以把它看作自己的 DSA，所以在本节中，我们会在一个硬件平台上看到许多新颖体系结构的例子。

7.5.1 Catapult 实现与体系结构

图 7-15 展示了 Microsoft 设计的一个适配其服务器的 PCIe 板卡，它的供电和散热功耗限制为 25 W。因为这一约束条件，Microsoft 选择了 28 nm 的 Altera Stratix V D5 FPGA 来实现第一代 Catapult。这个板子还有 32 MiB 的闪存，包含双体 DDR3-1600 DRAM，总容量为 8 GiB。这个 FPGA 有 3926 个 18 位 ALU、5 MiB 的片上存储，到 DDR3 DRAM 的带宽为 11 GB/s。

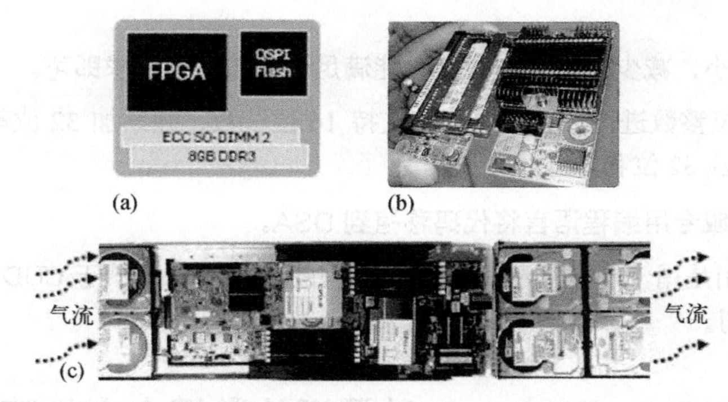

图 7-15　Catapult 板的设计。(a)为框图。(b)是板子两面的照片，板子大小为 10 cm × 9 cm × 16 mm。PCIe 和 FPGA 间的网络通过走线连接到板子底部的一个连接器，板子会直接插到主机母板上。(c)是服务器的照片，服务器的高度为 1U（4.45 cm），宽度为标准机架的一半。每个服务器拥有两个 12 核 Intel Sandy Bridge Xeon CPU、64 GiB DRAM、2 个固态驱动器、4 个硬盘驱动器和 1 个万兆以太网卡。(c)中右侧突出显示的矩形显示了 Catapult FPGA 板在服务器中的位置。冷空气从(c)中的左侧吸入，热空气向右侧排出，穿过了 Catapult 板。这个热区及连接器提供的功耗总量意味着 Catapult 板被限制为 25 W。48 个服务器共享一个连接到数据中心网络的以太网交换机，它们占据了一个数据中心机架的一半

在占据数据中心一半机架空间的 48 个服务器中，每个都包含一块 Catapult 板。Catapult 遵循了前面的指导原则：可以为需要多块 FPGA 的应用程序提供支持，同时不影响数据中心网络的性能。它增加了一个独立的低延时 20 Gbit/s 网络，用来连接 48 个 FPGA。其网络拓扑是一个二维 6 × 8 环形网络。

为了遵循“不能成为单一故障点”的指导原则，即使当有一个 FPGA 故障时，也可以对这个网络进行重配置，以保证正常运行。这个板子还为 FPGA 之外的所有存储器提供一种 SECDED 保护，这是在数据中心内进行大规模部署所必需的。

因为 FPGA 使用了大量的片上存储来提供可编程能力，所以它们比 ASIC 更容易受到**单粒子翻转**（single-event upset，SEU）的影响，因为随着工艺几何尺寸的收缩，会产生辐射。Catapult 板上的 Altera FPGA 中包含一些用于检测和纠正 FPGA 内部 SEU 的机制，并通过定期刷写 FPGA 的配置状态来降低出现 SEU 的概率。

与数据中心的网络相比，这个独立的网络还有一个额外的好处，那就是降低了通信性能的

抖动性。网络的不可预测性会增加长尾延迟，而对于面向最终用户的应用程序，这一点尤为不利，因此，采用独立网络更易于将工作由 CPU 成功地转到加速器来完成。这个 FPGA 网络可以运行比数据中心更简单的协议，因为其错误率要低得多，而且网络拓扑的定义也非常明确。

注意，在重配置 FPGA 时需要注意系统的韧性（快速恢复能力），以便它们不会看起来像是失效节点，也不会导致主机服务器崩溃或伤及其相邻节点。Microsoft 制定了一个高级协议来确保在重配置一个或多个 FPGA 时的安全性。

7.5.2 Catapult 软件

Catapult 与 TPU 之间的最大区别可能就是前者必须使用硬件描述语言来编程，比如 Verilog 或 VHDL。正如 Catapult 作者所写的下面一段话[Putnam 等，2016]：

> 数据中心广泛采用 FPGA 的最大障碍可能是可编程性。FPGA 开发仍然需要在寄存器传输级进行大量人工编码，还需要人工调优。

为减轻对 Catapult FPGA 进行编程的负担，寄存器传输级（RTL）代码被分为**外壳**（shell）和**角色**（role），如图 7-16 所示。外壳代码类似于嵌入式 CPU 上的系统库。它包含的 RTL 代码将在同一 FPGA 板上的应用之间重用，比如数据封送、CPU 至 FPGA 的通信、FPGA 至 FPGA 的通信、数据移动、重配置和健康监测等。外壳 RTL 代码占 Altera FPGA 的 23%。“角色”代码为应用程序逻辑，它是 Catapult 程序员利用其余 77%的 FPGA 资源编写的。采用外壳还有一个好处，就是可以提供一个标准 API，使不同应用程序具有标准行为特性。

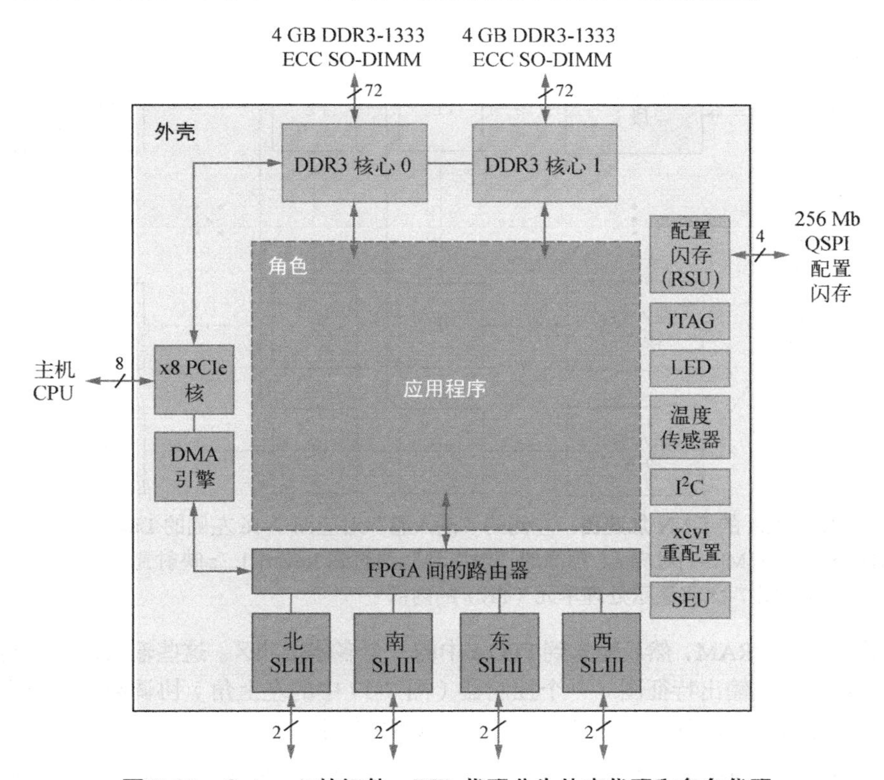

图 7-16 Catapult 的组件，RTL 代码分为外壳代码和角色代码

7.5.3 Catapult上的CNN

Microsoft开发了一种可配置的CNN加速器，作为Catapult的一个应用程序。配置参数包括神经网络的层数、这些层的维数，甚至包含要使用的数值精度。图7-17给出了这种CNN加速器的框图。它的关键特性如下。

- 运行时可配置的设计，不需要使用FPGA工具重新编译。
- 为将存储器访问减至最少，它为CNN数据结构提供了高效的缓冲区（参见图7-17）。
- 处理单元（PE）的一个二维阵列，可以扩展到数千个单元。

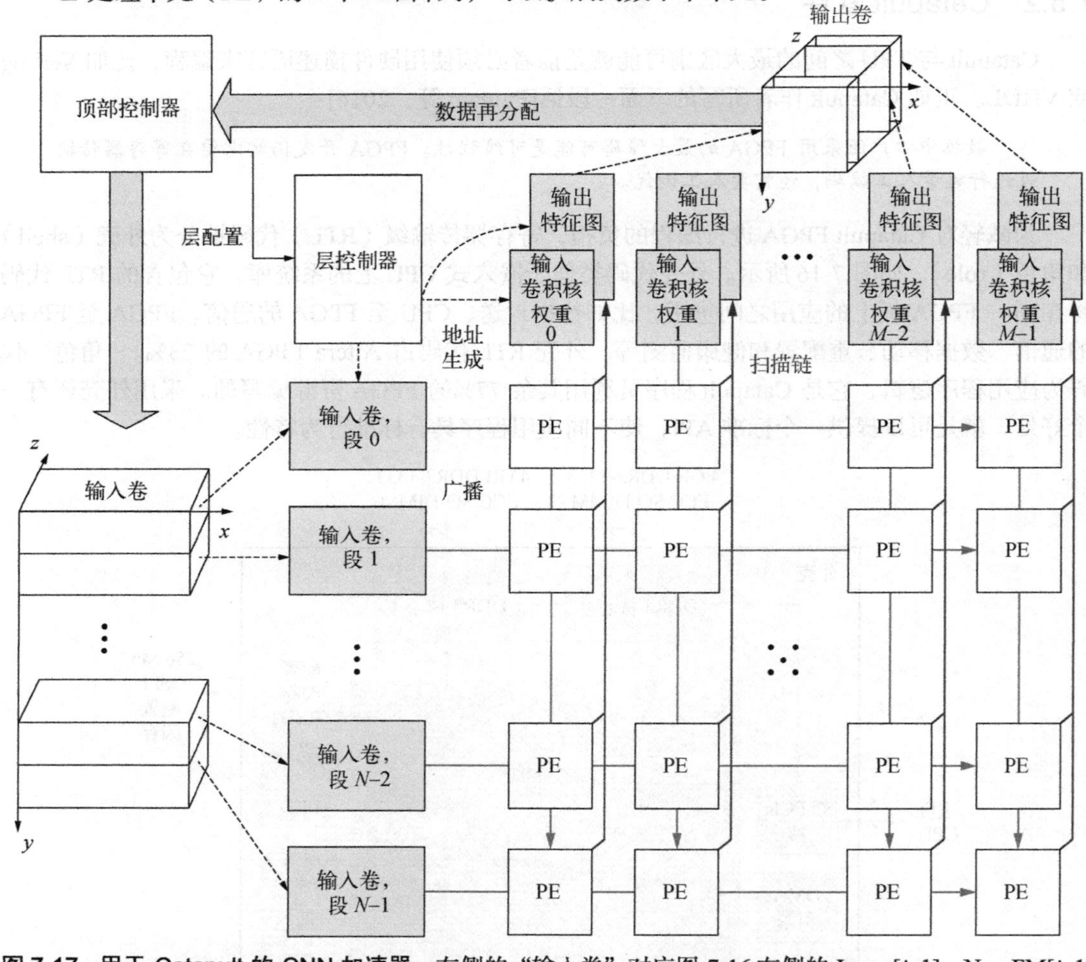

图7-17　用于Catapult的CNN加速器。左侧的“输入卷”对应图7-16左侧的Layer[$i-1$]，NumFM[$i-1$]对应y，DimFM[$i-1$]对应z。顶部的“输出卷”映射到Layer[i]，z映射到NumFM[j]，DimFM[i]映射到x。图7-18将展示处理单元（PE）的内部

图像被发送给DRAM，然后输入到FPGA中的一个多体缓冲区。这些输入被发送到多个PE，执行模板计算，生成输出特征图。一个控制器（图7-17中的左上角）协调数据向每个PE的流动。最终结果随后重新回到输入缓冲区，以计算CNN的下一层。

与TPU类似，这些PE被设计为按照脉动阵列方式使用。图7-18展示了PE设计的细节。

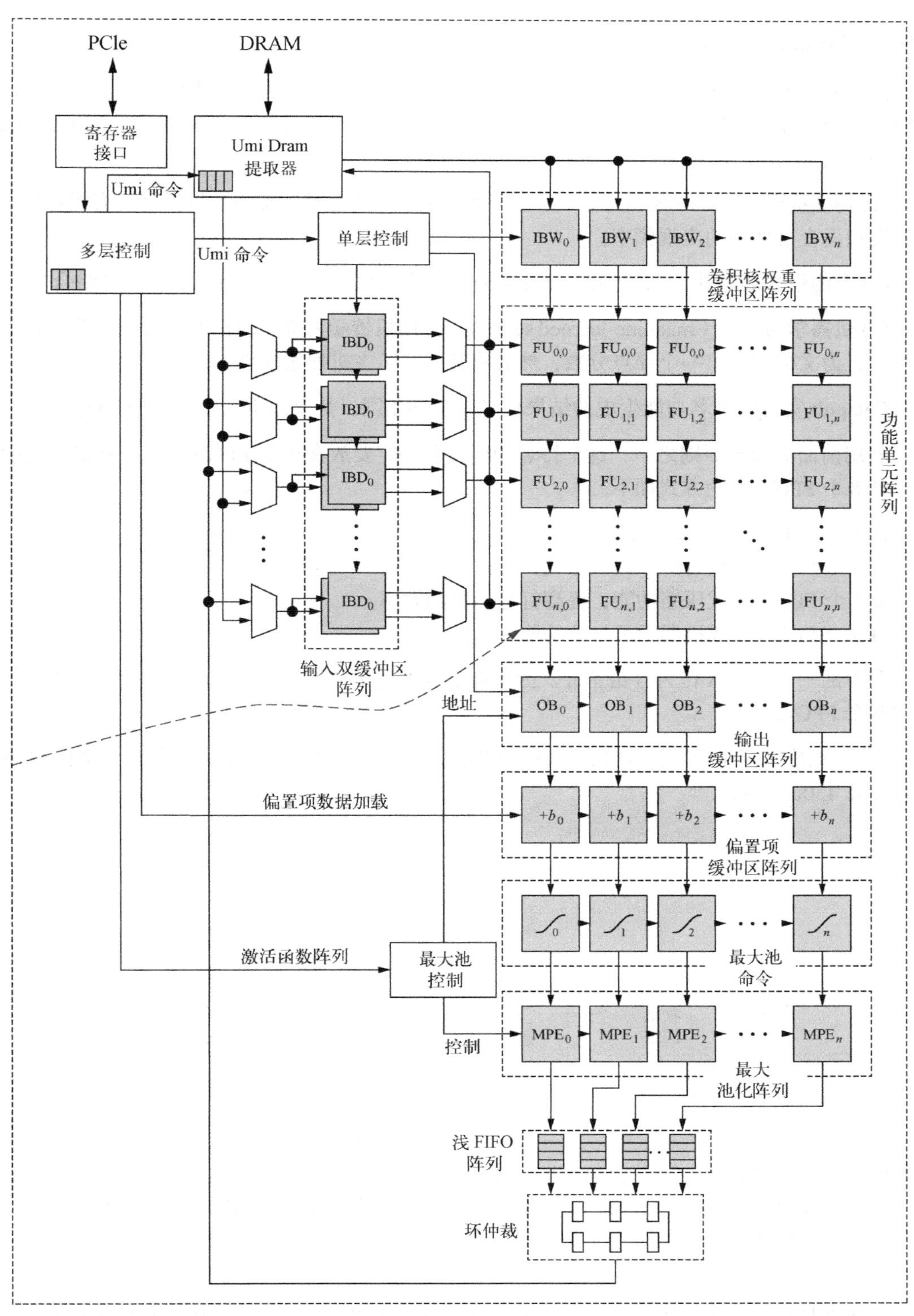

图 7-18 图 7-17 中用于 Catapult 的 CNN 加速器的 PE。二维功能单元（FU）仅包括一个 ALU 和一些寄存器

7.5.4 Catapult 上的搜索加速

测试 Catapult 投资回报的主要应用是 Microsoft Bing（必应）搜索引擎的一个关键功能，称为**排名**（ranking）。它对搜索结果进行排序。输出是一个文档的分数，它决定了该文档在呈现给用户的网页上处于什么位置。这个算法分为三个阶段。

(1) **特征提取**（feature extraction）根据搜索查询从一个文档中提取数以千计的有用特征，比如查询短语在文档中的出现频率。

(2) **自由形式表达式**（free-form expression）计算来自上一阶段的特征的数千种组合。

(3) **机器学习打分**（machine-learned scoring）使用机器学习算法对前两个阶段得到的特征进行评估，为文档计算出一个浮点分数，然后将其返回给主机搜索软件。

Catapult 实现的排名功能生成的结果与必应软件相同，甚至还重现了已知的 bug。

利用前面的指导原则之一，这个排名功能并非一定要放在单个 FPGA 中。将排名不同阶段划分到 8 个 FPGA 中的方式如下。

- 1 个 FPGA 完成特征提取。
- 2 个 FPGA 完成自由形式表达式。
- 1 个 FPGA 完成压缩功能，提高打分引擎的效率。
- 3 个 FPGA 完成机器学习打分功能。

剩下的一个 FPGA 作为容错备件。因为有了专用的 FPGA 网络，一个应用程序可以很好地使用多个 FPGA。

图 7-19 展示了特征提取阶段的组成。它使用 43 个特征提取状态机，为每对“文档-查询”并行计算 4500 个特征。

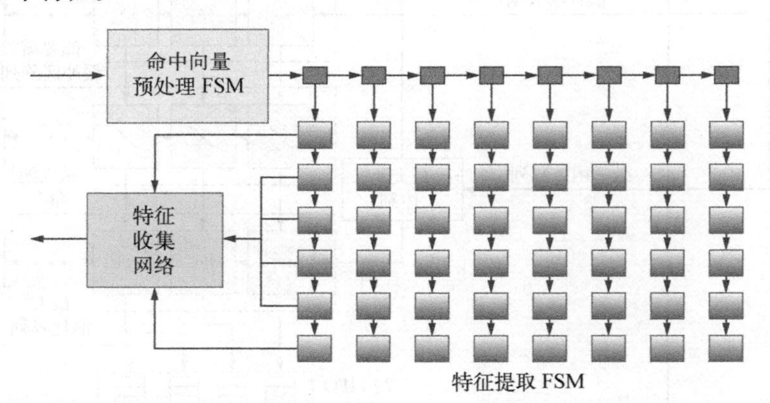

图 7-19　特征提取阶段的 FPGA 实现的体系结构。命中向量用来描述查询单词在每个文档中的位置，它流入命中向量预处理状态机，然后被划分为控制标记与数据标记。这些标记被并行分发给 43 个各不相同的特征状态机。特征收集网络收集所生成的“特征-取值”对，并将它们传递给随后的自由形式表达式阶段

接下来是自由形式表达式阶段。Microsoft 没有直接用逻辑门或状态机来直接实现该功能，而是开发了一个 60 核处理器，使用多线程来解决长延迟运算。与 GPU 不同，Microsoft 的处理

器不需要 SIMD 执行。它有 3 个特性，可以让它实现延迟目标。

(1) 每个核支持 4 个同步线程，其中一个线程可能在一个长运算上停顿，但其他线程可以继续执行。所有功能单元都实现流水化，所以它们可以在每个时钟周期接受一个新运算。

(2) 使用一个优先级编码器为线程静态划定优先级。延迟最长的表达式使用所有核上的 0 号线程槽，第二慢的表达式使用所有核上的 1 号槽，以此类推。

(3) 若表达式太大，无法放入为单个 FPGA 分配的时间内，可以将其划分到两个用于自由形式表达式的 FPGA。

FPGA 拥有再编程能力的一个代价就是其时钟频率要慢于定制芯片。机器学习打分功能使用两种形式的并行机制来尝试弥补这一不足。第一种并行机制是采用一个流水线，它与应用程序中的可用流水线机制相匹配。对于排名来说，其极限为每级 8 μs。第二种是非常少见的**多指令流单数据流**（MISD）并行机制，其中有大量独立的指令流对同一个文件并行执行操作。

图 7-20 展示了 Catapult 上排名功能的性能。在 7.9 节将会看到，面向用户的应用经常有严格的响应时间要求，如果应用程序未能满足这个要求，那么它的吞吐量再高也没有意义。*x* 轴表示响应时间的限值，1.0 为截点。当取这个最大延迟时，Catapult 的速度是主机 Intel 服务器的 1.95 倍。

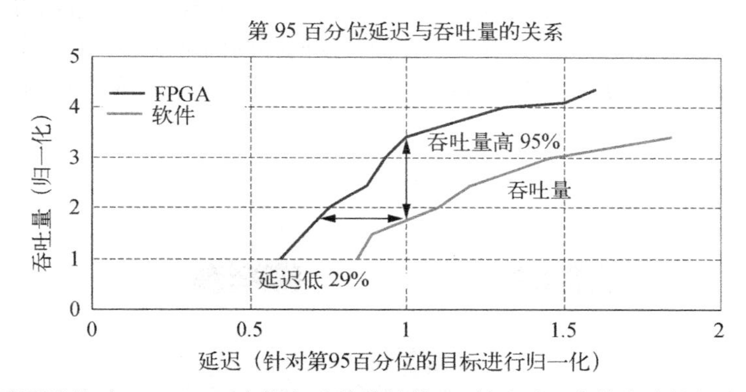

图 7-20 当给定延迟限值时，Catapult 上排名功能的性能。 *x* 轴表示必应排名功能的响应时间。必应应用程序在 *x* 轴上第 95 百分位处的最大响应时间为 1.0，所以右侧的数据点虽然可能拥有更高的吞吐量，但它们因为到达得太晚，所以没有用。*y* 轴表示在给定响应时间时，Catapult 和纯软件模式上的 95%吞吐量。当归一化响应时间为 1.0 时，Catapult 的吞吐量是以纯软件模式运行的 Intel 服务器的 1.95 倍。换种说法，如果 Catapult 的吞吐量等于 Intel 服务器在归一化响应时间为 1.0 时的吞吐量，则 Catapult 的响应时间要少 29%

7.5.5 Catapult Ver 1 的部署

在用数万台服务器填充整个 WSC 之前，Microsoft 先进行了一次测试部署，共填满了 17 个机架，其中包含了 17×48×2=1632 台 Intel 服务器。在生产和系统集成时对 Catapult 卡和网络链接进行了测试，但在部署时，1632 个卡中有 7 个存在缺陷（约 0.43%），3264 个 FPGA 网络链接中有一个存在缺陷（约 0.03%）。在部署几个月后，没有出现其他缺陷。

7.5.6 Catapult Ver 2

尽管测试部署是成功的，但 Microsoft 改变了实际部署的体系结构，使必应和 Azure Networking 使用相同的板子和体系结构[Caulfield 等，2016]。V1 体系结构的主要问题在于，独立的 FPGA 网络无法让 FPGA 看到和处理标准的 Ethernet/IP 包，因而无法用它为数据中心网络基础设施加速。另外，布线非常昂贵且复杂，所以上限为 48 个 FPGA，而且当出现特定的失效情况时，重新路由通信流量会降低性能，并可能使节点处于隔离状态。

解决方案是在逻辑上将 FPGA 放在 CPU 和 NIC 之间，使所有网络流量都通过 FPGA。这种“线上鼓包”（bump-on-a-wire）布置形式消除了 Cataput V1 中 FPGA 网络的许多弱点。此外，它使 FPGA 能够运行自己的低延迟网络协议，从而可以将它们看作一个（甚至多个）数据中心中所有 FPGA 的一个全局池。

由于担心 Catapult 应用程序会干扰数据中心的网络通信，所以在 V1 和 V2 之间做了 3 处改变。第一，数据中心网络由 10 Gbit 升级至 40 Gbit/s，提高了余量。第二，Catapult V2 为 FPGA 逻辑增加了一个限速器，以确保 FPGA 应用程序不会使网络瘫痪。最后一个变化可能是最重要的，即采用“线上鼓包”布置形式后，网络工程师将拥有自己的 FPGA 使用场景。这种布置形式将网络工程师由原来感兴趣的旁观者变为热情的合作者。

将 Catapult V2 部署在其大多数新服务器上之后，Microsoft 实际上就拥有了第二台由分布式 FPGA 组成的超级计算机，它与 CPU 服务器共享同样的网络线路，而且由于每台服务器都有一个 FPGA，所以它们的规模也是相同的。图 7-21 和图 7-22 展示了 Catapult V2 的框图和电路板。

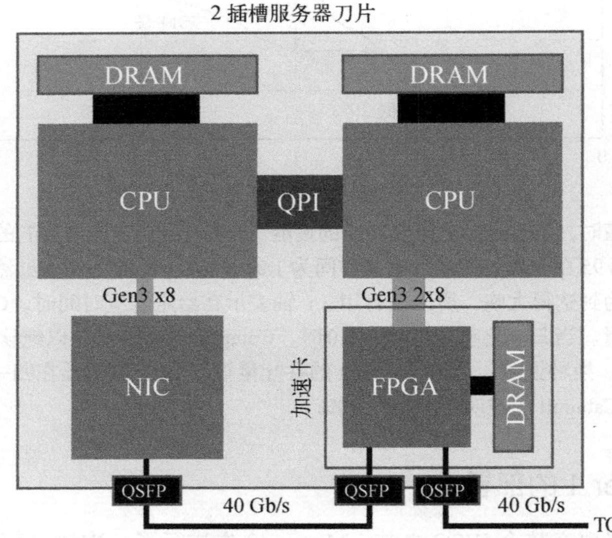

图 7-21　Catapult V2 框图。所有网络流量都由 FPGA 发送至 NIC。还有一个连接到 CPU 的 PCIe 连接器，它允许将 FPGA 用作一个本地计算机加速器，这一点与 Catapult V1 中相同

图 7-22 Catapult V2 板使用一个 PCIe 插槽。它使用的 FPGA 与 Catapult V1 相同，TDP 为 32 W。一个 256 MB 的闪存芯片保存了 FPGA 的**黄金映像**以在加电时加载，还包含了一个应用程序映像

为了简化编程，Catapult V2 也将 RTL 分为“外壳”和“角色”，但在发布时，“外壳”使用了几乎一半（44%）的 FPGA 资源，因为使用了更复杂的网络协议共享数据中心的网络线路。

Catapult V2 既用于排名加速，也用于功能网络加速。在排名加速中，Microsoft 并没有在 FPGA 内执行几乎所有排名功能，而是仅实现计算最为密集的部分，而把其他工作留给主机 CPU 处理。

- **特征功能单元**（feature functional unit，FFU）是一组有限状态机，它们测量搜索中的标准特征，比如计算特定搜索术语的频率。它在概念上类似于 Catapult V1 的特征提取阶段。
- **动态规划特征**（dynamic programming feature，DPF）利用动态规划创建了一个 Microsoft 专有的特征集，它与 Catapult V1 中的自由形式表达式阶段有相似之处。

这两者都可以使用非本地 FPGA 来完成这些任务，从而简化了调度。

图 7-23 对比了 Catapult V2 与纯软件模式的性能，格式与图 7-20 类似。吞吐量现在可以提高 2.25 倍，同时不影响延迟，而加速比为之前的 1.95 倍。在生产环境部署和测量排名时，Catapult V2 的尾延迟要优于软件模式；也就是说，尽管 FPGA 吸收了两倍的工作负载，但它的延迟在任何给定需求下都没有超过软件模式的延迟。

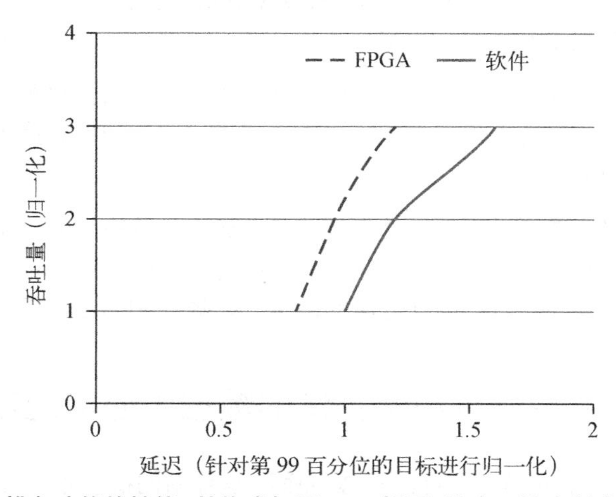

图 7-23 Catapult V2 上排名功能的性能，其格式与图 7-20 相同。注意，这个版本测量的是第 99 百分位，而图 7-20 绘制的是第 95 百分位

7.5.7　小结：Catapult 如何遵循指导原则

Microsoft 报告称，在试验阶段向服务器中增加 Catapult V1，总拥有成本（TCO）提高了不到 30%。因此，对于这一应用，排名功能性价比的净增益至少为 1.95/1.30，或者说，投资回报率大约为 1.5。尽管对于 Catapult V2 的 TCO 未作评论，但这个板子上的芯片类型相同、数量相近，因此可以猜测其 TCO 不会更高。如果是这样的话，那 Catapult V2 排名功能的性价比就是约 2.25/1.30，或者说是 1.75。

下面介绍 Catapult 是如何遵循 7.2 节的指导原则的。

(1) 使用专用存储器将数据移动距离缩至最短。

Altera V FPGA 拥有 5 MiB 的片上存储器，应用程序可以根据用途对其进行自定义。例如，对于 CNN，它被用作图 7-17 所示的输入特征图与输出特征图。

(2) 将通过减少高级微体系结构优化措施所节省的资源投入到更多的算术运算单元或更大的存储器中。

Altera V FPGA 拥有 3926 个 18 位 ALU，可对它们进行自定义，以满足应用需求。对于 CNN，它们用于创建脉动阵列，驱动处理单元（如图 7-18 所示）；它们还构成了 60 核多处理器的数据路径，这些多处理器供排名功能的自由形式表达式阶段使用。

(3) 使用与该领域相匹配的最简并行形式。

Catapult 选择与应用程序相匹配的并行机制。例如，Catapult 为 CNN 应用程序使用二维 SIMD 并行机制，而在机器打分阶段流排名中使用 MISD 并行机制。

(4) 减小数据大小，减少数据类型，使之能满足该领域最低需求即可。

Catapult 可以使用应用程序所需要的任意大小和类型的数据，从 8 位整数到 64 位浮点数均可。

(5) 使用一种领域专用编程语言将代码移植到 DSA。

这里，编程是用硬件寄存器传输语言（RTL）Verilog 完成的，这门语言的生产效率甚至低于 C 或 C++。在确定使用 FPGA 之后，Microsoft 没有（可能也无法）遵循这一指导原则。

尽管这条指导原则关注的是应用程序从软件到 FPGA 的一次性移植，但应用程序并非完全冻结，不随时间变化。几乎可以肯定的是，软件会演进，增加功能或修正错误，特别是对于像网页搜索这样的重要功能。

维护程序功能正确可能会占用软件的大部分开发成本。另外，在以 RTL 编程时，软件维护的负担甚至会更大。与所有其他将 FPGA 作为加速器的人一样，Microsoft 开发人员希望，领域专用语言与系统将来在软硬件协同设计方面的进步可以降低 FPGA 编程的难度。

7.6　Intel Crest——一种用于训练的数据中心加速器

7.3 节开篇引用 Intel CEO 的话出自一篇新闻稿，这篇新闻稿宣布了 Intel 将要开始交付用于 DNN 的 DSA（“加速剂”）。第一个例子是 Crest，它是在我们编写本书这一版时发布的。尽管其相关细节非常有限，但我们将其纳入了本书，因为像 Intel 这样的传统微处理器制作商在拥抱 DSA 方面迈出了这样大胆的一步，本身就具有重要意义。

Crest 的目标是 DNN 训练。Intel CEO 说其目标是在接下来的 3 年里，将 DNN 训练速度提高 100 倍。表 7-4 显示，训练过程可能会耗时一个月。可能需要将 DNN 训练时间缩短到 8 个小时，这要比 Intel CEO 的预测快上 100 倍。在接下来的 3 年里，DNN 肯定会变得更为复杂，它所需要的训练工作量要大得多。因此，将训练速度提高 100 倍也不大可能大材小用。

Crest 指令对由 32 × 32 矩阵构成的模块进行操作。Crest 使用一种称为 flex point 的数据格式，它是一种经过尺度变换的定点表示：由 16 位数据组成的 32 × 32 矩阵共享同一个 5 位指数，这个指数是作为指令集的一部分提供的。

图 7-24 给出了 Lake Crest 芯片的框图。为了对这些矩阵进行计算，Crest 使用图 7-24 中的 12 个处理集群。每个集群包含一个大型 SRAM、一个大型线性代数处理单元，还有少量的逻辑器件，用于片上和片外路由。4 个 8 GiB HBM2 DRAM 模块提供 1 TB/s 的存储带宽，可以为 Crest 芯片建立一个极具优势的屋檐模型。除了到主存储器的高带宽通路之外，Lake Crest 还支持处理集群内部各计算核之间的高带宽直接互连，这有助于实现核之间的快速通信，无须再通过共享存储器。Lake Crest 的目标是使其训练性能相对于 GPU 提高 10 倍。

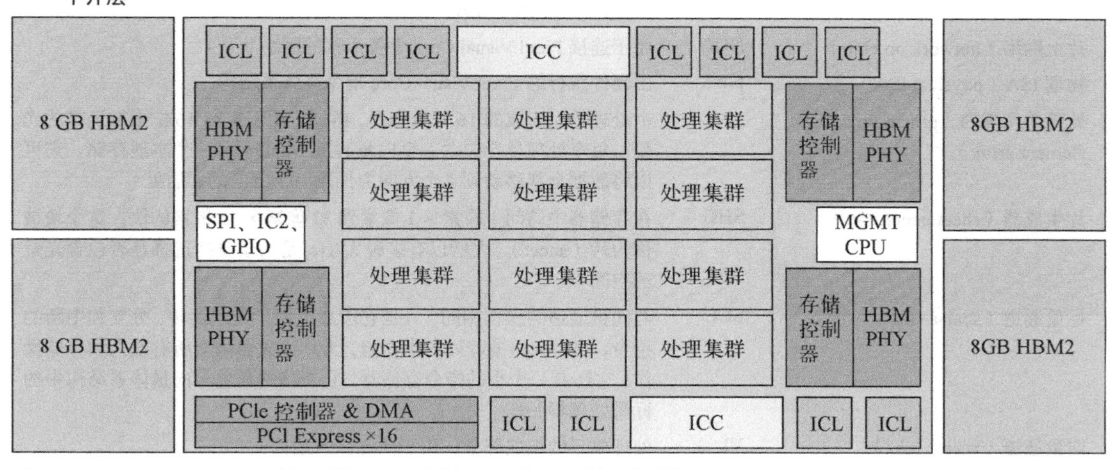

图 7-24 Intel Lake Crest 处理器框图。在被 Intel 收购之前，据说 Crest 这个芯片几乎就是一个 TSMC 28 nm 的完整光罩，所以它的晶片大小为 600~700 mm^2。这一芯片应当在 2017 年交付。Intel 还开发了 Knights Crest，它是一种混合芯片，其中包含了 Xeon x86 核和 Crest 加速器

图 7-24 展示了 12 个芯片间链接（ICL）和 2 个芯片间控制器（ICC），所以 Crest 的设计显然是为了支持多个 Crest 芯片互相协作，这类似于 Catapult 中连接 48 个 FPGA 的专用网络。要使训练性能提升 100 倍，可能需要将多个 Crest 芯片连接在一起。

7.7 Pixel Visual Core——一种个人移动设备图像处理单元

Pixel Visual Core 是一个来自 Google 公司的可编程、可扩展 DSA，用于图像处理和计算机视觉，最初是为运行 Android 操作系统的手机和平板计算机设计的，之后可能会用于物联网（IoT）

设备。它是一种多核设计，支持2~16个核，以提供用户所希望的性价比。它的设计使之既可自成芯片，也可以作为SOC的组成部分。与TPU相比，它的面积和能量预算都要小得多。表7-5列出了本节出现的术语和缩略词。

表7-5　7.7节中Pixel Visual Core术语的速查表

术　语	缩略词	简要解释
核	—	一个处理器。Pixel Core可以拥有2~16个核。第一版实现拥有8个核；也称为**模板处理器**（stencil processor，STP）
Halide	—	一种用于图像处理的领域专用编程语言，它将算法与其执行调度隔离开来
光晕（halo）	—	一个扩展区域，大约为16×16个计算阵列，用于处理接近阵列边界的模板计算。它保存值，但不进行计算
图像信号处理器（image signal processor）	ISP	一种固定功能的ASIC，它提高了图像的视觉品质；可见于几乎所有带有摄像头的PMD
图像处理单元（image processing unit）	IPU	一种DSA，解决GPU的逆问题：它分析并修改一个**输入**图像，而不是生成一个**输出**图像
行缓冲区池（line buffer pool）	LB	一种行缓冲区，设计用于采集一幅中间图像的足够多的完整行，以使下一阶段保持繁忙。Pixel Visual Core使用二维行缓冲区，每个缓冲区由64 KiB改为128 KiB。行缓冲区池包含一个核中的LB，还包含一个用于DMA的LB
片上网络（network on chip）	NOC	用于连接Pixel Visual Core中各个核的网络
物理ISA（physical ISA）	pISA	由硬件执行的Pixel Visual Core指令集体系结构
处理单元阵列（processing element array）	—	由处理单元组成的16×16阵列，再加上用于执行16位乘加运算的光晕。每个处理单元包含一个向量通道（lane）和一个本地存储。它可以将数据全部移动到4个方向中任意一个方向的邻居处
片生成器（sheet generator）	SHG	在存储器中访问1像素×1像素到31像素×31像素的块，这个块被称为片（sheet）。之所以有多种大小，是为了支持选择是否包含光晕的空间
标量通道（scalar lane）	SCL	与向量通道的操作相同，只是它增加了用于处理跳转、分支和中断的指令，控制到向量阵列的指令流，为片生成器调度所有载入和存储操作。它还有一个小的指令存储器。它扮演的角色与向量体系结构中的标量处理器一样
向量通道（vector lane）	VL	处理单元的组成部分，用于执行算术运算
虚拟ISA（virtual ISA）	vISA	由编译器生成的Pixel Visual Core ISA。它在执行前被映射到pISA

Pixel Visual Core是用于视觉处理的一类新DSA的一个例子，我们称之为**图像处理单元**（image processing unit，IPU）。IPU解决了GPU的逆问题：它们对输入图像进行分析和修改，而不是生成一幅输出图像。我们将它们称为IPU是为了表明，作为DSA，它们并不需要把一切都做得很好，因为系统中还有CPU（和GPU）可以执行那些与输入视觉无关的任务。IPU依赖于我们之前在讨论CNN时提到的模板计算。

Pixel Visual Core的创新包括用PE的一个二维阵列来替代CPU的一维SIMD单元。它们为这些PE提供了一个二维的移位网络，这个网络了解PE之间的二维空间关系；还提供了一个二维版本的缓冲区，可以减少对片外存储器的访问。这种新颖的硬件使它可以轻松地执行模板计算，而对于视觉处理和CNN算法来说，模板计算都是最重要的。

7.7.1 ISP——IPU 的硬连线前身

大多数便携式移动设备（PMD）有多个摄像头作为输入，由此产生了被称为**图像信号处理器**（image signal processor，ISP）的硬连线加速器，它们用于处理输入图像。ISP 通常是一种功能确定的 ASIC。今天的几乎所有 PMD 都包含 ISP。

图 7-25 展示了图像处理系统的一种典型组织形式，包括透镜、传感器、ISP、CPU、DRAM 和显示器。ISP 接收图像，移除图像中由透镜和传感器造成的假象，采用插值法补充缺失的色彩，大幅提升图像的整体视觉品质。PMD 的透镜通常较小，因此也只有很小的包括噪点的像素，所以这一步骤对于生成高质量的相片和视频至关重要。

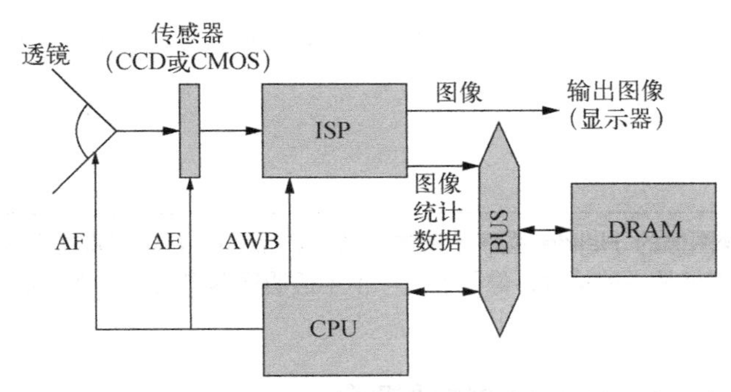

图 7-25 显示 ISP、CPU、DRAM、透镜和传感器互联关系的框图。 ISP 向 CPU 发送统计数据，向显示器或 DRAM 发送经过改进的图像，供存储或后续处理。CPU 随后处理这些图像统计数据，并将**自动白平移**（AWB）信息发送给 ISP，将**自动曝光**（AE）信息发送给传感器，**自动聚焦**（AF）信息发送给透镜，供系统进行调整，这三种信息被称为 3A

ISP 通过软件可配置的硬件生成模块，计算一系列的级联算法，以光栅扫描顺序对输入图像进行处理。这些操作通常采用流水线组织形式，以使存储器吞吐量最小化。在流水线的每一级，对于每个时钟周期，都会输入一些像素，输出一些像素。通常针对一小块相邻的像素（**模板**）来进行计算。流水线的各级由称为**行缓冲区**（line buffer）的缓冲区连接在一起。行缓冲区仅采集一幅中间图像的足够多的整行，让完成处理操作的各级处于繁忙状态，从而为下一级所需的计算提供便利。

经过改进的图像被传送给显示器或 DRAM，以进行存储或后续处理。ISP 还将有关图像的统计数据（例如，色彩和亮度直方图、锐度等）传送给 CPU，CPU 进行处理后再发送信息，以帮助系统进行调整。

尽管 ISP 非常高效，但它有两点重要不足。随着手持设备对改进图像品质的需求日益增加，ISP 的第一点不足就是不灵活，特别是需要花费数年才能在 SOC 上设计和制造一个新的 ISP。第二点不足是这些计算资源只能用于图像处理功能，而不管 PMD 当下到底需要什么。在 PMD 的功耗预算内，当前这一代 ISP 处理工作负载的速度可以达到每秒 2 万亿次运算，因此，DSA 替代方案必须能够实现类似的性能和效率。

7.7.2 Pixel Visual Core 软件

Pixel Visual Core 对 ISP 内核的硬连线流水线组织形式进行了推广，使之变为由内核组成的有向无环图（directed acyclic graph，DAG）。Pixel Visual Core 图像处理程序通常是用 Halide 编写的，Halide 是一种用于图像处理的领域专用函数式编程语言。图 7-26 提供了一个实现图像模糊的 Halide 示例。Halide 有一个函数式小节，用于表示要编程的函数，还有一个独立的调度小节，用于说明如何针对底层硬件来优化函数。

```
Func buildBlur(Func input) {
    // Functional portion (independent of target processor)
    Func blur_x("blur_x"), blur_y("blur_y");
    blur_x(x,y) = (input(x_1,y) + input(x,y)*2 + input(x+1,y)) / 4;
    blur_y(x,y) = (blur_x(x,y_1) + blur_x(x,y)*2 + blur_x(x,y+1)) / 4;

    if (has_ipu) {
      // Schedule portion (directs how to optimize for target processor)
      blur_x.ipu(x,y);
      blur_y.ipu(x,y);
}
    return blur_y;
}
```

图 7-26　一个用于模糊图像的 Halide 程序示例的一部分。Ipu(x, y)后缀将这个函数安排给 Pixel Visual Core 处理。模糊是一种特效，像是透过一个半透明屏幕来观看图像，这一特效减少了噪点和细节。高斯函数经常被用于模糊图像

7.7.3　Pixel Visual Core 体系结构的理念

在 10~20 秒的短时间内，PMD 的功耗预算可达到 6~8 W，当屏幕关闭时下降到几十毫瓦。由于 PMD 芯片设定了如此富有挑战性的能量目标，所以，Pixel Visual Core 体系结构受到原语运算（在第 1 章提及）的相对能量开销的很大影响，由表 7-6 可以清晰地看到这一点。令人惊讶的是，单次 8 位 DRAM 访问消耗的能量与 12 500 次 8 位加法或 7~100 次 8 位 SRAM 访问消耗的能量相同，至于具体是 7~100 中的哪个数字，取决于 SRAM 的组织形式。IEEE 754 浮点运算比 8 位整数运算的成本高 22~150 倍，再加上存储短数据在晶片大小和能耗方面的好处，所以只要算法允许，强烈建议使用短整数。

表 7-6　采用 TSMC 28 nm HPM 工艺时，每次运算的相对能量开销（单位为皮焦）。Pixel Visual Core 采用的即为此种工艺[17][18][19][20]

运算	能量（pJ）	运算	能量（pJ）	运算	能量（pJ）
8 位 DRAM LPDDR3	125.00	8 位 SRAM	1.2~17.1	16 位 SRAM	2.4~34.2
32 位浮点乘加	2.70	8 位整数乘加	0.12	16 位整数乘加	0.43
32 位浮点加	1.50	8 位整数加法	0.01	16 位整数加法	0.02

* 这里的绝对能量开销小于图 7-2 中的数据，是因为使用了 28 nm 工艺而不是 90 nm 工艺，但相对能量开销同样很高。

除了 7.2 节的指导原则之外，这些观察结果还引出了其他一些指引 Pixel Visual Core 设计的主题。

- **二维优于一维。**二维组织形式对于图像处理是有益的，因为它将通信距离降至最小，而且图像数据的二维和三维性质可以利用这种组织形式。
- **近比远好。**数据移动的成本很高。另外，数据移动相对于 ALU 运算的成本也在增加。当然，DRAM 的时间成本和能量开销远远超过任何本地数据存储或移动。

由ISP转向IPU的一个主要目标是通过可编程能力更多地重复利用硬件。下面是Pixel Visual Core的3个主要特征。

(1) Pixel Visual Core遵循“二维优于一维”的原则，使用一种二维SIMD体系结构，而不是一维的SIMD体系结构。因此，它有一个由独立的PE组成的二维阵列，其中每一个PE都包含2个16位ALU、1个16位MAC单元、10个16位寄存器和10个1位谓词寄存器。16位算术运算遵循了“仅提供领域所需精度”的指导原则。

(2) Pixel Visual Core需要每个PE上都有临时存储。根据7.2节中关于避免缓存的指导原则，这个PE存储器是一个由编译器管理的便笺式存储器。每个PE存储器的逻辑大小为128个16位的单元，或者是256字节。因为在每个PE中实现一个独立的小型SRAM是一种低效做法，所以Pixel Visual Core将8个PE的PE存储体合在一起，放到同一个宽SRAM块中。因为PE是以SIMD形式工作的，所以Pixel Visual Core可以将所有分别进行的读写操作绑定在一起，形成一个“更方”的SRAM，它的效率要高于窄而深或宽而浅的SRAM。图7-27给出了4个PE。

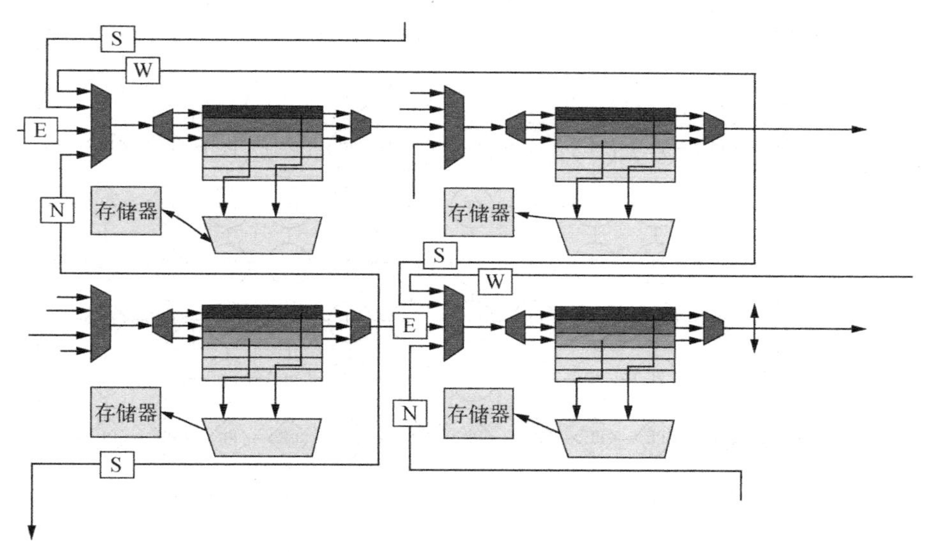

图7-27　这个二维SIMD包含向东西南北四个方向的二维移位，显示了移位方向。每个PE有一个受软件控制的便笺式存储器

(3) 为了能够在所有PE中同时执行模板计算，Pixel Visual Core需要从最近的邻居处收集输入。这一通信模式需要一种“NSEW”（东南西北）移位网络：它可以在PE之间以任意方向移动所有数据。所以当它对图像进行移位时，不会丢失沿边缘处的像素。Pixel Visual Core将网络的端点连接在一起，形成一个环路。

注意，这个移位网络与TPU和Catapult中PE的脉动阵列不同。在这里，软件明确地按照所需的方向在阵列之间移动数据，而脉动方法是一种硬件控制的二维流水线，它将数据作为波面移动，这对软件来说是不可见的。

7.7.4　Pixel Visual Core光晕

当模块计算滑动窗口到达一个二维数据的边缘部分时，3×3、5×5、7×7模板分别要从边缘外取 1、2、3 个像素（模板维度的一半减一）。这给出了两种选择。Pixel Visual Core 要么无法充分利用边界附近元素对应的硬件资源（因为它们只传递输入值），要么使用去掉了 ALU 的简化版 PE 对二维 PE 稍做扩展。因为标准 PE 与简化版 PE 的大小相差约 2.2 倍，所以 Pixel Visual Core 选择了后者。这个扩充区域称为**光晕**（halo）。图 7-28 展示了一个光晕的两行，这个光晕环绕一个 8 × 8 PE 阵列。图 7-28 还说明了左上角的一个 5 × 5 模板计算示例是如何依赖这个光晕的。

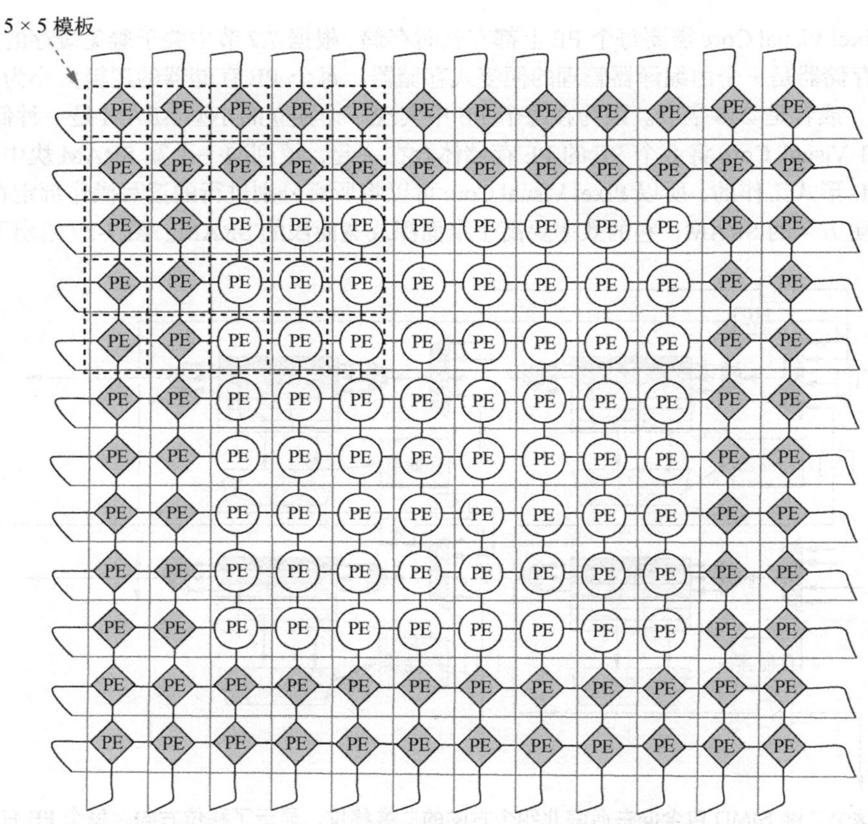

图 7-28　完整 PE（不带阴影的圆）的二维阵列被两层经过简化的 PE（带阴影的菱形，称为光晕）所环绕。本图中共有 8 × 8 = 64 个完整 PE，光晕中有 80 个简化版 PE。（Pixel Visual Core 实际上有 16 × 16 = 256 个完整 PE，在其光晕中有两层，所以有 144 个简化版 PE。）光晕的边缘连接起来（用灰线表示），构成一个环。Pixel Visual Core 对所有 PE 进行一系列的二维移位，将每个模板计算的相邻部分移到该模板的中心 PE。左上角给出了一个 5 × 5 模板示例。注意，这个 5 × 5 模板位置的 25 段数据中有 16 段来自光晕 PE

7.7.5　Pixel Visual Core 的处理器

16 × 16 个 PE 和每个维度上的 4 个光晕通道，合在一起称为 **PE 阵列**（PE array）或**向量阵列**（vector array），它是 Pixel Visual Core 的主要计算单元。它还有一个加载–存储单元，称为**片生成器**（sheet generator，SHG）。SHG 是指对大小为 1 × 1 到 256 × 256 的像素块进行的存储器访问，这样的像素块被称为片（sheet）。这种访问发生在下采样时，典型值为 16 × 16 或 20 × 20。

Pixel Visual Core 的实现可以拥有任意偶数个核，具体取决于可用资源。因此，它需要一个网络将这些核连接在一起，所以每个核还有一个接口连到片上网络（network on chip，NOC）。但是，Pixel Visual Core 的典型 NOC 实现不会是一个昂贵的交叉开关，因为这需要数据通过很长的距离，而这样做的成本非常高。利用此应用程序的流水线本质，NOC 通常只需要与相邻的核通信。它被实现为一种二维网格，由软件管理核的电源门控。

最后，Pixel Visual Core 还包含一个标量处理器，称为**标量通道**（scalar lane，SCL）。它与向量通道相同，只是增加了一些处理跳转、分支和中断的指令，控制到向量阵列的指令流，并为片生成器调度所有加载和存储操作。它还有一个很小的指令存储器。注意，Pixel Visual Core 使用一个控制标量单元和向量单元的单一指令流，类似于一个 CPU 核为其标量和 SIMD 单元使用单一指令流。

除了核之外，还有一个 DMA 引擎用于在 DRAM 和行缓冲区之间传送数据，同时高效地在图像存储布局格式（即压缩/解压缩）之间进行转换。与顺序 DRAM 访问一样，这些 DMA 引擎也执行与向量类似的 DRAM 集中读操作，以及顺序和步幅读写。

7.7.6 Pixel Visual Core 指令集体系结构

与 GPU 类似，Pixel Visual Core 采用一种两步编译过程。第一步是将程序由原语言（例如，Halide）编译为 vISA 指令。Pixel Visual Core vISA（virtual instruction set architecture，**虚拟指令集体系结构**）受到了 RISC-V 指令集的启发，但它采用了一种图像专用的存储模型，并对指令集进行了扩展以进行图像处理，特别是图像的二维概念。在 vISA 中，一个核的二维阵列是无限的，寄存器的数量是无限的，存储器大小也没有限制。vISA 指令包含了不直接访问 DRAM 的纯函数（参见图 7-29），极大地简化了将其映射到硬件的操作。

第二步是将 vISA 程序编译为 pISA（物理指令集体系结构）程序。以 vISA 为编译器的目标，处理器可以与之前的程序保持软件兼容，同时还能接受对 pISA 指令集的修改，所以 vISA 扮演的角色类似于 PTX 在 GPU 中扮演的角色（见第 4 章）。

由 vISA 降至 pISA 分为两步：编译以及与早期绑定参数的映射，向代码中添加后期绑定参数。必须绑定的参数包括 STP 大小、光晕大小、STP 的数量、行缓冲区的映射，将内核映射到处理器，以及寄存器和局部存储器分配。

表 7-7 显示，pISA 是一个超长指令字（VLIW）指令集，拥有宽度为 119 位的指令。第一个字段的长度为 43 位，用于标量通道；第二个字段的长度为 38 位，指定由二维 PE 阵列执行的计算；第三个字段的长度为 12 位，指定由二维 PE 阵列执行的存储器访问；最后两个字段是用于计算或寻址的立即数。所有 VLIW 字段的操作是我们所期望的：二进制补码整数算术运算、饱和整数算术运算、逻辑运算、移位、数据传输，以及一些特殊运算，比如除法迭代和计算前导零的个数等。标量通道在二维 PE 阵列中支持这些运算的一个超集，另外还增加了用于控制流和片生成器控制的指令。上面提到的 1 位谓词寄存器支持向寄存器的条件移动（例如，若 C，则 A=B）。

表 7-7 119 位 pISA 指令的 VLIW 格式

字段	标量	数学	存储	立即数	存储器立即数
位数	43	38	12	16	10

尽管 pISA VLIW 指令非常宽，但 Halide 内核很短，经常仅有 200~600 条指令。回想一下，作为一个 IPU，它只需要执行一个应用程序中计算密集的部分，而将其他功能交给 CPU 和 GPU。因此，Pixel Visual Core 的指令存储器仅保存 2048 条 pISA 指令（28.5 KiB）。

标量通道发出访问行缓冲区的片生成器指令。与 Pixel Visual Core 中的其他存储器访问不同，其延迟可能超过 1 个时钟周期，所以它们有一个类似于 DMA 的接口。使用这个通道需首先在特殊功能寄存器中设定地址和传送大小。

7.7.7 Pixel Visual Core 示例

图 7-29 给出的是 Halide 编译器针对图 7-26 所示模糊功能示例输出的 vISA 代码，为清晰起见，增加了一些注释。它首先使用 16 位算术运算在 x 方向上计算一个模糊，然后在 y 方向上计算。vISA 代码与 Halide 程序的功能部分相匹配。可认为此代码在一幅图像的所有像素上执行。

```
// vISA inner loop blur in x dimension
input.b16    t1 <- _input[x*1+(_1)][y*1+0][0]; // t1 = input[x_1,y]
input.b16    t2 <- _input[x*1+0][y*1+0][0]; // t2 = input[x,y]
mov.b16      st3 <- 2;
mul.b16      t4 <- t2, st3; // t4 = input[x,y] * 2
add.b16      t5 <- t1, t4; // t5 = input[x_1,y] + input[x,y]*2
input.b16    t6 <- _input[x*1+1][y*1+0][0]; // t6 = input[x+1,y]
add.b16      t7 <- t5, t6; // t7 = input[x+1,y]+input[x,y]+input[x_1,y]*2
mov.b16      st8 <- 4;
div.b16      t9 <- t7, st8; // t9 = t7/4
output.b16 _blur_x[x*1+0][y*1+0][0] <- t9; // blur_x[x,y] = t7/4
// vISA inner loop blur in y dimension
input.b16    t1 <- _blur_x[x*1+0][y*1+(_1)][0]; // t1 = blur_x[x,y_1]
input.b16    t2 <- _blur_x[x*1+0][y*1+0][0]; // t2 = blur_x[x,y]
mov.b16      st3 <- 2;
mul.b16      t4 <- t2, st3; // t4 = blur_x[x,y] * 2
add.b16      t5 <- t1, t4; // t5 = blur_x[x,y_1] + blur_x[x,y]*2
input.b16    t6 <- _blur_x[x*1+0][y*1+1][0]; // t6 = blur_x[x,y+1]
add.b16      t7 <- t5, t6; // t7 = blurx[x,y+1]+blurx[x,y_1]+blurx[x,y]*2
mov.b16      st8 <- 4;
div.b16      t9 <- t7, st8; // t9 = t7/4
output.b16 _blur_y[x*1+0][y*1+0][0] <- t9; // blur_y[x,y] = t7/4
```

图 7-29　从图 7-26 所示的 Halide 模糊代码编译的部分 vISA 指令。这段 vISA 代码对应于该 Halide 代码的功能部分

7.7.8 Pixel Visual Core PE

体系结构设计中的一个决策就是设定光晕的大小。Pixel Visual Core 使用 16 × 16 个 PE，并增加了一个拥有 2 个额外单元的光晕，所以它可以直接支持 5 × 5 模板。注意，PE 阵列越大，支持给定模型大小所需要的光晕相对开销越小。

对于 Pixel Visual Core，光晕 PE 的较小尺寸和 16 × 16 的阵列规模意味着光晕只需要多占用 20%的面积。对于一个 5 × 5 的模板，Pixel Visual Core 每个时钟周期可以计算约 1.8 倍（$16^2/12^2$）的结果；对于 3 × 3 模板，此比值约为 1.3（$16^2/14^2$）。

PE 的算术运算单元的设计受乘累加（MAC）运算的驱动，这种运算是模板计算的基元运

算。Pixel Visual Core 原生 MAC 的乘法宽度为 16 位，但它们能够以 32 位宽度进行计算。MAC 的流水化设计会不必要地耗用能量，这是因为要对所增加的流水线寄存器进行读写操作。因此，乘加硬件的耗时就决定了时钟周期。之前提到的其他一些运算是传统的逻辑与算术运算，还有算术运算的饱和版本及一些专用指令。

PE 有两个 16 位 ALU，它们可以在单个时钟周期内以各种方式运行。

- 独立，生成两个 16 位结果：A op C，C op D。
- 融合，仅生成一个 16 位结果：A op (C op D)。
- 联合，生成一个 32 位结果：A:C op B:D。

7.7.9 二维行缓冲区及其控制器

因为 DRAM 访问耗用如此之多的能量（参见表 7-6），所以要对 Pixel Visual Core 存储系统进行精心设计，使 DRAM 访问的次数降至最低。这里的关键创新是**二维行缓冲区**。

逻辑上，内核运行在独立的核上，它们连接在一个 DAG 中，输入来自传感器或 DRAM，输出送至 DRAM。行缓冲区在内核之间保存要计算的图像的一部分。图 7-30 展示了 Pixel Visual Core 中行缓冲区的逻辑使用。

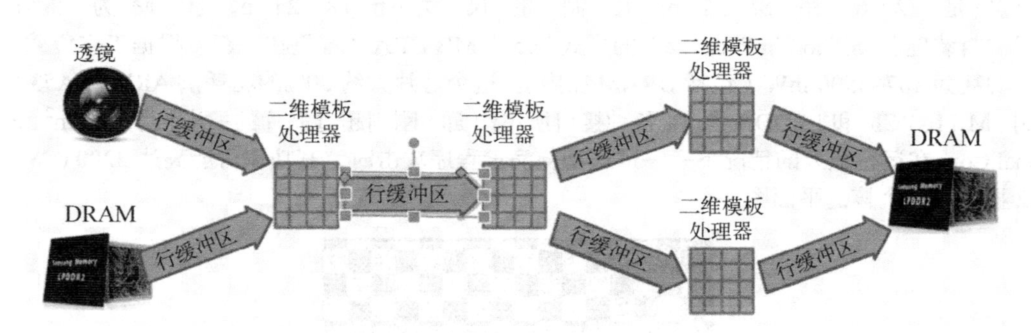

图 7-30 Pixel Visual Core 的程序员视角：内核的有向无环图

二维行缓冲区必须支持如下 4 项功能。

(1) 它必须支持各种大小的二维模板计算，而这些大小在设计时是未知的。

(2) 由于光晕的原因，对于 Pixel Visual Core 中的 16 × 16 PE 阵列，STP 将希望从行缓冲区中读取 20 × 20 的像素块，向行缓冲区写入 16 × 16 的像素块。（如前所述，它们将这些像素块称为片。）

(3) 因为 DAG 是可编程的，所以我们需要可以由软件在任意两个核之间分配的行缓冲区。

(4) 几个核可能需要从同一个行缓冲区读取数据。因此，一个行缓冲区应当支持多个消费者，尽管它只需要一个生产者。

Pixel Visual Core 中的行缓冲区实际上是一个多读取者的二维 FIFO 抽象，建立在大量 SRAM 之上：每个实例中为 128 KiB。它包含了仅使用一次的临时“图像”，对于这些图像，一个小型专用本地 FIFO 的效率要远高于对远距离存储器中的数据进行缓存。

由于读取的是 20 × 20 的像素块，而写入的是 16 × 16 的像素块，所以为了适应这一大小失配，FIFO 中的基本分配单元为 4 × 4 的像素组。每个模板处理器有一个**行缓冲区池**（line buffer pool，LBP），它们可能拥有 8 个逻辑行缓冲区（LB），再加上一个用于 I/O DMA 的 LBP。LBP 有三级抽象。

(1) 在顶端，LBP 控制器支持将 8 个 LB 作为逻辑实例。每个 LB 有一个 FIFO 生产者，最多有 8 个 FIFO 消费者。

(2) 控制器跟踪每个 FIFO 的头指针和尾指针。注意，LBP 内部行缓冲区的大小灵活可变，由控制器决定。

(3) 底部是多个物理存储体，用于提供所需的带宽。Pixel Visual Core 拥有 8 个物理存储体，每个存储体有一个 128 位的接口，容量为 16 KiB。

LBP 的控制器富有挑战性，因为它必须满足 STP 和 I/O DMA 的带宽要求，还要将它们的所有读写操作调度给物理 SRAM 存储体。LBP 控制器是 Pixel Visual Core 最复杂的部分之一。

7.7.10 Pixel Visual Core 实现

Pixel Visual Core 最早的实现是一个独立的芯片。图 7-31 给出了该芯片的平面图，它有 8 个核。它是在 2016 年用 TSMC 28 nm 工艺制造的，尺寸为 6 mm × 7.2 mm，运行频率为 426 MHz。它以“封装硅”（Silicon in Package）的形式与 512 MB DRAM 堆叠在一起，根据工作负载的不同，功耗为 187~4500 mW（包括 DRAM 在内）。这个芯片大约 30%的功耗供 ARMv7 A53 用于控制、MIPI、PCIe 和 LPDDR 接口。各种接口所占的面积刚刚超过晶片的一半，为 23 mm^2。Pixel Visual Core 在运行最差的情况下——遭遇功耗病毒程序攻击时，其功率可能高达 3200 mW。图 7-32 显示了一个核的平面图。

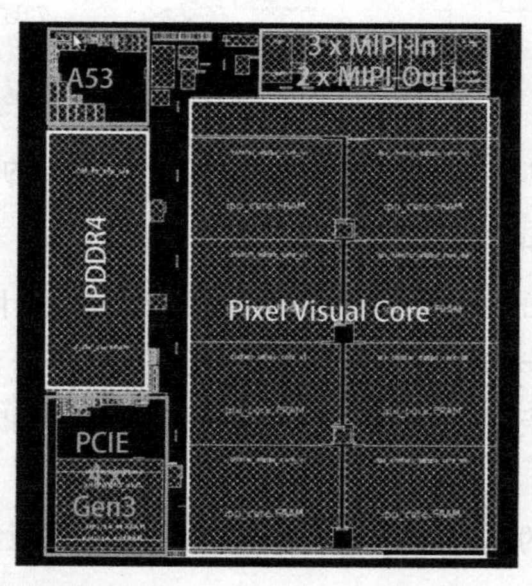

图 7-31 8 核 Pixel Visual Core 芯片的平面图。A53 是一个 ARMv7 核。LPDDR4 是一个 DRAM 控制器。PCIE 和 MIPI 为 I/O 总线

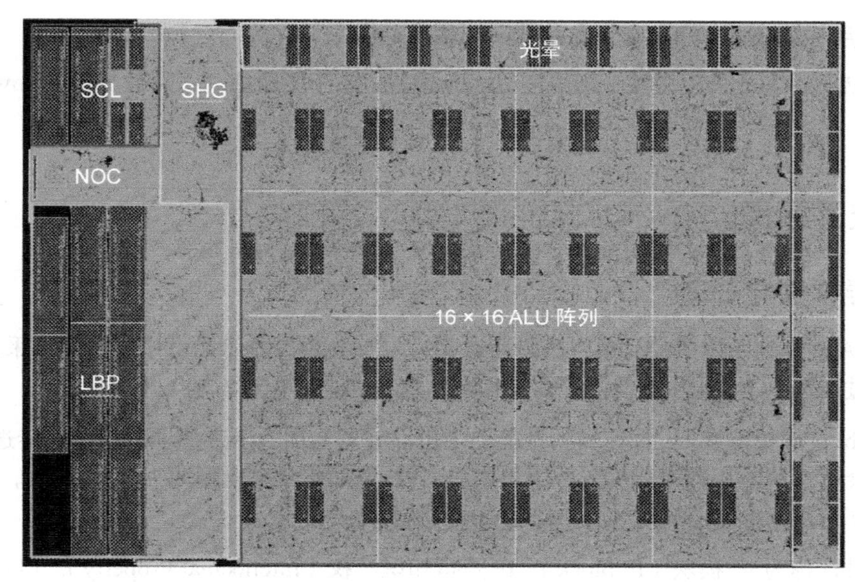

图 7-32 一个 Pixel Visual Core 的平面图。从左至右，从上到下：标量通道（SCL）占核面积的 4%，NOC 占 2%，行缓冲区池（LBP）占 15%，片生成器（SHG）占 5%，光晕占 11%，PE 阵列占 62%。光晕的环状连接使得阵列 4 条边中的每一条边都是逻辑相邻的。将光晕压缩到仅两侧后，面积效率更高，同时保持了拓扑结构

7.7.11 小结：Pixel Visual Core 如何遵循指导原则

Pixel Visual Core 是一种用于图像和视觉处理的多核 DSA，通常为独立的芯片或作为移动设备 SOC 的 IP 模块。在 7.9 节将会看到，对于 CNN，其性能功耗比 CPU 和 GPU 高 25~100 倍。Pixel Visual Core 遵循 7.2 节中指导原则的情况如下所示。

(1) 使用专用存储器将数据移动距离缩至最短。

Pixel Visual Core 最与众不同的体系结构特点可能就是受软件控制的二维行缓冲区。每个核拥有 128 KiB，占据了很大一部分面积。每个核还有 64 KiB 的软件控制 PE 存储器，供临时存储使用。

(2) 将通过减少高级微体系结构优化措施所节省的资源投入到更多的算术运算单元或更大的存储器中。

Pixel Visual Core 的其他两个关键特征是每个核拥有一个 16 × 16 的二维 PE 阵列，PE 之间有一个二维移位网络。它还提供了一个用作缓冲区的光晕区域，以充分利用它的 256 个算术运算单元。

(3) 使用与该领域相匹配的最简并行形式。

Pixel Visual Core 依赖二维 SIMD 并行机制，使用其 PE 阵列、VLIW 来表达其指令级并行机制，依赖多程序多数据（MPMD）并行机制来利用多个核。

(4) 减小数据大小，减少数据类型，使之能满足该领域最低需求即可。

Pixel Visual Core 主要依赖于 8 位和 16 位整数，但它也处理 32 位整数，只是速度更慢一些。

(5) 使用一种领域专用编程语言将代码移植到 DSA。

Pixel Visual Core 采用领域专用语言 Halide 编程，用于图像处理；采用 TensorFlow 编程，用于 CNN。

7.8 交叉问题

7.8.1 异构性与 SOC

将 DSA 整合到系统中的简单方法是通过 I/O 总线，这就是本章数据中心加速器采用的方法。为避免通过慢速 I/O 总线从存储器提取操作数，这些加速器拥有本地 DRAM。

Amdahl 定律提醒我们，加速器的性能受主机存储器与加速器存储器之间数据传送频率的限制。一定会有一些应用程序能够受益于将主机 CPU 与加速器整合到同一个 SOC 上，这是 Pixel Visual Core 的目标之一，最终也是 Intel Crest 的目标之一。

这种设计称为 **IP 模块**（IP block），IP 是指**知识产权**（Intellectual Property），但一种更具描述性的名字可能是“可移植设计模块”。IP 模块通常由诸如 Verilog 或 VHDL 之类的硬件描述语言设计，并集成到 SOC 中。通过 IP 模块这种方式，市场上的许多公司可以制造 IP 模块，其他公司则可以购买这些模块来为自己的应用程序制造 SOC，而无须自己设计一切。图 7-33 列出了几代 Apple PMD SOC 上的 IP 模块数，表明了 IP 模块的重要性；在仅仅 4 年里，IP 模块数增至原来的 3 倍。还有另外一个事实可以说明 IP 模块的重要性：CPU 和 GPU 只占 Apple SOC 面积的三分之一，而 IP 模块占据了所有剩余面积[Shao 和 Brooks，2015]。

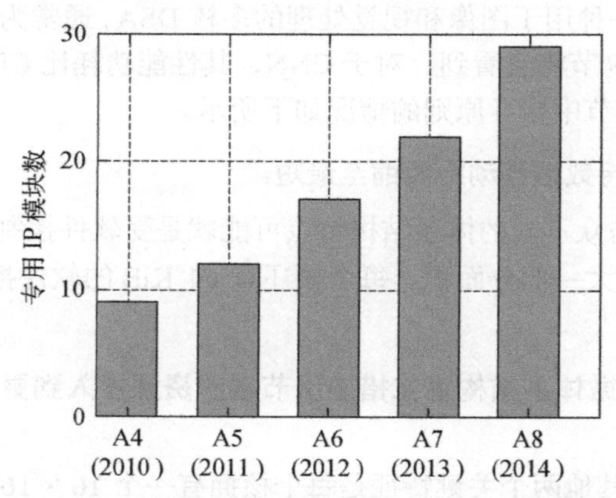

图 7-33 2010 年到 2014 年间，iPhone 和 iPAD 所用 Apple SOC 上的 IP 模块数[Shao 和 Brooks，2015]

设计 SOC 类似于城市规划，互相独立的团体为争取有限的资源进行游说，很难找到合适的折中方案。CPU、GPU、缓存、视频编码器等的设计都是可以调整的，可以扩张或收缩，以使用更多或更少的面积和能量来提供更强或更弱的性能。根据 SOC 是用于平板设备还是用于 IoT，预算也不相同。因此，IP 模块在面积、能耗和性能方面必须是可伸缩的。此外，对于一个新的 IP 模块来说，提供一个小资源版本尤其重要，因为它可能还没有在 SOC 生态系统中立足；如果最初的资源需求不大，采用起来就要容易得多。Pixel Visual Core 方案是一种多核设计，允许 SOC 工程师在 2~16 个核之间进行选择，将面积和功耗预算与所期望的性能匹配起来。

看看将来的走向很有意义：集成的吸引力会不会导致传统CPU公司的大多数数据中心处理器将IP加速器集成到CPU晶片上，或者，系统公司是否会继续设计自己的加速器，并在他们的ASIC中包含CPU IP？

7.8.2 一种开放指令集

DSA设计者面临的一个挑战是决定如何与CPU协作处理应用程序的其余任务。如果是在同一个SOC上，那么一个主要决策就是选择哪种CPU指令集，因为直到最近，几乎每一种指令集都属于某一家公司。之前，SOC的第一个实际步骤就是与一家公司签署协议，锁定指令集。

另一种做法是设计自己的定制RISC处理器，并向它移植编译器和库。IP核版权许可的成本高而且很麻烦，这会导致SOC中出现数量惊人的自制简单RISC处理器。一位AMD工程师估计，一个现代微处理器上有12个指令集。

RISC-V提供了第三种选择：一种免费、开放、可行的指令集，其中留出了足够的操作码空间，用于为领域专用协处理器增加指令，这样就可以实现前面提到的CPU与DSA之间更紧密的集成。SOC设计者现在可以选择一种标准指令集，它提供了一个庞大的配套软件基础，而且不需要签署协议。

他们仍然需要在设计早期选择指令集，但不需要选择某一家公司并与其签署协议了。他们可以自己设计一个RISC-V核，可以从销售RISC-V IP模块的公司购买，也可以下载一个由他人开发的免费开源RISC-V IP模块。最后一种选择类似于开源软件，提供了Web浏览器、编译器、操作系统等，由志愿者维护，供用户免费下载和使用。

这种指令集的开放性本质为那些提供RISC-V技术的小公司改善了商业环境，因为客户不需要担心一家使用自己独有指令集的公司能否长期生存下去。

用于DSA的RISC-V的另一个吸引力是指令集不像对通用处理器那么重要了。如果DSA是使用诸如DAG或并行模式之类的抽象进行较高级的编程（Halide和TensorFlow就是如此），那么在指令集级别要做的事情就少了。此外，当通过增加DSA降低性能开销和能量开销后，二进制兼容性可能就不像过去那么重要了。

在撰写本书时，开放式RISC-V指令集的未来似乎很光明。（我们希望关注未来，了解RISC-V从现在到本书下一版期间的状态。）

7.9 融会贯通：CPU、GPU与DNN加速器的对比

我们现在使用DNN比较本章中加速器的性价比。[①]首先全面对比TPU与标准CPU和GPU，然后简单对比Catapult和Pixel Visual Core。

表7-8列出了我们在对比过程中使用的6种基准测试。对于7.3节中3种DNN类型中的每一种，都提供了两个示例。这6种基准测试代表了2016年Google数据中心95%的TPU推理工作负载。它们通常是用TensorFlow编写的，短得惊人：只有100~1500行代码。它们是在主机

① 本节内容主要基于论文“In-Datacenter Performance Analysis of a Tensor Processing Unit”。

服务器上运行的更大型应用程序的小片断，这些大型应用程序可能有成千上万行 C++代码。这些应用程序通常是面向用户的，因而对于响应时间的要求非常严格，后面将会看到这一点。

表 7-8　代表 95% TPU 工作负载的 6 种 DNN 应用（每种 DNN 类型各两个）

名称	代码行数	DNN层					权重（万）	TPU 运算/权重	占2016年部署的 TPU 百分比
		FC	Conv	元素	池	总数			
MLP0	100	5				5	2000	200	61%
MLP1	1000	4				4	500	168	
LSTM0	1000	24		34		58	5200	64	29%
LSTM1	1500	37		19		56	3400	96	
CNN0	1000		16			16	800	2888	5%
CNN1	1000	4	72		13	89	10 000	1750	

* 表中 10 列分别为：DNN 名称、代码行数、DNN 中各层的类型和数量（FC 为全连接；Conv 为卷积；元素指 LSTM 的逐元素运算，参见 7.3 节；池指池化，它是一个下游级，用平均值或最大值代表一组元素；权重的数量；TPU 的运算密度；TPU 应用在 2016 年的流行程度。由于批数据大小的变化，TPU、CPU 和 GPU 的运算密度也是不同的。TPU 可以拥有更大的批数据大小，同时仍然保持在响应时间限值以下。一个 DNN 为 RankBrain [Clark，2015]，一个 LSTM 为 GNM 翻译[Wu 等，2016]，一个 CNN 为 DeepMind AlphaGo [Silver 等，2016；Jouppi，2016]。

表 7-9 和表 7-10 列出了要对比的芯片和服务器。它们是和 TPU 同时部署在 Google 数据中心的服务器级计算机。为了部署在 Google 数据中心里，它们至少需要具备检查内部存储器错误的能力，这样会排除一些选项，比如 NVIDIA Maxwell GPU。为了让 Google 购买和部署，这些机器必须经过精心配置，而不是仅仅为了通过基准测试而组装的人为作品。

表 7-9　接受基准测试的服务器所用的芯片为 Haswell CPU、K80 GPU 和 TPU

芯片型号	mm^2	nm	MHz	TDP	测量值		TOPS/s		GB/s	片上存储
					空闲	繁忙	8b	FP		
Intel Haswell	662	22	2300	145 W	41 W	145 W	2.6	1.3	51	51 MiB
NVIDIA K80	561	28	560	150 W	25 W	98 W	—	2.8	160	8 MiB
TPU	<331*	28	700	75 W	28 W	40 W	92		34	28 Mib

* TPU 晶片尺寸不到 Haswell 晶片尺寸的一半。

* Haswell 有 18 个核，K80 有 13 个 SMX 处理器。

表 7-10　使用表 7-9 中芯片的基准测试服务器

服务器	晶片/服务器	DRAM	TDP	测得的功耗	
				空闲	繁忙
Intel Haswell	2	256 GiB	504 W	159 W	455 W
NVIDIA K80（2 晶片/卡）	8	256 GiB（主机）+12 GiB × 8	1838 W	357 W	991 W
TPU	4	256 GiB（主机）+8 GiB × 4	861 W	290 W	384 W

* 低功耗的 TPU 所允许的机架级别密度要高于高功能 GPU。每个 TPU 的 8 GiB DRAM 为权重存储器。

传统的 CPU 服务器用来自 Intel 的一个 18 核、双槽 Haswell 处理器代表。这个平台也是 GPU 或 TPU 的主机服务器。Haswell 以 Intel 22 nm 工艺制造。CPU 和 GPU 都是非常大的晶片，大约 600 mm^2！

GPU 加速器为 NVIDIA K80。每个 K80 卡包含两个晶片，在内部存储器和 DRAM 上提供 SECDED。NVIDIA 声明（NVIDIA，2016），K80 加速器以数量更少、功能更强大的服务器提供算力，从而大幅降低了数据中心成本。

DNN 研究人员在 2015 年经常使用 K80，它们正是在那时被部署于 Google。注意，在 2016 年年末，K80 还被 Amazon Web Services 和 Microsoft Azure 选作新的云基 GPU。

因为每个进行基准测试的服务器的晶片数量为 2~8 个，所以后面的几幅图给出了根据晶片进行归一化后的数字，但图 7-37 例外，它对比的是整个服务器的性能与功耗之比。

7.9.1 性能：屋檐模型、响应时间和吞吐量

为了以图形方式展示在 3 个处理器上所执行的 6 个基准测试的性能，我们修改了第 4 章的屋檐模型。为了针对 TPU 使用 Roofline 模型，在对 DNN 应用程序进行量化时，首先将浮点运算替换为整数乘法–累加运算。对于 DNN 应用程序而言，权重通常不能放到片上存储中，所以第二个变化是重新定义了运算密度，改为每读取一个权重字节所执行的整数运算（见表 7-8）。

图 7-34 以对数–对数刻度给出了单个 TPU 的屋檐模型。这个 TPU 的屋檐模型有一个很长的“倾斜”部分，这里运算密度意味着性能受存储带宽所限，而不是受峰值计算能力所限。6 个应用程序中有 5 个头部触碰到了天花板：MLP 和 LSTM 都是受存储器限制，而 CNN 则是受计算限制。唯一一个头部没有触及天花板的 DNN 是 CNN1。尽管 CNN 的运算密度非常高，CNN1 的运行速度却只有 14.1 TOPS，而 CNN0 的运行速度则是令人满意的 86 TOPS。

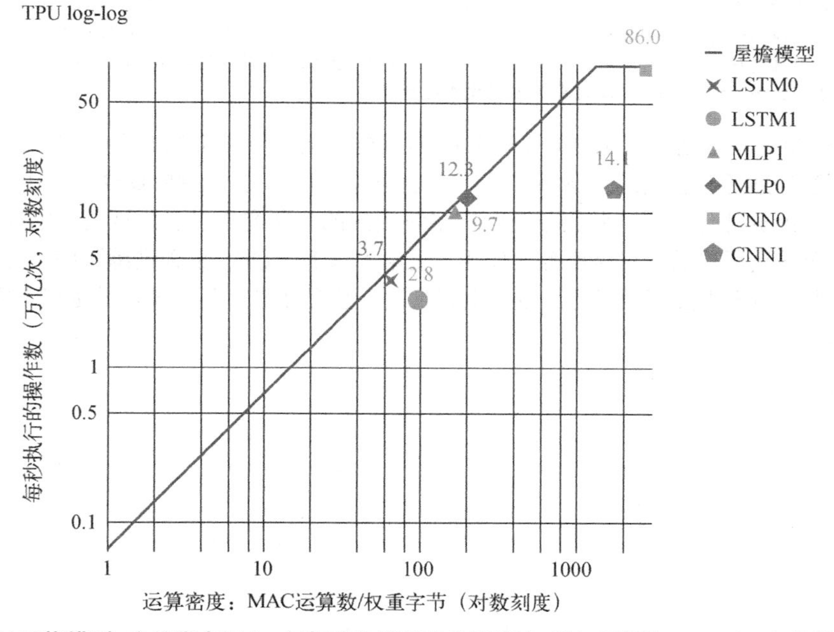

图 7-34 TPU 屋檐模型。它的脊点靠右，每权重存储器字节的乘法–累加运算为 1350 次。与其他 DNN 相比，CNN1 运行速度远低于它的屋檐模型，因为它将三分之一的时间花在等待将权重加载到矩阵单元中，而且 CNN 中的一些层很深，导致矩阵单元中只有一半的元素保存着有用值[Jouppi 等，2017]

针对想深入了解 CNN1 发生了什么的读者，表 7-11 使用性能计数器提供了有关 TPU 利用率的部分信息。TPU 为 CNN1 执行矩阵运算所花费的时间（第 7 列，第 1 行）不到其周期的一半。在每个此类活动周期上，65 536 个 MAC 中只有大约一半保存着有用的权重，这是因为 CNN1 中一些层的特征深度很浅。大约 35%的周期花费在等待将权重由存储器加载到矩阵单元中，发生这

种情况时，4 个全连接层的运算密度仅有 32。这样就会有大约 19%的时钟周期未被与矩阵相关的计数器解读。由于 TPU 上的重叠执行，我们无法确切知道这些周期的数目，但可以看到，23%的周期为流水线中的 RAW 依赖发生停顿，1%的周期为等待通过 PCIe 总线获得输入发生停顿。

表 7-11　NN 工作负载 TPU 性能的限制因素（基于硬件性能计数器获得）

应　用	MLP0	MLP1	LSTM0	LSTM1	CNN0	CNN1	均值	行
阵列活动周期	12.7%	10.6%	8.2%	10.5%	78.2%	46.2%	28%	1
256 × 256 矩阵中有用的 MAC（占峰值的百分比）	12.5%	9.4%	8.2%	6.3%	78.2%	22.5%	23%	2
未用 MAC	0.3%	1.2%	0.0%	4.2%	0.0%	23.7%	5%	3
权重停顿周期	53.9%	44.2%	58.1%	62.1%	0.0%	28.1%	43%	4
权重	15.9%	13.4%	15.8%	17.1%	0.0%	7.0%	12%	5
非矩阵周期	17.5%	31.9%	17.9%	10.3%	21.8%	18.7%	20%	6
RAW 停顿	3.3%	8.4%	14.6%	10.6%	3.5%	22.8%	11%	7
输入数据停顿	6.1%	8.8%	5.1%	2.4%	3.4%	0.6%	4%	8
TOPS	12.3	9.7	3.7	2.8	86.0	14.1	21.4	9

* 第 1、4、5、6 行的总值为 100%，基于对矩阵单元活动的测量。第 2、3 行进一步分解了矩阵单元中 64K 个权重的一部分，它们在活动周期上保存着有用权重。在第 6 行，我们的计数器不能精确解释矩阵单元空闲的时间；第 7、8 行给出了两种可能原因的计数，包括 RAW 流水线冒险和 PCIe 输入停顿。第 9 行（TOPS）基于对生产代码的测量，而其他行则基于对性能计数器的测量，所以它们不是完全一致的。主机服务器开销被排除在本表之外。MLP 和 LSTM 受存储带宽限制，但 CNN 不是。CNN1 结果在正文中进行解释。

图 7-35 和图 7-36 展示了 Haswell 和 K80 的屋檐模型。与图 7-34 中的 TPU 相比，6 种 NN 应用程序通常都远低于它们的天花板。原因在于响应时间限制。这些 DNN 应用程序中有很多是一些服务的组成部分，而这些服务是面向最终用户的。研究人员已经证明，响应时间稍微延长一点，就会导致用户减少对该服务的使用（见第 6 章）。因此，尽管训练阶段可能没有硬性的响应时间限制，但推理过程通常是有的。也就是说，推理过程只有在满足了延迟上限的前提下，才会在意吞吐量。

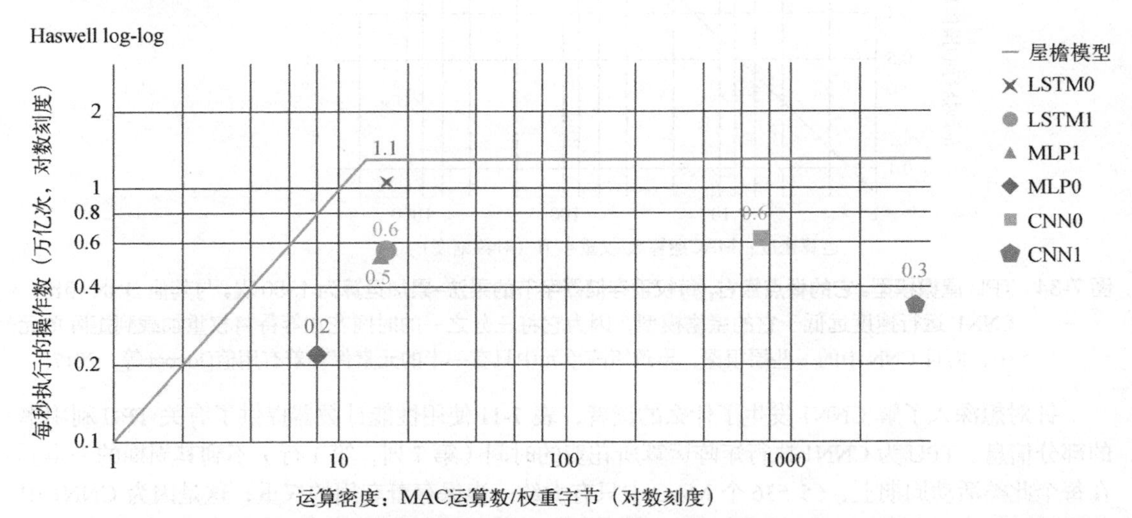

图 7-35　Intel Haswell CPU 屋檐模型，其脊点位于 13 个乘法–累加运算/字节处，比图 7-34 中靠左得多

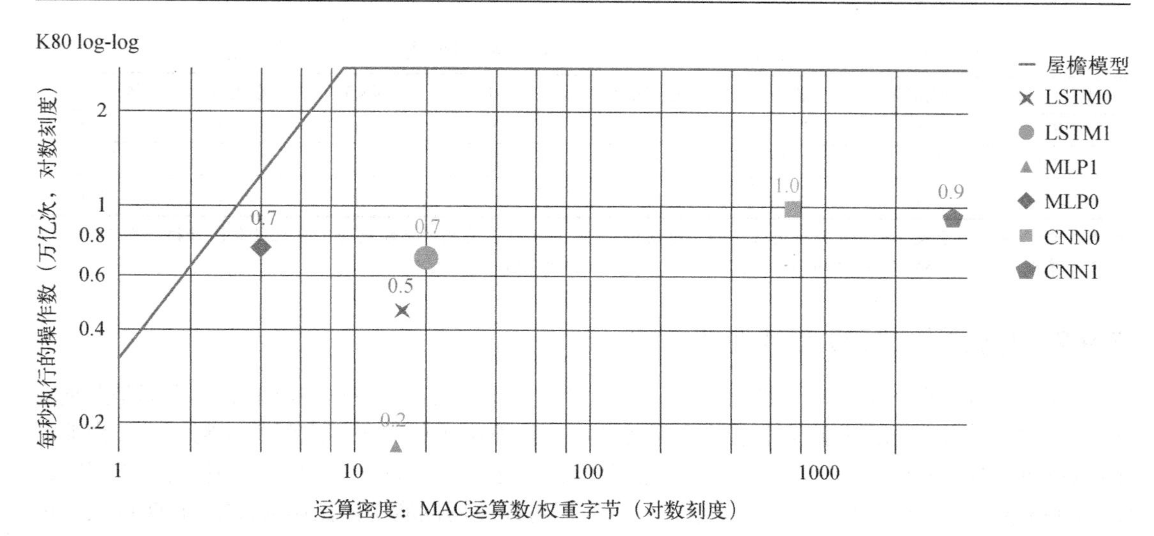

图 7-36 NVIDIA K80 GPU 晶片屋檐模型。因为存储带宽高得多，所以将脊点移至每权重字节 9 次乘法-累加运算处，它甚至比图 7-35 中更靠左一些

表 7-12 显示了 MLP0 的第 99 百分位响应时间限制 7 ms 对 Haswell 和 K80 的影响，这是应用程序开发人员所需要的。[每秒推理数（IPS）和 7 ms 延迟包含了主机服务器时间和加速器时间。] 如果放宽响应时间限制，那么在 MLP0 可实现最大吞吐量时，它们可以分别以 42% IPS 和 37% IPS 的速度运行。因此，尽管 CPU 和 GPU 的吞吐量可能高得多，但如果它们没有满足响应时间限制，吞吐量就会被浪费。这两个限制也影响了 TPU，但在表 7-12 中的 80%处，它的运行速度更加接近其最高 MLP0 吞吐量。与 CPU 和 GPU 对比，单线程 TPU 不存在 7.1 节讨论的任何一个复杂巧妙的微体系结构功能，这些功能耗用晶体管和能量来提高平均性能，而不是第 99 百分位性能。

表 7-12 当批数据大小变化时，MLP0 的第 99 百分位响应时间和每晶片的吞吐量（IPS）

类型	批数据大小	第 99 百分位响应	每秒推理数（IPS）	占最大 IPS 的百分比
CPU	16	7.2 ms	5482	42%
CPU	64	21.3 ms	13 194	100%
GPU	16	6.7 ms	13 461	37%
GPU	64	8.3 ms	36 465	100%
TPU	200	7.0 ms	225 000	80%
TPU	250	10.0 ms	280 000	100%

* 可允许的最长延迟为 7 ms。对于 GPU 和 TPU，最大 MLP0 吞吐量受主机服务器开销限制。

表 7-13 给出了每晶片相对推理性能的底线，其中包含了主机服务器用于两个加速器的开销。回想一下，当架构师不知道将要实际运行程序的哪种搭配时，他们会使用几何均值。但对于这一比较，我们是知道程序的搭配的（见表 7-8）。表 7-13 中最后一列使用实际搭配得到的加权平均，使 GPU 加快了 1.9 倍，TPU 的速度为 CPU 的 29.2 倍，所以 TPU 的速度是 GPU 的 15.3 倍。

表 7-13　对于 DNN 工作负载，K80 GPU 和 TPU 相对于 CPU 的性能

类　型	MLP0	MLP1	LSTM0	LSTM1	CNN0	CNN1	均　值
GPU	2.5	0.3	0.4	1.2	1.6	2.7	1.9
TPU	41.0	18.5	3.5	1.2	40.3	71.0	29.2
比值	16.7	60.0	8.0	1.0	25.4	26.3	15.3

* 表中的均值使用了表 7-8 中 6 种应用程序的实际搭配。GPU 和 TPU 的相对性能包含了主机服务器开销。表 7-12 对应于本表的第二列（MLP0），给出了满足 7 ms 延迟阈值的相对 IPS。

7.9.2　性价比、TCO 和性能功耗比

在购买数千台计算机时，性价比比一般性能更重要。最适合数据中心的成本指标是总拥有成本（TCO）。Google 为数千个芯片支付的实际价格取决于相关公司之间的谈判。出于商业原因，Google 不能公布这些价格信息或者可能会推算出这些信息的数据。但是，功耗与 TCO 相关，而且 Google 会公布每台服务器的瓦数，所以我们可以使用性能功耗比作为性能与 TCO 之比的替代指标。本节将对比服务器的性能（见表 7-10），而不是单个晶片的性能（见表 7-9）。

图 7-37 给出了与 Haswell CPU 相比，K80 GPU 和 TPU 的加权平均性能功耗比。我们给出了性能功耗比的两种计算。第一种（"总性能功耗比"）在为 GPU 和 TPU 计算性能功耗比时，包含了由主机 CPU 服务器消耗的功耗。第二种（"增量性能功耗比"）事先从 GPU 和 TPU 总数中减去了 CPU 服务器功耗。

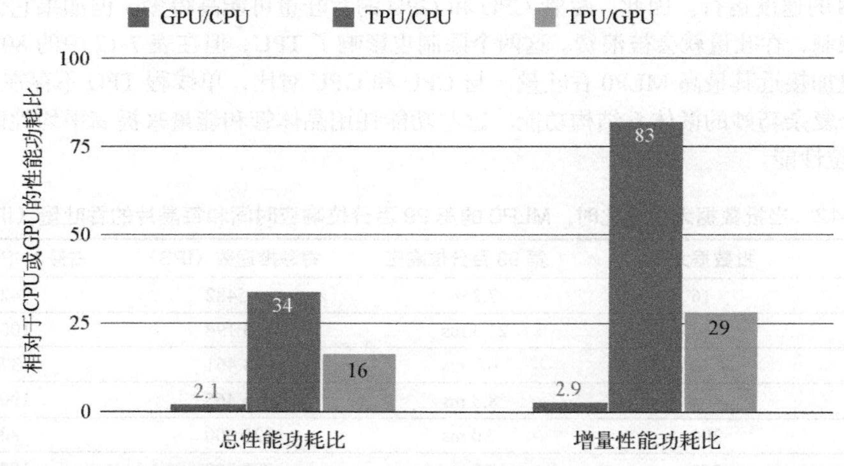

图 7-37　GPU 和 TPU 服务器的性能功耗比与 CPU 或 GPU 服务器的对比。总性能功耗比中包含了主机服务器功耗，但增量性能功耗比中未包含。这是一个广泛采用的指标，但我们用它作为数据中心中性能与 TCO 之比的代表

K80 服务器的总性能功耗比为 Haswell 的 2.1 倍。当省略 Haswell 功耗时，K80 服务器的增量性能功耗比为 Haswell 的 2.9 倍。

TPU 服务器的总性能功耗比比 Haswell 高 34 倍，这使得 TPU 服务器的性能功耗比为 K80 服务器的 16 倍。TPU 的相对增量性能功耗比为 83（这是 Google 采用定制 ASIC 的理由），这将 TPU 的性能功耗比提升至 GPU 的 29 倍。

7.9.3 评估 Catapult 和 Pixel Visual Core

Catapult V1 运行 CNN 的速度是一台 2.1 GHz、16 核、双插槽服务器的 2.3 倍[Ovtcharov 等，2015a]。利用下一代 FPGA（14 nm Arria 10），性能提升至 7 倍，通过更精心地布局规划、增加 PE，甚至可能提升至 17 倍[Ovtcharov 等，2015b]。在这两种情况下，Catapult 的功耗增加不到 1.2 倍。尽管不是严格的对比，相对于一台略快的服务器，TPU 运行其 CNN 的速度要快 40~70 倍（见表 7-9、表 7-10 和表 7-13）。

因为 Pixel Visual Core 和 TPU 都是由 Google 制造的，所以我们可以直接对比它们运行 CNN1（一种常见的 DNN）时的性能，尽管它必须从 TensorFlow 转换而来。它运行时采用的批数据大小为 1，而不是 TPU 中的 32。TPU 运行 CNN1 的速度大约为 Pixel Visual Core 的 50 倍，由此可以得出 Pixel Visual Core 的速度大约是 GPU 的一半，比 Haswell 稍快一点。CNN1 的增量性能功率比使 Pixel Visual Core 的速度提升至 TPU 的大约一半，GPU 的 25 倍，CPU 的 100 倍。

因为 Intel Crest 是为训练而不是为推理设计的，所以即使可以对它进行测量，将它包含在本节中也是不公平的。

7.10 谬论和易犯错误

在当前 DSA 和 DNN 发展的初级阶段，存在大量谬论。

谬论 设计一种定制芯片要耗费 1 亿美元。

图 7-38 展示了一篇文章中的一幅图，这篇文章反驳了被广泛引用的 1 亿美元神话，揭露实际上“只有”5000 万美元，其中大部分成本是薪金[Olofsson，2011]。注意，该作者的估计值针对的是高级处理器，其中包含了大量 DSA 专门省略的功能，所以即使开发工艺没有改进，也可以预期 DSA 的设计成本会更低一些。

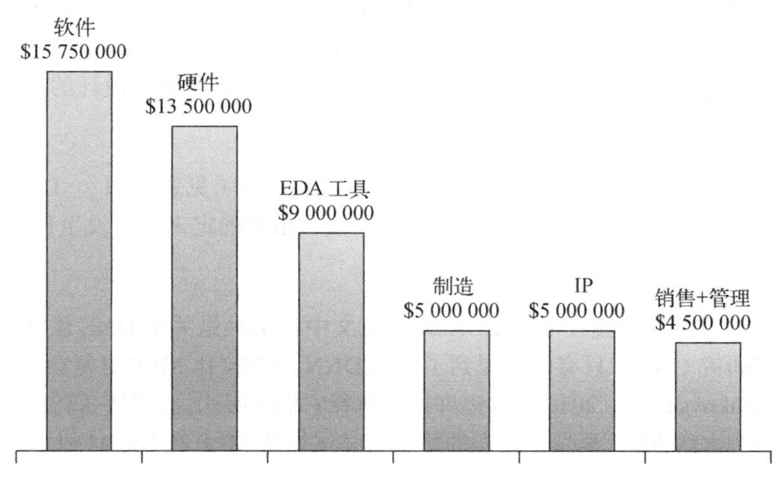

图 7-38 一款定制 ASIC 的 5000 万美元成本的分解，此数据系通过对其他公司的调查得出[Olofsson，2011]。 作者写道，他的公司仅为其 ASIC 花费了 200 万美元

6年之后，尺寸更小的工艺技术的掩膜成本更高了，为什么我们反而更乐观了呢？

首先，软件是最大的一类成本，几乎占了三分之一。由于可以使用以领域专用语言编写的应用程序，所以编译器可以完成将应用程序向DSA移植的大部分工作，前面TPU和Pixel Visual Core的情况就是如此。开放的RISC-V指令集也将有助于降低获取系统软件的成本，还可以大幅削减IP成本。

让多个项目共享单个光罩，也可以节省掩膜和制造成本。只要你的芯片规模比较小，让人惊讶的是，只需3万美元，任何人都可以得到100个用28 nm TSMC技术制成的未测试晶片[Patterson和Nikolic，2015]。

最大的变化可能是硬件工程，它占成本的四分之一以上。硬件工程师已经开始追随他们的软件工程师同事，采用敏捷开发方法。传统的硬件过程不仅划分为各个独立的阶段，用于设计需求、体系结构、逻辑设计、布局布线、验证等，还为执行每个阶段的人们赋予不同的头衔。这一过程需要大量的规划、文档和调度，部分原因是每个阶段的人员都是不同的。

软件开发过去也遵循这一“瀑布”模型，但由于项目延期、超出预算，甚至取消的情况太过常见，最终导致采用了一种完全不同的方法。2001年的“敏捷宣言”基本上是说：如果一个小型团队反复打磨一个虽不完善但能正常工作的原型（即迭代），并定期向用户展示，那么其在预算范围内如期开发出有用软件的可能性，要远远大于采用瀑布模型中传统“计划加文档”的方法。

小型硬件团队现在也进行敏捷迭代[Lee等，2016]。为缓解芯片制造过程中的长延迟，工程师们使用FPGA进行一些迭代，因为针对同一设计，现代设计系统既可以为FPGA生成EDIF，也可以生成芯片布局。FPGA原型的运行速度是芯片的5%~10%，但仍然比仿真器快得多。他们还进行“送带”（tape-in）迭代，针对已经可以工作但还不够完善的原型进行所有“流片”（tape-out，出带）工作，但不用支付制造芯片的成本。

除了改进的开发过程之外，还有更多的现代硬件设计语言支持它们[Bachrach等，2012]，以及由高级领域专用语言自动生成硬件方面的进步[Canis等，2013；Huang等，2016；Prabhakar等，2016]。可以免费下载和修改的开源硬件核，应当也可以降低硬件设计的成本。

易犯错误　性能计数器是事后添加到DSA硬件中的。

TPU拥有106个性能计数器，而设计者想要的比这还多（见表7-11）。DSA存在的理由就是性能，在其演进过程中，现在还是非常早期的阶段，很难确定未来会发生什么。

谬论　架构师正在解决正确的DNN任务。

架构师社区正在关注深度学习：ISCA 2016论文中有15%是关于DNN硬件加速器的！唉，所有9篇论文都研究CNN，只有两篇提到了其他DNN。CNN比MLP更复杂，在DNN比赛中占主导地位[Russakovsky等，2015]，这也许可以解释它们的吸引力，但它们仅占Google数据中心NN工作负载的大约5%。至少以同样的热情来尝试加速MLP和LSTM似乎是明智的。

易犯错误　对于DNN硬件，IPS是一个公正的总结性性能指标。

IPS并不适合作为DNN硬件的单一的整体性能总结，因为它与应用程序中典型推理的复杂度相反（例如，NN层的数量、大小和类型）。例如，TPU以360 000 IPS的速度运行4层MLP1，但仅以 4700 IPS 的速度运行 89 层 CNN1，因此，TPU IPS 变化了 75 倍。因此，用 IPS 作为单一的速度总结对于 NN 加速器来说，比 MIPS 或 FLOPS 对于传统处理器来说更容易产生误导，所以 IPS 应当受到更大的质疑。为了更好地比较 DNN 硬件，我们需要一套以高级语言编写的基准测试程序，然后将其移植到各种各样的 DNN 体系结构。Fathom 是在这种测试程序套件方面做的一次很有前景的新尝试[Adolf 等，2016]。

易犯错误 *在设计 DSA 时忽略体系结构的历史。*

对通用计算来说无效的思路，对 DSA 来说可能很理想，因此，了解历史的架构师可能会有竞争优势。对于 TPU，有 3 个重要的体系结构功能可以追溯到 20 世纪 80 年代：脉动阵列[Kung 和 Leiseron，1980]、解耦的访问/执行[Smith，1982]，以及 CISC 指令[Patteron 和 Ditzel，1980]。第一种功能缩减了大型矩阵乘法单元的面积和功耗，第二种功能在矩阵乘法单元运算期间并发地提取权重，第三种功能更好地利用 PCIe 总线的有限带宽来传送指令。我们建议读者挖掘本书每章最后的历史回顾部分，从中发现一些“珍珠”来装饰你设计的 DSA。

7.11 结语

本章介绍了近期一种技术变化的几个示例，这种转变就是不再像传统目标那样，力求通过改进通用计算机使所有程序都受益，而是开始采用 DSA 来加速一部分程序。

两个版本的 Catapult 都保留了数据中心的同构性，其做法是设计一种可以放在一个服务器内部的小型低功耗 FPGA 板。希望 FPGA 的灵活性使得 Catapult 对当前的许多应用和部署之后出现的新应用都有用。Catapult 运行搜索排名和 CNN 的速度快于 GPU，若按性能与 TCO 之比来衡量，它在搜索排名方面相对于 CPU 可提供 1.5~1.75 倍的增益。

TPU 项目在开始时实际上采用的是 FPGA，但当设计者发现当时的 FPGA 在性能上无法与 GPU 相比时，就舍弃了 FPGA。他们还相信，TPU 的能耗要远少于 GPU，同时还能以同样甚至更快的速度运行，因而远远优于 FPGA 和 GPU。最后，TPU 不是破坏 Google 数据中心同构性的设备，因为其数据中心的一些服务器中已经拥有 GPU 了。TPU 基本上是追随 GPU 的脚步前进的，它只不过是另一种类型的加速器而已。

TPU 的非重复性工程成本很可能远高于 Catapult，但其回报也更大：ASIC 的性能和性能功率比都远高于 FPGA。风险是，TPU 仅适用于 DNN 推理，但我们已经提到，DNN 是一种富有吸引力的目标，因为它有可能适用于许多应用程序。2013 年，Google 管理层信心大增，他们相信，2015 年及之后的 DNN 需求会证明 TPU 投入是合理的。

与 CPU 和 GPU 的时变优化（缓存、乱序执行、多线程、多重处理、预提取等，它们对平均吞吐量的助益要大于对延迟的助益）相比，Catapult 和 TPU 的确定性执行模型更适合满足面向用户的应用程序的响应时间限制。TPU 尽管拥有无数 ALU 和一个大型存储器，但其尺寸仍然较小，而且功耗很低，部分原因就是没有采用 CPU 和 GPU 的前述功能。这一成就提出了 Amdahl 定律的一个“聚宝盆推论”：**对某一大型、廉价资源的低利用率，仍然可能提供高性价比的高性能。**

总之，TPU 在 DNN 方面取得了成功，原因包括：大型矩阵单元；大量受软件控制的片上存储器；能够运行整个推理模型以降低对主机 CPU 依赖性；单线程、确定性执行模型（已经证明，它可以很好地匹配第99百分位响应时间要求)；足够灵活，可以像匹配2013年的DNN一样匹配2017年的DNN；省略了一些通用功能，从而在拥有更大数据路径和存储器的情况下可以实现一种小型的低功耗晶片；量化应用程序采用8位整数；应用程序用TensorFlow编写，因而可以轻松地将其移植到高性能的DSA，而不需要重新编写以便在差异很大的硬件上运行。

Pixel Visual Core展示了为PMD设计DSA时，晶片大小和功耗方面的约束。与TPU不同，它是一个独立于主机的处理器，提取自己的指令。尽管主要面向计算机视觉，但Pixel Visual Core运行CNN时的性能功耗比要比K80 GPU和Haswell CPU高一到两个量级。

尽管Intel CEO充满热情地发布了Intel Crest，这意味着计算领域的一大变化，但现在对它进行判断还为时过早。

体系结构的一次复兴

至少在过去10年里，体系结构研究人员一直在发布基于（使用有限基准测试的）模拟的创新成果，声称通用处理器的改进幅度在10%或以下，而现在有公司报告，DSA硬件产品的增益可以达到10倍或更多。

我们认为这是一种信号，表明这个领域正在经历一场转变，而且我们预计在接下来的10年里，将会看到体系结构创新领域的一次复兴，理由如下。

- 登纳德缩放比例定律与摩尔定律的历史性终结，这意味着要提高性价比，需要计算机体系结构方面的创新。
- 敏捷硬件开发和新的硬件设计语言提高了硬件开发的生产力，它们充分利用了现代编程语言的进步。
- 采用免费开放的指令集、开源IP模块和商用IP模块（到目前为止，这是使用DSA最多的地方），降低了硬件开发成本。
- 上述生产力的提高、开发成本的降低，意味着研究人员可以承担验证其想法的成本，他们可以在FPGA甚至是在定制芯片上验证想法，而不用再尝试用模拟器来说服怀疑者了。
- DSA具有潜在优势，而且可以与领域专用编程语言协同作用。

我们相信，许多体系结构研究人员将会开发出更多的DSA，其水平高于本章讨论的DSA。我们迫不及待地想看一看，等到本书下一版出版时，计算机体系结构世界将是什么模样！

7.12　历史回顾与参考文献

M.9节介绍了DSA的发展。

7.13　案例研究与练习（由Cliff Young设计）

案例研究：Google的张量处理单元与深度神经网络的加速

本案例研究说明的概念

- 矩阵乘法运算的结构

- ❑ 一种简单神经网络模型的存储器容量和计算速度
- ❑ 一种专用 ISA 的结构
- ❑ 将卷积映射到 TPU 硬件的低效性
- ❑ 定点算术运算
- ❑ 功能近似

7.1 [10/20/10/25/25] <7.3、7.4> 矩阵乘法是 TPU 在硬件中支持的一个关键运算。在讨论 TPU 硬件的细节之前，分析一下矩阵乘法计算本身是有意义的。描述矩阵乘法的一种常见方法是使用下面的三重嵌套循环：

```
float a[M][K], b[K][N], c[M][N];
// M、N和K为常数
for (int i = 0; i < M; ++i)
        for (int j = 0; j < N; ++j)
                for (int k = 0; k < K; ++k)
                        c[i][j] += a[i][k] * b[k][j];
```

a. [10] 假设 M、N 和 K 均相等。这一算法的渐近时间复杂度是多少？这些参数的渐进空间复杂度是多少？当 M、N 和 K 变大时，这对于矩阵乘法的运算密度意味着什么？

b. [20] 设 M=3、N=4、K=5，所以每个维度都是互质的。写出访问 3 个矩阵 A、B、C 中每个矩阵存储地址的顺序（可以从二维下标入手，然后将它们翻译为存储器地址，或者是相对于每个矩阵起始位置的偏移量）。对于哪些矩阵，元素是顺序访问的？哪些不是？假设采用行优先（C 语言）存储器顺序。

c. [10] 假设对矩阵 B 进行转置：交换它们的下标，使之成为 B[N][K]。于是，最内层的循环语句现在变为：

```
c[i][j] += a[i][k] * b[j][k];
```

现在，对于哪些矩阵，元素访问是顺序进行的？

d. [25] 原例程的最内层循环（以 *k* 为索引）执行点积运算。假设你有一个硬件单元，它执行 8 元素点积的效率要高于原始的 C 代码，其行为类似于下面的 C 函数：

```
void hardware_dot(float *accumulator,
   const float *a_slice, const float *b_slice) {
       float total = 0.;
       for (int k = 0; k < 8; ++k) {
               total += a_slice[k] * b_slice[k];
       }
       *accumulator += total;
}
```

如何重写(c)部分中使用转置 B 矩阵的例程，使之执行此函数？

e. [25] 这次假设给定的硬件单元执行一个 8 元素 “saxpy” 运算，其行为类似于下面这个 C 函数：

```
void hardware_saxpy(float *accumulator,
   float a, const float *input) {
        for (int k = 0; k < 8; ++k) {
                accumulator[k] += a * input[k];
        }
}
```

编写另一个例程，使用 saxpy 原生函数来提供与原循环等价的结果，但不对 B 矩阵的存储器顺序进行转置。

7.2　[15/10/10/20/15/15/20/20] <7.3、7.4> 考虑表7-3中的神经网络模型MLP0。该模型在5个全连接层中有2000万个权重(神经网络研究人员对输入层计数，就好像它们是栈中的一个层，但没有相关联的权重)。为简单起见，假设这些层的大小都相等，所以每个层保存400万个权重。然后，假设每个层的几何形状相同，所以每一组中的400万个权重表示一个2000×2000的矩阵。因为TPU通常使用8位数值，所以2000万个权重占用20 MB的空间。

a. [15] 当批数据大小为128、256、512、1024或2048时，该模型每一层的输入激活为多大(除了输入层之外，这些输入激活也是上一层的输出激活)？现在，考虑整个模型(也就是说，只有第一层的输入和最后一层的输出)，对于每种批数据大小，输入与输出通过PCIe Gen3 x 16的传输时间为多少？哪一个的传输速率大约为100 Gibit/s?

b. [10] 给定存储器系统速度为30 GiB/s，请给出TPU从存储器中读取MLP0的权重时，所需时间的下限。TPU从存储器中读取一个256×256权重"片"将需要多少时间?

c. [10] 假设我们知道脉动阵列矩阵乘法有256 × 256个元素，其中每一个在每个周期中执行一个8位乘法累加运算(MAC)，试说明如何计算TPU的92万亿次运算/秒。根据高性能计算营销术语，一个MAC计作两次运算。

d. [20] 一旦将一个权重片加载到TPU的矩阵单元之后，就可以重复使用它，将一个包含256个元素的输入向量乘以该权重片表示的256 × 256权重矩阵，在每个周期内生成一个包含256个元素的输出向量。在它加载一个权重片期间，过去了多少个周期？这是一个"得失相当"的批数据大小，其中计算时间和存储器加载时间相等，也称为屋檐模型的"脊点"。

e. [15] Intel Haswell x86服务器的计算峰值速度大约为1 T FLOPS，而NVIDIA K80 GPU的计算峰值大约为3 T FLOP。假设它们都达到了自己的峰值，试计算当批数据大小为128时，它们在最佳情况下的计算时间为多少？这些时间与TPU从存储器中加载所有2000万个权重所耗费的时间相比如何?

f. [15] 假设TPU程序没有将计算与通过PCIe进行的I/O相重叠，试计算从CPU开始向TPU发送第一个数据字节，直到返回输出的最后一个字节为止，一共用了多少时间。占用了多少PCIe带宽?

g. [20] 假设我们部署了一种配置，其中一个CPU通过一条PCIe Gen3　× 16总线(具有合适的PCIe交换机)连接到5个TPU。假设我们在每个TPU上放置MLP0的一个层，从而实现了并行，同时假设TPU可以直接通过PCIe相互通信。当批数据大小为128时，计算单次推理时的最佳延迟为多少？这样一种配置所提供的吞吐量为多少(用每秒的推理数表示)？与单个TPU相比如何?

h. [20] 假设一批推理中的每个样本都需要50个核–微秒的CPU处理时间。当批数据大小为128时，要驱动一个单TPU配置，需要主机CPU上的多少个核?

7.3　[20/25/25/25/讨论] <7.3、7.4> 考虑一种用于TPU的伪汇编语言，并考虑一个程序，它为一个小型全连接层处理大小为2048的批数据，其权重矩阵规模为256 × 256。如果对于每条指令中计算的大小或对齐没有限制，则该层的整个程序可能类似于如下所示：

```
read_host u#0, 256*2048
read_weights w#0, 256*256
// 矩阵乘法权重系从FIFO中隐式读取
activate u#256*2048, a#0, 256*2048
write_host, u#256*2048, 256*2048
```

在这种伪汇编语言中，前缀 u#表示统一缓冲区中的一个存储器地址，前缀 w#表示片外权重DRAM中的一个存储器地址，前缀 a#表示一个累加器地址。每条汇编语言指令的最后一个参数表示要执行的字节数。

我们逐条指令地过一遍这个程序。

- `read_host` 指令从主机存储器中读取 512 KB 的数据，将其存储在统一缓冲区的开头（u#0）。
- `read_weights` 指令告诉权重提取单元去读取 64 KB 的权重，将它们载入片上权重 FIFO 中。这 64 KB 的权重代表一个 256 × 256 的权重矩阵，我们称之为权重片。
- `matmul` 指令从统一缓冲区的地址 0 处读取 512 KB 的输入数据，利用权重片执行一个矩阵乘法，并将得到的 56 × 2048=524 288 个 32 位激活结果存储在累加器地址 0 处（a#0）。我们有意略过了权重排序的细节；本练习将针对这些细节进行扩展。
- `activate` 指令在 a#0 处到得这 524 288 个 32 位累加器，对它们应用一个激活函数，并将所得到的 524 288 个 8 位输出值存储在统一缓冲区的下一个空闲位置，u#524288。
- `write_host` 指令将 512 个输出激活结果（始于 u#524288）写回主机 CPU。

我们将向该伪汇编语言中逐步增加实际细节，以探索 TPU 设计的一些方面。

a. [20] 我们在编写前面的伪代码时，使用的是字节和字节地址（在累加器中，使用的是 32 位值的地址），而 TPU 是对长度为 256 的自然向量进行处理。这意味统一缓冲区通常是在 256 字节的边界处进行寻址的，累加器是以 256 个 32 位值为一组（或 1 KB 边界）进行寻址的，而权重是以 65 536 个 8 位值为一组进行加载的。重写此程序的地址，并传送上述数据，以将这些向量和权重片的长度考虑在内。该程序将读取多少个各包含 256 个元素的输入激活向量？在计算结果时，将会用到多少字节的累加值？将有多少个包含 256 个元素的输出激活向量被写回主机？

b. [25] 假设应用需求发生了变化，不再是乘以一个 256 × 256 的权重矩阵，权重矩阵的形状现在变为 1024 × 256。考虑 `matmul` 指令，将权重看作矩阵乘法运算符的右参数，所以 1024 对应于 K，也就是矩阵乘法累加数值的维度。假设现在有两种累加指令变体，一种用自己的结果改写累加器，另一种将矩阵乘法结果加至指定的累加器。如何修改此程序，以处理这个 1024 × 256 矩阵？是否需要更多的累加器？矩阵单元的大小仍然保持 256 × 256。你的程序需要多少个 256 × 256 权重片？

c. [25] 现在编写程序，完成与一个大小为 256 × 512 的权重矩阵的乘法。你的程序是否需要更多的累加器？能否重写你的程序，使它仅使用 2048 个包含 256 项的累加器？你的程序需要多少个权重片？它们应当按照什么顺序存储在权重 DRAM 中？

d. [25] 接下来，编写程序，完成与一个大小为 1024 × 768 的权重矩阵的乘法。你的程序需要多少个权重片？编写你的程序，使它仅使用 2048 个包含 256 项的累加器。权重片应当按照什么顺序存储在权重 DRAM 中？对于这一计算，每个输入激活结果被读取多少次？

e. [讨论] 为了构建一种体系结构，使每组包含 256 个元素的输入激活结果仅被读取一次，需要些什么？将需要多少个累加器？如果这样做了，累加器存储器必须有多大？将这一方法与 TPU 进行对比，后者使用 4096 个累加器，使一组 2048 个累加器可供矩阵单元写入，而另一组用于激活结果。

7.4 [15/15/15] <7.3、7.4> 考虑 AlexNet 的第一个卷积层，它使用一个 7 × 7 卷积内核，一个输入特征深度为 3，一个输出特征深度为 48。原始图像宽度为 220 × 220。

a. [15] 暂时忽略 7 × 7 卷积内核，仅考虑该内核的中心元素。一个 1 × 1 的卷积内核在数学上等价于一个矩阵乘法，其权重矩阵的维度大小为“输入深度 × 输出深度”。对于这些深度，使用一个标准的矩阵乘法，TPU 的 65 536 个 ALU 中有多大比例会被用到？

b. [15] 对于卷积神经网络，空间维度也是可重复利用的权重资源，因为卷积内核被应用于许多不同的(x, y)坐标位置。假设在批数据大小为 1400 时，TPU 的计算与存储达到平衡。那么当批数据大小为 1 时，这个 TPU 可以高效处理的最小方形图像大小为多少？

c. [15] AlexNet的第一个卷积层实现了一个大小为4的**内核步幅**（kernel stride），这意味着每次应用时不是移动一个X像素或一个Y像素，而是7 × 7内核一次移动4个像素。这一步幅意味着我们可以将输入数据由220 × 220 × 3重新排列为55 × 55 × 48（将X、Y维度除以4，将输入深度乘以16），同时可以将7 × 7 × 3 × 48个卷积权重重新堆叠为2 × 2 × 48 × 48（就像输入数据在X和Y维度上以因数4进行重新堆叠一样，我们可以对卷积内核的7 × 7个元素进行同一操作，最终在X、Y维度的每一维度上留下ceiling(7/4) = 2个元素）。因为内核现在是2 × 2，所以只需要使用大小为48 × 48的权重矩阵，进行4次矩阵乘法运算。现在可以使用65 536个ALU中的多大比例？

7.5　[15/10/20/20/20/25]<7.3> TPU使用**定点算术运算**[fixed-point arithmetic，有时也称为**量化算术运算**（quantized arithmetic），具有重叠和冲突的定义]，其中用整数来表示实数值。定点算术运算有多种方案，但它们有一个共同之处，就是存在一个仿射投影，由硬件所用的整数投射到该整数所表示的实数。仿射投影的形式为$r=i*s+b$，其中i为整数，r为所表示的实数值，s和b为尺度和偏离值。当然，这个投影可以用任意方向写出，可以是由整数到实数，反之亦可（只是在将实数转为整数时，需要进行舍入）。

a. [15] TPU支持的最简单激活函数为ReLUX，它是一个修正线性单元，最大值为X。例如，ReLU6的定义为$\text{Relu6}(x) = \{0, x < 0; x, 0 \leqslant x \leqslant 6; 6, x > 6\}$。因此，实数轴上的0.0和6.0就是Relu6可能生成的最小值和最大值。假设在硬件中使用8位无符号整数，而且希望使0映射到0.0，255映射到6.0。试求解s和b。

b. [10] ReLU6输出的一个8位量化表示可以准确表示实数轴上的多少个值？它们之间的实数间距为多大？

c. [20] 在进行数值分析时，有时将可表示的值之间的差称为"最低有效位单位"（unit in the least place，ulp）。如果将一个实数映射到其定点表示，再映射回来，很少会得到最初的实数。原数与其表示之间的差值称为**量化误差**（quantization error）。在将[0.0, 6.0]范围内的一个实数映射到一个8位整数时，证明最大量化误差为一个ulp的一半（确保舍入到最接近的可表示值）。可以考虑将这些误差看作原实数的一个函数，绘制其曲线。

d. [20] 对于一个8位整数，保持其实数范围与上一步相同，仍为[0.0, 6.0]。哪个8位无符号整数将表示1.0？1.0的量化误差为多少？假设你要求TPU向1.0加1.0，你会得到什么答案？这个结果中的误差为多少？

e. [20] 如果在范围[0.0, 6.0]中等概率地选择一个随机数，然后将其量化为一个8位无符号整数，你预计对于256个整数值将会看到什么样的概率分布？

f. [25] tanh是深度学习中另一个常用的激活函数：$\tanh(x) = \dfrac{1-\mathrm{e}^{-2x}}{1+\mathrm{e}^{-2x}}$。

tanh也有一个边界范围，将整个实数轴映射到区间(−1.0, 1.0)。使用8位无符号表示，针对这一区间范围求解s和b。然后使用一种8位的二进制补码表示法，求解s和b。对于两种情况，整数0表示哪个实数？哪个整数表示实数0.0？你能否想象一下，表示0.0时出现的量化误差可能会导致什么问题？

7.6　[20/25/15/15/30/30/40/40/25/20/讨论] <7.3> 除了tanh之外，还有另外一个S型的光滑函数也常用作神经网络中的激活函数，那就是logistic sigmoid函数$y=1/(1+\exp(-x))$，

$$\text{logistic}_{\text{sigmoid}(x)} = \frac{1}{1+\mathrm{e}^{-x}}$$

在定点算术运算中实现它们的一种常见方法是使用一种分段二次逼近法，其中，输入值的最高有效位选择使用哪一个表项。然后，输入值的最低有效位被发送给一个二次多项式，这个多项

式描述一条抛物线，该抛物线可以与其近似函数的子范围相拟合。

a. [20] 使用一种绘图工具，绘制 logistic sigmoid 和 tanh 函数的曲线。

b. [25] 现在绘制 $y=\tanh(x/2)/2$ 的曲线。对比该曲线与 logistic sigmoid 函数的曲线。它们有多大的不同？构造一个公式，说明如何在它们之间进行转换。证明你的公式是正确的。

c. [15] 给定这一代数恒等式，是否需要使用两组不同的系数来近似表示 logistic sigmoid 和 tanh 函数？

d. [15] tanh 是一个奇函数，也就是 $f(-x)=-f(x)$。能否利用这一事实来节省表空间？

e. [30] 让我们将注意力集中于在数轴的区间 $x\in[0.0, 6.4]$上近似 tanh。使用浮点算术运算，编写一个程序，将此区间划分为 64 个子区间（每个区间的长度为 0.1），然后使用将每个子区间上的 tanh 值用一个浮点常数值来近似表示（所以需要选择 64 个不同的浮点值，每个子区间各用一个）。如果抽查每个子区间中的 100 个不同值（随机选择就好），那么在所有子区间上的最差近似误差为多少？能否通过选择常数值，使每个子区间的近似误差达到最小？

f. [30] 现在考虑为每个子区间生成一个浮点线性近似表示。在这种情况下，需要为传统的线性方程 $y=mx+b$ 选择一对浮点值 m 和 b，用于近似 64 个子区间的每一个子区间。试给出一种你认为合理的策略，在 64 个子区间上为 tanh 生成这一线性插值。测量 64 个区间上的最差近似误差。当达到子区间之间的边界时，你的近似方法是否单调？

g. [40] 接下来，使用标准式 $y=ax^2+bx+c$ 生成一种二次近似。以多种方式进行试验，以拟合该标准式。尝试以抛物线与“桶”的端点和中点进行拟合，或者在桶上某个点处使用泰勒近似。最差误差为多少？

h. [40]（加分题）将本练习中的数值近似与上一个练习中的定点算术运算结合在一起。假设输入 $x\in[0.0, 6.4]$用一个 15 位的无符号值表示，0x0000 表示 0.0，0x7FFFF 表示 6.4。对于输出结果，类似地采用一个 15 位无符号值，0x0000 表示 0.0，0x7FFFF 表示 1.0。对于你的常数、线性和二次近似中的每一种，计算近似与量化误差的综合影响。由于输入值很少，所以可以编写一个程序，以穷尽方式检查它们。

i. [25] 对于二次、量化近似，你的近似是否在每个子区间内均为单调的？

j. [20] 输出尺度中一个 ulp 的差值应当对应于误差 1.0/32 767。你在每种情况下看到多少 ulp 的误差？

k. [讨论] 通过选择对区间[0.0, 6.4]进行近似，对于 $x>6.4$，我们有效地剪掉了 tanh 函数的“尾巴”。对于所有尾值，将输出值都设定为 1.0，并非一个不合理近似。以这种方式对待尾值时，最差误差为多少（分别以实数和 ulp 来表示）？是否存在一个更好的位置，可以让我们剪掉尾值，从而提高准确率？

练习

7.7 [10/20/10/15] <7.2、7.5> Xilinx 开发了一个流行的 FPGA 系列——Virtex-7 系列。Virtex-7 XC7VX690T FPGA 包含 3600 个 25 × 18 位整数乘加“DSP 处理单元”。考虑在这样一个 FPGA 上开发一种 TPU 类型的设计。

a. [10] 为每个脉动阵列单元使用一个 25 × 18 整数乘法器，可以构造的最大矩阵乘法单元是多大规模？假设矩阵乘法单元必须是方形。

b. [20] 假设你可以构造一个长方形的非方形乘法单元。这样一种设计对于硬件和软件可能意味着什么？（提示：考虑软件必须处理的向量长度。）

c. [10] 许多 FPGA 设计可以很幸运地达到 500 MHz 的运算速度。在这样的速度下，计算这样一种装置在一秒内最多可以执行多少次 8 位运算。与 K80 GPU 的 3 T FLOPS 相比如何？

d. [15] 假设你可以使用 LUT 弥补 3600 DSP 与 4096 DSP 处理单元之间的差异，但这样做会将时钟频率降至 350 MHz。这样做是否值得？

7.8 [15/15/15] <7.9> Amazon Web Services（AWS）提供了多种“计算实例”，即针对不同的应用和规模进行配置的机器。AWS 的价格向我们透露了有关各种计算装置 TCO 的有用数据，特别是计算设备经常是按照 3 年期来折旧的①。截至 2017 年 7 月，一个面向计算的专用“c4”计算实例包含两个 x86 芯片，总共有 20 个物理内核。其按需租用的价格为 1.75 美元/时，3 年的租用价格为 17 962 美元。与之对照，一个专用“p2”计算实例也有两个 x86 芯片，但总共有 36 个核，再加上 16 个 NVIDIA K80 GPU。一个 p2 的按需租用价格为 15.84 美元/时，3 年的租用价格为 184 780 美元。

a. [15] c4 实例使用 Intel Xeon E5-2666 v3（Haswell）处理器。p2 实例使用 Intel Xeon E5-2686 v4（Broadwell）处理器。这两个部件编号都没有列在 Intel 的产品官网上，这表明这些部件是由 Intel 专门为 Amazon 生产的。E5-2660 v3 部件的核数量与 E5-2666 v3 类似，市场价为大约 1500 美元。E5-2697 v4 部件的核数量与 E5-2686 v4 类似，市场价为大约 3000 美元。假设 p2 实例非 GPU 部分的价格正比于市场价之比。那么对于单个 K80 GPU，其 3 年的 TCO 为多少？

b. [15] 假设有一项由计算和吞吐量主导的工作负载，它在 c4 实例上运行的速度为 1，在 GPU 加速的 p2 实例上的运行速度为 T。对于基于 GPU 的解决方案，T 必须为多少才更具性价比？假设每个通用 CPU 核的计算速度可以达到大约 30G 单精度 FLOPS。忽略 p2 实例的 CPU，需要达到 K80 峰值 FLOP 的多大比例，才能实现与 c4 实例相同的计算速度？

c. [15] AWS 还提供了一种“f1”实例，其中包括 8 个 Xilinx Ultrascale+VU9P FPGA。它们的租用价格为 13.20 美元/时，3 年价格为 165 758 美元。每个 VU9P 设备包含 6840 个 DSP 处理单元，它可以执行 27 × 18 位整数乘法累加运算（回想一下，一次乘法累加运算计作两次“运算”）。当频率为 500 MHz 时，一个基于 f1 的系统在每个周期内可以实现的峰值乘法累加运算为多少（将所有 8 个 FPGA 都算入计算总值）？假设 FPGA 上的整数运算可以代替浮点运算，这一速度与 p2 实例中 GPU 在每个周期内执行的峰值单精度乘法累加运算量相比如何？按性价比进行比较又如何？

7.9 [20/20/25] <7.7> 如图 7-28 所示（但进行了简化，其中的 PE 较少），每个 Pixel Visual Core 包含了一组 16 × 16 的完整 PE，周围增加两层“简化版”PE。简化版 PE 可以存储和通信数据，但省略了完整 PE 的计算硬件。简化版 PE 存储数据的副本，这些数据可能是一个相邻核的“home 数据”，所以总共有 $(16+2+2)^2$=400 个 PE，其中有 256 个完整 PE 和 144 个简化版 PE。

a. [20] 假设你要使用 8 个 Pixel Visual Core 处理一个 64 × 32 灰阶的图像，模板大小为 5 × 5。暂时假定该图像是按光栅扫描顺序布局的（在 X 方向上相邻的像素在存储器内是相邻的，而在 Y 方向上相邻的像素间隔 64 个存储位置）。针对 8 个核中的每一个，说明该核为了处理属于它的那部分图像，应当导入哪部分存储器区域。确保包含了光晕区域。为确保操作正确，软件应当将哪些部分光晕区域归零？你可能会发现，使用一种二维分片表示法可以更方便地指代该图像的各个子区域，例如，图像[2:5][6:13]表示如下像素集合：其 x 分量为 $2 \leqslant x < 5$，y 分量为 $6 \leqslant y < 13$（根据 Python 分片实践，这些分片是半开放的）。

b. [20] 如果改为采用一种 3 × 3 模板，则从存储器中导入的区域将会如何变化？有多少个光晕简化的 PE 不再被用到？

① 资本费用是利用“折旧表”在资产的整个生命周期内进行计账的。标准的会计实践不是在获得资产时计入一次性费用，而是将资本费用分散在该资产的整个生命周期。所以，对于一台价格为 30 000 美元、可有效使用 3 年的设备，可在每一年度分配 10 000 美元的折旧。

c. [25] 现在考虑如何支持一个 7×7 模板。在这种情况下，由硬件支持的简化版 PE 的数量不足，无法覆盖“属于”相邻核的 3 个像素。为处理这种情况，我们将最外圈的完整 PE 当作简化版 PE 使用。利用这一策略，可以在单个核中处理多少个像素？现在需要多少“片”(tile)来处理我们的 64 × 32 输入图像？对于 64 × 32 图像上的 7 × 7 模板，在整个处理过程中，完整 PE 的利率为多少？

7.10 [20/20/20/25/25] <7.7> 考虑一种情况，一个 Pixel Visual Core 设备中的 8 个核都通过一个四端口交换单元连接到一个二维 SRAM，构成一种“核+存储器”单元。交换单元链路上剩余的两个端口将这些单元连成一个环，使每个核都能访问 8 个 SRAM 中的任意一个。但是，这个基于环的片上网络拓扑使得一些数据访问模式比其他模式更高效。

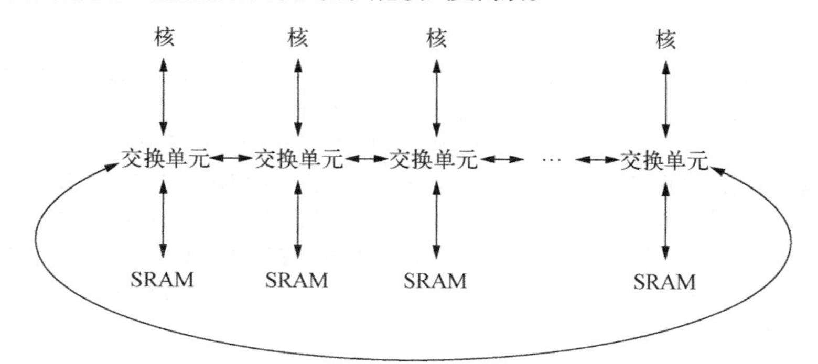

a. [20] 假设这个 NOC 中每个链路具有相同的带宽 B，而且每个链路是全双工的，所以它可以在任意方向上同时以带宽 B 进行传输。链路将核连接到交换单元，将交换单元连接到 SRAM，将交换单元对连接成环。假设每个局部存储器的带宽至少为 B，所以它可以使其链路达到饱和。考虑一种存储器访问模式，其中，8 个 PE 中的每一个都只访问最近的存储器（通过“核+存储器”单元的交换单元相连的那个）。该核能够实现的最大存储带宽为多少？

b. [20] 现在考虑一种“差一”访问模式，其中核 i 访问存储器 i+1，通过 3 个链路到达该存储器（由于环状拓扑的原因，核 7 将访问存储器 0）。该核在这种情况下能够实现的最大存储带宽为多少？为实现这一带宽，你是否需要对于四端口交换单元的能力做出假设？如果交换单元只能以速度 B 移动数据，又会如何？

c. [20] 考虑一种“差二”访问模式，其中核 i 访问存储器 i+2。那么该核在这种情况下能够实现的最大存储带宽为多少？这个片上网络中的瓶颈链路在哪里？

d. [25] 考虑一种均匀随机存储器访问模式，其中每个核使用 SRAM 中的每一个来处理其八分之一的存储器请求。假定采用这一通信模式，同核与其关联交换单元之间的通信流量相比，或者同 SRAM 与及关联交换单元之间的通信流量相比，有多少通信流量通过交换单元至交换单元之间的链接？

e. [25]（高级）你能否构思出一种这种网络可能造成死锁的情景（工作负载）？若解决方案中仅涉及软件，则编译器应当做些什么来避免这种情景？如果可以对硬件进行修改，对路由拓扑（及路由方案）进行哪些修改才能保证没有死锁？

7.11 <7.2> 第一个 Anton 分子动力学超级计算机通常对一个边长为 64Å 的水盒进行仿真。这台计算机本身可能近似为一个边长为 1 米的盒子。一个仿真步骤表示 2.5 fs 的仿真时间，占用大约 10 μs 的壁钟时间。分子动力学中所用物理模型的操作方式，就好像在每个（外层）时间步骤中，系统中的每个粒子对系统中所有其他粒子施加一个作用力一样，需要在整个计算机中进行全局同步。

a. 试计算从仿真空间到现实空间中硬件的空间扩展因子。

b. 计算从仿真时间到壁钟时间的时间减缓因子。

c. 结果是这两个数字出人意料地接近。这只是巧合呢，还是存在其他限制，以某种方式约束了它们？（提示：光速既适用于仿真化学系统，也适用于进行仿真的硬件。）

d. 给定这些限制，要使用一个 WCS 以 Anton 速度进行分子动力学仿真，需要多长时间？也就是说，利用一个边长为 10^2 或 10^3 米的机器，可以实现的最快速仿真步骤时间为多少？在一个横跨全球的云服务上进行仿真，又会如何呢？

7.12 <7.2> Anton 通信网络是一个三维的 8×8×8 环，其中，系统中的每个节点都有 6 条链路连到相邻节点。一个数据包穿过单个链路的延迟大约为 50 ns。对于本练习，忽略链路之间的片上交换时间。

a. 该通信网络的直径（也就是一对节点之间的最大跳数）为多少？给定该直径，将单个数值从该机器的一个节点广播到该机器的所有 512 个节点，所需的最短延迟为多少？

b. 假设将两个取值相加不需要时间，并且有 512 个数值，其中每个值都起始于该机器中的一个不同节点。要将这 512 个取值累加到单个节点，所需的最短延迟为多少？

c. 再次假设我们希望对 512 个值进行求和，但你希望该系统 512 个节点中的每一个最终都有该总和的一个副本。当然，可以在执行一次全局归约（reduction）之后进行广播。你能用更短的时间完成这一组合操作吗？这种模式称为**全归约**（all-reduce）。对比全归约模式的时间与从单个节点向外广播的时间，或者对单个节点进行全局求和的时间。对比全归约模式所用的带宽与其他模式所用的带宽。

附 录

指令集基本原理

A *n*　将存储位置 *n* 中的数字加到累加器中。

E *n*　如果累加器中的数字大于或等于零，则执行位于存储位置 *n* 的命令；否则顺序执行。

Z　停止运行计算机，并发出警告。

——Wilkes 和 Renwick，

选自 EDSAC 的 18 条机器指令列表（1949）

A.1　引言

本附录主要介绍指令集体系结构——计算机中对程序员或编译器开发人员可见的部分。本节的大部分内容，本书读者应该已经了解了，这里囊括进来只是作为背景知识。本附录将介绍指令集架构师可用的多种设计选择。具体来说，我们主要关注 4 个主题。第一，提出对指令集进行分类的方法，并对各种方法的优缺点进行定性评估。第二，提出并分析一些在很大程度上独立于特定指令集的指令集评估数据。第三，讨论语言与编译器议题以及它们对指令集体系结构的影响。第四，A.9 节将展示这些思想在 RISC-V 指令集中是如何体现的，RISC-V 指令集是一种典型的 RISC 体系结构。A.10 节将介绍有关指令集设计的一些谬论和易犯错误。

为了进一步说明这些基本原理，并与 RISC-V 进行对比，附录 K 还提供了 4 种通用 RISC 体系结构的例子（MIPS、Power ISA、SPARC 和 ARMv8）、4 种嵌入式 RISC 处理器（ARM、Thumb2、RISC-V Compressed、microMIPS）和 3 种较早的体系结构（80x86、IBM 360/370 和 VAX）。在讨论如何对体系结构分类之前，需要先谈谈指令集的评估。

本附录将研究大量体系结构方面的评估结果。显然，这些评估结果依赖于被测程序和评估中使用的编译器。这些结果不应被认为是绝对的，如果使用不同的编译器或不同的程序进行评估，可能会得到不同的数据。我们认为，本附录中的评估结果可以合理地代表一类典型的应用程序。许多评估结果是使用一小组基准测试给出的，这样就可以合理地显示数据，并且可以看出程序之间的差别。新型计算机的架构师在做出体系结构决策之前，需要分析更多的程序。所示评估结果通常是**动态的**，也就是说，对被测事件的频率进行了加权，权重就是该事件在被测程序执行期间所发生的次数。

在讨论一般性基本原理之前，先回顾一下第 1 章介绍过的 3 种应用领域。**桌面计算机**强调涉及整数和浮点数据类型的程序的性能，很少考虑程序的规模。例如，在 5 代 SPEC 基准测试中，从来没有报告过代码规模。今天的**服务器**主要用于数据库、文件服务器和 Web 应用，还有一些针对许多用户的分时应用。因此，浮点性能的重要性远低于整数与字符串，不过几乎所有服务器处理器仍然包含浮点指令。**个人移动设备**和**嵌入式应用**看重成本和能耗，所以代码规模非常重要，因为存储器更少就意味着成本和能耗更低。为了降低芯片成本，一些类型的指令（比如浮点）是可选的，而设计用于节省内存空间的压缩版的指令集可能会被使用。

因此，这 3 种应用程序的指令集非常类似。事实上，与 RISC-V（这里重点讨论的内容）类似的体系结构已经在桌面计算机、服务器和嵌入式应用程序中成功应用。

一种与 RISC 有很大不同的成功的体系结构是 80x86（参见附录 K）。令人惊奇的是，它的成功并不能否定 RISC 指令集的优势。由于与 PC 软件保持二进制兼容在商业上很重要，再加上摩尔定律提供了大量的晶体管，Intel 在 CPU 内部使用类似 RISC 的微指令，同时在外部支持 80x86 指令集。近来的 80x86 微处理器，包括过去 10 年制造的所有 Intel Core 微处理器，都使用硬件将 80x86 指令转换为类 RISC 的指令，然后在芯片内部执行经过转换的指令。它们为程序员维持了 80x86 体系结构的假象，同时允许计算机设计人员实现 RISC 类型的处理器来提高性能。然而，像 80x86 这样复杂的指令集仍然存在严重的缺点，后面会进一步讨论这些问题。

既然我们已经了解了背景，现在可以开始研究如何对指令集体系结构进行分类了。

A.2 指令集体系结构的分类

处理器中的内部存储类型是最基本的区别，所以这一节将主要关注体系结构中这一部分的各种选项。主要选项包括栈、累加器和寄存器组。操作数可以显式命名，也可以隐式命名：在**栈体系结构**中，操作数隐式位于栈的顶部，而在**累加器体系结构**中，操作数为隐式的累加器。**通用寄存器体系结构**只有显式操作数——要么是寄存器，要么是存储地址。图 A-1 显示了此类体系结构的框图，表 A-1 显示了代码序列 C=A+B 在这 3 类指令集中通常是如何显示的。显式操作数可能可以直接从存储器访问，也可能需要首先加载到临时存储中，具体取决于体系结构的类别及选择的特定指令。

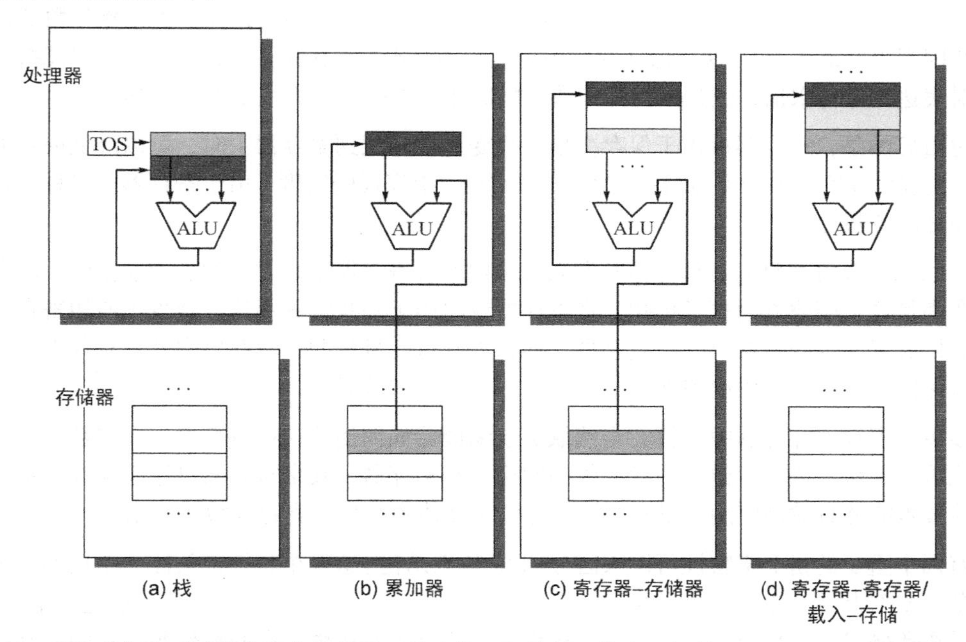

图 A-1 4 类指令集体系结构的操作数位置。箭头指示操作数是算术逻辑单元（ALU）操作的输入还是结果，抑或既是输入又是结果。浅色阴影表示输入，深色阴影表示结果。在(a)中，栈顶（TOS）寄存器指向顶部输入操作数，该操作数与下面的操作数合并在一起。第一个操作数从栈中移走，结果占据第二个操作数的位置，然后 TOS 被更新以指向结果值。所有操作数都是隐式的。在(b)中，累加器既是隐式输入操作数也是结果。在(c)中，一个输入操作数是寄存器，另一个输入操作数在存储器中，结果保存在寄存器中。在(d)中，所有操作数都是寄存器，而且和栈体系结构类似，只能通过独立指令传送到存储器中：在(a)中通过 push 或 pop，在(d)中通过 load 或 store

表 A-1 4 类指令集中 C=A+B 的代码序列

栈	累加器	寄存器（寄存器–存储器）	寄存器（载入–存储）
Push A	Load A	Load R1, A	Load R1, A
Push B	Add B	Add R3, R1, B	Load R2, B
Add	Store C	Store R3, C	Add R3, R1, R2
Pop C			Store R3, C

* 注意，对于栈和累加器体系结构，Add 指令拥有隐式操作数，而对于寄存器体系结构则拥有显式操作数。假定 A、B 和 C 都属于存储器，且 A 和 B 的值不能被销毁。图 A-1 显示了针对每类体系结构的 Add 运算。

如图 A-1 和表 A-1 所示，实际上有两类寄存器计算机。一类可以用任意指令来访问存储器，称为**寄存器–存储器**体系结构；另一类则只能用载入和存储指令来访问存储器，称为**载入–存储**体系结构。第三类（在今天的计算机中已经找不到了）将所有操作数都保存在存储器中，称为**存储器–存储器**体系结构。一些指令集体系结构的寄存器要多于单个累加器，但对这些特殊寄存器的使用设置了一些限制。此类体系结构有时被称为**扩展累加器**或**专用寄存器**计算机。

尽管大多数早期计算机使用栈或累加器类型的体系结构，但 1980 年之后的几乎所有新体系结构都使用了载入–存储寄存器体系结构。通用寄存器（GPR）计算机之所以会出现，主要有两个原因。第一，寄存器（类似于处理器内部其他形式的存储器）快于存储器。第二，对编译器来说，使用寄存器的效率要高于使用其他内部存储形式。例如，在寄存器计算机中，在对表达式`(A * B) - (B * C) - (A * D)`求值时，可以按任意顺序执行乘法计算。由于操作数的位置或流水线因素（见第 3 章），这种做法的效率可能更高。不过，在栈计算机上，硬件只能按唯一的顺序对表达式进行求值，这是因为操作数是隐藏在栈中的，它必须多次载入操作数。

更重要的是，寄存器可用于保存变量。当变量被分配到寄存器中时，可以降低内存的访问量、加快程序速度（由于寄存器的速度快于内存）、提高代码密度（由于寄存器的名称位数少于内存地址的位数）。

正如 A.8 节将解释的，编译器开发人员希望所有寄存器都是等价的、无保留的。较早的计算机在满足这一期望方面打了折扣，将寄存器专门用于一些特殊用途，减少了通用寄存器的数量。如果真正通用的寄存器的数量过少，那么尝试将变量分配到寄存器中就没有什么好处。编译器将保留所有未确认用途的寄存器，以便用于表达式求值。

多少个寄存器才算够呢？答案当然取决于编译器如何使用这些寄存器。大多数编译器会为表达式求值保留一些寄存器，为参数传递使用一些寄存器，其余寄存器可用于保存变量。现代编译器技术能够有效地使用大量寄存器，导致了新体系结构中寄存器数量的增加。

有两个重要的指令集特性可用来区分 GPR 体系结构。这两个特性都关注一个典型算术或逻辑指令（ALU 指令）的操作数的性质。第一个特性关注一个 ALU 指令有两个还是三个操作数。在三操作数格式中，指令包含一个目的操作数和两个源操作数。在两操作数格式中，其中一个操作数既是运算的源操作数，又是运算的目的操作数。GPR 体系结构的第二个区别是 ALU 指令中有多少个操作数可以是内存地址。典型 ALU 指令所支持的存储器操作数数量可以是 0~3 个。表 A-2 给出了这两种特性的组合及其计算机示例。尽管共有 7 种可能的组合方式，但其中 3 种就可以对几乎全部现有计算机进行分类。前面曾经提到，这 3 种是载入–存储（也称为寄存器–寄存器）、寄存器–存储器和存储器–存储器。

表 A-2　存储器操作数与每条典型 ALU 指令中总操作数的典型组合方式，以及计算机示例

存储器地址的数目	所允许的最大操作数个数	体系结构的类型	示　例
0	3	载入–存储	ARM、MIPS、PowerPC、SPARC、RISC-V
1	2	寄存器–存储器	IBM 360/370、Intel 80x86、Motorola 68000、TI TMS320C54x
2	2	存储器–存储器	VAX（还有三操作数格式）
3	3	存储器–存储器	VAX（还有两操作数格式）

* ALU 指令中没有存储器访问的计算机称为载入–存储或寄存器–寄存器计算机。每条典型 ALU 指令中有多个存储器操作数的指令称为寄存器–存储器或存储器–存储器，具体取决于它们是拥有一个还是一个以上的存储器操作数。

表 A-3 显示了每种类型的优势和劣势。当然，这些优势和劣势不是绝对的：它们是定性的，它们的实际影响取决于编译器和实现策略。采用存储器–存储器运算的 GPR 计算机很容易被编译器忽略，并用作一种载入–存储计算机。体系结构方面最普遍的影响之一是指令编码和执行一项任务所需的指令数。可通过附录 C 和第 3 章了解这些体系结构对实现方法的影响。

表 A-3　3 种常见通用寄存器计算机的优势和劣势

类　型	优　势	劣　势
寄存器–寄存器（0，3）	简单、固定长度指令编码。简单代码生成模型。指令执行所需要的时钟数相似（参见附录 C）	指令数多于指令中有存储器访问的体系结构。指令多、指令密度低，增大了程序的规模，可能会产生一定的指令缓存效果
寄存器–存储器（1，2）	无须单独的载入指令就可以访问数据。指令格式易于编码，可以得到很好的指令密度	由于在二元运算中源操作数会被销毁，所以操作数不是等价的。在每条指令中对寄存器数目和存储器地址进行编码可能会限制寄存器的个数。每条指令的时钟数会随操作数的位置变化
存储器–存储器（2，2）或（3，3）	最紧凑。没有为临时值浪费寄存器	指令规模变化很大，特别是对于三操作数指令。此外，每条指令的工作也有很大变化。存储器访问会造成存储器瓶颈（现在未使用）

* 符号（m,n）表示存储器操作数有 m 个，共有 n 个操作数。一般来说，可选项较少的计算机简化了编译器的任务，因为编译器需要做出的决策较少（见 A.8 节）。具有大量灵活指令格式的计算机减少了程序编码需要的位数。寄存器的数目对指令大小也有所影响，因为对于指令中的每个寄存器说明符，需要 $\log_2$（寄存器个数）。因此，对于寄存器–寄存器体系结构而言，寄存器个数加倍需要增加 3 个位，大约是 32 位指令的 10%。

小结：指令集体系结构分类

在这里和 A.3~A.8 节的末尾，我们总结了希望新指令集体系结构具备的特性，为 A.9 节介绍的 RISC-V 体系结构奠定基础。从这一节开始，我们应当期待使用通用寄存器。表 A-3 加上关于流水线的附录 C，给出了关于通用寄存器体系结构载入–存储版本的一些展望。

介绍完了体系结构的分类，下面介绍操作数寻址。

A.3 存储器寻址

一个体系结构，无论是载入–存储式，还是允许任何操作数作为存储器访问，它都必须定义如何解释存储器地址以及如何指定这些地址。这里给出的测量值大体与计算机无关，但并非绝对如此。在某些情况下，这些测量值受编译器技术的影响很大。由于编译器技术扮演着至关重要的角色，所以这些测量都是使用同一种优化编译器测得的。

A.3.1 解释存储器地址

如何解释一个存储器地址呢？也就是说，根据地址和长度会访问到什么对象呢？本书中讨论的所有指令集都是字节寻址的，提供对字节（8 位）、半字（16 位）和字（32 位）的访问方式。大多数计算机还提供了对双字（64 位）的访问。

关于如何对一个较大对象中的字节进行排序，有两种方式。小端字节顺序将地址为“x...x000”的字节放在双字的最低有效位置（小端）。字节的编号为：

7	6	5	4	3	2	1	0

大端字节顺序将地址为“x...x000”的字节放在双字的最高有效位置（大端）。字节的编号为：

0	1	2	3	4	5	6	7

在同一台计算机内部进行操作时，字节顺序通常不会引起人们的注意，只有那些将相同位置同时作为字和字节进行访问的程序才会注意到这一区别。但是，在采用不同排序方式的计算机之间交换数据时，字节顺序就会成为一个问题。在对比字符串时，小端排序也不能与字的正常排序方式相匹配。字符串在寄存器中是反向表示的，如 backwards 显示为“SDRAWKCAB”。

第二个存储器问题是：在许多计算机中，对大于一字节的对象的访问必须是**对齐的**。如果 $A \bmod s=0$，则在字节地址 A 对大小为 s 字节的对象的访问是对齐的。图 A-2 显示了访问为对齐和不对齐时的地址。

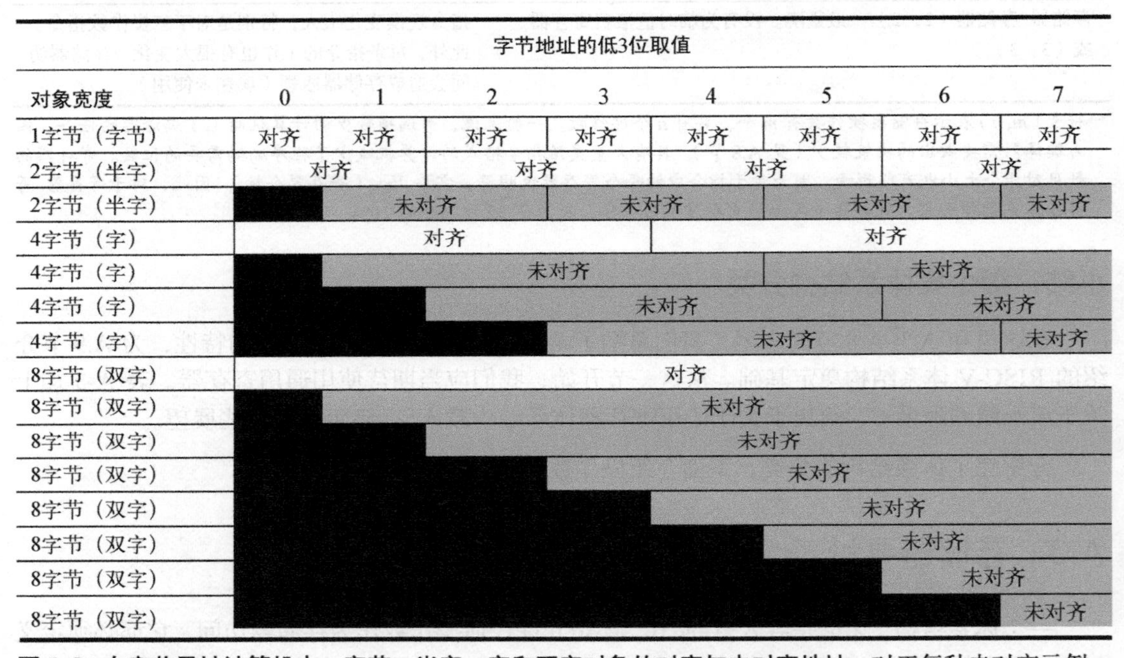

图 A-2　在字节寻址计算机中，字节、半字、字和双字对象的对齐与未对齐地址。对于每种未对齐示例，一些对象需要两次存储器访问才能完成。每个对齐对象总是可以在一次存储器访问中完成，只要存储器与对象的宽度相同即可。本图显示的存储器宽度为 8 字节。标记各列的字节偏移指定了该地址的低 3 位

为什么有人要设计一种带有对齐限制的计算机呢？由于存储器的对齐边界通常是单字或双字的整数倍，所以非对齐访问会增加硬件复杂度。一个非对齐存储器访问可能需要多个对齐的存储器访问。因此，即使在允许非对齐访问的计算机中，采用对齐访问的程序也可以运行得更快一些。

即使数据是对齐的，要支持字节、半字和字访问也需要一个对齐网络来对齐 64 位寄存器中的字节、半字和字。例如，在图 A-2 中，假定从低 3 位取值为 4 的地址中读取一个字节。我们

需要右移 3 字节，以对齐字节到 64 位寄存器的适当位置。根据具体指令，计算机可能还需要对这个量进行符号扩展。存储过程很容易：只有存储器的寻址字节可被修改。在某些计算机中，字节、半字和字操作不会影响寄存器的上半部分。尽管本书中讨论的所有计算机都允许对存储器进行字节、半字和字访问，但只有 IBM 360/370、Intel 80x86 和 VAX 支持对小于完整宽度的寄存器操作数进行 ALU 运算。

讨论完存储器地址的各种解释方法，下面可以讨论指令用来指定地址的方式了，这些方式称为**寻址方式**。

A.3.2 寻址方式

给定地址后，我们就知道了去访问存储器中的哪些字节。这一节将研究寻址方式——体系结构如何指定所要访问的对象的地址。除了存储器中的位置之外，寻址方式还指定常量和寄存器。在使用存储地址时，由寻址方式指定的实际存储器地址称为**有效地址**。

表 A-4 显示了在最近的计算机中用到的所有数据寻址方式。立即数或直接操作数寻址通常被看作存储器寻址方式（即使它们访问的值位于指令流中），不过，由于寄存器通常没有存储器地址，所以我们将它们分离出来。我们已经将那些依赖于程序计数器的寻址方式（称为 **PC 相对寻址**）分离出来。PC 相对寻址主要用于在控制转移指令中指定代码地址，A.6 节将对此进行讨论。

表 A-4 寻址方式的选择，以及示例、含义和用法

寻址方式	指令举例	含 义	使用时机
寄存器寻址	Add R4,R3	Regs[R4] ← Regs[R4] + Regs[R3]	当一个值在寄存器中
立即数寻址	Add R4,3	Regs[R4] ← Regs[R4] + 3	对于常量
位移量寻址	Add R4,100(R1)	Regs[R4] ← Regs[R4]+ Mem[100 + Regs[R1]]	访问本地变量（+模拟寄存器间接、直接寻址方式）
寄存器间接寻址	Add R4,(R1)	Regs[R4] ← Regs[R4] + Mem[Regs[R1]]	使用指针或计算出的地址寻址
索引寻址	Add R3,(R1 + R2)	Regs[R3] ← Regs[R3] + Mem[Regs[R1] + Regs[R2]]	有时用于数组寻址：R1 为数组的基址，R2 为索引值
直接或绝对寻址	Add R1,(1001)	Regs[R1] ← Regs[R1] + Mem[1001]	有时用于访问静态数据；地址常量可能需要很大
存储器间接寻址	Add R1,@(R3)	Regs[R1] ← Regs[R1] + Mem[Mem[Regs[R3]]]	如果 R3 为指针 *p* 的地址，则此方式生成*p
自动递增寻址	Add R1,(R2)+	Regs[R1] ← Regs[R1] + Mem[Regs[R2]] Regs[R2] ← Regs[R2] + *d*	用于在循环内部逐步遍历数组。R2 指向数组的开始位置；每次引用时都会将 R2 的值增大一个元素的大小 *d*
自动递减寻址	Add R1, –(R2)	Regs[R2] ← Regs[R2] – *d* Regs[R1] ← Regs[R1] + Mem[Regs[R2]]	与自动递增寻址的用途相同。自动递减也可以用作 push/pop，以实现栈
比例寻址	Add R1,100(R2)[R3]	Regs[R1] ← Regs[R1] + Mem[100 + Regs[R2] + Regs[R3] * *d*]	用于索引数组。在某些计算机中，可用于任何索引寻址方式

* 在自动递增/递减寻址和比例寻址方式中，变量 *d* 指定所访问数据项的大小（即，该指令访问的是 1、2、4 或 8 字节中的哪一种）。只有当被访问元素位于存储器中的连续位置时，这些寻址方式才有用。RISC 计算机使用位移量寻址来模拟寄存器间接寻址（令地址为 0）和直接寻址（令基址寄存器为 0）。在我们的测量结果中，使用为每种模式显示的第一个名称。A.9.5 节定义了用作硬件描述的 C 语言扩展。

表 A-4 列出了这些寻址方式的常见名称，当然，这些名称在不同体系结构中是有差别的。在表 A-4 及整本书中，我们将使用 C 编程语言的扩展作为硬件描述符号。表 A-4 中只使用了一个非 C 特征：用左箭头（←）表示赋值。我们还使用数组 Mem 作为主存储器的名称，使用数组 Regs 表示寄存器。因此，Mem[Regs[R1]]是指存储地址的内容，这一位置的地址由寄存器 1（R1）的内容给出。我们将在后面介绍用于访问和传送小于一个字的数据的扩展。

寻址方式能够大幅减少指令数目，也会增加构建计算机的复杂度，对于实施这些寻址方式的计算机，还可能增加每条指令的平均时钟周期（CPI）。因此，各种寻址方式的用法对于帮助架构师选择包含哪些寻址方式十分重要。

图 A-3 给出了在 VAX 体系结构上 3 个程序中测量寻址方式使用模式的结果。在本附录中，我们使用较旧的 VAX 体系结构进行一些测量，这是因为它拥有最丰富的寻址方式，对存储器寻址的限制也最少。例如，表 A-4 列出了 VAX 支持的所有方式。但是，本附录中的大多数测量将使用最近的寄存器–寄存器体系结构，以显示程序如何使用当前计算机的指令集。

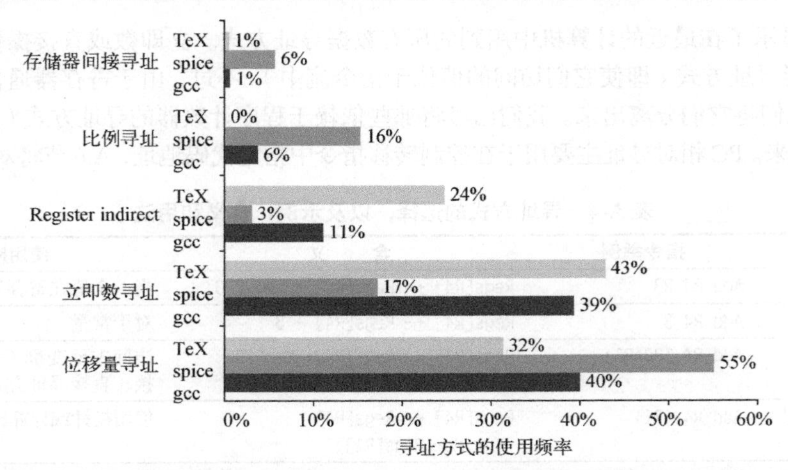

图 A-3　存储器寻址方式（包括立即数）的用法小结。几乎所有存储器访问都采用这几种主要寻址方式（可能只有 0%~3%的例外）。一半的操作数引用采用寄存器寻址方式（没有计算在前面的比例之中），而另一半则采用存储器寻址方式（包括立即数）。当然，编译器会影响选用哪种寻址方式；参见 A.8 节。VAX 上的存储器间接寻址方式可使用位移量、自动递增或自动递减来形成初始存储器地址；在这些程序中，几乎所有存储器间接访问都以位移量寻址方式为基准方式。位移量寻址方式包括了所有位移量长度（8、16 和 32 位）。PC 相关寻址方式（几乎专用于分支）未包含在内。图中仅给出了平均使用频率超过 1%的寻址方式

如图 A-3 所示，位移量寻址和立即数寻址是使用最多的寻址方式。让我们来看看这两种广泛应用的寻址方式的一些特性。

A.3.3　位移量寻址方式

在使用位移量类型的寻址方式时，一个主要问题就是所用位移量的范围。根据所使用的各种位移量大小，可以决定支持哪些位移量大小。由于位移量字段的大小直接影响指令的长度，所以其选择非常重要。图 A-4 展示了利用基准测试程序对载入–存储体系结构中数据访问进行测量的结果。我们将在 A.6 节研究分支偏移——数据访问模式与分支是不同的；将它们结合起来

并没有什么好处，但在实际中，为简单起见，一般会使立即数的大小相同。

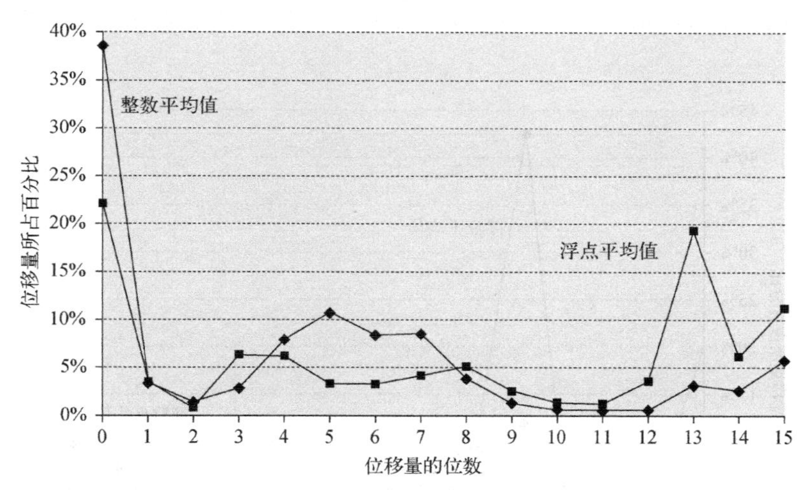

图 A-4 位移值的分布非常广泛。既存在大量小数值，又有相当多的大数值。位移值广泛分布是因为变量有多个存储区域，而且访问它们的位移量不同（见 A.8 节），而且编译器使用的总寻址机制也各不相同。x 轴是位移量以 2 为底的对数值，即表示该位移量所需要的字段大小。x 轴上的零表示位移值 0 的百分比。该曲线没有包含符号位，存储布局对该位会有很大影响。大多数位移值是正数，但大多数最大的位移值（14 位以上）为负值。由于这些数据是在一个采用 16 位位移量的计算机上收集的，所以无法从中了解更长位移量的信息。这些数据是在 Alpha 体系结构上测得的，并对 SPEC CPU2000 进行了全面优化（见 A.8 节），给出了整数程序（CINT2000）的平均值和浮点程序（CFP2000）的平均值

A.3.4 立即数或直接操作数寻址方式

立即数可用于算术运算、比较（主要用于分支指令）和寄存器中需要常量的移动。后一种情景发生在存在于代码中的常量（这种常量较小）和地址常量（这种常量可能很大）上。对于立即数的使用，重点要知道是需要对所有运算支持立即数，还是仅对一部分运算支持立即数。图 A-5 显示了在一个指令集中，立即数在一般类型的整数和浮点运算中的使用频率。

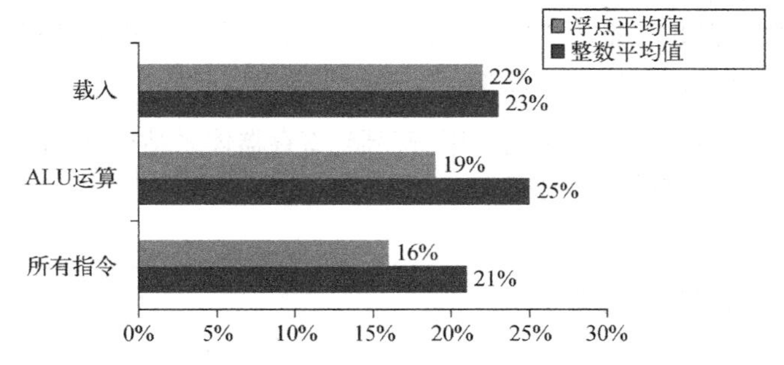

图 A-5 大约有四分之一的数据传送和 ALU 运算拥有立即操作数。下面的长条表示整数程序在大约五分之一的指令中使用立即数，而浮点程序在大约六分之一的指令中使用立即数。对于载入操作，载入立即数指令将 16 位载入一个 32 位寄存器的任意一半中。载入立即数并不是严格意义上的载入，因为它们并不访问存储器。偶尔会使用一对载入立即数来载入一个 32 位常量，但这种情况很少见。（对于 ALU 运算，还包含移动常数位，作为带有立即操作数的运算。）用于收集这些统计数字的程序和计算机与图 A-4 中相同

另一个重要的指令集测量是立即数的取值范围。与位移值相似，立即数取值的大小也会影响指令长度。如图 A-6 所示，小立即数应用得最多。不过，有时也会使用大立即数，主要用在寻址计算中。

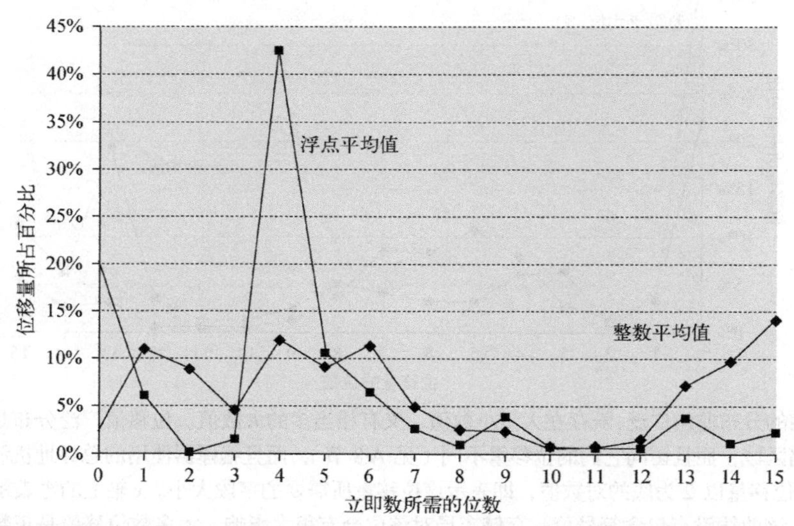

图 A-6　立即数值的分布。 *x* 轴给出了表示立即值取值大小所需要的位数，其中 0 表示立即数字段值为 0。大多数立即数取值为正数。对于 CINT2000，大约 20%为负数；对于 CFP2000，大约 30%为负数。这些测量是在 Alpha 上执行的，其中最大立即数为 16 位，被测程序与图 A-4 中相同。对 VAX 进行的类似测量（它支持 32 位立即数）表明：大约 20%~25%的立即数长于 16 位。因此，16 位的长度可以覆盖大约 80%的情形，8 位可以覆盖大约 50%

A.3.5　小结：存储器寻址

首先，我们预测一种新的体系结构至少会支持以下寻址方式：位移量寻址、立即数寻址和寄存器间接寻址，因为它们非常受欢迎。图A-3 显示它们代表了我们测量中所使用的 75%~99%的寻址方式。其次，我们预测位移量寻址方式中的地址大小至少为 12~16 位，因为根据图 A-4 的图题，这些大小将占到位移量的 75%~99%。最后，我们预测立即数字段至少为 8~16 位。这一说法并没有在图 A-6 的图题中得到证实。

我们已经介绍了指令集分类并决定采用寄存器–寄存器体系结构，也了解了关于数据寻址方式的建议，下面将介绍数据的大小与意义。

A.4　操作数的类型与大小

如何指定操作数的类型呢？通常，通过在操作码中进行编码来指定操作数的类型，这是最常用的方法。或者，用一些可以被硬件解读的标签对数据进行标记。这些标签指定操作数的类型，并相应地选择操作。但是，带有标记数据的计算机只能在计算机博物馆里找到了。

我们首先从桌面计算机和服务器体系结构开始。通常，操作数的类型（整数、单精度浮点、字符等）有效地确定了其大小。常见操作数类型包括字符（8 位）、半字（16 位）、字（32 位）、单精度浮点（也是 1 个字）和双精度浮点（2 个字）。整数几乎都是用二进制补码数字表示的。字符通常用 ASCII 表示，但随着计算机的国际化，16 位 Unicode（在 Java 中使用）越来越流行。直到 20 世纪 80 年代早期，大多数计算机制造商还在选择自己的浮点表示法。从那之后，几乎所有的计算机都遵循了相同的浮点标准——IEEE 标准 754，尽管这种精确度最近已经在应用特定的处理器中被抛弃了。IEEE 浮点标准将在附录 J 中详细讨论。

一些体系结构提供了对字符串的操作，不过这些操作通常十分受限，并且将字符串中的每个字符都看作单个字符。支持对字符串执行的典型操作包括比较和移动。

对于商业应用程序，一些体系结构支持一种二进制格式，通常称为**压缩十进制**或**二进制编码十进制**——用 4 个位对 0 至 9 的数值进行编码，两个十进制数位被压缩到两字节中。数值字符串有时称为**非压缩十进制**，通常提供用于在数值字符串和二进制编码十进制数值之间来回转换的**压缩**和**解压缩**操作。

使用十进制操作数的一个理由是获得与二进制数字完全匹配的结果，这是因为一些十进制小数无法用二进制准确表示。例如，0.10_{10} 在十进制中是一个很简单的小数，但在二进制中，它需要无限个重复数位来表示：$0.0001100\overline{110011}\cdots_2$。因此，十进制中的准确计算在二进制中可能十分接近但并非完全准确，对于金融业务，这可能会成为一个问题。（如需了解有关精确算术的更多知识，请参阅附录 J。）

我们的 SPEC 基准测试使用字节或字符、半字（短整数）、字（整数和单精度浮点数）、双字（长整数）和浮点数据类型。图 A-7 给出了为这些程序访问的存储器对象的大小的动态分布。不同数据类型的访问频率有助于确定哪些类型最为重要，因而应当高效支持。计算机是应当拥有 64 位访问路径，还是用两个时钟周期来访问一个双字？我们前面曾经看到，字节访问需要一个对齐网络：将字节作为基础类型来支持有多么重要？图 A-7 使用存储器访问来查看被访问数据的类型。

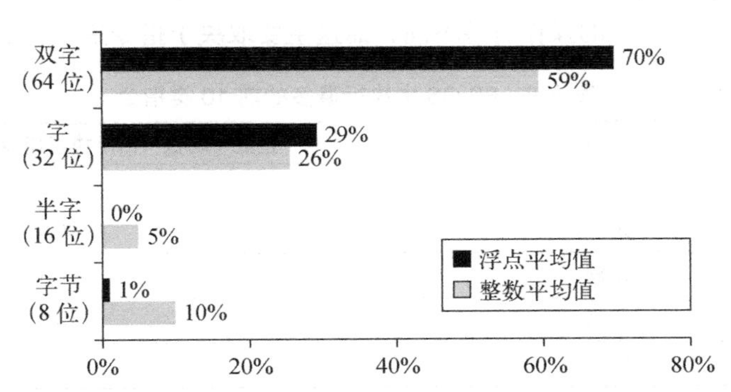

图 A-7　对于基准测试程序，所访问数据的大小分布。双字数据类型用于表示浮点程序中的双精度浮点值，还用于表示地址，这是因为该计算机使用 64 位地址。在采用 32 位地址的计算机上，64 位地址将被 32 位地址代替，所以整数程序中的几乎所有双字访问都变为单字访问

在一些体系结构中，寄存器中的对象可以作为字节或半字进行访问。但是，这种访问是非常罕见的——在 VAX 上，不超过 12%的寄存器访问采用这种方式，也就是这些程序中所有操作数访问中的大约 6%。

A.5 指令集中的操作

大多数指令集体系结构支持的操作符可以如表A-5那样进行分类。关于所有体系结构的一条经验规律是：执行最多的指令是指令集中的简单操作。例如，表A-6给出了10种简单指令；对于一组在流行的80x86上运行的整数程序，这10种简单指令占所执行指令的96%。因此，这些指令的实现者应该确保这些指令能够快速执行，因为这是常见情况。

表A-5　指令操作符的分类与示例

操作符类型	示　例
算术与逻辑	整数算术与逻辑运算：加、减、与、或、乘、除
数据传送	载入-存储（在采用存储器寻址的计算机上为move指令）
控制	分支、跳转、过程调用与返回、陷入
系统	操作系统调用、虚拟内存管理指令
浮点	浮点运算：加、乘、除、比较
十进制	十进制加、十进制乘、二进制到字符的转换
字符串	字符串移动、字符串比较、字符串搜索
图形	像素与顶点操作、压缩/解压缩操作

* 所有计算机都为前3类操作符提供了一整套操作。在不同体系结构中，指令集对系统功能的支持有所不同，但所有计算机都必须对基本的系统功能提供指令支持。指令集对后4类操作符的支持可能为零，也可能包含大量特殊指令。在任何旨在供那些大量使用浮点数的应用程序使用的计算机中，都提供了浮点指令。这些指令有时是可选指令集的一部分。十进制指令和字符串指令有时是基元类型，比如在VAX和IBM 360中，也可能是由编译器使用更简单的指令合成的。图形指令通常会对许多较小的数据项进行并行操作，例如，对2个64位操作数执行8个8位加法。

前面曾经提到，表A-6中的指令在计算机的每个应用（桌面计算机、服务器和嵌入式）中都可以找到，其与表A-5中的操作有些不同，而这主要取决于指令集包含哪些数据类型。

表A-6　80x86中执行最多的前10类指令

排　位	80x86指令	整数平均值（占所执行指令总数的百分比）
1	载入	22%
2	条件分支	20%
3	比较	16%
4	存储	12%
5	加	8%
6	与	6%
7	减	5%
8	寄存器之间的移动	4%
9	调用	1%
10	返回	1%
总　计		96%

* 简单指令是这个列表的主体，占所执行指令的96%。这些百分比是5个SPECint92程序的平均值。

A.6 控制流指令

由于分支与跳转行为的测量结果与其他测量值和应用程序无关，所以我们现在研究控制流指令的使用，它与上一节的操作没有什么共同点。

关于改变控制流的指令，没有一致的术语。在 20 世纪 50 年代，它们通常被称为**转移**（transfer）。20 世纪 60 年代开始使用**分支**（branch）一词。后来计算机还引入了其他一些名称。在本书中，如果控制中的改变是无条件的，我们就使用**跳转**（jump）；如果改变是有条件的，则使用**分支**（branch）。

我们可以区分 4 种控制流变化：

- 条件分支；
- 跳转；
- 过程调用；
- 过程返回。

由于每个事件都是不同的，可能使用不同的指令，拥有不同的行为，所以我们希望知道这些事件的相对频率。图 A-8 中给出了这些控制流指令在一台载入–存储计算机上的频率，我们就是在这种计算机上运行基准测试的。

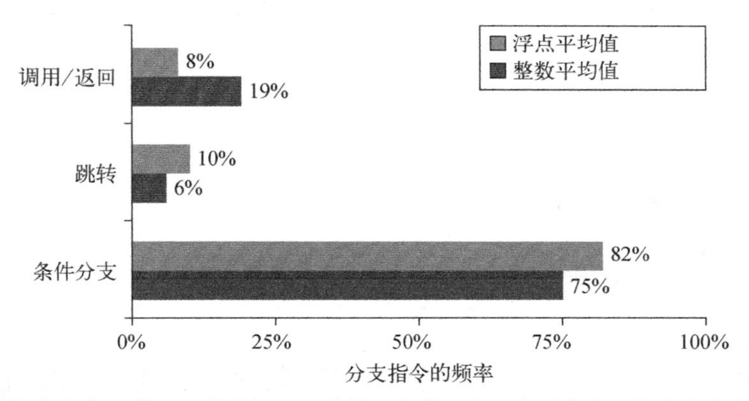

图 A-8 将控制流指令分为 3 类：调用或返回、跳转和条件分支。条件分支显然占绝大多数。每种类型的计数分别用一个长条来显示。用于收集这些统计数字的程序和计算机与图 A-4 中相同

A.6.1 控制流指令的寻址方式

任何情况下都必须指定控制流指令中的目标地址。在绝大多数情况下，这个目标是在指令中明确指定的，但过程返回是一个重要例外，这是因为在编译时无法知道要返回的目标位置。指定目标的最常见方法是提供一个将被加到**程序计数器**（PC）的位移量。这类控制流指令被称为 PC **相对**指令。由于目标位置通常在当前指令附近，而且指定相对于当前 PC 的位置时需要的位数较少，所以 PC 相对分支或跳转指令具有一些优势。采用 PC 相对寻址还可以使代码的运行不受装载位置的影响。这一特性称为**位置无关**，可以在链接程序时减少一些工作，而且对于在执行期间进行动态链接的程序也比较有用。

如果在编译时不知道目标位置，为了实现返回和间接跳转，需要一种不同于 PC 相对寻址的方法。这时，必须有一种动态指定目标的方法，使目标能够在运行时发生变化。这种动态寻址可能非常简单，只需要给出包含目标地址的寄存器名称即可；跳转可能允许使用任意寻址方式来提供目标地址。

这些寄存器间接跳转对于其他 4 种重要功能也是有用的。

- **case 或 switch 语句**，大多数编程语言中会有这些语句（用于选择候选项之一）。
- **虚拟函数或虚拟方法**，存在于诸如 C++或 Java 之类的面向对象式语言中（允许根据参数类型调用不同程序路径）。
- **高阶函数或函数指针**，存在于诸如 C 或 C++等语言中（它允许以参数方式传递函数，提供面向对象编程的一种好处）。
- **动态共享库**（允许仅当程序实际调用一个库时才在运行时加载和链接库，而不是在运行程序之前进行静态加载和链接）。

在所有这 4 种情况下，目标地址在编译时都是未知的，因此，通常是在寄存器间接跳转之前从存储器加载到寄存器中。

由于分支通常使用 PC 相对寻址来指定其目标，一个重要的问题就是分支目标距离分支有多远。了解这些位移量的分布有助于选择支持多大的分支偏移量，因此会影响指令长度和编码。图 A-9 给出了指令中 PC 相对分支的位移量分布。这些分支中大约有 75%是正向的。

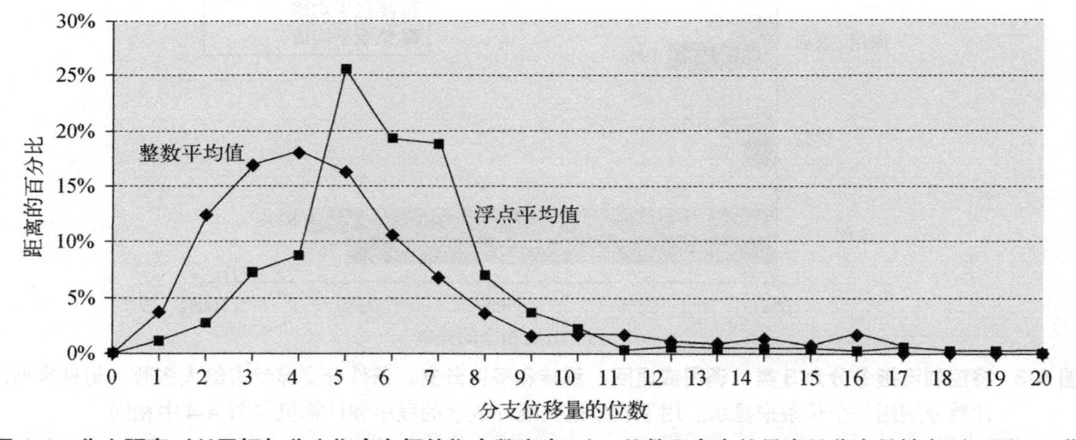

图 A-9　分支距离（以目标与分支指令之间的指令数来表示）。整数程序中的最常见分支是转向可以用 4~8 位编码的目标地址。这一结果告诉我们，短位移量字段对于分支指令通常足够了，而且有了具有较小分支位移量的较短指令，设计者就可以提高编码密度。这些测量结果是在载入–存储计算机（Alpha 体系结构）上测得的，所有指令都与字边界对齐。对于同一程序，如果体系结构需要的指令较少（比如 VAX），分支距离就较短。但是，如果计算机的指令长度是变化的，可以与任意字节边界对齐，则表示该位移量所需要的位数可以增加。收集这些统计数字的程序和计算机与图 A-4 中相同

A.6.2　条件分支选项

由于大多数控制流改变是分支，所以决定如何指定分支条件是很重要的。表 A-7 列出了当前使用的 3 种主要技术及其优缺点。

分支的最明显特性之一是大量的比较是简单的测试，其中很多是与 0 进行比较。因此，一些体系结构选择将这些比较当作特殊情景，特别是在使用**比较与分支**指令时。图 A-10 给出了条件分支中用到的不同比较的频率。

表 A-7 对分支条件进行求值的主要方法及其优缺点

名　称	示　例	如何测试条件	优　点	缺　点
条件码（CC）	80x86、ARM、PowerPC、SPARC、SuperH	测试由 ALU 运算设定的特殊位，可能受程序的控制	有时条件设置比较自由	CC 是一种额外状态。由于条件码是将来自一条指令的信息传送给一个分支，所以它们限制了指令的顺序
条件寄存器/有限的比较	Alpha、MIPS	用简单比较的结果测试任意寄存器（相等测试或零测试）	简单	有限的比较可能会影响关键路径或需要对一般情况进行额外的比较
比较与分支	PA-RISC、VAX、RISC-V	比较是分支的一部分。允许进行一般的比较（大于、小于）	分支需要一条指令，而不是两条	可能会使分支指令成为关键路径

* 尽管条件码可以由 ALU 运算设定（用于其他目的），但对程序的评估显示，这种情况很少发生。当条件码由一大组指令或一组偶然选定的指令设定，而不是由指令中的一个比特来设定时，就会出现条件码的主要实现问题。拥有比较和分支指令的计算机通常会限制比较范围，并使用单独的操作和寄存器进行更复杂的比较。通常，基于浮点比较和基于整数比较的分支使用不同的技术。这种不同是合理的，因为依赖于浮点比较的分支数要比依赖于整数比较的分支数少得多。

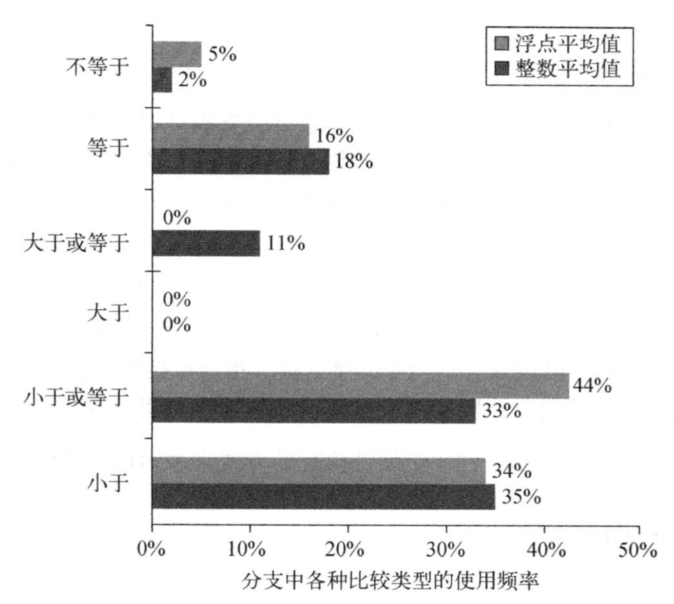

图 A-10 条件分支中不同比较类型的使用频率。编译器与体系结构的这种组合中，小于（或等于）分支占主导地位。这些测量值包含了分支中的整数比较和浮点比较。用于收集这些统计数字的程序和计算机与图 A-4 中相同

A.6.3 过程调用选项

过程调用和返回包括控制转移，还可能涉及状态保存过程；至少必须将返回地址保存在某

个地方，有时保存在特殊的链接寄存器中，有时只是保存在通用寄存器中。一些较早的体系结构提供了一种保存许多寄存器的机制，而较新的体系结构需要编译器为所存储和恢复的每个寄存器生成存储和载入操作。

在保存寄存器时，有两种基本约定：要么由调用者保存，要么由被调用者保存。**调用者保存**是指发出调用的过程必须保存它希望在调用返回之后进行访问的寄存器，因此，被调用的过程不需要为寄存器操心。**被调用者保存**与之相反：被调用的过程必须保存它想使用的寄存器，而调用者不受限制。在某些时候必须使用调用者保存方法，其原因在于两种过程中对全局可见变量的访问模式。例如，假定有一个过程 P1，它调用过程 P2，这两个过程都对全局变量 x 进行处理。如果 P1 已经将 x 分配给一个寄存器，则它必须确保在调用 P2 之前将 x 保存到 P2 知晓的一个位置。编译器希望知道被调用过程可能在什么时候访问寄存器分配量，但由于不同过程可能是分别编译的，所以增加了获知这一信息的难度。假定 P2 可能不会触及 x，但可能调用另一个可能访问 x 的过程 P3，而 P2 和 P3 是分别编译的。由于这些复杂性的存在，大多数编译器会采用比较稳健的方式，由调用者将所有可能在过程调用期间访问的变量都保存起来。

在可以采用任意一种约定的情况下，有些程序更适合采用被调用者保存，有些程序更适合采用调用者保存。结果，今天的大多数实际系统采用这两种机制的组合方式。这一约定在应用程序二进制接口（ABI）中指定，它确定了一些基本规则，指出了哪些寄存器应当由调用者保存，哪些应当由被调用者保存。在本附录的后面，我们将研究用于自动保存寄存器的高级指令与编译需求之间的不一致之处。

A.6.4　小结：控制流指令

控制流指令属于执行频率最高的指令。尽管条件分支有许多选项，但我们希望新体系结构中的分支寻址能够跳转到分支指令之前或之后数百条指令处。这一要求意味着 PC 相对分支位移量至少为 8 位。我们还希望看到跳转指令采用寄存器间接寻址和 PC 相对寻址，来支持过程返回和当前系统的许多其他功能。

我们已经从汇编语言程序员或编译器开发人员的角度，介绍完了指令体系结构。我们介绍了一种采用位移量、立即数和寄存器间接寻址方式的载入-存储体系结构。这些数据为 8 位、16 位、32 位和 64 位整数，以及 32 位和 64 位浮点数。指令包括简单操作、PC 相对条件分支、用于过程调用的跳转和链接指令，以及用于过程返回的寄存器间接跳转（还有其他一些应用）。

现在，我们需要选择如何以一种便于硬件执行的方式来表示该体系结构。

A.7　指令集编码

显然，本文提到的选择将影响指令如何编码成二进制形式以供处理器执行。这种表示形式不仅会影响编译后程序的大小，还会影响处理器的实现，处理器必须对这种表示形式进行译码，以快速找出操作和操作数。操作通常在一个称为**操作码**的字段中指定。后面将会看到，如何通过编码将寻址方式与操作结合在一起是一个非常重要的决定。

这一决定取决于寻址方式的范围以及操作码与寻址方式之间的独立程度。一些较早的计算机有 1~5 个操作数，每个操作数有 10 种寻址方式（见表 A-4）。对于如此大量的组合情况，通常需要为每个操作数使用独立**地址标识符**：地址标识符说明使用哪种寻址方式来访问该操作数。另一个极端是仅有一个存储器操作数并且仅有一种或两种寻址方式的载入-存储计算机；显然，在这种情况下，可以将寻址方式作为操作码的一部分进行编码。

在对指令进行编码时，由于寄存器字段和寻址方式字段可能在一条指令中出现多次，所以寄存器数目和寻址方式的数目都对指令大小有很大影响。事实上，对于大多数指令，对寻址方式字段和寄存器字段进行编码时所占用的位数，要远多于指定操作码所占用的位数。在对指令集进行编码时，架构师必须平衡以下几种相互竞争的因素。

(1) 希望有尽可能多的寄存器和寻址方式。

(2) 寄存器字段和寻址方式字段的长度对平均指令大小有影响，从而对平均程序规模有影响。

(3) 希望编码后的指令长度易于以流水线实现方式处理。（易译码指令的价值在附录C和第3章讨论。）至少，架构师希望指令长度为字节的倍数，而不是任意长度。许多桌面计算机和服务器架构师已经选择使用固定长度的指令来获得实现方面的好处，不过这以牺牲平均代码规模为代价。

图 A-11 给出了 3 种常见的指令集编码选择。第一种称为**变长编码**，因为它几乎允许对所有操作使用所有寻址方式。当存在许多寻址方式和操作时，这是最佳选择。第二种选择称为**定长编码**，因为它将操作和寻址方式合并到操作码中。通常，采用定长编码时，所有指令的大小都相同；当寻址方式与操作数较少时，其效果最好。在变长编码与定长编码之间做选择时，权衡的是程序规模与处理器译码的难易程度。变长编码尝试使用尽可能少的位数来表示程序，但是单个指令在大小和要执行的工作量方面可能有很大的差异。

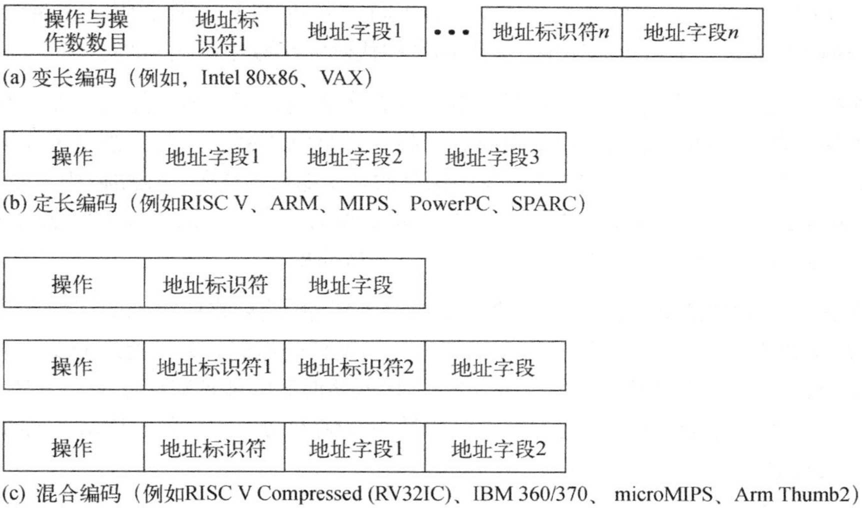

操作与操作数数目	地址标识符1	地址字段1	• • •	地址标识符*n*	地址字段*n*

(a) 变长编码（例如，Intel 80x86、VAX）

操作	地址字段1	地址字段2	地址字段3

(b) 定长编码（例如RISC V、ARM、MIPS、PowerPC、SPARC）

操作	地址标识符	地址字段

操作	地址标识符1	地址标识符2	地址字段

操作	地址标识符	地址字段1	地址字段2

(c) 混合编码（例如RISC V Compressed (RV32IC)、IBM 360/370、 microMIPS、Arm Thumb2）

图 A-11 指令编码的 3 种基本变体：变长编码、定长编码、混合编码。变长格式可以支持任意数量的操作数，每个地址标识符确定操作数的寻址方式和标识符的长度。这种方式的代码表示长度通常是最短的，因为不会包含没有使用的字段。定长格式中的操作数个数总是相同的，寻址方式（如果存在选项的话）作为操作码的一部分进行指定。它生成的代码规模通常是最大的。尽管字段的位置不会变化，但不同指令会将其用于不同目的。混合编码方法拥有多种由操作码指定的格式，添加了一到两个字段来指定寻址方式，还有一到两个字段来指定操作数地址让我们看一条 80x86 指令，作为变长编码的一个例子。

```
add EAX,1000(EBX)
```

add 是指一条有两个操作数的 32 位整数加法指令，这个操作码占 1 字节。80x86 地址标识符为 1 或 2 字节，指定源/目标寄存器（EAX）以及第二个操作数的寻址方式（在这个例子中为位移量）与基址寄存器（EBX）。这一组合占用 1 字节来指定操作数。在 32 位模式中（参见附录 K），地址字段的长度为 1 或 4 字节。由于 1000 大于 2^8，所以这条指令的长度是

$$1+1+4=6\text{字节}$$

80x86 指令的长度介于 1~17 字节之间。80x86 程序通常短于 RISC 体系结构，后者使用定长格式（参见附录 K）。

有了变长编码和定长编码这两种指令集设计之后，立即就可以想到第三种选择：降低变长体系结构中指令大小与指令功能的可变性，但提供多种指令长度来减小代码大小。这种**混合式**方法是第三种编码选择，稍后会给出其示例。

A.7.1　RISC 中的精简代码

随着 RISC 计算机开始在嵌入式应用程序中使用，32 位定长格式已经成为一种负担，因为成本和更小的代码非常重要。为应对这一情况，几家制造商提供了其 RISC 指令集的一种新的混合版本，同时拥有 16 位和 32 位指令。这些精简的指令支持更少的运算种类、更小的地址范围与立即数字段、更少的寄存器和两地址格式，而不是 RISC 计算机的典型三地址格式。RISC-V 提供了一个名为 RV32IC 的扩展，其中 C 代表压缩。常见的指令被编码为 16 位格式，例如具有更小范围的立即数，以及源寄存器和目标寄存器相同的常见 ALU 运算。附录 K 给出了另外两个示例——ARM Thumb 和 microMIPS，两者都声称代码大小减小高达 40%。

与这些指令集的扩展相对，IBM 只是对其标准指令集进行了压缩，然后添加一些硬件，在因为发生指令缓存缺失而从存储器中取指时，对指令进行解压缩。因此，指令缓存中包含完整的 32 位指令，但在主存储器、ROM 和磁盘中保存的是压缩后的代码。压缩格式（如 RV32IC、microMIPS 和 Thumb2）的优势在于指令缓存的作用好像大了 25%。而 IBM 的 CodePack 意味着无须更改编译器来处理不同指令集，指令译码可以保持简单。

CodePack 首先对任意 PowerPC 程序进行游程编码压缩，然后将所得到的压缩表载入芯片上一个大小为 2 KB 的表中。因此，每个程序都有其自己独特的编码。为了处理分支（不再与字边界对齐），PowerPC 在存储器中生成一个散列表，将压缩前后的地址对应起来。它像 TLB 一样（见第 2 章），缓存了最近使用过的地址映射，以减少存储器访问的次数。IBM 声称整体性能成本为 10%，代码规模缩减 35%~40%。

A.7.2　小结：指令集编码

前几节讨论了指令集设计部分的决策，这些决策决定了架构师是否能够在变长指令编码和定长指令编码之间进行选择。如果可以选择，更看重代码规模的架构师会选择变长编码，而更看重性能的架构师则会选择定长编码。附录 E 给出了架构师的 13 个选择结果示例。第 3 章和附录 C 中进一步讨论了这种可变性对处理器性能的影响。

我们几乎已经为将在附录 A.9 节介绍的 RISC-V 指令集体系结构奠定了基础。但在开始介绍之前，先来简要地了解一下编译器技术及其对程序特性的影响会有所帮助。

A.8 交叉问题：编译器的角色

今天，几乎所有的桌面计算机和服务器应用是用高级语言编写的。这种开发意味着：由于所执行的大多数指令是编译器的输出，所以指令集体系结构基本上就是编译器目标。在这些应用程序的早期，在体系结构方面的决策经常是为了简化汇编语言编程，或者是针对特定内核。由于编译器会显著影响计算机的性能，所以理解今天的编译器技术对于设计和高效实现指令集至关重要。

曾经有一种很流行的做法：试图将编译器技术及其对硬件性能的影响与体系结构及其性能隔离开来，就像过去经常尝试将体系结构与其实现隔离开来。对于今天的桌面计算机编译器和计算机，这种隔离基本上是不可能的。体系结构方面的选择会影响为一台计算机生成的代码质量和为其构造优良编译器的复杂性，这种影响可能是正面的，也可能是负面的。

在这一节，我们主要从编译器的视角来讨论指令集的关键目标。首先回顾对当前编译器的剖析。接下来讨论编译器技术如何影响架构师的决策，以及架构师如何增大或降低编译器生成良好代码的难度。最后回顾编译器和多媒体处理，很遗憾，这是编译器开发人员与架构师之间协作不佳的一个示例。

A.8.1 目前编译器的结构

首先让我们看看今天的优化编译器是什么样的。图 A-12 显示了目前编译器的结构。

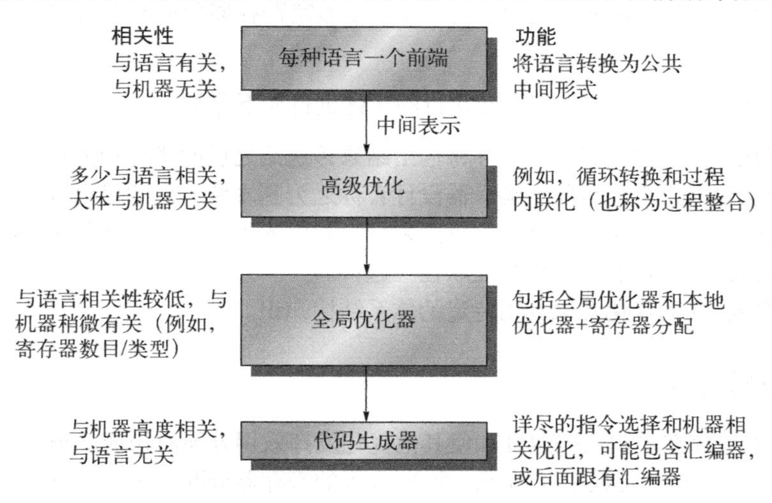

图 A-12　编译器通常包括 2~4 遍扫描（pass），一些优化程度更高的编译器会有更多遍扫描。当输入相同时，这种结构最大限度地提高了在不同优化级别上编译的程序产生相同输出的可能性。优化扫描被设计为可选的，如果希望加快编译速度，并且可以接受较低质量的代码，那就可以跳过优化扫描。**扫描**就是编译器读取和转换整个程序的一个**阶段**（phase）。（阶段一词经常与**扫描**互换使用。）由于优化扫描是独立的，所以多种语言可以使用相同的优化和代码生成扫描。一种新的语言只需要一个新的前端

编译器开发人员的首要目标是正确性——所有有效程序都必须正确编译。第二个目标通常是编译后的代码速度。通常，还有一系列目标，包括快速编译、支持调试、语言之间的互操作性。正常情况下，编译器中的各次扫描将更抽象的高级表示转换为越来越低层级的表示，最后到达指令集级别。这种结构可以帮助控制转换的复杂度，使得编写出没有错误的编译器变得更容易。

正确编写编译器是一件很复杂的事情，而所能完成的优化程度主要受这一复杂度的限制。尽管采用多遍扫描的结构有助于降低编译器的复杂性，但这也意味着编译器必须对转换进行排序，某些转换必须在其他转换之前完成。在图 A-12 所示的优化编译器框图中可以看出，在某些高级优化执行很久之后，编译器才能知道最终代码会是什么样子。一旦执行这种转换，编译器就不能承担返回并重新审视所有步骤，甚至撤销这些转换的代价。无论是从编译时间还是复杂性角度，都不允许进行这种迭代。因此，编译器假定最后的几个步骤有能力处理特定问题。例如，在知道被调用过程的确切大小之前，编译器通常必须选择对哪些过程调用进行内联展开。编译器开发人员将这一问题称为**阶段排序问题**。

这种转换的排序是如何被指令集体系结构所影响的呢？一种名为**全局公共子表达式消去法**的优化提供了一个很好的例子。这种优化找出一个计算相同值的表达式的两个实例，并将第一次计算的结果值保存在临时存储位置，然后利用这个临时值，消除这一公共表达式的第二次计算。

为使这一优化发挥显著效用，必须将临时值分配到寄存器中。否则，先将临时值存储在存储器中，之后再重新载入它，其成本将会抵消因为不用重复计算该表达式所节省的成本。事实上，存在这样一种情况：如果没有将临时值保存到寄存器中，这一优化会减缓代码的运行速度。寄存器分配通常是全局优化扫描即将结束、马上要生成代码时进行的，所以阶段排序使上述问题变得复杂。因此，执行这种优化的优化程序必须**假定**寄存器分配器会将这一临时值分配到寄存器中。

根据转移类型，可以对现代编译器执行的优化进行如下分类：

- **高级优化**一般对源代码执行，并将输出结果传送给之后的优化扫描；
- **本地优化**仅对直行代码段（编译器设计者称之为**基本块**）内的代码进行优化；
- **全局优化**将本地优化扩展到分支范围之外，并引入了一组旨在优化循环的转换；
- **寄存器分配**将寄存器与操作数关联在一起；
- **与处理器相关的优化**尝试利用特定的体系结构知识。

A.8.2　寄存器分配

鉴于寄存器分配在加快代码速度和使其他优化发挥效用方面所扮演的角色，可以说它是最重要的优化之一（甚至就是最重要的那一个）。今天的寄存器分配算法以一种名为**图着色**的技术为基础。这种图着色技术背后的基本思想是构造一幅图，用来表示可能执行的寄存器分配方案，然后利用这个图来分配寄存器。大致来说，问题在于如何使用有限种颜色，使相关图中两个相邻节点的颜色都不相同。这种方法的重点是将活跃变量全部分配到寄存器中。图着色问题的求解时间通常是图形大小的指数函数（NP 完全问题）。不过，有些启发式算法在实际中的应用效果很好，生成分配结果的时间近似与图形大小呈线性关系。

当至少有 16 个通用寄存器（多多益善）可用于为整数变量进行全局分配，而且有其他寄存器为浮点变量进行分配时，图着色方法的效果最好。遗憾的是，如果寄存器的数目很少，则图着色的启发式算法很可能会失败，所以图着色的效果不是太好。

A.8.3 优化对性能的影响

有时很难将一些较简单的优化（本地优化和与处理器相关的优化）与代码生成器中完成的转换隔离开来。表 A-8 中给出了典型优化的示例，其中最后一列指明了对源程序执行所列优化转换的频率。

表 A-8 主要优化类型及每种类型的示例

优化名称	解　释	优化转换总数的百分比
高级	**在源代码级别或接近该级别；与处理器无关**	
过程整合	用过程主体代替过程调用	未测量
本地	**在直行代码范围内**	
公共子表达式消去法	用单一副本代替同一计算的两个实例	18%
常量传播	对于一个被赋值为常量的变量，用该常量代替其所有实例	22%
降低栈高度	重新排列表达式树，以最大限度地减少表达式求值所需要的资源	未测量
全局	**跨越分支**	
全局公共子表达式消去法	与本地优化相同，但这一版本跨越了分支范围	13%
复制传播	对于一个已经被赋值为 *X* 的变量 *A*（即 *A*=*X*），用 *X* 代替变量 *A* 的所有实例	11%
代码移动	如果在循环的每次迭代中，其中一些代码总是计算相同值，则从该循环中移除该代码	16%
消去归纳变量	简化/消去循环内的数组寻址计算	2%
与处理器相关	**依赖于处理器知识**	
降低强度	许多示例，比如用加法和移位来代替与常量的乘法	未测量
流水线调度	重新排列指令顺序，以提高流水线性能	未测量
分支偏移优化	选择能够到达目标的最短分支位移	未测量

* 这些数据告诉我们各种优化技术的相对使用频率。第三列给出了一些常见优化在一组 12 个小型 Fortran 和 Pascal 程序中的静态应用频率。在测量过程中，编译器共完成了 9 种本地与全局优化。表中给出了这些优化中的 6 种，剩下 3 种的总静态频率占 18%。“未测量”是指没有测量该优化方法的使用次数。与处理器相关的优化通常在代码生成器中完成，所有这些优化都未在此次试验中测量。所示百分比是特定类型的静态优化所占的比例。数据来自 Chow [1983]（使用 Standford UCODE 编译器收集）。

图 A-13 显示了对两个程序的指令进行各种优化的效果。在这个例子中，与未经优化的程序相比，已优化程序执行的指令数减少了大约 25%~90%。该图表明了在提议新指令集功能之前首先浏览已优化代码的重要性，因为编译器可能会将架构师尝试改进的指令完全清除。

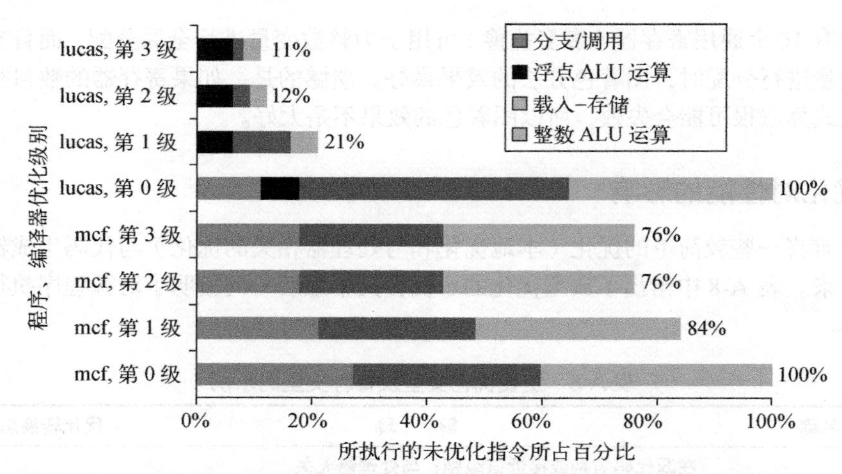

图A-13　当编译器优化级别变化时，SPEC2000中lucas和mcf程序中指令数目的变化。第0级表示未优化代码。第1级包含本地优化、代码调度和本地寄存器分配。第2级包括全局优化、循环转换（软件流水线）和全局寄存器分配。第3级增加了过程整合。这些试验是在Alpha编译器上执行的

A.8.4　编译器技术对架构师决策的影响

编译器与高级语言之间的互动对程序利用指令集体系结构的方式有很大影响。这里有两个重要问题：如何对变量进行分配和寻址？需要多少个寄存器才能对变量进行适当分配？为了回答这些问题，必须看看当前高级语言用来分配数据的3个独立区域。

- **栈**用于分配本地变量。栈会在过程调用与返回时相应增大或缩小。栈内的对象是相对于栈指针进行寻址的，这些对象主要是标量（单个变量），而不是数组。栈用于活动记录，而不是用于表达式求值。因此，几乎从来不会在栈中压入或弹出数值。
- **全局数据区**用于静态分配所声明的对象，比如全局变量和常量。这些对象中有很大一部分是数组或者其他聚合数据结构。
- **堆**用于分配那些不符合栈规则的动态对象。堆中的对象用指针访问，并且通常不是标量。

寄存器分配对于分配到栈中的对象要比对全局变量有效得多，而对于分配到堆中的对象，寄存器分配基本上是不可能的，因为它们是通过指针访问的。全局变量和一些栈变量也不可能分配，因为它们**具有别名**，也就是说可以用多种方法引用变量的地址，从而不能合法地将其放到寄存器中。（在当今的编译器技术中，大多数堆变量实际上拥有别名。）

例如，考虑以下代码序列，其中&返回变量的地址，*取得指针所指向的对象：

```
p = &a  —将a的地址放入p中
a  =...  —直接为a赋值
*p  =...  —使用p为a赋值
...a...    —访问a
```

不可能跨过对*p的赋值而对变量a进行寄存器分配，同时还不生成错误的代码。在使用别名时，通常很难甚至不可能判断指针可能指向哪些对象，所以会导致一个实质性问题。编译器必须是保守的；如果有过程中的本地变量可能被某个指针所指向，某些编译器就不会分配**任何**本地变量到寄存器中。

A.8.5　架构师如何帮助编译器开发人员

今天，编译器的复杂性并非来自对诸如 A=B+C 等简单语句的转换。大多数程序具有**局部简单性**，并且简单转换的效果很好。之所以会有这种复杂性，是因为程序规模庞大而且其全局互动非常复杂，而且编译器的结构决定了在判定哪种代码序列最佳时，一次只能判断一步。

编译器开发人员在工作时，通常会遵循他们自己基于一条体系结构基础原理得出的推论：**加快常见情况的速度，保证少见情况的正确性**。也就是说，如果我们知道哪些情况常见，哪些情况少见，而且为这两种情况生成代码很轻松，那少见情况的代码质量可能就不是很重要——但必须正确！

一些指令集特性可以为编译器开发人员提供帮助。这些特性不应被看作需要严格遵守的规则，而应当看作指导原则，它可以使编写出生成高效、正确代码的编译器变得更容易。

- **提供正则性**——只要有意义，指令集的 3 个要素——操作、数据类型和寻址方式——就应当是**正交**的。如果体系结构的两个方面互不影响，就说它们是正交的。例如，如果对于每一个可应用一种寻址方式的操作，所有寻址方式都适用，就说操作和寻址方式是正交的。这种正则性有助于简化代码生成过程，如果在决定生成何种代码时，需要在编译器的两遍扫描中做出决策，这一特性尤为重要。这一特性的一个典型反例是：限制可供特定指令类型使用的寄存器。针对专用寄存器体系结构的编译器通常会陷入这种两难境地。因为这一限制，编译器可能会发现有许多空闲寄存器，但都不适用！
- **提供原型而非解决方案**——与一种语言构造或内核功能“相匹配”的特殊功能通常不可用。为支持高级语言所做的尝试可能仅对一种语言有效，也可能与该种语言的正确、高效实现相偏。A.10 节会通过一个例子说明这种尝试是如何失败的。
- **简化候选项之间的权衡**——对于编译器开发人员来说，最艰巨的任务之一就是对于所出现的任何一段代码，指出哪种指令序列最为适合。在早些日子里，指令数或总代码规模可能是好的评价指标，但我们在第 1 章已经看到，现在已经并非如此了。有了缓存和流水线，权衡已经变得更加复杂。设计者所做的任何事情，只要能够帮助编译器开发人员了解其他代码序列的成本，就能帮助改进代码。在进行这种复杂权衡时，最困难的情景之一发生在寄存器–存储器体系结构中，就是判断一个变量的引用次数达到多少以后，将其载入寄存器的成本才会更低一些。这一阈值很难计算，事实上，在同一体系结构的不同模型之间也可能不同。
- **提供一些指令，将编译时的已知量绑定为常量**——编译器开发人员特别讨厌处理器在运行时费力解读一个在编译时就已知的取值。有些指令需要解读在编译时就已经固定的取值，这就是以上原则的绝佳反例之一。例如，VAX 过程调用指令（`calls`）会动态解释一个掩码，这个掩码说明在进行调用时要保存哪些寄存器，但它在编译时就已经固定下来了（见 A.10 节）。

A.8.6　编译器对多媒体指令的支持（或支持不足）

唉！SIMD 指令（见 4.3 节）的设计者基本上忽略了上一节的内容。这些指令往往就是解决方案，而不是原型；它们缺少寄存器；数据类型与现有编程语言不匹配。架构师希望找出一种能够帮助某些用户的廉价解决方案，但通常只有少数低级图形库例程使用它们。

SIMD 指令实际是一种出色体系结构的简化版本，它拥有自己的编译器技术。4.2 节解释过，**向量体系结构**对数据向量进行操作。多媒体内核最初是为科学计算代码发明的，通常也是可以向量化的，尽管通常使用较短的向量。4.3 节曾经提及，我们可以将 Intel 的 MMX 和 SSE 或者 PowerPC 的 AltiVec 看作简单的短向量计算机：MMX 的向量可以有 8 个 8 位元素、4 个 16 位元素或 2 个 32 位元素，AltiVec 的向量长度是以上长度的两倍。它们被实现为宽寄存器中的相邻窄元素。

这些微处理器体系结构将向量寄存器大小设定到体系结构内部：对于 MMX，元素大小的总和限制为 64 位，AltiVec 限制为 128 位。当 Intel 决定扩展到 128 位向量时，它添加了一整套新指令，名为流式 SIMD 扩展（SSE）。

向量计算机的一个主要优势是：一次载入许多元素，然后将执行与数据传输重叠起来，从而隐藏存储器访问的延迟。向量寻址方式的目标是收集散布在存储器中的数据，以紧凑方式放置它们，以便进行高效处理，然后再将处理结果放回所属位置。

向量计算机包括**步幅寻址**和**集中/分散**寻址（见 4.2 节），以增加可向量化程序的数目。步幅寻址在每次访问之间跳过数量固定的字，所以顺序寻址经常被称为**单位步幅寻址**。集中寻址与分散寻址在另一个向量寄存器中查找其地址：可以将其看作向量计算机的寄存器间接寻址。与之相对，从向量的角度来看，这些短向量 SIMD 计算机仅支持单位步幅访问：存储器访问一次从单个宽存储地址载入或存储所有元素。由于多媒体应用程序的数据经常是一些流，起始点和终止点都在存储器中，所以步幅寻址方式和集中/分散寻址方式是成功实现向量化的必备条件（见 4.7 节）。

举例　下面的例子将一个向量计算机与 MMX 进行对比，将像素的色彩表示方式由 RGB（红、绿、蓝）转换为 YUV（发光度色度），每个像素用 3 字节表示。这种转换只需要 3 行 C 代码，放在循环中即可：

```
Y = (9798*R +19235*G +3736*B) / 32768;
U = (-4784*R 9437*G +4221*B) / 32768 +128;
V = (20218*R 16941*G 3277*B) / 32768 +128;
```

宽度为 64 位的向量计算机可以同时计算 8 个像素。一个采用步幅寻址的媒体向量计算机将执行以下操作：

- 3 次向量载入（获得 RGB）；
- 3 次向量相乘（转换 R）；
- 6 次向量乘加（转换 G 和 B）；
- 3 次向量移位（除以 32 768）；
- 2 次向量加（加上 128）；
- 3 次向量存储（存储 YUV）。

总共有 20 条指令用于执行前面 C 代码中转换 8 个像素的 20 个操作[Kozyrakis, 2000]。（由于向量可能有 32 个 64 位元素，这一代码实际上可以转换多达 32 × 8=256 个像素。）

与之相对，Intel网站显示一个对8个像素执行相同计算的库例程使用了116条MMX指令和6个80x86指令[Intel，2001]。指令数之所以会增加到6倍是因为没有步幅存储器访问，所以需要大量的指令来载入RGB像素并解包，然后再打包并存储YUV像素。

采用受体系结构限制的短向量，以及很少的寄存器和简单的存储器寻址方式，就更难利用向量化编译器技术。因此，这些SIMD指令更可能出现于手工编码库中，而不是编译后的代码中。

A.8.7 小结：编译器的角色

这一节给出几点建议。首先，我们希望一种新的指令集体系结构中至少拥有16个通用寄存器（另外用于浮点数的寄存器不计在内），以简化使用图着色的寄存器的分配。关于正交性的建议意味着所支持的全部寻址方式都适用于所有传送数据的指令。最后的三点建议（提供原型而非解决方案，简化候选项之间的权衡，不要在运行时绑定常量）都意味着注重简单性是最稳妥的。换句话说，要理解在指令集设计中，少就是多。SIMD扩展是优秀技术落地的例子，而不是软硬件协调设计的杰出成果。

A.9 融会贯通：RISC-V体系结构

这一节介绍一种名为RISC-V的载入–存储体系结构。RISC-V是一个自由许可的开放标准，类似于许多RISC架构，其基础也是一些观察结果，类似于前几节中所介绍的内容。（附录M.3节讨论了这些体系结构如何以及为何变得流行。）RISC-V建立在RISC体系结构30年的经验之上，并对大多数短期添加或疏漏的部分进行了清理，从而形成一个更容易实现和更有效的体系结构。RISC-V同时提供了32位和64位指令集，以及对浮点等特性的各种扩展，这些扩展可以添加到32位或64位基本指令集。我们讨论64位版本的RISC-V RV64，它是32位版本RV32的超集。

下面回顾一下我们在每一节对桌面应用程序和服务器应用程序的期望。

- A.2节——以载入–存储体系结构使用通用寄存器。
- A.3节——支持以下寻址方式：位移量（地址偏移大小为12~16位）、立即数（大小为8~16位）和寄存器间接寻址。
- A.4节——支持以下数据大小和类型：8位、16位、32位和64位整数，以及64位IEEE 754浮点数。
- A.5节——支持以下简单指令（它们占所执行指令的绝大多数）：载入、存储、加、减、移动寄存器和移位。
- A.6节——等于、不等于、小于、分支（长度至少为8位的PC相对地址）、跳转、调用和返回。
- A.7节——如果关注性能则使用定长指令编码，如果关注代码规模则使用变长指令编码。在一些缓存较小或只有一级缓存的、低端嵌入式应用程序中，较大的代码规模可能会对性能产生重大影响。提供压缩指令集扩展的ISA提供了一种解决这种差异的方法。

- A.8 节——至少提供 16 个（32 个更好）通用寄存器，确保所有寻址方式可应用于所有数据传送指令，希望获得最小规模的指令集。这一节并没有包含浮点程序，但它们经常使用独立的浮点寄存器。其理由是增加寄存器的总数，同时不会在指令格式或通用寄存器堆的速度方面产生问题。不过，这两个方面并非相互独立。

我们在介绍 RISC-V 时将展示它是如何遵循这些建议的。与之前的 RISC 一样，RISC-V 强调：

- 简单的载入–存储指令集；
- 针对流水线效率的设计（在附录 C 中讨论），包括定长指令集编码；
- 编译器目标的效率。

RISC-V 提供了一种非常适合研究的体系结构模型，不仅是因为这种处理器非常普及，还因为它是一种非常易于理解的体系结构。我们已经在第 3 章并将在附录 C 中再次使用这一体系结构，它是大量练习和编程项目的基础。

A.9.1 RISC-V 指令集的组织方式

RISC-V 指令集被组织为 3 个支持 32 位或 64 位整数的基本指令集，以及对其中一个基本指令集的各种可选扩展。这使得 RISC-V 有广泛的潜在应用场景，从逻辑和存储器预算最小（可能花费 1 美元或更少）的小型嵌入式处理器，到完全支持浮点、向量和多处理器配置的高端处理器配置。表 A-9 总结了 3 个基本指令集和指令集扩展及其基本功能。我们在示例中使用 RV64IMAFD（也称为 RV64G）。RV32G 是 64 位体系结构 RV64G 的 32 位子集。

表 A-9　RISC-V 有 3 个基本指令集（和一个为未来的第四个基本指令集预留的位置）；所有扩展都扩展这些基本指令集之一

基本指令集或扩展的名称	功　能
RV32I	基本的 32 位整数指令集，具有 32 个寄存器
RV32E	基本的 32 位指令集，但仅有 16 个寄存器；面向非常低端的嵌入式应用
RV64I	基本的 64 位指令集；所有寄存器均为 64 位，增加了将 64 位数据移入/移出寄存器的指令（LD 和 SD）
M	增加整数乘除指令
A	增加用于进行并发处理的原子指令；参见第 5 章
F	增加单精度（32 位）IEEE 浮点，包括 32 个 32 位浮点寄存器，增加了用于载入和存储这些寄存器并对其进行操作的指令
D	将浮点扩展至双精度 64 位，使寄存器为 64 位，增加用于载入、存储和对这些寄存器进行操作的指令
Q	进一步扩展浮点，以支持四精度，增加 128 位运算
L	为 IEEE 标准增加 64 位和 128 位十进制浮点数
C	定义指令集的一个压缩版本，用于内存较小的嵌入式应用。定义常见 RV32I 指令的 16 位版本
V	支持向量运算的进一步扩展（见第 4 章）
B	支持位字段操作的进一步扩展
T	支持事务型内存的进一步扩展

（续）

基本指令集或扩展的名称	功　能
P	支持紧缩 SIMD 指令的扩展：参见第 4 章
RV128I	提供了 128 位地址空间的面向未来的基础指令集

* 指令集的命名方法是在基本名称之后跟随扩展名。例如，RISC-V64IMAFD 指具有 M、A、F、D 等扩展的基本 64 位指令集。为保持命名与软件的一致性，为这一组合指定了一个缩写名：RV64G，本书中大多使用 RV64G。

A.9.2　RISC-V 的寄存器

RV64G 有 32 个 64 位通用寄存器（GPR），即 x0, x1, ···, x31。GPR 有时也称为**整数寄存器**。此外，随着 RV64G 中出现了针对浮点的 F 和 D 扩展，出现了一组 32 个浮点寄存器（FPR），即 f0, f1, ···, f31，它可以保存 32 个单精度（32 位）值或 32 个双精度（64 位）值。（在保存一个单精度数时，另一半 FPR 没有使用。）它提供了单精度和双精度浮点运算（32 位和 64 位）。

x0 的值总是 0。稍后将会看到如何使用这个寄存器从一个简单指令集合成各种有用操作。

一些特殊寄存器可以与通用寄存器相互转换。其中一个例子就是浮点状态寄存器，用于保存有关浮点运算结果的信息。还有一些指令用于在 FPR 和 GPR 之间移动数据。

A.9.3　RISC-V 的数据类型

RISC-V 的数据类型包括 8 位字节、16 位半字、32 位字和 64 位双字整型数据，以及 32 位单精度与 64 位双精度浮点数据。添加半字是因为它们在诸如 C 之类的语言中存在，而且在一些关注数据结构大小的程序（比如操作系统）中非常普遍。如果 Unicode 的应用变得更为广泛，它们也会变得更流行。

RV64G 操作对 64 位整数和 32 位或 64 位浮点数进行操作。字节、半字和字被载入通用寄存器中，并通过重复 0 或符号位来填充 GPR 的 64 个位。一旦载入之后，就可以用 64 位整数运算对其进行操作。

A.9.4　RISC-V 数据传输的寻址方式

仅有的数据寻址方式就是立即数寻址和位移量寻址，二者均采用 12 位字段。寄存器间接寻址通过在 12 位位移字段中放置 0 来实现，而采用 12 位字段的有限绝对寻址则是以寄存器 0 为基址寄存器来实现的。尽管这种体系结构中仅支持两种寻址方式，但通过包含 0 提供了 4 种有效方式。

RV64G 存储器可以用 64 位地址进行字节寻址，并使用小端字节编号。由于它是一种载入-存储体系结构，介于存储器与 GPS 或 FRP 之间的所有访问都是通过载入或存储完成的。通过支持上述数据类型，涉及 GPR 的存储器访问粒度可以是字节、半字、字或双字。FPR 可以用单精度或双精度数载入和存储。存储器访问不需要对齐，但非对齐访问可能运行得非常慢。在实践中，程序员和编译器最好不要使用非对齐访问。

A.9.5 RISC-V 指令格式

由于 RISC-V 只有两种寻址方式，所以能把它们编码到操作码中。为便于处理器实现流水线和译码，所有指令的长度都是 32 位，其中有一个 7 位的主操作码。图 A-14 显示了 4 种主要指令类型的指令布局。这些格式非常简单，提供了 12 位字段用于位移量寻址、立即数常量寻址或 PC 相对分支寻址。

31　　　25	24　　20	19　　15	14　　12	11　　7	6　　0	
funct7	rs2	rs1	funct3	rd	操作码	R 格式
imm[11:0]		rs1	funct3	rd	操作码	I 格式
imm[11:5]	rs2	rs1	funct3	imm[4:0]	操作码	S 格式
imm[31:12]				rd	操作码	U 格式

图 A-14 RISC-V 的指令布局。这些格式有两种变体，称为 SB 格式和 UJ 格式，它们对立即数字段的处理略有不同

指令格式和指令字段的使用见表 A-10。操作码指定一般的指令类型（ALU 指令、ALU 立即数、载入、存储、分支或跳转），而 funct 字段用于特定的操作。例如，一个 ALU 指令是用一个操作码编码的，funct 字段记录了精确的操作：加、减，等等。注意，有几种格式编码多种类型的指令，包括 ALU 立即数和载入使用 I 格式，存储和条件分支使用 S 格式。

表 A-10 每个指令类型的指令字段的使用

指令格式	主要用途	rd	rs1	rs2	立即数
R 格式	寄存器-寄存器 ALU 指令	目的	第一个源	第二个源	
I 格式	ALU 立即数载入	目的	第一个源基址寄存器		值位移
S 格式	存储 比较与分支		基址寄存器，第一个源	用于存储第二个源的数据源	位移 偏移
U 格式	跳转和链接 跳转和链接寄存器	用于返回 PC 的寄存器目的	用于跳转和链接寄存器的目标地址		用于跳转和链接的目标地址

* 主要用途一列显示了使用该格式的主要指令。空白表示该指令类型中不存在相应的字段。I 格式用于载入和 ALU 立即数，12 位立即数或者是立即数值，或者是一个用于载入的位移。类似地，S 格式对两种指令进行编码：存储指令（其中第一个源寄存器为基址寄存器，第二个包含了待存储值的源寄存器）；比较与分支指令（其中寄存器字段包含了用于比较的源，立即数字段指定了分支目标的偏移量）。实际上还有两种格式：SB 和 UJ，其基本组织方式与 S 和 J 相同，但对立即数字段的解释稍做了一点修改。

A.9.6 RISC-V 操作

RISC-V（更准确地说是 RV64G）支持前面推荐的简单操作及其他一些操作。共有 4 大类指令：载入与存储、ALU 运算、分支与跳转、浮点运算。

任意通用或浮点寄存器都可以载入或存储，只是载入 x0 没有任何效果。表 A-11 给出了载入与存储指令的一些例子。单精度浮点数占据浮点寄存器的一半。单、双精度之间的转换必须显式完成。浮点格式为 IEEE 754（参见附录 J）。表 A-14 中列出了全部 RV64G 指令。

表 A-11 RISC-V 中的载入和存储指令

指令举例	指令名称	含 义
ld x1,80(x2)	载入双字	Regs[x1]←Mem[80+Regs[x2]]
lw x1,60(x2)	载入字	Regs[x1]$\leftarrow_{64}$ Mem[60+Regs[x2]]0)^{32} ## Mem[60+Regs[x2]]
lwu x1,60(x2)	载入无符号字	Regs[x1]$\leftarrow_{64}$ 0^{32} ## Mem[60+Regs[x2]]
lb x1,40(x3)	载入字节	Regs[x1]$\leftarrow_{64}$ (Mem[40+Regs[x3]]$_0$)^{56} ## Mem[40+Regs[x3]]
lbu x1,40(x3)	载入无符号字节	Regs[x1]$\leftarrow_{64}$ 0^{56} ## Mem[40+Regs[x3]]
lh x1,40(x3)	载入半字	Regs[x1] $\leftarrow_{64}$ (Mem[40+Regs[x3]]$_0$)^{48} ## Mem[40+Regs[x3]]
flw f0,50(x3)	载入单精度浮点数	Regs[f0]$\leftarrow_{64}$ Mem[50+Regs[x3]] ## 0^{32}
fld f0,50(x2)	载入双精度浮点数	Regs[f0]$\leftarrow_{64}$ Mem[50+Regs[x2]]
sd x2,400(x3)	存储双精度字	Mem[400+Regs[x3]]$\leftarrow_{64}$ Regs[x2]
sw x3,500(x4)	存储字	Mem[500+Regs[x4]]$\leftarrow_{32}$ Regs[x3]$_{32..63}$
fsw f0,40(x3)	存储单精度浮点数	Mem[40+Regs[x3]]$\leftarrow_{32}$ Regs[f0]$_{0..31}$
fsd f0,40(x3)	存储双精度浮点数	Mem[40+Regs[x3]]$\leftarrow_{64}$ Regs[f0]
sh x3,502(x2)	存储半字	Mem[502+Regs[x2]]$\leftarrow_{16}$ Regs[x3]$_{48..63}$
sb x2,41(x3)	存储字节	Mem[41+Regs[x3]]$\leftarrow_{8}$ Regs[x2]$_{56..63}$

* 小于 64 位的载入指令有符号扩展和零扩展两种形式。所有存储器访问使用单一寻址模式。当然，对于所示的所有数据类型，载入指令和存储指令都是可用的。因为 RV64G 支持双精度浮点数，所以所有单精度浮点数载入都必须在浮点寄存器中对齐，浮点寄存器是 64 位宽的。

为理解这些表格，需要对最初在 A.3.2 节使用的 C 描述语言进行一些扩展。

- 只要所传送数据的长度不够明确，则给符号←附加一个下标。因此，$\leftarrow_n$ 表示传送一个 n 位量。我们使用 $x, y \leftarrow z$ 表示应当将 z 传送给 x 和 y。
- 使用一个下标来表示选择字段中的某一位。在标记字段中的各个位时，最高有效位从 0 开始。下标可能是单个数位（例如，Regs[x4]$_0$ 给出 x4 的符号位），也可能是一个子范围（例如，Regs[x3]$_{56..63}$ 给出 x3 的最低有效字节）。
- 变量 Mem 用作一个表示主存储器的数组，它按字节地址索引，可以传送任意数量的字节。
- 使用一个上标来表示复制字段（例如，048 给出长度为 48 位的全零字段）。
- 使用符号##将两个字段串联在一起，该符号可能出现在数据传送的任意一端。符号≪和≫将第一个操作数向左或向右移动，移动的量为第二个操作数。

例如，假定 x 8 和 x 10 为 32 位寄存器：

Regs[x10]$\leftarrow_{64}$(Mem[Regs[x8]]$_0$)^{32}## Mem[Regs[x8]]

上式的含义是对某一存储地址的字进行符号扩展（该存储地址由寄存器 x8 的内容寻址），构成一个 64 位量，存储在寄存器 x10 中。

所有 ALU 指令都是寄存器–寄存器指令。表 A-12 给出了算术/逻辑指令的一些例子。这些操作包括简单的算术和逻辑运算：加、减、AND、OR、XOR 和移位。所有这些指令的立即数形式都是用 12 位符号扩展立即数提供的。操作 LUI（载入高位立即数）加载寄存器的第 12~31 位，将立即数字段扩展到上部 32 位，并将该寄存器的低阶 12 位设置为 0。LUI 允许在两条指令中内置一个 32 位常数，或者在一个额外指令中使用任意 32 位常数地址进行数据传送。

表 A-12　在 RISC-V 中，基本的 ALU 指令既可以使用寄存器–寄存器操作数，也可以使用一个立即操作数

指令举例	指令名称	含　义
add　x1,x2,x3	加	Regs[x1]←Regs[x2]+Regs[x3]
addi x1,x2,3	加上无符号立即数	Regs[x1]←Regs[x2]+3
lui　x1,42	载入高位立即数	Regs[x1]←0^{32}##42##0^{12}
sll　x1,x2,5	逻辑左移	Regs[x1]←Regs[x2]<<5
slt　x1,x2,x3	若小于则置位	if (Regs[x2]<Regs[x3]) Regs[x1]←1 else Regs[x1]←0

* LUI 使用 U 格式，它使用 rs1 字段作为立即数的一部分，生成一个 20 位的立即数。

前面曾经提到，x0 用于合并常见操作。载入常数的操作其实就是一个“加立即数”的操作，其中的源操作数为 x0，寄存器–寄存器移动就是一个加法（或一个求“或”）操作，其中的源操作数之一为 x0。[我们有时会使用助记符 li（表示载入立即数，load immediate）来表示前者，用助记符 mv 表示后者。]

A.9.7　RISC-V 控制流指令

控制是通过一组跳转指令和一组分支指令处理的。表 A-13 列出了一些典型的分支与跳转指令。两种跳转指令（跳转并链接和跳转并链接寄存器）是无条件转移，并且总是将“链接”（跳转指令之后的指令的地址）存储在 rd 字段指定的寄存器中。在不需要链接地址的情况下，可以简单地将 rd 字段设置为 x0，这将导致典型的无条件跳转。这两种跳转指令的区别在于地址是通过将一个立即数字段添加到 PC 来计算的，还是通过添加到寄存器的内容中来计算的。

表 A-13　RISC-V 中的典型控制流指令

指令举例	指令名称	含　义
jal　x1,offset	跳转并链接	Regs[x1]←PC+4; PC←PC + (offset<<1)
jalr x1,x2,offset	跳转并链接寄存器	Regs[x1]←PC+4; PC←Regs[x2]+offset
beq　x3,x4,offset	等于零分支	if (Regs[x3]==Regs[x4]) PC←PC + (offset<<1)
bgt　x3,x4,name	不等于零分支	if (Regs[x3]>Regs[x4]) PC←PC + (offset<<1)

* 所有控制指令（跳转到寄存器中的地址除外）都是 PC 相对指令。

所有分支都是有条件的。分支条件由指令指定，并且允许进行任何算术比较（等于、不等于、大于、不大小、小于、不小于）。分支目标地址由一个 12 位有符号偏移量指定，该偏移量被左移一个位置（以获得 16 位对齐），然后添加到当前程序计数器中。基于浮点寄存器内容的分支是通过执行浮点比较（例如 feq.d 和 fle.d，这会根据比较将整数寄存器设置为 0 或 1），然后以 x0 作为操作数执行 beq 或 bne 来实现的。

细心的读者会注意到，RV64G 中只有很少的 64 位指令。这些主要是 64 位载入和存储指令，以及 32 位、16 位和 8 位载入指令不进行符号扩展的版本（默认是有符号扩展）。为了在不增加额外指令的情况下支持 32 位模运算，有一些版本的指令可以忽略 64 位寄存器的上 32 位，比如加减字（addw、subw）。令人惊讶的是，即使这样做了，其他一切仍保持正常。

A.9.8　RISC-V 浮点运算

浮点指令操作浮点寄存器，并指出要执行的是单精度还是双精度运算。浮点运算包括加、

减、乘、除、求平方根，以及整合乘-加和乘-减。所有浮点指令都以字母 f 开头，用后缀 d 表示双精度，用后缀 s 表示单精度（例如，fadd.d、fadd.s、fmul.d、fmul.s、fmadd.d fmadd.s）。浮点比较指令基于比较设置一个整数寄存器，类似于整型指令 set-less than 和 set-great-than。

除了浮点载入和存储（flw、fsw、fld、fsd）之外，还提供了用于在不同浮点精度之间转换的指令，用于在整数寄存器和浮点寄存器之间移动的指令（fmv），以及用于在浮点和整数之间转换的指令（fcvt，它将整数寄存器用作适当的源寄存器或目标寄存器）。

表 A-14 中列出了几乎所有的 RV64G 指令及其含义。

表 A-14　RV64G 中的大部分指令

指令类型/操作码	指令含义
数据传送	**在寄存器和存储器之间，或者在整数寄存器和浮点寄存器之间移动数据；唯一的存储器寻址方式是 12 位位移量加上 GPR 的内容**
lb, lbu, sb	载入字节、载入无符号字节、存储字节（至/自整数寄存器）
lh, lhu, sh	载入半字、载入无符号半字、存储半字（至/自整数寄存器）
lw, lwu, sw	载入字、存储字（至/自整数寄存器）
ld, sd	载入双字、存储双字
算术/逻辑	**对 GPR 中的数据进行运算。处理“字”的指令版本忽略前 32 位**
add, addi, addw, addiw, sub, subi, subw, subiw	加、减，有“字”版本和立即数版本
slt, sltu, slti, sltiu	小于则置位，有符号、无符号和立即数
and, or, xor, andi, ori, xori	与、或、异或，寄存器-寄存器和寄存器-立即数
lui	载入上半部分立即数：将立即数载入一个寄存器的 32..12 位。前 32 位均置为 0
auipc	将一个立即数和 PC 的前 20 位相加后放入一个寄存器中，用于构建一个指向任意 32 位地址的分支
sll, srl, sra, slli, srli, srai, sllw,slliw, srli, srliw, srai, sraiw	移位：逻辑左右移位、算术左右移位，均有立即数版本与“字”版本（“字”版本保留前 32 位不动）
mul, mulw, mulh, mulhsu, mulhu, div,divw, divu, rem, remu, remw, remuw	整数乘、除、求余，有符号、无符号，在两条指令中支持 64 位乘积。也有“字”版本
控制	**条件分支与跳转；PC 相对或通过寄存器**
beq, bne, blt, bge, bltu, bgeu	基于对两个寄存器的比较结果进行分支，分支条件包括：等于、不等于、小于、大于或等于。有符号和无符号
jal,jalr	相对于一个寄存器或 PC 跳转和链接寻址
浮点	**所有浮点操作，以双精度（.d）和单精度（.s）进行**
flw, fld, fsw, fsd	载入、存储，字（单精度）、双字（双精度）
fadd, fsub, fmult, fiv, fsqrt, fmadd, fmsub, fnmadd, fnmsub, fmin, fmax, fsgn, fsgnj, fsjnx	加、减、乘、除、平方根、乘加、乘减、乘加取反、乘减取反、最大、最小，以及用于替换符号位的指令。对于单精度情况，操作码后面跟有.s，对于双精度情况，后面跟有.d，因此，存在 fadd.s 和 fadd.d 的表示
feq, flt, fle	比较两个浮点寄存器；结果为存入 GPR 的 0 或 1
fmv.x.*, fmv.*.x	在浮点寄存器和 GPR 之间移动，“*” 为 s 或 d
fcvt.*.l, fcvt.l.*, fcvt.*.lu, fcvt.lu.*, fcvt.*.w, fcvt.w.*, fcvt.*.wu, fcvt.wu.*	在浮点寄存器和整数寄存器之间转换，其中“*”为 S 或 D，分别表示单精度和双精度。有符号、无符号版本；字和双字版本

* 本表省略了系统指令、同步和原子指令、配置指令、重置和访问性能计数器的指令，总共约 10 条。

A.9.9 RISC-V 指令集的使用

为使读者了解哪些指令使用得更为频繁，表 A-15 中列出了 SPECint2006 程序中各指令及指令类别的使用频率。

表 A-15　SPECint2006 程序的 RISC-V 动态指令比例

程　序	载　入	存　储	分　支	跳　转	ALU 运算
astar	28%	6%	18%	2%	46%
bzip	20%	7%	11%	1%	54%
gcc	17%	23%	20%	4%	36%
gobmk	21%	12%	14%	2%	50%
h264ref	33%	14%	5%	2%	45%
hmmer	28%	9%	17%	0%	46%
libquantum	16%	6%	29%	0%	48%
mcf	35%	11%	24%	1%	29%
omnetpp	23%	15%	17%	7%	31%
perlbench	25%	14%	15%	7%	39%
sjeng	19%	7%	15%	3%	56%
xalancbmk	30%	8%	27%	3%	31%

* Omnetpp 包含 7%的浮点载入、存储、操作或比较指令；没有其他程序包括哪怕 1%的其他指令类型。SPECint2006 中 gcc 的一个变化，造成了一个行为异常。典型的整数程序的载入频率是存储频率的 1/5~3 倍。在 gcc 中，存储频率实际上高于载入频率！这是因为大部分执行时间花在了通过存储 x0 来清除存储器的循环中（而不是像 gcc 这样的编译器通常花费大部分执行时间的地方！）。面向存储寄存器对的存储指令可以解决这个问题，其他一些 RISC ISA 已经包括这类指令。

A.10 谬论和易犯错误

架构师经常会抱有一些常见却错误的观点。我们将在本节研究其中几个。

易犯错误　设计专门支持高级语言结构的“高级”指令集功能。

架构师试图在指令集中整合高级语言功能，从而提供功能强大、极具灵活性的指令。但是，这些指令所完成的工作通常会超出常见情景下的需求，或者不能与某些语言的需求完全匹配。许多此类努力的目的是消除 20 世纪 70 年代所说的**语义鸿沟**。尽管其思路是对指令集进行一些补充，使硬件能够实现语言级的功能，但这些补充可能会生成 Wulf 等人[1981]所说的**语义冲突**：

> ……计算机设计者赋予指令过多的语义内容之后，也许只能在非常有限的上下文中使用这些指令[P43]。

更常出现的情况是，这些指令的功能过于强大——对常见情景来说，它们太具一般性，做了一些无用功，减缓了指令的执行速度。VAX CALLS 又是一个好例子。CALLS 采用了“被调用者保存策略”（要保存的寄存器由被调用者指定），但是，保存过程是由调用方的调用指令完成的。CALLS 指令首先将参数压入栈，然后执行以下步骤。

(1) 必要时对齐栈。

(2) 将参数数目压入栈。

(3) 将过程调用掩码指定的寄存器保存到栈中（见 A.8 节）。这个掩码保存在被调用过程的代码中，这样，即使采用分离编译，被调用者也能指定要由调用者保存的寄存器。

(4) 将返回地址压入栈，然后压入栈底、栈顶指针（对于活动记录）。

(5) 清除条件码，这样会将陷阱使能设置为已知状态。

(6) 在栈中压入表示状态信息的字和零字。

(7) 更新两处栈指针。

(8) 分支转移到过程的第一条指令。

实际程序中的大量调用并不需要这么多开销。大多数过程知道它们的参数个数，而且可以建立一个更快速的链接约定，使用寄存器而不是存储器栈来传递参数。此外，CALLS 指令强制为链接使用两个寄存器，而许多语言只需要一个链接寄存器。很多试图支持过程调用和活动栈管理的努力都失败了，要么是因为不满足语言要求，要么是通用性太强，使用成本过于高昂。

VAX 设计者提供了一种更简单的指令 JSB，由于它仅在栈中压入返回 PC 就跳转至过程，所以执行速度要快得多。但是，大多数 VAX 编译器使用成本更高的 CALLS 指令。这些调用指令包含在体系结构中，用于实现过程链接约定的标准化。其他计算机通过在编译器开发人员之间达成一致而实现其调用约定的标准化，不再需要非常通用的复杂过程调用指令的开销。

谬论 *存在典型程序这样一种东西。*

许多人愿意相信存在一种用于设计最优指令集的单一“典型”程序。例如，参见第 1 章讨论的合成基准测试。本附录中的数据清楚地表明：各个程序对指令集的使用方式有很大不同。例如，图 A-15 给出了 4 个 SPEC2000 程序中数据传送大小所占的比例，很难说这 4 个程序中哪个才是典型的。对于专门支持某一类应用程序的指令集，这种变化可能更大，比如其他应用程序不会使用的十进制指令。

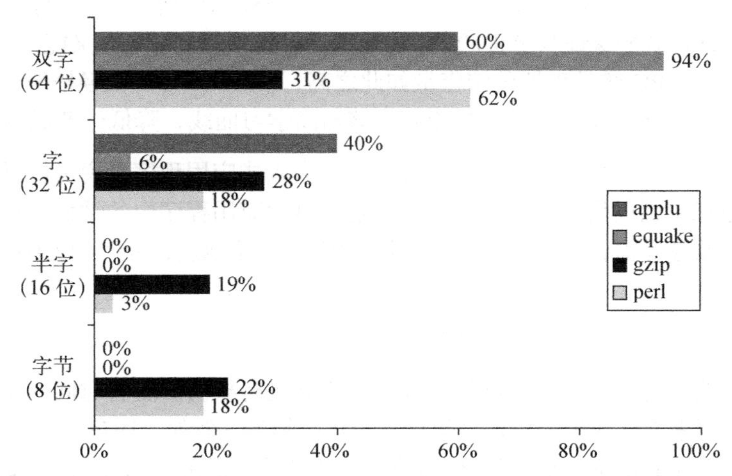

图 A-15 4 种 SPEC2000 程序的数据引用大小。尽管可以计算平均大小，但很难声称这个平均值就是程序的典型值

易犯错误 *不考虑编译器，仅通过指令集体系结构的创新来缩小代码规模。*

表 A-16 显示了 MIPS 指令集 4 种编译器的相对代码规模。架构师一直在为了将代码规模缩小 30%~40%而努力，而不同编译器策略对代码规模的影响则要大得多。和性能优化技术相似，架构师应当首先考虑编译器所能生成的最紧凑代码，然后再考虑通过硬件创新来节省空间。

表 A-16　EEMBC 基准测试中 Telecom 应用程序相对于 Apogee Software Version 4.1 C 编译器的代码规模

编译器	Apogee Software Version 4.1	Green Hills Multi2000 Version 2.0	Algorithmics SDE4.0B	IDT/c 7.2.1
体系结构	MIPS IV	MIPS IV	MIPS 32	MIPS 32
处理器	NEC VR5432	NEC VR5000	IDT 32334	IDT 79RC32364
自动相关内核	1.0	2.1	1.1	2.7
卷积编码器内核	1.0	1.9	1.2	2.4
定点位分配内核	1.0	2.0	1.2	2.3
定点复数 FFT 内核	1.0	1.1	2.7	1.8
维特比 GSM 译码器内核	1.0	1.7	0.8	1.1
5 种内核的几何平均	1.0	1.7	1.4	2.0

* 这些指令集体系结构几乎相同，而代码规模却相差一倍。这些结果报告于 2000 年 2~6 月。

谬论　有缺陷的体系结构不可能获得成功。

80x86 提供了一个很生动的例子：可能只有其创造者才喜爱这一指令集体系结构（见附录 K）。后来的 Intel 工程师已经尝试纠正在设计 80x86 时做出的一些不受欢迎的体系结构决策。例如，80x86 支持段式存储，而所有其他体系结构都选择了页式存储；它为整型数据使用扩展累加器，而其他处理器则使用通用寄存器；它为浮点数使用栈，而其他所有人在很久之前就放弃了执行栈。

尽管存在这些重大问题，80x86 体系结构仍然取得了巨大成功。其原因有三个。第一，最初的 IBM PC 选择它作为微处理器，使 80x86 的二进制兼容性变得极为重要。第二，摩尔定律提供了足够的资源，供 80x86 微处理器先转换为内部 RISC 指令集，然后再执行类似于 RISC 的指令。这种混合方式既能保证与宝贵的 PC 软件基础保持二进制兼容，又能实现与 RISC 处理器相当的性能。第三，PC 微处理器的销售量如此之高，使 Intel 可以很轻松地支付不断增加的硬件转换设计成本。此外，高销售量使制造商能够抬高学习曲线，降低生产成本。

为进行转换而增大晶粒大小、提高功耗，对于嵌入式应用程序来说可能是一种负担，但对于桌面应用程序来说则极具经济意义。而且，它在桌面应用程序中的性价比也使得它对服务器很有吸引力，对服务器而言，它的主要弱点是采用了 32 位地址，而 64 位地址扩展已经克服了这一缺点。

谬论　可以设计一种没有缺陷的体系结构。

所有体系结构设计都需要在一组软硬件技术之间进行权衡。随着时间的流逝，这些技术可能会发生变化，原来曾经正确的决定可能会变得像是错的。例如，1975 年，VAX 设计人员过度强调代码规模效率的重要性，低估了译码与流水化的简易程度在 5 年之后的重要性。RISC 阵营的一个例子是延迟分支（参见附录 K）。对于五级流水线来说，控制流水线冒险是很简单的事情，但如果处理器的流水线更长，在每个时钟周期发射多条指令，那就是一个挑战了。此外，几乎所有体系结构最终都会因为缺少足够的地址空间而崩溃。这也是 RISC-V 计划开发 128 位地址的原因之一，尽管这种能力可能几十年后才需要。

总体来说，从长远来看，避免这样的缺陷可能意味着在短期内体系结构的效率会降低，这是非常危险的，因为新的指令集体系结构在最初几年必须努力生存。

A.11 结语

最早体系结构的指令集受到当时硬件技术的限制。只要硬件技术允许，计算机架构师就会探索支持高级语言的方式。因为这一探索，在三个不同时期内，关于如何高效支持程序，人们有着截然不同的考虑。20 世纪 60 年代，栈体系结构变得非常流行。人们认为它们与高级语言非常匹配，根据当时的编译器技术，可能也确实如此。20 世纪 70 年代，架构师主要关注如何降低软件成本。其解决方案主要是用硬件代替软件，或者提供能够简化软件设计人员任务的高级体系结构。其结果就是高级语言计算机体系结构和诸如 VAX 之类的强大体系结构，这种体系结构有大量的寻址方式、多种数据类型和高度正交的体系结构。20 世纪 80 年代，更高级的编译器技术和对处理器性能的再度重视，导致了简单体系结构的回归，其主要基础就是载入–存储型计算机。

20 世纪 90 年代，指令集体系结构发生了以下变化。

- **地址大小加倍**——大多数桌面处理器与服务器处理器的 32 位地址指令集被扩展到 64 位地址，寄存器的宽度（及其他相关项目）被扩展到 64 位。附录 K 给出了 3 个已经从 32 位扩展到 64 位的体系结构示例。
- **通过条件执行优化条件分支**——在第 3 章，我们看到条件分支可以限制优化得比较激进的计算机设计的性能。因此，人们愿意将条件分支替换为操作的条件执行，比如条件移动（见附录 H），大多数指令集中添加了这一指令。
- **通过预取优化缓存性能**——第 2 章解释过，由于一些计算机中发生缓存缺失时所消耗的指令时间与早期计算机上缺页错误所消耗的指令时间一样多，所以存储器层次结构在计算机性能中扮演着更为重要的角色。因此添加了预取指令，以尝试通过预取来隐藏缓存缺失成本（见第 2 章）。
- **支持多媒体**——大多数桌面和嵌入式指令集进行了扩展，为多媒体应用程序提供支持。
- **浮点运算速度更快**——附录 J 描述了为提高浮点性能所添加的操作，比如执行乘加和成对单次执行的操作，RISC-V 中包含了此类操作。

在 1970 年至 1985 年期间，许多人认为计算机架构师的主要任务是设计指令集。结果，当时的教科书都在强调指令集设计，就像 20 世纪 50 年代和 60 年代的计算机体系结构教科书强调计算机算术运算一样。人们希望经过专业学习的架构师能够深刻地了解流行计算机的优势与缺点，尤其是后者。二进制兼容性在抑制指令集设计创新方面的重要性没有得到许多研究人员和教科书编写人员的重视，这给人们留下一种印象：许多架构师将有机会设计一种指令集。

今天的计算机体系结构定义已经扩展，包含了整个计算机系统的设计与评估，而不只是指令集的定义，也不只是处理器的定义，因此，架构师有大量主题需要研究。事实上，本附录中的材料是本书 1990 年第一次出版时的中心内容，但现在它被放在附录中，主要作为参考资料！

附录 K 可以满足那些对指令集体系结构感兴趣的读者，其中介绍了各种指令集，这些指令集要么在今天的市场上非常重要，要么从历史角度来说非常重要。附录 K 将 9 种流行的载入–存储计算机与 RISC-V 进行了对比。

A.12　历史回顾与参考文献

附录 M.4 节讨论了指令集的演进，并提供了一些参考文献，供读者深入阅读和探讨相关主题。

练习（由 Gregory D. Peterson 设计）

A.1　[10] <A.9> 使用表 A-15 计算一个嵌入式 RISC-V CPU 实现的实际 CPI。假定我们已经对各指令类型的平均 CPI 进行了以下测量：

指　　令	时钟周期
所有 ALU 指令	1.0
载入	5.0
存储	3.0
分支	
选中	5.0
未选中	3.0
跳转	3.0

对 astar 和 gcc 的指令频率求平均值，以获得指令比例。

A.2　[10] <A.9> 利用表 A-15 和上表计算 RISC-V 的实际 CPI。对 bzip 和 hmmer 的指令频率求平均值，以获得指令比例。你可以假设所有其他指令（对于表 A-15 中的类型未涵盖的指令）各需要 3.0 个时钟周期。

A.3　[10] <A.9> 使用表 A-15 计算一个 RISC-V CPU 实现的实际 CPI。假定我们已经对各指令类型的平均 CPI 进行了以下测量：

指　　令	时钟周期
所有 ALU 指令	1.0
载入	3.5
存储	2.8
分支	
选中	4.0
未选中	2.0
跳转	2.4

对 gobmk 和 mcf 的指令频率求平均值，以获得指令比例。你可以假设所有其他指令（对于表 A-15 中的类型未涵盖的指令）各需要 3.0 个时钟周期。

A.4　[20] <A.9> 利用表 A-15 和上表计算 RISC-V 的实际 CPI。对 perlbench 和 sjeng 的指令频率求平均值，以获得指令比例。

A.5　[10] <A.8> 考虑下面这个由 3 行语句组成的高级代码序列：

```
A =B+C;
B =A+C;
D =A-B;
```

使用复制传播技术（见表 A-8）将此代码序列转换为所有操作数都不是计算值的情况。注意这种转换减少语句计算量和增加语句计算量的情况。这意味着在试图满足优化编译器的期望时将面临什么技术挑战？

A.6 [30] <A.8> 编译器优化可能会改进代码大小及性能。考虑 SPEC CPU2017 或 EEMBC 基准测试套件中的一个或多个基准测试程序。使用可用的 RISC-V 处理器和 GNU C 编译器，采用无优化、-O1、-O2 和-O3 来优化基准测试程序。对比所得程序的性能和规模，并将所得结果与图 A-13 进行对比。

A.7 [20/20/20/25/10] <A.2、A.9> 考虑以下 C 代码段：

```
for (i=0; i<100; i++) {
      A[i]=B[i]+C;
}
```

假定 A 和 B 是 64 位整数的数组，C 和 i 是 64 位整数。假定不进行操作时，所有数据值及其地址都保存在存储器中（A、B、C、i 的地址分别为 1000、3000、5000、7000）。假定寄存器中的值在该循环的各次迭代之间丢失了。假定所有地址和字都是 64 位。

a. [20] <A.2、A.9> 写出 RISC-V 的代码。动态执行需要多少条指令？将执行多少次存储器数据访问？代码大小为多少字节？

b. [20] <A.2> 写出 x86 的代码。动态执行需要多少条指令？将执行多少次存储器数据访问？代码大小为多少字节？

c. [20] <A.2> 写出栈机器的代码。假定所有操作都发生在栈顶。只有压入栈和弹出栈指令会访问存储器；所有其他指令都删除其在栈中的操作数，并代之以结果。该实现仅为顶部两个栈项使用硬连线栈，这使得处理器电路非常小，成本也很低。其他栈位置保存在存储地址中，并且访问这些栈位置需要进行存储器访问。动态执行需要多少条指令？将执行多少次存储器数据访问？

d. [25] <A.2、A.9> 代替上面的代码片段，编写一个为稠密的、单精度矩阵（也称为 SGEMM）计算矩阵乘法的例程。对于大小为 100 × 100 的输入矩阵，动态执行需要多少条指令？将执行多少次存储器数据访问？

e. [10] <A.2、A.9> 随着矩阵大小的增加，这将如何影响动态执行的指令数量或存储器数据访问的数量？

A.8 [25/25] <A.2、A.8、A.9> 考虑以下 C 代码段：

```
for(p =0; p <8; p++) {
      Y[p] =(9798*R[p] +19235*G[p] +3736*B[p])/32768;
      U[p] =(-4784*R[p] _ 9437*G[p] +4221*B[p])/32768 +128;
      V[p] =(20218*R[p]_16941*G[p]_3277*B[p])/32768 +128;
}
```

假定 R、G、B、Y 和 V 是 64 位整数的数组。假定不进行操作时，所有数据值及其地址保存在存储器中（R、G、B、Y、V 的地址分别为 1000、2000、3000、4000、5000、6000）。假定寄存器中的值在该循环的各次迭代之间丢失了。假定所有地址和字都是 64 位。

a. [25] <A.2、A.9> 写出 RISC-V 的代码。动态执行需要多少条指令？将执行多少次存储器数据访问？代码大小为多少字节？

b. [25] <A.2> 写出 x86 的代码。动态执行需要多少条指令？将执行多少次存储器数据访问？代码大小为多少字节？将结果与 A.8 节中讨论的多媒体指令（MMX）和向量实现相比较。

A.9 [10/10/10/10] <A.2、A.7> 对于以下练习，考虑针对指令集体系结构的指令编码。

a. [10] <A.2、A.7> 考虑以下情景：处理器的指令长度为14位，有64个通用寄存器，所以地址字段的大小为6位。是否有可能拥有如下指令编码？

- ❑ 3个两地址指令
- ❑ 63个单地址指令
- ❑ 45个零地址指令

b. [10] <A.2、A.7> 假定指令长度和地址字段大小如上所述，判断是否有可能拥有以下指令编码。

- ❑ 3个两地址指令
- ❑ 65个单地址指令
- ❑ 35个零地址指令

解释你的回答。

c. [10] <A.2、A.7> 假定指令长度和地址字段大小如上所述。进一步假定已经拥有3个两地址指令和24个零地址指令。最多可以为这一处理器编码多少个单地址指令？

d. [10] <A.2、A.7> 假定指令长度和地址字段大小如上所述。进一步假定已经拥有3个两地址指令和65个零地址指令。最多可以为这一处理器编码多少个单地址指令？

A.10 [10/15] <A.2> 对于以下练习，假定整数值A、B、C、D、E和F驻存在存储器中。另外假定指令操作码以8位表示，存储器地址为64位，寄存器地址为6位。

a. [10] <A.2> 对于表A-1中的每个指令集体系结构，对于计算C=A+B的代码，每条指令中出现多少个地址或名称？总代码大小为多少？

b. [15] <A.2> 表A-1中的一些指令集体系结构会在计算过程中销毁操作数。这种在处理器内部存储中丢失数据值的情况会对性能造成影响。对于表A-1中的每种体系结构，编写代码序列，以计算：

```
C=A+B
D=A-E
F=C+D
```

在代码中，标出所有将在执行期间被销毁的操作数。有些指令的存在只是为了应对处理器内部存储的数据丢失，也请标出所有这些“开销”指令。对于每段代码序列，总代码大小、向/自存储器移动的指令与数据的字节数、开销指令的数量、开销数据字节的数目各为多少？

A.11 [15] <A.2、A.7、A.9> RISC-V的设计提供了32个通用寄存器和32个浮点寄存器。如果这些寄存器表现良好，那包含更多寄存器是不是更好？指令集体系结构设计人员在确定是否要增加RISC-V寄存器以及应当增加多少时，必须考虑一些折中，请尽你所能列出并讨论这些折中。

A.12 [5] <A.3> 考虑包含以下成员的C结构体：

```
struct foo {
    char a;
    bool b;
    int c;
    double d;
    short e;
    float f;
    double g;
    char *cptr;
    float *fptr;
    int x;
};
```

注意，对于 C，编译器必须保证结构体元素的顺序与结构体定义中相同。对于 32 位机器，foo 结构体的大小为多少？假定可以随意安排结构体成员的顺序，这一结构体最小为多少？对于 64 位机器呢？

A.13 [30] <A.7> 许多计算机制造商现在在处理器中包含了一些工具或模拟器，可以用来测量用户程序的指令集使用情况。所使用的方法包括机器模拟、硬件支持的陷阱中断，以及通过在软件中插入计数器或使用内置硬件计数器来测量目标代码模块的编译器技术。选择一种处理器，以及测量用户程序的工具。（开源 RISC-V 体系结构支持一组工具。Performance API 等工具可用于 x86 处理器。）使用它们来测量一个 SPEC CPU2017 基准测试的指令集比例。将测量结果与本章所示结果进行对比。

A.14 [30] <A.8> 诸如 Intel 的 i7 Kaby Lake 等新处理器支持 AVX2 向量/多媒体指令。编写一个使用单精度值的密集矩阵乘法函数，并用不同编译器和优化参数进行编译。使用**基础线性代码子例程**（BLAS）（比如 SGEMM）的线性代数代码包含了密集矩阵乘法函数的优化版本。对比你所编写的代码与 BLAS SGEMM 代码的大小和性能。探讨在使用双精度值和 DGEMM 时的情景。

A.15 [30] <A.8> 对于上面为 i7 处理器开发的 SGEMM 代码，使用 AVX2 内建函数来提高性能。具体来说，尝试实现代码的向量化，以更好地利用 AVX 硬件。将其代码大小和性能与原代码进行对比。将你的结果与 Intel 用于 SGEMM 的 Math Kernel Library（MKL）实现进行比较。

A.16 [30] <A.7、A.9> RISC-V 处理器是开源的，并拥有一组令人印象深刻的实现、模拟器、编译器和其他工具。有关工具的概述，请参阅 RISC-V 官网，其中包括用于 RISC-V 处理器的模拟器 spike。使用 spike 或其他模拟器来测量一些 SPEC CPU2017 基准测试程序的指令集比例。

A.17 [35/35/35/35] <A.2~A.8> gcc 的测试目标是最现代的指令集体系结构。针对你能够使用的几种体系结构（例如，x86、RISC-V、PowerPC 和 ARM）创建 gcc 的一个版本。

a. [35] <A.2~A.8> 编译 SPEC CPU2017 整数基准测试的一部分，并绘制一个表格，列出其代码大小。对于每个程序，哪种体系结构的运行效果最佳？

b. [35] <A.2~A.8> 编译 SPEC CPU2017 浮点基准测试的一部分，并绘制一个表格，列出其代码大小。对于每个程序，哪种体系结构的运行效果最佳？

c. [35] <A.2~A.8> 编译 EEMBC AutoBench 基准测试的一部分，并绘制一个表格，列出其代码大小。对于每个程序，哪种体系结构的运行效果最佳？

d. [35] <A.2~A.8> 编译 EEMBC FPBench 浮点基准测试的一部分，并绘制一个表格，列出其代码大小。对于每个程序，哪种体系结构的运行效果最佳？

A.18 [40] <A.2~A.8> 对于现代处理器，特别是嵌入式系统，功效已经变得非常重要。为你能使用的两种体系结构（比如 x86、RISC-V、PowerPC、Atom 和 ARM）创建一个 gcc 版本。（注意，也可以探索和比较不同版本的 RISC-V。）编译一部分 EEMBC 基准测试，并使用 EnergyBench 来测试执行期间的能量使用情况。对比不同处理器的代码大小、性能和能量使用情况。对于每个程序，哪种处理器的运行效果最佳？

A.19 [20/15/15/20] 你的任务是对比 4 种指令集体系结构的存储器效率。这 4 种体系结构类型如下所述。

- **累加器**——所有操作都在单个寄存器和存储地址之间进行。
- **存储器–存储器**——所有指令地址仅引用存储地址。
- **栈**——所有操作都在栈顶执行。只有压入栈和弹出栈指令会访问存储器；所有其他指令都删除其在栈中的操作数，代之以结果。这种实现方式仅为顶部两个栈项使用硬连线栈，这样可以使处理器电路保持小型化，并降低其成本。其他栈位置保存在存储地址中，对这些栈位置的访问需要访问存储器。

- 载入–存储——所有操作都在寄存器中进行，每个寄存器至寄存器指令有 3 个寄存器名称。

为了测量存储器效率，对所有 4 种指令集做出以下假定。

- 所有指令的长度都是整数字节。
- 操作码的长度均为 1 字节（8 位）。
- 存储器访问使用直接寻址或绝对寻址。
- 变量 A、B、C 和 D 最初在存储器中。

a. [20] <A.2、A.3> 创建自己的汇编语言标记（表 A-1 提供了一个可供推广的有用示例），针对每种体系结构，为以下高级语言代码序列编写等价的汇编语言代码：

```
A =B+C;
B =A+C;
D =A-B;
```

b. [15] <A.3> 对于(a)部分中编写的汇编代码，如果一个值从存储器中载入一次后被再次载入，请标出。如果一条指令的结果被作为操作数传递给另一条指令，也请标出，并对这些情况进行分类，说明哪些涉及处理器内部的存储，哪些涉及存储器内部的存储。

c. [15] <A.7> 假定给定的代码序列来自一个小型嵌入式计算机应用程序，它使用 16 位存储器地址和数据操作数。如果使用载入–存储体系结构，则假定它有 16 个通用寄存器。对于每种体系结构，回答以下问题：提取了多少个指令字节？向（从）寄存器传送多少字节的数据？根据测得的总访存流量（代码+数据），哪种体系结构的效率最高？

d. [20] <A.7> 现在假定采用存储器地址和数据操作数为 64 位的处理器。针对每种体系结构，回答(c)部分的问题。对于选定的指标，这些体系结构的相对优势有哪些变化？

A.20 [30] <A.2、A.3> 使用上面给出的 4 种指令集体系结构，但假定所支持的存储器操作包括寄存器间接寻址和直接寻址。创建自己的汇编语言标记（表 A-1 提供了一个可供推广的有用示例），针对每种体系结构，为以下 C 代码段编写等价的汇编语言代码：

```
for (i =0; i <= 100; i++) {
    A[i] =B[i]* C+ D ;
}
```

假定 A 和 B 是 64 位整数的数组，C、D 和 i 是 64 位整数。

A.21 [20/20] <A.3、A.6、A.9> 位移量寻址方式或 PC 相对寻址方式的位移值大小可以从编译后的应用程序中获取。对于针对 RISC-V 处理器编译的一个或多个 SPEC CPU2017 或 EEMBC 基准测试使用反汇编程序。

a. [20] <A.3、A.9> 对于每条使用位移量寻址的指令，记录所使用的位移量值。生成位移量值的直方图。将结果与图 A-4 中所示的结果进行对比。

b. [20] <A.6、A.9> 对于每条使用 PC 相对寻址的指令，记录所使用的位移量值。生成位移量值的直方图。将结果与图 A-9 中所示的结果进行对比。

A.22 [15/15/10/10/10/10] <A.3> 由十六进制数字 5249 5343 5643 5055 表示的值存储在一个对齐的 64 位双字中。。

a. [15] <A.3> 使用图 A-2 中第一行的物理排列，用大端字节顺序写出要存储的值。接下来，将每个字节解读为 ASCII 字符，并在每个字节下面写出相应的字符，形成将要以大端顺序存储的字符串。

b. [15] <A.3> 使用(a) 部分中的相同物理排列，用小端字节顺序写出要存储的值，并在每个字节下面写出相应的 ASCII 字符。

c. [10] <A.3> 当以大端字节顺序存储时，可以从给定的 64 位双字中读取的所有非对齐 2 字节字的十六进制取值为多少？

d. [10] <A.3> 当以大端字节顺序存储时，可以从给定的 64 位双字中读取的所有非对齐 4 字节字的十六进制取值为多少？

e. [10] <A.3> 当以小端字节顺序存储时，可以从给定的 64 位双字中读取的所有非对齐 2 字节字的十六进制取值为多少？

f. [10] <A.3> 当以小端字节顺序存储时，可以从给定的 64 位双字中读取的所有非对齐 4 字节字的十六进制取值为多少？

A.23 [25/25] <A.3、A.9> 不同寻址方式的相对频率会影响对指令集体系结构寻址方式的支持。图 A-3 演示了 VAX 上 3 个应用程序的寻址方式的相对频率。

a. [25] <A.3> 针对 x86 体系结构，从 SPEC CPU2017 或 EEMBC 基准测试套件编译一个或多个程序。使用反汇编程序，检查各种寻址方式的指令和相对频率。创建直方图来说明寻址方式的相对频率。与图 A-3 相比，你的结果如何？

b. [25] <A.3、A.9> 针对 RISC-V 体系结构，从 SPEC CPU2017 或 EEMBC 基准测试套件编译一个或多个程序。使用反汇编程序，检查各种寻址方式的指令和相对频率。创建直方图来说明寻址方式的相对频率。与图 A-3 相比，你的结果如何？

A.24 [讨论] <A.2~A.12> 考虑桌面、服务器、云和嵌入式计算的典型应用程序。对于面向这些市场的计算机而言，指令集体系结构将会受到什么影响？

附 录

B

存储器层次结构回顾

缓存：隐藏或存储东西的安全位置。

——《韦氏新世界美国英语词典》
学院版第2版（1976）

B.1 引言

本附录将对存储器层次结构进行快速回顾，包括缓存与虚拟存储器的基础知识、性能公式、简单优化。本节回顾下面 36 个术语。

缓存（cache）	全相联（fully associative）	写分配（write allocate）
虚拟存储器（virtual memory）	脏位（dirty bit）	统一缓存（unified cache）
存储器停顿周期（memory stall cycle）	块偏移（block offset）	每条指令缓存缺失数（misses per instruction）
直接映射（direct mapped）	写回（write back）	块（block）
有效位（valid bit）	数据缓存（data cache）	局部性（locality）
块地址（block address）	命中时间（hit time）	地址跟踪（address trace）
写直达（write through）	缓存缺失（cache miss）	组（set）
指令缓存（instruction cache）	缺页错误（page fault）	随机替换（random replacement）
存储器平均访问时间（average memory access time）	缺失率（miss rate）	索引字段（index field）
缓存命中（cache hit）	*n* 路组相联（*n*-way set associative）	非写分配（no-write allocate）
页/页面（page）	最近最少使用（least-recently used）	写缓冲区（write buffer）
缺失代价（miss penalty）	标记字段（tag field）	写停顿（write stall）

如果觉得这部分回顾内容过于简略，读者可以查看《计算机组成与设计》一书的第 7 章，那是我们专为初学者编写的。

缓存是指地址离开处理器后遇到的最高级或第一级存储器层次结构。因为许多级别利用了局部性原理，而且利用局部性来提升性能的做法非常普遍，所以现在只要利用缓冲方法来重用常见项，就可以使用**缓存**一词，比如**文件缓存**、**名称缓存**等。

如果处理器在缓存中找到了所请求的数据项，就说发生了**缓存命中**。如果处理器没有在缓存中找到所请求的数据项，就说发生了**缓存缺失**。此时，包含所请求的字的固定大小的数据集（称为**块**，block 或 line run）被从主存储器中检索出来并放入缓存中。**时间局部性**告诉我们：我们很可能会在不远的将来再次用到这个字，所以把它放在缓存中是有用的，这样可以快速访问它。由于**空间局部性**，马上会用到这个块中其他数据的可能性也很高。

缓存缺失需要的时间取决于存储器的延迟和带宽。延迟决定了提取块中第一个字的时间，带宽决定了提取这个块中其他数据的时间。缓存缺失是硬件处理的，而且会导致顺序执行处理器暂停或停顿，直到数据可用。对于乱序执行处理器来说，需要使用该结果的指令仍然必须等待，但其他指令可能在缓存缺失期间继续执行。

与此类似，程序引用的所有对象不一定都要驻存在主存储器中。**虚拟存储器**意味着一些对象可以驻存在磁盘上。地址空间通常被分为固定大小的块，称为**页**。任何时候，每个页要么在主存储器中，要么在磁盘上。当处理器引用一个页中既不在缓存中也不在主存储器中的数据项时，就会发生**缺页错误**，整个页将被从磁盘移到主存储器中。由于处理页缺失消耗的时间太长，所以是由软件处理的，且处理器不会停顿。在进行磁盘访问时，处理器通常会切换到其他某个任务。从更高视角来看，缓存对主存储器在引用局部性的依赖，以及在大小和单比特相对开销上的对应关系，与主存储器对磁盘相似。

表 B-1 给出了各种计算机（从高端桌面计算机到低端服务器）每一级存储器层次结构的大小与访问时间范围。

表 B-1　大型工作站或小型服务器存储器的典型层次结，离处理器越远，速度越慢，容量越大

级　别	1	2	3	4
名称	寄存器	缓存	主存储器	磁盘存储
典型大小	< 4 KiB	32 KiB~8 MiB	< 1 TB	>1 TB
实现技术	具有多个端口的定制存储器、CMOS	片上 CMOS SRAM	CMOS DRAM	磁盘或闪存
访问时间（ns）	0.1~0.2	0.5~10	30~150	5 000 000
带宽（MiB/s）	1 000 000~10 000 000	20 000~50 000	10 000~30 000	100~1000
管理者	编译器	硬件	操作系统	操作系统
支持者	缓存	主存储器	磁盘或闪存	其他磁盘和 DVD

* 嵌入式计算机可能没有磁盘存储，存储器和缓存也要小得多。闪存正在逐渐取代磁盘，至少对于第一级文件存储来说是这样。在移向层次结构的更低级别时，访问时间会延长，从而有可能以较低的响应速度来管理数据传输。该实现技术显示了这些功能所用的典型技术。表中给出的访问时间数据是 2017 年的典型值，单位为纳秒；这些访问时间数据将随时间的推移而减小。存储器层次结构各级之间的带宽以 MiB/s 为单位给出。磁盘/闪存存储的带宽包括介质和缓冲接口的带宽。

B.1.1　缓存性能回顾

由于局部性的原因，再加上存储器越小其速度越快，因而存储器层次结构可以显著提高性能。评价缓存性能的一种方法是扩展第 1 章给出的处理器执行时间公式。处理器由于等待存储器访问造成了停顿周期数，这称为**存储器停顿周期**。性能为处理器周期数与存储器停顿周期数之和与时钟周期时间的乘积：

$$\text{CPU 执行时间} = (\text{CPU 时钟周期数} + \text{存储器停顿周期数}) \times \text{时钟周期时间}$$

此公式假定 CPU 时钟周期包括处理缓存命中的时间，并假定处理器在发生缓存缺失时停顿。B.2 节会重新检视这一简化假定。

存储器停顿周期数取决于缓存缺失数和每次缺失的成本，后者称为**缺失代价**：

$$
\begin{aligned}
\text{存储器停顿周期} &= \text{缺失数} \times \text{缺失代价} \\
&= \text{IC} \times \frac{\text{缺失数}}{\text{指令}} \times \text{缺失代价} \\
&= \text{IC} \times \frac{\text{存储器访问次数}}{\text{指令}} \times \text{缺失率} \times \text{缺失代价}
\end{aligned}
$$

最后一种形式的优点在于其各个分量很容易测量。我们已经知道如何测量指令数（IC）。（对于支持推测执行的处理器，只计算提交的指令数。）可以采用同一方式来测量每条指令的存储器访问次数；每条指令需要一次指令访问，而且很容易判断它是否还需要数据访问。

注意，我们计算出缺失代价，并作为平均值，但下面将其作为常数使用。在缺失时，缓存后面的存储器可能因为先前的访存请求或内存刷新而处于繁忙状态。时钟周期的数目也会 随着处理器、总线和存储器之间不同的时钟接口发生变化。所以请记住，使用常数作为缺失代价是一种简化。

缺失率分量就是缓存访问中导致缺失的访问比例（即，导致缺失的访问数除以总访问数）。缺失率可以用缓存模拟器测量，它会取得指令与数据访问的**地址跟踪**，模拟该缓存行为，以判断哪些访问命中、哪些访问缺失，然后汇报命中与缺失总数。今天的许多微处理器提供了用于计算缺失数与存储器访问次数的硬件，这种缺失率测量方式要容易得多，也快得多。

由于读操作和写操作的缺失率和缺失代价通常不同，所以上面的公式得出的是一个近似值。存储器停顿时钟周期可以用每条指令的存储器访问次数、读写操作的缺失代价（以时钟周期为单位）、读写操作的缺失率来定义：

$$\begin{aligned}\text{存储器停顿时钟周期} &= \text{IC} \times \text{读指令占比} \times \text{读取缺失率} \times \text{读取缺失代价} \\ &+ \text{IC} \times \text{写指令占比} \times \text{写入缺失率} \times \text{写入缺失代价}\end{aligned}$$

我们通常会合并读写操作，求出读操作与写操作的平均缺失率与缺失代价，以简化上面的完整公式：

$$\text{存储器停顿时钟周期} = \text{IC} \times \frac{\text{存储器访问数}}{\text{指令}} \times \text{缺失率} \times \text{缺失代价}$$

缺失率是缓存设计中最重要的度量之一，但我们在后面各节中会看到，它不是唯一的度量标准。

例题 假定有一台计算机，当所有存储器访问都在缓存中命中时，其每条指令的周期数（CPI）为 1.0。仅有的数据访问就是载入和存储，占总指令数的 50%。如果缺失代价为 50 个时钟周期，缺失率为 1%，那么当所有指令都在缓存中命中时，计算机可以快多少？

解答 首先计算计算机总是命中时的性能：

$$\begin{aligned}\text{CPU 执行时间} &= (\text{CPU 时钟周期数}+\text{存储器停顿周期数}) \times \text{时钟周期} \\ &= (\text{IC} \times \text{CPI}+0) \times \text{时钟周期} \\ &= \text{IC} \times 1.0 \times \text{时钟周期}\end{aligned}$$

现在，对于采用实际缓存的计算机，首先计算存储器停顿周期：

$$\begin{aligned}\text{存储器停顿周期} &= \text{IC} \times \frac{\text{存储器访问数}}{\text{指令}} \times \text{缺失率} \times \text{缺失代价} \\ &= \text{IC} \times (1+0.5) \times 0.01 \times 50 \\ &= \text{IC} \times 0.75\end{aligned}$$

式中，中间项（1+0.5）表示每条指令有 1 次指令访问和 0.5 次数据访问。总性能为：

$$\begin{aligned}\text{CPU 执行时间}_{\text{缓存}} &= (\text{IC} \times 1.0+\text{IC} \times 0.75) \times \text{时钟周期} \\ &= 1.75 \times \text{IC} \times \text{时钟周期}\end{aligned}$$

性能比是执行时间的倒数：

$$\frac{\text{CPU执行时间}_{缓存}}{\text{CPU执行时间}} = \frac{1.75 \times \text{IC} \times \text{时间周期}}{1.0 \times \text{IC} \times \text{时间周期}}$$

$$= 1.75$$

没有缓存缺失时，计算机的速度要快 1.75 倍。

一些设计师在测量缺失率时更愿意表示为**每条指令的缺失数**，而不是每次存储器访问的缺失数。这两者的关系为：

$$\frac{\text{缺失数}}{\text{指令}} = \frac{\text{缺失率} \times \text{存储器访问次数}}{\text{指令数}} = \text{缺失率} \times \frac{\text{存储器访问次数}}{\text{指令}}$$

如果知道每条指令的平均存储器访问数，后面一个公式是有用的，因为这样可以将缺失率转换为每条指令的缺失数，反之亦然。例如，我们可以将上面示例中每次存储器访问的缺失率转换为每条指令的缺失数：

$$\frac{\text{缺失数}}{\text{指令}} = \text{缺失率} \times \frac{\text{存储器访问次数}}{\text{指令}} = 0.02 \times 1.5 = 0.030$$

顺便说一下，每条指令的缺失数经常以每千条指令的缺失数的形式给出，以显示整数而非小数。因此，上面的答案也可以表示为每千条指令发生 30 次缺失。

表示为“每条指令的缺失数”的好处在于它与硬件实现无关。例如，支持推测执行的处理器提取的指令数大约是实际提交指令数的两倍，如果测量每次存储器访问的缺失数而非每条指令的缺失数，那么缺失率就可以被人为降低。其缺点在于每条指令的缺失数与体系结构相关；例如，对于 80x86 与 RISC-V，每条指令的存储器访问平均数可能会有很大不同。因此，尽管 RISC 体系结构的相似性使人们可以对其他体系结构有更深入的了解，但仅使用单一计算机系列的架构师最常使用的是每条指令的缺失数。

例题 为了展示这两个缺失率公式的等价性，让我们重做上面的例题，这一次假定每千条指令的缺失率为 30。根据指令数，存储器停顿时间为多少？

解答 重新计算存储器停顿周期：

$$\text{存储器停顿周期} = \text{缺失数} \times \text{缺失代价}$$

$$= \text{IC} \times \frac{\text{缺失数}}{\text{指令}} \times \text{缺失代价}$$

$$= \text{IC}/1000 \times \frac{\text{缺失数}}{\text{指令} \times 1000} \times \text{缺失代价}$$

$$= \text{IC}/1000 \times 30 \times 25$$

$$= \text{IC}/1000 \times 750$$

$$= \text{IC} \times 0.75$$

得到的答案与前面的例题相同，这表明这两个公式是等价的。

B.1.2 4个存储器层次结构问题

我们通过回答有关存储器层次结构第一级的4个常见问题来继续介绍缓存。

问题1：一个块可以放在上一级的什么位置？（**块的放置**）
问题2：如果一个块在上一级中，如何找到它？（**块的识别**）
问题3：在缺失时应当替换哪个块？（**块的替换**）
问题4：在写入时会发生什么？（**写入策略**）

这些问题的答案可以帮助我们理解存储器在层次结构不同级别所做的折中。因此，我们对每个示例都会问这4个问题。

问题1：一个块可以放在缓存中的什么位置？

图B-1显示，根据对块放置位置的限制，可以将缓存组织方式分为以下3种。

- 如果每个块只能出现在缓存中的一个位置，就说该缓存是**直接映射**的。这种映射通常是：

（块地址）MOD（缓存中的块数）

- 如果一个块可以放在缓存中的任意位置，就说该缓存是**全相联**的。
- 如果一个块可以放在缓存中由有限个位置组成的组（set）内，就说该缓存是**组相联**的。**组**就是缓存中的一组块。块首先映射到组，然后这个块可以放在这个组中的任意位置。通常以**位选择方式**来选定组，即

（块地址）MOD（缓存中的组数）

如果组中有n个块，则称该缓存放置为**n路组相联**。

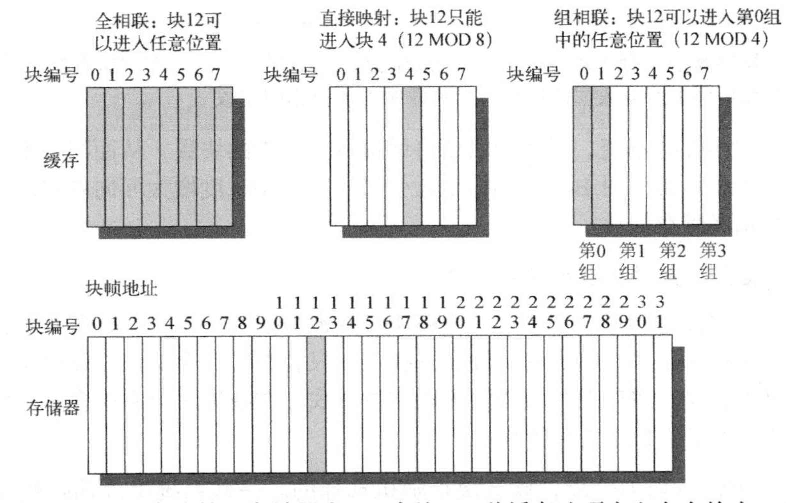

图B-1 这一示例缓存有8个块帧，存储器有32个块。3种缓存选项由左向右给出。在全相联中，来自较低层级的块12可以进入该缓存8个块帧中的任意一个。采用直接映射时，块12只能放在块帧4（12 MOD 8）中。组相联拥有这两者的一些共同特性，允许这个块放在第0组的任意位置（12 MOD 4）。由于每个组中有两个块，所以这意味着块12可以放在缓存的块0或块1中。实际缓存包含数千个块帧，实际存储器包含数百万个块。拥有4个组、每组两个块的组相联组织形式称为**两路组相联**。假定缓存中没有任何东西，而有关的块地址标识的是下一级的块12

从直接映射到全相联实际上是组相联不同相联度的统一体。直接映射就是一路组相联，拥有 *m* 个块的全相联缓存可以称为"*m* 路组相联"。同样，直接映射可以看作拥有 *m* 个组，全相联可以看作拥有一个组。

今天的绝大多数处理器缓存为直接映射、两路组相联或四路组相联，其原因将在稍后介绍。

问题 2：如果一个块就在缓存中，如何找到它？

缓存中每个块帧上都有一个地址标记，它给出了块地址。每个缓存块的标记包含了用于检测它是否与处理器的块地址相匹配的信息。由于速度非常重要，所以会对所有可能标记进行并行扫描，这是一条规则。

一定有办法获知缓存块中是否包含有效信息。最常见的做法是向标记中添加一个**有效位**，表明这一项是否包含有效地址。如果没有设置这个位，则此地址无法匹配。

在继续讨论下一问题之前，先来研究处理器地址与缓存的关系。图 B-2 显示了地址是如何划分的。第一次划分是在**块地址**和**块偏移**之间，然后将块帧地址进一步分为**标记字段**和**索引字段**。块偏移字段从块中选择所需数据，索引字段选择组，标记字段与之比较以便判断是否命中。尽管可以对标记之外的更多地址位进行对比，但并不需要如此，原因如下所述。

- 不用在对比中使用偏移量，因为对比只是判断整个块是否存在，而只有匹配的块才需要使用偏移。
- 核对索引是多余的，因为它是用来选择待核对组的。例如，存储在第 0 组的地址，其索引字段必须为 0，否则就不能存储在第 0 组中；第 1 组的索引值必须为 1，以此类推。这一优化通过缩小缓存标记的存储器宽度来节省硬件和功耗。

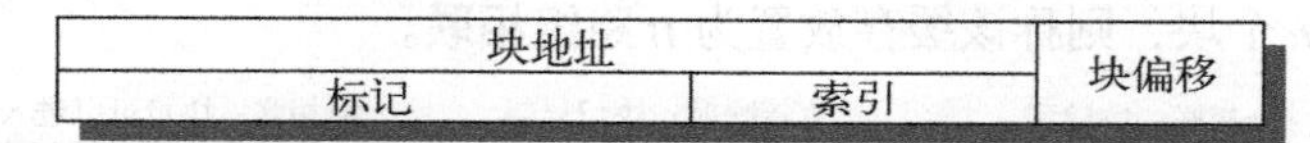

图 B-2　组相联或直接映射缓存中地址的 3 个组成部分。标记用于检查组中的所有块，索引用于选择该组。块偏移是块中所需数据的地址。全相联缓存没有索引字段

如果总缓存大小保持不变，增大相联度将增加每个组中的块数，从而减小索引的大小、增大标记的大小。也就是说，图 B-2 中的标记索引边界因为相联度增大而向右移动，右端点是没有索引字段的全相联缓存。

问题 3：在缓存缺失时应当替换哪个块？

当缺失时，缓存控制器必须选择一个将被所需数据替换的块。直接映射布置方式的好处就是简化了硬件判决——事实上，简单到没有选择了：只会查看一个块帧，以确定是否命中，而且只有这个块可被替换。对于全相联或组相联布置方式，在缺失时会有许多块可供选择。对于选择替换哪个块，主要有以下 3 种策略。

- **随机**——为进行均匀分配，候选块是随机选择的。一些系统生成伪随机块编号，以实现可重复的行为，这在调试硬件时特别有用。
- **最近最少使用**（LRU）——为了减小丢弃即将需要的信息的可能性，对数据块的访问会被记录下来。依靠过去来预测未来，被替换的块是未使用时间最久的块。LRU 依赖于局部性的一条推论：如果最近用过的块很可能会被再次用到，那么放弃最近最少使用的块是一种不错的选择。

- **先进先出**（FIFO）——因为 LRU 的计算可能非常复杂，所以这一策略是通过确定最早的块来近似 LRU，而不是直接确定 LRU。

随机替换的一个好处是易于用硬件实现。随着要跟踪块数的增加，LRU 的成本也变得越来越高，通常只能采用近似法。一种常见的近似方法（通常称为“伪 LRU”）是为缓存中的每个组设定一组比特，每个比特对应于缓存中的一路［一路就是组相联缓存中的 bank；四路组相联缓存中有四路］。在访问一个组中特定的路的时候，需要将这一路对应的比特打开。如果同一个组中所有路的比特都为打开的情况下，这一个组中除了该路的比特都应该关闭。在必须替换一个块时，处理器从相应比特被关闭的路中选择一个块，如果有多种选择，则随机选定。这种方法会给出近似 LRU，这是因为自上次组中的所有块被访问之后，被替换块再没有被访问过。表 B-2 展示了 LRU、随机和 FIFO 这三种替换方式中的缺失率的差异。

表 B-2 每千条指令的数据缓存缺失，比较了几种不同大小和相联度的最近最少使用、随机和先进先出替换方式

大　小	相　联　度								
	两　路			四　路			八　路		
	LRU	随机	FIFO	LRU	随机	FIFO	LRU	随机	FIFO
16 KiB	114.1	117.3	115.5	111.7	115.1	113.3	109.0	111.8	110.4
64 KiB	103.4	104.3	103.9	102.4	102.3	103.1	99.7	100.5	100.3
256 KiB	92.2	92.1	92.5	92.1	92.1	92.5	92.1	92.1	92.5

* 对于最大的缓存，LRU 和随机方式之间没有什么差别；当缓存较小时，LRU 胜过其他几种方式。当缓存较小时，FIFO 通常优于随机方式。这些数据是使用 10 个 SPEC2000 基准测试，采用 64 字节的块大小，针对 Alpha 体系结构测得的。其中 5 个基准测试来自 SPECint2000（gap、gcc、gzip、mcf 和 perl），5 个来自 SPECfp2000（applu、art、equake、lucas 和 swim）。在本附录的大多数图表中将使用这一计算机和这些基准测试程序。

问题 4：在写入时发生什么？

大多数处理器缓存访问是读操作。所有指令访问都是读，大多数指令不会向存储器写入数据。RISC-V 程序中存储指令占 10%，载入指令占 26%；总访存流量中，写操作占 10%/(100%+26%+10%)，大约为 7%。在**数据缓存**通信流量中，写操作占 10%/(26%+10%)，大约为 28%。要加快常见情景的执行速度，就意味着要针对读操作优化缓存，尤其是处理器通常会等待读取的完成，而不会等待写操作。但 Amdahl 定律（见 1.9 节）提醒我们，高性能设计不能忽视写操作的速度。

幸运的是，常见情景也是容易提升速度的情景。可以在读取和比对标记的同时从缓存中读取块，只要有了块地址就开始读取块。如果读命中，则立即将块中所需部分传送给处理器。如果读缺失，那就没有什么好处了——但除了桌面计算机和服务器计算机增加一点功耗之外，也没有坏处；只需忽略所读值即可。

不能对写操作应用这一优化。要想修改一个块，必须先核对标记，以查看该地址是否命中。由于标记核对不能并行执行，所以写操作需要的时间通常要长于读操作。另一种复杂性在于处理器还指定写入的大小，通常是 1~8 字节，并且只能改变一个块的相应部分。而读取则与之不同，可以毫无顾虑地访问超出所需的更多字节。

写入策略通常可以用来区分缓存设计。在写入缓存时，有下面两种基本选项。

- **写直达**——信息被写入缓存中的块和低一级存储器中的块。
- **写回**——信息仅被写到缓存中的块。修改后的缓存块仅在被替换时才写到主存储器。

为降低在替换时写回块的频率，通常会使用一种称为**脏位**的功能。这一状态位表示一个块是**脏**的（在缓存中经历了修改）还是**干净**的（未被修改）。如果它是干净的，则在缺失时不会写回该块，因为在低级存储器中可以找到与缓存中相同的信息。

写回和写直达策略都有自己的优势。采用写回策略时，写操作的速度与缓存存储器的速度相同，一个块中的多个写操作只需要对低一级存储器进行一次写入。由于一些写入内容不会进入存储器，所以写回方式使用的存储带宽较少，这使得写回策略对多处理器更具吸引力。由于写回策略对存储器层次结构其余部分及存储器互连的使用少于写直达，所以它还可以节省功耗，对于嵌入式应用程序极具吸引力。

相对于写回策略，写直达策略更容易实现。缓存总是干净的，所以它与写回策略不同，读缺失永远不会导致对低一级存储器的写操作。写直达策略还有一个好处：下一级存储器中拥有数据的最新副本，从而简化了数据一致性。数据一致性对于多处理器和 I/O 来说非常重要，第 4 章和附录 D 中对此进行了研究。多级缓存使写直达策略更适用于高一级缓存，这是因为写操作只需要传播到下一个较低级别，而不需要一直传播到主存储器。

稍后将会看到，I/O 和多处理器有些反复无常：它们希望为处理器缓存使用写回策略，以减少访存流量，又希望使用写直达策略，以与低级存储器层次结构保持缓存一致。

如果处理器在写直达期间必须等待写操作的完成，则说该处理器处于**写入停顿**状态。减少写入停顿的常见优化方法是**写缓冲区**。利用这一优化，数据被写入缓冲区之后，处理器就可以立即继续执行，从而将处理器执行与存储器更新重叠起来。稍后将会看到，即使有了写缓冲区也会发生写入停顿。

由于在写入时并不需要该项数据，所以在发生写缺失时有以下两种选项。

- **写分配**——在发生写缺失时将该块读到缓存中，随后对其执行写命中操作。在这一很自然的选项中，写缺失与读缺失类似。
- **非写分配**——这显然是一种不太寻常的选项，写缺失不会影响缓存。仅修改低一级存储器中的块。

因此，在采用非写分配策略时，在程序尝试读取块之前，这些块一直在缓存之外，但在采用写分配策略时，即使那些仅被写入的块也会保存在缓存中。让我们来看一个例子。

例题　假定一个拥有许多缓存项的全相联写回缓存在开始时为空。下面是由 5 个存储器操作组成的序列（地址放在方括号内）：

```
Write Mem[100];
Write Mem[100];
Read  Mem[200];
Write Mem[200];
Write Mem[100].
```

在使用非写分配和写分配时，命中数和缺失数为多少？

解答　对于非写分配策略，地址 100 不在缓存中，在写入时不进行分配，所以前两个写操作将导致缺失。地址 200 也不在缓存中，所以该读操作也会导致缺失。接下来对地址 200 进行的写入将会命中。最后一个对地址 100 的写操作仍然是缺失。因此，对非写分配策略，其结果是 4 次缺失和 1 次命中。

对于写分配策略，第一次对地址 100 和地址 200 的访问导致缺失。由于地址 100 和地址 200 都可以在缓存中找到，所以其他写操作将会命中。因此，采用写分配时，其结果为 2 次缺失和 3 次命中。

任何一种写缺失策略都可以与写直达或写回策略一起使用。通常，写回缓存采用写分配策略，希望对该块的后续写入能够被缓存捕获。写直达缓存通常使用非写分配策略。其原因在于：即使存在对该块的后续写操作，这些写操作仍然必须进入低一级存储器，那么读入缓存还有什么好处呢？

B.1.3 举例：Opteron 数据缓存

为了具体阐释这些思想，图 B-3 展示了 AMD Opteron 微处理器中数据缓存的组织方式。该缓存包含 65 536（64 K）字节的数据，块大小为 64 字节，采用两路组相联组织方式、LRU 的替代策略、写回策略，写缺失时采用写分配。

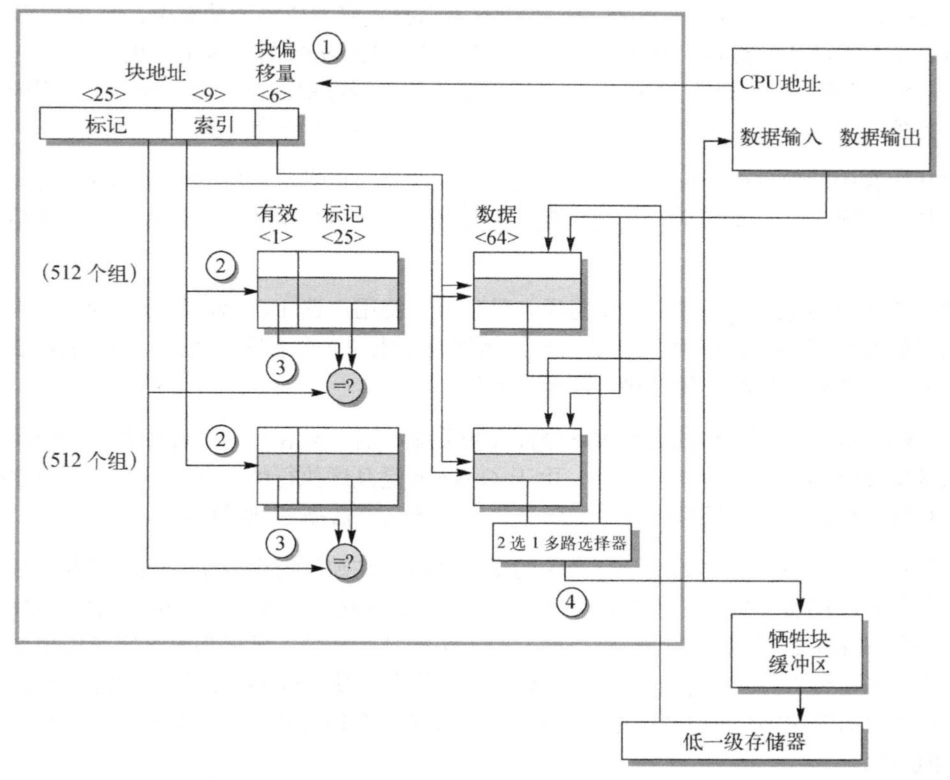

图 B-3 Opteron 微处理器中数据缓存的组织方式。这个 64 KiB 的缓存为两路组相联，块大小为 64 字节。长为 9 位的索引从 512 个组中进行选择。一次读命中的 4 个步骤（按发生顺序表示为带圆圈的数字）标记了这一组织方式。块偏移量的 3 位加上索引，提供了 RAM 地址以选择合适的 8 字节的数据。因此，该缓存保存了两组由 4096 个 64 位字组成的群组，每个群组占 512 个组的一半。从低级存储器至缓存的线路用于在缺失时载入缓存，不过未在这一示例中展示。离开处理器的地址大小为 40 位，这是因为它是物理地址而不是虚拟地址。B.4.2 节的图 B-14 解释了 Opteron 如何从虚拟地址映射到物理地址，以进行缓存访问

我们通过图B-3中标注的命中步骤来跟踪一次缓存命中的过程。(这4个步骤用带圆圈的数字表示。)如B.5节所述，Opteron向缓存提供一个48位虚拟地址进行标记比对，它将同时被翻译为40位物理地址。

Opteron之所以没有利用虚拟地址的所有64位，是因为它的设计者认为还没有人会需要那么大的虚拟地址空间，而较小的空间可以简化Opteron虚拟地址的映射。设计者计划在未来的微处理器中增大此虚拟地址。

进入缓存的物理地址被分为两个字段：34位块地址和6位块偏移量($64=2^6$，$34+6=40$)。块地址进一步分为地址标记和缓存索引。第1步显示了这一划分方式。

缓存索引选择要检测的标记，以查看所需块是否在此缓存中。索引大小取决于缓存大小、块大小和组相联度。Opteron缓存的组相联度被设置为2，索引计算如下：

$$2^{\text{索引}}=\frac{\text{缓存大小}}{\text{块大小}\times\text{组相联度}}=\frac{65\,536}{64\times 2}=512=2^9$$

因此，索引宽9位，标记宽34–9=25位。尽管这是选择正确块所需要的索引，但64字节远多于处理器希望一次使用的数目。因此，将缓存存储器的数据部分安排为8字节更合理，这是64位Opteron处理器的自然数据字。因此，除了用于索引正确缓存块的9个位之外，还使用来自块偏移量的另外3个位来索引正确的8字节。索引选择是图B-3中的第2步。

在从缓存中读取这两个标记之后，将它们与处理器所提供块地址的标记部分进行对比。这一对比是图中第3步。为了确保标记中包含有效信息，有效位必须为1，否则，对比结果将被忽略。

假定有一个标记匹配，最后一步是通知处理器，使用2选1多路选择器的仲裁结果从缓存中载入正确的数据。Opteron可以在2个时钟周期内完成这4个步骤，因此，如果后面2个时钟周期中的指令需要使用载入的结果，那就得等待。

在Opteron中，写操作的处理要比读操作更复杂，这一点在任何缓存中都是一致的。如果要写入的字在缓存中，则前3步相同。由于Opteron是乱序执行的，所以只有在它发出指令已提交而且缓存标记比对结果显示命中的信号之后，才会将数据写到缓存中。

到目前为止，我们假定的是缓存命中的常见情景。在缺失时会发生什么情况呢？在读缺失时，缓存会向处理器发出信号，告诉它数据还不可用，并从下一级层次结构中读取64字节。对于该块的前8字节，延迟为7个时钟周期，对于块的其余部分，延迟为每8字节需要2个时钟周期。由于数据缓存是组相联的，所以需要选择替换哪个块。Opteron使用LRU(选择最早被引用的块)，所以每次访问都必须更新LRU位。替换一个块意味着更新数据、地址标记、有效位和LRU位。

由于Opteron使用写回策略，旧的数据块可能已经被修改，所以不能简单地丢弃。Opteron为每个块保存1个脏位，以记录该块是否被写入。如果“牺牲块”被修改，它的数据和地址将被发送给牺牲块缓冲区。(这种结构类似于其他计算机中的**写缓冲区**。)Opteron能容纳8个牺牲块。它会将牺牲块写入层次结构的下一级，这一操作与其他缓存操作并行执行。如果牺牲块缓冲区已满，缓存就必须等待。

由于 Opteron 在读缺失和写缺失时都会分配一个块，所以写缺失与读缺失的处理非常类似。

我们已经看到**数据**缓存是如何工作的，但它不可能满足处理器对访存的所有需求：处理器还需要指令。尽管可以尝试用一个缓存来同时提供数据缓存和指令缓存，但这样它可能会成为瓶颈。例如，在执行载入或存储指令时，流水化处理器将会同时请求数据字和指令字。因此，单个缓存会成为载入与存储的结构冒险，从而导致停顿。解决这一问题的一种简单方法是分开缓存：一个缓存专门用于指令，另一个缓存专门用于数据。最近的大多数处理器中使用了独立缓存，包括 Opteron 在内。因此，它有一个 64 KiB 的指令缓存和 64 KiB 的数据缓存。

处理器知道它发出的是指令地址还是数据地址，因此可以为这两种地址设置单独的端口，从而使存储器层次结构和处理器之间的带宽增加一倍。采用分离缓存还提供了分别优化每个缓存的机会：采用不同的容量、块大小和相联度可能会得到更佳的性能。（与 Opteron 中的指令缓存和数据缓存相对，**统一缓存或混合缓存**用于可能包含指令或数据的缓存。）

表 B-3 显示了指令缓存的缺失率低于数据缓存。指令缓存与数据缓存分离，消除了因为指令块和数据块冲突所导致的缺失，但这种分离固定了每种类型所能使用的缓存空间。对缺失率来说，哪个更重要呢？要公平地对比指令和数据分离缓存与统一缓存，需要总缓存大小相同。例如，分离的 16 KiB 指令缓存和 16 KiB 数据缓存应当与 32 KiB 统一缓存对比。要分别计算指令缓存与数据缓存的平均缺失率，需要知道对每种缓存的存储器引用百分比。从附录 A 中的数据可以找到：指令引用为 100%/(100%+26%+10%)，大约为 74%；数据引用为(26%+10%)/(100%+26%+10%)，大约为 26%。稍后将会看到，分割对性能的影响并非仅限于缺失率的变化。

表 B-3 对于不同大小的指令缓存、数据缓存与统一缓存，每千条指令的缺失数

大小（KiB）	指令缓存	数据缓存	统一缓存
8	8.16	44.0	63.0
16	3.82	40.9	51.0
32	1.36	38.4	43.3
64	0.61	36.9	39.4
128	0.30	35.3	36.2
256	0.02	32.6	32.9

* 指令引用所占百分比大约为 74%。此数据的收集采用与表 B-2 中相同的计算机和基准测试，两路相联缓存，块大小为 64 字节。

B.2 缓存性能

由于指令数与硬件无关，所以用这个数值来评价处理器性能是很有诱惑力的。这种间接性能度量已经让一位又一位计算机设计师栽了跟头。由于缺失率也与硬件的速度无关，所以评估存储器层次结构性能的相应焦点就主要集中在缺失率上。后面将会看到，缺失率可能与指令数一样产生误导。存储器层次结构性能的一个更好的度量标准是**存储器平均访问时间**：

$$\text{存储器平均访问时间} = \text{命中时间} + \text{缺失率} \times \text{缺失代价}$$

式中，**命中时间**是指在缓存中命中的时间；其他两项已经在前面看到过。平均访问时间的各个分量可以用绝对时间衡量，比如，一次命中的时间为 0.25~1.0 ns，也可以用处理器等待该存储器的时钟周期数来衡量，比如一次缺失代价为 150~200 个时钟周期。注意，存储器平均访问时间仍然是性能的间接度量；尽管它优于缺失率，但并不能替代执行时间。

这个公式可以帮助我们决定是选择分离缓存还是统一缓存。

例题　16 KiB 指令缓存加上 16 KiB 数据缓存，与一个 32 KiB 统一缓存，哪一种的缺失率较低？利用表 B-3 中的缺失率数据来帮助计算正确答案，假定 36%的指令为数据传输指令。假定一次命中需要 1 个时钟周期，缺失代价为 100 个时钟周期。对于统一缓存，如果仅有一个缓存端口来满足两个同时请求，则一次载入或存储命中额外需要 1 个时钟周期。利用第 3 章的流水线技术，统一缓存会导致结构冒险。每种情况下的存储器平均访问时间为多少？假定采用具有写缓冲区的写直达缓存，忽略由写缓冲区导致的停顿。

解答　首先将每千条指令的缺失数转换为缺失率。求解上面的一般公式，缺失率为：

$$缺失率=\frac{\dfrac{缺失数}{1000条指令}/1000}{\dfrac{存储器访问次数}{指令}}$$

由于每次指令访问都正好有一次存储器访问进行取指，所以指令缓存缺失率为：

$$缺失率_{16\ \text{KiB}指令}=\frac{3.82/1000}{1.00}\approx 0.004$$

由于 36%的指令为数据传输指令，所以数据缓存缺失率为：

$$缺失率_{16\ \text{KiB}数据}=\frac{40.9/1000}{0.36}\approx 0.114$$

统一缓存缺失率需要考虑指令访问和数据访问：

$$缺失率_{32\ \text{KiB}统一}=\frac{43.3/1000}{1.00+0.36}\approx 0.0318$$

如上所述，大约 74%的存储器访问为指令引用。因此，分离缓存的总缺失率为：

$$(74\%\times 0.004)+(26\%\times 0.114)=0.0326$$

因此，32 KiB 统一缓存的实际缺失率略低于两个 16 KiB 缓存。

存储器平均访问时间公式可分为指令访问和数据访问：

$$\begin{aligned}&存储器平均访问时间\\&\quad=指令百分比\times(命中时间+指令缓存缺失率\times缺失代价)\\&\quad+数据百分比\times(命中时间+数据缓存缺失率\times缺失代价)\end{aligned}$$

因此，每种组织方式的时间为：

$$\begin{aligned}&存储器平均访问时间_{分离}\\&\quad=74\%\times(1+0.004\times 200)+26\%\times(1+0.114\times 200)\\&\quad=(74\%\times 1.80)+(26\%\times 23.80)=1.332+6.188=7.52\end{aligned}$$

$$
\begin{aligned}
&\text{存储器平均访问时间}_{\text{统一}}\\
&= 74\% \times (1 + 0.0318 \times 200) + 26\% \times (1 + 1 + 0.0318 \times 200)\\
&= (74\% \times 7.36) + (26\% \times 8.36) \approx 5.446+2.174 = 7.62
\end{aligned}
$$

因此，在这个示例中，尽管独立缓存（每时钟周期提供两个存储器端口，从而避免了结构冒险）的实际缺失率较差，但其存储器平均访问时间要优于单端口统一缓存。

B.2.1 存储器平均访问时间与处理器性能

一个显而易见的问题是：因缓存缺失导致的存储器平均访问时间能否用于预测处理器性能？

首先，还有其他原因会导致停顿，比如由于 I/O 设备使用内存而引起的竞争。由于存储器层次结构导致的停顿远多于其他原因导致的停顿，所以设计人员经常假定所有存储器停顿都是由缓存缺失导致的。这里也采用这一简化假定，但在计算最终性能时，一定要考虑**所有**存储器停顿。

其次，上述问题的答案也取决于处理器。对于顺序执行处理器（见第 3 章），那答案基本上就是肯定的。处理器会在缺失期间停顿，存储器停顿时间与存储器平均访问时间存在很强的相关性。现在假定采用顺序执行，但下一节会返回来讨论乱序执行处理器。

如上一节所述，可以为 CPU 时间建立如下模型：

$$\text{CPU 时间} = (\text{CPU 执行时钟周期} + \text{存储器停顿时钟周期}) \times \text{时钟周期时间}$$

这个公式会产生一个问题：一次缓存命中的时钟周期应看作 CPU 执行时钟周期的一部分，还是存储器停顿时钟周期的一部分？尽管两种做法都有道理，但最为人们广泛接受的观点是将命中时钟周期包含在 CPU 执行时钟周期中。

我们现在可以研究缓存对性能的影响了。

例题 第一个示例使用顺序执行计算机。假定缓存缺失代价为 200 个时钟周期，所有指令通常都占用 1.0 个时钟周期（忽略存储器停顿）。假定平均缺失率为 2%，每条指令平均有 1.5 次存储器访问，每千条指令的平均缓存缺失数为 30。如果考虑缓存的行为特性，对性能的影响如何？使用每条指令的缺失数及缺失率来计算此影响。

解答

$$\text{CPU时间} = \text{IC} \times \left(\text{CPI}_{\text{执行}} + \frac{\text{存储器停顿时钟周期}}{\text{指令}}\right) \times \text{时钟周期时间}$$

其性能（包括缓存缺失）为：

$$
\begin{aligned}
\text{CPU时间}_{\text{包括缓存}} &= \text{IC} \times [1.0 + (30/1000 \times 200)] \times \text{时钟周期时间}\\
&= \text{IC} \times 7.00 \times \text{时钟周期时间}
\end{aligned}
$$

现在使用缺失率计算性能：

$$\text{CPU时间} = \text{IC} \times \left(\text{CPI}_{\text{执行}} + \text{缺失率} \times \frac{\text{存储器访问数}}{\text{指令}} \times \text{缺失代价}\right) \times \text{时钟周期时间}$$

$$\text{CPU时间}_{\text{包括缓存}} = \text{IC} \times [1.0 + (1.5 \times 2\% \times 200)] \times \text{时钟周期时间}$$
$$= \text{IC} \times 7.00 \times \text{时钟周期时间}$$

在有、无缓存情况下，时钟周期时间和指令数均相同。因此，从“完美缓存”到“有可能产生缺失的缓存”，CPI 从 1.00 增加到 7.00。在根本没有任何存储器层次结构时，CPI 将再次升高到 1.0+200×1.5=301，比带有缓存的系统长出 40 多倍。

如上例所示，缓存行为可能会对性能产生巨大影响。此外，对于低 CPI、高时钟频率的处理器，缓存缺失会产生双重影响。

(1) $\text{CPI}_{\text{执行}}$越低，固定数目的缓存缺失时钟周期产生的**相对**影响越大。

(2) 在计算 CPI 时，单次缓存缺失代价是以处理器时钟周期进行计算的。因此，即使两台计算机的存储器层次结构相同，时钟频率较高的处理器在每次缺失时也会占用较多的时钟周期，访存在 CPI 中的占比也较高。

对于低 CPI、高时钟频率的处理器，缓存的重要性更高，因此，如果在评估此类计算机的性能时忽略缓存行为，其危险性更大。Amdahl 定律再次发挥作用！

尽管将存储器平均访问时间降至最低是一个合理的目标（在本附录中大多使用这一目标），但请记住，最终目标是缩短处理器执行时间。下面的例子会说明如何区分这两者。

例题　两种缓存组织方式对处理器性能的影响如何？假定完美缓存的 CPI 为 1.0，时钟周期时间为 0.35 ns，每条指令有 1.4 次存储器访问，两个缓存的大小都是 128 KiB，两者的块大小都是 64 字节。一个缓存为直接映射，另一个为两路组相联。图 B-3 显示，对于组相联缓存，必须添加一个多路选择器，以根据标记匹配在组中的块之间做出选择。由于处理器的速度直接与缓存命中的速度联系在一起，所以假定必须将处理器时钟周期时间延长 1.35 倍，才能与组相联缓存的选择多路选择器相适应。对于一级近似，每一种缓存组织方式的缓存缺失代价都是 65ns。（在实践中，通常会舍入为整数个时钟周期。）首先，计算存储器平均访问时间，然后再计算处理器性能。

假定命中时间为 1 个时钟周期，128 KiB 直接映射缓存的缺失率为 2.1%，同等大小的两路组相联缓存的缺失率为 1.9%。

解答　存储器平均访问时间为：

$$\text{存储器平均访问时间} = \text{命中时间} + \text{缺失率} \times \text{缺失代价}$$

因此，每种组织方式的时间为：

$$\text{存储器平均访问时间}_{\text{一路}} = 0.35 + (0.021 \times 65) \approx 1.72\text{ ns}$$
$$\text{存储器平均访问时间}_{\text{两路}} = 0.35 \times 1.35 + (0.019 \times 65) \approx 1.71\text{ ns}$$

两路组相联缓存的存储器平均访问时间更优。

处理器性能为：

$$\text{CPU时间} = \text{IC} \times \left(\text{CPI}_{\text{执行}} + \frac{\text{缺失数}}{\text{指令}} \times \text{缺失代价}\right) \times \text{时钟周期时间}$$

$$= \text{IC} \times \left[\left(\text{CPI}_{\text{执行}} \times \text{时钟周期时间}\right) + \left(\text{缺失率} \times \frac{\text{存储器访问次数}}{\text{指令}} \times \text{缺失代价} \times \text{时钟周期时间}\right)\right]$$

将（缺失代价 × 时钟周期时间）代以 65 ns，可得每种缓存组织方式的性能为：

$$\text{CPU 时间}_{\text{一路}} = \text{IC} \times [1.0 \times 0.35 + (0.021 \times 1.4 \times 65)] \approx 2.26 \times \text{IC}$$

$$\text{CPU 时间}_{\text{两路}} = \text{IC} \times [1.0 \times 0.35 \times 1.35 + (0.019 \times 1.4 \times 65)] \approx 2.20 \times \text{IC}$$

相对性能为：

$$\frac{\text{CPU时间}_{\text{两路}}}{\text{CPU时间}_{\text{一路}}} = \frac{2.36 \times \text{指令数}}{2.20 \times \text{指令数}} = \frac{2.36}{2.20} \approx 1.03$$

与存储器平均访问时间的对比结果相反，直接映射缓存的平均性能略好一些，这是因为尽管两路组相联的缺失数较少，但针对所有指令延长了时钟周期。由于 CPU 时间是我们的基本评估标准，而且直接映射的构建更简单一些，所以本示例中直接映射更有优势。

B.2.2 缺失代价与乱序执行处理器

对于乱序执行处理器，如何定义“缺失代价”呢？是缓存缺失的全部延迟，还是仅考虑处理器必须停顿时的“暴露”延迟或无重叠延迟？对于那些在完成数据缓存缺失之前必须停顿的处理器，不存在这一问题。

让我们重新定义存储器停顿，得到缺失代价的一种新定义，将其表示为非重叠延迟：

$$\frac{\text{存储器停顿周期}}{\text{指令}} = \frac{\text{缺失数}}{\text{指令}} \times (\text{总缺失延迟} - \text{重叠缺失延迟})$$

与此类似，由于一些乱序执行处理器会延长命中时间，所以性能公式的这一部分可以除以总命中延迟减去重叠命中延迟之差。可以扩展这一公式，将总缺失延迟分解为没有争用时的延迟和因为争用导致的延迟，以考虑乱序执行处理器中的存储器资源争用。让我们仅关注缺失延迟。

我们现在必须决定以下各项。

- **存储器延迟长度**——在乱序执行处理器中如何确定存储器操作的起止时刻。
- **延迟重叠的长度**——如何确定与处理器重叠的起始时刻（或者说，在什么时刻我们说存储器操作使处理器停顿）。

由于乱序执行处理器的复杂性，所以不存在单一的准确定义。

由于在流水线退出阶段只能看到已提交的操作，所以如果处理器在一个时钟周期内没有退出（retire）最大可能数目的指令，我们就说它在该时钟周期内停顿。我们将这一停顿记在第一条未退出指令的账上。这一定义绝非万无一失。例如，为缩短特定停顿时间而应用某一种优化，并不一定总能缩短执行时间，这是因为隐藏在所关注的停顿背后的另一种类型的停顿可能会暴露出来。

关于延迟，我们可以从存储器指令在指令窗口中排队的时刻开始测量，也可以从生成地址的时刻开始，还可以从指令被实际发送给存储器系统的时刻开始。只要保持一致，任何一种选项都是可以的。

例题　让我们重做上面的例题，但这一次假定具有较长时钟周期时间的处理器支持乱序执行，仍采用直接映射缓存。假定 65 ns 的缺失代价中有 30%可以重叠，也就是说，CPU 存储器平均停顿时间现在为 45.5 ns。

解答　乱序计算机的存储器平均访问时间为：

$$\text{存储器平均访问时间}_{\text{一路、乱序}}=0.35 \times 1.35 + (0.021 \times 45.5) \approx 1.43 \text{ ns}$$

乱序缓存的性能为：

$$\text{CPU 时间}_{\text{一路、乱序}}= \text{IC} \times [1.6 \times 0.35 \times 1.35 + (0.021 \times 1.4 \times 45.5)] \approx 2.09 \times \text{IC}$$

因此，尽管乱序计算机的时钟周期时间要慢得多，直接映射缓存的缺失率也更高一些，但如果它能隐藏 30%的缺失代价，那仍然可以稍快一些。

总而言之，尽管乱序执行处理器存储器停顿的定义和测量比较复杂，但由于它们会严重影响性能，所以应当了解这些问题。这一复杂性源于乱序执行处理器容忍由缓存缺失导致的延迟，但不会对性能造成损害。因此，设计师在评估存储器层次结构的权衡时，通常使用乱序执行处理器与存储器的模拟器，以确保一项帮助缩短平均存储器延迟的改进真的有助于提高程序性能。

为了帮助总结本节内容，同时也作为一个方便使用的参考，图 B-4 列出了本附录中的缓存公式。

$$2^{\text{索引}}=\frac{\text{缓存大小}}{\text{块大小} \times \text{组相联度}}$$

$$\text{CPU 执行时间} = (\text{CPU 时钟周期} + \text{存储器停顿周期}) \times \text{时钟周期时间}$$

$$\text{存储器停顿周期} = \text{缺失数} \times \text{缺失代价}$$

$$\text{存储器停顿周期} = \text{IC} \times \frac{\text{缺失数}}{\text{指令}} \times \text{缺失代价}$$

$$\frac{\text{缺失数}}{\text{指令}} = \text{缺失率} \times \frac{\text{存储器访问次数}}{\text{指令}}$$

$$\text{存储器平均访问时间} = \text{命中时间} + \text{缺失率} \times \text{缺失代价}$$

图 B-4　本附录中的性能公式汇总。第一个公式计算缓存索引大小，其余公式帮助评估性能。后两个公式处理多级缓存，在下一节的开头部分会介绍。将它们包含在此处，是为了使本图成为有用的参考资料

$$\text{CPU执行时间} = \text{IC} \times \left(\text{CPI}_{\text{执行}} + \frac{\text{存储器停顿时钟周期}}{\text{指令}}\right) \times \text{时钟周期时间}$$

$$\text{CPU执行时间} = \text{IC} \times \left(\text{CPI}_{\text{执行}} + \frac{\text{缺失数}}{\text{指令}} \times \text{缺失代价}\right) \times \text{时钟周期时间}$$

$$\text{CPU执行时间} = \text{IC} \times \left(\text{CPI}_{\text{执行}} + \text{缺失率} \times \frac{\text{存储器访问}}{\text{指令}} \times \text{缺失代价}\right) \times \text{时钟周期时间}$$

$$\frac{\text{存储器停顿周期}}{\text{指令}} = \frac{\text{缺失数}}{\text{指令}} \times (\text{总缺失延迟} - \text{重叠缺失延迟})$$

$$\text{存储器平均访问时间} = \text{命中时间}_{L1} + \text{缺失率}_{L1} \times (\text{命中时间}_{L2} + \text{缺失率}_{L2} \times \text{缺失代价}_{L2})$$

$$\frac{\text{存储器停顿周期}}{\text{指令}} = \frac{\text{缺失数}_{L1}}{\text{指令}} \times \text{命中时间}_{L2} + \frac{\text{缺失数}_{L2}}{\text{指令}} \times \text{缺失代价}_{L2}$$

图 B-4　（续）

B.3　6种基本的缓存优化

存储器平均访问时间公式为我们提供了一个用于提出改进缓存性能的缓存优化方案的框架：

$$\text{存储器平均访问时间} = \text{命中时间} + \text{缺失率} \times \text{缺失代价}$$

因此，我们将6种缓存优化分为以下3类。

- **降低缺失率**——较大的块、较大的缓存、较高的相联度。
- **降低缺失代价**——多级缓存，为读操作设定高于写操作的优先级。
- **缩短在缓存中命中的时间**——在索引缓存时避免地址变换。

表B-8汇总了这6种技术的实现复杂度和性能优势，作为本节的总结。

改进缓存特性的经典方法是降低缺失率，我们将给出3种实现技术。为了更好地理解导致缺失的原因，首先介绍一个模型，将所有缺失分为3个简单类别。

- **强制**（Compulsory）**缺失**——在第一次访问某个块时，它不可能在缓存中，所以必须将其读到缓存中。这种缺失也被称为**冷启动缺失**或**首次访问缺失**。
- **容量**（Capacity）**缺失**——如果缓存无法容纳程序执行期间所需要的全部块，则由于一些块会被丢弃，过后再另行提取，所以会（在强制缺失之外）发生容量缺失。
- **冲突**（Conflict）**缺失**——如果块的放置策略为组相联或直接映射，则会（在强制缺失和容量缺失之外）发生冲突缺失，这是因为如果有太多块被映射到同一个组中，则这个组中的某个块可能会被丢弃，过后再另行提取。这种缺失也被称为**碰撞缺失**。其要点就是：由于对某些常用组的请求数超过 n，所以本来在全相联缓存中命中的情景会在 n 路组相联缓存中变为缺失。

［第 5 章增加了第四个 C，即**一致性**（Coherency）缺失，它是因为要在多处理器中保持多个缓存一致而进行缓存刷新所导致的；这里不讨论此类缺失。］

表 B-4 显示了根据 3C 分类后的缓存缺失相对频率。强制缺失在无限缓存中发生，容量缺失在全相联缓存中发生，冲突缺失在从全相联变为八路相联、四路相联……时发生。图 B-5 以图形方式展示了相同的数据。上图显示绝对缺失率，下图绘制了当缓存大小变化时，各类缺失占总缺失数的百分比曲线。

表 B-4 每种缓存大小的总缺失率，及根据 3C 划分的每种缺失所占百分比

缓存大小（KiB）	相联度	总缺失率	缺失率组成（相对百分比）（总和=总缺失率的百分之百）					
			强制缺失		容量缺失		冲突缺失	
4	一路	0.098	0.0001	0.1%	0.070	72%	0.027	28%
4	两路	0.076	0.0001	0.1%	0.070	93%	0.005	7%
4	四路	0.071	0.0001	0.1%	0.070	99%	0.001	1%
4	八路	0.071	0.0001	0.1%	0.070	100%	0.000	0%
8	一路	0.068	0.0001	0.1%	0.044	65%	0.024	35%
8	两路	0.049	0.0001	0.1%	0.044	90%	0.005	10%
8	四路	0.044	0.0001	0.1%	0.044	99%	0.000	1%
8	八路	0.044	0.0001	0.1%	0.044	100%	0.000	0%
16	一路	0.049	0.0001	0.1%	0.040	82%	0.009	17%
16	两路	0.041	0.0001	0.2%	0.040	98%	0.001	2%
16	四路	0.041	0.0001	0.2%	0.040	99%	0.000	0%
16	八路	0.041	0.0001	0.2%	0.040	100%	0.000	0%
32	一路	0.042	0.0001	0.2%	0.037	89%	0.005	11%
32	两路	0.038	0.0001	0.2%	0.037	99%	0.000	0%
32	四路	0.037	0.0001	0.2%	0.037	100%	0.000	0%
32	八路	0.037	0.0001	0.2%	0.037	100%	0.000	0%
64	一路	0.037	0.0001	0.2%	0.028	77%	0.008	23%
64	两路	0.031	0.0001	0.2%	0.028	91%	0.003	9%
64	四路	0.030	0.0001	0.2%	0.028	95%	0.001	4%
64	八路	0.029	0.0001	0.2%	0.028	97%	0.001	2%
128	一路	0.021	0.0001	0.3%	0.019	91%	0.002	8%
128	两路	0.019	0.0001	0.3%	0.019	100%	0.000	0%
128	四路	0.019	0.0001	0.3%	0.019	100%	0.000	0%
128	八路	0.019	0.0001	0.3%	0.019	100%	0.000	0%
256	一路	0.013	0.0001	0.5%	0.012	94%	0.001	6%
256	两路	0.012	0.0001	0.5%	0.012	99%	0.000	0%
256	四路	0.012	0.0001	0.5%	0.012	99%	0.000	0%
256	八路	0.012	0.0001	0.5%	0.012	99%	0.000	0%
512	一路	0.008	0.0001	0.8%	0.005	66%	0.003	33%

（续）

缓存大小（KiB）	相联度	总缺失率	缺失率组成（相对百分比）（总和=总缺失率的百分之百）					
			强制缺失		容量缺失		冲突缺失	
512	两路	0.007	0.0001	0.9%	0.005	71%	0.002	28%
512	四路	0.006	0.0001	1.1%	0.005	91%	0.000	8%
512	八路	0.006	0.0001	1.1%	0.005	95%	0.000	4%

* 强制缺失与缓存大小无关，容量缺失随容量的增加而降低，冲突缺失随相联度的增大而降低。图 B-5 以图形方式显示了相同的数据。注意，在不超过 128 KiB 时，大小为 N 的直接映射缓存的缺失率大约与大小为 $N/2$ 的两路组相联缓存的缺失率相同。大于 128 KiB 的缓存不符合这一规则。注意，“容量缺失”列给出的也是全相联时的缺失率。数据的收集方式与表 B-2 中一样，也是使用 LRU 替换策略收集的。

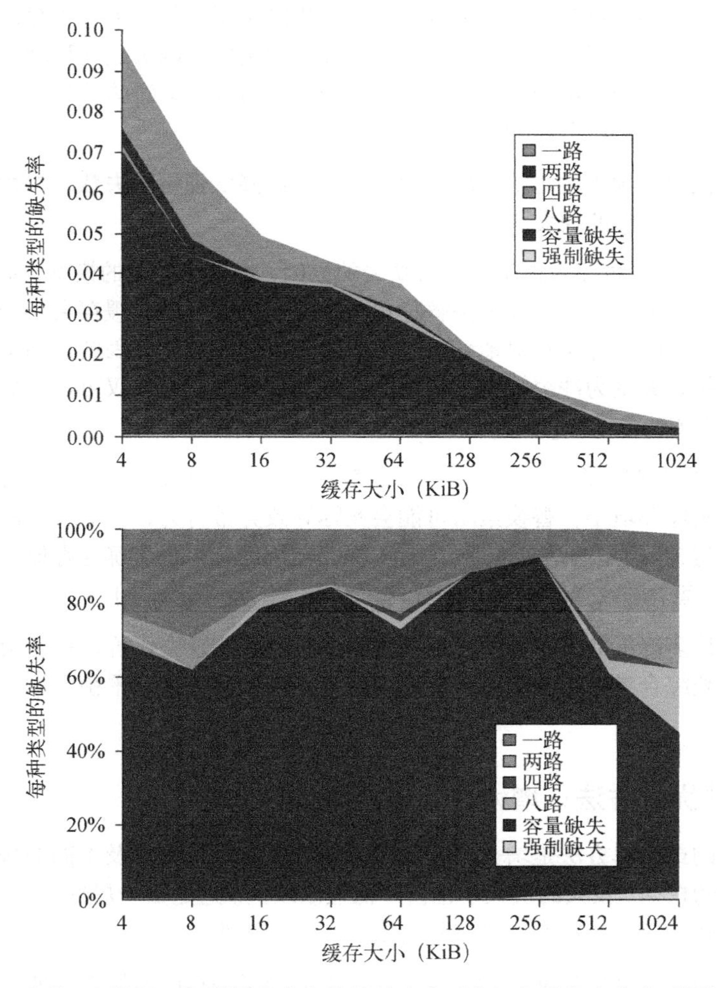

图 B-5 根据表 B-4 中的 3C 数据，每种缓存大小的总缺失率（上）和缺失率分布（下）。上图显示实际数据缓存缺失率，下图显示每个类别的百分比（与表 B-4 中所能容纳的缓存大小相比，本图中的空间使这些图形能够多显示一种缓存大小）

为了展示相联度的好处，将冲突缺失划分为每次相联度下降时所导致的缺失。一共有 4 类冲突缺失，其计算方式如下所示。

- **八路**——从全相联（无冲突）到八路相联时产生的冲突缺失。
- **四路**——从八路相联到四路相联时产生的冲突缺失。
- **两路**——从四路相联到两路相联时产生的冲突缺失。
- **一路**——从两路相联到一路相联（直接映射）时产生的冲突缺失。

从图中可以看出，SPEC2000 程序的强制缺失率非常低，许多长时间运行的程序都是如此。

在确认这 3C 缺失率之后，计算机设计师可以针对它们做点什么呢？从概念上来讲，冲突缺失是最容易避免的：全相联布置策略就可以避免所有冲突缺失。但是，全相联的硬件实现成本非常高昂，可能会降低处理器时钟频率（见 B.3.3 节的示例），从而降低整体性能。

除了增大缓存之外，针对容量缺失没有别的解决办法了。如果上一级存储器远小于程序所需要的容量，那就会有相当一部分时间用于在缓存层次结构的两级之间移动数据，我们说这种存储器层次结构将会**摆动**。由于需要太多的替换操作，所以摆动意味着计算机的运行速度接近于低级存储器的速度，甚至会因为缺失代价而变得更慢。

另外一种降低 3C 缺失的方法是增大块的大小，以降低强制缺失数，但稍后将会看到，大型块可能会增加其他类型的缺失。

3C 分类使我们可以更深入地了解导致缺失的原因，但这个简单的模型也有它的局限性；它让我们深入地了解了平均性能，但无法解释各个缺失。例如，增大缓存大小会减少冲突缺失和容量缺失，因为更大的缓存会将对地址的引用分散到更多的块中。因此，当缓存变大时，一个缺失可能会由容量缺失变为冲突缺失。类似地，改变块大小有时不仅可以减少强制缺失，还能减少容量缺失，如 Gupta 等人[2013]展示的。

注意，3C 分类还忽略了替换策略，一方面是因为其难以建模，另一方面是因为它总体来说不太重要。但在具体环境中，替换策略可能会实际导致异常行为，比如，在高相联度下得到较低的缺失率，这与 3C 模型的结果矛盾。（有人提议使用地址跟踪来确定存储器中的最优放置策略，以避免 3C 模型中的放置缺失；我们在这里没有采纳这一建议。）

遗憾的是，许多降低缺失率的技术也会增加命中时间或缺失代价。在使用 3 种优化方法降低缺失率时，必须综合考虑提高整体系统速度的目标，使两者达到平衡。第一个例子显示了平衡的重要性。

B.3.1　第一种优化方法：增大块大小以降低缺失率

降低缺失率的最简单方法是增大块大小。图 B-6 针对一组程序及不同的缓存大小，给出了块大小与缺失率的权衡。较大的块大小也会降低强制缺失。这是因为局部性原理分为两个部分：时间局部性和空间局部性。较大的块充分利用了空间局部性。

同时，较大的块也会增加缺失代价。由于它们减少了缓存中的块数，所以较大块可能会增加冲突缺失，如果缓存很小，甚至还会增加容量缺失。显然，没有理由将块大小增大到会提升缺失率的程度。如果会增加存储器平均访问时间，那么降低缺失率也没有什么好处。缺失代价的增加带来的影响会超过缺失率的下降。

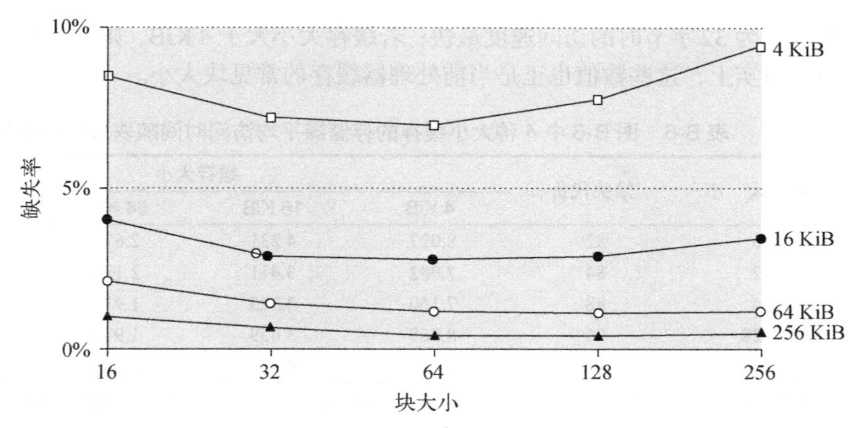

图 B-6 对于 4 种大小的缓存，缺失率与块大小的关系。注意，相对于缓存大小，块大小过大，则缺失率会上升。每条曲线表示一种大小的缓存。表 B-5 给出了用来绘制这些曲线的数据。遗憾的是，如果包含块大小因素，SPEC2000 跟踪所需要的时间过长，所以这些数据是在 DECstation 5000 上运行 SPEC92 获得的[Gee 等，1993]

例题 表 B-5 显示了图 B-6 中绘制的实际缺失率。假定存储器系统的开销为 80 个时钟周期，此后每 2 个时钟周期提交 16 字节。因此，它可以在 82 个时钟周期内提供 16 字节，在 84 个时钟周期内提供 32 字节，以此类推。对于表 B-5 中的每种缓存大小，哪种块大小的存储器平均访问时间最短？

表 B-5 图 B-6 中 4 种大小缓存的实际缺失率随块大小的变化

块 大 小	缓存大小			
	4 KiB	16 KiB	64 KiB	256 KiB
16	8.57%	3.94%	2.04%	1.09%
32	7.24%	2.87%	1.35%	0.70%
64	7.00%	2.64%	1.06%	0.51%
128	7.78%	2.77%	1.02%	0.49%
256	9.51%	3.29%	1.15%	0.49%

* 注意，对于 4 KiB 缓存，块大小为 256 字节时的缺失率高于块大小为 32 字节时。在本例中，缓存大小必须为 256 KiB，以使块大小为 256 字节时能够降低缺失率。

解答 存储器平均访问时间为：

$$存储器平均访问时间 = 命中时间 + 缺失率 \times 缺失代价$$

如果我们假定命中时间为 1 个时钟周期，并且与块大小无关，那么在 4 KiB 缓存中，对 16 字节块的访问时间为：

$$存储器平均访问时间 = 1 + (8.57\% \times 82) \approx 8.027 个时钟周期$$

在 256 KiB 缓存中，对 256 字节块的存储器平均访问时间为：

$$存储器平均访问时间 = 1 + (0.49\% \times 112) \approx 1.549 个时钟周期$$

表 B-6 显示了这两个极端值之间所有块与缓存大小的存储器平均访问时间。粗体条目表示对于给定缓存大小能够实现最快访问的块大小：若缓存大小为 4 KiB，则块大小为 32 字节时的访问速度最快；若缓存大小大于 4 KiB，则块大小应为 64 字节。事实上，这些数值也正是当前处理器缓存的常见块大小。

表 B-6　图 B-6 中 4 种大小缓存的存储器平均访问时间随块大小的变化

块大小	缺失代价	缓存大小			
		4 KiB	16 KiB	64 KiB	256 KiB
16	82	8.027	4.231	2.673	1.894
32	84	**7.082**	3.411	2.134	1.588
64	88	7.160	**3.323**	**1.933**	**1.449**
128	96	8.469	3.659	1.979	1.470
256	112	11.651	4.685	2.288	1.549

* 注意，绝大多数的块大小为 32 字节和 64 字节。每种缓存大小的最短平均访问时间用粗体标出。

在所有这些技术中，缓存设计者都在尝试尽可能同时降低缺失率和缺失代价。块大小的选择有赖于低级存储器的延迟和带宽。高延迟和高带宽需要采用大块，因为缓存在每次缺失时能够获取的字节可以多出许多，而缺失代价却增加得很少。相反，低延迟和低带宽则需要采用小块，因为这种情况下采用较大块不会节省多少时间。例如，一个小块的两倍的缺失代价才可能接近比该块大两倍的块的缺失代价。更多的小块还可能减少冲突缺失。注意，图 B-6 和表 B-6 展示了基于缺失率最低和存储器平均访问时间最短选择块大小时的差别。

在了解了较大块对强制缺失和容量缺失的正面与负面影响之后，下面两节将研究较高容量和较高相联度的可能性。

B.3.2　第二种优化方法：增大缓存以降低缺失率

降低表 B-4 和图 B-5 中容量缺失率的最明显方法是增加缓存的容量，其明显的缺点是可能延长命中时间，增加成本和功耗。这一技术在片外缓存中尤其常用。

B.3.3　第三种优化方法：提高相联度以降低缺失率

表 B-4 和图 B-5 显示了缺失率是如何随着相联度的增大而改善的。从中可以看出两个一般性的经验规律。第一条规律是：对于这些特定大小的缓存，从实际降低缺失数的功效来说，八路组相联与全相联一样有效。通过对比表 B-4 中的八路条目与容量缺失列可以看出这一差别，因为其中的容量缺失是使用全相联缓存计算得出的。

第二条规律称为 **2∶1 缓存经验规律**：大小为 *N* 的直接映射缓存与大小为 *N*/2 的两路组相联缓存具有大体相同的缺失率。这一规律对 3C 图表中小于 128 KiB 的缓存也是成立的。

与许多此类示例类似，改善存储器平均访问时间的一个方面，可能会导致另一方面的恶化。增大块大小可以降低缺失率，但会增加缺失代价；增大相联度可能会延长命中时间。因此，要加快处理器时钟周期，宜使用简单的缓存设计，但提高相联度会提高缺失代价，如下例所示。

例题　　假定提高相联度将会延长时钟周期时间，如下所示：

$$\text{时钟周期时间}_{\text{两路}} = 1.36 \times \text{时钟周期时间}_{\text{一路}}$$

$$\text{时钟周期时间}_{\text{四路}} = 1.44 \times \text{时钟周期时间}_{\text{一路}}$$

$$时钟周期时间_{八路} = 1.52 \times 时钟周期时间_{一路}$$

假定命中时间为1个时钟周期，直接映射情景的缺失代价为到达第二级缓存的25个时钟周期（见下一节），在第二级缓存中绝对不会缺失。还假定不需要将缺失代价舍入为整数个时钟周期。利用表B-4中的缺失率，对于哪种缓存大小来说，以下3种表述是正确的？

$$存储器平均访问时间_{八路} < 存储器平均访问时间_{四路}$$
$$存储器平均访问时间_{四路} < 存储器平均访问时间_{两路}$$
$$存储器平均访问时间_{两路} < 存储器平均访问时间_{一路}$$

解答 每种相联度的存储器平均访问时间为：

$$存储器平均访问时间_{八路} = 命中时间_{八路} + 缺失率_{八路} \times 缺失代价_{八路}$$
$$= 1.52 + 缺失率_{八路} \times 25$$
$$存储器平均访问时间_{四路} = 1.44 + 缺失率_{四路} \times 25$$
$$存储器平均访问时间_{两路} = 1.36 + 缺失率_{两路} \times 25$$
$$存储器平均访问时间_{一路} = 1.00 + 缺失率_{一路} \times 25$$

每种情况下的缺失代价相同，都是25个时钟周期。例如，对于一个4 KiB的直接映射缓存，存储器平均访问时间为：

$$存储器平均访问时间_{一路}=1.00+(0.098 \times 25)=3.45$$

对于512 KiB八路组相联缓存，该时间为：

$$存储器平均访问时间_{八路}=1.52+(0.006 \times 25)=1.67$$

利用这些公式及表B-4中的缺失率，表B-7给出了每种缓存和相联度下的存储器平均访问时间。该表显示，对于不大于8 KiB、不超过四路相联度的缓存，本例中的公式成立。从16 KiB开始，较高相联度的较长命中时间超过了因为缺失降低所节省的时间。

表B-7 以表B-4中的缺失率作为本例中参数得出的存储器平均访问时间

缓存大小（KiB）	相联度			
	一路	两路	四路	八路
4	3.44	3.25	3.22	**3.28**
8	2.69	2.58	2.55	**2.62**
16	2.23	**2.40**	**2.46**	**2.53**
32	2.06	**2.30**	**2.37**	**2.45**
64	1.92	**2.14**	**2.18**	**2.25**
128	1.52	**1.84**	**1.92**	**2.00**
256	1.32	**1.66**	**1.74**	**1.82**
512	1.20	**1.55**	**1.59**	**1.66**

* 粗体表示这一时间高于左侧的数值，即较高的相联度延长了存储器平均访问时间。

注意，在本例中，我们没有考虑较慢时钟频率对程序其余部分的影响，因此低估了直接映射缓存的优势。

B.3.4 第四种优化方法：采用多级缓存降低缺失代价

降低缓存缺失已经成为缓存研究的传统焦点，但缓存性能公式告诉我们：通过降低缺失代价同样可以获得降低缺失率所带来的好处。此外，图 2-2 显示，技术发展趋势使处理器的速度增长快于 DRAM，从而使缺失代价的相对成本随时间的推移而升高。

处理器与存储器之间的性能差距让架构师开始思考这样一个问题：是应当加快缓存速度以与处理器速度相匹配，还是增大缓存以避免加宽处理器与主存储器之间的鸿沟？

一个回答是：两者都要实现。在原缓存与存储器之间再添加一级缓存可以简化这一决定。第一级缓存可以小到足以与快速处理器的时钟周期时间相匹配。而第二级缓存则可以大到足以捕获许多本来可能进入主存储器的访问，从而降低实际缺失代价。

尽管再添加一级层次结构在概念上非常简单，但它增加了性能分析的复杂度。第二级缓存的定义也并非总是那么简单。首先让我们为一个二级缓存定义**存储器平均访问时间**。用下标 L1 和 L2 分别指代第一级缓存和第二级缓存，原公式为：

$$\text{存储器平均访问时间} = \text{命中时间}_{L1} + \text{缺失率}_{L1} \times \text{缺失代价}_{L1}$$

及

$$\text{缺失代价}_{L1} = \text{命中时间}_{L2} + \text{缺失率}_{L2} \times \text{缺失代价}_{L2}$$

得

$$\text{存储器平均访问时间} = \text{命中时间}_{L1} + \text{缺失率}_{L1} \times (\text{命中时间}_{L2} + \text{缺失率}_{L2} \times \text{缺失代价}_{L2})$$

在这个公式中，第二级缺失率是针对第一级缓存未能找到的内容进行测量的。为了避免歧义，针对二级缓存系统采用以下术语。

- **局部缺失率**——缓存中的缺失数除以对该缓存进行的存储器访问总数。可以想到，对于第一级缓存，它等于**缺失率** $_{L1}$；对于第二级缓存，它等于**缺失率** $_{L2}$。
- **全局缺失率**——缓存中的缺失数除以处理器产生的存储器访问总数。利用以上术语，第一级缓存的全局缺失率仍然为**缺失率** $_{L1}$，对于第二级缓存则为**缺失率** $_{L1}$ **×** **缺失率** $_{L2}$。

第二级缓存的局部缺失率很大，这是因为第一级缓存已经提前解决了存储器访问中便于实现的部分。这就是为什么说全局缺失率是一个更有用的度量标准：它指出在处理器发出的存储器访问中，有多大比例指向了内存。

这是**每条指令缓存缺失数**度量的亮点。利用这一度量标准，不用再担心局部缺失率或全局缺失率的混淆问题，只需要扩展每条指令的存储器停顿，以增加第二级缓存的影响。

$$\text{每条指令的平均存储器停顿时间} = \text{每条指令缓存缺失数}_{L1} \times \text{命中时间}_{L2} + \text{每条指令缓存缺失数}_{L2} \times \text{缺失代价}_{L2}$$

例题 假定在1000次存储器访问中，第一级缓存中有40次缺失，第二级缓存中有20次缺失。各缺失率等于多少？假定L2缓存到存储器的缺失代价为200个时钟周期，L2缓存的命中时间为10个时钟周期，L1的命中时间为1个时钟周期，每条指令共有1.5次存储器访问。每条指令的存储器平均访问时间和平均停顿周期为多少？忽略写操作的影响。

解答 第一级缓存的缺失率（不管是局部缺失率还是全局缺失率）为40/1000=4%。第二级缓存的局部缺失率为20/40=50%。第二级缓存的全局缺失率为20/1000=2%。因此：

$$
\begin{aligned}
\text{存储器平均访问时间} &= \text{命中时间}_{L1} + \text{缺失率}_{L1} \\
&\quad \times (\text{命中时间}_{L2} + \text{缺失率}_{L2} \times \text{缺失代价}_{L2}) \\
&= 1+4\% \times (10 + 50\% \times 200) \\
&= 1+4\% \times 110 = 5.4\text{个时钟周期}
\end{aligned}
$$

为了知道每条指令会有多少次缺失，我们将1000次存储器访问除以每条指令的1.5次存储器访问，得到667条指令。因此，我们需要将缺失数乘以1.5，得到每千条指令的缺失数。于是得到每千条指令的L1缺失数为$40 \times 1.5 = 60$次，L2缺失数为$20 \times 1.5 = 30$次。关于每条指令的平均存储器停顿，假定缺失数在指令与数据之间是均匀分布的：

$$
\begin{aligned}
\text{每条指令的平均存储器停顿} &= \text{每条指令的缺失数}_{L1} \times \text{命中时间}_{L2} \\
&\quad + \text{每条指令的缺失数}_{L2} \times \text{缺失代价}_{L2} \\
&= (60/1000) \times 10 + (30/1000) \times 200 \\
&= 0.060 \times 10 + 0.030 \times 200 = 6.6\text{个时钟周期}
\end{aligned}
$$

如果从存储器平均访问时间（AMAT）中减去L1命中时间，然后再乘以每条指令的平均存储器访问次数，则可以得到每条指令的平均存储器停顿值：

$$(5.4 - 1.0) \times 1.5 = 4.4 \times 1.5 = 6.6\text{个时钟周期}$$

如本例所示，与缺失率相比，使用每条指令的缺失数进行计算可能会减少多级缓存造成的混淆。

注意，假设第一级缓存采用写回策略，这些公式是针对读写操作的。显然，采用写直达策略的第一级缓存会将**所有**写操作都发往第二级，而不是仅限于缺失，而且还可能使用写缓冲区。

图B-7和图B-8显示了一个设计中的缺失率和相对执行时间是如何随着第二级缓存的大小而变化的。从这两个图中可以看出以下两点。第一，如果第二级缓存远大于第一级缓存，则全局缓存缺失率与第二级缓存的单一缓存缺失率非常类似。因此，我们对第一级缓存的直觉和知识是适用的。第二，局部缓存缺失率**不是**第二级缓存的良好度量标准；它是第一级缓存缺失率的函数，因此可以随着第一级缓存的改变而变化。所以，在评估第二级缓存时，应当使用全局缓存缺失率。

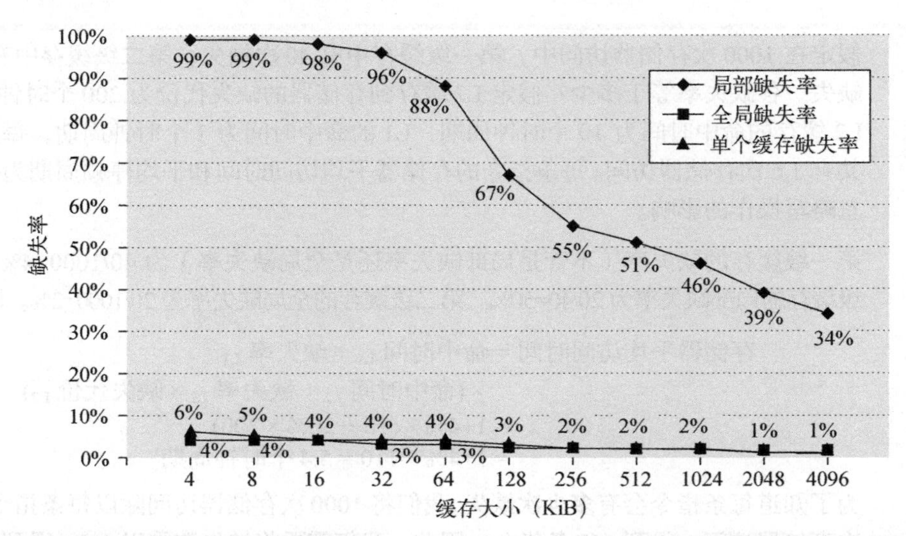

图 B-7 多级缓存的缺失率随缓存大小的变化。小于两个 64 KiB 一级缓存总和的第二级缓存没有什么意义，其高缺失率反映出了这一点。大于 256 KiB 之后，单个缓存的全局缺失率在 10%以内。单级缓存的缺失率随缓存大小的变化是根据第二级缓存的局部缺失率和全局缺失率绘制的，采用的是 32 KiB 一级缓存。L2 缓存（统一缓存）为有替换策略的两路组相联。它们分别有独立的 L1 指令缓存与数据缓存，它们都是 64 KiB 两路组相联，采用 LRU 替换策略。L1 缓存与 L2 缓存的块大小均为 64 字节。数据的收集方式与表 B-2 相同

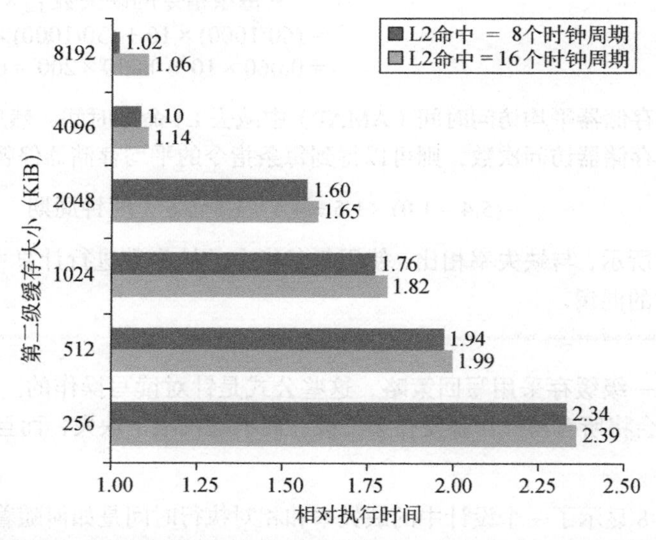

图 B-8 相对执行时间与第二级缓存大小的关系。图中的每两个长条表示一次 L2 缓存命中的不同时钟周期数。引用执行时间 1.00 是指一个 8192 KiB 第二级缓存在第二级命中的延迟为 1 个时钟周期。这些数据的收集方式与图 B-7 相同，使用模拟器模拟了 Alpha 21264

有了这些定义，我们可以考虑第二级缓存的参数。两级缓存之间的首要区别就是第一级缓存的速度影响处理器的时钟频率，而第二级缓存的速度仅影响第一级缓存的缺失代价。因此，我们可以在第二级缓存中考虑许多不能用于第一级缓存的替代选项。在设计第二级缓存时，主要有两个问题：是否会降低 CPI 中的存储器平均访问时间部分？其成本有多高？

首先要决定的是第二级缓存的大小。由于第一级缓存中的所有内容都可能在第二级缓存中，所以第二级缓存应当远大于第一级缓存。如果第二级缓存只是稍大一点，那局部缺失率将会很高。这一观察结果启发了巨型第二级缓存的设计——其大小达到了较早期计算机主存储器的规模！

有一个问题是：组相联对于第二级缓存是否有意义？

例题 给定以下数据，第二级缓存相联度对其缺失代价的影响如何？

- 直接映射的命中时间 $_{L2}$ 为 10 个时钟周期。
- 两路组相联将命中时间增加 0.1 个时钟周期，达到 10.1 个时钟周期。
- 直接映射的局部缺失率 $_{L2}$ 为 25%。
- 两路组相联的局部缺失率 $_{L2}$ 为 20%。
- 缺失代价 $_{L2}$ 为 200 个时钟周期。

解答 对于直接映射第二级缓存，第一级缓存缺失代价为：

$$\text{缺失代价}_{\text{一路 L2}} = 10 + 25\% \times 200 = 60.0 \text{ 个时钟周期}$$

加上相联度的成本后，命中成本仅增加 0.1 个时钟周期，由此得到新的第一级缓存缺失代价为：

$$\text{缺失代价}_{\text{两路 L2}} = 10.1 + 20\% \times 200 = 50.1 \text{ 个时钟周期}$$

事实上，第二级缓存几乎总是与第一级缓存和处理器同步。相应地，第二级命中时间必须为整数个时钟周期。如果幸运的话，我们可以将第二级命中时间缩短到 10 个时钟周期；如果不够幸运，则会舍入到 11 个周期。相对于直接映射第二级缓存，任一选项都是一种改进：

$$\text{缺失代价}_{\text{两路 L2}} = 10 + 20\% \times 200 = 50.0 \text{ 个时钟周期}$$
$$\text{缺失代价}_{\text{两路 L2}} = 11 + 20\% \times 200 = 51.0 \text{ 个时钟周期}$$

现在我们可以通过降低第二级缓存的**缺失率**来降低缺失代价了。

另一个要考虑的问题是第一级缓存中的数据是否在第二级缓存中。**多级包含**是存储器层次结构的一种自然策略：L1 数据总是出现在 L2 中。这种包含性是我们所需要的，因为仅通过检查第二级缓存就能确定 I/O 与缓存之间（或多处理器中的多个缓存之间）的一致性。

包含性的一个缺点是：测量结果可能表明要对较小的第一级缓存使用较小的块，对较大的第二级缓存使用较大的块。例如，Pentium 4 的 L1 缓存中的块为 64 字节，L2 缓存中的块为 128 字节。为了使包含性能够保持，在第二级缓存缺失时需要做更多的工作。如果一级块所映射的二级块将被替换，则第二级缓存必须使第一级缓存中那些映射到该块的缓存块失效，从而会略微提高第一级缺失率。为了避免此类问题，许多缓存设计师使所有各级缓存的块大小保持一致。

但是，如果设计师只能提供略大于 L1 缓存的 L2 缓存呢？它是不是有很大一部分空间要被用作 L1 缓存的冗余副本？在此种情况下，可以使用一种明显相反的策略：**多级互斥**，即 L1 中的数据绝对不会出现在 L2 缓存中。典型情况下，在采用互斥策略时，L1 中的缓存缺失将会导致 L1 与 L2 的块交换，而不是用 L2 块来替代 L1 块。这一策略防止了 L2 缓存中的空间浪费。例如，AMD Opteron 芯片使用两个 64 KiB L1 缓存和一个 1 MiB L2 缓存来执行互斥策略。

这些问题表明，尽管一些新手可能会独立地设计第一级缓存和第二级缓存，但在给定一个兼容的第二级缓存时，第一级缓存设计师的任务要简单一些。比如，如果下一级有写回缓存来为重复的写操作提供支持，而且使用了多级包含，那么使用写直达的风险就会小一些。

所有缓存设计的本质都是在加速命中和减少缺失之间实现平衡。对于第二级缓存，命中数要比第一级缓存中少得多，所以重心更多地偏向减少缺失。因为这一认知，人们开始采用大得多的缓存和降低缺失率的技术，比如采用更高的相联度和更大的块。

B.3.5　第五种优化方法：使读缺失的优先级高于写缺失，以降低缺失代价

这一优化方法在写操作完成之前就可以为读操作提供服务。我们首先看一下写缓冲区的复杂性。

采用写直达缓存时，最重要的改进就是一个大小合适的写缓冲区。但是，由于写缓冲区可能包含读缺失时所需要的位置的更新值，所以它们的确会使存储器访问变得复杂。

例题　看一下以下代码序列：

```
sd x3, 512(x0);M[512] ¬ R3 (cache index 0)
ld x1, 1024(x0);x1 ¬ M[1024](cache index 0)
ld x2, 512(x0);x2 ¬ M[512] (cache index 0)
```

假定有一个直接映射写直达缓存，它将 512 和 1024 映射到同一块中；还有一个四字写入缓存区，在读缺失时不会对其进行检查。x2 中的值是否总等于 x3 中的值?

解答　使用第 2 章的术语，这是存储器中的一个“写后读”数据冒险。我们通过跟踪一次缓存访问来了解这种危险性。x3 的数据在存储之后被放在写缓冲区中。随后的载入操作使用相同的缓存索引，因此产生一次缺失。第二条载入指令尝试将位置 512 处的值放到寄存器 x2 中，这样也会导致一次缺失。如果写缓冲区还没有完成向存储器中位置 512 的写入，对位置 512 的读取就会将错误的旧值放到缓存块中，然后再放入 x2 中。如果没有事先防范，x3x1 是不会等于 x2 的！

摆脱这一两难境地的最简单方法是让读缺失一直等待到写缓冲区为空为止。另一种方法是在发生读缺失时检查写缓冲区的内容，如果没有冲突而且存储器系统可用，则让读缺失继续。几乎所有桌面处理器与服务器处理器都使用后一种方法，使读操作的优先级高于写操作。

处理器在写回缓存中的写入成本也可以降低。假定一次读缺失将替换一个脏存储器块。我们不是将这个脏块写到存储器中，然后再读取存储器，而是将这个脏块复制到缓冲区中，然后读取存储器，再写入存储器。这样，处理器的读操作（处理器可能正在等待这一操作的完成）将会更快结束。和前一种情况类似，如果发生了读缺失，则处理器要么停顿到缓冲区为空，要么检查缓冲区中各个字的地址，以了解是否存在冲突。

我们已经介绍了5种用于降低缓存缺失代价或缺失率的优化方法，现在该来研究一下如何降低存储器平均访问时间的最后一个分量了。命中时间会影响处理器的时钟频率，所以它至关重要；在今天的许多处理器中，缓存访问时间限制了时钟频率，即使那些使用多个时钟周期来访问缓存的处理器也是如此。因此，缩短命中时间从多个方面来说都很重要，其作用不仅限于存储器平均访问时间公式。

B.3.6　第六种优化方法：避免在索引缓存期间进行地址变换，以缩短命中时间

即使一个小而简单的缓存也必须能够将来自处理器的虚拟地址变换为用以访问存储器的物理地址。如B.4节所述，处理器将主存储器看作另一级存储器层次结构，因此，必须将存在于磁盘上的虚拟存储器地址映射到主存储器。

根据“加快常见情景速度”这一指导原则，我们在缓存中使用虚拟地址，因为缓存命中的概率远高于缺失。这种缓存被称为**虚拟缓存**，而**物理缓存**用于表示使用物理地址的传统缓存。稍后将会看到，区别以下两项任务是非常重要的：索引缓存和对比地址。因此，问题是：使用虚拟地址还是物理地址索引缓存？使用虚拟地址还是物理地址进行标签对比？如果对索引和标记都完全采用虚拟寻址，在缓存命中时就可以省掉地址变换的时间。那么为什么不是所有体系结构都构建虚拟寻址的缓存呢？

一个原因是要提供保护。在将虚拟地址变换为物理地址时，无论如何都必须检查页级保护。一种解决方案是在缺失时从TLB复制保护信息，添加一个字段来保存这一信息，然后在每次访问虚拟寻址缓存时进行核对。

另一个原因是：在每次切换进程时，虚拟地址会指向不同的物理地址，这需要对缓存进行刷新。图B-9显示了这一刷新对缺失率的影响。一种解决方案是用**进程识别符标记**（PID）增大缓存地址标记的宽度。如果操作系统将这些标记指定给进程，那么只需要在PID被回收时刷新缓存；也就是说，PID可以区分缓存中的数据是不是为此这个程序准备的。图B-9显示了通过采用PID避免缓存刷新对缺失率的改善。

虚拟缓存没有变得更加普及的第三个原因是，操作系统和用户程序可能为同一物理地址使用两种不同的虚拟地址。这些重复地址称为**同义**地址或**别名**地址，可能会在虚拟缓存中生成同一数据的两个副本；如果其中一个被修改了，另一个就会包含错误的值。而采用物理缓存是不可能发生这种情况的，因为这些访问将会首先被转换为相同的物理缓存块。

同义地址问题的硬件解决方案称为**别名消去**，它能保证每个缓存块都拥有一个独一无二的物理地址。例如，AMD Opteron使用两路组相联的64 KiB指令缓存，页面大小为4 KiB。因此，硬件必须处理组索引中3个虚拟地址位所涉及的别名问题。它避免别名的方法就是在缺失时检查所有8种可能地址（4个组中各有2个块），以确保它们都不与被获取数据的物理地址相匹配。如果发现匹配，则使其失效，所以在向缓存中载入新数据时，就能保证它们的物理地址是独一无二的。

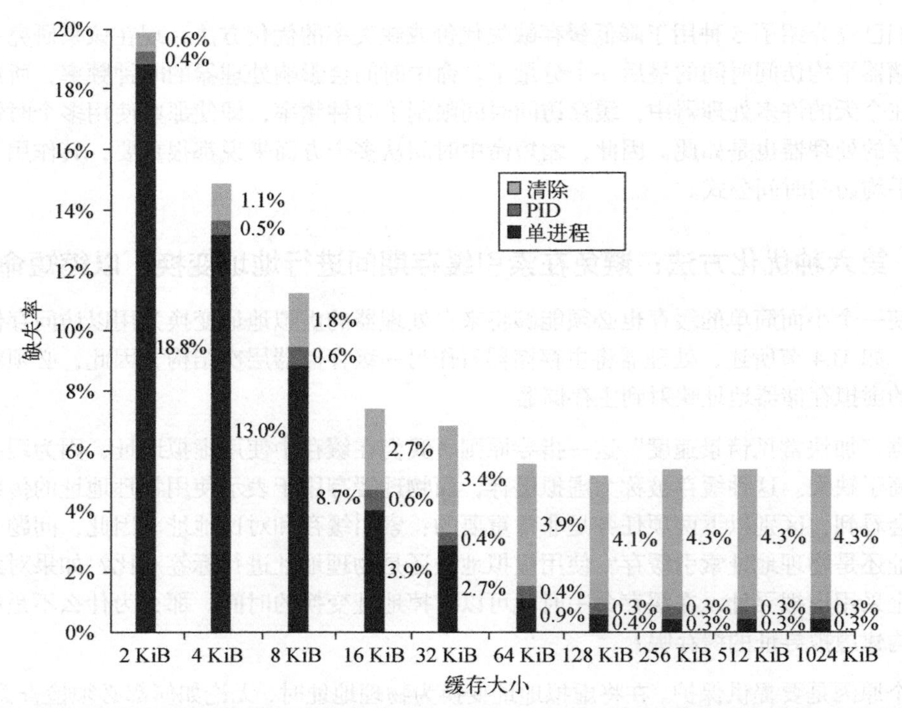

图 B-9　一个程序的缺失率随虚拟寻址缓存大小的变化，分 3 种情况测量：没有进程切换（单进程）；使用 PID 进行进程切换；有进程切换但没有 PID，即清除（purge）模式。PID 使单进程绝对缺失率增加 0.3%~0.6%，比清除模式节省 0.6%~4.3%。Agarwal [1987]针对 VAX 上运行的 Ultrix 操作系统收集了这些统计数字，假定采用直接映射缓存，块大小为 16 字节。注意缓存大小从 128 KiB 增大到 256 KiB 时缺失率的增加。因为缓存大小的变化会改变存储器块到缓存块的映射，而这种变化又会改变冲突缺失率，所以在缓存中可能会发生这种与人们直觉不一致的行为

软件可以强制这些别名共享某些地址位，从而大大简化了这一问题。比如 Sun Microsystems 出品的一个较早的 UNIX 版本，它要求所有别名地址的后 18 位都必须相同；这一限制称为**页面着色**。注意，页面着色只是将组相联映射应用到虚拟内存上：使用 64（2^6）个组来映射 4 KiB（2^{12} 字节）页面，确保物理地址和虚拟地址的后 18 位匹配。这一限制意味着不大于 2^{18} 字节（256 KiB）的直接映射缓存绝对不会为块使用重复的物理地址。从缓存的角度来看，页面着色有效地增大了页内偏移，因为软件保证了虚拟页地址和物理页地址的最后几位是相同的。

最后一个与虚拟地址相关的领域是 I/O。I/O 通常使用物理地址，从而需要映射到虚拟地址，以与虚拟地址交互。（I/O 对缓存的影响将在附录 D 中另行深入讨论。）

一种使虚拟缓存与物理缓存均能实现最佳性能的方法是使用一部分页内偏移量（也就是在虚拟地址与物理地址中相同的那一部分）来索引缓存。在使用索引读取缓存的同时，地址的虚拟部分被转换，标记匹配使用了物理地址。

这种方法允许缓存读操作立即开始，而标记对比仍然使用物理地址。这种**虚拟地址索引、物理标签**方法的局限性是直接映射缓存不能大于页面大小。例如，在图 B-3 中的数据缓存中，这个索引为 9 位，缓存块偏移量为 6 位。为了利用这一技巧，虚拟页面大小至少为 $2^{(9+6)}$字节，即 32 KiB。如果不是这样，则必须将该索引的一部分由虚拟地址变换为物理地址。图 B-10 显示

了在使用这一技术时的缓存、变换旁路缓冲区（TLB）和虚拟存储器的组织方式。

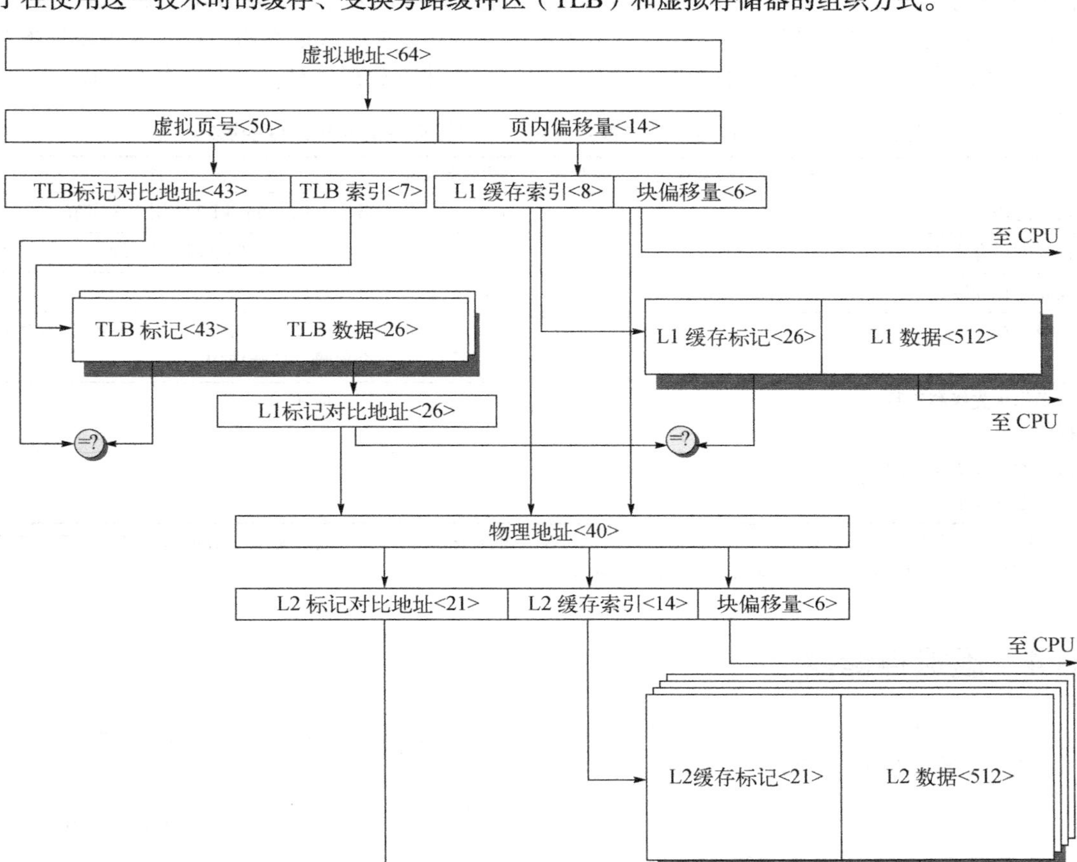

图 B-10 采用假设的内存层次结构，从虚拟地址到 L2 缓存访问的整体情况。页面大小为 16 KiB。采用 256 项的两路组相联 TLB。L1 缓存是一个 16 KiB 直接映射缓存，L2 缓存是一个总容量为 4 MiB 的四路组相联缓存。这两者的块大小都是 64 字节。虚拟地址为 64 位，物理地址为 40 位

相联度可以将此索引保存在地址中的物理地址部分，因此仍支持大型缓存。回想一下，索引的大小受以下公式的控制：

$$2^{\text{索引}}=\frac{\text{缓存大小}}{\text{块大小}\times\text{相联度}}$$

例如，使相联度和缓存大小同时加倍并不会改变索引的大小。作为一个极端示例，IBM 3033 缓存是一个十六路组相联缓存，尽管研究表明超过八路的组相联对缺失率没有什么好处。尽管 IBM 体系结构中存在页面大小为 4 KiB 这一限制，但这种高相联度允许使用物理索引对 64 KiB 缓存进行寻址。

B.3.7 基本缓存优化方法小结

本节介绍了用于降低缺失率与缺失代价、缩短命中时间的技术，这些技术通常会影响存储

器平均访问时间公式的其他部分，还会影响存储器层次结构的复杂性。表 B-8 总结了这些技术，并估计了它们对复杂性的影响，其中“+”表示该技术对该项有改进作用，“–”表示该技术对该项有负面影响，空白表示没有影响。表中任何一种优化方法都只对一个类别有所帮助。

表 B-8　本附录中介绍的基本缓存优化技术对缓存性能和复杂度的影响汇总

技　术	命中时间	缺失代价	缺失率	硬件复杂度	备　注
较大的块大小		–	+	0	微小；Pentium 4 L2 使用 128 字节
较大的缓存大小	–		+	1	广泛应用，特别是对于 L2 缓存
较高的相联度	–		+	1	广泛应用
多级缓存		+		2	昂贵的硬件；如果 L1 块大小≠L2 块大小会更难；广泛应用
读操作优先级高于写操作		+		1	广泛应用
避免在缓存索引期间进行地址变换	+			1	广泛应用

* 通常，一种技术只能改善一项。“+”意味着该技术对该项有改进作用，“–”意味着有负面影响，空白表示没有影响。复杂度是主观的，0 表示最容易，3 表示最富挑战性。

B.4　虚拟存储器

……已经设计了一种系统，使芯鼓组合存储方式（core drum combination）在程序员看来就是一个单级存储，必要的转移都是自动进行的。

——Kilburn 等[1962]

在任意时刻，计算机都在运行多个进程，每个进程有自己的地址空间。（进程将在下一节描述。）为每个进程专门分配一个完整的地址空间成本太高了，而且许多进程只使用其地址空间的一小部分。因此，必须有一种方法来在多个进程之间共享较少的物理空间。

其中一种做法——**虚拟存储器**，将物理存储器划分为块，并分配给不同的进程。这种方法必然要求采用一种保护机制来限制各个进程，使其仅能访问属于自己的块。大多数虚拟存储器还缩短了程序的启动时间，因为程序启动之前不再需要所有代码和数据都存在于物理内存中。

尽管由虚拟存储器提供的保护对于目前的计算机来说是必需的，但共享并不是发明虚拟存储器的原因。如果一个程序对物理存储器来说太大了，就需要由程序员将其调整为合适大小。程序员将程序划分为片段，然后找出互斥的片断，在执行过程中根据用户程序控制来加载或卸载这些**覆盖段**（overlay）。程序员确保程序绝对不会尝试访问超出计算机现有的物理主存储器，并确保会在正确的时间加载正确的覆盖段。正如你可以想象的那样，这种责任降低了程序员的生产效率。

虚拟存储器的发明是为了减轻程序员的这一负担，它自动管理表示为主存储器和辅助存储的两级存储器层次结构。图 B-11 显示了一个有 4 个页面的程序的虚拟存储器到物理存储器的映射情况。

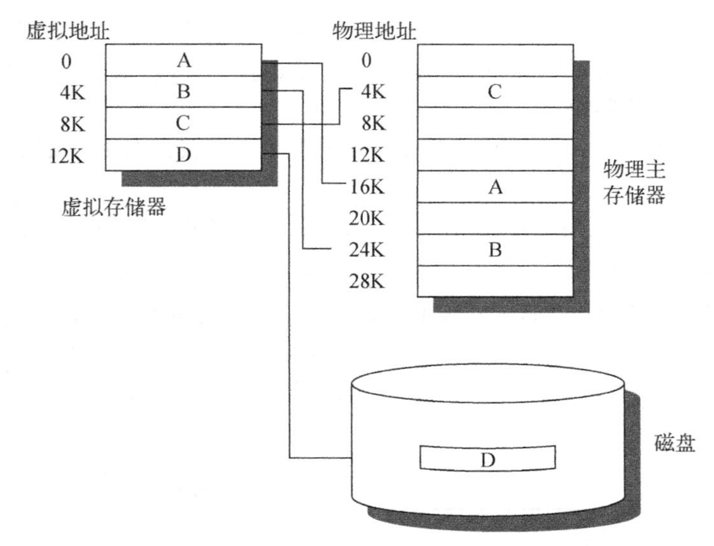

图 B-11 左侧展示了位于连续虚拟地址空间中的逻辑程序。它包括 A、B、C、D 4 个页。这些块中有 3 个的实际位置在物理主存储器中，另一个位于磁盘上

除了共享受保护的存储器空间和自动管理存储器层次结构之外，虚拟存储器还简化了为执行程序而进行的加载过程。这种被称为**重定位**（relocation）的机制允许同一程序在物理存储器中的任意位置运行。图 B-11 中的程序可以放置在物理存储器或磁盘中的任意位置，只要改变它们之间的映射即可。（在虚拟存储器流行之前，处理器中会包含一个用于此目的的重定位寄存器。）硬件解决方案的一种替代方法是使用软件，在每次运行一个程序时，改变其所有地址。

第 1 章中几个有关缓存的一般性存储器层次结构思想与虚拟存储器类似，当然，其中有许多术语不同。**页**或**段**用于块，**缺页错误**或**地址错误**用于缺失。通过虚拟存储器，处理器会生成**虚拟地址**，由软硬件组合方式转换为**物理地址**，再用来访问主存储器。这一过程称为**存储器映射**或**地址变换**。今天，由虚拟地址控制的两级存储器层次结构为 DRAM 和磁盘。表 B-9 显示了虚拟存储器层次结构参数的典型范围。

表 B-9 缓存与虚拟存储器的典型参数范围

参 数	第一级缓存	虚拟存储器
块（页）大小	16~128 字节	4096~65 536 字节
命中时间	1~3 个时钟周期	100~200 个时钟周期
缺失代价	8~200 个时钟周期	1 000 000~10 000 000 个时钟周期
（访问时间）	（6~160 个时钟周期）	（800 000~8 000 000 个时钟周期）
（传输时间）	（2~40 个时钟周期）	（200 000~2 000 000 个时钟周期）
缺失率	0.1%~10%	0.000 01%~0.001%
地址映射	25~45 位物理地址到 14~20 位缓存地址	32~64 位虚拟地址到 25~45 位物理地址

* 虚拟存储器参数是缓存参数的 10 到 1 000 000 倍。通常，第一级缓存包含至少 1 MiB 数据，而物理存储器包含 256 MiB 到 1 TB 数据。

除了表 B-9 中提到的量化区别之外，缓存与虚拟存储器之间还有其他一些区别，如下所述。

- 发生缓存缺失时的替换主要由硬件控制，而虚拟存储器替换主要由操作系统控制。缺失代价越高，做出正确决定就显得越重要，所以操作系统可以参与其中，花费一些时间来决定要替换哪些块。
- 处理器地址空间的大小决定了虚拟存储器的大小，但缓存大小与处理器地址空间大小无关。
- 除了在层次结构中充当主存储器的低一级后援存储之外，辅助存储还用于文件系统。事实上，文件系统占用了大部分辅助存储。它通常不在地址空间中。

虚拟存储器还包含几种相关技术。虚拟存储器系统可分为两类：采用固定大小块的**页**和采用可变大小块的**段**。页面大小通常固定为 4096~8192 字节，而段大小是变化的。任意处理器所支持的最大段范围为 2^{16} 字节至 2^{32} 字节，最小段为 1 字节。图 B-12 显示了这两种方法如何划分代码和数据。

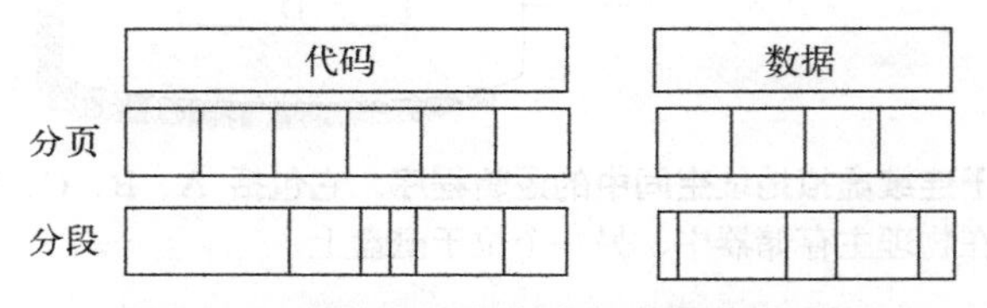

图 B-12　分页和分段方式划分程序的示例

是使用页虚拟存储器还是段虚拟存储器，这一决定会影响处理器。页寻址方式有一个固定大小的地址，分为页编号和页内偏移量，类似于缓存寻址。单一地址对分段地址无效，可变大小的段需要 1 个字来表示段号，1 个字表示段内的偏移量，总共 2 个字。对编译器来说，不分段地址空间更简单一些。

这两种方法的优缺点已经在操作系统教科书中进行了很好的阐述，表 B-10 总结了这些观点。由于替换问题（表中第三行），今天很少有计算机只使用分段的方法。一些计算机使用一种名为**页式分段**的混合方式，在这种方式中，一个段由整数个页组成。由于存储器不需要是连续的，也不需要所有段都在主存储器中，从而简化了替换过程。一种较新的混合方式是由计算机提供多种页面大小，较大页面的大小为最小页面大小的整数（且为 2 的幂）倍。例如，IBM 405CR 嵌入式处理器允许单个页面为 1 KiB、4 KiB（$2^2 \times 1$ KiB）、16 KiB（$2^4 \times 1$ KiB）、64 KiB（$2^6 \times 1$ KiB）、256 KiB（$2^8 \times 1$ KiB）、1024 KiB（$2^{10} \times 1$ KiB）、4096 KiB（$2^{12} \times 1$ KiB）。

表 B-10　分页与分段的对比

	页	段
每个地址的字的个数	1	2（段和偏移）
对程序员是否可见	对应用程序的程序员不可见	应用程序的程序员可能可以看到
替换块	很容易（所有块的大小相同）	困难（必须查找主存储器中连续的、可变大小的未使用部分）
存储器低效的原因	内部分段（页的未使用部分）	外部分段（主存储器中的未使用部分）
高效的磁盘通信	是（调整页面大小，以平衡访问时间和传输时间）	并非总是如此（小段可能仅传输几字节）

* 这两者都可能浪费存储器，具体取决于块大小及各分段能否很好地容纳于主存储器中。采用不受限指针的编程语言需要传递段和地址。一种称为**页式分段**的混合方法可以兼顾这两者的优点：分段由页组成，所以替换一个块是很轻松的，而一个段仍被看作一个逻辑单位。

B.4.1 再谈存储器层次结构的 4 个问题

我们现在已经为回答虚拟存储器的 4 个存储器层次结构问题做好了准备。

问题 1：一个块可以放在主存储器的什么位置？

由于涉及对旋转磁存储设备的访问，因此虚拟存储器的缺失代价非常高。如果要在较低的缺失率与较简单的放置算法之间进行选择，操作系统设计人员通常会选择较低的缺失率，因为缺失代价可能会高得离谱。因此，操作系统允许将块放在主存储器中的任意位置。根据图 B-1 中的术语，这一策略可以标记为全相联的。

问题 2：如果一个块在主存储器中，如何找到它？

分页和分段都依靠一种按页号或段号索引的数据结构。这种数据结构包含块的物理地址。对于分段方式，会将偏移量加到段的物理地址中，以获得最终物理地址。对于分页方式，该偏移量只是被联系到这一物理页地址（见图 B-13）。

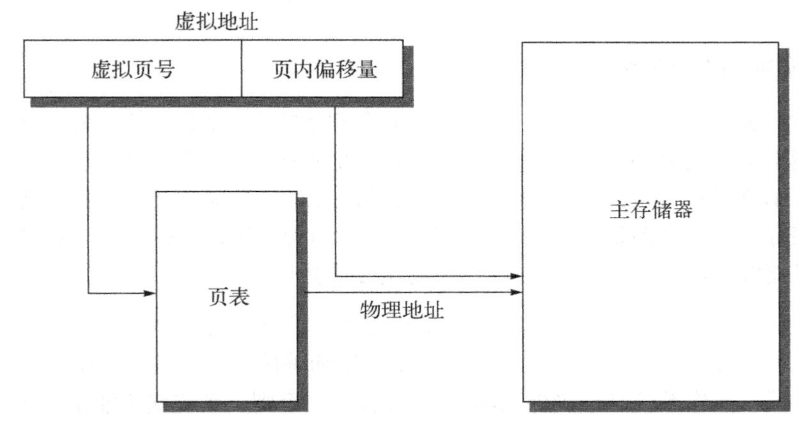

图 B-13 通过页表将虚拟地址映射到物理地址

这一包含物理页地址的数据结构通常采用**页表**的形式。这种表通常根据虚拟页号进行索引，其大小就是虚拟地址空间中的页数。给定一个 32 位虚拟地址、4 KiB 页，每个页表项（PTE）大小为 4 字节，则页表的大小为（$2^{32}/2^{12}$）$\times 2^2 = 2^{22}$，即 4 MiB。

为了缩小这一数据结构，一些计算机向虚拟地址应用了一种散列函数。这种散列允许数据结构的长度等于主存储器中**物理**页的数目。这一数目可以远小于虚拟页的数目。这种结构称为**反向页表**。利用前面的例子，一个 512 MiB 的物理存储器可能只需要 1 MiB（8 × 512 MiB/4 KiB）的反向页表；每个页表项另外需要 4 字节，用于表示虚拟地址。HP/Intel IA-64 同时支持传统页表和反向页表，具体使用哪一种机制，交由操作系统程序员选择。

为了缩短地址变换时间，计算机使用一个专门进行这些地址变换的缓存，称为**变换旁路缓冲区**，简称**变换缓冲区**，稍后会详细介绍。

问题 3：在虚拟存储器缺失时应当替换哪个块？

前面曾经提到，操作系统的最高指导原则是将缺页错误降至最低。几乎所有操作系统都遵循这一指导原则，尝试替换最近最少使用（LRU）的块，这是因为如果用过去的信息来预测未来，则将来用到这种块的可能性最低。

为了帮助操作系统评估 LRU，许多处理器提供了一个**使用位**或**参考位**，从逻辑上来说，只要访问一个页，就应对其置位。（为了减少工作，实际上仅在发生转换缓冲区缺失时对其置位，稍后将具体介绍。）操作系统定期清除这些使用位，之后再记录它们，以判断在一个特定时间段使用了哪些页。通过这种方式进行跟踪，操作系统可以选择最近最少引用的一个页。

问题 4：在写入时发生了什么？

主存储器的下一级包含旋转磁盘，其访问会耗时数百万个时钟周期。由于访问时间的巨大差异，还没有人构建一种虚拟存储器操作系统，在处理器每次执行存储操作时将主存储器写直达到磁盘上。（不要因此认为这是一个通过首次构建这种操作系统而成名的机会！）因此，这里总是采用写回策略。

由于对低一级的非必要访问的成本太高了，所以虚拟存储器系统通常会包含一个脏位。利用这一脏位，可以仅将上次读取磁盘之后修改过的块写至磁盘。

B.4.2　快速地址变换技术

页表通常很大，所以存储在主存储器中，有时它们本身就是分页的。分页意味着每次存储器访问在逻辑上至少要分两次进行，第一次存储器访问是为了获得物理地址，第二次访问是为了获得数据。第 2 章曾经提到，我们使用局部性来避免增加存储器访问次数。将地址变换局限在一个特殊缓存中，存储器访问就很少再需要第二次访问来转换数据。这一特殊地址变换缓存被称为**变换旁路缓冲区**（TLB），有时也称为**变换缓冲区**（TB）。

TLB 项就像是缓存中的一个条目，其中的标记保存了虚拟地址部分，数据部分保存了物理页帧编号、保护字段、有效位，通常还有一个使用位和脏位。要改变页表中某一项的物理页帧编号或保护字段，操作系统必须确保旧项不在 TLB 中；否则，系统就不能正常运行。注意，这个脏位意味着对应**页**曾被改写过，而不是指 TLB 中的地址变换或数据缓存中的特殊块经过改写。操作系统通过改变页表中的值，然后使相应的 TLB 项失效来重置这些位。在从页表中重新加载该项时，TLB 会获得这些位的准确副本。

图 B-14 展示了 Opteron 数据 TLB 组织方式，并标出了每一个变换步骤。这个 TLB 使用全相联布置，因此，变换首先向所有标记发送虚拟地址（步骤 1 和步骤 2）。当然，这些标签必须被标记为有效，以允许匹配。同时，根据 TLB 中的保护信息检查存储器访问的类型是否违规（也在步骤 2 中完成）。

和缓存中的理由相似，TLB 中也不需要包含页内偏移量的 12 个位。匹配成功的标记通过一个 40 选 1 多路选择器发送相应的物理地址（步骤 3）。然后将页内偏移量与物理页帧合并，生成一个完整的物理地址（步骤 4）。地址大小为 40 位。

关于处理器时钟周期的确定，地址变换很可能发挥至关重要的作用，所以 Opteron 使用虚拟地址索引、物理标签的 L1 缓存。

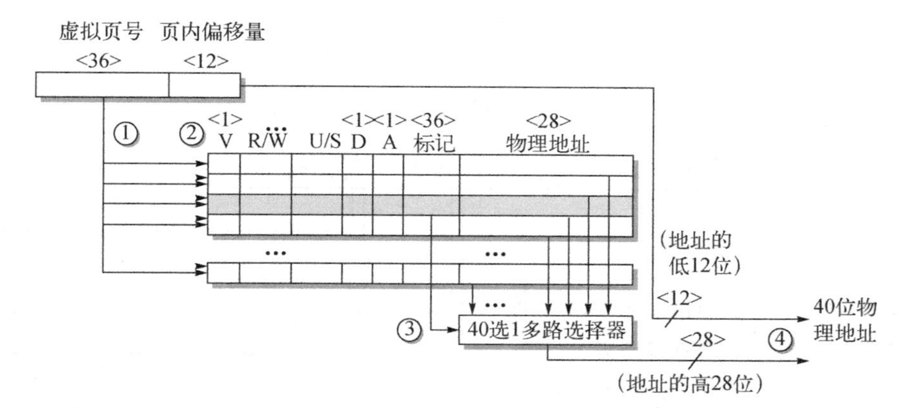

图 B-14 在地址变换期间 Opteron 数据 TLB 的操作。一次 TLB 命中的 4 个步骤用带圆圈的数字表示。这个 TLB 有 40 项。B.5 节描述了 Opteron 页表项的各种保护字段与访问字段

B.4.3 选择页面大小

最显而易见的体系结构参数是页面大小。页面大小的选择是一个设计上偏向大页还是偏向小页的平衡。以下偏向较大页面的理由。

- 页表的大小与页面大小成反比，因此，增大页面大小可以节省存储器（或其他用于存储器映射的资源）。
- B.3 节曾经提到，页面较大时，缓存可以更大，缓存命中时间可以更短。
- 与传递较小的页面相比，从（向）辅助存储传递较大页面（有可能通过网络）的效率更高一些。
- TLB 条目的数量有限，所以页面较大意味着可以高效地映射更多存储器，从而减少 TLB 缺失数量。

由于最后这个原因，近来的微处理器决定支持多种页面大小。对于一些程序，TLB 缺失对 CPI 的影响可能与缓存缺失一样大。

采用较小页面的主要目的是节省存储。当虚拟存储器的连续区域的大小不等于页面大小的整数倍时，采用较小的页面可以减少存储的浪费。表示页面中这种未使用存储器的术语是**内部碎片化**。假定每个进程有 3 个主要段（文本、堆和栈），每个进程的平均浪费存储量为页面大小的 1.5 倍。对于有数百 MiB 存储器、页面大小为 4~8 KiB 的计算机来说，这点数量是可以忽略的。当然，当页面非常大（超过 32 KiB）时，就可能浪费存储（主存储器和辅助存储器）和 I/O 带宽了。最后一个问题是进程启动时间，许多进程很小，所以较大的页面可能会延长调用一个进程的时间。

B.4.4 虚拟存储器和缓存小结

由于虚拟存储器、TLB、第一级缓存、第二级缓存都映射到虚拟地址空间与物理地址空间的一部分，所以人们可能会混淆哪些位去了哪里。图 B-15 给出了一个从 64 位虚拟地址到 41 位物理地址的虚构示例，它采用两级缓存。L1 缓存的缓存大小和页面大小都是 8 KiB，所以它是虚拟地址索引、物理标签的。L2 缓存为 4 MiB。这两者的块大小都是 64 字节。

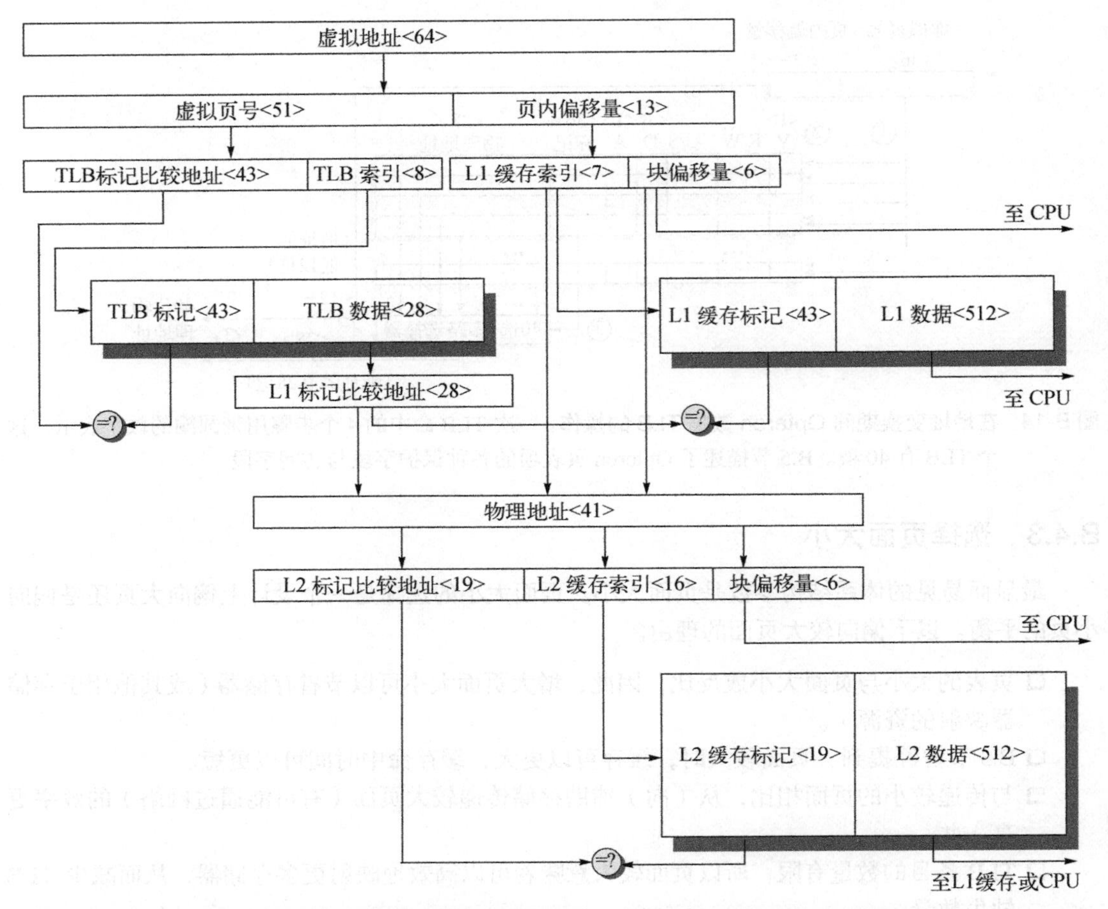

图 B-15　一个从虚拟地址到 L2 缓存访问的假想存储器层次结构的整体情况。页面大小为 8 KiB。TLB 为直接映射，有 256 项。L1 缓存为直接映射的，大小为 8 KiB；L2 缓存为直接映射的，大小为 4 MiB。两者的块大小都是 64 字节。虚拟地址为 64 位，物理地址为 41 位。真实的缓存结构主要是对这个简单结构的每个部分进行复制

首先，64 位虚拟地址在逻辑上被划分为虚拟页号和页内偏移量。前者被发送到 TLB，并被转换为物理地址，而后者的高位被发送到 L1 缓存，充当索引。如果 TLB 匹配命中，则将物理页号发送到 L1 缓存标记，检查是否匹配。如果匹配，则是 L1 缓存命中。块偏移随后为处理器选择该字。

如果 L1 缓存核对显示为缺失，则使用物理地址尝试 L2 缓存。物理地址的中间部分用作 4 MiB L2 缓存的索引。将所得到的 L2 缓存标记与物理地址的上半部分对比，以检查是否匹配。如果匹配，我们得到一次 L2 缓存命中，数据被送往处理器，处理器使用块偏移量来选择所需字。在发生 L2 缺失时，会使用物理地址从存储器获取该块。

尽管这是一个简单示例，但该图与真实缓存之间的主要区别只是真实缓存是对该图的复制。第一种简化是，只有一个 L1 缓存。如果有两个 L1 缓存，会重复该图的上半部分。注意，这会导致拥有两个 TLB，而这正是典型情况。此时，一个缓存和 TLB 用于指令，由 PC 驱动；一个缓存和 TLB 用于数据，由实际地址驱动。

第二种简化是所有缓存与 TLB 都是直接映射的。如果有任何一个是 n 路组相联的，则会将每一组标记存储器、比较器和数据存储器重复 n 次，并用一个 n 选 1 多路选择器将数据存储器连接在一起，以选择命中内容。当然，如果总缓存大小保持不变，则缓存索引也会收缩 $\log_2 n$ 位，如图 B-4 中的公式所示。

B.5 虚拟存储器的保护与示例

在多道程序中，计算机由几个并行运行的程序共享。多道程序的发明对程序之间的保护和共享提出了新的要求。这些要求与今天计算机中的虚拟存储器密切相关，所以这里用两个虚拟存储器的示例来介绍这一主题。

多道程序导致了**进程**概念的出现。打个比方，进程就是程序呼吸的空气和生活的空间，即一个正在运行的程序加上持续运行它所需的所有状态。分时共享是多道程序的一种变体，由几个同时进行交互的用户来共享处理器和存储器，给人的感觉是所有用户都拥有自己的计算机。因此，在任何时刻都必须能够从一个进程切换到另一进程。这种交换被称为**进程切换**或**上下文切换**。

一个进程无论是从头到尾连贯执行，还是被反复中断并与其他进程切换，都必须正确运行。维护正确进程行为的责任由计算机和操作系统的设计者共同分担。计算机设计师必须确保进程状态的处理器部分能够保存和恢复。操作系统设计师必须确保这些进程不会干扰对方的计算。

要保护一个进程的状态免受其他进程损害，最安全的方法就是将当前信息复制到磁盘上。但是，一次进程切换可能需要几秒钟，这对分时共享环境来说过长了。

这个问题的解决方法是由操作系统对主存储器进行划分，使几个不同的进程能够在存储器中同时拥有自己的状态。这意味着操作系统设计师需要计算机设计师的帮助来提供保护，以免某一进程修改其他进程。除了保护之外，计算机还为进程之间共享代码和数据提供支持，允许进程之间进行通信，或者通过减少相同信息的副本数目来节省存储器。

B.5.1 保护进程

让进程拥有自己的页表，分别指向存储器的不同页面，这样可以为进程提供保护，避免相互损害。显然，必须防止用户程序修改它们的页表，或者以欺骗方式绕过保护措施。

根据计算机设计者或购买者的理解，可以提升保护级别。向处理器保护结构中加入**环**，可以将存储器访问保护扩展到远远超出最初的两级（用户级和内核级）。就像军用分类系统将信息划分为绝密、机密、秘密和非涉密一样，安全级别的同心环状结构可以让最受信任的人访问所有信息，第二受信任的人访问除最内层级别之外的所有信息，以此类推。“民用”程序是可信度最低的，因此对访问范围的限制也最多。关于存储器中可能包含代码的部分也有一些限制（执行保护），甚至对级别之间的入口点也要提供保护。本节后面将介绍的 Intel 80x86 保护结构使用了环。在实践中，这些环相对于用户和内核模式的简单系统来说是否有改善尚不清楚。

随着设计师的忧虑升级为惶恐，这些简单的环可能就不够了。要限制程序在内层保密位置的自由度，需要采用一种新的分类系统。除了军用模型之外，还可以将这一系统比作钥匙和锁：

没有钥匙的程序是不能对数据访问进行解锁的。为使这些钥匙（或者说能力）发挥作用，硬件和操作系统必须能够明确地在程序之间传送它们，而不允许程序自行伪造它们。为缩短钥匙核对时间，需要为这一核对机制提供大量硬件支持。

多年来，80x86 体系结构已经尝试了这几种方法。由于保持后向兼容性是这种体系结构的指导原则之一，所以该体系结构的最新版本包含了它在虚拟存储器中的所有试验探索。这里将回顾其中的两种：首先是较早的分段地址空间，然后是较新的 64 位地址空间。

B.5.2　分段虚拟存储器举例：Intel Pentium 中的保护方式

一个人设计的第二个系统是他所设计的最为危险的系统……第二个系统往往会过度设计，设计师会将自己在第一个系统中谨慎排除的所有想法都塞到第二个系统中。

——F. P. Brooks, Jr.
The Mythical Man-Month（1975）

最早的 8086 使用分段寻址，但它没有提供任何虚拟存储器或保护。分段拥有基础寄存器，但没是界限寄存器，也没有访问核查，在载入分段寄存器之前，必须将相应段载入物理存储器。Intel 致力于虚拟存储器和保护机制，这一点在 8086 的后续产品中体现得很明显，它扩展了一些字段来支持更大的地址。这种保护机制非常精巧，精心设计了许多细节，以试图避免安全漏洞。我们将其称为 IA-32。下面将重点介绍 Intel 的一些安全措施。如果你觉得阅读起来比较困难，那就想想实现它们的难度吧！

第一种增强是将传统的两级保护模型加倍：IA-32 有四级保护，其中最内层（0）对应于传统的内核模式，最外层（3）是权限最小的模型。IA-32 为每一级提供独立的栈，以避免不同级别之间的安全漏洞。IA-32 还有一些与传统页表类似的数据结构，其中包含了段的物理地址，以及一个对变换后的地址进行检查的列表。

Intel 设计师并没有就此驻足不前。IA-32 划分了地址空间，让操作系统和用户都能访问整个空间。IA-32 用户能够在保持全面保护的情况下调用这一空间中的操作系统例程，甚至还可以向其传送参数。由于操作系统栈不同于用户栈，所以这一安全调用可不是一个简单的操作。另外，IA-32 允许操作系统为那些传递给**被调用**例程的参数保持**被调用**例程的保护级别。禁止用户进程要求操作系统间接访问一些该进程自己不能访问的东西，就可以防止出现这一潜在保护漏洞。（此类安全漏洞称为**特洛伊木马**。）

Intel 设计师有一条指导原则：尽可能对操作系统持怀疑态度，并支持共享和保护。作为这种受保护共享的一个应用示例，假定有一个薪金支付系统，它要填写支票，并更新有关本年度截至当前的总薪金和津贴支付信息。我们希望赋予该程序读取薪金和当前信息以及修改当前信息的功能，但不能修改薪金。稍后将会看到支持这些功能的机制。在本节的其余部分，我们将大体研究 IA-32 保护，并研究其开发动机。

1. 增加界限检查和存储器映射

增强 Intel 处理器的第一个步骤是利用分段寻址来检查界限和提供基址。IA-32 中的分段寄存器中包含的不是基址，而是指向虚拟存储器数据结构的索引，这种结构称为**描述符表**。描述符表扮演着传统页表的角色。IA-32 上与页表项（PTE）等价的是**段描述符**。它包含可以在 PTE

中找到的字段，如下所述。

- **存在字段**——等价于 PTE 有效位，用于表明这是一个有效变换。
- **基址字段**——等价于一个页帧地址，包含该段第一个字节的物理地址。
- **访问字段**——类似于某些体系结构中的引用位或使用位，可以为替换算法提供帮助。
- **属性字段**——为使用这一段的操作指定有效操作和保护级别。

还有一个在分页系统中没有出现的**界限字段**，它确定这一分段有效偏移量的上限。图 B-16 给出了 IA-32 段描述符的示例。

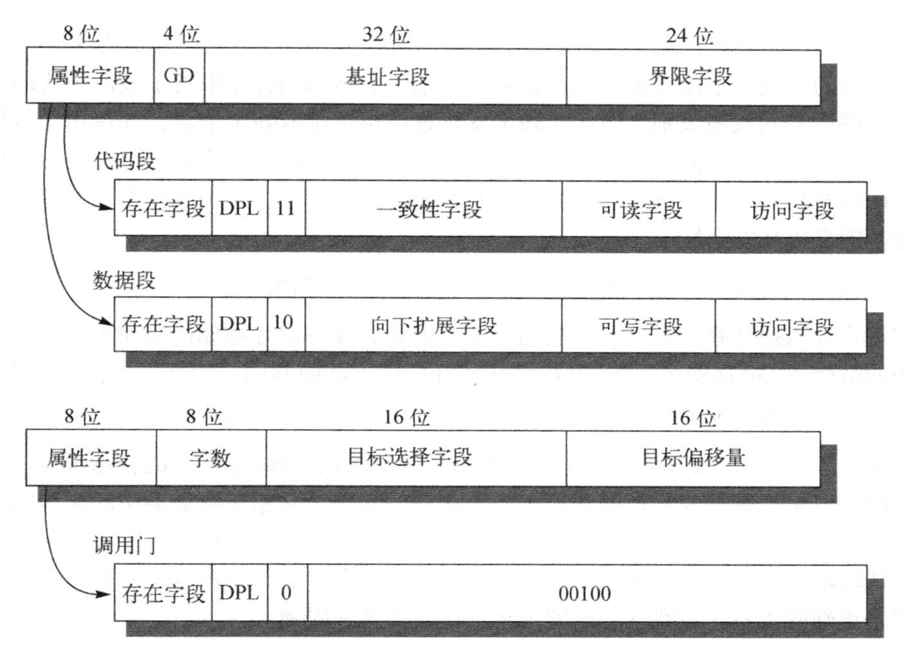

图 B-16 IA-32 段描述符由其属性字段中的位进行区分。基址字段、界限字段、存在字段、可读字段和可写字段的用途都是不言自明的。D 是指令的默认寻址大小：16 位或 32 位。G 是段界限的粒度：0 表示采用字节，1 表示采用 4 KiB 的页。在开启分页以设置页表大小时，将 G 设置为 1。DPL 表示**描述符权限级别**——根据代码权限级别核对 DPL，以查看是否允许访问。**一致性**是指代码采用被调用代码的权限级别，而不是调用者的权限级别；它用于库例程。**向下扩展字段**颠倒检查过程，以基址字段为高位标记，界限字段为低位标记。可以猜到，这种方式用于向下延展的栈段。**字数字段**控制从当前栈向调用门上新栈复制的字数。调用门描述符的其他两个字段——**目标选择字段**和**目标偏移量**，分别选择该调用目标的描述符及其内部的偏移量。IA-32 保护模型中的段描述符远不止这 3 种

除了这种分段寻址之外，IA-32 还提供了一种可选的分页系统。32 位地址的上面部分选择段描述符，中间部分是描述符所选页表的索引。下面介绍不依赖分页的保护系统。

2. 增加共享和保护

为提供受保护的共享，地址空间的一半由所有进程共享，另一半由各进程独享，分别称为**全局地址空间**和**局部地址空间**。IA-32 为每一半都提供一个拥有适当名称的描述符表。指向共享段的描述符被放在全局描述符表中，指向专用段的描述符被放在局部描述符表中。

程序向 IA-32 段寄存器中载入一个索引和一个位，其中索引指向描述符表，位表明程序希望获得哪个表。根据描述符中的属性对操作进行检查，将来自处理器的偏移量加到描述符中的基址来构成物理地址，前提是这一偏移量要小于界限字段。每个段描述符都有一个独立的 2 位字段，来提供这个段的合法访问级别。仅当程序尝试以段描述符中的较低保护级别使用段时，才会发生违例。

下面介绍如何调用上述薪金支付程序来更新当前信息，但不允许它更新薪金数据。可以向程序提供该信息的一个描述符，描述符的可写字段被清空，表明程序能够读取数据但不能写数据。然后可以提供一个受信任的程序，它只会写入当前最新信息。在向这一程序提供的描述符中，其可写字段已被置位（见图 B-16）。薪金支付程序使用一个代码段描述符来调用受信任的代码，描述符的一致性字段已被置位。这种设置意味着被调用程序取得了被调用代码的权限级别，而不是调用者的权限级别。因此，薪金支付程序可以读取薪金信息，并调用受信任的程序来更新当前总值，但不能修改薪金。如果系统中存在特洛伊木马，它必须位于受信任代码中才能生效，而这段代码的唯一任务就是更新截至目前的最新信息。这种保护类型的理由是通过限制漏洞的范围来提高安全性。

3. 增加从用户到操作系统门的安全调用，为参数继承保护级别

允许用户介入操作系统是非常大胆的一步。但是，硬件设计师如何能在不信任操作系统或其他代码的情况下，增加安全系统的可能性呢？IA-32 方法限制用户能够进入代码段的位置，将参数安全地放到正确的栈中，并确保用户参数不会取得被调用代码的保护级别。

为限制进入其他代码，IA-32 提供了一种被称为**调用门**（call gate）的特殊段描述符，用属性字段中的一位来识别。与其他描述符不同，调用门是一个对象在存储器中的完整物理地址，处理器提供的偏移量被忽略。如前所述，它们的目的是防止用户随机进入一段受保护或拥有更高权限的代码段中。在我们这个编程示例中，这意味着薪金支付程序唯一能够调用受信任代码的位置就是正确的边界。一致性字段的正常工作需要这一限制。

如果调用者和被调用者“相互怀疑”，都不相信对方，会怎么样呢？在图 B-16 中底部描述符的字数字段中可以找到解决方案。当一条调用指令调用一个调用门描述符时，描述符将局部栈中的一些字复制到这个段级别对应的栈中，字的数量由描述符指定。这一复制过程允许用户首先将参数压入局部栈中，从而实现参数传递。随后由硬件将参数安全地传送给正确的栈。在从调用门返回时，会将参数从栈中弹出，并将返回值复制到正确的栈中。注意，这个模型与目前寄存器中传递参数的实际做法不兼容。

这一机制仍然未能解决潜在的安全漏洞：操作系统以操作系统的安全级别来使用作为参数传递的用户地址，而不是使用用户级别。IA-32 在每个处理器段寄存器中专门拿出 2 个位来指定**所请求的保护级别**，从而解决了上述问题。当调用操作系统例程时，它会执行一个指令，该指令用调用例程的用户的保护级别来设置所有地址参数中的这个 2 位字段。因此，当这些地址参数被载入段寄存器时，它们将所请求的保护级别设置为正确值。IA-32 硬件随后使用所请求的保护级别来防止欺骗：对于使用这些参数的系统例程，如果其权限保护级别高于被请求级别，则不得访问任何段。

B.5.3 分页虚拟存储器举例：64 位 Opteron 内存管理

AMD 工程师发现人们很少使用上述这种精致、复杂的保护模型。常用的模型是在 80386 中引入的一种平面 32 位地址空间，它将段寄存器的所有基址值都设置为 0。因此，AMD 在 64 位模式中摒弃了多个段。它假定段基址为 0，忽略了界限字段。页面大小为 4 KiB、2 MiB 和 4 MiB。

AMD64 体系结构的 64 位虚拟地址被映射到 52 位物理地址，当然，具体实现可以采用较少的位数，以简化硬件。例如，Opteron 使用 48 位虚拟地址和 40 位物理地址。AMD64 需要虚拟地址的高 16 位就是低 48 位的符号扩展，这称为**规范格式**。

64 位地址空间页表的大小是惊人的。因此，AMD64 使用了一种多级层次结构页表来映射地址空间，使其保持合理大小。级别数取决于虚拟地址空间的大小。图 B-17 显示了 Opteron 的 48 位虚拟地址的四级变换。

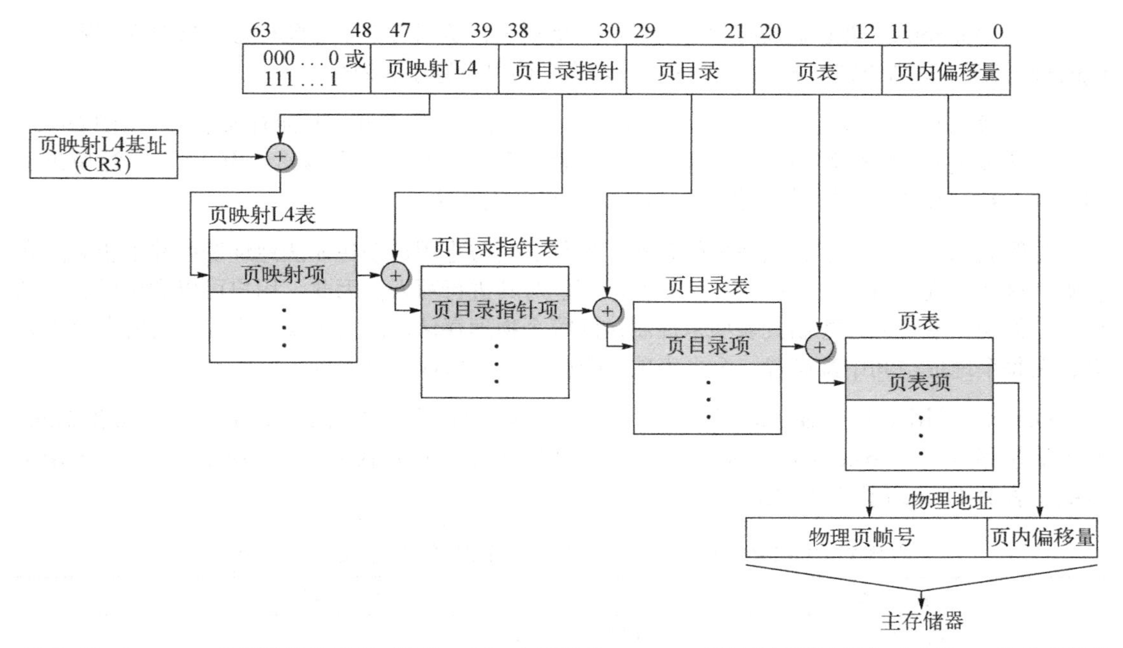

图 B-17 Opteron 虚拟地址的映射。拥有 4 个页表级别的 Opteron 虚拟存储器实现方式支持 40 位的有效物理地址大小。每个页表有 512 项，所以每一级字段的宽度为 9 位。AMD64 体系结构文档允许虚拟地址大小从当前的 48 位增长到 64 位，允许物理地址从当前的 40 位增长到 52 位

这些页表中各个表的偏移量来自 4 个 9 位字段。进行地址变换时，首先将第一个偏移量加到页映射第 4 级基址寄存器，然后从这个位置读取存储器，获取下一级页表的基址。然后再将下一级地址偏移量添加到这个新获取的地址，再次访问存储器，以确定第三个页表的基址。再次重复以上过程。最后一个地址字段被加到这一最终基址，然后使用两者之和读取存储器，（最终）获得所引用页面的物理地址。这个地址与 12 位页内偏移量串接在一起，以获得完整的物理地址。注意，Opteron 体系结构中的页表可以放在单个 4 KiB 页中。

Opteron 在每个页表中使用一个 64 位的条目。前 12 位为保留位，供以后使用，接下来的 52 位包含物理页帧编号，最后 12 位提供保护和使用信息。尽管不同页表级别的字段会有所变

化，但基本上都有以下位。

- **存在位**——表明该页存在于存储器中。
- **读/写位**——表明一个页是只读的，还是读写的。
- **用户/管理员位**——表明用户是可以访问该页，还是仅限于上面 3 个权限级别。
- **脏位**——表明该页是否已经被修改。
- **访问位**——表明自该位上次清空以来，是否曾读取或写入过该页。
- **页面大小位**——表明最后一级是 4 KiB 页面，还是 4 MiB 页面；如果是后者，则 Opteron 只使用 3 个页面级别，而不是 4 个。
- **不执行位**——未出现在 80386 保护机制中，添加这个位是为了防止代码在某些页内执行。
- **页级缓存禁用位**——表明是否可以缓存该页。
- **页级写直达位**——表明该页对数据缓存应用写回还是写直达。

由于 Opteron 在 TLB 缺失时通常会经历四级页表，所以有 3 个可能位置来核对保护限制。Opteron 仅服从底级 PTE，检查其他各项只是为了确保设置了有效位。

由于该条目的长度为 8 字节，每个页表有 512 项，而且 Opteron 拥有大小为 4 KiB 的页，所以这些页表的长度恰好为一页。这些四级字段每个长 9 位，页内偏移量为 12 位。这留出了 $64-(4\times9+12)=16$ 位进行符号扩展，以确保地址的规范化。

尽管我们已经解释了合法地址的转换，但什么会防止用户创建非法地址变换并阻止故障发生呢？这些页表本身是受保护的，用户程序不能对其进行写入。因此，用户可以尝试任意虚拟地址，但操作系统通过控制页表项来控制访问哪个物理存储器。为了实现进程之间的存储器共享，在每个地址空间中都设置一个页表项，指向同一个物理存储器页。

Opteron 采用 4 个 TLB 来缩短地址变换时间，其中两个用于指令访问，两个用于数据访问。与多级缓存类似，Opteron 通过两个较大的 L2 TLB 来减少 TLB 缺失：一个用于指令，一个用于数据。表 B-11 介绍了数据 TLB。

表 B-11　Opteron L1 和 L2 指令与数据 TLB 的存储器层次结构参数

参　数	说　明
块大小	1 PTE（8 字节）
L1 命中时间	1 个时钟周期
L2 命中时间	7 个时钟周期
L1 TLB 大小	指令 TLB 与数据 TLB 相同：每个 TLB 40 个 PTE，有 32 个 4 KiB 的页和 8 个 2 MiB 或 4 MiB 的页
L2 TLB 大小	指令 TLB 与数据 TLB 相同：512 个 PTE，均为 4 KiB 页
块选择	LRU
写入策略	（不适用）
L1 块的放置	全相联
L2 块的放置	四路组相联

B.5.4 小结：32 位 Intel Pentium 与 64 位 AMD Opteron 的保护对比

Opteron 中的内存管理是当今大多数桌面计算机或服务器计算机的典型代表，依靠页级地址变换和操作系统的正确操作，为共享计算机的多个进程提供安全性。虽然作为替代方案出现，但 Intel 跟随 AMD 接受了 AMD64 架构。因此，AMD 和 Intel 都支持 80x86 的 64 位扩展，但出于兼容性原因，这两者都支持复杂的分段保护机制。

直观上，分段保护模型比 AMD64 复杂，事实也的确如此。由于很少有客户使用这种精心设计的保护机制，所以构建这种模型所付出的努力更让工程师感到挫败。此外，这种保护模型与类 UNIX 系统的简单分页保护机制也不一致，这一事实意味着只有专门为这一计算机编写操作系统的人才会采用它，而这种情况还没有发生过。

B.6 谬论与易犯错误

即使是对存储器层次结构的回顾也少不了谬论和易犯错误！

易犯错误 *地址空间太小。*

DEC 和卡内基–梅隆大学合作设计了新的 PDP-11 计算机系列，但仅仅 5 年之后就发现他们创造的作品中存在一个致命缺陷。IBM 在 PDP-11 诞生 6 年**前**发布的一种体系结构在 25 年之后仍然生机勃勃，而且仅做了非常微小的修改。而曾被批评包含了多余功能的 DEC VAX 在 PDP-11 停产之后卖出了数百万件。为什么？

PDP-11 的致命缺陷就在于它的地址大小（16 位）——可以与 IBM 360 和 VAX 的地址大小进行一下对比，IBM 360 为 24~31 位，VAX 为 32 位。由于程序的大小和程序所需要的数据量必须小于 $2^{\text{地址大小}}$，所以地址大小限制了程序长度。地址大小之所以很难修改，原因在于它确定了所有与地址相关的最小宽度：PC、寄存器、存储器字和实际地址运算。如果从一开始就没有扩展地址的计划，那么成功改变地址大小的机会微乎其微，通常也就意味着该计算机系列的终结。Bell 和 Strecker [1976]这样说：

> 计算机设计中只有一种错误是很难挽回的，那就是没有足够的地址位用于存储器寻址和内存管理。几乎所有著名计算机都未曾打破这一“魔咒”，PDP-11 也不例外！[P2]

一些曾经取得成功的计算机最终因为地址位不足而“饥渴”致死，下面是此类计算机的一份不完整清单：PDP-8、PDP-10、PDP-11、Intel 8080、Intel 8086、Intel 80186、Intel 80286、Motorola 6800、AMI 6502、Zilog Z80、CRAY-1、CRAY X-MP。

80x86 系列也已经进行了两次扩展，第一次是 1985 年的 Intel 80386 扩展到 32 位，最近一次是 AMD Opteron 扩展到 64 位。

易犯错误 *忽视操作系统对存储器层次结构性能的影响。*

表 B-12 给出了在执行 3 个大型工作负载时由于操作系统而产生的存储器停顿时间。大约 25%的停顿时间消耗在操作系统的缺失部分中，或者是因为应用程序与操作系统互相干扰而导致的缺失部分中。

表 B-12　应用程序与操作系统中的缺失及消耗的时间百分比

工作负载	缺失		时间						
			由于应用程序缺失消耗的时间百分比		由于操作系统缺失直接消耗的时间百分比				操作系统缺失和应用程序冲突消耗的时间百分比
	应用程序中的百分比	操作系统中的百分比	固有的应用程序缺失	操作系统与应用程序冲突	操作系统指令缓存缺失	迁移过程中的数据缓存缺失	块操作中的数据缓存缺失	其他操作系统缺失	
Pmake	47%	53%	14.1%	4.8%	10.9%	1.0%	6.2%	2.9%	25.8%
Multipgm	53%	47%	21.6%	3.4%	9.2%	4.2%	4.7%	3.4%	24.9%
Oracle	73%	27%	25.7%	10.2%	10.6%	2.6%	0.6%	2.8%	26.8%

* 操作系统使应用程序的执行时间增加了大约 25%。每个处理器有一个 64 KiB 指令缓存和一个两级数据缓存，第一级为 64 KiB，第二级为 256 KiB；所有缓存都与 16 字节块直接映射。这些数据是在 Silicon Graphics POWER 工作站 4D/340 上收集的，它是一个由 4 个 33 MHz R3000 处理器组成的多处理器，在 UNIX System V 上运行 3 个应用程序工作负载——Pmake，并行编译 56 个文件；Multipgm，并行数值程序 MP3D，与 Pmake 和五屏编辑会话同时运行；还有 Oracle，使用 Oracle 数据库运行 TP-1 基准测试的一个受限版本。（数据来自 Torrellas、Gupta 和 Hennessy [1992]。）

易犯错误　依靠操作系统来改变页面大小。

Alpha 架构师有一个非常精细的计划：通过增大页面大小，甚至将其构建成虚拟地址的大小，借此发展其体系结构。在后来的 Alpha 结构中增大页面大小时，操作系统设计人员反对这项修改，最终通过修改虚拟存储器系统来增大地址空间，页面大小保持 8 KiB 不变。

其他计算机的架构师注意到 TLB 缺失率极高，所以向 TLB 中增加了多种较大的页面大小。希望操作系统程序员会将一个对象分配到最大页中，从而保留 TLB 条目。在尝试了 10 来年之后，大多数操作系统仅在精心选择的功能中使用了这些“超级页面”，比如映射显示存储器或其他 I/O 设备，或者为数据库代码使用这种极大页面。

B.7　结语

要想制造出能够跟上处理器步伐的存储器系统，难度极大。而主存储器的原材料与最廉价的计算机一样，这一事实使上述难度进一步加大。这里能为我们提供帮助的是局部性原理——当前计算机中存储器层次结构的各个级别（从磁盘到 TLB）都证明了它的正确性。

但是，到存储器的相对延迟不断增加，2016 年达到了数百个时钟周期。这就意味着，如果程序员和编译器开发人员希望自己的程序能够正常执行，就必须了解缓存和 TLB 的参数。

B.8　历史回顾与参考文献

附录 M.3 节研究了缓存、虚拟存储器和虚拟机的历史。（其内容涵盖本附录和第 3 章。）IBM 在所有这 3 种技术的历史上都扮演着重要角色。这一节还包含了供扩展阅读的参考文献。

补充参考：Gupta, S. Xiang, P., Yang, Y., Zhou, H., Locality principle revisited: a probability-based quantitative approach. J. Parallel Distrib. Comput. 73 (7), 1011–1027.

练习（由 Amr Zaky 设计）

B.1 [10/10/10/15] <B.1> 你正在尝试理解局部性原理对于证明缓存存储器应用的正当性有多么重要，于是用一个拥有 L1 数据缓存和主存储器的计算机进行实验（你专注于数据访问）。不同访问类型的延迟（用 CPU 周期表示）如下：缓存命中，1 个周期；缓存缺失，110 个周期；禁用缓存时的主存储器访问，105 个周期。

a. [10] <B.1> 在运行一个总缺失率为 3%的程序时，存储器平均访问时间为多少（用 CPU 周期表示）？

b. [10] <B.1> 运行一个专门设计用于生成完全随机数据访问的程序，这些访问中不存在局部性。为此，使用一个大小为 1 GB 的数组（整个数组都装在主存储器中）。持续访问这一数组的随机元素（使用均匀随机数生成器来生成元素索引）。如果数据缓存大小为 64 KB，存储器平均访问时间为多少？

c. [10] <B.1> 如果将(b)部分得到的结果与禁用缓存时的主存储器访问时间对比，则对于局部性原理在证明缓存存储器使用正当性方面所扮演的角色，可以得出什么结论？

d. [15] <B.1> 你观察到一次缓存命中可以得到 104 个周期的收益（1 个周期对 105 个周期），但它会在缺失时造成 5 个周期的损失（110 个周期对 105 个周期）。一般情况下，我们可以将这两个量表示为 G（收益）和 L（损失）。使用这两个量（G 和 L），确定最高缺失率，在此之后应用缓存将是不利的。

B.2 [15/15] <B.1> 对于本练习，我们假定有 512 字节的缓存，块大小为 64 字节。我们还假定主存储器的大小为 2 KB。我们可以将存储器看作一个由 64 字节块组成的数组：M0, M1, …, M31。表 B-13 列出了在缓存为直接映射的时，可以驻存于不同缓存块中的主存储器块。

a. [15] <B.1> 如果缓存的组织方式采用全相联，请给出表中内容。

b. [15] <B.1> 如果缓存的组织方式采用四路组相联，重复(a)部分中的工作。

表 B-13 可以驻存在缓存块中的存储器块

缓存块	组	路	可以驻存在缓存块中的存储器块
0	0	0	M0, M8, M16, M24
1	1	0	M1, M9, M17, M25
2	2	0	M2, M10, M18, M26
3	3	0	…
4	4	0	…
5	5	0	…
6	6	0	…
7	7	0	M7, M15, M23, M31

B.3 [10/10/10/10/15/10/15/20] <B.1> 人们希望降低缓存的功耗，这一愿望经常会影响缓存的组织方式。为此，我们假定缓存在物理上分布到一个数据数组（保存数据）、一个标记数组（保存标记）和一个替换数组（保存替换策略所需要的信息）。此外，这些数组中的每一个都在物理上分布到多个可以单独访问的子数组中（每路一个子数组）。例如，四路组相联最近最少使用（LRU）缓存将拥有 4 个数据子数组、4 个标记子数组和 4 个替换子数组。我们假定在使用 LRU 替换策略时，在每次访问时都会访问一次替换子数组；如果使用先进先出（FIFO）替换策略，会在每次缺失时访问一次。在使用随机替换策略时不需要它。对于一个具体缓存，已经确定对不同数组的访问具有以下功耗权重（如表 B-14 所示）：

表 B-14 不同操作的功耗成本

数 组	功耗权重（每一被访问的路）
数据数组	20个单位
标记数组	5个单位
其他数组	1个单位
存储器访问	200个单位

估计以下配置的存储器系统（缓存+存储器）功耗（以功率单位表示）。我们假定该缓存为四路组相联。请给出 LRU、FIFO 和随机替换策略下的答案。

a. [10] <B.1> 一次缓存读命中。同时读取所有数组。
b. [10] <B.1> 针对缓存读缺失重复(a)部分。
c. [10] <B.1> 假定缓存访问分跨在两个周期内，重复(a)部分。在第一个周期内，访问了所有标记子数组。在第二个周期内，仅访问那些标记匹配的子数组。
d. [10] <B.1> 对缓存读缺失重复(c)部分（第二个周期没有数据数组访问）。
e. [15] <B.1> 假定添加了预测待访问缓存路的逻辑，重复(c)部分。在第一个周期，仅访问预测路的标记子数组。一次路命中（在预测路内的地址匹配）意味着缓存命中。发生路缺失时，则在第二个周期内查看所有标记子数组。在路命中时，在第二周期内仅访问一个数据子数组（标记匹配的那个子数组）。假定路预测器命中。
f. [10] <B.1> 假定路预测器缺失（选择的路是错误的），重复(e)部分。当其失败时，路预测器另外增加一个周期，在这个周期中访问所有标记子数组。假定路预测器缺失之后是一次缓存读命中。
g. [15] <B.1> 假定一次缓存读缺失，重复(f)部分。
h. [20] <B.1> 对于工作负载具有以下统计数字的一般情况，重复(e)(f)和(g)部分：路预测器缺失率=5%，缓存缺失率=3%。（考虑不同替换策略。）

B.4 [10/10/15/15/15] <B.1> 我们使用一个具体示例来对比写直达缓存与写回缓存的写入带宽需求。假定有一个 64 KiB 缓存，其行大小为 32 字节。缓存会在写缺失时分配一行。如果配置为写回缓存，它会在需要替换时写回整个脏行。假定该缓存通过一个宽度为 64 位（8 字节）的总线连接到层次结构的下一级。在这一总线上进行 B 字节写入访问的 CPU 周期数为：

$$10+5\left(\left\lceil\frac{B}{8}\right\rceil-1\right)$$

其中“⌈ ⌉”代表“向上取整”函数。例如，一次 8 字节写入需要 $10+5\left(\left\lceil\frac{8}{8}\right\rceil-1\right)$=10 个周期，使用同一公式，12 字节的写入需要 15 个周期。

参考下面的 C 代码段，回答以下问题：

```
... #define PORTION 1
    ...
    base = 8*i;
    for (unsigned int j = base; j < base + PORTION; j++)
// 假定j已被存储在寄存器中
            {
                            data[j] = j;
            }
```

a. [10] <B.1> 对于一个写直达缓存，j 循环的所有迭代中，在向存储器执行写入传输时，一共花费多少个 CPU 周期？

b. [10] <B.1> 如果缓存配置为写回缓存，有多少个 CPU 周期花费在写回缓存行上？

c. [15] <B.1> 将 PORTION 改为 8，重新计算(a)部分。

d. [15] <B.1> （在替换缓存行之前）对同一缓存行至少进行多少次数组更新，才会使写回缓存更优？

e. [15] <B.1> 给出这样一种情景：缓存行的所有字都将被写入（不一定使用上述代码），写直达缓存需要的总 CPU 周期少于写回缓存。

B.5 [10/10/10/10/] <B.2> 你正要采用一个具有以下特征的处理器构建系统：顺序执行，运行频率为 1.1 GHz，排除存储器访问的 CPI 为 1.35。只有载入和存储指令能从存储器读写数据，载入指令占全部指令的 20%，存储指令占 10%。此计算机的存储器系统包括一个分离的 L1 缓存，它在命中时不会产生任何代价。指令缓存和数据缓存都是直接映射缓存，均为 32 KiB。指令缓存的缺失率为 2%，块大小为 32 字节。数据缓存为写直达缓存，缺失率为 5%，块大小为 16 字节。数据缓存上有一个写缓冲区，消除了 95%写操作的停顿。512 KiB 写回、统一 L2 缓存的块大小为 64 字节，访问时间为 15 ns。它由 128 位数据总线连接到 L1 缓存，运行频率为 266 MHz，每条总线每个周期可以传送一个 128 位字。在发往此系统 L2 缓存的所有存储器访问中，其中 80%无须进入主存储器就可以得到满足。另外，在被替换的所有块中，50%为脏块。主存储器的宽度为 128 位，访问延迟为 60 ns，在此之后，可以在这个宽 128 位、频率为 133 MHz 的主存储器总线上，以每个周期传送一个字的速率来传送任意数目的总线字。

a. [10] <B.2> 指令访问的存储器平均访问时间为多少？

b. [10] <B.2> 数据读取的存储器平均访问时间为多少？

c. [10] <B.2> 数据写入的存储器平均访问时间为多少？

d. [10] <B.2> 包括存储器访问在内的整体 CPI 为多少？

B.6 [10/15/15] <B.2> 在将缺失率（每次引用的缺失数）转换为每条指令缓存缺失数时，需要依靠两个因数：所取指令的每条引用数，所提取指令中实际提交的比例。

a. [10] <B.2> B.1.1 节中每条指令缓存缺失数的公式最初是用 3 个因数表示的：缺失率、存储器访问数和指令数。这些因数中的每一个都代表实际事件。将每条指令的缺失数写为**缺失率乘以每条指令的存储器访问数**，会有什么不同？

b. [15] <B.2> 支持推测执行的处理器会提取一些最终不会提交的指令。B.1.1 节中每条指令缓存缺失数的公式是指执行路径上每条指令的缺失数，也就是说，仅包括那些为运行程序而必须实际执行的指令。将 B.1.1 节中每条指令缓存缺失数的公式转换为仅使用缺失率、所取每条指令的引用数和所提交指令占所取指令的比例。为什么要依靠这些因数而不是 B.1.1 节公式中的因数？

c. [15] <B.2> (b)部分的转换可能会得出一个错误值：每条所取指令的引用值不等于任意特定指令的引用数。重写(b)部分的公式，以纠正这一不足。

B.7 [20] <B.1、B.3> 如果系统采用写直达 L1 缓存，再以写回 L2 缓存（而非主存储器）提供后备支援，则可以简化合并写缓冲区。解释为什么可以这样做。拥有完整写缓冲区（而不是你刚刚提议的简单版本）在什么情况下会有所帮助？

B.8 [5/5/5] <B.3> 我们观察如下计算：

$$d_i = a_i + b_i * c_i, \qquad i:(0:511)$$

数组 a、b、c、d 在存储器中的布局如下所示。（每个数组有 512 个 4 字节宽的整数元素。）

上面的计算使用了一个 for 循环，该循环迭代 512 次。

假定有一个 32 KiB 四路组相联缓存，其访问时间为一个周期。缺失代价为每次访问 100 个 CPU 周期，写回成本也是每次访问 100 个 CPU 周期。该缓存在命中时写回，在缺失时写分配（见表 B-15）。

表 B-15 数组在存储器中的布局

存储器地址的字节	内容
0~2047	数组 *a*
2048~4095	数组 *b*
4096~6143	数组 *c*
6144~8191	数组 *c*

a. [5] <B.3> 如果所有 3 个载入指令和单个存储指令都在数据缓存中发生缺失，那么一次迭代将需要多少个周期？

b. [5] <B.3> 如果缓存行大小为 16 字节，一次迭代所需的平均周期数为多少？（提示：空间局部性！）

c. [5] <B.3> 如果缓存行大小为 64 字节，一次迭代所需的平均周期数为多少？

d. 如果缓存为直接映射缓存，大小减小至 2048 字节，一次迭代所需的平均周期数为多少？

B.9 [20] <B.3> 从统计的角度来看，增加缓存的相联度（所有其他参数保持恒定）可以降低缺失率。但也可能存在一些不正常情景：对于特定工作负载，增加缓存相联度反而会使缺失率增大。

考虑同等大小的直接映射缓存与两路组相联缓存的对比。假定组相联缓存使用 LRU 替换策略。为简便计，假定块大小为一个字。现在构造一组会在两路相联缓存中产生更多缺失的字访问。

（提示：集中精力使构造的访问全部指向两路组相联缓存中的单个组，从而使同一组跟踪独占访问直接映射缓存中的两个块。）

B.10 [10/10/15] <B.3> 考虑一个由 L1 和 L2 数据缓存组成的两级存储器层次结构。假定两个缓存在写命中时都使用写回策略，并且两者的块大小相同。列出在发生以下事件时采取的操作。

a. [10] <B.3> 当缓存组织方式为包含式层次结构时，发生 L1 缓存缺失。

b. [10] <B.3> 当缓存组织方式为互斥式层次结构时，发生 L1 缓存缺失。

c. [15] <B.3> 在(a)部分和(b)部分中，考虑被逐出行为脏行或干净行的可能性。

B.11 [15/20] <B.2、B.3> 禁止某些指令进入缓存可以降低冲突缺失。

a. [15] <B.3> 画出一个程序层次结构，在该层次结构中，程序的某些部分最好不要进入指令缓存。（提示：考虑一个程序，其代码块所在的循环嵌套要深于其他块所在的嵌套。）

b. [20] <B.2、B.3> 给出一些软件或硬件技术，用于禁止特定块进入指令缓存。

B.12 [5/15] <B.3> 虽然较大的缓存有较低的缺失率，但它们的命中时间往往也较长。

假设一个 8 KiB 直接映射缓存的命中时间为 0.22 ns，缺失率为 m1；一个 64 KiB 四路相联缓存的命中时间为 0.52 ns，缺失率为 m2。

a. [5] <B.3> 如果缺失代价为 100 ns，什么时候使用较小的缓存来降低总存储器访问时间是有利的？

b. [15] <B.3> 对于缺失代价为 10 个周期和 1000 个周期的情况，重新计算(a)部分。总结什么时候使用较小的缓存可能是有利的。

B.13 [15] <B.4> 一个程序运行于拥有四项全相联（微）变换旁路缓冲区（TLB，见表 B-16）的计算机上。

表 B-16 TLB 内容

虚拟页号	物理页号	有 效 项
5	30	1
7	1	0
10	10	1
15	25	1

下面是一组由程序访问的虚拟页号。指出每个访问是否会发生 TLB 命中/缺失，如果访问页表，它是发生页命中还是缺页错误。如果未访问页表，则在页表列下画一个 X（见表 B-17 和表 B-18）。

表 B-17 页表内容

虚拟页号	物理页号	是否存在
0	3	是
1	7	否
2	6	否
3	5	是
4	14	是
5	30	是
6	26	是
7	11	是
8	13	否
9	18	否
10	10	是
11	56	是
12	110	是
13	33	是
14	12	否
15	25	是

表 B-18 页面访问跟踪

被访问的虚拟页	TLB（命中或缺失）	页表（命中或缺失）
1		
5		
9		
14		
10		
6		
15		
12		
7		
2		

B.14 [15/15/15/15/] <B.4> 一些存储器系统使用软件处理 TLB 缺失（将其作为异常），而另外一些则使用硬件来处理 TLB 缺失。

a. [15] <B.4> 这两种用于处理 TLB 缺失的方法有哪些折中？

b. [15] <B.4> 在软件中进行的 TLB 缺失处理是否总是慢于在硬件中进行的 TLB 缺失处理？请解释原因。

c. [15] <B.4> 是否存在一些页表结构，在硬件中难以处理，但在软件中能够处理？是否存在一些结构难以在软件中处理，但易于用硬件管理？

d. [15] <B.4> 为什么浮点程序的 TLB 缺失率通常高于整数程序？

B.15 [20/20] <B.5> 利用类似于 Hewlett-Packard Precision Architecture（HP/PA）中使用的保护机制，有可能提供一种比 Intel Pentium 体系结构更灵活的保护方式。在这种机制中，每个页表项包含一个“保护 ID”（键），还有对该页的访问权限。在每次引用中，CPU 将页表项中的保护 ID 与存储在 4 个保护 ID 寄存器中的保护 ID 逐一对比（对这些寄存器的访问要求 CPU 处于管理员模式）。如果寄存器内容与页表项中的保护 ID 都不匹配，或者如果该访问不是受权访问（比如，写入只读页），则会生成异常。

a. [20] <B.5> 请解释如何利用这一模型，用一些不能相互改写的较小段代码（微内核）组合构造出操作系统。与整体操作系统（在这种操作系统中，操作系统的任意代码都可以写入任意存储地址）相比，这种操作系统可能拥有哪些优势？

b. [20] <B.5> 简单地改变这一系统的设计，就能使每个页表项有两个保护 ID，一个用于读取访问，一个用于写入或执行访问（如果可写位或可执行位都未被置位，则不使用这一字段）。为读取与写入功能使用不同保护 ID 有什么好处？（提示：这样能否简化进程之间数据与代码的共享？）

附 录

C

流水线：基础与中级概念

这个问题可能需要吸三袋烟的时间才能想明白。

——亚瑟·柯南·道尔，

《福尔摩斯探案集》

C.1　引言

本书的许多读者已经在其他教材（比如我们另一本更基础的教材《计算机组成与设计》）或其他课程中了解了流水线的基础知识。因为第 3 章主要以本附录的内容为基础，所以读者在学习该章之前，一定要熟悉本附录中讨论的概念。在阅读第 3 章时，快速回顾一下本附录也会有所帮助。

本附录首先介绍流水线的基础知识，包括数据路径的含义、冒险、流水线性能。C.1 节介绍基本的五级 RISC 流水线，它是本附录其余部分的基础。C.2 节介绍冒险问题、它们为什么会导致性能问题，以及应当如何应对。C.3 节讨论如何实际实现这个简单的五级流水线，重点是如何控制和应对冒险。

C.4 节介绍流水线和指令集设计各个方面之间的关系，讨论异常这个重要主题及其与流水线的交互。如果读者不熟悉精确中断与非精确中断的概念以及发生异常后的恢复过程，会觉得这一节内容非常有用，因为它们是理解第 3 章中更高级方法的关键。

C.5 节讨论如何扩展五级流水线，以处理运行时间更长的浮点指令。C.6 节通过一个案例研究将这些概念结合在一起，该案例研究的对象是深度流水线处理器 MIPS R4000/4400，它既包括八级整数流水线，又包括浮点流水线。MIPS R40000 类似于 ARM Cortex-A5 这样的单发射嵌入式处理器，ARM Cortex-A5 于 2010 年上市，并被用于多款智能手机和平板计算机。

C.7 节介绍动态调度的概念，以及如何使用记分牌实现动态调度。动态调度是作为交叉问题介绍的，因为它可以用于介绍第 3 章中的核心概念，第 3 章重点介绍动态调度方法。C.7 节还简单探讨了 Tomasulo 算法（第 3 章的讲解更深入）。尽管不介绍记分牌也能介绍和理解 Tomasulo 算法，但记分牌方法更简单，也更易于理解。

C.1.1　什么是流水线

流水线是一种将多条指令重叠执行的实现技术，它利用了执行一条指令所需的多个操作之间的并行性。今天，流水线是用于加快处理器速度的关键实现技术，甚至成本不到一美元的处理器都是基于流水线的。

流水线就像是一条装配线。汽车装配线上有许多步骤，每一步负责汽车生产中的某一项任务。每个步骤与其他步骤是并行执行的，尽管装配的是不同的汽车。在计算机流水线中，每个步骤完成指令的一部分。就像装配线一样，不同步骤并行完成不同指令的不同部分。这些步骤中的每一步都称为**流水级**或**流水段**。流水级前后相连形成流水线——指令从一端进入，通过这些流水级，在另一端完成，就像汽车在装配线中经历的过程一样。

在汽车装配线中，**吞吐量**定义为每小时生产的汽车数，由完整汽车退出装配线的频率决定。与此类似，指令流水线的吞吐量由指令退出流水线的频率决定。由于流水级是连在一起的，所以所有流水级都必须做好同时工作的准备，就像装配线上的要求一样。将一条指令在流水线中下移一级所需的时间为**处理器周期**。由于所有流水级同时进行，所以处理器周期的长度由最慢流水级所需的时间决定，就像汽车装配线上的最长步骤决定了汽车沿生产线前进的时间。在计算机中，这一处理器周期通常为 1 个时钟周期。

流水线设计者的目标是平衡每级流水线的长度，就像装配线的设计者尝试平衡装配过程中每个步骤的时间一样。如果各级达到完美平衡，那么每条指令在流水线处理器中的时间（假定为理想条件）等于：

$$\frac{\text{非流水线机器上每条指令的时间}}{\text{流水级的数目}}$$

在这些条件下，因为实现流水线而得到的加速比等于流水级的数目，就像一个 n 级装配线在理想情况下可以将汽车生产速度提高至 n 倍一样。但一般情况下，这些流水级之间不会达到完美平衡；此外，流水线还会产生一些开销。因此，在流水线处理器上，处理每条指令的时间不会等于其最低可能值，但可以接近。

流水线可以缩短每条指令的平均执行时间。如果在开始时，处理器需要多个时钟周期来处理一条指令，那么流水线可以降低 CPI。这是我们持有的主要观点。

流水线技术利用了串行指令流中各指令之间的并行度。它与某些加速技术不同（见第 4 章），其真正的好处并不显山露水，但实实在在。

C.1.2 RISC-V 指令集基础知识

在本书中，我们一直使用 RISC-V（一种载入–存储体系结构）来阐释基本概念。本书介绍的几乎所有思想都适用于其他处理器，但复杂指令的实现可能会更加复杂。本节将利用 RISC-V 体系结构的核心部分；完整描述见第 1 章。虽然我们使用的是 RISC-V，但这些概念非常相似，它们适用于包括 ARM 和 MIPS 在内的任何 RISC 体系结构。所有 RISC 架构都有以下几个关键特性。

- 所有数据操作都是对寄存器中数据的操作，通常会改变整个寄存器（每个寄存器为 32 位或 64 位）。
- 只有载入和存储操作会影响存储器，它们将数据从存储器移到寄存器或从寄存器移到存储器。载入或存储小于一个完整寄存器（例如，一个字节、16 位或 32 位）的操作通常是有效的。
- 指令格式相对固定，所有指令位宽通常相同。在 RISC-V 中，寄存器说明符 rs1、rs2 和 rd 总是固定在同一个位置编码从而简化了控制。

这些简单属性极大地简化了流水线的实现，这也是如此设计这些指令集的原因。第 1 章完整介绍了 RISC-V ISA，这里假定读者已阅读该章。

C.1.3 RISC 指令集的简单实现

为了理解如何以流水线方式实现 RISC 指令集，需要理解在不采用流水线时它是如何实现的。这一节将给出一种简单实现，每一条指令最多需要 5 个时钟周期。我们会将这一基本实现扩展为流水线版本，从而大幅降低 CPI。在所有不采用流水线的实现方式中，我们给出的方式并非最经济或性能最高的。它的设计只是可以很自然地引向流水线实现。实现此指令集需要引入几个不属于该体系结构的临时寄存器，引入它们是为了简化流水线。我们的实现将仅关注 RISC 体系结构中一个整数子集的流水线，这部分操作包括载入–存储字、分支和整数 ALU 操作。

这个 RISC 子集中的每条指令都可以在最多 5 个时钟周期内实现。这 5 个时钟周期如下所述。

(1) 取指周期（IF）

将程序计数器发送到存储器，从存储器提取当前指令。向程序计数器加 4（因为每条指令的长度为 4 个字节），将程序计数器更新到下一条顺序指令。

(2) 指令译码/读寄存器周期（ID）

对指令进行译码，并从寄存器堆中读取与寄存器源说明符相对应的寄存器。在读取寄存器时对其进行相等测试，以确定可能的分支。在后续需要时，对指令的偏移量字段进行符号扩展。将符号扩展后的偏移量添加到所增加的程序计数器上，计算出可能的分支目标地址。

指令译码与寄存器的读取是并行执行的，这之所以可能，是因为在 RISC 体系结构中，寄存器说明符位于固定位置。这一技术称为**固定字段译码**。注意，我们可能会读取一个不会使用的寄存器，这样做没有什么好处，但也不会有损性能。（读取不需要的寄存器的确会耗能，对功耗敏感的设计可能需要避免。）对于载入和 ALU 指令的立即数操作，立即数字段总是在相同的位置，因此我们可以轻松地对其进行符号扩展。（对于更完整的 RISC-V 实现，我们需要计算两个不同的符号扩展值，因为存储的立即数字段位于不同的位置。）

(3) 执行/有效地址周期（EX）

ALU 对上一周期中准备的操作数进行操作，根据指令类型执行四种操作之一。

- 存储器访问——ALU 将基址寄存器和偏移量加到一起，形成有效地址。
- 寄存器–寄存器 ALU 指令——ALU 对读自寄存器堆的值执行由 ALU 操作码指定的操作。
- 寄存器–立即数 ALU 指令——ALU 对读自寄存器堆的第一个值和符号扩展立即数执行由 ALU 操作码指定的操作。
- 条件分支——判断条件是否为真。

在载入–存储体系结构中，有效地址与执行周期可以合并到一个时钟周期中，这是因为没有指令需要同时计算数据地址并对数据执行操作。

(4) 存储器访问（MEM）

如果该指令是一条载入指令，则使用上一周期中计算的有效地址从存储器中读取数据。如果是一条存储指令，则使用有效地址将从寄存器堆的第二个寄存器读取的数据写入存储器。

(5) 写回周期（WB）

- 寄存器–寄存器 ALU 指令或载入指令。

将结果写入寄存器堆，无论结果来自存储系统（对于载入指令），还是来自 ALU（对于 ALU 指令）。

在这一实现中，分支指令需要3个周期，存储指令需要4个周期，所有其他指令需要5个周期。假定分支频率为12%，存储频率为10%，对于这一典型指令分布，总CPI为4.66。但是，无论是在获取最佳性能方面，还是在给定性能级别的情况下尽量减少使用硬件方面，这一实现方式都不是最优的；我们将该设计的改进留给读者作为练习，这里仅实现这一版本的流水线。

C.1.4 RISC处理器的经典五级流水线

我们几乎不需要做出什么改变就能实现上述执行过程的流水化，只要在每个时钟周期开始一条新的指令就行。（想想我们为什么选择这种设计？）上一节的每个时钟周期都变成一个**流水级**——流水线中的一个周期。这样会得到表C-1所示的执行模式，这是绘制流水线结构的典型方式。尽管每条指令需要5个周期才能完成，但在每个时钟周期内，硬件都会启动一条新的命令，执行5个不同指令的某一部分。

表C-1 简单RISC流水线

指令编号	时钟编号								
	1	2	3	4	5	6	7	8	9
指令 *i*	IF	ID	EX	MEM	WB				
指令 *i*+1		IF	ID	EX	MEM	WB			
指令 *i*+2			IF	ID	EX	MEM	WB		
指令 *i*+3				IF	ID	EX	MEM	WB	
指令 *i*+4					IF	ID	EX	MEM	WB

* 在每个时钟周期，提取另一条指令，并开始它的五周期执行过程。如果在每个时钟周期都启动一条指令，其性能最多可达到非流水化处理器的5倍。流水线中各个阶段的名称与非流水线实现方式中各个周期的名称相同：IF=取指，ID=译码，EX=执行，MEM=存储器访问，WB=写回。

读者可能很难相信流水线就这么简单，它的确也并非如此简单。在本节和后续各节中，我们将通过处理流水化带来的一些问题，使我们的RISC流水线显得更“真实”。

首先，我们必须确定在处理器的每个时钟周期都会发生什么，并确保不会在同一时钟周期内对相同数据路径源执行两个不同操作。例如，不能要求一个ALU同时计算有效地址和执行减法操作。因此，我们必须确保流水线中的指令重叠不会导致这种冲突。幸运的是，RISC指令集比较简单，这使得资源评估相对容易。图C-1以流水线形式绘制了一个RISC数据路径的简化版本。可以看到，主要功能单元是在不同周期使用的，因此多条指令的执行重叠不会引入多少冲突。从以下3点可以看出这一事实。

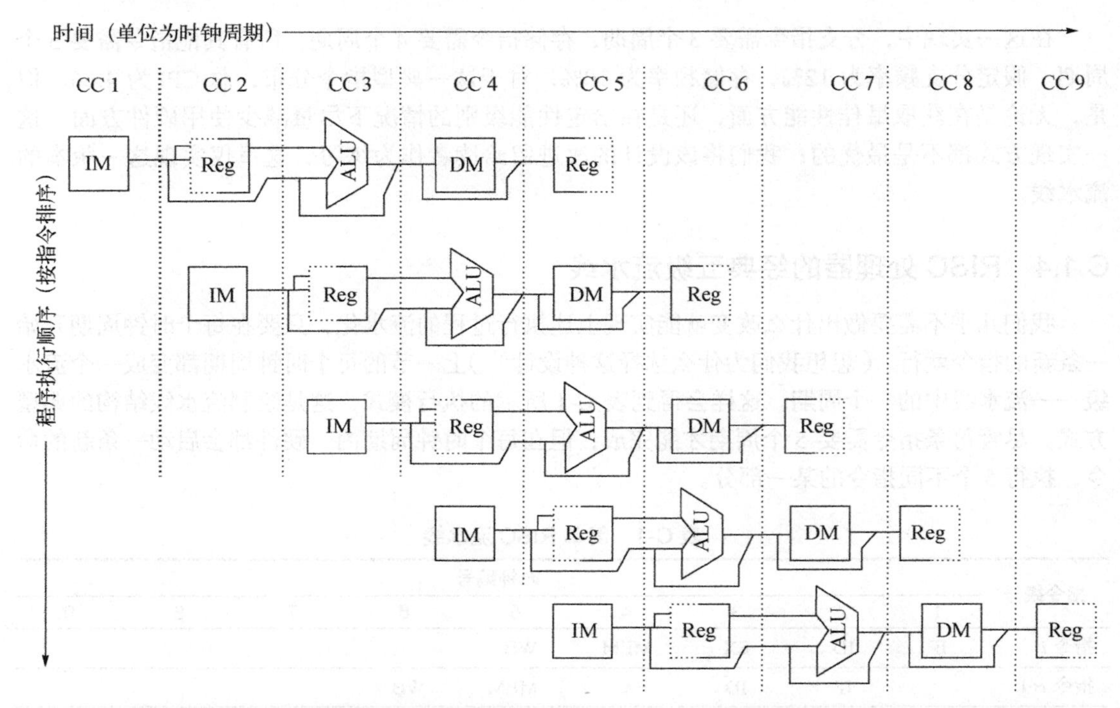

图 C-1　可以将流水线看作一系列随时间移动的数据路径。本图给出了数据路径不同部分之间的重叠，时钟周期 5（CC 5）表示稳定状态。由于寄存器堆用作 ID 级中的源和 WB 级中的目的地，所以它出现两次。我们分别用左右两侧的实线和虚线来表示它在该级的一个部分进行读取，在另一部分进行写入。缩写 IM 表示指令存储器，DM 表示数据存储器，CC 表示时钟周期

第一，我们使用分离的指令存储器和数据存储器，通常用分离的指令缓存和数据缓存来实现它们（在第 2 章讨论）。在使用单个存储器时，在取指和数据存储器访问之间可能会发生冲突，而使用分离缓存则可以消除这种冲突。注意，如果我们的流水线处理器的时钟周期等于非流水线版本的时钟周期，则存储器系统必须提供 5 倍的带宽。这种需求是提高性能的代价之一。

第二，在两个阶段都使用了寄存器堆：一个用于在 ID 中进行读取，一个用于在 WB 中进行写入。这些用法是不同的，所以我们干脆在两个地方画出了寄存器堆。因此，每个时钟周期需要执行两次读取和一次写入。为了处理对同一寄存器的多次读取和一次写入（以及稍后将会明了的另一个原因），我们在时钟周期的前半部分写寄存器，在后半部分读寄存器。

第三，图 C-1 没有涉及程序计数器。为了在每个时钟周期都启动一条新指令，我们必须在每个时钟周期使程序计数器递增并存储它，这必须在 IF 阶段完成，以便为下一条指令做好准备。此外，还必须拥有一个加法器，在 ID 期间计算潜在的分支目标。另一个问题是我们需要 ALU 阶段的 ALU 来评估分支条件。实际上，我们并不是真的需要一个完整的 ALU 来评估两个寄存器之间的比较，但需要它的功能中有足够多的一部分在这一流水级完成。

尽管确保流水线中的指令不会试图在同一时间使用硬件资源是至关重要的，但我们还必须确保不同流水级中的指令不会相互干扰。这种分离是通过在连续的流水级之间引入**流水线寄存器**来完成的，这样会在时钟周期的末尾，将给定流水级得出的所有结果都存储到寄存器中，在下一个时钟周期用作下一级的输入。图 C-2 展示了画有这些流水线寄存器的流水线。

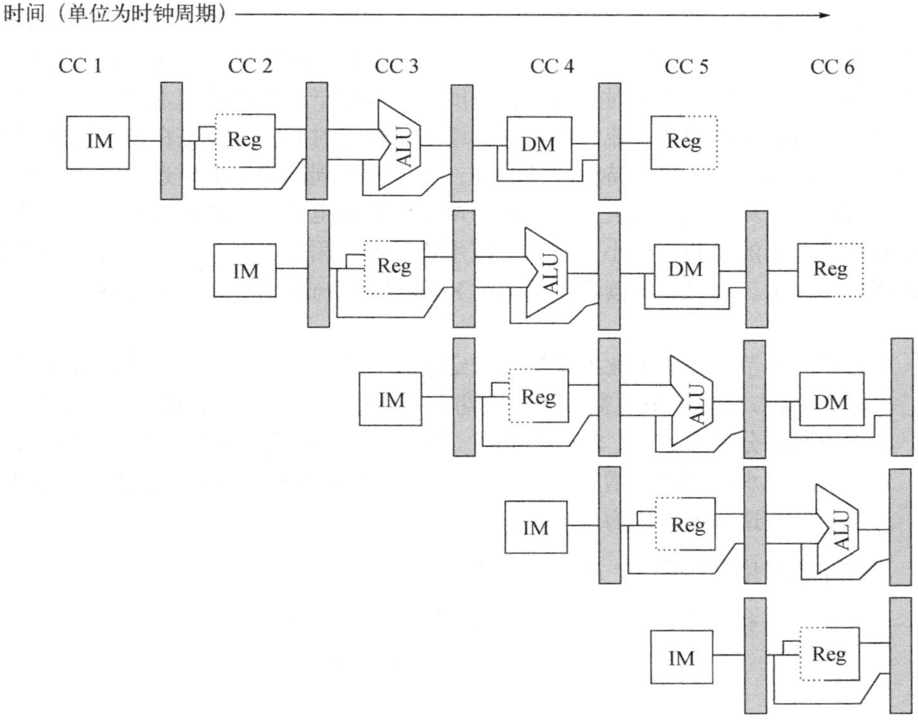

图 C-2 此流水线显示了连续流水级之间的流水线寄存器。注意，寄存器防止流水线相邻级中两条不同指令之间的干扰。在将一条给定指令的数据从一级传送至另一级的过程中，寄存器也扮演着重要角色。寄存器的边沿触发特性（也就是说，取值在时钟沿即时改变）非常关键。否则，来自一条指令的数据可能会干扰另一指令的执行

尽管许多图形为了简便而省略了这些寄存器，但它们是流水线正常操作所必需的。当然，即使是在没有采用流水化的多周期数据路径中，也需要类似的寄存器（因为只有寄存器中的值能够在跨过时钟边界之后仍然得以保存）。在流水化处理器中，在将中间结果从一级传送到另一级，而源位置与目标位置可能并非直接相邻时，流水线寄存器也发挥重要作用。例如，要在存储指令中存储的寄存器值是在 ID 期间读取的，但要等到 MEM 才会真正用到；它在 MEM 级中通过两个流水线寄存器传送给数据存储器。与此类似，ALU 指令的结果是在 EX 期间计算的，但要等到 WB 才会实际存储；它通过两个流水线寄存器才到达那里。有时对流水线寄存器进行命名是有用的，我们根据这些寄存器所连接的流水级对其进行命名，所以这些寄存器称为 IF/ID、ID/EX、EX/MEM 和 MEM/WB。

C.1.5 流水化的基本性能问题

流水化提高了处理器指令的吞吐量（单位时间内完成的指令数），但不会缩短单条指令的执行时间。事实上，由于流水线控制会产生开销，它通常还会稍微延长每条指令的执行时间。尽管单条指令的运行速度并没有加快，但指令吞吐量的增长意味着程序可以更快速地运行，总执行时间也会缩短。

下一节我们会看到，单条指令的执行时间并没有缩短这一事实限制了流水线的实际深度。除了因为流水线延迟产生的局限之外，流水级之间的失衡和流水化开销也会造成限制。流水级之间的不平衡会降低性能，因为时钟的运行速度不可能快于最缓慢的流水级。流水线开销包含流水线寄存器延迟和时钟偏差。流水线寄存器增加了建立时间，也就是在发出触发写操作的时钟信号之前，寄存器输入必须保持稳定的时间，加上时钟周期的传播延迟。时钟偏差是时钟到达任意两个寄存器时刻之间的最大延迟，时钟周期的下限也受此因素的影响。一旦时钟周期与时钟偏差和延迟开销的总和一样小，进一步流水化就没有用了，因为在时钟周期中没有剩余时间来做有用的工作了。有兴趣的读者可以阅读 Kunkel 和 Smith 等人的作品[1986]。

例题 考虑上一节的非流水化处理器。假定它有一个 2 GHz 的时钟（或其时钟周期为 0.5 ns），ALU 运算和分支需要 4 个周期，存储器操作需要 5 个周期。假定这些操作的相对频率分别为 40%、20%和 40%。假设由于时钟偏差和建立时间的原因，对处理器实现流水化使时钟增加了 0.1 ns 的开销。忽略所有延迟影响，通过流水线获得的指令执行速率加速比为多少？

解答 在非流水化处理器上，指令平均执行时间为：

$$\begin{aligned}\text{指令平均执行时间} &= \text{时钟周期} \times \text{平均 CPI}\\ &= 0.5\text{ ns} \times [(40\%+20\%) \times 4 + 40\% \times 5]\\ &= 0.5\text{ ns} \times 4.4\\ &= 2.2\text{ ns}\end{aligned}$$

在流水线实现方式中，时钟的运行速度必须等于最慢流水级的速度加上开销时间，也就是 0.5 + 0.1 = 0.6 ns；这就是指令平均执行时间。因此，通过流水化获得的加速比为：

$$\begin{aligned}\text{流水化加速比} &= \frac{\text{非流水化指令平均执行时间}}{\text{流水化指令平均执行时间}}\\ &= \frac{2.2\text{ ns}}{0.6\text{ ns}} \approx 3.7\text{倍}\end{aligned}$$

0.1 ns 的开销基本上确定了流水化的效能限度。如果此开销不受时钟周期变化的影响，那么根据 Amdahl 定律可知，这一开销限制了加速比。

如果流水线中每条指令独立于所有其他指令，则这种简单的 RISC 流水线对于整数指令可以正常运行。实际上，流水线中的指令可能是相互依赖的；这是下一节的主题。

C.2 流水化的主要阻碍——流水线冒险

有一些被称为**冒险**的情景，会阻止指令流中的下一条指令在其自己的指定时钟周期内执行。冒险降低了流水化所获得的理想加速比的性能。共有以下 3 类冒险。

(1) **结构冒险**。在重叠执行模式下，如果硬件无法同时支持指令的所有可能组合方式，就会出现资源冒险，从而导致结构冒险。在现代处理器中，结构冒险主要发生在不太常用的特殊用途功能单元（比如浮点除法，或其他复杂的、长时间运行的指令）。这些情况通常并非性能瓶颈，是因为我们往往可以假定程序员和编译器编写者知道这些指令的吞吐量较低。我们不会在这种不常见的情况上花费更多的时间，而是关注另外两种更常见的冒险。

(2) **数据冒险**。由于流水线中的指令重叠执行，如果一条指令依赖先前指令的结果，就可能导致数据冒险。

(3) **控制冒险**。分支指令及其他改变程序计数器的指令实现流水化时可能导致控制冒险。

流水线中的冒险会使流水线停顿。为了避免冒险，经常要求在流水线中的一些指令延迟时，其他一些指令能够继续执行。对于本附录中讨论的流水线，当一条指令停顿时，在其之后发射的所有指令也会停顿（这些指令在流水线中的位置不会超越停顿指令）。而在停顿指令之前发射的指令必须继续执行（它们在流水线中的位置要更远一些），否则就永远不会清除冒险情况。因此，在停顿期间不会提取新的指令。下面介绍几个有关流水线停顿操作的示例。别担心，它们并没有听起来那么复杂！

C.2.1　带有停顿的流水线性能

停顿会导致流水线性能下降，低于理想性能。我们来看一个求解流水化实际加速比的简单公式，首先从上一节的公式开始：

$$
\begin{aligned}
\text{流水化加速比} &= \frac{\text{非流水化指令平均执行时间}}{\text{流水化指令平均执行时间}} \\
&= \frac{\text{非流水化CPI} \times \text{非流水化时钟周期}}{\text{流水化CPI} \times \text{流水化时钟周期}} \\
&= \frac{\text{非流水化CPI}}{\text{流水化CPI}} \times \frac{\text{非流水化时钟周期}}{\text{流水化时钟周期}}
\end{aligned}
$$

可以将流水化看作降低 CPI 或时钟周期的手段。由于传统上使用 CPI 来比较流水线，所以让我们从这里开始。流水化处理器的理想 CPI 几乎总等于 1。因此，可以计算流水化 CPI 为：

$$
\begin{aligned}
\text{流水化 CPI} &= \text{理想 CPI} + \text{每条指令的流水线停顿时钟周期} \\
&= 1 + \text{每条指令的流水线停顿时钟周期}
\end{aligned}
$$

如果忽略流水化的周期时间开销，并假定流水级之间达到完美平衡，则两个处理器的周期时间相等，由此得到：

$$
\text{加速比} = \frac{\text{非流水化CPI}}{1 + \text{每条指令的流水线停顿周期}}
$$

一种简单而重要的情景是所有指令的周期数都相同，并且必然等于流水级数目（也称为**流水线深度**）。在这种情况下，非流水化 CPI 等于流水线的深度，由此得到：

$$
\text{加速比} = \frac{\text{流水线深度}}{1 + \text{每条指令的流水线停顿周期}}
$$

如果没有流水线停顿，由此公式可以得到一个很直观的结果：流水化可以使性能提高的倍数等于流水线深度。

C.2.2 数据冒险

流水化的主要效果是通过重叠指令的执行过程来改变它们的相对执行时间。这种重叠引入了数据冒险与控制冒险。当流水线改变对操作数的读写访问顺序，使该顺序不同于在非流水化处理器上依次执行指令时的顺序时，可能会发生数据冒险。假设指令 *i* 按程序顺序出现在指令 *j* 之前，并且两个指令都使用寄存器 *x*，那么 *i* 和 *j* 之间可能会发生 3 种类型的冒险。

- **写后读（RAW）冒险**。这是最常见的冒险。当指令 *j* 对寄存器 *x* 的读取发生在指令 *i* 对寄存器 *x* 的写入之前时，就会发生写后读冒险。如果这个冒险没有被阻止，指令 *j* 就会使用错误的 *x* 值。
- **读后写（WAR）冒险**。当指令 *i* 对寄存器 *x* 的读取发生在指令 *j* 对寄存器 *x* 的写入之后时，就会发生读后写冒险。在这种情况下，指令 *i* 会使用错误的 *x* 值。在简单的五级整数流水线中不可能发生读后写冒险，但在指令执行顺序变化时会发生。在 C.7.2 节讨论动态调度流水线时会讨论这一点。
- **写后写（WAW）冒险**。当指令 *i* 对寄存器 *x* 的写入发生在指令 *j* 对寄存器 *x* 的写入之后时，就会发生写后写冒险。在这种情况下，寄存器 *x* 会传送错误的值。在简单的五级整数流水线中不可能发生写后写冒险，但在对指令重新排序或运行时间发生变化时会发生。

第 3 章详细探讨了数据依赖和数据冒险的问题，这里我们只关注 RAW 冒险。

考虑以下指令的流水化执行：

```
add     x1,x2,x3
sub     x4,x1,x5
and     x6,x1,x7
or      x8,x1,x9
xor     x10,x1,x11
```

add 之后的所有指令都用到了 add 指令的结果。如图 C-3 所示，add 指令在 WB 流水级写入 x1 的值，但 sub 指令在其 ID 级中读取这个值，这会导致 RAW 冒险。除非提前防范这种问题，否则 sub 指令将会读取错误值并试图使用它。事实上，sub 指令使用的值甚至是不确定的：我们可能以为假定 sub 总是使用由 add 之前的指令赋值的 x1 值是合乎逻辑的，但事实并非总是如此。如果在 add 和 sub 指令之间发生中断，add 的 WB 级将结束，而该点的 x1 值将是 add 的结果。这种不可预测的行为显然是不可接受的。

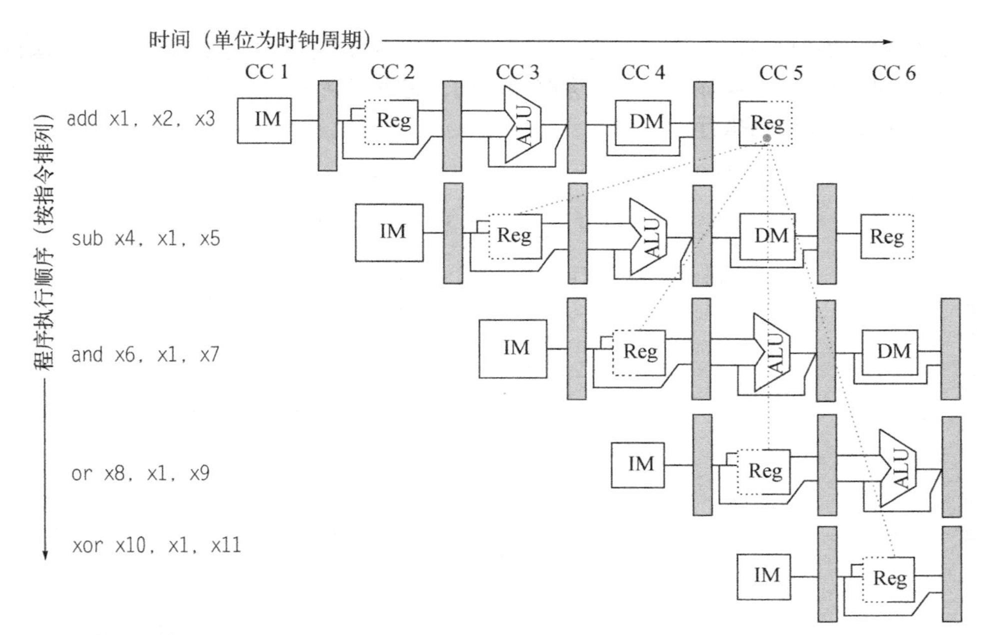

图 C-3 在后面 3 条指令中使用 add 指令的结果时会导致冒险，因为直到这些指令读取寄存器之后才会向其中写入

and 指令也可能会导致 RAW 冒险。从图 C-3 中可以看出，在 5 号时钟周期之前，**x1** 的写操作是不会完成的。因此，在 4 号时钟周期读取寄存器的 and 指令会得到错误的结果。

xor 指令可以正确执行，因为它的寄存器读取是在 6 号时钟周期进行的，这时寄存器写入已经完成。or 指令的执行也不会导致冒险，因为我们在该时钟周期的后半部分执行寄存器堆读取，而写入是在前半部分执行的。注意，xor 指令仍然依赖于 add 指令，但它不再产生冒险。第 3 章详细探讨了该话题。

下面将讨论一种用于消除涉及 sub 和 and 指令的冒险停顿的技术。

1. 利用前递技术将数据冒险停顿减至最少

图 C-3 中提出的问题可以使用一种称为**前递**（forwarding[①]）的简单硬件技术来解决（这一技术也称为**旁路**，有时也称为**短路**）。前递技术的关键是认识到 sub 要等到 add 实际生成结果之后才会真正用到它。add 将此结果放在流水线寄存器中，如果可以把它从这里转移到 sub 需要的地方，那就可以避免出现停顿。根据这一观察结果，前递的工作方式如下所述。

(1) 来自 EX/MEM 和 MEM/WB 流水线寄存器的 ALU 结果总是被反馈回 ALU 的输入端。

(2) 如果前递硬件检测到前一个 ALU 操作已经对当前 ALU 操作的源寄存器进行了写操作，则控制逻辑选择前递结果作为 ALU 输入，而不是选择从寄存器堆中读取的值。

注意，采用前递技术后，如果 sub 停顿，则 add 将会完成，不会触发旁路。当两条指令之间发生中断时，这一关系同样成立。

① 在处理器流水线中，我们将 forwarding 译为“前递”。这时，“前递”与“旁路”“短路”可以互换使用。在互连总线和片上网络中，我们将 forwarding 译为“转发”。本书中主要使用了“前递”。——编者注

如图 C-3 中的示例所示，我们需要前递的结果可能不只来自前一条指令，还可能来自两个周期前启动的指令。图 C-4 显示了带有旁路的示例，它重点突出了寄存器读取与写入的时机。这一代码序列可以无停顿执行。

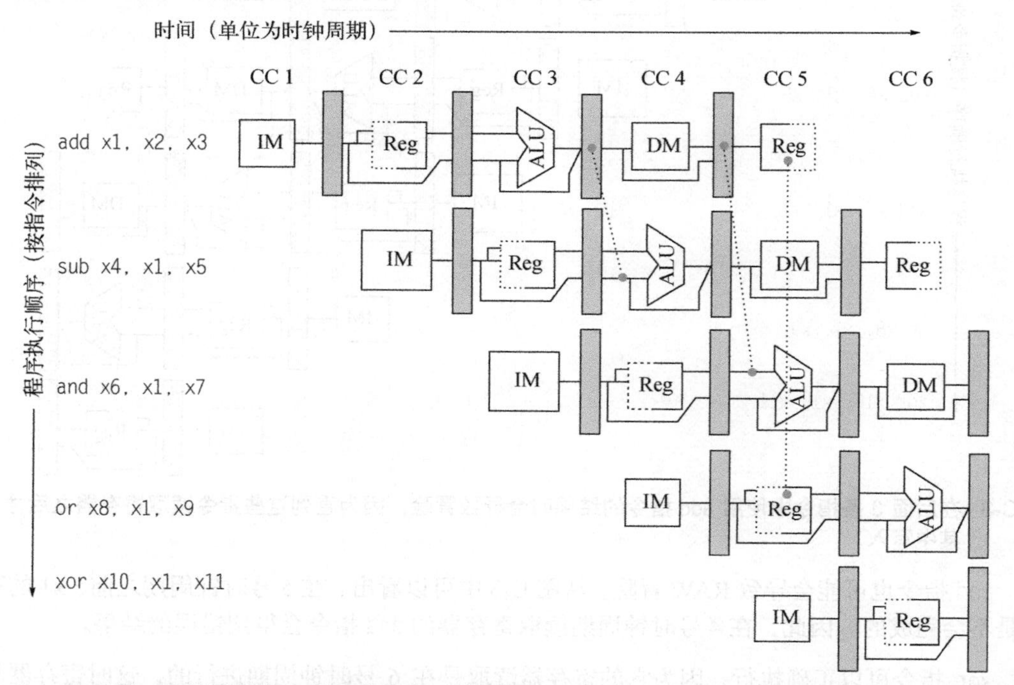

图 C-4　一组依赖 add 结果的指令使用前递路径来避免数据冒险。sub 和 and 指令的输入从流水线寄存器前递到第一个 ALU 输入。or 接收的结果是通过寄存器堆前递而来的，这一点很容易实现，只需要在周期的后半部分读取寄存器，在前半部分写入寄存器就能轻松完成，如寄存器上的虚线所示。注意，前递的结果可以到达任意一个 ALU 输入；事实上，两个 ALU 输入既可以使用来自相同流水线寄存器的前递输入，也可以使用来自不同流水线寄存器的前递输入。例如，当 and 指令为 and x6, x1, x4 时就会发生这种情况

可以将前递技术加以推广，将结果直接传送给需要它的功能单元：可以将一个功能单元输出到寄存器中的结果直接前递到另一个功能单元的输入，而不仅限于同一单元的输出与输入之间。以以下序列为例：

```
add     x1,x2,x3
ld      x4,0(x1)
sd      x4,12(x1)
```

为防止这一序列中出现停顿，我们需要将 ALU 输出值和存储器单元输出值从流水线寄存器前递到 ALU 和数据存储器输入。图 C-5 给出了这一示例的所有前递路径。

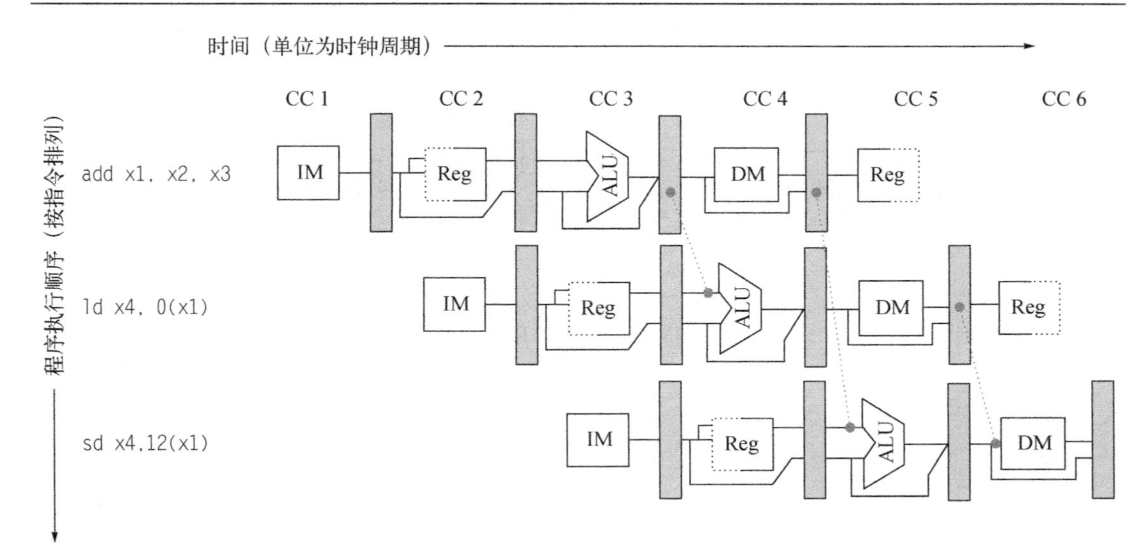

图 C-5 在 MEM 期间执行的存储操作所需的操作数前递。载入结果由存储器输出前递到要存储的存储器输入端。此外，ALU 输出被前递到 ALU 输入，供载入指令和存储指令进行地址计算（这与前递到另一个 ALU 操作没有区别）。如果存储操作依赖前一个 ALU 操作（图中未示出），则需要前递其结果，以防止出现停顿

2. 需要停顿的数据冒险

遗憾的是，并非所有潜在数据冒险都可以通过旁路方式处理。考虑以下指令序列：

```
ld      x1,0(x2)
sub     x4,x1,x5
and     x6,x1,x7
or      x8,x1,x9
```

这一示例中旁路的流水化数据路径如图 C-6 所示。这种情况不同于连续两条 ALU 操作的情景。ld 指令在 4 号时钟周期（其 MEM 周期）结束之前不会得到数据，而 sub 指令需要在该时钟周期的开头就得到这一数据。因此，因为使用载入指令的结果而产生的数据冒险无法使用简单的硬件消除。如图 C-6 所示，这种前递路径必须进行时间上的回退操作——这当然是不可行的！我们**能够**立即将该结果从流水线寄存器前递给 ALU，供 and 操作使用，该操作是在载入操作之后两个时钟周期启动的。与此类似，or 指令也没有问题，因为它是通过寄存器堆接收这个值的。对于 sub 指令，前递结果在时钟周期结束时才会抵达，这显然太晚了，因为该指令在此时钟周期开始时就需要这个结果。

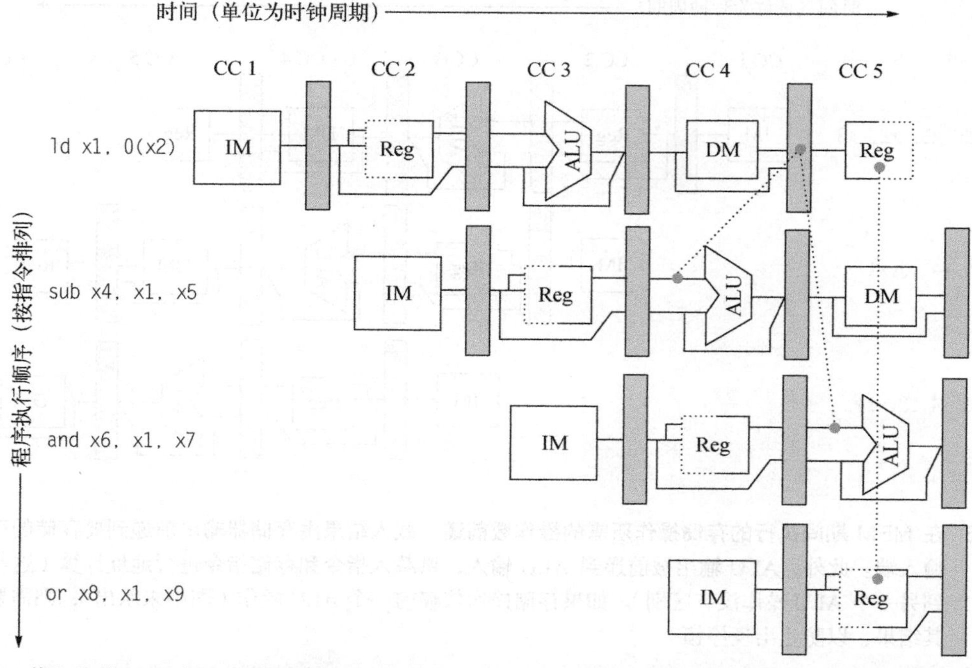

图 C-6　载入指令可以将其结果旁路至 and 和 or 指令，但不能通过旁路及时抵达至 sub，因为这将意味着在"负时间轴方向"上前递结果

载入指令的延迟无法简单地通过前递技术来解决。我们需要增加一种称为**流水线互锁**的硬件来保持正确的执行模式。一般情况下，流水线互锁会检测冒险，并使流水线停顿，直到该冲突被清除。在这种情况下，互锁使流水线停顿，让希望使用某一数据的指令等待，直到源指令生成该数据为止。这种流水线互锁引入一次停顿（也叫气泡），就像应对结构冒险时所做的一样。停顿指令造成 CPI 变大，CPI 增加的值等于停顿周期（在本例中为 1 个时钟周期）。

表 C-2 使用流水级名称显示了停顿前后的流水线。因为停顿会导致从 sub 开始的指令在时间上向后移动 1 个周期，所以前递给 and 指令的数据现在是通过寄存器堆到达的，而对于 or 指令根本不需要前递。由于插入了停顿，需要增加一个周期才能完成这一序列。4 号时钟周期内没有启动指令（在第 6 个周期没有指令完成）。

表 C-2　在上半部分可以看出为什么需要停顿：载入指令的 MEM 周期生成一个值，sub 的 EX 周期会需要它，并且它们是同时发生的

ld x1,0(x2)	IF	ID	EX	MEM	WB				
sub x4, x1, x5		IF	ID	EX	MEM	WB			
and x6, x1, x7			IF	ID	EX	MEM	WB		
or x8, x1, x9				IF	ID	EX	MEM	WB	
ld x1,0(x2)	IF	ID	EX	MEM	WB				
sub x4, x1, x5		IF	ID	停顿	EX	MEM	WB		
and x6, x1, x7			IF	停顿	ID	EX	MEM	WB	
or x8, x1, x9				停顿	IF	ID	EX	MEM	WB

* 通过插入停顿可以解决这一部分，如下半部分所示。

C.2.3 分支冒险

对于我们的 RISC-V 流水线，**控制冒险**造成的性能损失可能比数据冒险还要大。在执行一个分支时，更新后的程序计数器的值可能等于（也可能不等于）当前值加 4。回想一下，如果分支将程序计数器改为其目标地址，则它就是**选中**分支，否则就是**未选中**分支。如果指令 *i* 为选中分支，则通常直到 ID 末尾，完成地址计算和对比之后才会改变程序计数器。

表 C-3 表明，处理分支的最简单方法是：一旦在 ID 期间（此时对指令进行译码）检测到分支，就对该分支之后的指令重新取指。第一个 IF 周期基本上是一次停顿，因为它从来不会执行有用工作。读者可能已经注意到，如果分支未被选中，则由于事实上已经正确地提取了指令，所以 IF 级的重复是不必要的。我们稍后将开发几种机制，以充分利用这一事实。

表 C-3 分支在五级流水线中导致一个周期的停顿

分支指令	IF	ID	EX	MEM	WB		
分支后续指令		IF	IF	ID	EX	MEM	WB
分支后续指令+1				IF	ID	EX	MEM
分支后续指令+2					IF	ID	EX

* 分支指令之后的指令已被提取，但随后被忽略，在知道分支目标之后，重新开始提取操作。如果分支未被选中，则分支后续指令的第二个 IF 就有些多余了，这一点可能比较明显。稍后将解决这一问题。

如果每个分支产生一个停顿周期，将会使性能降低 10%~30%，具体取决于分支频率，所以我们将研究一些用于应对这一损失的技术。

1. 降低流水线分支代价

有许多方法可以处理由分支延迟导致的流水线停顿，这里讨论 4 种简单的编译时机制。在这 4 种机制中，分支的操作是静态的，也就是说，在整个执行过程中，它们对每条分支来说都是固定的。软件可以尝试利用硬件机制和分支行为方面的知识，将分支代价降至最低。然后我们介绍动态预测分支行为的硬件机制。第 3 章研究了用于动态分支预测的更强大的硬件技术。

处理分支的最简单机制是**冻结**或**冲刷**流水线，即保留或删除分支之后的所有指令，直到知道分支目标为止。这种解决方案的吸引力主要在于其对于软硬件来说都很简单。这也是表 C-3 所示流水线中较早使用的解决方案。在这种情况下，分支代价是固定的，不能通过软件来缩减。

一种性能更高但略微复杂的机制是将每个分支都看作未选中分支，让硬件继续执行，就好像该分支未被执行一样。这时必须非常小心，在确切知道分支结果之前，不要改变处理器状态。这种机制的复杂性在于必须要知道处理器状态可能何时被指令改变，以及如何“撤销”这种改变。

在简单的五级流水线中，这种**预测未选中**机制的实现方式是继续取指，就好像分支指令是一条普通指令一样。流水线看起来好像没有什么异常发生。但是，如果分支被选中，就需要将已提取的指令转为空操作，重新开始在目标地址位取指。表 C-4 展示了这两种情况。

表 C-4　分支未选中（上）和被选中（下）时的预测未选中机制和流水线序列

未选中分支指令	IF	ID	EX	MEM	WB				
指令 i+1		IF	ID	EX	MEM	WB			
指令 i+2			IF	ID	EX	MEM	WB		
指令 i+3				IF	ID	EX	MEM	WB	
指令 i+4					IF	ID	EX	MEM	WB
选中分支指令	IF	ID	EX	MEM	WB				
指令 i+1		IF	空闲	空闲	空闲	空闲			
分支目标			IF	ID	EX	MEM	WB		
分支目标+1				IF	ID	EX	MEM	WB	
分支目标+2					IF	ID	EX	MEM	WB

* 当分支未被选中时（在 ID 期间确定），我们提取未选中指令，继续进行。当在 ID 期间确定选中该分支时，则在分支目标处重新开始提取。这将导致该分支后面的所有指令停顿 1 个时钟周期。

一种替代机制是将所有分支都看作选中分支。只要对分支指令进行了译码并计算了目标地址，我们就假定该分支将被选中，并开始在目标位置提取和执行。当分支被实际选中时，这为我们带来了一个周期的性能提升，因为我们在 ID 结束时就知道了目标地址，一个周期之后才在 ALU 阶段知道分支条件是否满足。无论是在预测选中还是预测未选中机制中，编译器总是可以通过调整代码结构使最频繁的路径与硬件选择相匹配，从而提高性能。

在早期 RISC 处理器中广泛使用的第四种机制称为**延迟分支**。在延迟分支中，分支延迟为 1 的执行周期为：

分支指令
依序后续指令$_1$
选中时的分支目标

依序后续指令位于**分支延迟槽**中。无论该分支是否被选中，这一指令都会执行。表 C-5 中给出了具有分支延迟的五级流水线的行为特性。尽管分支延迟可能长于一个 1 周期，但在实际中，几乎所有具有延迟分支的处理器都只有单个指令延迟；如果流水线的潜在分支代价更高，则使用其他技术。编译器的任务是让后续指令有效且有用。

表 C-5　无论分支是否被选中，延迟分支的行为特性都是相同的

未选中分支指令	IF	ID	EX	MEM	WB				
分支延迟指令(i+1)		IF	ID	EX	MEM	WB			
指令 i+2			IF	ID	EX	MEM	WB		
指令 i+3				IF	ID	EX	MEM	WB	
指令 i+4					IF	ID	EX	MEM	WB
选中分支指令	IF	ID	EX	MEM	WB				
分支延迟指令(i+1)		IF	ID	EX	MEM	WB			
分支目标			IF	ID	EX	MEM	WB		

（续）

分支目标+1			IF	ID	EX	MEM	WB	
分支目标+2				IF	ID	EX	MEM	WB

* 延迟槽中的指令（对于大多数 RISC 体系结构，只有一个延迟槽）被执行。如果分支未被选中，则继续执行分支延迟指令之后的指令；如果分支被选中，则继续在分支目标处执行。当分支延迟槽中的指令也是分支时，其含义就有些模糊：如果该分支未被选中，分支延迟槽中的分支应当怎么办呢？由于这一混淆，采用延迟分支的体系结构经常禁止在延迟槽中放入分支。

在硬件预测成本高的情况下，延迟分支对于简短的流水线很有用，但是当存在动态分支预测时，这种技术会使实现变得复杂。因此，RISC-V 适当地省略了延迟分支。

2. 分支机制的性能

这些机制各自的实际性能怎么样呢？假定理想 CPI 为 1，考虑分支代价的实际流水线加速比为：

$$\text{流水线加速比}=\frac{\text{流水线深度}}{1+\text{分支导致的流水线停顿周期}}$$

由于：

$$\text{分支导致的流水线停顿周期}=\text{分支频率}\times\text{分支代价}$$

得到：

$$\text{流水化加速比}=\frac{\text{流水线深度}}{1+\text{分支频率}\times\text{分支代价}}$$

分支频率和分支代价可能都存在因为无条件分支和有条件分支导致的分量。但是，由于后者出现得更为频繁，所以它们起主导作用。

例题 对于一个更深的流水线，比如 MIPS R4000 及其后的 RISC 处理器中的流水线，在知道分支目标地址之前至少需要 3 个流水级，在计算分支条件之前需要增加一个周期，这里假定条件比较时寄存器中没有停顿。三级延迟导致表 C-6 中所列 3 种最简单预测机制的分支代价。

假定有如下频率，计算因分支使该流水线的 CPI 增加了多少。

无条件分支	4%
有条件分支、未选中	6%
条件分支、选中	10%

表 C-6 对于较深的流水线，3 种最简单预测机制的分支代价

分支机制	无条件分支代价	未选中分支代价	选中分支代价
冲刷流水线	2	3	3
预测选中	2	3	2
预测未选中	2	0	3

解答 将无条件分支、未选中条件分支和选中条件分支的相对频率乘以各自的代价，就可以求出 CPI。结果如表 C-7 所示。

表 C-7 3种分支预测机制及较深流水线的 CPI 代价

分支机制	分支成本对 CPI 的增加量			
	无条件分支	未选中条件分支	选中条件分支	所有分支
事件频率	4%	6%	10%	20%
停顿流水线	0.08	0.18	0.30	0.56
预测选中	0.08	0.18	0.20	0.46
预测未选中	0.08	0.00	0.30	0.38

这些机制之间的差异随这一较长的延迟而大幅增大。如果基础 CPI 为 1，并且分支是唯一的停顿源，则理想流水线的速度是使用停顿流水线机制的流水线的 1.56 倍。在相同的假定条件下，预测未选中机制比停顿流水线机制好 1.13 倍。

C.2.4 通过预测降低分支成本

当流水线变得越来越深，而且分支的潜在代价增加时，仅使用延迟分支及类似机制就不够了。这时需要寻求一种更积极的方式来预测分支。这些机制分为两类：依赖编译时可用信息的低成本静态机制；根据程序行为对分支进行动态预测的策略。下面将讨论这两种方法。

C.2.5 静态分支预测

改进编译时分支预测的一种重要方式是利用先前运行过程收集的特征数据。之所以值得这样做，是因为人们观测到分支的行为特性往往两极化分布；也就是说，各个分支经常严重偏向于选中或未选中两种情景之一。图 C-7 显示了使用这一策略成功地进行了分支预测。使用相同输入数据来运行程序，以收集特征数据；其他研究表明，改变输入以使特征数据适用于不同的运行，只会使基于特征数据的预测准确率发生微小变化。

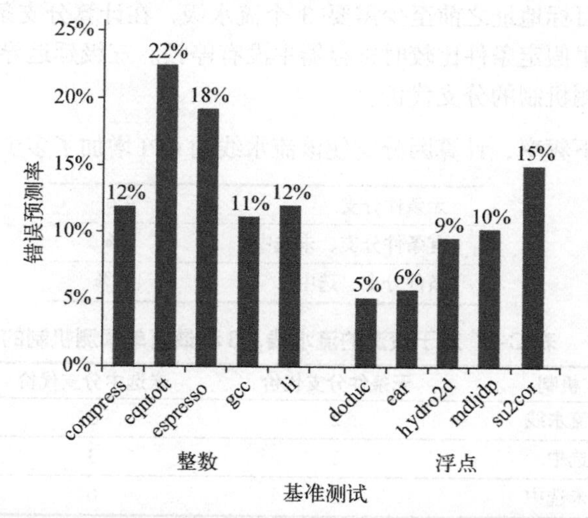

图 C-7 对于一种基于特征数据的预测器，SPEC92 的错误预测率变化幅度很大，但浮点程序通常优于整数程序，其中前者的平均错误预测率为 9%，标准偏差为 4%，后者的平均错误预测率为 15%，标准偏差为 5%。实际性能取决于预测准确率和分支频率，其变化范围为 3%~24%

任意分支预测机制的有效性都同时取决于机制的准确率和条件分支的频率，在 SPEC 中，其变化范围为 3%~24%。整数程序的错误预测率较高，分支频率通常也较高，这一事实是静态分支预测的主要限制。在下一节中，我们考虑动态分支预测器，近年来多数处理器都采用了这种机制。

C.2.6 动态分支预测和分支预测缓冲区

最简单的动态分支预测机制是**分支预测缓冲区**或**分支历史表**。分支预测缓冲区是一个小型存储器，根据分支指令地址的低位部分进行索引。这个存储器中包含一个位（bit），表明该分支最近是否曾被选中。这种机制是最简单的缓冲区形式；它没有标志，仅当分支延迟过长，超过可能目标 PC 计算所需要的时间时，用于缩短分支延迟。

采用这样一种缓冲区时，我们事实上并不知道预测是否正确——它可能是由另外一个具有相同低位地址的分支放入的。但这并不重要。这个预测就是一种提示，我们假定它是正确的，并在预测方向上开始提取。如果这一提示最终是错误的，那将预测位反转后存回。

这个缓冲区实际上就是一个高速缓存，所有访问都会命中，而且在后面可以看到，缓冲区的性能取决于两点：对所关注分支的预测频繁程度，以及该预测在匹配时的准确率。在分析性能之前，对分支预测机制的准确率进行一点微小而重要的提升是很有用的。

这种简单的 1 位预测机制在性能上有一处短板：即使某个分支几乎总是被选中，在其未被选中时，我们也可能会得到两次错误预测，而不是一次，因为错误预测会导致该预测位反转。

为了弥补这一弱点，经常使用 2 位预测机制。在 2 位预测机制中，预测必须错过两次之后才会进行修改。图 C-8 给出了 2 位预测机制的有限状态机。

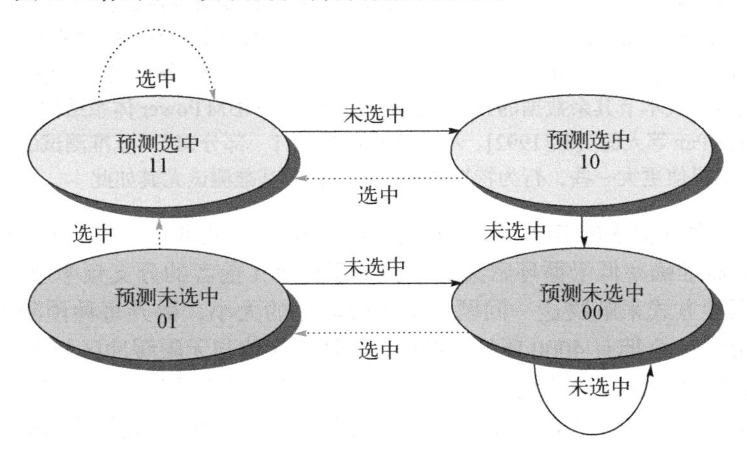

图 C-8 2 位预测机制中的状态。许多分支被选中和不被选中的概率并非均等，而是严重偏向其中一种状态，对于此类分支，2 位预测器的错误预测率经常低于 1 位预测器。在这种预测器中，使用 2 个数位对系统中的 4 种状态进行编码。这种 2 位机制实际上是一种更具一般性的机制的具体化，这种通用机制对于预测缓冲区中的每一项都有一个 *n* 位饱和计数器。对于一个 *n* 位计数器，其取值介于 2 和 2^n-1 之间：当计数器大于或等于其最大值（2^n-1）的一半时，分支被预测为选中；否则，预测其未选中。对 *n* 位预测器的研究已经证明，2 位预测器的效果几乎与 *n* 位预测器相同，所以大多数系统采用 2 位分支预测器，而不是更具一般性的 *n* 位预测器

分支预测缓冲可以实现为一个小的特殊“缓存”，在 IF 流水级中使用指令地址进行访问，或者实现为一对比特，附加到指令缓存中的每个块，并随指令一起提取。如果指令的译码结果为一个分支，并且该分支被预测为选中，则在知道 PC 之后立即从目标位置开始提取。否则，继续进行顺序提取和执行。如图 C-8 所示，如果预测结果错误，将改变预测位。

在实际应用程序中，如果使用每项两位的分支预测缓冲区，可以得到什么样的预测准确率？图 C-9 显示，对于 SPEC89 基准测试，一个拥有 4096 项的分支预测缓冲区的预测准确率为 82%~99%，或者说**错误预测率**为 1%~18%。根据 2017 年的标准，一个拥有 4000 项的缓冲区（比如得出上述结果的缓冲区）算是很小了，较大的缓冲区可以得到更好一点的结果。

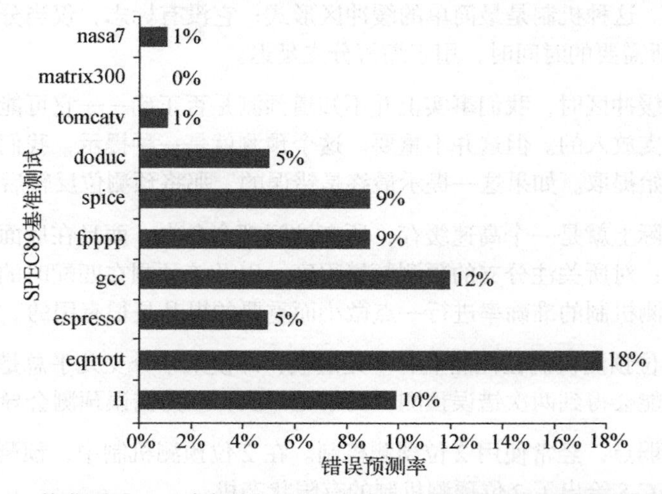

图 C-9　对于 SPEC89 基准测试，一个拥有 4096 项的 2 位预测缓冲区的预测准确率。整数基准测试（gcc、espresso、eqntott 和 li）的错误预测率远远高于浮点程序，前者的均值为 11%，后者为 4%。忽略浮点内核（nasa7、matrix300 和 tomcatv）仍然会使浮点基准测试的准确率高于整数基准测试。收集这些数据及本节其余数据的分支预测研究采用的是 IBM Power 体系结构及针对该系统优化的代码。参见 Pan 等人的文献[1992]。尽管这些数据来自一部分 SPEC 基准测试的较早版本，但新的基准测试结果值更大一些，行为特性稍差一些，整数基准测试尤其如此

由于我们尝试利用更多的 ILP，所以分支预测的准确率变得非常关键。在图 C-9 中可以看出，整数程序的预测器准确率低于循环密集的科学应用程序（前者的分支频率通常也更高一些）。我们可以采用两种方式来解决这一问题：增大缓冲区的大小，提升每种预测机制的准确率。但如图 C-10 所示，一个拥有 4000 项的缓冲区，其性能大体与无限缓冲区相当，至少对于 SPEC 这样的基准测试如此。图 C-10 中的数据清楚地表明缓冲区的命中率并非主要限制因素。前面曾经提到，仅提高每个预测器的位数而不改变预测器结构，其影响也是微乎其微。因此，我们需要研究一下如何提高每种预测器的准确率。

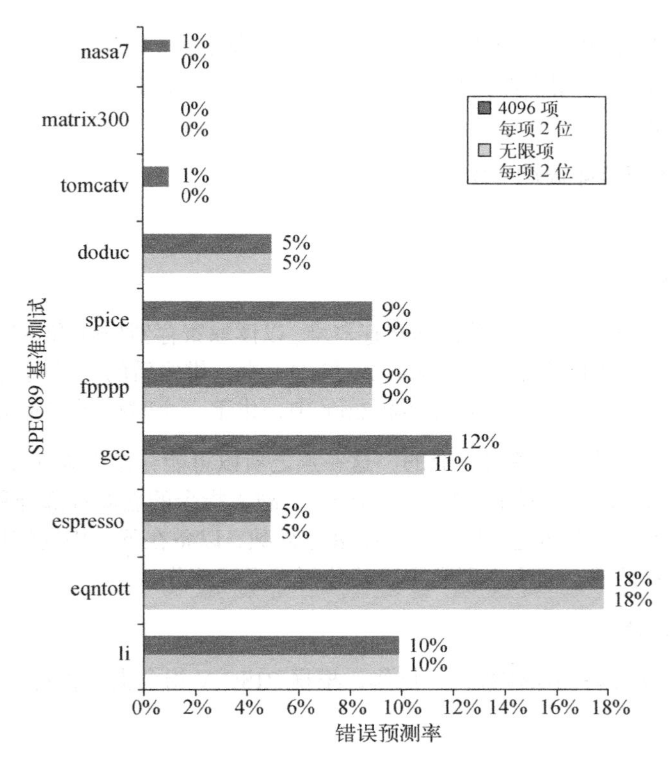

图 C-10 对于 SPEC89 基准测试，4096 项 2 位预测缓冲区与无限缓冲区的预测准确率对比。尽管这些数据是针对一部分 SPEC 基准测试的较早版本收集的，但较新版本的结果也大体相当，只是可能需要 8000 项来匹配一个无限 2 位预测器

C.3 如何实现流水化

在开始介绍基本流水化之前，需要回顾一下 RISC-V 非流水版本的一种简单实现。

C.3.1 RISC-V 的简单实现

本节将延续 C.1 节的风格，首先给出一种简单的非流水化实现，然后再给出流水化实现。但这一次的例子是专门针对 RISC-V 体系结构的。

本节主要关注 RISC-V 中一部分整数运算的流水线，其中包括载入–存储字、分支相等和整数 ALU 运算。本附录的后半部分将整合基础浮点操作。尽管我们仅讨论 RISC-V 的一个子集，但这些基本原则适用于所有指令的处理。例如，先做加法再存储的操作需要对立即数字段进行一些额外的计算。我们最初使用了分支指令的一种相对保守的实现方式，本节最后将展示如何实现一种更激进的版本。

每种 RISC-V 指令可以在最多 5 个时钟周期中实现。这 5 个时钟周期分述如下。

(1) **取指周期**（IF）。

```
IR←Mem[PC];
NPC←PC + 4;
```

操作——送出 PC，并将指令从存储器提取到指令寄存器（IR）中；将 PC 递增 4，以完成下一顺序指令的寻址。IR 用于保存将在后续时钟周期中需要的指令；与此类似，寄存器 NPC 用于保存下一顺序 PC。

(2) 指令译码/读寄存器周期（ID）。

```
A←Regs[rs1];
B←Regs[rs2];
Imm←将 IR 中的立即数字段进行符号扩展;
```

操作——对该指令进行译码，并访问寄存器堆，以读取寄存器（rs1 和 rs2 为寄存器识别符）。通用寄存器的输出被读入两个临时寄存器（A 和 B）中，供之后的时钟周期使用。IR 的低 16 位也进行了符号扩展，并存储在临时寄存器 Imm 中，供下一个时钟周期使用。

指令译码与寄存器读取是并行完成的，这一点之所以可能，是因为在 RISC-V 格式中，这些字段放在固定位置。因为在所有 RISC-V 指令中，载入指令的立即数部分和 ALU 立即数都位于同一位置，所以在这一周期还会计算符号扩展立即数，以备在下一周期使用。对于存储指令，需要一个单独的符号扩展，因为立即数字段被分割成了两部分。

(3) 执行/有效地址周期（EX）。

ALU 对前一周期准备的操作数进行操作，根据 RISC-V 指令类型执行以下 4 种功能之一。

- 存储器访问：

```
ALUOutput←A + Imm;
```

操作——ALU 将操作数相加，得到实际地址，并将结果放在寄存器 ALUOutput 中。

- 寄存器-寄存器 ALU 指令：

```
ALUOutput←A func B;
```

操作——ALU 对寄存器 A 和寄存器 B 中的取值执行由功能代码指定的操作。结果放在临时寄存器 ALUOutput 中。

- 寄存器-立即数 ALU 指令：

```
ALUOutput←A op Imm;
```

操作——ALU 对寄存器 A 和寄存器 Imm 中的值执行由操作代码指定的操作。结果放在临时寄存器 ALUOutput 中。

- 分支：

```
ALUOutput←NPC + (Imm << 2);
Cond←(A == B)
```

操作——ALU 将 NPC 加到 Imm 中的符号扩展立即数上，将该立即数先左移 2 位再与 NPC 相加，得到一个字偏移量，以计算分支目标的地址。检查已经在上一周期读取的寄存器 A，通过与寄存器 B 的比较，以确定该分支是否被选中，此处仅考虑相等时分支的情况。

RISC-V 的载入-存储体系结构意味着获得有效地址与执行周期可以合并到一个时钟周期中，

因为没有指令需要同时计算数据地址和指令目标地址，并对数据执行操作。这里未包含的其他整数指令是各种形式的跳转指令，它们与分支相类似。

(4) 存储器访问/分支完成周期（MEM）。

对所有指令更新 PC：PC ← NPC；

- 存储器访问：

```
LMD←Mem[ALUOutput] 或
Mem[ALUOutput]←B;
```

操作——在需要时访问存储器。如果指令为载入指令，则从存储器返回数据，并将数据放入 LMD（载入存储器数据）寄存器中；如果是存储指令，则将来自 B 寄存器的数据写入存储器。无论是哪种情况，所使用的地址都是在上一周期计算出并放在寄存器 ALUOutput 中的地址。

- 分支：

```
if (cond) PC←ALUOutput
```

操作——如果该指令为分支指令，则用寄存器 ALUOutput 中的分支目标地址替换 PC。

(5) 写回周期（WB）。

- 寄存器-寄存器或寄存器-立即数 ALU 指令：

```
Regs[rd]←ALUOutput;
```

- 载入指令：

```
Regs[rd]←LMD;
```

操作——无论结果来自存储器系统（在 LMD 中），还是来自由 rd 指定寄存器的 ALU（在 ALUOutput 中），都将其写到寄存器堆中。

图 C-11 显示了一条指令是如何流经数据路径的。在每个时钟周期结束时，在该时钟周期计算并会在后面时钟周期用到的所有值（无论是供本条指令使用，还是供下一条指令使用）都被写入存储设备中，存储设备可能是存储器、通用寄存器、PC 或临时寄存器（例如 LMD、Imm、A、B、IR、NPC、ALUOutput 或 Cond）。临时寄存器在一个指令的多个时钟周期之间保存值，而其他存储元件则是状态的可见部分，在连续指令之间保存值。

尽管今天的所有处理器都是流水化的，但这种多周期实现方式合理地近似呈现了早期处理器的实现方法。可以使用一种简单的有限状态机来实现一种遵循上述 5 周期结构的控制。对于更复杂的处理器，可以使用微码控制。无论哪种情况下，类似上述内容的指令序列决定着控制结构。

在这种多周期实现中，存在一些可以消除的硬件冗余。例如，有两个 ALU：一个用于使 PC 递增，一个用于实际地址和 ALU 计算。由于不会在同一时钟周期用到它们，所以可以通过添加多路选择器和共享同一 ALU 来合并它们。同样，由于数据和指令访问发生在不同时钟周期内，所以指令和数据可以存储在同一存储器中。

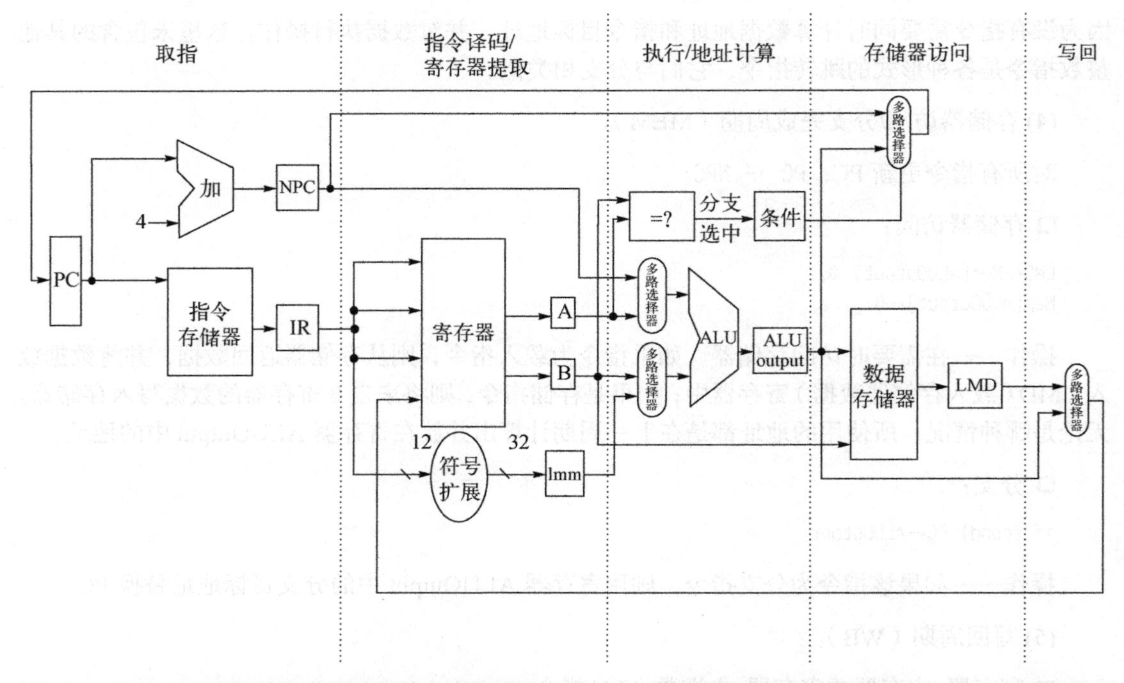

图 C-11　RISC-V 数据路径的实现允许每条指令在 4 或 5 个时钟周期内执行。尽管 PC 出现在取指使用的数据路径部分，寄存器出现在指令译码/寄存器提取使用的数据路径部分，但实际上这些功能单元都是由一条指令读取和写入的。尽管这些功能单元显示在对其进行读取的周期内，但实际上，PC 是在存储器访问时钟周期内写入的，寄存器是在写回时钟周期内写入的。在这两种情况下，在后续流水级中的写入由多路选择器输出指示（在存储器访问或写回中），它将一个取值带回 PC 或寄存器。流水线的大多数复杂性是由这些反向流动信号引入的，因为它们表明存在冲突的可能

我们没有优化这一简单实现方式，而是保持图 C-11 所示的设计方式，它为流水化实现提供了更好的基础。

C.3.2　RISC-V 基本流水线

和以前一样，只要在每个时钟周期启动一个新指令，几乎不需要做什么改变就可以对图 C-11 的数据路径实现流水化。因为每个流水级在每个时钟周期都处于活动状态，所以流水级中的所有操作都必须在 1 个时钟周期内完成，任何操作组合都必须能够立即发生。此外，要实现数据路径的流水化，必须将流水级之间传递的数值放在寄存器中。图 C-12 显示的 RISC-V 流水线中包含了每个流水级之间适当的寄存器，称为**流水线寄存器**或**流水线锁存器**。这些寄存器用与其相联的流水线名称进行标记。图 C-12 的绘制方式清楚地显示了各级之间通过流水线寄存器的连接。

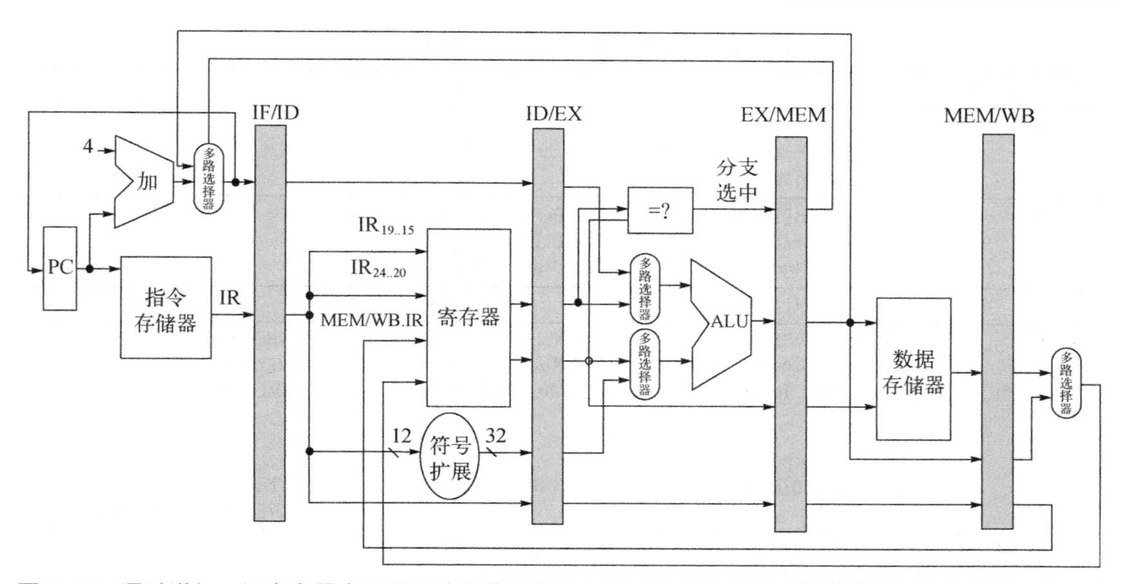

图 C-12 **通过增加一组寄存器实现数据路径的流水化，每对流水级之间一个寄存器。**寄存器用于从一个流水级向下一个流水级传送值和控制信息。我们也可以将 PC 看作一个流水线寄存器，它位于流水线的 IF 级之前，指向每个流水级的一个流水线寄存器。回想一下，PC 是一个边缘触发寄存器，在时钟周期结束时写入；因此，在写入 PC 时不存在竞争。PC 的多路选择器位置已被调整，这样恰好在一个流水级（IF）中写入 PC。如果不做调整，则分支存在时，会出现冲突，因为两条指令都会尝试将不同值写到 PC 中。大多数数据路径是由左向右流动的，即从较早时间移向较晚时间。从右向左流动的数据路径（携带着从寄存器写回的信息和分支相关的 PC 信息）增加了流水线的复杂性

用于在一条指令的时钟周期之间保存临时值的所有寄存器都包含在这些流水线寄存器中。指令寄存器（IR）是 IF/ID 寄存器的一部分，当指令寄存器的字段用于提供寄存器名称时，它们会被标记。这些流水线寄存器用于从一个流水级向下一个流水级传送数据和控制。在后续流水级上需要的所有值都必须放在这样一个寄存器中，并从一个流水线寄存器中复制到下一个寄存器，直到不再需要它们为止。如果我们要像之前的非流水线版本那样使用临时寄存器的话，就有可能在完成所有应用之前覆盖这些值。例如，用于在载入或 ALU 操作中执行写操作的寄存器操作数的字段，是从 MEM/WB 流水线寄存器而非 IF/ID 寄存器中提供的。这是因为我们希望一个载入或 ALU 操作写入该操作指定的寄存器，而不是当前从 IF 传送到 ID 的指令的寄存器字段！这一目标寄存器字段就是从一个流水线寄存器复制到下一个寄存器，直到在 WB 级用到它为止。

任何一条指令在任意时刻恰好在一个流水级中处于活动状态；任何以指令名义执行的操作都发生在一对流水线寄存器之间。因此，我们还可以通过以下方式来研究流水线的行为：查看在不同指令类型下，各流水级上必须执行什么操作。表 C-8 展示了这一视角。给流水线寄存器的字段命名，用来展示哪些信息在流水级间流动。注意，由于直到 ID 结束才完成译码，所以前两级的操作必须与当前指令无关。IF 行为取决于 EX/MEM 中的指令是否为选中分支。如果是，则会在 IF 结束时将 EX/MEM 中分支指令的分支目标地址写入 PC 中；如果不是，则写回递增后的 PC。（前面曾经说过，分支指令的这一效果增加了流水线的复杂性，我们将在后面处理这些复杂性。）寄存器源操作数的固定位置编码对于在 ID 期间提取寄存器至关重要。

表 C-8　RISC-V 流水线每个流水级上的事件

流水级	任意指令		
IF	IF/ID.IR←Mem[PC] IF/ID.NPC,PC←(if ((EX/MEM.opcode == branch) & EX/MEM.cond){EX/MEM.ALUOutput} else {PC+4});		
ID	ID/EX.A←Regs[IF/ID.IR[rs1]]; ID/EX.B←Regs[IF/ID.IR[rs2]]; ID/EX.NPC←IF/ID.NPC; ID/EX.IR←IF/ID.IR; ID/EX.Imm←sign-extend(IF/ID.IR[immediate field]);		
	ALU 指令	载入指令	分支指令
EX	EX/MEM.IR ID/EX.IR; EX/MEM.ALUOutput← ID/EX.A func ID/EX.B; 或 EX/MEM.ALUOutput← ID/EX.A *op* ID/EX.Imm;	EX/MEM.IR to ID/EX.IR EX/MEM.ALUOutput← ID/EX.A+ID/EX.Imm; EX/MEM.B ID/EX.B;	EX/MEM.ALUOutput← ID/EX.NPC + (ID/EX.Imm<< 2); EX/MEM.cond← (ID/EX.A == ID/EX.B);
MEM	MEM/WB.IR←EX/MEM.IR; MEM/WB.ALUOutput← EX/MEM.ALUOutput;	MEM/WB.IR←EX/MEM.IR; MEM/WB.LMD← Mem[EX/MEM.ALUOutput]; 或 Mem[EX/MEM.ALUOutput] ← EX/MEM.B;	
WB	Regs[MEM/WB←.IR[rd]]← MEM/WB.ALUOutput;	For load only: Regs[MEM/WB.IR[rd]]← MEM/WB.LMD;	

* 让我们回顾一下流水级中专门用于流水线组织的操作。在 IF 中，除了取指和计算新 PC 之外，我们还将递增后的 PC 存储到 PC 和流水线寄存器（NPC）中，供以后计算分支目标地址时使用。这个结构与图 C-12 中的组织方式相同，在 IF 中使用两个来源之一更新 PC。在 ID 中，我们提取寄存器，对 IR（立即数字段）的 12 位进行符号扩展，并继续传递 IR 和 NPC。在 EX 期间，我们执行 ALU 运算或地址计算，并继续传递 IR 和 B 寄存器（如果该指令为存储指令）。如果该指令为选中分支，我们还将 cond 的值设置为 1。在 MEM 阶段，我们循环使用存储器，在必要时写 PC，并传送在最后一个流水级中使用的值。最后，在 WB 期间，我们用 ALU 输出值或载入值来更新寄存器字段。为简单起见，我们总是将整个 IR 从一级传送到下一级；实际上，在一条指令沿流水线流动时，对 IR 的需要越来越少。

为了控制这个简单的流水线，我们只需要决定如何设定图 C-12 数据路径中 4 个多路选择器的控制方式。ALU 级的 2 个多路选择器根据指令类型设定，而指令类型由 ID/EX 寄存器的 IR 字段指定。上面的 ALU 输入多路选择器根据该指令是否为分支来进行设定，下面的多路选择器根据该指令是寄存器-寄存器 ALU 操作还是任意其他类型的操作来设定。IF 级中的多路选择器选择是使用递增 PC 的值，还是 EX/MEM.ALUOutput（分支目标）的值来写入 PC。这个多路选择器由 EX/MEM.cond 字段控制。第四个多路选择器由 WB 级的指令是载入指令还是 ALU 指令来设定。除了这 4 个多路选择器之外，还需要额外的 1 个多路选择器，虽然未在图 C-12 中画出，但只要看一下 ALU 操作的 WB 级就可以清楚地看出是存在该选择器的。根据指令类型（是寄存器-寄存器 ALU，还是 ALU 立即数或载入），在两个位置中选择目标寄存器字段。因此，我们需要一个多路选择器来选择 MEM/WB 寄存器中 IR 的正确部分，以指定寄存器目标字段，假定该指令写入一个寄存器。

C.3.3 实现 RISC-V 流水线的控制

让一条指令从指令译码级（ID）移入此流水线执行级（EX）的过程通常称为**指令发射**，已经执行这一步骤的指令称为**已发射**指令。对于 RISC-V 整数流水线，所有数据冒险都可以在该流水线的 ID 阶段进行检查。如果存在数据冒险，则该指令将在被发射之前停顿。与此类似，我们可以确定在 ID 期间需要哪种前递，并设定适当的控制。在流水线早期检查互锁降低了硬件的复杂性，因为除非整个处理器停顿，否则硬件从来不需要挂起一条已经改变处理器状态的指令。或者，我们可以在使用操作数的一个时钟周期之始（对于此流水线来说，为 EX 和 MEM）检查冒险或前递。为了说明这两种方法之间的区别，我们将展示如何通过在 ID 中进行检查来消除因为载入指令所导致的写后读（RAW）冒险互锁（称为**载入互锁**），而指向 ALU 输入的前递路径可以在 EX 期间实现。表 C-9 列出了我们必须处理的各种环境。

表 C-9 通过对比相邻指令的目标与源，流水线冒险检测硬件可看到的情景

情 景	示例代码序列	操 作

没有相关性	ld x1,45(x2)
	add x5,x6,x7
	sub x8,x6,x7
	or x9,x6,x7
		由于后面紧随的 3 条指令不存在对 x1 的依赖性，所以不可能出现冒险

相关性需要停顿	ld x1,45(x2)
	add x5,x1,x7
	sub x8,x6,x7
	or x9,x6,x7
		比较器在 add 开始 EX 之前检测 add 中的 x1 应用，并使 add（及 sub 和 or）停顿

通过前递克服相关性	ld x1,45(x2)
	add x5,x6,x7
	sub x8,x1,x7
	or x9,x6,x7
		比较器检测 sub 中对 x1 的应用，并将载入结果及时前递到 ALU 中，供 sub 开始 EX

顺序访问的相关性	ld x1,45(x2)
	add x5,x6,x7
	sub x8,x6,x7
	or x9,x1,x7
		由于 or 中对 x1 的读取发生在 ID 阶段的后半部分，而载入数据的写入发生在前半部分，所以不需要操作

* 这个表表明，唯一需要比较的是写目的地的指令之后的两条指令上的目标和源。在发生停顿时，一旦继续执行（通过前递克服相关性），流水线相关性与第三种情况类似。当然，涉及 x0 的冒险是可以忽略的，这是因为寄存器中值永远为 0，而且上述测试经扩展后可以完成这一任务。

接下来实现载入互锁。如果存在一个因为源指令是载入指令而导致的 RAW 冒险，则当需要该载入数据的指令位于 ID 级时，该载入指令将位于 EX 级。因此，我们可以用一个很小的表来描述所有可能的冒险情景，它可以直接转换为实现方式。表 C-10 显示了当使用载入结果的指令位于 ID 级时，检测载入互锁的逻辑。

表 C-10 用于检测一条指令的 ID 级中是否需要载入互锁的逻辑需要进行两次比较，针对每个可能的源各进行一次比较

ID/EX 的操作码字段（ID/EX.$IR_{0..5}$）	IF/ID 的操作码字段（IF/ID.$IR_{0..6}$）	匹配操作数字段
载入	寄存器-寄存器 ALU、载入、存储、ALU 立即数或分支	ID/EX.IR[rd] == IF/ID.IR[rs1]
载入	寄存器-寄存器 ALU 或分支	ID/EX.IR[rd] == IF/ID.IR[rs2]

* 请记住，IF/ID 寄存器保存着 ID 中指令的状态，该指令可能会用到载入结果，而 ID/EX 保存着 EX 中指令的状态，该指令是载入指令。

一旦检测到冒险，控制单元必须插入流水线停顿，并防止 IF 和 ID 级中的指令继续前进。前面曾经说过，所有控制信息都承载于流水线寄存器中。（仅承载指令就足够了，因为所有控制都是由其派生而来的。）因此，在检测冒险时，只需要将 ID/EX 流水线寄存器的控制部分改为全 0，它正好是一个空操作（一个不做任何事情的指令，比如 add x0, x0, x0）。此外，我们只需循环使用 IF/ID 寄存器中的内容，以保存被停顿的指令。在具有更复杂冒险的流水线中，这些思想同样适用：通过对比一组流水线寄存器来检测冒险，并转换为空操作，以防止错误的执行。

要实现前递逻辑需要考虑更多种情况，但大体类似。要实现前递逻辑，关键是要注意到流水线寄存器中既包含了要前递的数据，也包含了源寄存器字段和目标寄存器字段。所有前递在逻辑上都是从 ALU 或数据存储器的输出到 ALU 输入、数据存储器输入或零检测单元。因此，我们可以对比 EX/MEM 级和 MEM/WB 级中所包含 IR 的目标寄存器与 ID/EX 和 EX/MEM 寄存器中所包含 IR 的源寄存器，以此来实现前递。表 C-11 展示了这些对比，以及当前递结果的目的地是 EX 中当前指令的 ALU 输入时，可能执行的前递操作。

表 C-11　可以从 ALU 结果（EX/MEM 或 MEM/WB 中）或从 MEM/WB 中的载入结果向两个 ALU 输入前递数据（供 EX 中的指令使用）

包含源指令的流水线寄存器	源指令的操作码	包含目标指令的流水线寄存器	目标指令的操作码	前递结果的目的地	比较（若相等，则前递）
EX/MEM	寄存器-寄存器 ALU、ALU 立即数	ID/EX	寄存器-寄存器 ALU、ALU 立即数、载入、存储、分支	顶部 ALU 输入	EX/MEM.IR[rd] == ID/EX.IR[rs1]
EX/MEM	寄存器-寄存器 ALU、ALU 立即数	ID/EX	寄存器-寄存器 ALU	底部 ALU 输入	EX/MEM.IR[rd] == ID/EX.IR[rs2]
MEM/WB	寄存器-寄存器 ALU、ALU 立即数、载入	ID/EX	寄存器-寄存器 ALU、ALU 立即数、载入、存储、分支	顶部 ALU 输入	MEM/WB.IR[rd] == ID/EX.IR[rs1]
MEM/WB	寄存器-寄存器 ALU、ALU 立即数、载入	ID/EX	寄存器-寄存器 ALU	底部 ALU 输入	MEM/WB.IR[rd] == ID/EX.IR[rs2]

* 为了判断是否应当发生前递操作，一共需要 10 次不同的比较。顶部和底部的 ALU 输入分别指代与第一、第二 ALU 源操作数相对应的输入，如图 C-11 及图 C-13 中所示。请记住，EX 中目标指令的流水线锁存器是 ID/EX，而源值来自 EX/MEM 或 MEM/WB 的 ALUOutput 部分，或者 MEM/WB 的 LMD 部分。有一个复杂问题未能通过这一逻辑解决：处理多条向相同寄存器进行写入的指令。例如，在代码序列 add x1, x2, x3; addi x1, x1, 2; sub x4, x3, x1 期间，该逻辑必须确保 sub 指令使用的是 addi 指令的结果，而不是 add 指令的结果。为了处理这一情景，可以扩展上述逻辑：只需测试仅在对相同输入不启用来自 EX/MEM 的前递时才启用来自 MEM/WB 的前递。由于 addi 结果将位于 EX/MEM 中，所以将前递该结果，而不是 MEM/WB 中的 add 结果。

除了在需要启用前递路径时必须确定的比较器和组合逻辑之外，还必须扩大 ALU 输入端的多路选择器，并添加一些连接，这些连接源于前递结果所用的流水线寄存器。图 C-13 给出了流水化数据路径的相关段，其中添加了所需要的多路选择器和连接。

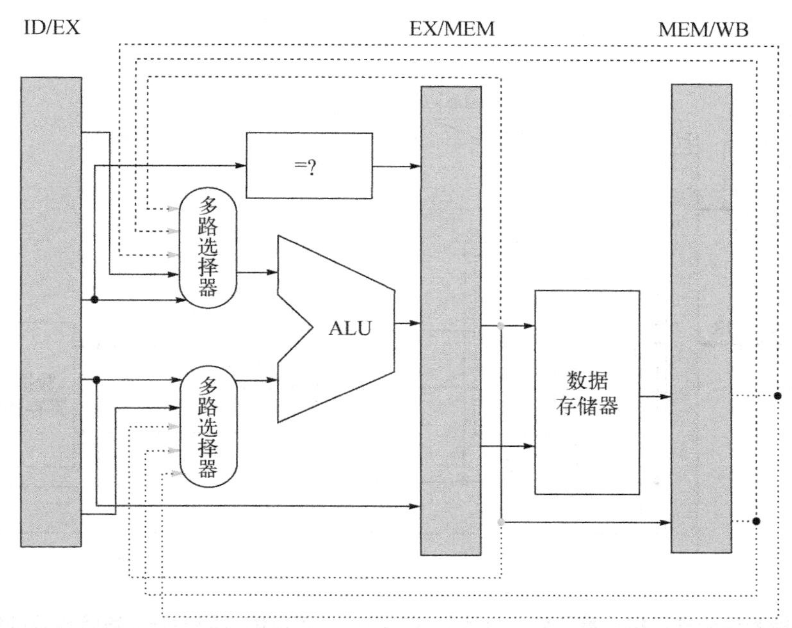

图 C-13 向 ALU 前递结果时，需要在每个 ALU 多路选择器上另外增加 3 个输入，并增加 3 条指向这些新输入的路径。这些路径对应于以下三者的一个旁路：(1)EX 结束时的 ALU 输出；(2)MEM 级结束时的 ALU 输出；(3)MEM 级结束时中的存储器输出

对于 RISC-V，冒险检测和前递硬件相当简单；我们将会看到，当为处理浮点数而对这一流水线进行扩展时，事情多少会变得复杂一些。在此之前，需要处理分支。

C.3.4 处理流水线中的分支

在 RISC-V 中，条件分支依赖于比较两个寄存器值，我们假定这发生在 EX 周期中并且使用 ALU 完成这一功能。我们需要计算分支目标地址。因为测试分支条件和确定下一步 PC 将决定分支代价是什么，所以我们希望在 EX 周期结束前计算可能的 PC 和选择正确的 PC。为此，我们可以通过添加一个单独的加法器来计算 ID 期间的分支目标地址。因为这条指令还没有被译码，所以我们将计算一个可能的目标，就好像每条指令都是一个分支。这可能比在 EX 中同时计算目标和评估条件要快，但是消耗的能量稍微多一些。

图 C-14 展示了一个流水化的数据路径，它在 ID 中采用加法器，在 EX 中评估分支条件，这是流水线结构的一个小变化。这个流水线将对分支造成两个周期的代价。在一些早期 RISC 处理器（如 MIPS）中，对分支的条件测试被限制为允许在 ID 中进行测试，从而将分支延迟减少到一个时钟周期。当然，这意味着对寄存器的 ALU 操作之后跟着一个基于该寄存器的条件分支会导致数据冒险；如果在 EX 中计算分支条件，则不会发生这种冒险。

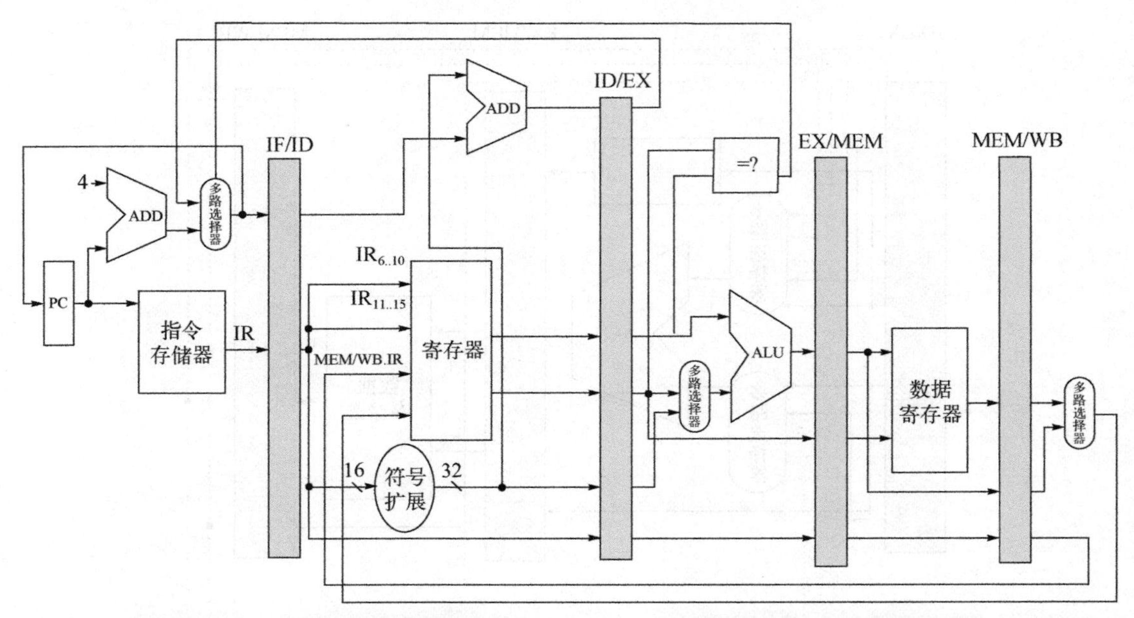

图 C-14　将零检测和分支目标计算移到流水线的 ID 级中，可以缩减因为分支冒险导致的停顿。图 C-12 中曾经提到，可以将 PC 看作流水线寄存器（例如，视为 IF/ID 的一部分），会在每个 IF 周期结束时向其中写入下一条指令的地址

随着流水线深度的增加，分支延迟也随之增加，这使得动态分支预测成为必要。例如，拥有独立译码和寄存器提取级的处理器可能存在至少长出 1 个时钟周期的分支延迟。如果不进行处理，分支延迟就会转变为分支代价。许多实现更复杂指令集的较旧处理器，其分支延迟为 4 个时钟周期，甚至更长一些，而大型深度流水化处理器的分支代价经常为 6 或 7 个时钟周期。激进的超标量处理器，如第 3 章中讨论的 Intel i7，可能会有 10 到 15 个时钟周期的分支代价。一般来说，流水线越深，以时钟周期度量的分支代价就越糟，准确预测分支就越重要。

C.4　流水线难以实现的原因

我们已经理解了如何检测和解决冒险问题，现在可以处理一些前面一直在回避的复杂问题了。本节的第一部分考虑异常情景——指令的执行顺序发生意外变化——带来的挑战。第二部分讨论由不同指令集带来的挑战。

C.4.1　处理异常

异常情景在流水化处理器中更难处理，因为指令的重叠使得判断一条指令能否安全地改变处理器状态变得更加困难。在流水化处理器中，指令是一段一段地执行，在几个时钟周期内不会完成。不幸的是，流水线中的其他指令可能会引发异常，从而迫使处理器在流水线中的指令完成之前中止它们。在详细讨论这些问题及其解决方案之前，需要了解可能出现哪些类型的情景，以及目前为它们提供支持的体系结构需求有哪些。

1. 异常的类型与需求

对于一些改变指令正常执行顺序的异常情景，不同处理器中会采用不同的术语来描述。人们会使用**中断**、**错误**和**异常**等词，但具体用法并不一致。我们用**异常**一词来涵盖所有此类机制，包括：

- I/O 设备请求
- 从用户程序调用操作系统服务
- 跟踪指令执行
- 断点（程序员请求的中断）
- 整数算术溢出
- 浮点算术异常
- 缺页错误（不在主存储器中）
- （在需要对齐时）存储器访问未对齐
- 违反存储器保护规则
- 使用未定义或未实现的指令
- 硬件故障
- 电源故障

当我们希望指代特定类别的异常，将使用一个较长的名称，比如 I/O 中断、浮点异常或缺页错误。

尽管我们使用**异常**一词来涵盖所有这些事件，但各种事件都有自己的重要特性，这些特性决定了硬件中需要采取什么操作。关于异常的需求，可以从 5 个半独立的方面进行描述。

(1) **同步与异步**——如果每次以相同数据和存储器分配执行程序时，事件都在同一位置发生，那事件就是**同步**的。除了硬件故障之外，**异步**事件是由处理器和存储器之外的设备引起的。通常可以在当前指令完成后处理异步事件，这样更容易一些。

(2) **用户请求与强制**——如果用户任务直接请求某一事件，那它就是**用户请求**事件。在某种意义上，用户请求的异常不是真正的异常，因为它们是可预测的。但是，由于这些用户请求事件依赖相同的状态保存、状态复原机制，所以也将它们看作异常。因为对于触发这一异常的指令来说，其唯一功能就是引发该异常，所以用户请求异常总是可以在该指令完成之后再处理。**强制**异常是由某一不受用户程序控制的硬件事件导致的。强制异常不可预测，所以更难以实现。

(3) **用户可屏蔽与用户不可屏蔽**——如果一个事件可以借由用户任务来屏蔽或禁用，那它就是**用户可屏蔽**的。这一屏蔽只是控制硬件是否对异常做出回应。

(4) **指令内部与指令之间**——这种分类取决于妨碍指令完成的事件是发生在执行过程中间（无论多短），还是被看作发生在指令**之间**。发生在指令**内部**的异常通常是同步的，因为就是这条指令触发了异常。在指令内部发生的异常实现起来要难于指令之间的异常，因为该指令必须被停止和重新启动。发生在指令内部的异步异常是因为灾难性情景（例如，硬件故障）造成的，并且总是导致程序终止。

(5) **恢复与终止**——如果程序的执行总是在中断之后停止，那它就是**终止**事件。如果程序的执行在中断之后继续，那它就是**恢复**事件。终止执行的异常实现起来更容易一些，因为处理器不需要在处理异常之后重新开始执行。

表 C-12 根据这 5 个类别对前面的示例进行了划分。难点在于实现指令内部发生的中断，这种情况下必须恢复指令的执行。要实现此类异常，必须调用另一个程序来保存所执行程序的状态、解决导致异常的问题，然后恢复程序的状态，之后才能再次尝试导致该异常的指令。对正在执行的程序来说，这个过程事实上必须是不可见的。如果流水线使处理器能够在不影响程序执行的前提下处理异常、保存状态并重新启动，那就说流水线或处理器是**可重新启动的**。早期的超级计算机和微处理器通常缺少这一特性，但今天的几乎所有处理器都支持这一特性，至少整数流水线是这样的，因为虚拟存储器的实现需要这一特性（见第 2 章）。

表 C-12　用 5 个类别来定义 5 种异常类型所需的操作

异常类型	同步与异步	用户请求与强制	用户可屏蔽与不可屏蔽	指令内部与指令之间	恢复与终止
I/O 设备请求	异步	强制	不可屏蔽	之间	恢复
调用操作系统	同步	用户请求	不可屏蔽	之间	恢复
跟踪指令执行	同步	用户请求	用户可屏蔽	之间	恢复
断点	同步	用户请求	用户可屏蔽	之间	恢复
整型算术溢出	同步	强制	用户可屏蔽	内部	恢复
浮点算术上溢或下溢	同步	强制	用户可屏蔽	内部	恢复
缺页错误	同步	强制	不可屏蔽	内部	恢复
非对齐存储器访问	同步	强制	用户可屏蔽	内部	恢复
违反存储器保护规则	同步	强制	不可屏蔽	内部	恢复
使用未定义指令	同步	强制	不可屏蔽	内部	终止
硬件故障	异步	强制	不可屏蔽	内部	终止
电源故障	异步	强制	不可屏蔽	内部	终止

* 必须允许恢复的异步被标记为恢复，尽管软件可能选择终止程序。发生在指令内部的可恢复、同步、强制异常是最难实现的。我们可能希望违反存储器保护访问的异常总是导致终止；但是，现代操作系统使用存储器保护来检测事件，比如首次尝试使用一个页面，或者首次尝试写入一个页面。因此，CPU 应当能够在此类异常之后恢复执行。

2. 停止执行与重启

和在非流水化实现中一样，最困难的异常有两个特性：(1) 发生在指令内部（即在指令执行过程期间发生，与 EX 或 MEM 流水级相对应）；(2) 必须可以重新启动。比如，在 RISC-V 流水线中，由数据提取导致的虚拟存储器缺页错误只可能发生在该指令 MEM 级的某一时间之后。在出现该错误时，会有其他几条指令正在执行。缺页错误必须是可重新启动的，并且需要另一进程（比如操作系统）的干预。因此，必须能够安全关闭流水线并保存其状态，以使指令能够以正确状态重新启动。重启通常是通过保存待重启指令的 PC 来实现的。如果被重启的指令不是分支，则继续提取依次排在后面的指令，并以正常方式开始执行。如果被重启的指令为分支指令，则重新计算分支条件，根据计算结果提取目标指令或直通指令。在发生异常时，流水线控制可以采取以下步骤安全地保存流水线状态。

(1) 在下一个 IF 向流水线中强制插入一个陷阱指令。

(2) 在选中该陷阱指令之前，禁止错误指令的所有写操作，禁止流水线中后续所有指令的写操作。可以通过以下方式来实现：从生成该异常的指令开始（不包括该指令之前的指令），将流水线中所有指令的流水线锁存置零。这样可以禁止在处理异常之前对未完成指令的状态进行任何更改。

(3) 在操作系统的异常处理例程接收控制权之后，它会立即保存错误指令的 PC。稍后将使用此值从异常中返回。

在处理异常之后，特殊指令通过重新加载 PC 并重启指令流（在 RISC-V 中使用异常返回）使处理器从异常中返回。如果流水线可以停止，以使紧临错误指令之前的指令能够完成，其后的指令可以从头重新启动，那就说该流水线拥有**精确异常**。理想情况下，错误指令不会改变状态，要正确地处理一些异常，需要错误指令不产生任何影响。对于其他异常，比如浮点异常，某些处理器上的错误指令会首先写入其结果，然后才能处理异常。在此种情况下，即使目标位置与源操作数之一的位置相同，也必须准备硬件来提取源操作数。因为浮点操作可能持续许多个周期，所以其他某个指令很可能已经写入了这些源操作数（在下一节将会看到，浮点操作经常是乱序完成的）。为了克服这一问题，最近的许多高性能处理器引入了两种操作模式。一种模式有精确异常，另一种（快速或性能模式）则没有。当然，精确异常模式要慢一些，因为它允许浮点指令之间的重叠较少。

在许多系统中，对精确异常的支持是必需的，而在其他一些系统中，它“只是”存在一定的价值，因为它可以简化操作系统接口。至少，任何需要分页或 IEEE 算术陷阱处理程序的处理器，都必须使其异常为精确异常，这可以用硬件实现，也可以辅以一定的软件支持。对于整数流水线，创建精确异常比较简单，而支持虚拟存储器是存储器访问支持精确异常的极大动力。在实践中，这些理由已经让设计师和架构师总是为整数流水线提供精确异常。本节将介绍如何为 RISC-V 整数流水线实现精确异常。C.5 节会介绍应对浮点流水线中更复杂挑战的技术。

3. RISC-V 中的异常

表 C-13 显示了 RISC-V 流水级，以及每一级中可能发生哪些问题异常。

表 C-13 RISC-V 流水线中可能发生的异常

流　水　级	所发生的问题异常
IF	取指时发生缺页错误、非对齐存储器访问、违反存储器保护规则
ID	未定义或非法操作码
EX	算术异常
MEM	数据提取时发生缺页错误、非对齐存储器访问、违反存储器保护规则
WB	无

* 由指令或数据存储器访问产生的异常可能占到 8 种情景的 6 种。

采用流水化时，由于有多条指令同时执行，所以在同一时钟周期中可能出现多个异常。例如，考虑如下指令序列：

ld	IF	ID	EX	MEM	WB	
add		IF	ID	EX	MEM	WB

这对指令可能同时导致数据缺页错误和算术异常，这是因为 ld 位于 MEM 级，而 add 位于 EX 级。要处理这一情景，可以先处理数据缺页错误，然后再重启执行过程。第二个异常将再次发生（如果软件正确，第一个异常将不再发生），而在它发生时，可以单独对其进行处理。

现实中的情景并不像这个简单例子中那样简单。异常可能乱序发生，也就是说，可能在一条指令产生异常之后，排在前面的指令才产生异常。再次考虑上述指令序列，ld 后面跟着 add。当 ld 处于 MEM 级时可能产生数据缺页错误，而 add 指令位于 IF 级时可能会产生指令缺页错误。指令缺页错误尽管是由后一指令导致的，但实际上它将首先发生。

由于我们正在实现精确异常，所以流水线需要首先处理由 ld 指令导致的异常。为了解释如何实现这一过程，我们将位于 ld 指令位置的指令称为 *i*，将位于 add 指令位置的指令称为 *i*+1。流水线不能在发生异常时直接处理它，因为这会导致这些异常的发生顺序不同于非流水化顺序。硬件会将一条给定指令产生的所有异常都记录在一个与该指令相关联的状态向量中。这个异常状态向量将一直随该指令向流水线下方移动。一旦在异常状态向量中设定了异常指示，则会关闭任何可能导致数据值写入（包括寄存器写入和存储器写入）的控制信号。由于存储指令可能在 MEM 期间导致异常，所以硬件必须准备好在存储指令产生异常时阻止其完成。

当一条指令进入 WB 时（或者将要离开 MEM 时），将检查异步状态向量。如果发现存在任何异常，则按照它们在非流水化处理器中的发生顺序进行处理——首先处理与最早指令相对应的异常（通常位于该指令的最早流水级）。这样可以保证指令 *i* 引发的所有异常将优先于指令 *i*+1 引发的所有异常得到处理。当然，任何在较早流水级中以指令 *i* 名义采取的操作都是无效的，但由于对寄存器堆和存储器的写操作都被禁用，所以没有改变任何状态。在 C.5 节将会看到，为浮点运算维护这一精确模型要困难得多。

一些处理器拥有功能更强大、运行时间更长的指令，下一节将介绍在此类处理器的流水线中实现异常时会产生的问题。

C.4.2　指令集的复杂性

所有 RISC-V 指令的结果都不会超过 1 个，我们的 RISC-V 流水线仅在指令执行结束时写入结果。当一条指令被保证完成时，称为**已提交**。在 RISC-V 整数流水线中，如果所有指令到达 MEM 级的末尾（或者 WB 的开头），而且没有指令在该级之前更新状态，则说这些指令已提交。因此，精确异常非常简单。一些处理器的指令会在指令执行的过程中更改状态，这时该指令及其之前的指令可能还未完成。例如，IA-32 体系结构中的自动递增寻址模式可以在一条指令的执行过程中更新寄存器。在这种情况下，如果该指令由于异常而终止，则会使处理器状态发生变化。尽管我们知道哪些指令会导致异常，但由于该指令处于半完成状态，所以在未添加硬件支持的情况下，异常将是不精确的。在这样一个非精确异常之后重启指令流是有难度的。我们也可以避免在指令提交之前更新状态，但这种做法的难度很大，或者成本很高，这是因为可能会用到经过更新的状态：考虑一条 VAX 指令，它多次递增同一寄存器。因此，为了保持精确异常模型，大多数拥有此类指令的处理器能够在提交指令之前回退所做的状态更改。如果发生异常，处理器将使用这一功能将处理器状态还原为启动中断指令之前的值。在下一节，我们将会看到一种功能更强大的 RISC-V 浮点流水线可能会引入类似问题。C.7 节会介绍用于完成复杂异常处理的技术。

一些在执行期间更新存储器状态的指令也会增加难度，比如 Intel 体系结构或 IBM 360 上的字符串复制操作（参见附录 K）。为中断和重启这些指令，规定这些指令使用通用寄存器作为工作寄存器。因此，部分完成指令的状态总是位于寄存器中，这些寄存器在发生异常时被保存，并在异常之后恢复，这使得指令可以继续执行。

奇数个状态位可能会导致另外一组不同的难题：可能另外增加流水线冒险，也可能需要额外的硬件来进行保存和恢复。条件码就是这种情况的一个好例子。许多处理器隐式设定条件码，将其作为指令的一部分。这种方法具有一定的好处，因为条件码将条件的判断与实际分支分离开来。但是，在调度条件码设定与分支之间的流水线延迟时，由于大多数指令会设定条件码，而且不能在条件判定与分支之间的延迟槽中使用，所以隐式设定条件可能会增加调度难度。

另外，在具有条件码的处理器中，处理器必须判断何时确定分支条件。这就需要找出分支之前最后一次设置条件码是在什么时候。在大多数隐式设定条件码的处理器中，其实现方式是推迟分支条件判断，直到先前的所有指令都有机会设定条件码为止。

当然，显式设定条件码的体系结构允许在条件测试与待调度分支之间插入延迟。但是，流水线控制必须跟踪最后一条设定条件码的指令，以便知道何时确定分支条件。实际上，必须将条件码当作一个操作数，需要进行 RAW 冒险检测，就像 RISC-V 必须对寄存器进行检测一样。

流水线中最后一个棘手的领域是多周期操作。假定我们尝试实现下面这样一个 x86 指令序列的流水化：

```
mov      BX, AX        ;在寄存器之间移动
add      42(BX+SI),BX;将存储器内容和寄存器添加到同一存储地址
sub      BX,AX         ;减去寄存器
rep movsb              ;移动一个由寄存器 CX 给定长度的字符串
```

尽管这些指令都不是很长（x86 指令最多有 15 字节），但它们所需要的时钟周期数有很大差别，低至 1 个，高至数百个。它们所需要的数据存储器访问数也不同，有的不需要访问数据存储器，有的可能需要访问数百次。数据冒险非常复杂，在指令之间和指令内部均会发生（什么也无法阻止 movsb 拥有重叠的源和目标！）。一种简单的解决方案是让所有指令的执行周期数相同，但这种解决方案是不可接受的，因为它会引入数目庞大的冒险和旁通条件，形成一条极长的流水线。在指令级实现 x86 的流水化很难，但有一种聪明的解决方案，它类似于用于 VAX 的方案。它们实现了**微指令**执行的流水化。微指令就是一种简单指令，在序列中用于实现更复杂的指令集。由于微指令都很简单（它们看起来与 RISC-V 非常相似），所以流水线控制要容易得多。从 1995 年开始，所有 Intel IA-32 微处理器都使用这一策略将 IA-32 指令转换为微操作，然后再实现微操作的流水化。事实上，这种方法甚至用于 ARM 体系结构中一些更复杂的指令。

相比之下，载入–存储处理器的操作比较简单，工作量也差不多，而且更容易实现流水化。如果架构师认识到指令集设计与流水化之间的关系，他们就可以设计出能够高效流水化的体系结构。下一节将介绍 RISC-V 流水线如何处理长时间运行的指令，特别是浮点操作。

许多年以来，人们一直认为指令集与实现之间的互动非常少，在设计指令集时，实现问题不是主要关注点。20 世纪 80 年代，人们认识到指令集的复杂性会增加流水化的难度、降低流水化的效率。20 世纪 90 年代，所有公司都转向更简单的指令集，目的在于降低积极实现的复杂性。

C.5　扩展 RISC-V 流水线，以处理多周期操作

现在，我们想要研究如何扩展 RISC-V 流水线以处理浮点运算。这一节重点介绍基本方法和各种候选设计方案，最后介绍一些 RISC-V 浮点流水线的性能测量方法。

要求所有 RISC-V 浮点运算都在 1 个时钟周期内完成是不太现实的，甚至在 2 个时钟周期内也有很大难度。这样做就意味着要么接受缓慢的时钟，要么在浮点单元中使用大量逻辑，或者同时接受两者。而实际情况是，浮点流水线将会允许更长的操作延迟。如果我们设想浮点指令拥有与整数指令相同的流水线，那就容易理解了，当然流水线中会有两处重要改变。第一，为了完成操作，EX 周期可能要根据需要重复多次——不同操作的重复次数可能不同。第二，可能存在多个浮点功能单元。如果待发射指令会导致它所用功能单元的结构冒险，或者导致数据冒险，将会出现停顿。

针对本节，我们假定 RISC-V 实现中有以下 4 个独立的功能单元。

(1) 主整数单元，处理载入和存储、整型 ALU 操作，以及分支。

(2) 浮点与整数乘法器。

(3) 浮点加法器，处理浮点加、减和转换。

(4) 浮点和整型除法器。

如果我们还假定这些功能单元的执行级没有实现流水化，那么图 C-15 展示了最终的流水线结构。由于 EX 未被流水化，所以在前一指令离开 EX 之前，不会发射任何其他使用这一功能单元的指令。另外，如果一条指令不能进入 EX 级，则该指令之后的整个流水线都会停顿。

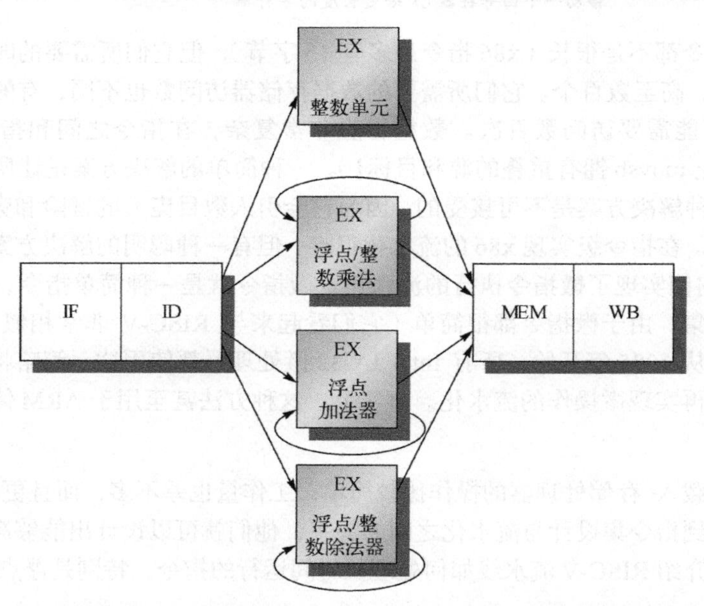

图 C-15　增加了 3 个未流水化浮点功能单元的 RISC-V 流水线。因为每个时钟周期仅发射一条指令，所以所有指令都会经历整型运算的标准流水线。只是浮点运算在到达 EX 级时会循环。在它们完成 EX 级之后会进入 MEM 和 WB 级，以完成执行

事实上，中间结果可能不会像图 C-15 所表示的那样围绕 EX 单元循环，而是在 EX 流水级拥有一些大于 1 的时钟延迟。我们可以推广图 C-15 所示的浮点流水线结构，以允许实现某些级的流水化，并允许多个操作同时进行。为了描述这样一个流水线，我们必须定义功能单元的延迟以及**启动间隔**（或称**重复间隔**）。我们采用之前的方式来定义延迟：生成结果的指令与使用结果的指令之间的周期数。启动间隔或重复间隔是指在发出两个给定类型的操作之间必须间隔的周期数。例如，我们将使用如表 C-14 所示的延迟和启动间隔。

表 C-14 功能单元的延迟和启动间隔

功能单元	延　迟	启动间隔
整数 ALU	0	1
数据存储器（整数和浮点载入）	1	1
浮点加	3	1
浮点乘（整数乘）	6	1
浮点除（整数除）	24	25

根据这一延迟定义，整型 ALU 运算的延迟为 0，因为其结果可以在下一时钟周期使用；载入指令的延迟为 1，因为这些结果可以在隔一个周期之后使用。由于大多数操作在 EX 的开头使用其操作数，所以延迟通常是 EX 之后的级数（一条指令在 EX 生成结果），例如，ALU 运算之后有 0 个流水级，而载入指令则有 1 级。主要的例外是存储指令，它会在一个周期之后使用被存储的值。因此，存储指令的延迟是针对被存储的值而言，而不是针对基址寄存器，所以少 1 个周期。流水线延迟基本上等于执行流水线深度减去 1 个时钟周期，而流水线深度等于从 EX 级到生成结果的流水级之间的级数。因此，对于上面的示例流水线，浮点加法中的级数为 4，而浮点乘法的级数为 7。为了获得更高的时钟频率，设计师需要减少每个流水级中的逻辑级数，而这会增加更复杂操作所需要的流水级数。高时钟频率的代价是延长了操作的延迟。

表 C-14 中的示例流水线结构允许多达 4 个同时执行的浮点加、7 个同时执行的浮点/整数乘，以及一个浮点除。图 C-16 说明了如何通过扩展图 C-15 来绘制这个流水线。在图 C-16 中，重复间隔是通过增加额外的流水级来实现的，它们由增加的流水线寄存器隔开。由于这些单元是相互独立的，所以我们分别对各级进行命名。需要多个时钟周期的流水级，比如除法单元，将被进一步细分，以显示这些流水级的延迟。由于它们不是完整的流水级，所以只有一个操作是活跃的。这一流水线结构还可以使用本附录前面的类似图表展示，表 C-15 显示了一组独立的浮点运算以及浮点载入和存储指令。自然，如本节后面将展示的，浮点运算的较长延迟增加了 RAW 冒险和所导致停顿的频率。

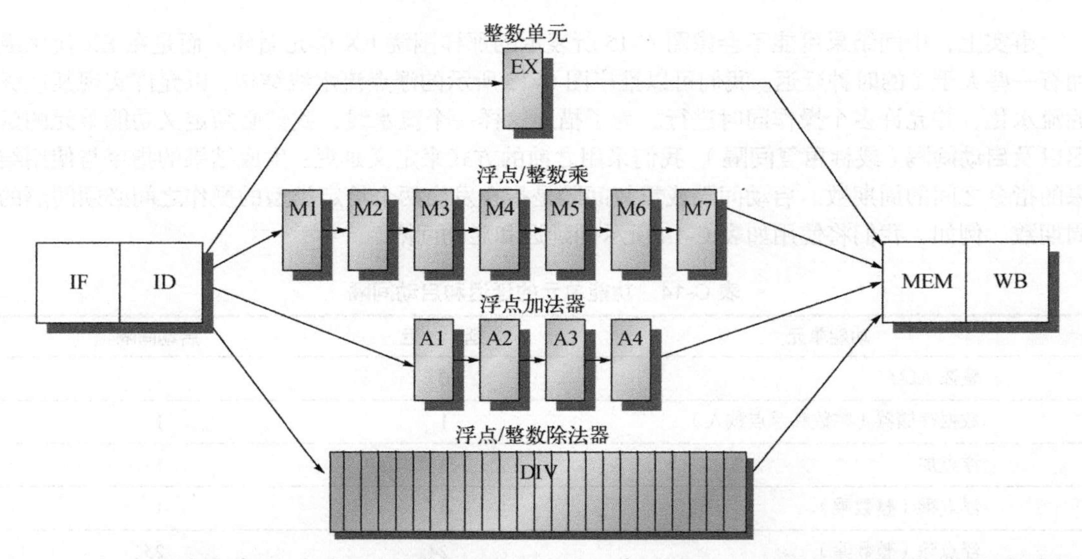

图 C-16　一条支持同时执行多个浮点操作的流水线。浮点乘法器和加法器被完全流水化，深度分别为 7 级和 4 级。浮点除法器未被流水化，而是需要 24 个时钟周期才能完成。在未招致 RAW 停顿的情况下，从发射浮点操作到使用该操作结果之间的指令延迟由执行级中消耗的周期数来决定。例如，浮点加之后的第四条指令可以使用浮点加的结果。对于整数 ALU 操作，执行流水线的深度总是为 1，下一条指令就可以使用这些结果

表 C-15　一组独立浮点运算的流水线时序

fmul.d	IF	ID	*M1*	M2	M3	M4	M5	M6	**M7**	MEM	WB
fadd.d		IF	ID	*A1*	A2	A3	**A4**	**MEM**	WB		
fld			IF	ID	*EX*	**MEM**	WB				
fsd				IF	ID	*EX*	**MEM**	WB			

* 用斜体表示的流水级显示了需要数据的位置，而用粗体表示的流水级显示了有结果可用的位置。浮点载入和存储使用 64 位路径连向存储器，所以流水线时序与整数载入或存储一样。

图 C-16 中的流水线结构需要另外引入流水线寄存器（例如，A1/A2、A2/A3、A3/A4），并修改到这些寄存器的连接。ID/EX 寄存器必须进行扩展，以将 ID 连接到 EX、DIV、M1 和 A1；我们可以用标记 ID/EX、ID/DIV、ID/M1 或 ID/A1 来指代与之后流水级之一相关联的寄存器部分。ID 与所有其他流水级之间的流水线寄存器可以看作逻辑分离的寄存器，事实上也确实可以实现为分离的寄存器。由于在一个流水级中一次只能有一个操作，所以控制信息可以与该流水级头部的寄存器关联在一起。

C.5.1　长延迟流水线中的冒险与前递

对于如图 C-16 所示的流水线，冒险检测与前递有许多不同方面。

(1) 因为除法单元未完全流水化，所以可能发生结构冒险。需要对这些冒险进行检测，还需要停顿指令发射。

(2) 因为指令的运行时间不同，所以一个周期内需要的寄存器写入次数可能会大于 1。

(3) 由于指令不会顺序到达 WB，所以有可能存在写后写（WAW）冒险。注意，由于寄存

器读总是在 ID 中发生，所以不可能存在读后写（WAR）冒险。

(4) 指令的完成顺序可能不同于其发射顺序，从而导致异常问题；我们将在下一节解决这个问题。

(5) 由于操作的延迟较长，所以因 RAW 冒险引发的停顿将会更加频繁。

由于操作延迟较长而导致停顿的增加，基本上与整数流水线一样。在描述这一浮点流水线中出现的新问题并探讨其解决方案之前，先研究一下 RAW 冒险可能产生的影响。表 C-16 给出了一个典型浮点代码序列和由此导致的停顿。本节最后会研究这一浮点流水线中我们所选部分 SPEC 的性能。

表 C-16 一个典型浮点代码序列展示了由 RAW 冒险导致的停顿

指令	时钟周期数																
	1	2	3	4	5	6	7	8	9	10	11	12	13	14	15	16	17
`fld f4,0(x2)`	IF	ID	EX	MEM	WB												
`fmul.d f0,f4,f6`		IF	ID	停顿	M1	M2	M3	M4	M5	M6	M7	MEM	WB				
`fadd.d f2,f0,f8`			IF	停顿	ID	停顿	停顿	停顿	停顿	停顿	停顿	A1	A2	A3	A4	MEM	WB
`fsd f2,0(x2)`					IF	停顿	停顿	停顿	停顿	停顿	停顿	ID	EX	停顿	停顿	停顿	MEM

* 与较浅的整数流水线相比，较长的流水线会大幅增大停顿频率。这个序列中的每条指令都依赖于前一条指令，而且只要数据可用就可以继续进行，这里假定流水线具有完全旁通和前递。fsd 必须多停顿一个周期，以使其 MEM 不会与 fadd.d 冒险。通过添加硬件可以很轻松地处理这种情况。

下面看看因为写入导致的问题，如前面列表中第(2)项和第(3)项所述。如果我们假定浮点寄存器堆有一个写端口，那么浮点操作序列（以及浮点载入指令与浮点运算的结合）可能导致寄存器写端口的冒险。考虑表 C-17 所示的流水线序列。在时钟周期 11 中，所有 3 条指令将到达 WB，并想写入寄存器堆。由于仅有一个寄存器堆写端口，所以处理器必须依次完成各条指令。这个单一寄存器端口就代表着一种结构冒险。我们可以增加端口数目来解决这一问题，但由于所增加的写端口可能很少用到，所以这种解决方案可能并没有什么吸引力。之所以很少用到这些端口，是因为写端口的最大稳定状态数为 1。我们选择将对写端口的访问作为一种结构性危险进行检测和强制执行。

表 C-17 3 条指令想同时对浮点寄存器堆执行写回操作，如时钟周期 11 所示

指令	时钟周期编号										
	1	2	3	4	5	6	7	8	9	10	11
`fmul.d f0,f4,f6`	IF	ID	M1	M2	M3	M4	M5	M6	M7	MEM	WB
...		IF	ID	EX	MEM	WB					
...			IF	ID	EX	MEM	WB				
`fadd.d f2,f4,f6`				IF	ID	A1	A2	A3	A4	MEM	WB
...					IF	ID	EX	MEM	WB		
...						IF	ID	EX	MEM	WB	
`fld f2,0(x2)`							IF	ID	EX	MEM	WB

* 这不是最坏情况，因为浮点单元中先前的除法操作也可能在同一时钟周期完成。注意，尽管在时钟周期 10 中，fmul.d、fadd.d 和 fld 都处于 MEM 级，但仅有 fld 在实际使用该存储器，所以 MEM 不存在结构冒险。

实现这种互锁有两种方法。第一种方法是跟踪 ID 级中对写端口的使用，并在一条指令发射之前使其停顿，就像对于任何其他结构冒险一样。可以用一个移位寄存器来跟踪写端口的使用，这个移位寄存器可以指示已发射指令将会在何时使用这个寄存器堆。如果 ID 中的指令需要与已发射指令同时使用寄存器堆，则 ID 中的指令将会停顿一个周期。在每个时钟周期，保留寄存器会移动 1 位。这种实现有一个好处，即它能保持一个特性：所有互锁检测与停顿插入都在 ID 流水级内进行。其成本是需要增加移位寄存器和写冒险逻辑。本节始终采用这种方案。

一种替代方案是当一个冒险指令尝试进入 MEM 级或 WB 级时，使其停顿。如果等到冒险指令希望进入 MEM 或 WB 级时才使其停顿，则可以选择停顿任意一个指令。一种简单的启发式方法（尽管有时是次优方法）是为那些延迟最长的单元赋予优先级，这是因为它是最有可能导致另一指令因 RAW 冒险而停顿的指令。这种方案的好处在于，在进入容易检测冒险的 MEM 或 WB 级之前不需要检测冒险。缺点是，由于停顿现在可能会出现在两个地方，所以流水线控制会变得复杂。注意，在进入 MEM 之前的停顿会导致 EX、A4 或 M7 流水级被占用，这可能会强制停顿返回流水线中。同样，WB 之前的停顿会导致 MEM 倒退。

我们的另一个问题是可能发生 WAW 冒险。为了看到这些冒险的存在，考虑表 C-17 中的示例。如果 fld 指令早一个周期发射，且其目的地为 f2，则会产生 WAW 冒险，因为它会比 fadd.d 早一个周期写入 f2。注意，只有当 fadd.d 的结果被改写，而且**从来没有**任何指令使用这一结果时，才会发生这一冒险！如果在 fadd.d 和 fld 之间会用到 f2，则流水线会因为 RAW 冒险而需要停顿，并且在 fadd.d 完成之前不会发射 fld。对于这个流水线，我们可以认为只有在发射无用指令时才会发生 WAW 冒险，但仍然必须检测这些冒险，并在完成工作时确保 fld 的结果出现在 f2 中。（在 C.8 节将会看到，这些序列有时**的确**会出现在合理的代码中。）

处理这一 WAW 冒险有两种可能的方法。第一种方法是延迟载入指令的发射，直到 fadd.d 进入 MEM 为止。第二种方法是废除 fadd.d 的结果：检测冒险并改变控制，使 fadd.d 不会写入其结果。之后 fadd.d 就可以立即发射。由于这种冒险非常少见，所以两种方法都很有效——你可以选择任意一种易于实现的方案。在任意情况下，都可以在发射 fld 的译码期间检测冒险，并且使 fld 停顿或者使 fadd.d 成为空操作都很容易。难以处理的情景是检测 fld 可能在 fadd.d 之前完成，因为这时需要知道流水线的长度和 fadd.d 的当前位置。幸运的是，这个代码序列（两个写操作之间没有插入读操作）很少出现，所以可以使用一种简单的解决方案：如果 ID 中的一条指令希望和一条已经发射的指令同时写入同一寄存器，就不要向 EX 发射指令。在 C.7 节，我们将会看到如何通过增加硬件来消除因为这些冒险导致的停顿。接下来，我们将浮点流水线中的冒险和发射逻辑的实现细节结合在一起。

在检测可能出现的冒险时，必须考虑浮点指令之间的冒险，以及浮点指令与整数指令之间的冒险。除了浮点载入–存储和浮点–整数寄存器移动之外，浮点寄存器与整数寄存器是相互分离的。所有整数指令都是针对整数寄存器进行操作，而浮点操作仅对浮点寄存器进行操作。因此，在检测浮点指令与整数指令之间的冒险时，只需要考虑浮点载入–存储和浮点寄存器移动。流水线控制的这种简化是整数和浮点数据采用分离寄存器堆的另一项好处。（其主要好处是，在各寄存器堆大小保持不变的情况下使寄存器数目加倍，还能在不增加各寄存器端口的情况下增加带宽。除了需要增加寄存器堆之外，其主要缺点是偶尔需要在两组寄存器之间进行移动会产生微小的成本。）假定流水线在 ID 中进行所有冒险检测，则必须在执行 3 种检查之后才能发射指令。

(1) **检查结构冒险**—— 一直等到所需功能单元不再繁忙为止（在这个流水线中，只有除法操作需要如此），并确保在需要寄存器写端口时该端口可用。

(2) **检查 RAW 数据冒险**——一直等到源寄存器未被列为流水线寄存器中的目的地为止（当该指令需要结果时，该寄存器将不可用）。这里需要进行大量检查，具体取决于源指令和目标指令，前者决定结果何时可用，后者决定何时需要该取值。例如，如果 ID 中的指令是一个浮点运算，其源寄存器为 f2，则 f2 在 ID/A1、A1/A2 或 A2/A3 中不能被列为目的地，它们与一些浮点加法指令相对应（当 ID 中的指令需要结果时，这些指令还不能完成）。（ID/A1 是 ID 输出寄存器中被发送给 A1 的部分。）如果我们希望重叠执行除法的最后几个周期，则由于需要将除法接近完成时的情景作为特殊情况加以处理，所以除法运算更复杂一些。实际上，设计师可能会忽略这一优化，以简化发射测试。

(3) **检查 WAW 数据冒险**——判断 A1,…, A4, D, M1, …, M7 中是否有任何指令的目标寄存器与这一指令相同。如果有，则暂停发射 ID 中的指令。

尽管对于多周期浮点运算来说，冒险检测要更复杂一些，但其概念与 RISC-V 整数流水线是一样的。对于前递逻辑也是如此。可通过以下方式来实现前递：检查 EX/MEM、A4/MEM、M7/MEM、D/MEM 或 MEM/WB 寄存器中的目标寄存器是否为浮点指令的源寄存器之一。如果是，则必须启用适当的输入多路选择器，以选择前递数据。在练习中，读者将有机会为 RAW 冒险和 WAW 冒险检测以及前递指定逻辑。

多周期浮点操作还为我们的异常处理方案引入了问题，接下来将予以处理。

C.5.2　保持精确异常处理

以下代码序列可以说明长时间运行指令所导致的另一个问题：

```
fdiv.d      f0,f2,f4
fadd.d      f10,f10,f8
fsub.d      f12,f12,f14
```

这个代码序列看起来非常简单，其中没有相关性。但是，由于指令的完成顺序可能不同于其发射顺序，所以会出现一个问题。在这个示例中，我们可以预见 fadd.d 和 fsub.d 先于 fdiv.d 完成。这称为**乱序完成**，在拥有长时操作的流水线中很常见（见 C.7 节）。既然冒险检测会禁止违反指令之间的任何相关性，乱序完成为什么会成为一个问题呢？假定在 fadd.d 已经完成而 fdiv.d 还未完成时，fsub.d 导致了浮点算术异常，最终会出现我们应当尽力避免的不精确异常。我们似乎可以像对整数流水线那样，通过清空浮点流水线来解决这一问题。但是，异常发生的位置可能造成无法清空流水线。例如，如果 fdiv.d 决定在完成加法之后获取浮点算术异常，则可能无法获得硬件级别的精确异常。事实上，由于 fadd.d 破坏了它的一个操作数，所以即使在软件的帮助下，也无法恢复到 fdiv.d 之前的状态。

出现这一问题是因为指令的完成顺序与发射顺序不同。共有 4 种方法来处理乱序完成情况。第一种方法是忽略问题，容忍非精确异常。20 世纪 60 年代和 70 年代早期采用这一方法。过去 15 年中，一些超级计算机仍在使用这种方法。在这种超级计算机中，某些特定类型的异常要么不允许出现，要么由硬件进行处理，而不需要使流水线停止。在大多数现代处理器中很难使用这一方法，因为虚拟存储器和 IEEE 浮点标准的特点都潜在地要求通过软硬件结合的精确异常的支持。前面曾经提到，最近的一些处理器已经通过引入两种执行模式解决了这一问题，其中一种模式速度很快，但可能是非精确的，而另一种模式较慢，却是精确的。在实现较慢的精确模式时，或者使用模式切换，或者显式插入一些指令，用于测试浮点异常。不论采用哪种实现方式，浮点流水线中所允许的重叠和重排序都严重受限，以实现在同一时间只有一条浮点指令是活动的。在 DEC Alpha 21064 和 21164、IBM Power1 和 Power2、MIPS R8000 中都采用了这一解决方案。

第二种方法是缓冲一个操作的结果，直到先前发射的所有操作都完成为止。一些处理器实际上使用了这一方案，但是，当操作的运行时间差别很大时，要缓冲的结果数量会变得非常庞大，所以这种方法的成本就会非常高昂。此外，必须绕过来自队列的结果，以便在等待较长指令的同时继续发射指令。这就需要大量比较器和一个非常大的多路选择器。

这种基本方法有两种可行的变化形式。第一种形式是 CYBER 180/990 中使用的**历史文件**。历史文件跟踪寄存器的原始值。在发生异常而且必须将状态回滚到某一乱序完成的指令之前时，可以从历史文件中恢复寄存器的原始值。在诸如 VAX 之类的处理器上，采用一种类似的技术来实现自动递增和自动递减寻址。另一种方法是由 Smith 和 Pleszkum [1998]提出的**未来文件**，它跟踪寄存器的较新值；当所有先前指令均已完成时，从未来文件中更新主寄存器堆。当发生异常时，主寄存器堆拥有中断状态的精确值。在第 3 章，我们看到了支持推测所需的另一种方法，即在我们知道此前分支的结果之前执行指令的方法。

第三种方法是允许异常变得不十分精确，但保存足够的信息，以便陷阱处理例程可以生成精确的异常序列。这意味着要知道流水线中有哪些操作及其 PC。在处理异常之后，由软件完成那些在最后完成的指令之前的所有指令，然后该序列就能重新启动了。考虑以下最糟的代码序列：

指令 $_1$——最终中断执行的长时间运行指令。

指令 $_2$, …, 指令 $_{n-1}$—— 一系列未完成的指令。

指令 $_n$—— 一条已完成指令。

给定流水线中所有指令的 PC 和异常返回 PC，软件就可以得到指令 $_1$ 和指令 $_n$ 的状态。由于指令 $_n$ 已经完成，所以我们希望在指令 $_{n+1}$ 重新开始执行。在处理异常之后，软件必须模拟指令 $_1$, …, 指令 $_{n-1}$ 的执行。然后，我们可以从异常中返回，并在指令 $_{n+1}$ 重新启动。由处理器正确执行这些指令的复杂性才是这一方案的主要挑战。

对于简单的类 RISC-V 流水线，有一个重要简化：如果指令 $_2$, …, 指令 $_n$ 都是整数指令，我们就知道当指令 $_n$ 完成时，指令 $_2$, …, 指令 $_{n-1}$ 也都已完成。因此，只有浮点操作需要处理。为使这一情况易于处理，可限制可以重叠执行的浮点指令数。例如，如果我们仅重叠两条指令，则只有中断指令需要由软件来完成。如果浮点流水线很深，或者存在大量浮点功能单元，则这一限制可能会减小吞吐量。一些 SPARC 实现使用了这一方法，以允许重叠浮点操作与整数操作。

最后一种方法是一种混合方案，它仅在确定所发射指令之前的所有指令都会完成，而且不会导致异常时，才允许继续指令发射。这样就能确保在发生异常时，中断指令之后的指令都不会完成，而中断指令之前的全部指令都可以完成。这有时意味着要停顿处理器以保持精确异常。为使这一方案有效，浮点功能单元必须在 EX 流水级的早期判断是否可能存在异常（这里所说的早期，在 RISC-V 流水线中是指前 3 个周期），以阻止进一步完成其他指令。MIPSR2000/3000、R4000 和 Intel Pentium 中使用了这一方案。附录 J 中将深入讨论。

C.5.3 简单 RISC-V 浮点流水线的性能

图 C-16 中的 RISC-V 浮点流水线既可以对除法单元生成结构性停顿，也可以对 RAW 冒险生成停顿（它还可能拥有 WAW 冒险，但在实际中很少发生）。图 C-17 以各实例为基础，列出了每种浮点操作的停顿周期数（即每个浮点基准测试的第一个条形表示每个浮点加、减或转换的浮点结果停顿数）。正如我们所预期的那样，每个操作的停顿周期与浮点运算的延迟相关，从功能单元延迟的 46%到 59%不等。

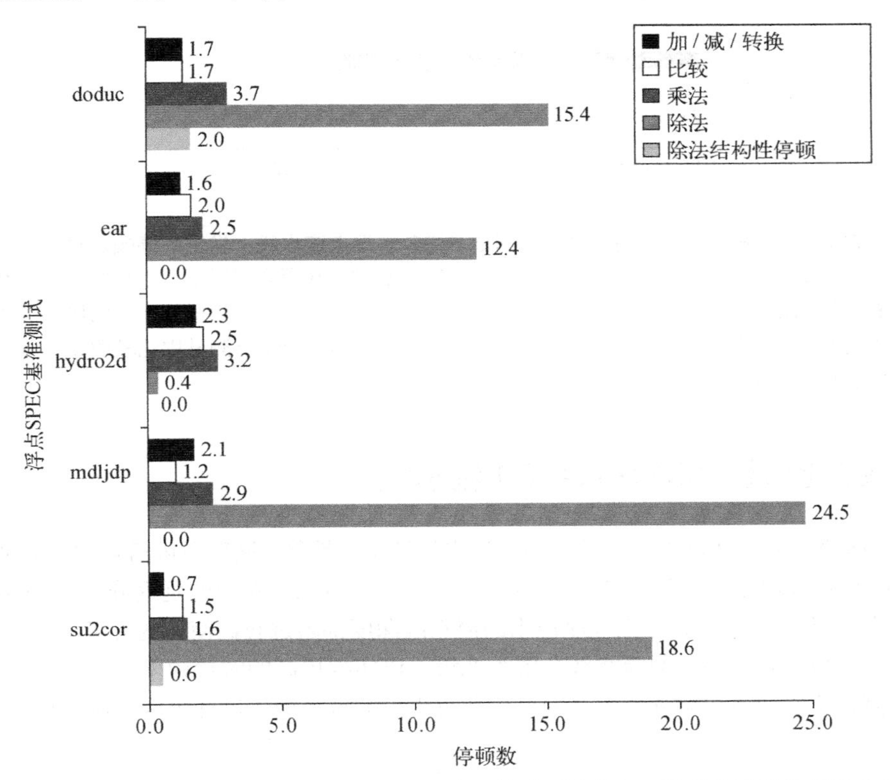

图 C-17　对于 SPEC89 浮点基准测试，每种主要浮点运算类型的停顿。除了除法结构冒险之外，这些数据与运算的频率无关，仅取决于它的修改和使用结果之前的周期数。RAW 冒险造成的停顿数大体与浮点单元的延迟数保持一致。例如，每个浮点加、减或转换的平均停顿数约为 1.7 个周期，也就是延迟（3 个周期）的 56%。与此类似，乘法与除法的平均停顿数分别约为 2.8 和 14.3，也就是相应延迟的 46%和 59%。除法的结构冒险很少见，这是因为除法频率很低的原因

图 C-18 给出了 5 种 SPECfp 基准测试整数与浮点停顿的完整分类。图中共给出 4 类停顿：浮点结果停顿、浮点比较停顿、载入与分支延迟、浮点结构延迟。其中的分支周期仅为一周期或更小，因此没有计入讨论。每个指令的总停顿数从 0.65 到 1.21 不等。

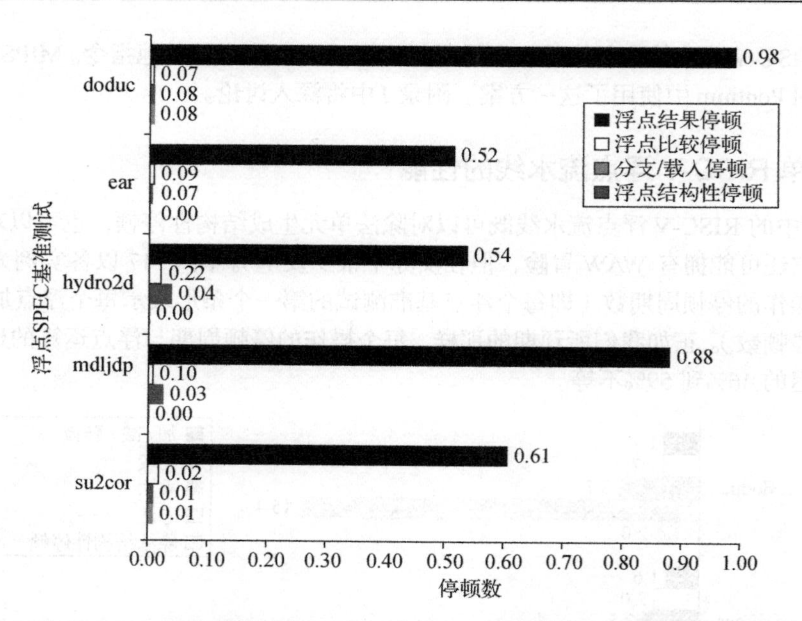

图 C-18　**针对 5 种 SPEC89 浮点基准测试，简单 RISC-V 浮点流水线上发生的停顿。**每条指令的总停顿数从 su2cor 的 0.65 到 doduc 的 1.21，平均值为 0.87。在所有情况下，浮点结果停顿都占绝大多数，每条指令平均为 0.71 次停顿，也就是停顿周期的 82%。比较操作产生的停顿数为每条指令平均 0.1 次，为第二大停顿源。除法结构冒险的影响仅在 doduc 测试中比较明显一些。分支停顿没有计入，但会很小

C.6　融会贯通：MIPS R4000 流水线

本节将研究 MIPS R4000 处理器系列的流水线结构和性能，该系列包括 4400。MIPS 体系结构和 RISC-V 非常相似，只有一些指令有所不同，包括 MIPS ISA 中的延迟分支。R4000 实现了 MIPS64，但它为整数程序和浮点程序使用的流水线深度都超过我们使用的五级流水线设计。这一较深流水线可以将五级整数流水线分解为八级，以实现更高的时钟频率。由于缓存访问的时序要求很高，所以通过分解存储器访问可以获得更多的流水级。这种更深的流水线有时被称为**超流水线**。

图 C-19 显示了八级流水线结构，其中使用了数据路径的抽象版本。图 C-20 显示了流水线中连续指令的重叠。注意，尽管访问指令和数据存储器占用多个周期，但它们已经完全实现流水化，所以在每个时钟周期都可以开始一条新指令。事实上，流水线会在完成缓存命中检测之前使用数据；第 3 章详细地讨论了如何完成这一过程。

每一流水级的过程如下所述。

- IF——取指的前半部分，PC 选择与指令缓存访问的初始化实际发生在这里。
- IS——取指的后半部分，完成指令缓存访问。
- RF——指令译码与寄存器提取、冒险检查、指令缓存命中检测。
- EX——执行，包括实际地址计算、ALU 操作、分支目标计算与条件判断。

- DF——数据提取，数据缓存访问的前半部分。
- DS——数据提取的后半部分，完成数据缓存访问。
- TC——标记检查，判断数据缓存访问是否命中。
- WB——载入和寄存器-寄存器操作的写回过程。

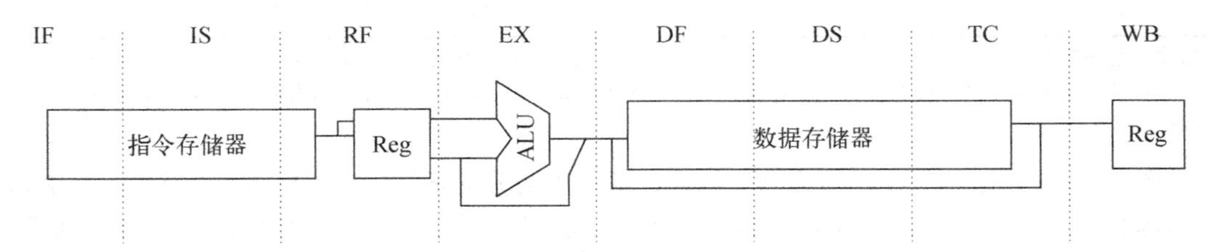

图 C-19 R4000 的八级流水线结构使用流水化指令与数据缓存。 图中对流水级进行了标记，用文字描述了它们的功能。垂直虚线表示流水级界限以及流水线锁的位置。指令实际上在 IS 级结束时可用，但标记检查是在 RF 级完成的，与此同时提取寄存器值。因此，我们将指令存储器标记为在整个 RF 级中运行。由于在知道缓存访问是否命中之前，不能将数据写入寄存器，所以数据存储器访问需要 TC 级

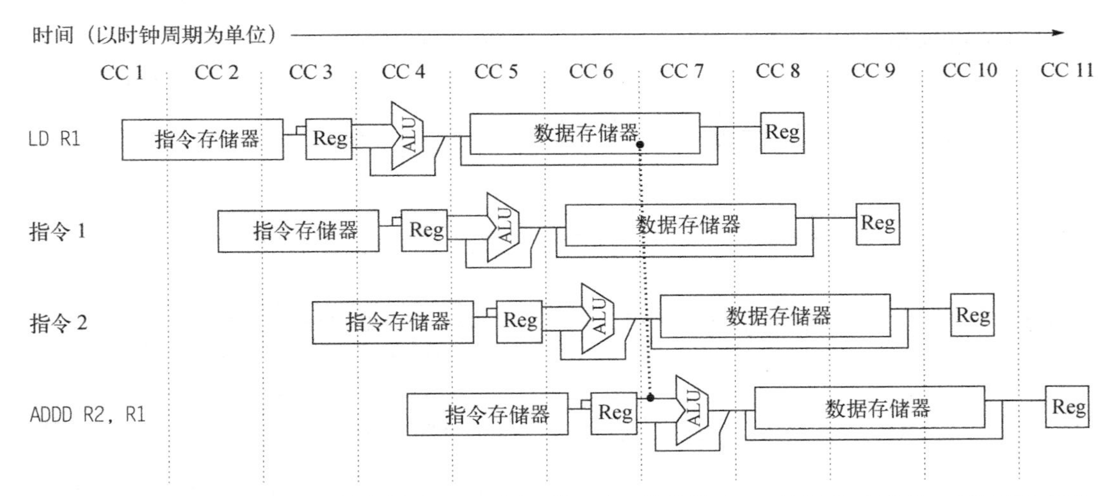

图 C-20 R4000整数流水线的结构导致了x1载入延迟。 由于数据值在DS级结束时可用，而且可被旁路，所以有可能产生 x1 延迟。如果 TC 级中的标记检查显示这是一次缺失，则流水线将回退一个周期，在此时刻有正确的数据可供使用

除了显著增加所需要的前递数量之外，这种较长延迟的流水线既会增加载入延迟，又会增加分支延迟。图 C-20 显示载入延迟为 2 个周期，因为数据值在 DS 级结束时才可用。表 C-18 显示了在载入指令之后立即使用的简略流水线调度。它显示需要将载入指令的结果前递到 3 个或 4 个周期之后的目标指令。

表 C-18 在载入指令之后立即使用结果时会产生一个 x1 停顿

指令编号	时钟编号								
	1	2	3	4	5	6	7	8	9
`ld x1,...`	IF	IS	RF	EX	DF	DS	TC	WB	
`add x2,x1,...`		IF	IS	RF	停顿	停顿	EX	DF	DS

（续）

指令编号	时钟编号								
	1	2	3	4	5	6	7	8	9
sub x3,x1,...			IF	IS	停顿	停顿	RF	EX	DF
or x4,x1,...				IF	停顿	停顿	IS	RF	EX

* 通常的前递路径可在 2 个周期之后使用，所以 add 和 sub 通过停顿之后的前递来获取其取值。or 指令从寄存器堆中获取该值。由于载入之后的两条指令可能是独立的，因而不会停顿，所以旁路可能指向载入之后 3 个或 4 个周期的指令。

图 C-21 显示基本分支延迟为 3 个周期，这是因为分支条件是在 EX 期间计算的。MIPS 体系结构有一个延迟 1 周期的分支。R4000 为该分支延迟的其余 2 个周期使用预测未选中策略。如表 C-19 所示，未选中分支就是延迟 1 个周期的分支，而选中分支是在一个 1 周期延迟槽之后跟有 2 个空闲周期。这一指令集提供了一种类似于分支的指令，前面已经对其进行了介绍，它可以帮助填充该延迟槽。流水线互锁一方面要插入选中分支的 x1 周期分支停顿代价，另一方面也造成因为使用载入结果而导致的数据冒险停顿。在 R4000 之后，MIPS 处理器的所有实现都利用了动态分支预测。

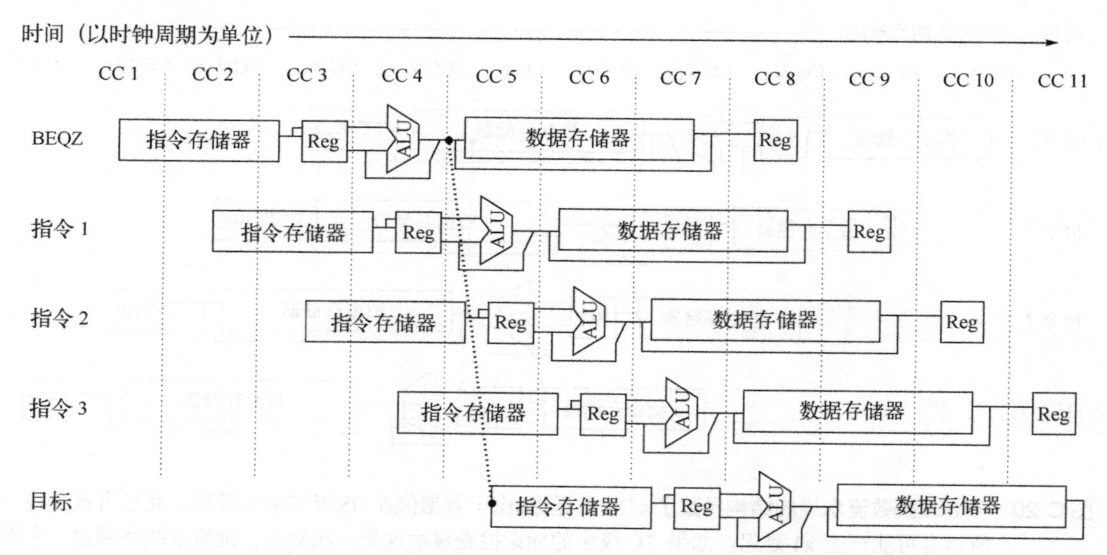

图 C-21　由于条件判断是在 EX 期间进行的，所以基本分支延迟为 3 个周期

表 C-19　选中分支有一个 1 周期延迟槽，后面跟有一个 x1 周期停顿（如表中上半部分所示），而未选中分支只有一个 1 周期延迟槽（如表中下半部分所示）

指令编号	时钟编号								
	1	2	3	4	5	6	7	8	9
分支指令	IF	IS	RF	EX	DF	DS	TC	WB	
延迟槽		IF	IS	RF	EX	DF	DS	TC	WB
停顿			停顿	停顿	停顿	停顿	停顿	停顿	停顿
停顿				停顿	停顿	停顿	停顿	停顿	停顿
分支目标					IF	IS	RF	EX	DF

（续）

指令编号	时钟编号								
	1	2	3	4	5	6	7	8	9
分支指令	IF	IS	RF	EX	DF	DS	TC	WB	
延迟槽		IF	IS	RF	EX	DF	DS	TC	WB
分支指令+2			IF	IS	RF	EX	DF	DS	TC
分支指令+3				IF	IS	RF	EX	DF	DS

* 分支指令可以是一个普通延迟分支，也可能是类似于分支的指令，在分支未被选中时取消延迟槽中指令的效果。

深度流水线除了增加载入与分支的停顿之外，还会增加 ALU 运算的前递级别数。在我们的 RISC-V 五级流水线中，两个寄存器-寄存器 ALU 指令之间的前递可能发生于 ALU/MEM 或 MEM/WB 寄存器。在 R4000 流水线中，ALU 旁路有 4 种可能来源：EX/DF、DF/DS、DS/TC 和 TC/WB。

C.6.1　浮点流水线

R4000 浮点单元由 3 个功能单元构成：浮点除法器、浮点乘法器和浮点加法器。加法器逻辑在乘法或除法的最后一个步骤使用。双精度浮点运算可能占用 2 个周期（对于求相反数）到 112 个周期（对于求平方根）。此外，各种单元的初始速率不同。浮点功能单元可以看作拥有 8 个不同流水级，如表 C-20 中所列；以不同顺序组合这些流水级，即可执行各种浮点运算。

表 C-20　R4000 浮点流水线中使用的 8 个流水级

流水级	功能单元	描　述
A	浮点加法器	尾数加 ADD 流水级
D	浮点除法器	除法流水级
E	浮点乘法器	异常测试流水级
M	浮点乘法器	乘法器的第一流水级
N	浮点乘法器	乘法器的第二流水级
R	浮点加法器	舍入流水级
S	浮点加法器	操作数移位流水级
U		提取浮点数

这些流水级的每一个都有单个副本，各种指令可以使用一个流水级 0 次或多次，使用顺序也可以不同。表 C-21 给出了最常见双精度浮点运算所使用的延迟、初始速率和流水级。

表 C-21　浮点运算的延迟和初始间隔都取决于给定运算必须使用的浮点单元流水级

浮点指令	延　迟	初始间隔	流　水　级
加、减	4	3	U, S + A, A + R, R + S
乘	8	4	U, E + M, M, M, M, N, N + A, R
除	36	35	U, A, R, D^{28}, D + A, D + R, D + A, D + R, A, R
平方根	112	111	U, E, $(A+R)^{108}$, A, R
求相反数	2	1	U, S

（续）

浮点指令	延　迟	初始间隔	流　水　级
绝对值	2	1	U, S
浮点对比	3	2	U, A, R

* 延迟值假定目标指令是一个浮点运算。当目标指令为存储指令时，延迟会少 1 个周期。流水级的显示顺序就是运算使用它们的顺序。标记 S+A 表示在这个时钟周期内同时使用 S 流水级和 A 流水级。标记 D^{28} 表示 D 流水级在一行中使用了 28 次。

根据表 C-21 中的信息，我们可以判断一个由不同独立浮点运算组成的序列是否可以无停顿发射。如果该序列的时序导致共享流水级发生冒险，则需要停顿。表 C-22、表 C-23、表 C-24、表 C-25 给出了 4 种常见的两指令序列：乘法后面跟有加法、加法后面跟有乘法、除法后面跟有加法、加法后面跟有除法。这些表中显示了第二条指令所有有趣的起始位置，以及第二条指令在每个位置是发射还是停顿。当然，可能一共有 3 条指令是活动的，在这种情况下，发生停顿的可能性要高得多，列表也要更为复杂。

表 C-22　在时钟周期 0 发射的浮点乘法后面跟有一个在时钟周期 1 和时钟周期 7 之间发射的单个浮点加

运算	发射/停顿	时钟周期												
		0	1	2	3	4	5	6	7	8	9	10	11	12
乘	发射	U	E+M	M	M	M	N	**N+A**	**R**					
加	发射		U	S+A	A+R	R+S								
	发射			U	S+A	A+R	R+S							
	发射				U	S+A	A+R	R+S						
	停顿					U	S+A	**A+R**	**R+S**					
	停顿						U	**S+A**	**A+R**	R+S				
	发射							U	S+A	A+R	R+S			
	发射								U	S+A	A+R	R+S		

* 第二列指出一个指定类型的指令在 *n* 个周期之后发射时是否会停顿，其中 *n* 为发生第二指令 U 级的时钟周期的编号。导致停顿的流水级用黑体表示。注意，此表仅给出了乘法指令与在时钟周期 1 和时钟周期 7 之间发射的一个加法指令之间的交互。在这种情况下，如果加法指令在乘法之后 4 或 5 个周期发射，则该加法指令会停顿；否则，它会无停顿发射。注意，如果加法指令在时钟周期 4 发射，则它会停顿 2 个周期，因为在下一个时钟周期它仍然会与乘法指令相冲突；但是，如果加法指令在时钟周期 5 发射，则由于这样会消除冲突，所以它仍然仅停顿 1 个时钟周期。

表 C-23　在加法之后发射的乘法总是可以无停顿发射，这是因为在较长指令到达共享流水级之前，较短指令会清空这些流水级

运算	发射/停顿	时钟周期												
		0	1	2	3	4	5	6	7	8	9	10	11	12
加	发射	U	S+A	A+R	R+S									
乘	发射		U	E+M	M	M	M	N	N+A	R				
	发射			U	M	M	M	M	N	N+A	R			

表 C-24 如果加法指令在浮点除法指令接近结束时启动，则后者可能导致前者停顿

运算	发射/停顿	时钟周期											
		25	26	27	28	29	30	31	32	33	34	35	36
除	在周期 0 发射	D	D	D	D	D	**D+A**	**D+R**	**D+A**	**D+R**	**A**	**R**	
加	发射		U	S+A	A+R	R+S							
	发射			U	S+A	A+R	R+S						
	停顿				U	S+A	**A+R**	**R+S**					
	停顿					U	**S+A**	**A+R**	R+S				
	停顿						U	S+A	**A+R**	**R+S**			
	停顿							U	**S+A**	**A+R**	R+S		
	停顿								U	S+A	**A+R**	**R+S**	
	停顿									U	**S+A**	**A+R**	R+S
	发射										U	S+A	A+R
	发射											U	S+A
	发射												U

* 除法在周期0处开始，在周期35处完成；表中给出了除法的最后10个周期。由于除法指令大量使用了加法指令所需要的舍入硬件，所以只要加法指令是在周期 28 至周期 33 中的任一周期中启动，该除法指令都会使其停顿。注意，在周期28处启动的加法指令将一直停顿到周期36。如果加法指令在除法指令之后立即启动，则由于加法指令可能在除法指令用到共享流水级之前完成，所以不会导致冲突，如同表 C-23 中的乘加一样。和表 C-23 一样，本示例假定在时钟周期 26 和 35 之间只有一个加法指令到达 U 级。

表 C-25 双精度加之后跟有双精度除

运算	发射/停顿	时钟周期												
		0	1	2	3	4	5	6	7	8	9	10	11	12
加	发射	U	S+A	**A+R**	**R+S**									
除	停顿		U	**A**	**R**	D	D	D	D	D	D	D	D	D
	发射			U	A	R	D	D	D	D	D	D	D	D
	发射				U	A	R	D	D	D	D	D	D	D

* 如果除法指令晚于加法 1 个周期启动，则除法指令会停顿，但在此之后不存在冲突。

C.6.2 R4000 流水线的性能

本节将研究在 R4000 流水线结构上运行 SPEC92 基准测试时所发生的停顿。造成流水线停顿或损失的原因共有 4 大类。

(1) **载入停顿**——在载入之后 1 个或 2 个周期就使用载入结果时导致的延迟。

(2) **分支停顿**——每个选中分支上发生的两周期停顿再加上未填充或已取消分支延迟槽。R4000 中实现的 MIPS 指令集版本支持这样的指令：在编译时预测分支，并在分支行为与预测不同时，取消分支延迟槽中的指令。这使得填充分支延迟槽变得更容易。

(3) **浮点结果停顿**——因为浮点操作数的 RAW 冒险所导致的停顿。

(4) **浮点结构停顿**——因为浮点流水线中功能单元的冲突产生发射限制，进而导致的延迟。

图 C-22 给出了对于 10 个 SPEC92 基准测试，R4000 流水线的流水线 CPI。表 C-26 展示了相同的数据。

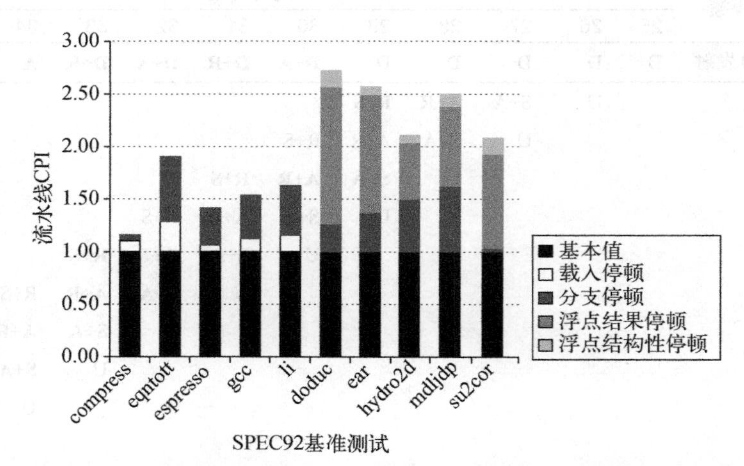

图 C-22 10 个 SPEC92 基准测试的流水线 CPI，假定采用完美缓存。流水线 CPI 的变化范围为 1.2~2.8。最左边的 5 个程序为整数程序，分支延迟是影响 CPI 的主要因素。最右边 5 个程序为浮点程序，浮点结果停顿是影响 CPI 的主要因素。表 C-26 给出了用于绘制这幅图的数值

表 C-26 总流水线 CPI 及 4 个主要停顿源

基准测试	流水线 CPI	载入停顿	分支停顿	浮点结果停顿	浮点结构性停顿
compress	1.20	0.14	0.06	0.00	0.00
eqntott	1.88	0.27	0.61	0.00	0.00
espresso	1.42	0.07	0.35	0.00	0.00
gcc	1.56	0.13	0.43	0.00	0.00
li	1.64	0.18	0.46	0.00	0.00
整数平均值	1.54	0.16	0.38	0.00	0.00
doduc	2.84	0.01	0.22	1.39	0.22
mdljdp2	2.66	0.01	0.31	1.20	0.15
ear	2.17	0.00	0.46	0.59	0.12
hydro2d	2.53	0.00	0.62	0.75	0.17
su2cor	2.18	0.02	0.07	0.84	0.26
浮点平均值	2.48	0.01	0.33	0.95	0.18
整体平均值	2.00	0.10	0.36	0.46	0.09

* 主要因素为浮点结果停顿（对于分支和浮点输入均是如此）和分支停顿，载入停顿和浮点结构性停顿的影响很小。

根据图 C-22 和表 C-26 中的数据，可以看出深度流水线的代价。与经典五级流水线相比，R4000 流水线的分支延迟要长得多。较长的分支延迟会显著增加在分支上花费的周期数，特别是对于分支频率较高的整数程序。这就是几乎所有具有中等到深度流水线（目前典型的是 8~16 级）的后续处理器都使用动态分支预测器的原因。

浮点程序一个值得注意的影响是：与结构冒险相比，浮点功能单元的延迟会导致更多的停顿，这主要源于初始间隔限制和不同浮点指令对功能单元的冲突。因此，降低浮点运算的延迟应当是第一目标，而不是实现功能单元的深度流水线或重复。当然，降低延迟可能会增加结构性停顿，这是因为许多潜在的结构性停顿隐藏在数据冒险之后。

C.7 交叉问题

C.7.1 RISC 指令集及流水线效率

我们已经讨论了在构建流水线时简化指令集的好处。简单指令集还有另外一个好处：更容易调度代码，以提高流水线的执行效率。为了解这一点，考虑一个简单示例：假定我们需要对存储器中的两个值相加，并将结果存回存储器。在一些高级指令集中，这个任务只需要 1 条指令，而在其他一些指令集中则需要 2 条或 3 条指令。一个典型的 RISC 体系结构需要 4 条指令（两条载入指令、一条加法指令和一条存储指令）。在大多数流水线中，顺序调度这些指令时不可能没有停顿。

对于 RISC 指令集，各个操作是单独的指令，可以使用编译器（使用前面讨论的技术以及第 3 章讨论的更强大的技术）或动态硬件调度技术（后面会讨论，第 3 章详细讨论过）单独调度。这些效率优势如此明显，再加上其实现非常容易，所以复杂指令集的几乎所有近期流水线实现实际上都将其复杂指令转换为类似于 RISC 的简单操作，然后再对这些操作进行调度和流水化。所有近期 Intel 处理器都使用了这一方法，ARM 处理器也使用这种方法处理一些更复杂的指令。

C.7.2 动态调度流水线

简单流水线提取一条指令并发射它，除非流水线中的已有指令和被提取的指令之间存在数据相关性，并且不能通过旁路或前递来隐藏。前递逻辑降低了实际流水线延迟，使特定的相关性不会导致冒险。如果存在不可避免的冒险，则冒险检测硬件会使流水线停顿（从使用该结构的指令开始）。在清除这种相关性之前，不会提取或发射新指令。为了弥补这些性能损失，编译器可以尝试调度指令来避免冒险；这种方法称为**编译器调度**或**静态调度**。

几种早期处理器使用了另外一种名为**动态调度**的方法，硬件借此方法重新安排指令的执行过程以减少停顿。本节通过解释 CDC 6600 的记分牌技术，简要介绍动态调度问题。一些读者会发现，在研究第 3 章讨论的较为复杂的 Tomasulo 方案及推测方法之前，阅读这些材料会更容易一些。

到目前为止，本附录讨论的所有技术都使用顺序指令发射，这意味着如果一条指令在流水线中停顿，将不能处理后续指令。在采用顺序发射时，如果两条指令之间存在冒险，则即使后面存在一些不相关的、不会停顿的指令，流水线也会停顿。

在前面开发的 RISC-V 流水线中，结构冒险和数据冒险都是在指令译码（ID）期间进行检查的：当一条指令可以正确执行时，它是从 ID 发射出去的。为使一条指令在其操作数可用时立即开始执行，不受其先前停顿指令的影响，我们必须将发射过程分为两部分：检查结构冒险，等待数据冒险的消失。我们顺序对指令进行译码和发射；但是，我们希望指令在其数据操作数可用时立即开始执行。因此，流水线将是**乱序执行**的，也是**乱序完成**的。为了实现乱序执行，我们必须将 ID 流水级分为两级。

(1) **发射**——指令译码，检查结构冒险。

(2) **读取操作数**——等到没有数据冒险，随后读取操作数。

IF 级进入发射级，EX 级跟在读取操作数级之后，这一点与 RISC-V 流水线中一样。同 RISC-V 浮点流水线一样，执行可能占用多个周期，具体取决于所执行的操作。因此，我们可能需要区分一条指令何时**开始执行**，何时**完成执行**；在这两个时刻之间，指令处于**执行过程**中。这样就允许多条指令同时处于执行过程中。除了对流水线结构的修改之外，我们还将改变功能单元设计：改变单元数、操作延迟和功能单元流水化，以更好地探索这些更高级的流水线技术。

采用记分牌的动态调度

在动态调度流水线中，所有指令都顺序通过发射级（顺序发射）；但是，它们可能在第二级（读取操作数级）停顿，或绕过其他指令，然后进行乱序执行状态。**记分牌**技术在有足够资源且没有数据依赖性时，允许指令乱序执行；这一功能是在 CDC 6600 记分牌中开发的，并因此而得名。

在了解如何在 RISC-V 流水线中使用记分牌之前，非常重要的一点是要观察到当指令乱序执行时可能会出现 WAR 冒险，这种冒险在 RISC-V 浮点或整数流水线中是不存在的。例如，考虑以下代码序列：

```
fdiv.d      f0,f2,f4
fadd.d      f10,f0,f8
fsub.d      f8,f8,f14
```

`fadd.d` 和 `fsub.d` 之间存在潜在的 WAR 冒险：如果流水线在 `fadd.d` 之前执行 `fsub.d`，它将产生错误的执行结果。与此类似，流水线必须避免 WAW 冒险（例如，当 `fsub.d` 的目标寄存器为 `f10` 时将会发生此种冒险）。后面将会看到，记分牌通过停顿冒险中涉及的后续指令，避免了这两种冒险。

记分牌的目标是：通过尽早执行指令，保持每时钟周期 1 条指令的执行速率（在没有结构冒险时）。因此，当下一条要执行的指令停顿时，如果其他指令不依赖于任何活动指令或停顿指令，则发射和执行这些指令。记分牌全面负责指令发射与执行，包括所有冒险检测任务。要充分利用乱序执行，需要在其 EX 级中同时有多条指令。这一点可以通过多个功能单元、流水化功能单元或同时利用两者来实现。由于这两种功能（流水化功能单元和多个功能单元）对于流水线控制来说基本上是等价的，所以我们将假定处理器拥有多个功能单元。

CDC 6600 拥有 16 个独立的功能单元，包括 4 个浮点单元、5 个存储器访问单元和 7 个整数运算单元。在采用 RISC-V 体系结构的处理器上，记分牌主要在浮点单元上发挥作用，因为其他功能单元的延迟非常小。让我们假定一共有两个乘法器、一个加法器、一个除法单元，以及一个完成所有存储器访问、分支和整数运算的整数单元。尽管这个例子要比 CDC 6600 简单，但它足以演示这些原理，不需要大量细节，也不需要非常长的示例。因为 RISC-V 和 CDC 6600 都是载入–存储体系结构，所以这些技术对于这两种处理器来说几乎是相同的。图 C-23 展示了该处理器的基本结构。

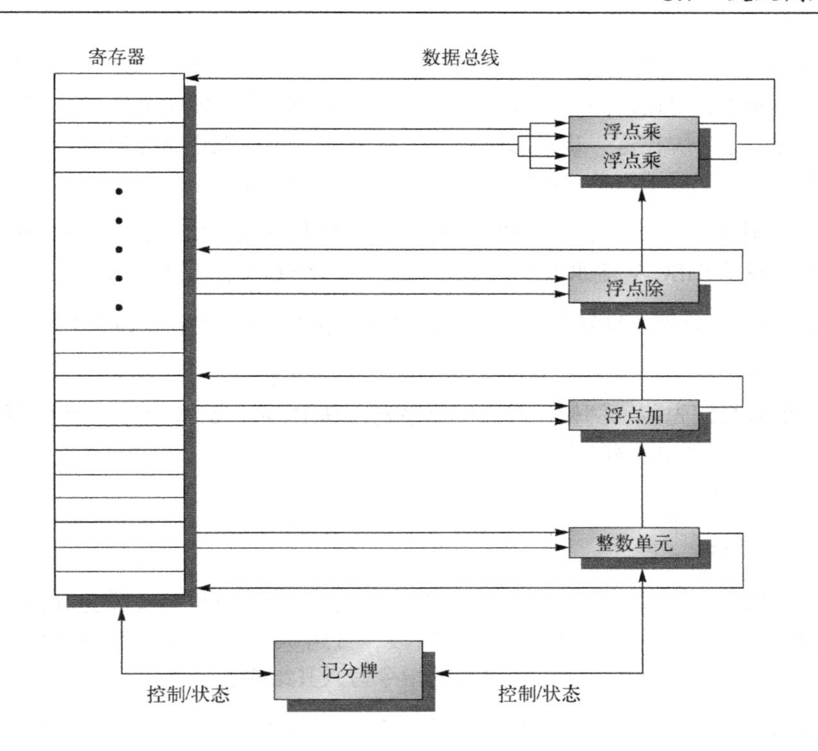

图 C-23　带有记分牌的 RISC-V 处理器的基本结构。记分牌的功能是控制指令执行（垂直控制线）。所有数据在寄存器堆和总线上的功能单元之间流动（水平线，在 CDC 6600 中称为**干线**）。共有两个浮点乘法器、一个浮点除法器、一个浮点加法器和一个整数单元。一组总线（两个输入和一个输出）充当一组功能单元。记分牌的细节参见第 3 章

每条指令都进入记分牌，在这里构建一条数据相关性记录；这一步与指令发射相对应，并替换 RISC-V 流水线中的 ID 步骤。记分牌随后判断指令什么时候能够读取它的操作数并开始执行。如果记分牌判断该指令不能立即执行，则它监控硬件中的所有变化，以判断该指令何时能够执行。记分牌还控制一条指令什么时候能将其结果写到目标寄存器中。因此，所有冒险检测与解决都集中在记分牌中。下面介绍流水线发射与执行部分的步骤。

每条指令需要经历 4 个执行步骤。（由于我们现在主要考虑浮点运算，所以不考虑存储器访问步骤。）我们先粗略地查看一下这些步骤，然后再详细研究记分牌如何记录一些必要信息，以便判断执行过程何时由一个步骤进行到下一个步骤。这 4 个步骤代替了标准 RISC-V 流水线中的 ID、EX 和 WB 步骤，如下所示。

(1) **发射**——如果指令的一个功能单元空闲，并且没有其他活动指令以同一寄存器为目标寄存器，则记分牌向该功能单元发射指令，并更新其内部数据结构。这一步代替了 RISC-V 流水线中 ID 步骤的一部分。只要确保没有其他活动功能单元想将自己的结果写入目标寄存器，就能保证不会出现 WAW 冒险。如果存在结构冒险或 WAW 冒险，则指令发射停顿，并且在清除这些冒险之前，不会再发射其他指令。当发射级停顿时，会导致取指与发射之间的缓冲区填满；如果缓冲区只是一项，则取指立即停顿。如果缓冲区是拥有多条指令的队列，则在队列填满后停顿。

(2) **读取操作数**——记分牌监视源操作数的可用性。如果先前发射的活动指令都不再写入源操作数，而该源操作数可用。当源操作数可用时，记分牌告诉功能单元继续从寄存器读取操作数，并开始执行。记分牌在这一步动态解决 RAW 冒险，可以发送指令以进行乱序执行。这一步和发射步骤一起，完成了简单 RISC-V 流水线中 ID 步骤的功能。

(3) **执行**——功能单元接收到操作数后开始执行。结果准备就绪后，它通知记分牌已经完成执行。这一步代替了 RISC-V 流水线中的 EX 步骤，在 RISC-V 浮点流水线中耗用多个周期。

(4) **写结果**——记分牌一旦知道功能单元已经完成执行，就检查 WAR 冒险，并在必要时停顿正在完成的指令。

如果有一个与我们先前示例相类似的代码序列，其中 fadd.d 和 fsub.d 都使用 f8，则存在 WAR 冒险。在这个示例中，有如下代码：

```
fdiv.d      f0,f2,f4
fadd.d      f10,f0,f8
fsub.d      f8,f8,f14
```

fadd.d 有一个源操作数为 f8，就是 fsub.d 的目标寄存器。但 fadd.d 实际上取决于前面的一条指令。记分牌仍将 fsub.d 停顿在它的写结果阶段，直到 fadd.d 读取它的操作数为止。一般来说，在以下情况下，不能允许一条正在执行的指令写入其结果：

- 在正在执行的指令前面（即按发射顺序）有一条指令还没有读取其操作数；
- 这些操作数之一与正在执行的指令的结果是同一寄存器。

如果不存在或者已经清除这一 WAR 冒险，则记分牌会告诉功能单元将其结果存储到目标寄存器中。这一步骤代替了简单 RISC-V 流水线中的 WB 步骤。

乍看起来，记分牌似乎难以区分 RAW 冒险和 WAR 冒险。

因为只有当寄存器堆中拥有一条指令的两个操作数时，才会读取这些操作数，所以记分牌未能利用前递。只有当寄存器都可用时才会进行读取。这一代价并没有读者最初想象得那么严重。这里与前面的简单流水线不同，指令会在完成执行之后立即将结果写入寄存器堆（假定没有 WAR 冒险），而不是等待可能间隔几个周期的静态分配的写入槽。这降低了流水线延迟，也削弱了前递带来的好处。由于结果的写入和操作数的读取不能重叠，所以仍然会增加一个周期的延迟。我们需要增加缓冲，以消除这一开销。

记分牌根据自己的数据结构，通过与功能单元沟通来控制指令从一个步骤到下一个步骤的进展。但这种做法有一点点复杂。指向寄存器堆的源操作数总线和结果总线数目是有限的，所以可能会存在结构冒险。记分牌必须确保可进入第(2)步和第(4)步的功能单元数不会超过可用总线数。这里不会进行深入讨论，仅提及 CDC 6600 在解决这一问题时，将 16 个功能单元分为 4 组，并为每一组提供一组总线，称为**数据干线**。在一个时钟周期内，一个组中只有一个单元可以读取其操作数或写入其结果。

C.8　谬论与易犯错误

易犯错误　预料之外的指令执行序列可能导致预料之外的冒险。

乍看起来，WAW 冒险似乎永远不可能在一个指令序列中出现，因为没有哪个编译器会生成对同一寄存器的两次写操作，而中间却没有读操作，但当序列出乎意料时，就有可能发生 WAW 冒险。例如，考虑一个导致陷阱例程的长时间运行的浮点除法。如果该陷阱例程写入与之前的除法相同的寄存器，并且是在除法完成之前写入，则有可能导致 WAW 冒险。必须通过硬件或软件避免这种可能性。

易犯错误 全面流水化可能会影响设计的其他方面，从而降低整体性价比。

这一现象的最佳示例来自 VAX 的两种实现——8600 和 8700。在 8600 最初交付时，其时钟周期为 80 ns。后来发布了一个名为 8650 的再设计版本，其时钟周期为 55 ns。8700 的流水线要简单得多，工作在微指令级别，从而得到一个较小的 CPU，其时钟更快，周期时间为 45 ns。最后的结果是：8650 在 CPI 方面具有大约 20%的优势，8700 的时钟频率大约快 20%。因此，8700 以少得多的硬件实现了相同的性能。

易犯错误 根据未经优化的代码来评估动态或静态调度。

与“严格”优化的代码相比，未经优化的代码（包括可以由优化器消除的冗余载入、存储和其他操作）调度起来要容易得多。在调度控制延迟（带有延迟分支）和因为 RAW 冒险所导致的延迟时也是如此。R3000 拥有一个几乎与 C.1 节相同的流水线，在 R3000 上运行的 gcc 中，从未优化的调度代码到经过优化的调度代码，空闲时钟周期的频率提高了 18%。当然，优化后的程序要快得多，因为其指令数更少。为了公平地评估编译时调度器或运行时动态调度，必须使用优化后的代码，因为在实际系统中，除了调度之外，还会通过其他优化方法来提高性能。

C.9 结语

在 20 世纪 80 年代早期，流水线技术主要用于超级计算机和价值数百万美元的大型机。到了 20 世纪 80 年代中期，第一批流水线微处理器出现，推动了计算领域的转变，使微处理器在性能上超过小型计算机，最终赶上并超过了大型机。到 20 世纪 90 年代早期，高端嵌入式微处理器也采用了流水线，桌面计算机首先开始使用第 3 章讨论的高级动态调度多发射方法。本附录中的内容在 20 世纪 90 年代首次出现在书中时，被认为对研究生来说也是相当高阶的内容，而现在被看作非常基础的本科生知识，并被应用于不到 1 美元的处理器中。

C.10 历史回顾与参考文献

附录 M.5 节讨论了流水线与指令级并行的利用，涵盖了本附录及第 3 章中的内容。我们提供了大量参考文献，以便读者进一步阅读和研究这些主题。

练习（由 Diana Franklin 更新）

C.1 [15/15/15/15/25/10/15] <C.2> 使用以下代码段：

```
Loop:  ld      x1,0(x2)      ;从地址 0+x2 载入 x1
       addi    x1,x1,1       ;x1=x1+1
       sd      x1,0,(x2)     ;将 x1 存储在地址 0+x2
```

```
addi    x2,x2,4      ;x2=x2+4
sub     x4,x3,x2     ;x4=x3-x2
bnez    x4,Loop      ;如果 x4!=0，则分支到循环
```

假定 x3 的初始值为 x2+396。

a. [15] <C.2> 数据冒险是由代码中的数据相关性导致的。相关性是否会导致冒险，取决于机器实现（即流水级的数目）。列出上述代码中的所有数据相关。记录寄存器、源指令和目标指令；例如，从 ld 到 addi，存在对于寄存器 x1 的数据相关性。

b. [15] <C.2> 给出这一指令序列对于 5 级 RISC 流水线的时序，该流水线没有任何前递或旁路硬件，但假定在同一时钟周期中的寄存器读取与写入通过寄存器堆进行"前递"，就像图 C-4 中的 add 和 or 之间一样。请使用如表 C-2 中所示的流水线时序表。假定该分支是通过冲刷流水线来处理的。如果所有存储器访问耗时 1 个周期，这个循环的执行需要多少个周期？

c. [15] <C.2> 给出这一指令序列对于拥有完整前递和旁路硬件的 5 级 RISC 流水线的时序。请使用如表 C-2 中所示的流水线时序表。假定在处理分支时，预测它未被选中。如果所有存储器访问耗时 1 个周期，这个循环的执行需要多少个周期？

d. [15] <C.2> 给出这一指令序列对于拥有完整前递和旁路硬件的 5 级 RISC 流水线（如图 C-5 所示）的时序。请使用如表 C-2 中所示的流水线时序表。假定在处理分支时，预测它被选中。如果所有存储器访问耗时 1 个周期，这个循环的执行需要多少个周期？

e. [25] <C.2> 高性能处理器拥有很深的流水线——超过 15 级。设想我们拥有一个 10 级流水线，其中 5 级流水线的每一级被分为 2 级。唯一的难题是：对于数据前递操作，数据是由每一对流水级的末尾前递到需要这些数据的两个流水级的开头。例如，数据从第二执行级的输出前递到第一执行级的输入，仍然导致 1 个周期的延迟。对于一个拥有完整前递和旁路硬件的 10 级 RISC 流水线，给出这一指令序列的时序。请使用如表 C-2 所示的流水线时序表（但流水级标记为 IF1、IF2、ID1 等）。假定在处理分支时，预测它被选中。如果所有存储器访问耗时 1 个周期，这个循环的执行需要多少个周期？

f. [10] <C.2> 假定在一个 5 级流水线中，最长的流水级需要 0.8 ns，流水线寄存器延迟为 0.1 ns。这个 5 级流水线的时钟周期时间为多少？如果 10 级流水线将所有流水级都分为两半，那么 10 级机器的周期时间为多少呢？

g. [15] <C.2> 利用(d)和(e)部分的答案，判断该循环在 5 级流水线和 10 级流水线上的每指令周期数（CPI）。确保仅计算从第一条指令到达写回级再到最后的周期数。不要计入第一条指令的启动时间。利用 (f)部分计算的时钟周期时间，计算每种机器的平均指令执行时间。

C.2　[15/15] <C.2> 假定分支频率如下所示（以占全部指令的百分比表示）：

条件分支	15%
跳转与调用	1%
选中条件分支	60%被选中

a. [15] <C.2> 我们正在研究一个 4 级流水线，其中，无条件分支在第二个周期结束时执行，而条件分支则在第三个周期结束时执行。假定仅第一个流水级总会完成，不管该分支是否选中，并且忽略其他流水线停顿，则在没有分支冒险的情况下，该机器的速度会快多少？

b. [15] <C.2> 现在假定有一个高性能处理器，其中有一个深度为 15 的流水线，无条件分支在第五个周期结束时执行，条件分支在第十个周期结束时执行。假定仅第一个流水级总会完成，不管该分支是否选中，并且忽略其他流水线停顿，则在没有分支冒险的情况下，该机器的速度会快多少？

C.3 [5/15/10/10] <C.2> 我们首先考虑一个采用单周期实现的计算机。在按功能分割流水级时，这些流水级需要的时间不一定相同。原机器的时钟周期时间为 7 ns。在流水线被分割之后，测得的时间数据为：IF，1 ns；ID，1.5 ns；EX，1 ns；MEM，2 ns；WB，1.5 ns。流水线寄存器延迟为 0.1 ns。

a. [5] <C.2> 5 级流水化机器的时钟周期时间为多少？

b. [15] <C.2> 如果每 4 条指令有一次停顿，则新机器的 CPI 为多少？

c. [10] <C.2> 流水化机器相对于单周期机器的加速比为多少？

d. [10] <C.2> 如果流水化机器有无限个流水级，那它相对于单周期机器的加速比为多少？

C.4 [15] <C.1、C.2> 经典 5 级 RISC 流水线的精简硬件实现可能使用 EX 级硬件来执行分支指令对比。分支指令会在某一时钟周期到达 MEM 级，在此时钟周期之前，不会将分支目标 PC 实际提交给 IF 级。通过求解 ID 中的分支指令可以缩减控制冒险停顿，但某一方面的性能提升可能会降低其他情况下的性能。写一小段代码，在此代码中计算 ID 级的分支时会导致数据冒险，甚至在拥有数据前递时也是如此。

C.5 [12/13/20/20/15/15] <C.2、C.3> 对于这些问题，我们将研究一种寄存器-存储器体系结构的流水线。该体系结构有两种指令格式：寄存器-寄存器格式和寄存器-存储器格式。存在一种单存储器寻址方式（偏移量+基址寄存器）。还有一组采用以下格式的 ALU 运算：

```
ALUop Rdest, Rsrc1, Rsrc2
```

或

```
ALUop Rdest, Rsrc1, MEM
```

其中 ALUop 是以下指令之一：加、减、AND、OR、载入（忽略 Rsrc 1）或存储。Rsrc 或 Rdest 为寄存器。MEM 是基址寄存器和偏移量对。分支对两个寄存器进行全面对比，采用 PC 相对寻址。假定此机器实现了流水化，从而在每个时钟周期都会启动一条新指令。此流水线结构类似于 VAX 8700 微流水线中使用的结构[Clark，1987]，如下所示：

IF	RF	ALU1	MEM	ALU2	WB				
	IF	RF	ALU1	MEM	ALU2	WB			
		IF	RF	ALU1	MEM	ALU2	WB		
			IF	RF	ALU1	MEM	ALU2	WB	
				IF	RF	ALU1	MEM	ALU2	WB
					IF	RF	ALU1	MEM	ALU2	WB

第一个 ALU 流水级用于为存储器访问和分支计算实际地址。第二个 ALU 周期用于运算和分支比较。RF 既是译码周期也是读寄存器周期。假定当在同一时钟周期对同一寄存器进行读取和写入时，将前递所写数据。

a. [12] <C.2> 求出所需加法器（包括所有加法器和递增器）的个数；给出指令和流水级的一种组合方式，以证明答案的合理性。只需要给出一种使加法器数目最大的组合方式。

b. [13] <C.2> 求出所需要的寄存器读端口和写端口数目，以及存储器读端口和写端口数目。给出指令和流水级的一种组合方式，以证明你的答案是正确的。要指出指令以及该指令所需要的读端口和写端口数目。

c. [20] <C.3> 判断任何 ALU 所需要的数据前递。假定 ALU1 和 ALU2 流水级拥有独立的 ALU。在 ALU 之间放入为避免或减少停顿所需要的全部前递。以表 C-11 的格式（忽略表中最后两列），给出前递所涉及的两条指令之间的关系。要仔细考虑跨越中间指令的前递，比如，

```
add      x1, ...
任意指令
add      ..., x1, ...
```

d. [20] <C.3> 当源单元或目标单元不是ALU时，给出为避免和减少停顿所需要的全部数据前递。使用表C-11中的格式，并再次忽略最后两列。别忘了向（自）存储器访问的前递。

e. [15] <C.3> 给出所有其他符合以下条件的冒险：至少有一个单元（除了ALU）作为源单元或目标单元。使用表C-11所示的表格，但用冒险的长度来代替最后一列。

f. [15] <C.2> 以示例方式给出所有控制冒险，并列出停顿的长度。使用如表C-5所示的格式，标记出每个示例。

C.6　[12/13/13/15/15] <C.1、C.2、C.3> 我们现在将向经典5级RISC流水线中添加对寄存器–存储器ALU运算的支持。为了抵消复杂性的增长，所有存储器寻址都限于寄存器间接寻址（即所有地址都只是保存在寄存器中的值；没有向寄存器值添加偏移量或位移）。例如，寄存器–存储器指令 `add x4, x5 (x1)` 表示将寄存器x5的内容添加到某一存储地址（等于寄存器x1中的值），并将和值放到寄存器x4中。寄存器–寄存器ALU操作不变。以下各项适用于整数RISC流水线。

a. [12] <C.1> 列出RISC流水线5个传统流水级重新排列后的顺序，该流水线将支持由寄存器间接寻址独占实现的寄存器–存储器操作。

b. [13] <C.2、C.3> 说明重新排序的流水线需要哪些新前递路径，列出每条新路径的来源、目的地及其上面传送的信息。

c. [13] <C.2、C.3> 对于RISC流水线重排序后的流水级，这种寻址方式生成了哪些新数据冒险？给出一个指令序列，并阐明每种新冒险。

d. [15] <C.3> 对于一个给定程序，与原RISC流水线相比，拥有寄存器–存储器ALU运算的RISC流水线的指令数可能不同，请列出所有差别。给出一对特定的指令序列，其中一个用于原流水线，一个用于重新排序后的流水线，以说明每种差别。

e. [15] <C.3> 假定所有指令在每个流水级上花费1个时钟周期。对于一个给定程序，与原RISC-V流水线相比，寄存器–存储器RISC-V的CPI可能会有所不同，请列出所有这些差别。

C.7　[10/10] <C.3> 在这个问题中，我们将研究流水线的加深如何以两种方式影响性能：加快时钟周期；因为数据冒险与控制冒险而延长停顿。假定原机器是一个5级流水线，其时钟周期为1 ns。第二种机器为12级流水线，时钟周期为0.6 ns。由于数据冒险，5级流水线每5条指令经历1次停顿，而12级流水线每8条指令经历3次停顿。此外，分支占全部指令的20%，两台机器的错误预测率都是5%。

a. [10] <C.3> 仅考虑数据冒险，12级流水线相对于5级流水线的加速比为多少？

b. [10] <C.3> 如果第一台机器的分支错误预测代价为2个周期，而第二台机器为5个周期，则每种机器的CPI为多少？由于分支错误预测而导致的停顿考虑在内。

C.8　[15] <C.5> 构造一个类似于表C-9的表格，检查图C-16中RISC-V浮点流水线中的WAW停顿。不考虑浮点除法。

C.9　[20/20/20] <C.5> 在这个练习中，我们将研究一个常见向量循环在RISC-V流水线的静态和动态调度版本上的运行情况。这个循环就是所谓的DAXPY循环（附录G中进行了全面讨论），它是高斯消去法中的核心运算。该循环对于一个长度为100的向量实现了向量运算 $Y=a*X+Y$。下面是该循环的RISC-V代码：

```
foo:   fld      f2, 0(x1)     ; 载入X(i)
       fmul.d   f4, f2, f0    ; 求乘积a*X(i)
       fld      f6, 0(x2)     ; 载入Y(i)
```

```
fadd.d    f6, f4, f6     ; 求和 a*X(i) + Y(i)
fsd       0(x2), f6      ; 存储 Y(i)
addi      x1, x1, 8      ; 递增 X 索引
addi      x2, x2, 8      ; 递增 Y 索引
sltiu     x3, x1, done   ; 测试是否完成
bnez      x3, foo        ; 如果没有完成则继续循环
```

对于(a)至(c)部分，假定整数运算在一个时钟周期内发射和完成（包括载入），并且它们的结果被完全旁路。（仅）使用表 C-14 所示的浮点延迟，但假定浮点单元被完全流水化。对于以下记分牌，假定一个等待另一功能单元结果的指令可以在写入该结果的同时读取操作数。另外假定一个正在完成 WB 的指令将允许正在等待同一功能单元的当前活动指令在第一个指令完成 WB 的同一时钟周期内发射指令。

a. [20] <C.5> 对于这个问题，使用 C.5 节的 RISC-V 流水线，其流水线延迟如表 C-14 所示，但浮点单元实现了完全流水化，所以启动间隔为 1。画一个类似于表 C-16 的时序图，显示每条指令的执行时序。从第一条指令进入 WB 级到最后一条指令进入 WB 级，每个循环迭代需要多少个时钟周期?

b. [20] <C.5> 执行**静态指令重排序**来重新排序指令，以最小化这个循环的停顿，必要时重命名寄存器。使用与(a)部分相同的假设。画一个类似于表 C-16 的时序图，显示每条指令的执行时序。从第一条指令进入 WB 级到最后一条指令进入 WB 级，每个循环迭代需要多少个时钟周期?

c. [20] <C.5> 使用上面的原始代码，考虑使用计分卡（一种动态调度形式）时指令将如何执行。画一个类似于表 C-16 的时序图，显示指令在 IF、IS（发射）、RO（读取操作数）、EX（执行）和 WR（写结果）级的时序。从第一条指令进入 WB 级到最后一条指令进入 WB 级，每个循环迭代需要多少个时钟周期?

C.10 [25] <C.5> WAR 冒险需要暂停正在执行写入的指令，直到读取操作数的指令开始执行为止，而 RAW 冒险需要延迟正在进行读取的指令，直到正在进行写入的指令完成为止，正好与 WAR 冒险相反。因此，记分牌能够区分 RAW 冒险和 WAR 冒险是非常重要的。例如，考虑以下序列：

```
fmul.d    f0,f6,f4
fsub.d    f8,f0,f2
fadd.d    f2,f10,f2
```

fsub.d 依赖于 fmul.d（一次 RAW 冒险），因此，必须允许 fmul.d 在 fsub.d 之前完成。如果由于不能区别 RAW 冒险和 WAR 冒险，导致 fmul.d 因为 fsub.d 而停顿，则处理器将会死锁。这一序列包含 fadd.d 与 fsub.d 之间的 WAR 冒险，在 fsub.d 开始执行之前，不允许 fadd.d 完成。难处在于区分 fmul.d 和 fsub.d 之间的 RAW 冒险以及 fsub.d 和 fadd.d 之间的 WAR 冒险。为了明白为什么三指令情景非常重要，逐级跟踪每条指令的处理：发射、读取操作数、执行和写结果。假定除执行之外的每个计分卡级都需要 1 个时钟周期。假定 fmul.d 指令需要 3 个时钟周期来执行，fsub.d 和 fadd.d 指令各需要 1 个周期来执行。最后，假定处理器有两个乘法功能单元和两个加法功能单元。用下面的方法跟踪指令的处理过程。

(1) 制作一张表，各列的标题分别为：指令、发射、读取操作数、执行、写结果、备注。在第一列中，按程序顺序列出这些指令（指令之间留出足够的空间；表格的单元格越大，越容易保存分析结果）。首先在 fmul.d 指令行的“发射”列中写下 1，表明 fmul.d 在时钟周期 1 中完成发射级。现在，填充表中各个流水级列，直到记分牌首次暂停一条指令的周期为止。

(2) 对于停顿指令，在适当的表列中写下“在时钟周期 X 等待”，其中 X 是当前时钟周期的编号，以表明该记分牌正在通过停顿该流水级来解决 RAW 冒险或 WAR 冒险。在“备注”列中，写出是哪种类型的冒险和哪个相关指令导致等待。

(3) 向“正在等待”表项添加文字“在时钟周期 Y 完成”，填充表中其余各项，直到所有指令完成为止。对于一条被暂停的指令，在“备注”列中添加描述，说明该等待为什么结束以及如何避免死锁。（提示：考虑一下如何避免 WAW 冒险，以及它对活动指令序列意味着什么。）注意，3 条指令的完成顺序与其程序顺序的对比。

C.11 [10/10] <C.5> 对于这个问题，需要编写一系列小的代码段，以说明在使用具有不同延迟的功能单元时所导致的发射。对于每个代码段，画出与表 C-16 类似的时序表来说明每个概念，并明确指出问题所在。

a. [10] <C.5> 展示当硬件中仅有一个 MEM 和 WB 级时的结构冒险。所使用的代码应不同于表 C-16 中使用的代码。

b. [10] <C.5> 展示需要停顿的 WAW 冒险。